Çengel의

6th Edition

알기쉬운 열역학

Fundamentals of
THERMODYNAMICS

6th Edition

Çengel의 알기쉬운 열역학

김택영 · 한진호 · 김덕종 · 김우태 · 이무연 · 전문수 공역

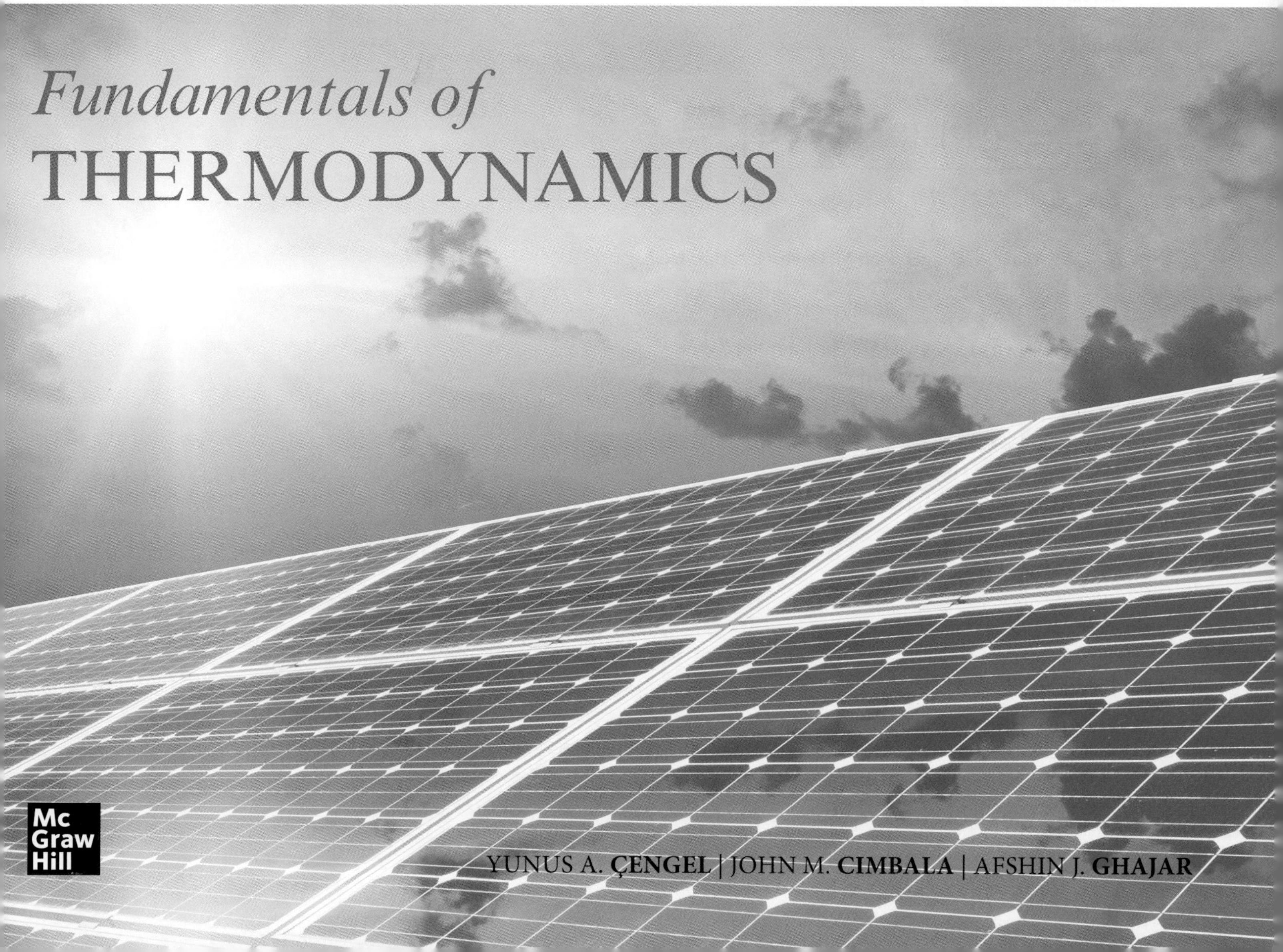

Fundamentals of THERMODYNAMICS

YUNUS A. ÇENGEL | JOHN M. CIMBALA | AFSHIN J. GHAJAR

Mc Graw Hill

Fundamentals of Thermodynamics, Sixth Edition

2 3 4 5 6 7 8 9 10 MHE-KOREA 20 25

Original: Fundamentals of Thermal-Fluid Sciences, Sixth Edition
By Yunus A. Çengel, John M. Cimbala, Afshin J. Ghajar
ISBN 978-1-260-71697-9

Korean ISBN 979-11-321-1284-6 93550

Printed in Korea

Çengel의 알기쉬운 열역학 6th Edition

발 행 일: 2023년 2월 17일 1쇄
2025년 2월 4일 2쇄
저 자: Yunus A. Çengel, John M. Cimbala, Afshin J. Ghajar
역 자: 김택영, 한진호, 김덕종, 김우태, 이무연, 전문수
발 행 처: 맥그로힐에듀케이션코리아 유한회사
발 행 인: SHARALYN YAP LUYING(샤랄린얍루잉)
등록번호: 제2013−000122호(2012.12.28)
주 소: 서울시 마포구 양화로 45, 8층 801호
(서교동, 메세나폴리스)
전 화: (02)325-2351
편집·교정: (주)우일미디어디지텍
인 쇄: (주)성신미디어

I S B N: 979-11-321-1284-6

판 매 처: 한빛아카데미(주)
문 의: 02)336-7112
가 격: 34,000원

저자 소개

Yunus A. Çengel은 University of Nevada, Reno의 기계공학과 명예 교수이다. Istanbul Technical University에서 기계공학 학사학위를 취득하였으며, North Carolina State University에서 석사 및 박사학위를 취득하였다. 그의 관심분야는 신재생에너지, 에너지효율성, 에너지정책, 열전달 향상 및 공학교육 등이다. 그는 1996년부터 2000년까지 University of Nevada, Reno에서 Industrial Assessment Center (IAC)의 소장을 역임하였다. 그는 공과대학생으로 구성된 팀을 이끌고 북부 네바다와 캘리포니아의 수많은 제조시설에 대한 산업평가를 시행하였으며, 이들 업체의 에너지 절감, 폐기물 최소화 및 생산성 향상을 위한 보고서를 작성하였다. 그는 또한 다양한 정부기관 및 기업의 고문으로 활동하였다.

뿐만 아니라 Dr. Çengel은 대학교재로 널리 채택된 *Thermodynamics: An Engineering Approach* (9th ed., 2019), *Heat and Mass Transfer: Fundamentals and Applications* (6th ed., 2020), *Introduction to Thermodynamics and Heat Transfer* (2nd ed., 2008), *Fluid Mechanics: Fundamentals and Applications* (4th ed., 2018), *Essentials of Fluid Mechanics: Fundamentals and Applications* (1st ed., 2008), *Differential Equations for Engineers and Scientists* (1st ed., 2013), *Fundamentals and Applications of Renewable Energy* (1st ed., 2020), *Energy Efficiency and Management for Engineers* (1st ed., 2020) 등 많은 책을 모두 McGraw-Hill에서 출판하였다. 그의 교재 중 일부는 중국어, 일본어, 한국어, 태국어, 스페인어, 포르투갈어, 터키어, 이탈리아어, 그리스어 및 프랑스어로 번역되었다.

Dr. Çengel은 다수의 학술회의 및 학술기관에서 초청받아 기조연설과 강의를 수행한 바 있다. 그는 훌륭한 교육자에게 수여되는 상을 다수 받았으며, 저자로서의 우수성을 인정받아 ASEE Meriam/Wiley Distinguished Author Award를 두 번 수상하였다.

John M. Cimbala는 Pennsylvania State University, University Park의 기계공학과 교수로 재직 중이다. Penn State에서 항공우주공학 학사학위를 취득하였으며, California Institute of Technology (CalTech)에서 항공공학 석사학위를 취득하였다. 1984년, 그는 항상 감사하고 있는 Anatol Roshko 교수의 지도하에 CalTech에서 항공공학 박사학위를 취득하였다. 그의 연구분야는 실험/전산유체역학, 열전달, 난류, 난류모델링, 터보기계, 실내공기질 및 대기오염 제어를 포함한다. Cimbala 교수는 NASA Langley Research Center (1993~1994)에서 전산유체역학(CFD)에 대한 연구, Weir American Hydro (2010~2011)에서 유체기계의 설계지원을 위한

CFD 분석 등으로 각각 연구년을 수행하였다.

Dr. Cimbala는 Marcel-Dekker, Inc.에서 출판한 *Indoor Air Quality Engineering: Environmental Health and Control of Indoor Pollutants* (2003)의 공동저자로 참여하였다. 또한, McGraw-Hill에서 출판한 *Essentials of Fluid Mechanics: Fundamentals and Applications* (1st ed., 2008), *Fluid Mechanics: Fundamentals and Applications* (4th ed., 2018), *Fundamentals and Applications of Renewable Energy* (1st ed., 2020) 등의 공동저자로 참여하였다. 그 밖에도 다른 책의 일부를 집필하는 데 기여하였으며, 수십 편의 저널과 학회논문의 저자 또는 공동저자로 참여하였다. 최근에는 공학기술과 관련 없는 소설을 출판한 바 있다. 좀 더 자세한 사항은 www.mne.psu.edu/cimbala에서 확인할 수 있다.

Cimbala 교수는 훌륭한 교육자에게 수여되는 상을 다수 수상하였으며, 또한 저술이 그의 교육에 대한 사랑의 연장이라고 생각하였다. 그는 American Society of Mechanical Engineers (ASME), American Society for Engineering Education (ASEE) 및 American Physical Society (APS)의 정회원이다.

Afshin J. Ghajar는 오클라호마주 스틸워터에 있는 Oklahoma State University 기계항공공학부 Regents Professor이자 John Brammer Professor이며, 중국 시안에 있는 Xi'an Jiaotong University 명예교수이다. 그는 Oklahoma State University 기계공학과에서 학사, 석사 및 박사학위를 취득하였다. 그의 전문분야는 실험적 열전달/유체역학 및 실용적 공학상관식 개발이다. Dr. Ghajar는 실험/실증/수치해석적 연구를 통하여, 현열저장시스템의 열전달 및 성층화, 비뉴턴유체열전달, 천이영역열전달 및 비등이 없는 이상유동열전달 등의 열과학분야에 상당한 공헌을 했다. 최근에는 방향이 다른 관로 내 이상유동의 열전달/압력강하, 소형/초소형 관로유동의 열전달/압력강하, 천이영역에서 혼합대류열전달/압력강하 등에 관하여 연구 중이다. Dr. Ghajar는 Wright Patterson AFB(오하이오주 데이튼)와 Dow Chemical Company(텍사스 프리포트)에서 Summer Research Fellow로 재직한 바 있다. 그는 동료들과 함께 200편 이상의 검증된 연구논문을 발표했다. 또한, 주요 공학학회 및 기관에서 다수의 기조연설과 초청강연을 하였다.

그는 Oklahoma State University 공과대학에서 우수한 강의, 연구, 자문 및 기여에 대하여 수여하는 다수의 상을 수상하였다. 2013년에는 "열전달 공동체에 대한 봉사와 현장에 대한 기여를 인정하여" ASME 열전달부문의 75th Anniversary Medal을 수상하였다. 그는 ICNMM (International Conference on Nanochannels, Microchannels, and Minichannels)으로부터 모범적으로 봉사한 사람을 인정하는 ASME ICNMM 2016 Outstanding Leadership Award를 받았다. 또한, "열교환기와 이상유동분야의 서적 및 기록물 출판에 대한 탁월한 리더쉽과 학계와 산업계에 대한 봉사를 인정받아" 2017 Donald Q. Kern Award를 수상하였다. Dr. Ghajar는 ASME (American Society of Mechanical Engineers)의 정회원이자 CRC Press/Taylor & Francis의 Heat Transfer Series 편집자이며, Taylor & Francis에서 출판하는 실무엔지니어와 전문가를 대상으로 하는 국제저널 *Heat Transfer Engineering*의 편집장이다. Dr. Ghajar는 대학교재로 사용되는 *Heat and Mass Transfer: Fundamentals and Applications* (6th ed., 2020, McGraw-Hill)의 공동저자이며, *Two-Phase Gas-Liquid Flow in Pipes with Different Orientations* (2020, Springer)의 저자이다.

저자 서문

배경

본 교재는 표준적인 열역학 교재의 축약된 버전으로, 공학도가 업무수행에 가장 필요로 하는 주제를 다룬다. 본 교재는 Y. A. Çengel, M. A. Boles 및 Mehmet Kanoğlu이 공동저술하였고 McGraw-Hill에서 출판된 *Thermodynamics: An Engineering Approach*를 기반으로 한다. 대부분의 장은 실용적으로 서로 독립적이며, 어떤 순서로도 다룰 수 있다. 본 교재는 열과학에 대한 입문용 커리큘럼에 적합하다.

열역학은 단축된 과정에서 적절하게 다룰 수 없으므로, 적용범위의 폭은 수용되지만 깊이에서 희생을 감수해야 한다. 올바른 주제를 선택하고 깊이와 폭의 적절한 조합을 찾는 것은 강사에게 쉬운 일이 아니며, 본 교재는 이러한 선택의 기초를 제공하기 위한 것이다. 학생들은 본 교재를 통하여 에너지와 에너지 상호작용의 기본사항에 대한 기초적인 이해가 가능할 것이며, 학생들에게 열과학의 배경지식과 자신감을 심어줌으로써 전문가와 효과적인 의사소통이 가능하도록 할 것이다.

목적

본 도서는 공과대학 학부생을 위한 열과학 교재와 실무엔지니어를 위한 참고용으로 활용할 수 있도록 의도하였다. 학생들은 미적분학, 물리학 및 역학에 대한 적절한 배경지식을 가지고 있다고 가정하였다.

본 교재의 목적은 다음과 같다.

- 열역학의 **기본원리**를 다룬다.
- 학생들에게 열과학이 공학설계에 어떻게 적용되는지 느낄 수 있도록 다양하고 실제적인 **사례**를 제시한다.
- 물리학 및 물리적 논증을 강조하여 열과학에 대한 **직관적인 이해**를 도모한다.

본 교재는 충분한 자료를 수록함으로써, 강사에게 유연성을 제공하고 학생들이 열역학을 선호할 수 있도록 고려하였다.

철학과 목표

본 교재의 초판이 독자들의 마음에 따뜻이 수용될 수 있도록 기여한 기본철학은 변함이 없다. 우리의 목표는 다음과 같은 철학의 공학교재를 제공하는 것이다.

- 미래의 공학자들과 **단순하지만 정확한** 방식으로 직접 소통한다.
- 학생들이 열과학의 **기본원리**에 대하여 명확히 이해하고, 확고히 정립하도록 유도한다.
- 열과학에 대한 **창의적 사고** 및 **보다 깊은 이해**와 **직관적 감각**의 발달을 도모한다.
- 단지 문제를 푸는 데 도움이 되기보다는, 학생들이 **흥미**와 **열정**을 가지고 본 교재를 **읽을 수 있도록** 한다.

저자들은 독자의 자연스러운 호기심에 호소하고 학생들이 열과학의 흥미로운 주제영역을 탐색할 수 있도록 특별한 노력을 기울였다. 전 세계 소규모에서 대규모 대학에 걸쳐 이전 판본들의 독자들이 보여준 열광적인 반응만으로도 본서의 저술 목표가 대체로 성취되었다고 판단된다. 가장 좋은 학습방법은 연습이라는 것이 우리의 철학이다. 따라서, 교재 전반에 걸쳐 앞서 제시한 내용을 보강하기 위해 특별한 노력을 기울였다.

예전의 공학자들은 공식에 값을 대입하고 수치적 결과를 얻는 데 대부분의 시간을 소비했다. 그러나 이제는 수식을 다루거나 숫자를 처리하는 것은 컴퓨터의 몫이 되었다. 미래의 공학자는 아무리 복잡한 문제라도 이해하여 공식화하고 결과를 해석할 수 있도록 **기본원리**를 명확히 이해하고 확고히 정립할 필요가 있다. 이러한 기본원리를 강조하기 위해 의식적인 노력을 기울이는 동시에 공학실습에서 최신 도구가 어떻게 사용되는지 학생들에게 보여주고자 한다.

본 판본의 새로운 내용

이전 판본의 모든 일반적인 내용은 유지하였고, 새로운 내용을 일부 추가하였다. 교재의 본문은 크게 변경하지 않았다. 교재 전반에 걸쳐 내용을 명확히 하고 가독성을 향상시키기 위한 수정사항이 적용되었다.

최근 프랑스에서 열린 제26차 도량형 총회(26th General Conference on Weights and Measures)의 킬로그램, 몰, 암페어 및 켈빈에 대한 새로운 정의를 제1장과 제2장에 제공하였다. 새로운 하위 절인 "방정식 풀이"도 제1장에 추가하였다.

교재의 모든 장 마지막에 수록된 대부분의 연습문제를 수정하였으며, 많은 문제를 새로운 문제로 대체하였다. 또한, 본문의 몇몇 예제가 새로운 예제로 수정되었다.

영상자원(Video Resources) - eBook에 2D/3D 애니메이션 영상을 추가하여 열역학사이클과 같은 어려운 개념을 명확히 이해할 수 있도록 하였다. 이러한 개념적 영상자원외에도 학생들이 개념을 이해하여 문제해결에 적용하는데 도움이 될 수 있도록 제작한 예제 영상이 eBook에 포함되어 있다.

학습 도구

물리의 강조

본 교재의 특징은 수학적 표현 및 처리에 더하여 주제의 물리적 측면을 강조한다는 것이다. 학부교육은 공학도들이 **근본적인 물리기구를 파악하는 감각**을 개발하고 실제 현장에서 직면할 수 있는 **현실적인 문제의 해결에 능숙해지도록** 기여하는 데 중점을 두어야 한다고 저자들은 믿고 있다. 직관적 이해력을 개발함으로써, 본 과정이 학생들에게 더 많은 동기를 부여하고 가치 있는 경험이 될 것이다.

연관성의 효과적인 사용

관찰 지향적 사고는 공학의 이해에 장벽을 해소한다. 결국, 공학의 원리는 우리의 **일상적 경험**과 **실험적 관찰**을 기반으로 한다. 본 교재 전반에 걸쳐 보다 물리적이고 직관적인 접근방식이 사용된다. 특정 주제와 학생들의 일상적 경험 사이에 빈번히 유사점이 그려지므로 그 주제를 이미 알고 있는 내용과 연관시킬 수 있을 것이다.

자기학습

본 교재의 내용은 일반학생들이 편안하게 따라갈 수 있는 정도로 소개되어 있다. 이들 내용은 학생들을 대상으로 하고 이 수준을 넘어서지 않는다. 사실, **자기학습**이 가능한 정도의 수준이다. 과학원리가 실험적 관찰에 기반한다는 점에 주목한다면, 본 교재에서 파생된 대부분의 내용은 주로 물리적 논증에 기반하므로 이들을 따라가며 이해하는 것은 어렵지 않을 것이다.

삽화의 광범위한 사용

삽화는 학생들이 "대상을 형상화하는 데" 도움이 되는 중요한 학습 도구이다. 본 교재는 그림을 효과적으로 사용하고 있으며, 많은 수의 도표와 삽화를 포함하고 있다. 삽화와 도판은 학생들의 주의를 끌고 호기심과 흥미를 자극한다. 본 교재에서는 눈에 띄지 않는 몇 가지 주요 개념을 강조하기 위한 수단으로 그림을 사용하였다. 일부는 각 쪽의 요약으로 사용되었다.

각 장의 학습목표와 요약

각 장은 학습할 내용의 개요와 목표로 시작한다. 기본 개념과 중요한 관계식을 빠르게 복습할 수 있도록 각 장의 끝 부분에 **요약**이 포함되어 있다.

다수의 예제

각 장에는 내용을 명확히 하고 기본 원리의 적용을 설명하기 위한 몇 가지 예제가 포함되어 있다. 적절한 단위의 사용에 특히 주의하면서, 직관적이고 체계적인 접근 방식으로 예제의 해법을 제시하였다.

각 장의 마지막에 포함된 풍부한 문제들

각 장의 마지막에 수록된 문제들은 강사와 학생 모두가 더 쉽게 선택할 수 있도록 특정 주제에 해당하는 순서대로 그룹화하였다. 각 문제그룹에는 기본 개념에 대한 학생들의 이해 수준을 확인하기 위해 "C"로 표시된 **개념 문제**가 있다. **복습 문제** 그룹은 본질적으로 더 포괄적이며 장 하위의 특정한 절과 직접적으로 연계되어 있지 않다. 어떤 경우에는 이전 장에서 배운 내용을 복습해야 한다. **설계 및 논술** 그룹의 문제는 학생들이 공학적인 판단을 내리고 관심 주제에 대해 독립적인 탐색을 수행하며 발견한 내용을 전문적인 방식으로 전달하는 것을 장려하기 위한 것이다. 공학도의 경제 및 안전에 대한 인식을 향상시키기 위하여 다수의 경제성 및 안전성과 관련된 문제를 전반에 걸쳐 제시하였다. 학생들의 편의를 위해, 선택된 일부 문제의 해를 문제와 함께 나열하였다.

체계적인 해석 절차

예제의 해결 절차는 공식적이지 않은 대화 형식을 유지하면서 구조적으로 잘 정립된 접근방식을 적용하였다. 문제가 먼저 언급되고, 해결 목표가 식별되며, 해법을 위한 가정이 그 정당성과 함께 명시된다. 문제를 해결을 위한 물성치는 별도로 나열된다. 단위의 중요성을 강조하기 위하여 수치는 단위와 함께 사용하였으며, 단위의 일치는 해의 도출과정에서 수치를 계산하는 것만큼 중요하다. 해석 결과의 중요성은 해에 따라 논의된다. 이러한 접근방식은 강사를 위한 "솔루션 매뉴얼"에 제시된 해법에서도 일관되게 적용하였다.

부호규약의 완화

열과 일의 부호에 대한 공식적 규칙을 세워서 사용하면 종종 의도하지 않는 결과를 유도하므로 적용하지 않았다. 이러한 기계적 접근법 대신 물리적으로 의미 있고 매력적인 접근법을 상호작용의 분석에 채택하였다. 양이나 음 부호가 아닌 "in" 및 "out" 하첨자를 사용하여 상호작용에서의 방향을 지시하였다.

SI 단위 또는 SI/UK 단위의 선택적 사용

일부 산업에서는 여전히 UK 단위가 널리 사용되는 현실을 고려하여, 본 교재에서는 SI를 강조하면서 동시에 UK 단위를 함께 사용하였다. 본 교재의 내용은 강사의 선호도에 따라 SI 단위 단독 또는 결합된 SI/UK 단위를 사용하여 다룰 수 있다. 부록의 물성치 표와 도표는 무차원값을 제외하고 두 단위로 표시된다. 문제, 표, 도표가 UK 단위인 경우, 숫자 뒤에 "E"를 표기하여 쉽게 알아볼 수 있도록 하였으며 SI 단위 사용자들이 이를 쉽게 무시할 수 있도록 하였다.

변환 인자

찾아보기 뒤에 자주 사용하는 환산계수와 물리상수를 나열하여 쉽게 참조할 수 있도록 하였다.

원격 감독 및 브라우저 잠금 기능 connect + proctorio

Connect 내에서 Proctorio가 호스팅하는 새로운 원격 감독 및 브라우저 잠금 기능은 보안 옵션을 활성화하고 학생의 신원을 확인하여 평가 환경을 제어한다.

Connect 내에서 원활하게 통합된 이러한 서비스를 통해 강사는 학생의 브라우저 활동을 제한하거나 기록하고, 학생의 작업을 수행을 확인하여 학생의 평가 경험을 제어할 수 있다.

즉각적이고 상세한 보고 기능을 통해 강사는 잠재적인 학업 무결성 문제를 한눈에 볼 수 있으므로 개인적인 편견을 배제하고 증거에 기반한 주장을 뒷받침할 수 있다.

강사 리소스

Connect를 통해 강사는 다양한 보충 자료를 사용할 수 있다. 여기에는 PowerPoint 형식의 텍스트 이미지, 솔루션 매뉴얼 및 강의 PowerPoint가 포함된다.

감사의 글

저자들은 다음 열거한 학문적 평가자들의 수많은 귀중한 논평, 제안, 비판 및 칭찬에 감사를 표합니다.

Alexis Abramson
Case Western Reserve University

James Patrick Abulencia
Manhattan College

Suresh Chandra
North Carolina A&T State University

Michael Costarell
Youngstown State University

James Mayhew
Rose-Hulman Inst of Tech

David Novo
McMaster University

Mariano Olmos
El Paso Community College

Mahadevan Padmanabhan
Worcester Polytechnic Institute

Robert Edwards
Penn State Erie

Gregory Falabella
Wagner College

Paul Gannon
Montana State University

Andrew Jason Hill
University of Southern Indiana

Bill Hutzel
Purdue University

Thomas M. Kiehne
University of Texas at Austin

Narender P. Reddy
University of Akron

Brian Sangeorzan
Oakland University

Udyavar Satyanand
University of Texas at Arlington

Mark Snyder
Illinois Institute of Technology

Robert Steele
Thomas Edison State University

Kambiz Vafai
University of California, Riverside

이분들의 제안은 본서의 질을 높이는 데 큰 도움이 되었습니다. 특별히, 원고에 대한 검토와 비평을 해주시고, 세부적인 내용과 정확성에 있어 소중한 기여를 해주신 Gaziantep 대학의 Mehmet Kanoğlu에게 감사드립니다. 또한, 우리 학생들이 제시한 학생관점에서의 많은 피드백에 감사드립니다. 마지막으로, 본 교재를 준비하는 동안 인내와 이해, 그리고 아낌없는 지원을 보내준 저자들의 아내와 자녀들에게 감사를 표합니다.

Yunus A. Çengel
John M. Cimbala
Afshin J. Ghajar

역자 소개

김택영 한국공학대학교 기계공학과 교수

한진호 한국공학대학교 기계공학과 교수

김덕종 경상국립대학교 기계공학부 교수

김우태 국립 공주대학교 기계자동차공학부 교수

이무연 동아대학교 기계공학과 교수

전문수 한국교통대학교 자동차공학과 교수

역자 서문

본 교재는 Yunus A. Çengel, John M. Cimbala, Afshin J. Ghajar이 집필한 “FUNDAMENTALS OF THERMAL-FLUID SCIENCES” 6th edition 중 ‘열역학’ 부분을 번역하였다.

본 교재는 에너지 응용분야의 근간이 되는 열역학에 대하여 다루고 있다. 열역학은 열과 일 등 에너지들의 변환과 보존에 대한 자연법칙과 이를 이용한 응용기술에 대하여 다룬다. 열역학은 기계공학을 비롯한 항공우주공학, 조선공학, 화학공학, 재료공학, 전자공학 등의 분야에서 필수과목으로 교육되고 있다.

본 교재는 일반적으로 집필된 표준본의 축약된 버전으로서, 열역학의 입문용으로 적합하다. 이에 따라 각 분야에 대하여 심도 깊은 학습을 위하여는 표준교재와 관련문헌을 참고할 것을 권유한다. 그럼에도 불구하고, 본 교재를 통하여 열역학에 대한 이해와 기본적인 지식의 습득에는 전혀 문제가 없다고 판단된다. 본 교재의 저자들도 이러한 부분을 서문에서 강조하고 있다.

본 교재의 역자들은 저자들이 의도하고자 하는 바를 충실히 반영하도록 최대한 노력하였다. 우리말 표현에 적합하도록 의역을 한 부분도 극히 일부지만 존재함에 양해를 구한다. 부분적으로 미숙하거나 잘못된 표현도 있으리라 본다. 수정이 필요하거나 개선할 사항에 대해 독자들의 충고와 지적을 부탁드리며, 이러한 과정을 통하여 본 교재의 질이 더욱 향상되기를 기대한다.

2023년 2월

역자 일동

맥그로힐Connect®: 학생들의 성적향상을 위한 3년 연속 US CODiE 수상에 빛나는 가장 안정적이고 사용하기 편리한 개인맞춤형 학습

Adaptive Learning(개인 맞춤형 솔루션)

- Connect를 통한 과제 수행은 내용과 연관 있는 내용부터 적용 할 수 있게 함으로써 내용 이해와 비판적 사고를 도와 줍니다.
- Connect는 SmartBook 2.0® 을 통해 각각의 개인에 맞추어진 개별화된 학습 방향을 제시합니다.
- SmartBook 2.0® 의 개인 맞춤 하이라이팅과 연습문제 출제는 학생들로 하여금 양방향 학습경험을 제공하여 더욱 효율적인 학습을 도와줍니다.

Connect를 이용한 후 학생들의 성적향상

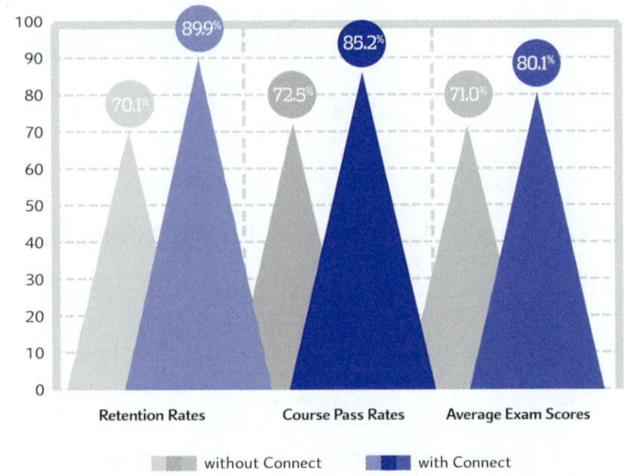

학생들이 대답한 **70억 개가 넘는 연습 문제**의 방대한 데이터는 **Mcgrawhill**의 **Connect**를 보다 지능적이고, 믿을 수 있고 정확한 제품으로 만들어줍니다.

Connect를 활용한 학생들의 평균 **10% 이상**의 코스 합격률과 성적 향상

Connect를 사용한 73%의 교수님들의 강의평가가 평균 28% **향상**되었습니다.

양질의 최신 강의자료

- Connect 안에는 강의를 위한 자료가 단순하고 직관적인 인터페이스로 구성이 되어 있습니다.
- Connect의 smartbook 2.0은 모바일과 태블릿PC에 최적화되어 있어, 어디서나 인터넷 환경에 구애받지 않고 접속하여 공부할 수 있습니다.
- Connect에는 동영상, 시뮬레이션, 게임 등과 같이 학생들의 비판적 사고를 길러줄 수 있는 다양한 콘텐츠가 있습니다.

Connect Insight: 강력한 분석과 리포트

©Hero Images/Getty Images RF

- Connect Insight는 개별 학생들의 분석과 성취도를 전체 또는 특정 과제로 분류하여 한눈에 보기 쉬운 형태로 보고서를 작성합니다.
- Connect Insight는 학생들의 과제 소요 시간, 개별학습 태도, 성취도 등의 모든 데이터를 대시 보드로 제공합니다. 교수님들은 어떤 학생이 어떤 분야에 취약한지 바로 알아볼 수 있습니다.
- Connect을 통해 과제와 퀴즈의 자동 성적 평가가 가능하며, 개별 그리고 전체 반 학생들의 성취도를 한눈에 알아볼 수 있는 보고서로 제공됩니다.

학생들은 Connect로 강의를 들을 때, 더 많은 A와 B를 취득합니다.

신뢰할 수 있는 서비스와 기술지원

- Connect는 대학 학사관리시스템(LMS)과 통합로그인(Single Sign On)으로 접속하며 성적평가도 자동으로 연동됩니다.
- Connect는 종합적인 서비스와 기술지원 그리고 솔루션 사용을 위한 각 단계에 맞는 사용법 트레이닝을 제공합니다.
- Connect 사용법에 대해 궁금하다면 주소창에 https://www.mheducation.com/highered/connect.html을 쳐보세요.

www.mheducation.com/connect

차례

CHAPTER 01

서론 및 개요

INTRODUCTION AND OVERVIEW

학습목표

이 장의 목적은 다음과 같다.

- 열역학, 열전달 및 유체역학을 숙지하고 열유체 공학에 대한 기본 개념을 이해한다.
- 공학분야 문제에서 일반적으로 사용하는 SI 단위 및 영국 단위에 익숙해진다.
- 직관적이고 체계적으로 공학문제를 해결하는 방법을 개발한다.
- 공학용 소프트웨어의 적절한 사용법을 배운다.
- 계산 결과의 정확도 및 유효 자릿수에 대한 이해도를 높인다.

대부분의 공학 시스템은 에너지의 전달과 수송 및 변환을 포함하고 있으며, 이러한 문제를 다루는 과학 분야를 넓은 의미에서 **열유체 과학**이라 한다. 열유체 과학은 일반적으로 **열역학**, **열전달** 및 **유체역학** 분야로 분류하여 연구된다. 1장에서는 이러한 열유체 과학의 개요 및 역사적 배경을 소개하고 단위 체계 및 차원의 동질성을 설명한다. 또한 공학 문제를 해결하는 데 사용되는 수학적 모델의 **풀이 방법**을 소개하고 공학용 소프트웨어의 역할을 살펴본다. 마지막으로, 공학적 측정값과 계산 결과값의 정확도와 유효 자릿수에 대해 논의한다.

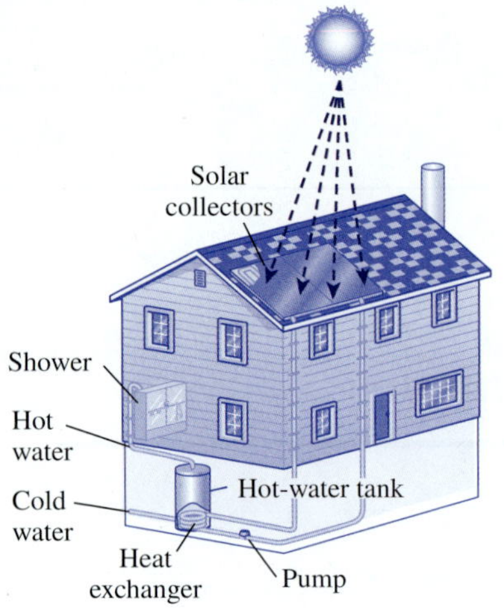

그림 1-1

태양열 온수시스템과 같은 대부분의 공학 시스템의 설계는 열유체 과학을 포함한다.

1-1 열유체 과학의 소개

그리스 단어 *therme*에서 유래된 *thermal*은 **열**을 의미하며, 따라서 열과학(thermal science)은 열을 다루는 과학으로 정의할 수 있다. 여러 형태를 갖는 에너지에 대한 인식과 에너지 변환은 이러한 정의를 더욱 확대시킨다. 오늘날에는 에너지 및 에너지 전달과 수송 및 변환을 다루는 물리적 과학을 일반적으로 **열유체 과학** 또는 **열과학**이라 말한다. 전통적으로 열유체 과학은 열역학, 열전달, 유체역학 분야로 분류하여 연구되고 있으며, 본 교재에서는 열유체 과학에 대한 기본 원리와 공학도가 현장에서 종종 부딪히는 열유체 과학 적용 문제를 설명한다.

발전소, 자동차 엔진, 냉동기와 같은 대부분의 열시스템 설계와 해석에는 열유체 과학뿐만 아니라 다른 과학의 모든 분야가 포함된다(그림 1-1). 예를 들어 자동차 라디에이터를 설계하기 위해서는 **열역학**을 이용하여 냉각수의 상태량 값으로부터 에너지 전달량을 결정하고, **열전달**을 이용하여 외부 핀과 내부 관의 크기와 형상을 결정하는 것 이외에도 **유체역학**을 이용하여 워터 펌프의 크기와 형태를 결정해야 한다. 물론 관의 재질과 두께를 결정하기 위해서는 소재공학과 재료역학도 이용해야 한다. 우리가 열역학을 이러한 다른 과학들과 구분하여 공부하는 이유는 복잡한 문제에 압도되지 않고 쉽게 이해하기 위해서이다. 한 과학 분야의 기본 원리를 충분히 이해하면 복잡한 실제 문제를 다른 과학 분야와 연계하여 이해할 수 있게 된다. 여기서는 열유체 과학을 요약하여 설명한다.

열유체 과학의 응용분야

자연계에서 발생하는 모든 활동들은 에너지와 물질 사이의 어떤 상호작용이며, 열유체 과학 분야와 관련이 없다는 것은 상상할 수 없다. 따라서 열유체 과학의 기초 이론을 제대로 이해하는 것은 공학 교육에서 오랫동안 필수적인 부분이었다.

열유체 과학은 많은 공학 분야 또는 일상 생활에서 흔히 접할 수 있기 때문에 그 적용 분야를 굳이 멀리서 찾을 필요가 없다. 심장은 끊임없이 혈액을 가압하여 인체의 모든 부분에 공급하고, 수조(trillions)에 달하는 체내 세포에서 다양한 에너지 변환이 발생하며, 발생된 인체의 열을 계속해서 외부로 방출된다. 인간이 느끼는 편안함은 이러한 신진대사의 열 방출과 밀접한 관계가 있으며, 외부환경에 따라 의복을 착용하여 열전달률을 제어하려 한다. 또한 심장과 순환기 계통의 결함은 경각심을 유발하는 주요 원인이다.

열유체 과학의 또 다른 적용 분야는 우리가 살고 있는 곳에서 쉽게 발견할 수 있다. 이와 같은 관점으로 관찰하면 주변에서 흔히 볼 수 있는 평범한 주택은 열유체 과학의 경이로움으로 가득 차 있는 전시장이다. 많은 가정용품과 가전제품들은 전체 또는 부분적으로 열유체 과학의 원리를 이용하여 설계되며, 전자레인지, 가스레인지, 냉난방 장치, 냉장고, 가습기, 압력 조리기, 온수기, 샤워기, 다리미, 배관

냉장고
Jill Braaten/McGraw-Hill Education

선박
Doug Menuez/Getty Images

항공기와 우주선
PhotoLink/Getty Images

발전소
Malcolm Fife/Getty Images

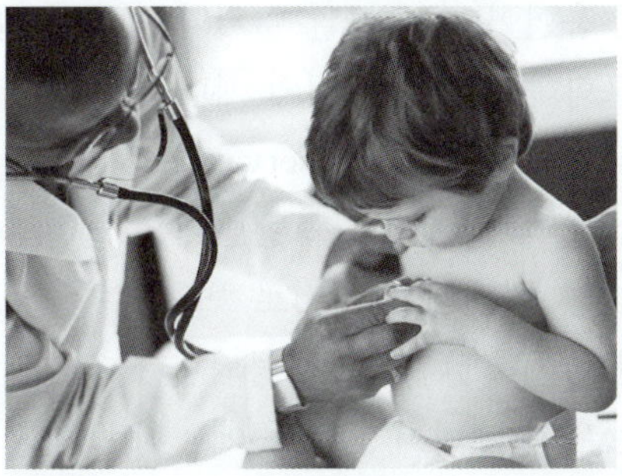

인체
Ryan McVay/Getty Images

자동차
Mark Evans/Getty Images

풍력 터빈
F. Schussler/PhotoLink/Getty Images

식품 가공기
Glow Images

산업시설의 배관망
Vithun Khamsong/EyeEm/Getty Images

그림 1-2
열유체 과학의 적용 분야

및 살수 시스템, 컴퓨터, TV, DVD 플레이어 등을 예로 들 수 있다. 좀 더 큰 규모로, 자동차 엔진, 로켓, 제트엔진, 화력발전소, 원자력발전소, 태양열 집열기, 물 또는 원유 및 도시가스 운송 시스템, 도시의 수도 배관망 등 자동차로부터 비행기까지 거의 모든 장치의 설계와 해석에 열유체 과학은 중요한 역할을 한다(그림 1-2). 우리가 거주하는 주택은 겨울철의 추위와 여름철의 더위를 최소화할 수 있도록 에너지 관리를 효율적으로 설계한 주택이다. 컴퓨터 본체에 장착되는 송풍기는 열역학, 열전달, 유체역학의 전산 해석을 수행한 후 크기, 위치 및 전력을 결정한다.

1-2 열역학

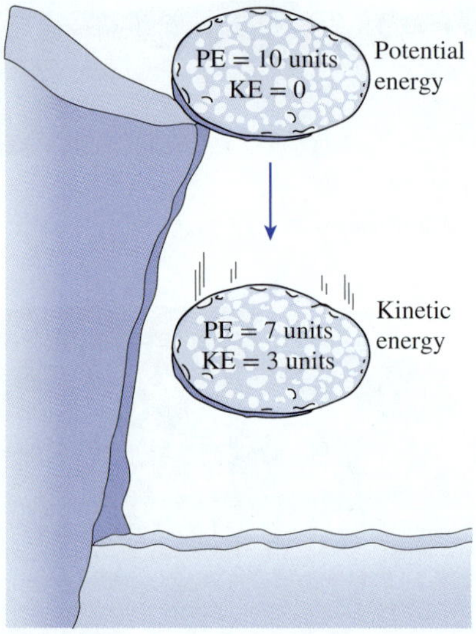

그림 1-3

에너지는 생성되거나 소멸될 수 없다. 단지 형태만 변화될 수 있다(열역학 제1법칙).

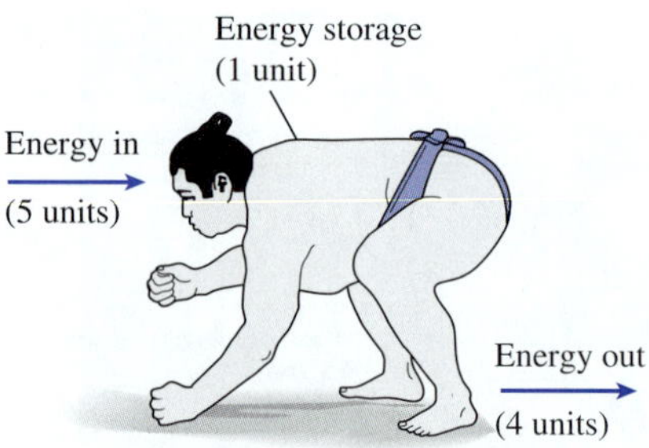

그림 1-4

인체에 대한 에너지 보존법칙

열역학은 에너지 과학이라고 정의할 수 있다. 우리는 에너지가 무엇인지는 느끼고 있지만 에너지를 정확하게 정의하는 것은 어렵다. 에너지는 변화를 일으키는 능력으로 볼 수 있다.

열역학(thermodynamics)의 어원은 그리스어 *therme*(열)과 *dynamis*(동력)으로부터 유래되었으며, 열에너지를 동력으로 변화시키기 위한 초창기의 노력을 가장 잘 표현한 용어이다. 오늘날 열역학은 동력 발생, 냉동 및 물질의 상태량들 사이의 관계를 포함하는 모든 형태의 에너지와 에너지 변환을 포함한 넓은 의미로 이해된다.

에너지 보존법칙(conservation of energy principle)은 가장 기본적인 자연법칙 중의 하나이다. 에너지 보존법칙은 물질의 상호작용을 통하여 한 형태의 에너지로부터 다른 형태의 에너지로 변할 수는 있으나 에너지의 총량은 일정하다는 것을 의미한다. 즉 에너지는 생성되거나 소멸될 수 없다. 예를 들어 절벽에서 떨어지는 바위는 위치 에너지가 운동 에너지로 변환되어 바위의 낙하 속도는 증가한다(그림 1-3). 또한 에너지 보존법칙은 다이어트 산업의 근간이 된다. 운동을 통하여 소비하는 에너지보다 음식물을 섭취를 통해 체내로 들어오는 에너지가 더 많은 사람은 체중이 증가하고(지방의 형태로 에너지 저장), 소비하는 에너지보다 체내로 들어오는 에너지가 더 적은 사람은 체중이 감소한다(그림 1-4). 인체 또는 어떤 시스템의 에너지 변화는 들어온 에너지와 방출된 에너지의 차이와 같고 에너지 평형식은 $E_{in} - E_{out} = \Delta E$로 표현된다.

열역학 제1법칙(first law of thermodynamics)은 에너지 보존법칙의 단순한 표현이며, 에너지는 열역학적 상태량이라는 것을 말한다. **열역학 제2법칙**(second law of thermodynamics)은 에너지는 양(*quantity*)뿐만 아니라 질(*quality*)을 가지고 있으며, 실제 과정은 에너지의 질이 감소하는 방향으로 진행한다. 예를 들어 책상 위에 놓여 있는 뜨거운 커피잔은 결국 차가워지지만, 반대로 같은 책상 위에 놓여 있는 차가운 커피잔은 저절로 뜨거워지지 않는다. 에너지가 주위 공기로 전달되면 커피의 고온 에너지는 덜 유용한 형태인 낮은 온도의 에너지로 변환되어 에너지의 질이 저하된다.

우주 창조 이후 열역학 원리가 존재해왔지만, 1697년 Thomas Savery와 1712년 Thomas Newcomen에 의해 대기 증기기관(atmospheric steam engine)이 영국에서 처음 성공적으로 만들어지고 나서야 열역학은 비로소 과학으로서 그 모습을 나타내었다. 이 기관들은 매우 느리고 비효율적이었지만 새로운 과학 발전에 대한 길을 열었다.

열역학 제1법칙과 제2법칙은 1850년대에 William Rankine, Rudolph Clausius,

Lord Kelvin(원래는 William Thomson)의 연구 결과로 동시에 알려졌다. 열역학(*thermodynamics*)이란 용어는 1849년 Lord Kelvin의 저서에서 처음 사용되었으며, 최초의 열역학 교과서는 1859년 Glasgow 대학의 교수인 William Rankine에 의해 저술되었다.

물질이 분자(*molecules*)라고 불리는 많은 입자들로 구성되어 있다는 것은 잘 알려진 사실이며, 물질의 상태량은 이들 입자들의 거동에 좌우된다. 예를 들면 용기 내에 있는 기체의 압력은 분자들과 용기 벽면 사이의 운동량 전달의 결과이다. 그러나 용기 내의 압력을 결정하기 위하여 기체 입자의 거동을 알 필요는 없다. 기체 압력은 용기에 압력 게이지를 부착하여 충분히 알 수 있다. 개개의 분자 거동에 대한 정보를 필요로 하지 않는 거시적 접근법(macroscopic approach)의 열역학 연구를 **고전 열역학**(classical thermodynamics)이라고 한다. 고전 열역학은 공학문제 해결에 직접적이고 쉬운 방법을 제공한다. 그룹을 이루는 개별적인 분자들의 평균 거동에 근거한 자세한 접근법을 채택한 열역학 연구를 **통계 열역학**(statistical thermodynamics)이라고 한다. 이러한 미시적 접근법(microscopic approach)은 본 교재에서 조금만 다루어지고 보조 역할로 사용된다.

1-3 열전달

방에 둔 차가운 음료 캔은 따뜻해지고 냉장고에 둔 따뜻한 캔 음료는 차가워진다는 사실을 우리는 경험으로 알고 있다. 이는 에너지가 따뜻한 매질에서 차가운 매질로 전달되기 때문이다. 에너지 전달은 항상 높은 온도의 매질에서 낮은 온도의 매질로 발생하며, 두 매질이 같은 온도가 되었을 때 에너지 전달은 정지된다.

에너지는 다양한 형태로 존재한다. 열전달에서는 주로 **열**에 관심을 갖는데, 열전달은 온도 차이로 인하여 하나의 계(*system*)에서 다른 계(*system*)로 전달되는 에너지의 형태이다. 이러한 에너지 전달률을 결정하는 과학이 **열전달**이다.

열전달이라는 과학에 대해 자세히 공부할 필요가 있는지 궁금해 할 것이다. 우리는 열역학적 해석만을 이용하여 어떤 과정이 진행되고 있는 계에 대한 열전달량을 결정할 수 있다. 그 이유는 열역학에서는 과정의 진행 시간과 관계없이 계(system)가 하나의 평형상태에서 또 다른 평형상태로 진행되는 과정에 대한 열전달량에 관심을 갖기 때문이다. 열역학에서는 과정이 얼마나 길게 진행되었는지를 표시하지 않으며, 열역학적 해석은 단지 계의 상태 변화에 전달된 열전달량을 에너지 보존법칙을 적용하여 결정하는 것이다.

실제로 우리는 열전달량보다 열전달률(단위시간당 열전달량)에 대하여 좀 더 관심을 갖는다. 예를 들면 보온병 안에 있는 뜨거운 커피가 90°C에서 80°C로 냉각될 때, 보온병으로부터 전달된 열의 양은 열역학적 해석만으로 계산할 수 있다. 그러나 보온병의 사용자와 설계자는 보온병 내부에 있는 뜨거운 커피가 80°C까지 냉각되는 지속 시간에 주로 관심을 가지며, 열전달량을 해석하는 열역학은 이 질문에

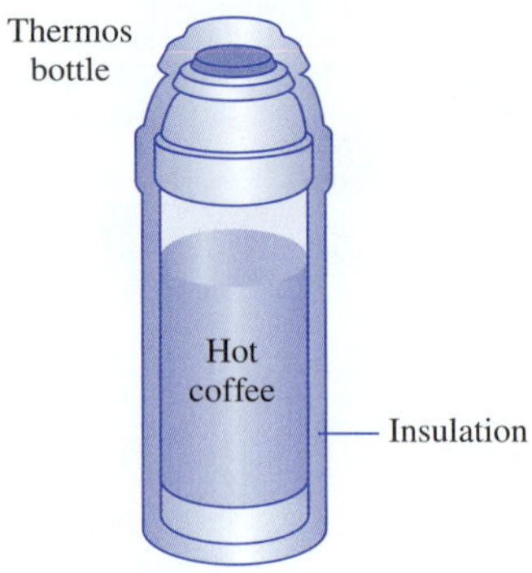

그림 1-5
보온병에 있는 고온의 커피가 특정 온도로 식는 데 얼마나 걸리는지 관심이 있지만, 열역학 해석만으로 결정할 수 없다.

그림 1-6
열은 온도가 감소하는 방향으로 흐른다.

그림 1-7
유체역학은 운동 또는 정지 상태의 액체와 기체의 거동을 다룬다.
franckreporter/E+/Getty Images

답을 할 수 없다. 계로부터 혹은 계 내부로의 열전달률을 해석하여 가열 또는 냉각 시간뿐만 아니라 온도의 변화량의 결정이 열전달의 주제이다(그림 1-5).

열역학은 평형상태 및 하나의 평형상태에서 다른 평형상태로의 변화를 다루지만, 열전달은 열적 평형상태가 아닌 시스템을 해석하는 **비평형 현상**(*nonequilibrium phenomena*)이기 때문에 열전달 연구는 열역학의 원리에만 기초할 수 없다. 하지만 열역학 법칙들은 열전달 과학에 대한 기본 골격을 이룬다. **열역학 제1법칙**에서 계 내부로의 열전달률은 계 내부의 에너지 증가율과 같다는 것을 의미하며, **열역학 제2법칙**은 열은 온도가 감소하는 방향으로 전달된다는 것을 의미한다(그림 1-6). 이러한 원리는 경사진 도로에 주차된 자동차와 유사하다. 자동차의 브레이크를 풀면 고도가 낮아지는 방향인 내리막길로 주행한다. 또한 전류는 전압이 감소하는 방향으로 흐르고, 유체는 압력이 감소하는 방향으로 흐르는 원리와 유사하다.

열전달은 기본적으로 **온도 차이**로 인하여 발생한다. 동일한 온도를 갖는 두 매질 사이에서는 열전달이 존재할 수 없으며, 온도 차이는 열전달이 일어나는 **구동력**이다. 이는 **전압 차이**가 전류가 흐르는 구동력인 것과 같고, **압력 차이**가 유체 흐름의 구동력인 것과 같은 원리이다. 어떤 방향으로의 열전달률은 그 방향의 **온도 구배**(단위 길이당 온도 차이 또는 온도 변화율)에 의존하며, 온도 구배가 클수록 열전달률은 커진다.

1-4 유체역학

역학(mechanics)은 힘의 영향을 받아 정지된 물체와 움직이는 물체를 모두 다루는 가장 오래된 물리 과학이다. 역학은 정지해 있는 물체를 다루는 역학인 **정역학**(statics)과 힘이 작용하여 움직이는 물체를 다루는 **동역학**(dynamics)으로 분류한다. **유체역학**(fluid mechanics or fluid dynamics)은 정지 상태의 유체 거동(**유체 정역학**, *fluid statics*), 운동 중의 유체 거동(**유체 동역학**, *fluid dynamics*) 및 경계에서 고체 또는 다른 유체와의 상호작용을 다루는 과학으로 분류하며, 정지 상태의 유체는 속도가 0인 운동의 특별한 경우로 간주한다(그림 1-7).

유체역학은 몇 가지 범주로 분류한다. 액체(특히 물)와 낮은 속도의 기체와 같이 비압축성으로 고려할 수 있는 유체의 운동에 대한 연구는 일반적으로 **수력학**(hydrodynamics)으로 분류하며, 파이프 내부와 개방된 채널에서 액체 유동을 다루는 **유압학**(hydraulics)은 수력학의 하위 범주이다. 노즐을 통한 고속의 기체 유동과 같이 매우 높은 밀도 변화를 갖는 유체 유동은 **기체역학**(gas dynamics)으로 분류하며, 고속 또는 저속으로 항공기, 로켓, 자동차 주의를 흐르는 기체(특히 공기)의 유동은 **공기역학**(aerodynamics)으로 분류한다. **기상학**(meteorology), **해양학**(oceanography), **수문학**(hydrology)과 같은 특별한 범주들은 자연적으로 발생하는 유동을 다룬다.

물리학에서 물질은 고체, 액체, 기체의 세 가지 상(phase)으로 존재하며, 매우 높은 온도에서는 플라즈마로 존재한다. 액체 또는 기체 상태의 물질을 **유체**(fluid)

라고 한다. 고체와 유체의 구별은 물질의 형태를 변화시키는 전단 응력에 대한 저항력에 기초한다. 고체는 변형을 통해 물체에 적용된 전단 응력에 저항할 수 있는 반면, **유체는 크기에 관계없이 전단 응력의 영향을 받아 연속적으로 변형**된다. 고체에서 응력은 **변형**에 비례하지만, 유체에서 응력은 **변형률**에 비례한다. 전단 응력이 가해지면 고체는 일정한 변형 각에서 변형이 멈추지만 유체는 변형을 멈추지 않거나 일정한 **변형률**에 접근한다.

두 평판 사이에 단단히 고정된 직사각형 고무 블록을 고려하자. 하부 평판이 고정된 상태에서 상부 평판이 힘 F로 당겨지면 고무 블록은 그림 1-8과 같이 변형된다. 변형 각 α(**전단 변형 또는 각 변위**)는 작용된 힘 F에 비례하여 증가한다. 고무와 평판 사이에 미끄럼이 없다고 가정하면, 고무의 상부 표면은 상부 평판의 이동 변위만큼 이동되는 반면 하부 표면은 정지된 상태로 유지된다. 평형상태에서 수평방향으로 상판에 작용하는 힘의 크기는 0이어야 하며, 따라서 F와 동일 크기의 반대 방향의 힘이 판에 작용해야 한다. 이때 마찰로 인해 판–고무 경계면에서 발생하는 이 반대 힘은 $F = \tau A$로 표현된다. 여기서 τ는 전단 응력, A는 상판과 고무의 접촉 면적이다. 힘이 제거되면 고무는 원래 위치로 돌아가며, 이러한 현상은 가해진 힘이 물질의 탄성 범위를 초과하지 않는 한 강철 블록과 같은 다른 고체에서도 관찰할 수 있다. 이와 같은 실험이 유체(예를 들어 평행한 두 평판 이에 물이 놓여진 경우)로 반복될 경우, 상부 평판과 접촉하는 유체 층(layer)은 힘의 크기에 관계없이 상부 평판과 동일한 속도로 평판과 함께 연속적으로 이동하며, 유체 속도는 유체 층 사이의 마찰로 인해 깊이가 깊어질수록 감소하여 하부 평판에서는 0에 도달한다.

정역학에서 단위 면적당 힘으로 정의되는 **응력**(stress)은 힘을 작용 면적으로 나누어 결정하며, 단위 면적당 표면에 작용하는 힘의 수직 성분을 **수직 응력**(normal stress), 접선 성분을 **전단 응력**(shear stress)이라 한다(그림 1-9). 정지 상태의 유체에서는 수직 응력을 **압력**(pressure)이라 한다. 정지된 유체는 전단 응력은 0인 상태이며, 벽이 제거되거나 액체 용기가 기울어지면 액체가 이동하면서 전단력이 발생하고 수평 자유 표면이 다시 형성된다.

액체에서 분자 그룹은 서로 상대적으로 움직일 수 있지만, 분자 사이의 강한 응집력 때문에 부피는 일정하게 유지된다. 결과적으로, 액체는 담겨있는 용기의 모양을 취하고, 중력장에서 용기 표면보다 큰 자유 표면을 형성한다. 반면, 기체는 용기의 벽과 마주칠 때까지 팽창하여 공간 전체를 차지한다. 이는 기체 분자들이 넓은 간격을 두고 있고, 분자 사이의 응집력이 매우 작기 때문이다. 열린 용기 내의 기체는 액체와는 다르게 자유 표면을 형성할 수 없다(그림 1-10).

대부분의 경우 고체와 유체는 쉽게 구별되지만, 두 경계에 존재하여 구별이 명확하지 않는 경우도 있다. 예를 들어, **아스팔트**는 짧은 시간 동안 전단 응력에 저항하기 때문에 고체의 거동을 보이지만, 이러한 힘이 오랜 시간 동안 작용하면 아스팔트는 천천히 변형되어 유체로 거동한다. 일부 플라스틱, 납 및 슬러리 혼합물도

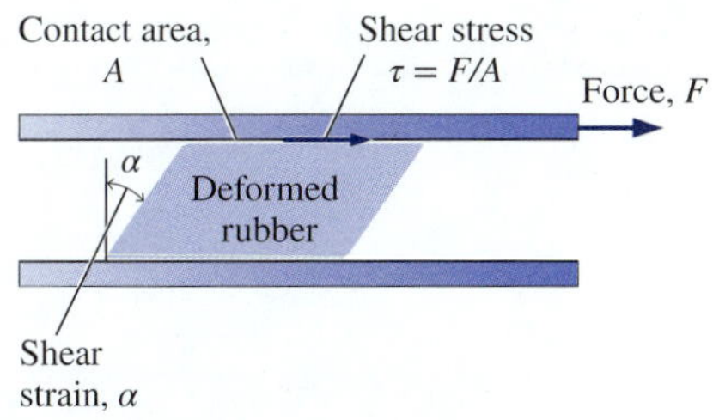

그림 1-8
전단 응력의 영향으로 두 평판 사이에 놓여진 고무 블록의 변형. 그림에 나타낸 고무에 대한 전단 응력과 동일한 크기의 반대 방향 전단 응력이 상부 평판에 작용한다.

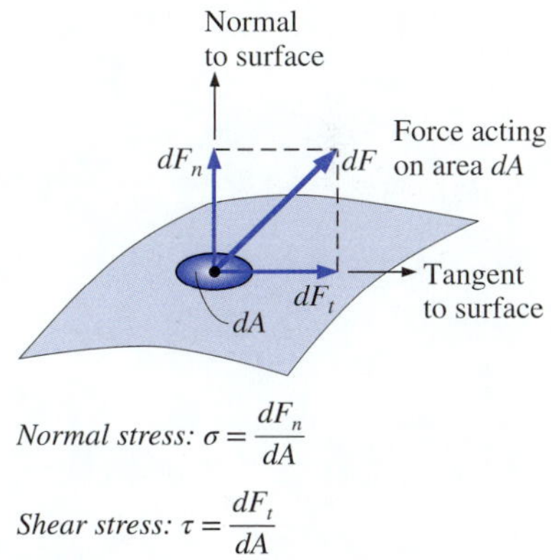

그림 1-9
유체 표면의 수직 응력과 전단 응력. 정지 상태의 유체에서는 전단 응력이 0이며, 수직 응력은 압력이다.

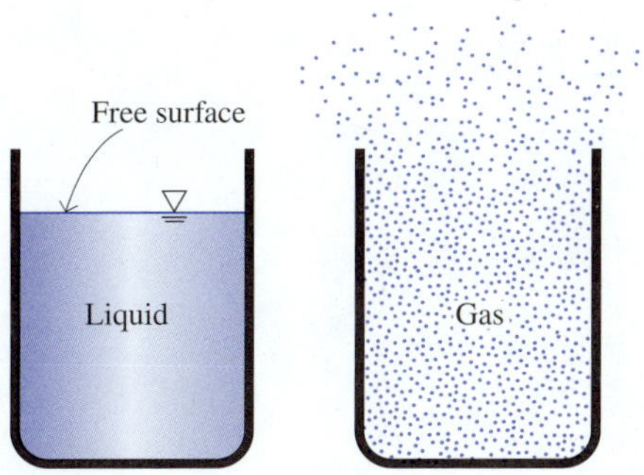

그림 1-10
기체는 액체와는 다르게 자유 표면을 형성하지 않으며 공간 전체로 팽창한다.

아스팔트와 유사한 거동을 나타낸다. 이러한 경계 영역의 거동은 본 교재에서는 다루지 않으며, 본 교재에서는 명확하게 유체로 인식되는 유체를 다룬다.

1-5 차원 및 단위의 중요성

물리량은 **차원**(dimensions)으로 특정될 수 있으며, 차원에 부여된 크기를 **단위**(units)라고 한다. 질량 m, 길이 L, 시간 t, 온도 T와 같이 기초가 되는 차원들을 **1차 차원**(primary dimensions) 또는 **기본 차원**(fundamental dimensions)이라 하고, 1차 차원으로 나타낼 수 있는 속도 V, 에너지 E, 체적 V와 같은 차원들을 **2차 차원**(secondary dimensions) 또는 **유도 차원**(derived dimensions)이라 한다.

많은 단위계가 수많은 세월에 걸쳐 개발되어 왔다. 전 세계를 하나의 단위계로 통일하기 위한 과학 및 공학 단체의 노력에도 불구하고 오늘날 두 단위계가 여전히 사용되고 있다. 이들은 미국 단위계(*the United States Customary System, USCS*)로 알려진 **영국 단위계**(English system)와 국제 단위계(*International System*)로 알려진 **SI** (*Le Système International d'Unitès*) **단위계**이다. SI 단위계는 십진법에 근거한 간단하고 논리적인 단위계이며, 영국을 포함한 대부분의 산업화된 나라의 과학 및 산업 현장에서 사용하고 있다. 하지만 영국 단위계는 수치적인 근거를 가지고 있지 않으며, 이 단위계에서 사용되는 단위들은 서로 임의적으로 관련되어(12 in = 1 ft, 1 mile = 5,280 ft, 4 qt = 1 gal 등) 혼란스럽고 배우기가 어렵다. 미국은 산업화된 나라 중에서 미터법 단위계로 완전히 전환하지 않은 유일한 나라이다.

보편적으로 사용 가능한 단위계를 개발하기 위한 체계적인 노력은 프랑스 국회가 프랑스 과학 학술원에 제안하도록 위탁한 1790년부터였다. 미터 단위계의 초기 버전은 곧바로 프랑스에서 개발되었으나, 미터 단위계 협정 조약(*The Metric Convention Treaty*)이 미국을 포함한 17개국에 의해 준비되고 조인된 1875년 이전까지는 보편적으로 받아들여지지 않았다. 이 국제 협정에서는 미터와 그램을 각각 길이와 질량의 미터법 단위로 제정하였고, 국제 도량형 회의(*General Conference of Weight and Measures, CGPM*)를 6년마다 개최하기로 하였다. 1960년에 CGPM은 1954년 제10차 국제 도량형 회의에서 채택된 6개의 기본량과 단위에 근거한 SI 단위계를 제정하였다. 길이는 미터(m), 질량은 킬로그램(kg), 시간은 초(s), 전류는 암페어(A), 온도는 Kelvin 눈금(°K), 빛의 양을 나타내는 조도는 칸델라(cd)로 6개의 기본량과 단위를 제정하였으며, 1971년에는 7번째의 기본량과 단위로 물질의 양을 표시하는 몰(mol)을 추가하였다.

기본 단위를 정확하고 보편적으로 정의하기 위해 과학계는 수십 년간 끊임없이 노력해왔으며, 킬로그램, 몰, 암페어, 켈빈에 대한 최근의 새로운 정의는 역사적인 이정표로 여겨진다.

킬로그램(kg) 단위는 4°C에서 1리터의 순수한 물의 질량을 나타낸다. 이전에 공식적으로 정의한 킬로그램은 1889년부터 파리에 보관된 실린더 모양의 반짝이는 금속 질량이었다. 국제적으로 통용된 이 킬로그램 원형은 90%의 백금과 10%의 이리듐의 합금으로, Le Grand K로도 알려져 있다.

2018년 11월 26일 프랑스 베르사유에서 개최된 제26차 도량형 총회에 60개국 대표들이 모여 플랑크 상수(h = 6.62607015 × 10^{-34} $m^2 \cdot kg/s$)의 분해능으로 정의하는 질량 단위를 채택하였다. 플랑크 상수 단위는 kg을 가지고 있으며, 물리학 방정식에서 플랑크 상수는 1 kg과 관련되어 있다. 플랑크 상수 h의 정의를 사용하면,

$$1\ \text{kg} = \frac{h}{6.62607015 \times 10^{-34}} \frac{\text{s}}{\text{m}^2}$$

여기서 초(s)와 미터(m)의 단위는 두 개의 기본 상수인 c(진공에서 빛의 속도)와 $\Delta\nu_{Cs}$(기저 상태인 세슘-133 원자의 초미세 구조 전이 주파수)로 자체적인 정의되며, 따라서, 표준 킬로그램(kg)은 공식적으로 다음과 같이 정의된다.

$$1\ \text{kg} = \frac{(299{,}792{,}458)^2}{(6.62607015 \times 10^{-34})(9{,}192{,}631{,}770)} \frac{h \cdot \Delta\nu_{Cs}}{c^2}$$

또한 이 회의에서 일반 상수를 사용하는 방법을 채택하여 몰, 켈빈, 암페어도 새롭게 정의하였다. 몰은 아보가드로 상수 값, 암페어는 기본 전하 값, 켈빈은 볼츠만 상수 값(= 1.380649 × 10^{-23} J/K)과 관련이 있다.

표준 미터 단위는 처음에는 북극과 적도 사이의 거리의 1/10,000,000로 정의되었다. 당시 이 거리는 가능한 한 정확하게 측정되었으며, 18세기 후반에 이 길이에 대한 "마스터 미터(master metre)" 막대가 만들어졌다. 다른 모든 미터들은 이 막대로 측정되었으나, 이후 극과 적도 사이의 거리를 계산한 결과 원래 측정값이 부정확한 것으로 나타났다. 1983년, 미터는 진공 상태에서 1/299,792,458초 동안 빛의 이동 거리로 정의했다.

1967년 도입된 표기법에 따라 절대온도 단위(°K)에서 도 기호(°)를 공식적으로 삭제하였으며, 모든 단위의 이름은 고유 명칭에서 유래하였더라도 대문자를 사용하지 않고 표기하였다(표 1-1). 그러나 이름에서 유래된 단위의 약자는 대문자로 쓰기로 하였다. 예를 들어 Isaac Newton 경(1647~1723)의 이름으로 명명된 힘의 SI 단위는 *newton* (Newton이 아님)이며, 약자로는 N이다. 또한 단위의 명칭은 복수로 쓸 수 있으나 약자는 복수로 쓸 수 없다. 예를 들면 물체의 길이는 5 m 또는 5 meters일 수 있으나 5 ms 또는 5 meter일 수는 없다. 마지막으로 약자가 문장의 끝에 있는 경우를 제외하고는 약자에 마침표를 사용하지 않는다. 예를 들어 미터(meter)의 올바른 약자는 m (m.가 아님)이다.

미국의 미터 단위계를 사용 움직임은 1968년 의회가 세계의 다른 지역에서 일어나고 있는 일에 대응하여 미터 단위계 연구 조례(Metric Study Act)를 통과시키면서 시작된 것으로 볼 수 있다. 미국 의회는 1975년에 미터 단위계 전환 조례(Metric Conversion Act)를 통과시켜 미터 단위계로의 전환 노력을 자발적으로 수행하였다. 1988년 국회에서 통과된 무역법은 모든 연방 기관이 미터 단위계로 전

표 1-1
SI 단위계의 일곱 개 기본 차원(유도 차원)과 단위

Dimension	Unit
Length	meter (m)
Mass	kilogram (kg)
Time	second (s)
Temperature	kelvin (K)
Electric current	ampere (A)
Amount of light	candela (cd)
Amount of matter	mole (mol)

표 1-2
SI 단위계에서 사용하는 표준 접두어

Multiple	Prefix
10^{24}	yotta, Y
10^{21}	zetta, Z
10^{18}	exa, E
10^{15}	peta, P
10^{12}	tera, T
10^{9}	giga, G
10^{6}	mega, M
10^{3}	kilo, k
10^{2}	hecto, h
10^{1}	deka, da
10^{-1}	deci, d
10^{-2}	centi, c
10^{-3}	milli, m
10^{-6}	micro, μ
10^{-9}	nano, n
10^{-12}	pico, p
10^{-15}	femto, f
10^{-18}	atto, a
10^{-21}	zepto, z
10^{-24}	yocto, y

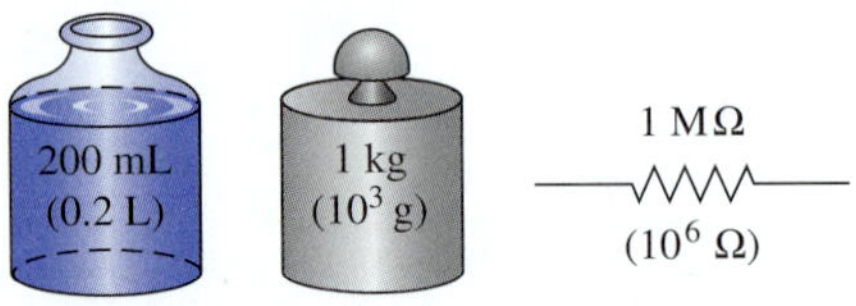

그림 1-11
SI 단위의 표준 접두어는 모든 공학분야에서 사용한다.

환하는 시한을 1992년 9월로 정하였다. 그러나 마감 시한은 미래에 대한 명확한 계획 없이 이후에 완화되었다.

전 세계에 통용되는 단일 설계, 소형화, 재고량 감축 등과 같은 경제적인 이유로 인하여 국제 무역에 많이 관여하는 산업들(자동차, 청량음료, 주류 산업 등)은 미터 단위계로의 전환을 서둘러 왔다. 오늘날 미국에서 생산되는 거의 모든 자동차는 미터법의 적용을 받고 있다. 많은 자동차 소유자들은 미터 단위로 만들어진 볼트에 인치 단위의 소켓 렌치를 꽂아보고 나서야 이러한 사실을 알게 될 것이다. 그러나 대부분의 산업들은 이러한 변화에 저항하여 미터 단위계로의 전환 과정이 늦어졌다.

현재 미국은 이중 단위계를 사용하는 사회이며, 이러한 상태는 미터 단위계로의 완전한 전환이 이루어질 때까지는 지속될 것이다. 이러한 환경은 공학도들이 SI 단위계로 배우고, 생각하고, 일하면서 영국 단위계를 이해해야 하기 때문에 오늘날의 공학도에게는 추가적인 부담이 된다. 전환기에 있는 공학도의 엔지니어의 상황을 고려하여 본 교재에서는 두 단위계가 모두 사용되나, 특히 SI 단위를 강조한다.

앞에서 언급한 바와 같이, SI 단위계는 십진법에 근거하여 단위 값 사이의 관계를 표시하며 단위 값의 곱을 나타내는 접두어는 표 1-2와 같다. 이 접두어는 모든 단위에 사용되는 표준 접두어로 광범위하게 사용되므로 꼭 기억해야 한다(그림 1-11).

SI 단위와 영국 단위

SI 단위계에서 질량, 길이, 시간의 단위는 각각 킬로그램(kg), 미터(m), 초(s)이며, 영국 단위계는 각각 파운드-질량(lbm), 피트(ft), 초(s)이다. 파운드 기호 *lb*는 고대 로마의 중량 단위였던 *libra*의 약자이다. 영국은 410년 로마 점령 시대가 끝난 후에도 이 기호를 사용하였다. 이 두 단위계의 질량과 길이는 다음과 같은 관계가 있다.

$$1 \text{ lbm} = 0.45356 \text{ kg}$$
$$1 \text{ ft} = 0.3048 \text{ m}$$

영국 단위계에서 힘은 항상 1차 차원 중의 하나로 간주되며, 비유도 단위로 주어진다. 이 점이 많은 공식에서 변환 계수(g_c)를 사용해야 하는 혼란과 오류의 원인이다. 이러한 불편을 피하기 위해 힘을 Newton의 제2법칙으로부터 유도되는 2차 차원으로 생각한다.

$$\text{Force} = (\text{Mass})(\text{Acceleration})$$

또는

$$F = ma \qquad \textbf{(1–1)}$$

SI 단위계에서 힘의 단위는 뉴턴(N)이고, 1 kg의 질량을 1 m/s^2의 가속도로 가속시키는 데 필요한 힘으로 정의한다. 영국 단위계에서 힘의 단위는 파운드-힘(lbf)이고, 질량 32.174 lbm(= 1 slug)을 1 ft/s^2의 가속도로 가속시키는 데 필요한 힘으로 정의한다(그림 1-12).

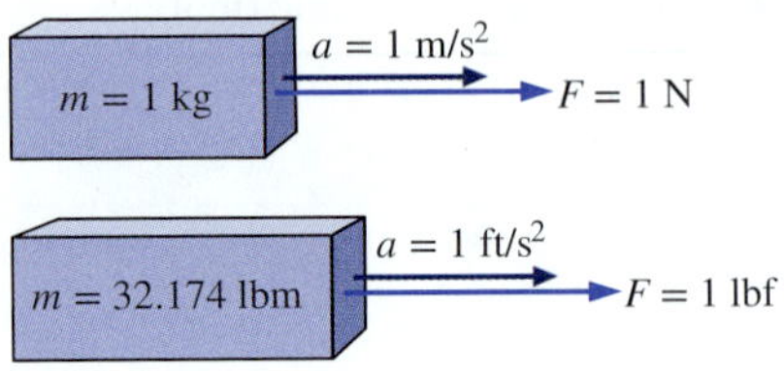

그림 1-12
힘 단위의 정의

$$1\ \text{N} = 1\ \text{kg}\cdot\text{m/s}^2$$

$$1\ \text{lbf} = 32.174\ \text{lbm}\cdot\text{ft/s}^2$$

1 N의 힘은 대략 작은 사과 1개(m = 102 g)의 중량과 같은 값인 반면, 1 lbf의 힘은 그림 1-13에 나타낸 바와 같이 대략적으로 중간 크기 사과 4개(m_{total} = 454 g)의 중량과 같은 값이다. 많은 유럽 국가에서 일반적으로 사용하는 힘의 단위는 **킬로그램-힘**(kgf)이며, 이 힘은 해수면에서 질량 1 kg의 중량에 해당한다(1 kgf = 9.807 N).

중량(weight)이란 용어는 특히 "체중 조절 중인 사람(weight watchers)"처럼 종종 질량을 표현하는 부정확한 용어이며, 질량과는 달리 중량 W는 **힘**이다. 중량은 물체에 작용된 중력이며, 그 크기는 Newton의 제2법칙에 의해 결정된다.

$$W = mg \quad \text{(N)} \tag{1-2}$$

여기서 m은 물체의 질량이고, g는 국소 중력 가속도이다(g는 위도 45°인 해수면에서 9.807 m/s² 또는 32.174 ft/s²). 목욕탕에 있는 저울은 보통 인체에 작용하는 중력을 측정한다.

물체의 질량은 우주 어디에서나 위치에 관계없이 같아야 하지만, 중량은 중력 가속도 값에 따라 변한다. 중력 가속도 g는 고도가 높아짐에 따라 감소하므로 산꼭대기에서 물체의 중량은 감소한다. 달 표면에서 우주 비행사의 중량은 지구에서 정상적으로 측정한 중량의 약 1/6이다(그림 1-14).

해수면에서 질량 1 kg의 중량은 그림 1-15에 나타낸 바와 같이 9.807 N이다. 그러나 질량 1 lbm의 중량은 1 lbf인데, 파운드-질량과 파운드-힘을 파운드(lb)로 상호 교환하여 쓸 수 있다고 사람들을 잘못 생각하게 한다. 이 점이 영국 단위계에서 발생하는 오류의 주된 원인이다.

질량에 작용하는 **중력**은 물체들 사이의 **인력**에 의한 것이며, 이는 질량의 크기에 비례하고 물체들 사이의 거리의 제곱에 반비례한다. 따라서 중력 가속도 g는 위도, 지구 중심까지의 거리, 작게는 달과 태양의 위치에 따라 달라진다. 중력 가속도 g 값은 극점(pole)에서는 9.832 m/s²(적도에서는 9.789 m/s²)에서 해발 1000 km에서는 7.322 m/s²까지 변한다. 하지만 해발 30 km까지의 고도에서 중력 가속도 g 값의 변화는 해수면의 9.807 m/s² 값의 1% 미만이다. 따라서 실제 문제에서 중력 가속도는 9.807 m/s²의 **일정한** 값으로 가정할 수 있으며, 반올림하여 9.81 m/s²로 사용한다. 해수면보다 낮은 지역에서 중력 가속도 g 값은 해수면보다 낮아질수록 증가하여 4500 m에서 최대값을 갖고, 다시 감소한다(지구 중심에서 g 값은 얼마라고 생각하는가?).

질량과 중량을 혼동하는 주된 이유는 질량에 작용하는 **중력**을 측정하여 **간접적으로** 측정되는 것이 질량이기 때문이다. 이러한 접근 방법은 공기 부력과 유체 운동과 같은 다른 효과에 의해 작용되는 힘이 무시할 수 있다는 것을 가정한다. 이는

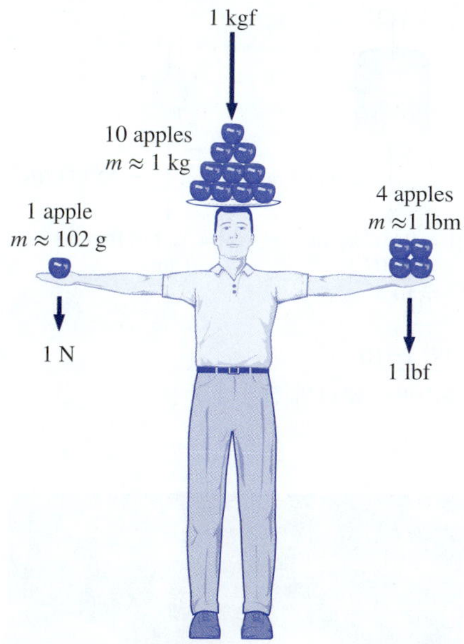

그림 1-13
힘의 단위인 뉴턴(N), 킬로그램-힘(kgf), 파운드-힘(lbf)의 상대적인 크기

그림 1-14
지구에서 150 lbf인 몸무게는 달에서는 25 lbf이다. (지구에서 66 kgf인 몸무게는 달에서는 11 kgf이다.)

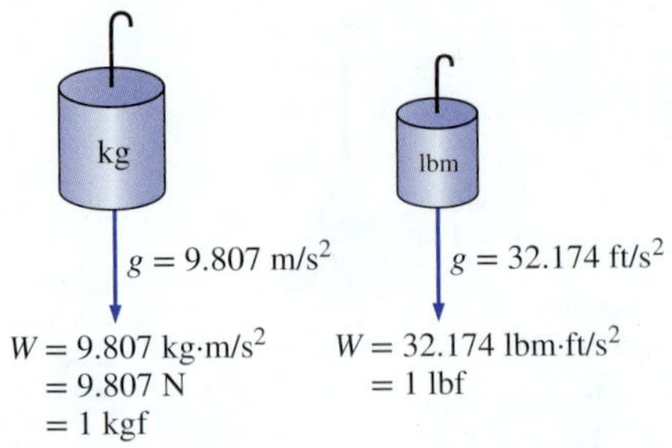

그림 1-15
해수면에서 단위 질량의 중량

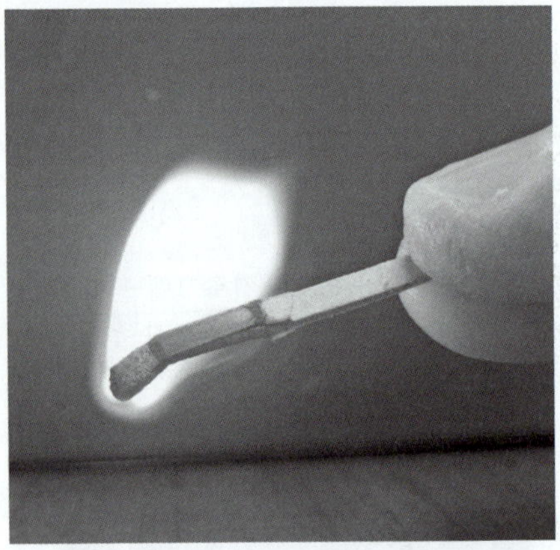

그림 1-16
성냥 하나가 완전히 연소될 때 발생하는 에너지는 약 1 Btu(또는 1 kJ)이다.
John M. Cimbala

적색 편이(red shift)를 측정하여 별까지의 거리를 측정하는 것과 같고, 기압을 측정하여 비행기의 고도를 측정하는 것과 같다. 이 두 가지 모두 간접 측정법이다. 질량을 **직접** 측정하는 올바른 방법은 알고 있는 질량과 계측하려는 질량을 비교하는 것이다. 이 방법은 귀찮지만 귀금속을 측정하고 보정하는 데 주로 사용된다.

에너지의 한 형태인 **일**(*work*)은 힘과 거리의 곱으로 간단하게 정의할 수 있다. 따라서 일의 단위는 "뉴턴-미터(N·m)"이고, **주울**(joule, J)이라고 한다.

$$1\ \text{J} = 1\ \text{N}\cdot\text{m} \qquad \textbf{(1–3)}$$

SI 단위계에서 가장 일반적으로 사용하는 에너지의 단위는 킬로주울($1\ \text{kJ} = 10^3\ \text{J}$)이다. 영국 단위계에서 사용하는 에너지 단위는 **Btu** (British thermal unit)로, 68°F의 물 1 lbm를 1°F 높이는 데 필요한 에너지로 정의한다. 미터 단위계에서는 14.5°C의 물 1 g의 온도를 1°C 높이는 데 필요한 에너지의 양을 1 **칼로리**(calorie, cal)로 정의하며, 1 cal = 4.1868 J이다. kJ과 Btu의 크기는 거의 같다(1 Btu = 1.0551 kJ). 이러한 단위를 실감할 좋은 방법으로 보통 성냥에 불을 붙여 스스로 타게 하면 약 1 Btu(또는 1 kJ)의 에너지가 생성된다(그림 1-16).

에너지의 시간 변화율에 대한 단위는 **와트**(watt, W)로 불리는 J/s이며, 일(work)의 경우에는 에너지의 시간 변화율을 **동력**(*power*)으로 부른다. 일반적으로 사용하는 동력의 단위는 마력(horse power, hp)으로, 1마력은 746 W에 해당한다. 전기 에너지는 일반적으로 kWh 단위로 표현되며, 1 kWh는 3600 kJ이다. 정격 출력 1 kW의 전기제품을 1시간 연속 사용하면 1 kWh의 전기 에너지가 소비된다. 전력 생산을 다룰 때 kW와 kWh의 단위가 주로 혼동된다. 동력의 단위는 kW 또는 kJ/s이고, 반면에 에너지 단위는 kWh이다. 따라서 "새로운 풍력 터빈이 연간 50 kW의 전력을 생산할 것이다"는 말은 무의미하며 부정확한 표현이다. 정확한 표현은 "새로운 풍력 터빈의 정격 출력은 50 kW로 연간 120,000 kWh의 전기 에너지를 생산할 것이다"가 정확한 표현이다.

차원의 동일성

사과와 오렌지는 더하지 않는다. 그러나 물론 실수이지만 어떻게든 더하려고 한다. 공학에서는 모든 방정식이 **차원적으로 동일**해야 한다. 즉, 방정식에 있는 모든 항은 동일한 단위를 가져야 한다. 만약 계산 과정에서 단위가 다른 두 항을 더하는 단계가 나타나면, 앞 단계에서 계산상의 오류가 있었다는 것을 의미한다. 따라서 단위를 확인하는 것은 오류를 찾아내는 유용한 도구로 사용될 수 있다.

예제 1-1 **풍력 터빈의 전력 생산**

한 학교에서 전기 요금으로 \$0.12/kWh를 지불하고 있다. 전기 요금을 절약하기 위하여 정격 출력 30 kW의 풍력 터빈을 설치하였다(그림 1-17). 이 풍력 터빈이 정격 출력으로 1년에 2,200시간 가동된다면, 풍력 터빈으로 생산되는 전력과 학교에서 절약할 수 있는 전기 요금을 계산하라.

풀이 전기 생산을 위해 풍력 터빈을 설치하였으며, 생산되는 전기 에너지의 양과 연간 절약되는 전기 요금을 결정한다.

해석 풍력 터빈은 30 kW 또는 30 kJ/s의 출력으로 전기 에너지를 생산한다. 따라서 연간 발전되는 전기 에너지는 다음 과 같다.

$$\text{총 에너지} = (\text{단위 시간당 에너지})(\text{가동 시간}) = (30\ \text{kW})(2{,}200\ \text{h}) = \mathbf{66{,}000\ kWh}$$

이 에너지로 매년 절약되는 전기 요금은 다음과 같다.

$$\text{절약된 비용} = (\text{총 에너지})(\text{에너지의 단위 요금}) = (66{,}000\ \text{kWh})(\$0.12/\text{kWh}) = \mathbf{\$7{,}920}$$

검토 연간 생산되는 전기 에너지는 환산을 통하여 kJ로 계산할 수 있다.

$$\text{총 에너지} = (30\ \text{kW})(2200\ \text{h})\left(\frac{3600\ \text{s}}{1\ \text{h}}\right)\left(\frac{1\ \text{kJ/s}}{1\ \text{kW}}\right) = 2.38 \times 10^8\ \text{kJ}$$

이 값은 66,000 kWh에 해당한다. (1 kWh = 3600 kJ)

그림 1-17

예제 1-1에서 다루는 풍력 터빈

Bear Dancer Studios

문제 풀이 과정에서 단위를 주의 깊게 사용하지 않으면 곤란하게 된다는 사실을 경험에 의해 잘 알고 있다. 그러나 약간의 주의와 기교로 우리에게 도움이 되도록 단위를 활용할 수 있다. 다음 예제에서 설명하는 것처럼 단위는 공식을 확인하거나 때로는 공식을 유도하는 데에도 이용할 수 있다.

예제 1-2 **단위를 이용한 공식 구하기**

탱크에 밀도(ρ)가 850 kg/m³인 오일이 채워져 있다. 탱크의 체적(V)이 2 m³일 때 탱크 안에 들어있는 오일의 질량(m)을 구하라.

풀이 탱크의 체적이 주어져 있으며, 오일의 밀도를 이용하여 질량을 계산한다.

가정 오일은 비압축성 물질이며, 따라서 오일의 밀도는 일정하다.

해석 문제에 주어진 시스템의 개략도는 그림 1-18과 같다. 밀도와 체적에 질량을 관련시키는 공식을 잊었다 하더라도 질량의 단위는 kg이라는 것을 알고 있다. 즉, 계산을 어떻게 하든 결과는 kg 단위로 끝나야 한다. 주어진 정보를 살펴보면 다음과 같다.

$$\rho = 850\ \text{kg/m}^3 \quad \text{and} \quad V = 2\ \text{m}^3$$

두 물리량을 서로 곱하면 m³가 소거되고 kg으로 되는 것이 분명하므로 우리가 찾는

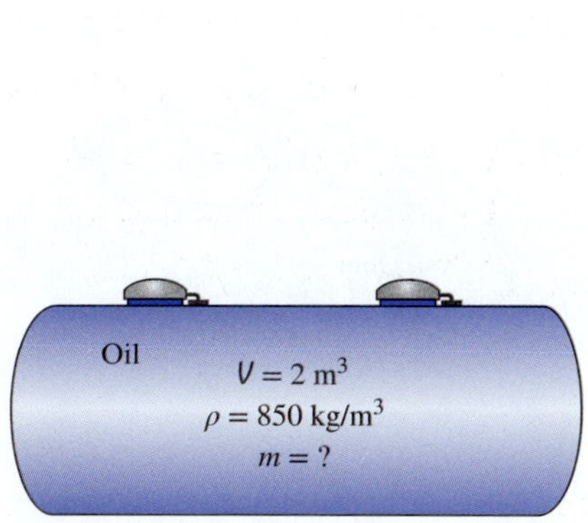

그림 1-18

예제 1-2의 개략도

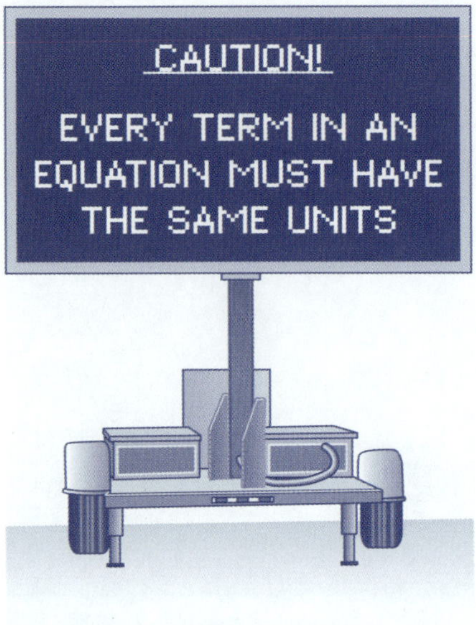

그림 1-19
모든 계산 과정에서 항상 단위를 검토해야 한다.

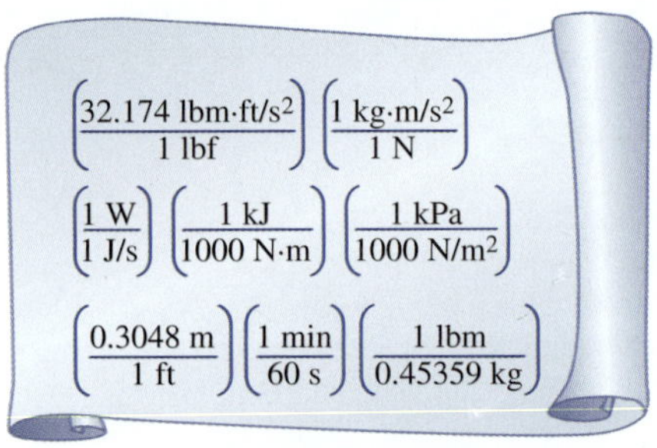

그림 1-20
모든 단위 변환비(역수도 동일)의 값은 정확히 1이며, 자주 사용하는 몇 가지 단위 변환비를 나타내었다.

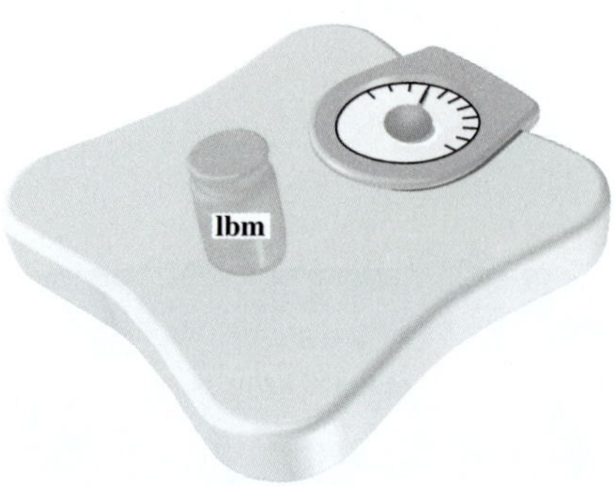

그림 1-21
지구에서 1 lbm의 질량은 1 lbf이다.

식은 다음과 같다.

$$m = \rho V$$

따라서

$$m = (850 \text{ kg/m}^3)(2 \text{ m}^3) = \mathbf{1700 \text{ kg}}$$

검토 이 방법은 좀 더 복잡한 식에 적용하지 못할 수 있다. 공식에 무차원 상수가 존재하는 경우에는 단위의 고려만으로 유도할 수 없다.

차원적으로 동일하지 않는 식은 분명히 틀린 식이지만(그림 1-19), 차원적으로 동일한 식이 반드시 옳은 식은 아니라는 것을 명심해야 한다.

단위 변환비

모든 2차 차원(non-primary dimension)은 1차 차원(primary dimension)의 적절한 조합으로 만들어질 수 있듯이 모든 **2차 단위**(non-primary units, secondary units)는 1차 단위(*primary units*)의 조합으로 만들어질 수 있다. 예를 들어 힘의 단위는 다음과 같이 표현할 수 있다.

$$1 \text{ N} = 1 \text{ kg}\frac{\text{m}}{\text{s}^2} \quad \text{and} \quad 1 \text{ lbf} = 32.174 \text{ lbm}\frac{\text{ft}}{\text{s}^2}$$

이들은 다음과 같은 **단위 변환비**(unity conversion ratio)를 사용하여 좀 더 편리하게 나타낼 수 있다.

$$\frac{1 \text{ N}}{1 \text{ kg·m/s}^2} = 1 \quad \text{and} \quad \frac{1 \text{ lbf}}{32.174 \text{ lbm·ft/s}^2} = 1$$

단위 변환비는 1의 값을 가지며 단위는 없다. 따라서 단위 변환비 또는 역수는 단위를 적절하게 변환시키기 위하여 계산 과정에 편리하게 삽입할 수 있다(그림 1-20). 단위를 변환할 때 여기에 주어진 단위 변환비 사용을 권장하며, 일부 교재는 고전적 중력 상수인 g_c를 g_c = 32.174 lbm·ft/lbf·s² = 1 kg·m/N·s² = 1로 정의하고 방정식에 삽입하여 힘의 단위를 맞춘다. 이러한 방법은 불필요한 혼란을 초래하여 권장하지 않으며, 여기에 나타낸 단위 변환비를 사용할 것을 추천한다.

예제 1-3 **1파운드-질량의 무게**

단위 변환비를 이용하여 지구에서 1 lbm의 무게가 1 lbf가 됨을 보여라(그림 1-21).

풀이 1 lbm의 질량이 표준 지구 중력하에 있으며, 1 lbf의 단위로 무게를 결정한다.
가정 표준 해수면 조건으로 가정한다.
상태량 중력 가속도 g = 32.174 ft/s²이다.

해석 문제에 주어진 질량과 가속도에 상당하는 중량(힘)을 계산하기 위하여 Newton의 제2법칙을 적용한다. 물체의 중량은 질량과 중력 가속도 값의 곱이다.

$$W = mg = (1.00 \text{ lbm})(32.174 \text{ ft/s}^2)\left(\frac{1 \text{ lbf}}{32.174 \text{ lbm·ft/s}^2}\right) = \mathbf{1.00 \text{ lbf}}$$

검토 위에 나타낸 식에서 큰 괄호 안에 있는 값은 단위 변환비이다. 질량은 지역에 관계없이 같은 값이지만, 다른 중력 가속도 값을 갖는 다른 행성에서의 1 lbm 중력은 여기서 계산된 값과 다를 것이다.

아침식사용 시리얼 한 박스를 산다면 박스에는 "정미 중량(net weight): 1파운드(454그램)"이라고 인쇄되어 있다(그림 1-22). 기술적으로 이는 박스 내에 있는 시리얼 중량이 지구에서 1.00 lbf이고, 453.6 g (0.4536 kg)의 **질량**을 갖는다는 뜻이다. Newton의 제2법칙을 이용하여 지구에서 시리얼의 실제 중량은 다음과 같다.

$$W = mg = (453.6 \text{ g})(9.81 \text{ m/s}^2)\left(\frac{1 \text{ N}}{1 \text{ kg·m/s}^2}\right)\left(\frac{1 \text{ kg}}{1000 \text{ g}}\right) = 4.49 \text{ N}$$

그림 1-22
미터 단위계의 모호한 표현

1-6 문제풀이 기법

어떤 과학을 배우는 데 첫 번째 단계는 기본 개념을 파악하고 그 과학의 중요한 정보를 얻는 것이다. 다음 단계는 이 지식을 시험하여 기본 개념을 익히는 것이다. 이는 중요한 실제 문제를 풀어 봄으로써 이루어진다. 이러한 문제를 푸는 것은, 특히 복잡한 문제의 경우 체계적인 접근 방법이 요구된다. 단계적 방법(step-by-step method)을 사용하면, 복잡한 문제의 해를 일련의 간단한 문제들로 줄여 전체 문제를 해결할 수 있다(그림 1-23). 문제를 풀 때 다음과 같은 단계를 사용하기를 추천한다. 이는 문제풀이 과정에서 나타나는 일반적인 함정을 피할 수 있도록 해준다.

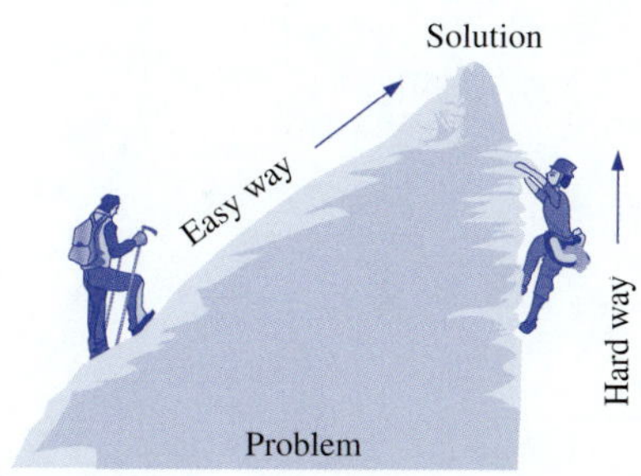

그림 1-23
단계적 접근 방법은 문제 풀이 과정을 매우 단순화할 수 있다.

단계 1: 문제의 기술(Problem statement)

자신의 표현으로 문제와 주어진 핵심 정보 및 찾아야 할 값을 간단히 기술한다. 이것은 문제를 풀기 전에 문제와 목적에 대한 이해를 확실하게 해준다.

단계 2: 개략도(Schematic)

관련된 물리적인 시스템의 현실적인 개략도를 그리고, 그림에 관련된 정보를 나열한다. 개략도는 정성들일 필요는 없으나, 실제 시스템과 유사해야 하며, 주요 특징이 나타나야 한다. 주위와 에너지 및 질량의 상호작용을 나타낸다. 개략도에 주어진 정보를 나열하는 것은 전체 문제를 한 번에 이해하는 데 도움을 준다. 또한 과정 동안에 일정하게 유지되는 상태량을 확인하고(예: 등온 과정의 온도) 이를 개략도에 표시한다.

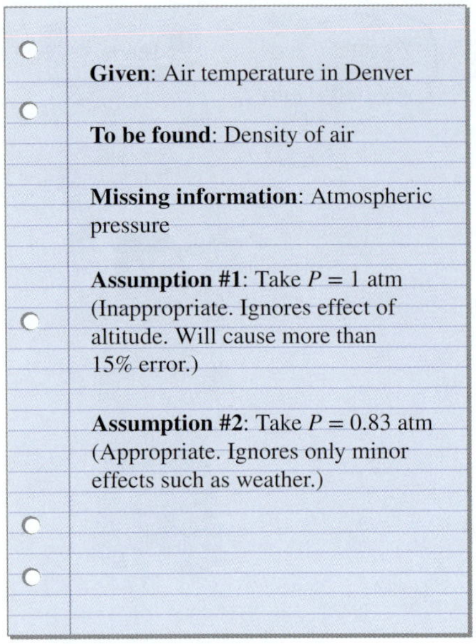

그림 1-24
공학 문제 해결 과정에서 세워진 가정들은 합리적이며 타당성이 있어야 한다.

단계 3: 과정과 근사(Assumptions and approximations)

문제를 단순화하기 위해 적절한 가정과 근사값을 제시하여 해를 얻을 수 있도록 한다. 의문의 여지가 있는 가정들을 확실히 정당화한다. 필요하지만 값이 없는 물리량을 의미 있는 값으로 가정한다. 예를 들면 대기압에 대한 구체적인 데이터가 없을 경우에 1 atm으로 가정할 수 있다. 그러나 해석 과정에서 대기압은 고도가 높을수록 감소한다는 사실을 기억해야 한다. 예를 들어 미국의 Denver 지역은 1,610 m의 고도에서 압력이 0.83 atm으로 감소한다(그림 1-24).

단계 4: 물리적 법칙(Physical laws)

모든 물리적 법칙과 원리(예: 질량 보존의 법칙 등)를 적용하고, 가정을 이용하여 문제를 가장 간단한 형태로 줄인다. 하지만 물리적 법칙이 적용되어야 하는 영역은 먼저 명확하게 파악하여야 한다. 예를 들어 노즐을 통해 흐르는 물의 속도 증가는 노즐의 입구와 출구 사이에 질량 보존의 원리를 적용하여 해석된다.

단계 5: 상태량(Properties)

주어진 상태에서 문제를 푸는 데 필요한 미지의 상태량 값들을 적절한 관계식이나 표를 사용하여 결정한다. 가능하면 상태량 값들을 분리하여 나열하고 가능하면 그 값의 출처를 표시한다.

단계 6: 계산(Calculations)

알고 있는 값을 단순화한 관계식에 대입하고 미지 값을 구하기 위해 계산을 수행한다. 단위들과 단위를 소거하는 과정을 특히 주의하고 단위가 없는 차원적 양은 의미가 없다는 것을 명심한다. 또한 계산기의 화면에 나타난 모든 자릿수를 표기하여 해답이 매우 정확하다는 거짓 암시를 주지 않는다. 해답을 적절한 유효 자릿수의 근사값으로 나타낸다(이 절 뒷부분의 유효 자릿수 참조).

단계 7: 추론, 검증 및 검토(Reasoning, verification, and discussion)

계산한 결과가 이해 가능하고 합리적인지를 확인하고 의심될 만한 가정에 대하여 타당한지를 확인한다. 적절하지 않은 숫자이면 다시 계산한다. 예를 들어 연간 80달러 가치의 천연가스를 사용하는 온수기를 단열해서 연간 200달러를 절약하였다는 계산은 잘못된 결과이다(그림 1-25).

또한, 계산 결과의 중요성을 살펴보고 그 의미에 대하여 검토한다. 결과를 적용할 수 있는 한계를 강조하고, 가능한 오해와 근본적인 가정이 적용되지 않는 상황에서 결과를 사용하는 것을 경계한다. 예를 들어 30달러짜리 단열 재킷으로 온수기를 감싸서 연간 40달러를 절감한다고 결정되면, 단열재로 절약된 에너지로부터 1년 이내에 단열재 비용이 회수될 수 있음을 의미한다. 하지만 이러한 해석은 노동

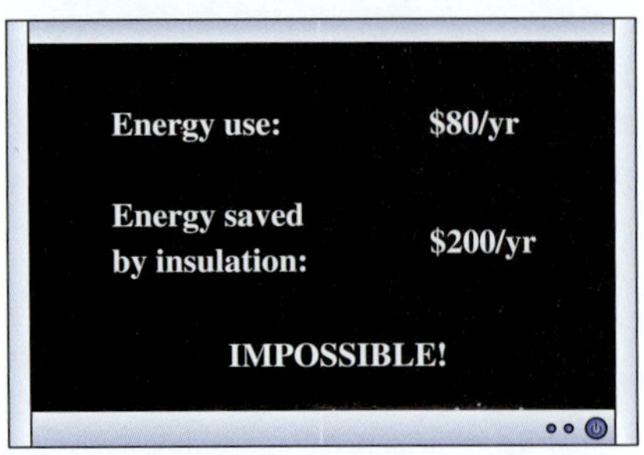

그림 1-25
공학적 해석으로부터 얻어진 결과는 반드시 합리성을 확인해야 한다.

비용을 고려하지 않았으며 만약 본인이 단열 작업을 했다면 적용 가능하다.

여러분이 교수님께 제출하는 문제 풀이나 다른 사람들에게 발표하는 공학적 해석 결과는 일종의 의사소통의 한 형태라는 것을 명심한다. 그러므로 간결성, 체계성, 완결성, 시각적 모양 등이 최고의 의사전달 효과를 달성하는 데 매우 중요한 사항이다(그림 1-26). 또한 풀이 과정이 간결하면 오류나 모순 등을 찾아내기 쉽기 때문에 간결함은 아주 좋은 점검 수단으로 사용된다. 시간을 절약하기 위해 계산 단계를 생략하거나 부주의는 종종 불필요한 노력과 더 많은 시간을 필요로 한다.

여기서 설명한 방법은 각 단계를 명시적으로 언급하지 않고 해결된 예제 문제뿐만 아니라 해답집에서도 사용된다. 일부 문제에서 몇 단계는 적용되지 않을 수도 있고 꼭 필요하지 않을 수도 있다. 예를 들어 상태량 값을 일일이 나열하는 것이 실용적이지 않을 수도 있다. 하지만 문제를 해결하는 과정에 논리적인 사고와 단계적 접근법이 얼마나 중요한가는 아무리 강조해도 지나치지 않다. 문제를 푸는 과정에서 부딪히는 대부분의 어려움들은 지식이 부족해서가 아니라 지식을 적절하게 체계화하지 못하는 데 있다. 자신에게 가장 잘 맞는 최고의 접근 방법을 터득할 때까지 여기에서 언급한 과정들을 따르도록 강력히 추천한다.

그림 1-26

간결함과 조직성은 고용주로부터 높게 평가받는다.

공학 소프트웨어 패키지

우리가 왜 다른 공학 분야의 기본 원리를 심층적으로 공부해야 하는지 궁금할 것이다. 결국 우리가 실제로 접할 수 있는 거의 모든 문제는 오늘날 시장에서 쉽게 구할 수 있는 여러 개의 정교한 소프트웨어 패키지 중 하나를 사용하여 쉽게 풀 수 있다. 이러한 소프트웨어 패키지들은 원하는 수치해석 결과를 제공할 뿐만 아니라 인상적인 표현을 위해 다채로운 그래픽 형태의 결과를 제공한다. 최근에는 이러한 패키지들 중 일부를 사용하지 않고 엔지니어링을 수행하는 것은 상상할 수 없다. 버튼 터치 한 번으로 이용할 수 있는 이 엄청난 계산 능력은 우리에게는 축복이자 저주이다. 이는 확실히 엔지니어들이 문제를 쉽고 빠르게 해결할 수 있게 해주지만, 잘못된 정보를 제공해 주거나 남용될 수도 있다. 교육 수준이 낮은 사람들에게 이러한 소프트웨어 패키지를 사용하게 하는 것은 충분한 훈련을 받지 못한 군인에게 가공할 위력을 지닌 무기를 손에 쥐여주는 것과 같이 매우 위험하다.

기본 지식에 대한 적절한 훈련 없이 공학적 소프트웨어 패키지를 사용하는 사람이 엔지니어링을 수행할 수 있다고 생각하는 것은 렌치를 사용할 수 있는 사람은 자동차 수리를 할 수 있다고 생각하는 것과 같다. 실제로 컴퓨터가 쉽고 빠르게 해결해 주기 때문에 공학도들이 모든 기초 과목들을 이수할 필요가 없다는 것이 사실이라면, 워드 프로세서 프로그램을 사용할 줄 아는 사람도 공학적 소프트웨어 패키지를 사용하는 방법을 배울 수 있기 때문에 고용주들은 높은 연봉의 엔지니어를 필요로 하지 않을 것이다. 그러나 통계적으로 보면 이러한 강력한 패키지를 이용할 수 있음에도 불구하고 엔지니어에 대한 수요가 감소하지 않고 있고 오히려

그림 1-27
우수한 워드 프로세서 프로그램이 사람을 훌륭한 작가로 만드는 것이 아니라 단지 훌륭하고 좀 더 효율적인 작가를 만든다.
Caia Images/Glow Images

증가한다는 사실을 알 수 있다.

오늘날 우리가 이용할 수 있는 모든 컴퓨팅 능력과 공학적 소프트웨어는 단지 **도구**에 불과하며, 이 도구들은 엔지니어의 손에서만 의미가 있다는 사실을 항상 기억해야 한다. 최고의 워드 프로세서 프로그램을 가지고 있다고 해서 훌륭한 작가가 되는 것이 아니라, 단지 훌륭한 작가가 일을 좀 더 쉽게 수행하여 보다 많은 작품을 쓸 수 있도록 한다는 것이다(그림 1-27). 계산기는 우리 아이들에게 덧셈과 뺄셈법을 가르쳐야 할 필요성을 없애지 않았으며, 좋은 의학 소프트웨어 패키지는 의과대학의 교육을 대체하지 못했다. 공학 소프트웨어 패키지도 전통적인 공학 교육을 대신할 수 없다. 다만 수학에서 물리학으로 교육 과정의 강조 변화가 일어날 것이다. 즉, 강의 시간에 주어진 문제를 물리적 관점에서 더욱 상세히 논의하는 시간이 늘어나고 문제 풀이 과정이라는 기계적인 시간은 줄어들 것이다.

오늘날 사용할 수 있는 놀랍고 강력한 도구로 인하여 엔지니어들은 추가적인 부담을 안게 되었다. 엔지니어들은 여전히 아직도 그들의 선배들처럼 기초에 대해서도 철저히 이해해야 되고, 물리적 현상에 대한 "감각"도 발달시켜야 하며, 적절한 관점으로 자료를 정리해야 하고, 올바른 공학적 판단도 해야 한다. 그렇지만 오늘날에는 이용 가능한 강력한 도구가 있기 때문에 보다 실제에 가까운 모델을 사용하여 훨씬 빠르고 훌륭하게 일을 수행해야 한다. 과거의 엔지니어들은 손 계산 또는 계산자에 의존하다가 나중에야 계산기 또는 컴퓨터를 사용할 수 있게 되었으며, 오늘날에는 대부분 소프트웨어 패키지에 의존하고 있다. 이처럼 강력한 공학적 도구에 접근할 수 있다는 점과 사소한 오해 또는 잘못된 해석이 큰 손실을 유발할 수 있다는 가능성 때문에 공학의 기초에 대한 철저한 교육이 그 어느 때보다 중요하게 부각되고 있다. 이 교재에서는 문제 풀이 과정에서 자세한 수학적인 면보다는 자연 현상에 대한 직관적이며 물리적 이해를 높이는 것을 강조하기 위해 좀 더 많은 노력을 기울이고자 하였다.

방정식 풀이 도구

우리는 마이크로소프트 엑셀과 같은 스프레드시트의 방정식 해결 기능에 대해 어느 정도 알고 있다. 엑셀 프로그램은 단순하지만 일반적으로 재무뿐만 아니라 공학 문제에서 나타나는 방정식 시스템을 푸는 데 사용된다. 엑셀 프로그램을 통해 매개변수 연구를 수행하고, 결과를 그래프로 해석하며, "만약에" 질문을 할 수 있으며, 적절하게 구성된다면 여러 방정식을 동시에 풀 수 있다. EES (Engineering Equation Solver)는 선형 또는 비선형 대수방정식이나 미분방정식으로 구성된 시스템의 해를 수치적으로 쉽게 풀 수 있는 프로그램으로 실제 공학 문제에서 널리 사용되는 정교한 프로그램이다. 이 프로그램은 수학적 기능뿐만 아니라 내장된 많은 열역학적 상태량 함수를 가지고 있으며, 사용자가 상태량 값에 대한 자료를 추가할 수 있다.

다른 소프트웨어 패키지와는 달리 EES는 공학 문제를 풀 수 있는 것은 아니며, 단지 사용자가 제공한 방정식만 해결한다. 따라서 사용자는 문제를 이해하고 관련된 물리적 법칙이나 관계식을 적용하여 문제를 수식화할 수 있어야 한다. EES를 이용하여 수식화된 방정식을 풀게 되면 상당한 시간과 노력을 절약할 수 있기 때문에 손계산이 적당하지 않은 공학 문제들을 다룰 수 있고, 빠르고 편리하게 매개변수 연구(parametric study)를 수행할 수 있다.

예제 1-4 **연립 방정식의 수치적 풀이**

어떤 두 수의 차이가 4이고, 이 두 수 제곱의 합은 두 수의 합에 20을 더한 값과 같다. 이 두 수를 결정하라.

풀이 두 수의 차이와 제곱의 합에 대한 관계식을 세우고 두 수를 결정한다.

해석 먼저 EES를 사용하여 문제를 풀어본다. EES 아이콘을 더블 클릭하여 프로그램을 열고 빈 화면에 다음과 같은 식을 입력한다.

$$\text{x} - \text{y} = 4$$

$$\text{x}^\wedge 2 + \text{y}^\wedge 2 = \text{x} + \text{y} + 20$$

이는 두 미지수를 x와 y로 놓고 문제를 수식으로 표현한 것이다. 두 개의 미지수를 갖는 이 연립 방정식(한 방정식은 선형이며, 다른 방정식은 비선형)의 해는 태스크 바(task bar)의 "calculator" 아이콘을 한 번만 클릭하면 아래와 같은 결과를 얻을 수 있다(그림 1-28).

$$\mathbf{x = 5} \quad \text{and} \quad \mathbf{y = 1}$$

이제 엑셀을 사용하여 동일한 문제를 풀어본다. 파일/옵션/추가 기능/해 찾기 추가 기능/확인(File/Options/Add-Ins/Solver Add-In/OK) 순서로 진행한다. 여기서 밑줄은 옵션(선택 항목)이며, 슬래시 기호(/)는 연속된 옵션이다. x와 y 각각에 대해 셀을 선정하여 초기 예상 값을 입력한다. 이 예에서는 C25와 D25 셀에 예상 값 0.5를 입력했다. 식의 우측에 변수가 들어가지 않도록 두 방정식을 다시 정리해야 한다. 즉, $x - y = 4$, $x^2 + y^2 - x - y = 20$의 형태이다. 각 방정식의 우측에 해당하는 셀을 선정하여 수식을 입력한다. 여기서는 D20과 D21을 선정했다(그림 1-29*a*). 데이터/해 찾기(Data/Solver) 순서로 메뉴를 실행한다. 첫 번째 방정식의 우측에 해당하는 셀(D20)을 "목표(Objective)"로 설정하여 값을 4로 부여한 후, x와 y에 해당하는 셀 범위(C25:D25)를 제한 조건에 종속되도록 지정한다. 제한 조건을 설정할 때 두 번째 방정식 우측(D21)이 20이 되도록 해야 한다. 해 찾기/확인(Solver/OK) 순서로 클릭한다. 그러면 반복 계산에 의해 수정된 최종 해의 값이 각각 $x = 5$, $y = 1$이 된다(그림 1-29*b*).

주의 보다 빨리 수렴하게 하려면 데이터/해 찾기/옵션(Data/Solver/Options) 단계에서 정밀도, 반복 계산 횟수 등을 변경할 수 있다.

검토 위에서 수행한 과정은 종이 위에서 풀이를 진행한 것처럼 문제를 공식화한 것이다. EES와 엑셀은 풀이의 모든 수학적 과정을 처리한다. 또한 방정식은 선형 또는

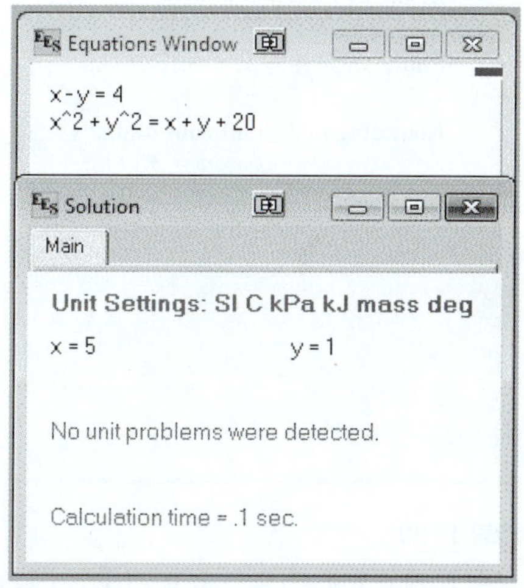

그림 1-28

예제 1-4에 대한 EES 화면 이미지

Microsoft Corporation

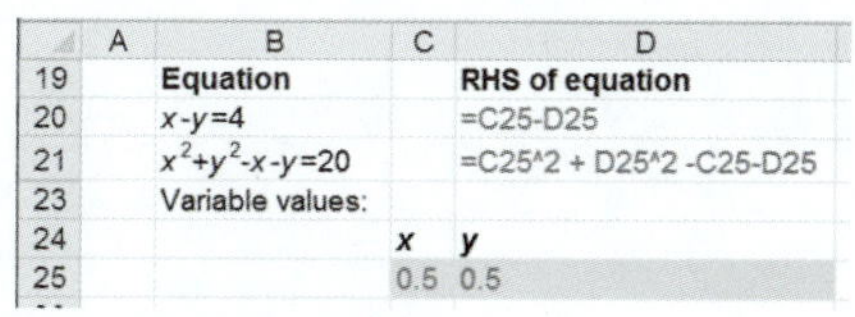

(*a*)

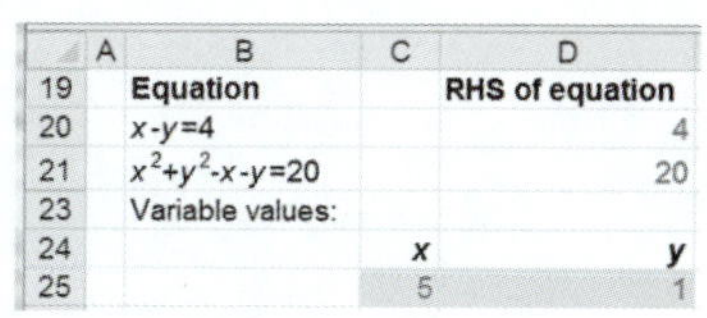

(*b*)

그림 1-29

예제 1-4에 대한 엑셀 화면 이미지. (*a*) 방정식과 초기 가정 값, (*b*) 엑셀 풀이 도구를 사용하여 수렴 값으로 얻은 최종 결과

비선형일 수 있으며, 미지수를 식 한 편에 놓고 방정식 순서를 바꾸어 입력해도 된다. EES와 같이 사용하기가 편리한 방정식 풀이 도구를 사용하면 연립 방정식 풀이와 관련된 수학적 복잡성을 걱정할 필요없이 문제의 본질에 집중할 수 있다.

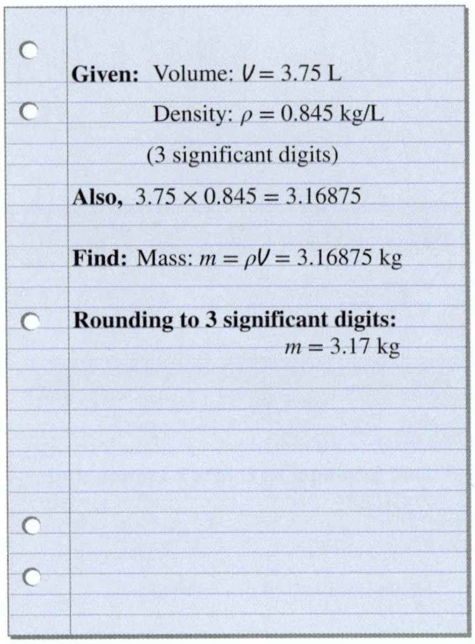

그림 1-30

주어진 자료보다 더 많은 유효 자릿수를 갖는 결과는 좀 더 정확하다는 잘못된 의미를 내포하고 있다.

유효 자릿수

공학 계산에서 주어진 정보는 몇 개 정도의 유효 자릿수(보통 3자리)에 불과하다. 따라서 얻어진 결과가 더 많은 유효 자릿수까지 정확할 수 없다. 따라서 더 많은 유효 자릿수로 결과를 보고하는 것은 실제보다 정확하다는 것을 암시하므로, 이러한 것은 절대로 피해야 한다.

예를 들어 밀도가 0.845 kg/L인 휘발유로 채워진 3.75 L의 용기 내의 질량을 계산한다고 하자. 아마 머릿속에 떠오르는 생각은 체적과 밀도를 곱하여 3.16875 kg의 질량을 구하는 것인데, 이는 계산한 질량 값이 여섯 개의 유효 자릿수까지 정확하다는 거짓 암시를 하고 있다. 실제로는 체적이나 밀도의 유효 자릿수가 단지 세 개이므로 질량을 유효 자릿수 세 개 이상으로 정할 수 없다. 따라서 답은 세 자리의 유효 자릿수로 반올림해야 하며, 질량은 계산기에 나오는 값 대신에 3.17 kg으로 표시해야 한다. 3.16875 kg의 결과는 체적과 밀도와 각각 3.75000 L와 0.845000 kg/L인 경우에 올바른 답이다. 3.75 L는 체적이 ±0.01 L 내에서 정확하며 3.74 L나 3.76 L일 수 없다는 의미이다. 그렇지만 3.746, 3.750, 3.753 등의 값들이 모두 3.75 L로 반올림할 수 있기 때문에 체적은 이들 중 어떤 값도 될 수 있다(그림 1-30). 계산 과정에서는 모든 자리를 유지하되 마지막 단계에서 반올림하는 것이 좀 더 적절하며, 이것은 컴퓨터가 보통 계산을 하는 방식이기 때문이다.

문제를 풀 때, 이 교재에서는 주어진 정보가 적어도 세 개의 유효 자릿수까지 정확한 값으로 가정할 것이다. 그러므로 관의 길이가 40 m라면, 최종 결과를 세 자리의 유효 자리까지 내기 위해서 주어진 수를 40.0 m로 가정할 것이다. 또한 모든 실험 결과 값은 측정 오차를 포함할 수 있기 때문에 측정 오차가 결과에 반영되는 것을 명심하여야 한다. 예를 들어 어떤 물질의 밀도에 2%의 불확실성이 있으면, 이 밀도 값을 사용하여 계산된 질량도 2%의 불확실성을 가지게 된다.

또한 본 교재에서는 가끔 좀 더 정확한 값을 찾는 어려움을 피하기 위하여 때로는 적당한 오차 값을 알고도 사용할 경우가 있다. 예를 들어 물의 밀도는 보통 1000 kg/m³ 값을 사용하는데, 이 값은 0°C에서 순수한 물의 밀도 값이다. 75°C에서는 순수한 물의 밀도가 975 kg/m³이기 때문에 이 값을 사용하면 2.5%의 오차가 생긴다. 물속에 광물질이나 불순물은 있으면 부가적인 오차를 유발한다. 이와 같은 경우에는 최종 결과 값을 합리적인 유효 자릿수까지 반올림한다는 것을 주저하지 말아야 한다. 공학적 해석에 있어서 몇 %의 불확실성이 있는 것은 예외가 아니라 정상적인 것이다.

요약 | SUMMARY

이 장에서는 열유체 공학의 기본 개념이 소개되고 논의되었다. 에너지와 에너지 전달, 에너지 수송, 에너지 변환을 다루는 자연과학을 **열유체 과학**이라 하며, 열역학, 열전달 및 유체역학으로 분류하여 연구된다.

열역학은 주로 에너지를 다루는 학문이다. **열역학 제1법칙**은 단순히 에너지 보존법칙의 표현이며, **에너지**가 열역학적 상태량이라는 것을 나타낸다. **열역학 제2법칙**은 에너지는 **양**뿐만 아니라 **질**을 가지고 있으며, 실제 과정은 에너지의 질이 저하되는 방향으로 진행된다는 것을 나타낸다. 시스템 내부로 또는 시스템 외부로의 열전달률을 결정하고, 온도 변화뿐만 아니라 가열 또는 냉각 시간을 결정하는 것이 **열전달**의 주제이다. 열전달은 기본적으로 **온도차이**가 존재해야 한다. 액체 또는 기체 상태의 물질을 **유체**라고 하며, **유체역학**은 유체가 정지해 있는 상태(**유체 정역학**) 또는 운동하는 상태(**유체 동역학**)에서 유체의 거동 및 경계에서 고체 또는 다른 유체와의 상호 작용을 다루는 과학이다.

공학 계산 과정에서 단위 불일치에 의해 발생되는 실수를 피하고 체계적으로 접근하기 위해서 물리량의 단위에 특히 주의해야 한다. 또한 주어진 정보는 어떤 유효 자릿수 이상의 정보를 갖고 있지 않으며, 계산 결과는 유효 자릿수 이상으로 정확하지 않다는 것을 아는 것은 중요하다.

문제를 해결할 때, 단계적 접근 방법을 사용하기를 추천한다. 단계적 접근 방법은 문제의 기술, 개략도 그리기, 적절한 가정 및 물리 법칙을 적용, 관련된 상태량 값을 나열하며, 필요한 계산 수행 및 결과의 합리성 검토 등으로 이루어진다.

참고문헌 | REFERENCES AND SUGGESTED READINGS

1. American Society for Testing and Materials. Standards for Metric Practice. ASTM E 380–79, January 1980.
2. Y. A. Çengel and A. J. Ghajar. Heat and Mass Transfer: *Fundamentals and Applications. 6th ed. New York:* McGraw-Hill, 2020.
3. Y. A. Çengel, M. A. Boles and M. Kano˘glu. *Thermodynamics. An Engineering Approach.* 9th ed. New York: McGraw-Hill, 2019.
4. Y. A. Çengel and John M. Cimbala. *Fluid Mechanics: Fundamentals and Applications.* 4th ed. New York: McGraw-Hill, 2018.

연습문제* | PROBLEMS

열역학, 열전달, 유체역학

1-1C 자전거 타는 사람이 페달을 밟지 않을 때도 내리막길에서 속도를 내는 이유는 무엇인가? 이는 에너지 보존법칙에 위배되는가?

1-2C 어떤 사무실 근무자가 자신의 책상 위에 있는 차가운 커피가 25°C인 주위의 공기로부터 에너지를 받아 80°C로 데워졌다고 주장한다. 그의 주장은 사실인가? 이 과정은 열역학 법칙을 위배하는가?

1-3C 정지해 있는 자동차의 브레이크에서 발을 떼면 기어가 중립 상태임에도 불구하고 언덕을 올라가는 광경은 사람들이 경험할 수 있는 가장 재미 있는 일 중에 하나이다. 이는 가끔 TV로 방송되기도 한다. 이러한 현상이 실제로 일어날 수 있는가? 아니면 눈속임인가? 도로가 오르막인지 내리막인지 어떻게 확인할 수 있는가?

1-4C 열역학과 열전달의 차이를 설명하라.

1-5C (*a*) 열전달, (*b*) 전류, (*c*) 유체 유동의 구동력(driving force)을 설명하라.

1-6C 열전달은 왜 비평형(nonequilibrium) 현상인가?

1-7C 두 개의 물체 사이에 온도가 같고, 압력이 다를 때, 열전달이 존재하는가?

1-8C 응력, 수직 응력, 전단 응력 및 압력을 정의하라.

질량, 힘, 단위

1-9C 광년(light year)은 왜 길이 단위인지 설명하라.

*"C"로 표기한 문제는 개념 문제이며, 모든 문제를 풀어 볼 것을 권장한다. "E"로 표기한 문제는 영국 단위계 문제이며, SI 단위계 사용자는 이 문제를 무시해도 된다. 아이콘(▭)으로 표기된 문제는 포괄적인 개념 문제이며, 적절한 소프트웨어를 사용하여 풀 수 있는 문제이다.

1-10C 파운드-질량(lbm)과 파운드-힘(lbf)의 차이는 무엇인가?

1-11C (*a*) 수평 도로와 (*b*) 오르막길에서 70 km/h의 일정한 속도로 주행하고 있는 자동차에 작용하고 있는 정미 힘(net force)은 얼마인가?

1-12 중력 가속도 $g = 9.6\ \text{m/s}^2$인 장소에서 질량 200 kg인 물체의 중량은 N 단위로 얼마인가?

1-13E 어떤 물체의 질량이 10 lbm이다. 중력 가속도 $g = 32.0\ \text{ft/s}^2$인 장소에서 이 물체의 중량은 lbf 단위로 얼마인가?

1-14 고속 항공기의 가속도는 종종 *g*'s(표준 중력가속도의 배수)로 나타낸다. 가속도가 6 *g*'s인 항공기에서 90 kg의 남성이 경험하는 상승력을 N 단위로 계산하라.

1-15 중력 가속도 *g*의 값(해수면에서 $9.807\ \text{m/s}^2$)은 대형 여객기가 순항하는 고도 13,000 m에서 $9.767\ \text{m/s}^2$로 감소한다. 13,000 m에서 순항하는 비행기의 해수면 대비 중량 감소율을 결정하라.

1-16 체적이 $0.2\ \text{m}^3$인 3 kg의 플라스틱 탱크에 액체 상태의 물이 채워진다. 물의 밀도를 $1{,}000\ \text{kg/m}^3$로 가정하고, 이 시스템의 총 중량을 결정하라.

1-17 중력 가속도가 $9.79\ \text{m/s}^2$인 장소에서 200 N의 힘으로 2 kg의 돌을 위쪽으로 던진다. 돌의 가속도는 몇 m/s^2인가?

1-18 EES나 다른 소프트웨어를 이용하여 문제 1-17을 풀어라. 단위 및 수치 계산 결과를 포함한 풀이 전 과정을 출력하라.

1-19 온수기의 4 kW 저항 히터 가열기가 정해진 온도로 물의 온도를 올리기 위하여 3시간 동안 작동되었다. 사용된 에너지의 양을 kWh 및 kJ 단위로 구하라.

1-20E 150 lbm의 우주 비행사가 자신의 욕실에 있는 스프링 저울과 양쪽의 질량을 비교하는 막대 저울을 중력 가속도 $g = 5.48\ \text{ft/s}^2$인 달로 가져갔다. (*a*) 스프링 저울과 (*b*) 막대 저울로 측정한 몸무게는 얼마인가? *답: (a) 25.5 lbf (b) 150 lbf*

1-21 일정한 유량으로 공급하는 노즐을 통해 자동차의 연료 탱크에 가솔린 연료가 채워진다. 단위를 고려하여 연료의 충진 시간(filling time)을 연료 탱크의 체적 V (단위 L)와 연료 공급 유량 $\dot{V}$ (단위 L/s)으로 나타내라.

공학 문제 풀이와 EES

1-22C (*a*) 공학 교육과 (*b*) 엔지니어링 실무에서 공학용 소프트웨어 패키지의 가치는 무엇인가?

1-23 EES나 다른 소프트웨어를 이용하여 다음 방정식의 양의 실수 근을 구하라.

$$2x^3 - 10x^{0.5} - 3x = -3$$

1-24 EES나 다른 소프트웨어를 이용하여 미지수가 두 개인 다음의 연립 방정식을 풀어라.

$$x^3 - y^2 = 5.9$$
$$3xy + y = 3.5$$

1-25 EES나 다른 소프트웨어를 이용하여 미지수가 세 개인 다음의 연립 방정식을 풀어라.

$$2x - y + z = 7$$
$$3x^2 + 3y = z + 3$$
$$xy + 2z = 4$$

1-26 EES나 다른 소프트웨어를 이용하여 미지수가 세 개인 다음의 연립 방정식을 풀어라.

$$x^2y - z = 1$$
$$x - 3y^{0.5} + xz = -2$$
$$x + y - z = 2$$

복습문제

1-27E 제트 엔진이 비행기를 전진시키기는 반력을 추력이라고 하는데, 보잉 777기의 엔진의 추력은 약 85,000 lbf이다. 이 추력을 N과 kgf로 나타내라.

1-28 물체의 무게는 고도에 따른 중력 가속도 *g*의 변화 때문에 위치에 따라 약간씩 변할 수 있다. $g = a - bz$(여기서 $a = 9.807\ \text{m/s}^2$, $b = 3.32 \times 10^{-6}\ \text{s}^{-2}$) 관계식을 이용하여, 80 kg인 사람의 몸무게를 $z = 0$ m인 해수면, $z = 1610$ m인 덴버, $z = 8848$ m인 에베레스트 정상에서 각각 계산하라.

1-29E 한 남자가 저녁 식사용 스테이크를 사기 위해 전통 시장에 간다. 그는 5.50달러에 12온스 스테이크(1 lbm = 16온스)를 찾는다. 그리고 나서 그는 인접한 국제 시장에 가서 같은 품질의 300 g짜리 스테이크를 5.20달러에 찾는다. 어떤 스테이크를 사는 것이 더 좋을까?

1-30E 질량 1 kg인 물체의 무게를 N, kN, kg·m/s^2, kgf, lbm·ft/s^2 및 lbf로 나타내라.

1-31 날개의 직경이 *D* (m)인 풍력 터빈이 있다. 이 터빈을 통과

하는 공기의 평균 속도는 V (m/s)이다. 관련된 물리량 단위를 근거로 풍력 터빈 날개의 회전 면적(swept area)을 통과하는 공기의 질량 유량(kg/s)이 공기의 밀도, 바람의 속도, 그리고 날개의 회전 직경의 제곱에 비례함을 보여라.

1-32 공기에 의해 자동차에 가해지는 항력(drag force)은 무차원 항력 계수, 공기 밀도, 자동차 속도, 그리고 자동차 전면 면적(frontal area)에 따라 달라진다. 즉, $F_D = F_D(C_{\text{drag}}, A_{\text{front}}, \rho, V)$이다. 단위만을 고려하여 항력 관계식을 구하라.

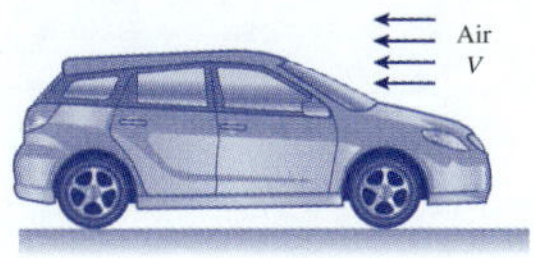

그림 P1-32

설계 및 논술 문제

1-33 인류 역사를 통해 사용된 질량 및 체적 측정 기구들에 관한 에세이를 써라. 또한, 오늘날 사용하는 질량과 체적에 대한 단위 개발 과정을 설명하라.

CHAPTER 02

열역학의 기본 개념

BASIC CONCEPTS OF THERMODYNAMICS

학습목표

이 장의 목적은 다음과 같다.

- 열역학 원리의 전개를 위하여 견고한 기초를 형성하는 기본 개념의 정확한 정의를 통하여 열역학과 관계된 용어를 확인한다.
- 계, 상태, 상태의 원리, 평형, 과정, 사이클 등과 같은 열역학적 기본 개념들을 설명한다.
- 계의 물성치에 대해 논의하고 밀도, 비중과 비중량에 대해 정의한다.
- 온도, 온도눈금, 압력, 절대압력, 계기압력의 개념을 검토한다.

모든 과학은 각각 고유의 용어들을 가지고 있으며, 열역학도 예외는 아니다. 기본 개념을 정확하게 정의하는 것은 과학 발전의 견고한 기초를 형성하고 개념에 대한 오해의 소지를 막을 수 있다. 2장에서는 **계**, **상태**, **상태의 원리**, **평형**, **과정**, 그리고 **사이클** 등과 같은 기본 개념들에 대한 논의를 시작한다. 계의 강성적 상태량과 종량적 상태량을 논의하며, 밀도, 비중, 비중량 등을 정의한다. 또한 **온도** 및 **온도눈금**에 대한 논의를 진행한다. 이어서 단위면적당 유체의 힘에 의해 작용되는 수직힘인 **압력**과 **절대압력**, **계기압력**, 깊이에 따른 압력 변화, 압력계와 기압계와 같은 압력 측정 장치를 다룬다. 이 장에서의 철저한 공부는 다음 장의 내용을 정확하게 이해하기 위해서 필요하다.

2-1 계와 검사체적

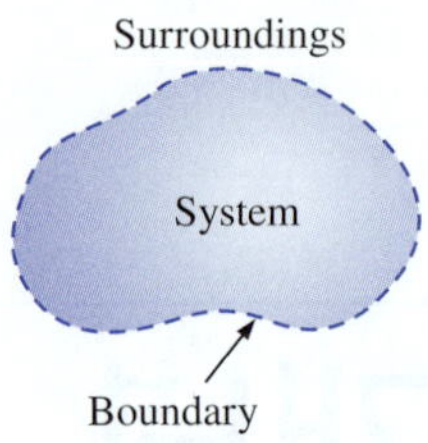

그림 2-1

계, 주위, 경계

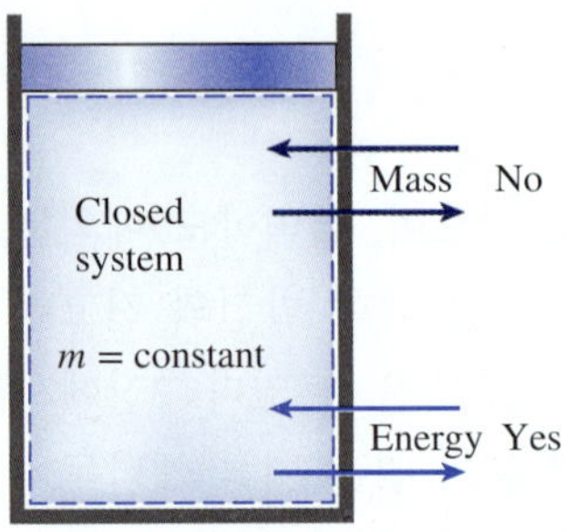

그림 2-2

질량은 밀폐계의 경계를 통과할 수 없지만, 에너지는 통과할 수 있다.

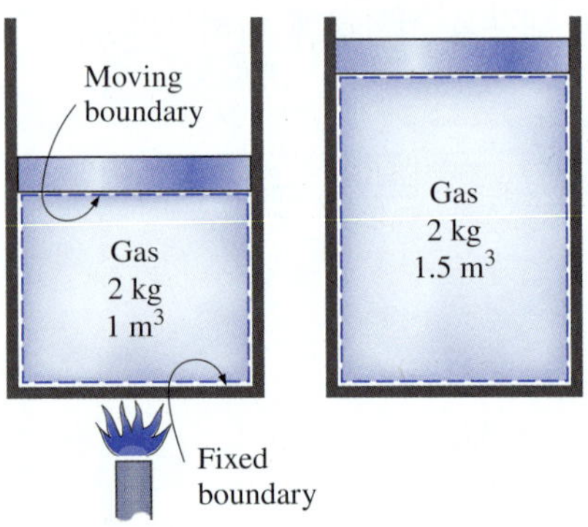

그림 2-3

움직이는 경계를 갖는 밀폐계

계(system)는 연구 대상이 되는 공간 내의 영역이나 물질의 양으로 정의된다. 계의 외부에 있는 질량 또는 영역을 **주위**(surroundings)라고 한다. 계를 계의 주위와 분리하는 실제 또는 가상표면을 **경계**(boundary)라고 한다(그림 2-1). 계의 경계는 고정되거나 움직일 수 있다. 경계는 계와 주위 양쪽이 공유하는 접촉면이라는 것을 유의해야 한다. 수학적으로 말해서 경계는 두께가 없어 질량이나 공간에서 체적도 없다.

계는 연구의 대상이 공간 내의 고정 질량이냐 또는 고정 체적이냐에 따라 밀폐된 것 또는 개방된 것으로 고려할 수 있다. **검사질량**(control mass) 또는 문맥상 명확한 기술을 위하여 단지 계로 알려진 **밀폐계**(closed system)는 질량이 고정되어 있고, 질량이 경계를 통과할 수 없다. 즉 그림 2-2에서 보여주는 바와 같이 질량은 밀폐계로 들어오거나 빠져나갈 수 없다. 그러나 열이나 일의 형태인 에너지는 경계를 통과할 수 있으며, 밀폐계의 체적은 고정될 필요가 없다. 특별한 경우로 에너지조차 경계를 통과할 수 없는 계를 **고립계**(isolated system)라 부른다.

그림 2-3에 나타낸 피스톤-실린더 기구를 고려해 보자. 이 기구가 가열되었을 때 밀폐되어 있는 기체에 어떤 일이 일어나는지를 알아보고 싶다고 하자. 우리의 관심은 기체이기 때문에 기체가 계이다. 피스톤과 실린더의 내부표면이 경계를 통과할 수 있고 경계의 한 부분(이 경우, 피스톤의 내부표면)은 움직일 수 있음에 유의하라. 피스톤과 실린더를 포함해서 기체 외부의 모든 것은 주위이다.

가끔 **검사체적**(control volume)이라 불리는 **개방계**(open system)는 적절히 선택된 공간 내의 영역이다. 이것은 항상 압축기, 터빈 혹은 노즐과 같은 질량유동을 포함하는 장치를 둘러싸고 있다. 이들 장치를 통한 유동은 장치 내의 영역을 검사체적으로 하면 잘 연구할 수 있다. 질량과 에너지는 모두 검사체적의 경계를 통과할 수 있다.

많은 공학문제들은 계로 질량이 들어오거나 나가는 것을 포함하는데 이는 검사체적으로 모델화된다. 온수기, 자동차 라디에이터, 터빈, 압축기는 모두 질량흐름을 포함하고 검사질량(밀폐계) 대신에 검사체적(개방계)으로 해석해야 한다. 일반적으로 공간에서 임의의 영역은 검사체적으로 선택될 수 있다. 검사체적을 선택하는 데 구체적인 규칙은 없으나 적절한 선택은 분석을 좀 더 쉽게 해준다. 예를 들어 노즐을 통과하는 공기의 흐름을 분석한다면 노즐 내의 영역을 검사체적으로 선택하는 것이 올바른 선택이다.

검사체적의 경계는 검사면(*control surface*)이라 불리고, 이는 실제적일 수도 있고 가상적일 수도 있다. 노즐의 경우 노즐의 내부면은 경계의 실제 부분으로 구성되고 입구와 출구는 물리적인 면이 없으므로 입출구 면적은 가상의 부분으로 구성된다(그림 2-4*a*).

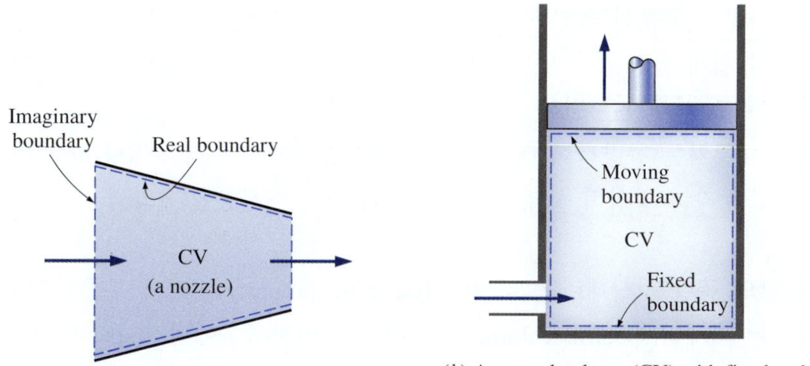

(*a*) A control volume (CV) with real and imaginary boundaries

(*b*) A control volume (CV) with fixed and moving boundaries as well as real and imaginary boundaries

그림 2-4
검사체적은 고정, 이동, 실제, 가상의 경계를 포함할 수 있다.

검사체적은 노즐의 경우와 같이 크기와 형상면이 고정되거나, 그림 2-4*b*와 같이 경계면이 움직일 수 있다. 그렇지만 대부분의 경우에 검사체적은 고정 경계면으로 이루어져 이동 경계면(moving boundary)과 연관되지 않는다. 검사체적에서는 질량의 상호작용과 더불어 밀폐계와 같이 열과 일의 상호작용이 가능하다.

개방계의 예로서 그림 2-5의 온수기를 생각해보자. 뜨거운 물을 안정적으로 공급하기 위하여 탱크 내의 물에 얼마만큼의 열을 전달해야 하는지를 알고 싶다고 하자. 온수가 탱크에서 나가고 냉수가 채워지므로 해석을 위한 계로 고정 질량을 택하는 것은 편리하지가 않다. 대신에 탱크 내부표면에 의해 형성되는 체적에 우리의 관심을 집중하고, 온수와 냉수는 검사체적을 유입하고 유출하는 질량으로 간주하자. 이 경우, 탱크 내부표면은 검사면을 형성하고 질량은 두 개의 장소에서 검사면을 통과한다.

공학적 해석에 있어서, 관심의 대상인 계는 주의 깊게 정의되어야 한다. 대부분의 경우에 있어서, 연구하는 계는 매우 간단하고 명확하지만, 계를 정의하는 것이 따분하고 불필요한 일처럼 보일 수 있다. 그러나 어떤 경우에는 연구 중의 계가 다소 복잡할 수 있으므로 계의 적당한 선택이 해석을 훨씬 단순화시킬 수 있다.

그림 2-5
입구와 출구가 각각 1개인 개방계(검사체적)
© Christopher Kerrigan/McGraw-Hill Education

2-2 계의 상태량

계의 특성을 나타내는 것을 **상태량**(property)이라고 한다. 쉬운 예로는 압력 P, 온도 T, 체적 V, 질량 m이 있다. 이외에도 점도, 열전도도, 탄성 계수, 열팽창계수, 전기 저항, 속도, 고도가 이에 속한다.

상태량들은 강성적이거나 종량적인 것으로 생각할 수 있다. **강성적 상태량**(intensive properties)은 온도, 압력, 밀도와 같이 계의 질량 및 크기와 무관한 상태량들이다. **종량적 상태량**(extensive properties)은 계의 크기에 따라 값이 변하는 상태량들이다. 전체 질량, 전체 체적, 전체 모멘텀은 종량적 상태량의 예이다. 그림 2-6

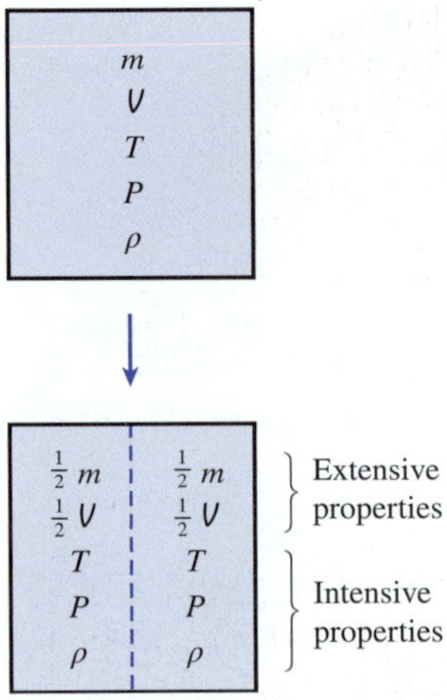

그림 2-6
강성적 상태량과 종량적 상태량을 구분하기 위한 기준

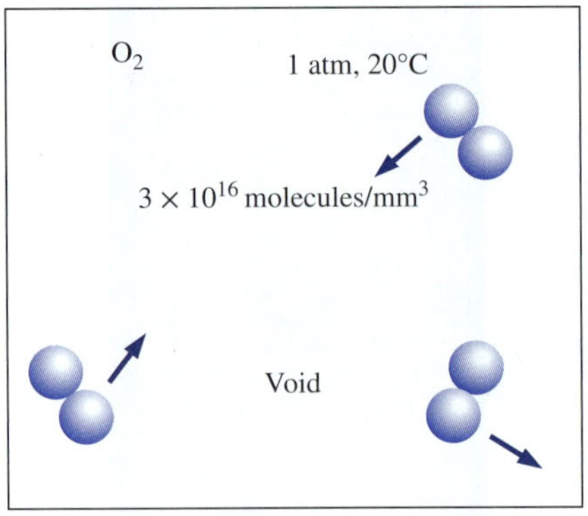

그림 2-7
분자들 간의 간격이 매우 크다는 사실에도 불구하고, 아주 작은 체적에도 매우 많은 수의 분자들이 존재하기 때문에 물질은 연속체로 취급될 수 있다.

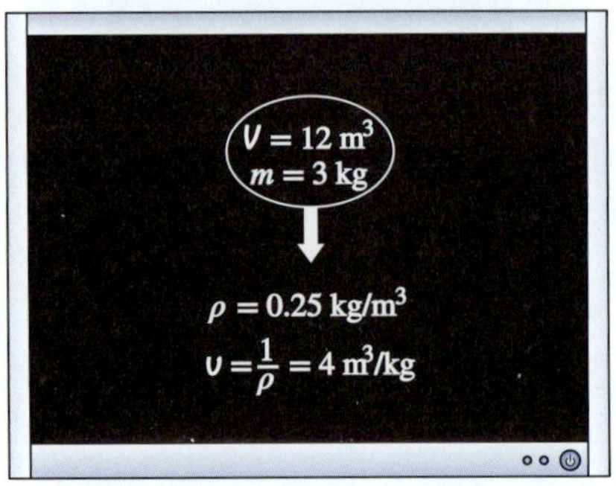

그림 2-8
밀도는 단위체적당 질량이다. 비체적은 단위 질량당 체적이다.

과 같이 계를 가상의 구분인 동일한 두 부분으로 나누어 보면 상태량이 강성적인지 종량적인지를 쉽게 결정할 수 있다. 강성적 상태량은 각 부분의 값이 원래 계의 값과 같지만, 종량적 상태량은 원래 계의 값의 반이 된다.

일반적으로 대문자는 종량적 상태량을 나타내기 위하여 사용되고(질량 m은 대표적인 예외), 소문자는 강성적 상태량을 나타내기 위하여 사용된다(압력 P, 온도 T는 예외).

단위 질량당의 종량적 상태량을 **비상태량**(specific property)이라고 부른다. 비상태량의 예로는 비체적(specific volume; $\upsilon = V/m$)과 비전(全) 에너지(specific total energy; $e = E/m$)가 있다.

연속체

물질은 기체 상태로 공간상에 널리 분포하는 원자들로 구성되어 있다. 그렇지만 원자와 같은 본질을 갖는 개념을 버리고 빈 공간이 전혀 없는 연속적이고 균일한 물질, 즉 **연속체**(continuum)로 취급하는 것이 편리하다. 연속체로 이상화하면 상태량을 점함수(point function)로 취급할 수 있으며 상태량이 불연속 없이 공간적으로 연속하여 변화한다고 가정할 수 있다. 이와 같은 이상적인 모델은 계의 크기가 분자들 간의 간격과 비교하여 상대적으로 클 경우에 한하여 타당하다. 몇몇의 특별한 경우를 제외하고는 실제적으로 모든 문제에 이 개념이 적용 가능하다. 연속체의 이상화는 "유리잔에 담긴 물의 밀도는 유리잔의 어떤 지점에서도 동일하다"는 것과 같이 은연 중에 일반적인 문장에 많이 내포되어 있다.

분자 수준에서 거리에 대한 감각을 갖기 위해 대기압 상태에서 산소로 채워진 용기를 고려해보자. 산소 분자의 직경은 약 3×10^{-10} m이며, 질량은 5.3×10^{-26} kg이다. 또한 1 atm, 20°C에서 산소 분자의 **평균자유경로**(*mean free path*)는 6.3×10^{-8} m이다. 즉 산소 분자는 평균적으로 6.3×10^{-8} m(분자 직경의 약 200배)의 거리를 이동해서야 다른 산소 분자와 충돌한다.

또한 1 atm, 20°C에서 1 mm³의 아주 작은 체적 안에 약 3×10^{16}개의 분자들이 들어 있다(그림 2-7). 연속체 모델은 계의 특성길이(예를 들어 직경)가 분자들의 평균자유경로보다 훨씬 더 큰 경우라면 언제나 적용 가능하다. 고진공(high vacuum)이나 고고도(very high elevation)에서는, 평균자유경로가 더 커질 수 있다(예를 들어 고도 100 km에서 대기의 평균자유경로는 약 0.1 m). 이와 같은 경우에는 **희박기체유동이론**(rarefied gas flow theory)을 적용해야 하며, 개별적인 분자들의 충돌을 고려해야 한다. 이 교재에서는 물질을 연속체로서 모델화하는 경우에 한하여 고려한다.

2-3 밀도와 비중

밀도(density)는 단위체적당 질량으로 정의된다(그림 2-8).

밀도: $$\rho = \frac{m}{V} \qquad (\mathrm{kg/m^3}) \tag{2-1}$$

비체적(specific volume) v은 밀도의 역수이며 단위 질량당의 체적으로 정의된다.

$$v = \frac{V}{m} = \frac{1}{\rho} \tag{2-2}$$

미소체적 요소인 질량 δm, 체적 δV에 대하여, 밀도는 $\rho = \delta m/\delta V$로 표현된다.

일반적으로 어떤 물질의 밀도는 온도와 압력에 의존한다. 대부분 기체의 밀도는 압력에 비례하고 온도에 반비례한다. 반면에 액체 및 고체는 본질적으로 비압축성 물질이기 때문에, 압력 변화에 따른 밀도의 변화는 무시할 수 있을 정도이다. 예를 들면 20°C 물의 밀도는 1 atm에서 998 kg/m³으로부터, 100 atm에서 1,003 kg/m³으로 약 0.5% 증가한다. 액체와 고체의 밀도는 압력보다는 온도에 좀 더 의존적이다. 예를 들면 1 atm에서 물의 밀도는 20°C에서 998 kg/m³부터 75°C가 되면 975 kg/m³으로 2.3% 감소한다. 그러나 이것도 역시 대부분의 공학적 해석에서 무시할 수 있다.

때때로 물질의 밀도는 보다 더 잘 알려진 물질의 밀도에 대한 상대적인 값으로 주어진다. 이것을 **비중**(specific gravity), 또는 **상대밀도**(relative density)라고 부르며, 주어진 온도에서 기준물질의 밀도(일반적으로 4°C의 물에 대하여 ρ_{H_2O} = 1,000 kg/m³)에 대한 물질의 밀도 비로 정의된다. 즉

비중: $$\mathrm{SG} = \frac{\rho}{\rho_{H_2O}} \tag{2-3}$$

어떤 물질의 비중은 무차원량임을 주의해야 한다. 그러나 SI 단위에서는 물질의 비중이 4°C에서 물의 밀도가 1 g/cm³ = 1 kg/L = 1,000 kg/m³이기 때문에 g/cm³이나 kg/L(또는 kg/m³으로 나타내어지는 밀도의 0.001배)으로 표현되는 그 물질의 밀도와 정확히 일치한다. 예를 들면 0°C에서 수은의 비중은 13.6이다. 따라서 0°C에서 수은의 밀도는 13.6 g/cm³ = 13.6 kg/L = 13,600 kg/m³이다. 0°C에서 어떤 물질들의 비중은 표 2-1에 있다. 비중이 1보다 작은 물질은 물보다 가볍기 때문에 수면 위에 뜨게 된다는 사실에 주목하라.

표 2-1
일부 물질의 온도 0°C에서의 비중

Substance	SG
Water	1.0
Blood	1.05
Seawater	1.025
Gasoline	0.7
Ethyl alcohol	0.79
Mercury	13.6
Wood	0.3–0.9
Gold	19.2
Bones	1.7–2.0
Ice	0.92
Air (at 1 atm)	0.0013

어떤 물질의 단위체적의 중량을 **비중량**(specific weight)이라 부르며 다음과 같이 정의된다.

비중량: $$\gamma_s = \rho g \qquad (\mathrm{N/m^3}) \tag{2-4}$$

여기서 g는 중력가속도이다.

액체의 밀도는 기본적으로 일정하며, 따라서 액체는 정확도를 유지하면서 대부분 과정에서 비압축성 물질로 근사화될 수 있다.

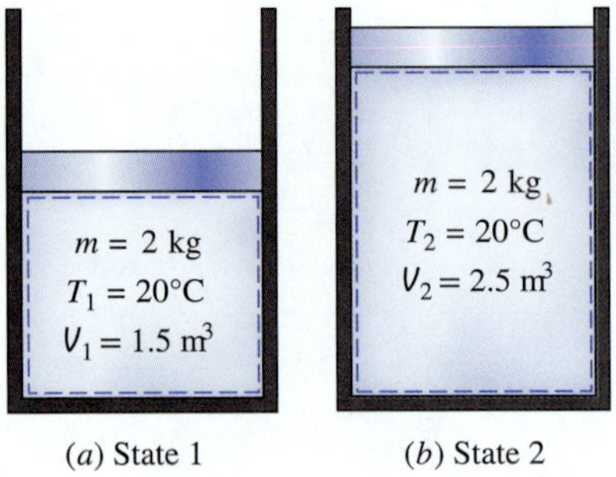

그림 2-9
두 개의 서로 다른 상태에 있는 계

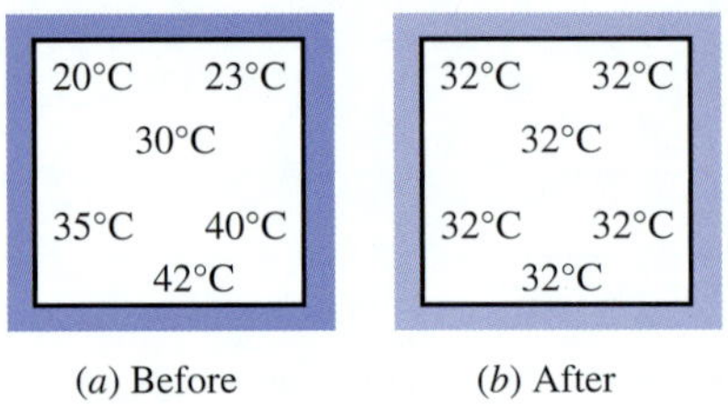

그림 2-10
열적 평형에 도달한 밀폐계

2-4 상태와 평형

어떤 변화도 없는 계를 생각하자. 이 시점에서 모든 상태량은 전체 계에 걸쳐 측정되거나 계산될 수 있으며, 이 값들이 계의 조건 또는 **상태**(state)를 완벽하게 나타내는 일련의 상태량들이다. 주어진 상태에서, 계의 모든 상태량들은 고정된 값이다. 만일 한 개의 상태량이라도 변하면, 상태는 다른 상태로 변한다. 그림 2-9는 2개의 다른 상태에 있는 계를 보여준다.

열역학은 평형상태(*equilibrium* state)를 취급한다. **평형**이란 용어는 균형상태를 의미한다. 평형상태에서는 계 내에 불균형 잠재력(또는 구동력)이 없다. 평형상태에 있는 계는 주위와 분리될 때 변화를 일으키지 않는다.

여러 가지 형태의 평형상태가 있으며, 관련되는 모든 형태의 평형상태가 만족되지 않으면 계는 열역학적 평형상태가 아니다. 예를 들면 온도가 계의 전체에 걸쳐 일정하면 계는 **열적 평형**(thermal equilibrium)에 있다(그림 2-10). 즉 이 계는 열흐름의 구동력인 온도차가 없다. **역학적 평형**(mechanical equilibrium)은 압력과 관련이 있으며, 계의 임의의 점에서 압력이 시간에 따라 변하지 않으면 계는 역학적 평형상태에 있다. 그러나 압력은 중력의 영향으로 계 내에서 높이에 따라 변할 수 있다.

그렇지만 밑바닥에서의 높은 압력은 받치고 있는 중량에 의해 평형을 이루므로 힘의 불균형은 없다. 대부분의 열역학 계에서 중력에 의한 압력의 변화는 상대적으로 작기 때문에 일반적으로 무시한다. 만약 계가 2상(two-phase)을 가지고 있으면, 각 상의 질량이 평형에 도달하여 머물 때 계는 **상평형**(phase equilibrium)에 있게 된다. 끝으로 계의 화학 조성이 시간에 따라 변하지 않을 때, 즉 화학 반응이 일어나지 않을 때 계는 **화학적 평형**(chemical equilibrium)에 있게 된다. 계는 관련되는 모든 평형 조건이 만족되지 않으면, 평형상태에 도달하지 않는다.

상태의 원리

앞에서 언급한 것과 같이, 계의 상태는 그 상태량에 의해 나타내진다. 그러나 한 상태를 결정하기 위하여 모든 상태량들을 자세히 나타낼 필요가 없다는 것을 경험으로 알고 있다. 충분한 수의 상태량들이 규정되고 나면 나머지 상태량들은 자동적으로 그 값들이 결정된다. 즉 한 상태를 결정하기 위해서는 일정한 수의 상태량들을 나타내는 것으로 충분하다. 어떤 계의 상태를 결정하는 데 필요한 상태량들의 수는 다음과 같은 **상태의 원리**(state postulate)에 의해 주어진다.

단순 압축성 계의 상태는 두 개의 독립적인 강성적 상태량에 의해 완전하게 명시된다.

전기, 자기, 중력, 운동, 표면장력 효과들이 모두 없는 계를 **단순 압축성 계**(simple compressible system)라 한다. 이러한 효과들은 외적인 힘의 장(force field)에 기인하며 대부분 공학문제에서는 무시할 수 있다. 무시할 수 없는 경우에는 중요한 각 효과를 나타낼 추가적인 상태량이 필요하다. 예를 들어 중력의 효과가 고려되어야 한다면 상태를 결정하는 데 필요한 두 개 이상의 상태량에 추가하여 높이(z)가 필요하다.

상태의 원리는 상태를 결정하기 위한 두 개의 상태량이 독립적이어야 한다는 것을 요구한다. 다른 한 상태량이 일정하게 유지되는 동안 한 상태량이 변할 수 있다면 두 개의 상태량은 서로 **독립적**(independent)이다. 예를 들어 그림 2-11에서 보는 것처럼, 온도와 비체적은 항상 독립적 상태량들이며, 이 두 개의 상태량을 함께 사용하여 단순 압축성 계의 상태를 결정할 수 있다. 그러나 온도와 압력은 단상(single-phase)의 계에서는 독립적 상태량이지만, 다상(multi-phase)계에서는 종속적 상태량이다. 해수면 고도(P = 1 atm)에서 물은 100°C에서 끓지만 압력이 낮은 산꼭대기에서는 보다 낮은 온도에서 끓는다. 즉 상변화 과정 동안에 $T = f(P)$이므로, 온도와 압력만으로는 이상(two-phase) 계의 상태를 결정할 수 있다. 상변화 과정은 4장에서 자세히 논의된다.

그림 2-11
질소의 상태는 두 개의 독립적인 강성적 상태량에 의해 결정된다.

2-5 과정과 사이클

계가 한 평형상태에서 다른 평형상태로 변하는 것을 **과정**(process)이라고 하고, 과정 동안 계가 통과하는 상태의 연속을 과정의 **경로**(path)라고 한다(그림 2-12). 과정을 완전하게 기술하기 위해서는 과정의 경로뿐 아니라 초기상태와 최종상태, 주위와의 상호작용을 규정해야 한다.

계가 평형상태에 무한히 근접한 상태를 유지한 채 진행되는 과정을 **준정적(靜的) 과정**(quasi-static process) 또는 **준평형 과정**(quasi-equilibrium process)이라고 한다. 준평형 과정은 계의 한 부분의 상태량이 다른 부분의 상태량보다 더 빨리 변화하지 않도록 내부적으로 자체 조절을 할 수 있는 충분히 느린 과정으로 볼 수 있다.

준평형상태를 그림 2-13에 그림으로 설명하였다. 피스톤-실린더 기구 내의 기체가 갑자기 압축되면, 피스톤 표면 가까이에 있는 분자는 피할 수 있는 충분한 시간이 없어 피스톤 전방의 작은 영역에 모이게 되므로 이 영역의 압력이 높아진다. 이 압력 차이 때문에 계는 더 이상 평형상태에 있다고 할 수 없으므로 전체 계는 비 준평형상태가 된다. 그러나 피스톤이 천천히 움직인다면, 분자는 재분포할 충분한 시간을 갖게 되어 피스톤의 전방에 모이지 않을 것이다. 결과적으로 실린더 내의 압력은 항상 균일하고 모든 위치에서 같은 비율로 상승할 것이다. 이 상태는 항상 평형을 유지하므로 준평형 과정이다.

준평형 과정은 이상화된 과정으로 실제 과정에서는 일어나지 않는다. 그러나 많은 실제 과정은 준평형 과정에 가깝고 무시할 수 있는 오차를 가진 준평형 과정으로 모델화될 수 있다. 공학자는 두 가지 이유 때문에 준평형 과정에 관심을 가진다. 첫째로, 준평형 과정은 해석하기가 쉽고, 둘째로, 일-발생 장치(work-producing devices)는 준평형 과정에서 작동될 때 가장 많은 일을 전달하기 때문이다. 그러므

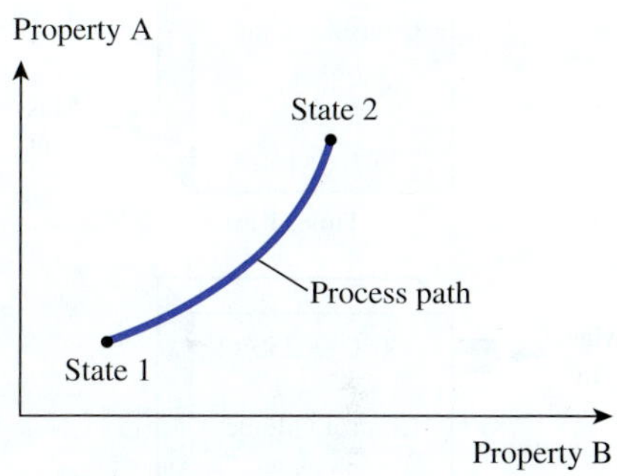

그림 2-12
상태 1과 2 사이의 과정과 경로

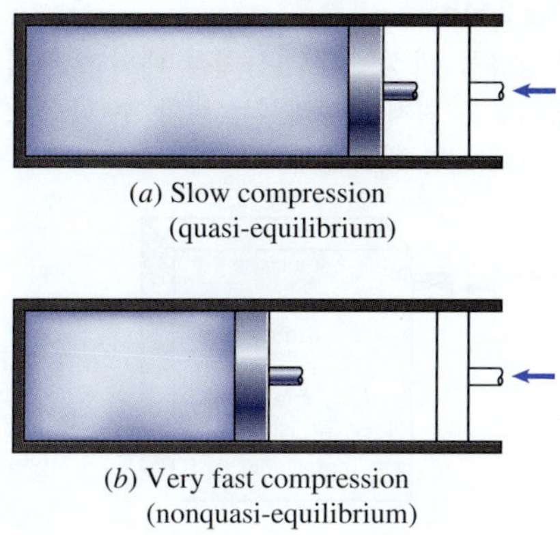

그림 2-13
준평형 압축과정과 비준평형 압축과정

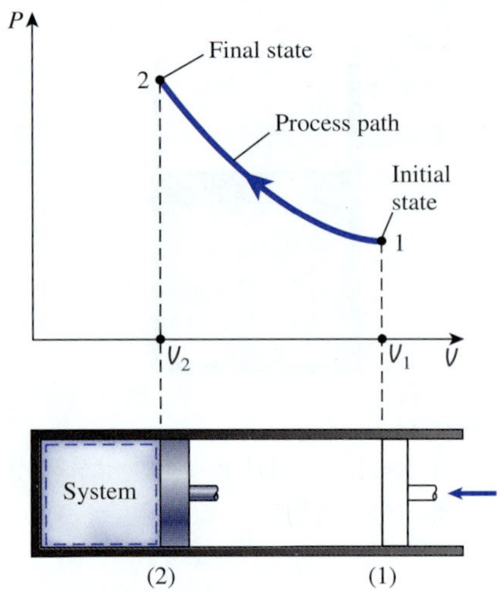

그림 2-14
압축과정의 P-V 선도

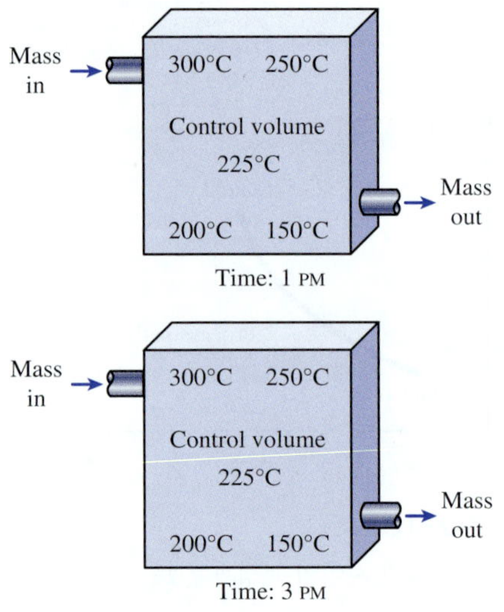

그림 2-15
정상유동 과정에서 검사체적 내의 유체의 상태량은 위치에 따라서는 변할 수 있으나, 시간에 대한 변화는 없다.

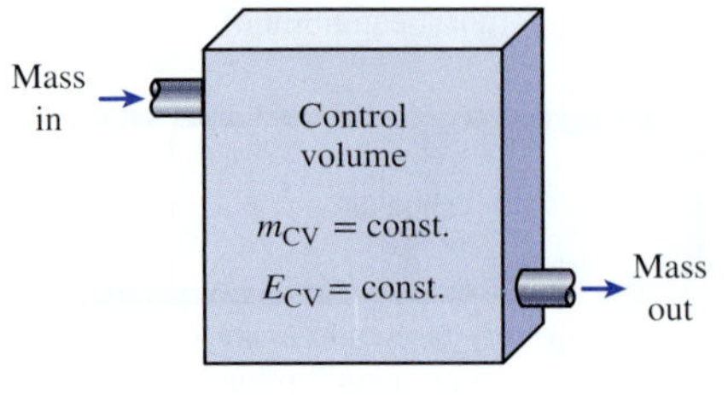

그림 2-16
정상유동 조건에서 검사체적의 질량 및 에너지는 일정하다.

로 준평형 과정은 실제 과정과 비교할 수 있는 표준으로 사용된다.

열역학 상태량을 좌표로 하여 그린 과정 선도는 과정을 가시화하는 데 매우 유용하다. 좌표로 사용되는 일반적인 상태량들은 온도 T, 압력 P, 체적 V(또는 비체적 v)이다. 그림 2-14는 기체의 압축과정에 대한 P-V 선도이다.

과정의 경로는 계가 과정 동안 통과하는 일련의 평형상태를 나타내고, 준평형 과정에서만 의미를 갖는다. 비준평형 과정에서는 과정 동안에 한 상태로 전체 계를 생각할 수 없기 때문에, 전체로써 계에 대한 과정의 경로를 말할 수 없다. 비준평형 과정은 초기상태와 최종상태 사이를 실선 대신에 점선으로 표시한다.

접두어 *iso*는 특정한 상태량이 일정하게 유지되는 과정을 나타내기 위하여 사용된다. 예를 들면 **등온과정**(isothermal process)은 온도 T가 일정하게 유지되는 과정이고, **정압과정**(isobaric process)은 압력 P가 일정하게 유지되는 과정이며, **정적과정**(isohoric or isometric process)은 비체적 v가 일정하게 유지되는 과정이다.

계가 과정의 끝에서 다시 초기의 상태로 되돌아온다면, 계는 한 **사이클**(cycle)을 수행하였다고 한다. 즉 한 사이클에서는 초기상태와 최종상태가 동일하다.

정상유동 과정

정상(*steady*)이나 균일(*uniform*)이라는 용어는 공학에서 자주 사용되는 말로, 그 의미를 명확하게 이해하는 것이 중요하다. 정상이라는 용어는 시간에 따른 변화가 없음을 의미한다. 정상의 반대말은 비정상(*unsteady*), 천이 또는 과도(*transient*)이다. 균일의 의미는 어느 특정 지역에서 위치에 대한 변화가 없다는 것이다. 이러한 의미들은 항상 변함없는 여자친구나 균일한 상태량 등과 같이 일상적으로 사용되는 의미와 동일하다.

많은 공학적 기기들은 동일조건에서 장시간 운전되며, 이와 같은 기기들은 정상유동 기기(*steady-flow device*)로 분류된다. 이와 같은 기기에서의 과정은 **정상유동 과정**(steady-flow process)이라 불리는 다소 이상화된 과정으로 표현될 수 있으며, 이것은 검사체적을 통해 정상적으로 유체가 흐르는 동안의 과정으로 정의된다(그림 2-15). 즉 유체의 상태량은 검사체적 내에서 위치에 따른 변화는 있을 수 있으나, 어떤 고정된 점에서도 상태량은 전 과정 동안 일정하게 유지된다. 그러므로 정상유동 과정 동안 검사체적의 체적(V), 질량(m) 및 전 에너지 E는 일정하다(그림 2-16).

정상유동 조건은 터빈, 펌프, 보일러, 응축기, 열교환기, 냉동계나 발전설비 등과 같은 연속적으로 운전되는 기기에서 근사화할 수 있다. 왕복동식 엔진이나 왕복동식 압축기와 같은 사이클 기기들은 입구와 출구에서의 유동이 정상적이지 않고 맥동적으로 이루어지기 때문에 상기의 어떤 조건도 만족시키지 못한다. 그렇지만 유체의 상태량은 시간에 따라 주기적으로 변화하므로 이러한 기기 내에서 유동은 상태량의 시간 평균치를 사용하여 정상유동 과정으로 해석할 수 있다.

2-6 온도와 열역학 제0법칙

우리는 "뜨거움"과 "차가움"의 정도를 나타내는 기준으로서 온도(temperature)와는 친숙하지만 온도를 정확하게 정의하는 것은 쉽지 않다. 우리는 생리학적 감각을 근거로 하여 온도의 정도를 매우 차가움, 차가움, 따뜻함, 뜨거움, 매우 뜨거움과 같은 용어로 정성적으로 표현한다. 그러나 우리의 감각만을 근거로 하여 온도에 수치 값을 부여할 수는 없다. 더욱이 우리의 감각은 오류를 범할 수도 있다. 예를 들면 금속 의자는 같은 온도의 나무 의자보다 더 차갑게 느껴질 것이다.

다행스럽게도 물질의 여러 상태량들은 반복적이고 예측 가능한 방법으로 온도에 따라 변한다는 사실이 정확한 온도 측정의 근거를 제공한다. 예를 들면 일반적으로 사용되는 수은 온도계는 온도에 따른 수은 팽창에 근거한다. 또한 온도는 다른 여러 가지의 온도에 종속적인 상태량을 사용하여 측정된다.

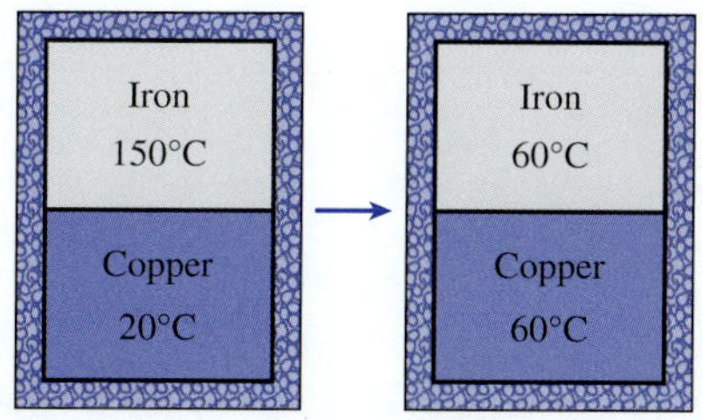

그림 2-17
고립된 밀폐 공간 내에서 접촉을 한 후에 두 물체는 열적 평형에 도달한다.

책상 위에 놓인 뜨거운 커피의 잔은 결국 차가워지고 차가운 음료수는 결국 따뜻해진다는 것을 일반적인 경험으로부터 알고 있다. 즉 한 물체가 온도가 다른 물체와 접촉하면, 열은 양쪽 물체의 온도가 동일하게 될 때까지 높은 온도의 물체에서 낮은 온도의 물로 전달된다(그림 2-17). 이 시점에서 열전달은 멈추며, 양쪽 물체들은 **열적 평형**(thermal equilibrium)에 도달하였다고 말한다. 온도의 동일성은 열적 평형의 유일한 요구 조건이다.

열역학 제0법칙(zeroth law of thermodynamics)은 두 물체가 제3의 물체와 열적 평형에 있으면, 두 물체 역시 서로 열적 평형에 있다는 것을 말한다. 이러한 명백한 사실이 열역학의 기본 법칙의 하나라고 하는 사실이 어리석게 보일 수도 있다. 그러나 이것은 다른 열역학 법칙으로부터 결정될 수 없으며, 온도 측정의 타당성에 대한 근거를 제공한다. 제3의 물체를 온도계로 대체함으로써, 제0법칙은 두 물체가 접촉하지 않는다 할지라도 두 물체의 온도가 동일하면 두 물체는 열적 평형에 있다고 말할 수 있다.

제0법칙은 1931년 R. H. Fowler에 의해 최초로 공식화되고 명명되었다. 이름이 암시하는 것처럼, 기초적인 물리적 원리로서의 가치는 열역학 제1법칙과 제2법칙이 공식화된 후에도 반세기가 지난 후에 인정되었다. 이것은 열역학 제1법칙과 제2법칙을 우선하여야 했기 때문에 제0법칙으로 명명되었다.

온도눈금

온도눈금은 온도 측정을 위한 공통의 기준을 사용할 수 있게 하였고, 역사적으로 여러 가지의 온도눈금이 소개되었다. 모든 온도눈금은 빙점(*ice point*)과 비등점(*steam point*)이라고도 불리는 물의 어는점과 끓는점과 같이 쉽게 재생할 수 있는 상태를 기준으로 한다. 1기압에서 증기로 포화된 공기, 평형상태에 있는 얼음, 물의 혼합물은 빙점에 있다고 하며, 1기압에서 평형상태에 있는 물과 증기의 혼합물

(공기가 없음)은 비등점에 있다고 한다.

현재 SI 단위계와 영국 단위계에서 사용되는 온도눈금은 각각 **섭씨 눈금**[Celsius scale; 이전에는 centigrade 눈금이라 불렸으나, 1948년에 이것을 고안한 스웨덴 천문학자 A. Celsius (1701~1744)의 이름을 따서 개명되었다]과 **화씨 눈금**(Fahrenheit scale; 독일의 계기 제조자 G. Fahrenheit (1688~1736)의 이름을 따서 명명되었다)이다. 섭씨 눈금으로 빙점과 비등점은 각각 0°C와 100°C이다. 화씨눈금에서 이에 해당하는 값은 32°F와 212°F이다. 이들은 온도 값들은 온도 값들이 2개의 다른 점에서 지정되기 때문에 2점 눈금(*two-point scale*)이라고도 한다.

열역학에서 물질의 상태량들에 독립적인 온도눈금을 가진다는 것은 바람직한 일이다. 이러한 온도눈금을 **열역학적 온도눈금**(thermodynamic temperature scale)이라고 하며, 열역학 제2법칙과 함께 5장에서 다룬다. SI에서 열역학적 온도눈금은 Lord Kelvin (1824~1907)의 이름을 따서 명명된 **캘빈 눈금**(Kelvin scale)이다. 이 눈금에서 온도 단위는 K로 표시되는 **캘빈**이다[°K로 표시하면 안 됨; 1967년에도 기호(°)는 공식적으로 °K에서 삭제되었다]. 캘빈 눈금에서 가장 낮은 온도는 0 K이다. 0이 아닌 오직 한 개의 기준점은 선형 눈금의 기울기를 확립하여 값을 할당하는 것이 필요하였다. 과학자들은 특별한 냉동기술을 사용하여 절대 0 K에 근접하였다(1892년에 0.000000002 K를 실현하였다).

영국 단위계에서 열역학적 온도눈금은 William Rankine (1820~1872)의 이름을 따서 명명된 **랭킨 눈금**(Rankine scale)이다. 이 눈금에서의 온도 단위는 R로 표시되는 **rankine**이다.

캘빈 눈금과 동일한 것으로 판명된 온도눈금은 **이상기체 온도눈금**(ideal gas temperature scale)이다. 이 눈금에서 온도는 보통 저압의 수소나 헬륨 기체로 채워진 견고한 용기인 **정적 기체 온도계**(constant-volume gas thermometer)를 사용하여 측정된다. 이 온도계는 저압일 때, 일정 체적의 기체 온도는 압력에 비례한다는 원리에 근거한다. 즉 고정된 체적의 기체 온도는 충분히 낮은 압력에서는 압력에 따라 선형적으로 변한다. 용기 내에 있는 기체의 압력과 온도 사이의 관계식은 다음과 같다.

$$T = a + bP \tag{2-5}$$

여기서 기체 온도계에서 필요한 a와 b의 값은 실험에 의해 결정된다. a와 b가 결정되면, 매체의 온도는 위의 관계식으로부터 계산될 수 있다. 기체의 압력은 단단한 용기로 만들어진 기체 온도계를 매체 안에 넣고 매체와 체적이 일정한 용기 내의 기체 사이에 열적 평형이 이루어졌을 때 측정한다.

이상기체 온도눈금은 가능한 두 점(빙점과 비등점)에서 용기 내의 기체 압력을 측정하고, 이 두 점에 적절한 온도값을 주어 만들 수 있다. 평면상에서 고정된 두 점을 지나는 하나의 직선만을 고려하면, 이 두 측정점은 식 (2-5)에 있는 상수 a

와 b를 결정하기에 충분하다. 압력 P에 해당하는 매체의 미지의 온도 T는 이 식으로부터 단순 계산에 의해 결정된다. 상수 값들은 용기 내의 기체의 양과 형태, 그리고 두 기준점에 주어진 온도 값에 따라 변하는 각 온도계마다 다르다. 만약 빙점과 비등점이 각각 0°C와 100°C로 주어지면, 기체 온도눈금은 섭씨 눈금과 동일하게 될 것이다. 이 경우에 절대압력 0에 해당하는 상수 a의 값은 기체 온도계의 용기 내에 있는 기체의 양과 형태에 관계없이 −273.15°C이다. 즉 그림 2-18과 같이 *P-T* 선도에서, 이 경우의 데이터 점들을 통과하는 모든 직선을 연장하여 외삽하면 −273.15°C에서 온도 축과 만날 것이다. 이것은 기체 온도계로 얻을 수 있는 최저 온도이므로, 식 (2-5)에 있는 상수 a를 0으로 하여 절대 기체 온도눈금을 얻을 수 있다. 이 경우에 식 (2-5)는 $T = bP$가 되므로 **절대 기체 온도눈금**을 정의하기 위해서는 단지 한 점만의 온도를 결정하면 된다.

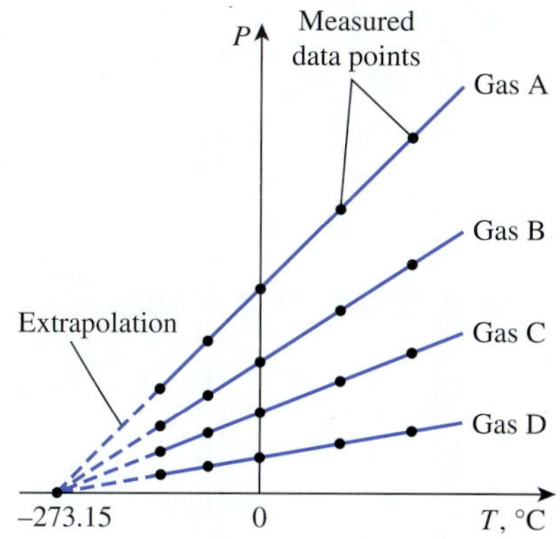

그림 2-18

서로 다른 낮은 압력하에서 4개의 다른 기체를 사용하여 정적 기체 온도계로부터 얻은 실험 데이터의 *P-T* 선도

절대 기체 온도눈금은 매우 낮은 온도(응축 때문에)와 매우 높은 온도(해리와 이온화 때문에)에서는 사용될 수 없으므로 열역학적 온도눈금이 아님을 유의해야 한다. 그러나 절대 기체 온도는 기체 온도계가 사용될 수 있는 온도영역에서는 열역학적 온도와 동일하다. 따라서 열역학적 온도눈금을 온도와는 무관하게 항상 저압 기체인 "이상적" 또는 "가상적" 기체를 이용하는 절대 기체 온도눈금으로 볼 수 있다. 만약 그러한 기체 온도계가 존재한다면 절대 0압력에서 섭씨 온도눈금으로 −273.15°C인 0 K로 읽을 수 있을 것이다(그림 2-19).

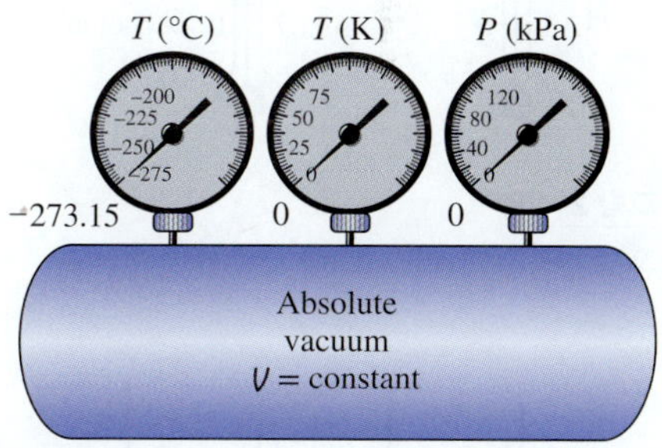

그림 2-19

정적 기체 온도계는 절대 0압력에서 −273.15°C를 나타낸다.

캘빈 눈금과 섭씨 눈금 사이의 관계식은 다음과 같다.

$$T(\text{K}) = T(°\text{C}) + 273.15 \quad \text{(2-6)}$$

랭킨 눈금과 화씨 눈금 사이의 관계식은 다음과 같다.

$$T(\text{R}) = T(°\text{F}) + 459.67 \quad \text{(2-7)}$$

일반적으로 식 (2-6)과 식 (2-7)의 상수는 각각 273과 460으로 반올림하여 사용한다.

두 단위계에서의 온도눈금은 다음과 같은 관계가 있다.

$$T(\text{R}) = 1.8T(\text{K}) \quad \text{(2-8)}$$

$$T(°\text{F}) = 1.8T(°\text{C}) + 32 \quad \text{(2-9)}$$

여러 가지 온도눈금의 비교를 그림 2-20에 나타내었다.

원래 캘빈 눈금에서 선택된 기준점 온도는 273.15 K (0°C)로, 물이 어는점(얼음이 녹는점)에서 온도이고, 대기압하에 평형상태인 고체와 액체 혼합물로 존재한다(빙점). 1954년 제10차 도량형 회의에서, 기준점을 더욱 정확히 재현 가능한 점인 물에 삼중점(물에 3개의 상이 평형상태에서 공존하는 상태), 273.16 K로 변경하였다. 이 회의에서 섭씨 눈금은 이상기체 온도눈금의 항으로 다시 정의되었고, 단일 고정점인 삼중점은 0.01°C이다. 물의 비등점(증기점)은 실험적으로 100.00°C로 결정되어서 새로운 섭씨 눈금은 이전의 섭씨 눈금과 잘 일치하였다.

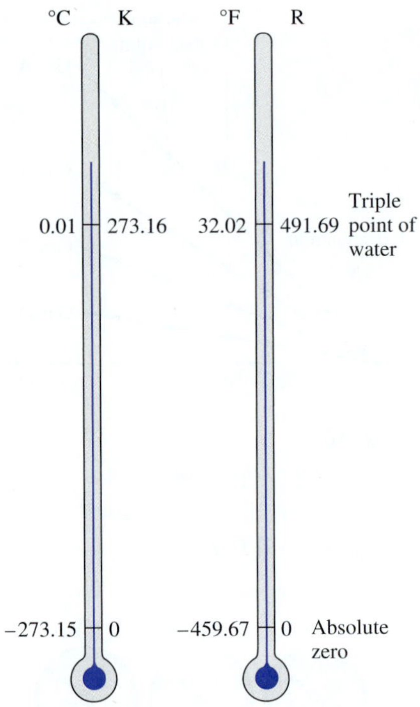

그림 2-20

온도눈금들의 비교

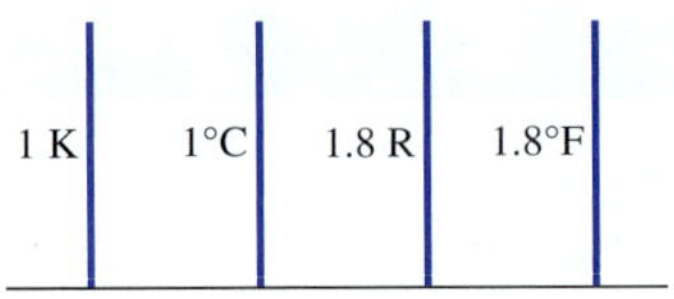

그림 2-21

여러 가지 온도 단위들의 크기 비교

1927년(ITS-27), 1948년(ITPS-48), 1968년(ITPS-68)의 국제실용온도눈금을 대체한 1990년의 **국제온도눈금**은 무게와 측정에 관한 제8회 국제 도량형 위원회의 요청에 따라 1989년 회의에 의해서 도입되었다. ITS-90은 이전의 눈금과 크게 다르지는 않지만 고정온도의 수정된 값으로 정교해졌고, 범위가 확대되었으며, 열역학적인 온도눈금에 보다 잘 부합된다. 이 눈금에서 온도눈금의 단위는 캘빈이며, 물의 삼중점의 열역학적 온도의 1/273.16으로 정의된다. ITS-90 및 IFPS-68 모두 물의 어는점은 0°C (273.15 K)이지만, 비등점은 ITPS-68에서는 100.000°C인 데 반해 ITS-90에서는 99.975°C이다. 2018년, 프랑스 베르사유에서 열린 제26차 국제 도량형 위원회에서 킬로그램, 몰, 암페어, 캘빈이 고정된 범용 상수를 사용하여 재정의되었다. 캘빈의 새로운 공식적 정의는 다음과 같다. 캘빈(*Kelvin*, 기호 K)은 열역학적 온도의 SI 단위이며, 볼츠만 상수로부터 정의된다. 볼츠만 상수는 1.380649 × 10^{-23} J/K이다. 볼츠만 상수는 열역학적 에너지의 양과 온도를 연관시킨다. 이 새로운 정의는 물질의 특성과 무관한 보편적인 온도 측정을 제공한다. ITS-90에서 정의된 물의 삼중점, 빙점 및 증기점에 대한 값은 캘빈의 새로운 정의에 영향을 받지 않는다.

1 K과 1°C의 눈금의 크기는 동일하다(그림 2-21). 따라서 우리가 온도차 ΔT를 취급할 때 양쪽 눈금에서의 온도 간격은 같다. 물질의 온도 10°C 상승은 10 K 상승과 같다. 즉

$$\Delta T(\mathrm{K}) = \Delta T(^\circ\mathrm{C}) \tag{2-10}$$

$$\Delta T(\mathrm{R}) = \Delta T(^\circ\mathrm{F}) \tag{2-11}$$

어떤 열역학 관계식은 온도 T를 포함하고 있으나 가끔 T의 단위가 K인지 °C인지 모를 때가 있다. 관계식이 온도차를 포함하고 있으면($a = b\Delta T$와 같이), 어느 것을 사용해도 차이가 없으므로 모두 사용할 수 있다. 그러나 관계식이 온도차 대신에 온도만을 포함하고 있으면($a = bT$) K만 사용해야 한다. 확실하지 않으면, K를 사용하는 것이 항상 안전하다. 그것은 K를 사용하여 틀리는 경우가 사실상 없기 때문이다. 그러나 °C를 사용하면 잘못된 결과를 내는 열역학 관계식들이 많이 있다.

예제 2-1 **다른 단위로 온도 상승의 표현**

사람이 편안함을 느끼는 온도는 65°F와 75°F 사이이다. 이러한 온도를 °C로 나타내라. 이 온도 범위(10°F)의 크기를 K, °C, R으로 나타내라. 나타낸 범위의 크기에 차이가 있는가?

풀이 °F 단위로 주어진 온도 범위는 °C로 변환하고, °F 단위의 온도 차이는 K, °C, R으로 나타낸다.

해석 °C 단위의 상한과 하한 온도는 다음과 같다.

$$T(°\mathrm{C}) = \frac{T(°\mathrm{F}) - 32}{1.8} = \frac{65 - 32}{1.8} = \mathbf{18.3°C}$$

$$T(°\mathrm{C}) = \frac{T(°\mathrm{F}) - 32}{1.8} = \frac{75 - 32}{1.8} = \mathbf{23.9°C}$$

10°F의 온도 변화는 다음과 같다.

$$\Delta T(\mathrm{R}) = \Delta T(°\mathrm{F}) = \mathbf{10\ R}$$

$$\Delta T(°\mathrm{C}) = \frac{\Delta T(°\mathrm{F})}{1.8} = \frac{10}{1.8} = \mathbf{5.6°C}$$

$$\Delta T(\mathrm{K}) = \Delta T(°\mathrm{C}) = \mathbf{5.6\ K}$$

따라서 온도 차이를 다룰 때 SI 단위계의 °C와 K, 영국 단위계 °F와 R는 서로 변환이 가능하다.

검토 온도 단위를 변환할 때 주의해야 한다. 먼저 변환에 온도 값이 포함되는지 또는 온도 변화 값이 포함되는지 인지해야한다.

2-7 압력

압력은 단위면적당 유체에 의해 가해진 수직 힘이다. 기체와 액체를 다룰 때에만 압력을 이야기한다. 고체에서 압력에 해당하는 것은 **수직 응력**(*normal stress*)이다. 압력은 단위면적당 힘으로 정의되므로, 압력의 단위는 제곱미터당 뉴턴(N/m^2)이고, **파스칼**(Pa)이라고 부른다.

$$1\ \mathrm{Pa} = 1\ \mathrm{N/m^2}$$

압력 단위 파스칼은 실제로 취급하는 압력에 비해 너무 작다. 따라서 **킬로 파스칼**($1\ \mathrm{kPa} = 10^3\ \mathrm{Pa}$)과 **메가 파스칼**($\mathrm{MPa} = 10^6\ \mathrm{Pa}$)이 일반적으로 사용된다. 일반적으로 사용되는 다른 압력 단위는, 특히 유럽에서 **바**(*bar*)와 **표준대기압**(*standard atmosphere*)과 **센티미터 제곱당 킬로그램−힘**(*kilogram-force per square centimeter*)이다.

$$\begin{aligned}
1\ \mathrm{bar} &= 10^5\ \mathrm{Pa} = 0.1\ \mathrm{MPa} = 100\ \mathrm{kPa} \\
1\ \mathrm{atm} &= 101{,}325\ \mathrm{Pa} = 101.325\ \mathrm{kPa} = 1.01325\ \mathrm{bars} \\
1\ \mathrm{kgf/cm^2} &= 9.807\ \mathrm{N/cm^2} = 9.807 \times 10^4\ \mathrm{N/m^2} = 9.807 \times 10^4\ \mathrm{Pa} \\
&= 0.9807\ \mathrm{bar} \\
&= 0.9679\ \mathrm{atm}
\end{aligned}$$

압력 단위 bar, atm, $\mathrm{kgf/cm^2}$은 서로 동등하다는 사실에 주목하라. 영국 단위계에서, 압력 단위는 **제곱인치당 파운드−힘**($\mathrm{lbf/in^2}$, 또는 psi)이며, 1 atm = 14.696 psi이다. 압력 단위 $\mathrm{kgf/cm^2}$와 $\mathrm{lbf/in^2}$은 각각 $\mathrm{kg/cm^2}$과 $\mathrm{lb/in^2}$으로 나타내고, 이들은 주로 타이어 압력에 사용된다. $1\ \mathrm{kgf/cm^2} = 14.224$ psi임을 알 수 있다.

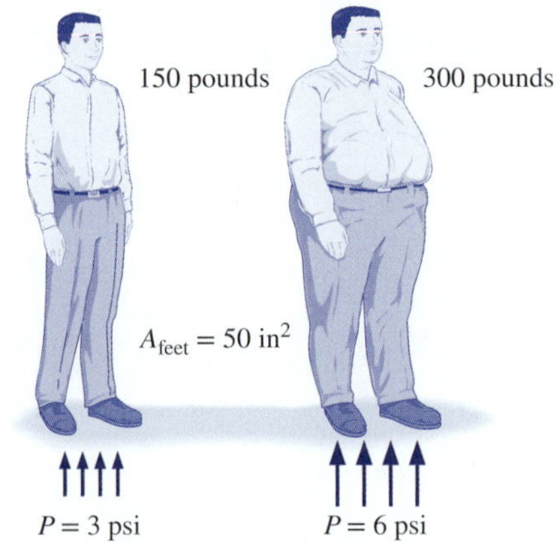

$$P = \sigma_n = \frac{W}{A_{feet}} = \frac{150\ \text{lbf}}{50\ \text{in}^2} = 3\ \text{psi}$$

그림 2-22
뚱뚱한 사람의 발에 작용하는 수직 응력(또는 "압력")은 날씬한 사람보다 훨씬 크다.

고체에서 압력은 단위면적당 면에 수직으로 작용하는 힘으로 정의되는 **수직 응력**의 유사어로 사용될 수 있다. 예를 들면 체중이 70 kg인 사람이 서 있을 때 발바닥이 지면에 접촉하는 총 면적이 280 cm^2일 때 압력은 70 kgf/280 cm^2 = 0.25 kgf/cm^2가 된다(그림 2-22). 만약 이 사람이 한 발로 서 있으면 압력이 두 배가 될 것이다. 만약 이 사람의 체중이 늘어나면, 발에 증가된 압력이 가해지므로 발에 불편함을 느끼게 될 것이다(체중이 늘어나도 발의 크기는 변하지 않는다). 이것은 사람이 큰 눈신(snowshoes)을 신으면 어떻게 금방 쌓인 눈에 빠지지 않고 눈 위를 걸을 수 있는지, 날카로운 칼을 사용하면 어떻게 해서 별 어려움 없이 물건을 자를 수 있는지 설명해 준다.

주어진 위치에서의 실제 압력을 **절대압력**(absolute pressure)이라고 하고, 절대압력은 절대진공, 즉 절대 0압력에 대한 상대값으로 측정된다. 그러나 대부분의 압력 측정 기구는 대기압에서 눈금을 0으로 보정하여(그림 2-23), 절대압력과 그 지역의 국부(local) 대기압과의 차이를 나타낸다. 이 차이를 **계기압력**(gage pressure)이라고 한다. 대기압 이하의 압력을 **진공압력**(vacuum pressure)이라고 하고, 대기압과 절대압력과의 차이를 나타내는 진공게이지로 측정된다. 절대압력, 계기압력 및 진공압력은 모두 양수 값이며, 이들 사이의 관계는 다음과 같다.

$$P_{gage} = P_{abs} - P_{atm} \tag{2-12}$$

$$P_{vac} = P_{atm} - P_{abs} \tag{2-13}$$

이들 사이의 관계를 그림 2-24에 나타내었다.

다른 압력 계기와 같이 자동차 타이어의 공기압을 측정하는 압력계는 계기압력을 나타낸다. 그러므로 32 psi (2.25 kgf/cm^2)을 나타내는 것은 대기압보다 32 psi 만큼 높음을 의미한다. 예를 들어 대기압이 14.3 psi인 곳에서 타이어의 절대압력은 32 + 14.3 = 46.3 psi (319 kPa)이다.

열역학 관계식들과 표에는 절대압력이 거의 항상 사용된다. 본 교재에서는 특

그림 2-23
기본적인 압력계
©*Ashcroft Inc.*

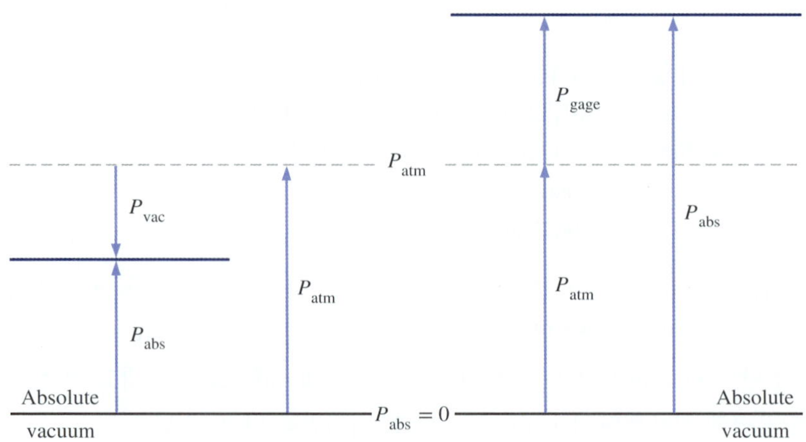

그림 2-24
절대압력, 계기압력, 진공압력

별히 규정되지 않는 한 압력 P는 절대압력을 나타낸다. 가끔 의미하는 바를 분명히 하기 위하여 문자 "a"(절대압력)와 "g"(계기압력)를 압력 단위에 붙여 사용한다(예: psia, psig).

예제 2-2 **진공 용기 내의 절대압력**

대기압이 14.5 psi인 지역에서 용기에 연결된 진공계기가 5.8 psi를 표시하고 있다. 용기 내의 절대압력은 얼마인가?

풀이 진공 용기 내의 계기압력이 주어져 있다. 용기 내의 절대압력을 결정해야 한다.

해석 절대압력은 식 (2-3)으로부터 다음과 같이 쉽게 계산된다.

$$P_{\text{abs}} = P_{\text{atm}} - P_{\text{vac}} = 14.5 - 5.8 = \mathbf{8.7\ psi}$$

검토 절대압력을 구할 때 지역의 대기압 값이 사용된다는 것을 유의하라.

깊이에 따른 압력 변화

유체 내에서 압력은 수평방향으로 변하지 않는다는 사실은 그리 놀랄 일이 아니다. 이 사실은 수평방향의 매우 얇은 유체층을 고려해서 수평방향의 힘 평형을 취함으로써 쉽게 보여줄 수 있다. 그렇지만 중력장 내에서 수직방향으로는 경우가 다르다. 보다 깊은 곳의 유체층에서 더 많은 유체가 그 위에 놓이게 되므로 유체 내에서 압력은 깊이에 따라 증가하게 되며, 보다 깊은 곳에서 유체의 "부가적인 무게"의 효과는 압력 증가와 평형을 이룬다(그림 2-25).

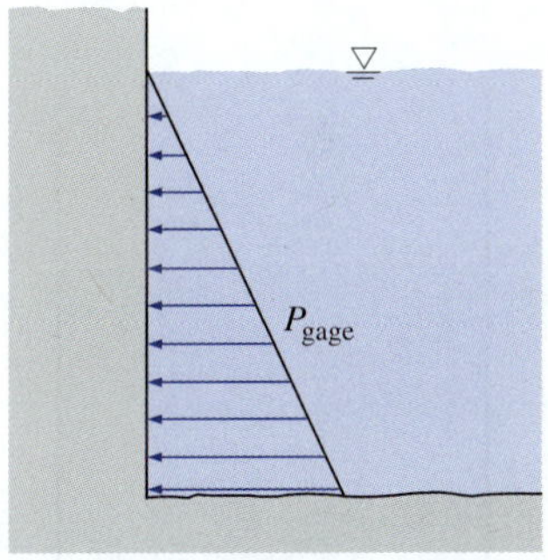

그림 2-25
정지 상태의 유체의 압력은(추가되는 무게의 결과로) 깊이에 따라 증가한다.

깊이에 따른 압력 변화의 관계식을 구하기 위해, 그림 2-26에서 보는 바와 같이 높이가 Δz, 길이가 Δx이며 종이에 수직으로 단위 깊이를 가지는 직사각형의 유체요소를 고려해 보자. 유체 밀도 ρ는 일정하고 수직한 z-방향의 힘의 평형은 다음과 같다.

$$\sum F_z = ma_z = 0: \qquad P_1 \Delta x \Delta y - P_2 \Delta x \Delta y - \rho g \Delta x \Delta y \Delta z = 0$$

여기서 $W = mg = \rho g\ \Delta x\ \Delta y\ \Delta z$는 유체요소의 무게이고, $\Delta z = z_2 - z_1$이다. 이를 $\Delta x\ \Delta y$로 나누고 식을 다시 정리하면

$$\Delta P = P_2 - P_1 = -\rho g \Delta z = -\gamma_s \Delta z \qquad \text{(2-14)}$$

여기서 $\gamma_s = \rho g$는 유체의 비중량이다. 따라서 밀도가 일정한 유체 안에 있는 두 지점 간의 압력차는 그 점들 간의 수직거리 Δz와 밀도에 비례한다. 즉 **유체 내에서 압력은 깊이에 정비례한다.** 이것은 잠수부가 호수에서 깊이 잠수할수록 경험하는 것일 것이다.

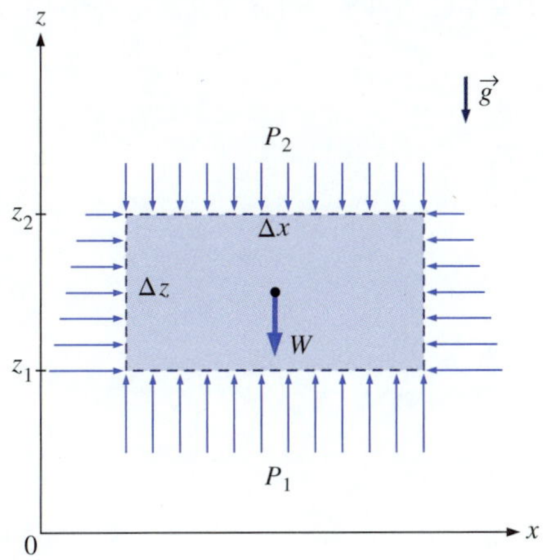

그림 2-26
평형상태에 있는 직사각형 유체요소의 자유물체 선도

유체정역학적 조건에서 동일 유체 내의 두 지점 사이에 보다 쉽게 적용되고 기억될 수 있는 식은 다음과 같다.

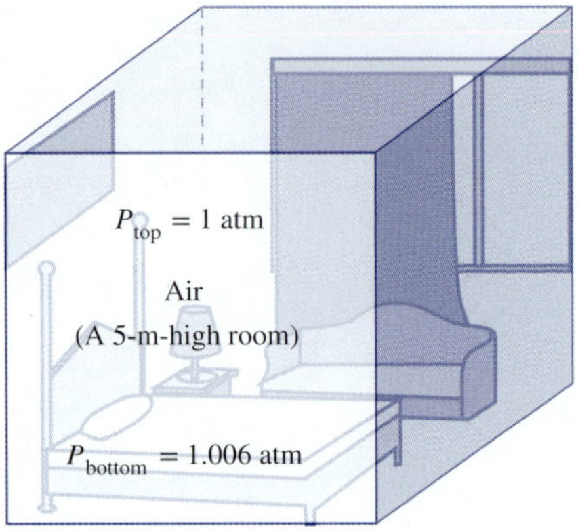

그림 2-27

기체로 채워진 공간 내에서 높이에 따른 압력의 변화는 무시할 수 있다.

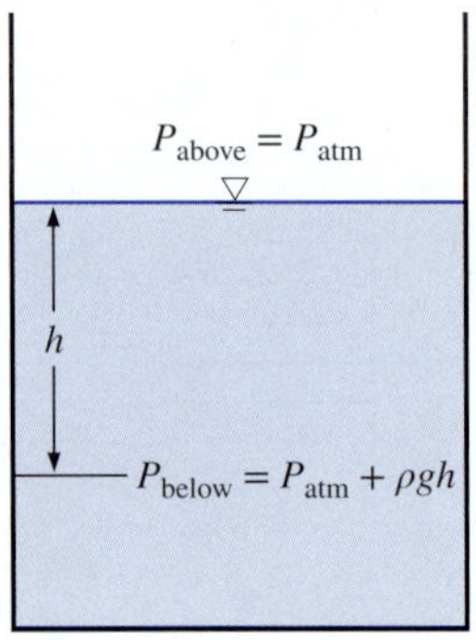

그림 2-28

정지 상태에서 액체 속의 압력은 자유표면으로부터 거리에 따라 선형으로 증가한다.

$$P_{below} = P_{above} + \rho g|\Delta z| = P_{above} + \gamma_s|\Delta z| \quad \textbf{(2-15)}$$

식에서 아래 첨자 "below"는 더 깊은 지점을 의미하며, "above"는 상대적으로 위 지점을 의미한다. 식을 적절히 사용하기 위해서는 부호에 주의하여야 한다.

주어진 유체에서 대로는 수직거리 Δz가 압력의 측정값으로 사용될 때가 있으며, 이를 **압력수두**(*pressure head*)라 한다.

또한 식 (2-14)로부터 기체에서는 밀도가 적은 값이기 때문에 거리가 비교적 크지 않을 때에는 높이에 따른 압력변화를 무시할 수 있다. 예를 들어 기체로 채워진 탱크 내의 압력은 기체의 무게가 커다란 차이를 느낄 수 없을 만큼 매우 작기 때문에 균일한 것으로 간주할 수 있다. 또한 공기로 채워진 실내의 압력은 일정하다고 가정한다(그림 2-27).

만약 압력이 P_{atm}인 대기에 노출된 액체의 자유표면을 "above" 지점으로 잡는다면 식 (2-15)에 의해 자유표면 아래 깊이 h인 곳의 압력은 다음과 같다.

$$P = P_{atm} + \rho gh \quad \text{or} \quad P_{gage} = \rho gh \quad \textbf{(2-16)}$$

액체는 본질적으로 비압축성 물질이므로 깊이에 따른 밀도 변화를 무시한다. 이것은 기체에서 높이 변화가 크지 않은 경우에도 마찬가지이다. 그러나 온도에 따른 액체나 기체의 밀도 변화는 매우 클 수가 있으며 높은 정확도가 요구될 경우에 이를 고려해야 한다. 또한 대양에서와 같이 아주 깊은 곳에서는 엄청난 무게에 의한 압축으로 인하여 액체의 밀도 변화는 상당히 커질 수 있다.

중력가속도 g는 해수면에서는 9.807 m/s²로부터 대부분의 항공기들이 순항하는 고도 14,000 m에서 9.764 m/s²까지 변한다. 이것은 극한적인 경우에도 0.4%에 불과하다. 따라서 g는 무시할 수 있는 오차범위 내에서 일정하다고 간주할 수 있다.

고도의 변화에 따른 밀도의 변화가 심한 유체에 대해서는 식 (2-14)를 Δz로 나누어 $\Delta z \to 0$로 극한을 취해서 고도에 따른 압력의 변화에 대한 관계식을 다음과 같이 얻을 수 있다.

$$\frac{dP}{dz} = -\rho g \quad \textbf{(2-17)}$$

여기서 dz가 양(+)이 될 때 위 방향으로 갈수록 압력이 감소하기 때문에 dP는 음(−)이 된다. 고도에 따른 밀도의 변화를 알면 두 점 1과 2의 압력차는 다음과 같이 적분하여 구할 수 있다.

$$\Delta P = P_2 - P_1 = -\int_1^2 \rho g\, dz \quad \textbf{(2-18)}$$

밀도와 중력가속도가 일정한 경우에는 이 관계식이 식 (2-14)와 같아짐을 알 수 있다.

정지 상태에서 유체 내에서 압력은 용기의 형상이나 단면에는 무관하다. 단지 수직거리에 따라 변하며 그 밖의 다른 방향에 대하여 일정하다. 그러므로 주어진

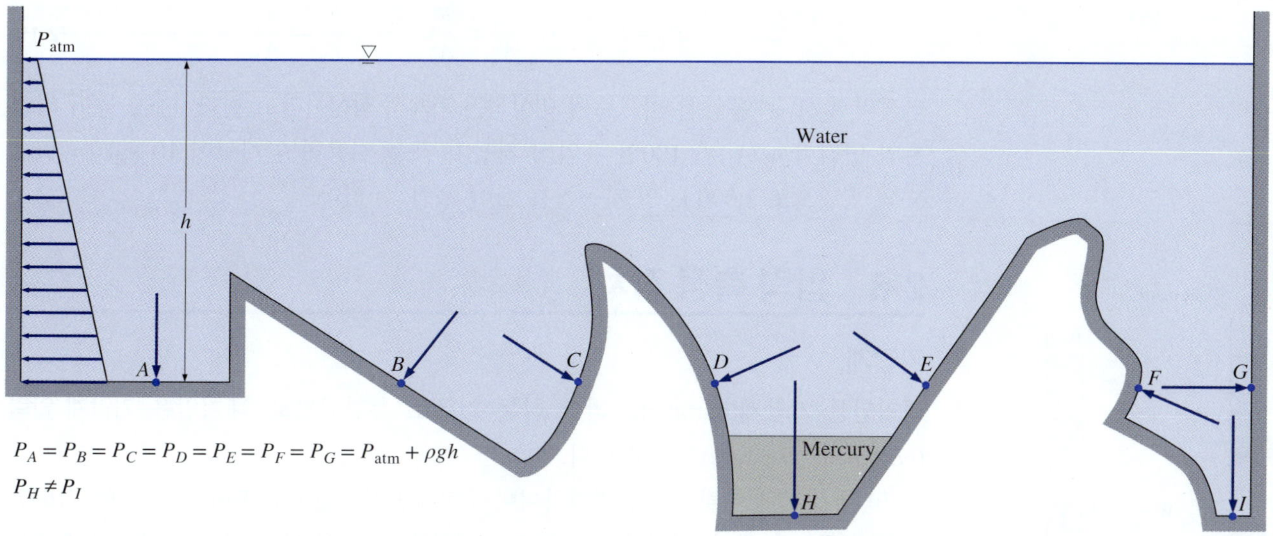

그림 2-29
주어진 유체에서 수평면상에서 모든 점들의 압력은 이 점들이 동일한 유체로 연결되어 있다면 기하학적 형상에 관계없이 동일하다.

유체 내에서 수평 평면상의 모든 점에서 압력은 일정하다. 1586년 네덜란드 수학자 Simon Stevin (1548~1620)은 그림 2-29에 그려진 원리를 발표하였다. 점 A, B, C, D, E, F, G에서의 압력은 동일한 유체 내에 놓여 있고 높이가 같기 때문에 일정함을 주목하라. 그러나 점 H와 I에서는 깊이가 같다 할지라도 동일한 유체로 서로 연결되기 않았기 때문에(즉 항상 동일한 유체 안에 있는 상태로는 점 I에서 점 H로 곡선을 연결할 수 없기 때문에) 압력들이 서로 같지 않다(어떤 점에서의 압력이 더 높다고 말할 수 있을까?). 또한 유체에 의해 가해지는 압력은 특정한 점에서 표면에 항상 수직이다.

유체의 압력이 수평방향으로는 항상 일정하다는 사실의 한 결과로서 **제한된 유체에 가해진 압력은 유체 내 모든 곳의 압력을 같은 양만큼씩 증가시킨다**는 것이다. 이것을 Blaise Pascal (1623-1662)의 이름을 따서 **파스칼의 법칙**(Pascal's law)이라 부른다. 한 유체에 의해서 표면에서 가해지는 압력 힘은 표면적에 비례한다는 사실을 파스칼은 알았다. 그는 다른 면적을 갖는 두 개의 유압 실린더를 연결하면 크기에 비례하여 작은 면적에 작용하는 힘보다 더 큰 힘을 이용할 수 있다는 사실을 깨달었다. "파스칼 기계(Pascal's machine)"는 유압 브레이크와 리프트와 같이 우리 일상생활의 일부분에 많은 발명의 원천이 되어 왔다. 이것은 그림 2-30에서 보는 바와 같이 하나의 팔로 자동차를 쉽게 들어 올릴 수 있다는 것이다. 두 피스톤이 같은 높이에 있기 때문에(작은 높이의 차이는 특히 고압에서는 무시할 수 있기 때문에) $P_1 = P_2$라는 사실을 주목하고, 입력 힘과 출력 힘과의 비는 다음 식에 의해 구할 수 있다.

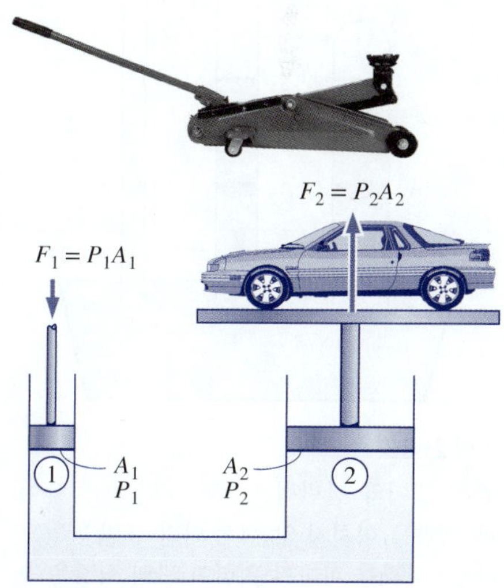

그림 2-30
파스칼의 법칙을 적용하면 작은 힘으로 큰 중량을 들어 올릴 수 있다.
(Top) ©Stockbyte/Getty Images

$$P_1 = P_2 \quad \rightarrow \quad \frac{F_1}{A_1} = \frac{F_2}{A_2} \quad \rightarrow \quad \frac{F_2}{F_1} = \frac{A_2}{A_1} \qquad \textbf{(2-19)}$$

면적비 A_2/A_1는 유압식 리프트의 **이상적인 기계적 장점**이라고 한다. 예를 들어 피스톤의 면적비(A_2/A_1)가 100인 유압식 자동차 잭을 사용하면 사람이 10 kgf (= 98.1 N)의 힘만으로 1,000 kg인 자동차를 들어 올릴 수 있다.

2-8 압력 측정 장치

기압계

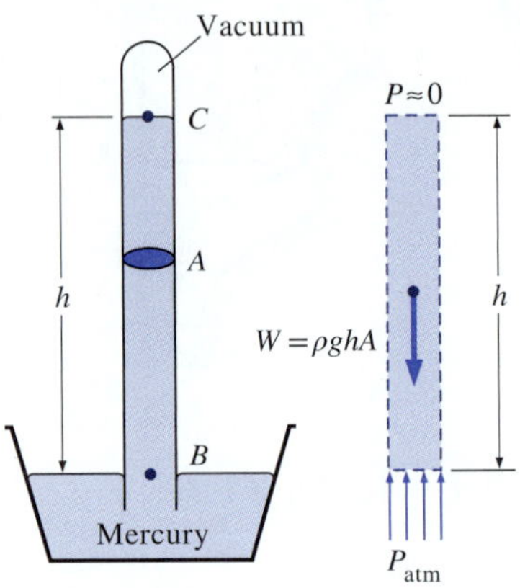

그림 2-31
기본적인 기압계(barometer)

대기압은 **기압계**(barometer)라고 하는 기구로 측정되므로, 대기압은 **기압계 압력**(*barometer pressure*)이라고 한다.

몇 세기 전에 이탈리아 물리학자이며 수학자인 Evangelista Torricelli (1608~1647)가 발견했던 것처럼, 대기압은 그림 2-31에서 보는 바와 같이 대기에 개방된 수은이 담긴 그릇 속에 수은이 채워진 관을 뒤집어 세우면 측정할 수 있다. 점 B의 압력은 대기압과 같고, 점 C 위에는 압력이 P_{atm}에 비하여 상대적으로 낮아 무시할 수 있는 수은 증기만 있으므로, 점 C의 압력은 0으로 놓을 수 있다. 수직방향에 대한 힘의 평형식은 다음과 같다.

$$P_{atm} = \rho g h \qquad \textbf{(2-20)}$$

여기서 ρ는 수은의 밀도, g는 국부 중력가속도, h는 자유표면 위로 수은 액주의 높이이다. 관의 길이와 단면적은 기압계의 액주 높이에 영향을 미치지 않는다는 사실을 유의하라(그림 2-32).

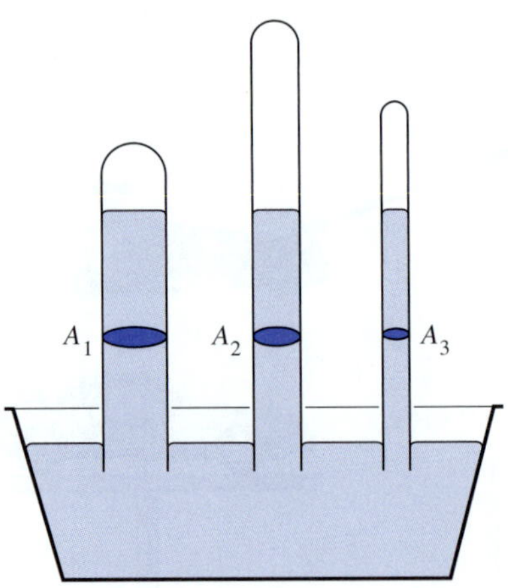

그림 2-32
관의 길이와 단면적은 기압계의 액주 높이에 영향을 미치지 않는다. 다만 표면장력(모세관) 효과를 피하기 위하여 관의 직경은 충분히 커야 한다.

자주 사용되는 압력 단위로는 **표준대기압**이 있는데, 이 표준대기압은 표준 중력가속도(g = 9.807/m^2)하의 0°C (ρ_{Hg} = 13,595 kg/m^3)에서 수은주 760 mm에 해당하는 압력으로 정의된다. 표준대기압을 측정하기 위하여 수은 대신 물을 사용한다면 약 10.3 m의 수주가 필요할 것이다. 압력은 종종(기상예보에서와 같은 경우) 수은주의 높이로 표시되기도 한다. 예를 들어 표준대기압은 0°C에서 760 mmHg이다. mmHg 단위는 가압계를 발명한 Evangelista Torricelli를 기념하여 **토르**(torr)라고 부른다. 따라서 1기압(atm) = 760 torr이고, 1 torr = 133.3 Pa이다.

표준대기압 P_{atm}은 해수면에서 101.325 kPa이며, 고도가 1,000 m, 2,000 m, 5,000 m, 10,000 m, 20,000 m에서는 각각 89.88, 79.50, 54.05, 26.5, 5.53 kPa이다. 예를 들어 고도가 1,610 m인 Denver의 평균 대기압은 83.4 kPa이다. 어떤 지역에서 대기압은 단순히 단위 표면적당 그 지역 상공에 있는 공기의 중량이라는 점을 상기하라. 그러므로 대기압은 고도뿐만 아니라 기상조건에 따라서도 변한다.

고도에 따라 대기압이 감소하는 효과는 우리 일상생활에서 흔히 접하게 된다. 예를 들어, 고도가 높은 곳에서 요리하는 것은 물이 대기압이 낮을 때 낮은 온도에서 끓기 때문에 시간이 더 많이 걸린다. 고도가 높은 곳에서 흔히 코피가 나는 것을 경험하게 되는데, 이는 혈압과 대기압의 차이가 커서 콧속의 섬세한 정맥의 벽이 이와 같은 부가적인 응력을 견디지 못하기 때문이다.

주어진 온도에서 고도가 높은 곳에서는 공기의 밀도가 작아져서, 주어진 체적내에 보다 적은 양의 공기와 산소가 포함된다. 따라서 고도가 높은 곳에서는 쉽게 피곤해지고 호흡곤란을 경험하는 것은 그리 놀랄 일이 아니다. 이러한 영향을 보상하기 위하여 고도가 높은 곳에서 사는 사람들의 폐가 더 효율적으로 발달된다. 이와 유사하게 1,500 m의 고도에서는 압력이 15% 떨어져서 공기의 밀도가 15% 감소하기 때문에 2.0 L 자동차엔진이 1.7 L 자동차 엔진의 성능과 같다(그림 2-33). 압축기 또는 송풍기가 이 고도에서 작동하면 같은 체적 배기량 율(volume displacement rate)에 비해 15% 감소한다. 따라서 높은 고도에서는 정해진 질량유량을 확보하려면 보다 큰 냉각 송풍기를 선정해야 할 필요가 있다. 보다 낮은 압력과 밀도는 양력과 항력에도 영향을 미친다. 고도가 높은 지역에서는 항공기가 요구되는 양력을 얻기 위해서 좀 더 긴 활주로가 필요하고, 항력을 줄여 연료 효율을 높인 채 순항하기 위해서 매우 높은 고도로 상승해야 한다.

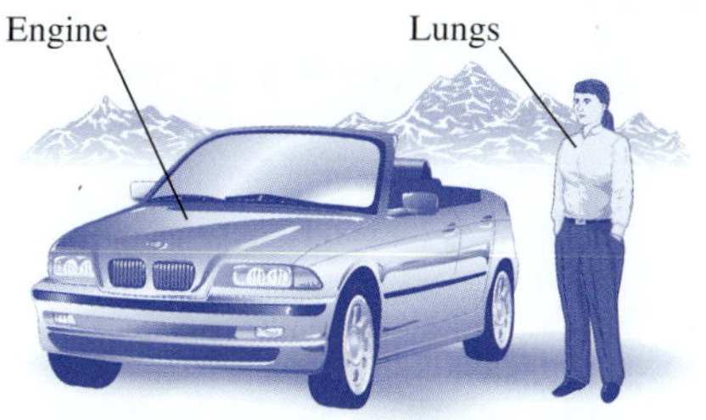

그림 2-33

고도가 높은 지역에서는 공기의 밀도가 낮기 때문에 자동차 엔진의 출력은 낮고 사람은 적은 양의 산소만 취한다.

예제 2-3 **기압계를 사용한 대기압 측정**

기압계의 눈금이 740 mm Hg이고 중력가속도 $g = 9.805\ \text{m/s}^2$인 지역의 대기압은 얼마인가? 수은의 온도는 10°C이고, 이 온도에서 수은의 밀도는 13,570 kg/m³인 것으로 가정하라.

풀이 어떤 위치에서 기압계로 측정한 기압이 수은주의 높이로 주어진다. 그 지역의 대기압을 구하라.

가정 수은의 온도는 10°C이다.

상태량 수은의 밀도는 13,570 kg/m³로 주어진다.

해석 식 (2-20)으로부터 대기압은 다음과 같이 구한다.

$$
\begin{aligned}
P_{\text{atm}} &= \rho g h \\
&= (13{,}570\ \text{kg/m}^3)(9.805\ \text{m/s}^2)(0.740\ \text{m})\left(\frac{1\ \text{N}}{1\ \text{kg}\cdot\text{m/s}^2}\right)\left(\frac{1\ \text{kPa}}{1000\ \text{N/m}^2}\right) \\
&= \mathbf{98.5\ kPa}
\end{aligned}
$$

검토 밀도는 온도에 따라 변하므로 이 영향은 계산과정에 반영되어야 한다.

예제 2-4 **정맥 주사병으로부터의 중력 유동**

정맥내 주입은 일반적으로 정맥의 혈압을 상쇄하고 체액을 체내로 밀어넣을 수 있는 충분한 높이에 수액병을 걸어 중력에 의해 이루어진다(그림 2-34). 병이 높이 올라갈

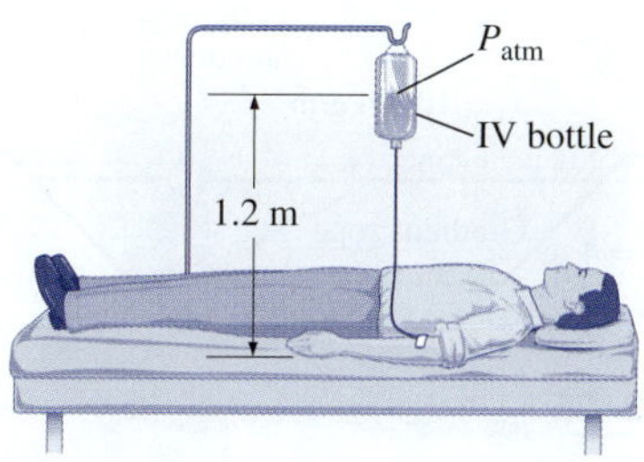

그림 2-34

예제 2-4의 개략도

수록 유체의 유속이 높아진다. (*a*) 병이 팔 높이보다 1.2 m 높을 때 체액과 혈압이 서로 균형을 이루는 것이 관찰되면 혈액의 게이지 압력을 결정한다. (*b*) 충분한 유속을 위해 암 레벨에서 유체의 게이지 압력이 20 kPa가 되어야 하는 경우 병을 얼마나 높이 놓아야 하는지 결정한다. 유체의 밀도를 1020 kg/m³로 가정한다.

풀이 병이 일정 높이에 있을 때 IV 수액과 혈압이 서로 균형을 이룬다고 한다. 원하는 속도 흐름을 유지하는 데 필요한 혈액의 게이지 압력과 병의 높이를 결정해야 한다.

가정 **1.** IV 유체는 비압축성이다. **2.** IV 병은 대기에 열려 있다.

상태량 IV 유체의 밀도는 $\rho = 1020\ \text{kg/m}^3$로 지정된다.

해석 (*a*) 병이 팔 높이보다 1.2 m 높을 때 IV 수액과 혈압이 서로 균형을 이룬다는 점에 주목하면 팔에 있는 혈액의 게이지 압력은 1.2 m 깊이에서 IV 수액의 게이지 압력과 동일하다.

$$\begin{aligned} P_{\text{gage,arm}} &= P_{\text{abs}} - P_{\text{atm}} = \rho g h_{\text{arm–bottle}} \\ &= (1020\ \text{kg/m}^3)(9.81\ \text{m/s}^2)(1.20\ \text{m})\left(\frac{1\ \text{kN}}{1000\ \text{kg·m/s}^2}\right)\left(\frac{1\ \text{kPa}}{1\ \text{kN/m}^2}\right) \\ &= \mathbf{12.0\ kPa} \end{aligned}$$

(*b*) 팔 높이에서 20 kPa의 게이지 압력을 제공하기 위해 팔 높이에서 병 안의 IV 수액 표면의 높이는 $P_{\text{gage,arm}} = \rho g h_{\text{arm-bottle}}$에서 다음과 같이 다시 결정된다.

$$\begin{aligned} h_{\text{arm–bottle}} &= \frac{P_{\text{gage,arm}}}{\rho g} \\ &= \frac{20\ \text{kPa}}{(1020\ \text{kg/m}^3)(9.81\ \text{m/s}^2)}\left(\frac{1000\ \text{kg·m/s}^2}{1\ \text{kN}}\right)\left(\frac{1\ \text{kN/m}^2}{1\ \text{kPa}}\right) \\ &= \mathbf{2.00\ m} \end{aligned}$$

검토 저장조의 높이는 중력유동에서 유속을 제어하는 데 사용할 수 있다. 흐름이 있는 경우 마찰 효과로 인한 튜브의 압력 강하도 고려해야 한다. 지정된 유속의 경우 압력 강하를 극복하기 위해 병을 약간 더 높여야 한다.

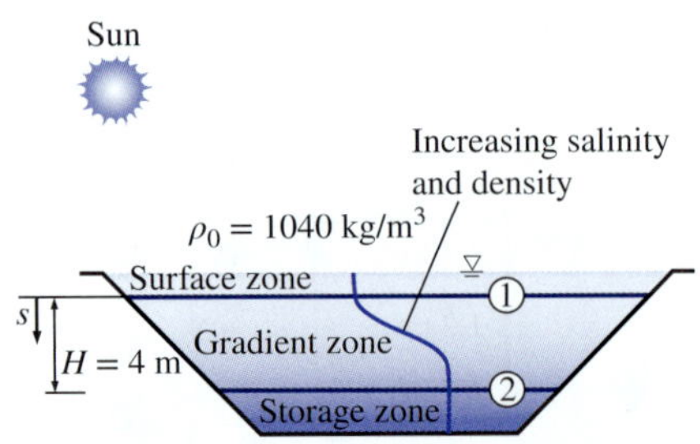

그림 2-35

예제 2-5의 개략도

예제 2-5 밀도가 변하는 태양 연못(solar pond)에서 수압

태양 연못은 태양에너지를 저장하기 위해 사용하는 수 미터 깊이의 작은 인공호수이다. 가열된 물(그래서 밀도가 작아짐)이 호수 표면으로 상승하는 것을 방지하기 위하여 호수 바닥에 소금을 첨가한다. 전형적인 소금물 농도 구배가 있는 태양 연못은 그림 2-35와 같이, 물의 구배지역(gradient zone)에서 물의 밀도가 증가하고 다음과 같은 식으로 표현된다.

$$\rho = \rho_0\sqrt{1 + \tan^2\left(\frac{\pi}{4}\frac{s}{H}\right)}$$

여기서 ρ_0는 물 표면에서의 밀도이고, s는 구배지역 상부로부터 아래 방향으로 측정된 수직거리이며, H는 구배지역의 두께이다. $H = 4$ m, $\rho_0 = 1040\ \text{kg/m}^3$이며 표면 지역의 두께가 0.8 m일 때, 구배지역의 하부에서 계기압력을 계산하라.

풀이 태양 연못의 구배지역에서 깊이에 따른 염수의 농도변화가 주어져 있다. 구배지역 하부에서 계기압력을 구해야 한다.

가정 호수의 표면영역에서 밀도는 일정하다.

상태량 표면에서 소금물의 농도는 1040 kg/m³로 주어져 있다.

해석 구배지역의 상부와 하부를 1과 2로 각각 표시한다. 표면영역에서 밀도는 일정하고, 표면영역 하부(구배지역 상부)인 곳에서 계기압력은 1 kN/m²이기 때문에 다음과 같다.

$$P_1 = \rho g h_1 = (1040\ \text{kg/m}^3)(9.81\ \text{m/s}^2)(0.8\ \text{m})\left(\frac{1\ \text{kN}}{1000\ \text{kg}\cdot\text{m/s}^2}\right) = \mathbf{8.16\ kPa}$$

수직거리 ds에 따라 수압의 변화량 dP는 다음과 같다.

$$dP = \rho g\, ds$$

구배지역의 상부($s = 0$인 곳이 점 1)부터 구배지역 임의의 위치 s까지 적분하면 다음과 같다.

$$P - P_1 = \int_0^s \rho g\, ds \quad \rightarrow \quad P = P_1 + \int_0^s \rho_0 \sqrt{1 + \tan^2\left(\frac{\pi}{4}\frac{s}{H}\right)}\, g\, ds$$

적분을 수행하면 구배지역에서 계기압력의 변화는 다음과 같다.

$$P = P_1 + \rho_0 g \frac{4H}{\pi} \sinh^{-1}\left(\tan\frac{\pi}{4}\frac{s}{H}\right)$$

구배지역의 하부에서($z = H = 4$ m) 압력은 다음과 같다.

$$P_2 = 8.16\ \text{kPa} + (1040\ \text{kg/m}^3)(9.81\ \text{m/s}^2)\frac{4(4\ \text{m})}{\pi}\sinh^{-1}\left(\tan\frac{\pi}{4}\frac{4}{4}\right)\left(\frac{1\ \text{kN}}{1000\ \text{kg}\cdot\text{m/s}^2}\right)$$

$$= \mathbf{54.0\ kPa\ (gage)}$$

검토 구배지역에서 깊이에 따른 계기압력 변화는 그림 2-36에 그려져 있다. 점선은 1040 kg/m³로 일정한 밀도에 대하여 수압을 나타내며 참고로 표시하였다. 밀도가 깊이에 따라 변할 때 깊이에 따른 압력변화는 선형적이 아님을 유의하라.

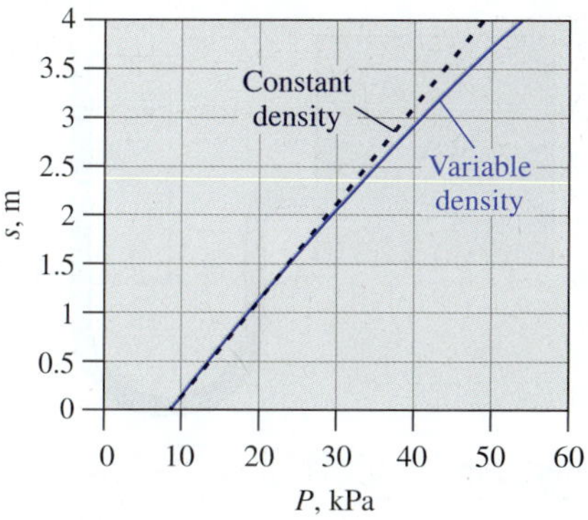

그림 2-36
태양 연못의 기울기 영역에서 깊이에 따른 게이지 압력의 변화

액주식 압력계

식 (2-14)에서 유체의 높이 차 $-\Delta z$가 $\Delta P/\rho g$에 상응한다는 것을 알 수 있는데, 이는 유체기둥의 높이가 압력차를 측정하는 데 사용될 수 있음을 암시한다. 이 원리를 이용한 기기를 액주식 압력계 또는 **마노미터**(manometer)라고 하며, 통상적으로 비교적 적은 압력차를 측정하는 데 사용된다. 이 압력계는 주로 수은, 물, 알코올이나 오일과 같은 유체(그림 2-37)가 하나 또는 그 이상 담긴 유리나 플라스틱으로 된 U자관으로 만들어진다. 압력계를 사용이 가능한 크기로 유지하기 위하여 차압이 큰 경우에는 수은과 같은 무거운 유체를 사용한다.

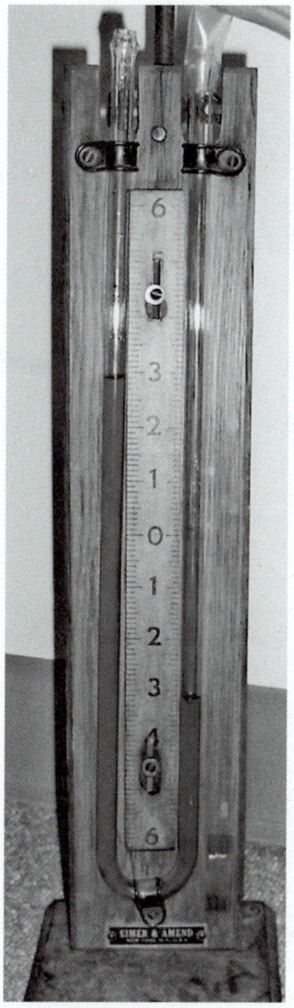

그림 2-37
오른쪽에 고압이 가해진 간단한 U자관 압력계
©John M. Cimbala

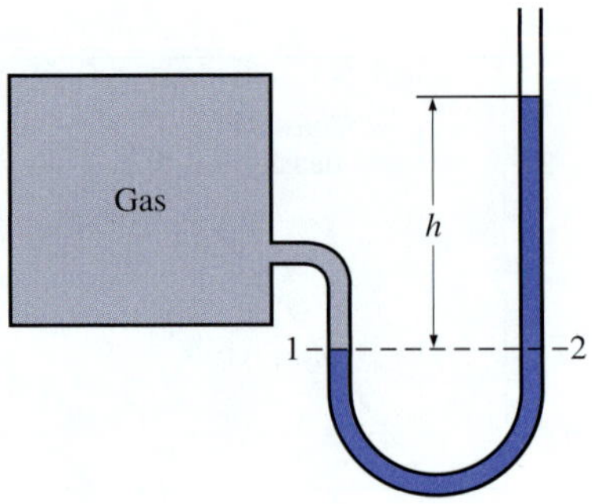

그림 2-38
기본 압력계

탱크 내의 압력을 측정하기 위하여 사용되는 그림 2-38과 같은 액주식 압력계를 생각해보자. 기체의 중력 효과는 무시할 수 있으므로 탱크 내의 모든 위치에서의 압력과 점 1에서의 압력은 같다.

유체 내의 압력은 수평방향으로 변하지 않기 때문에 점 2의 압력은 점 1의 압력과 같으므로 $P_2 = P_1$이다.

높이 차가 h인 유체기둥은 정적인 상태에 있고 대기 중에 노출되어 있다. 그러면 점 2에서의 압력은 식 (2-15)로부터 다음과 같이 직접 구할 수 있다.

$$P_2 = P_{atm} + \rho gh \qquad \textbf{(2-21)}$$

여기서 ρ는 관 내 유체 밀도이다. 관의 단면적은 높이 차 h에 아무런 영향을 주지 않으므로 유체에 의해 발생되는 압력에도 영향을 미치지 않는다는 점을 유의하라. 그러나 관의 직경은 표면장력 효과와 모세관 효과에 의한 액체 상승이 무시될 수 있을 정도(즉, 수 mm 이상)로는 충분히 커야 한다.

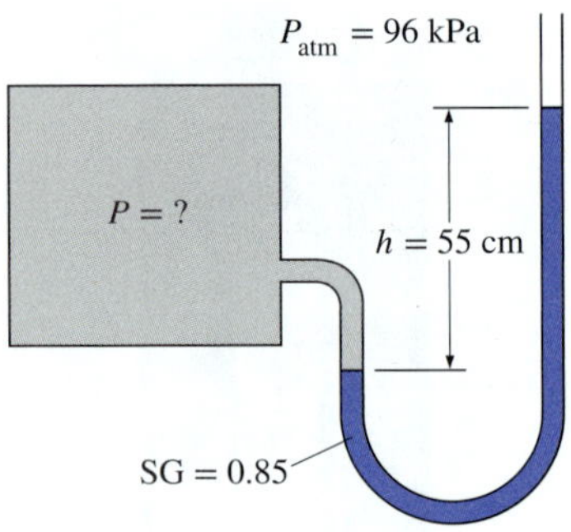

그림 2-39
예제 2-6의 개략도

예제 2-6 **액주식 압력계를 이용한 압력 측정**

용기 내의 압력을 측정하기 위하여 액주식 압력계가 사용된다. 그림 2-39와 같이, 사용된 유체의 비중은 0.85이고, 압력계의 액주 높이는 55 cm이다. 국부 대기압이 96 kPa일 때 용기 내의 절대압력을 구하라.

풀이 용기에 부착된 압력계의 눈금과 대기압이 주어져 있다. 용기 내의 절대압력을 구하고자 한다.

가정 용기 내 가스의 밀도는 마노미터 유체의 밀도보다 훨씬 작다.

상태량 마노미터 유체의 비중은 0.85로 주어져 있고, 물의 표준 밀도 1000 kg/m^{3}를 채택한다.

해석 유체의 밀도는 비중에 물의 밀도 1000 kg/m^{3}을 곱하여 구한다.

$$\rho = \text{SG}(\rho_{water}) = (0.85)(1000\text{ kg/m}^3) = 850\text{ kg/m}^3$$

식 (2-20)으로부터

$$\begin{aligned} P &= P_{atm} + \rho gh \\ &= 96\text{ kPa} + (850\text{ kg/m}^3)(9.81\text{ m/s}^2)(0.55\text{ m})\left(\frac{1\text{ N}}{1\text{ kg}\cdot\text{m/s}^2}\right)\left(\frac{1\text{ kPa}}{1000\text{ N/m}^2}\right) \\ &= \mathbf{100.6\text{ kPa}} \end{aligned}$$

검토 용기 내의 계기압력은 4.6 kPa이다.

일부 액주식 압력계는 유체 높이를 읽을 때 측정의 해상도(정밀도)를 높이기 위하여 경사진 관을 사용하기도 한다. 이러한 기구는 **경사 액주식 압력계**(*inclined manometer*)라 한다.

많은 공학적 문제나 일부 액주식 압력계는 밀도가 다른 유체들이 서로 겹겹이 쌓인 경우를 포함한다. 그와 같은 계에서는 다음과 같은 사실들을 기억하여 쉽게 해석할 수 있다. (1) 액주의 높이 h에 따른 압력 변화는 $\Delta P = \rho gh$, (2) 주어진 유체 내에서는 아래 방향으로 압력이 증가하고 위 방향으로 압력이 감소(즉, $P_{bottom} > P_{top}$) 하며, (3) 정지해 있는 연속된 유체 내의 동일한 높이의 두 점에서는 압력이 같다.

파스칼의 법칙으로도 알려진 맨 마지막 원리에 의하면 다른 종류의 유체로 달라지지 않으며 유체가 정지해 있는 한 압력의 변화에 대해서 걱정 없이 액주식 압력계의 한 액주에서 다른 액주로 "점프"하는 것이 가능하다. 그러면 압력을 알고 있는 한 점에서 출발하여 구하고자 하는 점까지 진행하면서 ρgh 항을 더하거나 빼면 임의의 점에서 압력을 계산할 수 있다. 예를 들어 그림 2-40에서 탱크 바닥의 압력이 P_{atm}인 자유표면으로부터 바닥의 점 1에 도달할 때까지 아래로 진행하면서, 그 결과 압력을 P_1으로 놓아 결정하면 다음과 같다.

$$P_{atm} + \rho_1 g h_1 + \rho_2 g h_2 + \rho_3 g h_3 = P_1$$

모든 유체의 밀도가 같은 특별한 경우에는 위 관계식이 $P_{atm} + \rho g(h_1 + h_2 + h_3) = P_1$으로 간단히 표현된다.

액주식 압력계는 밸브나 열교환기 같은 기기, 또는 유동저항의 존재에 의한 수평 유동의 두 점 간의 압력 강하를 측정하는 데 매우 적합하다. 이것은 그림 2-41에서 보는 바와 같이 액주식 압력계의 양 기둥을 두 지점에 연결함으로써 가능하다. 작동 유체는 밀도가 ρ_1인 기체나 액체이다. 액주식 압력계 내의 유체 밀도는 ρ_2이고 액주의 높이차는 h이다.

압력차 $P_1 - P_2$에 대한 관계식은 점 1의 압력을 P_1으로 놓고 관을 따라 이동하면서 ρgh 항을 더하거나 빼거나 하며 점 2까지 가서 그 결과압력을 P_2로 놓는다.

$$P_1 + \rho_1 g(a + h) - \rho_2 gh - \rho_1 ga = P_2 \quad \textbf{(2-22)}$$

점 A로부터 수평으로 점 B까지 점프하였으며, 두 지점의 압력이 같기 때문에 그 아래 부분을 무시하였음을 주의하라. 상기 식을 단순화하면 다음과 같다.

$$P_1 - P_2 = (\rho_2 - \rho_1)gh \quad \textbf{(2-23)}$$

거리 a는 결과에 아무런 영향을 주지 않으나 해석상에 포함시켜야 함을 주의하라. 또한 관을 통해 흐르는 유체가 기체이면 $\rho_1 \ll \rho_2$가 되어 상기의 식은 $P_1 - P_2 \cong \rho_2 gh$로 간단히 표현된다.

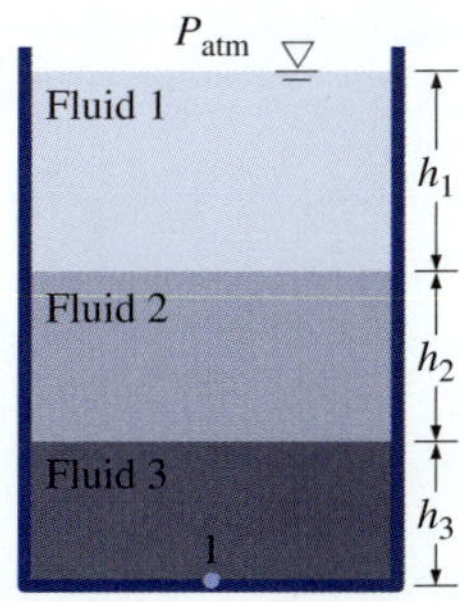

그림 2-40

정지 상태에서 쌓인 유체 층에서 밀도가 ρ이고 높이가 h인 각 유체 층에 걸친 압력 변화는 ρgh이다.

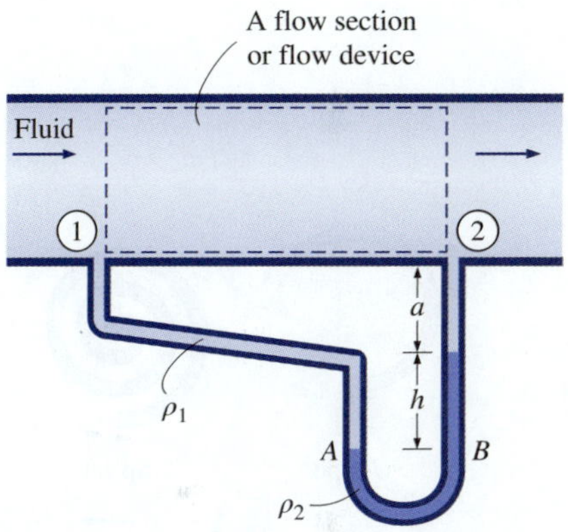

그림 2-41

차압 액주식 압력계를 사용한 유동기기나 유동부 전후의 압력 강하 측정

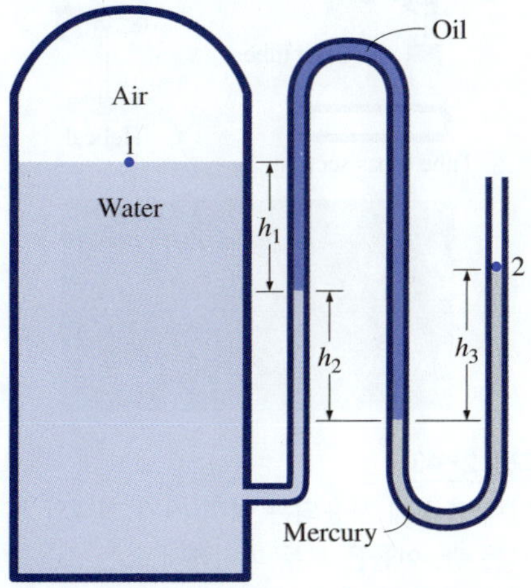

그림 2-42

예제 2-7의 개략도; 스케일이 아닌 그림

예제 2-7 다중유체 액주식 압력계를 이용한 압력 측정

용기 내의 물은 공기에 의해 가압되어 있고, 압력은 그림 2-42와 같이 다중유체 액주식 압력계에 의하여 측정된다. 용기는 대기압이 85.6 kPa인 고도 1400 m의 산에 위

치해 있다. $h_1 = 0.1$ m, $h_2 = 0.2$ m, $h_3 = 0.35$ m라면 용기 내의 공기의 압력을 구하라. 물, 오일, 수은의 밀도는 각각 1000 kg/m^3, 850 kg/m^3, 13,600 kg/m^{3}이다.

풀이 가압된 물탱크의 압력은 다중유체 액주식 압력계에 의하여 측정된다. 용기 내의 공기압력을 구하라.

가정 용기 내의 공기압력은 균일(밀도가 낮기 때문에 고도에 따른 공기압력의 변화는 무시할 수 있다)하기 때문에 공기와 물의 경계면에서 압력을 구할 수 있다.

상태량 물, 오일, 수은의 밀도는 각각 1000 kg/m^3, 850 kg/m^3, 13,600 kg/m^{3}이다.

해석 공기–물의 경계면인 점 1에서 압력을 시작으로 점 2에 도달될 때까지 ρgh를 더하거나 빼면서 관을 따라 이동하고, 관은 대기에 개방되어 있으므로 결과가 P_{atm}과 같다.

$$P_1 + \rho_{water} g h_1 + \rho_{oil} g h_2 - \rho_{mercury} g h_3 = P_2 = P_{atm}$$

P_1에 대하여 풀고 값을 대입하면

$$\begin{aligned} P_1 &= P_{atm} - \rho_{water} g h_1 - \rho_{oil} g h_2 + \rho_{mercury} g h_3 \\ &= P_{atm} + g(\rho_{mercury} h_3 - \rho_{water} h_1 - \rho_{oil} h_2) \\ &= 85.6 \text{ kPa} + (9.81 \text{ m/s}^2)[(13{,}600 \text{ kg/m}^3)(0.35 \text{ m}) - (1000 \text{ kg/m}^3)(0.1 \text{ m}) \\ &\quad - (850 \text{ kg/m}^3)(0.2 \text{ m})]\left(\frac{1 \text{ N}}{1 \text{ kg·m/s}^2}\right)\left(\frac{1 \text{ kPa}}{1000 \text{ N/m}^2}\right) \\ &= \mathbf{130 \text{ kPa}} \end{aligned}$$

검토 하나의 관으로부터 다음 관으로 수평적으로 점프하는 것을 주시하고, 같은 유체에서 압력이 같게 유지된다는 것을 인식하는 것은 문제 분석을 매우 단순화시켜준다. 수은은 독성 유체임을 명심하고 수은 압력계와 온도계는 사고 발생 시 수은 증기에 노출될 위험성 때문에 좀 더 안전한 유체로 전환되어야 한다.

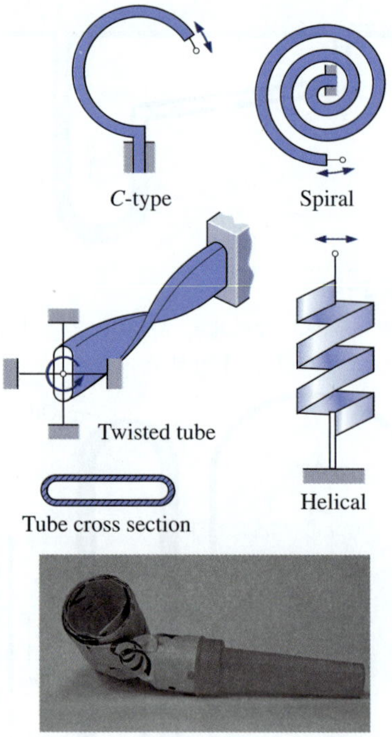

그림 2–43

압력 측정에 사용되는 여러 가지 형태의 부르든 관. 이들은 모두 파티에서 쓰는 소음피리(아래 그림)와 동일한 원리로서 납작한 관 단면으로 인해 작동한다.

Photo: ©John M. Cimbala

그 밖의 다른 압력 측정 장치

자주 사용되는 또 다른 형태의 기계적인 압력 측정 장치는 프랑스의 발명가인 Eugene Bourdon (1808~1884)의 이름을 따라 명명한 **부르든 관**(Bourdon tube)이 있다. 그림 2-43에서 보는 것처럼, 부르든 관은 고리처럼 굽고 속이 빈 금속관으로 이루어져 있으며, 금속관의 끝이 막혀 있고 문자판의 지시 바늘에 연결되어 있다. 관이 대기층에 노출되어 있을 때, 관은 휘어지지 않고 이 상태에서 문자판의 지시 바늘은 0을 가리키도록 보정된다(계기압력). 관 내부의 유체가 압력을 받을 때 작용하는 압력에 비례하여 관이 펴지면서 문자판 위의 바늘을 움직이게 한다.

전자공학은 압력 측정 장치를 포함한 생활의 모든 면에 적용되어 왔다. **압력변환기**(pressure transducer)라고 하는 현대적 압력센서는 실리콘과 같은 반도체 재료로 만들어지며, 압력효과를 전압, 저항 또는 정전용량의 변화와 같은 전기적 효과로 변환한다. 압력변환기는 소형이고 응답이 빠르며, 기계식보다 민감하고, 신뢰성이 있으며 또한 정밀하다. 압력변환기는 100만 분의 1기압으로부터 수천 기압까지 압력을 측정할 수 있다.

압력변환기는 아주 다양하여 광범위한 응용분야에서 계기압력, 절대압력 및 차압을 측정할 수 있다. **계기압력변환기**는 압력을 감지하는 막(diaphragm)의 뒷면을 대기로 통하게 함으로써 대기압을 기준으로 사용하며, 고도에 관계없이 대기압에서는 출력신호가 0을 나타낸다. **절대압력변환기**는 완전 진공 상태에서 출력신호가 0이 되도록 보정된다. **차압변환기**는 두 개의 압력변환기를 사용하여 그 차이를 내는 대신, 두 지점 사이의 압력차를 직접 측정한다.

스트레인게이지 압력변환기(*strain-gage pressure transducers*)는 외부 압력에 노출된 두 챔버 사이의 막의 변형으로 작동한다. 막이 통과하는 압력차의 변화에 반응하여 팽팽해지면 스트레인게이지가 팽팽해지고 휘스톤 브릿지(Wheatstone bridge) 회로가 출력을 증폭시킨다. 캐퍼시턴스 변환기 역시 유사하게 작동하지만, 캐퍼시턴스 변화는 막이 늘어날 때 저항의 변화를 통해 결정된다.

압전변환기(piezoelectric transducers)는 역시 고체 상태의 압력변환기라 불리고, 결정체가 기계적 압력을 받을 때 전기 포텐셜이 발생하는 원리에 의해 작동한다. 이러한 현상을 압전효과(piezoelectric effect 또는 press-eletric effect)라고 하며, 1880년 Pierre Curie와 Jacques Curie 형제에 의해 처음 발견되었다. 압전 압력변환기는 막을 이용하는 방법에 비해서 매우 빠른 주파수 응답을 가지며 고압력 기기에 적합하다. 그러나 일반적으로 압전 압력변환기는 막을 사용한 변환기처럼 민감하지 못하다.

자중시험기(deadweight tester)라고 하는 다른 유형의 기계적 압력 게이지는 주로 **교정**에 사용되며 매우 높은 압력을 측정할 수 있다(그림 2-44). 이름에서 알 수 있듯이 자중시험기는 압력의 기본 정의인 단위면적당 힘을 제공하는 무게를 적용하여 **직접** 압력을 측정한다. 그것은 꽉 끼는 피스톤, 실린더 및 플런저와 함께 유체(보통 오일)로 채워진 내부 챔버로 구성된다. 피스톤 상단에 무게가 가해지면 챔버의 오일에 힘이 가해진다. 피스톤-오일 계면에서 오일에 작용하는 총 힘 F는 피스톤의 무게와 적용된 무게의 합이다. 피스톤 단면적 A_e를 알고 있기 때문에 압력은 $P = F/A_e$로 계산된다. 오류의 유일한 중요한 원인은 피스톤과 실린더 사이의 계면을 따라 발생하는 정지 마찰로 인한 것이지만 이 오류도 일반적으로 무시할 수 있을 정도로 작다. 기준 압력 포트는 측정할 알 수 없는 압력이나 보정할 압력 센서에 연결된다.

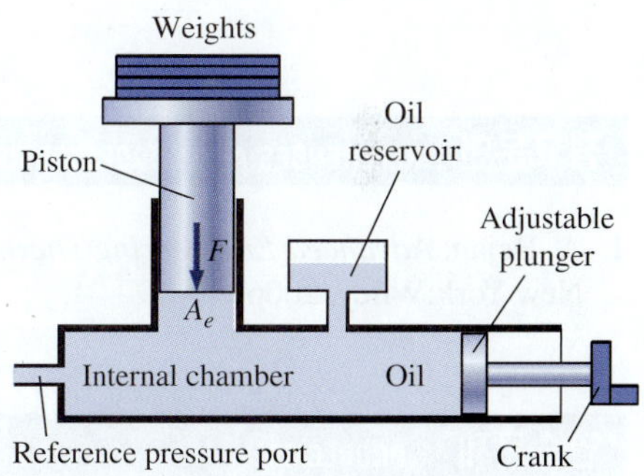

그림 2-44
자중시험기는 극도로 높은 압력(일부 응용 프로그램에서는 최대 10,000 psi)을 측정할 수 있다.

요약 SUMMARY

이 장에서는 열역학의 기본 개념이 소개되고 논의되었다. 고정된 질량의 계를 **밀폐계** 또는 **검사질량**이라고 하며, 경계를 통한 질량 전달을 포함하는 계를 **개방계** 또는 **검사체적**이라고 한다. 계의 질량 의존 상태량들을 **종량적 상태량**이라고 하며, 그 밖의 상태량들을 **강성적 상태량**이라고 한다. **밀도**는 단위체적당의 질량이고, **비체적**은 단위 질량당의 체적이다.

계가 열적 평형, 역학적 평형, 상평형 및 화학적 평형을 유지하면, 계는 **열역학적 평형**에 있다고 한다. 한 상태에서 다른 상태로의 변화를 **과정**이라고 한다. 끝이 동일한 상태인 과정을 **사이클**이라고 한다. 준정적 과정 또는 준평형 과정 동안 계는 실제적으로 항상 평형상태를 유지한다. 단순 압축성 계는 2개의 독립적인 강성적 상태량에 의해 완전하게 규정된다.

열역학 제0법칙은 두 물체가 접촉해 있지 않더라도 양쪽 물체의 온도가 같으면 두 물체는 열역학적 평형에 있다는 것을 나타낸다.

현재 사용되는 국제 단위계(SI)와 영국 단위계에서 사용되는 온도눈금은 각각 **섭씨 눈금**과 **화씨 눈금**이다. SI에서의 절대 온도 눈금은 캘빈 눈금이며, 섭씨 눈금과의 관계식은 다음과 같다.

$$T(\text{K}) = T(^\circ\text{C}) + 273.15$$

$$T(\text{R}) = T(^\circ\text{F}) + 459.67$$

1 K와 1°C의 눈금의 크기는 동일하고, 1 R과 1°F의 눈금의 크기도 동일하다. 그래서

$$\Delta T(\text{K}) = \Delta T(^\circ\text{C}) \quad \text{와} \quad \Delta T(\text{R}) = \Delta T(^\circ\text{F})$$

단위면적당의 유체에 의해 작용하는 수직힘을 **압력**이라고 하며, 단위는 **파스칼**이고 1 Pa = 1 N/m²이다. 절대진공에 대한 압력을 **절대압력**이라고 하고, 절대압력과 국부 대기압과의 차이를 **계기압력**이라 한다. 대기압보다 낮은 압력을 **진공압력**이라 한다. 절대압력, 계기압력 및 진공압력 사이의 관계식은 다음과 같다.

$$P_{\text{gage}} = P_{\text{abs}} - P_{\text{atm}} \qquad (P_{\text{atm}} \text{ 이상})$$

$$P_{\text{vac}} = P_{\text{atm}} - P_{\text{abs}} \qquad (P_{\text{atm}} \text{ 이하})$$

유체의 한 점에서 압력은 모든 방향에 대하여 같은 크기를 갖는다. 고도에 따른 압력의 변화는 다음과 같이 주어진다.

$$\frac{dP}{dz} = -\rho g$$

여기서 양의 z 방향은 위쪽을 향한다. 유체의 밀도가 일정할 때 두께 Δz 유체층에 대한 압력차는 다음과 같다.

$$\Delta P = P_2 - P_1 = \rho g\, \Delta z$$

자유표면은 대기에 노출되어 있고, 자유표면으로부터 깊이가 h인 유체 내의 절대압력과 계기압력은 다음과 같다.

$$P = P_{\text{atm}} + \rho gh \qquad \text{또는} \qquad P_{\text{gage}} = \rho gh$$

작거나 중간 정도의 압력차는 **액주식 압력계**로 측정한다. 정지된 유체에서 수평방향으로 압력은 일정하다. **파스칼의 원리**는 제한된 유체에 가해진 압력은 유체 내 모든 곳의 압력을 같은 양만큼씩 증가시키는 것이다.

대기압은 **기압계**로 측정되며 다음 식으로부터 구해진다.

$$P_{\text{atm}} = \rho gh$$

여기서 h는 액주의 높이이다.

참고문헌 | REFERENCES AND SUGGESTED READINGS

1. A. Bejan. *Advanced Engineering Thermodynamics*. 3rd ed. New York:Wiley, 2006.
2. J. A. Schooley. *Thermometry*. Boca Raton, FL: CRC Press, 1986.

연습문제* | PROBLEMS

계, 상태량, 상태과정

2-1C 자동차가 대기 중에 이산화탄소를 얼마나 빨리 배출하는지를 정하기 위해서는 계를 어떻게 설정해야 하는가?

2-2C 자동차에서 발생되는 열에너지의 많은 부분은 냉각수가 순환되는 방열기(radiator)에 의해서 주위 공기로 방출된다. 방열기는 밀폐계나 개방계 중 어느 것으로 다루어야 하는가? 이유를 설명하라.

그림 P2-2C

©Christopher Kerrigan/McGraw-Hill Education

*"C"로 표기한 문제는 개념 문제이며, 모든 문제를 풀어 볼 것을 권장한다. "E"로 표기한 문제는 영국 단위계 문제이며, SI 단위계 사용자는 이 문제를 무시해도 된다. 아이콘(아이콘)으로 표기된 문제는 포괄적인 개념 문제이며, 적절한 소프트웨어를 사용하여 풀 수 있는 문제이다.

2-3C 상온의 음료 캔을 냉장고에 넣어 두면 차가워진다. 음료 캔을 밀폐계 또는 개방계 중 어느 것으로 고려할 것인가? 이유는?

2-4C 호숫물의 일부가 인근 발전소의 냉각수로 사용되는 경우에 호수의 온도 상승을 결정하기 위해서 계를 어떻게 정의할 것인가?

2-5C 대기 중에 있는 공기의 상태를 어떻게 기술하겠는가? 또한 이 공기는 신선한 아침에서 온화한 오후까지 어떤 과정을 겪는가?

2-6C 강성적 상태량과 종량적 상태량의 차이는 무엇인가?

2-7C 계의 비중량은 단위체적당 중량으로 정의된다(이러한 정의는 비상태량 명칭에 대한 일반적인 규정과는 어긋난다). 비중량은 종량적 상태량인가 아니면 강성적 상태량인가?

2-8C 계에 들어 있는 물질의 몰 수는 종량적 상태량인가 아니면 강성적 상태량인가?

2-9C 고립된 방의 내부 공기의 상태는 온도와 압력에 의해서 정해질 수 있는가?

2-10C 준평형 과정(quasi-equilibrium process)이란 무엇인가? 공학에서 준평형 과정이 중요한 이유는 무엇인가?

2-11C 등온과정, 등압과정 및 등적과정을 각각 정의하라.

2-12C 비중이란 무엇인가? 밀도와는 어떻게 관계되는가?

2-13 대기의 밀도는 높이에 따라 변하는데, 높이가 증가할수록 감소한다. (*a*) 주어진 표의 데이터를 활용하여 높이에 따른 밀도의 변화 관계를 구하고, 7000 m 높이에서의 밀도를 구하라. (*b*) 앞서 구한 관계를 이용하여 대기의 질량을 구하라. 지구는 완전한 구형이며 반지름은 6377 km이며, 대기권의 두께는 25 km이다.

z, km	ρ, kg/m^3
6377	1.225
6378	1.112
6379	1.007
6380	0.9093
6381	0.8194
6382	0.7364
6383	0.6601
6385	0.5258
6387	0.4135
6392	0.1948
6397	0.08891
6402	0.04008

온도

2-14C 국제 단위계(SI)와 영국 단위계에서 보통 온도눈금과 절대 온도눈금은 무엇인가?

2-15C 빙점에서 0°C, 비등점에서 100°C를 정확하게 나타내는 알코올 온도계와 수은 온도계가 있다. 두 온도계 모두 빙점과 비등점 사이의 거리는 100개의 등간격으로 나뉘어 있다. 두 온도계가 60°C에서 정확하게 같은 눈금을 나타내는가? 그 이유를 설명하라.

2-16C 두 밀폐계 A와 B를 고려하라. A는 20°C 상태에서 3000 kJ의 열에너지를 가지고 있고, B는 50°C 상태에서 200 kJ의 열에너지를 가지고 있다. 두 계가 접촉할 때 열의 이동 방향은 어떻게 되는가?

2-17E 어떤 계의 온도가 18°C이다. 이를 랭킨온도(R), 켈빈온도(K), 화씨온도(°F)로 각각 나타내라.

2-18E 증기가 300 K의 온도로 열교환기에 들어간다. 화씨(°F)로 이 증기의 온도는 얼마인가?

2-19 계의 온도가 가열과정 동안 130°C 상승하였다. 이 온도 상승을 켈빈온도(K)로 나타내라.

2-20E 냉각과정 동안 계의 온도가 45°F 하강하였다. 온도 변화를 K, R, °C 단위로 나타내라.

2-21E 자동차 엔진 윤활유의 온도가 150°F로 측정되었다. °C 단위로 나타내라.

2-22E 150°C의 뜨거운 공기가 있다. °F 단위로 나타내라.

압력, 액주식 압력계 및 기압계

2-23C 계기압력과 절대압력의 차이는 무엇인가?

2-24C 고도가 높은 지역에 가면 코피를 흘리거나 호흡이 짧아진다. 이유가 무엇인가?

2-25C 건강 관련 잡지의 기사에 의하면 연구자들이 100명의 성인을 대상으로 신체를 따라서 평행하게 혈압을 측정하는 경우와 신체에 수직으로 팔을 펴서 혈압을 측정하는 경우를 비교할 때 서거나, 앉거나, 눕는 것에 상관없이 신체를 따라 평행하게 측정하는 경우의 혈압이 10%까지 높게 측정되었다. 이러한 차이의 이유를 설명하라.

2-26C 누군가가 밀도가 일정한 유체 내에서 깊이가 2배가 되면 절대압력이 2배가 된다고 주장한다. 여러분은 이 주장에 동의하겠는가? 이유를 설명하라.

2-27C 동일한 두 선풍기가 하나는 해수면에서 다른 하나는 산꼭대기에서 같은 속력으로 작동한다. 두 선풍기의 (*a*) 체적유량과

(*b*) 질량유량은 각각 어떻게 비교될 수 있는가?

2-28E 압축공기 탱크의 압력이 200 kPa이다. 이 압력은 psia에서 얼마인가?

2-29E 액주식 압력계로 40 in의 깊이에서 물의 압력을 측정한다. psi로 나타내라. *답: 1.44 psi*

2-30 대기의 압력이 92 kPa인 곳에서 탱크에 연결된 진공압력계가 35 kPa을 나타내고 있다. 탱크 내부의 절대압력을 계산하라.

2-31E 타이어에는 일반적으로 최대 안전공기압이 적혀 있다. 한 타이어에 표시된 최대압력이 35 psi(계기압)이다. 이 최대압력을 kPa 단위로 표현하라.

그림 P2-31E

2-32E 기압계의 수은의 측정값이 29.1 in Hg인 곳에서 탱크에 연결된 압력계가 50 psi를 나타내고 있다. 탱크의 절대압력을 계산하라. ρ_{Hg} = 848.4 lbm/ft^3. *답: 64.3 psia*

2-33 대기압이 94 kPa인 곳에서 탱크에 연결된 압력계가 500 kPa을 나타내고 있다. 탱크 내부의 절대압력을 계산하라.

2-34E 200파운드인 사람의 발바닥 면적이 72 in^{2}이다. (*a*) 이 사람이 두 발로 서 있을 때와 (*b*) 한 발로 서 있을 때, 지면에 가하는 압력을 결정하라.

2-35 깊이가 3 m인 유체 내에서 계기압력이 42 kPa로 측정된다. 동일한 유체일 때 9 m 깊이에서의 계기압력을 계산하라.

2-36 깊이가 9 m인 물속에서 절대압력이 185 kPa로 측정되는 지점이 있다. (*a*) 이 위치에서의 대기압, (*b*) 같은 위치에서 비중이 0.85인 액체 내의 5 m 깊이에서의 절대압력을 각각 구하라.

2-37 키가 1.75 m인 사람이 수영장에서 물에 완전히 잠긴 채로 수직으로 서 있다. 머리와 발끝에 작용하는 압력을 각각 kPa 단위로 구하라.

2-38 등산가의 기압계가 등산 시작 때에는 750 mbar를 나타내고 산에 올라서는 650 mbar를 나타냈다. 중력가속도에 대한 고도의 영향을 무시하고 올라간 수직거리를 계산하라. 평균 공기 밀도는 1.20 kg/m^{3}이다. *답: 850 m*

2-39 기본적인 기압계를 사용하여 빌딩의 높이를 측정할 수 있다. 빌딩의 꼭대기와 바닥에서의 기압계의 눈금이 각각 675 mmHg와 695 mmHg라면 빌딩의 높이는 얼마인가? 공기와 수은의 밀도는 각각 1.18 kg/^{3}과 13,600 kg/m^{3}으로 가정하라.

그림 P2-39

©McGraw-Hill Education

2-40 적당한 소프트웨어를 사용하여 문제 2-39를 풀어라. 적절한 단위와 함께 수치 결과를 포함한 모든 풀이 과정을 출력하라.

2-41 마찰이 없는 수직 피스톤 실린더 장치 내에 기체가 들어 있다. 피스톤의 질량은 3.2 kg이고, 단면적은 35 cm^{2}이다. 피스톤 위에 있는 압축된 스프링은 피스톤에 150 N의 힘을 가하고 있다. 대기압이 95 kPa이라면 실린더 내부의 압력은 얼마인가? *답: 147 kPa*

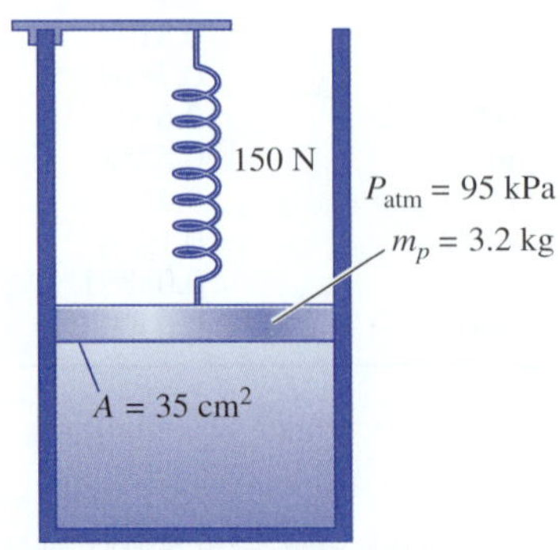

그림 P2-41

2-42 문제 2-41을 다시 고려하라. 적당한 소프트웨어를 사용하여 실린더 내부의 압력에 대하여 0~500 N 범위에서 스프링 힘의 영향에 대해서 조사해 보라. 스프링 힘에 대한 실린더 내부 압력을 그래프로 그리고 결과를 검토하라.

2-43 그림 P2-43과 같이 피스톤의 단면적이 0.04 m^2이고 질량이 60 kg인 수직 피스톤-실린더 장치가 내부에 어떤 기체를 담고 있다. 대기압은 0.97 bar이고 중력가속도는 9.81 m/s^2이다. (*a*) 실린더 내부 압력을 계산하라. (*b*) 내부의 기체로 열이 전달되어 체적이 두 배로 늘어났을 때 실린더 내부의 압력이 변화하겠는가?

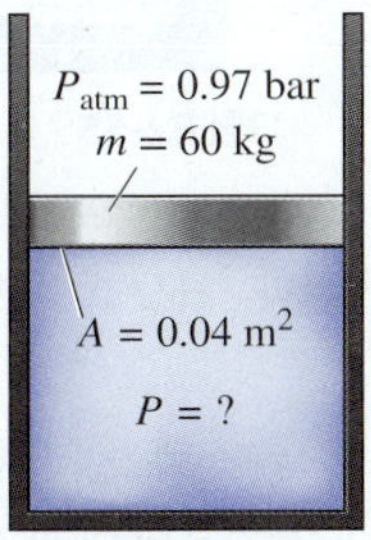

그림 P2-43

2-44 용기의 압력을 측정하기 위하여 압력계와 액주식 압력계가 기체 용기에 부착되어 있다. 압력계의 눈금은 80 kPa이다. 사용하는 유체가 (*a*) 수은(ρ = 13,600 kg/m^3) 또는 (*b*) 물(ρ = 1000 kg/m^3)이라면 액주식 압력계의 두 유체면 사이의 거리 h는 각각 얼마인가?

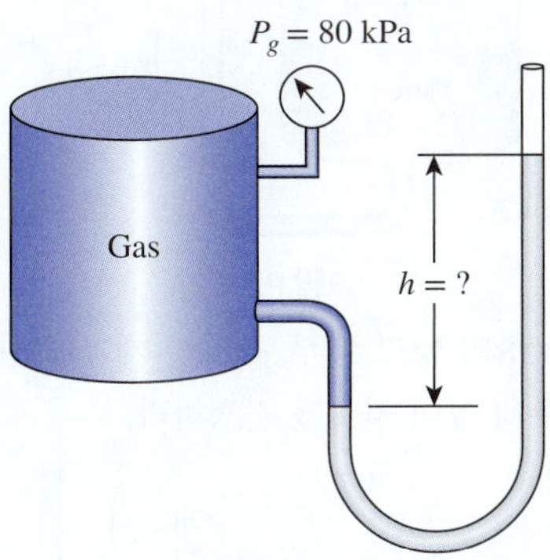

그림 P2-44

2-45 문제 2-44를 다시 고려하라. 적당한 소프트웨어를 사용하여 800~13,000 kg/m^3의 범위 내에서 압력계 액체의 밀도가 액주식 압력계의 액주 높이차에 미치는 영향을 조사하라. 액체의 밀도에 대한 액주 높이를 그래프로 그리고 결과를 검토하라.

2-46 밀도가 850 kg/m^3인 오일을 사용하는 액주식 압력계가 공기를 채운 탱크에 부착되어 있다. 두 액주의 유면 높이 차이가 80 cm이고, 대기압이 98 kPa이라면 탱크 내의 공기압의 절대압력은 얼마인가? *답:* 105 kPa

2-47E 액주식 압력계가 탱크 내의 공기압력을 측정하는 데 사용된다. 액주에 사용되는 유체의 비중은 1.25이며, 액주의 높이차는 28 in이다. 대기압이 12.7 psia일 때 탱크 내의 절대압력을 (*a*) 액주의 높은 쪽이 탱크에 연결된 경우, (*b*) 낮은 쪽이 탱크에 연결된 경우에 대하여 각각 구하라.

2-48 밀도가 13,600 kg/m^3인 수은을 사용하는 압력계가 내부 압력을 측정하기 위하여 공기 덕트에 연결되어 있다. 액주식 압력계 유면 높이 차이는 30 mm이고, 대기압은 100 kPa이다. (*a*) 그림 P2-48을 보고 덕트 내의 압력은 대기압보다 높은지 아니면 낮은지를 결정하라. (*b*) 덕트 내의 절대압력을 계산하라.

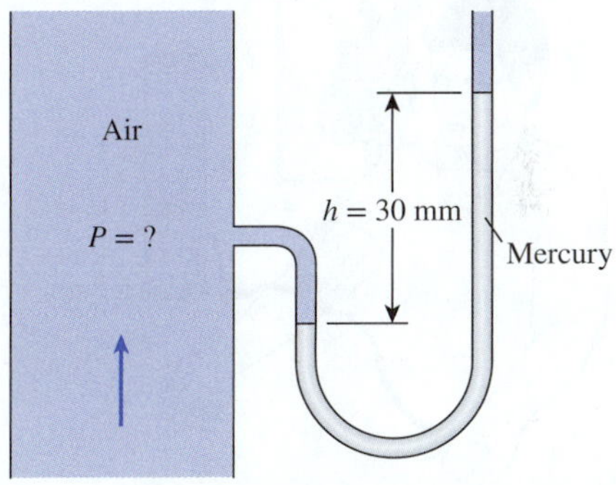

그림 P2-48

2-49 수은주의 높이차가 45 mm일 경우에 대하여 문제 2-48을 다시 풀어라.

2-50E 천연가스 파이프라인의 압력이 그림 P2-50E와 같이 측정된다. 대기압은 14.2 psia이다. 이 파이프라인의 절대압력을 구하라.

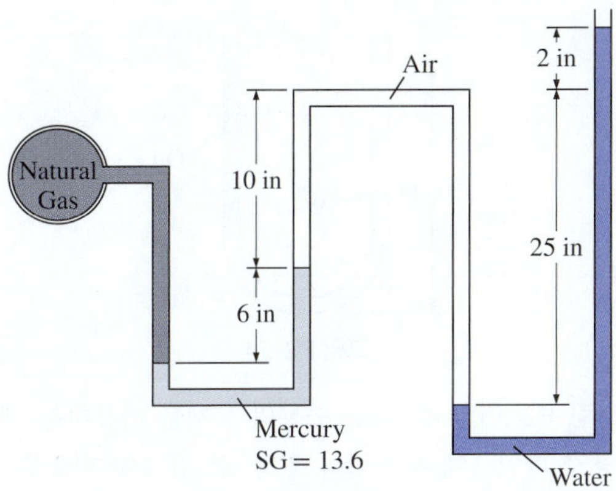

그림 P2-50E

2-51E 액주상의 공기를 비중 0.69의 기름으로 변경하여 문제 2-50E를 다시 풀어라.

2-52E 혈압은 보통 사람 팔의 상부에 압력계가 달려 있고 공기를 충전해서 밀봉한 재킷을 감아서 측정한다. 수은 액주식 압력계와 청진기를 이용하여 수축압력(심장이 펌핑될 때의 최대압력)과 확장압력(심장이 이완될 때 최소압력)이 mmHg로 측정된다. 건강한 사람의 수축압력과 확장압력은 각각 120 mmHg와 80 mmHg이며 120/80으로 표시된다. 이 계기압력을 kPa, psi, m 수두로 환산하라.

2-53 건강한 사람의 팔에서 측정된 최대혈압이 120 mmHg이다. 만일 대기 중에 노출되어 있는 수직관이 그 사람 팔의 혈관에 연결된다면 관 내로 혈액이 얼마만큼 높이 상승할까? 혈액의 밀도는 1050 kg/m^3이다.

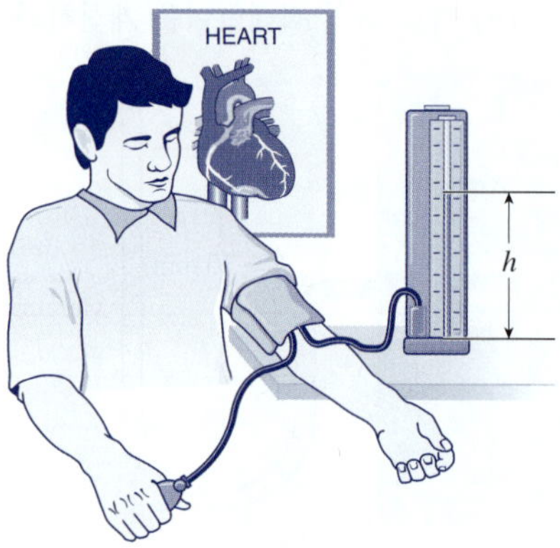

그림 P2-53

2-54 양 끝이 대기 중에 노출되어 있는 U자관을 고려해 보자. 물을 U자관의 한쪽 끝으로 채우고, 다른 한쪽 끝에서는 경유(ρ = 790 kg/m^3)으로 채운다. U자관의 왼쪽은 70 cm 높이의 물로 채워져 있고, 오른쪽은 경유−물의 높이비가 4로서 두 유체로 채워져 있다. 오른쪽 관에서 두 유체 각각의 높이를 구하라.

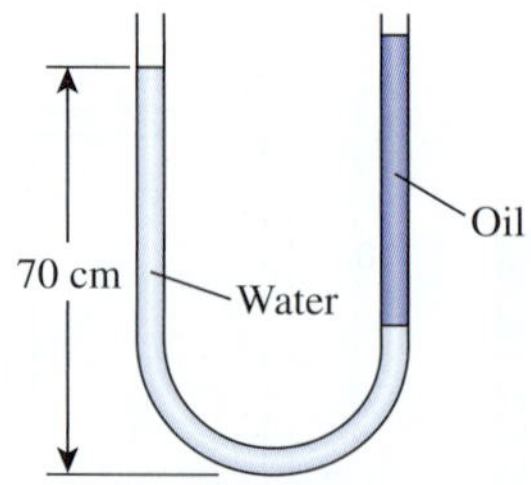

그림 P2-54

2-55 그림 P2-55와 같이 두 종류의 유체를 사용하는 액주식 압력계가 공기 파이프에 부착되어 있다. 한 유체의 비중은 13.55일 때 다른 유체의 비중은 얼마인가? 그림에 표기된 파이프 내 공기의 압력은 절대압력이다. 대기압은 100 kPa이다. *답: 1.59*

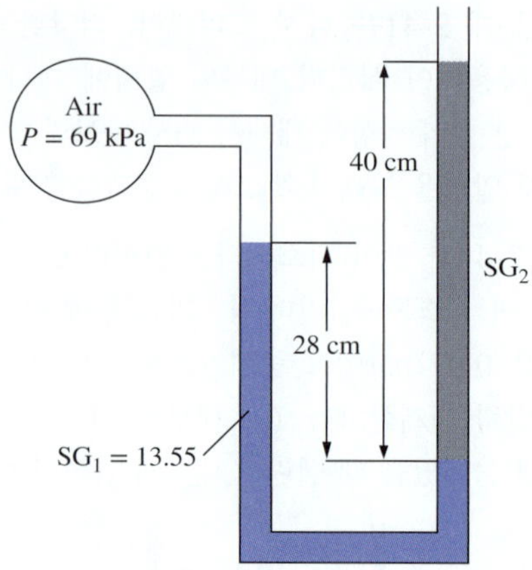

그림 P2-55

2-56 어떤 자동차정비소의 유압 리프트는 출력 직경이 30 cm이며 2500 kg까지 들어 올린다. 저장조 내에 유지해야 하는 유체의 계기압력을 결정하라.

2-57 그림 P2-57과 같은 시스템을 고려하라. 만일 해수 파이프(brine pipe)의 압력 변화가 없으면서 공기 측의 0.7 kPa 압력 변화가 오른쪽 액주의 해수(brine)−수은 계면을 5 mm 하강시킨다면 A_2/A_1의 값은?

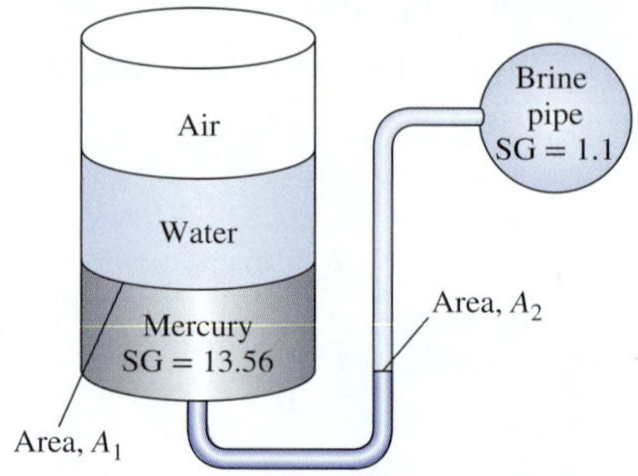

그림 P2-57

2-58 그림 P2-58의 탱크 내부 공기의 계기압력이 80 kPa로 측정되었다. 수은주의 높이 차 h를 결정하라.

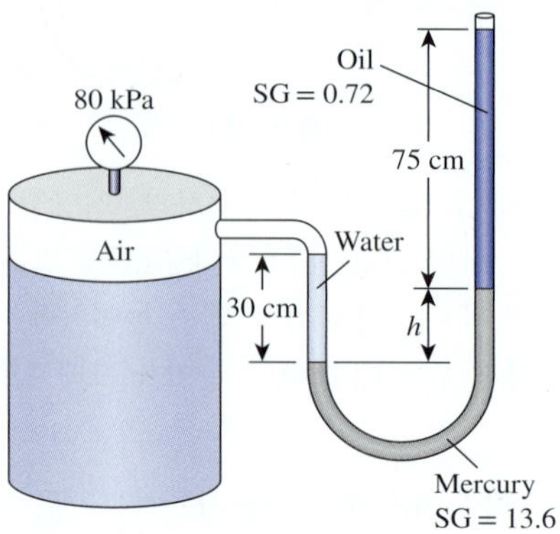

그림 P2-58

2-59 계기압력을 40 kPa로 바꾸어 문제 2-58을 다시 풀어라.

복습문제

2-60E 증기보일러의 압력이 92 kgf/cm²이다. 이를 psi, kPa, atm, bar 단위로 각각 나타내라.

2-61 직경 10 cm의 피스톤 위에 25 kg의 무게를 올려놓음으로써 1900 kg의 무게를 들어 올리는 유압 리프트가 있다. 1900 kg의 무게를 올려 놓을 피스톤의 직경은 얼마인가?

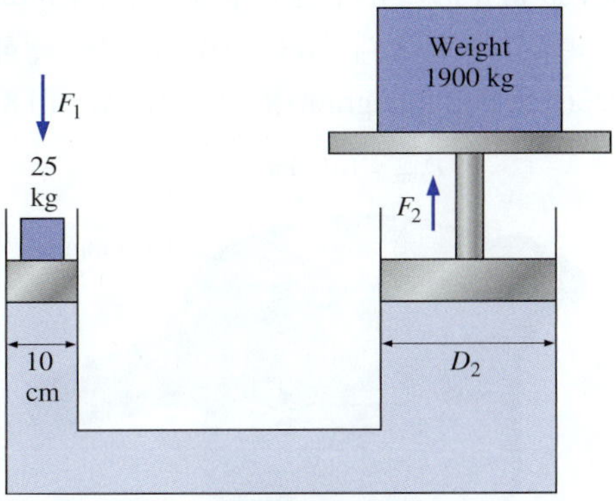

그림 P2-61

2-62 지구에서 대기압은 고도의 함수로 아래의 관계식에 의해 추정된다. $P_{atm} = 101.325(1 - 0.02256z)^{5.526}$, 여기서 P_{atm}은 kPa 단위의 대기압이고, z는 km로 나타낸 고도로서 해면고도에서는 0이다. 고도가 306 m인 Atlanta, 1610 m인 Denver, 2309 m인 Mexico City 및 8848 m인 에베레스트산 정상에서의 대기압을 각각 계산하라.

2-63E 사람의 체온에서 5°C 상승(즉, 정상 체온에서 5°C 상승)은 치명적이다. 이 치명적인 수준의 온도를 (*a*) K, (*b*) °F, (*c*) R로 표현하라.

2-64E 고도 1000 m 상승마다 물의 끓는점 온도는 3°C씩 낮아진다. 고도 1000 m당 끓는점 온도 감소를 (*a*) K, (*b*) °F, (*c*) R 단위로 표현하라.

2-65E 어떤 건물의 열손실은 건물 내외부의 온도차 1°C당 1800 kJ/h이다. 이 건물 내외부의 온도차가 (*a*) 1 K, (*b*) 1°F, (*c*) 1R 일 때 건물로부터의 열손실률은 각각 얼마인가?

2-66E 격한 운동을 하는 사람의 평균체온은 약 2°C 상승한다. 온도 상승은 (*a*) K, (*b*) °F, (*c*) R 단위로 각각 얼마인가?

2-67 대기의 평균온도는 고도의 함수로서 다음과 같은 근사식으로 나타낼 수 있다.

$$T_{atm} = 288.15 - 6.5z$$

여기서 T_{atm}은 K으로 나타낸 온도이며, z는 km로 나타낸 고도로 해면고도에서는 0이다. 12,000 m의 고도에서 순항하고 있는 비행기 바깥의 평균 대기온도는 얼마인가?

2-68 마찰 없는 수직 피스톤–실린더 기구에 절대압력이 180 kPa인 기체가 들어 있다. 외부의 대기 압력은 100 kPa이고 피스톤의 면적은 25 cm²이다. 피스톤의 질량은 얼마인가?

2-69 그림과 같이 수직의 피스톤–실린더 장치에 압력이 100 kPa인 기체가 들어 있다. 피스톤의 질량은 10 kg이며 직경은 14 cm이다. 피스톤 위에 추(weight)를 올려서 실린더 내부의 기체 압력을 증가시키기고자 한다. 현재 위치에서의 대기압을 구하고 내부 기체의 압력이 2배가 되는 추의 질량을 결정하라. *답: 93.6 kPa, 157 kg*

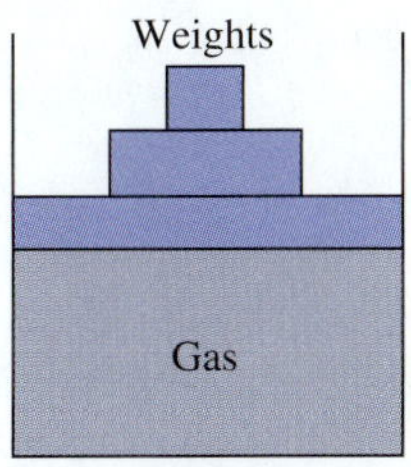

그림 P2-69

2-70 스프링 상수와 변위가 각각 k와 x일 때 이 스프링에 의해 발생되는 힘은 $F = kx$로 주어진다. 그림 P2-70의 스프링은 8 kN/cm의 스프링 상수를 가진다. 압력 P_1, P_2, P_3는 각각 5000 kPa, 10,000 kPa, 1000 kPa이다. 피스톤의 직경 D_1과 D_2가 각각 8 cm, 3 cm이면 용수철의 변위는 얼마인가? *답: 1.72 cm*

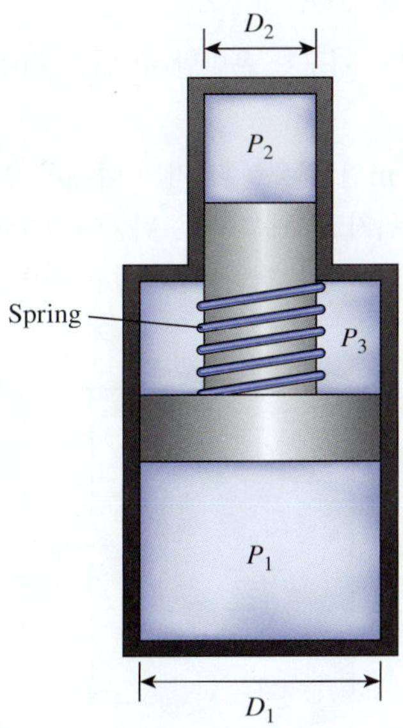

그림 P2-70

2-71 어떤 공기조화 시스템이 직경 15 cm이고, 길이가 35 m인 덕트가 수중에 놓이도록 요구된다. 물이 덕트를 위 방향으로 밀어 올리는 힘을 구하라. 공기와 물의 밀도를 각각 1.3 kg/m³과 1000 kg/m³으로 하라.

2-72 헬륨의 무게는 동일한 조건에서 공기 무게의 1/7에 불과하기 때문에 일반적으로 기구(balloon)는 헬륨 가스로 채워진다. 부력은 기구를 위로 띄우는 힘으로, $F_b = \rho_{air} g V_{balloon}$로 나타낼 수 있다. 직경이 12 m인 헬륨을 채운 기구가 각각 85 kg인 두 사람을 태우고 상승하기 시작할 때의 가속도는 얼마인가? 공기의 밀도 ρ = 1.16 kg/m³으로 가정하고, 로프와 사람이 타고 있는 구조물의 무게는 무시하라. *답: 22.4 m/s²*

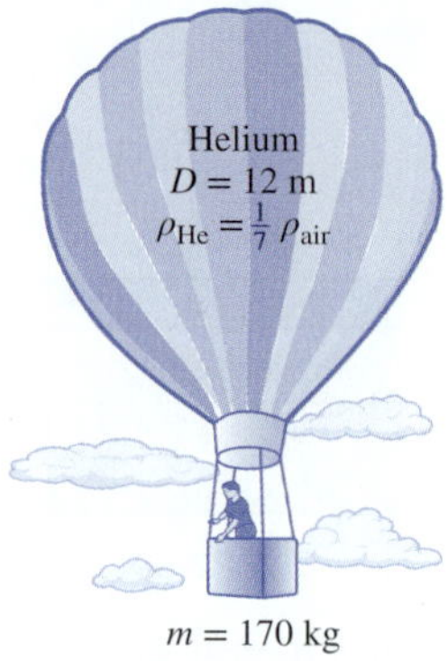

그림 P2-72

2-73 문제 2-72를 다시 고려하라. 적당한 소프트웨어를 사용하여 기구에 탄 사람 수가 가속도에 미치는 영향을 조사해보라. 사람 수에 대한 가속도를 도표로 그리고, 그 결과에 대해서 논의해 보라.

2-74 문제 2-72의 기구가 운반할 수 있는 최대 적재량은 몇 kg인가? *답: 900 kg*

2-75 높이가 6 m인 원통형 용기의 아래쪽 반은 밀도가 1000 kg/m³인 물로 채워지고, 위쪽 반은 비중이 0.85인 기름으로 채워져 있다. 원통의 상부와 바닥 사이의 압력 차이를 계산하라. *답: 54.4 kPa*

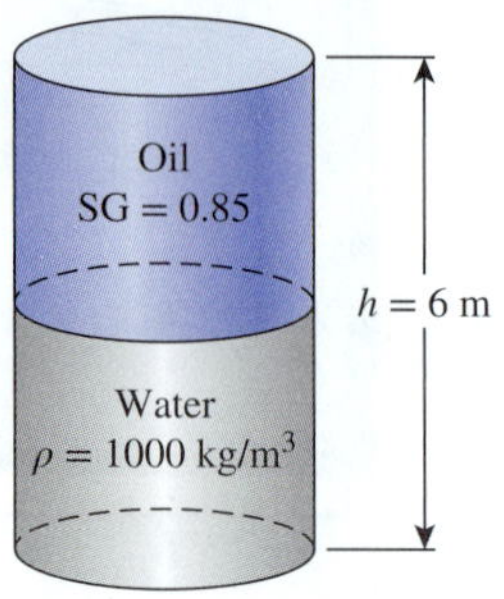

그림 P2-75

2-76 압력솥은 내부의 압력과 온도가 일반 냄비보다 높게 유지되기 때문에 훨씬 빨리 요리할 수 있다. 압력솥의 뚜껑은 잘 밀봉되어 있고, 증기는 뚜껑 가운데 있는 출구를 통해서만 빠져나갈 수 있다. 이 출구의 상부에는 별도로 제작된 금속성의 작은 마개(petcock)가 놓여져 있어서 압력에 의한 힘이 마개의 무게보다 커질 때까지는 증기가 빠져나가는 것을 방지한다. 이러한 방법으로 증기가 주기적으로 빠져나가게 되며, 이것은 위험한 압력 상승을 막고 내부 압력을 일정한 값으로 유지한다. 압력솥의 마개의 작동 압력이 계기압력으로 100 kPa이고, 증기 출구의 단면적이 4 mm²라면 마개의 질량은 얼마인가? 또한 대기압을 101 kPa로 가정하고 마개의 자유물체선도(free body diagram)을 그려라. *답: 40.8 g*

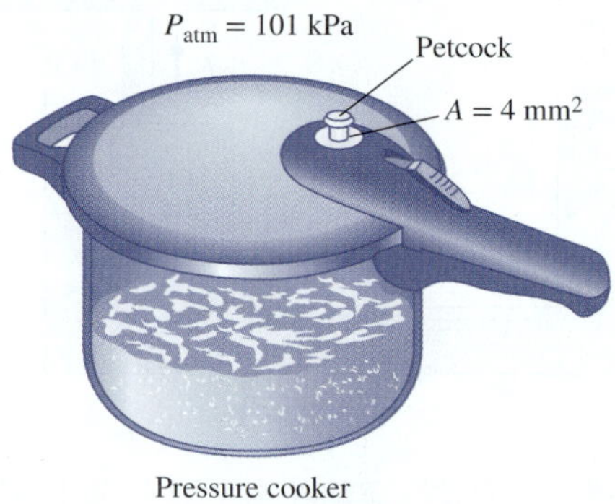

그림 P2-76

2-77 비행기 조종사가 한 도시 위를 날아가면서 계기상의 고도 6400 m, 절대압력 45 kPa을 읽었다. 이 도시의 대기압을 kPa과 mmHg 단위로 계산하라. 공기와 수은의 밀도는 각각 0.828 kg/m³과 13,600 kg/m³이다.

그림 P2-77

©Michal Krakowiak/E+/Getty Images

2-78 물이 흐르는 파이프에 그림 P2-78과 같이 유리관이 부착되어 있다. 유리관 밑의 수압이 107 kPa이고, 대기압이 99 kPa이라면 부착된 유리관 내 물기둥의 높이는 몇 m인가? 물의 밀도는 1000 kg/m³이다.

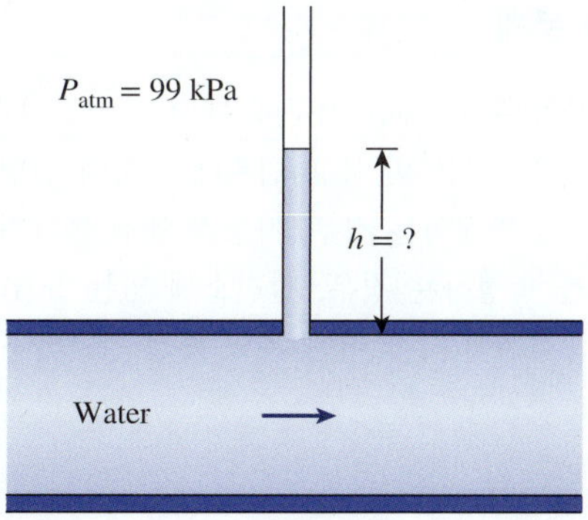

그림 P2-78

2-79E 양쪽 관이 대기 중에 노출된 그림과 같은 U자관을 고려해 보라. 지금 동일 체적의 물과 오일(ρ = 49.3 lbm/ft^3)이 각각의 관에 채워진다. 사람이 U자관의 오일측을 불어서 두 액체의 접촉면이 U자관 하부의 중앙에 오도록 하여 액주의 높이를 같게 한다. 만일 양쪽 액주의 높이가 각각 30 in라면 사람이 오일 측을 불어서 가해진 압력을 결정하라.

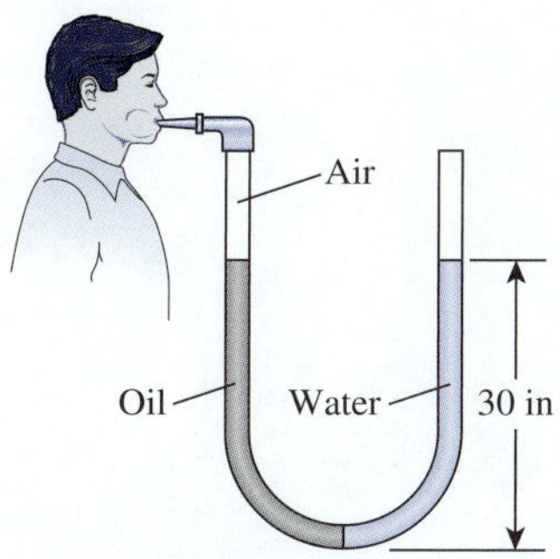

그림 P2-79E

2-80E 물 수송관이 그림 P2-80E와 같이 이중 U자관에 연결되어 있다. 대기압은 14.2 psia이다. 수송관 중심에서의 절대압력을 결정하라.

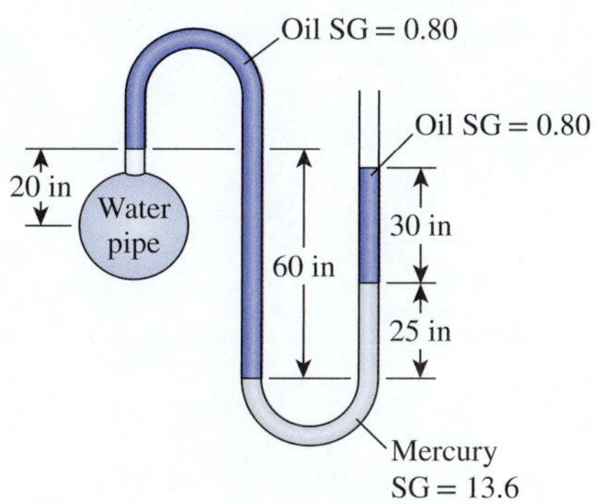

그림 P2-80E

2-81 가솔린 수송관이 그림과 같이 이중 U자관을 통해서 압력계에 연결되어 있다. 압력계의 값이 370 kPa일 때 가솔린 수송관의 계기압력은 얼마인가?

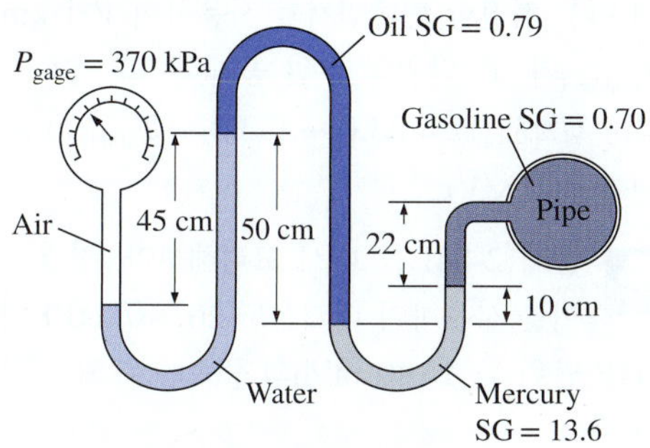

그림 P2-81

2-82 압력계 값이 180 kPa인 경우에 대하여 문제 2-81을 다시 계산하라.

2-83 액주식 압력계로 작은 압력차를 측정하는 경우에 측정의 정확도를 향상시키고자 종종 액주를 기울이기도 한다. (압력차는 경사진 액주의 실제 길이가 아닌 수직거리에 비례한다.) 그림 P2-83처럼 둥근 덕트의 공기압력이 45° 경사진 액주식 압력계로 측정된다. 액주에 들어 있는 액체의 밀도는 0.81 kg/L이고 수직 액주차는 12 cm이다. 덕트 내 공기의 계기압력과 경사진 액주의 길이(수직관 내의 액체면에서부터)를 결정하라.

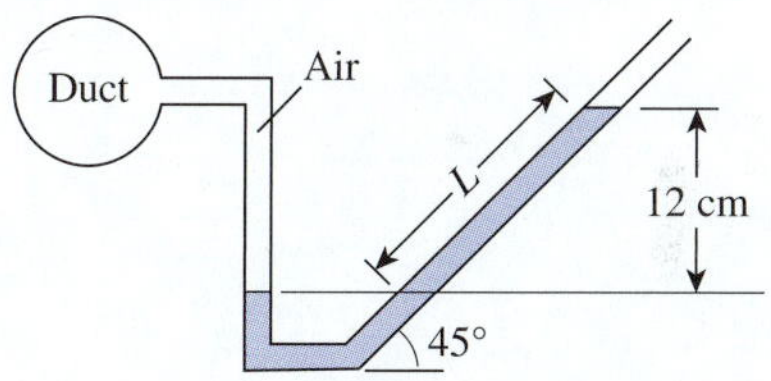

그림 P2-83

2-84E 바람이 부는 날씨에는 바람의 "냉각 효과(chilling effect)" 때문에 차가운 공기가 온도계의 눈금보다 훨씬 차갑게 느껴지는 것은 잘 알려진 사실이다. 이 효과는 공기 속도의 증가로 대류 열전달계수가 증가하기 때문이다. 화씨온도로 **바람냉각상당온도**(*equivalent wind chill temperature*)는 다음과 같이 주어진다 [ASHRAE, *Handbook of Fundamentals* (Atlanta, GA, 1993), p. 8. 15].

$$T_{equiv} = 91.4 - (91.4 - T_{ambient}) \times (0.475 - 0.0203V + 0.304\sqrt{V})$$

여기서 V는 mi/h (mile per hour) 단위의 풍속이고, $T_{ambient}$는 °F로 고요한(calm) 주위 공기 온도이다. 고요한 공기란 풍속이 4 mi/h까지의 약한 바람을 동반하는 공기이다. 위 식에서 상수

91.4°F는 안락한 분위기에서 쉬고 있는 사람의 평균 피부 온도이다. 온도 $T_{ambient}$이고 속도 V인 공기는 T_{equiv}의 고요한 공기만큼 차갑게 느껴진다. 적절한 변환인자를 사용하여 V가 km/h 단위의 풍속이고 $T_{ambient}$가 °C 단위의 주위 공기 온도인 SI 단위의 관계식을 구하라. *답:* $T_{equiv} = 33.0 - (33.0 - T_{ambient}) \times (0.475 - 0.0126\ V + 0.240\sqrt{V})$

2-85E 문제 2-84E를 다시 고려해보라. 적당한 소프트웨어를 사용하여 대기온도 20, 40, 60°F에서 바람냉각상당온도(°F 단위)를 4~40 mi/h의 풍속에 대해서 결과를 그리고 검토하라.

설계 및 논술 문제

2-86 여러 가지 온도 측정 기구에 대하여 기술하라. 각 기구의 작동 원리, 장단점, 비용 및 응용 범위에 대하여 설명하라. 병원에서 환자의 온도를 측정하는 경우, 자동차 엔진 블록의 여러 위치에서 온도 변화를 측정하는 경우, 발전소에 있는 노(furnace)의 온도를 측정하는 경우에 각각 어떤 온도 측정 기구의 사용을 추천하겠는가?

CHAPTER

03

에너지, 에너지 전달 및 일반적인 에너지 해석

ENERGY, ENERGY TRANSFER, AND GENERAL ENERGY ANALYSIS

학습목표

이 장의 목적은 다음과 같다.

- 에너지의 개념을 소개하고 다양한 에너지의 형태를 정의한다.
- 내부에너지의 본질에 관하여 논의한다.
- 열의 개념 및 열에 의한 에너지 전달과 연관된 용어를 정의한다.
- 전기일과 다양한 형태의 역학적인 일을 포함하는 일의 개념을 정의한다.
- 열역학 제1법칙, 에너지평형, 계로의 또는 계로부터의 에너지 전달기구를 소개한다.
- 열이나 일의 형태로 검사표면을 통과하는 에너지 전달뿐 아니라, 검사체적의 검사면을 통과하는 유체유동이 수반하는 에너지를 결정한다.
- 에너지변환 효율을 정의한다.

실감하든 실감하지 못하든 우리 일상생활에서 에너지는 가장 중요한 부분이다. 삶의 질과 생명의 유지도 에너지의 유용성에 의존한다. 따라서 에너지원 자체, 한 형태에서 다른 형태로의 에너지변환, 이러한 변환의 결과 등에 대한 올바른 이해가 중요하다.

에너지는 열에너지, 역학에너지, 전기에너지, 화학에너지, 핵에너지 등의 다양한 형태로 존재한다. 심지어는 질량도 에너지의 한 형태로 고려될 수 있다. 에너지는 **열**과 **일** 등 두 가지 특유한 형태로서 일정 질량을 갖는 밀폐계로 또는 밀폐계로부터 전달될 수 있다. 개방계인 검사체적에서는 에너지가 질량 유동에 의해서도 전달될 수 있다. 밀폐계로 또는 밀폐계로부터의 온도차에 의한 에너지 전달은 **열**이다. 그 외의 경우는 일이고, 거리를 통해 작용하는 힘에 의해 발생한다.

본 장에서는 다양한 형태의 에너지와 열에 의한 에너지 전달을 먼저 고찰한다. 그리고 일의 다양한 형태를 소개하고 일에 의한 에너지 전달을 논의한다. 자연의 가장 기본적인 원리의 하나이며 **에너지보존법칙**으로 알려진 **열역학 제1법칙**의 직관적인 표현을 발전시키고, 본 법칙의 적용을 증명한다. 마지막으로 몇몇 친숙한 에너지변환 과정의 효율을 논의한다. 밀폐계와 검사체적의 열역학 제1법칙에 대한 자세한 내용은 5장과 6장에서 각각 취급한다.

열역학 제1법칙과 같은 물리법칙이나 자연법칙은 관찰된 현상과 관련하여 보편적으로 받아들여지는 서술이라는 점을 염두에 두어야 한다. 이러한 법칙은 오랜 기간에 걸친 수많은 과학적 실험과 관찰을 바탕으로 도출된 결론이다. 물리 법칙은 특정한 조건 하에서는 항상 특정한 현상이 발생한다고 규정한다. 우주의 만물은 예외 없이 그것들을 따르고, 위반은 있을 수 없다. 이와 같이 물리 법칙은 강력한 예측도구 역할을 하여, 과학자들이 물리적 우주에서 어떤 현상이 발생하기 전에 그 일이 일어날지를 예측할 수 있게 한다. 이들 자연의 법칙은 최초로 발견된 이후 변함없이 남아 있으며, 자연의 어떤 것도 이들에 영향을 미치지 않는 것 같다.

3-1 서론

고교시절부터 열역학 제1법칙의 표현인 에너지보존법칙은 우리에게 친숙하다. 변화과정 중에 에너지는 창조될 수도 없고 파괴될 수도 없으며, 오로지 한 형태에서 다른 형태로 변화할 수만 있다고 반복적으로 들어왔다. 매우 단순해 보이지만 이 원리를 얼마나 잘 이해하고 진실로 믿을 수 있는지 우리 자신을 시험해 보자.

출입문과 유리창문이 닫혀 있고 벽이 잘 단열되어 있어서 벽을 통한 열손실과 열획득을 무시할 수 있는 실내를 고려하자. 실내 한 가운데에 위치한 냉장고 문을 열어 놓고 전원을 연결한다(그림 3-1). 실내의 온도를 일정하게 유지하기 위하여 공기 순환용 송풍기를 사용할 수도 있다. 실내공기의 평균온도는 어떻게 변할까? 증가할까 혹은 감소할까? 아니면 변화 없이 일정할까?

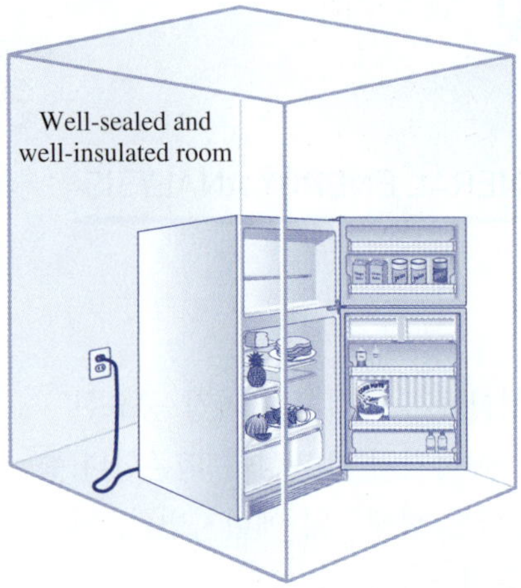

그림 3-1
밀폐 및 단열이 잘된 실내에서 문이 열린 상태로 작동하는 냉장고

아마 처음에는 실내의 따뜻한 공기가 냉장고에서 냉각된 찬 공기와 혼합되므로, 실내의 평균 공기온도는 감소할 것이라고 생각할 것이다. 누군가는 냉장고의 모터에서 발생하는 열에 관하여 관심을 가질 것이고, 발열 효과가 냉각 효과보다 크다면 공기의 평균온도는 상승할 것이라고 주장할 것이다. 그러나 만일 모터가 초전도 물질로 만들어져 있어서 모터에서 발열이 거의 없다고 표기되어 있다면 이러한 논의는 매우 혼란스러울 것이다.

이와 같은 논란은 우리가 당연한 것이라고 생각하는 에너지보존의 원리를 기억할 때까지 계속될 것이다. 공기와 냉장고를 포함하는 실내 전체를 계로 생각하면, 실내가 잘 단열되어 있고 밀폐된 단열밀폐계이기 때문에 연관된 에너지교환은 계의 경계를 통과하여 실내에 유입되는 전기에너지가 유일하다. 에너지보존법칙에 의하면 실내의 에너지 함량은 냉장고에 의해 공급된 전기에너지 양, 즉 일반적인 전기계량기에 의해 측정될 수 있는 만큼 증가된다. 냉장고나 모터는 에너지를 저장할 수 없으므로, 이 에너지는 실내공기 중에 존재하여 공기의 온도를 증가시킨다. 공기의 온도상승은 에너지보존법칙을 기본으로 공기의 물성치와 소비된 전기에너지의 양을 이용하여 계산할 수 있다. 실내에 위치한 냉장고 대신에 창문형 공조기를 사용하면 어떤 일이 일어날까? 그림 3-2와 같이 실내에 송풍기를 작동시키면 어떻게 될까?

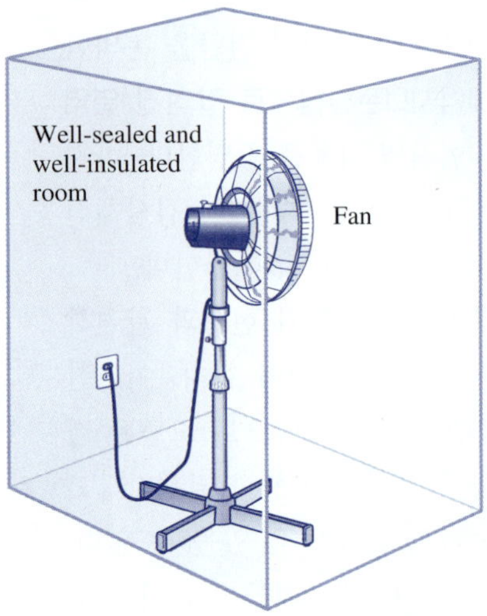

그림 3-2
밀폐 및 단열이 잘된 실내에서 작동하는 선풍기는 실내공기의 온도를 상승시킨다.

실내에서 냉장고가 작동되는 동안 에너지는 보존된다는 것에 유의하라. 전기에너지는 동등한 양의 열에너지로 변환되어 실내공기에 저장된다. 만일 에너지가 이미 보존되고 있다면, 에너지보존에 관한 모든 논의들과 에너지보존을 위한 계측들은 무엇을 의미하는가? 실제로 "에너지보존"의 의미는 에너지의 양(quantity)이 아니고 에너지의 질(*quality*)에 관한 것이다. 예를 들면 전기에너지는 높은 질을 갖는 에너지이고, 항상 같은 양의 열에너지(**열**이라고도 함)로 변환될 수 있다. 7장에서 기술할 예정인 바와 같이, 가장 저급의 질을 갖는 열에너지는 총량의 일부만이 전기로 환원될 수 있다. 냉장고가 소비한 전기에너지와 온도가 상승한 실내공기를 생각해 보라.

만약, 냉장고의 작동과 연관된 에너지변환의 명명을 요청받는다면, 냉장고에 투입된 전기에너지와 냉장고로부터 실내로 소산된 열만을 보았기 때문에 여전히 대답하기 어려울 것이다. 먼저, 다양한 형태의 에너지에 대하여 학습할 필요가 있으며, 이에 따른 에너지 전달 기구에 대하여 학습하는 것이 당연한 순서이다.

3-2 에너지의 형태

에너지는 열에너지, 역학에너지, 운동에너지, 위치에너지, 전기에너지, 화학에너지 및 핵에너지 등 다양한 형태로 존재하며(그림 3-3), 이들의 합은 계의 **총에너지**(total energy) E가 된다. **단위질량당** 총에너지 e는 다음과 같이 표현된다.

$$e = \frac{E}{m} \qquad \text{(kJ/kg)} \tag{3-1}$$

열역학은 총에너지의 절대값에 관한 정보를 제공하지 않으며, 공학적인 문제에서 중요한 총에너지의 **변화량**만을 다룬다. 따라서, 임의의 기준점 또는 상태에서 계의 총에너지값을 편의상 0 ($E = 0$)이라고 정의한다. 계의 총에너지 변화량은 선정한 기준점에 대해 무관하다. 예를 들면 낙하하는 바위의 위치에너지 감소량은 높이차에만 의존하고 선정한 기준높이와는 무관하다.

열역학해석에서는 총에너지를 구성하는 다양한 형태의 에너지를 **거시적**(*macroscopic*) 에너지와 **미시적**(*microscopic*) 에너지 등 2개의 군으로 분류하는 것이 도움이 된다. **거시적** 형태의 에너지는 운동에너지나 위치에너지(그림 3-4)와 같이 계 전체가 외부의 기준좌표계에 연관되어 있다. **미시적** 형태의 에너지는 계의 분자구조 및 분자운동의 정도와 관련되며, 외부 기준좌표계와는 무관하다. 모든 미시적 형태의 에너지합을 계의 **내부에너지**(internal energy)라 하고 U로 표기한다.

에너지라는 용어는 1807년 Thomas Young이라는 사람이 처음 사용하였으며, 1852년 Lord Kelvin이 열역학에서 이 용어의 사용을 제안하였다. **내부에너지**라는 용어와 기호 U는 19세기 후반에 Rudolph Clausius와 William Rankine의 연구에서 최초로 사용되었으며, 결국 내부에너지는 그 당시 일반적으로 사용하였던 **내부일**(*inner work* 또는 *internal work*), **고유에너지**(*intrinsic energy*) 같은 용어들을 대체하였다.

계의 거시적 에너지는 계의 운동이나 중력, 자기력, 전기력, 표면장력 등과 같은 외부적인 영향과 관계가 있다. 외부좌표계에 대한 상대적인 운동의 결과로 계가 갖는 에너지를 **운동에너지**(kinetic energy, KE)라고 한다. 계의 모든 부분이 같은 속

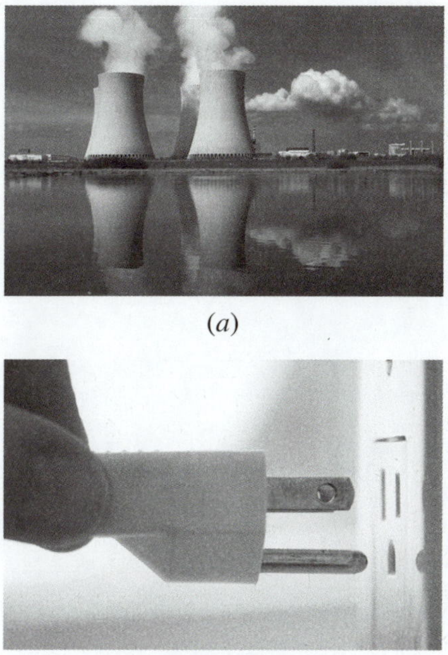

(*a*)

(*b*)

그림 3-3
원자력발전소에서 가정으로 전력을 공급할 때 원자력, 열, 기계, 운동, 자기 및 전기 등 적어도 6가지 다른 형태의 에너지가 관련된다.
(*a*) *hornyak/Shutterstock*
(*b*) *Tetra Images/Getty Images*

그림 3-4
물체의 거시적 에너지는 속도와 높이에 따라 변한다.

도로 움직일 때, 운동에너지는 다음과 같이 표현된다.

$$\mathrm{KE} = m\frac{V^2}{2} \qquad \text{(kJ)} \tag{3-2}$$

계의 단위질량당 운동에너지는 다음과 같다.

$$\mathrm{ke} = \frac{V^2}{2} \qquad \text{(kJ/kg)} \tag{3-3}$$

이 식들에서 V는 고정된 기준좌표계에 대한 계의 속력이다. 회전하는 강체의 운동에너지는 $\frac{1}{2}I\omega^2$로서, I는 강체의 관성모멘트, ω는 각속도이다.

중력장 내에서 높이에 따라 계가 갖는 에너지를 **위치에너지**(potential energy, PE)라고 하고, 다음과 같은 식으로 표현된다.

$$\mathrm{PE} = mgz \qquad \text{(kJ)} \tag{3-4}$$

계의 단위질량당 위치에너지는 다음과 같다.

$$\mathrm{pe} = gz \qquad \text{(kJ/kg)} \tag{3-5}$$

이들 식에서 여기서 g는 중력가속도, z는 임의로 선정된 기준위치에서 무게중심까지의 높이이다.

자기력, 전기력, 표면장력의 효과는 특별한 경우에만 한정되기 때문에 보통 무시한다. 이러한 효과가 없을 때, 계의 총에너지는 운동에너지, 위치에너지, 내부에너지로 구성되며, 다음과 같이 표현된다.

$$E = U + \mathrm{KE} + \mathrm{PE} = U + m\frac{V^2}{2} + mgz \qquad \text{(kJ)} \tag{3-6}$$

또한, 단위질량당 총에너지는 다음과 같다.

$$e = u + \mathrm{ke} + \mathrm{pe} = u + \frac{V^2}{2} + gz \qquad \text{(kJ/kg)} \tag{3-7}$$

대부분의 밀폐계는 변화과정 동안 정지해 있으므로, 운동에너지와 위치에너지의 변화는 없다. 변화과정 동안 속도와 무게중심 높이가 일정하게 유지되는 밀폐계를 때때로 **고정계**(stationary system)라 부른다. 고정계의 총에너지 변화량 ΔE는 내부에너지의 변화량 ΔU와 동일하다. 본 교재에서는 별도로 표시되어 있지 않으면 밀폐계는 고정계로 가정한다.

오랫동안 검사체적은 일반적으로 유체유동과 연관지어 왔고, 변화율의 형태로 유체유동과 관련된 에너지유동(energy flow)으로 표현하는 것이 편리하다. 단위시간당 단면을 통과하는 유체의 질량인 **질량유량** $\dot{m}$과 연관된다. 질량유량은 단위시간당 단면을 통과하는 유체의 체적인 **체적유량** $\dot{V}$과 다음과 같은 관계가 성립된다.

질량유량: $$\dot{m} = \rho\dot{V} = \rho A_c V_{\mathrm{avg}} \qquad \text{(kg/s)} \tag{3-8}$$

이 식은 m = ρV와 유사하다. 여기서 ρ는 유체의 밀도이고, A_c는 유동의 단면적, V_{avg}는 단면 A_c에 대하여 수직인 평균유속이다. 본 교재에서 기호 상단의 점은 **시간 변화율**을 의미하는 것으로 사용한다. 유동장의 질량유량 $\dot{m}$에 해당하는 에너지유량(energy flow rate)은 다음과 같다(그림 3-5).

에너지유량: $$\dot{E} = \dot{m}e \quad \text{(kJ/s 또는 kW)} \tag{3-9}$$

이 식은 $E = me$와 유사하다.

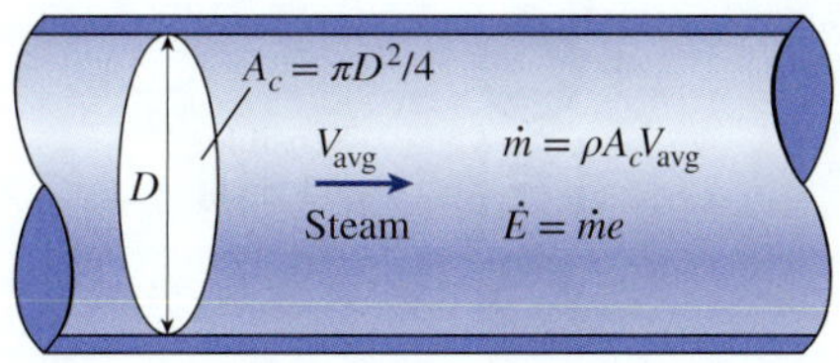

그림 3-5
내경 D인 관을 흐르는 평균유속 V_{avg}인 증기유동과 관련된 질량유량 및 에너지유량

내부에너지에 관한 몇 가지 물리적인 고찰

내부에너지는 계가 갖는 **미시적** 형태인 에너지들의 합으로 이미 정의하였다. 내부에너지는 **분자 구조**와 **분자 활동도**(*molecular activity*)의 정도에 관련되며 분자의 운동에너지와 위치에너지의 합으로 볼 수 있다.

내부에너지를 잘 이해하기 위하여 분자관점에서 계를 생각해 보자. 기체분자가 특정 속도로 공간을 운동할 때, 어느 정도의 운동에너지를 가지고 있다. 이것을 **병진에너지**(*translational energy*)라고 한다. 다원자분자의 원자들은 축을 중심으로 회전하는데, 이러한 회전에 관련된 에너지는 **회전운동에너지**(*rotational kinetic energy*)이다. 다원자분자의 원자들은 공통의 질량중심에 관하여 진동하며, 이와 같이 전-후진 운동과 관련된 에너지는 **진동운동에너지**(*vibrational kinetic energy*)이다. 기체에서 대부분의 운동에너지는 주로 병진과 회전운동에 기인하며, 고온에서 진동운동에너지가 중요해진다. 원자 내의 전자는 핵을 중심으로 회전하므로 회전운동에너지를 가지며, 바깥쪽 궤도의 전자들은 더 큰 운동에너지를 갖는다. 또한, 전자들은 자신의 축을 중심으로 회전하는데 이러한 운동과 관련된 에너지는 **회전에너지**(*spin energy*)이다. 원자의 핵에 있는 다른 입자들도 회전에너지를 갖는다. 분자들의 운동에너지와 연관된 계의 내부에너지 일부를 **현열에너지**(sensible energy)라고 한다(그림 3-6). 분자의 평균속도와 활동도의 정도는 기체의 온도에 비례한다. 그러므로 고온에서 분자는 큰 운동에너지를 가지며, 그 결과 계는 높은 내부에너지를 갖는다.

내부에너지는 물질을 구성하는 분자들 사이, 분자 내 원자들 사이, 원자와 원자핵 내 입자들 사이 등에 작용하는 다양한 **결합력**(*binding force*)에 연관된다. 우리가 예상하는 바와 같이 **분자**들 사이의 결합력은 고체에서 가장 강하고, 기체에서 가장 약하다. 만약 충분한 에너지가 고체나 액체의 분자에 더해지면, 분자는 이러한 결합력을 극복하고 해체되어 물질은 기체로 바뀐다. 이것이 상변화과정(phase-change process)이다. 이렇게 증가한 에너지 때문에 기체상태의 계는 고체나 액체 상태의 계보다 높은 내부에너지 수준이 된다. 계의 상변화와 관련된 내부에너지를 **잠열에너지**(latent energy)라고 한다. 상변화과정은 계의 화학적 조성에 변화없이 일어날 수 있다. 대부분의 실제 문제는 이러한 범주에 속하며, 각 분자 내 원자들 사이의 결합력까지 고려할 필요는 없다.

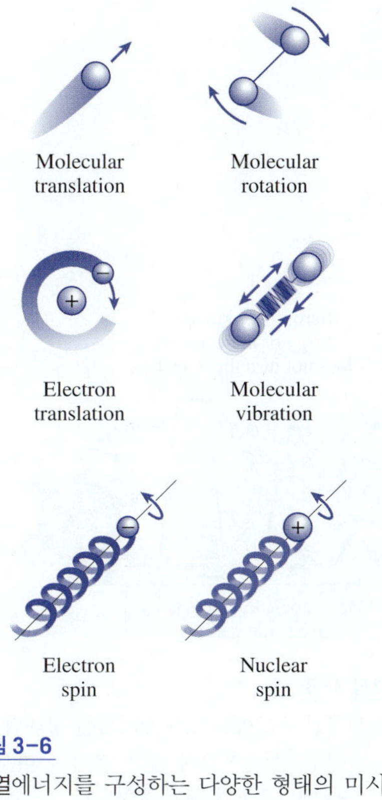

그림 3-6
현열에너지를 구성하는 다양한 형태의 미시적 에너지

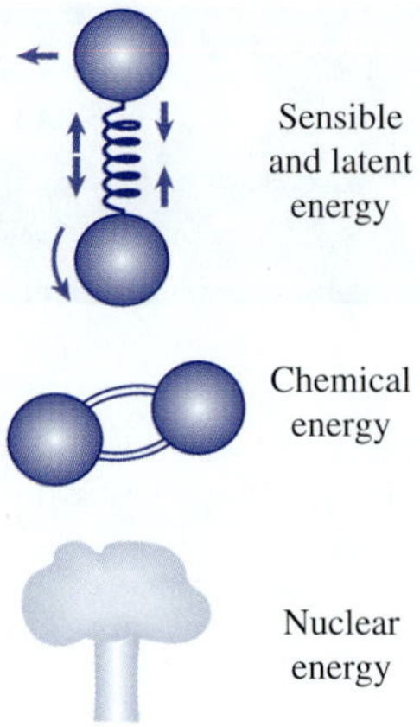

그림 3-7
계의 내부에너지는 모든 형태의 미시적 에너지의 합이다.

하나의 원자는 양전하인 양성자(proton)와 중성자(neutron)가 아주 강한 핵력(nuclear force)에 의하여 결합된 원자 핵, 그리고 핵 주위에서 궤도를 그리며 회전하는 음전하인 전자로 구성된다. 분자 내에서 원자결합과 관련된 에너지를 **화학에너지**(chemical energy)라고 한다. 연소과정과 같은 화학반응 동안에는 일부 화학적 결합이 생성되고 일부 결합은 파괴된다. 그 결과 내부에너지는 변한다. 원자핵을 구성하는 핵력은 핵에 전자를 결합시키는 힘보다 훨씬 크다. 원자핵 자체 내에 강한 결합력과 연관된 거대한 양의 에너지를 **핵에너지**(nuclear energy)라고 한다(그림 3-7). 물론, 핵분열이나 핵융합을 취급하지 않는 한 열역학에서는 핵에너지를 고려할 필요가 없다. 화학반응은 원자 내의 전자구조의 변화를 수반하지만, 핵반응은 핵 내부의 변화를 포함한다. 따라서 원자는 화학반응 동안 그 자체의 동일성을 유지하지만 핵반응 동안에는 동일성을 상실한다. 원자는 외부의 전기장과 자기장에 노출되어 있을 때, **전기 및 자기쌍극모멘트에너지**(*magnetic dipole-moment energy*)를 가질 수 있는데, 이것은 궤도를 도는 전자와 연관된 작은 전류에 의해 생성된 자기쌍극이 꼬여지기 때문이다.

논의한 에너지의 형태는 계의 총에너지를 구성하는데, 계에 **담거나 저장**될 수 있어서 **정적** 형태 에너지(*static* forms of energy)로 생각할 수 있다. 계에서 저장되지 않는 에너지의 형태는 **동적** 에너지(*dynamic* forms of energy) 또는 에너지 **상호작용**으로 볼 수 있다. 동적 에너지는 에너지가 계의 경계를 통과할 때 계의 경계에서 인지되며, 이 에너지는 과정 동안 계가 얻거나 잃은 에너지를 나타낸다. 밀폐계에 연관된 에너지 상호작용의 두 가지 형태는 **열전달**(heat transfer)과 **일**(work)뿐이다. 구동력이 온도차이면 에너지 상호작용은 열전달이고 그렇지 않으면 일로, 나중에 자세히 설명할 것이다. 질량이 계로 또는 계로부터 전달될 때, 질량에 함유된 에너지도 함께 전달되기 때문에 검사체적은 질량 전달로 에너지를 교환할 수 있다.

일상생활에서 내부에너지의 감지적이고 잠재적인 형태를 자주 **열**(*heat*)이라 부르는데, 이것은 물체의 열적 내용물을 말하는 것이다. 그러나 열역학에서는 **열전달**과 혼돈을 피하기 위하여 이러한 형태의 에너지를 **열에너지**(thermal energy)라고 부른다.

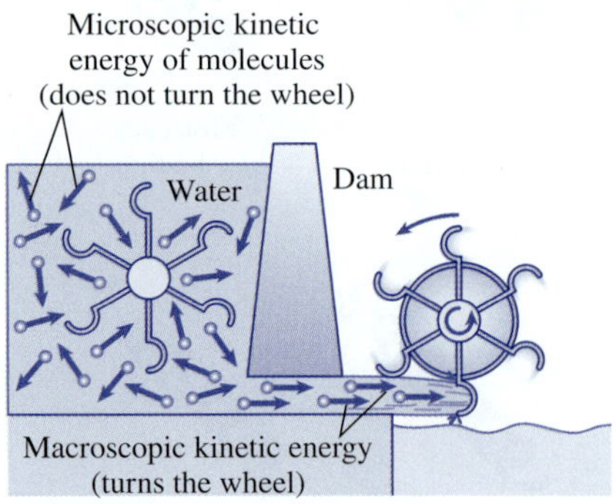

그림 3-8
거시적인 운동에너지는 체계화된 형태의 에너지이고, 체계화되지 않은 분자의 미시적인 운동에너지보다 훨씬 유용하다.

전체로 본 대상 물체의 거시적 운동에너지와 이의 현열적 내부에너지를 구성하는 분자의 미시적 운동에너지의 차이는 구분되어야 한다(그림 3-8). 물체의 운동에너지는 모든 분자들이 직선 경로 또는 축 주위를 한 방향으로 규칙적으로 움직이는 운동과 연관된 **체계화**된 형태의 에너지이다. 반면, 분자의 운동에너지는 완전히 **무작위적**이고 전혀 **체계화되지 않은** 에너지이다. 본 교재의 다음 장에서 알게 되겠지만, 체계화된 에너지는 체계화되지 않은 에너지보다 훨씬 가치가 있다. 또한, 열역학의 주요 응용분야는 체계화되지 않은 에너지(열)를 체계화된 에너지(일)로 변환하는 것이다. 체계화된 에너지는 체계화되지 않은 에너지로 완전히 변환될 수 있지만, 체계화되지 않은 에너지는 자동차엔진이나 발전소와 같이 **열기관**(*heat en-*

gine)으로 불리는 특별히 고안된 장치에 의해서 그 에너지의 일부분만이 체계화된 에너지로 변환될 수 있다. 전체로 본 물체의 거시적인 위치에너지와 분자의 미시적인 위치에너지 사이에서도 유사하게 논의될 수 있다.

핵에너지에 대한 부가 설명

가장 잘 알려진 핵분열 반응은 우라늄 원자(U-235 동위원소)가 다른 원소로 분열하는 것으로, 원자력발전소(2016년 기준, 450기의 원자로에서 392,000 MW 전력 생산)의 전기를 생산할 때 일반적으로 사용되며, 핵폭탄에 사용되는 것 외에 핵잠수함, 항공모함, 우주선의 동력용으로도 이용한다. 원자력으로 생산하는 전기의 비율은 프랑스 76%, 러시아와 영국 19%, 독일 14%, 미국 20%이다.

최초의 핵 연쇄반응은 1942년 Enrico Fermi에 의해 수행되었고, 최초의 대규모 핵반응로는 1944년 핵무기 재료의 생산을 목적으로 건설되었다. 핵분열 과정 동안 우라늄(uranium)-235 원자 한 개는 중성자를 흡수하고 분열하여 1개의 세슘(cessium)-140 원자, 1개의 루비듐(rubidium)-93 원자, 3개의 중성자 및 3.2×10^{-11} J의 에너지를 생성한다. 실제로 우라늄-235 1 kg이 완전히 분열되면 8.34×10^{10} kJ의 열이 방출되는데, 이 양은 석탄 3700 ton이 연소할 때 방출하는 열보다 크다. 따라서 같은 양의 연료에 대하여 핵분열은 화학반응보다 수백만 배 이상의 열을 방출한다. 그러나 사용한 핵연료의 안전한 폐기가 해결되지 않았다.

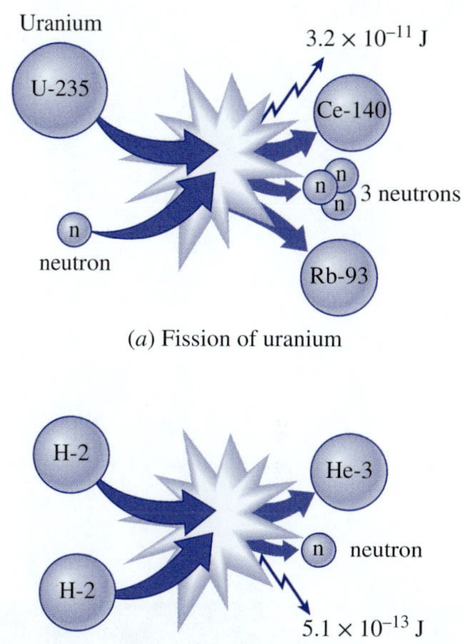

(*a*) Fission of uranium

(*b*) Fusion of hydrogen

그림 3-9
핵반응 동안 우라늄 분열과 수소 융합 및 핵에너지 방출

핵융합 에너지는 두 개의 작은 핵들이 하나의 큰 핵으로 결합할 때 방출된다. 태양과 다른 별들로부터 복사되는 거대한 양의 에너지는 두 개의 수소 원자가 한 개의 헬륨원자로 결합하는 융합과정에서 나온 것이다. 융합과정 동안 2개의 중수소 핵이 결합하면 한 개의 헬륨-3 원자, 한 개의 자유 중성자 및 5.13×10^{-13} J의 에너지가 생성된다(그림 3-9).

양의 전기로 충전된 핵들 사이에는 **쿨롱 척력**(*Coulomb repulsion*)이라고 하는 강한 척력이 있기 때문에 실제로 핵융합반응이 일어나기는 매우 어렵다. 이러한 척력을 극복하고 두 개의 핵을 융합시키려면 약 100,000,000℃까지 가열하여 핵에너지 수준을 높여야 한다. 그러나 이러한 고온은 별이나 원자폭탄(A-bomb)이 폭발할 때만 가능하다. 사실 수소폭탄(H-bomb)의 제어되지 않는 핵융합반응은 작은 원자폭탄에 의해 점화된다. 제어되지 않는 핵융합반응은 1950년대 초에 달성되었지만, 제어가 가능한 핵융합반응을 위하여 대량의 레이저, 강력한 자기장과 전류 등을 사용한 다수의 실험이 수행되었으나 모두 실패하였다.

예제 3-1 **핵연료 추진 자동차**

일반적인 승용차의 가솔린 소비량은 하루 평균 5 L이고, 연료탱크의 용량은 약 50 L이다. 따라서 이러한 차량은 10일에 한 번씩 주유가 필요하다. 가솔린의 밀도 범위는

그림 3-10
예제 3-1의 개략도

0.68~0.78 kg/L이고, 저위발열량(lower heating value)은 약 44,000 kJ/kg이다(가솔린 1 kg이 완전연소할 때 방출되는 열량이 44,000 kJ이다). 핵연료의 방사능과 폐기물 처리에 관련된 모든 문제가 해결되어, U-235를 연료로 사용하여 승용차에 동력을 공급하고자 한다. 신차에 0.1 kg의 핵연료 U-235를 탑재한다면, 평균 운행조건에서 재급유가 필요한지 결정하라(그림 3-10).

풀이 핵연료를 충전하여 원자력으로 구동하는 승용차를 고려하자. 이 차가 재충전할 필요가 있는지 판단하라.

가정 **1.** 가솔린은 평균밀도가 0.75 kg/L인 비압축성 물질이다. **2.** 핵연료는 열에너지로 완전히 변환된다.

해석 승용차가 하루에 소비하는 가솔린의 질량은 다음과 같다.

$$m_{\text{gasoline}} = (\rho V)_{\text{gasoline}} = (0.75 \text{ kg/L})(5 \text{ L/day}) = 3.75 \text{ kg/day}$$

가솔린의 발열량은 44,000 kJ/kg이므로, 하루에 승용차로 공급되는 에너지는 다음과 같다.

$$\begin{aligned} E &= (m_{\text{gasoline}})(\text{발열량}) \\ &= (3.75 \text{ kg/day})(44,000 \text{ kJ/kg}) = 165,000 \text{ kJ/day} \end{aligned}$$

우라늄 U-235 0.1 kg이 완전히 핵분열하면 다음과 같은 양의 열을 방출한다.

$$(8.314 \times 10^{10} \text{ kJ/kg})(0.1 \text{ kg}) = 8.314 \times 10^{9} \text{ kJ}$$

이와 같이 방출된 열량으로 승용차에 필요한 에너지를 공급할 수 있으며, 그 기간은 다음과 같다.

$$\text{사용일수} = \frac{\text{연료의 에너지 함유량}}{\text{일일 사용 에너지}} = \frac{8.314 \times 10^{9} \text{ kJ}}{165,000 \text{ kJ/day}} = \mathbf{50,390 \text{ days}}$$

이 기간은 138년에 상당한다. 어떤 승용차도 100년 이상 사용할 수 없다는 점을 고려한다면, 이 승용차는 연료를 재충전할 필요가 없다. 이것은 승용차의 보장된 수명기간 동안 버찌(cherry) 크기의 핵연료 정도면 동력을 공급하는 데 충분하다는 것을 의미한다.

논의 이렇게 작은 양의 연료로는 핵분열에 필요한 임계질량에 도달하지 못하므로 이 문제는 현실적이지 않다. 더구나 부분적인 핵분열 후에는 임계질량 문제로 인하여 우라늄 모두가 핵분열되지 못한다.

그림 3-11
역학에너지는 지하의 저장탱크로부터 자동차로 공급되는 가솔린 유동과 같이 열전달이나 에너지변환과 연관되지 않는 유용한 유동의 개념이다.
altrendo images/Getty Images

역학에너지

많은 공학적 시스템들이 정해진 유량과 속도로 유체를 한 지점에서 다른 지점으로 높이차를 극복하여 이동할 수 있도록 설계되고, 이러한 과정 동안 터빈에서 역학적 일을 생산하거나, 펌프나 송풍기 등에서 역학적 일을 소비한다(그림 3-11). 이와 같은 계는 원자력에너지, 화학에너지, 열에너지가 역학에너지로 변환되는 것과는 무관하고, 열전달도 작아서 기본적으로 작동온도가 일정하다. 그러므로 유체수송 계에서는 편의상 **역학적 형태의 에너지**만 고려하고, 마찰효과는 역학에너지의 손실을 유발시킨다고(일반적으로 유용하게 사용할 수 없는 열에너지로 변환) 고려하여 해석한다.

역학에너지는 이상적 터빈과 같은 이상적인 기계장치에 의해 완전하며 직접적으로 변환되는 에너지의 형태로서 정의한다. 운동에너지와 위치에너지가 잘 알려진 형태의 역학에너지다. 그러나 열에너지는 직접적이고 완전하게 일로 변환될 수 없으므로(열역학 제2법칙) 역학에너지가 아니다.

펌프는 유체의 압력을 증가시킴으로써 역학에너지를 유체에 전달하고, 터빈은 압력을 감소시켜 유체로부터 역학에너지를 추출한다. 따라서 유동하는 유체의 압력은 역학에너지와 관련된다. 실제로 압력의 단위 Pa은 Pa = N/m^2 = N·m/m^3 = J/m^{3}으로서, 단위체적당 에너지이다. $P\mathrm{v}$ 곱 또는 동등 값인 P/ρ는 J/kg의 단위를 사용하며, 단위질량당 에너지를 나타낸다. 압력 자체는 에너지의 형태가 아니다. 그러나 어떤 변위 동안 유체에 작용하는 압력힘은 단위질량당 P/ρ만큼의 **유동일**(*flow work*)이라고 하는 일을 생산한다. 유동일은 유체의 상태량으로 표현되며, 흐르는 **유동에너지**(*flow energy*)의 일부분으로 보는 것이 편리하다. 따라서 흐르는 유체의 역학에너지는 단위질량당 다음과 같이 표현된다.

$$e_{\text{mech}} = \frac{P}{\rho} + \frac{V^2}{2} + gz \tag{3-10}$$

이 식에서 P/ρ, $V^2/2$, gz는 각각 유체의 단위질량당 **유동에너지**, **운동에너지**, **위치에너지**이다. 에너지변화율로는 다음과 같이 표현된다.

$$\dot{E}_{\text{mech}} = \dot{m}e_{\text{mech}} = \dot{m}\left(\frac{P}{\rho} + \frac{V^2}{2} + gz\right) \tag{3-11}$$

이때 $\dot{m}$은 유체의 질량유량이다. 비압축성유체(ρ = constant)의 단위질량당 역학에너지 변화량은 다음과 같다.

$$\Delta e_{\text{mech}} = \frac{P_2 - P_1}{\rho} + \frac{V_2^2 - V_1^2}{2} + g(z_2 - z_1) \quad \text{(kJ/kg)} \tag{3-12}$$

그리고 역학에너지 변화율은 다음과 같다.

$$\Delta\dot{E}_{\text{mech}} = \dot{m}\Delta e_{\text{mech}} = \dot{m}\left(\frac{P_2 - P_1}{\rho} + \frac{V_2^2 - V_1^2}{2} + g(z_2 - z_1)\right) \quad \text{(kW)} \tag{3-13}$$

그러므로 유체의 압력, 밀도, 속도, 높이가 일정하면 유체의 역학에너지는 변하지 않는다. 비가역적인 손실이 없다면, 역학에너지 변화는 유체에 공급된 역학적인 일($\Delta e_{\text{mech}} > 0$), 또는 유체에서 추출한 일($\Delta e_{\text{mech}} < 0$)에 해당된다. 예를 들어, 터빈에서 생산되는 이상적인 최대 전력량은 그림 3-12에 도시한 바와 같이 $\dot{W}_{\max} = \dot{m}\Delta e_{\text{mech}}$이다.

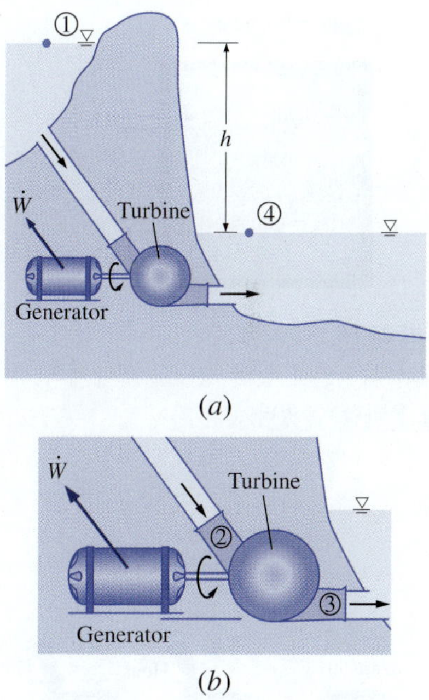

그림 3-12

역학에너지는 이상적인 발전기와 결합된 이상적인 터빈으로 설명된다. 비가역적인 손실이 없다면 생산 가능한 최대전력은 다음에 비례한다. (*a*) 저수지 상류와 하류의 수면 높이차, (*b*) (근접 시각) 터빈 상류와 하류의 압력강하

그림 3-13

예제 3-2에서 논의되는 풍력발전단지 부지

Image Source/Getty Images

예제 3-2 풍력에너지(wind energy)

풍력발전을 위한 평가용 부지에서 8.5 m/s의 풍속이 관측되었다(그림 3-13). 다음 공기조건에 대한 풍력에너지를 구하라. (*a*) 단위질량당 (*b*) 질량 10 kg당 (*c*) 질량유량이 1154 kg/s일 때

풀이 지정된 풍속을 갖는 장소를 고려한다. 단위질량당, 제시된 질량당, 제시된 공기의 질량유량에 대한 풍력에너지를 결정하라.

가정 바람은 제시된 정상속도로 불변이다.

해석 대기의 유동 중 사용 가능한 에너지는 풍력터빈이 획득하는 운동에너지뿐이다.

(*a*) 공기의 단위질량당 풍력에너지

$$e = \text{ke} = \frac{V^2}{2} = \frac{(8.5 \text{ m/s})^2}{2}\left(\frac{1 \text{ J/kg}}{1 \text{ m}^2/\text{s}^2}\right) = \mathbf{36.1 \text{ J/kg}}$$

(*b*) 공기질량 10 kg당 풍력에너지

$$E = me = (10 \text{ kg})(36.1 \text{ J/kg}) = \mathbf{361 \text{ J}}$$

(*c*) 공기의 질량유량 1154 kg/s에 대한 풍력에너지

$$\dot{E} = \dot{m}e = (1154 \text{ kg/s})(36.1 \text{ J/kg})\left(\frac{1 \text{ kW}}{1000 \text{ J/s}}\right) = \mathbf{41.7 \text{ kW}}$$

논의 제시된 질량유량은 밀도 1.2 kg/m^3인 공기가 직경 12 m인 유로단면을 흐르는 양이다. 따라서 날개 길이가 12 m인 풍력터빈은 41.7 kW의 동력을 생산할 수 있다. 실제 풍력터빈은 이와 같은 가능 용량의 약 1/3 정도만을 전기동력으로 변환한다.

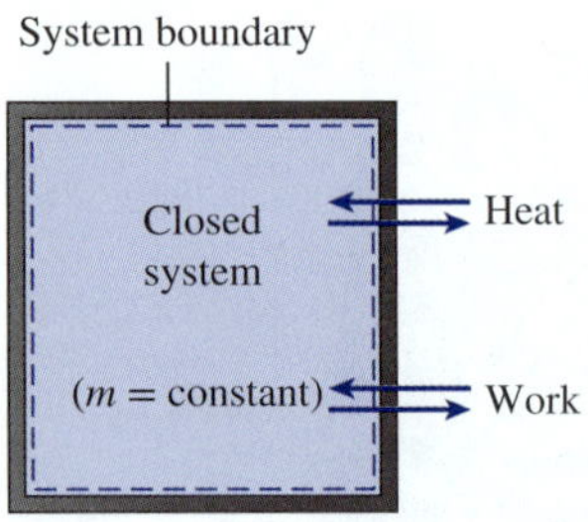

그림 3-14

에너지는 열과 일의 형태로 밀폐계의 경계를 통과할 수 있다.

3-3 열에 의한 에너지 전달

에너지는 열과 일이라는 두 가지 다른 형태로 밀폐계의 경계를 통과할 수 있다(그림 3-14). 이 두 가지 형태의 에너지를 구별하는 것이 중요하다. 따라서 열역학법칙의 전개를 위한 견고한 기반을 형성하기 위하여 먼저 열과 일에 관하여 논의하기로 한다.

탁자 위에 남겨진 찬 음료수 캔은 결국은 따뜻해지고, 같은 탁자 위에 뜨겁게 구운 감자는 차가워진다는 것을 경험으로부터 알고 있다. 어떤 물체가 온도가 다른 매질 속에 놓여 있을 때 열적 평형, 즉 물체와 매질의 온도가 동일하게 될 때까지 물체와 주위 매질 사이에 에너지 전달이 일어난다. 에너지는 항상 높은 온도의 물체로부터 낮은 온도의 물체로 방향성을 가지며 전달된다. 온도가 같아지면 에너지 전달이 완료된다. 위에서 언급한 과정에서 에너지는 열(heat)의 형태로 전달된다고 말할 수 있다.

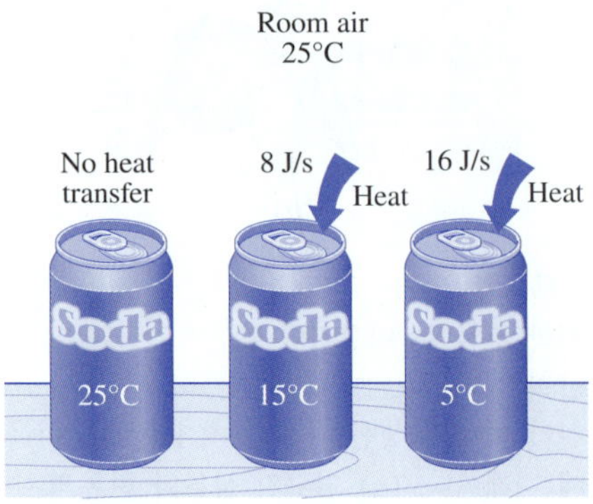

그림 3-15

온도차는 열전달의 구동력이다. 온도차가 클수록 열전달률도 크다.

열은 온도차에 의해 두 계(계와 주위) 사이에서 전달되는 에너지의 형태로 정의한다(그림 3-15). 즉, 온도차에 의해서만 발생하는 에너지 상호작용을 열이라고 한다. 서로 다른 계들의 온도가 같으면 열전달은 일어나지 않는다.

열유동(heat flow), 열공급(heat addition), 열방출(heat rejection), 열흡수(heat absorption), 열제거(heat removal), 가열(heat gain), 열손실(heat loss), 열저장(heat storage), 열발생(heat generation), 전기난방(electrical heating), 저항가열(resistance heating), 마찰가열(friction heating), 가스난방(gas heating), 반응열(heat of reaction), 열의 유리(liberation of heat), 비열(specific heat), 현열(sensible heat), 잠열(latent heat), 폐열(waste heat), 체열(body heat), 공정열(process heat), 방열(heat sink), 열원(heat source) 등과 같이 현재 일반적으로 사용하고 있는 여러 문구들은 엄밀한 의미에서 열역학적 **열**과는 다소 일치하지 않는다. 이들은 변화과정 동안 열에너지의 **전달**에서만 제한적으로 사용한다. 그러나 이 문구들은 우리의 어휘에 깊은 뿌리를 두고 있으며, 문자 그대로가 아니라 적절한 의미로 해석되기 때문에 일반인이나 과학자 모두가 혼동하지 않고서 사용하고 있다. (게다가 이러한 문구들 중 일부에 대해서는 인정할 만한 다른 표현들도 존재하지 않는다.) 예를 들면 **체열**이라는 단어는 인체의 **열에너지 함유량**을 의미한다. 마찬가지로 **열유동**은 열이라고 하는 유체와 유사한 물질의 유동이 아니라 **열에너지의 전달**을 뜻한다. 후자의 열유동이라는 단어는 칼로릭 이론에 근거하여 표현되었으나, 이것은 올바른 해석이 아니다. 또한, 계로의 열전달을 **열공급**, 계 밖으로 열전달을 **열방출**이라고도 한다. 열을 **열에너지**로 바꿔 쓰지 않는 것에는 열역학적인 이유가 있다. 즉, **열에너지**보다는 **열**이라고 말하고, 쓰고, 이해하는 것이 시간과 에너지가 작게 들기 때문이다.

열은 과도적인 에너지이다. 열은 계의 경계를 통과할 때만 인지된다. 한번 더 뜨거운 구운 감자를 생각해 보자. 감자는 에너지를 갖고 있지만, 그림 3-16에서와 같이 이 에너지는 계의 경계(감자 껍질)를 통하여 공기에 도달할 때만 전달된 열이다. 전달된 열은 주위에 도달하자마자 주위의 내부에너지 일부가 된다. 그러므로 열역학에서 **열**이라는 용어는 단순히 **열전달**을 의미한다.

열전달이 없는 과정을 **단열과정**(adiabatic process)이라 한다(그림 3-17). *Adiabatic*이라는 단어는 **통과되지 않는다**는 의미의 그리스어 *adiabatos*에서 유래한다. 단열과정에는 두 가지가 있다. 하나는 계가 잘 단열되어 있어서 무시할 만한 양의 열이 계의 경계를 통과하는 경우이고, 다른 하나는 계와 주위의 온도가 같아서 열전달의 구동력(온도차)이 없는 경우이다. 단열과정은 등온과정과는 다른 과정이다. 단열과정 동안에 열전달이 없을지라도 계의 에너지 용량과 이에 따른 계의 온도는 일과 같은 다른 방법에 의해 변할 수 있다.

열은 에너지의 한 형태로 열과 에너지의 단위는 같으며, 가장 일반적인 것이 kJ (Btu)이다. 두 개의 상태(상태 1, 2) 사이에서 변화과정 동안 열전달량은 Q_{12} 또는 Q로 나타낸다. 계의 **단위질량당** 열전달은 q로 표기하며, 이들 사이 관계식은 다음과 같다.

$$q = \frac{Q}{m} \qquad \text{(kJ/kg)} \tag{3-14}$$

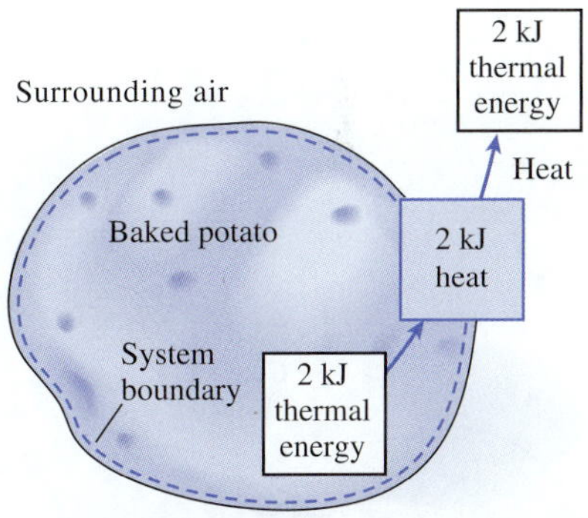

그림 3-16
에너지는 계의 경계를 통과할 때만 열전달로 인식된다.

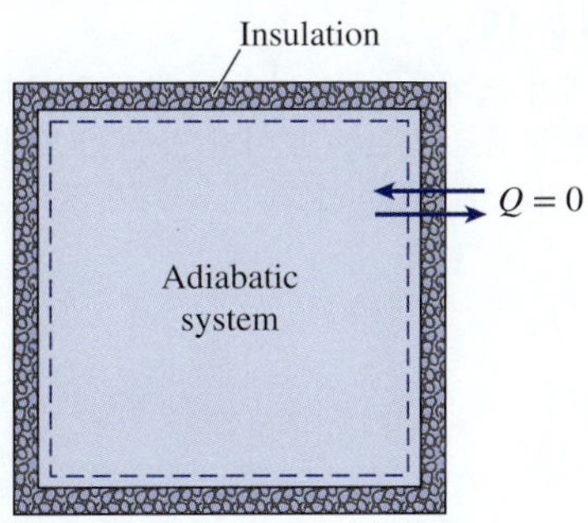

그림 3-17
단열과정 동안 계와 주위와는 열교환이 없다.

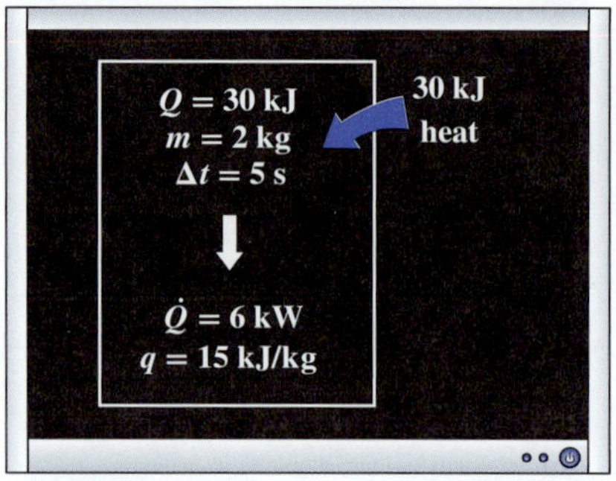

그림 3-18
열 q, Q, $\dot{Q}$ 사이의 관계

특정 시간간격 동안 전달된 전체 열량보다 **열전달률**(단위시간당 전달된 열의 양)을 아는 것이 바람직할 때가 있다(그림 3-18). 열전달률은 $\dot{Q}$으로 표시하며, 상단의 점은 시간에 대한 미분 또는 "단위시간당" 값을 의미한다. 열전달률 $\dot{Q}$의 단위는 kJ/s로 kW와 동등하다. $\dot{Q}$이 시간에 따라 변할 때, 변화과정 동안의 열전달량은 변화과정 시간구간에 대한 $\dot{Q}$을 적분하여 구한다.

$$Q = \int_{t_1}^{t_2} \dot{Q}\, dt \qquad \text{(kJ)} \tag{3-15}$$

변화과정 동안 $\dot{Q}$가 일정하면, 이 관계식은 다음과 같이 단순화된다.

$$Q = \dot{Q}\Delta t \qquad \text{(kJ)} \tag{3-16}$$

이 식에서 $\Delta t = t_2 - t_1$으로, 변화과정의 시간구간이다.

열에 관한 역사적인 배경

열은 우리에게 따뜻한 느낌을 주는 어떤 것으로 항상 인식되어 왔으며, 열의 본질은 인류에게 가장 먼저 알려진 것 중의 하나라고 추정된다. 그러나 열의 본질에 대하여 실질적으로 물리적인 이해를 한 것은 19세기 중엽이었다. 이는 분자를 움직이는 작은 공으로써 운동에너지를 지닌 것으로 취급한 **분자 운동론**(kinetic theory)의 개발 덕택이다. 그러므로 열은 원자와 분자의 불규칙적 운동과 관련된 에너지로 정의된다. 열이 분자수준의 운동을 표시한다는(*live force*라고 함) 것은 18세기와 19세기 초에 제안되었지만, 19세기 중엽까지 열에 대한 유력한 견해는 1789년에 프랑스 화학자 Antoine Lavoisier (1744~1794)가 제안한 칼로릭 이론(caloric theory)에 기초를 두고 있었다. 이 이론에 따르면 열은 **칼로릭**(caloric)이라고 하는 유체와 유사한 물질로, 질량이 없고 무색, 무취, 무미이지만 한 물체로부터 다른 물체로 흘러 들어갈 수 있다(그림 3-19). 칼로릭이 물체에 더해지면 물체의 온도는 증가하고, 칼로릭이 물체로부터 제거되면 물체의 온도는 감소한다. 한 잔의 물이 포화상태 이상의 소금이나 설탕을 용해할 수 없는 것과 마찬가지로 물체가 칼로릭을 더 이상 함유할 수 없을 때, 물체는 칼로릭으로 포화되었다고 말했다. 이러한 표현은 오늘날에도 여전히 사용하고 있는 **포화액**, **포화증기**와 같은 용어들을 탄생시켰다.

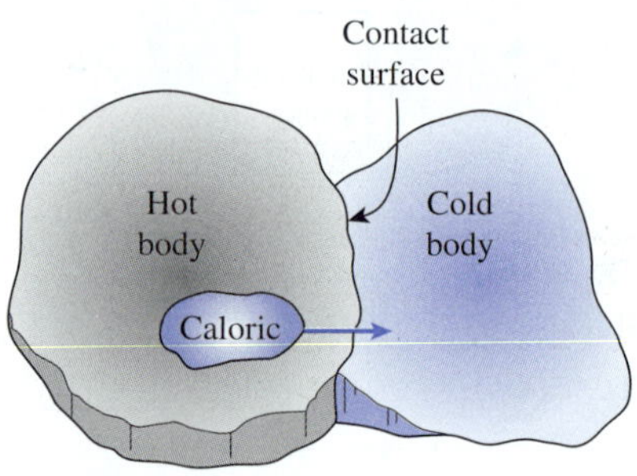

그림 3-19
19세기 초에는 열을 따뜻한 물체로부터 차가운 물체로 흐르는 보이지 않는 유체인 칼로릭이라고 생각했다.

칼로릭 이론에서 열은 창조되거나 파괴될 수 없는 물질이라는 사항 때문에 이 이론은 소개되자마자 공격을 받았다. 두 손을 비비거나 두 개의 나무를 함께 문지르면 열이 무한히 만들어질 수 있다는 것은 이미 알려져 있었다. 1798년에 미국의 Benjamin Thomson (Rumford 백작, 1754~1814)은 그의 논문에서 열은 마찰을 통하여 끊임없이 만들어질 수 있다는 것을 보여주었다. 그 밖에도 많은 사람들이 칼로릭 이론의 타당성을 문제 삼았다. 1843년 출판된 영국의 James P. Joule (1818~1889)의 신중한 실험결과로부터 열이 물질이 아니라는 회의론이 최종적으로 확인되었으며, 결국 칼로릭 이론은 폐기되었다. 칼로릭 이론은 19세기 중엽에 완전히 폐기되었지만, 그럼에도 열역학과 열전달의 발전에 크게 기여하였다.

열은 전도, 대류, 복사의 세 가지 방법으로 전달된다. **전도**(conduction)는 입자 간 상호작용의 결과로써, 보다 활동적인 물질의 입자로부터 인근의 활동이 적은 입자로의 에너지전달이다. **대류**(convection)는 고체표면과 표면을 흐르는 주위유체 사이의 에너지전달이며, 전도와 유체운동이 조합된 결과이다. **복사**(radiation)는 전자기파(electromagnetic wave)(또는 광자, or photon)의 방사에 따른 에너지전달이다.

3-4 일에 의한 에너지 전달

열과 마찬가지로 일은 계와 주위 사이의 에너지 상호작용이다. 전술한 바와 같이, 에너지는 열이나 일의 형태로만 밀폐계의 경계를 통과할 수 있다. 그러므로 **밀폐계를 통과하는 에너지가 열이 아니면 반드시 일이어야 한다.** 열은 계와 주위 사이의 온도차가 구동력이기 때문에 쉽게 인지할 수 있다. 계와 주위 사이에서 온도차 외의 다른 방법으로 일어나는 에너지 상호작용을 간단히 일이라고 할 수 있다. 보다 구체적으로, **일은 거리를 통해 작용하는 힘과 관련된 에너지 전달이다.** 움직이는 피스톤, 회전하는 축, 계의 경계를 통과하는 전기선은 모두 일의 상호작용과 관련된다.

또한, 일은 열과 마찬가지로 전달되는 에너지의 한 형태이므로 kJ과 같은 에너지 단위를 갖는다. 상태 1과 상태 2 사이의 변화과정 동안 수행된 일은 W_{12}, 또는 간단하게 W로 표기한다. 계의 **단위질량당** 수행된 일은 w로 나타내며, 다음과 같이 표현된다.

$$w = \frac{W}{m} \qquad \text{(kJ/kg)} \tag{3-17}$$

단위시간당 수행된 일을 **동력**(power)이라고 하며 $\dot{W}$로 표기한(그림 3-20). 동력의 단위는 kJ/s 또는 kW이다.

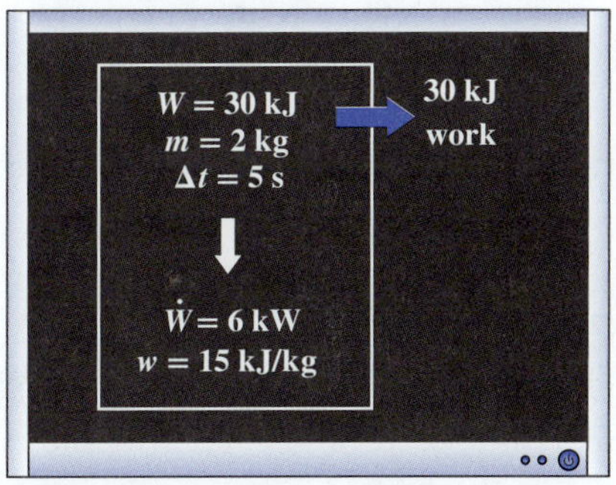

그림 3-20
일 w, W, $\dot{W}$ 사이의 관계

열과 일은 **방향성이 있는 양**이므로, 열이나 일의 상호작용을 완전하게 기술하려면 **크기와 방향이** 필요하다. 이에 대한 한 가지 방법은 부호 규약을 채택하는 것이다. 열과 일의 상호 작용에 대하여 일반적으로 인정하는 **형식적인 부호규칙**에 따르면 **계로 들어온 열전달과 계가 행한 일은 양의 값이고, 계에서 나간 열전달과 계에 행해진 일은 음의 값이다.** 또 다른 방법은 방향을 나타내기 위하여 하첨자 *in*과 *out*을 사용하는 것이다(그림 3-21). 예를 들면 5 kJ의 입력 일은 W_{in} = 5 kJ로, 3 kJ의 열손실은 Q_{out} = 3 kJ로 나타낼 수 있다. 열이나 일의 상호작용 방향을 모를 때는 하첨자 *in*이나 *out*을 사용하여 간단히 방향을 **가정**하고 분석을 수행할 수 있다. 결과의 부호가 양이면 가정된 방향이 옳다는 것을 의미하지만, 결과가 음이면 상호작용의 방향이 가정된 방향의 반대라는 것을 나타낸다. 이것은 정역학 문제에 있어서, 미지의 힘에 대한 방향을 가정하여 얻어진 결과가 음이면 작용 방향을 역전시키는 것과 같다. 본 교재에서는, 형식적인 기호규칙을 채택할 필요가 없고 또한 일부 상

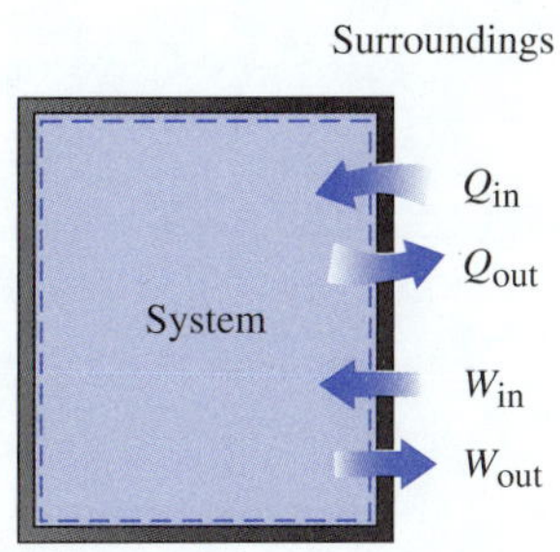

그림 3-21
열과 일의 방향 설정

호작용에 신중하게 음수 값을 할당할 필요가 없는, 이러한 **직관적 접근방식**을 사용한다.

상호작용 동안 계로 또는 계로부터 전달되는 양은 계의 상태에만 의존하는 값이 아니므로 상태량이 아니라는 점에 유의하여야 한다. 열과 일은 계와 주위 사이의 **에너지 전달 기구**이고, 이들 사이에는 유사점이 많다.

1. 열과 일은 계의 경계를 통과할 때 계의 경계에서 확인된다. 즉, 일과 열은 **경계**(*boundary*) 현상이다.
2. 계는 에너지를 보유할 수 있으나, 열이나 일의 형태는 아니다.
3. 열과 일은 상태가 아니라 **변화과정**과 관련된다. 상태량들과는 달리, 열과 일은 특정한 상태에서는 의미가 없다.
4. 열과 일은 **경로함수**(*path function*)이다(즉, 그 양은 최종적인 두 상태뿐 아니라 변화과정 동안의 경로에 따라 달라진다).

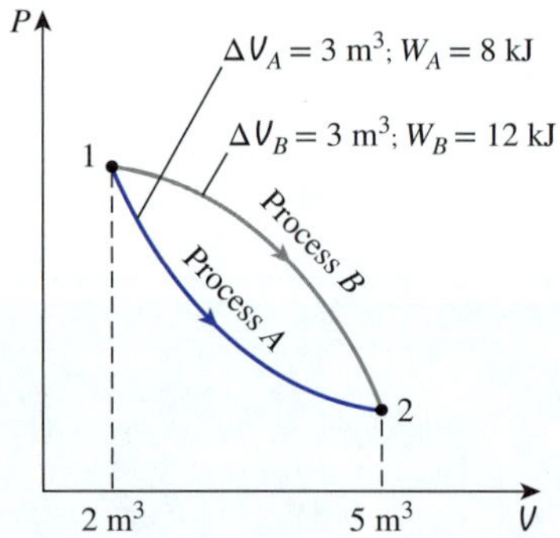

그림 3-22
상태량은 점함수이지만, 열과 일은 경로함수이다(그 크기는 경로에 따라 다르다).

경로함수는 **불완전미분항**을 가지며 기호 δ로 표기한다. 그러므로 열이나 일의 미분량은 dQ나 dW대신 δQ 또는 δW로 표시한다. 반면, 상태량은 특정 상태에 어떻게 도달하는지가 아니라 단지 그 특정 상태에 의하여 결정되는 **점함수**(point function)로써, **완전미분항**을 갖고 기호 d로 표기한다. 예를 들면 미소체적의 변화는 dV로 나타내고, 상태 1과 상태 2 사이의 변화과정 동안 전체 체적변화는 다음과 같다.

$$\int_1^2 dV = V_2 - V_1 = \Delta V$$

즉, 변화과정 1–2 동안의 체적변화는 경로에 상관없이 항상 상태 2의 체적에서 상태 1의 체적을 뺀 값이다(그림 3-22). 그러나 변화과정 1–2 동안 수행된 총일은 다음과 같다.

$$\int_1^2 \delta W = W_{12} \qquad (\Delta W\text{로 표기할 수 없음})$$

즉, 총일은 변화과정의 경로를 따라 수행된 일의 미분량(δW)을 더하여 구한다. δW의 적분은 상태 2의 일에서 상태 1의 일을 뺀 $W_2 - W_1$이 **아니며**, 이는 일이 상태량이 아니므로 계가 특정 상태에서 일을 소유할 수 없기 때문이다.

예제 3-3 **단열된 방 안에서 타고 있는 촛불**

단열이 잘된 방 안에서 양초가 타고 있다. 공기와 양초를 포함한 방 안을 계로 간주하여 다음 값을 계산하라. (*a*) 양초가 타고 있는 과정 동안 열전달량 (*b*) 계의 내부에너지 변화량

풀이 단열된 방 안에서 타고 있는 양초를 고려한다. 이 과정에 열전달과 내부에너지의

변화가 있는지를 결정하고자 한다.

해석 (a) 그림 3-23에서 점선으로 표시한 바와 같이 방 안의 내부 면을 계의 경계로 설정한다. 앞에서 지적한 것처럼, 열은 계의 경계를 통과할 때만 관찰된다. 방 안은 잘 단열되어 있으므로 단열계이고, 열은 계의 경계를 통과할 수 없다. 그러므로 이 과정에서 $Q = 0$이다.

(b) 내부에너지는 현열에너지, 잠열에너지, 화학에너지, 핵에너지 등의 다양한 형태로 존재한다. 서술한 과정 동안에 화학에너지의 일부가 현열에너지로 변환된다. 계의 전체 내부에너지는 증가되거나 감소되지 않기 때문에 이 과정에 대하여 $\Delta U = 0$이다.

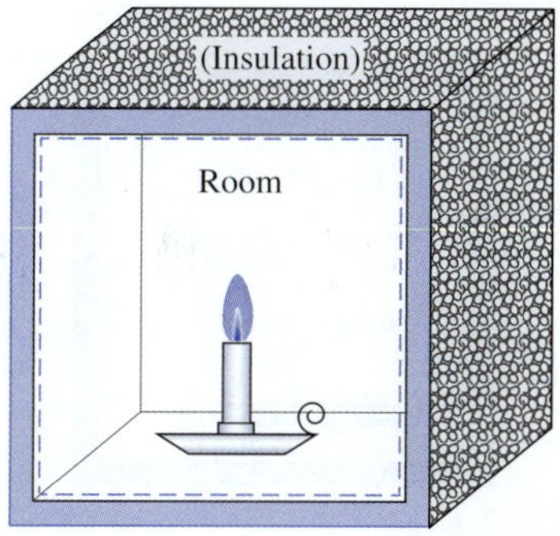

그림 3-23

예제 3-3의 개략도

예제 3-4 오븐 속의 감자 가열

그림 3-24와 같이, 실온 25°C인 초기상태의 감자를 200°C를 유지하는 오븐에서 굽고 있다. 감자를 굽는 과정 동안 열전달이 있는가?

풀이 오븐에서 감자를 굽고 있다. 굽는 과정 동안 열전달이 존재하는지 결정한다.

해석 이 문제는 계가 지정되어 있지 않기 때문에 잘 정의된 문제는 아니다. 감자를 계로 가정하여 보자. 그러면 감자 껍질을 계의 경계로 생각할 수 있다. 오븐 내의 에너지 일부가 감자의 껍질을 통과할 것이다. 이 에너지 전달의 구동력은 온도차이므로 열전달 과정이다.

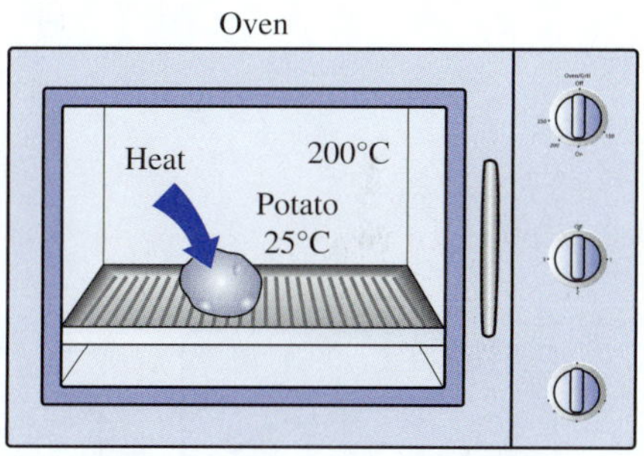

그림 3-24

예제 3-4의 개략도

예제 3-5 일의 전달에 의한 오븐의 가열

잘 단열된 전기오븐이 오븐 내 발열장치를 통하여 가열되고 있다. 발열장치를 포함한 전기오븐 전체를 계로 간주할 때, 상호작용 에너지가 열인지 아니면 일인지를 결정하라.

풀이 잘 단열된 전기오븐이 발열장치에 의하여 가열되고 있다. 이것이 일 또는 열의 상호작용인지를 결정하고자 한다.

해석 그림 3-25에 도시한 바와 같이, 이 문제에서 계의 경계는 오븐의 내부표면이다. 가열과정 동안 전기오븐 내의 에너지양은 분명히 증가하며, 이것은 온도 상승에 의해 확인된다. 전기오븐에 전달된 에너지는 전기오븐과 주위공기 사이의 온도차 때문이 아니다. 이것은 전자가 계의 경계를 통과하면서 일을 하기 때문이다. 그러므로 상호작용 에너지는 일이다.

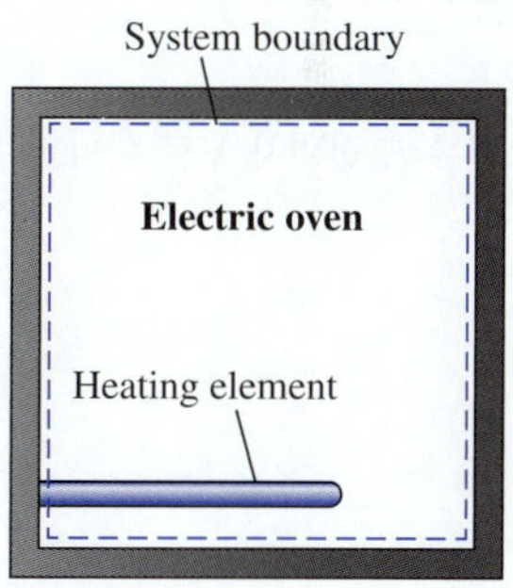

그림 3-25

예제 3-5의 개략도

예제 3-6 열의 전달에 의한 오븐의 가열

예제 3-5에서 발열장치를 제외하고 전기오븐 내의 공기만을 계로 간주한다면 상호작용 에너지는 무엇인가?

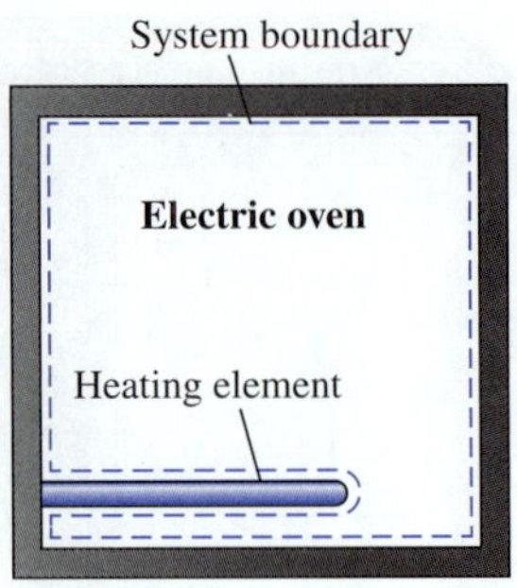

그림 3-26
예제 3-6의 개략도

풀이 예제 3-5의 질문을 다시 고려하되, 전기오븐 속의 공기만을 계로 간주한다.
해석 이 경우에는 그림 3-26에 도시한 바와 같이, 계의 경계는 발열장치의 외부 표면을 포함한다. 그러므로 전자는 계의 경계를 통과하지 않는다. 대신, 발열장치와 전기오븐 내부 공기 사이의 온도차로 인하여 발열장치 내부에서 발생된 에너지가 발열장치 주위의 공기에 전달된다. 그러므로 이것은 열전달 과정이다.
논의 두 예제에서 공기에 전달된 에너지의 양은 같다. 위의 두 예제는 계가 어떻게 선택되는지에 따라 에너지 전달이 열 또는 일이 된다는 것을 보여준다.

전기일

예제 3-5에서 계의 경계를 통과하는 전자는 계에 전기적인 일을 수행한다고 기술한 바 있다. 전기장에서 전선 내부의 전자는 일을 수행하며 기전력의 영향 하에서 이동한다. 저하량 N 쿨롱(coulomb)이 전위차 $\mathbf{V}$를 통하여 이동할 때, 전기일은 다음과 같다.

$$W_e = \mathbf{V}N$$

전기일은 다음과 같이 변화율 형태로 나타낼 수도 있다.

$$\dot{W}_e = \mathbf{V}I \qquad \text{(W)} \tag{3-18}$$

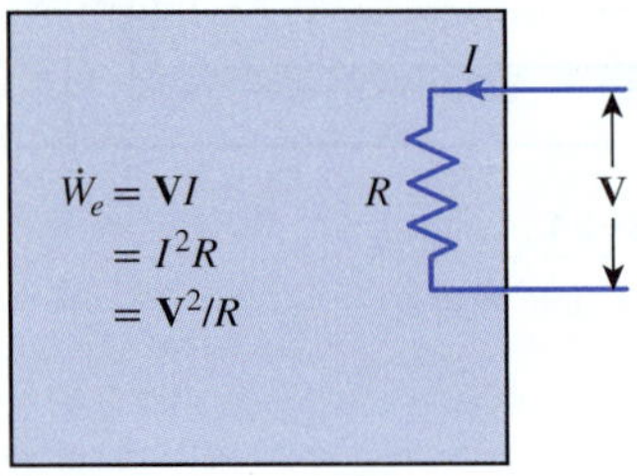

그림 3-27
저항 R, 전류 I, 전위차 $\mathbf{V}$로 나타낸 전력

이 식에서 $\dot{W}_e$는 전기동력이고, I는 단위시간당 흐르는 전하의 수, 즉 **전류**이다(그림 3-27). 일반적으로 $\mathbf{V}$와 I는 시간에 따라 변하므로, 시간간격 Δt 동안 수행한 전기일은 식 (3-19)로 표현된다.

$$W_e = \int_1^2 \mathbf{V}I\, dt \qquad \text{(kJ)} \tag{3-19}$$

시간간격 Δt 동안 $\mathbf{V}$와 I가 일정하게 유지되면 식 (3-19)는 다음과 같이 단순화 된다.

$$W_e = \mathbf{V}I\, \Delta t \qquad \text{(kJ)} \tag{3-20}$$

3-5 역학적 형태의 일

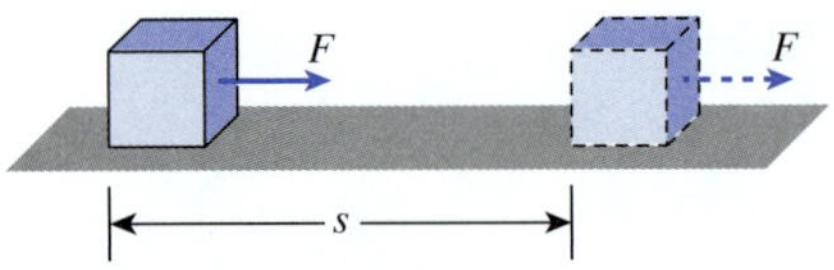

그림 3-28
수행된 일은 작용된 힘(F)과 이동거리(s)에 비례한다.

일을 수행하는 방법에는 여러 가지가 있으며, 각각은 특정 거리를 이동하는 과정에서 작용하는 힘과 관련이 있다(그림 3-28). 기초역학에서는 물체에 일정한 힘 F가 작용하고 힘의 방향으로 거리 s만큼 이동한 물체에 수행된 일은 다음과 같이 정의한다.

$$W = Fs \qquad \text{(kJ)} \tag{3-21}$$

힘 F가 일정하지 않을 경우, 수행된 일은 미소일을 더하여(즉, 적분하여) 구한다.

$$W = \int_1^2 F\, ds \qquad \text{(kJ)} \tag{3-22}$$

이 식을 적분하기 위해서는 힘이 거리에 따라 어떻게 변하는지 분명히 알아야 한다. 식 (3-21)과 (3-22)는 일의 양만을 알려준다. 물리적인 면을 고려하면 부호는 쉽게 결정된다. 운동방향으로 작용하는 외력에 의해 계에 수행된 일은 음이고, 작용하는 외력에 저항하여 운동과 반대방향으로 계에 의해 수행된 일은 양이다.

계와 그 주위 사이에 상호작용하는 일이 존재하기 위해서 두 가지 요구조건이 있다. (1) 경계에 작용하는 힘이 있어야 하고, (2) 경계가 움직여야 한다는 것이다. 그러므로 경계에 힘이 작용해도 경계의 이동이 없으면 상호작용하는 일은 없다. 마찬가지로, 운동을 유발시키거나 저지하는 힘이 없는 경계의 이동(진공인 공간으로의 기체 팽창)은 에너지의 전달이 없기 때문에 상호작용하는 일과 관련이 없다.

대부분의 열역학 문제에서는 역학적인 일만이 유일하게 일과 관련된 형태이다. 역학적인 일은 계의 경계의 이동이나 계 전체의 이동과 연관된다. 역학적인 일의 몇 가지 일반적인 형태를 다음에서 논의한다.

축일

회전축을 통한 에너지 전달은 실제 공학에서 흔히 일어나는 일이다(그림 3-29). 때로는 축에 가해진 토크 T가 일정하며, 이는 작용한 힘 F도 역시 일정하다는 것을 의미한다. 일정한 특정 토크에 대하여 n회전 동안 수행된 일은 다음과 같이 결정된다: 모멘트 암(moment arm) r을 통하여 작용하는 힘 F는 다음과 같은 토크 T를 발생시킨다(그림 3-30).

$$\mathrm{T} = Fr \quad \rightarrow \quad F = \frac{\mathrm{T}}{r} \tag{3-23}$$

이 힘은 이동거리 s를 통해 작용하는데, 이동거리는 다음과 같이 반경 r과 연관된다.

$$s = (2\pi r)n \tag{3-24}$$

따라서 축일은 다음 식으로부터 구한다.

$$W_{\mathrm{sh}} = Fs = \left(\frac{\mathrm{T}}{r}\right)(2\pi rn) = 2\pi n\mathrm{T} \qquad (\mathrm{kJ}) \tag{3-25}$$

축을 통하여 전달된 동력은 단위시간당 수행된 축일이며, 다음 식과 같이 나타낼 수 있다.

$$\dot{W}_{\mathrm{sh}} = 2\pi\dot{n}\mathrm{T} \qquad (\mathrm{kW}) \tag{3-26}$$

이 식에서 $\dot{n}$은 단위시간당 회전수이다.

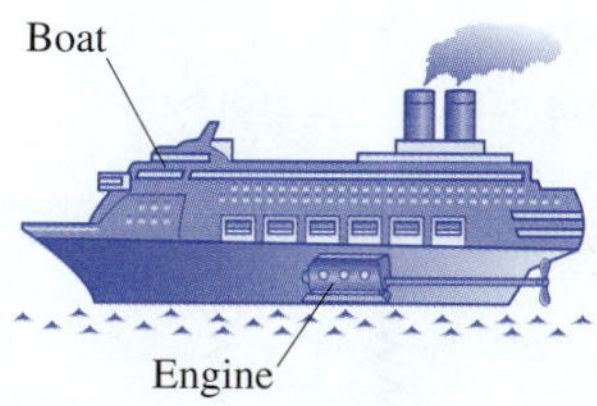

그림 3-29
회전축을 통한 에너지전달은 현실에서 흔히 볼 수 있다.

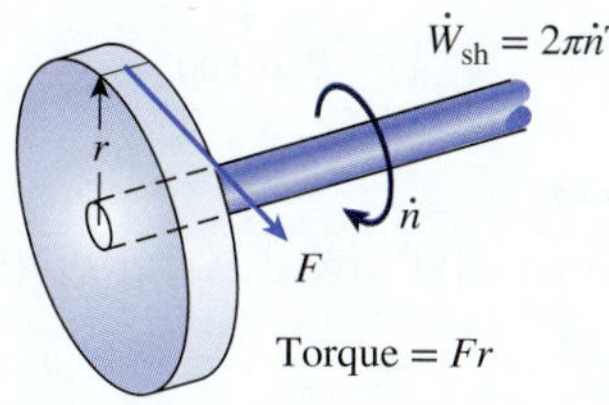

그림 3-30
축일은 작용하는 토크와 단위시간당 회전수에 비례한다.

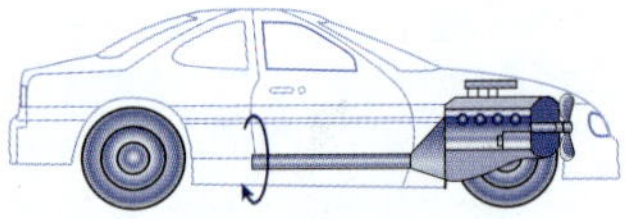

그림 3-31
예제 3-7의 개략도

예제 3-7 자동차 축에 의한 동력 전달

각속도 4000 rpm으로 회전하며 200 N·m의 토크가 작용하는 자동차 축을 통하여 전달되는 동력을 계산하라.

풀이 자동차엔진의 토크와 rpm이 주어져 있다. 전달된 동력을 계산하려고 한다.

해석 자동차의 개략도는 그림 3-31에 도시한 바와 같다. 자동차의 축동력은 다음 식에서 직접 구한다.

$$\dot{W}_{sh} = 2\pi\dot{n}T = (2\pi)\left(4000\ \frac{1}{\text{min}}\right)(200\ \text{N·m})\left(\frac{1\ \text{min}}{60\ \text{s}}\right)\left(\frac{1\ \text{kJ}}{1000\ \text{N·m}}\right)$$
$$= \mathbf{83.8\ kW} \quad (\text{or } 112\ \text{hp})$$

논의 축에 의해 전달된 동력은 토크와 회전속도에 비례한다.

용수철 일

용수철에 힘이 작용하면 용수철의 길이가 변하는 것은 상식이다(그림 3-32). 힘 F가 작용하여 스프링의 길이가 미소변위 dx만큼 변할 때에 수행된 일은 다음과 같다.

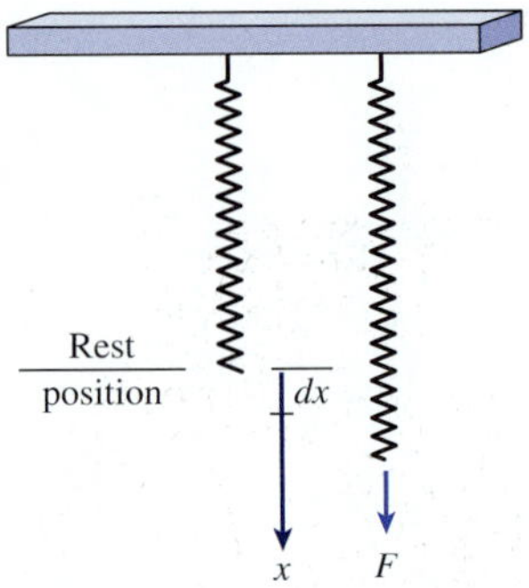

그림 3-32
힘의 영향을 받는 스프링의 신장

$$\delta W_{spring} = F\,dx \tag{3-27}$$

용수철의 총일을 계산하기 위해서는 F와 x 사이의 함수관계를 알아야 한다. 선형 탄성 용수철에서 변위 x는 다음과 같이 작용한 힘에 비례한다(그림 3-33).

$$F = kx \qquad (\text{kN}) \tag{3-28}$$

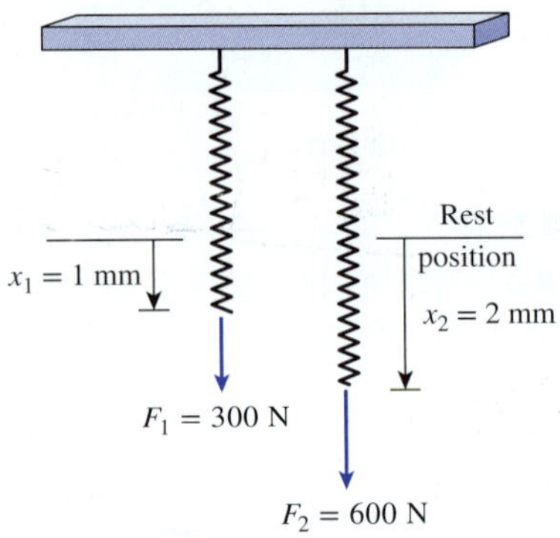

그림 3-33
힘이 두배가 되면 선형 스프링의 변위도 두배가 된다.

이 식에서 k는 용수철상수(탄성계수)이며, 단위는 kN/m이다. 변위 x는 스프링에 힘이 작용하지 않을 때의 최초 위치로부터 계측된다(즉, $F = 0$ 일 때 $x = 0$). 식 (3-28)을 식 (3-27)에 대입하고 적분하면 다음과 같이 정리된다.

$$W_{spring} = \tfrac{1}{2}k(x_2^2 - x_1^2) \qquad (\text{kJ}) \tag{3-29}$$

이 식에서 x_1과 x_2는 각각 용수철의 자유위치로부터 측정된 용수철의 초기변위와 최종변위이다.

이 외에도 역학적 일은 다양한 형태가 있으며, 이들 중 일부에 대하여 간단히 설명하기로 한다.

탄성 고체 막대에 수행된 일

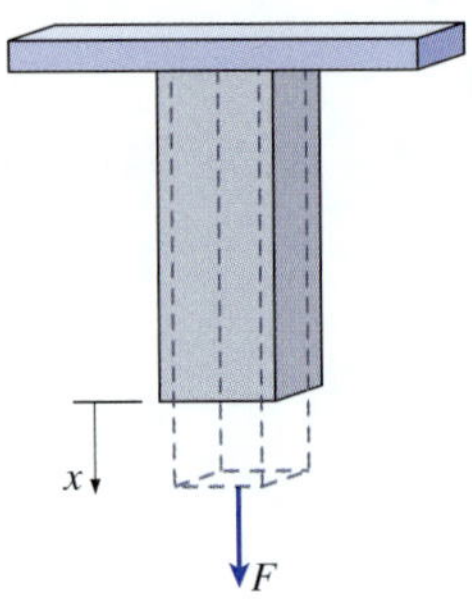

그림 3-34
힘이 작용할 때 고체봉은 스프링처럼 거동한다.

그림 3-34에 도시한 바와 같이, 고체는 힘이 작용할 때 수축 또는 신장하고 힘이 제거되면 용수철처럼 원래의 길이로 되돌아가기 때문에, 선형 용수철과 같은 식으로 모델링되기도 한다. 힘이 탄성영역에 있을 때(즉, 영구적인 소성변형을 일으킬 정도로 과도하지 않다면) 이러한 모델링은 적절하다. 따라서 선형 용수철에 관한

식을 탄성 고체 막대에도 적용할 수 있다. 경계일을 나타내는 식에서 압력 P를 수직응력 $\sigma_n = F/A$로 대체하면, 탄성 고체 막대의 팽창이나 수축과 관련된 일을 다음과 같이 구할 수 있다.

$$W_{\text{elastic}} = \int_1^2 F\,dx = \int_1^2 \sigma_n A\,dx \qquad \text{(kJ)} \tag{3-30}$$

이 식에서 A는 막대의 단면적이다. 수직응력은 압력과 같은 단위를 갖는다는 점에 유의하라.

액막(liquid film)의 팽창과 연관된 일

철사 틀에 걸려있는 비눗물과 같은 액막을 고려하자(그림 3-35). 철사 틀의 움직일 수 있는 부분을 이용하여 이 액막을 팽창시키기 위해서는 어느 정도 힘이 필요하다는 것을 경험을 통하여 알고 있다. 이 힘은 액체-공기 경계면에 있는 분자들 사이의 미시적인 힘을 극복하는 데 사용된다. 이러한 미시적인 힘은 액막 표면의 선에 수직하며, 미시적인 힘에 의해 생성된 단위길이당 힘을 **표면장력**(surface tension) σ_s라 하고 단위는 N/m이다. 그러므로 액막의 팽창과 연관된 일을 **표면장력일**이라고도 하며, 다음 식으로 구한다.

$$W_{\text{surface}} = \int_1^2 \sigma_s dA \qquad \text{(kJ)} \tag{3-31}$$

이 식에서 $dA = 2b\,dx$는 액막의 표면적의 미소변화이다. 계수 2는 공기와 접촉하는 액막의 표면이 두 개이기 때문에 적용된 숫자이다. 표면장력효과의 결과로 움직이는 철사 틀에 작용하는 힘은 $F = 2b\sigma_s$이고 σ_s는 단위길이당 표면장력이다.

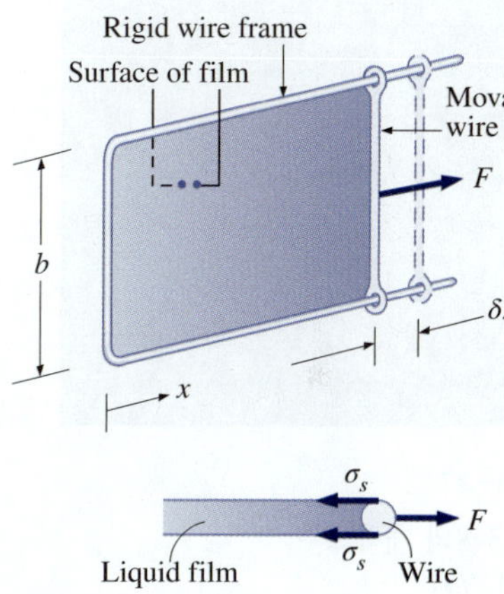

그림 3-35

U-자형 철사의 액막 팽창 시, 길이 b인 가동 철사에 작용하는 힘

물체를 상승시키거나 가속시키는 데 수행된 일

중력장 내에서 물체의 높이가 상승하면 이 물체의 위치에너지는 증가한다. 마찬가지로 물체가 가속되면 운동에너지는 증가한다. 에너지보존법칙에 따라 상승하거나 가속되고 있는 물체에는 동등한 양의 에너지가 전달되어야 한다. 에너지는 열과 일에 의하여만 특정된 질량으로 전달될 수 있으며, 이 경우 에너지가 온도차에 의해 전달된 것이 아니기 때문에 확실히 열이 아니라는 점을 기억하자. 따라서 이 것은 일이어야 한다. 그러므로 (1) 물체를 상승시키는 데 필요한 일의 전달량은 물체의 위치에너지 변화와 동일하며, (2) 물체를 가속시키는 데 필요한 일의 전달량은 물체의 운동에너지 변화와 동일하다고 결론 내릴 수 있다(그림 3-36). 비슷하게 물체의 위치에너지나 운동에너지는 물체가 기준 높이로 내려가거나 정지속도 쪽으로 감속될 때 물체로부터 얻어질 수 있는 일을 의미한다.

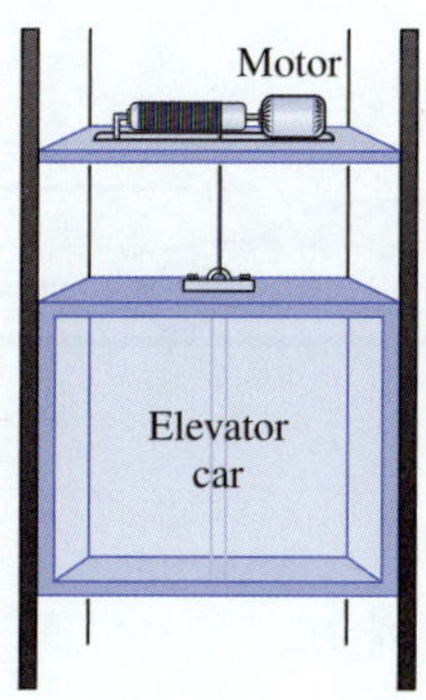

그림 3-36

물체를 들어 올리는 동안 전달되는 에너지는 위치에너지 변화량과 같다.

마찰과 기타 손실에 대한 고려와 함께 위에서 논의된 내용은 엘리베이터, 에스컬레이터, 컨베이어 벨트 및 스키 리프트와 같은 구동장치에 사용하는 모터의 요구동력을 결정하는 데 있어서 기초가 된다. 또한, 자동차 및 비행기 엔진의 설계와 저수지로부터 생산할 수 있는 최대 수력발전량, 다시 말해서 수력터빈의 위치에 대한 물의 위치에너지를 결정하는 데 있어서 가장 중요한 역할을 한다.

그림 3-37
예제 3-8의 개략도
Lars A. Niki

예제 3-8 자동차가 언덕을 올라갈 때 필요한 동력

질량 100 kg인 사람이 경사각 20°인 비탈에서 적재물을 포함하여 질량 100 kg인 수레를 언덕 위로 밀어 올린다(그림 3-37). 이 지역의 중력가속도는 9.8 m/s²이다. 이 경사로를 따라 100 m 거리를 이동하는 데 필요한 일량(kJ)을 다음을 시스템으로 고려하여 계산하라. (*a*) 사람, (*b*) 수레와 적재물

풀이 한 사람이 적재물이 실린 수레를 경사각 20°인 비탈길 언덕위로 밀고 있다. 이 경사로를 따라 이동하는 데 필요한 일량이 (*a*) 사람, (*b*) 수레와 적재물을 계로 고려하여 결정되어야 한다.

해석 (*a*) 사람을 계로 간주하고 경사로를 따른 변위를 l, 경사각을 θ라고 하면, 일은 다음과 같이 계산한다.

$$W = Fl\sin\theta = mgl\sin\theta$$
$$= (100 + 100\text{ kg})(9.8\text{ m/s}^2)(100\text{ m})(\sin 20°)\left(\frac{1\text{ kJ/kg}}{1000\text{ m}^2/\text{s}^2}\right) = \mathbf{67.0\text{ kJ}}$$

이것은 사람이 수레와 적재물에 자신의 무게를 더하여 높이 $l\sin\theta$만큼 들어 올리기 위해 수행해야 할 일이다.

(*b*) 수레와 적재물에 동일한 논리를 적용하면 다음과 같다.

$$W = Fl\sin\theta = mgl\sin\theta$$
$$= (100\text{ kg})(9.8\text{ m/s}^2)(100\text{ m})(\sin 20°)\left(\frac{1\text{ kJ/kg}}{1000\text{ m}^2/\text{s}^2}\right) = \mathbf{33.5\text{ kJ}}$$

논의 사람이 수레와 함께 스스로 이동해야 하므로 문제 (*a*)의 결과가 더 현실적이다.

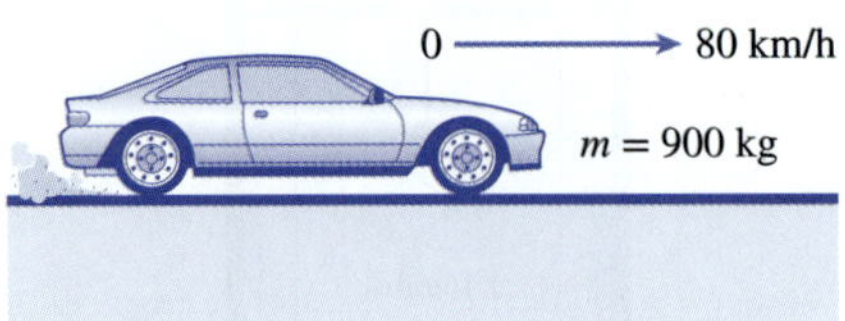

그림 3-38
예제 3-9의 개략도

예제 3-9 자동차를 가속시키는 데 필요한 동력

그림 3-38에 도시한 바와 같이 질량 900 kg인 자동차가 평탄한 도로에서 20 s 동안 정지상태에서 80 km/h의 속도까지 가속하는 데 필요한 동력을 계산하라.

풀이 정해진 속도까지 자동차를 가속시키는 데 필요한 동력을 결정하고자 한다.

해석 물체를 가속시키는 데 필요한 일은 단순히 물체의 운동에너지 변화량으로써 다음과 같다.

$$W_a = \tfrac{1}{2}m(V_2^2 - V_1^2) = \tfrac{1}{2}(900\text{ kg})\left[\left(\frac{80{,}000\text{ m}}{3600\text{ s}}\right)^2 - 0^2\right]\left(\frac{1\text{ kJ/kg}}{1000\text{ m}^2/\text{s}^2}\right)$$
$$= 222\text{ kJ}$$

그러므로 평균동력은 다음과 같다.

$$\dot{W}_a = \frac{W_a}{\Delta t} = \frac{222\ \text{kJ}}{20\ \text{s}} = \mathbf{11.1\ kW} \qquad \text{(or 14.9 hp)}$$

논의 이 값은 마찰과 구름저항 및 여타 불완전성을 극복하기 위하여 소요되는 동력 외에 추가로 가속에 필요한 동력이다.

비역학적 일

3-5절에서 다룬 내용들은 제5장에서 취급할 **이동경계일**을 제외하고 거의 포괄적인 역학적 일의 형태를 대표한다. 그러나 실제 상황에서 접하는 몇 가지 일은 본질적으로 역학적 일이 아니다. 그렇지만 이들 비역학적인 일은 **일반화된 변위** x 방향으로 작용하는 **일반화된 힘** F를 관련지음으로써 역학적 일과 유사한 방법으로 처리할 수 있다. 따라서 이 힘의 영향 아래에서 미소변위와 관계되는 일은 $\delta W = Fdx$로부터 구할 수 있다.

비역학적 일의 몇 가지 예는 다음과 같다. 일반화된 힘과 변위로써 **전압**과 **전하**가 각각 사용되는 **전기일**은 이미 기술한 바 있다. 일반화된 힘과 변위로 **자기장강도**와 **총자기쌍극모멘트**(*total magnetic dipole moment*)가 사용되는 **자기일**; **전기장강도**가 일반화된 힘으로 사용되고 분자들의 전기쌍극자회전모멘트(electric dipole rotation moment) 합으로 나타나는 **매개체의 편향**(*polarization of medium*)이 일반화된 변위로 사용되는 **전기편향일**(electrical polarization work)이 있다. 여기서 논의된 것과 기타의 비역학적 일에 관한 자세한 사항은 이러한 주제에 관하여 전문화된 문헌에서 찾을 수 있다.

3-6 열역학 제1법칙

열 Q, 일 W 및 총에너지 E와 같은 다양한 형태의 에너지에 대하여 개별적으로 고찰하였으나, 변화과정에서 이들을 서로 연계하려 시도하지는 않았다. **에너지보존법칙**으로 알려져 있는 **열역학 제1법칙**은 다양한 형태의 에너지와 에너지 상호작용 사이의 관계를 학습하는 튼튼한 기초를 제공한다. 실험적인 관찰에 근거하는 열역학 제1법칙에 의하면, **에너지는 창조될 수 없고 파괴될 수도 없으며 단지 형태만 변화한다**. 그러므로 변화과정 동안에 관계되는 모든 종류의 에너지를 고려해야 한다.

특정 높이에 있는 바위는 위치에너지를 가지고 있고, 이 위치에너지의 일부는 바위가 낙하할 때 운동에너지로 변환됨을 잘 알고 있다(그림 3-39). 실험자료에 의하면, 위치에너지 감소량($mg\ \Delta z$)과 운동에너지 증가량 $[m(V_2^2 - V_1^2)/2]$이 공기저항을 무시할 때 정확하게 일치하는 것을 알 수 있는데, 이것은 역학에너지에 대한 에너지보존법칙을 확인해 주는 것이다.

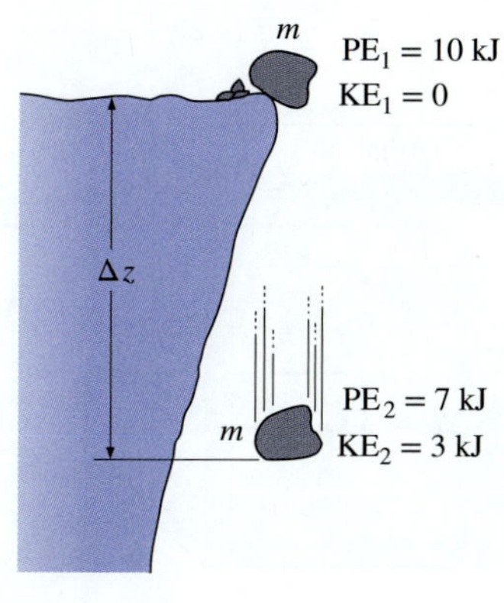

그림 3-39
에너지는 생성되거나 소멸될 수 없으며, 형태만 변화할 수 있다.

특정 상태 1로부터 상태 2로 일련의 단열변화과정을 거치는 계를 생각해 보자. 단열변화과정이기 때문에 이 변화과정 동안 어떠한 열전달도 없으나, 여러 가지 일이 작용할 수는 있다. 이 실험 동안 주의 깊게 측정한 바에 의하면 다음의 사실을 알 수 있다: **특정된 두 상태 사이의 모든 단열변화과정에 대하여 밀폐계에 수행된 정미 일은 밀폐계의 특성이나 세부 변화과정에 관계없이 동일하다**. 단열조건에서 일의 상호작용을 수행하는 방법이 수없이 많다는 점을 감안한다면, 위의 표현은 광범위한 뜻을 내포하고 있으며 매우 강력한 표현이다. 이 서술은 19세기 전반기에 실시된 Joule의 실험에 대체로 근거하고 있는데, 이미 알려진 다른 물리법칙으로부터 유도할 수 없으며, 이 자체가 기본원리로 인정되고 있다. 이 법칙을 **열역학 제1법칙** 또는 **제1법칙**이라 한다.

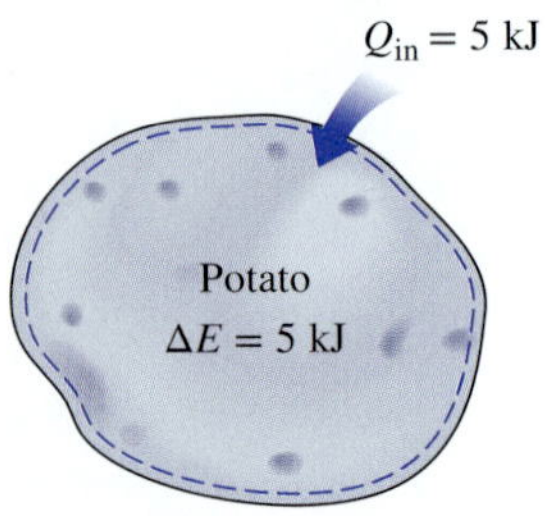

그림 3-40
오븐 속 감자의 에너지 증가량은 감자로 전달된 열전달량과 같다.

제1법칙의 중요한 결과는 **총에너지** E라고 하는 상태량의 존재와 정의이다. 밀폐계에 대하여 특정된 두 상태 사이의 모든 단열변화과정에서 정미일이 동일하다는 점을 고려하면, 정미일의 값은 밀폐계의 변화과정 시작 및 종단상태에만 의존하므로 이 값은 계의 상태량변화에 상응하여야 한다. 이 상태량이 **총에너지**이다. 제1법칙에서는 특정된 상태에서 밀폐계의 총에너지 값의 기준을 언급하지 않는다. 이 법칙은 단순히 한 단열변화과정 동안의 총에너지의 **변화량**은 정미일과 같아야 한다고 서술한다. 따라서 임의의 편리한 값을 특정된 상태의 총에너지에 할당하여 기준점으로 사용할 수 있다.

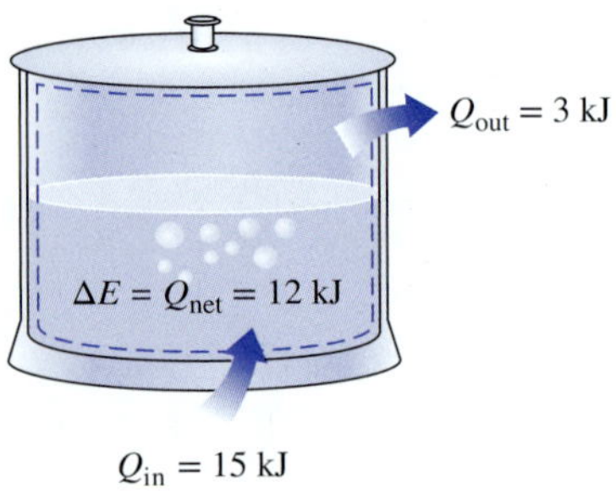

그림 3-41
일의 상호작용이 없을 때, 계의 에너지변화량은 정미열전달량과 같다.

제1법칙 서술에 내재된 의미는 에너지의 보존이다. 제1법칙의 본질은 **총에너지**라는 상태량이 존재한다는 것이지만, 제1법칙은 대개 **에너지보존법칙**에 대한 서술로 볼 수도 있다. 직관적인 논리를 사용한 몇 가지 예를 통하여 밀폐계에 대한 제1법칙 또는 에너지보존법칙 관계식을 전개하고자 한다.

우선, 열전달은 있으나 일의 상호작용이 없는 몇 가지 과정에 대하여 생각해 보자. 오븐에서 구운 감자는 이 경우에 대한 좋은 예이다(그림 3-40). 감자로 열이 전달되어 감자의 에너지는 증가한다. 감자의 수분감소와 같은 물질전달을 무시하면, 감자의 총에너지 증가는 열전달량과 동일하다. 즉, 5 kJ의 열이 감자에 전달된다면, 감자의 에너지 증가도 역시 5 kJ이어야 한다.

또 다른 예로서, 가스레인지에 놓인 냄비의 물을 가열하는 과정을 생각해 보자(그림 3-41). 가열부에서 물로 15 kJ의 열이 전달되고 물로부터 주위 공기로 3 kJ의 열손실 존재한다면, 물의 에너지 증가는 물로 전달된 정미열전달량과 같은 12 kJ이 된다.

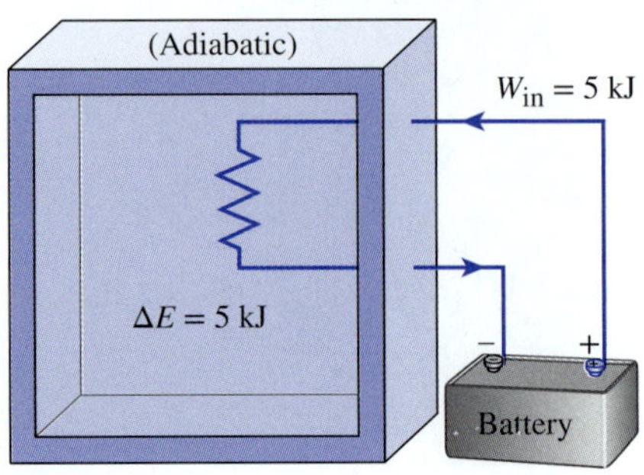

그림 3-42
단열계에 수행된 전기일은 계의 에너지증가량과 같다.

이번에는 전기히터로 난방하는 단열이 잘된 방을 계로 생각해 보자(그림 3-42). 전기적 일로 인하여 계의 에너지는 증가할 것이다. 계가 단열되어 있어서 주위와 또는 주위로의 열전달이 없으므로(Q = 0), 에너지보존법칙에 의하여 계에 공급된 전기적 일은 계의 에너지 증가량과 같다.

다음에는 전기히터를 회전차로 대체하여 보자(그림 3-43). 회전차 날개의 휘젓는 과정으로 인하여 계의 에너지는 증가한다. 계와 주위 사이에 열의 상호작용이 없으므로($Q = 0$) 계에 수행된 축일은 계의 에너지 증가로 나타난다.

많은 사람들이 공기가 압축될 때 공기의 온도가 상승한다는 사실을 알고 있다(그림 3-44). 이것은 에너지가 경계일의 형태로 공기에 전달되기 때문이다. 열전달이 없는 경우($Q = 0$), 전체 경계일은 공기의 총에너지의 일부로서 공기 내에 저장된다. 에너지보존법칙에 따라 계의 에너지 증가량은 계에 수행된 경계일과 같아야 한다.

상기에 검토한 내용을 확장하여, 동시에 다양한 열과 일의 상호작용을 포함하는 계에 적용할 수 있다. 예를 들어 어떤 변화과정 동안 계가 12 kJ의 열을 전달받는 한편, 계에 6 kJ의 일이 행해진다면, 이 과정 동안 계의 에너지 증가량은 18 kJ이다(그림 3-45). 즉, 이 과정 동안 계의 에너지변화는 단순히 계로(또는 계로부터)의 정미에너지 전달과 같다.

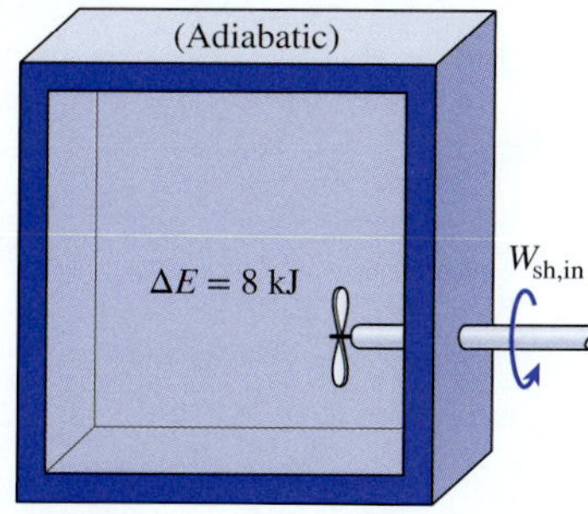

그림 3-43
단열계에 수행된 축일은 계의 에너지증가량과 같다.

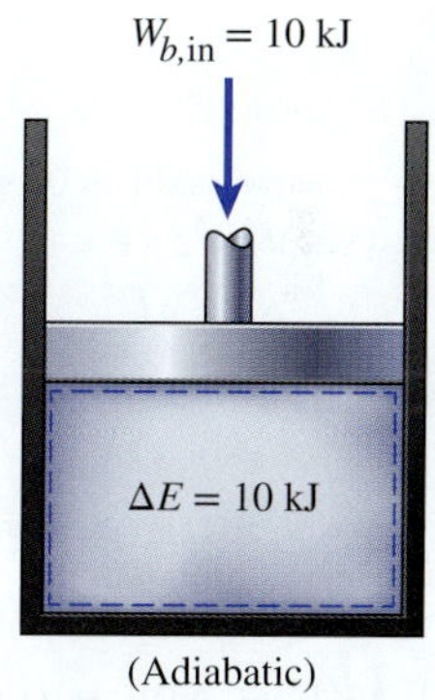

그림 3-44
단열계에 수행된 경계일은 계의 에너지증가량과 같다.

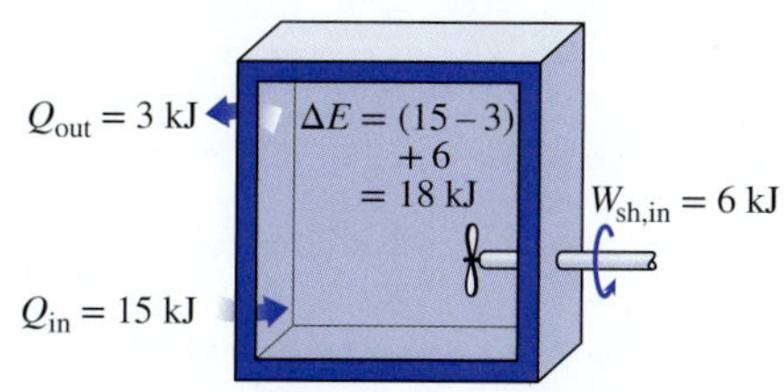

그림 3-45
변화과정 동안 계의 에너지변화량은 계와 주위 사이의 정미 일 및 열전달량과 같다.

에너지평형

앞서 논의한 바와 같이, 에너지 보존법칙은 다음과 같이 표현할 수 있다: **변화과정 동안 계의 총에너지 정미변화량(증가 또는 감소)은 변화과정 동안 계로 유입된 총에너지와 계로부터 유출된 총에너지의 차와 같다.** 즉, 다음과 같은 식으로 나타낼 수 있다.

$$\begin{pmatrix}\text{계로 유입된}\\ \text{총 에너지}\end{pmatrix} - \begin{pmatrix}\text{계에서 유출된}\\ \text{총 에너지}\end{pmatrix} = \begin{pmatrix}\text{계의 총 에너지}\\ \text{변화량}\end{pmatrix}$$

또는, 기호로 다음과 같이 나타낸다.

$$E_{in} - E_{out} = \Delta E_{system}$$

이 관계를 **에너지평형**이라고 하며, 어떤 종류의 변화과정이나 계에도 모두 적용할 수 있다. 공학문제를 해결하는 데 있어, 이 관계식을 성공적으로 사용하려면, 다양한 에너지의 형태를 이해하고 에너지의 전달 형태를 인지하여야 한다.

계의 에너지변화량, ΔE_{system}

변화과정 동안 계의 에너지변화량은 변화과정의 시작과 최종단계에서 계의 에너지를 평가하고 그 차이를 계산하여 결정한다. 즉, 다음과 같은 관계로 표현된다.

(에너지 변화량) = (최종상태의 에너지) − (시작상태의 에너지)

또는, 기호로 다음과 같이 나타낸다.

$$\Delta E_{system} = E_{final} - E_{initial} = E_2 - E_1 \tag{3-32}$$

에너지는 상태량이며, 계의 상태가 변하지 않으면 상태량도 값이 변하지 않는다는 점에 유의하라. 그러므로 변화과정 동안 계의 상태가 변하지 않는다면 계의 에너지 변화는 없다. 또한, 에너지는 내부에너지(현열에너지, 잠열에너지, 화학에너지, 핵에너지), 운동에너지, 위치에너지, 전기에너지, 자기에너지와 같은 다양한 형태로 존재하며, 이들 에너지의 합이 계의 **총에너지** E이다. 전기, 자기 및 표면장력 효과가 없는 경우(즉, 단순압축성 계), 변화과정 동안 계의 총에너지변화량은 내부에너지, 운동에너지, 위치에너지 변화량의 합이며, 다음과 같이 표현할 수 있다.

$$\Delta E = \Delta U + \Delta \text{KE} + \Delta \text{PE} \tag{3-33}$$

이 식의 각 항은 다음과 같다.

$$\Delta U = m(u_2 - u_1)$$
$$\Delta \text{KE} = \tfrac{1}{2}m(V_2^2 - V_1^2)$$
$$\Delta \text{PE} = mg(z_2 - z_1)$$

시작 및 최종상태가 지정되면, 비내부에너지 값인 u_1과 u_2는 열역학적 상태량 표나 상태량 관계식으로부터 직접 구할 수 있다.

실제로 우리가 다루는 대부분의 계는 움직이지 않으며, 이러한 계는 변화과정 동안 속도나 높이의 변화가 없다(그림 3-46).

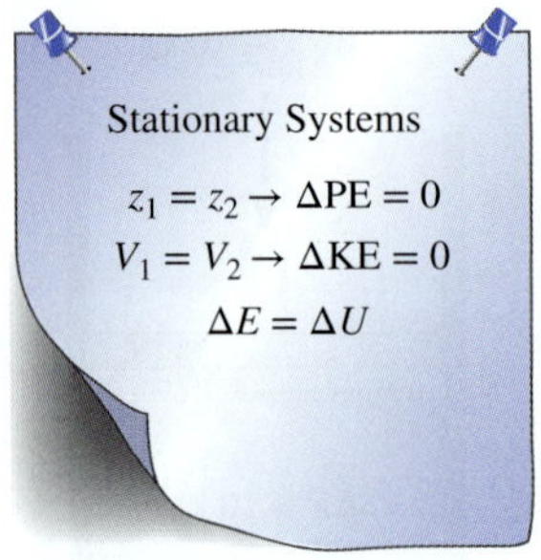

그림 3-46
정지계에서 $\Delta \text{KE} = \Delta \text{PE} = 0$이므로 $\Delta E = \Delta U$이다.

따라서, **정지계**의 운동에너지와 위치에너지 변화는 없으며($\Delta \text{KE} = \Delta \text{PE} = 0$), 이러한 계에 대한 총에너지 변화 관계식인 식 (3-33)은 $\Delta E = \Delta U$가 된다. 또한, 변화과정 동안 한 형태의 에너지만 변하고 다른 형태의 에너지는 변하지 않는다 할지라도 계의 에너지는 변한다.

에너지전달 방법, E_{in} 및 E_{out}

에너지는 **열**, **일** 및 **질량유동**의 세 가지 형태로서 계로 또는 계로부터 전달될 수 있다. 세 가지 형태의 에너지가 계의 경계를 통과할 때, 에너지 상호작용은 계의 경계에서 인지되며 이들은 변화과정 동안 계가 얻거나 잃은 에너지를 나타낸다. 고정질량계 또는 밀폐계와 관련된 에너지 상호작용의 두 가지 형태는 **열전달**과 **일**이다.

1. **열전달, Q** 계로의 열전달(열획득)은 분자운동에너지를 증가시키고, 따라서 계의 내부에너지가 증가한다. 계로부터의 열전달(열손실)은 계의 분자에너지로부터 추출된 열이 밖으로 전달되는 것으로 계의 내부에너지를 감소시킨다.
2. **일의 전달, W** 계와 주위 사이의 온도차에 기인하지 않는 에너지 상호작용은 일이다. 피스톤 이동, 회전축 및 계의 경계를 통과하는 전선은 모두 일의 상호작용과 연관된다. 계로 일의 전달(즉, 계에 수행된 일)은 계의 에너지를 증가시키며, 계로부터 일의 전달(즉, 계가 수행한 일)은 계가 가지고 있는 에너지로부터 추출된 일이 외부로 전달되는 것이기 때문에 계의 에너지를 감소시킨다. 자동차엔진, 수차, 증기터빈, 가스터빈은 일을 생산하지만, 압축기, 펌프, 혼합기는 일을 소비한다.

3. **질량유동,** m 계로 유입되거나 유출되는 유체의 질량유동은 에너지 전달의 부가적 기구로서 역할을 한다. 질량이 계로 유입될 때는 질량이 에너지를 운반하기 때문에 계의 에너지는 증가한다. 마찬가지로, 질량이 계로부터 유출될 때에는 유출되는 질량이 에너지를 지니고 나가기 때문에 계의 에너지는 감소한다. 예를 들어 더운물을 온수기 밖으로 배출하고 같은 양의 냉수를 채우면, 이들 질량교환의 결과로 온수탱크(검사체적)의 에너지는 감소한다(그림 3-47).

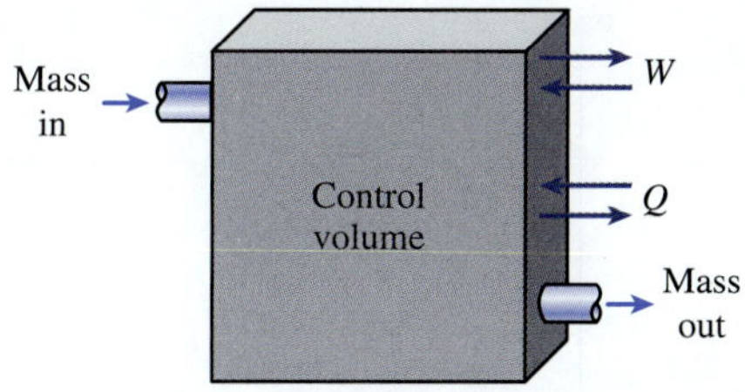

그림 3-47
검사체적의 에너지는 열과 일의 상호작용뿐 아니라 질량유동에 의해서도 변할 수 있다.

에너지가 열, 일, 질량유량의 형태로 전달되고, 정미전달량이 유입되는 양과 유출되는 양의 차이와 같다는 점에 주목하면, 에너지평형은 다음 식과 같이 명확하게 나타낼 수 있다.

$$E_{in} - E_{out} = (Q_{in} - Q_{out}) + (W_{in} - W_{out}) + (E_{mass,in} - E_{mass,out}) = \Delta E_{system} \quad \textbf{(3-34)}$$

이 식에서 하첨자 *in*과 *out*은 각각 계로 유입되는 양과 유출되는 양을 지시한다. 식 (3-34) 중간항의 우변에 있는 6개의 양은 모두가 "총량"을 지시하며 양의 값이다. 에너지전달의 방향은 하첨자 *in*과 *out*으로 표시된다.

단열계에서는 열전달량 Q가 0이며, 일의 상호작용이 없는 계에서는 일의 전달량 W가 0이다. 또한, 계의 경계를 통과하는 질량이 없는 밀폐계에서는 질량에 의한 에너지수송량 E_{mass}가 0이다.

변화과정의 종류에 관계없이 변화과정을 겪고 있는 계의 에너지평형은 다음과 같은 식으로 간결하게 표현할 수 있다.

$$\underbrace{E_{in} - E_{out}}_{\substack{\text{열, 일, 질량에 의한} \\ \text{정미 에너지 전달}}} = \underbrace{\Delta E_{system}}_{\substack{\text{내부 에너지, 운동 에너지} \\ \text{위치 에너지 등의 변화}}} \quad \text{(kJ)} \quad \textbf{(3-35)}$$

시간에 대한 **변화율 형태**로 나타내면 다음과 같다.

$$\underbrace{\dot{E}_{in} - \dot{E}_{out}}_{\substack{\text{열, 일, 및 질량에 의한} \\ \text{정미 에너지 전달률}}} = \underbrace{dE_{system}/dt}_{\substack{\text{내부 에너지, 운동 에너지} \\ \text{위치 에너지 등의 변화율}}} \quad \text{(kW)} \quad \textbf{(3-36)}$$

변화율이 일정한 경우, 시간간격 Δt 동안의 총량과 단위시간당의 양 사이 관계는 다음과 같다.

$$Q = \dot{Q}\Delta t, \quad W = \dot{W}\Delta t, \quad \text{and} \quad \Delta E = (dE/dt)\,\Delta t \quad \text{(kJ)} \quad \textbf{(3-37)}$$

단위질량을 기준으로한 에너지평형은 다음과 같이 나타낼 수 있다.

$$e_{in} - e_{out} = \Delta e_{system} \quad \text{(kJ/kg)} \quad \textbf{(3-38)}$$

이 식은 식 (3-35)의 모든 항을 계의 질량 m으로 나눈 것이다. 에너지평형은 다음과 같이 미분식의 형태로 표현할 수도 있다.

$$\delta E_{\text{in}} - \delta E_{\text{out}} = dE_{\text{system}} \quad \text{or} \quad \delta e_{\text{in}} - \delta e_{\text{out}} = de_{\text{system}} \tag{3-39}$$

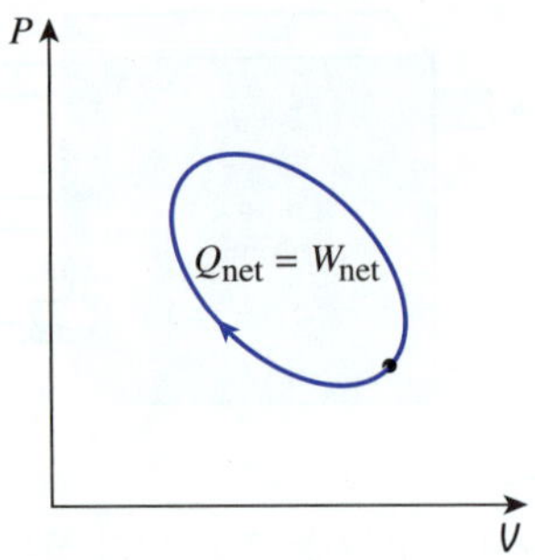

그림 3-48

사이클 과정 동안 $\Delta E - 0$이므로 $Q = W$ 이다.

변화과정이 **주기적**인 밀폐계의 경우에는 시작과 최종상태가 동일하므로 $\Delta E_{\text{system}} = E_2 - E_1 = 0$이다. 그러므로 한 주기에 대한 에너지평형식은 $E_{\text{in}} - E_{\text{out}} = 0$ 또는 $E_{\text{in}} = E_{\text{out}}$으로 단순화된다. 밀폐계에서는 계의 경계를 통과하는 질량이 없다는 점에 유의하면, 한 주기에 대한 에너지평형식은 다음과 같이 열과 일의 상호작용 항으로 나타낼 수 있다.

$$W_{\text{net,out}} = Q_{\text{net,in}} \quad \text{or} \quad \dot{W}_{\text{net,out}} = \dot{Q}_{\text{net,in}} \qquad (\text{한 주기에 대하여}) \tag{3-40}$$

즉, 한 주기 동안 정미일의 출력량은 정미일의 입력량과 같다(그림 3-48).

예제 3-10 **용기 내 고온 유체의 냉각**

견고한 용기에 뜨거운 유체가 저장되 있고, 이 유체는 회전날개로 잘 뒤섞이면서 냉각된다. 초기에 유체의 내부에너지는 800 kJ이다. 냉각 과정 동안 유체는 500 kJ의 열을 잃고 회전날개는 유체에 100 kJ의 일을 한다. 유체의 최종 내부에너지를 구하라. 회전날개에 저장되는 에너지는 무시한다.

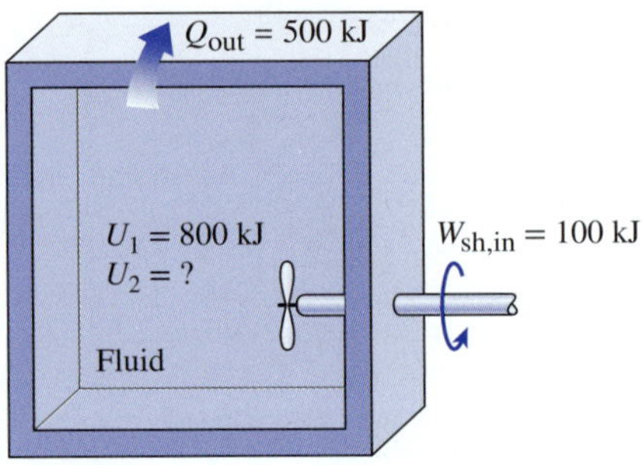

그림 3-49

예제 3-10의 개략도

풀이 견고한 용기에 저장된 유체가 회전날개에 의하여 뒤섞이며 열을 잃는다. 최종상태에서 유체의 내부에너지를 구하고자 한다.

가정 **1.** 용기가 고정되어 있으므로 운동에너지와 위치에너지 변화는 없어서 $\Delta \text{KE} = \Delta \text{PE} = 0$이다. 그러므로 $\Delta E = \Delta U$이고, 이 과정 동안 변할 수 있는 계의 에너지 형태는 오직 내부에너지뿐이다. **2.** 회전날개에 저장된 에너지는 무시한다.

해석 용기에 저장된 유체를 계로 선택한다(그림 3-49). 변화과정 동안 경계를 통과하는 질량이 없으므로 이러한 계는 **밀폐계**이다. 견고한 용기는 체적이 일정하므로 경계의 이동에 의한 일은 없다. 또한, 계로부터 열이 손실되고 축일은 계에 행해진다. 이 밀폐계에 에너지평형을 적용하면 다음과 같다.

$$\underbrace{E_{\text{in}} - E_{\text{out}}}_{\substack{\text{열, 일, 및 질량에 의한} \\ \text{정미 에너지 전달}}} = \underbrace{\Delta E_{\text{system}}}_{\substack{\text{내부 에너지, 운동 에너지,} \\ \text{위치 에너지 등의 변화}}}$$

$$W_{\text{sh,in}} - Q_{\text{out}} = \Delta U = U_2 - U_1$$

$$100 \text{ kJ} - 500 \text{ kJ} = U_2 - 800 \text{ kJ}$$

$$U_2 = \mathbf{400 \text{ kJ}}$$

따라서 계의 최종 내부에너지는 400 kJ이다.

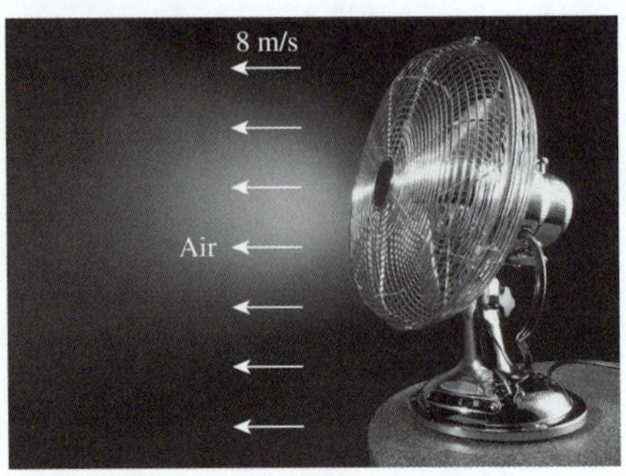

그림 3-50

예제 3-11의 개략도

Design Pics

예제 3-11 **송풍기에 의한 공기의 가속**

전력 20 W를 소모하는 선풍기가 질량유량 1 kg/s의 공기를 8 m/s의 속도로 배출한다고 주장한다(그림 3-50). 이러한 주장이 타당한지 검토하라.

풀이 선풍기가 정격전력을 소비하며, 지정된 값으로 공기속도를 증가시킨다는 주장이다. 이러한 주장의 타당성을 조사해야 한다.

가정 선풍기가 작동되는 방은 상대적으로 고요하며, 방 안의 공기속도는 무시한다.

해석 우선 관련되는 에너지 변환을 살펴보자. 선풍기의 모터는 소비하는 전력의 일부를 공기 중에서 선풍기 날개를 회전시키는 데 사용되는 역학적(축) 동력으로 변환한다. 선풍기 날개는 축의 역학적 동력을 공기에 많이 전달하도록 설계되었다. 정상상태 작동에서 손실이 없는 이상적인 경우(전기 및 역학에너지가 열에너지로 변환되지 않은 경우), 입력되는 전력은 공기의 운동에너지 증가량과 같다. 따라서, 선풍기 모터를 포함하는 검사체적에 대한 에너지평형은 다음과 같다.

$$\underbrace{\dot{E}_{\rm in} - \dot{E}_{\rm out}}_{\text{열, 일, 및 질량에 의한 정미 에너지 전달률}} = \underbrace{dE_{\rm system}/dt^{\nearrow 0\,({\rm steady})}}_{\text{내부 에너지, 운동 에너지 위치 에너지 변화율}} = 0 \rightarrow \dot{E}_{\rm in} = \dot{E}_{\rm out}$$

$$\dot{W}_{\rm elect,in} = \dot{m}_{\rm air}{\rm ke}_{\rm out} = \dot{m}_{\rm air}\frac{V_{\rm out}^2}{2}$$

$V_{\rm out}$에 대하여 정리하면, 공기의 최대 배출속도는 다음과 같이 된다.

$$V_{\rm out} = \sqrt{\frac{2\dot{W}_{\rm elect,in}}{\dot{m}_{\rm air}}} = \sqrt{\frac{2(20\ {\rm J/s})}{1.0\ {\rm kg/s}}\left(\frac{1\ {\rm m^2/s^2}}{1\ {\rm J/kg}}\right)} = 6.3\ {\rm m/s}$$

결국, 배출속도는 8 m/s보다 작다. 따라서, 본 예제의 주장은 **틀렸다**.

논의 에너지보존법칙은 에너지가 한 형태에서 다른 형태로 변환될 때 총 에너지는 그 양이 유지될 것을 요구하며, 변화과정 동안 에너지가 생성되거나 소멸되는 것을 허용하지 않는다. 열역학 제1법칙의 관점에서 보면 전기에너지가 모두 운동에너지로 변환되는 것은 잘못이 없어 보인다. 따라서, 공기속도가 6.3 m/s(상한 값)에 도달하는 데 있어 제1법칙으로는 아무런 문제가 없다. 이보다 더 빠른 속도는 열역학 제1법칙에 위배되므로 불가능하다. 전기에너지를 축의 역학에너지로 변환하는 것과 관련된 손실과 축의 역학에너지를 다시 공기의 운동에너지로 변환하는 과정에 발생하는 손실로 인해 실제로는 공기속도가 6.3 m/s보다 훨씬 작을 것이다.

예제 3-12 선풍기의 가열효과

실내공기의 초기 온도는 외기 온도와 같은 25°C이다. 전력 200 W를 소모하는 대형 선풍기가 방 안에서 가동된다(그림 3-51). 실내와 실외공기 사이의 열전달률은 $\dot{Q} = UA(T_i - T_o)$로 계산할 수 있으며, 총열전달계수는 $U = 6\ {\rm W/m^2\cdot°C}$이고, 공기에 노출된 실내 표면적은 $A = 30\ {\rm m^2}$이다. T_i와 T_o는 각각 실내 및 실외공기 온도를 나타낸다. 정상상태 작동 중일 때, 실내공기의 온도를 계산하라.

풀이 실내에 대형 선풍기가 가동되고 있으며, 실외로 열손실이 있다. 정상상태에 도달하면 실내공기의 온도가 결정된다.

가정 **1.** 바닥을 통한 열전달은 무시한다. **2.** 다른 에너지 상호작용은 없다.

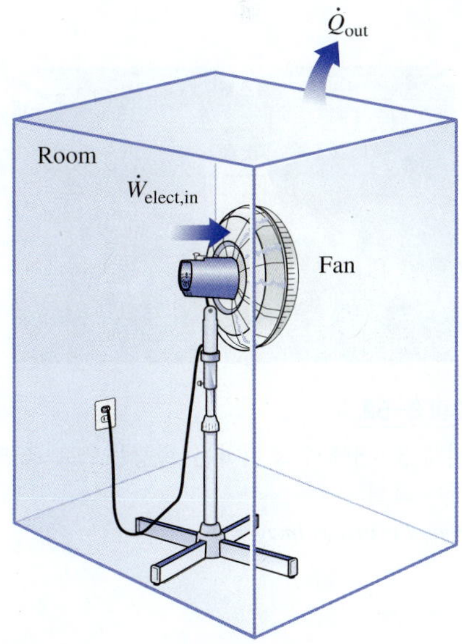

그림 3-51
예제 3-12의 개략도

해석 선풍기에 의해 소모되는 전기는 실내로 유입되는 에너지이므로, 실내는 200 W의 에너지 변화율을 가진다. 그 결과 실내공기의 온도는 상승한다. 하지만 실내공기 온도가 상승함에 따라 실내공기에서 외기로 열손실이 발생하며, 전력소모량과 열손실률이 같아질 때까지 실내공기의 온도가 증가한다. 정상상태에서 실내공기의 온도, 즉, 실내의 에너지는 일정하게 유지되므로, 이때 실내공기에 대한 에너지보존식은 다음과 같다.

$$\underbrace{\dot{E}_{in} - \dot{E}_{out}}_{\text{열, 일, 및 질량에 의한 정미 에너지 전달률}} = \underbrace{dE_{system}/dt^{\nearrow 0 (steady)}}_{\text{내부 에너지, 운동 에너지 위치 에너지 변화율}} = 0 \rightarrow \dot{E}_{in} = \dot{E}_{out}$$

$$\dot{W}_{elect,in} = \dot{Q}_{out} = UA(T_i - T_o)$$

각각의 값을 대입하면 다음과 같다.

$$200 \text{ W} = (6 \text{ W/m}^2\cdot°\text{C})(30 \text{ m}^2)(T_i - 25°\text{C})$$

결과적으로 정상상태 실내공기 온도는 다음과 같다.

$$T_i = \mathbf{26.1°C}$$

그러므로 실내공기 온도는 26.1°C에 도달한 후 일정하게 유지된다.

논의 소비전력 200 W인 선풍기에 의한 실내공기 온도 상승은 200 W의 전열기에 의한 가열효과와 동일하다. 선풍기의 모터가 전기에너지의 일부를 축을 회전시키는 역학에너지로 변환하고, 잔여 에너지는 모터의 불완전성에 기인한 효율로 인하여 열로 소산(dissipated)된다(전기에너지를 역학에너지로 100% 변환하는 모터는 없다. 일부 대형 모터들 중에는 효율이 97%를 상회하는 경우도 있다). 축의 역학에너지 일부는 선풍기의 날개를 통하여 공기의 운동에너지로 변환되고, 마찰에 의해 공기분자가 감속됨으로써 열에너지로 변환된다. 결과적으로 총 전기에너지는 선풍기의 모터를 통해 공기의 열에너지로 변환되며, 이는 실내공기의 온도 상승을 통하여 명확히 확인된다.

그림 3-52
예제 3-13에서 고려하는 형광등으로 조명하는 교실
PhotoLink/Getty Images

예제 3-13 교실의 연간 조명 비용

교실을 밝히는 데 개당 80 W의 전력을 소모하는 형광등 30개가 필요하다(그림 3-52). 교실의 전등은 하루 12 h, 연간 250일 동안 켜져 있다. 전기료가 kWh당 11 cent일 때, 이 교실의 조명에 의한 연간전력비용을 계산하라. 또한, 실내의 난방 및 냉방 부하에 미치는 조명의 영향을 논하라.

풀이 형광등을 조명으로 설치한 교실을 고려하자. 이 교실의 조명에 필요한 연간전력비용을 결정하고, 냉/난방 요구량에 대한 조명의 효과도 논의한다.

가정 전압변동에 의한 효과는 무시할 만하며, 각각의 형광등은 정격전력을 소모한다.

해석 모든 전등이 켜져 있을 때, 사용시간 동안 소비전력과 연간 총 사용시간은 다음과 같다.

$$\begin{aligned}\text{조명전력} &= (\text{램프당 소비전력}) \times (\text{램프의 수})\\ &= (80 \text{ W/lamp})(30 \text{ lamps})\\ &= 2400 \text{ W} = 2.4 \text{ kW}\end{aligned}$$

$$\text{작동 시간} = (12\ \text{h/day})(250\ \text{days/yr}) = 3000\ \text{h/yr}$$

따라서 연간전력비용은 다음과 같다.

$$\begin{aligned}\text{조명 에너지} &= (\text{조명 전력})(\text{작동 시간})\\ &= (2.4\ \text{kW})(3000\ \text{h/yr}) = 7200\ \text{kWh/yr}\end{aligned}$$

$$\begin{aligned}\text{조명 비용} &= (\text{조명 에너지})(\text{전기 단가})\\ &= (7200\ \text{kWh/yr})(\$0.11/\text{kWh}) = \mathbf{\$792/yr}\end{aligned}$$

형광등에 의한 빛은 표면에 흡수되어 열에너지로 변환된다. 창문을 통해서 손실되는 에너지를 무시하면, 결국 공급되는 총 2.4 kW의 전기는 교실 내 열에너지의 일부로 변환된다. 따라서, 실내 조명은 2.4 kW만큼 난방부하를 감소시키거나 냉방부하를 증가시킨다.

논의 이 교실만의 조명에 드는 연간전력비용이 $800에 이른다. 이는 에너지 절약의 중요성을 보여준다. 형광등 대신 백열전구를 사용하며 같은 양의 빛을 생산하는데 4배의 전력을 소모하기 때문에 조명 비용은 4배가 된다.

3-7 에너지 변환 효율

효율은 열역학에서 가장 빈번하게 사용되는 용어로서, 에너지변환 또는 에너지전달과정이 어느 정도 달성되었는지를 나타낸다. 한편, 효율은 열역학에서 가장 잘못 사용되는 용어 중의 하나로 오해를 일으키는 근원이 되기도 한다. 이는 대개 효율이 적절하게 정의되지 않은 채 사용되기 때문이다. 본 절에서는 효율의 의미를 더욱 명확하게 할 것이며, 실제에서 일반적으로 사용되는 몇 가지의 효율을 정의할 것이다.

효율은 일반적으로 다음과 같이 원하는 출력과 필요한 입력의 비로 나타낸다.

$$\text{효율} = \frac{\text{원하는 출력}}{\text{필요한 입력}} \tag{3-41}$$

온수기를 구입할 때, 지식이 풍부한 판매원은 기존 전기온수기의 효율이 약 90%라고 말할 것이다(그림 3-53). 전기온수기에는 저항가열기가 장착되어 있고, 이 가열기가 소비하는 전기에너지는 모두 열로 변환되며, 전열기의 효율은 100%이므로 혼란이 발생할 수 있다. 유능한 판매원이라면 소비된 전기에너지의 10%는 온수탱크로부터 주위 공기에 빼앗긴 열손실이며, **온수기의 효율**은 **더운물에 의해 집에 전달된 에너지와 온수기로 공급한 에너지의 비**로 정의된다는 것을 설명함으로써, 위의 사실을 명백히 할 것이다. 총명한 판매원은 심지어 값이 좀 비싸더라도 두꺼운 단열재로 제작된 효율이 94%인 온수기를 구입하도록 권할 것이다. 현명한 소비자는 천연가스를 사용할 수 있는 조건이라면 효율이 55%에 불과한 가스온수기를 구입할 것이다. 왜냐하면 가스온수기를 구입하고 설치하는 비용은 전기온수기

Water heater

Type	Efficiency
Gas, conventional	55%
Gas, high-efficiency	62%
Electric, conventional	90%
Electric, high-efficiency	94%

그림 3-53

기존의 표준 및 고효율 전기온수기와 천연가스온수기의 일반적인 효율

Christopher Kerrigan/McGraw-Hill Education

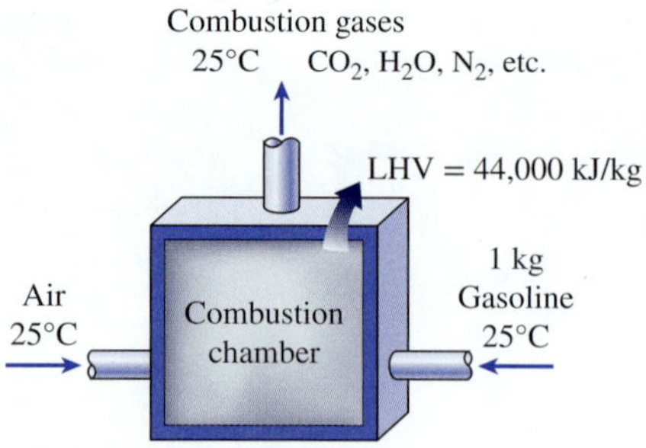

그림 3-54
가솔린 발열량의 정의

와 거의 비슷하지만, 가스온수기의 연간에너지비용은 전기온수기의 연간에너지비용보다 훨씬 싸기 때문이다.

가스온수기의 효율이 어떻게 정의되며, 전기온수기의 효율보다 훨씬 낮은 이유가 궁금할 것이다. 일반적으로 연료의 연소를 수반하는 장치의 효율은 **연료의 발열량**(heating value of the fuel)을 기준으로 하는데, 이것은 지정된 양(보통은 단위질량)의 연료가 실온에서 완전히 연소하고 연소생성물이 실온으로 다시 냉각될 때 방출된 열량을 의미한다(그림 3-54). 연소장치의 성능은 **연소장치효율**(combustion equipment efficiency) $\eta_{\text{comb. equip}}$로 특성화되며, 다음과 같이 정의된다.

$$\eta_{\text{comb. equip.}} = \frac{Q_{\text{useful}}}{\text{HV}} = \frac{\text{연소과정에서 방출된 열량}}{\text{연소한 연료의 발열량}} \quad \textbf{(3-42)}$$

이러한 효율은 연소장치의 유형에 따라 연소로효율 η_{furnace}, 보일러효율 η_{boiler}, 히터효율 η_{heater} 등 다양한 명칭으로 대신할 수 있다. 예를 들어 겨울에 건물 난방용으로 사용되는 석탄연소히터의 효율이 70%라 함은, 석탄발열량의 70%가 건물에 유용한 열로 전달되는 반면, 나머지 30%는 대부분 뜨거운 배기가스로 손실된다는 것을 의미한다.

대부분의 연료는 수소를 포함하고 있으며 수소는 연소하여 물이 되므로, 연료의 발열량은 연소 생성물에 포함된 물이 액체와 수증기 중 어느 상태인가에 따라 다르다. 연소가스 중 물이 수증기로 존재할 때의 발열량을 저위발열량 LHV (*lower heating value*)라 하고, 물이 완전히 응축하여 증발열을 모두 회수하였을 때의 발열량을 고위발열량 HHV (*higher heating value*)라 한다. 두 발열량의 차이는 상온에서 물의 증발잠열과 질량을 곱한 것과 같다. 예를 들면 가솔린의 저위발열량과 고위발열량은 각각 44,000 kJ/kg과 47,300 kJ/kg이다. 효율을 정의할 때 연료의 고위발열량을 기준으로 한 것인지 아니면 저위발열량을 기준으로 한 것인지를 명확하게 구분하여야 한다. 자동차엔진과 제트엔진의 효율은 배기가스에 포함된 물이 보통 증기상태로 배출되므로 저위발열량을 기준으로 하고 있으며, 증발열을 회수하는 것은 현실적이지 않다. 반면, 가열로의 효율은 고위발열량을 기준으로 하고 있다.

주거용이나 상업용 건물의 난방장치효율은 일반적으로 **연간연료이용효율** AFUE (annual fuel utilization efficiency)로 나타내며, 난방이 요구되지 않는 영역으로의 열손실, 가동시작과 정지에 따른 열손실뿐 아니라 연소장치효율도 포함하여 계산한다. 구형 난방장치의 AFUE는 60% 이하지만 대부분의 신형 난방장치의 AFUE는 약 85% 정도 된다. 일부 신형 고효율가열로의 AFUE는 96%를 초과하기도 하지만, 가열로의 가격이 비싸서 겨울철 날씨가 온화한 지역에서는 적합하지 않다. 이러한 고효율은 기존장치의 200°C (400°F)보다 낮은 38°C (100°F)로 배기가스를 배출시켜 수증기를 응축시킴으로써 대부분의 폐열을 회수하여 달성된다.

자동차엔진의 출력일은 크랭크축에 의하여 전달되는 동력이다. 그러나 발전기(power plant)의 출력일은 터빈출구에서 역학적인 동력일 수도 있고, 발전기의 전기적인 동력일 수도 있다.

발전기는 역학에너지를 전기에너지로 변환하는 장치로서, 발전기의 유효성은 입력하는 역학적 동력에 대한 출력되는 전기적 동력의 비인 **발전기효율**로 파악한다. 열역학에서 가장 중요한 관심사인 발전기의 열효율은 일반적으로 작동유체에 투입한 입력열에 대한 터빈에서 출력되는 순수 축동력의 비로 정의된다. 다른 인자들의 영향은 입력하는 연료에너지에 대한 전기적인 순수 출력의 비로 발전기의 **총효율**을 정의함으로써 포함시킨다. 식으로 나타내면 다음과 같다.

$$\eta_{\text{overall}} = \eta_{\text{comb. equip.}}\eta_{\text{thermal}}\eta_{\text{generator}} = \frac{\dot{W}_{\text{net,electric}}}{\text{HHV} \times \dot{m}_{\text{fuel}}} \tag{3-43}$$

총효율은 자동차 가솔린엔진의 경우 25~30%, 디젤엔진은 35~40%, 대형발전소는 60%에 이른다.

우리는 백열등, 형광등, 고휘도방전등을 사용하여 전기에너지를 빛으로 변환하는 것에 익숙하다. 전기를 빛으로 변환하는 효율은 소비된 전기에너지에 대하여 빛으로 변환된 에너지의 비로 정의할 수 있다. 예를 들면, 일반 백열전구는 소비된 전기에너지의 약 5%를 빛으로 변환시키고 나머지 소비된 전기에너지는 열로 방출되는데, 이는 여름철에 에어컨의 냉방부하를 증가시킨다. 보통은 이와 같은 변환의 효율성을 **조도효율**로 표현하는데, 이것은 소비된 전기의 W당 빛의 출력 양을 lumen 단위로 나타낸 것이다.

조명장치의 조도효율은 표 3-1에 정리되어 있다. 집적형형광등은 백열등보다 W당 약 4배에 가까운 빛을 방출하며, 15 W의 형광등으로 60 W의 백열등을 대체할 수 있다(그림 3-55). 집적형형광등의 수명은 10,000시간으로 백열전구보다 10배 길며 백열전구용 소켓에 바로 끼워 사용할 수도 있다. 그러므로 형광등을 사용하면 초기비용이 높더라도 전기소비량을 낮추어서 조명 비용을 절감할 수 있다. 고휘도나트륨방전등은 가장 효율적인 조명이지만 빛이 노란색인 이유로 옥외에서만 사용된다.

전기에너지 또는 화학에너지를 열로 변환하는 조리장치의 효율도 정의할 수 있다. **조리장치효율**은 조리장치에 의하여 소비된 에너지에 대해 조리된 음식에 전달된 유용한 에너지의 비로 정의할 수 있다(그림 3-56). 전기오븐은 가스오븐보다 더 효율적이다. 그러나 천연가스의 단위비용이 낮으므로 천연가스로 요리하는 것이 전기로 요리하는 것보다 훨씬 저렴하다(표 3-2).

조리효율은 조리장치뿐 아니라 사용자의 조리습관에 따라 결정된다. 대류식 및 마이크로웨이브식 오븐은 재래식 오븐보다 본질적으로 더 효율적이다. 평균적으로 재래식 오븐이 사용하는 에너지에 비해 대류식 오븐은 약 1/3을 절약하며 마이크로웨이브식 오븐은 약 2/3를 절약한다. 조리효율을 높일 수 있는 방법을 알아보면 다음과 같다. 빵을 구울 때 작은 오븐을 사용하며, 압력솥을 사용하고, 스튜와 스프

표 3-1

다양한 조명장치의 조도효율

Type of lighting	Efficacy, lumens/W
Combustion	
Candle	0.3
Kerosene lamp	1–2
Incandescent	
Ordinary	6–20
Halogen	15–35
Fluorescent	
Compact	40–87
Tube	60–120
High-intensity discharge	
Mercury vapor	40–60
Metal halide	65–118
High-pressure sodium	85–140
Low-pressure sodium	70–200
Solid-state	
LED	20–160
OLED	15–60
Theoretical limit	300*

*이 값은 가정한 이상적인 광원의 스펙트럼 분포에 따라 다르다. 백색광원의 상한은 금속할로겐화물의 경우 약 300 lm/W, 형광등의 경우 350 lm/W, LED의 경우 400 lm/W이다. 스펙트럼 최대값은 555 nm(녹색)의 파장에서 683 lm/W의 광출력으로 발생한다.

그림 3–55

15 W 밀집형 형광등은 60 W의 백열등과 같은 밝기의 빛을 생산한다.

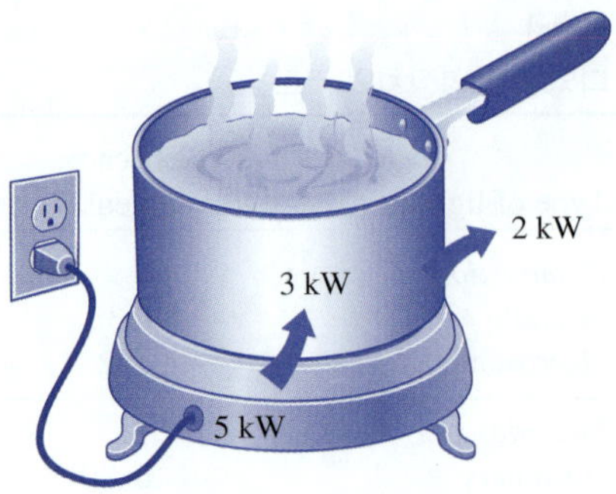

$$\text{Efficiency} = \frac{\text{Energy utilized}}{\text{Energy supplied to appliance}} = \frac{3 \text{ kWh}}{5 \text{ kWh}} = 0.60$$

그림 3-56

조리기기의 효율은 조리기기에 공급된 에너지와 조리된 음식에 전달된 에너지의 비로 나타낸다.

표 3-2

다양한 조리기기로 캐서롤을 요리하는 데 드는 에너지 비용*

Cooking appliance	Cooking temperature	Cooking time	Energy used	Cost of energy
Electric oven	350°F (177°C)	1 h	2.0 kWh	$0.19
Convection oven (elect.)	325°F (163°C)	45 min	1.39 kWh	$0.13
Gas oven	350°F (177°C)	1 h	0.112 therm	$0.13
Frying pan	420°F (216°C)	1 h	0.9 kWh	$0.09
Toaster oven	425°F (218°C)	50 min	0.95 kWh	$0.09
Crockpot	200°F (93°C)	7 h	0.7 kWh	$0.07
Microwave oven	"High"	15 min	0.36 kWh	$0.03

* 단위비용은 전기는 $0.095/kWh, 가스는 $1.20/therm으로 가정한다.

[From J. T. Amann, A. Wilson, and K. Ackerly, *Consumer Guide to Home Energy Savings*, 9th ed., American Council for an Energy-Efficient Economy, Washington, D.C., 2007, p. 163.]

는 전기냄비에서 조리한다. 가능한 가장 작은 냄비를 사용하고, 작은 냄비는 전기레인지의 소형가열기구를 사용하며, 전기오븐에는 접촉을 좋게 하기 위하여 바닥이 평평한 그릇을 사용한다. 또한, 국물이 넘칠 때 받는 버너의 국물받이는 반짝이도록 깨끗하게 유지하고, 냉장고의 냉동된 재료는 조리 전에 해동하며, 불필요한 경우 예열을 피하고, 조리 중에 그릇은 뚜껑을 덮어두며, 과도한 가열을 피하도록 온도계와 타이머를 사용하고, 조리 직후 오븐의 자기청소기능을 사용하며, 마이크로웨이브식 오븐의 내부면은 깨끗하게 유지한다.

고효율 조리장치를 사용하여 에너지절약을 실천하면 전기 및 가스 요금을 낮춰서 가계에 도움이 될 것이다. 나아가, 집에서나 전력을 생산하는 발전소에서나 연료의 연소과정 중 대기에 배출되는 오염물질을 줄임으로써 **환경**에 도움이 될 것이다. 단위 therm의 천연가스 연소로 인하여 지구의 기후변화를 유발하는 6.4 kg의 이산화탄소가 발생하고, 스모그의 원인이 되는 4.7 g의 질소산화물과 0.54 g의 탄화수소를 배출하며, 독성이 있는 2.0 g의 일산화탄소를 생성하고, 산성비의 원인이 되는 0.03 g의 이산화황을 배출한다. 절약된 단위 therm당의 천연가스는 기술한 오염물질의 배출을 제거하는 동시에, 미국 내 소비자에게 평균 $0.60을 절약하여 준다. 절약된 단위 kWh의 전력은 석탄화력발전소에서 석탄 0.4 kg을 절약하고, 이산화탄소 1.0 kg과 이산화황 15 g의 배출을 줄인다.

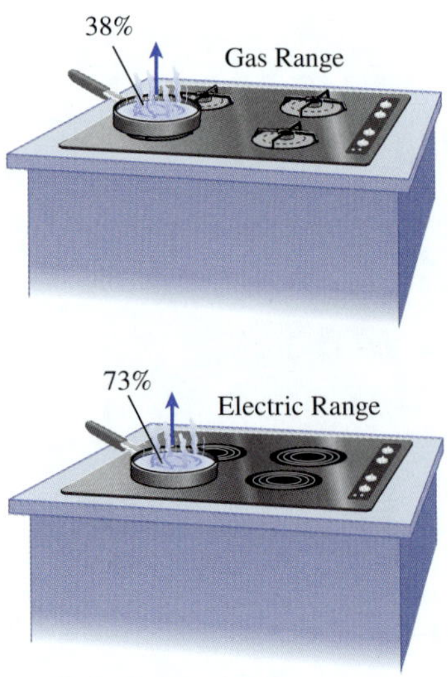

그림 3-57

예제 3-14에서 논의하는 73% 효율의 전기레인지와 38% 효율의 가스버너 개략도

예제 3-14 전기오븐과 가스오븐의 조리비용

비효율적인 조리기기는 같은 조리를 할 때에도 더 많은 양의 에너지를 소비하며 소비된 과도한 에너지는 생활공간에 열로 공급되므로, 조리기기의 효율은 조리기기에 의한 실내의 가열에 영향을 미친다. 개방형 버너의 효율은 전기기기의 경우 73%, 가스기기의 경우 38%이다(그림 3-57). 전기와 천연가스의 단위요금이 각각 $0.12/kWh와

$1.20/therm인 지역에서 2 kW의 전기버너를 사용한다고 고려하자. 버너에 의한 에너지소비율과 전기버너 및 가스버너가 사용한 에너지의 단위비용을 계산하라.

풀이 전기 및 가스레인지의 작동을 고려한다. 에너지소비율과 사용한 에너지의 단위비용을 구한다.

해석 전기레인지의 효율은 73%로 주어져 있다. 그러므로 2 kW의 전기에너지를 소비하는 버너는 다음과 같이 유용한 열을 공급한다.

$$\dot{Q}_{\text{utilized}} = (\text{입력 에너지}) \times (\text{효율}) = (2\text{ kW})(0.73) = 1.46\text{ kW}$$

사용한 에너지의 단위비용은 효율에 반비례하므로 다음과 같다.

$$\text{사용한 에너지 비용} = \frac{\text{에너지 단가}}{\text{효율}} = \frac{\$0.12/\text{kWh}}{0.73} = \mathbf{\$0.164/kWh}$$

가스버너의 효율은 38%이고, 전기레인지와 동일한(1.46 kW) 에너지를 공급하기 위하여 가스버너에 입력하여야 할 에너지는 다음과 같다.

$$\dot{Q}_{\text{input,gas}} = \frac{\dot{Q}_{\text{utilized}}}{\text{효율}} = \frac{1.46\text{ kW}}{0.38} = \mathbf{3.84\ kW} \qquad (= 13{,}100\text{ Btu/h})$$

이 식에서 1 kW = 3412 Btu/h이다. 따라서 가스버너는 전기장치만큼 성능을 발휘하려면 최소 13,100 Btu/h의 용량을 갖춰야 한다.

에너지 단위변환식은 1 therm = 29.3 kWh이므로, 가스버너가 사용한 에너지 단위비용은 다음과 같이 계산한다.

$$\text{사용한 에너지 비용} = \frac{\text{에너지 단가}}{\text{효율}} = \frac{\$1.20/29.3\text{ kWh}}{0.38} = \mathbf{\$0.108/kWh}$$

논의 사용된 가스비용이 전기비용보다 저렴하다. 그러므로 높은 효율에도 불구하고 이 경우에는 전기버너로 조리하는 비용이 가스버너보다 52% 이상 비싸다. 이는 비용에 민감한 소비자가 항상 가스기기를 선택하고 난방목적으로 전기를 사용하는 것이 현명하지 않은 이유를 설명한다.

기계장치 및 전기장치의 효율

역학에너지의 전달은 보통 회전축에 의해 이루어지므로 역학적 일은 종종 **축일**이라고 표현된다. 펌프나 송풍기는 일반적으로 전기모터로부터 축일을 받아서 마찰손실을 최소화하고 역학에너지로 유체에 전달된다. 반대로 터빈은 유체의 역학에너지를 축일로 변환한다. 마찰 등의 비가역성이 없다면 역학에너지는 하나의 형태에서 다른 형태의 역학에너지로 모두 변환될 수 있다. 이와 같은 장치나 변화과정의 **기계효율**은 다음과 같이 정의할 수 있다(그림 3-58).

$$\eta_{\text{mech}} = \frac{\text{기계적 에너지 출력}}{\text{기계적 에너지 입력}} = \frac{E_{\text{mech,out}}}{E_{\text{mech,in}}} = 1 - \frac{E_{\text{mech,loss}}}{E_{\text{mech,in}}} \qquad \textbf{(3-44)}$$

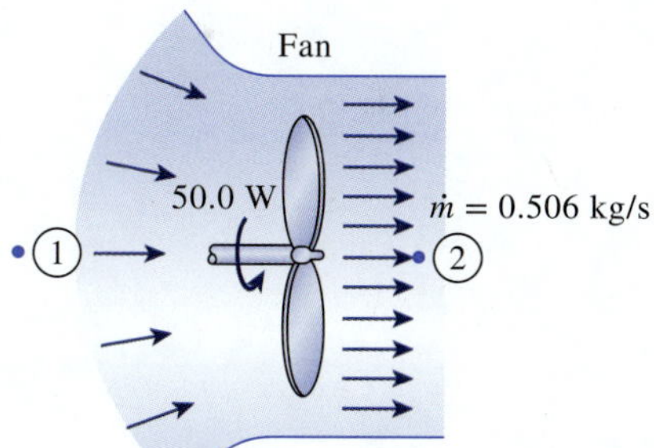

$V_1 \approx 0,\ V_2 = 12.1$ m/s
$z_1 = z_2$
$P_1 \approx P_{\text{atm}}$ and $P_2 \approx P_{\text{atm}}$

$$\eta_{\text{mech,fan}} = \frac{\Delta \dot{E}_{\text{mech,fluid}}}{\dot{W}_{\text{shaft,in}}} = \frac{\dot{m}V_2^2/2}{\dot{W}_{\text{shaft,in}}} = \frac{(0.506\text{ kg/s})(12.1\text{ m/s})^2/2}{50.0\text{ W}} = 0.741$$

그림 3-58
선풍기의 역학적 효율은 선풍기 출구에서 공기의 운동에너지와 입력된 역학적 동력의 비이다.

변환효율이 100% 이하라면, 변환과정 동안 변환이 완벽하지 않고 손실이 일부 발생하였음을 의미한다. 기계효율이 97%이면 3%의 역학에너지가 마찰에 의하여 열에너지로 변환되었음을 의미하고, 이로 인하여 유체의 온도가 약간 상승할 것이라고 예측할 수 있다.

유체장치는 일반적으로 유체의 압력, 속도, 높이 등을 증가시키는 것에 관심이 있다. 이는 펌프, 송풍기, 압축기 등을 통해 **역학에너지를 유체에 공급**함으로써 가능하다(앞으로 이 모든 장치를 펌프로 간주한다). 반대로 터빈을 통해 **유체에서 역학에너지를 추출**하는 것에도 관심을 가진다. 터빈은 회전축을 통하여 발전기나 회전장치를 구동함으로써 역학적인 동력을 생산한다. 공급 또는 추출되는 역학일과 유체가 내포한 역학에너지 사이의 변환과정의 완성도는 다음과 같이 정의되는 **펌프효율**과 **터빈효율**로 표현될 수 있다.

$$\eta_{\text{pump}} = \frac{\text{유체의 기계적 에너지 증가}}{\text{기계적 에너지 입력}} = \frac{\Delta \dot{E}_{\text{mech,fluid}}}{\dot{W}_{\text{shaft,in}}} = \frac{\dot{W}_{\text{pump},u}}{\dot{W}_{\text{pump}}} \tag{3-45}$$

이 식에서 $|\Delta \dot{E}_{\text{mech,fluid}}| = \dot{E}_{\text{mech,in}} - \dot{E}_{\text{mech,out}}$은 유체의 역학에너지 증가율로서, 유체에 공급된 **가용펌프동력** $\dot{W}_{\text{turbine},e}$와 같은 값이다. 터빈효율은 다음과 같이 정의된다.

$$\eta_{\text{turbine}} = \frac{\text{기계적 에너지 증가}}{\text{유체의 기계적 에너지 감소}} = \frac{\dot{W}_{\text{shaft,out}}}{|\Delta \dot{E}_{\text{mech,fluid}}|} = \frac{\dot{W}_{\text{turbine}}}{\dot{W}_{\text{turbine},e}} \tag{3-46}$$

이 식에서 $|\Delta \dot{E}_{\text{mech,fluid}}| = \dot{E}_{\text{mech,in}} - \dot{E}_{\text{mech,out}}$은 유체 역학에너지의 감소율로써, 터빈에 의해 유체로부터 추출된 역학동력 $\dot{W}_{\text{turbine},e}$와 같은 값이다. 음수값의 효율을 피하기 위해서 절대값 부호를 사용한다. 펌프나 터빈의 효율이 100%라는 것은 축일과 유체의 역학에너지 사이의 완벽한 변환을 의미하며, 이는 비록 도달할 수는 없지만 마찰효과가 최소화될 때 근접할 수 있다.

전기에너지는 전기모터에 의하여 **회전역학에너지**로 변환되어 송풍기, 압축기, 로봇팔, 자동차시동기 등의 구동에 사용된다. 이 변환과정의 효용성은 **입력하는 전기에너지에 대한 모터로 출력되는 역학에너지의 비인 모터효율** η_{motor}로 표기한다. 총부하상태의 모터효율은 소형모터인 경우 약 35%에서 대형모터인 경우 97% 이상까지 분포한다. 소비된 전기에너지와 공급된 역학에너지 차이는 폐열로 손실된다.

기계효율은 다음과 같이 정의한 **모터효율** 및 **발전기효율**과 혼동되지 않아야 한다.

모터: $$\eta_{\text{motor}} = \frac{\text{기계적 동력 출력}}{\text{전기 동력 입력}} = \frac{\dot{W}_{\text{shaft,out}}}{\dot{W}_{\text{elect,in}}} \tag{3-47}$$

발전기: $$\eta_{\text{generator}} = \frac{\text{전기 동력 출력}}{\text{기계적 동력 입력}} = \frac{\dot{W}_{\text{elect,out}}}{\dot{W}_{\text{shaft,in}}} \tag{3-48}$$

일반적으로 펌프는 모터와 함께 구성하여 사용하며, 터빈은 발전기와 함께 구성하여 사용한다. 따라서 펌프-모터 및 터빈-발전기 조합의 **복합효율**, 또는, **총효율**은 다음과 같이 정의된다(그림 3-59).

$$\eta_{\text{pump-motor}} = \eta_{\text{pump}}\eta_{\text{motor}} = \frac{\dot{W}_{\text{pump},u}}{\dot{W}_{\text{elect,in}}} = \frac{\Delta\dot{E}_{\text{mech,fluid}}}{\dot{W}_{\text{elect,in}}} \tag{3-49}$$

$$\eta_{\text{turbine-gen}} = \eta_{\text{turbine}}\eta_{\text{generator}} = \frac{\dot{W}_{\text{elect,out}}}{\dot{W}_{\text{turbine},e}} = \frac{\dot{W}_{\text{elect,out}}}{|\Delta\dot{E}_{\text{mech,fluid}}|} \tag{3-50}$$

모든 효율은 0~100% 범위에서 정의된다. 하한인 0%는 입력된 총역학에너지 또는 전기에너지가 모두 열에너지로 변환됨을 의미하며, 이러한 장치는 저항가열기의 역할을 한다. 상한인 100%는 마찰이나 다른 비가역성 없이 완전히 변환되는 경우로 역학에너지나 전기에너지가 열에너지로의 변환되는 양은 없다.

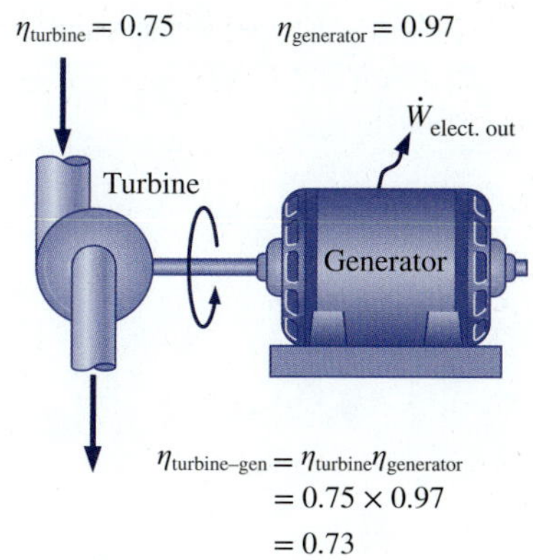

그림 3-59
터빈-발전기의 총효율은 터빈효율과 발전기율의 곱한 값으로, 유체의 역학에너지가 전기에너지로 변환된 정도를 나타낸다.

예제 3-15 **수력발전소의 전력생산**

안정적으로 질량유량 1500 kg/s의 물을 공급할 수 있는 대형 저수지의 자유수면에서 70 m 하부에 수력 터빈-발전기를 설치하여 전기를 생산하고자 한다(그림 3-60). 터빈의 역학에너지 출력이 800 kW이고 생산전력이 750 kW일 때, 터빈 효율과 터빈-발전기 복합효율을 계산하라. 관로를 통한 마찰손실은 무시한다.

풀이 대형 저수지에 설치된 수력 터빈-발전기를 이용하여 전기를 생산한다. 터빈-발전기 복합효율과 터빈효율을 계산하여야 한다.

가정 **1.** 저수지의 수면은 일정하게 유지된다. **2.** 터빈 출구에서 물의 역학에너지는 무시한다.

해석 편의상 저수지 자유표면을 점 1, 터빈출구를 점 2로 표기한다. 또한 터빈출구를 기준높이($z_2 - 0$)로 정의하여, 점 1, 2에서의 위치에너지가 각각 $pe_1 = gz_1$ 및 $pe_2 = 0$이 되도록 한다. 두 점은 모두 대기에 노출된 상태이므로($P_1 - P_2 - P_{atm}$) 유동에너지 P/ρ는 점 1, 2에서 모두 0이다. 한편, 점 1의 물은 본질적으로 정지상태이고, 터빈 출구에서 물의 운동에너지는 무시할 수 있다고 가정하였기 때문에, 두 점에서의 운동에너지는 모두 0이다($ke_1 = ke_2 = 0$). 점 1에서 물의 위치에너지는 다음과 같다.

$$pe_1 = gz_1 = (9.81\ \text{m/s}^2)(70\ \text{m})\left(\frac{1\ \text{kJ/kg}}{1000\ \text{m}^2/\text{s}^2}\right) = 0.687\ \text{kJ/kg}$$

그러므로 터빈에 공급되는 물의 역학에너지 전달률은 다음과 같다.

$$\begin{aligned}|\Delta\dot{E}_{\text{mech,fluid}}| &= \dot{m}(e_{\text{mech,in}} - e_{\text{mech,out}}) = \dot{m}(pe_1 - 0) = \dot{m}pe_1 \\ &= (1500\ \text{kg/s})(0.687\ \text{kJ/kg}) \\ &= 1031\ \text{kW}\end{aligned}$$

터빈-발전기 복합효율과 터빈효율은 정의로부터 각각 다음과 같이 구한다.

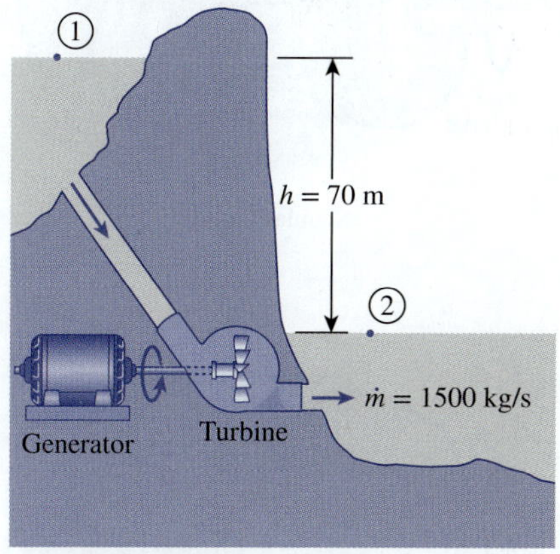

그림 3-60
예제 3-15의 개략도

$$\eta_{\text{turbine - gen}} = \frac{\dot{W}_{\text{elect,out}}}{|\Delta \dot{E}_{\text{mech,fluid}}|} = \frac{750\ \text{kW}}{1031\ \text{kW}} = 0.727 \text{ 또는 } \mathbf{72.7\%}$$

$$\eta_{\text{turbine}} = \frac{\dot{W}_{\text{shaft,out}}}{|\dot{E}_{\text{mech,fluid}}|} = \frac{800\ \text{kW}}{1031\ \text{kW}} = 0.776 \text{ 또는 } \mathbf{77.6\%}$$

결과적으로, 저수지는 터빈에 1031 kW의 역학에너지를 공급하고, 이 중 800 kW가 축일로 변환되어 발전기를 가동시킴으로써 750 kW의 전기를 생산한다.

논의 이 문제는 터빈입구를 점 1로 하고 위치에너지 대신 유동에너지를 사용함으로써 재해석할 수 있다. 터빈입구에서의 유동에너지가 자유수면에서의 위치에너지와 같으므로 동일한 결과가 도출된다.

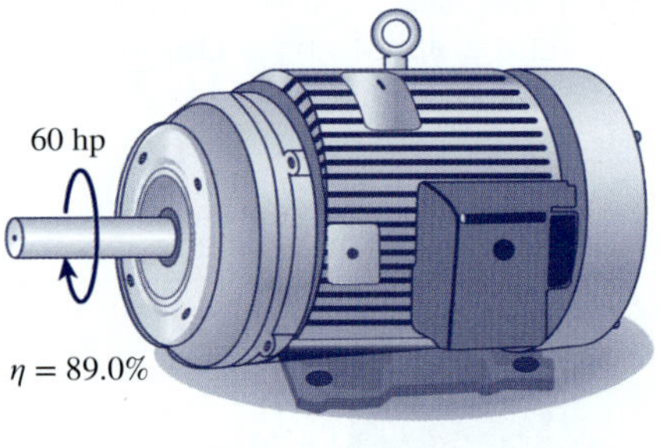

Standard motor

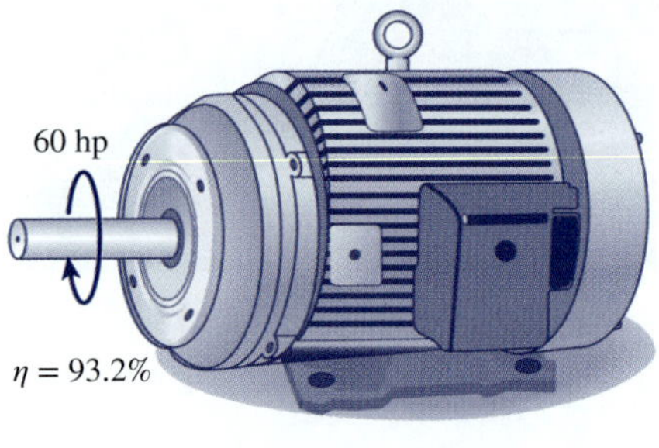

High-efficiency motor

그림 3-61
예제 3-16의 개략도

예제 3-16 고효율 모터와 관련한 비용절감

효율 89%인 60 hp의 전기모터(최대부하 시 60 hp의 축동력을 공급하는 모터)가 노후화되어 93.2%의 효율을 갖는 고효율모터로 교체하고자 한다(그림 3-61). 모터는 최대부하로 연간 3500 h 가동된다. 전기의 단가를 \$0.08/kWh로 가정하고, 기존의 표준모터 대신 고효율모터를 사용함으로써 절약되는 에너지와 비용을 구하라. 또한, 표준모터와 고효율모터의 구매가격이 각각 \$4520 및 \$5160일 때, 단순투자회수기간을 구하라.

풀이 노후화된 표준모터를 고효율모터로 교체함으로써 절감되는 비용과 에너지를 계산하고 투자회수기간을 구하는 문제이다.

가정 가동 시 모터는 최대부하 상태로 일정하게 유지된다.

해석 각각의 모터에 소요되는 전력과 이들의 차는 다음과 같다.

$$\dot{W}_{\text{electric in, standard}} = \dot{W}_{\text{shaft}}/\eta_{\text{st}} = (\text{정격 출력})(\text{부하율})/\eta_{\text{st}}$$
$$\dot{W}_{\text{electric in, efficient}} = \dot{W}_{\text{shaft}}/\eta_{\text{eff}} = (\text{정격 출력})(\text{부하율})/\eta_{\text{eff}}$$

$$\begin{aligned}\text{동력 절감} &= \dot{W}_{\text{electric in, standard}} - \dot{W}_{\text{electric in, efficient}} \\ &= (\text{정격 출력})(\text{부하율})(1/\eta_{\text{st}} - 1/\eta_{\text{eff}})\end{aligned}$$

이 식에서 η_{st}는 표준모터의 효율이고, η_{eff}는 비교되는 고효율모터의 효율이다. 따라서, 고효율모터를 장착함으로써 얻는 연간 에너지와 비용의 절감량은 다음과 같다.

$$\begin{aligned}\text{에너지 절감} &= (\text{동력 절감})(\text{작동 시간}) \\ &= (\text{정격 출력})(\text{작동 시간})(\text{부하율})(1/\eta_{\text{st}} - 1/\eta_{\text{eff}}) \\ &= (60\ \text{hp})(0.7457\ \text{kW/hp})(3500\ \text{h/yr})(1)(1/0.89 - 1/0.932) \\ &= \mathbf{7929\ kWh/yr}\end{aligned}$$

$$\begin{aligned}\text{비용 절감} &= (\text{에너지 절감})(\text{에너지 단위 비용}) \\ &= (7929\ \text{kWh/yr})(\$0.08/\text{kWh}) \\ &= \mathbf{\$634/yr}\end{aligned}$$

더불어, 다음과 같은 초기설치 시 초과비용이 발생한다.

$$\text{초기 초과 비용} = \text{구입 가격 차이} = \$5160 - \$4520 = \$640$$

따라서 초기투자비용의 단순회수기간은 다음과 같다.

$$\text{단순 비용 회수기간} = \frac{\text{초기 초과 비용}}{\text{연간 비용 절감액}} = \frac{\$640}{\$634/\text{yr}} = \mathbf{1.01\ yr}$$

논의 고효율모터는 전기에너지를 절약함으로써 약 1년 만에 가격차를 극복한다. 전기모터의 수명이 몇 해 정도 된다는 것을 고려하면 이 경우에 고효율모터를 구입해야 하는 이유가 명확해진다.

요약 | SUMMARY

계 모든 형태의 에너지 합은 **총에너지**이며, 이것은 단순압축성계에 대하여 내부에너지, 운동에너지, 위치에너지로 구성된다. **내부에너지**는 계의 분자에너지를 의미하며, 현열에너지, 잠열에너지, 화학에너지 및 핵에너지의 형태로 존재한다.

질량유량 $\dot{m}$은 단면적을 통하여 단위시간당 흐르는 유체의 질량이다. 이는 단면적을 통하여 단위시간당 흐르는 유체의 체적에 해당하는 **체적유량** $\dot{V}$과 다음의 관계가 있다.

$$\dot{m} = \rho\dot{V} = \rho A_c V_{\text{avg}}$$

질량유량 $\dot{m}$으로 흐르는 유체유동과 관련된 에너지유동율은 다음과 같다.

$$\dot{E} = \dot{m}e$$

이 식은 $E = me$와 유사하다.

역학에너지는 이상적인 터빈과 같은 기계장치를 통해서 완전하고 직접적으로 역학일로 변환될 수 있는 에너지로 정의된다. 단위질량당 및 변화율의 형태로 다음과 같이 표현된다.

$$e_{\text{mech}} = \frac{P}{\rho} + \frac{V^2}{2} + gz$$

$$\dot{E}_{\text{mech}} = \dot{m}e_{\text{mech}} = \dot{m}\left(\frac{P}{\rho} + \frac{V^2}{2} + gz\right)$$

이 식에서 P/ρ, $V^2/2$, gz은 각각 유체의 단위질량당 **유동에너지**, **운동에너지**, **위치에너지**이다.

에너지는 열 또는 일의 형태로 밀폐계의 경계를 통과할 수 있다. 검사체적에서는 질량에 의해 에너지가 수송될 수 있다. 밀폐계와 주위의 온도차에 의한 에너지전달이 존재하면, 이러한 에너지 전달은 **열**이고, 그 외는 **일**이다.

일은 일정한 거리를 통해 계에 힘이 작용할 때 전달된 에너지이다. 여러 가지 형태의 일은 다음과 같이 표현된다.

전기일: $W_e = \mathbf{V}I\,\Delta t$

축일: $W_{\text{sh}} = 2\pi n\mathrm{T}$

용수철일: $W_{\text{spring}} = \frac{1}{2}k(x_2^2 - x_1^2)$

열역학 제1법칙은 근본적으로 에너지보존법칙을 나타낸 것이며, **에너지평형**이라고도 한다. 계와 변화과정의 종류를 막론하고 일반적인 에너지평형은 다음과 같다.

$$\underbrace{E_{\text{in}} - E_{\text{out}}}_{\substack{\text{열, 일, 질량에 의한} \\ \text{정미 에너지 전달}}} = \underbrace{\Delta E_{\text{system}}}_{\substack{\text{내부 에너지, 운동 에너지} \\ \text{위치 에너지 등의 변화}}} \quad \text{(kJ)}$$

또한, 이 식들은 다음과 같이 **변화율** 형태로 나타낼 수도 있다.

$$\underbrace{\dot{E}_{\text{in}} - \dot{E}_{\text{out}}}_{\substack{\text{열, 일, 및 질량에 의한} \\ \text{정미 에너지 전달률}}} = \underbrace{dE_{\text{system}}/dt}_{\substack{\text{내부 에너지, 운동 에너지} \\ \text{위치 에너지 등의 변화율}}} \quad \text{(kW)}$$

다양한 장치들의 효율은 다음과 같이 정의된다.

$$\eta_{\text{pump}} = \frac{\Delta\dot{E}_{\text{mech,fluid}}}{\dot{W}_{\text{shaft,in}}} = \frac{\dot{W}_{\text{pump},u}}{\dot{W}_{\text{pump}}}$$

$$\eta_{\text{turbine}} = \frac{\dot{W}_{\text{shaft,out}}}{|\Delta\dot{E}_{\text{mech,fluid}}|} = \frac{\dot{W}_{\text{turbine}}}{\dot{W}_{\text{turbine},e}}$$

$$\eta_{\text{motor}} = \frac{\text{기계적 동력 출력}}{\text{전기 동력 입력}} = \frac{\dot{W}_{\text{shaft,out}}}{\dot{W}_{\text{elect,in}}}$$

$$\eta_{\text{generator}} = \frac{\text{전기 동력 출력}}{\text{기계적 동력 입력}} = \frac{\dot{W}_{\text{elect,out}}}{\dot{W}_{\text{shaft,in}}}$$

$$\eta_{\text{pump-motor}} = \eta_{\text{pump}}\eta_{\text{motor}} = \frac{\Delta\dot{E}_{\text{mech,fluid}}}{\dot{W}_{\text{elect,in}}}$$

$$\eta_{\text{turbine-gen}} = \eta_{\text{turbine}}\eta_{\text{generator}} = \frac{\dot{W}_{\text{elect,out}}}{|\Delta\dot{E}_{\text{mech,fluid}}|}$$

참고문헌 REFERENCES AND SUGGESTED READINGS

1. ASHRAE *Handbook of Fundamentals*. SI version. Atlanta, GA: American Society of Heating, Refrigerating, and Air-Conditioning Engineers, Inc., 1993.
2. Y.A. Cengel. "An Intuitive and Unified Approach to Teaching Thermodynamics." ASME International Mechanical Engineering Congress and Exposition, Atlanta, Georgia, AES-Vol.36, pp.251-260, November 17-22, 1996.

연습문제* PROBLEMS

에너지의 형태

3-1C 거시적 형태 및 미시적 형태의 에너지의 차이점은 무엇인가?

3-2C 총에너지란 무엇인가? 총에너지를 구성하는 서로 다른 형태의 에너지를 나열하고 설명하라.

3-3C 계의 내부에너지를 구성하는 에너지의 형태를 나열하라.

3-4C 열, 내부에너지 및 열에너지는 서로 어떤 관계인가?

3-5C 역학에너지란 무엇인가? 열에너지와는 어떻게 다른가? 유체유동에서 역학에너지는 어떤 형태로 나타나는가?

3-6C 휴대용 전기히터는 일반적으로 작은 방을 가열하는 데 사용된다. 이 가열과정에 수반되는 에너지변환을 설명하라.

3-7C 대부분 메탄(CH_4)으로 구성된 천연가스는 연료이면서 주요 에너지원이다. 수소(H_2) 기체에 대해서도 같은 말을 할 수 있는가?

3-8C 절벽에서 바위가 떨어져 결국 바다속 바닥에 가라앉는 것을 고려하라. 암석의 위치에너지로부터 시작하여, 이 과정에 관련된 에너지전달과 에너지변환을 식별하라.

3-9 질량유량 1500 kg/s로 안정적인 물 공급이 가능한 대형 저수지의 자유수면으로부터 120 m 아래 위치한 수력터빈 발전기를 통하여 전력을 생산한다. 발전능력을 계산하라.

3-10E 이동 중인 질량의 운동에너지가 ke = $V^2/2$이며, 여기서 V는 이 물체의 속도이다. 속도가 100 ft/s인 질량의 운동에너지를 Btu/lbm 단위로 계산하라. *답: 0.2 Btu/lbm*

3-11 속도가 30 m/s인 물체의 단위질량당 운동에너지인 비운동에너지를 kJ/kg 단위로 계산하라.

3-12E 질량이 100 lbm인 물체가 기준면보다 20 ft 아래에 있을 때, 물체의 총위치에너지를 Btu 단위로 계산하라. 중력가속도는 $g = 31.7$ ft/s²이다.

3-13 기준면보다 50 m 위에 위치한 물체의 단위질량당 위치에너지인 비위치에너지를 kJ/kg 단위로 구하라. 중력가속도는 $g = 9.8$ m/s²이다.

3-14 질량유량 120 kg/s인 물제트가 60 m/s의 속도로 노즐에서 분사되어 수차를 돌린다. 이 물 제트의 전력생산용량을 구하라.

3-15 체적유량 500 m³/s인 강물이 3 m/s의 속도로 호수 수면으로부터 90 m 높이에서 유입된다. 단위질량당 강물의 총역학에너지와 해당 높이차에서 강물의 발전용량을 계산하라.

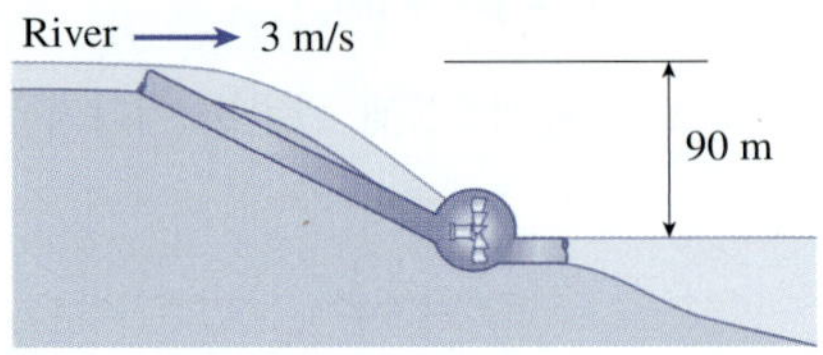

그림 P3-15

3-16 특정 위치에서 바람이 10 m/s의 속도로 일정하게 불고 있다. 날개 직경 60 m인 풍력터빈을 이용할 때, 공기의 단위질량당 역학에너지와 발전용량을 구하라. 공기의 밀도는 1.25 kg/m³이다.

열과 일에 의한 에너지 전달

3-17C 칼로릭 이론이란 무엇인가? 언제 어떤 이유로 이 이론이 폐기되었는가?

3-18C 밀폐계의 경계를 통과할 수 있는 에너지의 형태는 무엇인가?

3-19C 단열과정과 단열계에 대하여 설명하라.

3-20C 밀폐계의 경계를 통과하는 에너지는 언제 열이고, 언제 일인가?

*"C"로 표기한 문제는 개념 문제이며, 모든 문제를 풀어 볼 것을 권장한다. "E"로 표기한 문제는 영국 단위계 문제이며, SI 단위계 사용자는 이 문제를 무시해도 된다. 아이콘(□)으로 표기된 문제는 포괄적인 개념 문제이며, 적절한 소프트웨어를 사용하여 풀 수 있는 문제이다.

3-21C 도로를 따라 정속 주행하는 자동차를 고려하자. 다음과 같이 계를 정할 때 열과 일 상호작용의 방향을 결정하라. (*a*) 자동차 라디에이터, (*b*) 자동차 엔진, (*c*) 자동차 바퀴, (*d*) 도로, (*e*) 자동차 주위 공기

3-22C 전원 플러그가 연결된 다리미로 방 안을 가열한다. 이것은 열과 일 상호작용 중 어느 것에 속하는가? 다리미를 포함한 방 전체를 계로 고려하라.

3-23C 창문을 통해 입사되는 태양복사로 인해 방이 가열되고있다. 이것은 열과 일 상호작용 중 어느 것에 속하는가?

3-24C 피스톤–실린더 장치 내의 기체가 압축되고, 결과적으로 온도가 상승한다. 이것은 열과 일 상호작용 중 어느 것에 속하는가?

3-25 작은 전기모터가 5 W의 역학적 출력을 생산한다. 다음 두 종류의 단위계로 출력을 환산하라. (*a*) N, m, s 단위, (*b*) kg, m, s 단위. *답: (a)* 5 N · m/s, (*b*) 5 kg · m²/s³

역학적 형태의 일

3-26C 정지상태에서 속도 85 km/h로 가속되는 데 10 s가 걸리는 자동차가 있다. 만약, 동일한 속도로 가속되는 데 걸리는 시간이 5 s라면, 두 경우에 대한 자동차가 받은 에너지전달량은 서로 다르겠는가?

3-27E 건설용 크레인으로 무게 3 ton인 프리스트레스 콘크리트 보를 지면에서 24 ft 높이의 교각 꼭대기까지 들어 올린다. 각각 (*a*) 빔, (*b*) 크레인을 계로 고려하여, 수행된 일량을 계산하라. 결과는 lbf·ft와 Btu로 나타내라.

3-28E 속도 3000 rpm으로 회전하며 225 hp를 전달하는 자동차 축에 가해지는 토크를 계산하라.

3-29 스프링상수 3 kN/cm인 용수철을 초기상태로부터 3 cm 압축하면, 이 용수철은 얼마만큼의 일(kJ)을 수행할 수 있는가?

3-30 스키 리프트의 편도 길이가 1 km이고 수직 높이는 200 m이다. 의자 간의 거리는 20 m이며, 한 의자에 세 명씩 앉을 수 있다. 이 리프트는 10 km/h의 일정한 속도로 운행된다. 마찰과 공기저항을 무시할 경우, 승객이 탄 의자 한 개의 평균질량이 250 kg일 때, 이 스키 리프트를 운행하는 데 소요되는 동력은 얼마인가? 또한, 이 스키 리프트가 작동 후 5 s 동안 가속되어 정상운행 속도에 도달하기 위하여 필요한 동력을 구하라.

3-31 질량이 1,500kg인 자동차의 엔진 최대 출력이 75 kW이다. 평탄한 도로에서 이 자동차를 최대출력으로 정지상태에서 속도 100 km/h로 가속하는 데 필요한 시간을 계산하라. 당신의 결과는 현실적인가?

3-32 고장난 1200 kg의 자동차를 트럭으로 견인하고 있다. 마찰, 공기저항 및 회전저항을 무시하고 다음과 같은 운행 조건에서 필요한 추가동력을 구하라. (*a*) 평탄한 도로에서 일정속도, (*b*) 경사도 30°인 오르막길에서 50 km/h의 일정속도, (*c*) 평탄한 도로에서 12 s 동안 정지상태에서 90 km/h로 가속. *답: (a)* 0, (*b*) 81.7 kW, (*c*) 31.3 kW

3-33 구형인 암모니아 기포가 액체 암모니아 내에서 상승함에 따라 직경이 1 cm에서 3 cm로 변한다. 암모니아의 표면장력이 0.02 N/m일 때, 이 기포에 의해 생성된 일의 양을 kJ 단위로 계산하라. *답:* 5.03×10^{-8} kJ

3-34 지름 0.5 cm, 길이 10 m인 강철봉을 3 cm 인장하였다. 봉재질인 강철의 영률은 21 kN/cm²이다. 이 강철봉을 인장하기 위하여 필요한 일을 kJ 단위로 구하라.

열역학 제1법칙

3-35C 검사체적으로, 또는 검사체적으로부터의 에너지 전달기구는 어떤 것이 있나?

3-36C 단일 사이클 동안 정미일은 반드시 0이어야 하는가? 어떤 종류의 계가 이에 해당하는가?

3-37C 무더운 여름날 한 학생이 선풍기를 틀어놓은 상태로 아침에 기숙사 방을 나왔다. 저녁에 돌아왔을 때, 이웃 방에 비하여 학생의 방은 더 더울까 아니면 시원할까? 그 이유를 설명하라. 모든 출입문과 창문은 닫혀 있었다고 가정한다.

3-38 단열밀폐계가 0 m/s에서 30 m/s로 가속된다. 이 계의 비에너지(단위질량당 에너지) 변화량을 kJ/kg 단위로 구하라.

3-39 송풍기를 통해서 정지상태 공기가 8 m/s로 가속되며, 유량은 9 m³/s이다. 송풍기에 공급되어야 하는 최소동력을 구하라. 공기의 밀도는 1.18 kg/m³이다. *답:* 340 W

3-40E 수직 피스톤–실린더 장치에 물이 들어 있고, 상단부를 통하여 가열한다. 이 과정에서 65 Btu의 열이 물로 전달되고, 실린더 측벽을 통한 열손실은 8 Btu에 달한다. 피스톤은 실린더 내부 물의 비등에 의하여 상승하고, 이때 수증기는 5 Btu의 일을 수행한다. 이 과정에서 물의 에너지 변화량을 계산하라. *답:* 52 Btu

3-41E 겨울철 설계조건에서 주택으로부터 60,000 Btu/h의 열손실률이 예상된다. 사람, 조명 및 가전제품으로부터 주택 내부로의 열획득은 6000 Btu/h로 추정된다. 이 주택을 전기저항히터로

가열할 때, 주택을 일정한 온도로 유지하기 위하여 필요한 히터의 정격전력량을 kW 단위로 구하라.

3-42E 펌프를 사용하여 물의 수압을 15 psia에서 70 psia로 상승시킨다. 유량 0.8 ft^3/s의 물을 송출하는 데 필요한 전력(hp)을 계산하라. 입구의 수온이 필요한 유량을 송출하는 전력에 미치는 영향이 큰가? *답: 11.5 hp*

3-43 공장 창고의 조명을 위하여 형광등 설비 6개가 필요하며, 한 개의 설비에는 정격소비전력 60 W짜리 형광등 4개가 장착된다. 모든 형광등은 공장 가동시간 동안 계속 켜져 있으며, 가동 시간은 1년에 365일로 매일 오전 6시부터 오후 6시까지이다. 그러나, 실제로 이 창고는 하루 평균 3시간 동안만 사용된다. 전기료가 $0.11/kWh일 경우, 동작센서를 설치함으로써 절약할 수 있는 에너지와 경비를 계산하라. 센서의 구매 가격이 $32이고, 센서를 설치하는 데 $40의 경비로 1시간 걸릴 경우, 투자금의 단순회수기간을 산정하라.

3-44 방 안의 초기온도는 실외온도와 동일한 20°C이다. 방 안에는 용량 40 W의 전구, 110 W의 TV, 300 W의 냉장고, 그리고 1200 W의 다리미가 있다. 벽을 통한 열전달이 없다고 가정하고, 이 모든 전기장치가 가동될 때 방 안의 에너지 증가율을 계산하라.

3-45 백화점의 에스컬레이터가 평균 몸무게 75 kg인 사람 50명을 0.6 m/s의 속도로 45° 경사를 이송하도록 설계되었다. 이 에스컬레이터를 가동하기 위한 최소 소비전력을 구하라. 에스컬레이터의 속도가 2배로 빨라지면 소비전력은 어떻게 될까?

3-46 속도 70 km/h로 일정하게 주행하는 질량 2100 kg의 자동차를 고려하라. 이제 자동차는 5 s 안에 110 km/h로 가속하여 다른 자동차를 추월하기 시작한다. 이와 같은 가속을 달성하는 데 필요한 추가 일률을 결정하라. 자동차의 총 질량이 700 kg에 불과하다면 일률은 얼마가 필요한가? *답: 117 kW, 38.9 kW*

3-47E 자동차의 연비를 향상시키는 한 가지 방법은 구름저항(rolling resistance)이 작은 타이어(회전 시 저항이 덜한 타이어)를 사용하는 것이다. 속도 65 mph로 주행하는 고속도로 시험에서 구름저항이 가장 작은 타이어가 연료효율을 거의 2 mpg (mile per gallon)까지 향상시킬 수 있음을 보여주었다. 구름저항이 큰 타이어를 장착하여 연비가 35 mpg이고, 연간 15,000 mile을 주행하는 자동차를 고려하자. 연료비용이 $3.5/gal일 때, 구름저항이 작은 타이어로 교체하면 연간비용을 얼마나 절약할 수 있는지 계산하라.

에너지 변환 효율

3-48C 기계효율이란 무엇인가? 수력터빈에서 기계효율이 100%라는 것은 어떤 의미인가?

3-49C 펌프–모터 복합효율은 어떻게 정의되는가? 펌프–모터 복합효율이 펌프나 모터의 개별효율보다 클 수 있는가?

3-50C 터빈–발전기 복합효율이 터빈이나 발전기의 개별효율보다 클 수 있는가? 이유를 설명하라.

3-51 전기요금과 천연가스의 요금이 각각 $0.10/kWh와 $1.20/therm (1 therm = 105,000 kJ)인 지역에 24 kW의 개방형 전기버너가 설치되어 있다. 개방형 버너의 효율은 전기버너가 73%, 가스버너가 38%이다. 전기버너와 가스버너에 대하여 에너지 소모율과 사용된 에너지의 단위비용을 구하라.

3-52E 제조설비의 운전에 필요한 증기를 정격 입력열이 5.5×10^6 Btu/h인 보일러에 의하여 공급하고 있다. 보일러의 연소효율은 휴대용 연도가스분석기에 의해 0.7로 측정되었다. 보일러를 잘 보수하여 연소효율을 0.8로 개선한 후, 1년에 4200시간을 간헐적으로 가동하였다. 에너지의 단위비용을 $13/$10^6$ Btu로 가정하고, 보일러 보수로 인하여 연간 절감된 에너지와 비용을 계산하라.

3-53E 문제 3-52E에서 에너지 단위비용과 새로운 연소효율이 연간 절감된 에너지와 비용에 미치는 영향을 적절한 S/W를 사용하여 구하라. 연소효율은 0.7부터 0.9까지 변한다고 가정하고, 에너지 단위비용은 $12/$10^6$ Btu~$14/$10^6$ Btu의 범위를 고려하라. 연소효율에 대한 연간 절감된 에너지와 비용을 에너지 단위비용이 $12/$10^6$ Btu, $13/$10^6$ Btu, $14/$10^6$ Btu인 경우에 대하여 각각 그래프로 도시하고, 그 결과에 대하여 논하라.

3-54 효율 91.0%, 축 출력 75 hp인 일반 모터의 수명이 다하여 효율 95.4%, 축 출력 75 hp의 고효율모터로 교체하였다. 전부하(full-load) 조건에서 고효율모터로 교체한 결과 발생한 방 안의 열획득 감소분을 구하라.

3-55 헬스클럽에 모터가 없는 6개의 웨이트–리프팅머신과 2.5 hp(축 출력)의 모터가 장치된 7개의 트레이드밀이 설치되어 있다. 모터는 효율이 0.77이며 평균 부하율이 0.7로 운전된다. 사람이 붐비는 저녁시간에 13개의 장치가 모두 연속적으로 사용되고 있으며, 각 장치마다 두 사람이 사용을 위해 기다리면서 가벼운 운동을 하고 있다. 헬스클럽에서 사람으로부터 소산되는 열량이 평균 600 W라고 가정하면, 이러한 조건에서 사람과 체력단련 장치에 의한 헬스클럽의 가열률을 구하라.

3-56 방 안에 설치된 열교환기를 순환하는 냉수에 의해 실내가 냉방된다. 실내 공기는 0.25 hp(축 출력)인 선풍기에 의하여 순환되고 있다. 축 출력 0.25 hp인 선풍기를 구동하는 작은 전기모터

의 전형적인 효율은 60%이다. 선풍기-모터 장치에 의하여 실내로 공급된 열전달률을 구하라.

3-57 대형 호수의 수면 아래 50 m에 설치된 수력터빈-발전기를 통해서 전력이 생산된다. 물은 유량 5000 kg/s으로 일정하게 공급된다. 전력생산량이 1862 kW로 계측되었으며, 발전기효율이 95%일 때, 다음을 구하라. (*a*) 터빈-발전기 복합효율, (*b*) 터빈의 기계효율, (*c*) 터빈으로부터 발전기에 전달되는 축동력

3-58 축 동력 7 hp인 펌프를 사용하여 물을 15 m 높이까지 상승시킨다. 펌프의 기계효율이 82%일 때, 물의 최대 체적유량을 결정하라.

3-59 지열 펌프를 사용하여 밀도 1050 kg/m^{3}인 염수를 200 m 깊이로부터 0.3 m^3/s의 유량으로 공급한다. 효율 74%인 펌프에 필요한 전력 입력량을 결정하라. 관로의 마찰손실은 무시하고, 200 m 깊이의 염수가 대기로 노출된다고 가정한다.

3-60 한 지점에서 바람이 7 m/s로 일정하게 분다. 공기의 단위 질량당 역학에너지를 구하고, 이 지점에서 날개직경이 80 m인 풍력터빈을 이용하여 생산 가능한 전력량을 결정하라. 또한, 총효율이 30%일 때 실제 전력 생산량을 구하라. 공기의 밀도는 1.25 kg/m^{3}이다.

3-61 문제 3-60에서 적절한 S/W를 사용하여 풍속과 날개직경의 변화가 풍력발전량에 미치는 영향에 대해 검토하라. 풍속은 5~20 m/s까지 5 m/s 간격으로 변화시키고, 날개직경은 20~120 m까지 20 m 간격으로 변화시켜라. 결과를 표로 만들어 제시하고, 그 의미에 대하여 논하라.

3-62 축동력이 20 kW인 펌프를 이용하여 아래쪽 저수지로부터 위쪽 저수지로 물을 양수한다. 위쪽 저수지는 아래쪽보다 수면이 45 m 높다. 물의 체적유량이 0.03 m^3/s로 측정될 때, 이 과정 동안 마찰에 의해 열에너지로 변환된 역학적 동력을 계산하라.

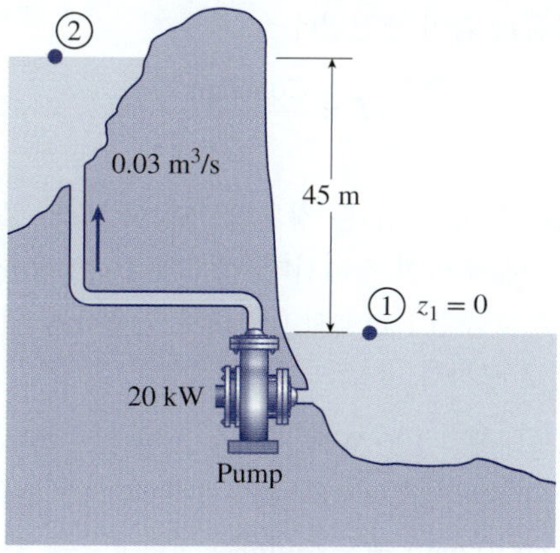

그림 P3-62

3-63E 입력 전력량 20 hp, 효율 80%인 펌프를 사용하여, 균일한 직경의 배관계를 통해 유량 1.5 ft^3/s의 물을 호수에서 인근 수영장으로 공급한다. 수영장의 자유 수면은 호수 수면보다 80 ft 높다. 배관의 마찰효과를 극복하는 데 소모된 역학적 동력을 계산하라. *답: 2.37 hp*

3-64 호수의 물을 수면 15 m 상부에 설치된 탱크에 70 L/s의 체적유량으로 15.4 kW의 전력을 소비하면서 양수하고 있다. 관로의 마찰손실과 운동에너지 변화를 무시할 때 다음을 구하라. (*a*) 펌프-모터 장치의 총효율, (*b*) 펌프 입구와 출구 사이의 압력차

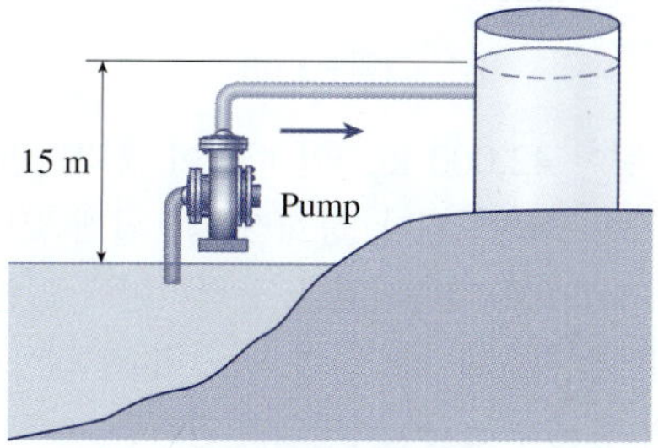

그림 P3-64

3-65 전력 용량이 8 MW이고, 날개직경이 160 m 이상인 대형 풍력터빈을 발전용으로 사용할 수 있다. 풍속이 8 m/s로 거의 일정한 장소에 설치된 날개직경 100 m의 풍력터빈을 고려하라. 공기밀도를 1.25 kg/m^{3}으로 산정하고, 풍력터빈의 총효율을 32%로 가정하여 이 풍력터빈에서 생산되는 전력량을 계산하라. 24 h 동안 8 m/s의 일정한 풍속을 가정하고, 전기생산단가 $0.09/kWh에 대해 전기에너지 생산량과 하루에 발생하는 수익을 계산하라.

3-66 수력터빈은 유량 0.25 m^3/s와 고도차 85 m를 유지하며 운전되고, 터빈-발전기 총효율은 91%이다. 이 수력터빈에서 생산되는 전력량을 계산하라.

3-67 네바다에 위치한 후버댐의 수면은 그 아래의 콜로라도강보다 206 m 높다. 수력터빈의 효율이 100%일 때, 50 MW의 전력을 생산하기 위하여 터빈에 공급되어야 하는 물의 유량을 계산하라.

그림 P3-67

Photo by Lynn Betts, USDA Natural Resources Conservation Service

3-68 밀도 ρ = 860 kg/m^{3}인 오일을 체적유량 0.1 m^3/s로 퍼내는 오일펌프가 44 kW의 전력을 소모하고 있다. 입구와 출구의 직경은 각각 8 cm와 12 cm이다. 펌프 내의 압력 상승이 500 kPa로 계측되고 모터효율이 90%일 때, 이 펌프의 기계효율을 구하라.

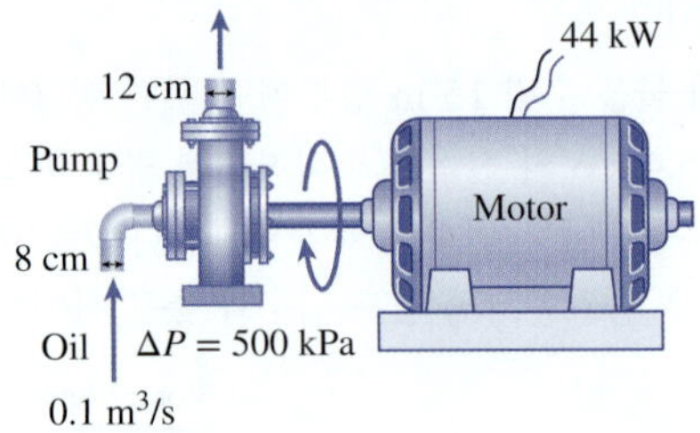

그림 P3-68

3-69 질량유량이 42,000 kg/s인 바람이 풍력터빈을 일정한 각속도 15 rpm으로 회전시킨다. 풍력터빈의 날개 끝단속도(tip velocity)가 250 km/h로 계측되었다. 풍력터빈에 의한 전력 생산량이 180 kW일 때, 다음을 계산하라. 공기의 밀도는 1.31 kg/m^{3}이다. (*a*) 공기의 평균속도, (*b*) 터빈의 변환효율

복습문제

3-70 일부 엔지니어가 그리드전력시스템에 접근할 수 없는 시골 지역에 조명을 제공하는 장치를 개발하였다. 이 장치는 실내용이다. 중력에 의해 구동되며 다음과 같이 작동한다. 돌이나 모래가 들어있는 자루를 인간의 힘으로 더 높은 위치로 들어 올린다. 자루가 매우 천천히 하강함에 따라 천천히 회전하는 스프로킷-휠에 동력을 공급한다. 기어트레인 메커니즘은 이러한 느린 동작을 고속으로 변환하여 DC 발전기를 구동한다. 발전기의 전기 출력은 LED전구에 전원을 공급하는 데 사용된다.

중력구동 장치에 의하여 조도 16 lumen의 밝기를 제공하는 LED 전구를 고려하라. 이 장치는 10 kg의 모래자루를 사용하며, 사람의 힘으로 2 m 높이까지 이 자루를 들어 올려야 한다. 지속적인 조명을 위해서는 20 min마다 모래자루를 들어 올려야 한다. LED 전구의 효율이 150 lumen/W일 때, 다음을 계산하라. (*a*) 모래자루가 내려갈 때의 속도, (*b*) 장치의 총효율

3-71 학생 55명과 선생님 한 분이 정원인 교실에서, 사람마다 100 W의 열이 발생한다. 형광등은 18개가 설치되어 있고 각각 40 W씩 발열하며, 안정기는 추가적으로 10%의 전력을 소비한다. 교실 정원이 모두 차 있을 때, 내부 열발생률을 구하라.

3-72 집주인이 효율이 55%인 25년 된 천연가스 보일러를 교체하려 한다. 효율이 82%이고 가격은 $1600인 일반 보일러와 95% 효율에 가격은 $2700인 고효율 보일러를 두고 고민하고 있다. 집주인은 고효율 보일러를 구입한 후 8년 동안에 절약된 가스비용이 차액을 보상할 수 있다면 고효율 보일러를 구입하고자 한다. 집주인이 현재 연간 $1200를 난방비용으로 쓰고 있다면, 그가 일반 보일러와 고효율 보일러 중 어느 것을 사는 것이 타당한가?

3-73 집주인이 다음과 같은 난방 시스템을 검토하고 있다. 전열기 난방비는 $0.12/kWh (1 kWh = 3600 kJ), 가스 난방비는 $1.24/therm (1 therm = 105,500 kJ), 기름 난방비는 $2.3/gal(1 gal of oil = 138,500 kJ)이다. 전열기 난방효율은 100%, 가스와 기름 보일러 난방효율은 동일하게 87%이다. 에너지 비용이 가장 적게 드는 난방 시스템을 결정하라.

3-74 미국 에너지성은 미국 내 모든 가정이 겨울철 온도조절기 설정을 6°F (3.3°C) 낮추면 매일 570,000 barrel의 석유를 절약할 수 있다고 추정한다. 평균 난방기간이 180 day이고, 석유비용이 $55/barrel이라고 가정하면 연간 절약되는 비용은 얼마인가?

3-75 미국 에너지성은 일반가정에서 연간 지출하는 에너지 비용이 $1200이며, 이 에너지의 46%가 냉난방에 사용되고, 15%는 온수, 15%는 냉동/냉장에, 나머지 24%는 전등, 요리, 가정용 가전제품에 사용된다고 추정하고 있다. 단열이 취약한 주택의 냉난방비는 적절한 단열을 추가하여 30%까지 절감할 수 있다. 만약, 단열 추가비용이 $200라면, 절약한 에너지 비용으로 단열 추가비용을 회수하는 데에 얼마나 걸리는지 계산하라.

3-76 용수철을 길이 x만큼 압축하는 데 필요한 힘 F는 $F - F_0 = kx$로 산출된다. 이 식에서 k는 스프링 상수이고 F_0는 설정된 초기힘이다. 스프링 상수가 300 N/cm이고 용수철이 초기힘 100 N으로 압축되었을 때, 용수철을 길이 1 cm만큼 압축하는 데 필요한 일(kJ)을 계산하라.

3-77 가스 스프링에서 변위 x만큼 가스를 팽창시키기 위하여 필요한 힘은 다음과 같이 결정된다.

$$F = \frac{\text{Constant}}{x^k}$$

이 식에서 상수(constant)는 장치의 형상에 따라 결정되며, k는 사용되는 가스에 의하여 정해진다. 상수가 1000 N·m$^{1.3}$이고 k = 1.3일 때, 스프링을 0.1 m에서 0.3 m로 압축하기 위하여 필요한 일을 kJ 단위로 구하라. *답:* 1.78 kJ

3-78 켜진 상태에서 120 W의 전력을 소비하고, 하루 평균 6 h 동안 켜져 있는 TV를 고려하자. 단위전기비용이 12 cent/kWh일 때, 이 TV가 한 달(30 day) 동안 소비하는 전력 비용을 계산하라.

3-79E 깊이 200 ft인 우물에서 높이 100 ft에 설치된 저장탱크로 물을 운송한다. 유량 200 gal/min을 이송하는 데 필요한 전력량(kW)을 계산하라.

3-80 수직 이동 엘리베이터 캐빈의 총 질량은 완전히 적재되었을 때 800 kg이고, 비어 있을 때 150 kg이다. 엘리베이터 캐빈은 400 kg의 균형추에 의해 부분적으로 균형을 이루며, 이 균형추에 연결된 케이블은 엘리베이터 이동 통로 상부 꼭대기에 설치된 도르래를 통과하여 캐빈 상부의 고리와 연결된다. 케이블의 무게를 무시하고, 가이드 레일 및 풀리의 마찰도 없다고 가정하여 다음 물음에 답하라. (*a*) 완전히 적재된 캐빈이 1.2 m/s의 일정한 속도로 상승하는 동안 필요한 동력, (*b*) 빈 캐빈이 1.2 m/s의 일정한 속도로 하강하는 동안 필요한 동력, (*c*) 균형추를 사용하지 않았을 때 (*a*)에 대한 해는 무엇인가? (*d*) 캐빈과 가이드 레일 사이에 800 N의 마찰력이 존재할 때 (*b*)에 대한 해는 무엇인가?

3-81 1800년대에 사용하던 물레방아의 수차가 14 m 높이에 설치되어 있고, 체적유량 480 L/min의 물이 수차의 상부에 공급되었다. 이 수차는 얼마만큼의 동력(kW)을 생산할 수 있었는가? *답: 1.10 kW*

3-82 높이 90 m에서 유량 65 m^3/s의 물이 터빈으로 공급돼서 전력을 생산하는 수력발전소를 고려하자. 터빈-발전기 복합효율은 84%이다. 관로의 마찰손실을 무시할 때, 이 발전소의 전력생산량을 계산하라. *답: 48.2 MW*

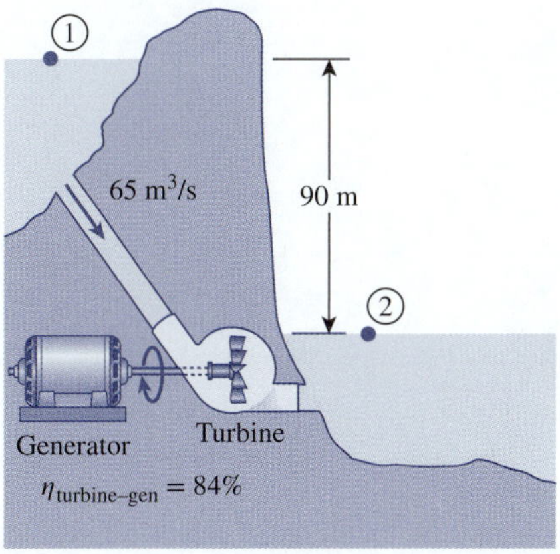

그림 P3-82

3-83 전력수요는 일반적으로 밤보다 낮에 훨씬 높다. 이에 전력회사들은 짧은 전력수요피크 시기 동안만 가동하는 고비용 신규 설비의 건설을 피하고, 소비자에게 가용 발전용량을 사용하도록 장려하기 위해 밤에 전력을 훨씬 저렴한 가격에 판매하는 경우가 많다. 또한, 전력회사들은 민간전력업체에서 낮에 생산된 전기를 비싼 가격에 구매할 의향이 있다.

전력회사는 심야전기를 $0.05/kWh에 판매 중이며, 낮에 민간업체에서 생산된 전기를 $0.12/kWh에 구매할 의향이 있다고 가정하자. 이 점을 고려한 기업가가 호수 수면에서 고도 40 m인 위치에 저수지를 건설하여, 저렴한 심야전기로써 밤에 양수하고 낮 동안 호수로 물을 다시 회류하면서 발전하는 시스템을 설치하고자 한다. 예비조사에서 양방향으로 유량 2 m^3/s의 물을 사용할 수 있음을 확인하였다. 펌프-모터 및 터빈-발전기의 복합효율은 모두 75%로 예상된다. 관로의 마찰손실을 무시하고, 펌프-터빈 시스템이 하루 동안 펌프 및 터빈 모드에서 각각 10 h 동안 작동한다고 가정하면, 이 시스템으로부터 연간 생성되는 잠재적 수익은 얼마인가 계산하라.

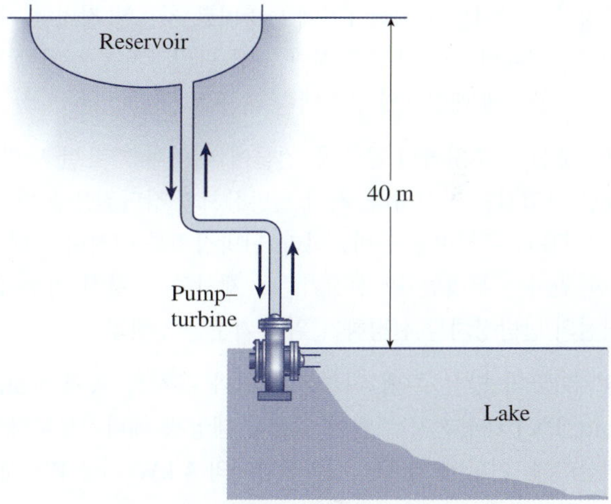

그림 P3-83

3-84 급수 시스템의 펌프가 효율 90%인 15 kW 전기모터로 구동된다. 펌프의 가용 체적유량은 50 L/s이다. 펌프 입 · 출구관 직경은 동일하며, 높이차는 무시할 수 있다. 펌프의 입구 및 출구 절대압이 각각 100 kPa 및 300 kPa로 계측되었을 때, 펌프의 기계효율을 계산하라. *답: 74.1%*

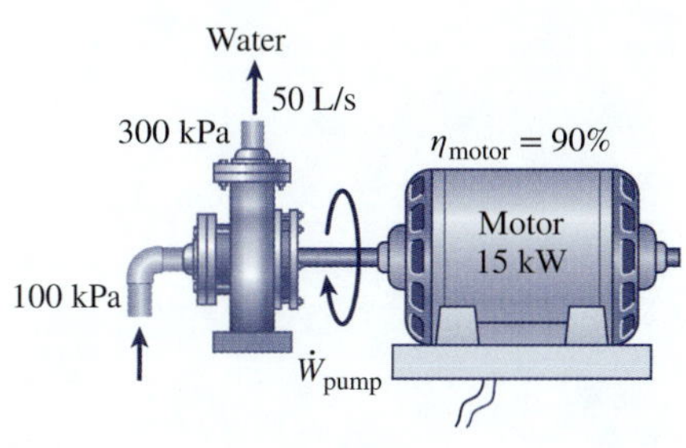

그림 P3-84

설계 및 논술 문제

3-85 당신의 이웃은 천연가스로 난방을 하는 면적 2500 ft^2(약

250 m^2)의 오래된 집에 살고 있다. 현재의 가스히터는 1980년대 초에 설치되었으며, 연간연료이용효율(Annual Fuel Utilization Efficiency rating, AFUE)이 65%이다. 연소기의 교체 시기가 되었고, 이웃은 효율 80%, 비용 $1500인 일반 연소기와 효율 95%, 비용 $2500인 고효율 연소기 중에서 선정하려고 한다. 당신이 적절한 결정하도록 도와주면 이웃은 $100을 지불하겠다고 제안하였다. 날씨자료, 일반적인 난방부하 및 해당지역의 천연가스 가격 등을 고려하여, 설득력 있는 경제분석을 기반으로 이웃에게 적절한 연소기를 추천하라.

3-86 당신 거주지역의 난방유, 천연가스 및 전기 가격을 조사하고, 주택난방에 필요한 단위 kWh당 비용을 산정하라. 또한, 공과금 고지서를 살펴보고 지난 1월에 난방비로 지출한 경비를 계산하라. 또한, 연료별로 가장 효율적인 최신 난방장치를 설치할 경우, 각각 난방장치에 대한 1월 난방비를 재산출하라.

3-87 당신 거주지역의 주거용 건물에 대하여 가용한 난방장치에 대한 보고서를 작성하라. 각각 난방장치의 장단점을 논하고, 초기설치비용과 운전비용을 비교하라. 난방장치를 선정하는 데 가장 중요한 인자는 무엇인가? 선정기준을 제시하라. 당신 거주지역에서 최선의 난방장치를 선정하기 위한 기준을 정하라.

3-88 미국의 많은 주택 지붕은 타일과 유사한 광기전(photovoltaic, PV) 태양전지로 덮여 있어서 태양광 에너지로부터 전기를 생산한다. 기사에 따르면 캘리포니아의 4 kW 지붕 PV 시스템은 예상되는 서비스 수명 30년 동안 지구온난화를 유발하는 CO_2 433,000 lbm, 산성비를 유발하는 황산염 2900 lbm, 스모그를 유발하는 질산염 1660 lbm의 발생을 줄일 것이라고 예측하였다. 또한, 이 기사에 따르면 지붕 PV 시스템이 석탄 253,000 lbm, 석유 21,000 gal, 천연가스 27,000,000 ft^3을 절약할 것이라고 주장한다. 이러한 주장의 평가를 위한 태양 복사량, 변환 효율성 및 방사량에 대한 합리적인 가정을 하고, 필요한 경우 수정하라.

3-89 일반적으로 장치의 성능은 요구되는 입력에 대한 원하는 출력의 비율로 정의되며, 이러한 정의는 비기술적인 분야로 확장될 수 있다. 예를 들어, 본 과목의 성과는 투입한 노력에 비해 얻은 점수로 볼 수 있다. 본 과목에 많은 시간을 투자했는데 성적에 반영되지 않았다면, 성과가 좋지 않은 것이다. 이 경우 근본적인 원인과 문제를 해결하는 방법을 찾아야 할 것이다. 비기술적인 분야의 성능에 대한 세 가지 다른 정의를 제시하고 토론하라.

3-90 일부 엔지니어들은 개인 운송용 차량의 추력으로 탱크에 가압된 압축공기를 사용할 수 있다고 제안한다. 현 압축탱크 기술은 4000 psia까지 가압된 공기를 안전하게 저장할 수 있다. 복합재로 제작된 탱크에 가압공기 1 ft^3을 저장하려면 건축자재 10 lbm이 필요하다. 차량 속도를 30 mile/h로 유지하려면 차량의 중량 1 lb당 약 0.01 hp의 일이 소요된다. 이러한 차량의 최고 주행거리를 계산하라. 탱크의 무게만 고려하고, 압축공기의 에너지를 완벽하게 변환한다고 가정하라.

CHAPTER

04

순수물질의 상태량

PROPERTIES OF PURE SUBSTANCES

학습목표

이 장의 목적은 다음과 같다.

- 순수물질의 개념을 소개한다.
- 상변화 과정의 물리적 현상에 대하여 논의한다.
- *P*-*υ*, *T*-*υ* 및 *P*-*T* 상태량 선도 및 순수물질의 *P*-*υ*-*T* 표면을 그린다.
- 상태량 표를 이용하여 순수물질의 열역학적 상태량을 결정하는 과정을 설명한다.
- 가상물질인 "이상기체"와 이상기체의 상태방정식에 대해 고찰한다.
- 전형적인 문제의 해결을 위해 이상기체 상태방정식을 적용한다.
- 이상기체 거동으로부터 실제 기체가 벗어나는 정도를 나타내는 압축성 인자를 소개한다.

이 장에서는 **순수물질**의 개념을 소개하고 상변화 과정의 물리적 현상에 대한 논의로부터 시작한다. 순수물질에 대한 여러 가지 상태량 선도들과 압력-비체적-온도(*P*-*υ*-*T*) 표면을 예를 들어 설명하고 상태량 표의 이용법에 대해 알아본 후, 가상물질인 **이상기체**와 **이상기체 상태방정식**에 대하여 고찰한다. 이상기체 거동으로부터 실제 기체가 벗어난 정도를 나타내는 **압축성 인자**를 소개한다.

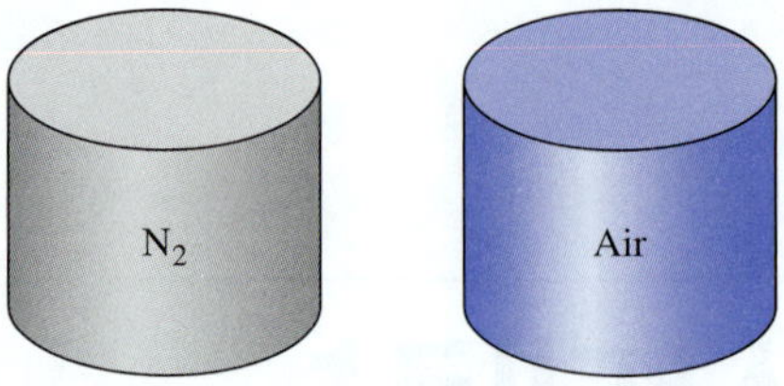

그림 4-1
질소와 기체상의 공기는 순수물질이다.

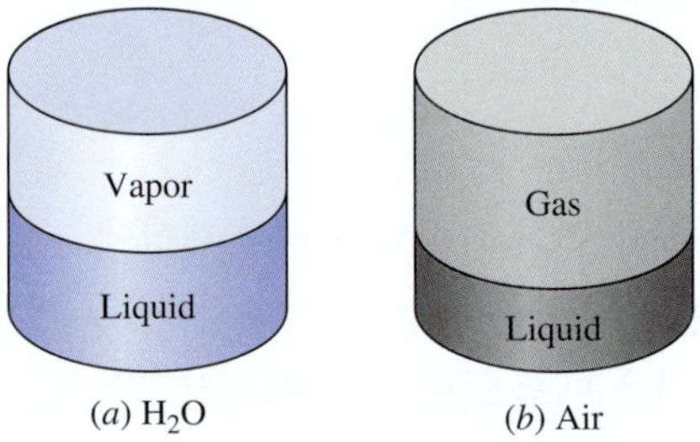

그림 4-2
액체상태의 물과 기체상태의 물 혼합물은 순수물질이지만, 액체상태의 공기와 기체상태의 공기 혼합물은 순수물질이 아니다.

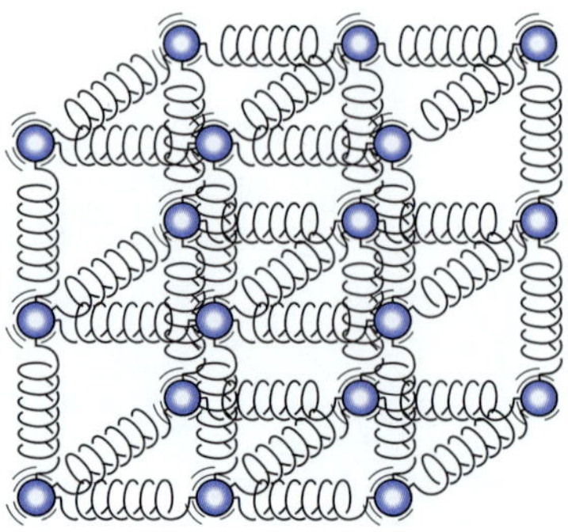

그림 4-3
고체 내의 분자는 거대한 스프링과 같은 분자 간의 힘에 의해 일정 위치가 유지된다.

4-1 순수물질

전체적으로 화학적 조성이 변하지 않는 물질을 **순수물질**(pure substance)이라고 한다. 예를 들면 물, 질소, 헬륨 및 이산화탄소는 모두 순수물질이다.

그러나 순수물질은 하나의 화학적 원소나 화합물이어야만 하는 것은 아니다. 여러 가지 화학적 원소나 화합물의 혼합물도 혼합물이 균일하면 순수물질이다. 예를 들어 공기는 여러 가지 기체의 혼합물이지만, 화학적 조성이 균일하기 때문에 순수물질로 고려된다(그림 4-1). 그러나 기름과 물의 혼합물은 순수물질이 아니다. 기름은 물에 용해되지 않기 때문에, 화학적으로 상이한 2개의 영역을 형성하면서 물 위에 모아지게 된다.

순수물질의 상이 2개 또는 그 이상 공존하는 혼합물은 모든 상의 화학적 조성이 같으면 이 또한 순수물질이다(그림 4-2). 예를 들어 얼음과 액상의 물 혼합물은 양쪽 상이 동일한 화학적 조성을 갖고 있기 때문에 순수물질이다. 그러나 액체 공기와 기체 공기의 혼합물은 액체 공기의 조성과 기체 공기의 조성이 달라서 혼합물이 화학적으로 균일하지 않으므로 순수물질이 아니다. 이것은 주어진 압력하에서 공기 속에 있는 서로 다른 성분들이 서로 다른 온도에서 응축하기 때문이다.

4-2 순수물질의 상

물질이 서로 다른 상으로 존재할 수 있다는 것은 경험을 통하여 잘 알고 있다. 실내 온도와 압력에서 구리는 고체이고, 수은은 액체이며, 질소는 기체이다. 다른 조건에서는 각각의 상은 다르게 나타날 수 있다. 물질의 상에는 고체, 액체 및 기체의 3가지 기본 상이 있지만, 물질은 하나의 기본 상 내에서 분자 구조가 다른 여러 가지 상들을 가질 수도 있다. 예를 들면 탄소는 고체상에서 흑연이나 다이아몬드로 존재할 수 있다. 헬륨은 2개의 액체상을 가지며, 철은 3개의 고체상을 가지고 있다. 얼음은 고압에서 7개의 서로 다른 상으로 존재할 수도 있다. 하나의 상은 전체적으로 균일한 독특한 분자 배열을 가지고 있고 쉽게 확인할 수 있는 경계면에 의해 다른 상과 분리되어 있다. 얼음물 속에 있는 H_2O의 2개의 상은 이에 대한 좋은 예라고 할 수 있다.

열역학에서 상 또는 상변화를 학습할 때, 분자 구조와 서로 다른 상의 거동에 관심을 둘 필요는 없다. 그러나 각 상에 관련된 분자 현상을 이해하면 많은 도움이 된다. 상변화에 대하여 간단히 고찰하면 다음과 같다.

분자 간의 결합은 고체에서 가장 강하고 기체에서 가장 약하다. 그 이유 중의 하나는 고체 분자들은 서로 가까이 밀집되어 있고, 반면에 기체 분자들은 상당한 거리만큼 떨어져 있는 점이다.

고체(solid)에서 분자들은 고체 전체를 통하여 반복되는 3차원 형태(격자)로 정렬되어 있다(그림 4-3). 고체에서는 분자 간의 짧은 거리 때문에, 분자 간의 인력

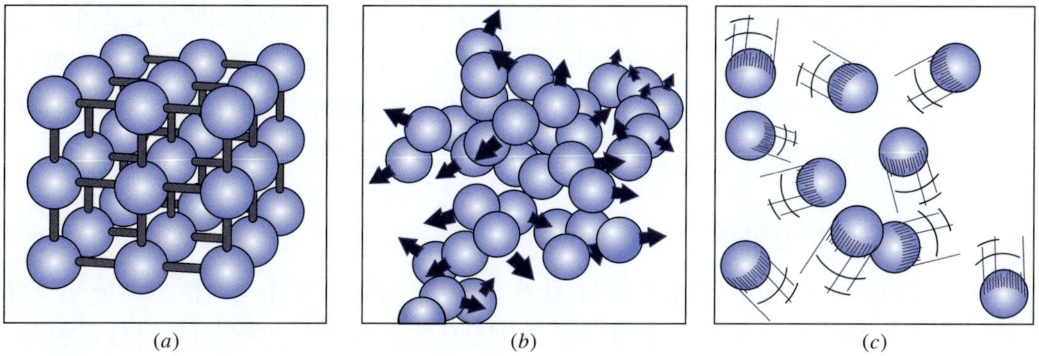

그림 4-4

서로 다른 상에서의 원자배열: (*a*) 고체 상태에서 분자들은 상대적으로 고정된 위치에 있고, (*b*) 액체상태에서 분자집단은 다른 집단의 주위로 움직이며, (*c*) 기체 상태에서 분자들은 불규칙하게 움직인다.

은 크고 분자들은 고체 내부에 고정된 위치를 유지한다. 분자 간의 인력은 분자 사이의 거리가 0에 접근하면 척력으로 바뀌어서 각각의 분자들이 서로의 위에 겹쳐 적체되는 것을 방지한다. 고체 내부의 분자들은 서로 간에 상대적으로 움직일 수는 없지만, 평형 위치에서 끊임없이 진동한다. 분자들의 진동속도는 온도에 따라 달라진다. 충분히 높은 온도에서는 분자의 속도(즉 분자의 운동량)는 분자 간의 힘보다 부분적으로는 크게 되어 분자 집단이 와해되는 지점에 도달하게 된다(그림 4-4). 이것이 융해 과정의 시작이다.

더 이상 분자들이 서로 상대적인 위치에 고정되지 않고 자유롭게 회전하거나 이동할 수 있다는 점을 제외하면, 액체(liquid)에서 분자 공간은 고체와 크게 다르지 않다. 액체에서 분자 간 힘은 고체에 비해서는 약하지만, 기체에 비해서는 상대적으로 강하다. 일반적으로 고체가 액체로 변할 때 분자들 사이의 거리는 약간 증가하지만, 물은 아주 드문 예외에 속한다.

기체(gas)상에서 분자들은 서로 멀리 떨어져 있고 분자들 사이의 질서는 존재하지 않는다. 기체 분자들은 분자 간의 충돌과 기체가 담겨 있는 용기 벽과의 충돌을 계속하면서 불규칙 운동을 한다. 특히 밀도가 낮은 경우에는 분자 간의 힘은 매우 작고, 충돌은 분자들 사이의 유일한 상호작용이다. 기체상의 분자들은 액체나 고체상일 때보다 훨씬 높은 에너지 상태에 있다. 그러므로 기체가 응축되거나 응결되려면 많은 양의 에너지를 방출해야 한다.

4-3 순수물질의 상변화 과정

평형 상태에서 순수물질의 2개의 상이 공존하는 경우는 실제로 많이 있다. 물은 보일러와 응축기 내에서 액체와 증기의 혼합물로 존재한다. 냉매는 냉동기의 증발기에서 액체로부터 증기로 바뀐다. 많은 가정에서는 가장 중요한 상변화 과정으로서

지하에 있는 관에서 물이 어는 것을 생각하지만, 이 절에서는 액체상과 증기상, 그리고 이들 두 상의 혼합물에 관심의 초점을 둔다. 그 외에 다른 물질들에 대한 것은, 물에 대한 예시들을 활용하여 기초 원리를 학습하게 될 것이다. 그러나 모든 순수물질은 동일한 일반적인 거동을 나타낸다는 것을 기억해야 한다.

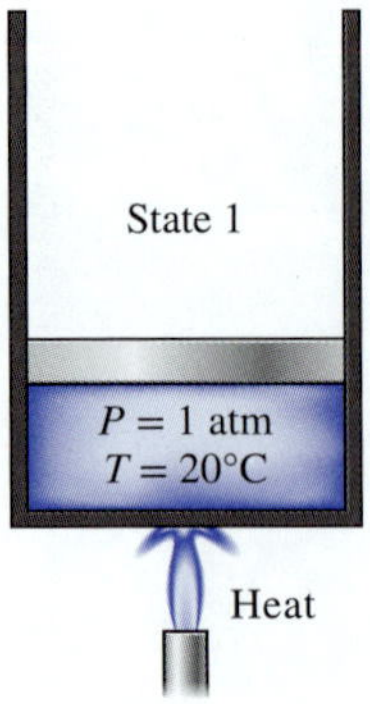

그림 4-5

1 atm, 20°C에서 물은 액체상태로 존재한다(압축액).

압축액 및 포화액

20°C 및 1기압인 액체의 물이 들어 있는 피스톤-실린더 장치를 생각하자(그림 4-5, 상태 1). 이러한 조건에서 물은 액상으로 존재하며, **기화하려고 하지 않는다는** 의미의 **압축액**(compressed liquid) 또는 **과냉액**(subcooled liquid)이라고 한다. 이제 물의 온도가 40°C에 도달할 때까지 열이 전달된다. 온도 증가에 따라 액체의 물은 천천히 팽창하여 물의 비체적은 증가할 것이다. 이 팽창에 맞춰 피스톤은 약간 상승할 것이다. 실린더 내의 압력은 외부의 대기압과 피스톤의 무게에 따라 결정되기 때문에, 이 과정 동안 압력은 1기압으로 일정하게 유지된다. 이 상태에서 물은 기화가 일어나지 않았기 때문에 물은 여전히 압축액이다.

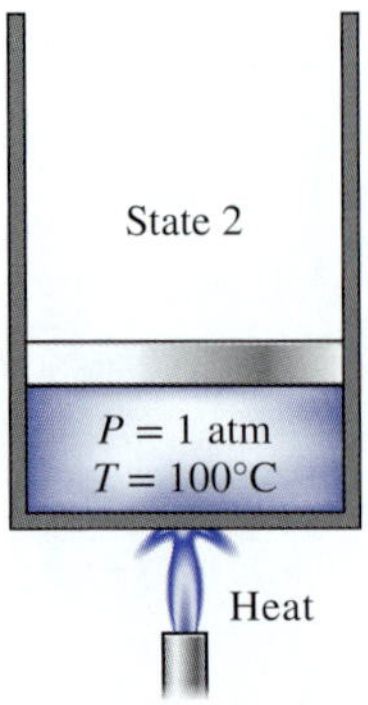

그림 4-6

1 atm, 100°C에서 물은 쉽게 증발하려는 액체 상태로 존재한다(포화액).

보다 많은 열이 전달되면 100°C에 도달할 때까지 온도는 계속 올라갈 것이다(그림 4-6, 상태 2). 이 점에서 물은 아직 액체이지만, 아무리 작은 양의 열이라도 가해지기만 하면 액체의 일부가 증발할 것이다. 즉 액체로부터 기체로의 상변화가 곧 일어나려고 한다. 곧 **증발하려고 하는** 액체를 **포화액**(saturated liquid)이라고 한다. 그러므로 상태 2는 포화액 상태이다.

포화증기 및 과열증기

일단 비등이 시작되면 액체가 완전히 증발할 때까지의 온도는 상승하지 않고 정지해 있을 것이다. 즉 압력이 일정하게 유지된다면 상변화 과정 동안 온도는 일정하게 유지될 것이다. 이것은 난로 위에서 비등하고 있는 물속에 온도계를 넣어 보면 쉽게 증명할 수 있다. 해수면(P = 1 atm)에서 냄비의 뚜껑이 없거나 가벼운 뚜껑이 덮여 있다면 온도계는 항상 100°C를 지시할 것이다. 비등 과정 동안 관찰할 수 있는 유일한 변화는 액체가 증기로 변해감에 따라 체적이 크게 증가하고 액체의 양이 안정적으로 감소하는 것이다.

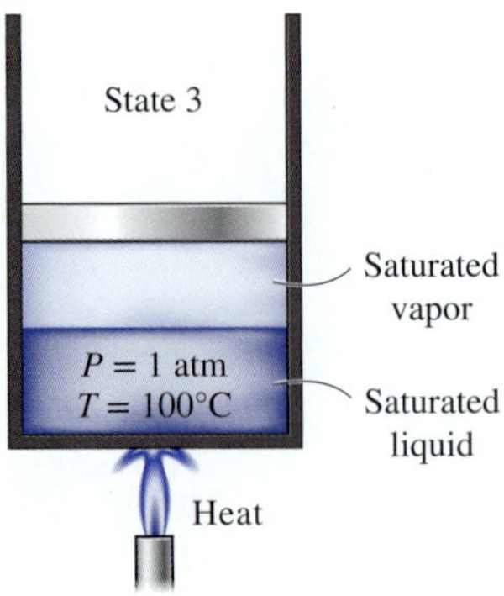

그림 4-7

열이 더 전달되면 포화액의 일부가 증발한다(포화액-증기 혼합물).

증발선의 중간에(그림 4-7, 상태 3) 실린더 내의 액체와 기체의 양이 같아지게 될 때가 있다. 계속 열을 가하면 마지막 액체 방울이 증발할 때까지 기화 과정은 계속된다(그림 4-8, 상태 4). 이 점에서 실린더는 액상의 경계선 위에 있는 증기로 채워진다. 이 증기로부터 아무리 작은 양의 열이라도 열손실이 발생되면, 일부의 증기가 액체로 응축(증기에서 액체로의 상변화)된다. 쉽게 **응축하려고 하는** 증기를 **포화증기**(saturated vapor)라 한다. 그러므로 상태 4는 포화증기 상태이다. 상태 2와 4 사이에 있는 물질은 이 상태에서 **액체와 증기의 상이 평형으로 공존하므로** **포화액-증기 혼합물**(saturate liquid-vapor mixture)이라고 한다.

일단 상변화 과정이 완료되면 추가적인 열전달에 따라 온도와 비체적이 증가하는 증기의 단일상(이번에는 증기) 영역이 된다(그림 4-9). 상태 5에서 증기의 온도가 300°C라고 하고, 이 증기로부터 약간의 열전달이 일어난다면 온도는 다소 떨어지지만, 1기압(P = 1 atm)에서 온도가 100°C 이상을 유지하는 한 응축은 일어나지 않는다. 잘 **응축하려고 하지 않는** 증기(즉 포화증기가 아닌)를 **과열증기**(superheated vapor)라고 한다. 그러므로 상태 5에 있는 물은 과열증기이다. 위에서 설명한 압력이 일정한 상변화 과정을 그림 4-10의 T-υ 선도에 나타내고 있다.

동일한 압력을 유지하면서 물을 냉각하여 앞에서 설명한 전체 과정을 반대로 진행시킨다면, 물은 같은 경로를 따라 상태 1로 되돌아갈 것이다. 이 과정에서 방출된 열의 양은 가열 과정 동안 가해진 열의 양과 정확하게 일치할 것이다.

우리들의 일상생활에서 물은 액체의 물을 의미하고 증기는 수증기를 의미하지만, 열역학에서는 물과 증기 모두가 보통 H_2O로 하나만을 의미한다.

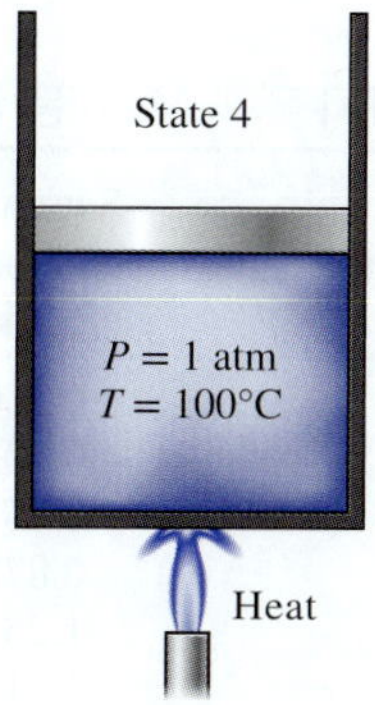

그림 4-8

1기압에서 액체의 마지막 방울이 기화할 때까지 온도는 100°C로 일정하게 유지된다.

그림 4-9

열이 더 전달되면 증기의 온도는 상승하기 시작한다(과열증기).

포화온도와 포화압력

100°C에서 물이 끓기 시작한다고 해서 놀랄 사람은 없다. 엄밀히 말하면 "100°C에서 물이 끓는다."는 표현은 옳지 않다. 정확한 표현은 "1기압하에서 물은 100°C에서 끓는다."이다. 100°C에서 물이 끓기 시작한 이유는 압력을 1기압(101.325 kPa)으로 일정하게 유지했기 때문이다. 피스톤 위에 추를 올려놓아 실린더 내부 압력이 500 kPa로 올라간다면, 물은 151.8°C에서 끓기 시작했을 것이다. **즉 물이 끓기 시작하는 온도는 압력에 따라 달라진다. 그러므로 압력이 일정하면 끓는 온도도 일정하다.**

주어진 압력에서 순수물질이 상변화하는 온도를 **포화온도**(saturation temperature) T_{sat}라고 한다. 마찬가지로 주어진 온도에서 순수물질이 상변화하는 압력을

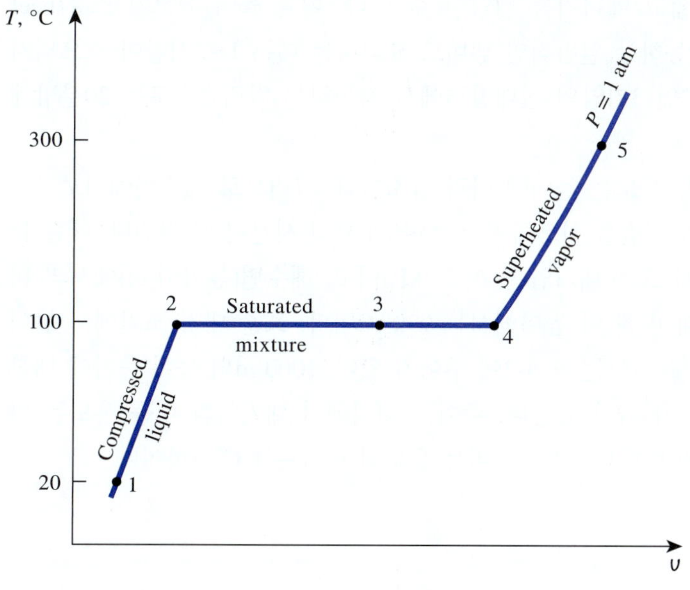

그림 4-10

일정 압력에서 물의 가열 과정에 대한 T-υ 선도

표 4-1

여러 온도에서 물의 포화(비등)압력

Temperature T, °C	Saturation pressure P_{sat}, kPa
−10	0.260
−5	0.403
0	0.611
5	0.872
10	1.23
15	1.71
20	2.34
25	3.17
30	4.25
40	7.38
50	12.35
100	101.3 (1 atm)
150	475.8
200	1554
250	3973
300	8581

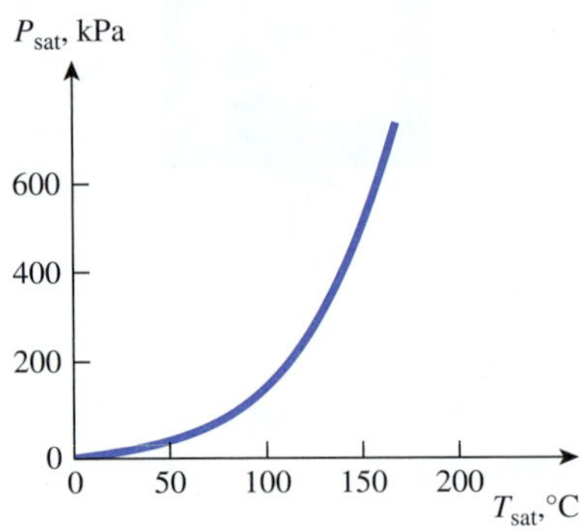

그림 4-11

순수한 물질의 액체-증기 포화곡선(수치들은 물에 관한 것이다)

표 4-2

높이에 따른 표준 대기압과 물의 비등(포화) 온도의 변화

Elevation, m	Atmospheric pressure, kPa	Boiling tempera-ture, °C
0	101.33	100.0
1,000	89.55	96.5
2,000	79.50	93.3
5,000	54.05	83.3
10,000	26.50	66.3
20,000	5.53	34.7

포화압력(saturation pressure) P_{sat}라고 한다. 101.325 kPa의 압력에서 물의 포화온도 T_{sat}는 99.97°C이고, 반대로 99.97°C의 온도에서 포화압력 P_{sat}는 101.325 kPa이다(2장에서 논의된 것처럼 ITS-90에 의해 100.00°C에서 P_{sat}는 101.42 kPa이다).

온도에 대한 포화압력(또는 압력에 대한 포화온도)을 나열한 포화 상태표는 실질적으로 모든 물질에 대한 것들이 나와 있다. 물에 대한 표의 일부가 표 4-1에 나열되어 있다. 이 표에서는 25°C에서 상변화(비등 또는 응축)하는 물의 압력이 3.17 kPa이고, 250°C에서 물을 끓게 하려면 압력이 3976 kPa(약 40기압)로 유지되어야 한다는 것을 나타내고 있다. 또한 물의 압력을 0.61 kPa 이하로 강하시키면 물이 결빙될 수 있다.

고체를 융해하거나 액체를 기화하는 데는 많은 에너지가 들어간다. 상변화 과정 동안 흡수되거나 방출되는 에너지의 양을 **잠열**(latent heat)이라고 한다. 보다 구체적으로 말하면 녹는 동안에 흡수되는 에너지의 양을 **융해잠열**(latent heat of fusion)이라고 하고, 어는 동안에 방출되는 에너지의 양과 동일하다. 증발하는 동안에 방출된 에너지의 양을 **증발잠열**(latent heat of vaporization)이라고 하며, 응축 동안에 방출되는 에너지와 같다. 잠열의 크기는 상변화가 일어나는 온도나 압력에 따라 달라진다. 1기압의 압력에서 물의 융해잠열은 333.7 kJ/kg이고 증발잠열은 2256.5 kJ/kg이다.

상변화 과정 동안 압력과 온도는 확실히 종속 상태량이고, 이들 사이에는 $P_{sat} = f(P_{sat})$라는 일정한 관계식이 존재한다. 그림 4-11에서 보여주는 것과 같이, 물에 대한 T_{sat}와 P_{sat}의 관계 곡선을 **액체-증기 포화곡선**(liquid-solid saturation curve)이라고 한다. 모든 순수물질은 이와 같은 특성곡선을 갖는다.

그림 4-11에서 보는 바와 같이 T_{sat}는 P_{sat}에 따라 증가한다. 그러므로 높은 압력에 있는 물질은 높은 온도에서 끓게 된다. 부엌에서 요리할 때는 비등 온도가 높을수록 요리 시간이 짧고 에너지를 절약할 수 있다. 예를 들어 쇠고기 스튜(beef stew)는 1기압에서 작동하는 일반적인 냄비로 요리하는 데는 1~2시간이 소요되지만, 비등온도가 134°C인 3기압의 절대압력에서 작동하는 압력솥으로는 20분밖에 걸리지 않는다.

대기압과 물의 비등 온도는 높이에 따라 감소한다. 그러므로 해수면에서보다는 높이가 높은 곳에서 (압력솥을 사용하지 않는다면) 요리 시간이 더 걸린다. 예를 들어 2000 m의 높이에서 표준 대기압은 79.50 kPa이고, 해수면(높이 0 m)에서의 비등 온도가 100°C인 데 비해 이 높이에서는 93.3°C이다. 표준 대기 조건에서 높이에 따른 물의 비등 온도 변화는 표 4-2에 주어져 있다. 1000 m의 높이 증가에 대한 비등 온도 강하는 3°C가 약간 넘는다. 주어진 위치에서 대기압과 비등 온도는 기상 조건에 따라 약간씩 변한다. 그러나 비등 온도의 변화는 1°C 이하이다.

T_{sat}와 P_{sat}의 종속관계에 따른 몇 가지 결과

주어진 압력에 있는 물질이 그 압력에 해당하는 포화온도에서 비등한다는 것은 앞에서 언급하였다. 이러한 현상은 간단히 압력을 제어함으로써 물질의 비등 온도를 제어할 수 있게 하며, 이것은 실제로 많은 응용 예가 있다. 본 절에서는 이에 대한 예를 제시하겠다. 액체의 일부를 기화하도록 함으로써 상평형을 이루게 하는 자연적인 추진력이 뒤에서 작용하고 있다.

25°C의 실내에 밀봉된 **액상 냉매** R-134a 캔이 있다고 생각해 보자. 만일 이 캔이 충분히 오랫동안 실내에 있었다면, 캔 내부의 냉매 온도 역시 25°C일 것이다. 이제 뚜껑이 천천히 열리고 약간의 냉매가 빠져나가도록 한다면, 캔 내부의 압력은 대기압에 도달할 때까지 내려가기 시작할 것이다. 만약 캔을 붙잡고 있다면 캔의 온도가 급격하게 내려가고 공기가 습할 경우 캔의 외부에 얼음까지 생기는 것을 알 수 있을 것이다. 압력이 1기압까지 떨어졌을 때 캔 내부에 삽입된 온도계는 −26°C를 나타낼 것인데, 이 온도는 1기압에서 R-134a의 포화온도이다. 액상 냉매의 온도는 액체가 모두 기화할 때까지 −26°C에 머물러 있을 것이다.

이러한 흥미로운 물리적 현상의 다른 한 특징은 1기압에서 R-134a에 대하여 217 kJ/kg인 증발잠열에너지를 흡수하지 않는다면 액체가 증발할 수 없다는 것이다. 그러므로 냉매의 증발률은 캔으로의 열전달률에 따라 달라지며, 열전달률이 클수록 증발률이 높다. 캔으로의 열전달률, 그리고 이에 따른 냉매의 증발률은 캔을 단단히 단열함으로써 최소화할 수 있다. 열전달이 없는 극한의 경우에는 냉매가 캔 내부에서 무한하게 −26°C의 액체상태로 남아 있을 것이다.

대기압에서 **질소**의 비등 온도는 −196°C이다(Table A-3a 참조). 이것은 질소의 일부가 기화할 것이기 때문에 대기 중에 노출된 액체 질소의 온도가 −196°C여야 한다는 것을 의미한다. 액체 질소가 고갈될 때까지 액체 질소의 온도는 −196°C로 일정하게 유지될 것이다. 이러한 이유로 질소는 대개 초전도와 같은 저온 과학 연구와 실험 공간을 −196°C의 일정한 온도로 유지시키기 위한 극저온 응용에 사용된다. 이것은 대기에 개방되어 있는 액체 질소 수조 내에 실험 공간을 설치함으로써 가능하다. 주위로부터 실험부로의 열전달은 질소에 의해 흡수되어, 질소는 등온적으로 기화하여 실험 공간의 온도를 −196°C로 일정하게 유지한다(그림 4-12). 열전달을 최소화함으로써 액체 질소의 소비를 최소화하기 위해서는 전체 실험부를 단단히 단열해야 한다. 또한 액체 질소는 피부에 있는 눈에 거슬리는 점(spots)을 제거하기 위한 의학 목적에도 이용된다. 이것은 면봉을 액체 질소에 담갔다가 원하는 부분을 면봉으로 적시면 된다. 질소가 기화할 때 피부로부터 급격하게 열을 흡수하여 피부를 얼게 한다.

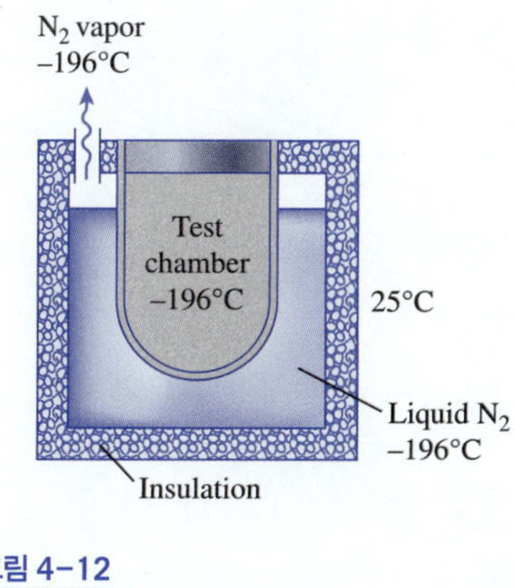

그림 4-12
대기에 노출된 액체 질소의 온도는 −196°C로 일정하므로, 시험챔버를 −196°C로 유지한다.

잎이 있는 채소를 냉각하는 실질적인 방법은 밀봉된 냉각실의 **압력**을 원하는 저온에서의 포화압력까지 **낮추어** 냉각시키고자 하는 생산물로부터 일부의 수분을 증발시키는 **진공냉각**(vacuum cooling)이다. 증발 동안의 기화열은 생산물로부터 흡

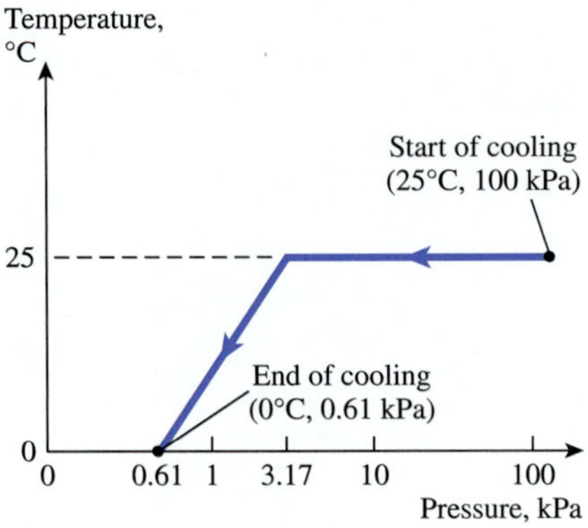

그림 4-13

25°C로부터 0°C까지의 진공냉각 동안, 압력에 따른 과일과 채소의 온도 변화

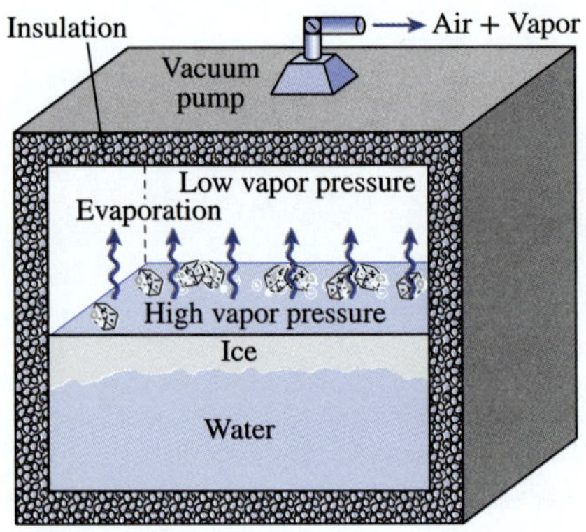

그림 4-14

1775년에 물탱크 내의 공기를 빼냄으로써 얼음을 만들었다.

수되고 이것이 생산물의 온도를 낮춘다. 0°C에서 물의 포화압력은 0.61 kPa이고 압력을 이 정도까지 낮추면 생산물은 0°C까지 냉각될 수 있다. 압력을 0.61 kPa 이하까지 낮추면 냉각률은 증가될 수 있지만, 이것은 결빙의 위험이 있고 비용이 증가하기 때문에 바람직하지 않다.

진공냉각에는 2개의 구별되는 단계가 있다. 첫 번째 단계에서는 주위 온도, 예를 들어 25°C에 있는 상품이 냉각실에 들어가고 가동이 시작된다. 냉각실 내의 온도는 25°C에서 3.17 kPa인 **포화압력**에 도달할 때까지 일정하게 유지된다. 두 번째 단계에서는 점차적으로 **낮춰진 압력**과 이에 따라 **낮춰진 온도**에서의 포화조건을 실내에서 유지하면서 보통 0°C보다 약간 높은 희망 온도에 도달할 때까지 계속한다(그림 4-13).

진공냉각은 대개 기존의 냉동 냉각보다 더 비싸고, 급속 냉동을 요하는 경우에만 제한적으로 사용되고 있다. 상추와 시금치처럼 단위질량당 표면적이 넓고 수분 방출 경향이 높은 산물은 진공냉각에 매우 적합하다. 토마토와 오이처럼 비교적 수분 침투가 어려운 외피를 가진 생산물은 질량에 대한 표면적의 비가 작아 적당하지 않다. 버섯과 청완두콩과 같은 일부 생산물은 먼저 물을 적시면 진공냉각을 할 수 있다.

앞에서 언급한 진공냉각은 진공실의 증기압력이 0°C에서 물의 포화압력인 0.61 kPa 이하로 떨어지면, **진공냉동**(vacuum freezing)이 된다. 진공 펌프를 사용하여 얼음을 제조하는 발상은 새로운 것이 아니다. 1775년 스코틀랜드에서 William Cullen 박사는 물탱크 내의 공기를 빨아냄으로써 실제로 얼음을 만들었다(그림 4-14).

수송하는 동안 물의 큰 융해잠열을 이용하여 열을 제거하고 생산품을 차갑게 유지하는 소규모 냉각에 **얼음포장**(package icing)이 사용되지만, 얼음과 접촉해서도 손상이 없는 생산품에만 사용할 수 있는 한계가 있다. 또한 얼음은 **냉동**뿐만 아니라 **수분**도 제공한다.

4-4 상변화 과정에 대한 상태량 선도

상변화 과정 동안 상태량의 변화는 상태량 선도를 이용하면 가장 빠르게 이해할 수 있다. 지금부터 순수물질의 T-v, P-v 및 P-T 선도를 고찰하여 보자.

1. T-v 선도

1기압의 압력에서 물의 상변화 과정은 앞 절에서 상세하게 설명되었으며, 그림 4-10의 T-v 선도에 나타냈다. 이제 물에 대한 T-v 선도를 만들기 위해 여러 가지 다른 압력에서 이 과정을 반복해 보자.

실린더 내의 압력이 1 MPa이 되도록 피스톤 위에 추를 올려놓는다. 이 압력에서 물의 비체적은 1기압에서의 비체적보다 약간 작아질 것이다. 이 새로운 압력에

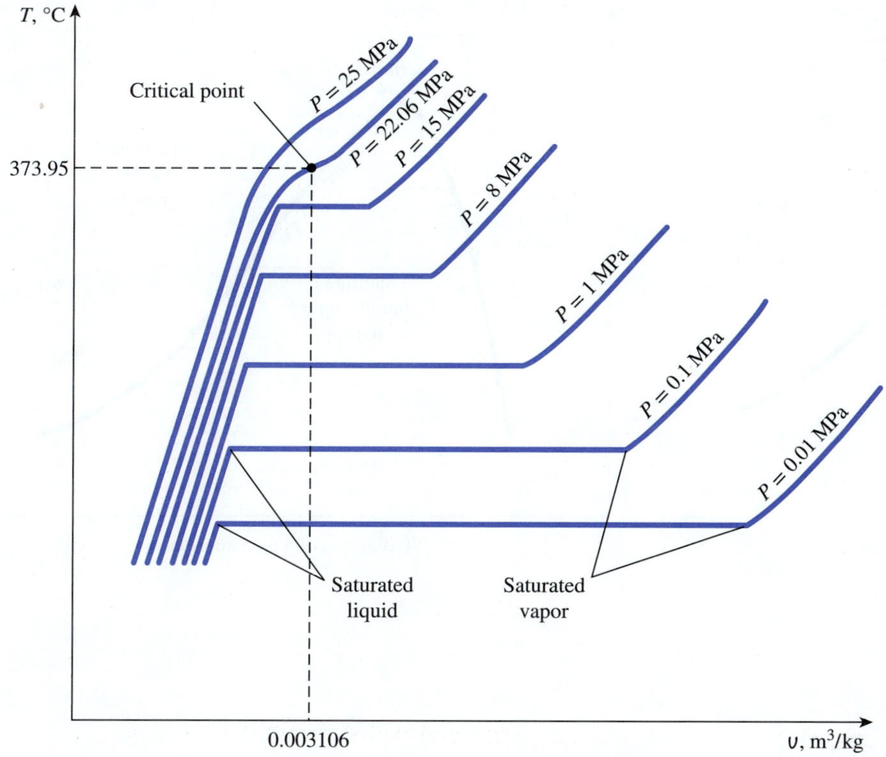

그림 4-15
여러 가지 압력에서 순수물질의 정압 상변화 과정에 대한 T-υ 선도(수치는 물에 대한 것임)

서 물에 열이 가해지면, 이 과정은 그림 4-15에서 보는 바와 같이 1기압의 압력과 아주 유사한 경로를 따를 것이지만 몇 가지 주목할 만한 차이가 있다. 첫째로 물은 이 압력에서는 훨씬 높은 온도(179.9°C)에서 비등할 것이다. 둘째로 1기압에서의 값에 비하여 포화액의 비체적은 크고 포화증기의 비체적은 작다. 즉 포화액과 포화증기 상태를 연결하는 수평선이 훨씬 짧게 된다.

그림 4-15에서 보는 바와 같이, 압력이 더욱 증가함에 따라 이 포화선은 계속하여 짧아지고, 물의 경우 압력이 22.06 MPa에 도달할 때 이 선은 하나의 점이 된다. 이 점을 **임계점**(critical point)이라고 하며, **포화액과 포화증기 상태가 일치하는 점으로 정의될 수 있다.**

임계점에서 물질의 온도, 압력 및 비체적을 각각 **임계온도 T_{cr}, 임계압력 P_{cr} 및 임계 비체적 υ_{cr}**이라고 한다. 물의 임계점 상태량은 P_{cr} = 22.06 MPa, T_{cr} = 373.95°C υ_{cr} = 0.003106 m³/kg이다. 헬륨의 경우에는 0.23 MPa, −267.85°C, 0.01444 m³/kg 이다. 여러 가지 물질에 대한 임계 상태량은 부록 Table A-1에 주어져 있다.

임계압력 이상의 압력에서는, 확실한 상변화 과정은 없다(그림 4-16). 대신에 물질의 비체적은 계속 증가하며, 단지 1개의 상만이 존재한다. 결국 이것은 증기와 비슷한 것이지만 상변화가 언제 일어났는지를 말할 수는 없다. 임계상태 이상에서는 압축액 영역과 과열증기 영역을 구분하는 선이 없다. 그러나 임계온도 이상의 온도에 있는 물질은 과열증기, 임계온도 이하에 있는 물질은 압축액으로 부르는 것

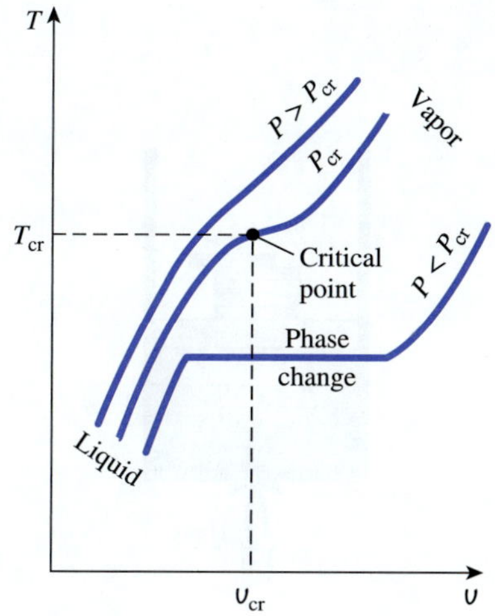

그림 4-16
초임계 압력(P > P_{cr})에서 분명한 상변화(비등) 과정은 없다.

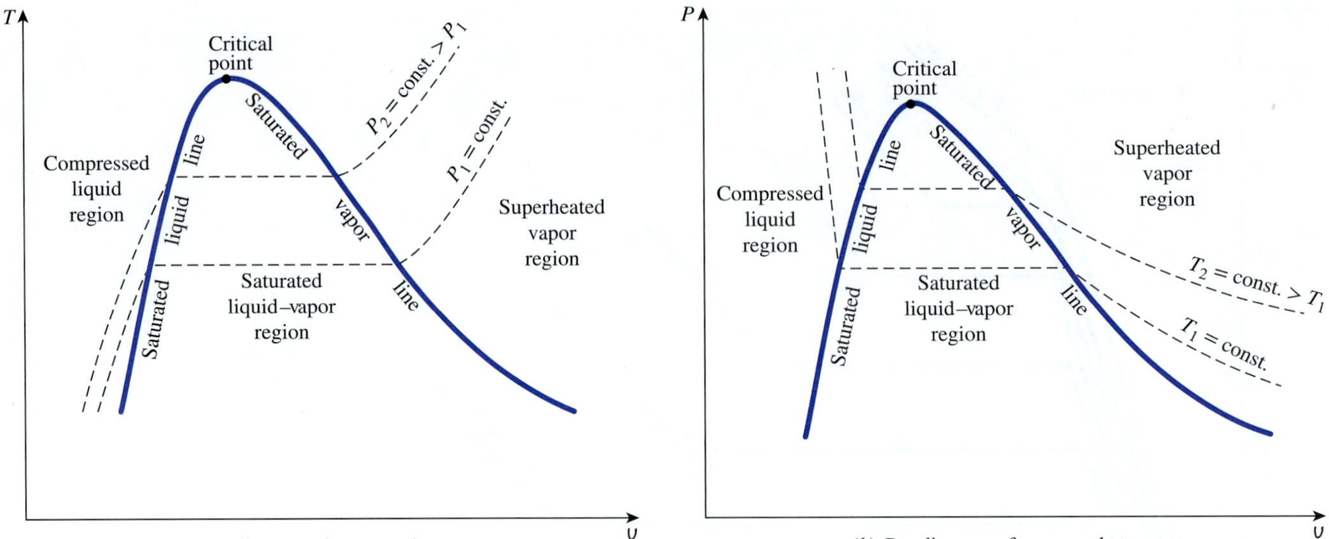

(*a*) *T*-υ diagram of a pure substance (*b*) *P*-υ diagram of a pure substance

그림 4-17
순수한 물질의 상태량 선도

이 관례이다.

그림 4-15에서 나타내는 포화액 상태들은 **포화액 선**(saturated liquid line)이라고 하는 선으로 연결될 수 있으며, 포화증기 상태들은 **포화증기 선**(saturated vapor line)이라고 부르는 선으로 연결될 수 있다. 이 2개의 선은 그림 4-17*a*에서 보는 바와 같이 임계점에서 서로 만나며, 둥근 지붕 형태의 돔을 형성한다. 모든 압축액 상태는 포화액 선의 왼쪽에 있는 영역에 놓이게 되며, 이 영역을 **압축액 영역**(compressed liquid region)이라고 한다. 모든 과열증기 상태는 **과열증기 영역**(superheated vapor region)이라고 부르는 포화증기 선의 오른쪽 영역에 위치한다. 이 2개의 영역에서, 물질은 액체 또는 증기의 단일 상으로 존재한다. 평형 상태에서 두 상을 포함하는 모든 상태들은 돔 아래 위치하며, 이 영역을 **포화액-증기 혼합물 영역**(saturated liquid-vapor mixture region) 또는 **습영역**(wet region)이라고 한다.

2. *P*-υ 선도

순수물질의 *P*-υ 선도의 일반적인 형태는 그림 4-17*b*에서 보는 바와 같이 등온선(온도일정)이 아래로 향하는 경향을 갖는다는 점을 제외하고는 *T*-υ 선도와 매우 유사하다.

그림 4-18
피스톤과 실린더 장치 내의 압력은 피스톤 위의 추 무게를 감소하면 감소할 수 있다.

1 MPa, 150°C에서 액상의 물이 담겨 있는 피스톤과 실린더로 된 장치를 생각하자. 이 상태에서 물은 압축액으로 존재한다. 이제 실린더 내의 압력이 점점 감소하도록 피스톤 위에 추를 하나씩 제거시킨다(그림 4-18). 물은 주위와 열 교환이 허용되어 물의 온도는 일정하게 유지된다. 압력이 감소할 때, 물의 체적은 약간 증

가할 것이다. 압력이 정해진 온도에서의 포화압력(0.4762 MPa)에 도달하면 물은 끓기 시작할 것이다. 이 기화 과정 동안 온도와 압력은 일정하지만 비체적은 증가한다. 마지막 액체 방울이 기화하고 나면 압력이 감소할수록 비체적은 더욱 증가한다. 상변화 과정 동안에는 추를 제거하지 않았다는 점을 유의하라. 상변화 과정 동안에 추를 제거하면 압력이 낮아지고 $T_{sat} = f(P_{sat})$이므로 온도가 강하하여 더 이상 등온과정이 될 수 없다.

이 과정이 다른 온도에 대해서도 반복된다면 위에서와 유사한 상변화 과정에 대한 경로가 얻어질 것이다. 포화액과 포화증기 상태들은 곡선으로 연결하면 그림 4-17*b*와 같은 순수물질의 *P*-υ 선도가 얻어진다.

고체상을 포함하는 확장된 선도

지금까지 고찰한 2개의 선도는 액체와 증기 상만을 포함한 평형 상태를 나타낸다. 그러나 이 선도는 고체상뿐만 아니라 고체–액체와 고체–증기 포화 영역까지 쉽게 확장시킬 수 있다. 액체–증기 상변화 과정에서 검토된 기초 원리들은 고체–액체와 고체–증기 상변화 과정에 동일하게 적용된다. 대부분의 물질은 응고(즉 결빙) 과정 동안에 수축한다. 반면에 물과 같은 물질은 얼 때 팽창한다. 이들 두 그룹의 물질에 대한 *P*-υ 선도는 그림 4-19*a*과 그림 4-19*b*에 주어져 있다. 이들 2개의 선도는 고체–액체 포화 영역에서만 다르다. *T*-υ 선도는 *P*-υ 선도와 매우 유사하며, 특히 얼 때 수축하는 물질은 아주 비슷하다.

물이 얼 때 팽창한다는 사실은 자연계에 지대한 영향을 준다. 물이 대부분의 다른 물질처럼 얼 때 수축한다면, 얼음은 액체의 물보다 무거워 물 위로 뜨지 않고 강이나 호수, 바다의 밑바닥에 가라앉게 될 것이다. 태양 광선은 이 얼음 층에 도달

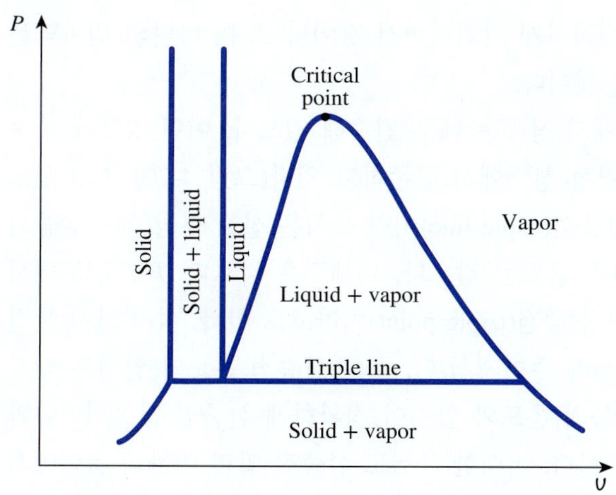

(*a*) *P*-υ diagram of a substance that contracts on freezing

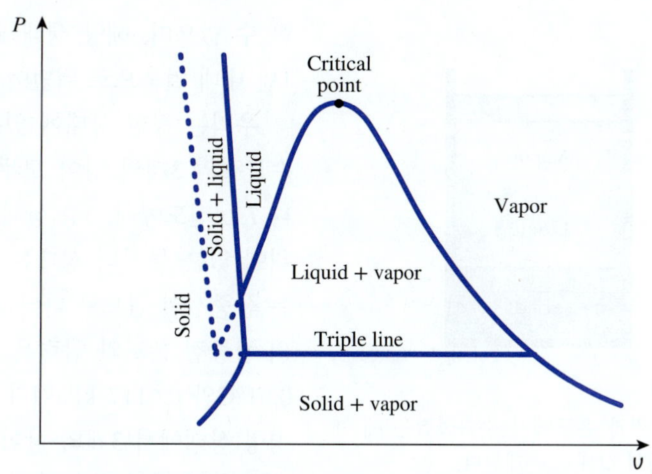

(*b*) *P*-υ diagram of a substance that expands on freezing (such as water)

그림 4-19
서로 다른 물질의 *P*-υ 선도

표 4-3

다양한 물질의 삼중점 온도와 압력

Substance	Formula	T_{tp}, K	P_{tp}, kPa
Acetylene	C_2H_2	192.4	120
Ammonia	NH_3	195.40	6.076
Argon	A	83.81	68.9
Carbon (graphite)	C	3900	10,100
Carbon dioxide	CO_2	216.55	517
Carbon monoxide	CO	68.10	15.37
Deuterium	D_2	18.63	17.1
Ethane	C_2H_6	89.89	8×10^{-4}
Ethylene	C_2H_4	104.0	0.12
Helium 4 (λ point)	He	2.19	5.1
Hydrogen	H_2	13.84	7.04
Hydrogen chloride	HCl	158.96	13.9
Mercury	Hg	234.2	1.65×10^{-7}
Methane	CH_4	90.68	11.7
Neon	Ne	24.57	43.2
Nitric oxide	NO	109.50	21.92
Nitrogen	N_2	63.18	12.6
Nitrous oxide	N_2O	182.34	87.85
Oxygen	O_2	54.36	0.152
Palladium	Pd	1825	3.5×10^{-3}
Platinum	Pt	2045	2.0×10^{-4}
Sulfur dioxide	SO_2	197.69	1.67
Titanium	Ti	1941	5.3×10^{-3}
Uranium hexafluoride	UF_6	337.17	151.7
Water	H_2O	273.16	0.61
Xenon	Xe	161.3	81.5
Zinc	Zn	692.65	0.065

Source: Data from National Bureau of Standards (U.S.) Circ., 500 (1952).

할 수 없으며, 해양 생태계를 심각하게 파괴하면서 강이나 호수, 바다의 밑바닥은 1년 내내 얼음으로 뒤덮여 있을 것이다.

우리는 평형 상태에 있는 2개의 상에는 매우 친숙해 있으나, 어떤 경우에는 순수물질의 3개의 상이 모두가 평형 상태에서 공존하고 있다(그림 4-20). P-v 선도나 T-v 선도에서, 3상 상태는 **삼중선**(triple line)이라 불리는 선을 형성한다. 삼중선 위에 있는 물질의 상태는 압력과 온도는 같으나, 비체적은 다르다. P-T 선도에서는 삼중선이 점으로 나타나므로 삼중점(triple point)이라고도 한다. 여러 가지 물질의 삼중점 온도와 압력은 표 4-3에 주어져 있다. 물의 삼중점 온도와 압력은 각각 0.01°C와 0.6117 kPa이다. 즉 물의 온도와 압력이 정확하게 삼중점 값들이어야만 평형 상태에서 3개의 상이 공존한다. 어떠한 물질도 삼중점 압력 이하의 압력에서 안정된 평형 상태의 액체로 존재할 수 없다. 얼 때 수축하는 물질에 대해서는 압력과 마찬가지로 삼중점 온도 이하의 온도에서도 안정된 평형 상태의 액체로 존재할 수 없다. 그러나 고압에서는 삼중점의 온도 이하에서도 액체상으로 존재할 수도 있

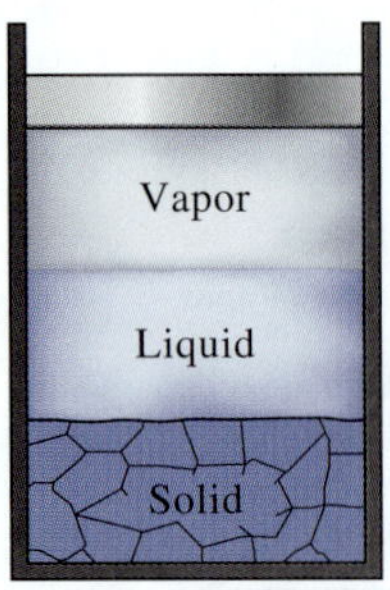

그림 4-20

삼중점 압력과 온도에서 순수물질은 세 개의 상이 평형 상태로 존재한다.

다. 예를 들어 물은 대기압에서는 평형 상태에 있는 0°C 이하의 액체 형태로는 존재할 수 없으나 200 MPa의 압력에서 −20°C의 액체로는 존재할 수 있다. 또한 얼음은 100 MPa 이상의 압력에서는 7가지의 서로 다른 고체상으로 존재할 수 있다.

물질이 고체로부터 증기로 변할 수 있는 방법은 액체로 융해된 다음 증발하는 방법과 융해되지 않고 직접 증기로 바뀌는 두 가지 방법이 있다. 순수물질은 삼중점 압력 이하에서는 액체로 존재할 수 없으므로 삼중점 이하의 압력에서는 고체가 융해되지 않고 직접 증기로 바뀐다(그림 4-21). 고체상으로부터 직접 증기상으로 변하는 것을 **승화**(sublimation)라고 한다. 고체 CO_2(드라이아이스)와 같이 삼중점 압력이 대기압보다 높은 물질이 대기압 조건에서 고체로부터 증기로 변하는 유일한 방법은 승화뿐이다.

그림 4-21
삼중점 값 이하의 저압에서 고체는 먼저 융해되지 않고 증발한다(승화).

3. *P-T* 선도

그림 4-22는 순수물질의 *P-T* 선도를 보여주고 있다. 이 선도는 3개의 상이 3개의 선에 의해 서로 분리되기 때문에 **상 선도**(phase diagram)라고도 한다. 승화선은 고체와 증기 영역을 분리하고, 기화(증발)선은 액체와 증기 영역을 분리하며, 용융(혹은 융해)선은 고체와 액체를 분리한다. 이 3개의 선은 평형 상태에서 3개의 상이 공존하는 삼중점에서 만난다. 임계점 이상에서는 액체와 증기를 구분할 수 없으므로 기화선은 임계점에서 끝난다. 얼 때 팽창하는 물질과 수축하는 물질은 *P-T* 선도상에서 융해선만 다르게 나타난다.

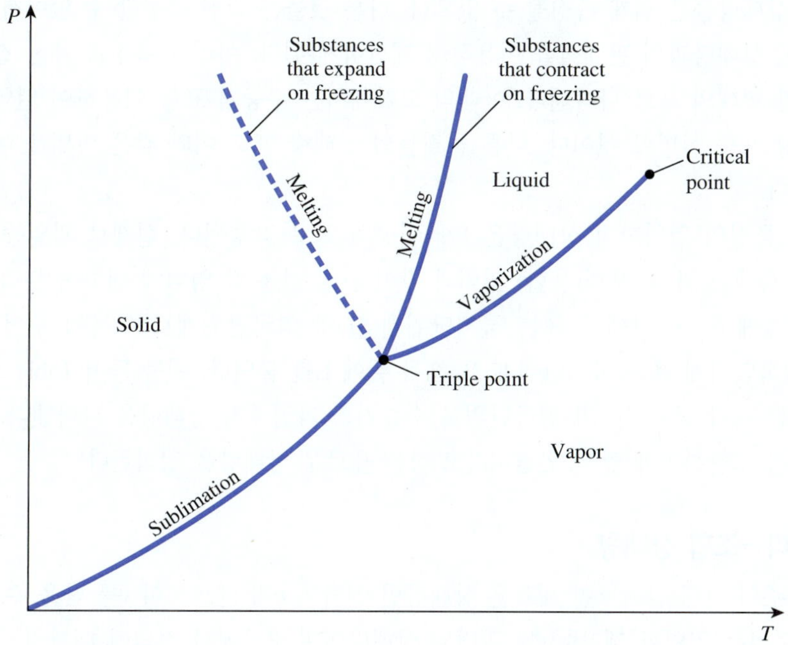

그림 4-22
순수물질의 *P-T* 선도

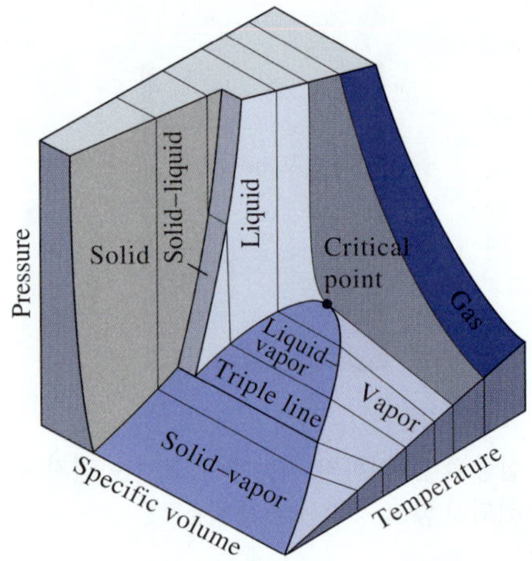

그림 4-23
응고 시 수축하는 물질의 P-v-T 표면

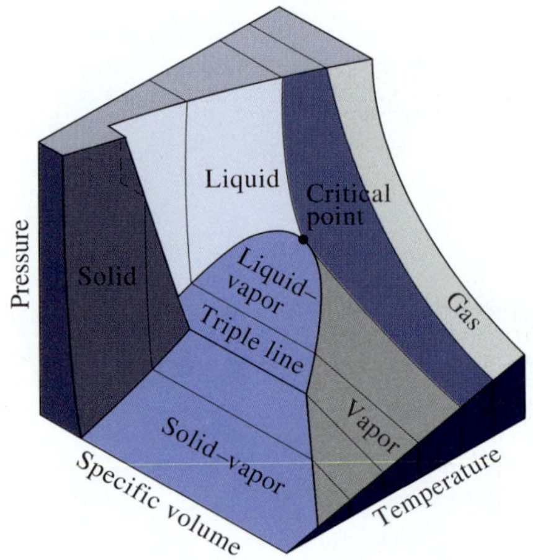

그림 4-24
응고 시 팽창하는 물질의 P-v-T 표면(물)

P-v-T 표면

단순 압축성 물질의 상태는 임의로 선정되는 2개의 독립적인 강성적 상태량에 의해 결정된다. 2개의 적절한 상태량들이 확정되면, 다른 모든 상태량들은 종속적 상태량이 된다. $z = z(x, y)$의 형태에서 2개의 독립변수를 갖는 방정식은 공간의 표면을 나타내므로, 그림 4-23과 4-24에서 보는 바와 같이, 물질의 P-v-T 거동을 공간에 있는 표면으로 나타낼 수 있다. 여기서 T와 v는 독립변수로 볼 수 있고(가로), P는 종속변수로 볼 수 있다(세로).

표면에 있는 모든 점은 평형 상태를 나타낸다. 준평형 과정의 경로를 따르는 모든 상태는 그러한 과정이 평형 상태를 통과해야 하기 때문에 P-v-T 표면 위에 놓여 있다. 단일 상 영역은 P-v-T 면에서 곡면으로 나타나고, 2상 영역은 P-T 평면에 수직한 면으로 나타난다. 이것은 2상 영역을 P-T 평면에 투영하면 선으로 나타난다는 것에서 이러한 사실을 예측할 수 있다.

지금까지 검토했던 모든 2차원 선도는 이 3차원 표면을 적절한 평면으로 투영한 것이다. P-v 선도는 P-v-T 표면을 P-v 면에 투영한 것이며, T-v 선도는 이 표면을 위에서 내려다 본 것이다. P-v-T 표면은 한 번에 많은 정보를 나타내지만, 열역학 해석에서는 P-v나 T-v 선도와 같은 2차원 선도로 작업하는 것이 보다 편리하다.

4-5 상태량 표

대부분의 물질에서 열역학적 상태량 사이의 관계는 간단한 방정식으로 나타내기에는 너무 복잡하다. 그러므로 흔히 상태량들을 표의 형태로 나타낸다. 어떤 열역학적 상태량들은 쉽게 측정될 수 있으나, 다른 것들은 직접 측정할 수 없어서 측정 가능한 상태량과의 관계식을 이용하여 계산하게 된다. 이러한 측정과 계산 결과는 편리한 형태의 표로 나타낸다. 아래의 고찰에서는 수증기 표를 이용하여 열역학적 상태량 표를 설명할 것이다. 다른 물질들의 상태량 표도 이와 같은 방법을 이용하면 된다.

각 물질의 열역학적 상태량은 1개 이상의 표로 작성된다. 실제로 과열증기 영역, 압축액 영역 및 포화(혼합) 영역과 같이 관심 있는 각 영역에 대하여 분리된 표를 만들게 된다. 상태량 표는 국제단위계(SI)와 영국단위계로 부록에 주어져 있다. 영국단위계 표는 국제단위계 표 제목 끝에 E를 붙인다. 예를 들어 Table A-6와 A-6E는 각각 국제단위와 영국단위로 수증기의 과열증기 상태량을 나타낸다. 상태량 표를 고찰하기에 앞서, **엔탈피**라고 하는 새로운 상태량을 정의한다.

엔탈피—조합 상태량

표를 주의 깊게 살펴보면 새로운 상태량인 엔탈피 h와 엔트로피 s를 찾을 수 있다. 엔트로피는 열역학 제2법칙에 관련된 상태량이며, 8장에서 정의될 때까지는 사용하지 않을 것이다. 그러나 엔탈피의 경우는 지금 도입하는 것이 적절하다.

특히 동력 발생장치나 냉동장치와 같은 어떤 형태의 과정을 해석할 때(그림 4-25), 상태량의 조합 형태인 $u + P\upsilon$와 자주 접하게 된다. 이 조합은 간단하고 편리하게 사용하기 위하여 기호가 h인 새로운 상태량인 **엔탈피**(enthalpy)로 정의된다.

$$h = u + P\upsilon \qquad \text{(kJ/kg)} \tag{4-1}$$

또는

$$H = U + PV \qquad \text{(kJ)} \tag{4-2}$$

총 엔탈피 H와 비엔탈피 h는 각각이 의미하는 것이 분명하기 때문에, 두 가지 모두를 간단하게 엔탈피라고 한다. 위에 주어진 방정식은 차원적으로 동일하다. 즉 압력과 체적의 곱의 단위는 계수만 다를 뿐 내부 에너지와 마찬가지로 에너지 단위이다(그림 4-26). 예를 들어 1 $kPa\cdot m^3$ = 1 kJ임은 쉽게 알 수 있다. 실제로 어떤 표에서는 내부 에너지 u가 없는 경우가 대부분이며, 내부 에너지는 항상 $u = h - P\upsilon$로부터 계산할 수 있다.

상태량 엔탈피가 널리 사용되게 된 것은 Richard Mollier 교수 덕분이다. 그는 증기터빈의 해석과 증기의 상태량을 표와 Mollier 선도와 같은 도표 형태로 나타내는 과정에서 $u + P\upsilon$의 중요성을 인식했다. Mollier는 $u + P\upsilon$를 **열함유량**(*heat content*)과 **총 열량**(*total heat*)이라고 했다. 이 용어는 현대의 열역학적 용어와 완전히 일치하지는 않으며, 1930년대에 **열**을 의미하는 그리스어 *enthalpien*으로부터 유래한 **엔탈피**라는 용어로 대체되었다.

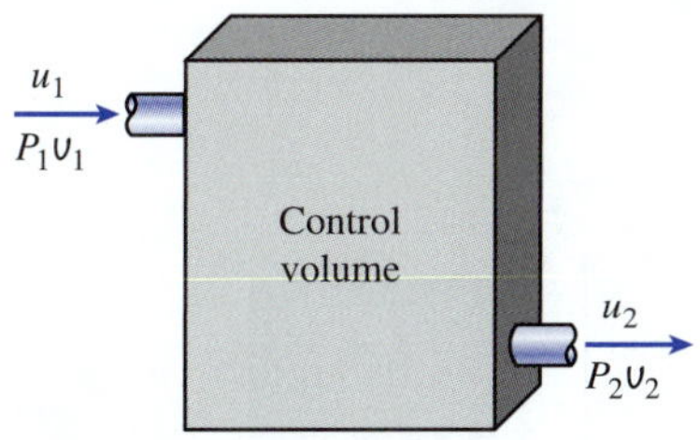

그림 4-25

조합 상태량인 $u + P\upsilon$는 검사체적의 해석에서 자주 나온다.

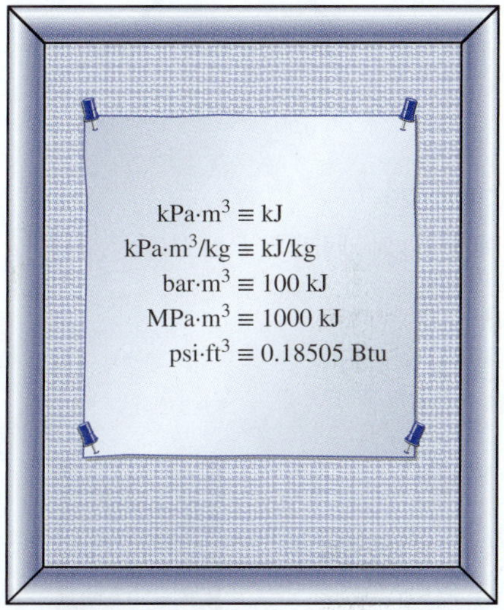

그림 4-26

압력과 체적의 곱은 에너지 단위를 갖는다.

1a. 포화액과 포화증기 상태

물의 포화액과 포화증기 상태량은 Table A-4와 A-5에 정리되어 있다. 두 표는 모두 동일한 자료이나 Table A-4에서는 상태량들이 온도를 기준으로 하여 나열되어 있고, Table A-5에서는 압력을 기준으로 하여 나열되어 있다는 것만 다르다. 그러므로 **온도**가 주어질 때는 Table A-4를 사용하고, **압력**이 주어질 때는 Table A-5를 사용하면 보다 더 편리하다. Table A-4의 사용법은 그림 4-27에 묘사되어 있다.

하첨자 f는 포화액의 상태량을 나타내고, 하첨자 g는 포화증기의 상태량을 나타낸다. 이 기호들은 열역학에서 일반적으로 사용되며, 독일어에서 유래한 것이다. 또 다른 하첨자 fg는 동일한 상태량의 포화증기 값과 포화액 값의 차이를 나타내는 데 사용된다. 예를 들어,

$$\upsilon_f = \text{포화액의 비체적}$$
$$\upsilon_g = \text{포화증기의 비체적}$$
$$\upsilon_{fg} = \upsilon_g\text{와 } \upsilon_f\text{의 차이(즉, } \upsilon_{fg} = \upsilon_g - \upsilon_f)$$

h_{fg}는 **증발엔탈피**(enthalpy of vaporization) 또는 증발잠열(latent heat of vaporization)이라고 한다. 이것은 주어진 온도나 압력하에서 단위질량의 포화액을 기화

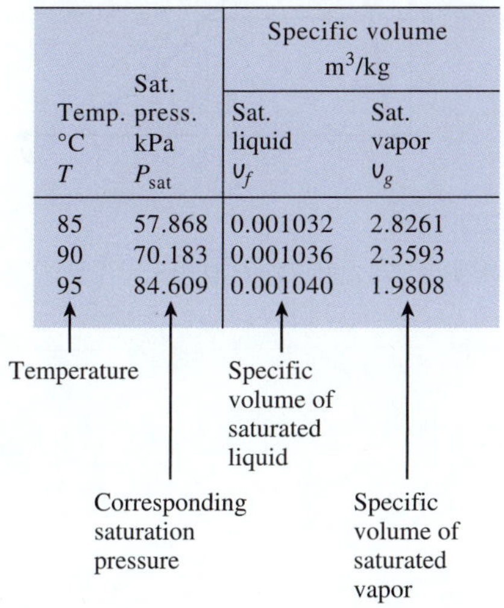

Temp. °C T	Sat. press. kPa P_{sat}	Specific volume m^3/kg Sat. liquid υ_f	Sat. vapor υ_g
85	57.868	0.001032	2.8261
90	70.183	0.001036	2.3593
95	84.609	0.001040	1.9808

그림 4-27

Table A-4의 일부 내용

시키는 데 필요한 에너지의 양을 나타낸다. 이것은 온도나 압력의 증가에 따라 감소하며, 임계점에서 0이 된다.

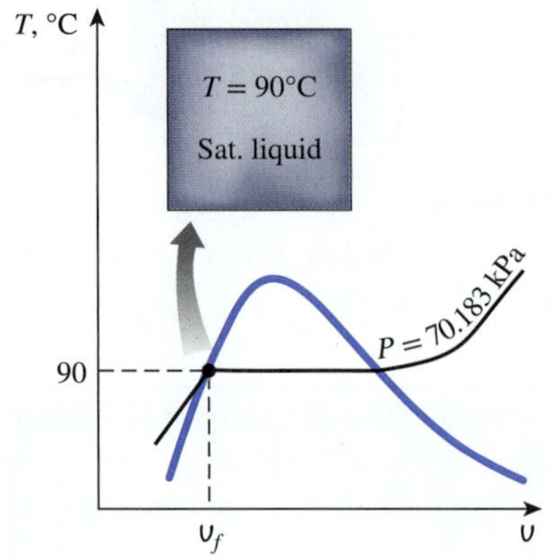

그림 4-28
예제 4-1의 개략도와 P-υ 선도

예제 4-1 **용기 내의 포화액의 압력**

견고한 용기 내에 온도가 90°C인 포화 상태의 물 50 kg이 들어 있다. 용기 내의 압력과 용기의 체적을 계산하라.

풀이 견고한 용기 내에 포화 상태의 물이 들어있다. 용기 내의 압력과 체적을 구하고자 한다.

해석 물의 포화액체 상태가 그림 4-28의 T-υ 선도에 나타나 있다. 용기 내부는 포화 상태이므로 압력은 90°C에서의 포화압력이어야 한다.

$$P = P_{\text{sat @ 90°C}} = \mathbf{70.183\ kPa} \qquad \text{(Table A-4)}$$

90°C에서 포화액의 비체적은

$$\upsilon = \upsilon_{f\text{ @ 90°C}} = 0.001036\ \text{m}^3/\text{kg} \qquad \text{(Table A-4)}$$

따라서 용기의 체적은 다음과 같이 계산된다.

$$V = m\upsilon = (50\ \text{kg})(0.001036\ \text{m}^3/\text{kg}) = \mathbf{0.0518\ m^3}$$

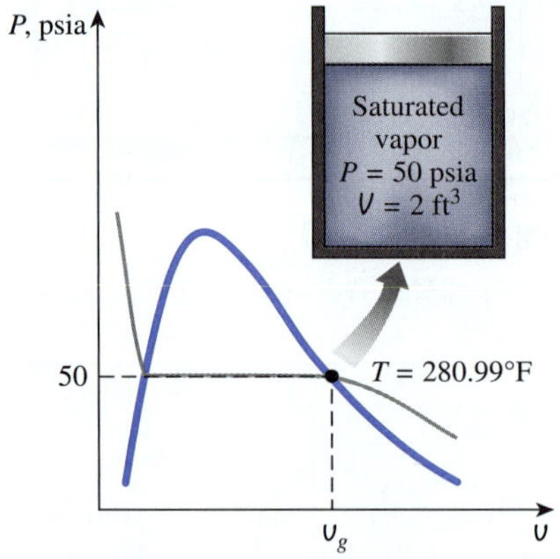

그림 4-29
예제 4-2의 개략도와 P-υ 선도

예제 4-2 **실린더 내 포화증기의 온도**

피스톤과 실린더로 된 장치 내에 압력이 50 psi인 포화 수증기 2 ft³가 들어 있다. 실린더 내 증기의 온도와 질량을 계산하라.

풀이 실린더에 포화 수증기가 들어 있다. 증기의 온도와 질량을 구하고자 한다.

해석 물의 포화증기 상태는 그림 4-29의 P-υ 선도에서 보여주고 있다. 실린더 내에는 50 psi의 증기가 들어 있으므로, 내부 온도는 이 압력에서의 포화온도여야 한다.

$$T = T_{\text{sat @ 50 psia}} = \mathbf{280.99°F} \qquad \text{(Table A-5E)}$$

50 psi에서 포화증기의 비체적은

$$\upsilon = \upsilon_{g\text{ @ 50 psia}} = 8.5175\ \text{ft}^3/\text{lbm} \qquad \text{(Table A-5E)}$$

따라서 실린더 내부의 증기 질량은 다음과 같다.

$$m = \frac{V}{\upsilon} = \frac{2\ \text{ft}^3}{8.5175\ \text{ft}^3/\text{lbm}} = \mathbf{0.235\ lbm}$$

예제 4-3 **증발 과정 동안의 체적과 에너지 변화**

포화액의 물 200 g이 100 kPa의 일정한 압력하에서 완전히 증발되었다. (*a*) 체적 변화, (*b*) 물에 가해진 에너지의 양을 계산하라.

풀이 일정 압력에서 포화 상태의 물이 기화된다. 체적 변화와 가해진 열량을 구하고자 한다.

해석 (*a*) 이 과정은 그림 4-30의 *P*-υ 선도에 나타내었다. 증발 과정 동안의 단위질량당 체적 변화는 $υ_g$와 $υ_f$의 차이인 $υ_{fg}$이다. Table A-5의 100 kPa에서 이들 값을 읽고 대입하면

$$υ_{fg} = υ_g - υ_f = 1.6941 - 0.001043 = 1.6931 \text{ m}^3/\text{kg}$$

따라서

$$\Delta V = mυ_{fg} = (0.2 \text{ kg})(1.6931 \text{ m}^3/\text{kg}) = \mathbf{0.3386 \text{ m}^3}$$

(*b*) 주어진 압력에서 단위질량의 물질을 기화하는 데 필요한 에너지의 양은 그 압력에서의 증발 엔탈피이며, 100 kPa에서 h_{fg} = 2257.5 kJ/kg이다. 그러므로 가해진 에너지의 양은

$$mh_{fg} = (0.2 \text{ kg})(22575.5 \text{ kJ/kg}) = \mathbf{451.5 \text{ kJ}}$$

토론 $υ_{fg}$는 소수점 이하 넷째 자리까지 고려했고 나머지는 무시했다. 이것은 $υ_g$가 소수점 이하 넷째 자리까지만 의미 있는 숫자이며, 그 이하의 숫자는 알 수 없기 때문이다. 계산기에 나타난 모든 숫자를 그대로 옮겨 쓰면, $υ_g$ = 1.694100으로 가정한다는 의미가 되는데, 그럴 필요는 없다. $υ_g$ = 1.694138이 되더라도 이 숫자도 1.6941로 절삭될 것이다. 결과 값 1.6931에 있는 모든 자릿수는 유효자릿수이다. 그러나 결과를 절삭하지 않고 그대로 사용한다면 $υ_{fg}$ = 1.693057이 되는데, 이것은 결과 값이 소수점 이하 여섯째 자리까지 정확하다는 잘못된 의미를 내포한다.

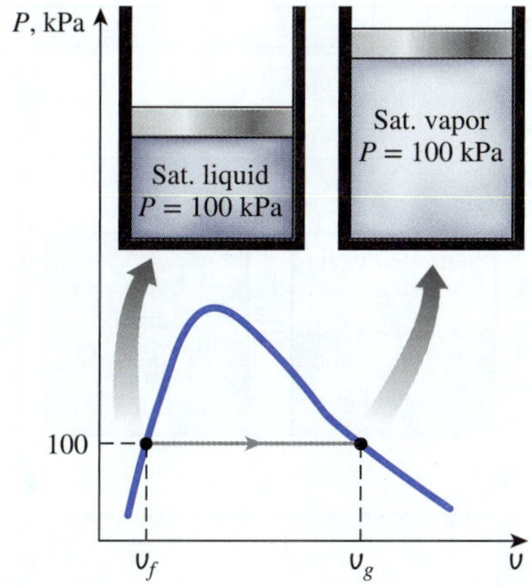

그림 4-30
예제 4-3의 개략도와 *P*-υ 선도

1b. 포화액-증기 혼합물

증발 과정 동안 물질의 일부는 액체로 일부는 증기로 존재한다. 즉 포화액과 포화증기의 혼합물이다(그림 4-31). 이 혼합물을 올바르게 해석하기 위해서는, 혼합물 내의 액체상과 증기상의 비율을 알아야 한다. **건도**(quality) *x*는 혼합물 전체 질량에 대한 증기 질량의 비로 정의되는 새로운 상태량이다.

$$x = \frac{m_{\text{vapor}}}{m_{\text{total}}} \quad \textbf{(4-3)}$$

여기서

$$m_{\text{total}} = m_{\text{liquid}} + m_{\text{vapor}} = m_f + m_g$$

건도는 **포화 혼합물**에 대해서만 의미가 있다. 압축액 영역이나 과열증기 영역에서는 의미가 없다. 건도는 항상 0과 1 사이의 값이다. **포화액**으로 이루어진 계의 건도는 0(또는 0%)이며, **포화증기**로 이루어진 계의 건도는 1(또는 100%)이다. 포화 혼합물에서 건도는 상태를 기술하는 데 필요한 2개의 독립된 강성적 상태량 중 하나로 사용될 수 있다. **포화액의 상태량은 포화액만 존재하거나 또는 포화증기와 혼합물**

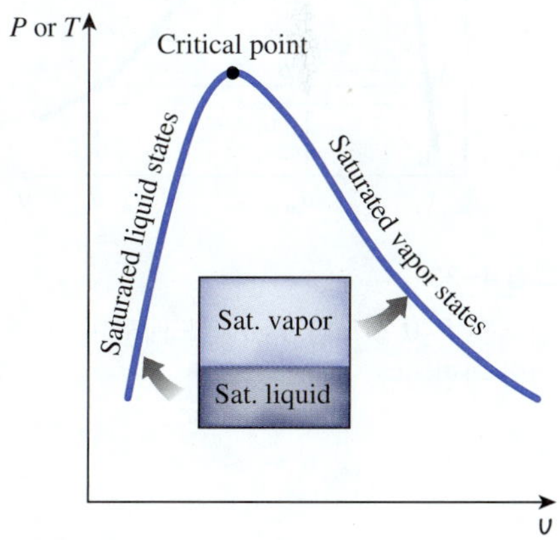

그림 4-31
포화 혼합물에서 액상과 증기상의 상대적인 양은 건도 *x*에 의해 정해진다.

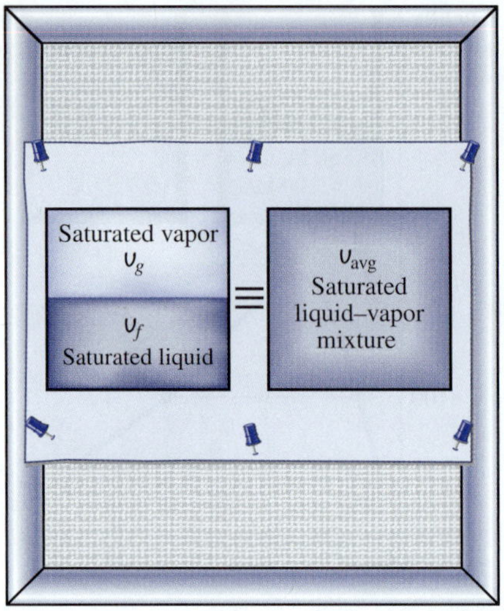

그림 4-32
두 개의 상으로 이루어진 계는 편의상 균질 혼합물로 취급될 수 있다.

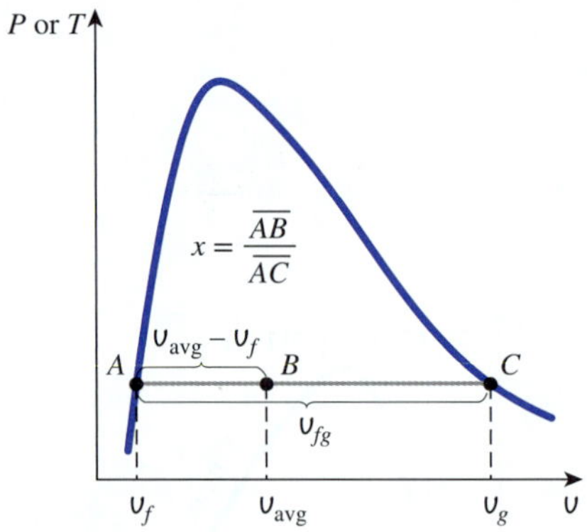

그림 4-33
건도는 P-v 선도와 T-v 선도에서 수평 거리와 관련된다.

로 존재하거나에 관계없이 동일하다는 것에 유의하라. 증발 과정 동안에는 포화액의 양만 변화하며, 포화액의 상태량은 변하지 않는다. 포화증기의 경우에도 마찬가지이다.

포화 혼합물은 포화액과 포화증기의 2개의 하부계의 조합으로 취급할 수 있다. 그러나 각 상의 질량은 보통 알 수 없다. 그러므로 2개의 상이 잘 혼합되어있어 균일하게 보이는 것으로 생각하는 것이 종종 더 편리하다(그림 4-32). 그러면 "혼합물"의 상태량은 단순히 고려 대상인 포화액과 포화증기 혼합물의 평균 상태량일 것이다. 이것이 어떻게 이루어지는가를 알아보자.

포화액과 포화증기가 담겨 있는 용기를 생각해 보자. 포화액의 체적은 V_f이고 포화증기의 체적은 V_g이다. 전체 체적 V는 두 체적의 합이다.

$$V = V_f + V_g$$
$$V = mv \longrightarrow m_t v_{avg} = m_f v_f + m_g v_g$$
$$m_f = m_t - m_g \longrightarrow m_t v_{avg} = (m_t - m_g) v_f + m_g v_g$$

이들을 m_t로 나누면 다음과 같다.

$$v_{avg} = (1 - x) v_f + x v_g$$

$x = m_g/m_t$이므로 이 관계식은 다음과 같이 나타낼 수 있다.

$$v_{avg} = v_f + x v_{fg} \qquad (m^3/kg) \tag{4-4}$$

여기서 $v_{fg} = v_g - v_f$이다. 건도에 대해서 풀면 다음과 같은 식이 얻어진다.

$$x = \frac{v_{avg} - v_f}{v_{fg}} \tag{4-5}$$

이 식을 근거로, 건도는 P-v 선도와 T-v 선도상의 수평 거리로 연관시켜 나타낼 수 있다(그림 4-33). 주어진 온도나 압력에서 식 (4-5)의 분자는 실제 상태와 포화액 상태 사이의 거리이고, 분모는 포화액 상태와 포화증기 상태를 연결하는 수평선 전체의 길이이다. 건도 50%의 상태는 이 수평선의 중간점이다.

위에서 고찰한 해석은 내부 에너지와 엔탈피에 대해서도 마찬가지이며, 그 결과는 다음과 같다.

$$u_{avg} = u_f + x u_{fg} \qquad (kJ/kg) \tag{4-6}$$
$$h_{avg} = h_f + x h_{fg} \qquad (kJ/kg) \tag{4-7}$$

모든 결과는 같은 형태의 식이며, 이 결과들은 다음과 같은 하나의 방정식으로 요약할 수 있다.

$$y_{avg} = y_f + x y_{fg}$$

여기서 y는 u, v 또는 h이다. 간단히 나타내기 위해 "평균"을 나타내는 하첨자 "avg"는 보통 쓰지 않는다. 혼합물의 평균 상태량 값은 항상 포화액 상태량과 포화

증기 상태량 사이의 값이다(그림 4-34). 즉

$$y_f \le y_{avg} \le y_g$$

마지막으로 모든 포화 혼합물 상태는 포화곡선 아래에 위치하며, 포화 혼합물을 해석하는 데 필요한 것은 포화액과 포화증기의 자료(물의 경우에는 Table A-4와 A-5)이다.

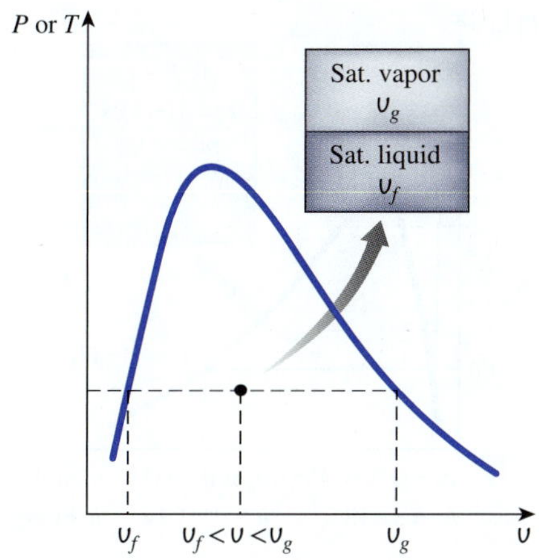

그림 4-34

주어진 T나 P에서 포화액-증기 혼합물의 비체적(υ)은 υ_f와 υ_g 값 사이에 있다.

예제 4-4 **포화 혼합물의 압력과 체적**

견고한 용기 내에 90°C의 물 10 kg이 들어 있다. 물의 8 kg은 액체이고, 나머지는 증기라고 하면 (*a*) 용기 내의 압력과 (*b*) 용기의 체적을 계산하라.

풀이 견고한 용기 내에 포화 혼합물이 들어 있다. 용기 내의 압력과 체적을 구하고자 한다.

해석 (*a*) 포화액-증기 혼합물의 상태는 그림 4-35에 보여주고 있다. 2개의 상이 평형 상태로 공존하기 때문에 포화 혼합물이며, 압력은 주어진 온도에서의 포화압력이다.

$$P = P_{sat\ @\ 90°C} = \mathbf{70.183\ kPa} \qquad \text{(Table A-4)}$$

(*b*) 90°C에서 $\upsilon_f = 0.001036\ m^3/kg$이고 $\upsilon_g = 2.3593\ m^3/kg$ (Table A-4 참조)이다. 용기의 체적을 구하는 한 방법은 각각의 상이 차지하는 체적을 구하여 이들을 합하는 방법이다.

$$\begin{aligned} V &= V_f + V_g = m_f\upsilon_f + m_g\upsilon_g \\ &= (8\ kg)(0.001036\ m^3/kg) + (2\ kg)(2.3593\ m^3/kg) \\ &= \mathbf{4.73\ m^3} \end{aligned}$$

다른 방법으로 먼저 건도 x를 구하고, 다음에 평균 비체적 υ, 마지막으로 전체 체적을 구하는 방법이 있다.

$$x = \frac{m_g}{m_t} = \frac{2\ kg}{10\ kg} = 0.2$$

$$\begin{aligned} \upsilon &= \upsilon_f + x\upsilon_{fg} \\ &= 0.001036\ m^3/kg + (0.2)[(2.3593 - 0.001036)\ m^3/kg] \\ &= 0.473\ m^3/kg \end{aligned}$$

그리고

$$V = m\upsilon = (10\ kg)(0.473\ m^3/kg) = 4.73\ m^3$$

토론 이 문제에서 각 상의 질량이 주어지기 때문에 처음의 방법이 보다 쉬워 보인다. 그러나 대부분의 경우 각 상의 질량을 이용할 수 없으므로 두 번째 방법이 편리하다.

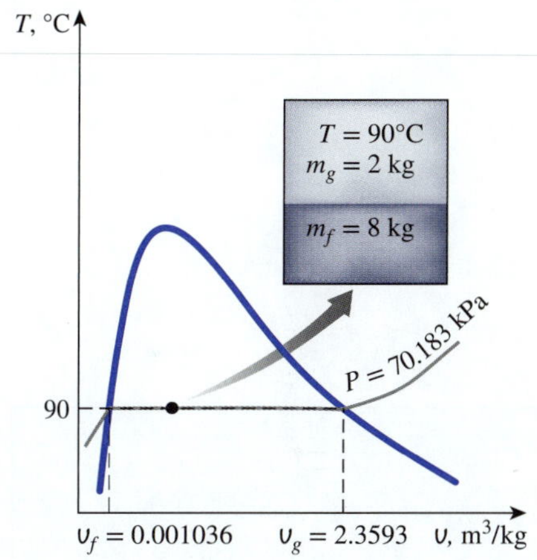

그림 4-35

예제 4-4의 개략도와 T-υ 선도

예제 4-5 **포화액-증기 혼합물의 상태량**

80 L 용기 내에 압력이 160 kPa인 R-134a 냉매가 4 kg 들어 있다. (*a*) 냉매의 온도, (*b*) 건도, (*c*) 냉매의 엔탈피 (*d*) 증기가 차지하는 체적을 계산하라.

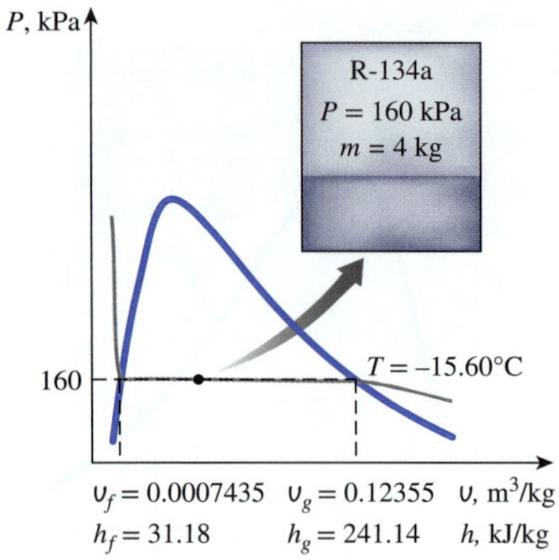

그림 4-36

예제 4-5의 개략도와 P-υ 선도

풀이 용기가 R-134a로 채워져 있다. 냉매의 상태량을 구하고자 한다.

해석 (a) 그림 4-36은 포화액-증기 혼합물의 상태를 보여주고 있다. 이 시점에서 냉매가 압축액인지, 과열증기인지 아니면 포화 혼합물인지를 알 수 없다. 이것은 적절한 상태량을 포화액의 값 및 포화증기의 값과 비교하여 결정할 수 있다. 주어진 정보로부터 비체적을 계산할 수 있다.

$$\upsilon = \frac{V}{m} = \frac{0.080 \text{ m}^3}{4 \text{ kg}} = 0.02 \text{ m}^3/\text{kg}$$

압력이 160 kPa일 때,

$$\upsilon_f = 0.0007435 \text{ m}^3/\text{kg}$$
$$\upsilon_g = 0.12355 \text{ m}^3/\text{kg} \qquad \text{(Table A-12)}$$

명백하게 $\upsilon_f < \upsilon < \upsilon_g$이므로, 냉매는 포화 혼합물 영역에 있다. 따라서 온도는 주어진 압력에서의 포화온도여야 한다.

$$T = T_{\text{sat @ 160 kPa}} = \mathbf{-15.60°C}$$

(b) 건도는 다음과 같은 식으로부터 계산할 수 있다.

$$x = \frac{\upsilon - \upsilon_f}{\upsilon_{fg}} = \frac{0.02 - 0.0007435}{0.12355 - 0.0007435} = \mathbf{0.157}$$

(c) Table A-12로부터 압력이 160 kPa일 때, h_f = 31.18 kJ/kg이고 h_{fg} = 209.96 kJ/kg이다. 엔탈피를 계산하면

$$\begin{aligned} h &= h_f + xh_{fg} \\ &= 31.18 \text{ kJ/kg} + (0.157)(209.96 \text{ kJ/kg}) \\ &= \mathbf{64.1 \text{ kJ/kg}} \end{aligned}$$

(d) 증기의 질량은 다음과 같다.

$$m_g = xm_t = (0.157)(4 \text{ kg}) = 0.628 \text{ kg}$$

증기가 차지하는 체적은

$$V_g = m_g\upsilon_g = (0.628 \text{ kg})(0.12355 \text{ m}^3/\text{kg}) = \mathbf{0.0776 \text{ m}^3} \text{ (or 77.6 L)}$$

나머지 체적(2.5 L)은 액체가 차지한다.

	υ	u	h
T,°C	m³/kg	kJ/kg	kJ/kg
	P = 0.1 MPa (99.61°C)		
Sat.	1.6941	2505.6	2675.0
100	1.6959	2506.2	2675.8
150	1.9367	2582.9	2776.6
⋮	⋮	⋮	⋮
1300	7.2605	4687.2	5413.3
	P = 0.5 MPa (151.83°C)		
Sat.	0.37483	2560.7	2748.1
200	0.42503	2643.3	2855.8
250	0.47443	2723.8	2961.0

그림 4-37

Table A-6의 일부분

상태량 표는 포화고체-증기 혼합물에 대해서도 이용할 수 있다. 예를 들어 물에 대한 얼음과 증기의 혼합물은 Table A-8에 열거되어 있다. 포화고체-증기 혼합물의 상태는 포화액-증기 혼합물과 같은 방법으로 다룰 수 있다.

2. 과열증기

물질은 포화증기 선 오른쪽 영역과 임계온도보다 높은 온도에서 과열증기로 존재한다. 과열증기 영역은 증기만의 단일 상 영역이기 때문에 온도와 압력은 종속 상태량이 아니며, 이들은 표에서 2개의 독립적 상태량으로 편리하게 사용될 수 있다. 과열증기표의 형태는 그림 4-37에 예시되어 있다.

이 표들에서 상태량들은 특정 압력에 대해 온도에 따라 포화증기의 값부터 열거되어 있다. 포화온도는 압력 값 뒤의 괄호 안에 주어져 있다.

포화증기와 비교했을 때 과열증기의 특성은 다음과 같다.

낮은 압력(주어진 T에서 $P < P_{sat}$)
높은 온도(주어진 P에서 $T > T_{sat}$)
큰 비체적(주어진 P 또는 T에서 $\upsilon > \upsilon_g$)
큰 내부 에너지(주어진 P 또는 T에서 $u > u_g$)
큰 엔탈피(주어진 P 또는 T에서 $h > h_g$)

예제 4-6 **과열증기의 냉각**

1파운드 질량의 물이 초기 압력 250 psi의 상태로 2.29 ft³의 강성용기에 들어있다. 이 용기가 100°F로 냉각되었다. 물의 초기 온도와 최종 압력을 구하라.

풀이 물이 들어있는 강성용기가 냉각된다. 초기 온도와 최종 압력을 구하라.

해석 초기 비체적은

$$\upsilon_1 = \frac{V}{m} = \frac{2.29\ \text{ft}^3}{1\ \text{lbm}} = 2.29\ \text{ft}^3/\text{lbm}$$

이다. 250 psi에서 포화증기의 비체적은 $\upsilon_g = 1.8440\ \text{ft}^3/\text{lbm}$ (Table A-5E). $\upsilon_1 > \upsilon_g$이므로 물은 초기에 과열증기 상태이다. 온도는 다음과 같이 결정된다.

$$\left.\begin{aligned} P_1 &= 250\ \text{psia} \\ \upsilon_1 &= 2.29\ \text{ft}^3/\text{lbm} \end{aligned}\right\} T_1 = \mathbf{550°F} \qquad \text{(Table A-6E)}$$

이 냉각은 그림 4-38에 나타난 것 같이 정적과정($\upsilon = V/m$ = 일정)이다. 최종상태는 포화 혼합물이므로 압력은 포화온도에서의 포화압력이다.

$$\left.\begin{aligned} T_2 &= 100°\text{F} \\ \upsilon_2 &= \upsilon_1 = 2.29\ \text{ft}^3/\text{lbm} \end{aligned}\right\} P_2 = P_{sat\ @\ 100°F} = \mathbf{0.9505\ psia} \qquad \text{(Table A-4E)}$$

토론 물질이 밀폐된 강성용기에서 과정을 거치면 비체적은 일정하고 P-υ 선도에서 과정은 수직선으로 나타난다.

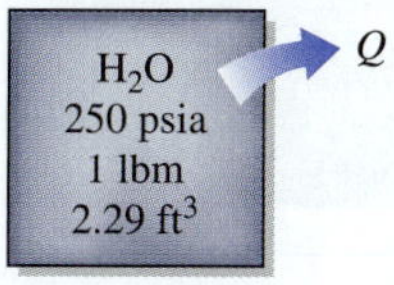

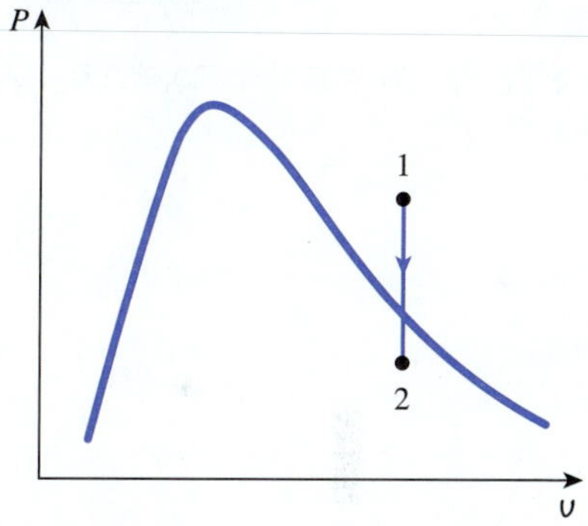

그림 4-38
예제 4-6을 위한 개략도와 P-υ 선도.

예제 4-7 **과열증기의 온도**

압력 P = 0.5 MPa, 엔탈피 h = 2890 kJ/kg인 물의 온도를 계산하라.

풀이 주어진 상태에서 물의 온도를 구하고자 한다.

해석 0.5 MPa에서 물의 포화증기 엔탈피는 h_g = 2748.1 kJ/kg이다. 그림 4-39에서 보는 바와 같이 $h > h_g$이므로, 여기서도 물은 과열증기이다. 압력이 0.5 MPa일 때, Table A-6에서 다음을 읽는다.

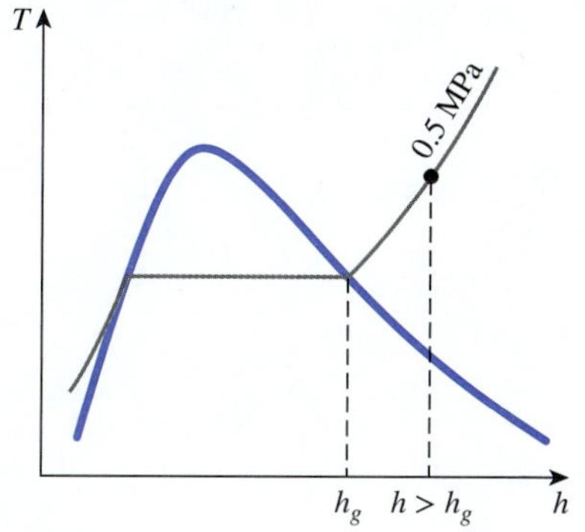

그림 4-39
정해진 압력에서 과열증기는 포화증기보다 큰 h로 존재한다(예제 4-7).

T, °C	h, kJ/kg
200	2855.8
250	2961.0

분명히 온도는 200°C와 250°C 사이에 있으며, 선형 보간법(linear interpolation)으로 구한다.

$$T = \mathbf{216.3°C}$$

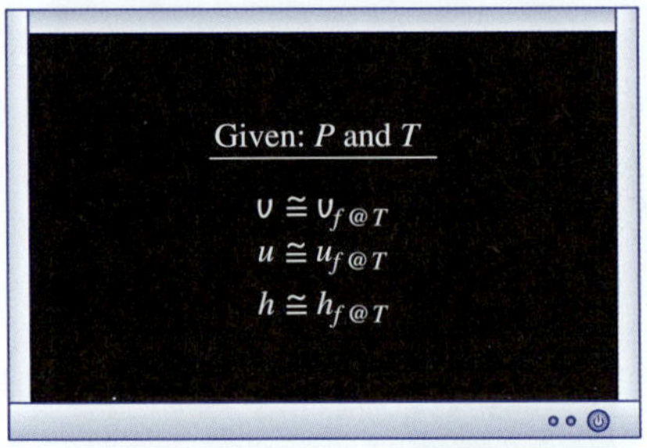

그림 4-40
압축액은 주어진 온도에서 포화액으로 근사화할 수 있다.

3. 압축액

압축액 표는 문헌에 많이 나와 있지 않으며, Table A-7은 이 교과서에 있는 유일한 압축액 표이다. Table A-7의 형식은 과열증기표의 형식과 매우 유사하다. 압축액 자료가 부족한 이유 중의 하나는 압축액의 상태량들이 압력에는 비교적 무관하다는 점이다. 압력에 따른 압축액의 변화는 매우 완만하다. 압력이 100배 증가하더라도 보통 상태량들의 변화는 1% 이하이다.

압축액 자료가 없는 경우에는 일반적인 근사 방법으로 **압축액을 주어진 온도에서 포화액으로 취급한다**(그림 4-40). 이것은 압축액의 상태량들이 압력보다는 온도에 따라 보다 많이 좌우되기 때문이다. 그러므로 압축액에 대해서는 다음과 같이 쓸 수 있다.

$$y \cong y_{f\,@\,T} \tag{4-8}$$

여기서, y는 v, u 또는 h이다. 이 3가지 상태량들 중에서 압력 변화에 가장 민감한 상태량은 엔탈피 h이다. 위의 근사식에서 비체적과 내부 에너지에서의 오차는 무시할 수 있지만, 엔탈피에서의 오차는 바람직하지 않은 수준에 도달할 수도 있다. 그러나 압력과 온도가 그리 높지 않은 경우에 엔탈피에서의 오차는 포화액의 엔탈피 h_f를 직접 사용하지 않고 다음 식을 이용하면 상당히 줄일 수 있다.

$$h \cong h_{f\,@\,T} + v_{f\,@\,T}(P - P_{sat\,@\,T}) \tag{4-9}$$

그러나 식 (4-9)를 사용한 근사방법은 보통 또는 높은 온도와 압력에서는 의미 있는 정도의 정확성을 얻지는 못한다. 매우 높은 온도와 압력의 경우에는 과잉수정에 의해 더 큰 오차를 야기하는 역효과를 낳기도 한다(Kostic, 2006).

일반적으로 압축액의 특성은 다음과 같다.

높은 압력(주어진 T에서 $P > P_{sat}$)
낮은 온도(주어진 P에서 $T < T_{sat}$)
작은 비체적(주어진 P 또는 T에서 $v < v_f$)
작은 내부 에너지(주어진 P 또는 T에서 $u < u_f$)
작은 엔탈피(주어진 P 또는 T에서 $h < h_f$)

그러나 과열증기와는 달리 압축액의 상태량들은 포화액의 값들에서 크게 다르지 않다.

예제 4-8 **압축 액체를 포화 액체로 추정**

다음을 사용하여 80°C, 5 MPa에서 압축 액체상태 물의 내부 에너지를 결정하라. (*a*) 압축 액체 표의 데이터 (*b*) 포화 액체 데이터. 두 번째 경우와 연관된 오차는 무엇인가?

풀이 액체 물의 내부 에너지의 실제 값과 근사값을 구한다.

해석 80°C에서 물의 포화압력은 47.416 kPa이며, 5 MPa > P_{sat}이므로 그림 4-41과 같이 압축된 액체임이 명확하다.

(*a*) 압축액 표로부터(Table A-7)

$$\left.\begin{array}{l} P = 5\text{ MPa} \\ T = 80^\circ\text{C} \end{array}\right\} \quad u = \mathbf{333.82\ kJ/kg}$$

(*b*) 포화액체 표로부터(Table A-4),

$$u \cong u_{f\,@\,80^\circ\text{C}} = \mathbf{334.97\ kJ/kg}$$

오차는

$$\frac{334.97 - 333.82}{333.82} \times 100 = \mathbf{0.34\%}$$

이며 1% 미만이다.

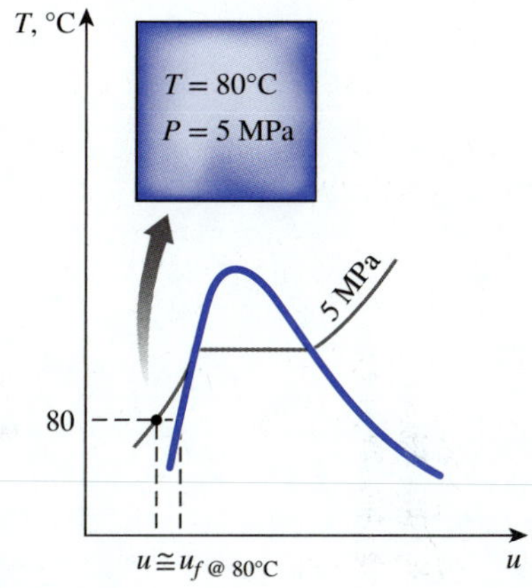

그림 4-41
예제 4-8의 개략도와 *T*-*u*의 선도

기준 상태와 기준값

u, *h* 및 *s*의 값은 직접 측정할 수 없으며, 측정 가능한 상태량들로부터 열역학적인 상태량들 사이의 관계식을 이용하여 계산한다. 그러나 이들 관계식은 정해진 상태에서 상태량들의 절대값이 아닌 상태량들의 **변화** 값만을 알려준다. 그러므로 편리한 **기준 상태**를 선정하고 그 상태에 있는 상태량에 0의 값을 부여할 필요가 있다. 물의 경우에는, 0.01°C의 포화액의 상태를 기준 상태로 잡고, 이 상태에서의 내부 에너지와 엔트로피 값을 0으로 한다. 냉매 R-134a의 경우에는, −40°C의 포화액 상태를 기준 상태로 잡고, 이 상태에서의 엔탈피와 엔트로피의 값을 0으로 한다. 어떤 상태량들은 선정된 기준상태의 결과로 음의 값을 가질 수도 있다.

어떤 경우는 서로 다른 기준 상태로 인하여 같은 상태에 대한 상태량 값들이 표에 따라 달라지는 경우가 종종 있다. 그러나 열역학에서는 상태량의 **변화**에 관심이 있으며 하나의 일관된 표나 도표의 값을 이용한다면, 선정된 기준 상태는 계산 결과에 영향을 주지 않는다.

예제 4-9 **상태량을 결정하기 위한 수증기표의 이용**

물에 대한 다음의 표에서 비어 있는 상태량과 상에 대한 설명을 채워 넣어라.

	T, °C	P, kPa	u, kJ/kg	x	Phase description
(*a*)		200		0.6	
(*b*)	125		1600		
(*c*)		1000	2950		
(*d*)	75	500			
(*e*)		850		0.0	

풀이 여러 가지 상태에서 물에 대한 상태량과 상의 형태를 구하고자 한다.

해석 (*a*) 건도 $x = 0.6$으로 주어져 있다. 이것은 질량의 60%는 증기상이고, 40%는 액상이라는 것을 의미한다. 그러므로 200 kPa에 있는 포화액–증기 혼합물이다. 따라서 온도는 주어진 압력에서의 포화온도여야 한다.

$$T = T_{\text{sat @ 200 kPa}} = \mathbf{120.21°C} \qquad \text{(Table A-5)}$$

Table A-5로부터 200 kPa에서 $u_f = 504.50$ kJ/kg이고, $u_{fg} = 2024.6$ kJ/kg이다. 그렇다면 혼합물의 평균 내부 에너지는 다음과 같이 계산된다.

$$\begin{aligned} u &= u_f + x u_{fg} \\ &= 504.50 \text{ kJ/kg} + (0.6)(2024.6 \text{ kJ/kg}) \\ &= \mathbf{1719.26 \text{ kJ/kg}} \end{aligned}$$

(*b*) 이번에는 온도와 내부 에너지가 주어져 있다. 그러나 포화 혼합물인지, 압축액인지 또는 과열증기인지에 대한 단서가 없기 때문에 빠진 상태량을 결정하는 데 사용할 표를 알 수 없다. 상태 영역을 결정하기 위하여, 먼저 포화 상태량 표(Table A-4)에서 주어진 온도에서의 u_f와 u_g를 찾는다. 125°C에서 $u_f = 524.83$ kJ/kg이고 $u_g = 2534.3$ kJ/kg이다. 다음에는 주어진 u를 u_f 및 u_g의 값과 비교한다.

만약 $u < u_f$ 이라면 압축액
$u_f \le u \le u_g$이라면 포화 혼합물
$u > u_g$이라면 과열증기

이 경우에 주어진 u는 1600으로, 125°C에서 u_f와 u_g 사이의 값이다. 그러므로 포화액–증기 혼합물이다. 따라서 압력은 주어진 온도에서의 포화압력이어야 한다.

$$P = P_{\text{sat @ 125°C}} = \mathbf{232.23 \text{ kPa}} \qquad \text{(Table A-4)}$$

건도는 다음과 같이 구해진다.

$$x = \frac{u - u_f}{u_{fg}} = \frac{1600 - 524.83}{2009.5} = \mathbf{0.535}$$

물질이 압축액인지 포화 혼합물인지 또는 과열증기인지를 결정하는 위의 판별 기준은 내부 에너지 u 대신에 엔탈피 h나 비체적 v가 주어질 때, 또는 압력 대신에 온도가 주어질 때에도 사용할 수 있다.

(*c*) 이 경우는 온도 대신 압력이 주어졌다는 것을 제외하고는 (*b*)의 경우와 유사하다. 위에서와 같이 주어진 압력에서 u_f와 u_g를 찾는다. 1 MPa에서 $u_f = 761.39$ kJ/kg이고 $u_g = 2582.8$ kJ/kg이다. 주어진 u는 2950 kJ/kg으로 1 MPa에서의 u_g보다 크

다. 그러므로 과열증기이고 이 상태에서 온도는 보간법에 의해 과열증기표로부터 구해진다.

$$T = \mathbf{395.2°C} \qquad \text{(Table A-6)}$$

과열증기의 경우, 건도는 의미가 없으므로, 이 경우에는 빈칸으로 남겨놓는다.

(*d*) 이 경우에는 온도와 압력이 주어져 있다. 그러나 포화 혼합물인지, 압축액인지 또는 과열증기인지에 대한 단서가 없기 때문에 빠진 상태량을 결정하는 데 사용할 표를 알 수 없다. 상태 영역을 결정하기 위해 먼저 Table A-5의 포화 상태량 표를 찾아, 500 kPa의 주어진 압력에서 포화온도를 구하면 T_{sat} = 151.83°C이다. 다음에는 주어진 온도 T와 T_{sat}을 비교한다.

만약 $T < T_{sat\ @\ given\ P}$이라면 압축액
만약 $T = T_{sat\ @\ given\ P}$이라면 포화 혼합물
만약 $T > T_{sat\ @\ given\ P}$이라면 과열증기

이 경우에 주어진 T는 75°C로, 주어진 압력에서의 T_{sat}보다 작다. 그러므로 압축액(그림 4-42)이며, 압축액 표로부터 내부 에너지를 구해야 한다. 그러나 이 경우에 주어진 압력은 압축액 표에 나와 있는 최소 압력 5 MPa보다 훨씬 작으므로, 이 압축액을 주어진 온도에서의 포화액으로 취급하는 것이 옳다고 할 수 있다.

$$u \cong u_{f\ @\ 75°C} = \mathbf{313.99\ kJ/kg} \qquad \text{(Table A-4)}$$

압축액 영역에서는 건도가 무의미하므로, 빈칸으로 남겨 놓는다.

(*e*) 건도 x = 0으로 주어지므로 850 kPa의 주어진 압력에서 포화액이다. 그러므로 온도는 주어진 압력에서의 포화압력이고, 내부 에너지는 포화액 값이다.

$$T = T_{sat\ @\ 850\ kPa} = \mathbf{172.94°C}$$
$$u = u_{f\ @\ 850\ kPa} = \mathbf{731.00\ kJ/kg} \qquad \text{(Table A-5)}$$

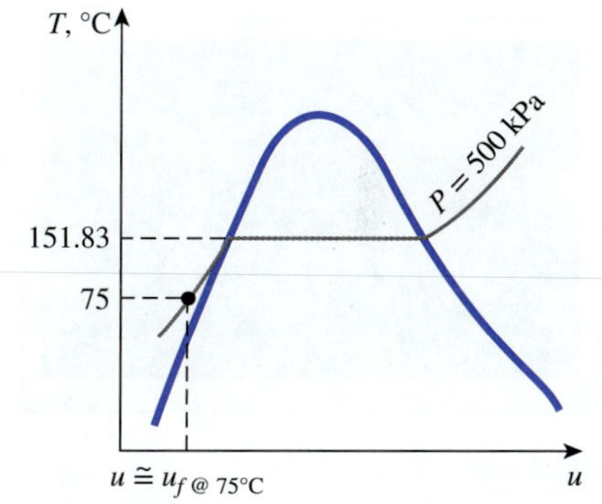

그림 4-42
주어진 P와 T에서, 순수물질은 $T < T_{sat\ @\ P}$이면 압축액으로 존재한다.

4-6 이상기체의 상태방정식

상태량 표는 상태량에 관한 매우 정확한 정보를 제공하지만, 부피가 매우 크고 인쇄상의 오차를 피할 수 없는 약점이 있다. 보다 실질적이고 바람직한 접근법은 상태량 사이의 간단한 관계식을 만드는 것으로, 이 관계식은 충분히 일반적이고 정밀하여야 한다.

물질의 압력, 온도 및 비체적 사이의 관계를 표현한 방정식은 어떤 것이나 **상태방정식**(equation of state)이라고 한다. 또한 평형 상태에서 어떤 물질의 다른 상태량들을 포함하는 상태량 관계식도 상태방정식이라고 부른다. 상태방정식은 여러 가지가 있는데, 간단한 것도 있고 매우 복잡한 것도 있다. 기체상의 물질에 대해 가장 간단한 상태방정식은 이상기체 상태방정식이다. 이 방정식은 적절히 선택된 영역 내에서 기체의 P-v-T 거동을 아주 정확하게 예측한다.

기체(*gas*)와 증기(*vapor*)는 동의어로서 자주 사용된다. 물질의 증기상이 임계온도 이상에 있을 때, 관례적으로 이것을 기체라고 한다. 증기는 보통 응축상태에서 멀리 떨어져 있지 않은 기체를 의미한다.

1962년에 영국의 Robert Boyle은 진공 챔버로 실험하던 중에 기체의 압력이 체적에 반비례한다는 것을 관찰했다. 1802년 프랑스의 J. Charles와 J. Gay-Lussac은 낮은 압력에서 기체의 체적은 온도에 비례한다는 것을 실험적으로 증명했다. 즉

$$P = R\left(\frac{T}{\upsilon}\right)$$

또는

$$P\upsilon = RT \tag{4-10}$$

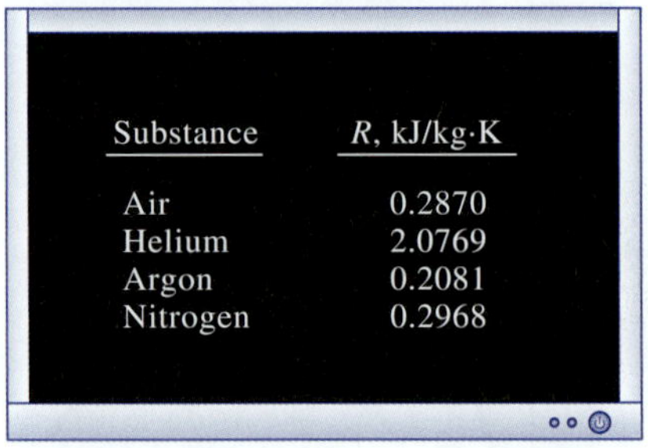

그림 4-43
서로 다른 물질은 다른 기체상수를 갖는다.

여기서 비례상수 R은 **기체상수**(gas constant)이다. 식 (4-10)을 **이상기체 상태방정식**(ideal-gas equation of state) 또는 간단하게 **이상기체 관계식**(ideal-gas relation)이라고 부르며, 이 관계식에 따라 거동하는 기체를 **이상기체**(ideal gas)라고 한다. 이 식에서 P는 절대압력, T는 절대온도 그리고 υ는 비체적이다.

기체상수 R은 각각의 기체마다 다르며(그림 4-43), 다음 식으로부터 구해진다.

$$R = \frac{R_u}{M} \qquad (\text{kJ/kg·K or kPa·m}^3\text{/kg·K})$$

여기서 R_u는 **일반기체상수**(universal gas constant)이고, M은 기체의 몰질량(molar mass) 또는 분자량(*molecular weight*)이다. 상수 R_u는 물질에 관계없이 일정한 상수로, 그 값은 다음과 같다.

$$R_u = \begin{cases} 8.31447 \text{ kJ/kmol·K} \\ 8.31447 \text{ kPa·m}^3\text{/kmol·K} \\ 0.0831447 \text{ bar·m}^3\text{/kmol·K} \\ 1.98588 \text{ Btu/lbmol·R} \\ 10.7316 \text{ psia·ft}^3\text{/lbmol·R} \\ 1545.37 \text{ ft·lbf/lbmol·R} \end{cases} \tag{4-11}$$

몰질량(molar mass) M은 그램 단위로는 물질 1 mol(그램몰: *gram-mole*)의 질량 또는 킬로그램 단위로는 물질 1 kmol(킬로몰: *kilogram-mole*, 단축해서 kgmol로도 표기)의 질량으로 정의된다. 영국 단위에서 분자량은 파운드 질량 단위로 나타내면 1 lbmol의 질량이다. 물질의 분자량은 정의 방법 때문에 양쪽 단위계에서 동일한 수치값을 갖는다는 데 유의해야 한다. 질소의 분자량이 28이라는 것은 질소 1 kmol의 질량이 28 kg이라는 것, 또는 질소 1 lbmol의 질량이 28 lbm이라는 것을 의미한다. 즉 M = 28 kg/kmol = 28 lbm/lbmol이다.

계의 질량은 분자량 M과 몰수 N의 곱과 같다.

$$m = MN \qquad (\text{kg}) \tag{4-12}$$

여러 가지 물질에 대한 R과 M의 값은 Table A-1에 주어져 있다.

이상기체 상태방정식은 다음과 같이 여러 가지 형태로 나타낼 수 있다.

$$V = m\text{v} \longrightarrow PV = mRT \tag{4-13}$$

$$mR = (MN)R = NR_u \longrightarrow PV = NR_uT \tag{4-14}$$

$$V = N\bar{\text{v}} \longrightarrow P\bar{\text{v}} = R_uT \tag{4-15}$$

여기서 $\bar{\text{v}}$는 몰 비체적, 즉 단위 몰당 체적(m^3/kmol)이다. 상태량 위의 막대 기호(ˉ)는 이 교과서 전체에서 **단위 몰을 기준으로** 하는 값을 나타낸다(그림 4-44).

두 개의 다른 상태에 있는 일정한 질량의 이상기체 상태량들에 대하여 식 (4-13)을 두 번 쓰고 연립시키면, 다음과 같은 관계식이 얻어진다.

$$\frac{P_1V_1}{T_1} = \frac{P_2V_2}{T_2} \tag{4-16}$$

이상기체는 $P\text{v} = RT$에 따라 거동하는 **가상의** 물질이다. 위의 이상기체 관계식은 낮은 밀도에 있는 실제 기체의 P-v-T 거동과 아주 비슷하다는 것이 실험을 통하여 관찰되었다. 저압 및 고온에서 기체의 밀도는 감소하며, 기체는 이상기체처럼 거동한다. 이러한 저압과 고온의 기준에 대해서는 다음 절에서 설명된다.

실질적인 관심 영역에서 공기, 질소, 산소, 수소, 헬륨, 알곤, 네온, 이산화탄소와 같은 보통의 기체와 크립토와 같이 보다 무거운 기체까지도 이상기체로 취급할 수 있으며, 그 오차는 무시할 수 있다(1% 이하). 증기발전소 내의 수증기와 냉동기 내의 냉매 증기와 같이 밀도가 높은 기체는 이상기체로 취급될 수 없다. 대신 이러한 물질에는 상태량 표가 사용된다.

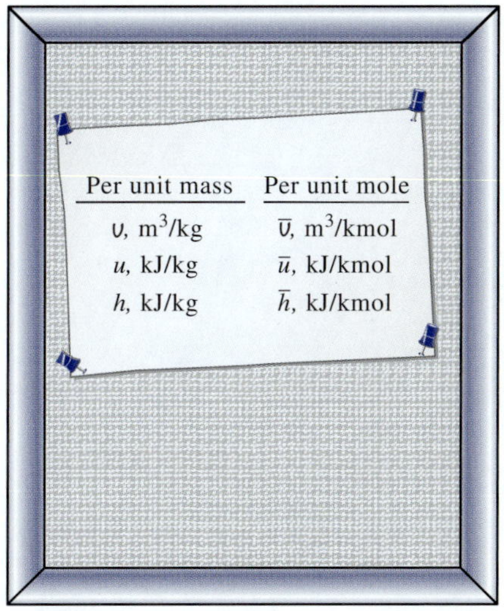

그림 4-44

단위 몰당 상태량은 기호 위에 막대 표시를 한다.

예제 4-10 여행 중 타이어 내부 공기의 온도 상승

여행 출발 전 자동차 타이어의 게이지 압력은 210 kPa, 여행 후에는 220 kPa로 측정되었다. 주위의 대기압은 95 kPa이다(그림 4-45). 타이어의 부피는 변하지 않고 출발 전 공기 온도가 25°C일 때, 여행 후 공기의 온도를 구하라.

풀이 여행 전후의 자동차 타이어 압력이 측정되었다. 여행 후의 타이어 내부의 공기 온도를 구하라.

가정 타이어의 부피는 일정하게 유지된다. 공기는 이상기체이다.

조건 주위의 대기압은 95 kPa이다.

해석 여행 전후의 타이어의 절대압력은

$$P_1 = P_{gage,1} + P_{atm} = 210 + 95 = 305 \text{ kPa}$$
$$P_2 = P_{gage,2} + P_{atm} = 220 + 95 = 315 \text{ kPa}$$

공기는 이상기체이고 부피가 일정하다는 조건으로부터, 여행 후의 공기 온도를 결정한다.

그림 4-45

Stockbyte/Getty Images

$$\frac{P_1V_1}{T_1}=\frac{P_2V_2}{T_2}\longrightarrow T_2=\frac{P_2}{P_1}T_1=\frac{315\text{ kPa}}{305\text{ kPa}}(25+273)\text{ K}=307.8\text{ K}=\mathbf{34.8°C}$$

따라서 공기의 절대온도는 여행 동안 3.3% 상승한다.

토론 여행 동안 공기 온도는 거의 10°C 상승한다. 이는 긴 여행 동안 타이어 공기 온도 상승에 의한 문제점을 피하기 위해, 타이어 압력을 측정하는 것이 중요하다는 것을 보여준다. 또한 이상기체 관계식에 사용된 온도는 절대온도(kelvin) 단위가 사용됨을 주의하라.

수증기는 이상기체인가?

이 질문에는 간단하게 그렇다 또는 아니라고 대답할 수 없다. 수증기를 이상기체로 취급했을 때의 오차는 그림 4-46에서 보는 것과 같다. 이 그림은 10 kPa 이하의

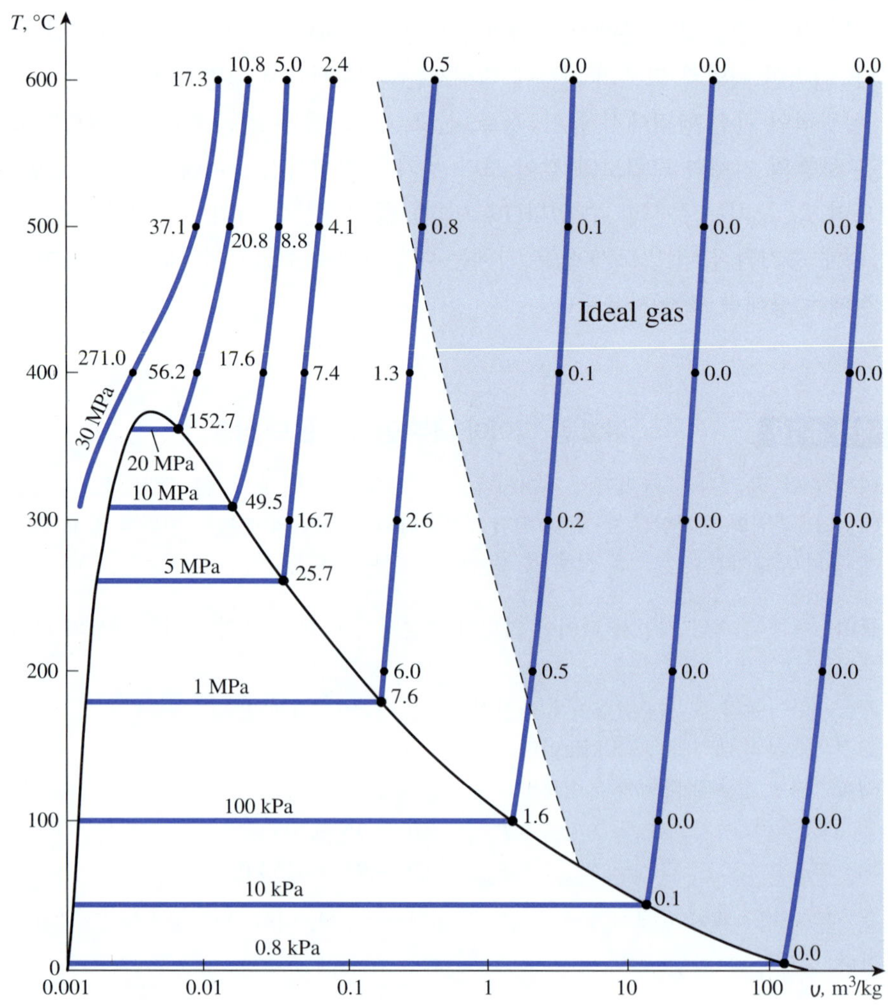

그림 4-46
수증기를 이상기체로 가정했을 때의 오차 ($[|\upsilon_{table}-\upsilon_{ideal}|/\upsilon_{table}]\times 100$), 그리고 수증기가 1% 미만의 오차로 이상기체로 간주되는 영역

압력에서 수증기는 온도에 관계없이 무시 가능한 오차 범위 내(0.1% 이하)에서 이상기체로 취급될 수 있다는 것을 명확하게 보여준다. 그러나 이보다 높은 압력에서 이상기체로 가정하면 허용할 수 없는 오차가 발생하며, 특히 임계점과 포화증기선 근처(100% 이상)에서는 오차가 크게 발생한다. 그러므로 공기조화에 적용할 때는 수증기의 압력이 매우 낮기 때문에 공기 속에 포함된 수증기는 근본적으로 오차 없이 이상기체로 취급될 수 있다. 그러나 증기 원동소에서는 일반적으로 수증기의 압력이 매우 높기 때문에, 이상기체 관계식이 사용되어서는 안 된다.

4-7 압축성 인자—이상기체 거동으로부터의 이탈 정도

이상기체 상태방정식은 간단하므로 사용하기에 매우 편리하다. 그러나 그림 4-47에서 보여주는 것처럼 일반기체는 포화영역과 임계점 부근의 상태에서 이상기체 거동으로부터 상당히 벗어난다. 주어진 온도와 압력에서 이상기체로부터 벗어난 정도는 **압축성 인자**(compressibility factor) Z라고 하는 수정계수에 의해 정확하게 설명할 수 있다. 압축성 인자 Z는 다음과 같이 정의된다.

$$Z = \frac{P\upsilon}{RT} \tag{4-17}$$

또는

$$P\upsilon = ZRT \tag{4-18}$$

또한 압축성 인자는 다음과 같이 나타낼 수도 있다.

$$Z = \frac{\upsilon_{\text{actual}}}{\upsilon_{\text{ideal}}} \tag{4-19}$$

여기서 $\upsilon_{\text{ideal}} = RT/P$이다. 이상기체의 압축성 인자는 1이며, 실제 기체의 압축성 인자는 1보다 크거나 작다(그림 4-47). 압축성 인자가 1로부터 멀어질수록 그 기체는 이상기체 거동으로부터 벗어난다.

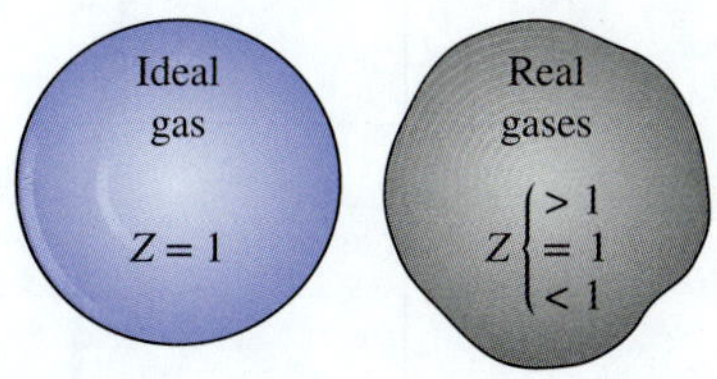

그림 4-47
이상기체의 압축성 인자는 1이다.

기체는 낮은 압력과 높은 온도에서 이상기체 상태방정식을 따른다는 사실을 반복적으로 언급하여 왔다. 그러나 정확하게 낮은 압력과 높은 온도란 어느 정도인가? −100°C는 낮은 온도인가? 대부분의 물질에 대해서는 분명히 낮은 온도지만, 공기에 대해서는 그렇지 않다. 공기 또는 질소는 이 온도와 대기 압력에서 1% 이하의 오차 범위 내에서 이상기체로 취급할 수 있다. 이것은 온도가 질소의 임계온도 −147°C보다 훨씬 높고, 포화 영역으로부터 멀리 떨어져 있기 때문이다. 그러나 이 온도와 압력에서 대부분의 물질은 고체상으로 존재한다. 그러므로 어떤 물질의 압력 또는 온도는 그 물질의 임계압력에 비하여 상대적으로 높거나 낮다고 한다.

기체들은 주어진 온도와 압력에서는 서로 다르게 거동하지만, 임계온도와 임계압력에 관하여 무차원화된 온도와 압력에서는 매우 유사하게 거동한다. 무차원화는 다음 식으로 이루어진다.

$$P_R = \frac{P}{P_{cr}} \quad \text{그리고} \quad T_R = \frac{T}{T_{cr}} \tag{4-20}$$

여기서 P_R은 **환산압력**(reduced pressure)이고 T_R은 **환산온도**(reduced temperature)이다. 동일한 환산온도와 환산압력에서 모든 기체의 압축성 인자는 근사적으로 같다. 이것을 **대응상태의 원리**(principle of corresponding states)라고 한다. 그림 4-48에는 여러 가지 기체에 대하여 실험적으로 구한 압축성 인자 Z값이 P_R과 T_R을 고려하여 표시되어 있다. 기체들은 대응상태의 원리에 잘 따르는 것을 볼 수 있다. 모든 자료를 곡선화하면 모든 기체에 대하여 사용할 수 있는 **일반화된 압축성 도표**(generalized compressibility chart)를 만들 수 있다(그림 A-28).

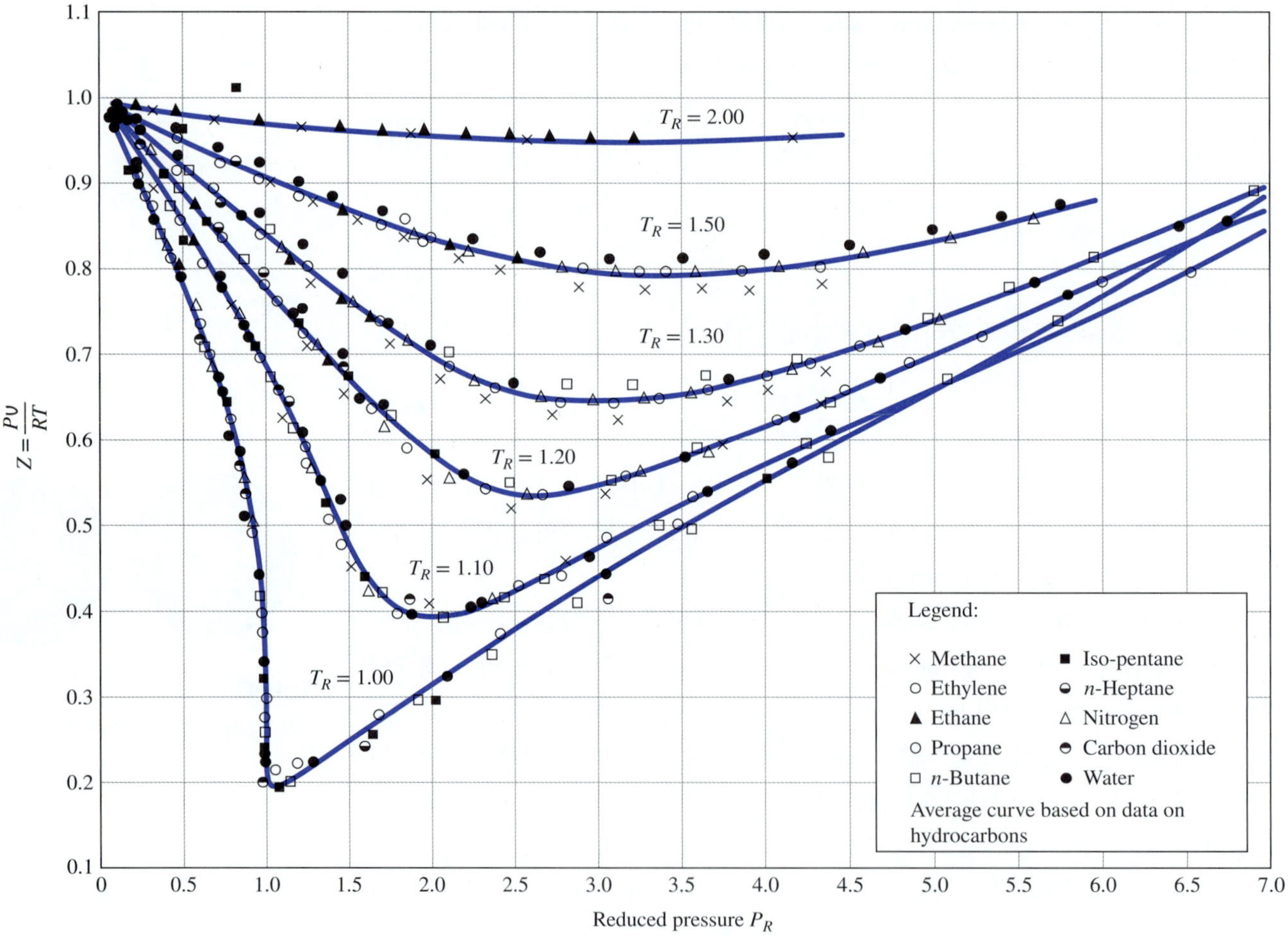

그림 4-48

여러 가지 기체의 압축성 인자 Z의 비교

Source: Gour-Jen Su, "Modified Law of Corresponding States," *Ind. Eng. Chem.* (international ed.) 38 (1946), p. 803.

일반화된 압축성 도표로부터 다음 사항들을 관찰할 수 있다.

1. 매우 낮은 압력(P_R << 1)에서 기체는 온도에 관계없이 이상기체로 거동한다(그림 4-49).
2. 높은 온도(T_R > 2)에서 기체는 P_R >> 1을 제외하고는 압력에 관계없이 이상기체로 가정될 수 있다.
3. 이상기체로부터 벗어난 정도는 임계점 부근에서 가장 크다(그림 4-50).

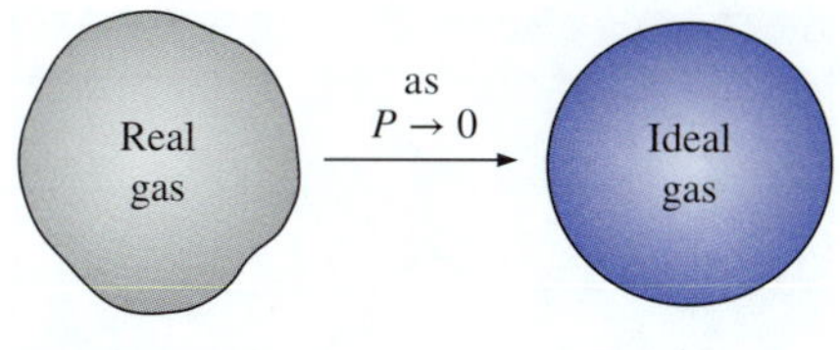

그림 4-49
매우 낮은 압력에서 모든 기체는 이상기체로 거동한다(온도에 관계없이).

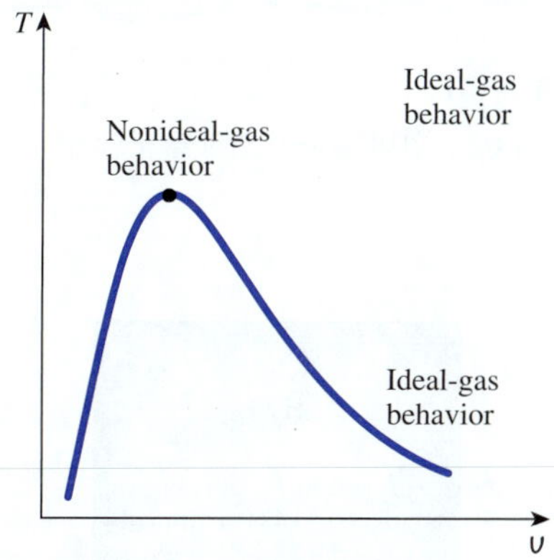

그림 4-50
기체는 임계점 부근에서 이상기체 거동으로부터 가장 많이 벗어난다.

예제 4-11 일반화된 선도의 이용

(*a*) 이상기체 상태방정식, (*b*) 일반화된 압축성 도표를 이용하여 1 MPa, 50°C에 있는 R-134a의 비체적을 구하라. 또한 위에서 구한 값을 실제 값 0.021796 m³/kg와 비교하고, 각각의 경우에 포함된 오차를 계산하라.

풀이 R-134a를 이상기체 및 이상기체가 아닌 기체로 가정할 때 그 비체적을 구하고자 한다.

해석 Table A-1로부터 R-134a의 기체상수, 임계압력 및 임계온도를 구한다.

$$R = 0.0815\ \text{kPa·m}^3/\text{kg·K}$$
$$P_{cr} = 4.059\ \text{MPa}$$
$$T_{cr} = 374.2\ \text{K}$$

(*a*) 이상기체 가정 하에서 R-134a의 비체적은 다음과 같이 계산된다.

$$\upsilon = \frac{RT}{P} = \frac{(0.0815\ \text{kPa·m}^3/\text{kg·K})(323\ \text{K})}{1000\ \text{kPa}} = \mathbf{0.026325\ m^3/kg}$$

그러므로 R-134a를 이상기체로 취급했을 경우의 오차는 (0.026325 − 0.021796)/0.021796 = 0.208 또는 20.8%이다.

(*b*) 압축성 도표로부터 압축성 인자를 구하기 위해서는, 먼저 환산압력과 환산온도를 계산해야 한다.

$$\left.\begin{aligned} P_R &= \frac{P}{P_{cr}} = \frac{1\ \text{MPa}}{4.059\ \text{MPa}} = 0.246 \\ T_R &= \frac{T}{T_{cr}} = \frac{323\ \text{K}}{374.2\ \text{K}} = 0.863 \end{aligned}\right\} \quad Z = 0.84$$

따라서

$$\upsilon = Z\upsilon_{ideal} = (0.84)(0.026325\ \text{m}^3/\text{kg}) = \mathbf{0.022113\ m^3/kg}$$

검토 이 결과의 오차는 2% 미만이다. 그러므로 수표화된 정확한 자료가 없는 경우에는 일반화된 압축성 도표를 사용하면 보다 확실하다.

*P*와 *T* 대신에 *P*와 υ 또는 *T*와 υ가 주어질 때에도 일반화된 압축성 도표는 제3의 상태량을 구하는 데 사용할 수 있으나, 진부한 시행착오법(trial and error) 과정을 포함할 것이다. 그러므로 다음과 같은 **가환산 비체적**(pseudo-reduced specific volume) v_R이라고 하는 환산 상태량을 하나 더 정의하는 것이 필요하다.

$$v_R = \frac{v_{\text{actual}}}{RT_{\text{cr}}/P_{\text{cr}}} \qquad (4\text{-}21)$$

v_R은 P_R 및 T_R과는 다르게 정의되었다는 점에 유의하라. 이것은 v_{cr} 대신 T_{cr}과 P_{cr}에 관계된다. 일정 v_R 선은 압축성 선도에 추가되어 있으며, 시간이 소모되는 반복 계산에 의존하지 않고 온도나 압력을 결정할 수 있게 한다(그림 4-51).

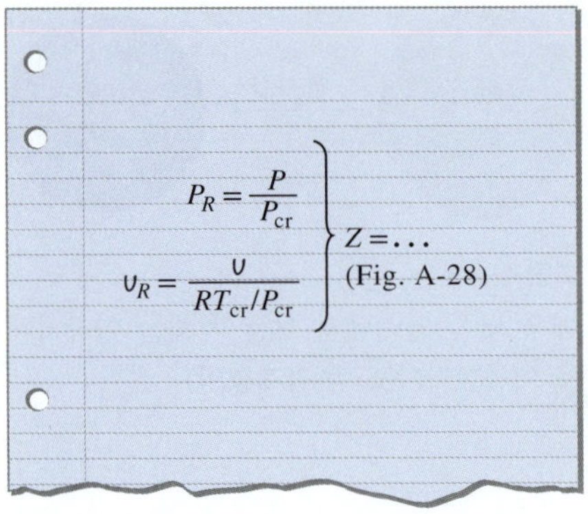

그림 4-51

P_R과 v_R을 알면 압축성 인자를 구할 수 있다.

예제 4-12 압력을 결정하기 위한 일반화된 선도의 사용

(*a*) 수증기표, (*b*) 이상기체 상태방정식, (*c*) 일반화된 압축성 선도를 이용하여 600°F와 0.51431 ft³/lbm인 수증기의 압력을 구하라.

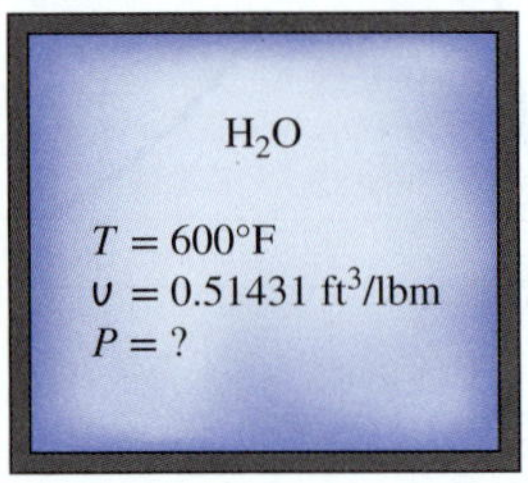

그림 4-52

예제 4-12의 개략도

풀이 수증기의 압력을 3가지 다른 방법으로 구하고자 한다.

해석 계의 개략도는 그림 4-52와 같다. Table A-1E로부터 증기의 기체상수, 임계압력, 임계온도를 구한다.

$$R = 0.5956 \text{ psia·ft}^3/\text{lbm·R}$$
$$P_{\text{cr}} = 3200 \text{ psia}$$
$$T_{\text{cr}} = 1164.8 \text{ R}$$

(*a*) Table A-6E로부터 주어진 상태에서의 증기압력을 구한다.

$$\left.\begin{array}{l} v = 0.51431 \text{ ft}^3/\text{lbm} \\ T = 600°\text{F} \end{array}\right\} \quad P = \mathbf{1000\ psia}$$

이것은 실험으로 구한 값으로 가장 정확하다.

(*b*) 이상기체 가정하의 증기압력은 이상기체 상태방정식으로부터 계산된다.

$$P = \frac{RT}{v} = \frac{(0.5956 \text{ psia·ft}^3/\text{lbm·R})(1060 \text{ R})}{0.51431 \text{ ft}^3/\text{lbm}} = \mathbf{1228\ psia}$$

그러므로 수증기를 이상기체로 취급하였을 때의 오차는 (1228 − 1000)/1000 = 0.228 또는 22.8%이다.

(*c*) 그림 A-28의 압축성 도표로부터 압축성 인자를 결정하려면, 가환산 비체적과 환산온도를 계산하여야 한다.

$$\left.\begin{array}{l} v_R = \dfrac{v_{\text{actual}}}{RT_{\text{cr}}/P_{\text{cr}}} = \dfrac{(0.51431 \text{ ft}^3/\text{lbm})(3200 \text{ psia})}{(0.5956 \text{ psia·ft}^3/\text{lbm·R})(1164.8 \text{ R})} = 2.372 \\[2ex] T_R = \dfrac{T}{T_{\text{cr}}} = \dfrac{1060 \text{ R}}{1164.8 \text{ R}} = 0.91 \end{array}\right\} \quad P_R = 0.33$$

따라서

$$P = P_R P_{\text{cr}} = (0.33)(3200 \text{ psia}) = \mathbf{1056\ psia}$$

이다.

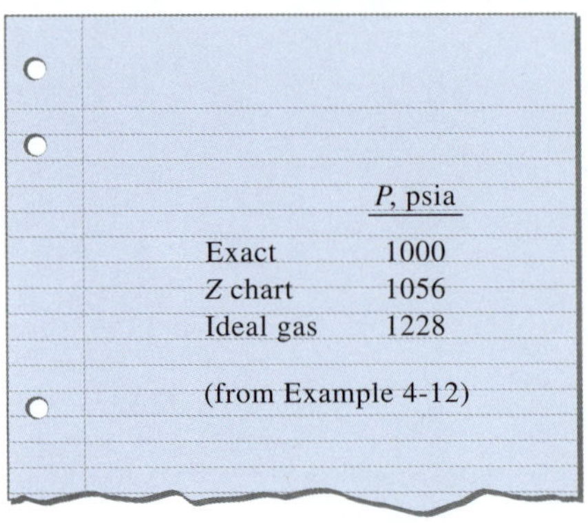

그림 4-53

압축성 도표를 이용하여 구한 결과, 실제 값과의 차이는 몇 % 이내이다.

토론 압축성 도표를 이용하면 오차는 22.8%에서 5.6%로 감소한다. 대부분의 공학 문제에서 허용 가능한 오차(그림 4-53)이다. 물론 보다 큰 선도를 사용하면 해상도가 높아지고 눈금 오차가 감소할 것이다. 이 문제는 선도에서 직접 P_R을 읽을 수 있으므로 압축성 인자를 구할 필요는 없다.

이상기체 상태방정식은 매우 간단하지만 응용 범위는 제한되어 있다. 그러므로 제한 없이 넓은 영역에 걸쳐 정밀하게 물질의 P-υ-T 거동을 나타내는 상태방정식이 필요하다. 이런 방정식들은 당연히 더 복잡하다. 이러한 목적을 위하여 여러 가지 방정식들이 제안되었으나, 여기서는 3가지만 검토하기로 한다. Van der Waals 방정식은 최초의 것 중의 하나이기 때문에, Beattie-Bridgeman 상태방정식은 가장 잘 알려진 것 중의 하나이고 상당히 정확하기 때문에, 그리고 Benedict-Webb-Rubin 방정식은 보다 최근의 것 중의 하나이고 매우 정확하기 때문에 선택되었다.

요약 SUMMARY

화학적 조성이 항상 일정한 물질을 **순수물질**이라고 한다. 순수물질은 에너지 수준에 따라 서로 다른 상으로 존재한다. 액체상에서 증발하려고 하지 않은 물질을 **압축액** 또는 **과냉액**이라고 한다. 기체상에서 응축하려고 하지 않는 물질을 **과열증기**라고 한다. 상변화 과정 동안 순수물질의 온도와 압력은 종속 상태량이다. 주어진 압력에서 물질은 **포화온도**라고 하는 일정한 온도에서 상변화한다. 마찬가지로 주어진 온도에서 물질이 상변화하는 압력을 **포화압력**이라고 한다. 비등 과정 동안 액체상과 증기상은 평형으로 공존하며 이러한 조건하에 있는 액체를 **포화액**, 증기를 **포화증기**라고 한다.

포화액-증기 혼합물에서 증기상의 질량비를 **건도**라 하며, 다음과 같이 정의된다.

$$x = \frac{m_{\text{vapor}}}{m_{\text{total}}}$$

건도는 0(포화액)과 1(포화증기) 사이의 값을 갖는다. 건도는 압축액 영역과 과열증기 영역에서는 의미가 없다. 포화 혼합물 영역에서 강성적 상태량 y의 평균값은 다음 식에 의해 계산된다.

$$y = y_f + xy_{fg}$$

여기서 f는 포화액, g는 포화증기를 나타낸다.

압축액의 자료가 없는 경우, 일반적인 근사법은 압축액을 주어진 온도에서의 포화액으로 취급하는 것이다. 즉

$$y \cong y_{f@T}$$

여기서 y는 υ, u 또는 h를 나타낸다.

증발 과정이 더 분명하지 않은 지역의 상태를 **임계점**이라고 한다. 초임계압력에서 물질은 점진적으로 그리고 균일하게 액체로부터 증기로 팽창한다. 한 물질의 3개 상은 삼중선 온도와 압력에 의해 특성화되는 **삼중선**을 따라 평형 상태로 공존한다. 같은 T나 P에서 압축액은 포화액보다 작은 υ, u 및 h값을 가지며, 마찬가지로 같은 T나 P에서 과열증기는 포화증기보다 큰 υ, u 및 h값을 가진다.

물질의 압력, 온도 및 비체적 사이의 관계식을 **상태방정식**이라 한다. 가장 간단하고 잘 알려진 상태방정식은 **이상기체 상태방정식**으로 다음과 같이 정의된다.

$$P\upsilon = RT$$

여기서 R은 기체상수이다. 이상기체는 가상 물질이기 때문에 이 관계식을 사용할 때는 주의해야 한다. 실제 기체는 상대적으로 낮은 압력과 높은 온도에서 이상기체의 거동을 보인다.

다음과 같이 정의되는 **압축성 인자** Z를 이용하면 이상기체로부터 이탈하는 정도를 알 수 있다.

$$Z = \frac{P\upsilon}{RT} \quad \text{or} \quad Z = \frac{\upsilon_{\text{actual}}}{\upsilon_{\text{ideal}}}$$

다음 식으로 정의되는 **환산온도**와 **환산압력**이 같을 경우 모든 기체의 압축성 인자는 근사적으로 같다.

$$T_R = \frac{T}{T_{\text{cr}}} \quad \text{and} \quad P_R = \frac{P}{P_{\text{cr}}}$$

여기서 P_{cr}과 T_{cr}은 각각 임계압력과 임계온도이다. 이것이 대응상태의 원리로 잘 알려져 있다. P나 T 중에서 어느 하나를 모를 때에는, 다음과 같이 정의되는 **가환산 비체적**을 이용하여 압축성 선도로부터 모르는 상태량을 구할 수 있다.

$$\upsilon_R = \frac{\upsilon_{actual}}{RT_{cr}/P_{cr}}$$

물질의 P-υ-T 거동은 복잡한 상태방정식에 의해 보다 정확하게 나타낼 수 있다.

참고문헌 | REFERENCES AND SUGGESTED READINGS

1. ASHRAE *Handbook of Fundamentals.* SI version. Atlanta, GA: American Society of Heating, Refrigerating, and Air-Conditioning Engineers, Inc., 1993.
2. ASHRAE *Handbook of Refrigeration.* SI version. Atlanta, GA: American Society of Heating, Refrigeration, and Air-Conditioning Engineers, Inc., 1994.
3. A. Began. *Advanced Engineering Thermodynamics.* 3rd ed. New York: Wiley, 2006.
4. M. Kostic. "Analysis of Enthalpy Approximation for Compressed Liquid Water." *ASME J. Heat Transfer*, Vol. 128, pp. 421–426, 2006.

연습문제* | PROBLEMS

순수물질, 상변화 과정, 상태량 선도

4-1C 프로판 탱크는 액체와 증기프로판의 혼합물로 채워져 있다. 이 탱크의 내용물이 순수하다고 볼 수 있는가? 설명하라.

4-2C 얼음물은 순수 물질인가? 그 이유는?

4-3C 포화증기와 과열증기의 차이는 무엇인가?

4-4C 포화 액체와 압축 액체의 차이점은 무엇인가?

4-5C 만약 끓는 과정에서 물질의 압력이 증가한다면, 온도는 상승할 것인가 아니면 계속 일정하게 유지될 것인가? 그 이유는?

4-6C 물이 높은 압력에서는 높은 온도에서 끓는다는 게 사실인가? 설명하라.

4-7C 임계점과 삼중점의 차이는 무엇인가?

4-8C 쇠고기 스튜를 요리할 때, (*a*) 뚜껑이 없는 냄비, (*b*) 가벼운 뚜껑이 있는 냄비, (*c*) 무거운 뚜껑이 있는 냄비를 사용한다. 어느 경우의 요리시간이 가장 짧은가? 그 이유는?

4-9C 임계압력 이상에서의 비등과정과 임계압력 이하에서의 비등과정은 어떻게 다른가?

상태량 표

4-10C 건도란 무엇인가? 과열증기 영역에서 건도는 어떤 의미를 가지는가?

4-11C 포화액 상태의 물 1 kg이 100°C에서 비등할 때 흡수하는 열의 양은 포화증기 상태의 물 1 kg이 100°C에서 응축될 때 방출하는 열의 양과 같아야 하는가?

4-12C 물질의 상태량에 대한 기준점은 열역학적 해석에 영향을 미치는가? 그 이유는?

4-13C h_{fg}의 물리적 의미는 무엇인가? h_f와 h_g로부터 h_{fg}를 어떻게 구할 수 있는가?

4-14C h_{fg}는 압력에 따라 어떻게 변하는가?

4-15C 120°C의 포화액 1 kg을 기화시키는 것보다 100°C 포화액 1 kg을 기화시키는 데 더 많은 에너지가 필요하다는 것은 사실인가?

4-16C 1기압에서 포화액 1 kg을 완전하게 증발시키는 것과 8기압에서 포화액 1 kg을 완전하게 증발시키는 것 중 어느 쪽이 에너지가 더 많이 필요한가?

4-17C 크고 좁은 용기 또는 넓고 낮은 용기 중에 어느 것의 물이 더 높은 온도에서 끓는가? 단, 두 용기의 체적은 동일하다.

---

*"C"로 표기한 문제는 개념 문제이며, 모든 문제를 풀어 볼 것을 권장한다. "E"로 표기한 문제는 영국 단위계 문제이며, SI 단위계 사용자는 이 문제를 무시해도 된다. 아이콘(아이콘)으로 표기된 문제는 포괄적인 개념 문제이며, 적절한 소프트웨어를 사용하여 풀 수 있는 문제이다.

4-18C 더 시원한 환경에서 따뜻한 공기가 상승한다는 것은 잘 알려져 있다. 이제 개방된 휘발류통 위에 공기와 휘발유의 따뜻한 혼합물이 있는 경우를 고려하자. 시원한 환경에서 이 기체 혼합물이 상승할 것으로 생각하는가?

4-19C 압축액의 표가 없는 경우, 주어진 P, T에서 압축액의 비체적을 어떻게 구하는가?

4-20C 완전하게 맞는 냄비와 냄비 뚜껑은 요리 후에 가끔 서로 달라붙어서 냄비가 식을 때 뚜껑을 열기가 매우 어려워진다. 이러한 현상이 왜 일어나는지 그리고 뚜껑을 열려면 어떻게 해야 하는지 설명하라.

4-21 H_2O에 대한 다음 표를 완성하라.

T, °C	P, kPa	v, m³/kg	Phase description
140		0.035	
	550		Saturated liquid
125	750		
300		0.140	

4-22E H_2O에 대한 다음 표를 완성하라.

T, °F	P, psia	u, Btu/lbm	Phase description
300		782	
	40		Saturated liquid
500	120		
400	400		

4-23E 문제 4-22E를 다시 고려해 보자. 다른 프로그램을 사용하여, 빠져 있는 물의 상태량을 구하라. R-134a, R-22 및 암모니아에 대해서 문제를 다시 풀어라.

4-24 H_2O에 대한 다음 표를 완성하라.

T, °C	P, kPa	h, kJ/kg	x	Phase description
	200		0.7	
140		1800		
	950		0.0	
80	500			
	800	3162.2		

4-25E R-134a에 대한 다음 표를 완성하라.

T, °F	P, psia	h, Btu/lbm	x	Phase description
	80	78		
15			0.6	
10	70			
	180	129.46		
110			1.0	

4-26 R-134a에 대한 다음 표를 완성하라.

T, °C	P, kPa	u, kJ/kg	Phase description
20		95	
−12			Saturated liquid
	400	300	
8	600		

4-27 1.8 m³의 강성용기에 220°C에서 수증기가 들어있다. 부피의 1/3은 액체 상태이고 나머지는 증기 형태이다. 다음을 구하라. (*a*) 증기의 압력, (*b*) 포화 혼합액의 건도, (*c*) 혼합물의 밀도.

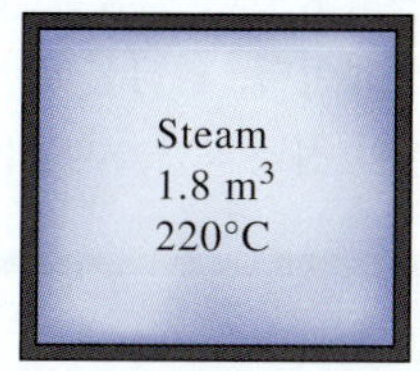

그림 P4-27

4-28E 1파운드 질량의 물이 부피 2 ft³의 용기를 채우고 있다. 용기의 압력은 100 psia이다. 용기의 총 내부 에너지와 엔탈피를 계산하라. *답:* 661 Btu, 698 Btu

4-29 피스톤–실린더 장치가 −10°C의 R-134a 0.85 kg을 가지고 있다. 자유로이 움직일 수 있는 피스톤은 직경 25 cm이고 12 kg의 질량을 가진다. 대기압은 88 kP이다. 온도가 15°C가 될 때까지 R-134a에 열이 전달된다. 다음을 구하라. (*a*) 최종 압력, (*b*) 실린더 체적변화, (*c*) R-134a의 엔탈피 변화

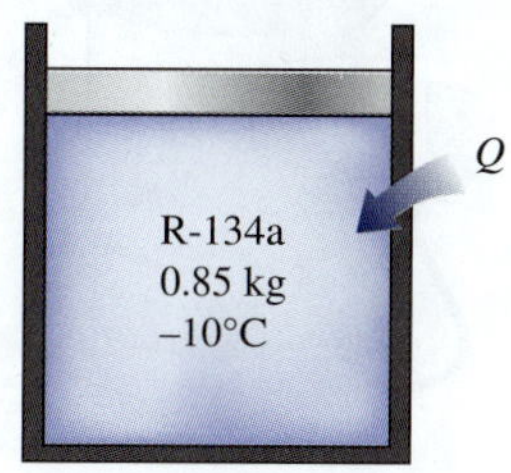

그림 P4-29

4-30 초기 온도 −30°C, 질량 10 kg의 R-134a가 부피 1.115 m³ 의 강성용기에 들어있다. 그런 다음 용기는 200 kPa까지 가열된다. 최종 온도와 초기 압력을 구하라. *답:* 14.2°C, 84.43 kPa

4-31 50 kPa, 200°C 물의 비 내부 에너지는 얼마인가?

4-32 5 M, 100°C 물의 비체적은 얼마인가? 비압축성 근사를 가정하면 얼마가 되는가? 이러한 근사방법의 오차는 얼마인가?

4-33 700 kPa, 20°C R-134a의 비체적은 얼마인가? 내부 에너지는 얼마인가?

4-34 200 kPa, 25°C의 R-134a가 냉동관을 통해 흐른다. 비체적을 구하라.

4-35 1 kg의 R-134a가 −26.4°C의 온도에서 무게가 있는 부피 0.14m³의 피스톤–실린더 장치에 들어있다. 그 용기는 온도가 100°C가 될 때까지 가열된다. 최종 부피는 얼마인가? *답: 0.3014 m³*

4-36 200 kPa의 1킬로그램의 수증기가 그림(P4-36)에서 보는 바와 같이 분할된 시스템의 좌측 공간을 채운다. 좌측 공간의 부피는 1.1989m³이다. 오른쪽 공간은 왼쪽의 두 배의 부피를 가지고 있으며 처음에는 진공상태이다. 파티션이 제거되고 물의 온도가 3°C가 되도록 충분한 열이 전달되었을 때, 물의 압력은 얼마인가?

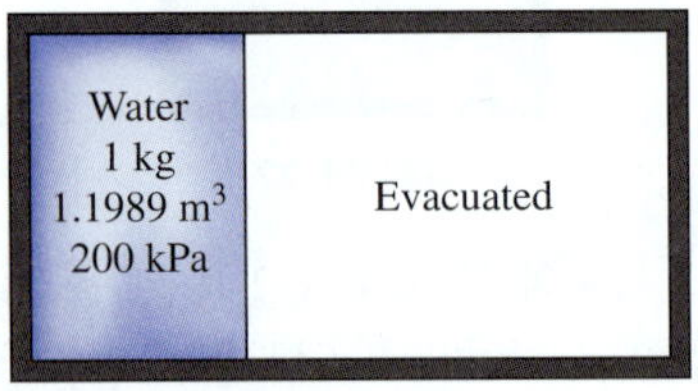

그림 P4-36

4-37E 해수면 높이에서 요리 중인 압력 조리기의 온도가 250°F로 측정된다. 조리기 내부의 절대 압력을 psia와 atm 단위로 나타내라. 그 장소가 더 높은 곳에 있다면 답을 수정하겠는가?

그림 P4-37E

4-38E 3000 psia 및 400°F의 물에 비압축성 액체 근사를 적용하면 비엔탈피를 결정하는 데 어느 정도의 오차가 예상되는가?

4-39 해수면 높이에서 3 kW 전기 버너 위에 올려진 30 cm 지름의 스테인레스 팬에서 물이 끓고 있다. 끓는 동안 버너에 의해 생성된 열의 60퍼센트가 물에 전달된다. 물의 증발 속도를 구하라.

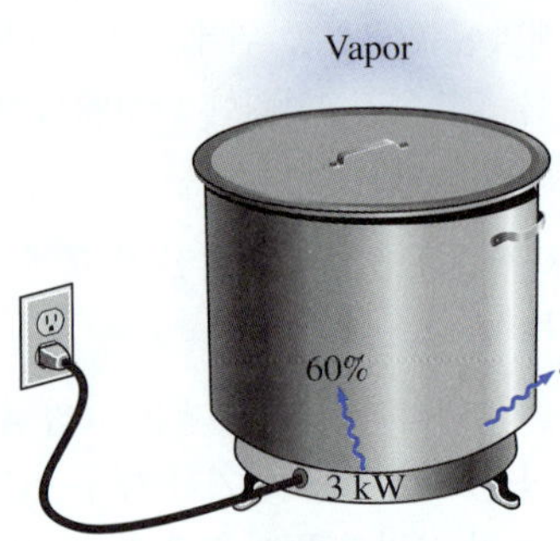

그림 P4-39

4-40 대기압은 84.5 kPa이고 따라서 물의 끓는 온도가 95°C인 해발고도 1500 m에 대하여 문제 4-39를 반복하라.

4-41 300 kPa에서 10 kg의 R-134a가 부피 14 L의 강성용기에 채워져 있다. 용기 내부의 온도 및 총 엔탈피를 구하라. 이제 압력이 600 kPa가 될 때까지 용기가 가열된다. 가열이 끝났을 때, 온도와 총 엔탈피를 구하라.

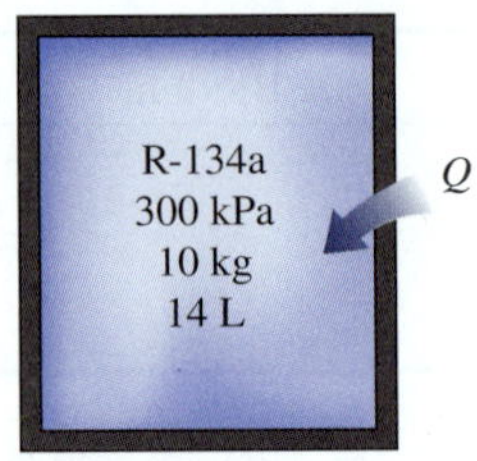

그림 P4-41

4-42 부피가 12.322 m³인 피스톤–실린더 장치에 200 kPa의 R-134a가 100 kg 들어있다. 피스톤은 이제 부피가 초기의 절반이 될 때까지 움직인다. 이 과정 동안 R-134a의 압력이 변하지 않는다. R-134a 최종 온도와 전체 내부 에너지의 변화를 구하라.

4-43 초기상태가 200 kPa, 300°C인 물이 멈춤 장치를 가진 피스톤–실린더 장치에 들어있다. 물은 포화증기로 될 때까지 일정한 압력으로 냉각되고 피스톤은 멈춤 장치 위에 놓인다. 그 후에 물은 압력이 100 kPa될 때까지 계속 냉각된다. T-v 선도에서 포화선을 고려하여 물의 초기, 중간 및 최종상태를 지나는 과정곡선(process curve)을 그려라. 과정곡선 최종상태의 T, P 및 v의 값을 표기하라. 물의 단위질량에 대하여 초기와 최종상태 사이의 내부 에너지 변화를 구하라.

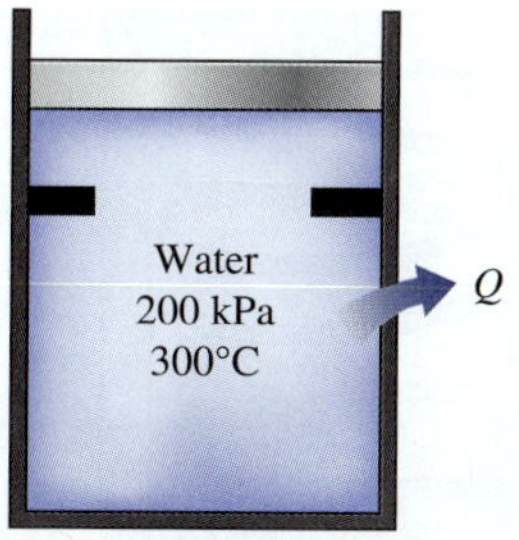

그림 P4-43

4-44 증기원동소의 터빈을 빠져나가는 40°C의 포화 수증기가 외경이 3 cm이고 길이가 35 m인 관의 외부에서 70 kg/h의 율로 응축된다. 수증기로부터 관을 통하여 흐르는 냉각수로의 열전달률을 계산하라.

4-45 어떤 사람이 잘 맞는 뚜껑이 덮여진 지름이 30 cm인 냄비로 식사를 요리하여, 음식물을 20°C의 실내 온도까지 냉각하도록 놓아두었다. 음식물과 냄비의 총 질량은 8 kg이다. 이제 그 사람은 뚜껑을 들어 올려 냄비를 열고자 한다. 요리하는 동안에 냄비 속으로 공기가 들어가지 않았다고 가정하면 뚜껑이 열리겠는가, 아니면 뚜껑과 함께 냄비가 위로 들리겠는가?

4-46 전기 레인지 위에 있는 내경이 25 cm인 스테인리스 스틸 냄비 속의 물이 1기압에서 끓는다. 냄비 속의 수면이 45분 동안에 10 cm 낮아진 경우, 냄비로 전달된 열전달률을 계산하라.

4-47 표준 대기압이 79.5 kPa인 고도 2000 m에서 문제 4-46을 반복하라.

4-48 어떤 높이의 위치에서 꽉 맞지 않는 뚜껑으로 덮인 팬 안에서 물이 끓고 있다. 2 kW의 전기저항 가열기로 열이 공급된다. 30분 동안 팬 내부에서 감소된 물의 양은 1.19 kg이다. 가열기에서 소비된 전기의 75%가 열로 전달되었다면, 이곳의 대기압은 얼마인가? *답: 85.4 kPa*

4-49 체적이 1.8 m³인 견고한 용기 내에 90°C 물의 액체–증기 포화 혼합물 15 kg이 들어 있다. 이제 물이 천천히 가열된다. 용기 내에 있는 물이 완전히 증발되는 온도를 구하라. 또한 이 과정을 포화선을 고려하여 T-υ 선도에 나타내라. *답: 256°C*

4-50 피스톤 실린더 기구 내에 600 kPa에서 0.005 m³의 물과 0.9 m³의 수증기가 평형 상태를 이루며 들어 있다. 압력이 일정하게 유지되면서 온도가 200°C에 도달할 때까지 열이 전달된다. (*a*) 물의 최초 온도는 얼마인가? (*b*) 물의 전체 질량을 구하라. (*c*) 최종 체적을 계산하라. (*d*) 포화선을 고려하여 이 과정을 P-υ 선도에 나타내라.

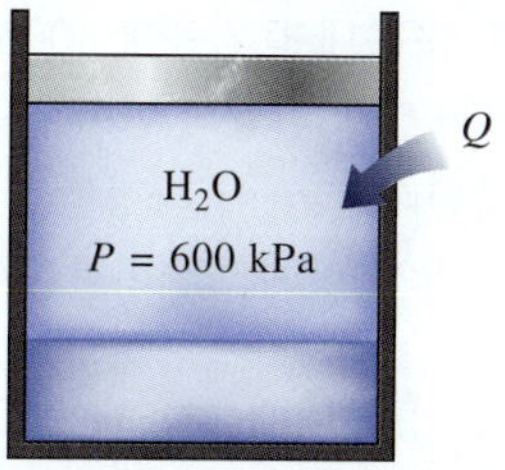

그림 P4-50

4-51  문제 4-50을 재고하라. 적절한 소프트웨어를 사용하여, 압력이 0.1 MPa에서 1 MPa로 변화하는 동안 탱크 내부의 물의 총질량에 대한 압력의 영향을 조사하라. 압력에 대한 물의 총 질량을 그래프로 표시하고 토론하라. 또한 소프트웨어의 상태량 도시 기능(property plot feature)을 사용하여 문제 4-50에서 과정을 T-υ 선도상에 보여라.

4-52E 5 ft³의 강성 용기에 50 psia의 냉매-134a 포화 혼합물이 들어 있다. 포화 액체가 총 부피의 20%를 점유하는 경우 건도 및 탱크에 있는 냉매의 총 질량을 구하라.

4-53E 180 psia, 500°F의 물의 과열증기가 체적이 일정하게 유지되면서, 온도가 250°F로 강하될 때까지 냉각된다. 최종상태에서의 (*a*) 압력, (*b*) 건도, (*c*) 엔탈피를 구하라. 또한 이 과정을 포화선을 고려하여 T-υ 선도에 나타내라. *답: (a) 29.84 psia, (b) 0.219, (c) 426.0 Btu/lbm*

4-54E  문제 4-53E을 다시 고려하라. 적절한 소프트웨어를 사용하여 최종상태에서 물의 건도에 대한 초기 압력의 영향을 조사하라. 압력은 100 psia에서 300 psia까지 변한다고 하자. 초기 압력에 대한 건도의 변화를 그래프로 또한 EES의 상태량 도시 기능(property plot feature)을 사용하여 문제 4-53E에서 과정을 T-υ 선도상에 보여라.

4-55 1 kg의 물이 초기 압력 2 MPa, 150 L의 강성용기에 들어있다. 이후 용기를 40°C로 냉각한다. 물의 초기 온도와 최종 압력을 결정하라.

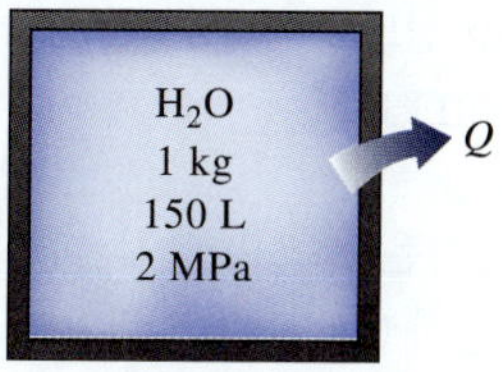

그림 P4-55

4-56 10 kg의 R-134a가 200 kPa 압력, 부피 0.7 m³ 피스톤 실린더 용기에 들어있다. 용기는 이제 30°C까지 가열된다. R-134a의 초기 온도와 최종 부피를 결정하라.

4-57 피스톤 실린더 기구 내에 처음에 300°C, 0.5 MPa의 수증기 0.6 kg이 들어 있다. 전체 질량의 반이 응축될 때까지 일정 압력을 유지하면서 냉각된다. (*a*) 이 과정을 *T*-υ 선도에 나타내라. (*b*) 최종온도는 얼마인가? (*c*) 체적 변화를 구하라.

4-58 피스톤 실린더 기구 내에 처음에 200°C, 1.4 kg의 포화액체 상태 물이 들어 있다. 열이 물에 전달되어 물의 체적이 4배가 되며 실린더는 포화증기만을 가지고 있다. 다음을 결정하라. (*a*) 탱크의 체적은 얼마인가? (*b*) 최종 온도와 압력은 얼마인가? (*c*) 물의 내부 에너지 변화를 구하라.

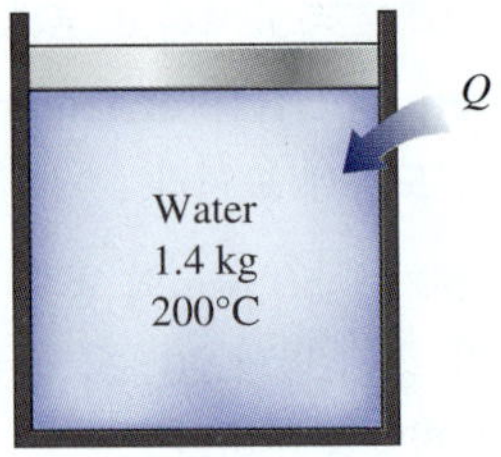

그림 P4-58

4-59 수직 피스톤 실린더에서 물이 가열되고 있다. 피스톤의 질량은 40 kg이고 단면적은 150 cm²이다. 만약 국부 기압이 100 kPa인 경우, 물이 끓기 시작하는 온도를 결정하라.

4-60 강성 탱크에 처음에 200°C, 1.4 kg의 포화액체 상태 물이 들어있다. 이 상태에서 부피의 25%는 물이고 나머지는 공기로 채워져 있다. 이제 열이 물에 공급되어 탱크에는 포화증기만 들어 있는 상태가 되었다. 다음을 결정하라. (*a*) 탱크의 부피, (*b*) 최종 온도 및 압력, (*c*) 물의 내부 에너지 변화

4-61 피스톤-실린더 장치에는 처음에 40°C 및 200 kPa의 액체 상태 물 50 L가 들어있다. 모든 액체가 기화될 때까지 일정한 압력으로 열이 물에 전달된다. (*a*) 물의 질량은 얼마인가? (*b*) 최종 온도는 얼마인가? (*c*) 총 엔탈피 변화를 결정하라. (*d*) 이 과정을 포화선에 대해 *T*-υ 선도에 나타내라. *답: (a)* 49.61 kg, *(b)* 120.21°C, *(c)* 125,950 kJ

4-62 그림 P4-62와 같은 스프링 장착 피스톤 실린더 장치에 4 MPa 및 400°C의 수증기 0.5 kg으로 채워져 있다. 처음에는 스프링에 힘이 가해지지 않고 있다. 스프링 관계식, $F = kx$의 스프링 상수 $k = 0.9$ kN/cm이고 피스톤 직경은 $D = 20$ cm이다. 이제 물은 부피가 절반이 되는 과정을 거친다. 물의 최종 온도와 특정 엔탈피를 계산하라. *답:* 220°C, 1721 kJ/kg

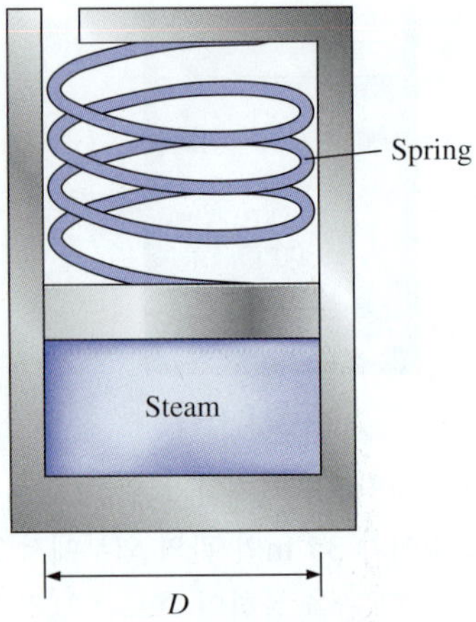

그림 P4-62

4-63 압력이 3.5 MPa이고 과열도가 5°C인 증기가 피스톤-실린더 장치에 들어있다. 이 증기가 주변으로 열을 잃고 피스톤이 아래로 이동하여 어떤 정지점에 도달한다. 이 위치에서 실린더 내부의 물은 포화액체 상태이다. 실린더의 물이 200°C가 될 때까지 냉각이 계속된다. 다음을 결정하라. (*a*) 초기 온도, (*b*) 피스톤이 정지점에 처음 닿을 때까지의 증기의 비엔탈피 변화량, (*c*) 최종 압력 및 건도(혼합물인 경우)

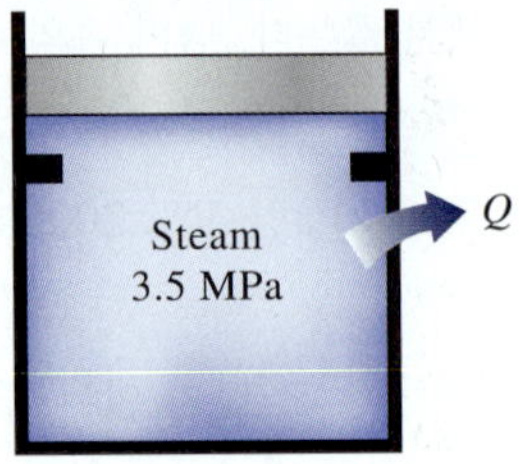

그림 P4-63

이상기체

4-64C 실제 기체들이 이상기체로 가정될 수 있는 조건들은 무엇인가?

4-65C 질량과 몰질량의 차이점은 무엇인가? 이들 사이의 관계식은 무엇인가?

4-66C 프로판과 메탄은 겨울철에 난방용으로 흔히 사용되며, 짧은 기간이라 하더라도 이들 연료가 누출되면 가정에 화재 위험이 있다. 어느 기체의 누출이 화재에 더 위험한가? 그 이유를 설명하라.

4-67E 25 psia, 80°F 산소의 비체적은 얼마인가?

4-68 100리터 용기에 온도 27°C의 공기가 1 kg 들어있다. 용기 내의 압력은 얼마인가?

4-69E 질량 1 lbm의 아르곤 기체가 탱크 안에 200 psia, 100°F 상태로 유지되고 있다. 탱크의 부피는 얼마인가?

4-70 400-L 단단한 탱크에는 25°C에서 5 kg의 공기가 들어 있다. 대기압이 97 kPa인 경우 압력계의 판독값은 얼마인가?

4-71 2.5 m^3의 산소탱크의 압력계가 500 kPa를 나타낸다. 대기압은 97 kPa이고 온도가 28°C일 때 탱크에 있는 산소의 양을 결정하라.

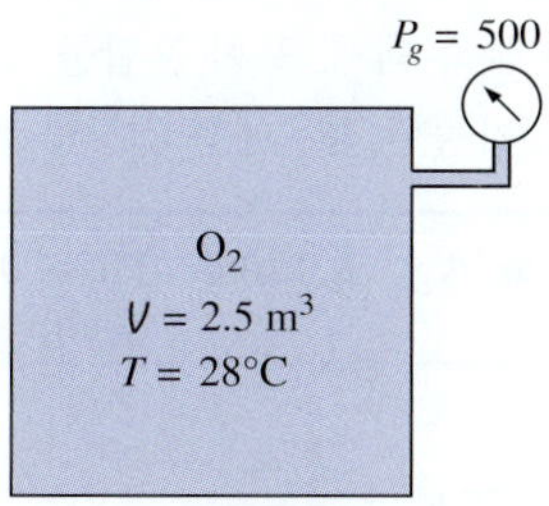

그림 P4-71

4-72 직경 9 m의 구형 풍선에 27°C 및 200 kPa의 헬륨이 들어 있다. 풍선 안의 헬륨 질량과 몰수를 결정하라. *답: 30.6 kmol, 123 kg*

4-73 문제 4-72를 재고하라. 적절한 소프트웨어를 사용하여, 다음의 압력에 대해 풍선에 포함된 헬륨의 질량에 미치는 풍선 직경의 영향을 조사하라. (*a*) 100 kPa 및 (*b*) 200 kPa. 두 경우에 대해 직경을 5~15 m로 변화시켜 그래프로 나타내라.

4-74 10°C 및 350 kPa의 공기를 포함하는 1 m^3의 탱크가 밸브를 통해 35°C 및 150 kPa 3 kg의 공기 3 kg이 들어있는 탱크에 연결되었다. 이제 밸브가 열리고 전체 시스템이 20°C인 주변 환경과 열 평형에 도달하였다. 두 번째 탱크의 부피와 공기의 최종 평형 압력을 구하라. *답: 1.77 m^3, 222 kPa*

4-75 10 g의 산소가 20 kPa 및 100°C 상태로 피스톤–실린더를 채운다. 이제 장치가 0°C가 될 때까지 냉각된다. 냉각과정 동안 장치의 부피 변화를 결정하라.

4-76 0.1 kg의 헬륨이 350 kPa 압력으로 0.2 m^3의 강성 용기에 채워져 있다. 압력이 700 kPa가 될 때까지 용기를 가열한다. 이 과정 동안 헬륨의 온도 변화(°C 및 K)를 계산하라.

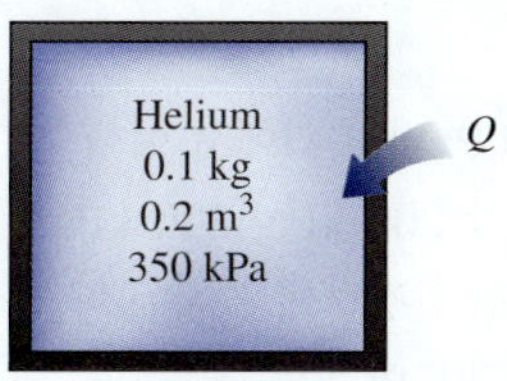

그림 P4-76

4-77 체적이 알려지지 않은 용기가 칸막이에 의해 두 부분으로 나누어져 있다. 용기의 한 부분에는 927°C 이상기체가 들어 있고, 나머지 부분은 비어 있으며 이상기체에 비하여 2배의 체적을 가진다. 칸막이가 제거되고, 냉매는 용기 전체에 채워진다. 처음과 압력이 같을 때까지 기체로 열이 공급된다. 최종 온도는 얼마인가? *답: 3327°C*

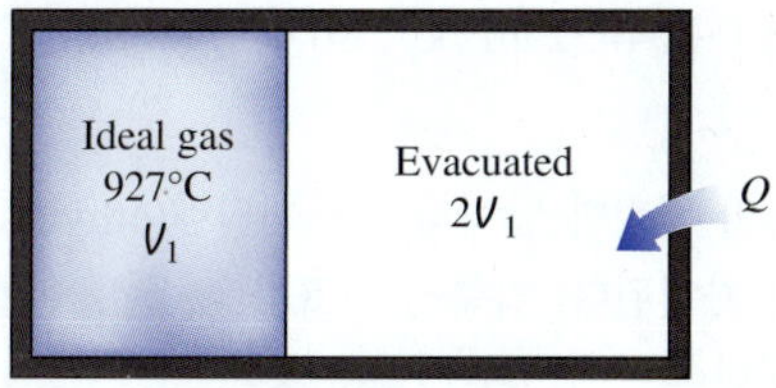

그림 P4-77

4-78E 단단한 탱크에 20 psia, 70°F의 공기 20 lbm가 들어 있다. 압력과 온도가 각각 25 psia 및 90°F로 될 때까지 탱크에 더 많은 공기가 추가된다. 탱크에 공기가 추가되는 양을 결정하라. *답: 4.09 lbm*

4-79E 한 잡지의 유익한 기사에는 다음과 같이 나와 있다. 타이어는 외부 온도가 10°F 떨어질 때마다 약 1 psi의 압력을 잃는다. 이것이 유효한 진술인지 조사하라.

압축성 인자

4-80C 압축성 인자 Z의 물리적 의미는 무엇인가?

4-81 다음을 이용하여 0.9 MPa, 70°C의 R-134a의 비체적을 구하라. (*a*) 이상기체 방정식, (*b*) 일반화된 압축성 도표, (*c*) 표로부터 데이터, 또한 (*a*)와 (*b*)는 포함된 오차를 계산하라.

4-82E 400 psia의 냉매-134a의 비체적은 0.138 ft^3/lbm이다. 다음을 기준으로 냉매의 온도를 결정하라. (*a*) 이상기체 방정식, (*b*) 일반 압축성 차트, (*c*) 냉매 표

4-83 다음을 이용하여 15 MPa, 350°C에서 물의 과열증기의 비체적을 구하라. (*a*) 이상기체 방정식, (*b*) 일반화된 압축성 도표, (*c*) 증기표. 또한 (*a*)와 (*b*)의 경우에 포함된 오차를 계산하라. *답: (a) 0.01917 m^3/kg, 67.0 percent, (b) 0.01246 m^3/kg, 8.5 percent, (c) 0.01148 m^3/kg*

4-84 문제 8-83을 재고하라. 적절한 소프트웨어를 사용하여 문제를 해결하라. 25°C 간격으로 350~600°C 온도 범위에 걸쳐 15 MPa에서 세 가지 경우에 대한 물의 비체적을 비교하라. 온도에 대해 이상기체 근사에 관련된 백분율 오차를 그래프로 표시하고 결과를 논의하라.

4-85 다음을 기준으로 하여 35 MPa, 450°C에서 물의 과열증기의 비체적을 구하라. (*a*) 이상기체 방정식, (*b*) 일반화된 압축성 도표, (*c*) 증기표. 또한 (*a*)와 (*b*)의 경우는 포함된 오차를 계산하라.

4-86 10 MPa, 150 K에서 다음을 기준으로 질소의 비체적을 결정하라. (*a*) 이상기체 방정식 (*b*) 일반화된 압축성 도표. 이 결과를 실제값 0.002388 m^3/kg과 비교하고 각 경우와 관련된 오차를 구하라. *답: (a) 0.004452 m^3/kg, 86.4%, (b) 0.002404 m^3 /kg, 0.7%*

4-87 5 MPa의 일정한 압력하에서 에틸렌(ethylene)이 20°C에서 200°C까지 가열된다. 압축성 도표를 사용하여 에틸렌의 비체적의 변화를 구하라. *답: 0.0172 m^3/kg*

4-88 3 MPa 500 K의 이산화탄소가 2 kg/s의 질량유량으로 파이프로 들어온다. 이산화탄소는 압력이 일정한 상태에서 냉각되어 출구에서는 450 K에 도달한다. 다음의 두 방법으로 입구에서 이산화탄소의 체적유량과 밀도, 파이프 출구에서 체적유량을 구하라. (*a*) 이상기체 방정식, (*b*) 일반화된 압축성 도표 (*c*) 처음 경우와 관련된 오차를 계산하라.

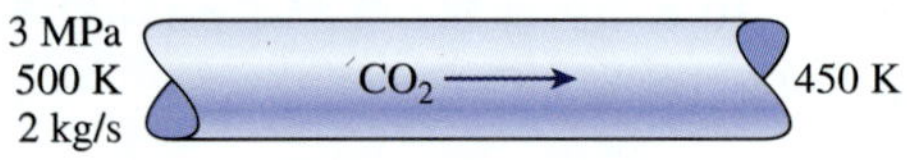

그림 P4-88

4-89E 견고한 용기 속의 에탄(ethane)이 50 psia, 100°F에서 540°F까지 가열된다. 압축성 도표를 이용하여 예측되는 최종 압력은 얼마인가?

4-90 부피 0.016773m^3의 탱크에 110°C의 냉매-134가 1 kg 들어 있다. 다음을 이용하여 냉매의 압력을 결정하라. (*a*) 이상기체 방정식, (*b*) 일반화된 압축성 도표, (*c*) 냉매 테이블. *답: (a) 1.861 MPa, (b) 1.583 MPa, (c) 1.6 MP*

4-91E 400°F의 포화 수증기를 체적이 2배가 될 때까지 일정한 압력 하에서 가열한다. 이상기체 상태방정식, 압축성 도표, 그리고 증기표를 사용하여 최종 온도를 각각 구하라.

4-92 5 MPa, 25°C의 이산화탄소를 이상기체라고 가정하면 오차는 얼마인가? *답: 45%*

복습문제

4-93 다음 증기의 물성치표에서 빈 칸을 완성하라. 마지막 열에는 증기의 상태를 압축 액체, 포화 혼합물, 과열 증기 또는 정보 부족으로 기술하라. 가능한 경우에는 건도를 기술하라.

P, kPa	*T*, °C	υ, m^3/kg	*u*, kJ/kg	Phase description and quality (if applicable)
200	30			
270.3	130			
	400	1.5493		
300		0.500		
500			3084	

4-94 다음 냉매 134a의 물성치표에서 빈 칸을 완성하라. 마지막 열에는 증기의 상태를 압축 액체, 포화 혼합물, 과열 증기 또는 정보 부족으로 기술하라. 가능한 경우에는 건도를 기술하라.

P, kPa	*T*, °C	υ, m^3/kg	*u*, kJ/kg	Phase description and quality (if applicable)
320	−12			
1000	39.37			
	40	1.17794		
180		0.0700		
200			249	

4-95 단단한 탱크에 300 kPa 및 600 K의 이상기체가 들어 있다. 이제 기체의 절반이 탱크에서 배출되고 가스는 100 kPa이 되었다. 다음을 구하라. (*a*) 기체의 최종 온도, (*b*) 만약 기체가 배출되지 않고 최종 온도에 도달한 경우 최종 압력

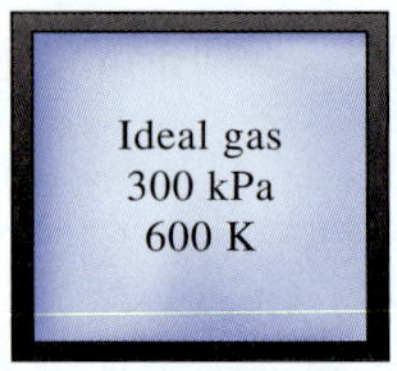

그림 P4-95

4-96 3 MPa 및 500 K의 이산화탄소 가스가 파이프 내부를 0.4 kmol/s로 정상유동하고 있다. (*a*) 이 상태에서 이산화탄소의 체적유량, 질량유량 및 밀도를 구하라. 만약 이산화탄소 가스가 일정한 압력하에서 파이프 내를 흘러가면서 출구에서 450 K로 냉각될 때 (*b*) 출구에서의 체적유량을 구하라.

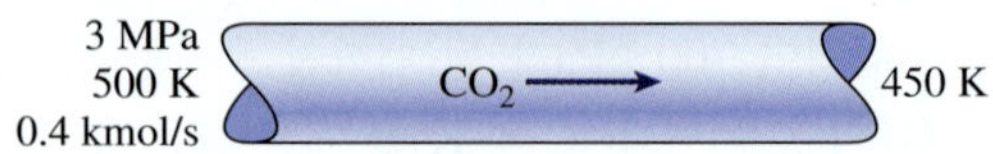

그림 P4-96

4-97 대기압이 90 kPa인 지역에서 여행 전, 후의 자동차 타이어의 게이지 압력은 각각 200 kPa, 220 kPa로 측정되었다. 타이어의 부피가 0.035 m^3로 일정하게 유지될 때 타이어 내부 공기의 절대 온도 증가는 몇 퍼센트인가?

4-98 탱크내에 600°C, 게이지 압력 200 kPa의 아르곤 가스가 들어있다. 주위로의 열전달로 최종 평형온도 300°C에 도달하도록 냉각된다. 아르곤 가스의 최종 게이지 압력을 구하라. 대기압은 100 kPa로 가정한다.

4-99 가솔린 엔진의 연소는 등적 열전달 과정으로 근사할 수 있다. 실린더에는 연소 전의 공기–연료 혼합물과 연소 후의 연소 가스를 포함하며 둘 다 이상적인 공기로 근사할 수 있다. 가솔린 엔진에서 실린더의 상태는 1.2 MPa이고 연소 전 450°C, 연소 후 1900°C이다. 연소 과정이 끝날 때의 압력을 구하라. *답:* 3.61 MPa

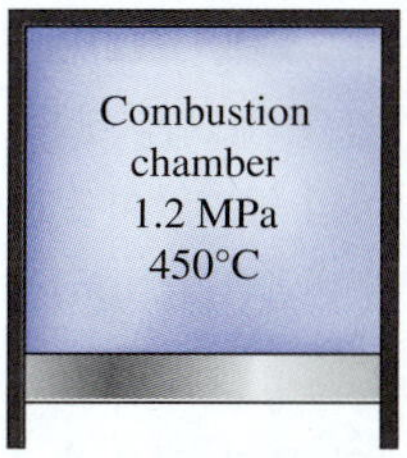

그림 P4-99

4-100 강성용기에 227°C, 게이지 압력 100 kPa의 질소 가스가 들어있다. 가스는 게이지 압력이 250 kPa이 될 때까지 가열된다. 대기압이 100 kPa이라면 최종 온도를 °C로 구하라.

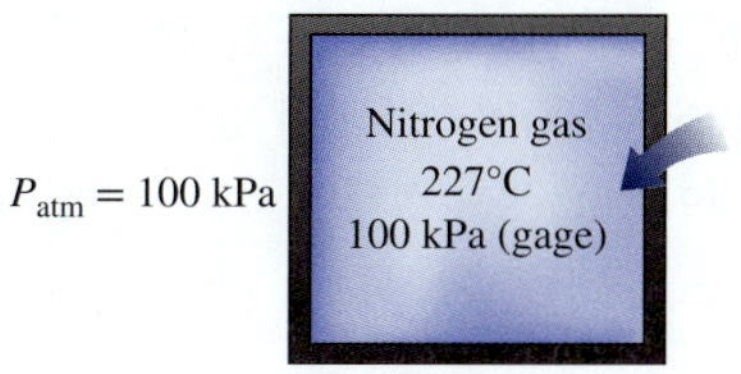

그림 P4-100

4-101 1 kg의 R-134a가 부피 0.090 m^3의 강성용기에 초기온도 −40°C의 상태로 들어있다. 용기는 압력이 280 kPa이 될 때까지 가열된다. 초기 압력과 최종 온도를 구하라. *답:* 51.25 kPa, 50°C

4-102 부피 0.117m^3의 강성용기에 240 kPa의 R-134a 증기 1 kg이 들어있다. 냉매가 냉각된다. 냉매가 응축되기 시작하는 압력을 구하라. 이 과정을 포화선이 그려진 P-v 선도에 나타내라.

4-103 초기상태 300 kPa, 250°C의 물이 일정 부피의 탱크에 들어있다. 물은 150 kPa까지 냉각된다. 물의 초기 상태와 최종 상태를 지나는 과정을 포화선이 그려진 T-v, P-v 선도에 각각 나타내라. 초기 상태와 최종 상태를 지나는 등온선과 그 값(°C)을 표시하라.

4-104 9 m^3의 탱크에 17°C, 600 kPa의 질소가 들어있다. 탱크의 압력이 400 kPa에 이르기까지 질소가 유출되었다. 이때의 온도가 15°C라면 유출된 양은 얼마인가? *답:* 20.6 kg

4-105 10 kg의 R-134a가 1.2 MPa, 70°C의 과열증기 상태에서 일정 압력을 20°C의 압축액체 상태로 냉각되었다. (*a*) 이 과정을 포화선이 포함된 T-v 선도에 나타내라. (*b*) 부피 변화를 구하라. (*c*) 총 내부 에너지 변화를 구하라. *답:* (*b*) −0.187 m^3 (*c*) −1984 kJ

4-106 4 L의 강성용기에 50°C의 액체–증기 혼합물 상태의 물이 들어있다. 이 물은 천천히 가열되어 단상으로 존재하게 된다. 최종 상태에서 물은 액체상태인가 기체상태인가? 탱크의 부피가 4 L가 아니고 400 L라면 답은 무엇인가?

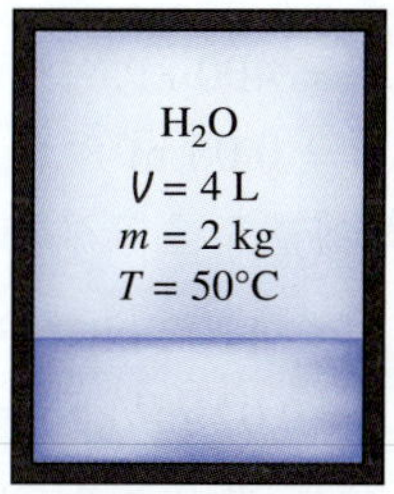

그림 P4-106

4-107 피스톤–실린더 장치에 200 kPa, 300°C의 수증기 0.2 kg이 들어있다. 이 증기가 일정 압력으로 150°C까지 냉각된다. 압축성 인자를 이용하여 이 과정 동안 피스톤의 부피 변화를 구하라. 실제 값의 결과와 비교하라.

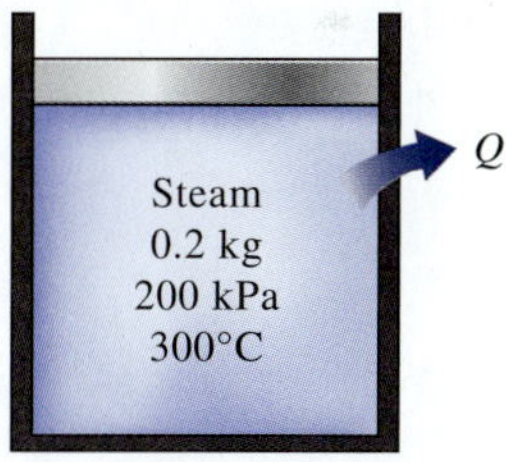

그림 P4-107

4-108 체적이 알려지지 않은 용기가 칸막이에 의해 두 부분으로 나누어져 있다. 용기의 한 부분에는 압력이 0.9 MPa인 R-134a 포화액체 0.03 m^3가 들어 있고, 나머지 부분은 비어 있다. 칸막이가 제거되고, 냉매가 용기 전체에 채워진다. 냉매의 최종 상태가 20°C, 280 kPa이라면, 용기의 체적은 얼마인가?

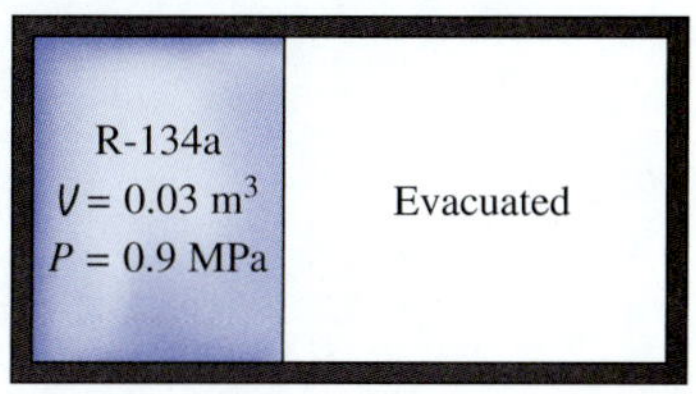

그림 P4-108

4-109 문제 4-108을 재고하라. 적절한 소프트웨어를 사용하여 탱크 부피에 대한 R-134a의 초기 압력의 효과를 조사하라. 초기 압력은 0.5에서 1.5 MPa로 변화한다. 탱크 부피와 초기 압력과의 관계를 그래프로 나타내라.

4-110 온도 37°C, 게이지 압력 140 kPa의 헬륨이 탱크에 들어 있다. 주위로부터의 열전달을 통해 가열되어 200°C의 최종 평형 온도에 도달하였다. 대기압이 100 kPa이라고 할 때, 최종 게이지 압력은 얼마인가?

4-111 포화 액체 및 포화 증기에 대해 물성치 선도를 그리고 냉매 134a에 대해 아래 과정과 상태를 표시하라. 화살표를 사용하여 프로세스의 방향을 나타내고, 초기 및 최종 상태를 표시하라.

(*a*) P-υ 선도에 압력이 $P_1 = 400$ kPa에서 $P_2 = 200$ kPa로 변하는 동안 $P = 280$ kPa, $\upsilon = 0.06$ m^3의 상태를 지나가는 등온 과정을 나타내라. 과정 선도에 온도를 표시하라.

(b) T-υ 선도에 압력이 $P_1 = 1200$ kPa에서 $P_2 = 300$ kPa로 변하는 동안 $T = 20$°C, $\upsilon = 0.02$ m^3/kg 상태를 지나가는 일정 비체적 과정을 나타내라. 온도축과 비체적 축에 각각 상태 1, 2의 온도와 비체적을 표시하라.

4-112 10 MPa, 100°C의 에탄(ethane)이 정압 하에서 체적이 60% 증가될 때까지 가열된다. 다음을 이용하여 각각 최종 온도를 구하라. (*a*) 이상기체 상태방정식, (*b*) 압축성 인자. 두 결과 중에서 어느 것이 더 정확한가?

4-113 400°C의 수증기는 0.02 m^3/kg의 비체적을 갖는다. 다음 조건을 기준으로 증기의 압력을 구하라. (*a*) 이상기체 관계식 (*b*) 일반화된 압축성 도표 (*c*) 수증기표 *답: (a)* 15.529 kPa *(b)* 12.574 kPa *(c)* 12.515 kPa

설계 및 논술 문제

4-114 보통 고체는 융해되면서 열을 흡수하지만, 절대온도 근처 온도에서는 예외가 있다고 알려져 있다. 어떤 고체인지 확인하고 물리적인 설명을 제시하라.

4-115 타이어 정비에 관련한 기사에서 타이어는 시간이 지날수록 공기가 빠질 수 있기 때문에(1년에 90 kPa까지 빠지는 것으로 측정됨) 타이어의 편마모와 연료소비의 효율을 생각한다면 한 달에 한 번 정도는 공기압을 체크할 것을 권하고 있다. 대기압이 100 kPa이고 처음 타이어의 공기압이 220 kPa (gage)일 때, 1년 동안 잃을 수 있는 공기의 비율(fraction)을 구하라.

4-116 대기압에서 물의 결빙 온도가 0°C이라는 것은 잘 알려진 사실이다. 0°C에서 액체의 물과 얼음의 혼합물이 그 주위로부터 고립되어 있을 때에는 어떠한 변화도 겪지 않기 때문에 안정된 평형 상태에 있다고 말한다. 그러나 물에 불순물이 없고 용기의 내부 면이 매끈할 때, 대기압에서 물이 얼지 않으면서도 −2°C나 그 이하로 낮아질 수 있다. 그러나 이 상태에서 작은 교란만 일어나도 물은 갑자기 얼고, 물의 온도는 0°C로 안정화된다. −2°C에 있는 물은 **준안정 상태**(*metastable state*)에 있다고 한다. 준안정 상태를 기술하고, 이것이 안정 평형 상태와 어떻게 다른지 논하라.

CHAPTER

05 밀폐계의 에너지 해석

ENERGY ANALYSIS OF CLOSED SYSTEMS

학습목표

이 장의 목적은 다음과 같다.

- 자동차 엔진 및 압축기와 같은 왕복동 기구에서 볼 수 있는 이동 경계일 또는 $P\,dV$ 일을 고찰한다.
- 밀폐계(고정 질량계)에 대한 에너지 보존법칙의 서술로 열역학 제1법칙을 확인한다.
- 밀폐계에 대한 일반 에너지 평형식을 전개한다
- 정적비열과 정압비열을 정의한다.
- 비열을 이상기체의 내부 에너지와 엔탈피 변화량 계산에 적용한다.
- 비압축성 물질의 특성을 설명하고, 내부 에너지와 엔탈피 변화량을 결정한다.
- 일반적인 순수 물질, 이상기체 및 비압축성 물질에 대하여 열과 일이 상호 작용하는 밀폐계(고정 질량계)에 대한 에너지 평형 문제를 해결한다.

3장에서 여러 가지 형태의 에너지와 에너지 전달에 대해 살펴보았으며 에너지 보존법칙 및 에너지 평형에 대한 일반 관계식을 전개하였다. 4장에서는 물질의 열역학적 상태량을 결정하는 방법을 학습하였다. 5장에서는 계의 경계를 통과하는 질량유동이 없는 계, 즉 밀폐계에 에너지 평형 관계식의 적용을 학습한다.

일반적으로 자동차 엔진이나 압축기와 같은 왕복동 기구에서 자주 접하게 되는 일의 형태인 **이동 경계일** 또는 $P\,dV$ 일에 관한 검토로 이 장을 시작한다. $E_{in} - E_{out} = \Delta E_{system}$으로 간단히 표현되는 **일반 에너지 평형식**을 순수 물질의 계에 적용한다. 비열을 정의하고, 비열과 온도 변화의 항으로 표현되는 **이상기체**의 내부 에너지와 엔탈피에 관한 관계식을 구하며, 이상기체를 갖는 여러 계에 에너지 평형식을 적용한다. **비압축성 물질**로 근사되는 고체 및 액체로 구성된 계에 대해서도 위 과정을 반복한다.

5-1 이동 경계일

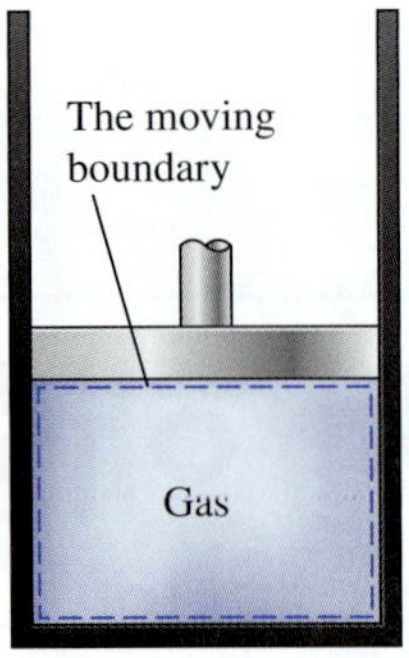

그림 5-1
이동 경계와 관련된 일을 **경계일**이라 한다.

실제로 흔히 접하는 기계적 일의 한 형태로는 피스톤-실린더 기구 내에서 기체의 팽창이나 압축과 관련된 일이 있다. 이 과정 동안 피스톤 내면과 같은 경계의 일부가 앞뒤로 움직이게 된다. 따라서 팽창 또는 압축일은 흔히 **이동 경계일**(moving boundary work) 또는 간단하게 **경계일**(boundary work)이라고 한다(그림 5-1). 어떤 사람들은 이후 설명하는 이유 때문에 일을 $P\,dV$ 일이라고도 부른다. 자동차 엔진과 관련된 주된 일의 형태는 이동 경계일이다. 연소가스는 팽창하는 동안 피스톤이 움직이도록 힘을 가하고, 이것은 다시 크랭크축을 회전시킨다.

피스톤은 보통 내부의 기체가 평형상태를 유지하기 어려울 정도로 매우 빠르게 움직이기 때문에, 실제 엔진이나 압축기와 관계된 이동 경계일은 열역학적 해석만으로는 정확하게 결정할 수 없다. 그 과정 동안에 계가 통과하는 상태를 명확하게 기술할 수 없고, 과정의 경로도 묘사할 수가 없다. 일은 경로함수이기에 경로에 대한 정보가 없으면 일을 해석적으로 얻을 수 없다. 따라서 실제 엔진이나 압축기에서 경계일은 직접적인 측정을 통해 구하게 된다.

이 절에서 우리는 계가 모든 과정에서 항상 평형과정에 근접한 **준평형 과정**(*quasi-equilibrium process*)의 이동 경계일을 분석한다. 피스톤이 저속으로 움직인다면 실제 기관도 **준정적 과정**(*quasi-static process*)이라고도 하는 준평형 과정으로 근사화할 수 있다. 동일한 조건에서 비평형 과정 대신 준평형 과정이 적용되면, 기관의 출력은 최대가 되고 압축기의 입력일은 최소가 된다. 다음부터는 이동 경계와 연계되는 일은 준평형 과정을 적용한다.

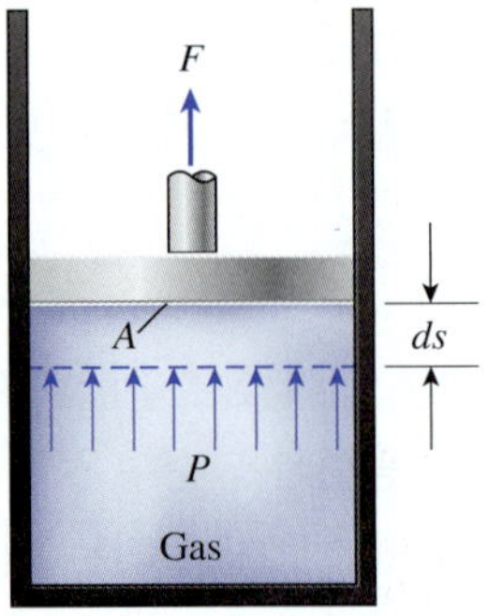

그림 5-2
기체가 피스톤을 미소거리 ds만큼 움직이도록 힘을 가하면 기체는 δW_b만큼의 미소일을 한다.

그림 5-2의 피스톤-실린더 기구의 밀폐된 기체를 고려하자. 기체의 초기압력은 P, 전체 체적은 V, 피스톤의 단면적은 A이다. 피스톤이 준평형 과정으로 거리 ds만큼 움직인다면, 이 과정 동안 수행된 미소일은 다음과 같다.

$$\delta W_b = F\,ds = PA\,ds = P\,dV \qquad \text{(5-1)}$$

즉, 미분 형태의 경계일은 계의 절대압력 P와 체적의 미소 변화량 dV의 곱과 같다. 이러한 이유로 이동 경계일은 종종 $P\,dV$ 일로 불리기도 한다.

식 (5-1)에서 P는 절대압력이고 항상 양수라는 점에 유의하라. 그러나 체적 변화량 dV는 체적이 증가하는 팽창과정 동안에는 양수이고, 체적이 감소하는 압축과정 동안에는 음수이다. 그러므로 식 (5-1)은 출력 경계일, $W_{b,\text{out}}$으로 표현될 수 있다. 결과가 음수면 입력 경계일(압축일)을 나타낸다.

피스톤이 움직이는 전체 과정 동안 수행된 총 경계일은 초기상태로부터 최종상태까지의 미소일을 모두 합산하여 구한다.

$$W_b = \int_1^2 P\,dV \qquad \text{(kJ)} \qquad \text{(5-2)}$$

이 적분식은 과정 동안 P와 V 사이의 함수 관계를 알아야만 계산할 수 있다. 즉 $P = f(V)$의 함수관계를 알아야 한다. $P = f(V)$는 P-V 선도에서 과정 경로(process path)를 나타내는 함수이다.

그림 5-3의 P-V 선도는 준평형 팽창과정을 나타낸다. 이 선도에서 미소면적 dA는 $P\,dV$와 동일하며 이는 미소일에 해당한다. 과정 곡선 1−2 아래의 전체 면적 A는 이러한 각 미소면적의 적분으로 계산할 수 있다.

$$\text{Area} = A = \int_1^2 dA = \int_1^2 P\,dV \tag{5-3}$$

이 식을 식 (5-2)와 비교하면, **P-V 선도에서 과정 곡선 아래의 면적은 밀폐계의 준평형 팽창과정이나 압축과정 동안 수행된 일과 크기가 같다**(P-v 선도에서 이 면적은 단위 질량당 수행된 경계일을 나타낸다).

기체가 상태 1에서 상태 2로 팽창할 때 여러 가지 경로가 있을 수 있다. 일반적으로 각 경로 아래의 면적은 다르며 이 면적은 일의 크기를 나타내기 때문에 각 과정에서 수행될 일도 다르다(그림 5-4). 이것은 일이 경로함수(경로함수는 양 끝단의 상태와 더불어 경로에도 의존한다)이기 때문으로 예상할 수 있다. 일이 경로함수가 아니라면, 자동차 엔진이나 발전소와 같이 사이클로 동작하는 장치가 작동 중 일을 생산할 수 없다. 사이클의 일부분 동안에 생산된 일이 사이클의 다른 부분 동안에 소비되어야 하므로 정미(net) 출력일이 없다. 그림 5-5의 사이클을 보면 팽창과정 동안 계가 한 일(경로 A 아래 면적)이 압축과정 동안 계에 해준 일(경로 B 아래 면적)보다 크기 때문에 정미 출력일이 생성되며, 이 두 경로 사이의 면적이(색칠된 면적) 사이클 동안 수행된 정미일이다.

팽창과정이나 압축과정 동안 P와 V의 상관 관계식이 함수 형태가 아닌 실험적 수치로 주어지면 해석적으로 적분을 수행할 수 없다. 그러나 이들 실험 수치를 이용하여 P-V 선도로 도시하고, 곡선 아래 면적을 P-V 선도상에서 계산하면 수행된 일을 구할 수 있다.

엄밀히 말하면 식 (5-2)의 압력 P는 피스톤 안쪽 면의 압력이다. 이 압력은 준평형 과정의 조건에서만 실린더 내부의 기체 압력과 같다. 따라서 주어진 특정 시간에 실린더 내부의 전체 기체는 동일한 압력을 갖는다. 식 (5-2)는 **피스톤 안쪽면의** 압력을 P로 사용하면 준평형 과정이 아닌 과정에서도 사용될 수 있다(상태량은 평형상태에서만 정의되기 때문에, 준평형 과정이 아닌 경우에 계의 압력은 정의될 수 없다). 그러므로 경계일을 다음과 같이 일반화할 수 있다.

$$W_b = \int_1^2 P_i\,dV \tag{5-4}$$

여기에서 P_i는 피스톤 안쪽면의 압력이다.

일은 계와 주위 사이의 에너지 상호작용을 나타내는 메커니즘이며, W_b는 팽창

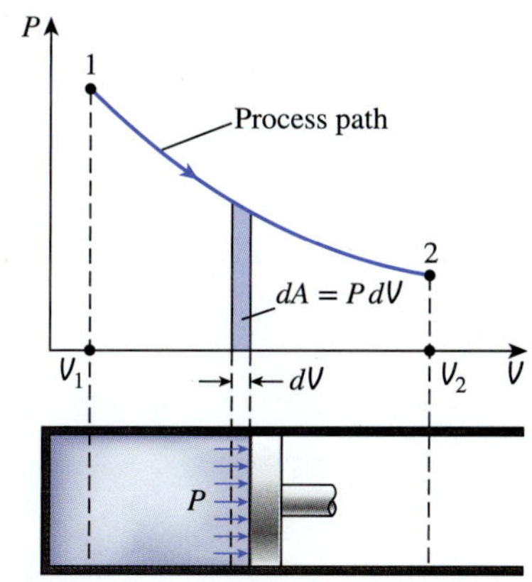

그림 5-3

P-V 선도에서 과정 곡선 아래 면적은 경계일을 나타낸다.

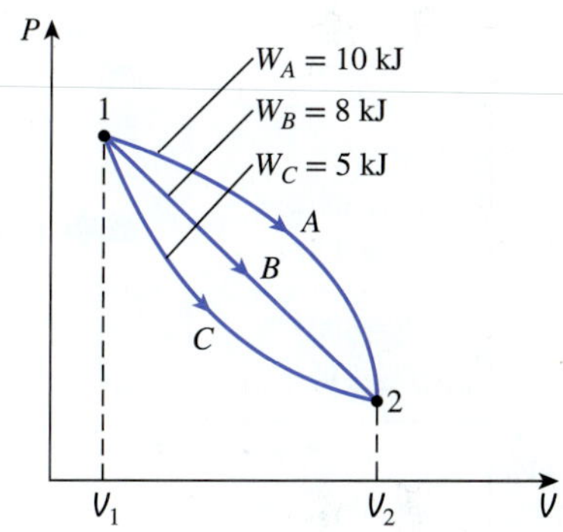

그림 5-4

과정 동안 수행된 경계일은 초기 및 최종상태뿐만 아니라 경로에 따라서도 달라진다.

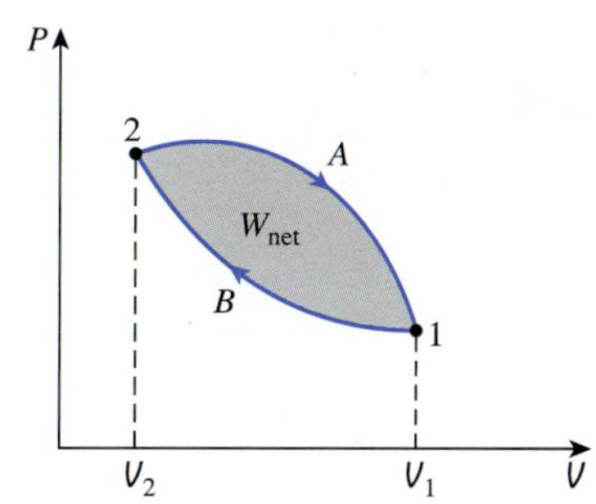

그림 5-5

사이클 동안의 정미일은 계가 한 일과 계에 해 준 일의 차이이다.

과정 동안은 계로부터(또는 압축과정 동안은 계로) 전달된 에너지의 양을 나타낸다는 점에 주의해야 한다. 에너지는 보존되기에 전달된 에너지는 어딘가는 존재해야 한다. 예를 들어 자동차 엔진에서 팽창하는 고온 기체에 의해 발생된 경계일은 피스톤과 실린더 사이의 마찰을 극복하고 대기 중의 공기를 밀어낸 후 크랭크축을 회전시키는 데 사용된다. 그러므로 이는 다음과 같이 나타낼 수 있다.

$$W_b = W_{\text{friction}} + W_{\text{atm}} + W_{\text{crank}} = \int_1^2 (F_{\text{friction}} + P_{\text{atm}}A + F_{\text{crank}})\,dx \tag{5-5}$$

물론 마찰을 극복하는 데 사용된 일은 마찰열로 나타내며, 크랭크축을 통하여 전달된 에너지는 특정 기능을 수행하도록 설계된 (바퀴와 같은) 다른 부품에 전달된다. 그러나 일로서 계가 전달한 에너지는 크랭크축 및 대기가 받는 에너지, 그리고 마찰을 극복하는 데 사용된 에너지의 합과 같아야 함을 유의하라. 경계일의 관계식은 기체의 준평형 과정에만 제한적으로 사용될 수 있는 것은 아니며, 고체와 액체에 대해서도 사용될 수 있다.

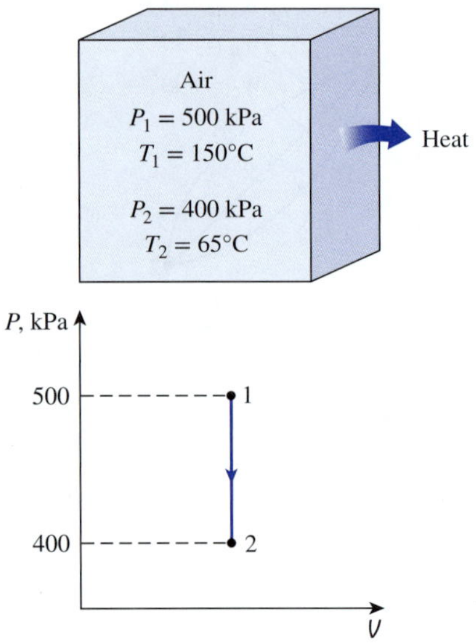

그림 5-6
예제 5-1의 개략도와 P-V 선도

예제 5-1 정적과정 동안의 경계일

견고한 용기 내에 500 kPa, 150°C의 공기가 들어 있다. 주위로의 열전달로 용기 내의 온도와 압력이 각각 65°C와 400 kPa로 떨어졌다. 이 과정 동안의 경계일을 구하라.

풀이 견고한 용기 내의 공기가 냉각되어 압력과 온도 모두가 떨어진다. 수행된 경계일을 구한다.

해석 계의 개략도와 과정에 대한 P-V 선도는 그림 5-6과 같다. 경계일은 식 (5-2)로부터 구할 수 있다.

$$W_b = \int_1^2 P\,dV^{\nearrow 0} = \mathbf{0}$$

검토 견고한 용기의 체적은 일정하기 때문에 $dV = 0$이다. 따라서 이 과정 동안에 수행된 경계일은 없다. 즉 정적과정 동안의 경계일은 항상 0이 된다. 이것은 과정의 P-V 선도에서도 분명히 확인할 수 있다(과정 곡선 아래의 면적이 0이다).

예제 5-2 정압과정 동안의 경계일

마찰이 없는 피스톤–실린더 기구 내에 60 psia, 320°F의 수증기 5 lbm이 들어 있다. 이제 수증기의 온도가 400°F가 될 때까지 수증기로 열이 전달된다. 피스톤이 축에 연결되어 있지 않고 피스톤의 질량이 일정한 경우에 이 과정 동안 수증기가 한 일을 구하라.

풀이 피스톤–실린더 기구 내의 수증기는 일정한 압력에서 가열되어 온도가 상승한다. 수행된 경계일을 구한다.

가정 팽창과정은 준평형 과정이다.

해석 계의 개략도와 과정에 대한 P-v 선도는 그림 5-7과 같다. 비록 명확하게 언급되지 않았지만, 대기압과 피스톤의 무게가 일정하기 때문에 과정 동안 실린더 내의 수증기 압력은 일정하게 유지된다. 따라서 이 과정은 정압과정이며 식 (5-2)로부터 다음을 구할 수 있다.

$$W_b = \int_1^2 P\,dV = P_0 \int_1^2 dV = P_0(V_2 - V_1) \tag{5-6}$$

또는 $V = mv$이므로

$$W_b = mP_0(v_2 - v_1)$$

과열증기표(Table A-6)로부터 상태 1 (60 psia, 320°F)의 비체적은 v_1 = 7.4863 ft³/lbm이며 상태 2 (60 psia, 400°F)의 비체적은 v_2 = 8.3548 ft³/lbm이다. 이들 값을 대입하면 다음과 같다.

$$W_b = (10\text{ lbm})(60\text{ psia})[(8.3548 - 7.4863)\text{ft}^3/\text{lbm}]\left(\frac{1\text{ Btu}}{5.404\text{ psia}\cdot\text{ft}^3}\right)$$
$$= \mathbf{96.4\ Btu}$$

검토 양의 부호는 계에 의해 일이 수행되었음을 나타낸다. 즉 수증기는 이 일을 하기 위하여 계의 에너지 중 96.4 Btu를 사용한 것이다. 또한, 이 문제의 경우 일의 크기는 P-V 선도에서 과정 곡선 아래의 면적 $P_0\Delta V$로 간단히 계산하여 구할 수도 있다.

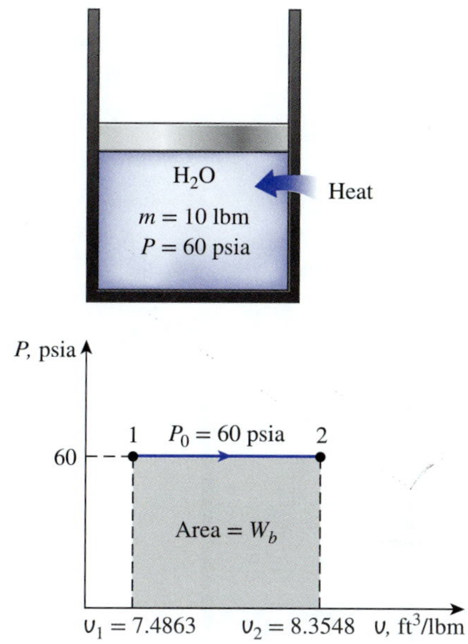

그림 5-7

예제 5-2의 개략도와 P-v 선도

예제 5-3 이상기체의 등온압축

피스톤-실린더 기구 내 초기에 100 kPa, 80°C의 공기 0.4 m³이 들어 있다. 이제 실린더 내의 온도를 일정하게 유지하면서 공기를 0.1 m³로 압축한다. 이 과정 동안 수행된 일을 구하라.

풀이 피스톤-실린더 기구 내의 공기는 등온과정으로 압축된다. 수행된 경계일을 계산한다.

가정 **1.** 압축과정은 준평형 과정이다. **2.** 주어진 조건에서 공기는 임계점의 값에 비하여 온도가 높고 압력이 낮기 때문에 이상기체로 간주될 수 있다.

해석 계의 개략도와 과정에 대한 P-V 선도는 그림 5-8과 같다. 일정 온도 T_0의 이상기체에 대하여

$$PV = mRT_0 = C \quad \text{또는} \quad P = \frac{C}{V}$$

여기서 C는 상수이다. 이것을 식 (5-2)에 대입하면

$$W_b = \int_1^2 P\,dV = \int_1^2 \frac{C}{V}dV = C\int_1^2 \frac{dV}{V} = C\ln\frac{V_2}{V_1} = P_1V_1\ln\frac{V_2}{V_1} \tag{5-7}$$

식 (5-7)에서 P_1V_1은 P_2V_2 또는 mRT_0로 대체할 수 있다. 또한, $P_1V_1 = P_2V_2$이므로 V_2/V_1은 P_1/P_2로 대체할 수 있다.

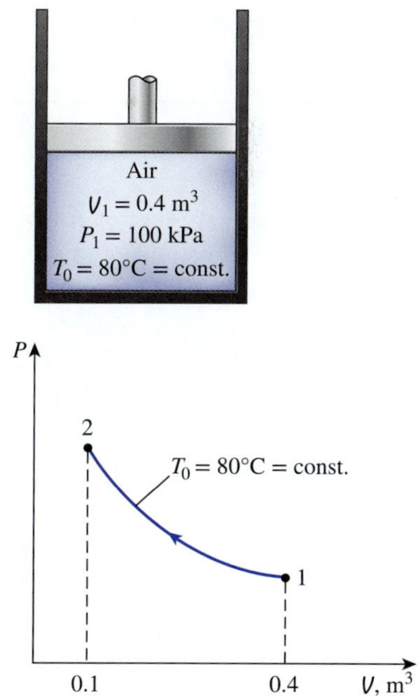

그림 5-8

예제 5-3의 개략도와 P-V 선도

식 (5-7)에 주어진 값을 대입하면 다음과 같다.

$$W_b = (100 \text{ kPa})(0.4 \text{ m}^3)\left(\ln\frac{0.1}{0.4}\right)\left(\frac{1 \text{ kJ}}{1 \text{ kPa}\cdot\text{m}^3}\right)$$

$$= \mathbf{-55.5 \text{ kJ}}$$

검토 음의 부호는 계에 일이 행해졌다는 것(입력일)을 나타낸다. 이처럼 압축과정의 일은 항상 음수를 갖는다.

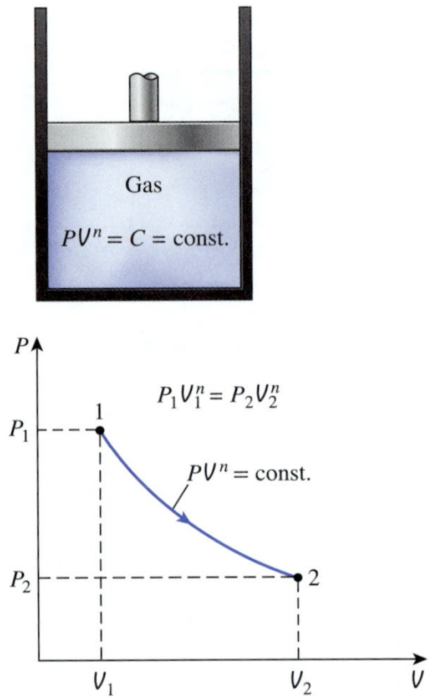

그림 5-9
폴리트로픽 과정에 대한 개략도와 P-V 선도

폴리트로픽 과정

기체의 실제 팽창이나 압축과정 동안 압력과 체적은 보통 $PV^n = C$의 관계로 나타내며, 여기서 n과 C는 상수이다. 이러한 유형의 과정을 **폴리트로픽 과정**(polytropic process)이라고 한다(그림 5-9). 이제 폴리트로픽 과정 동안 수행된 일의 일반식을 유도해 보자. 폴리트로픽 과정의 압력을 다음과 같이 나타낼 수 있다.

$$P = CV^{-n} \tag{5-8}$$

이 식을 식 (5-2)에 대입하면, $C = P_1V_1^n = P_2V_2^n$이므로 다음의 식을 얻을 수 있다.

$$W_b = \int_1^2 P\,dV = \int_1^2 CV^{-n}\,dV = C\frac{V_2^{-n+1} - V_1^{-n+1}}{-n+1} = \frac{P_2V_2 - P_1V_1}{1-n} \tag{5-9}$$

또한, 이상기체($PV = mRT$)에서는 이 식을 다음과 같이 쓸 수 있다.

$$W_b = \frac{mR(T_2 - T_1)}{1-n} \qquad n \neq 1 \qquad (\text{kJ}) \tag{5-10}$$

$n = 1$인 특별한 경우에 대한 경계일은 다음과 같다.

$$W_b = \int_1^2 P\,dV = \int_1^2 CV^{-1}\,dV = PV\ln\left(\frac{V_2}{V_1}\right)$$

이상기체의 경우에 이 결과는 앞의 예제에서 논의된 등온과정에 해당한다.

예제 5-4 **스프링에 의해 저항받는 기체의 팽창**

피스톤-실린더 기구 내에 초기에는 200 kPa의 기체 0.05 m³가 들어 있다. 이 상태에서 스프링 상수가 150 kN/m인 선형 스프링이 피스톤에 닿아 있지만, 피스톤에 힘을 가하지는 않는다. 이제 기체에 열이 전달되어 실린더 내부 체적이 두 배가 될 때까지 피스톤은 상승하고 스프링은 압축된다. 피스톤의 단면적이 0.25 m²인 경우, (*a*) 실린더 내의 최종압력, (*b*) 기체가 한 전체 일, (*c*) 스프링을 압축하기 위해 스프링에 한 일을 구하라.

풀이 선형 스프링이 장착된 피스톤-실린더 기구 내의 기체는 가열에 의하여 팽창한다. 기체의 최종압력, 전체 일 및 스프링을 압축하기 위해 한 일을 구한다.

가정 **1.** 팽창과정은 준평형 과정이다. **2.** 스프링은 작동 범위 내에서 선형적이다.

해석 계의 개략도와 과정에 대한 P-V 선도는 그림 5-10과 같다.

(*a*) 최종상태에서의 밀폐체적은

$$V_2 = 2V_1 = (2)(0.05\ \text{m}^3) = 0.1\ \text{m}^3$$

따라서 피스톤과 스프링의 변위는

$$x = \frac{\Delta V}{A} = \frac{(0.1 - 0.05)\text{m}^3}{0.25\ \text{m}^3} = 0.2\ \text{m}$$

최종상태에서 선형 스프링에 의해 적용한 힘은

$$F = kx = (150\ \text{kN/m})(0.2\ \text{m}) = 30\ \text{kN}$$

최종상태에서 스프링에 의해 기체에 가해진 추가 압력은

$$P = \frac{F}{A} = \frac{30\ \text{kN}}{0.25\ \text{m}^2} = 120\ \text{kPa}$$

스프링이 없다면 피스톤이 상승하는 동안 기체의 압력은 200 kPa로 일정하게 유지될 것이다. 그러나 스프링의 영향으로 압력은 200 kPa로부터 선형적으로 증가하여 최종적으로 다음의 압력 값을 갖는다.

$$200 + 120 = \mathbf{320\ kPa}$$

(*b*) 수행된 일을 쉽게 구하는 방법은 P-V 선도에 이 과정을 도시하고 과정 곡선 아래의 면적을 구하는 것이다. 그림 5-10으로부터 과정 곡선 아래의 사다리꼴 면적을 다음과 같이 계산할 수 있다.

$$W = \text{area} = \frac{(200 + 320)\ \text{kPa}}{2}[(0.1 - 0.05)\ \text{m}^3]\left(\frac{1\ \text{kJ}}{1\ \text{kPa}\cdot\text{m}^3}\right) = \mathbf{13\ kJ}$$

이 일은 계에 의해 수행된 일임을 유의하라.

(*c*) 그림 5-10에서 직사각형 면적으로 표시된 일(영역 I)은 피스톤과 대기에 행한 일이며, 삼각형 면적으로 표시되는 일(영역 II)은 스프링에 행한 일이다. 따라서, 스프링에 행한 일은 다음과 같다.

$$W_{\text{spring}} = \tfrac{1}{2}[(320 - 200)\ \text{kPa}](0.05\ \text{m}^3)\left(\frac{1\ \text{kJ}}{1\ \text{kPa}\cdot\text{m}^3}\right) = \mathbf{3\ kJ}$$

검토 이 결과는 다음과 같이 구할 수도 있다.

$$W_{\text{spring}} = \tfrac{1}{2}k(x_2^2 - x_1^2) = \tfrac{1}{2}(150\ \text{kN/m})[(0.2\ \text{m})^2 - 0^2]\left(\frac{1\ \text{kJ}}{1\ \text{kN}\cdot\text{m}}\right) = 3\ \text{kJ}$$

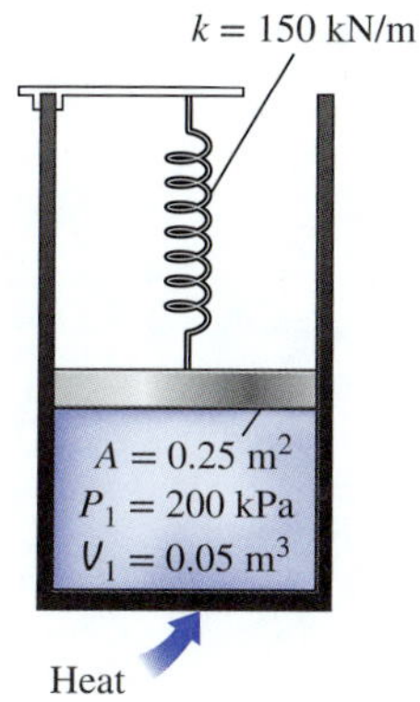

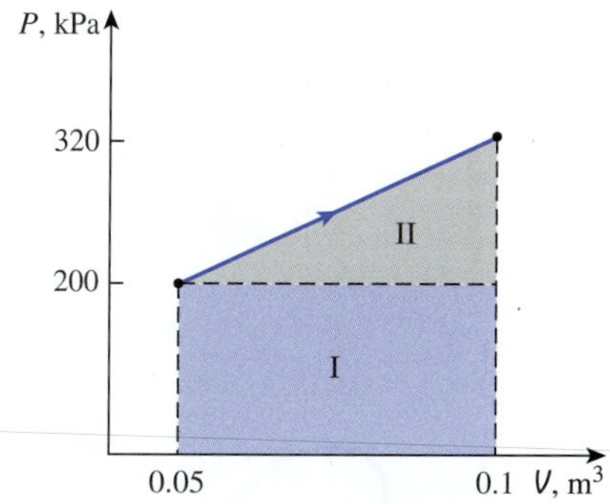

그림 5-10

예제 5-4의 개략도와 P-V 선도

5-2 밀폐계의 에너지 평형

계의 에너지 평형은 과정이나 계의 종류에 관계없이 다음과 같이 나타낼 수 있었다(3장 참조).

$$\underbrace{E_{\text{in}} - E_{\text{out}}}_{\substack{\text{열, 일에 의한} \\ \text{정미에너지 전달}}} = \underbrace{\Delta E_{\text{system}}}_{\substack{\text{내부 에너지, 운동 에너지,} \\ \text{위치 에너지 등의 변화}}} \quad (\text{kJ}) \qquad (5\text{-}11)$$

시간에 대한 **변화율 형태**(rate form)로 이를 나타내면 다음과 같다.

$$\underbrace{\dot{E}_{in} - \dot{E}_{out}}_{\text{열, 일에 의한 정미에너지 전달률}} = \underbrace{dE_{system}/dt}_{\text{내부 에너지, 운동 에너지, 위치 에너지 등의 변화율}} \quad (\text{kW}) \tag{5-12}$$

변화율이 일정한 경우에 시간 간격 Δt 동안 총량과 단위시간당 양의 관계는 다음과 같다.

$$Q = \dot{Q}\,\Delta t, \qquad W = \dot{W}\,\Delta t, \qquad \text{그리고} \qquad \Delta E = (dE/dt)\Delta t \qquad (\text{kJ}) \tag{5-13}$$

에너지 평형은 다음과 같이 **단위 질량당**(per unit mass)으로 나타낼 수 있다.

$$e_{in} - e_{out} = \Delta e_{system} \qquad (\text{kJ/kg}) \tag{5-14}$$

이 식은 식 (5-11)의 모든 양을 계의 질량 m으로 나눈 것이다. 에너지 평형은 다음과 같이 미분 형태로도 나타낼 수 있다.

$$\delta E_{in} - \delta E_{out} = dE_{system} \qquad \text{또는} \qquad \delta e_{in} - \delta e_{out} = de_{system} \tag{5-15}$$

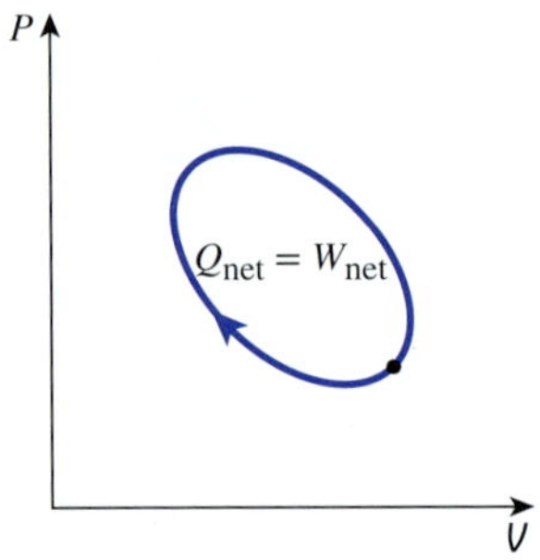

그림 5-11
사이클에 대하여 $\Delta E = 0$이므로 $Q = W$이다.

사이클(cycle)로 작동되는 밀폐계의 경우 초기상태과 최종상태가 동일하므로 $\Delta E_{system} = E_2 - E_1 = 0$이 된다. 그러므로 사이클에 대한 에너지 평형은 $E_{in} - E_{out}$ 또는 $E_{in} = E_{out}$으로 단순화된다. 밀폐계는 경계를 통과하는 질량이 없으므로, 한 사이클에 대한 에너지 평형은 다음 식과 같이 열과 일의 상호작용으로 나타낼 수 있다.

$$W_{net,out} = Q_{net,in} \qquad \text{또는} \qquad \dot{W}_{net,out} = \dot{Q}_{net,in} \qquad (\text{for a cycle}) \tag{5-16}$$

즉, 한 사이클 동안 정미 출력일은 정미 입력열과 동일하다(그림 5-11).

위에서 살펴본 에너지 평형 관계식(또는 제1법칙)은 사실상 직관적으로 이해할 수 있으며, 전달되는 열 및 일 전달의 크기와 방향을 알고 있을 때에는 쉽게 활용할 수 있다. 하지만 일반적인 해석적 연구를 수행하거나 열이나 일의 상호작용이 미지인 경우에는, 열이나 일의 작용 방향을 가정할 필요가 있다. 그러한 경우에는 고전적인 열역학 부호 규약을 사용하여 Q는 **계로 전달된** 열(입력열)로, W는 **계에 의해 수행된** 일(출력일)로 가정하고 문제를 푸는 것이 일반적이다. 이 경우 밀폐계의 에너지 평형 관계식은 다음과 같다.

$$Q_{net,in} - W_{net,out} = \Delta E_{system} \qquad \text{또는} \qquad Q - W = \Delta E \tag{5-17}$$

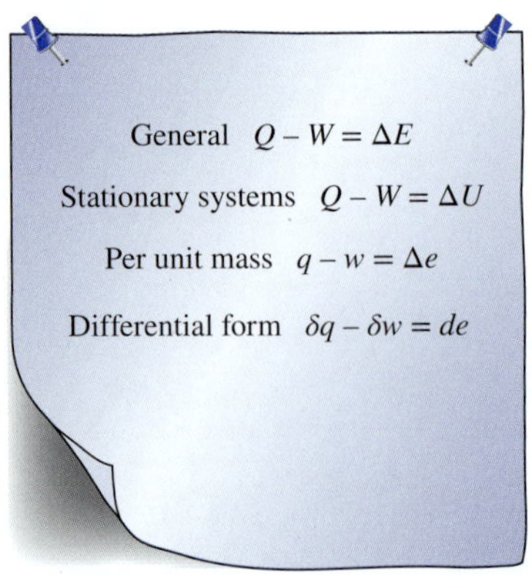

그림 5-12
밀폐계에 대한 제1법칙 관계식의 여러 형태

여기서, $Q = Q_{net,in}$는 **정미 입력열**이고, $W = W_{net,out} = W_{out} - W_{in}$는 정미 출력일이다. Q나 W의 값이 음수이면, 값에 대해 가정한 방향이 잘못되었으므로 반대 방향이 되어야 한다는 것을 의미한다. 밀폐계에 대한 다양한 형태의 "통상적인" 열역학 제1법칙 관계식을 그림 5-12에 표현하였다.

열역학 제1법칙은 수학적으로 증명될 수 없으나, 자연계에서 제1법칙을 위배하는 과정은 없는 것으로 알려져 있으므로 이를 제1법칙의 타당성에 대한 충분한 증거로 받아들일 수 있다. 만약 다른 물리법칙을 근거로 열역학 제1법칙을 증명하는 것이 가능하다면 열역학 제1법칙은 그 자체가 기본 물리 법칙이라기보다는 다른 법칙들의 결과물일 것이다.

에너지의 양적 개념으로서 열과 일은 달라 보이지 않는데 왜 이들을 굳이 구별하는지 궁금할 것이다. 에너지가 열로서 계의 경계를 통과하든 일로서 통과하든 최종적인 계의 에너지 변화는 계의 경계를 통과하는 에너지의 양과 같다. **에너지 상호작용**이라 불리는 하나의 양만으로 열과 일을 대표하여 표현할 수 있다면 열역학 제1법칙은 더욱 간단해질 것으로 보인다. 사실 열역학 제1법칙의 관점에서 보면 열과 일은 전혀 다르지 않다. 그러나 이후 논의하게 될 열역학 제2법칙의 관점에서 보면 열과 일은 매우 다르다.

예제 5-5 **정압상태에 있는 기체의 전기가열**

피스톤-실린더 기구 내에 300 kPa의 일정한 압력이 유지되는 포화 수증기 25 g이 들어 있다. 실린더 내에 있는 전열기가 켜지고, 120 V의 전원으로부터 0.2 A의 전류가 5분 동안 공급된다. 동시에 3.7 kJ의 열손실이 발생한다. (*a*) 밀폐계의 정압과정에 대하여 열역학 제1법칙의 경계일 W_b와 내부 에너지 변화 ΔU를 조합하여 엔탈피 변화 ΔH 항으로 나타낼 수 있음을 보여라. (*b*) 수증기의 최종온도를 구하라.

풀이 피스톤-실린더 기구 내의 포화 수증기가 가열되어 정압 팽창한다. $\Delta U + W_b = \Delta H$임을 보이고 최종온도를 구한다.

가정 **1.** 실린더는 고정되어 있으므로 운동 에너지와 위치 에너지 변화가 없어 $\Delta KE = \Delta PE$이다. 따라서, $\Delta E = \Delta U$이고 이 과정 동안 계에서 변화될 수 있는 에너지 형태는 내부 에너지뿐이다. **2.** 계의 구성 중에서 전선은 매우 작으므로 전선의 에너지 변화는 무시할 수 있다.

해석 전선을 포함한 실린더 내의 내용물을 계로 선택한다(그림 5-13). 과정 동안에 계의 경계를 통과하는 질량이 없으므로 이 계는 **밀폐계**이다. 피스톤-실린더 기구는 보통 움직이는 경계를 가지므로 그에 따른 경계일 W_b를 가지고 있다. 과정 동안 압력이 일정하게 유지되므로 $P_2 = P_1$이다. 또한, 계로부터 열이 손실되고, 전기일 W_e가 계에 수행된다.

(*a*) 이 풀이 부분에서는 준평형 정압과정을 겪고 있는 밀폐계에 대한 일반적 해석을 수반하므로 일반적인 밀폐계로 고려한다. 계로의 열전달 방향을 Q로, 계가 한 일의 방향을 W로 잡는다. 또한, 일은 경계일과 기타 형태의 일(전기일, 축일 등)의 합으로 표현한다. 따라서 에너지 평형은 다음과 같이 나타낼 수 있다.

$$\underbrace{E_{in} - E_{out}}_{\text{열, 일 및 질량에 의한 정미에너지 전달}} = \underbrace{\Delta E_{system}}_{\text{내부 에너지, 운동 에너지, 위치 에너지 등의 변화}}$$

$$Q - W = \Delta U + \Delta KE^{\nearrow 0} + \Delta PE^{\nearrow 0}$$

$$Q - W_{other} - W_b = U_2 - U_1$$

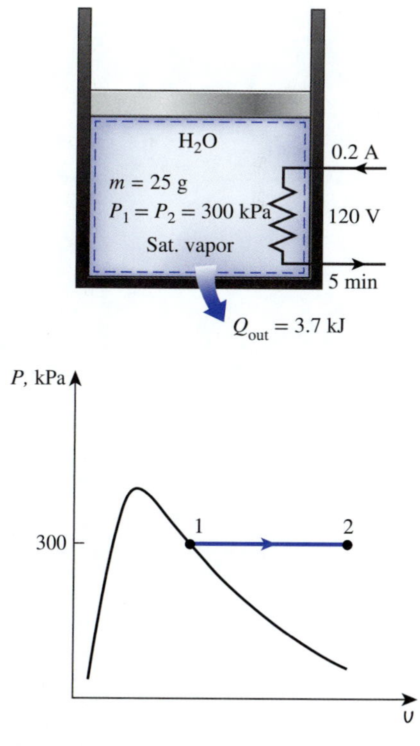

그림 5-13
예제 5-5의 개략도와 P-υ 선도

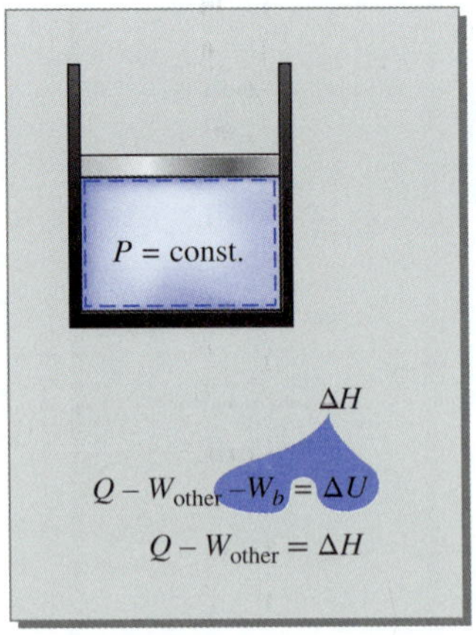

그림 5-14
준평형 정압과정을 거치는 밀폐계에서는 $\Delta U + W_b = \Delta H$이다. 이 관계식은 압력이 일정하게 유지되지 않는 과정에는 유효하지 않음에 주의한다.

정압과정에서 경계일은 $W_b = P_0(V_2 - V_2)$로 주어진다. 이를 앞선 관계식에 대입하면 다음과 같다.

$$Q - W_{\text{other}} - P_0(V_2 - V_1) = U_2 - U_1$$

그런데,

$$P_0 = P_2 = P_1 \rightarrow Q - W_{\text{other}} = (U_2 + P_2V_2) - (U_1 + P_1V_1)$$

$H = U + PV$ 이므로 최종적인 관계식은 다음과 같다(그림 5-14).

$$Q - W_{\text{other}} = H_2 - H_1 \qquad \text{(kJ)} \tag{5-18}$$

이 관계식은 경계일이 자동적으로 엔탈피 항으로 처리되어 따로 경계일을 구할 필요가 없어 **정압 준평형 과정**을 거치는 밀폐계의 해석에서 매우 편리하게 사용된다.

(*b*) 이 문제에서 유일한 기타 형태의 일은 전기일로서 다음과 같이 구할 수 있다.

$$W_e = \mathbf{V}I\Delta t = (120\text{ V})(0.2\text{ A})(300\text{ s})\left(\frac{1\text{ kJ/s}}{1000\text{ VA}}\right) = 7.2\text{ kJ}$$

$$\text{상태 1:}\quad \left.\begin{array}{l} P_1 = 300\text{ kPa} \\ \text{Sat. vapor} \end{array}\right\} h_1 = h_{g\,@\,300\text{ kPa}} = 2724.9\text{ kJ/kg} \qquad \text{(Table A-5)}$$

열과 일의 방향이 가정한 방향과 반대이므로 계로부터의 열전달과 계에 수행된 일을 음수 값으로 나타내면 최종상태의 엔탈피는 식 (5-18)로부터 직접 계산할 수 있다. 다른 방법으로 정압 팽창과정이나 정압 압축과정에서 ΔU를 ΔH로 교체하면 자동적으로 경계일이 고려되는 단순화된 에너지 평형 관계식을 사용할 수 있다.

$$\underbrace{E_{\text{in}} - E_{\text{out}}}_{\substack{\text{열, 일 및 질량에 의한} \\ \text{정미에너지 전달}}} = \underbrace{\Delta E_{\text{system}}}_{\substack{\text{내부 에너지, 운동 에너지,} \\ \text{위치 에너지 등의 변화}}}$$

$$W_{e,\text{in}} - Q_{\text{out}} - W_b = \Delta U$$

$$W_{e,\text{in}} - Q_{\text{out}} = \Delta H = m(h_2 - h_1) \qquad (P = \text{상수이므로})$$

$$7.2\text{ kJ} - 3.7\text{ kJ} = (0.025\text{ kg})(h_2 - 2724.9)\text{ kJ/kg}$$

$$h_2 = 2864.9\text{ kJ/kg}$$

이제 압력과 엔탈피 모두를 알기 때문에 최종상태는 완전히 결정되었다. 최종상태의 온도는 다음과 같다.

$$\text{상태 2:}\quad \left.\begin{array}{l} P_2 = 300\text{ kPa} \\ h_2 = 2864.9\text{ kJ/kg} \end{array}\right\} T_2 = \mathbf{200°C} \qquad \text{(Table A-6)}$$

그러므로 이 과정의 최종 수증기 온도는 200°C이다.

검토 이 과정 동안에 수증기의 무게 중심이 다소 올라갔기 때문에 수증기의 위치 에너지 변화는 엄밀하게 말하면 0이 아니다. 다만 높이 변화를 무리하게 1 m로 가정하더라도 수증기의 위치 에너지 변화는 0.0002 kJ로 제1법칙 관계식의 다른 항에 비하여 매우 작다. 그러므로 이와 같은 문제에서 기체의 위치 에너지 항은 항상 무시된다.

예제 5-6 **물의 불구속 팽창**

견고한 용기가 칸막이에 의해 체적이 동일한 두 부분으로 나뉘어져 있다. 초기에는 용기의 한쪽에 200 kPa, 25°C의 물 5 kg이 들어 있고 다른 한쪽은 비어 있다. 이후 칸막이가 제거되고 물은 용기 전체로 팽창한다. 용기 내 온도가 초기온도 25°C로 되돌아갈 때까지 물은 주위와 열을 교환한다. (*a*) 용기의 체적, (*b*) 최종압력, (*c*) 이 과정 동안의 열전달을 구하라.

풀이 견고한 용기의 절반은 액체상태의 물로 채워져 있고 다른 절반은 비어 있다. 두 부분 사이의 칸막이가 제거되고 물이 팽창하여 용기 전체를 채우는데, 그 과정에서 온도는 일정하게 유지된다. 용기의 체적, 최종압력 및 열전달을 구한다.

가정 **1.** 계가 정지되어 있어 운동 에너지 변화와 위치 에너지 변화가 없으므로 $\Delta KE = \Delta PE = 0$이고, $\Delta E = \Delta U$이다. **2.** 열전달의 방향은 계가 열을 얻는다(열 획득, Q_{in}). 여기서 Q_{in} 값이 음수라면 가정된 방향이 잘못되었으므로 이는 열손실을 나타낸다. **3.** 견고한 용기의 체적은 일정하므로 경계일에 의한 에너지 전달은 없다. **4.** 전기일, 축일이나 기타 다른 형태의 일은 없다.

해석 빈 공간을 포함한 용기 내의 내용물을 계로 설정한다(그림 5-15). 과정 동안에 계의 경계를 통과하는 질량이 없으므로 계는 밀폐계이다. 칸막이가 제거될 때 물은 전체 용기를 채우게 된다(아마도 액체–증기 혼합물이 될 것이다).

(*a*) 초기상태의 용기 내에 있는 물의 압력(200 kPa)이 25°C의 포화압력(3.1698 kPa)보다 높기 때문에 물은 압축액으로 존재한다. 압축액을 주어진 온도에서의 포화액체로 근사화하면

$$v_1 \cong v_{f @ 25°C} = 0.001003 \text{ m}^3/\text{kg} \cong 0.001 \text{ m}^3/\text{kg} \qquad \text{(Table A-4)}$$

따라서 물의 초기체적은

$$V_1 = mv_1 = (5 \text{ kg})(0.001 \text{ m}^3/\text{kg}) = 0.005 \text{ m}^3$$

용기의 전체 체적은 이 체적의 두 배이다.

$$V_{tank} = (2)(0.005 \text{ m}^3) = \mathbf{0.01 \text{ m}^3}$$

(*b*) 최종상태에서 물의 비체적은 다음과 같다.

$$v_2 = \frac{V_2}{m} = \frac{0.01 \text{ m}^3}{5 \text{ kg}} = 0.002 \text{ m}^3/\text{kg}$$

이 값은 초기 비체적의 두 배이다. 이 결과는 질량이 일정하게 유지되면서 체적이 두 배가 되었기 때문이다.

$$25°C: \quad v_f = 0.001003 \text{ m}^3/\text{kg} \quad \text{그리고} \quad v_g = 43.340 \text{ m}^3/\text{kg} \qquad \text{(Table A-4)}$$

여기서, $v_f < v_2 < v_g$이므로 최종상태에서 물은 포화 액체–증기 혼합물이다. 따라서 그 때 압력은 25°C에서의 포화압력이다.

$$P_2 = P_{sat @ 25°C} = \mathbf{3.1698 \text{ kPa}} \qquad \text{(Table A-4)}$$

(*c*) 앞서 언급한 가정과 관찰을 따라 이 계의 에너지 평형은 다음과 같이 표현될 수 있다.

$$\underbrace{E_{in} - E_{out}}_{\text{열, 일 및 질량에 의한 정미에너지 전달}} = \underbrace{\Delta E_{system}}_{\text{내부 에너지, 운동 에너지, 위치 에너지 등의 변화}}$$

$$Q_{in} = \Delta U = m(u_2 - u_1)$$

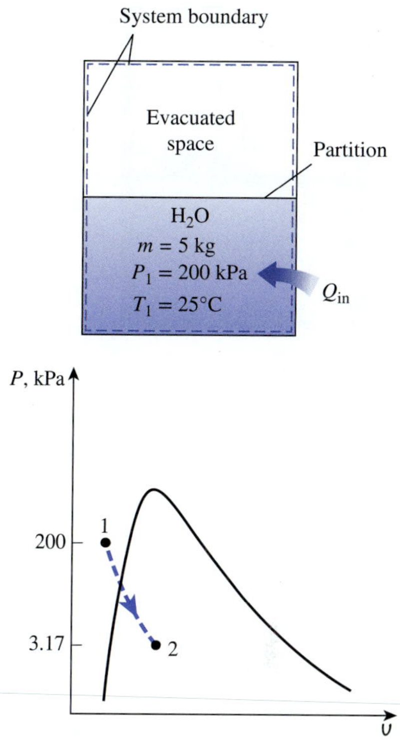

그림 5-15
예제 5-6의 개략도와 P-v 선도

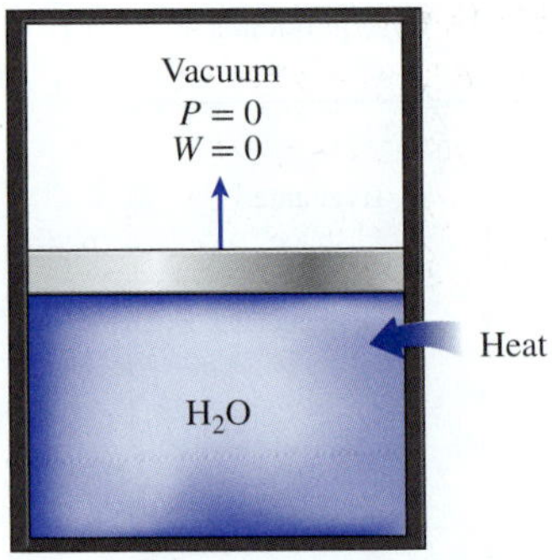

그림 5-16
진공으로의 팽창에는 일이 관여되지 않으므로, 에너지 전달도 없다.

이 과정 동안 물이 팽창하지만 선택된 계는 고정된 경계(점선)만을 포함하므로 이동 경계일은 0이다(그림 5-16). 따라서 계가 다른 어떤 형태의 일과도 관련되지 않으므로 $W = 0$이다(물을 계로 선택하여 같은 결과를 얻을 수 있겠는가?). 초기에는,

$$u_1 \cong u_{f\,@\,25°C} = 104.83 \text{ kJ/kg}$$

최종상태의 건도는 비체적을 이용하여 다음과 같이 구한다.

$$x_2 = \frac{v_2 - v_f}{v_{fg}} = \frac{0.002 - 0.001}{43.34 - 0.001} = 2.3 \times 10^{-5}$$

따라서

$$\begin{aligned} u_2 &= u_f + x_2 u_{fg} \\ &= 104.83 \text{ kJ/kg} + (2.3 \times 10^{-5})(2304.3 \text{ kJ/kg}) \\ &= 104.88 \text{ kJ/kg} \end{aligned}$$

이를 대입하면

$$Q_{\text{in}} = (5 \text{ kg})[(104.88 - 104.83) \text{ kJ/kg}] = \mathbf{0.25 \text{ kJ}}$$

검토 양의 부호는 가정된 방향이 올바르고 열이 물로 전달되었다는 것을 나타낸다.

5-3 비열

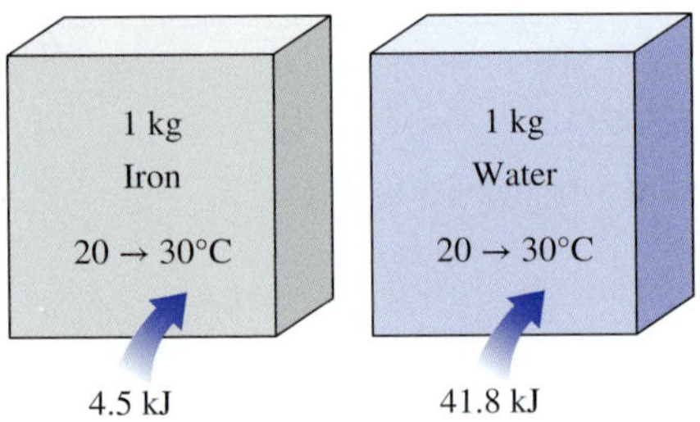

그림 5-17
서로 다른 두 물질에서 온도를 같은 정도만큼 올리는 데 필요한 에너지의 양은 다르다.

우리는 질량이 같을지라도 서로 다른 물질의 온도를 1°C 올리기 위한 에너지양이 다르다는 것을 경험적으로 알고 있다. 예를 들어 철 1 kg을 20°C에서 30°C까지 온도를 상승시키는 데는 4.5 kJ의 에너지가 필요하지만, 액상의 물을 같은 온도만큼 상승시키는 데 약 9배의 에너지(정확히 41.8 kJ)가 필요하다(그림 5-17). 그러므로 여러 물질의 에너지 저장 능력을 비교할 수 있는 상태량을 규정하면 유용할 것이다. 이 상태량이 바로 **비열**(specific heat)이다.

비열은 **단위 질량을 갖는 물질의 온도를 1°C 상승시키는 데 필요한 에너지로 정의된다**(그림 5-18). 일반적으로 이 에너지는 과정이 어떻게 실행되느냐에 따라 달라진다. 열역학에서는 **정적비열**(specific heat at constant volume) c_v와 **정압비열**(specific heat at constant pressure) c_p의 두 가지 유형의 비열에 관심을 둔다.

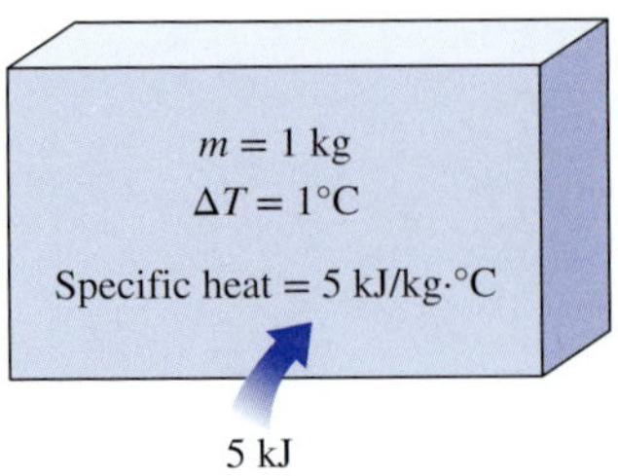

그림 5-18
비열은 어떤 지정된 방법으로 단위 질량의 물질에서 온도 1°C를 올리는 데 필요한 에너지이다.

물리적으로 정적비열 c_v는 **체적을 일정하게 유지하면서 단위 질량을 갖는 물질의 온도를 1°C 올리는 데 필요한 에너지이다**. 일정한 압력을 유지할 때 필요한 에너지는 정압비열 c_p이다. 이것은 그림 5-19에 표현되어 있다. 정압상태에서 계는 팽창이 허용되고 이 팽창일에 필요한 에너지가 계에 공급되어야 하기에 항상 정압비열 c_p는 정적비열 c_v보다 크다.

이제 비열을 다른 열역학적 상태량의 항으로 표현해 보자. 먼저 정지된 밀폐계 안에서 정적과정을 겪는 고정질량을 고려하자(관련된 팽창일이나 압축일은 없다). 이 과정에 대한 에너지 보존법칙, $e_{\text{in}} - e_{\text{out}} = \Delta e_{\text{system}}$은 과정에 대해 다음과 같은 미분 형태로 나타낼 수 있다.

$$\delta e_{\text{in}} - \delta e_{\text{out}} = du$$

이 방정식의 좌측은 계로 전달된 정미 에너지양을 나타낸다. c_v의 정의로부터 이 에너지는 $c_v dT$와 같아야 하며, 여기서 dT는 온도의 미소 변화량이다. 따라서 다음과 같은 관계가 성립된다.

$$c_v dT = du \qquad \text{일정 체적에서}$$

또는

$$c_v = \left(\frac{\partial u}{\partial T}\right)_v \tag{5-19}$$

유사한 방식으로 정압비열 c_p에 대한 표현은 정압 팽창과정 또는 정압 압축과정을 고려하면 다음과 같이 구할 수 있다.

$$c_p = \left(\frac{\partial h}{\partial T}\right)_p \tag{5-20}$$

식 (5-19)와 식 (5-20)은 c_v와 c_p에 대한 정의식이며, 이들에 대한 설명을 그림 5-20에 나타내었다.

c_v와 c_p는 다른 상태량들의 항으로 표현되므로 이들도 상태량임이 틀림없다. 일반적으로 물질의 상태는 두 개의 독립적이고 강성적인 상태량들에 의해 결정되며, 다른 상태량들과 마찬가지로 물질의 비열은 그 상태에 의존한다. 즉 어떤 물질의 온도를 단위 온도 상승시키는 데 필요한 에너지는 온도와 압력에 따라 달라진다(그림 5-21). 하지만 보통 그 차이가 매우 크지는 않다.

식 (5-19)와 식 (5-20)에서 몇 가지 사실을 관찰할 수 있다. 우선 이 식들은 **상태량 관계식**으로 **과정의 형태와 무관하다**. 이 관계식들은 물질의 종류나 겪고 있는 과정의 형태에 관계없이 유효하다. c_v가 정적과정에 대해 갖는 유일한 연관성은 정적과정 동안 단위 온도 증가로 단위 질량당 계로 전달된 에너지가 우연히도 c_v가 된다는 것이다. 이것은 c_v 값을 결정하는 방법이며, **정적비열**이라는 이름이 유래된 이유이다. 마찬가지로 정압과정 동안 단위 온도 증가로 단위 질량당 계에 전달된 에너지는 c_p이다. 이것이 c_p 값을 결정하는 방법이며, **정압비열**이라는 이름의 유래를 설명한다.

식 (5-19)와 식 (5-20)으로부터 관찰할 있는 또 다른 사실은 c_v가 **내부 에너지** 변화에 관계되며, c_p는 **엔탈피** 변화에 관계된다는 것이다. 사실상 c_v를 **일정한 체적에서 단위 온도 변화당 물질의 내부 에너지 변화**로 정의하는 것이 보다 적절할 수도 있다. 마찬가지로 c_p는 일정한 압력에서 단위 온도 변화당 물질의 엔탈피 변화로 정의될 수 있다. 다시 말하면 c_v는 온도에 따른 물질의 내부 에너지 변화의 척도이며, c_p는 온도에 따른 물질의 엔탈피 변화의 척도이다.

물질의 내부 에너지와 엔탈피는 모두 어떠한 형태의 **에너지** 전달에 의하여 변화

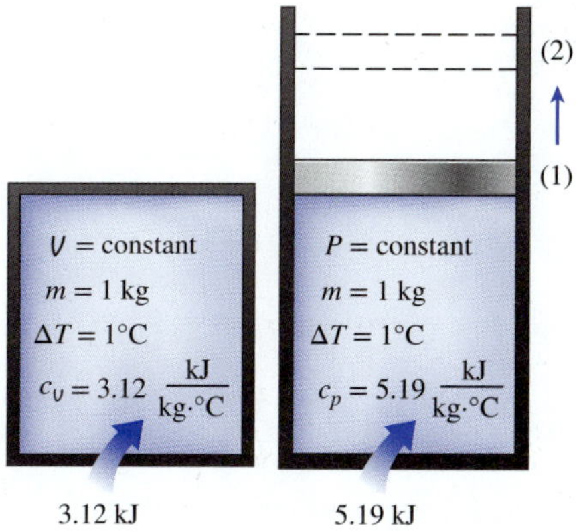

그림 5-19
헬륨 기체의 정적비열 c_v와 정압비열 c_p

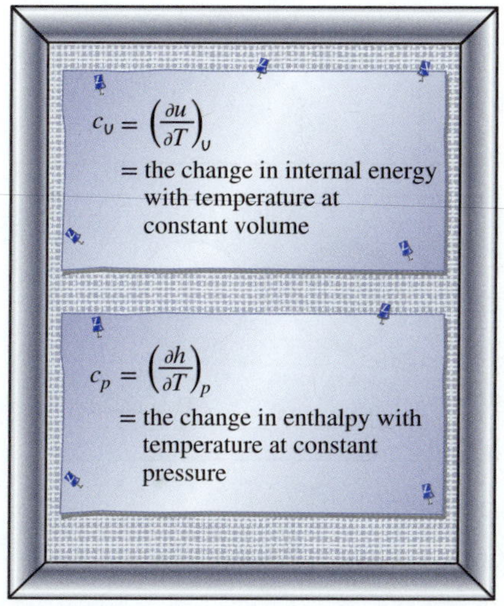

그림 5-20
c_v와 c_p의 공식적 정의

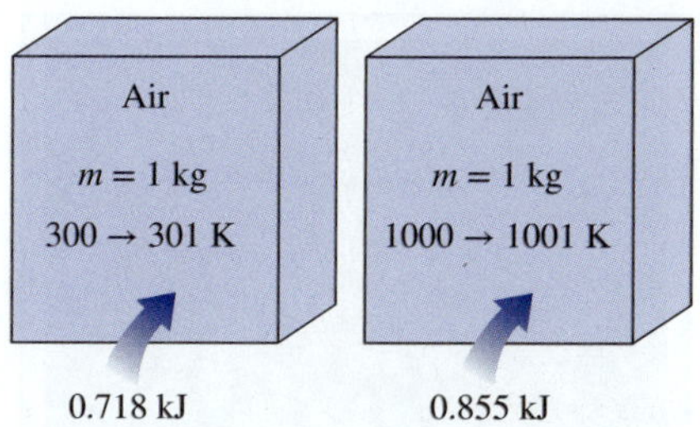

그림 5-21
물질의 비열은 온도에 따라 변한다.

될 수 있으며, 열은 여러 에너지 전달의 형태 중 하나일 뿐이다. 그러므로 열의 형태로 에너지가 전달(그리고 저장)된다는 것을 의미하는 비열이라는 용어보다는 비에너지(*specific energy*)라는 용어가 더욱 적절할 수 있다.

일반적인 비열의 단위는 kJ/kg·°C 또는 kJ/kg·K이다. ΔT(°C)= ΔT(K), 즉 1°C의 온도 변화는 1 K의 온도 변화와 같기 때문에, 두 개의 단위는 동일하다는 점에 유의하라. 비열은 종종 몰 기준으로 주어지기도 한다. 몰 기준 비열은 $\bar{c}_v$와 $\bar{c}_p$로 나타내며 단위는 kJ/kmol·°C 또는 kJ/kmol·K이다.

5-4 이상기체의 내부 에너지, 엔탈피 및 비열

이상기체는 온도, 압력 및 비체적의 관계가 다음 식과 같은 기체로 정의하였다.

$$Pv = RT$$

이상기체의 내부 에너지가 온도만의 함수라는 것은 1843년 Joule이 수학적 및 실험적으로 밝혔다. 즉,

$$u = u(T) \tag{5-21}$$

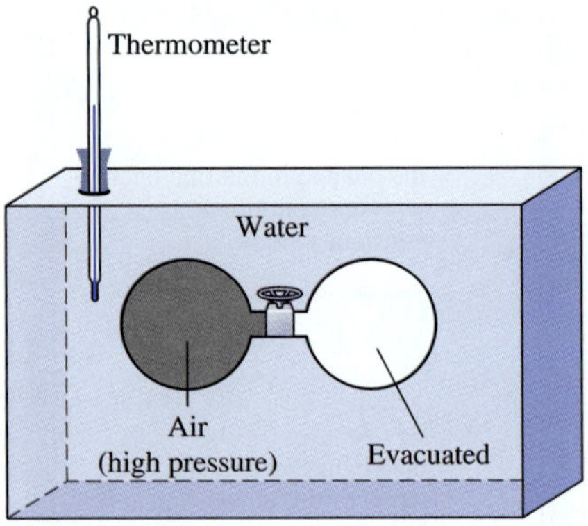

그림 5-22

Joule이 사용한 실험 장치

그림 5-22에서 보는 것과 같이 Joule은 그의 고전적 실험에서 관과 밸브로 연결된 두 개의 용기를 수조 내에 잠기게 했다. 초기에 한쪽 용기에는 고압의 공기가 들어 있고 다른 용기는 비어 있었다. 열평형이 이루어졌을 때 그는 밸브를 열어 양쪽 용기의 압력이 같아질 때까지 한 용기로부터 다른 용기로 공기가 통과하도록 했다. Joule은 수조의 온도 변화가 없다는 것을 관찰하였고, 공기와 수조 사이의 열이 전달되지 않았다고 추정하였다. 또한, 여기서 수행된 일이 없기 때문에 비록 체적과 압력은 변했지만 공기의 내부 에너지는 변하지 않았다고 결론지었다. 따라서 그는 내부 에너지는 압력과 비체적의 함수가 아니라 온도만의 함수라고 추론하였다. (나중에 Joule은 이상기체 거동으로부터 상당히 벗어난 기체에서는 내부 에너지가 온도만의 함수가 아님을 보였다.)

엔탈피의 정의와 이상기체 상태방정식을 이용하면 다음의 식을 구할 수 있다.

$$\left.\begin{aligned} h &= u + Pv \\ Pv &= RT \end{aligned}\right\} \; h = u + RT$$

여기서, R은 상수이고 $u = u(T)$이기 때문에 이상기체의 엔탈피도 다음과 같이 온도만의 함수이다.

$$h = h(T) \tag{5-22}$$

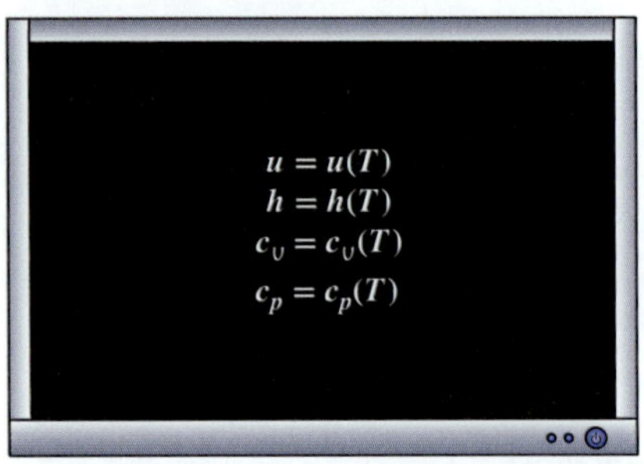

그림 5-23

이상기체의 u, h, c_v, c_p는 온도에 따라서만 변한다.

이상기체에서는 u와 h가 온도만의 함수이기 때문에 비열 c_v와 c_p도 온도에 의해서만 결정된다. 그러므로 주어진 온도에서 이상기체의 u, h, c_v 및 c_p는 체적이나 압력에 무관하게 일정한 값을 가진다(그림 5-23). 따라서 이상기체에서는 식 (5-19)와

식 (5-20)의 편미분이 상미분으로 대체될 수 있다. 그러므로 이상기체의 내부 에너지와 엔탈피의 미소 변화는 다음과 같이 나타낼 수 있다.

$$du = c_v(T)\,dT \tag{5-23}$$

$$dh = c_p(T)\,dT \tag{5-24}$$

상태 1에서 상태 2까지의 과정 동안의 이상기체의 내부 에너지와 엔탈피의 변화는 식 (5-23)과 식 (5-24)를 적분하여 다음과 같이 구한다.

$$\Delta u = u_2 - u_1 = \int_1^2 c_v(T)\,dT \qquad \text{(kJ/kg)} \tag{5-25}$$

$$\Delta h = h_2 - h_1 = \int_1^2 c_p(T)\,dT \qquad \text{(kJ/kg)} \tag{5-26}$$

이들 적분을 수행하기 위해서는 온도의 함수로서 c_v와 c_p에 관한 관계식이 필요하다.

낮은 압력에서 모든 실제 기체는 이상기체 거동에 접근하므로 비열은 오직 온도만의 함수이다. 낮은 압력에서 실제 기체의 비열을 **이상기체 비열**(*ideal-gas specific heats*) 또는 **영압력 비열**(*zero-pressure specific heats*)이라고 하며, 보통 c_{p0}와 c_{v0}로 나타낸다. 직접 측정이나 분자의 통계적 거동을 고려하여 계산한 이상기체 비열에 대한 정확한 수식들이 부록의 표 A-2C에 3차 다항식으로 주어져 있다. 그림 5-24는 몇 가지 일반적인 기체에 대한 $\bar{c}_{p0}(T)$ 데이터를 보여준다.

이상기체의 비열은 원칙적으로 저압에서만 사용할 수 있으나 기체가 이상기체 거동으로부터 크게 벗어나지 않는 한 이 비열 값은 어느 정도 높은 압력에서도 상당한 정확도를 가지고 사용될 수 있다.

식 (5-25)와 식 (5-26)에서 적분은 간단하지만 많은 시간이 소요되므로 실용적이지 못하다. 이런 어려운 계산을 피하기 위하여 몇 가지 기체에 대하여 온도에 따른 u와 h의 자료 값이 표로 작성되어 있다. 이들 표는 임의의 기준점을 선정하여 상태 1로 잡아 식 (5-25)와 (5-26)을 적분하여 구한 것이다. 부록에 주어진 이상기체표에서의 기준점은 절대온도 0 K이며, 이 온도에서 엔탈피와 내부 에너지는 모두 0의 값을 갖는다(그림 5-25). 기준점의 선택이 Δu와 Δh의 계산 결과에는 영향을 미치지 않는다. Table A-21에 표시된 공기에 대한 u와 h의 단위는 kJ/kg으로 주어지고, 다른 기체에 대해서는 보통 kJ/kmol로 주어진다. kJ/kmol 단위는 화학반응을 수반하는 열역학적 해석에서 매우 편리하다.

그림 5-24로부터 몇 가지 사실을 관찰할 수 있다. 첫째로, 두 개 이상의 원자로 구성된 복잡한 분자 기체의 비열 값은 상대적으로 크고 온도에 따라 증가한다. 또한, 온도에 따른 비열의 변화는 완만하며 수백 도 이하의 작은 온도 구간에 대해서는 선형으로 가정할 수도 있다. 그러므로 식 (5-25)와 식 (5-26)의 비열 함수는 상수의 평균비열 값으로 대체할 수 있다. 이렇게 식을 적분하면 다음과 같다.

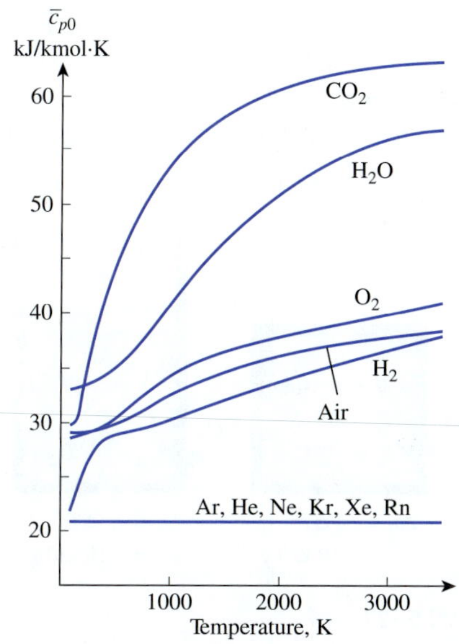

그림 5-24

다양한 기체의 이상기체 정압비열(c_p 관계식은 Table A-2*c* 참조)

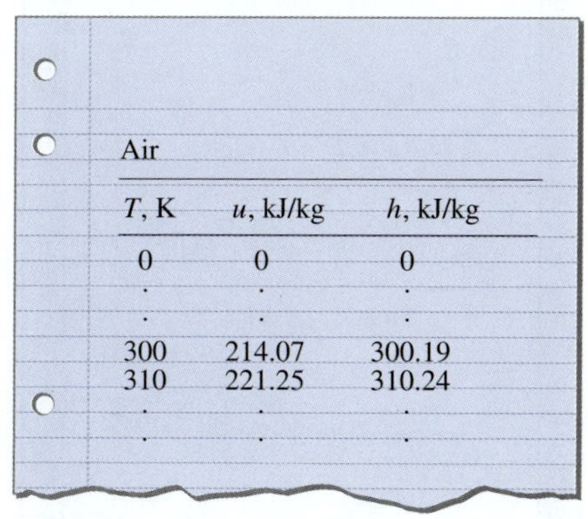

그림 5-25

이상기체표에서 기준 온도는 절대온도 0 K이다.

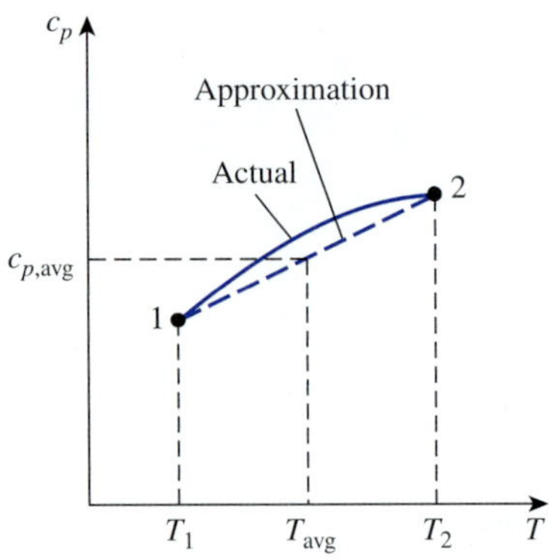

그림 5-26

작은 온도 구간에서는 비열이 온도에 따라 선형적으로 변한다고 가정할 수 있다.

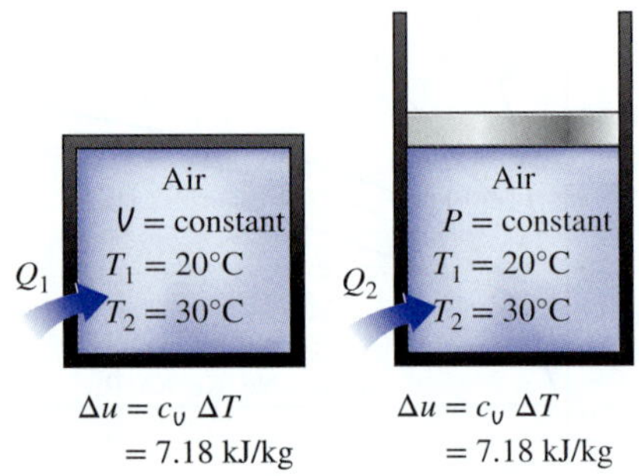

그림 5-27

$\Delta u = c_\upsilon\ \Delta T$ 관계식은 정적과정이든 아니든 관계없이 어떠한 유형의 과정에 대해서도 유효하다.

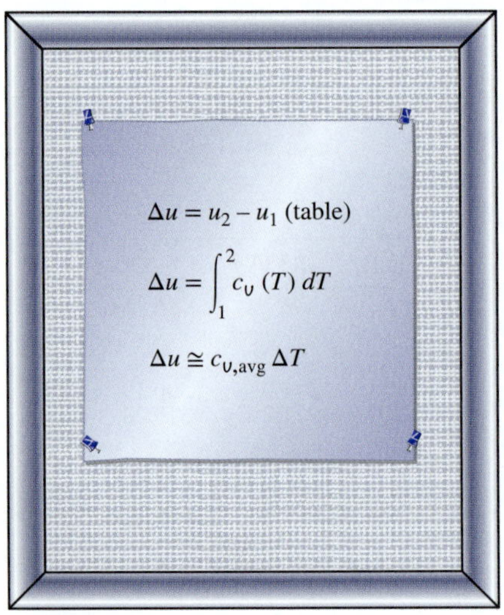

그림 5-28

Δu를 계산하는 세 가지 방법

$$u_2 - u_1 = c_{\upsilon,\text{avg}}(T_2 - T_1) \qquad \text{(kJ/kg)} \tag{5-27}$$

$$h_2 - h_1 = c_{p,\text{avg}}(T_2 - T_1) \qquad \text{(kJ/kg)} \tag{5-28}$$

주로 사용되는 몇 가지 기체의 비열 값은 Table A-2*b*에 온도의 함수로 주어져 있다. 그림 5-26과 같이 평균비열 $c_{p,\text{avg}}$와 $c_{\upsilon,\text{avg}}$는 평균온도 $(T_1 + T_2)/2$를 이용하여 표로부터 구한다. 최종온도 T_2를 알지 못하는 경우에는 비열을 T_1에서의 값이나 예상되는 평균온도에서의 값으로 가정한다. 이 비열을 이용하여 T_2를 구할 수 있고 필요하다면 계산된 T_2의 값을 이용하여 새로운 평균온도와 비열 값을 구하여 개선할 수 있다.

평균비열을 구하는 또 다른 방법은 T_1과 T_2에서 각각 비열 값들을 구하여 평균하는 것이다. 일반적으로 두 가지 방법 모두 상당히 정확한 결과를 보이며 한 방법이 다른 방법보다 반드시 더 좋은 것은 아니다.

그림 5-24로부터 또 하나의 주목할 점은 아르곤, 네온 및 헬륨과 같은 **단원자 가스**의 이상기체 비열은 전체 온도 구간에 걸쳐 일정하다는 것이다. 따라서 단원자 기체의 Δu와 Δh는 식 (5-27)과 식 (5-28)로부터 쉽게 구할 수 있다.

앞서 주어진 Δu와 Δh 관계식은 과정의 종류에 따라 제한되지 않는다는 점에 주목하자. 이들 식은 모든 과정에 대하여 유효하다. 정적비열 c_υ가 방정식에 포함되어 있다고 해서 이 방정식이 정적과정에 대해서만 유효하다고 생각해서는 안 된다. 오히려 관계식 $\Delta u = c_{\upsilon,\text{avg}}\ \Delta T$는 어떠한 과정을 겪는 어떠한 이상기체에 대해서도 유효하다(그림 5-27). 이러한 사실은 c_p와 Δh에 대해서도 적용된다.

요약하면 이상기체의 내부 에너지와 엔탈피 변화를 계산하는 세 가지 방법이 있다(그림 5-28).

1. 상태량표로 준비된 u와 h 값을 이용한다. 이 방법은 이용 가능한 표가 있을 때 가장 쉽고도 정확한 방법이다.
2. 온도의 함수로서 표현된 c_υ 및 c_p 관계식을 이용하여 적분한다. 이 방법은 손으로 적분하는 경우 매우 불편하지만 컴퓨터로 계산하는 경우에는 꽤 적절한 방법이다. 계산 결과는 매우 정확하다.
3. 평균비열을 이용한다. 이 방법은 상태량 표가 없을 때 매우 간단하고 편리하다. 계산된 결과는 온도 구간이 아주 크지만 않다면 상당히 정확하다.

이상기체의 비열 관계식

관계식 $h = u + RT$를 미분하면 다음과 같이 이상기체에 대하여 c_p와 c_υ 간의 특별한 관계식이 얻어진다.

$$dh = du + R\ dT$$

dh와 du 대신 $c_p\ dT$와 $c_\upsilon\ dT$로 대체하고 이를 dT로 나누어 주면 다음과 같은 식이 얻어진다.

$$c_p = c_v + R \qquad \text{(kJ/kg·K)} \tag{5-29}$$

이 식은 c_p와 기체상수 R의 값을 알면 c_v를 구할 수 있기 때문에 이상기체에 대하여 중요한 관계식이다.

비열이 몰 기준으로 주어질 경우 위 식의 R은 일반기체상수 R_u로 대체해야 한다(그림 5-29).

$$\bar{c}_p = \bar{c}_v + R_u \qquad \text{(kJ/kmol·K)} \tag{5-30}$$

여기서 다음과 같이 정의되는 **비열비**(specific heat ratio) k라는 또 다른 이상기체 상태량을 도입한다.

$$k = \frac{c_p}{c_v} \tag{5-31}$$

비열비도 온도에 따라 변하긴 하지만 변화는 매우 완만하다. 단원자 기체의 경우 비열비는 본질적으로 상수인 1.667이다. 공기를 포함한 대부분의 이원자 기체의 비열비는 실온에서 약 1.4이다.

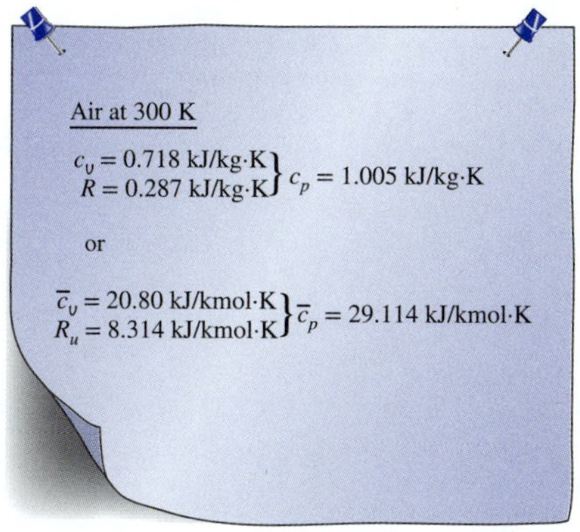

그림 5-29

이상기체의 c_p는 c_v와 R의 정보에서 구할 수 있다.

예제 5-7 이상기체의 Δu 계산

300 K, 200 kPa의 공기가 일정한 압력으로 600 K까지 가열된다. (*a*) 공기표(Table A-21), (*b*) 함수 형태의 비열(Table A-2*c*), (*c*) 평균 비열값(Table A-2*b*)을 이용하여 공기의 단위 질량당 내부 에너지 변화를 구하라.

풀이 공기의 내부 에너지 변화를 세 가지 다른 방법으로 구한다.

가정 주어진 조건에서 공기의 임계점 값에 비하여 온도가 높고 압력이 낮기 때문에 공기는 이상기체로 취급할 수 있다.

해석 이상기체의 내부 에너지 변화 Δu는 초기와 최종상태의 온도에만 의존하고, 과정의 유형에는 무관하다. 그러므로 다음의 풀이과정은 어떤 종류의 과정에도 유효하다.

(*a*) 공기의 내부 에너지 변화를 구하는 한 가지 방법은 Table A-21로부터 T_1과 T_2에서 얻은 u 값으로부터 그 차이를 계산하는 것이다.

$$u_1 = u_{@\,300\text{ K}} = 214.07 \text{ kJ/kg}$$
$$u_2 = u_{@\,600\text{ K}} = 434.78 \text{ kJ/kg}$$

따라서,

$$\Delta u = u_2 - u_1 = (434.78 - 214.07)\text{kJ/kg} = \mathbf{220.71\ kJ/kg}$$

공기의 $\bar{c}_p(T)$는 Table A-2*c*에 따라 다음과 같은 3차 다항식으로 주어져 있다.

$$\bar{c}_p(T) = a + bT + cT^2 + dT^3$$

여기서 $a = 28.11$, $b = 0.1967 \times 10^{-2}$, $c = 0.4802 \times 10^{-5}$, $d = -1.966 \times 10^{-9}$이다. 식 (5-30)을 이용하면,

$$\bar{c}_v(T) = \bar{c}_p - R_u = (a - R_u) + bT + cT^2 + dT^3$$

식 (5-25)로부터.

$$\Delta\bar{u} = dT\int_1^2 \bar{c}_v(T)\, dT = \int_{T_1}^{T_2} [(a - R_u) + bT + cT^2 + dT^3]dT$$

적분하고 수치를 대입하면 다음과 같다.

$$\Delta\bar{u} = 6447 \text{ kJ/kmol}$$

단위 질량당 내부 에너지 변화는 위의 값을 공기의 몰질량(Table A-1)으로 나누어 구한다.

$$\Delta u = \frac{\Delta\bar{u}}{M} = \frac{6447 \text{ kJ/kmol}}{28.97 \text{ kg/kmol}} = \mathbf{222.5 \text{ kJ/kg}}$$

이 값은 표로 구한 값과 0.8 % 차이가 난다.

(*c*) Table A-2*b*에서 평균온도 $(T_1 + T_2)/2 = 450$ K를 이용하여 정적비열의 평균값 $c_{v,\text{avg}}$을 구하면 다음과 같다.

$$c_{v,\text{avg}} = c_{v\,@\,450\text{ K}} = 0.733 \text{ kJ/kg·K}$$

따라서,

$$\Delta u = c_{v,\text{avg}}(T_2 - T_1) = (0.733 \text{ kJ/kg·K})[(600 - 300)\text{K}]$$
$$= \mathbf{220 \text{ kJ/kg}}$$

검토 이 답은 공기표의 값(220.71 kJ/kg)과 비교하여 단 0.4%의 차이만 난다. 수백 도 정도의 온도 범위에서 c_v가 온도에 대하여 선형적으로 변한다는 가정이 타당하기 때문에, 이와 같이 계산 결과가 잘 일치하는 것은 놀라운 일이 아니다. 만약 T_{avg} 대신 $T_1 = 300$ K에서의 c_v 값을 사용했다면, 계산 결과는 215.4 kJ/kg으로 값의 오차는 약 2%일 것이다. 대부분 공학적 목적으로 이 정도 크기의 오차는 수용이 가능하다.

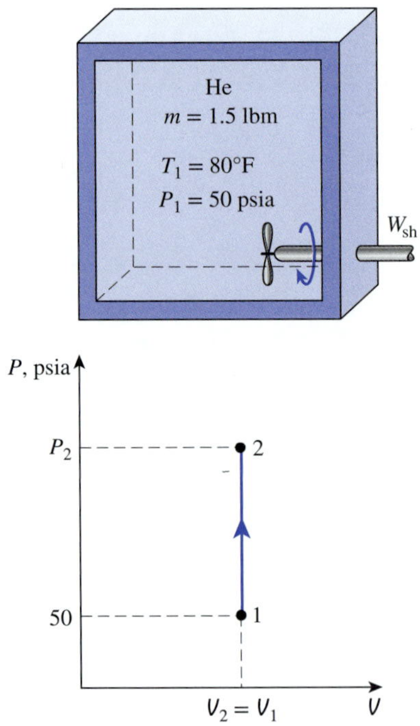

그림 5-30

예제 5-8의 개략도와 *P*-*V* 선도

예제 5-8 휘젓기에 의한 용기 내의 기체 가열

단열된 견고한 탱크 내에 초기온도와 압력이 80°F, 50 psia인 헬륨 1.5 lbm이 들어 있다. 회전 날개가 0.02 hp의 동력으로 30분 탱크 용기 내에서 작동된다. 헬륨가스의 (*a*) 최종온도, (*b*) 최종압력을 구하라.

풀이 단열된 견고한 탱크 내의 헬륨가스가 회전 날개로 휘저어진다. 헬륨의 최종온도와 최종압력을 구한다.

가정 **1.** 헬륨은 임계온도 −451°F에 비하여 매우 높은 온도에 있기 때문에 이상기체이다. **2.** 헬륨의 비열은 일정하다고 볼 수 있다. **3.** 고정된 계이므로 운동 에너지 변화와 위치 에너지 변화가 없어 $\Delta KE = \Delta PE = 0$이고 $\Delta E = \Delta U$이다. **4.** 탱크의 체적은 일정하므로 경계일이 없다. **5.** 계가 단열되었기 때문에 열전달은 없다.

해석 탱크 내의 헬륨가스를 계로 선택한다(그림 5-30). 이 과정 동안에 계의 경계를 통과하는 질량이 없으므로 이 계는 밀폐계이다. 계에 축일의 수행이 관찰된다.

(*a*) 회전 날개가 계에 한 일의 양은 다음과 같다.

$$W_{sh} = \dot{W}_{sh}\Delta t = (0.02 \text{ hp})(0.5 \text{ h})\left(\frac{2545 \text{ Btu/h}}{1 \text{ hp}}\right) = 25.45 \text{ Btu}$$

위에서 언급한 가정과 관찰에 따라 이 계에 대한 에너지 평형은 다음과 같이 표현될 수 있다.

$$\underbrace{E_{in} - E_{out}}_{\substack{\text{열, 일 및 질량에 의한} \\ \text{정미에너지 전달}}} = \underbrace{\Delta E_{system}}_{\substack{\text{내부 에너지, 운동 에너지,} \\ \text{위치 에너지 등의 변화}}}$$

$$W_{sh,in} = \Delta U = m(u_2 - u_1) = mc_{\upsilon,avg}(T_2 - T_1)$$

앞서 언급한 바와 같이 헬륨과 같은 단원자 기체의 이상기체 비열은 일정하다. 헬륨의 c_υ는 Table A-2*a*에서 구할 수 있으며, $c_\upsilon = 0.753$ Btu/lbm·°F이다. 위의 식에 이 값과 이미 주어진 다른 값을 대입하면 다음과 같다.

$$25.45 \text{ Btu} = (1.5 \text{ lbm})(0.753 \text{ Btu/lbm·°F})(T_2 - 80)\text{°F}$$
$$T_2 = \mathbf{102.5°F}$$

(*b*) 최종압력은 이상기체 관계식으로부터 구한다.

$$\frac{P_1 V_1}{T_1} = \frac{P_2 V_2}{T_2}$$

여기서 V_1과 V_2는 같은 값이므로 약분된다. 따라서 최종압력은 다음과 같다.

$$\frac{50 \text{ psia}}{(80 + 460)\text{R}} = \frac{P_2}{(102.5 + 460)\text{R}}$$
$$P_2 = \mathbf{52.1 \text{ psia}}$$

검토 이상기체 관계식에서 압력은 항상 절대압력이라는 점에 유의하라.

예제 5-9 **전기저항 가열기에 의한 기체의 가열**

피스톤-실린더 기구 내에 초기압력과 온도가 400 kPa, 27°C인 질소가스 0.5 m³가 들어 있다. 이 기구 내의 전기 전열기를 켜고 120 V의 전원으로부터 5분 동안 2 A의 전류가 흐르도록 한다. 질소는 일정한 압력에서 팽창하고, 이 과정 동안에 2800 J의 열손실이 일어난다. 질소의 최종온도를 구하라.

풀이 피스톤-실린더 기구 내의 질소가스가 전기저항 가열기로 가열된다. 질소는 열의 일부가 손실되면서 일정한 압력으로 팽창한다. 질소의 최종온도를 구한다.

가정 **1.** 질소가스는 임계점 온도와 압력 값인 −147°C와 3.39 MPa에 비하여 온도가 높고 압력이 낮기 때문에 이상기체이다. **2.** 계는 정지되어 있으므로 운동 에너지 변화와 위치 에너지 변화가 없어 ΔKE = ΔPE = 0이고 $\Delta E = \Delta U$이다. **3.** 이 과정 동안 압력이 일정하게 유지되므로 $P_2 = P_1$이다. **4.** 질소의 비열은 실온 범위에서 일정하다.

해석 피스톤-실린더 기구 내의 질소를 계로 설정한다(그림 5-31). 과정 동안에 계의 경계를 통과하는 질량이 없으므로 이 계는 밀폐계이다. 피스톤-실린더 기구는 이동 경

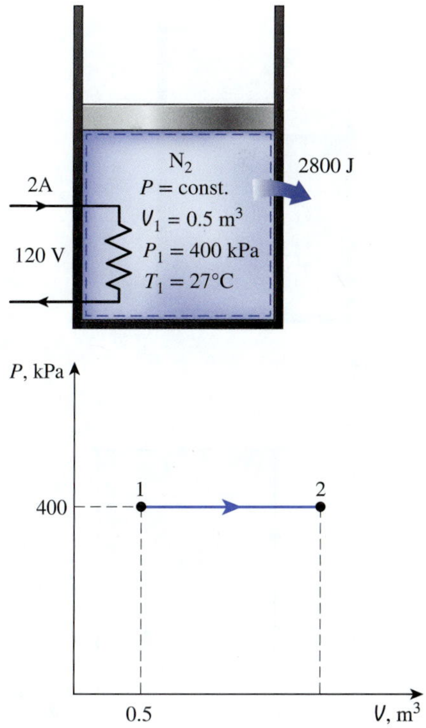

그림 5-31
예제 5-9의 개략도와 P-υ 선도

계를 가지고 있으므로 경계일 W_b이 관찰된다. 또한, 계로부터 열이 손실되며 계에 전기일 W_e이 발생한다.

우선, 질소에 수행된 전기일을 구해 보자.

$$W_e = \mathbf{V}I\,\Delta t = (120\text{ V})(2\text{ A})(5 \times 60\text{ s})\left(\frac{1\text{ kJ/s}}{1000\text{ VA}}\right) = 72\text{ kJ}$$

질소의 질량은 이상기체 방정식으로부터 구한다.

$$m = \frac{P_1V_1}{RT_1} = \frac{(400\text{ kPa})(0.5\text{ m}^3)}{(0.297\text{ kPa·m}^3\text{/kg·K})(300\text{ K})} = 2.245\text{ kg}$$

앞서 언급한 가정과 관찰에 따라, 계에 대한 에너지 평형은 다음과 같이 나타낼 수 있다.

$$\underbrace{E_{in} - E_{out}}_{\text{열, 일 및 질량에 의한 정미에너지 전달}} = \underbrace{\Delta E_{system}}_{\text{내부 에너지, 운동 에너지, 위치 에너지 등의 변화}}$$

$$W_{e,in} - Q_{out} - W_{b,out} = \Delta U$$

$$W_{e,in} - Q_{out} = \Delta H = m(h_2 - h_1) = mc_p(T_2 - T_1)$$

정압에서 준평형 팽창과정이나 압축과정을 겪는 밀폐계의 경우이므로 $\Delta U + W_b = \Delta H$이다. Table A-2*a*로부터 실온에서의 질소는 $c_p = 1.039$ kJ/kg·K이다. 앞의 식에서 유일하게 알려지지 않은 상태량은 T_2이며, 다음과 같이 구해진다.

$$72\text{ kJ} - 2.8\text{ kJ} = (2.245\text{ kg})(1.039\text{ kJ/kg·K})(T_2 - 27)°\text{C}$$

$$T_2 = \mathbf{56.7°C}$$

검토 이 문제는 엔탈피 변화 대신에 경계일과 내부 에너지 변화를 구하여 풀 수도 있다.

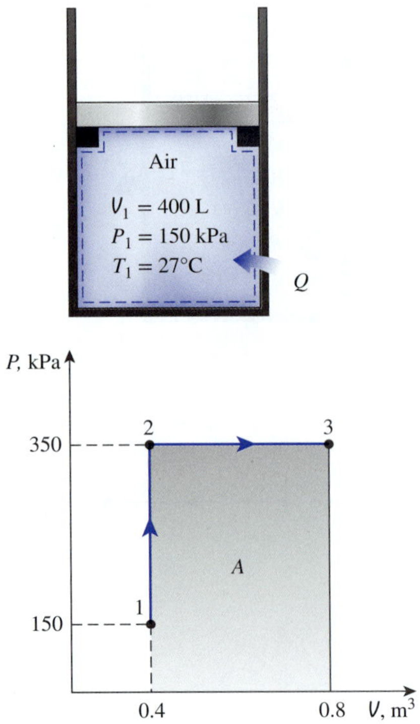

그림 5-32
예제 5-10의 개략도와 P-V 선도

예제 5-10 정압상태에서 기체의 가열

피스톤–실린더 기구 내에 초기압력과 온도가 150 kPa, 27°C의 공기가 들어 있다. 그림 5-32에서 볼 수 있듯 이 상태에서 피스톤은 멈춤 장치 위에 놓여 있고 체적은 400 L이다. 피스톤의 질량을 움직이기 위해서는 350 kPa의 압력이 필요하다. 체적이 두 배가 될 때까지 공기를 가열한다. (*a*) 공기의 최종온도, (*b*) 공기가 한 일, (*c*) 공기에 전달된 전체 열전달량을 구하라.

풀이 멈춤 장치가 설치된 피스톤–실린더 기구 내의 공기는 체적이 두 배가 될 때까지 가열된다. 최종온도, 수행된 일 및 전체 열전달을 구한다.

가정 **1.** 공기는 임계점의 값에 비하여 온도가 높고 압력이 낮기 때문에 이상기체이다. **2.** 계가 정지해 있으므로 운동 에너지와 위치 에너지 변화가 없으므로 ΔKE = ΔPE = 0이고 $\Delta E = \Delta U$이다. **3.** 피스톤이 움직이기 시작할 때까지 체적은 일정하게 유지되고, 피스톤이 움직이기 시작할 때부터는 압력이 일정하게 유지된다. **4.** 전기일, 축일, 또는 기타 형태의 일은 없다.

해석 피스톤–실린더 기구 내의 공기를 계로 설정한다(그림 5-32). 과정 동안에 계의 경계를 통과하는 질량이 없으므로 이 계는 밀폐계이다. 피스톤–실린더 기구는 이동 경계를 가지고 있으므로 경계일(W_b)이 관찰된다. 또한, 경계일은 계에 의해 행해지고 열은 계로 전달된다.

(*a*) 상태 1과 상태 3 사이에 이상기체 관계식을 이용하면 최종온도를 다음과 같이 쉽게 구할 수 있다.

$$\frac{P_1 V_1}{T_1} = \frac{P_3 V_3}{T_3} \longrightarrow \frac{(150 \text{ kPa})(V_1)}{300 \text{ K}} = \frac{(350 \text{ kPa})(2V_1)}{T_3}$$

$$T_3 = \mathbf{1400 \text{ K}}$$

(*b*) 수행된 일은 적분하여 구할 수 있지만, 이 경우에는 그림 5-32에서와 같이 *P-V* 선도에서 과정 곡선 밑의 면적(*A*)으로부터 일을 구하는 편이 훨씬 쉽다.

$$A = (V_3 - V_1)P_2 = (0.4 \text{ m}^3)(350 \text{ kPa}) = 140 \text{ m}^3\cdot\text{kPa}$$

그러므로,

$$W_{13} = \mathbf{140 \text{ kJ}}$$

이 일은 피스톤을 들어 올리고 대기 중의 공기를 밀어내기 위하여 계가 행한 일이므로 출력일이다.

(*c*) 앞서 언급한 가정과 관찰에 따라, 최초와 최종상태 사이(과정 1-3)의 계에 대한 에너지 평형은 다음과 같이 나타낼 수 있다.

$$\underbrace{E_{\text{in}} - E_{\text{out}}}_{\substack{\text{열, 일 및 질량에 의한} \\ \text{정미에너지 전달}}} = \underbrace{\Delta E_{\text{system}}}_{\substack{\text{내부 에너지, 운동 에너지,} \\ \text{위치 에너지 등의 변화}}}$$

$$Q_{\text{in}} - W_{b,\text{out}} = \Delta U = m(u_3 - u_1)$$

계의 질량은 이상기체 방정식으로부터 구할 수 있다.

$$m = \frac{P_1 V_1}{RT_1} = \frac{(150 \text{ kPa})(0.4 \text{ m}^3)}{(0.287 \text{ kPa}\cdot\text{m}^3/\text{kg}\cdot\text{K})(300 \text{ K})} = 0.697 \text{ kg}$$

내부 에너지는 공기표(Table A-21)로부터 구한다.

$$u_1 = u_{@\,300 \text{ K}} = 214.07 \text{ kJ/kg}$$

$$u_3 = u_{@\,1400 \text{ K}} = 1113.52 \text{ kJ/kg}$$

그러므로,

$$Q_{\text{in}} - 140 \text{ kJ} = (0.697 \text{ kg})[(1113.52 - 214.07) \text{ kJ/kg}]$$

$$Q_{\text{in}} = \mathbf{767 \text{ kJ}}$$

검토 양의 부호는 열이 계로 전달되었음을 입증한다.

5-5 고체와 액체의 내부 에너지, 엔탈피 및 비열

비체적 또는 밀도가 일정한 물질을 **비압축성 물질**(incompressible substance)이라 한다. 고체와 액체의 비체적은 어떤 과정 동안에 본질적으로 일정하게 유지된다(그림 5-33). 그러므로 액체와 고체는 정확도에 큰 손상 없이 비압축성 물질로 근사화될 수 있다. 체적이 일정하다는 가정은 다른 형태의 에너지와 비교하여 체적 변화에 관련된 에너지는 무시할 수 있다는 것을 의미한다. 그렇지 않으면 이 가정은 온

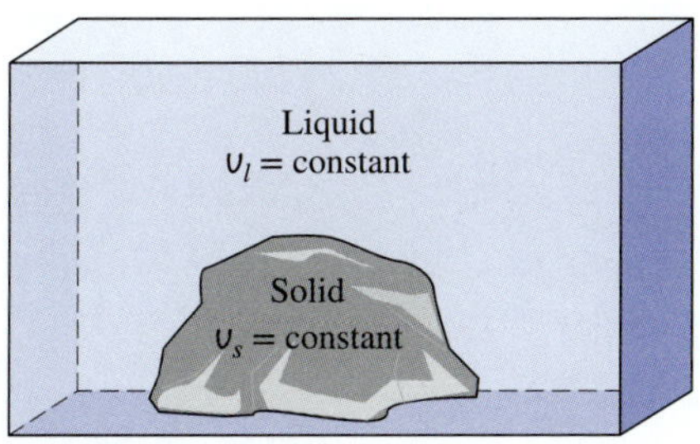

그림 5-33
과정 동안 비압축성 물질의 비체적은 일정하게 유지된다.

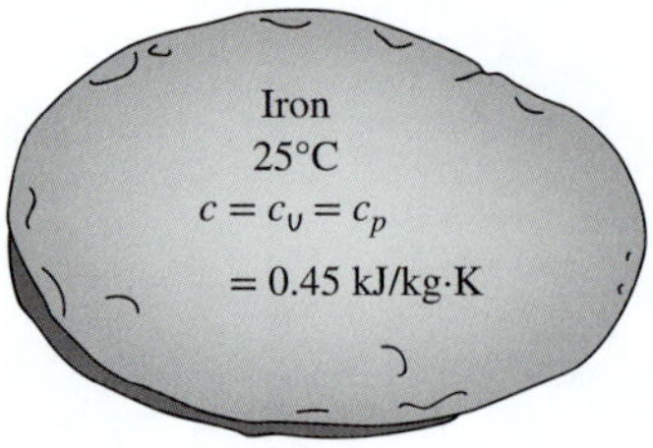

그림 5-34

비압축성 물질의 c_v와 c_p 값은 동일하며 c로 표시된다.

도에 따른 체적 변화로 인한 고체 내의 열응력을 연구하거나 액체가 든 유리관 온도계를 분석하는 데 있어서 엉뚱한 내용이 되고 말 것이다.

비압축성 물질의 정적비열 및 정압비열이 동일하다는 것은 수학적으로 증명할 수 있다(그림 5-34). 그러므로 고체와 액체에 대해서는 c_p와 c_v에 있는 하첨자를 생략하고 정압비열 및 정적비열 모두 기호 c로 표시한다. 즉, 다음과 같이 표시된다.

$$c_p = c_v = c \tag{5-32}$$

이 결과는 정적비열과 정압비열의 물리적인 정의로부터 유도될 수 있다. 다양한 여러 액체와 고체의 비열 값들이 표 A-3에 주어져 있다.

내부 에너지 변화

이상기체의 비열과 마찬가지로 비압축성 물질의 비열은 온도에만 의존한다. 그러므로 c_v를 정의하는 식의 편미분을 다음과 같이 상미분으로 대체할 수 있다.

$$du = c_v\,dT = c(T)\,dT \tag{5-33}$$

이 식을 적분하면 상태 1과 상태 2 사이의 내부 에너지 변화를 구할 수 있다.

$$\Delta u = u_2 - u_1 = \int_1^2 c(T)\,dT \qquad \text{(kJ/kg)} \tag{5-34}$$

이 적분을 수행하기 전에 온도에 따른 비열 c의 변화를 알아야 한다. 적은 온도 구간에서는 평균온도에서의 c 값을 상수로 취급하여 사용할 수 있다.

$$\Delta u \cong c_{\text{avg}}(T_2 - T_1) \qquad \text{(kJ/kg)} \tag{5-35}$$

엔탈피 변화

비압축성 물질의 엔탈피 변화는 엔탈피 정의식 $h = u + Pv$을 사용하고 비체적 v가 일정하다는 점을 유의하면 다음과 같은 미분식으로 나타낼 수 있다.

$$dh = du + v\,dP + P\,dv^{\nearrow 0} = du + v\,dP \tag{5-36}$$

이를 적분하면,

$$\Delta h = \Delta u + v\,\Delta P \cong c_{\text{avg}}\,\Delta T + v\,\Delta P \qquad \text{(kJ/kg)} \tag{5-37}$$

고체에서는 $v\Delta P$ 항이 중요하지 않으므로 $\Delta h \cong \Delta u \cong c_{\text{avg}}\Delta T$가 된다. 액체에 대해서는 다음의 두 가지 특별한 경우를 자주 접하게 된다.

1. 가열기와 같은 정압과정 ($\Delta P = 0$): $\Delta h = \Delta u \cong c_{\text{avg}}\Delta T$
2. 펌프와 같은 등온과정 ($\Delta T = 0$): $\Delta h = v\,\Delta P$

상태 1과 2 사이의 과정에 대하여 펌프에서 바로 앞의 관계식은 $h_2 - h_1 = v(P_2 - P_1)$로 나타낼 수 있다. 주어진 T 및 P에서 상태 2를 압축액으로, 상태 1을 동일한 온도에서의 포화액으로 보면 압축액의 엔탈피는 제4장에서 논의한 바와 같이 다음으로 나타낼 수 있다.

$$h_{@\,P,T} \cong h_{f\,@\,T} + \mathrm{v}_{f\,@\,T}(P - P_{\mathrm{sat}\,@\,T}) \tag{5-38}$$

이것은 $h_{@\,P,T} \cong h_{f\,@\,T}$와 같이 압축액의 엔탈피를 주어진 온도에서 h_f로 구할 수 있다는 가정보다는 개선된 것이다. 그러나 마지막 항은 보통 매우 작아서 무시된다. (높은 온도와 높은 압력에서는 식 (5-38)이 엔탈피를 과도하게 보정하여 근삿값 $h \cong h_{f\,@\,T}$보다도 큰 오차를 유발할 수 있다는 점에 유의하라.)

예제 5-11 **압축액의 엔탈피**

100°C, 15 MPa의 상태에 있는 물의 엔탈피를 다음의 방법에 따라 구하라. (*a*) 압축액 표, (*b*) 포화액으로 근사, (*c*) 식 (5-38) 사용하기

풀이 액체상태의 물의 엔탈피 값을 정밀하게, 그리고 근사적으로 구한다.

해석 100°C에서 물의 포화압력은 101.42 kPa이고, $P > P_{\mathrm{sat}}$이므로 주어진 상태에서 물은 압축액 상태로 존재한다.

(*a*) 압축액 표로부터,

$$\left.\begin{array}{l} P = 15\ \mathrm{MPa} \\ T = 100^\circ\mathrm{C} \end{array}\right\} h = \mathbf{430.39\ kJ/kg} \qquad \text{(Table A-7)}$$

이것은 정확한 값이다.

(*b*) 일반적으로 사용되는 방법인 압축액을 100°C의 포화액으로 근사화하는 방법을 사용하면, 엔탈피 값은 다음과 같다.

$$h \cong h_{f\,@\,100^\circ\mathrm{C}} = \mathbf{419.17\ kJ/kg}$$

이 값의 오차는 약 2.6%이다.

(*c*) 식 (5-38)로부터

$$\begin{aligned} h_{@\,P,T} &\cong h_{f\,@\,T} + \mathrm{v}_{f\,@\,T}(P - P_{\mathrm{sat}\,@\,T}) \\ &= (419.17\ \mathrm{kJ/kg}) + (0.001\ \mathrm{m^3/kg})[(15{,}000 - 101.42)\ \mathrm{kPa}]\left(\frac{1\ \mathrm{kJ}}{1\ \mathrm{kPa{\cdot}m^3}}\right) \\ &= \mathbf{434.07\ kJ/kg} \end{aligned}$$

검토 이 경우에 보정 항에 의해 오차가 2.6%에서 약 1%로 줄었다. 그러나 일반적으로 이 정도의 정확도 개선은 추가된 노력에 비해 보통 의미가 없다.

예제 5-12 **물에 의한 쇳덩어리 냉각**

온도 80°C인 50 kg의 쇳덩어리를 25°C의 물 0.5 m³가 채워진 단열된 용기에 담근다. 열적평형에 도달할 때의 온도를 구하라.

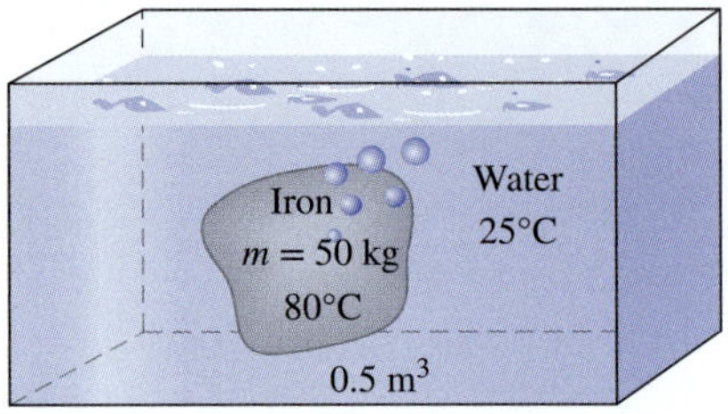

그림 5-35
예제 5-12의 개략도

풀이 단열된 용기 안에 들어 있는 물에 쇳덩어리를 담근다. 열적평형에 도달하였을 때의 최종온도를 구한다.

가정 **1.** 물과 쇳덩어리는 모두 비압축성 물질이다. **2.** 물과 쇳덩어리는 실온에서 일정한 비열을 사용할 수 있다. **3.** 계가 움직이지 않으므로 운동 에너지와 위치 에너지의 변화는 없으므로 $\Delta KE = \Delta PE = 0$이고 $\Delta E = \Delta U$이다. **4.** 전기일, 축일이나 기타 다른 형태의 일은 없다. **5.** 계가 잘 단열되어 있으므로 열전달은 발생하지 않는다.

해석 용기 내의 쇳덩어리와 물을 계로 선정한다(그림 5-35). 과정 동안에 계의 경계를 통과하는 질량이 없으므로 이 계는 밀폐계이다. 견고한 용기의 체적은 일정하므로 경계일은 없다. 이 계에 대한 에너지 평형은 다음과 같이 표현될 수 있다.

$$\underbrace{E_{in} - E_{out}}_{\text{열, 일 및 질량에 의한 정미에너지 전달}} = \underbrace{\Delta E_{system}}_{\text{내부 에너지, 운동 에너지, 위치 에너지 등의 변화}}$$

$$0 = \Delta U$$

총 내부 에너지 U는 종량적 상태량이므로, 계의 각 부분의 내부 에너지의 합으로 표현될 수 있다. 따라서 계의 총 내부 에너지 변화는 다음과 같다.

$$\Delta U_{sys} = \Delta U_{iron} + \Delta U_{water} = 0$$
$$[mc(T_2 - T_1)]_{iron} + [mc(T_2 - T_1)]_{water} = 0$$

실온에서 물의 비체적은 $0.001\ m^3/kg$로 줄 수 있다. 따라서 물의 질량은

$$m_{water} = \frac{V}{v} = \frac{0.5\ m^3}{0.001\ m^3/kg} = 500\ kg$$

Table A-3으로부터 철과 물의 비열은 각각 $c_{iron} = 0.45$ kJ/kg·°C 및 $c_{water} = 4.18$ kJ/kg·°C이다. 이 값들을 에너지 방정식에 대입하면, 다음과 같다.

$$(50\ kg)(0.45\ kJ/kg\cdot°C)(T_2 - 80°C) + (500\ kg)(4.18\ kJ/kg\cdot°C)(T_2 - 25°C) = 0$$

$$T_2 = \mathbf{25.6°C}$$

그러므로 열평형에 도달하였을 때 물과 쇳덩어리의 25.6°C이다.

검토 수온이 작게 상승한 이유는 물의 질량이 크고 비열이 크기 때문이다.

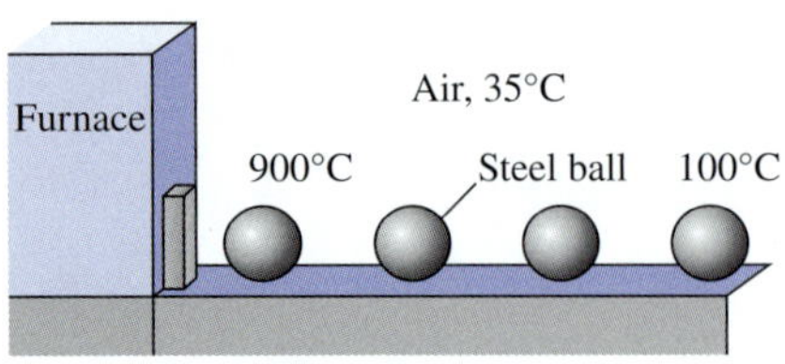

그림 5-36
예제 5-13의 개략도

예제 5-13 공기 중 탄소강 구슬의 냉각

그림 5-36과 같이 직경 8 mm인 탄소강 구슬($\rho = 7833\ kg/m^3$ 및 $c_p = 0.465$ kJ/kg·°C)을 먼저 용광로에서 900°C로 가열한 다음 35°C의 외부 공기 중에서 천천히 100°C로 냉각하여 열처리한다. 시간당 2500개의 구슬을 열처리해야 한다면 구슬에서 주변 공기로의 총 열전달률을 구하라.

풀이 탄소강 구슬을 먼저 가열한 다음 주변 공기 중에서 천천히 냉각하여 시간당 2500개씩 열처리한다. 구슬에서 주변 공기로의 총 열전달률을 구한다.

가정 **1.** 구슬의 열적 상태량은 일정하다. **2.** 운동 에너지와 위치 에너지에는 변화가 없다. **3.** 공정이 끝난 시점에서 구슬의 온도는 균일하다.

속성 구슬의 밀도와 비열은 $\rho = 7833\ \text{kg/m}^3$ 및 $c_p = 0.465\ \text{kJ/kg·°C}$로 주어진다.

분석 구슬 한 개를 계로 잡는다. 이 밀폐계에 대한 에너지 평형은 다음과 같이 나타낼 수 있다.

$$\underbrace{E_{\text{in}} - E_{\text{out}}}_{\text{열, 일 및 질량에 의한 정미에너지 전달}} = \underbrace{\Delta E_{\text{system}}}_{\text{내부 에너지, 운동 에너지, 위치 에너지 등의 변화}}$$

$$-Q_{\text{out}} = \Delta U_{\text{ball}} = m(u_2 - u_1)$$
$$Q_{\text{out}} = mc(T_1 - T_2)$$

단일 구슬의 열전달량은

$$m = \rho V = \rho \frac{\pi D^3}{6} = (7833\ \text{kg/m}^3)\frac{\pi(0.008\ \text{m})^3}{6} = 0.00210\ \text{kg}$$

$$Q_{\text{out}} = mc(T_1 - T_2) = (0.00210\ \text{kg})(0.465\ \text{kJ/kg·°C})(900 - 100)\text{°C}$$
$$= 0.781\ \text{kJ (per ball)}$$

그러면 구슬에서 주변 공기로의 총 열전달률은 다음과 같다.

$$\dot{Q}_{\text{out}} = \dot{n}_{\text{ball}}\, Q_{\text{out}} = (2500\ \text{ball/h})(0.781\ \text{kJ/ball}) = 1953\ \text{kJ/h} = \mathbf{542\ W}$$

검토 고체와 액체의 경우 정압비열과 정적비열이 동일하므로 단일 기호 c로 나타낼 수 있다. 그러나 관례상 비압축성 물질의 비열에 대해서는 기호 c_p를 사용하는 것이 일반적이다.

요약 | SUMMARY

일은 거리를 통해 시스템에 힘이 작용할 때 전달되는 에너지이다. 기계적 일의 가장 일반적인 형태는 물질의 팽창 및 압축과 관련된 작업인 **경계일**이다. P-V 선도에서 과정 곡선 아래의 면적은 준평형 과정에 대한 경계일을 나타낸다. 다양한 형태의 경계일은 다음과 같이 표현된다.

1. 일반식

$$W_b = \int_1^2 P\, dV$$

2. 정압과정

$$W_b = P_0(V_2 - V_1) \qquad (P_1 = P_2 = P_0 = \text{상수})$$

3. 폴리트로픽 과정

$$W_b = \frac{P_2V_2 - P_1V_1}{1-n} \quad (n \neq 1) \qquad (PV^n = \text{상수})$$

4. 이상기체의 등온과정

$$W_b = P_1V_1 \ln\frac{V_2}{V_1}$$
$$= mRT_0 \ln\frac{V_2}{V_1} \qquad (PV = mRT_0 = \text{상수})$$

열역학 제1법칙은 본질적으로 에너지 보존법칙을 나타낸 것이며, 에너지 평형이라고도 한다. 계와 과정의 유형을 막론하고 일반적인 에너지 평형은 다음과 같이 표현된다.

$$\underbrace{E_{\text{in}} - E_{\text{out}}}_{\text{열, 일 및 질량에 의한 정미에너지 전달}} = \underbrace{\Delta E_{\text{system}}}_{\text{내부 에너지, 운동 에너지, 위치 에너지 등의 변화}}$$

이 식은 **변화율의 형태**로도 나타낼 수 있다.

$$\underbrace{\dot{E}_{\text{in}} - \dot{E}_{\text{out}}}_{\text{열, 일 및 질량에 의한 정미에너지 전달률}} = \underbrace{dE_{\text{system}}/dt}_{\text{내부 에너지, 운동 에너지, 위치 에너지 등의 변화율}}$$

시스템에 가해진 열과 시스템에 의하여 수행된 일을 양수로 잡으면 밀폐계의 에너지 평형은 다음과 같이 표현된다.

$$Q - W = \Delta U + \Delta \text{KE} + \Delta \text{PE}$$

여기서,

$$W = W_{\text{other}} + W_b$$
$$\Delta U = m(u_2 - u_1)$$
$$\Delta \text{KE} = \tfrac{1}{2}m(V_2^2 - V_1^2)$$
$$\Delta \text{PE} = mg(z_2 - z_1)$$

정압과정에 대해서 $W_b + \Delta U = \Delta H$이므로,

$$Q - W_{\text{other}} = \Delta H + \Delta \text{KE} + \Delta \text{PE}$$

상기 관계식은 밀폐계의 정압과정에 대해서만 성립되며, 압력이 변하는 과정에는 유효하지 않다는 점에 유의하라.

단위 질량당 물질의 온도를 1°C 올리는 데 필요한 에너지의 양을 정적과정에서는 **정적비열**(c_υ), 정압과정에서는 **정압비열**(c_p)이라고 하며 다음과 같이 정의된다.

$$c_\upsilon = \left(\frac{\partial u}{\partial T}\right)_\upsilon \quad \text{그리고} \quad c_p = \left(\frac{\partial h}{\partial T}\right)_p$$

이상기체에서는 u, h, c_υ, c_p가 온도만의 함수이다. 이상기체의 Δu와 Δh는 다음과 같이 나타낸다.

$$\Delta u = u_2 - u_1 = \int_1^2 c_\upsilon(T)\,dT \cong c_{\upsilon,\text{avg}}(T_2 - T_1)$$

$$\Delta h = h_2 - h_1 = \int_1^2 c_p(T)\,dT \cong c_{p,\text{avg}}(T_2 - T_1)$$

이상기체에 대하여 c_υ와 c_p의 관계는 다음과 같다.

$$c_p = c_\upsilon + R$$

여기서 R은 기체상수이다. 비열비 k는 다음과 같이 정의된다.

$$k = \frac{c_p}{c_\upsilon}$$

비압축성 물질(액체와 고체)의 정압 및 정적비열은 서로 동일하며 c로 표현된다.

$$c_p = c_\upsilon = c$$

비압축성 물질에 대한 Δu와 Δh는 다음과 같다.

$$\Delta u = \int_1^2 c(T)\,dT \cong c_{\text{avg}}(T_2 - T_1)$$

$$\Delta h = \Delta u + \upsilon \Delta P$$

참고문헌 REFERENCES AND SUGGESTED READINGS

1. ASHRAE *Handbook of Fundamentals*. SI version. Atlanta, GA: American Society of Heating, Refrigerating, and Air-Conditioning Engineers, Inc., 1993.
2. ASHRAE *Handbook of Refrigeration*. SI version. Atlanta, GA: American Society of Heating, Refrigerating, and Air-Conditioning Engineers, Inc., 1994.

연습문제* PROBLEMS

이동 경계일

5-1C 정적인 계에서의 경계일은 항상 0인가?

5-2C P-υ 선도에서 과정 곡선 아래의 면적은 무엇을 의미하는가?

5-3C 주어진 상태에서 이상기체를 정압 또는 등온으로 동일한 최종체적까지 팽창시킨다. 어느 과정을 거친 경우에 일이 더 큰가?

5-4 계가 2 kg의 질소로 구성되어 있을 때 그림 P5-4에 표시된 과정 1-3에 대한 전체 일을 kJ 단위로 구하라.

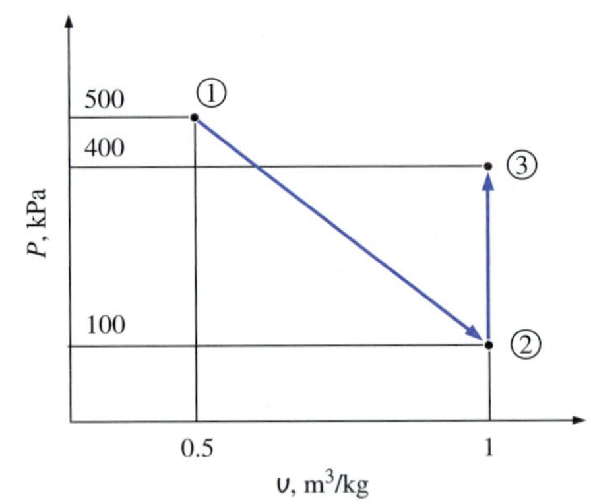

그림 P5-4

5-5 초기 300 K, 150 kPa, 0.2 m^3 상태의 질소가 등온과정에서 최종압력 800 kPa까지 천천히 압축된다. 이 과정 동안 수행된 일을 구하라.

5-6 피스톤–실린더 장치에서 헬륨 1 kg의 초기체적은 5 m^{3}이다. 이제 130 kPa의 일정한 압력이 유지되는 동안 헬륨은 2 m^{3}로 압축된다. 헬륨의 초기 및 최종온도, 그리고 압축에 필요한 일을

*"C"로 표기한 문제는 개념 문제이며, 모든 문제를 풀어 볼 것을 권장한다. "E"로 표기한 문제는 영국 단위계 문제이며, SI 단위계 사용자는 이 문제를 무시해도 된다. 아이콘(💻)으로 표기된 문제는 포괄적인 개념 문제이며, 적절한 소프트웨어를 사용하여 풀 수 있는 문제이다.

kJ 단위로 구하라.

5-7 정지 장치가 구비된 피스톤 실린더 기구 내에 초기 1.0 MPa, 400°C의 수증기 0.6 kg이 들어 있다. 정지 장치의 위치는 초기체적의 40%에 해당한다. 이제 증기가 냉각된다. 최종상태가 (*a*) 1.0 MPa과 250°C 및 (*b*) 500 kPa인 경우 압축일을 구하라. (*c*) 또한, (*b*)에서의 최종온도를 구하라.

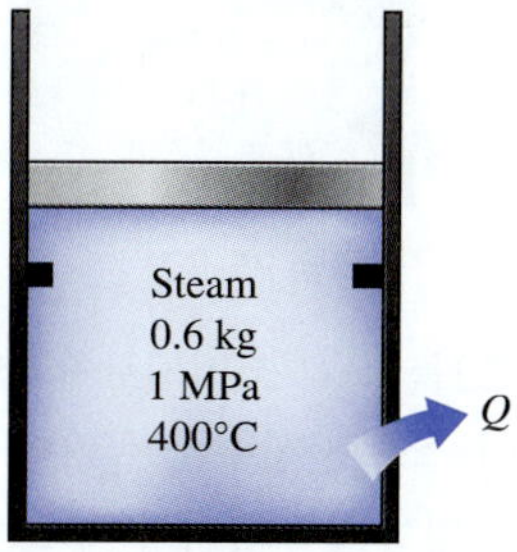

그림 P5-7

5-8 질량 5 kg인 물의 포화증기가 150 kPa에서 온도가 200°C에 도달할 때까지 정압으로 가열된다. 이 과정에서 수증기에 의해 수행된 일을 구하라.

5-9E 마찰이 없는 피스톤-실린더 장치에 40 psia 및 600°F의 과열증기 물이 16 lbm 들어 있다. 이때 증기가 질량의 70%가 응축될 때까지 정압으로 냉각된다. 이 과정에서 수행된 일을 구하라.

5-10 밀폐계에 200°C 포화액 상태의 물 1 m^{3}이 건도가 80%가 될 때까지 등온 팽창된다. 이 팽창으로 생성된 전체 일을 kJ 단위로 구하라.

5-11 피스톤-실린더 장치에서 아르곤이 $n = 1.2$인 폴리트로픽 과정으로 120 kPa 및 30°C에서 1200 kPa까지 압축된다. 아르곤의 최종온도를 구하라.

5-12 기체가 초기체적 0.42 m^{3}에서 최종체적 0.12 m^{3}까지 압축된다. 이 준평형 과정 동안 압력은 $P = aV + b$의 관계식에 의해 체적에 따라 변한다. 여기서 $a = -1200$ kPa/m^{3}이며 $b = 600$ kPa이다. 다음 방법으로 이 과정 동안의 일을 구하라. (*a*) *P*-*V* 선도에 과정을 도시하고 과정 곡선 아래의 면적을 구한다. (*b*) 필요한 적분을 수행한다.

그림 P5-12

5-13 기밀이 유지되고 마찰이 없는 피스톤-실린더 기구 내에 120 kPa, 24°C인 공기 1.5 kg이 들어 있다. 이제 공기는 600 kPa의 최종압력까지 압축된다. 이 과정 동안 실린더 내부의 온도가 일정하게 유지되도록 공기에서 열이 전달된다. 이 과정 동안의 입력일을 구하라. *답: 206 kJ*

5-14 피스톤-실린더 기구 내에서 실제 팽창 및 압축과정 동안 기체는 $PV^n = C$의 관계를 만족하며 n과 C는 상수이다. $n = 1.5$인 경우 기체가 350 kPa 및 0.03 m^{3}에서 최종체적이 0.2 m^{3}가 될 때까지 팽창할 때 기체가 한 일을 구하라.

5-15 문제 5-14를 다시 고려해보자. 적절한 소프트웨어를 사용하여 문제에 설명된 과정을 *P*-*V* 선도에 도시하고 경계일에 대한 폴리트로픽 지수 n의 영향을 조사하라. 폴리트로픽 지수는 1.1에서 1.6까지 다양하게 두어라. 폴리트로픽 지수에 대한 경계일을 도시하고 그 결과를 검토하라.

5-16 마찰이 없는 피스톤-실린더 기구 내에 100 kPa, 250 K의 질소 5 kg이 들어 있다. 이제 질소는 최종온도가 450 K에 도달할 때까지 $PV^{1.4} = C$의 관계에 따라 천천히 압축된다. 이 과정 동안 입력일을 구하라. *답: 742 kJ*

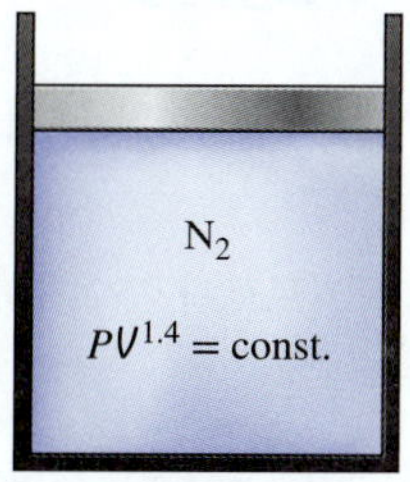

그림 P5-16

5-17E 팽창과정 동안 기체의 압력은 $P = aV + b$의 관계에 따라 15 psia에서 100 psia로 변한다. 여기서 $a = 5$ psia/ft^{3}이며 b는 상수이다. 기체의 초기체적이 7 ft^{3}인 경우, 이 과정 동안 수행된 일을 구하라. *답: 181 Btu*

5-18 피스톤 실린더 기구 내에 초기에는 160 kPa, 140°C의 질소 기체 0.4 kg가 들어 있다. 이제 질소 기체는 100 kPa의 압력까지 등온 팽창한다. 이 과정 동안 수행된 경계일을 구하라. *답: 23.0 kJ*

그림 P5-18

5-19 피스톤–실린더 기구 내에 초기에는 2 MPa, 350°C의 공기 0.15 kg의 공기가 들어 있다. 이 공기는 먼저 500 kPa까지 등온 팽창한 후 초기압력까지 폴리트로픽 지수가 1.2인 폴리트로픽 과정으로 압축되며, 마지막으로 초기 상태까지 일정한 압력으로 압축된다. 각 과정에 대한 경계일과 사이클 동안의 정미일을 구하라.

5-20 초기에 건도가 10%인 90°C의 물 1 kg이 그림 P5-20과 같이 스프링이 장착된 피스톤–실린더 기구에 들어 있다. 이제 이 기구는 압력이 800 kPa, 온도가 250°C가 될 때까지 가열된다. 이 과정 동안 생산된 전체 일을 kJ 단위로 구하라. *답: 24.5 kJ*

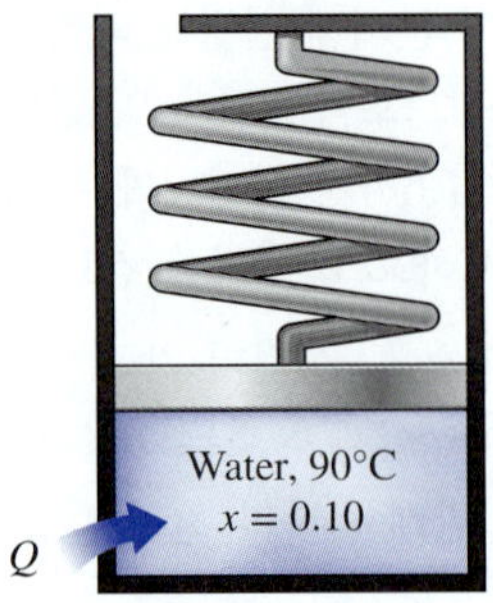

그림 P5-20

5-21 이상기체가 피스톤–실린더 기구 내에서 다음과 같이 2개의 과정을 겪는다.

1-2 T_1 및 P_1으로부터 폴리트로픽 지수가 n이며 압축비 $r = V_1/V_2$ 인 폴리트로픽 압축

2-3 $V_3 = V_1$이 될 때까지 $P_3 = P_2$로 정압팽창

(*a*) 이 과정을 하나의 *P*-*V* 선도에 도시하라.

(*b*) 팽창일에 대한 압축일의 비율을 n과 r의 함수로 나타내라.

(*c*) $n = 1.4$, $r = 6$인 경우에 이 비율을 계산하라.

답: (*b*) $\dfrac{1}{n-1}\left(\dfrac{1-r^{1-n}}{r-1}\right)$ (*c*) 0.256

5-22 피스톤 실린더 기구에 250 kPa, 25°C의 물 50 kg이 들어 있다. 피스톤의 단면적은 0.1 m²이다. 이제 물에 열이 전달되어 물의 일부가 증발하고 팽창한다. 체적이 0.2 m³에 도달할 때 피스톤은 스프링 상수가 100 kN/m인 선형 스프링에 닿는다. 피스톤이 20 cm 더 상승할 때까지 물에 열이 계속 전달된다. (*a*) 최종압력과 최종온도, (*b*) 이 과정 동안 수행된 일을 구하라. 또한, 이 과정을 *P*-*V* 선도에 나타내라. *답: (a) 450 kPa, 147.9°C, (b) 44.5 kJ*

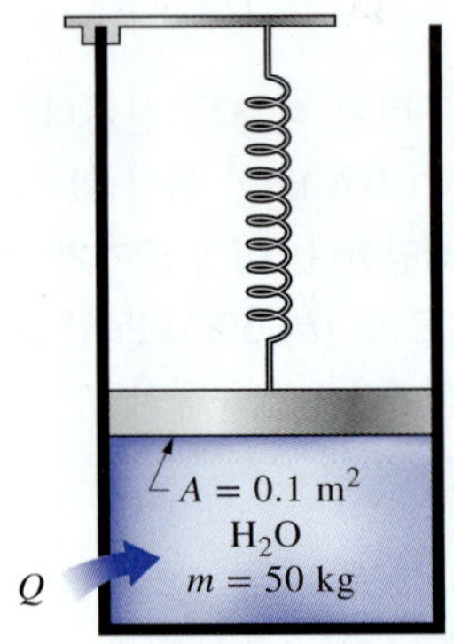

그림 P5-22

5-23 문제 5-22를 다시 고려해보자. 적절한 소프트웨어를 사용하여 스프링 상수가 실린더 내의 최종압력과 수행된 경계일에 미치는 영향을 조사하라. 스프링 상수를 50 kN/m에서 500 kN/m까지 다양하게 두어라. 스프링 상수에 대한 최종압력과 경계일을 도시하고 결과를 검토하라.

5-24 피스톤–실린더 기구에 들어있는 이산화탄소가 0.3 m³에서 0.1 m³로 압축된다. 이 과정에서 압력과 부피는 $P = aV^{-2}$로 관련되며, 여기서 $a = 8$ kPa·m⁶이다. 이 과정 동안 이산화탄소에 수행된 일을 구하라. *답: 53.3 kJ*

밀폐계의 에너지 해석

5-25 교반 장치가 설치된 견고한 용기에 2.5 kg의 엔진오일이 들어 있다. 열이 1 W의 속도로 오일에 전달되고 교반 장치에 1.5 W의 동력이 작용할 때 단위 질량당 에너지의 시간에 따른 증가율을 구하라.

5-26 밀폐계에 대한 에너지 보존법칙을 근거로 아래의 표를 완성하라.

Q_{in} kJ	W_{out} kJ	E_1 kJ	E_2 kJ	m kg	$e_2 - e_1$ kJ/kg
280	—	1020	860	3	—
−350	130	550	—	5	—
—	260	300	—	2	−150
300	—	750	500	1	—
—	−200	—	300	2	−100

그림 P5-26

5-27 그림 P5-27과 같이 잘 단열된 견고한 용기에 어떤 물질이 들어 있으며 교반 장치가 설치되어 있다. 교반 장치에 15 kJ의 일을 가했을 때 이 물질의 내부 에너지 변화를 구하라.

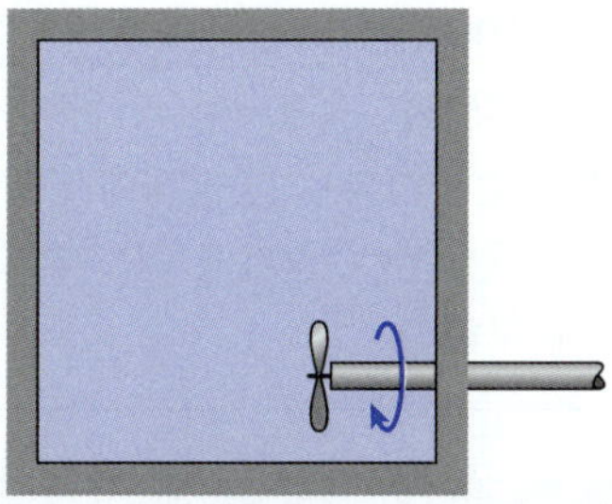

그림 P5-27

5-28 0.5 m^3의 견고한 탱크에 초기에는 160 kPa, 건도 40%의 R-134a 냉매가 들어 있다. 이제 압력이 700 kPa에 도달할 때까지 냉매에 열이 전달된다. (*a*) 탱크 내 냉매의 질량과 (*b*) 열전달량을 구하라. 또한, *P*-υ 선도에 이 과정을 포화선과 함께 나타내라.

5-29E 20 ft^3의 견고한 탱크에 초기에는 160 psia 포화증기 상태의 R-134a 냉매가 들어 있다. 냉매에서의 열전달 결과로 압력이 50 psia로 떨어진다. *P*-υ 선도에 이 과정을 포화선과 함께 나타내고 (*a*) 최종온도, (*b*) 응축된 냉매의 양, (*c*) 열전달량을 구하라.

5-30 10 L의 견고한 용기에 초기에는 건도가 12.3%인 100°C 물의 액체와 증기 혼합물이 들어 있다. 이 혼합물은 온도가 180°C가 될 때까지 가열된다. 이 과정 동안 필요한 열전달을 계산하라. *답: 92.5 kJ*

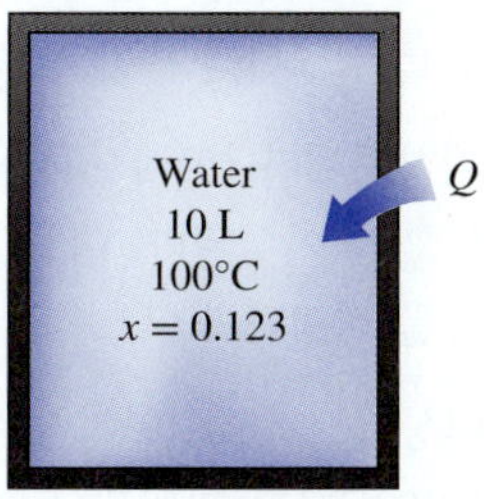

그림 P5-30

5-31E 1 ft^3의 견고한 용기에 초기에는 −20°F, 건도 27.7%의 R-134a 냉매가 들어 있다. 이 냉매는 온도가 100°F가 될 때까지 가열된다. 이때 필요한 열전달량을 계산하라. *답: 84.7 Btu*

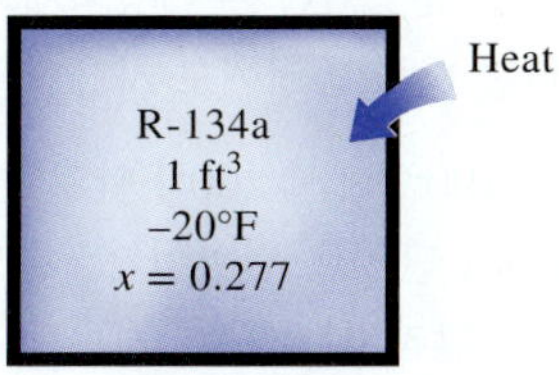

그림 P5-31E

5-32 피스톤 실린더 기구에 800 kPa, 70°C인 R-134a 냉매 5 kg이 들어 있다. 이제 냉매는 15°C의 액체가 될 때까지 정압과정으로 냉각된다. 열손실량을 구하고 이 과정을 포화선과 함께 *T*-υ 선도에 나타내라. *답: 1173 kJ*

5-33E 피스톤 실린더 기구에 초기에는 120 psia, 2 ft^3인 물 0.5 lbm이 들어 있다. 이제 압력이 일정하게 유지되는 동안 200 Btu의 열이 물에 전달된다. 물의 최종온도를 구하라. 또한, 이 과정을 포화선과 함께 *T*-υ 선도에 나타내라.

5-34 피스톤–실린더 기구에서 150°C의 포화액 상태의 물 2 kg이 포화증기가 될 때까지 정압과정으로 가열된다. 이 과정 동안 필요한 열전달량을 구하라.

5-35 절연 피스톤–실린더 장치에는 175 kPa의 일정한 압력에서 5 L의 포화 액체 물이 들어 있다. 물속에 있는 저항기를 통해 8 A의 전류가 45분 동안 흐르면서 물이 패들 휠로 휘저어진다. 이 정압 과정에서 액체의 절반이 증발하고 패들 휠의 일이 400 kJ에 달하면 소스의 전압을 결정한다. 또한, 포화선에 대한 *P*-*V* 선도에 과정을 도시한다. *답: 224V*

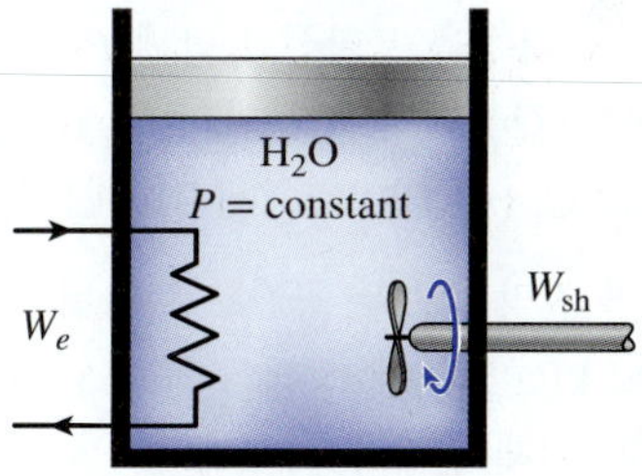

그림 P5-35

5-36 50 m^3 크기의 방 안에 난방오일이 들어 있는 40 L 용량의 전기 난방기가 놓여 있다. 초기에 방과 난방기 내의 오일은 모두 10°C이다 이제 소비전력이 2.4 kW인 난방기가 켜진다. 동시에 방으로부터 평균 0.35 kJ/s로 열이 손실된다. 잠시 후 온도를 측정하니 방 안 공기의 평균온도는 20°C이며 난방기 내 오일의 온도는 50°C이다. 오일의 밀도와 비열을 각각 950 kg/m^3와 2.2 kJ/kg·°C로 하여 난방기가 켜진 시간을 구하라. 방은 잘 밀폐되어 공기 누출이 없다고 가정한다.

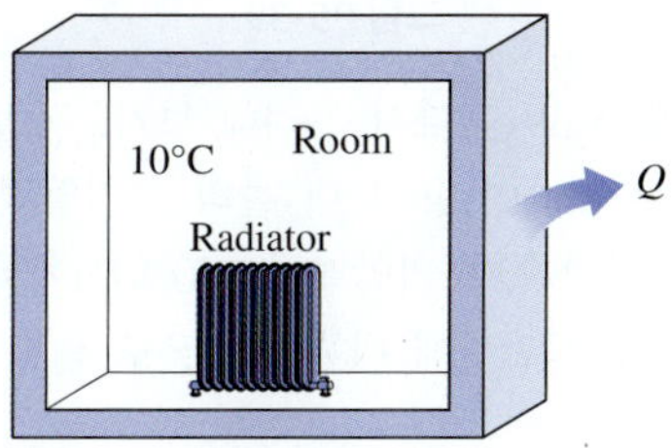

그림 P5-36

5-37 그림 P5-37에서 보이는 스프링이 설치된 피스톤–실린더

기구 내에 초기에는 75 kPa, 건도 8%의 수증기 2 m^3가 들어 있다. 이제 수증기가 체적이 5 m^3, 압력이 225 kPa이 될 때까지 가열된다. 이 과정 동안 열전달량과 수증기가 한 일을 구하라.

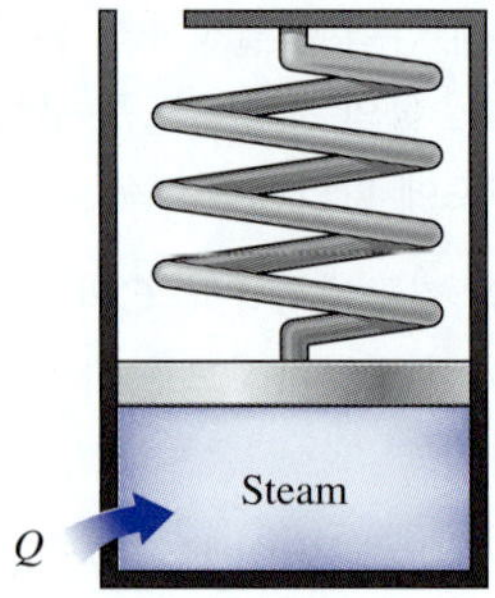

그림 P5-37

5-38 피스톤–실린더 기구 내에 초기에는 250 kPa인 포화증기 상태의 물 0.6 m^3가 들어 있다. 이 상태에서는 피스톤이 멈춤 장치 위에 걸쳐 있으며, 피스톤을 들어 올리기 위해서는 300 kPa의 압력이 필요하다. 이제 수증기의 체적이 두 배가 될 때까지 열이 천천히 전달된다. 이 과정을 포화선과 함께 P-υ 선도에 나타내라. 그리고 (*a*) 최종온도, (*b*) 이 과정 동안의 일, (*c*) 총열전달량을 구하라. 답: (*a*) 662°C, (*b*) 180 kJ, (*c*) 910 kJ

5-39 단열 탱크가 칸막이로 두 공간으로 나뉘어 있다. 용기의 한 쪽에는 60°C, 600 kPa 압축액 상태의 물 2.5 kg이 들어 있고 다른 쪽은 비어 있다. 이제 칸막이가 제거되고 물이 전체 용기에 채워지도록 팽창한다. 최종압력이 10 kPa인 경우에 물의 최종온도와 용기의 체적을 구하라.

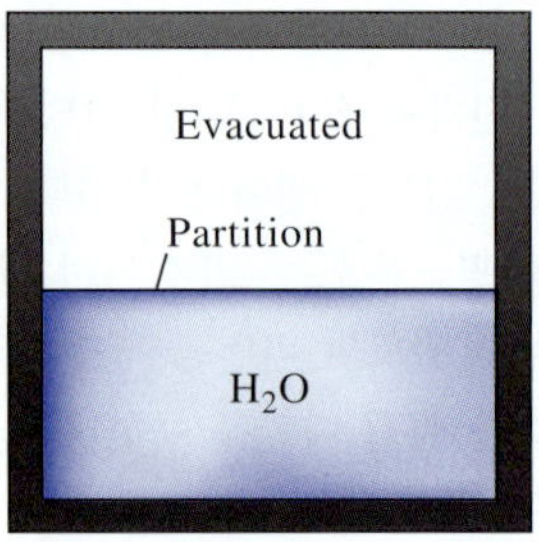

그림 P5-39

5-40 문제 5-39를 다시 고려해 보자. 적절한 소프트웨어를 사용하여 용기 내 물의 초기압력이 최종온도에 미치는 영향을 조사하라. 초기압력이 100 kPa에서 600 kPa까지 변화하도록 하라. 초기압력에 대한 최종온도를 도시하고 그 결과를 검토하라.

5-41 두 개의 탱크(탱크 A와 탱크 B)가 칸막이로 나뉘어 있다. 초기에는 탱크 A에 1 MPa, 300°C의 수증기 2 kg이 들어 있으며, 탱크 B에 건도가 50%인 150°C의 포화액–증기 혼합물 3 kg이 들어 있다. 이제 칸막이를 제거하여 역학적평형과 열적평형에 도달할 때까지 양쪽을 혼합한다. 최종상태에서 압력이 300 kPa이라면 (*a*) 최종상태의 온도와 수증기의 건도(혼합물인 경우), (*b*) 탱크로부터 열손실을 구하라.

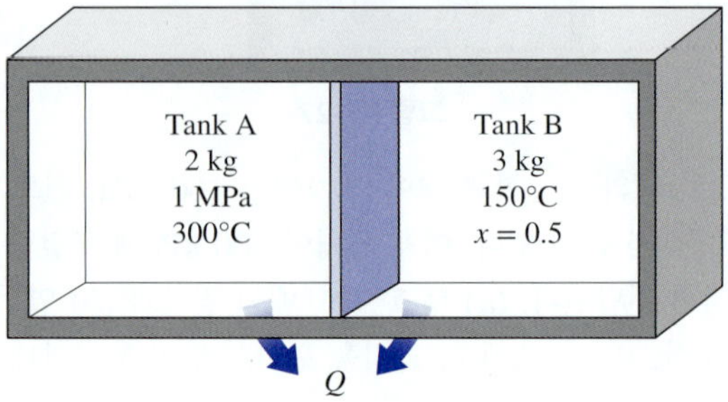

그림 P5-41

이상기체의 비열, Δu와 Δh

5-42C 공기를 295 K에서 305 K까지 가열하는 데 필요한 에너지와 345 K에서 355 K까지 가열하는 데 필요한 에너지는 동일한가? 양쪽의 경우 모두 압력은 일정하게 유지된다고 가정한다.

5-43C 일정질량의 이상기체가 (*a*) 1 atm과 (*b*) 3 atm의 일정압력에서 50°C에서 80°C까지 가열된다. 어느 경우에 더 많은 에너지가 필요한가? 그 이유를 설명하라.

5-44C 일정질량의 이상기체가 (*a*) 1 m^3과 (*b*) 3 m^3의 일정체적에서 50°C에서 80°C까지 가열된다. 어느 경우에 더 많은 에너지가 필요한가? 그 이유를 설명하라.

5-45C 일정질량의 이상기체가 (*a*) 일정한 체적에서 또는 (*b*) 일정압력에서 50°C에서 80°C까지 가열된다. 어느 경우에 더 많은 에너지가 필요한가? 그 이유를 설명하라.

5-46C 관계식 $\Delta u = mc_{\upsilon,avg}\Delta T$는 이상기체의 정적과정에만 사용할 수 있는가? 아니면 다른 과정에도 사용할 수 있는가?

5-47C 관계식 $\Delta h = mc_{p,avg}\Delta T$는 이상기체의 정적과정에만 사용할 수 있는가? 아니면 다른 과정에도 사용할 수 있는가?

5-48 공기의 온도가 100°F에서 200°F까지 변할 때 공기의 내부에너지 변화는 Btu/lbm 단위로 얼마인가? 온도 변화가 0°F에서 100°F까지라면 결과가 달라지는가?

5-49 네온 기체가 등온압축기에서 100 kPa, 20°C로부터 500 kPa까지 압축된다. 이 압축과정에 의해 발생한 네온의 비체적 변화와 비엔탈피 변화를 구하라.

5-50 산소의 온도가 150°C에서 250°C까지 변할 때 산소의 엔탈피 변화는 kJ/kg 단위로 얼마인가? 온도 변화가 0°C에서 100°C까지라면 결과가 달라지는가? 이 과정의 시작압력과 최종압력이 엔탈피 변화에 영향을 미치는가?

5-51 그림 P5-51에 보이는 바와 같이 스프링이 설치된 피스톤-실린더 기구 내에 질소 10 g이 들어 있다. 스프링 상수는 1 kN/m 이며 피스톤의 직경은 10 cm이다. 스프링이 피스톤에 작용하는 힘이 없을 때 질소의 상태는 120 kPa, 27°C이다. 이제 이 기구는 체적이 원래보다 10% 더 커질 때까지 가열된다. 질소의 단위 질량당 내부 에너지 변화와 엔탈피 변화를 구하라. *답: 46,8 kJ/kg, 65,5 kJ/kg*

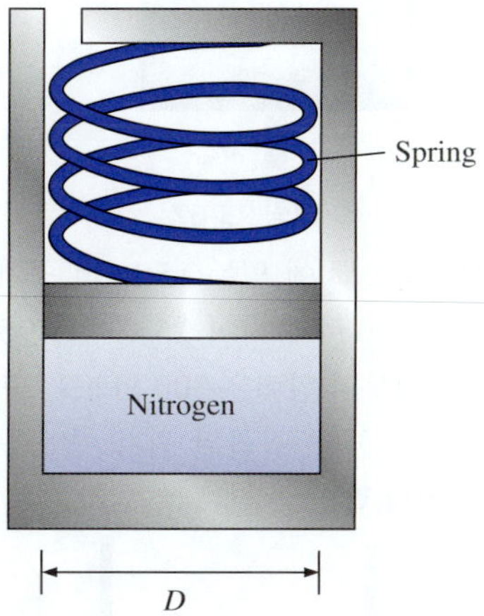

그림 P5-51

5-52 수소를 200 K에서 800 K으로 가열할 때 (*a*) 온도의 함수로 주어진 비열 관계식(Table A-2*c*), (*b*) 평균온도에서의 c_v 값(Table A-2*b*), (*c*) 실온에서의 c_v 값(Table A-2a)을 이용하여 수소의 내부 에너지 변화 Δu를 kJ/kg 단위로 구하라.

5-53E 산소를 800 R에서 1500 R로 가열할 때 (*a*) 온도의 함수로 주어진 비열 관계식(Table A-2E*c*), (*b*) 평균온도에서의 c_v 값(Table A-2E*b*), (*c*) 실온에서의 c_p 값(Table A-2E*a*)을 이용하여 수소의 엔탈피 변화 Δh를 Btu/lbm 단위로 구하라. *답: (a) 170 Btu/lbm, (b) 169 Btu/lbm, (c) 153 Btu/lbm*

밀폐계의 에너지 해석: 이상기체

5-54C 단열 피스톤-실린더 장치에서 이상기체를 등온으로 압축할 수 있는가? 그 이유를 설명하라.

5-55 강체 용기 내의 질소는 100 kJ/kg의 열을 방출하여 냉각된다. 질소의 내부 에너지 변화를 kJ/kg 단위로 결정하라.

5-56E 이산화탄소 가스를 포함하는 피스톤 실린더 장치는 15 psia 및 80°F에서 200°F 사이의 등압 과정을 거친다. 이 과정과 관련된 일과 열전달을 Btu/lbm 단위로 결정하라. *답: 5.42 Btu/lbm, 24.4 Btu/lbm*

5-57 3 m³의 단단한 탱크에 250 kPa 및 550 K의 수소가 들어 있다. 이제 가스는 온도가 350 K로 떨어질 때까지 냉각된다. (*a*) 탱크의 최종압력 및 (*b*) 열전달량을 결정하라.

5-58 1 kg의 산소가 20°C에서 120°C로 가열된다. (*a*) 일정 부피 과정 및 (*b*) 등압 과정 중에 이것이 수행될 때 필요한 열전달의 양을 결정하라.

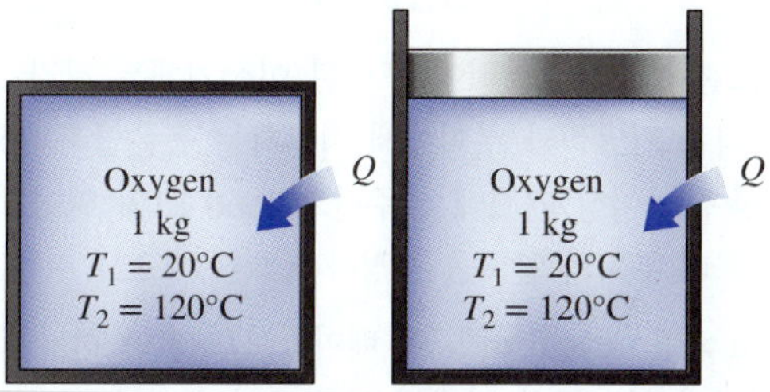

그림 P5-58

5-59E 10 ft³ 탱크에는 초기에 14.7 psia 및 80°F의 산소가 들어 있다. 탱크 내부의 외륜은 내부 압력이 20 psia로 상승할 때까지 회전한다. 이 과정에서 20 Btu의 열이 주변으로 손실된다. 외륜에 의한 일을 구하라. 외륜에 저장된 에너지는 무시한다.

5-60 4 m × 5 m × 7 m 방이 증기난방 시스템의 라디에이터에 의해 가열된다. 스팀 라디에이터는 10,000 kJ/h의 속도로 열을 전달하고 100 W 팬은 실내의 따뜻한 공기를 공급하는 데 사용된다. 방의 열손실 비율은 약 5000 kJ/h로 추정된다. 실내 공기의 초기온도가 10°C인 경우 공기온도가 20°C까지 상승하는 데 걸리는 시간을 구하라. 실온에서의 일정비열로 가정한다.

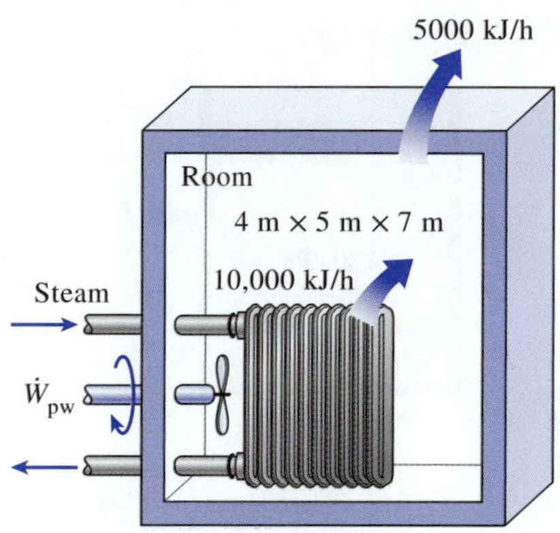

그림 P5-60

5-61 단열된 단단한 탱크는 칸막이에 의해 두 개의 동일한 부분으로 나뉘어 있다. 처음에 한 부품에는 800 kPa 및 50°C에서 4 kg의 이상기체가 포함되고 다른 부분은 비어 있다. 파티션이 제거되고 기체가 탱크 전체로 팽창된다. 탱크의 최종온도와 압력을 결정하라.

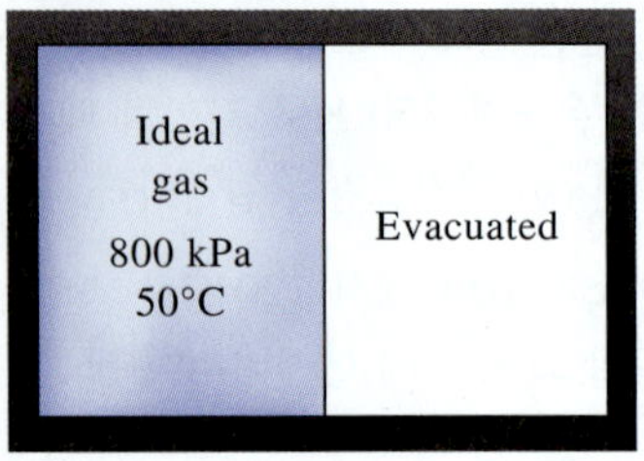

그림 P5-61

5-62 피스톤-실린더 장치에 포함된 이상기체는 각각 100 kPa 및 0.6 m^3의 초기압력과 부피에서 시작하는 등온압축과정을 거친다. 이 과정에서 이상 기체에서 주변으로 60 kJ의 열이 전달된다. 과정이 끝날 때 부피와 압력을 결정하라. *답:* 0.221 m^3, 272 kPa

5-63 4 m × 5 m × 6 m 방이 베이스보드 저항 히터에 의해 가열된다. 전기히터는 17분 이내에 실내 공기 온도를 5°C에서 25°C로 올릴 수 있는 것이 바람직하다. 실내에서 열손실이 없고 대기압이 100 kPa라고 가정하고 전기히터의 요구 전력을 결정하라. 실온에서 비열은 일정하다고 가정한다. *답:* 2.12 kW

5-64 절연 피스톤-실린더 장치는 처음에 200 kPa 및 27°C에서 0.3 m^3의 이산화탄소를 포함한다. 전기 스위치가 켜지고 110 V 전원에서 10분 동안 전기 가열기에 공급하였다. 이 과정 동안 압력은 일정하게 유지되는 반면 부피는 두 배가 된다. 전기히터를 통과하는 전류를 결정하라.

5-65 아르곤은 피스톤-실린더 장치에서 120 kPa 및 10°C에서 800 kPa로 n = 1.2인 폴리트로픽 과정으로 압축된다. 이 과정에서 발생하는 압축일과 열전달량을 kJ/kg의 단위로 구하라. 단 비열은 실온 상수 비열을 사용한다.

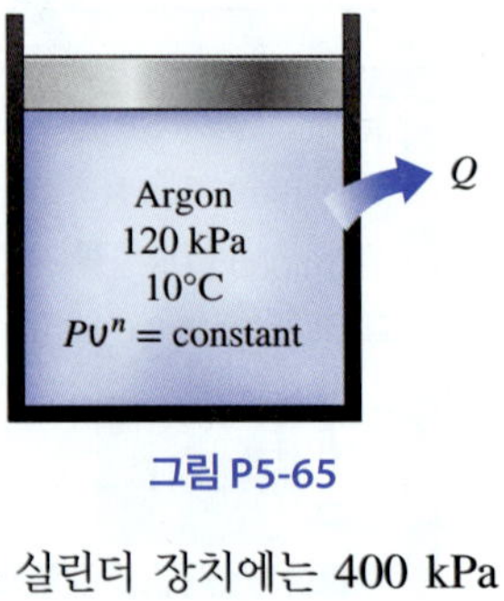

그림 P5-65

5-66 절연 피스톤 실린더 장치에는 400 kPa 및 25°C에서 100 L의 공기가 들어 있다. 실린더 내의 외륜은 압력이 일정하게 유지되는 동안 공기에 대해 15 kJ의 작업이 완료될 때까지 회전한다. 공기의 최종온도를 결정하라. 외륜에 저장된 에너지는 무시하라.

5-67 공기는 외륜이 장착된 가변 부하 피스톤 실린더 장치에 포함된다. 초기에 공기는 400 kPa 및 17°C이다. 외륜은 이제 75 kJ/kg의 작업이 공기로 전달될 때까지 외부 전기 모터에 의해 회전된다. 이 과정에서 열이 전달되어 일정한 공기온도를 유지하면서 가스 부피가 3배가 된다. 필요한 열전달량을 kJ/kg 단위로 계산하라. *답:* 16.4 kJ/kg

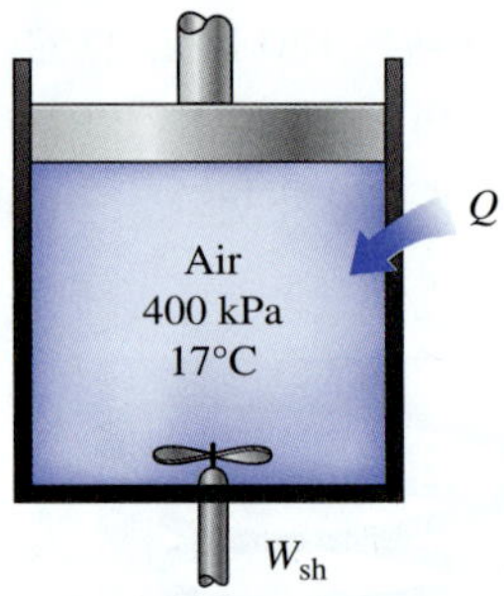

그림 P5-67

5-68 피스톤-실린더 장치에 있는 15 kg의 공기는 실린더 내부의 전기히터에 전류를 흐르게 하여 25°C에서 95°C로 가열된다. 이 과정에서 실린더 내부의 압력은 300 kPa로 일정하게 유지되며 60 kJ의 열손실이 발생한다. 공급된 전기 에너지를 kWh 단위로 결정하라. *답:* 0.310 kWh

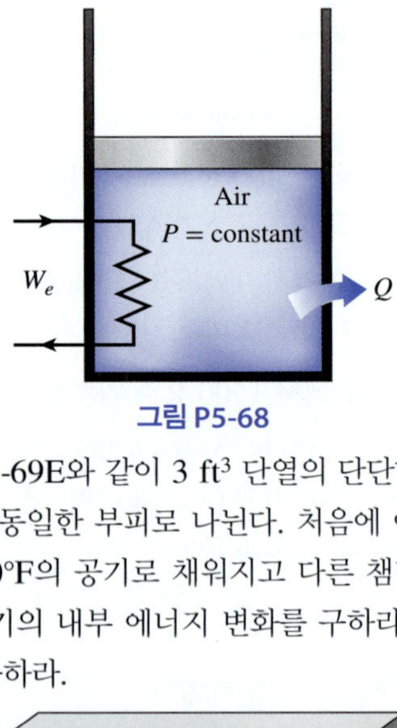

그림 P5-68

5-69E 그림 P5-69E와 같이 3 ft^3 단열의 단단한 용기는 얇은 막에 의해 두 개의 동일한 부피로 나뉜다. 처음에 이 챔버 중 하나는 100 psia 및 100°F의 공기로 채워지고 다른 챔버는 비어있다. 막이 파열될 때 공기의 내부 에너지 변화를 구하라. 또한, 용기의 최종 공기압력을 구하라.

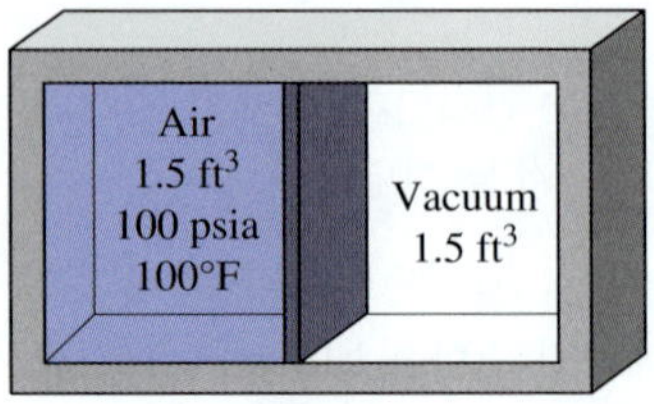

그림 P5-69E

5-70 피스톤 실린더 장치는 초기에 100 kPa 및 25°C에서 2.2 kg의 질소를 포함한다. 질소는 이제 부피가 절반으로 줄어들 때까지 $PV^{1.3}$ = 일정한 폴리트로픽 과정에서 천천히 압축된다. 이 과정에서 수행된 일과 열전달을 구하라.

5-71 문제 5-70을 다시 고려하라. 적당한 소프트웨어를 사용하여 문제에 설명된 과정을 *P-V* 선도에 도시하고 경계일 및 열전달에 대한 폴리트로픽 지수 n의 영향을 조사하라. 폴리트로픽 지수를 1.0에서 1.4로 변경하라. 경계일과 열전달 대 폴리트로픽 지수를 도시하고 결과에 대해 토론하라.

5-72 피스톤 실린더 장치에는 250 kPa 및 35°C에서 4 kg의 아르곤이 들어 있다. 준평형 등온 팽창과정에서 시스템에서 15 kJ의 경계일을 하고 외륜에서 3 kJ의 일을 받는다. 이 과정 동안의 열전달량을 구하라.

5-73 그림 P5-75에 보이는 스프링이 설치된 피스톤-실린더 기구내에 계가 되는 헬륨 5 kg이 들어 있다. 이 계는 100 kPa, 20°C에서 800 kPa, 160°C까지 가열된다. 이 과정 동안의 열전달량과 계가 생산한 일을 구하라.

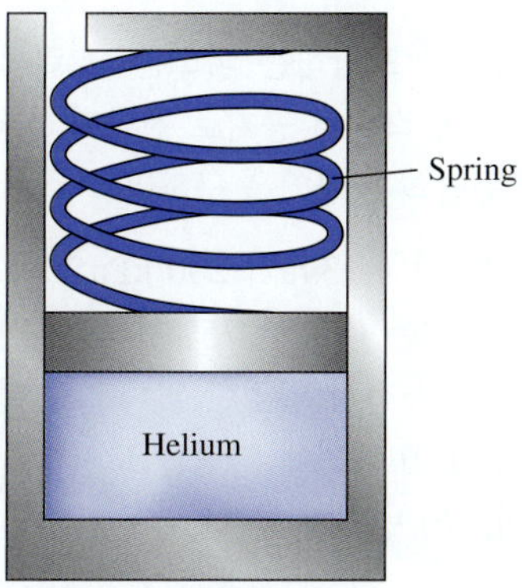

그림 P5-73

5-74 피스톤-실린더 기구에 피스톤이 멈출 장치 위에 걸쳐 있는 초기에는 100 kPa, 25°C의 헬륨 0.5 kg이 들어 있다. 피스톤을 들어 올리기 위해서는 500 kPa의 압력이 필요하다. 피스톤을 들어 올리기 시작할 때가지 필요한 열전달량은 얼마인가? *답: 1857 kJ*

5-75 피스톤-실린더 장치에 설치된 멈춤 장치 위에 피스톤이 놓여 있다. 초기에는 실린더 내에 3 kg의 공기가 200 kPa, 27°C의 상태로 들어 있으며, 이 피스톤을 들어 올리기 위해서는 400 kPa의 압력이 필요하다. 이제 이 공기에 체적이 최초의 2배가 될 때까지 열이 전달된다. 이 과정 동안에 공기가 수행한 일과 열전달량을 구하고 이 과정을 *P-υ* 선도에 나타내라. *답: 516 kJ, 2674 kJ*

폐쇄 시스템 에너지 분석: 고체 및 액체

5-76 1 kg의 철 블록이 25°C에서 75°C로 가열된다. 철의 총 내부 에너지와 엔탈피의 변화는 얼마인가?

5-77E 액체 상태의 물이 50 psia 및 50°F에서 2000 psia 및 100°F로 변경된다. (*a*) 압축 액체 표, (*b*) 비압축성 물질 근사치 및 속성 표, (*c*) 비열 모델을 기반으로 물의 내부 에너지 및 엔탈피 변화를 구하라.

5-78E 더운 여름날 소풍을 하는 동안 모든 차가운 음료는 빠르게 마시고 주변 온도 85°F에 있는 음료만 남았다. 캔에 든 12 oz의 음료수를 식히기 위해 한 사람이 캔을 잡고 32°F의 얼음물에서 흔들기 시작한다. 음료에 대한 물의 특성을 사용하여 캔 음료가 37°F로 냉각될 때까지 녹을 얼음의 질량을 결정하라.

5-79 보통의 달걀은 지름이 5.5 cm인 구로 근사할 수 있다. 처음 8°C의 균일한 온도에서 97°C의 끓는 물에 달걀을 담근다. 계란의 특성을 ρ = 1020 kg/m^3, c_p = 3.32 kJ/kg·°C라고 하고, 계란의 평균온도가 80°C까지 올라갈 때까지 계란에 전달되는 열전달량을 결정하라.

5-80 바닥판이 0.5cm 두께의 알루미늄 합금 2024-T6 (ρ = 2770 kg/m^3 및 c_p = 875 J/kg·°C)으로 만들어진 1000 W 다리미를 고려하라. 바닥판의 표면적은 0.03 m^{2}이다. 초기 다리미는 22°C에서 주변 공기와 열적평형상태에 있다. 저항선에서 발생하는 열의 90%가 바닥판으로 전달된다고 가정하고 바닥판 온도가 200°C에 도달하는 데 필요한 최소시간을 구하라.

그림 P5-80

5-81 직경 1.2 cm의 스테인리스강 볼 베어링(ρ = 8085 kg/m^3 및 c_p = 0.480 kJ/kg·°C)은 분당 800회의 속도로 물에 담금질해야 한다. 볼은 900°C의 균일한 온도에서 오븐을 떠나 물에 떨어뜨리기 전에 잠시 동안 25°C의 공기에 노출된다. 담금질 전에 볼의 온도가 850°C로 떨어질 때 볼에서 공기로의 열전달률을 계산하라.

5-82E 어느 생산 시설에서 1.6 in 두께의 2 ft × 2 ft 정사각형 황동 판(ρ = 532.5 lbm/ft^3 및 c_p = 0.091 Btu/lbm·°F)은 초기에 75°F의 균일한 온도에 있다. 황동 판은 분당 300개의 속도로 1500°F의 오븐을 통과하여 가열된다. 황동 판의 평균온도가 900°F로 상승할 때까지 오븐에 남아 있을 경우에 오븐 내에서 판으로 전달되는 열전달률을 구하라.

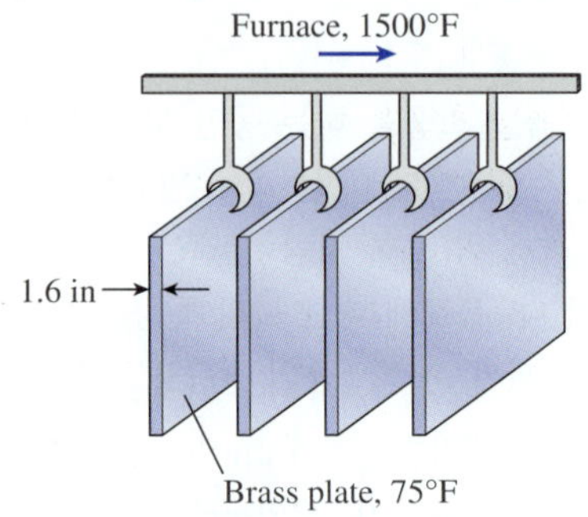

그림 P5-82E

5-83 직경 8 cm의 긴 원통형 강철 막대(ρ = 7833 kg/m^3 및 c_p = 0.465 kJ/kg·°C)를 900°C로 유지되는 오븐을 통해 2 m/min의 속도로 당겨 열처리한다. 막대가 30°C에서 오븐에 들어가고 500°C의 평균온도에서 나가는 경우 오븐에서 막대로의 열전달 속도를 결정한다.

5-84 25 W를 소비하는 전자 장치의 질량은 20 g이고 비열은 850 J/kg·°C이다. 장치는 단시간만 사용되며 5분 동안 켜졌다가 몇 시간 동안 꺼진다. 그동안 주위 온도 25°C로 냉각된다. 5분 작동 기간 마지막에 장비의 가능한 최고온도를 구하라. 장치가 0.5 kg 알루미늄 방열판에 부착된 경우는 어떻게 되겠는가? 장치와 방열판이 거의 등온이라고 가정한다.

5-85 문제 5-84를 다시 고려하라. 적당한 소프트웨어를 사용하여 방열판 질량이 최대 장치 온도에 미치는 영향을 조사하라. 방열판의 질량을 0에서 1 kg까지 변화하도록 한다. 방열판의 질량에 대한 최대온도를 도시하고 결과에 대해 논의하라.

5-86 누군가를 때리거나 스스로를 때린 적이 있다면, 아마도 화끈거리는 느낌을 기억할 것이다. 화가 난 사람에게 뺨을 맞아 얼굴의 온도가 2.4°C 상승했다고 상상하라. 두드리는 손의 질량이 0.9 kg이고 얼굴과 손의 근육이 약 0.150 kg이라고 가정하고 충격 직전 손의 속도를 구하라. 조직의 비열을 3.8 kJ/kg·K로 한다.

복습문제

5-87 네온과 공기의 두 종류 기체 중에서 밀폐계로 n = 1.5인 폴리트로픽 과정을 통하여 P_1에서 P_2로 압축할 때 더 적은 일이 필요한 것은 어느 기체인가?

5-88 네온과 공기의 두 종류 기체 중에서 밀폐계로 n = 1.2인 폴리트로픽 과정을 통하여 P_1에서 P_2로 팽창할 때 어느 기체가 더 많은 일을 생산하는가?

5-89 어느 강의실은 외부로 12,000 kJ/h로 열을 잃는다. 강의실에 학생 40명이 있으며 각 학생은 84 W만큼의 열을 내보낸다. 강의실 온도가 떨어지지 않도록 하는 데 난방기를 켜야 할 필요가 있는지 알아보라.

5-90 공기의 온도는 0에서 10°C로 변하고 속도는 0에서 최종 속도로 변하고 고도는 0에서 최종 고도로 변한다. 최종 속도와 최종 고도의 어느 값에서 내부, 운동 및 위치 에너지 변화가 동일한가? *답:* 120 m/s, 732 m

5-91 단단한 탱크에는 비열이 c_v = 0.748 kJ/kg·K인 혼합가스가 들어 있다. 혼합가스를 200 kPa 및 200°C에서 압력이 100 kPa가 될 때까지 냉각한다. 이 과정에서 열전달량을 kJ/kg 단위로 구하라.

5-92 0.5 kg의 공기를 포함하는 피스톤–실린더 장치를 고려하라. 이제 열은 일정한 압력에서 공기로 전달되고 공기 온도는 5°C 증가한다. 이 과정 동안의 팽창일을 구하라.

5-93 0.2 kg의 포화 냉매-134a가 200 kPa의 피스톤–실린더 장치에 들어 있다. 처음에는 질량의 75%가 액체상태이다. 이제 실린더에 증기만 포함될 때까지 일정한 압력으로 열이 냉매로 전달된다. 포화선에 대한 P-v 선도에 과정을 도시한다. (*a*) 초기에 냉매가 차지하는 부피, (*b*) 냉매가 한 일, (*c*) 총 열전달량을 구하라.

5-94E 휘젓기 날개가 장착된 잘 단열된 단단한 용기에 2 lbm의 공기가 들어 있다. 이 공기의 초기상태는 30 psia 및 60°F이다. 기압을 40 psia로 올리기 위해 휘젓기 날개를 사용하여 얼마나 많은 일(Btu)을 공중으로 옮겨야 하는가? 또한, 공기의 최종온도는 얼마인가?

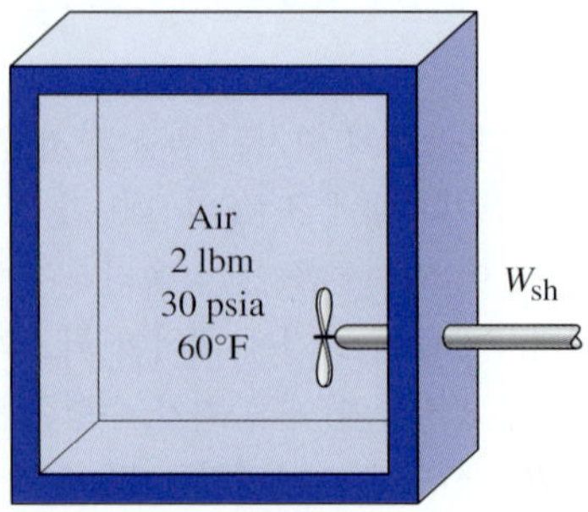

그림 P5-94E

5-95 공기는 피스톤-실린더 장치에서 1 MPa 및 400°C에서 110 kPa로 n = 1.2인 폴리트로픽 과정에서 팽창된다. 공기의 최종온도를 구하라.

5-96 단단한 용기에 100 kPa 및 25°C의 질소는 압력이 300 kPa가 될 때까지 가열된다. 이 과정 동안의 일과 열전달량을 kJ/kg 단위로 구하라.

5-97 잘 단열된 견고한 용기에는 40°C의 포화 액체 물 3 kg이 들어 있다. 용기에는 50 V가 인가될 때 10 A를 소비하는 전기저항도 포함되어 있다. 저항기가 30분 동안 작동된 후 용기의 최종온도를 구하라.

5-98 3 kg의 포화 액체-증기 물 혼합물이 160 kPa의 피스톤-실린더 장치에 들어 있다. 처음에는 1 kg의 물이 액체 상태이고 나머지는 증기상태이다. 이제 열이 물로 전달되고 멈춤 장치에 있는 피스톤의 내부 압력이 500 kPa에 도달하면 움직이기 시작한다. 열전달은 총 부피가 20% 증가할 때까지 계속된다. (*a*) 초기 및 최종온도, (*b*) 피스톤이 처음 움직이기 시작할 때 액체 물의 질량, (*c*) 이 과정 동안의 일을 구하라. 또한, *P*-*υ* 선도에 과정을 도시하라.

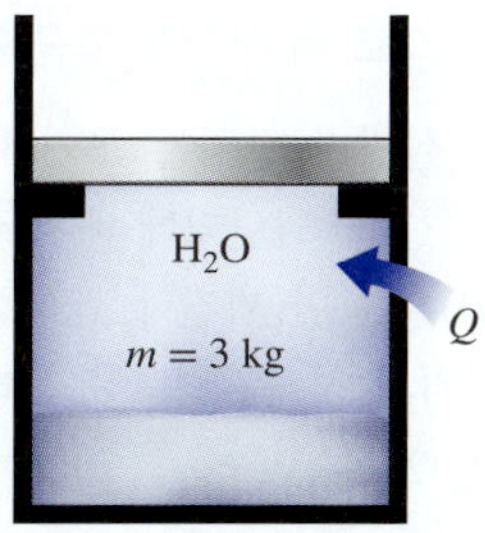

그림 P5-98

5-99 12 kg의 포화 냉매-134a 증기가 240 kPa의 피스톤-실린더 장치에 들어 있다. 300 kJ의 열이 일정한 압력에서 냉매로 전달되고 110 V 소스가 6분 동안 실린더 내의 저항기에 전류를 공급한다. 최종온도가 70°C일 때 공급되는 전류를 결정하라. 또한, 포화선에 대한 과정을 *T*-*υ* 선도에 도시하라. *답:* 12.8 A

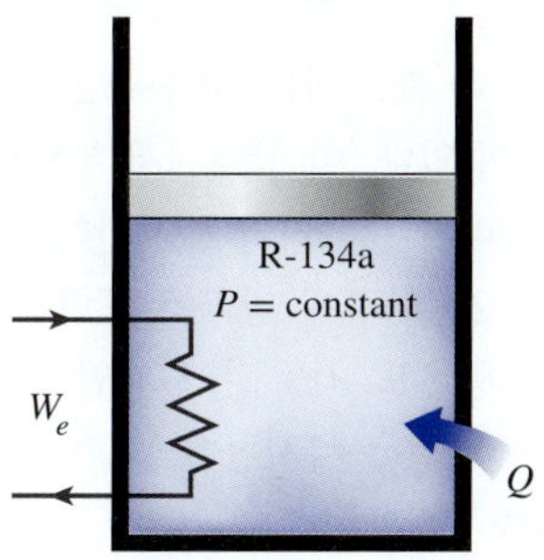

그림 P5-99

5-100 200°C의 포화 수증기는 스프링 장착 피스톤 실린더 장치에서 50°C의 포화 액체로 응축된다. 이 과정의 열전달량을 kJ/kg 단위로 구하라.

5-101 피스톤 실린더 장치에 초기에는 100 kPa, 10°C 및 0.2 m^3의 헬륨 가스가 들어 있다. 헬륨은 폴리트로픽 과정(PV^n = 일정)에서 700 kPa 및 290°C로 압축된다. 이 과정에서 열전달량을 구하라. *답:* 6.51 kJ 손실

그림 P5-101

5-102 마찰이 없는 피스톤-실린더 장치는 처음에는 100 kPa 및 0.15 m^3의 공기가 들어 있다. 이 상태에서 선형 스프링($F \propto x$)은 피스톤에 닿아 있지만 힘은 가하지 않는다. 공기는 0.45 m^3 및 800 kPa의 최종상태로 가열된다. (*a*) 공기가 한 총일과 (*b*) 용수철에 대해 한 일을 구하라. 또한, *P*-*V* 선도에 과정을 도시하라. *답:* (*a*) 135 kJ, (*b*) 105 kJ

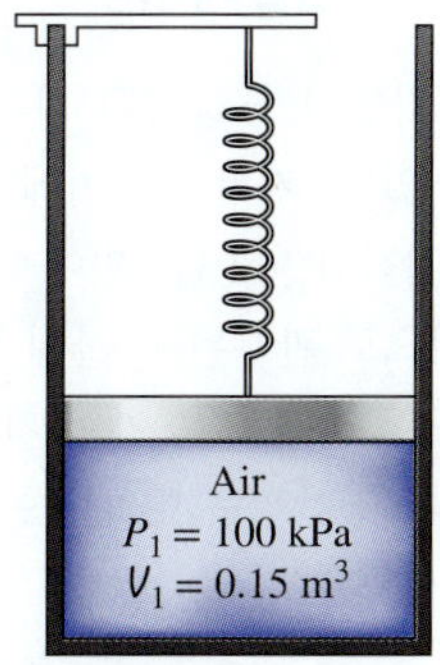

그림 P5-102

5-103 마찰이 없는 피스톤-실린더 장치와 단단한 탱크는 처음에 동일한 온도, 압력 및 부피에서 각각 12 kg의 이상기체를 포함한다. 두 시스템의 온도를 15°C 높이려고 한다. 이 결과를 얻기 위해 일정한 압력으로 유지되는 실린더의 가스에 공급해야 하는 추가 열의 양을 구하라. 기체의 몰 질량이 25라고 가정한다.

5-104 절연 피스톤-실린더 장치는 초기에 120°C, 건도가 0.2인 0.01 m^3의 포화 액체-증기 혼합물을 포함한다. 0°C의 얼음이

실린더에 추가된다. 열적평형에 도달했을 때 실린더에 120°C의 포화액체가 채워지는 경우에 추가된 얼음의 양을 구하라. 대기압에서 녹는 온도와 얼음의 융해열은 각각 0°C와 333.7 kJ/kg이다.

5-105 평균 50,000 kJ/h의 속도로 실외로 열이 손실되는 태양열 집은 겨울 밤에 10시간 동안 항상 22°C로 유지된다. 이 집은 용기 한 개당 20 L가 들어 있는 유리 용기 50개로 난방한다. 이 유리 용기들은 낮 동안 태양에너지를 흡수하여 80°C로 가열된다. 온도 조절 장치로 제어되는 15 kW 백업 전기 가열기는 집을 22°C로 유지하기 위해 필요할 때마다 켜진다. (*a*) 밤 동안 전기 가열기가 가동되는 시간을 구하라. (*b*) 집에 태양열 난방 장치가 설치되어 있지 않다면 밤 동안 전기 가열기가 작동하는 시간을 구하라. *답:* (*a*) 4.77 h, (*b*) 9.26 h

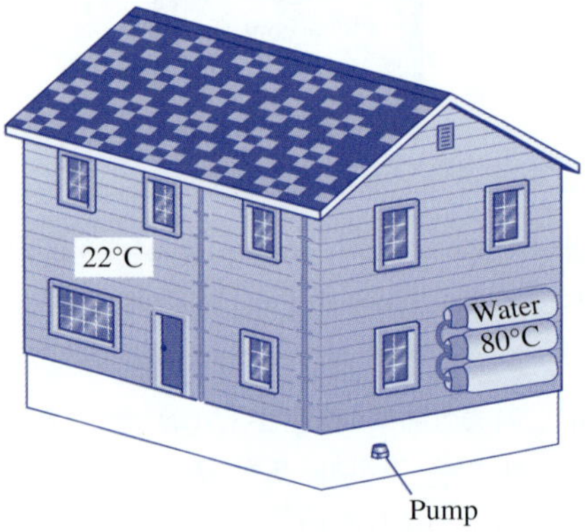

그림 P5-105

5-106 침수형 전기 가열기가 장착된 커피 메이커에 있는 물이 해수면 높이에서 끓고 있다. 커피 메이커에 물이 가득 차면 1 L가 들어간다. 물이 끓기 시작하면 13분 안에 커피 메이커에 있는 물의 절반이 증발하는 것으로 관찰된다. 물에 잠긴 전기 가열기의 정격전력을 W 단위로 구하라. 또한, 이 전기 가열기가 18°C 냉수 1 L의 온도를 끓는 점까지 올리는 데 걸리는 시간을 구하라.

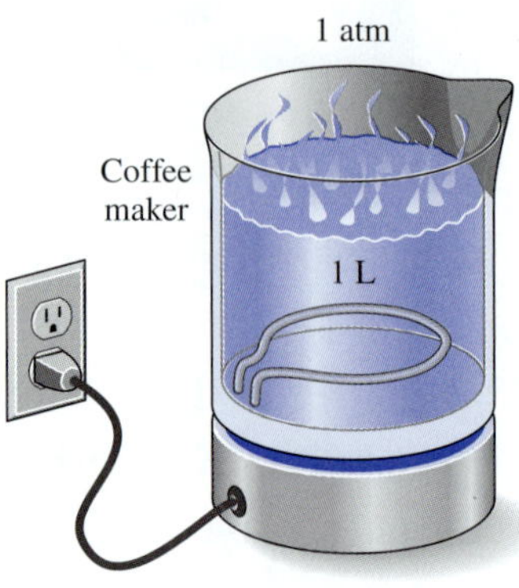

그림 P5-106

5-107 특정 식품의 에너지 함량은 3 kg의 물을 포함하는 폭탄 열량계에서 반응 챔버에 100 g의 공기가 있는 상태에서 2 g 샘플을 연소시켜 측정한다. 평형이 이루어졌을 때 수온이 3.2°C 상승하면 반응 챔버에 저장된 열 에너지와 교반기에서 공급되는 에너지를 무시하여 식품의 에너지 함량(kJ/kg)을 구하라. 반응 챔버에 저장된 열 에너지를 무시하여 발생한 오차를 대략적으로 추정하라. *답:* 20,060 kJ/kg

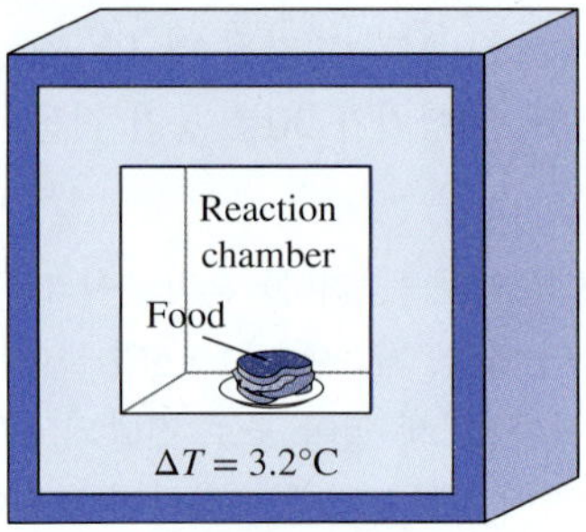

그림 P5-107

5-108 평균 체온이 39°C인 68 kg의 남성이 체온을 내리기 위해 3°C의 찬물 1 L를 마신다. 인체의 평균 비열을 3.6 kJ/kg·°C로 하여 이 차가운 물의 영향으로 이 사람의 평균 체온감소를 구하라.

5-109 절연 피스톤–실린더 장치는 초기에 120°C에서 1.8 kg의 포화 액체 물을 포함한다. 실린더에 배치된 전기 가열기의 부피가 4배가 될 때까지 10분 동안 켜진다. (*a*) 실린더의 부피, (*b*) 최종온도, (*c*) 전기 가열기의 정격전력을 구하라. *답:* (*a*) 0.00763 m^3, (*b*) 120°C, (*c*) 0.0236 kW

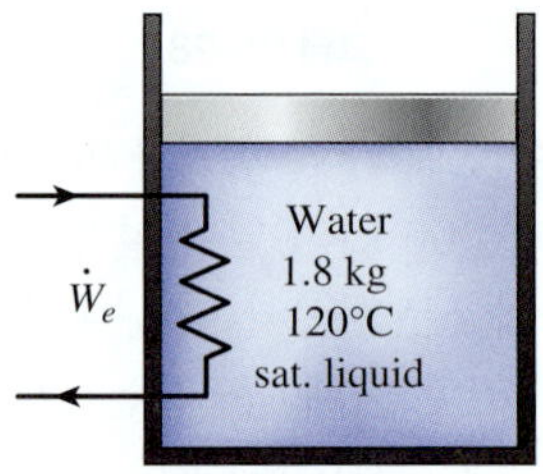

그림 P5-109

5-110 단열된 단단한 탱크에는 처음에 200°C의 포화 액체 물 1.4 kg과 공기가 들어 있다. 이 상태에서 부피의 25%는 액체상태의 물이 차지하고 나머지는 공기가 차지한다. 이제 탱크에 배치된 전기 가열기를 켜고 20분 후에 탱크에 포화증기로 채워진다. (*a*) 탱크의 부피, (*b*) 최종온도, (*c*) 전기 가열기의 정격전력을 구하라. 공기에 추가된 에너지는 무시한다. *답:* (*a*) 0.00648 m^3, (*b*) 371°C, (*c*) 1.58 kW

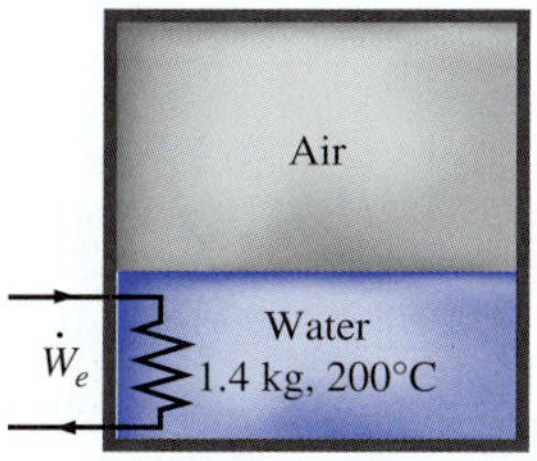

그림 P5-110

5-111 단열 탱크에서 20°C의 물 1톤을 식히기 위해 사람이 −5°C의 얼음 130 kg을 물에 붓는다. 탱크의 최종 평형온도를 구하라. 대기압에서 녹는 온도와 얼음의 융해열은 각각 0°C와 333.7 kJ/kg이다. *답:* 8.2°C

5-112 20°C의 물 0.3 L가 들어있는 유리잔을 얼음으로 5°C까지 냉각한다. 얼음이 (*a*) 0°C 및 (*b*) −20°C일 때 추가해야 하는 얼음의 양(g)을 구하라. 또한, 냉각이 0°C의 냉수로 수행되는 경우 필요한 물의 양을 구하라. 대기압에서 녹는 온도와 얼음의 융해열은 각각 0°C와 333.7 kJ/kg이고 물의 밀도는 1 kg/L이다.

5-113  문제 5-112를 다시 고려하라. 적당한 소프트웨어를 사용하여 얼음의 초기온도가 얼음 소요 질량에 미치는 영향을 조사하라. 초기온도를 −26°C에서 0°C까지 변화하도록 하라. 얼음의 초기온도에 대한 얼음의 질량을 도시하고 결과에 대해 논의하라.

5-114 단열이 잘 된 3 m × 4 m × 6 m 방은 초기에 7°C에서 증기 가열 시스템의 라디에이터에 의해 가열된다. 라디에이터의 부피는 15 L이며 200 kPa 및 200°C의 과열증기로 채워져 있다. 이 순간 라디에이터의 입구 및 출구 밸브가 모두 닫힌다. 120 W 팬은 실내 공기를 골고루 퍼지게 하기 위해 사용된다. 증기의 압력은 방으로 열을 전달시킨 결과로 45분 후에 100 kPa로 떨어졌다. 상온에서 공기의 비열이 일정하다고 가정하고 45분 후 공기의 평균 온도를 구하라. 실내 공기압이 100 kPa로 일정하다고 가정하라.

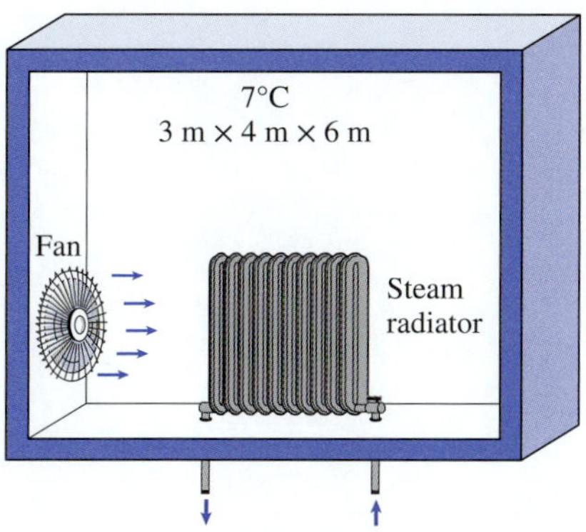

그림 P5-114

5-115 그림 P5-115와 같이 체적이 각각 2 m^3인 두 개의 단열 챔버는 밸브로 연결되어 있다. 1개의 챔버는 1000 kPa, 127°C에서 산소를 포함하고 있으며 다른 챔버는 진공 상태로 유지된다. 밸브는 산소가 두 챔버를 모두 채우고 두 탱크의 압력이 같아질 때까지 열린다. 탱크의 총 내부 에너지 변화와 최종 압력을 구하라.

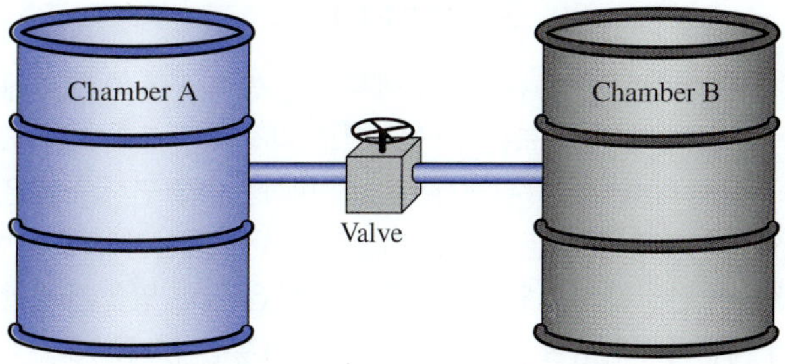

그림 P5-115

5-116 10 cm 직경의 수직 피스톤 실린더 장치는 1 bar 및 24°C의 주위 조건에서 이상기체를 포함한다. 초기에 피스톤의 내부면은 실린더 바닥에서 20 cm 떨어져 있다. 피스톤에 연결된 외부 축은 0.1 kJ의 입력 경계일에 해당하는 힘을 가한다. 가스의 온도는 이 과정 동안 일정하게 유지된다. (*a*) 열전달량, (*b*) 실린더의 최종압력, (*c*) 피스톤이 움직인 거리를 구하라.

5-117 피스톤-실린더 장치는 처음에 7.4°C로 과열된 3.5 MPa의 증기 0.35 kg을 포함한다. 증기는 주변으로 열을 잃고 피스톤이 아래로 이동하여 실린더에 포화 액체 물이 포함된 지점에서 멈춤 장치에 부딪친다. 냉각은 실린더의 물이 200°C가 될 때까지 계속된다. (*a*) 최종압력과 건도(혼합물인 경우), (*b*) 경계일, (*c*) 피스톤이 처음으로 정지할 때의 열전달량, (*d*) 총 열전달량을 구하라.

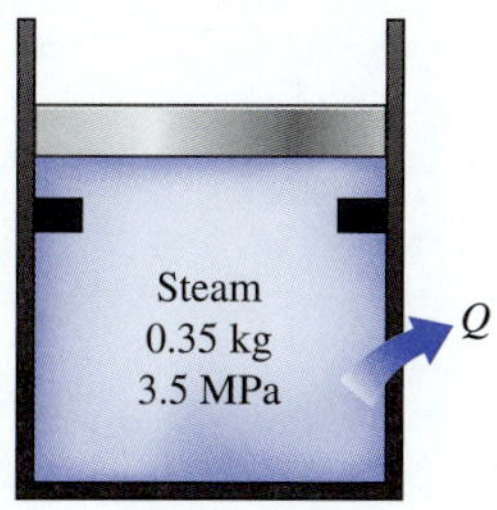

그림 P5-117

5-118E 2개의 10 ft^3 단열 탱크가 밸브로 연결된다. 초기에 한 탱크에는 10% 건도의 450 psia 물이 들어 있고 두 번째 탱크에는 75% 건도의 15 psia 물이 들어 있다. 밸브가 열리고 고압 탱크의 수증기가 두 압력이 같아질 때까지 저압 탱크로 이동한다. 각 탱크의 최종압력과 최종질량을 구하라. *답:* 313 psia, 41.6 lbm

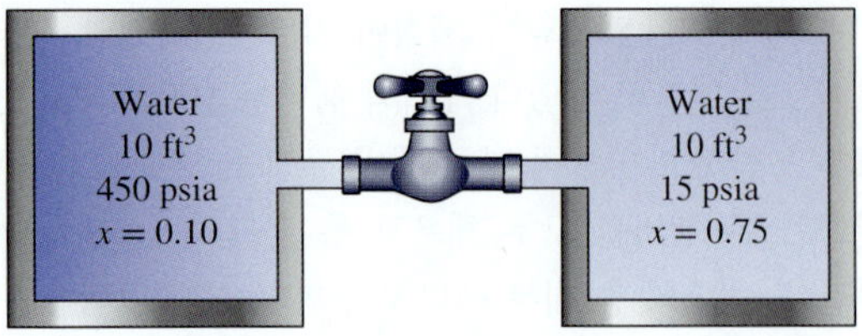

그림 P5-118E

5-119 태양열 난방 건물에서 에너지는 밤에 사용하기 위해 낮 동안 암석, 콘크리트 또는 물에 현열로 저장되는 경우가 많다. 저장 공간을 최소화하기 위해서는 온도 변화가 적으면서도 많은 양의 열을 저장할 수 있는 소재를 사용하는 것이 바람직하다. 상변화 과정에서 본질적으로 일정한 온도에서 많은 양의 열을 저장할 수 있기 때문에 녹는점이 32°C인 글라우버염(황산나트륨 10 수화물)과 같이 상온 부근에서 상이 변하는 물질 및 329 kJ/L의 융해열은 이러한 목적에 매우 적합하다. (*a*) 상변화를 겪는 글라우버염, (*b*) 열용량이 2.32 kJ/kg·°C이고 온도변화가 20°C인 화강암 암석을 사용하여 5 m^3 저장 공간에 얼마나 많은 열을 저장할 수 있는지 구하라. 그리고 (*c*) 4.00 kJ/kg·°C의 열용량과 20°C의 온도변화를 갖는 물을 이용하였을 때 얼마나 많은 열량을 저장할 수 있는지 각각 알아보라.

설계 및 논술 문제

5-120 국립 연구소에서 기체, 액체 및 고체의 비열이 어떻게 구하는지 알아보라. 실험 장치와 사용된 방법을 기술하라.

5-121 깊이 2 m, 길이 25 m, 폭 25 m인 수영장의 난방 시스템을 설계하도록 의뢰를 받았다. 고객은 난방 시스템이 3시간 안에 수온을 20°C에서 30°C로 올릴 수 있을 만큼 충분히 커야 한다고 요구한다. 실외 설계 조건에서 물에서 공기로의 열손실률은 960 W/m^{2}로 결정되었으며 가열기도 이러한 조건에서 수영장을 30°C로 유지할 수 있어야 한다. 지면으로의 열손실은 작을 것으로 예상되며 무시할 수 있다. 고려되는 가열기는 효율이 80%인 천연가스 난방로이다. 고객에게 추천할 가열기의 가열용량은 몇 kW인가?

5-122 압축 가스와 상변화 액체는 단단한 용기에 에너지를 저장하는 데 사용된다. 에너지 저장 수단으로서 각 물질의 장단점은 무엇인가?

5-123 전기저항 가열기를 사용하여 액체의 비열을 측정하는 실험기기와 실험방법을 설계하라. 실험을 어떻게 할지, 무엇을 측정해야 할지, 비열을 어떻게 구해야 할지에 대해서 논의하라. 이런 실험장치에는 어떠한 오차의 원인이 있는가? 실험 오차를 어떻게 최소로 줄일 것인가? 고체의 비열을 측정하려면 이 실험장치를 어떻게 개조하겠는가?

CHAPTER 06

검사체적의 질량 및 에너지 해석

MASS AND ENERGY ANALYSIS OF CONTROL VOLUMES

학습목표

이 장의 목적은 다음과 같다.

- 질량 보존법칙을 유도한다.
- 정상 유동 및 비정상 유동이 나타나는 다양한 검사체적에 질량 보존법칙을 적용한다.
- 에너지 보존법칙의 수학적 서술인 열역학 제1법칙을 검사체적에 적용한다.
- 검사체적의 경계면을 통과하는 유체 유동에 의해 전달되는 에너지는 내부 에너지, 유동일, 운동 에너지 및 위치 에너지의 합이며, 내부 에너지와 유동일의 합은 엔탈피로 정의하는 상태량임을 확인한다.
- 노즐, 압축기, 터빈, 교축 밸브, 혼합실, 열교환기 등과 같은 일반적인 정상 유동 장치에 대한 에너지 평형 문제를 해결한다.
- 용기 내 유체의 충전 및 배출 과정에 대한 모델인 균일 유동 과정을 이해하고 에너지 평형 원리를 비정상 유동 과정에 적용한다.

5장에서는 $E_{in} - E_{out} = \Delta E_{system}$으로 나타나는 에너지 평형 관계식을 밀폐계에 적용하였다. 6장에서는 질량 유동이 계의 경계를 통과하는 계, 즉 검사체적으로 에너지 해석을 확대 적용하며, 특히 정상 유동계를 중점적으로 다룬다.

먼저 검사체적에 대한 **질량 보존** 관계식을 유도하고, 유체 유동일과 유동 에너지에 대하여 논의한다. 이를 바탕으로 **정상 유동 과정**에 해당하는 계에 에너지 평형 원리를 적용하여 노즐, 디퓨저, 압축기, 터빈, 교축 밸브, 혼합실 및 열교환기 등과 같은 정상 유동 장치에 대한 에너지 해석을 수행한다. 마지막으로 용기 내 유체의 충전과 배출과 같은 일반적인 **비정상 유동 과정**에 에너지 평형 원리를 적용하여 해석한다.

6-1 질량 보존

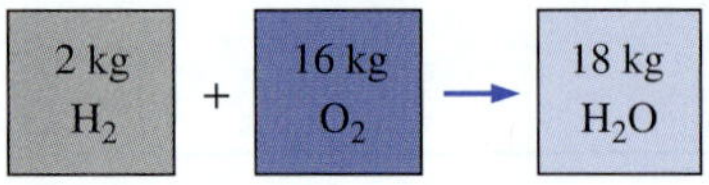

그림 6-1
화학 반응 중에도 질량은 보존된다.

질량 보존법칙은 가장 기본적인 자연 법칙 중의 하나로 우리에게 매우 친숙하며 이해하기도 쉬운 법칙이다. 100 g의 오일과 25 g의 식초를 섞어서 얼마나 많은 양의 식초와 오일 드레싱을 얻을 수 있는지 알아내기 위해 우리가 로켓 과학자가 될 필요는 없다. 질량 보존법칙은 화학 반응식에도 적용된다. 16 kg의 산소와 수소 2 kg이 반응하여 18 kg의 물이 만들어진다(그림 6-1). 이 18 kg의 물은 전기 분해 반응으로 2 kg의 수소와 16 kg의 산소로 분리된다.

엄밀히 말하면, 질량은 정확히 보존되지 않는다. 질량 m과 에너지 E는 Albert Einstein (1879~1955)이 제안하여 잘 알려진 공식에 따라 서로 변환될 수 있다는 것이 밝혀졌다.

$$E = mc^2 \tag{6-1}$$

이 식에서 c는 진공에서의 광속으로 $c = 2.9979 \times 10^8$ m/s이다. 이 식은 질량과 에너지 사이에 등가 관계가 존재한다는 것을 제시한다. 모든 물리적, 화학적 계는 주위와 에너지 상호작용을 하지만, 이 상호작용과 관련된 에너지의 양은 계의 총 질량에 비해 매우 작은 질량이다. 예를 들어 정상적인 대기 조건에서 산소와 수소의 화학 반응으로 1 kg의 물이 만들어질 때 방출되는 에너지는 15.8 MJ이며, 이는 1.76×10^{-10} kg의 질량에 불과하다. 핵반응에서도 에너지 상호작용의 양에 해당하는 질량은 전체 질량의 극히 일부이다. 따라서 대부분의 공학 해석에서는 질량과 에너지 둘 다 보존되는 양으로 고려한다.

밀폐계의 경우, 계의 변화 과정 동안 질량의 변화가 없으므로 질량 보존법칙은 내재적으로 적용되지만, **검사체적**의 경우에는 질량이 계의 경계를 통과하므로, 검사체적으로 유입되는 질량과 유출되는 질량을 지속적으로 추적하여야 한다.

질량 유량과 체적 유량

단위 시간당 유동 단면을 통과하여 흐르는 유체의 질량을 **질량 유량**(mass flow rate)이라 하며, $\dot{m}$으로 표기한다. 문자 기호 위의 점은 시간 변화율을 나타내는 데 사용된다.

유체는 일반적으로 파이프나 덕트를 통해 검사체적으로 유입되거나 유출된다. 파이프 단면에서 미소 면적 dA_c를 가로질러 흐르는 유체의 미소 질량 유량은 미소 면적 dA_c, 유체 밀도 ρ 및 미소 면적에 수직한 속도 성분 V_n에 비례하며, 다음과 같이 표현된다(그림 6-2).

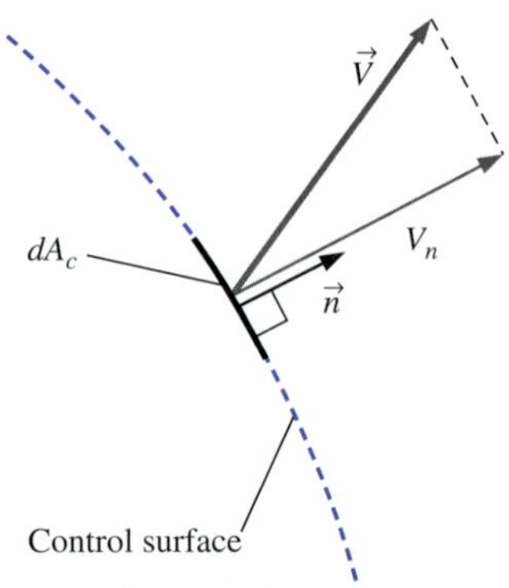

그림 6-2
법선 속도 V_n은 표면에 수직인 속도 성분이다.

$$\delta\dot{m} = \rho V_n dA_c \tag{6-2}$$

이 식에서 δ와 d는 둘 다 미분량을 의미하지만, δ는 열, 일, 물질 전달과 같이 경로 함수(*path function*)에 해당하는 양으로 **불완전 미분**이며, d는 상태량과 같이 점 함수(*point function*)로 표현되는 양으로 **완전 미분**을 나타낸다. 예를 들면 내경과 외경이 각각 r_1과 r_2인 환상 유로(annulus)를 흐르는 유동 단면적은 $\int_1^2 dA_c = A_{c2} - A_{c1} = \pi(r_2^2 - r_1^2)$이지만, 환상 유로 단면을 통과하는 총 질량 유량은 $\dot{m}_2 - \dot{m}_1$이 아니라 $\int_1^2 \delta\dot{m} = \dot{m}_{\text{total}}$이다. 주어진 반경 r_1과 r_2에 대하여, 면적 dA_c의 적분 값은 정해져 있지만(점 함수 또는 완전 미분), $\delta\dot{m}$의 적분 값은 $\dot{m}$ 변화 경로에 따라 다른 값을 갖게 된다(경로 함수 또는 불완전 미분).

파이프나 덕트의 단면적 전체를 통과하는 질량 유량은 다음과 같이 적분하여 구한다.

$$\dot{m} = \int_{A_c} \delta\dot{m} = \int_{A_c} \rho V_n dA_c \qquad \text{(kg/s)} \tag{6-3}$$

식 (6-3)은 엄밀한 수식이므로 언제나 유효하지만, 적분을 수행해야 하므로 공학 해석에 항상 실용적인 것은 아니다. 파이프 단면에 대한 질량 유량을 평균값으로 나타내 보자. 일반적으로 압축성 유동에서 유체 밀도 ρ와 법선 속도 성분 V_n은 파이프 단면의 반경 방향에 따라 변한다. 그러나 대부분의 많은 실제 문제에서 밀도는 일정하게 유지되므로 식 (6-3)에서 ρ를 적분 기호 밖으로 끌어낼 수 있다. 그러나 벽면에서의 속도가 0이라는 점착 조건(no-slip condition) 때문에 단면에서의 속도가 균일할 수 없다. 속도는 파이프 벽면에서 0이고 중심부에서 최고가 된다. **평균 속도** V_{avg}를 파이프 단면에 분포하는 속도 성분 V_n의 평균 값으로 다음과 같이 정의한다(그림 6-3).

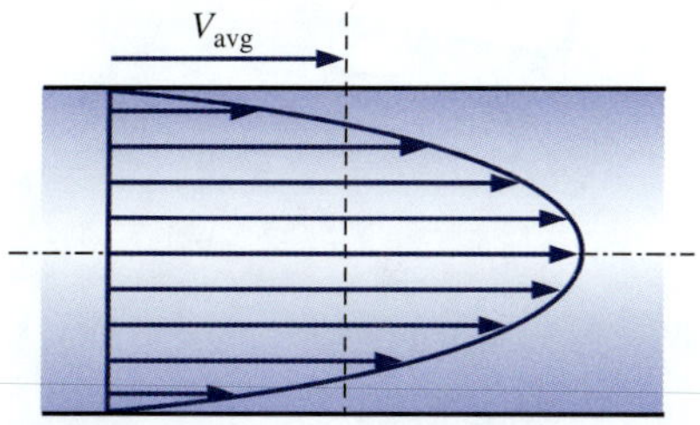

그림 6-3
V_{avg}는 파이프 단면 전체에 분포하는 속도 성분을 평균한 값이다.

평균 속도:
$$V_{\text{avg}} = \frac{1}{A_c}\int_{A_c} V_n dA_c \tag{6-4}$$

여기서 A_c는 유동 방향에 수직인 파이프의 단면적이다. 만약 속도가 모든 단면에서 V_{avg}이면 질량 유량은 실제 속도 분포를 적분하여 구한 값과 동일하다. 비압축성 유동 또는 ρ가 A_c 전체에 걸쳐 일정하다고 고려할 수 있는 압축성 유동에 대해 식 (6-3)은 다음과 같다.

$$\dot{m} = \rho V_{\text{avg}} A_c \qquad \text{(kg/s)} \tag{6-5}$$

압축성 유동인 경우에도 ρ를 유동 단면에 대한 평균 밀도로 고려하면 식 (6-5)가 합리적인 근사식으로 사용할 수 있다. 표기를 간단히 하기 위해 평균 속도에 있는 하첨자를 생략하고, 특별한 언급이 없는 한, V는 유동 방향의 평균 속도를 나타낸다. 또한, A_c는 유동 방향에 대한 수직 단면적을 나타낸다.

체적 유량(volume flow rate)은 단위 시간당 단면을 통과하는 유체의 체적으로 $\dot{V}$로 표기하고, 다음과 같이 주어진다(그림 6-4).

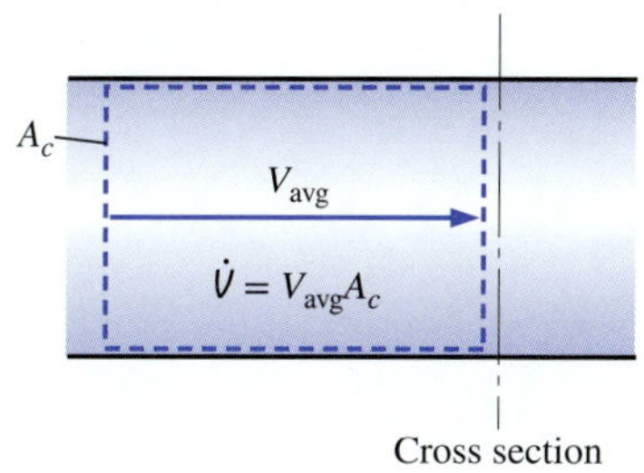

그림 6-4
체적 유량은 단위 시간당 단면을 통과하여 흐르는 유체의 체적이다.

$$\dot{V} = \int_{A_c} V_n dA_c = V_{\text{avg}} A_c = VA_c \qquad \text{(m}^3\text{/s)} \tag{6-6}$$

식 (6-6)의 초기 형태는 1628년 이탈리아의 수도사 Benedetto Castelli(약 1577~1644년)에 의해 공표되었다. 대부분의 유체역학 교재는 체적 유량 $\dot{V}$를 Q로 표기하지만, 본 교재에서는 열전달과 혼동을 피하기 위해 $\dot{V}$를 사용한다.

질량 유량과 체적 유량의 관계는 다음과 같다.

$$\dot{m} = \rho \dot{V} = \frac{\dot{V}}{v} \tag{6-7}$$

여기서 v는 비체적(m^3/kg)이며, 이 식은 용기 내부에 들어있는 유체의 질량과 체적 사이의 관계식 $m = \rho V = V/v$와 유사하다.

질량 보존법칙

그림 6-5
일반 욕조에서의 질량 보존법칙

검사체적에 대한 질량 보존법칙(*conservation of mass principle*)은 다음과 같이 표현할 수 있다; **시간 구간 Δt 동안 검사체적으로 유입되거나 유출된 정미 질량 전달량은 Δt 동안 검사체적 내부의 총 질량 변화(증가 또는 감소)와 같다**고 나타낼 수 있다.

$$\begin{pmatrix} \Delta t \text{ 동안 검사체적으로} \\ \text{유입되는 총 질량} \end{pmatrix} - \begin{pmatrix} \Delta t \text{ 동안 검사체적에서} \\ \text{유출되는 총 질량} \end{pmatrix} = \begin{pmatrix} \Delta t \text{ 동안 검사체적} \\ \text{내부 질량의 정미 변화} \end{pmatrix}$$

또는

$$m_{in} - m_{out} = \Delta m_{CV} \qquad \text{(kg)} \tag{6-8}$$

여기서 $\Delta m_{CV} = m_{final} - m_{initial}$은 과정 전후의 검사체적 내 질량 변화이다(그림 6-5). 이 식을 **시간 변화율**로 나타내면 다음과 같다.

$$\dot{m}_{in} - \dot{m}_{out} = dm_{CV}/dt \qquad \text{(kg/s)} \tag{6-9}$$

여기서 $\dot{m}_{in}$과 $\dot{m}_{out}$은 검사체적으로 유입되거나 유출되는 총 질량 유량이며, dm_{CV}/dt는 검사체적 내부 질량의 시간 변화율이다. 식 (6-8)과 (6-9)는 **질량 평형**(mass balance)이라고도 말하며, 변화 과정에 관계없이 모든 검사체적에 적용 가능하다.

그림 6-6에 나타낸 임의 형상의 검사체적을 고려하면, 검사체적 내 미소 체적 dV의 질량은 $dm = \rho\, dV$이다. 시간 t의 어느 순간에 검사체적 내부의 총 질량은 다음 식과 같이 적분하여 결정한다.

검사체적 내부의 총 질량: $$m_{cv} = \int_{CV} \rho\, dV \tag{6-10}$$

따라서 검사체적 내부의 질량에 대한 시간 변화율은 다음과 같이 나타낼 수 있다.

검사체적 내부의 질량 변화율: $$\frac{dm_{CV}}{dt} = \frac{d}{dt}\int_{CV} \rho\, dV \tag{6-11}$$

검사면을 통과하는 질량 유동이 없는 특별한 경우(밀폐계) 질량 보존법칙은 $dm_{CV}/dt = 0$이다. 이 식은 검사체적이 고정되어 있거나, 이동 또는 변형에 관계없이 성립한다.

고정된 검사체적의 미소 검사면 dA를 통과하여 유입되거나 유출되는 질량을 고려하자. 그림 6-6에 나타낸 $\vec{n}$은 dA에 수직인 외부로 향하는 방향 단위 벡터, $\vec{V}$는 dA에서 고정 좌표계에 대한 유체의 속도 벡터로 정의한다. 일반적인 경우로 속도 벡터가 dA의 법선 방향으로부터 θ만큼 기울어져 통과한다고 고려하면, 질량 유량은 속도의 법선 성분인 $\vec{V}_n = \vec{V}\cos\theta$에 비례한다. 따라서 질량 유량은 $\theta = 0°$일 때(유동은 dA에 수직) 최대 유출량이 되며, $\theta = 90°$일 때(유동은 dA에 접선 방향) 유량은 최소량인 0이 된다. $\theta = 180°$일 때(유동은 dA의 반대 방향으로 수직)에는 최대 유입량인 경우가 된다. 두 벡터의 내적 개념을 이용하면 속도의 법선 성분의 크기는 다음과 같다.

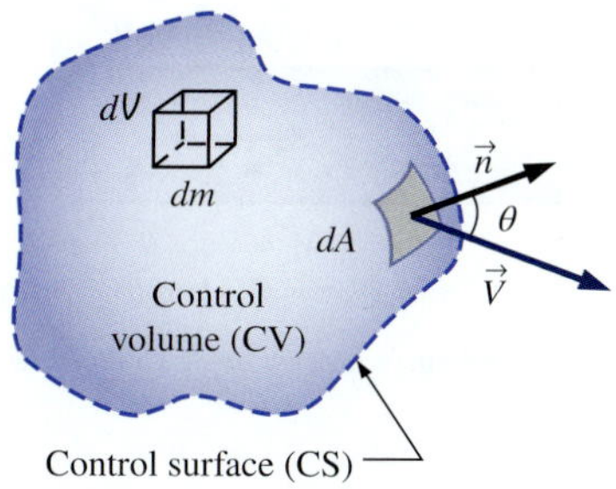

그림 6-6

질량 보존 관계식 유도에 사용된 미소 검사체적 dV와 미소 검사면 dA

속도의 법선 성분: $$V_n = V\cos\theta = \vec{V}\cdot\vec{n} \quad \text{(6-12)}$$

dA를 통과하는 질량 유량은 유체의 밀도 r, 법선 속도 V_n, 유동 면적 dA에 비례하며 다음과 같이 나타낼 수 있다.

미소 질량 유량: $$\delta\dot{m} = \rho V_n\,dA = \rho(V\cos\theta)\,dA = \rho(\vec{V}\cdot\vec{n})\,dA \quad \text{(6-13)}$$

전체 검사면을 통과하여 검사체적으로 유입 또는 유출되는 정미 질량 유량은 검사면 전체에 대해 적분하여 구한다.

정미 질량 유량: $$\dot{m}_{\text{net}} = \int_{\text{CS}}\delta\dot{m} = \int_{\text{CS}}\rho V_n\,dA = \int_{\text{CS}}\rho(\vec{V}\cdot\vec{n})\,dA \quad \text{(6-14)}$$

$V_n = \vec{V}\cdot\vec{n} = V\cos\theta$는 $\theta < 90°$(유출)에서 양의 값이고, $\theta > 90°$(유입)에서 음의 값을 갖는다. 따라서 유동 방향은 자동적으로 처리되며, 정미 질량 유량은 면 적분인 식 (6-14)를 이용하여 구할 수 있다. 질량 유량 $\dot{m}_{\text{net}}$이 양의 값이면 정미 유출을 의미하고, 음의 값이면 정미 유입을 의미한다.

식 (6-9)를 $dm_{\text{CV}}/dt + \dot{m}_{\text{out}} - \dot{m}_{\text{in}} = 0$으로 정리하면, 고정된 검사체적에 대한 질량 보존 관계식은 다음 식으로 나타낼 수 있다.

일반적인 질량 보존: $$\frac{d}{dt}\int_{\text{CV}}\rho\,dV + \int_{\text{CS}}\rho(\vec{V}\cdot\vec{n})\,dA = 0 \quad \text{(6-15)}$$

이 식은 검사체적 내부 질량 시간 변화율과 검사면을 통과하는 정미 질량 유량의 합은 0이 된다는 것을 의미한다.

식 (6-15)의 표면 적분을 유출 유동(양의 값)과 유입 유동(음의 값)의 두 부분으로 분리하면 일반화된 질량 보존 관계식은 다음과 같이 나타낼 수 있다.

$$\frac{d}{dt}\int_{\text{CV}}\rho\,dV + \sum_{\text{out}}\rho|V_n|A - \sum_{\text{in}}\rho|V_n|A = 0 \quad \text{(6-16)}$$

여기서 A는 입구와 출구의 면적을 나타내고, 합산 기호는 모든 입구와 출구가 고려되어야 한다는 것을 강조하기 위하여 사용하였다. 질량 유량의 정의를 이용하면 식 (6-16)은 다음과 같이 표현할 수 있다.

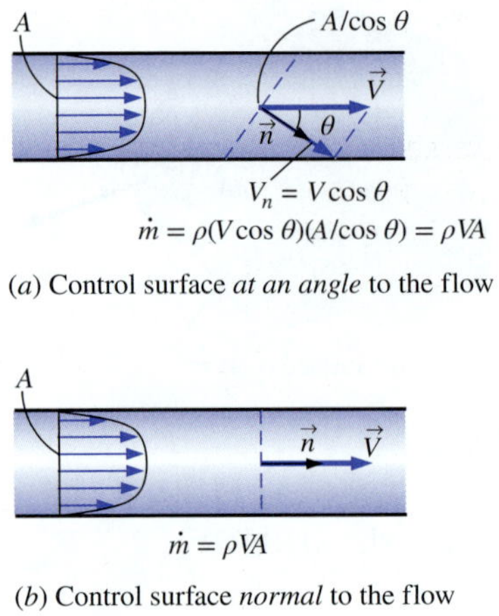

그림 6-7
결과가 동일하더라도 복잡성을 피하기 위해 유체 유동이 지나는 모든 위치에서 검사면은 **유동 수직**인 방향으로 선정해야 한다.

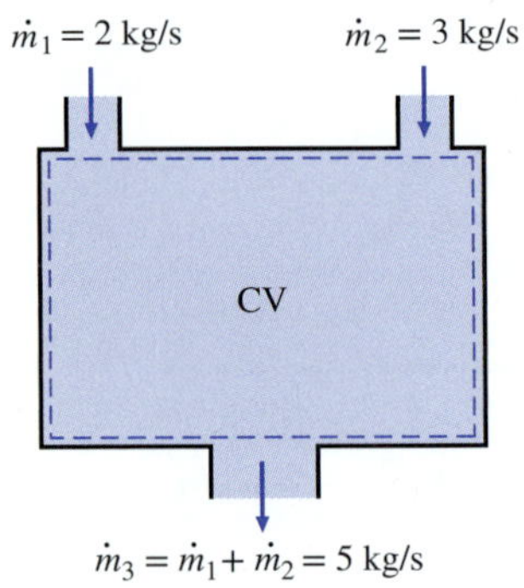

그림 6-8
두 개의 입구와 한 개의 출구가 있는 정상 유동계에 대한 질량 보존법칙

$$\frac{d}{dt}\int_{CV}\rho\,dV = \sum_{in}\dot{m} - \sum_{out}\dot{m} \quad \text{or} \quad \frac{dm_{CV}}{dt} = \sum_{in}\dot{m} - \sum_{out}\dot{m} \tag{6-17}$$

문제가 주어지면 매우 자유롭게 검사체적을 선정할 수 있기 때문에 많은 검사체적을 선택할 수 있지만, 문제를 해결하는 데 좀 더 편리한 검사체적이 있다. 검사체적은 불필요한 복잡성을 가지면 안 된다. 검사체적을 현명하게 선택하면 복잡해 보이는 문제를 쉽게 해결할 수 있다. 검사체적을 선택하는 간단한 규칙은 가능한 한 유체 유동이 지나는 모든 위치에서 **유동에 수직**으로 검사면을 만드는 것이다. 이 방법을 사용하면 내적 $\vec{V}\cdot\vec{n}$은 단순하게 속도의 크기가 되며, 적분 $\int_A \rho(\vec{V}\cdot\vec{n})\,dA$는 간단하게 ρVA가 된다(그림 6-7).

이동하거나 변형하는 검사체적인 경우에도 **절대 속도**를 검사면에 대한 **상대 속도**로 변환하여 사용하면, 식 (6-15)와 (6-16)은 유효하게 사용할 수 있다.

정상 유동 과정에 대한 질량 평형

정상 유동 과정에서 검사체적 내 총 질량은 시간에 따라 변하지 않는다(m_{CV} = constant). 따라서 질량 보존법칙에 따라 검사체적으로 유입되는 총 질량과 유출되는 총 질량이 같아야 한다. 예를 들어 정원용 호스의 노즐이 정상 유동 과정으로 작동한다면, 단위 시간당 노즐로 유입되는 물의 질량과 노즐에서 유출되는 물의 질량은 같다.

정상 유동 과정을 다룰 때 작동 시간 동안 장치에 유입 또는 유출되는 총 질량은 의미가 없으며 단위 시간당 흐르는 질량인 **질량 유량** $\dot{m}$이 중요하다. 여러 개의 입구와 출구가 있는 정상 유동계에 대한 **질량 보존법칙**을 시간 변화율로 나타내면 다음과 같다(그림 6-8).

정상 유동:
$$\sum_{in}\dot{m} = \sum_{out}\dot{m} \quad \text{(kg/s)} \tag{6-18}$$

이 식은 **검사체적으로 유입되는 총 질량 유량과 검사체적으로부터 유출되는 총 질량 유량이 같다**는 것을 의미한다.

노즐, 디퓨저, 터빈, 압축기, 펌프 등 대부분의 산업용 기계 장치들은 입구와 출구가 각각 하나인 단일 흐름으로 작동한다. 이러한 경우 입구 상태는 하첨자 1, 출구 상태는 하첨자 2로 나타내고 합산 기호는 필요 없다. 식 (6-18)을 **단일 흐름 정상 유동계**에 적용하면 다음과 같이 간소화된다.

정상 유동(단일 흐름):
$$\dot{m}_1 = \dot{m}_2 \quad \rightarrow \quad \rho_1 V_1 A_1 = \rho_2 V_2 A_2 \tag{6-19}$$

특별한 경우: 비압축성 유동

액체와 같이 밀도가 일정한 비압축성 유체인 경우에는 질량 보존식이 더욱 간소화되며, 식 (6-18)의 양변에 있는 밀도를 소거하면 다음과 같이 된다.

정상, 비압축성 유동: $$\sum_{in}\dot{V}=\sum_{out}\dot{V} \quad (m^3/s) \qquad (6\text{-}20)$$

단일 흐름 정상 유동계에서 식 (6-20)은 다음과 같다.

정상, 비압축성 유동(단일 흐름): $$\dot{V}_1=\dot{V}_2 \rightarrow V_1A_1=V_2A_2 \qquad (6\text{-}21)$$

"체적 보존법칙" 같은 것은 존재하지 않는다는 것을 유념해야 한다. 그러므로 정상 유동 장치의 유입 체적 유량과 유출 체적 유량은 동일하지 않을 수 있다. 공기 압축기의 입구와 출구에서 공기의 질량 유량은 동일하지만, 출구에서는 공기의 밀도 증가로 인하여 체적 유량은 입구에 비하여 매우 작아진다(그림 6-9). 그러나 액체의 정상 유동은 액체가 밀도가 일정한 비압축성 유체이기 때문에 질량 유량뿐만 아니라 체적 유량도 거의 일정하게 유지된다. 정원용 호스의 노즐을 통한 물의 유동은 액체의 정상 유동을 이해할 수 있는 좋은 예이다.

질량 보존법칙에서는 변화 과정 동안 관련된 모든 질량이 파악되어야 한다. 입출금을 기록으로 관리하거나 "금전 보존법칙"을 준수하여 수표 장부의 균형을 맞출 수 있는 사람이라면 공학적 문제에 질량 보존법칙을 적용하는 데 어려움이 없을 것이다.

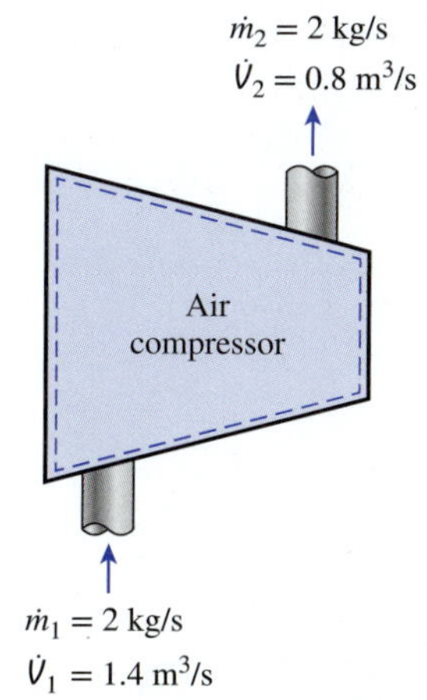

그림 6-9
정상 유동 과정 동안 질량 유량은 보존되지만 체적 유량은 반드시 보존되는 것은 아니다.

예제 6-1 정원용 호스 노즐을 통과하는 물의 유동

노즐이 장착된 정원용 호스를 사용하여 10 gal의 물통에 물을 채우려 한다. 호스의 내경은 2 cm이며 노즐 출구에서 0.8 cm로 줄어든다(그림 6-10). 물통을 완전히 채우는 데 50초의 시간이 걸린다고 할 때 (*a*) 호스를 통과하는 물의 체적 유량과 질량 유량, (*b*) 노즐 출구에서 물의 평균 속도를 계산하라.

풀이 정원용 호스는 사용하여 물통에 물을 채울 때 물의 체적 유량과 질량 유량 및 출구 속도를 구하는 문제이다.

가정 **1.** 물은 비압축성 물질이다. **2.** 호스를 통과하는 유동은 정상 유동이다. **3.** 물이 넘쳐 발생하는 손실은 없다.

상태량 물의 밀도는 1000 kg/m³ = 1 kg/L이다.

해석 (*a*) 10 gal의 물이 50초 동안 유출되므로 체적 유량과 질량 유량은 다음과 같이 계산한다.

$$\dot{V}=\frac{V}{\Delta t}=\frac{10\ \text{gal}}{50\ \text{s}}\left(\frac{3.7854\ \text{L}}{1\ \text{gal}}\right)=\mathbf{0.757\ L/s}$$

$$\dot{m}=\rho\dot{V}=(1\ \text{kg/L})(0.757\ \text{L/s})=\mathbf{0.757\ kg/s}$$

(*b*) 노즐 출구의 단면적은 다음과 같이 계산한다.

$$A_e=\pi r_e^2=\pi(0.4\ \text{cm})^2=0.5027\ \text{cm}^2=0.5027\times10^{-4}\ \text{m}^2$$

그림 6-10
예제 6-1의 개략도
John M. Cimbala

호스와 노즐을 통과하는 체적 유량은 일정하므로 노즐 출구에서의 평균 속도는 다음과 같다.

$$V_e = \frac{\dot{V}}{A_e} = \frac{0.757\ \text{L/s}}{0.5027 \times 10^{-4}\ \text{m}^2}\left(\frac{1\ \text{m}^3}{1000\ \text{L}}\right) = \mathbf{15.1\ m/s}$$

검토 호스에서의 물의 평균 속도는 2.4 m/s이므로 노즐은 물의 속도를 6배 이상 증가시킨다.

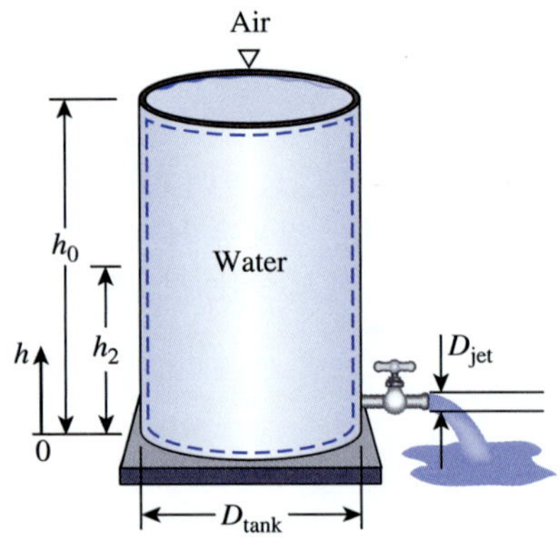

그림 6-11
예제 6-2의 개략도

예제 6-2 탱크로부터 물의 배출

높이 4 ft, 직경 3 ft인 원통형 물탱크가 물로 가득 차 있으며, 상부가 대기압에 노출되어 있다. 탱크의 바닥 근처에 있는 배출구 마개를 열어서 물을 배출시킨다. 이때 배출되는 물줄기의 직경은 0.5 in이다(그림 6-11). 물줄기의 평균 속도는 $V = \sqrt{2gh}$이며, h는 배출구 중심으로부터 수면까지의 높이(변수), g는 중력 가속도이다. 탱크 내 수위가 바닥으로부터 2 ft까지 낮아질 때까지 걸리는 시간을 구하라.

풀이 탱크 바닥 근처에 있는 배출구 마개를 열고 탱크 내 물의 반이 비워질 때까지 걸린 시간을 구한다.

가정 **1.** 물은 비압축성 물질이다. **2.** 탱크 바닥으로부터 배출구 중심까지의 높이는 무시한다. **3.** 중력 가속도는 32.2 ft/s²이다.

해석 먼저 물이 차지하고 있는 체적을 검사체적으로 설정한다. 검사체적의 크기는 물의 높이가 낮아질수록 감소하므로, 검사체적의 크기는 변한다(탱크 내부를 모두 고정 검사체적으로 설정하고 물이 빠져나간 공간의 공기는 무시한다). 검사체적 내부의 질량과 같은 상태량은 시간에 따라 변하므로 이 예제는 전형적인 비정상 유동 문제이다.

어떤 과정에 대한 검사체적의 질량 보존식은 다음과 같은 시간 변화율 방정식으로 주어진다.

$$\dot{m}_{in} - \dot{m}_{out} = \frac{dm_{CV}}{dt} \tag{1}$$

이 과정 동안 검사체적으로 유입되는 질량은 없으며($\dot{m}_{in} = 0$), 배출되는 물의 질량 유량은 다음과 같다.

$$\dot{m}_{out} = (\rho VA)_{out} = \rho\sqrt{2gh}\,A_{jet} \tag{2}$$

이 식에서 $A_{jet} = \pi D_{jet}^2/4$은 물줄기의 단면적으로 일정한 값이다. 물의 밀도는 일정하므로 임의 시간에서 탱크 내 물의 질량은 다음과 같다.

$$m_{CV} = \rho V = \rho A_{tank} h \tag{3}$$

여기서 $A_{tank} = D_{tank}^2/4$은 원통형 탱크의 단면적이다. 식 (2)와 (3)을 질량 보존식인 식 (1)에 대입하면 다음과 같다.

$$-\rho\sqrt{2gh}\,A_{jet} = \frac{d(\rho A_{tank} h)}{dt} \rightarrow -\rho\sqrt{2gh}(\pi D_{jet}^2/4) = \frac{\rho(\pi D_{tank}^2/4)dh}{dt}$$

밀도와 다른 공통 항들을 소거하고 변수를 분리하면 다음 식이 된다.

$$dt = -\frac{D_{\text{tank}}^2}{D_{\text{jet}}^2}\frac{dh}{\sqrt{2gh}}$$

이 식을 수면의 높이 $h = h_0$인 $t = 0$에서 $h = h_2$가 되는 $t = t$까지 적분하면 다음과 같이 된다.

$$\int_0^t dt = -\frac{D_{\text{tank}}^2}{D_{\text{jet}}^2\sqrt{2g}}\int_{h_0}^{h_2}\frac{dh}{\sqrt{h}} \rightarrow t = \frac{\sqrt{h_0}-\sqrt{h_2}}{\sqrt{g/2}}\left(\frac{D_{\text{tank}}}{D_{\text{jet}}}\right)^2$$

각 항에 수치 값을 대입하여 물의 배출 시간을 계산한다.

$$t = \frac{\sqrt{4\text{ ft}}-\sqrt{2\text{ ft}}}{\sqrt{32.2/2\text{ ft/s}^2}}\left(\frac{3\times 12\text{ in}}{0.5\text{ in}}\right)^2 = 757\text{ s} = \mathbf{12.6\text{ min}}$$

계산 결과, 배출구 마개를 열어 탱크 내에 채워진 물의 반이 배출되는 데 걸리는 시간은 12.6분이다.

검토 물의 높이 $h_2 = 0$을 같은 식에 대입하면 탱크 내 물을 완전히 배출하는 데 걸리는 시간은 43.1분으로 계산되어 탱크에 들어있는 물의 아래쪽 절반을 비우는 시간이 위쪽 절반을 비우는 시간보다 훨씬 오래 걸린다. 이는 물의 높이 h가 감소함에 따라 물의 평균 배출 속도가 감소하기 때문이다.

6-2 유동일과 유체의 유동 에너지

검사체적은 밀폐계와 달리 검사체적의 경계를 통과하는 질량 유동이 수반되기 때문에 검사체적 내부로 질량을 밀어 넣거나 또는 외부로 질량을 밀어내는 일이 존재한다. 이러한 일을 **유동일**(flow work) 또는 **유동 에너지**(flow energy)라 하며, 검사체적을 통과하는 질량 유동이 지속적으로 유지되려면 이와 같은 일이 필요하다.

유동일 관계식을 구하기 위하여, 그림 6-12에 나타낸 체적이 V인 유체 요소를 고려한다. 바로 인접한 상류 유체는 이 해당 유체 요소가 검사체적으로 유입되는 힘을 가하기 때문에 상류 유체를 가상의 피스톤으로 생각할 수 있다. 여기서 유체 요소는 균일한 유체 상태량을 가질 수 있도록 충분히 작게 선택한다.

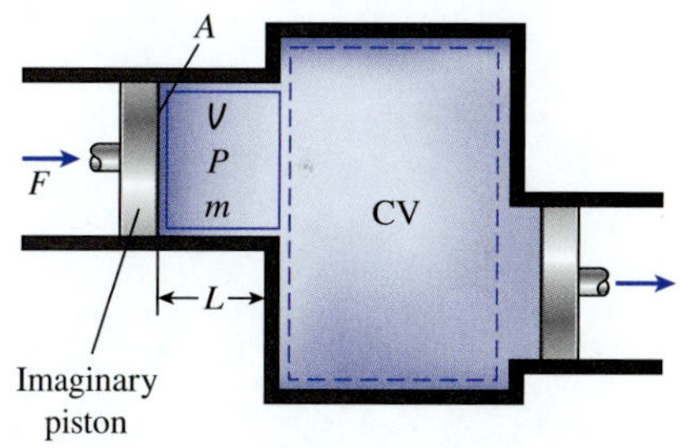

그림 6-12
유동일의 개략도

유체의 압력이 P이고 유체 요소의 단면적이 A이면(그림 6-13), 가상의 피스톤에 의해 유체 요소에 가해지는 힘은 다음과 같다.

$$F = PA \tag{6-22}$$

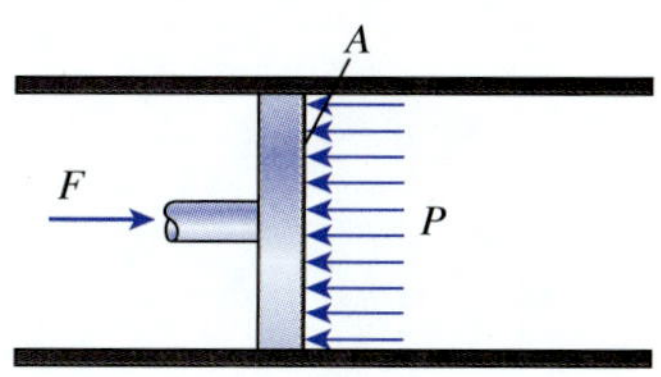

그림 6-13
가속이 없는 경우 피스톤에 의해 유체에 작용하는 힘은 유체에 의해 피스톤에 작용하는 힘과 같다.

검사체적 내부로 모든 유체 요소를 밀어 넣기 위해서는 이 힘이 거리 L만큼 작용하여야 한다. 따라서 경계를 통과하여 유체 요소를 밀어 넣는 데 사용된 일(유동일)은 다음과 같다.

$$W_{\text{flow}} = FL = PAL = PV \qquad \text{(kJ)} \tag{6-23}$$

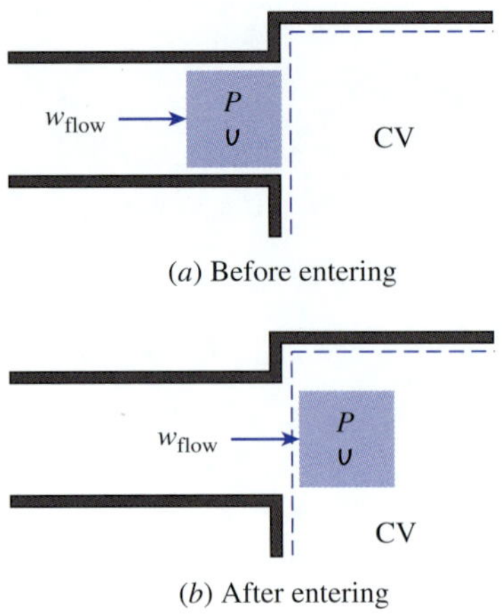

그림 6-14
유동일은 검사체적에 유체를 밀어 넣거나 밀어내는 데 필요한 에너지이며 $P\upsilon$로 나타난다.

단위 질량당 유동일은 이 식의 양변을 유체 요소의 질량으로 나누어 다음과 같이 구한다.

$$w_{\text{flow}} = P\upsilon \qquad \text{(kJ/kg)} \tag{6-24}$$

유동일 관계식은 유체가 검사체적으로 밀려 유입되거나 검사체적에서 유출될 때 동일하게 적용된다(그림 6-14).

유동일은 흥미롭게도 다른 형태의 일과는 달리 상태량으로 표현된다. 즉, 유체의 두 상태량의 곱으로 나타난다. 이러한 이유로 엔탈피와 같은 **조합 상태량**(*combination property*)으로 간주하기도 하며, 유동일 대신 **유동 에너지**(*flow energy*), **대류 에너지**(*convected energy*) 또는 **수송 에너지**(*transport energy*)라고도 한다. 한편 두 상태량의 곱 $P\upsilon$는 유동 유체의 에너지에만 나타나며 밀폐계와 같은 비유동계에는 어떠한 형태의 에너지로도 존재하지 않기 때문에 일로 간주하는 것이 타당하다는 견해도 있다. 이외에도 다양한 견해가 있지만, 모두 같은 에너지 평형 방정식에 대해 동일한 결과를 도출한다는 것으로 이해하면 된다. 유동 에너지는 검사체적에 대한 에너지 해석을 매우 단순화시키기 때문에 지금부터 유동 에너지를 유동하는 유체의 에너지 중의 일부로 고려한다.

유동 유체의 총 에너지

3장에서 설명한 바와 같이 단순 압축성 계의 총 에너지는 내부 에너지, 운동 에너지 및 위치 에너지의 세 부분으로 구성된다(그림 6-15). 단위 질량 기준으로 압축성 계가 갖는 총 에너지는 다음 식과 같다.

$$e = u + \text{ke} + \text{pe} = u + \frac{V^2}{2} + gz \qquad \text{(kJ/kg)} \tag{6-25}$$

여기서 V는 속도, z는 외부의 기준점에 대한 계의 높이이다.

앞에서 설명한 바와 같이 검사체적에 유입되거나 유출되는 유체는 추가적인 형태의 에너지인 $P\upsilon$로 나타나는 **유동 에너지**를 가지고 있다. 따라서 유동 유체의 단

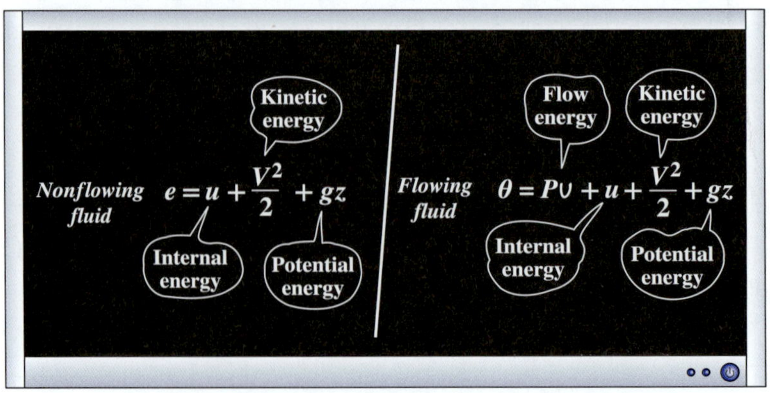

그림 6-15
비유동 유체의 총 에너지는 세 부분, 유동 유체의 총 에너지는 네 부분으로 구성된다.

위 질량당 **총 에너지**(total energy of a flowing fluid) θ는 다음과 같다.

$$\theta = P\upsilon + e = P\upsilon + (u + \mathrm{ke} + \mathrm{pe}) \tag{6-26}$$

상태량 조합 $P\upsilon + u$는 엔탈피 h로 이미 정의하였다. 따라서 식 (6-26)은 다음과 같이 정리된다.

$$\theta = h + \mathrm{ke} + \mathrm{pe} = h + \frac{V^2}{2} + gz \qquad (\mathrm{kJ/kg}) \tag{6-27}$$

내부 에너지 대신 엔탈피를 사용하여 유동 유체의 에너지를 나타내면 유동일을 별도로 고민할 필요가 없다. 검사체적으로 유입 또는 유출시키는 데 관련된 에너지는 엔탈피에 자동적으로 포함된다. 이것이 엔탈피를 정의하여 사용하는 주된 이유이다. 이제부터는 검사체적으로 유입 또는 유출되는 연속적인 유체의 유동에 관련된 에너지를 식 (6-27)로 나타내며, 유동일 또는 유동 에너지를 별도로 고려하지 않는다.

질량에 의한 에너지 수송

기호 θ는 단위 질량당 총 에너지이므로 질량 m의 상태량이 균일하다면 질량이 m인 유동 유체의 총 에너지는 $m\theta$이다. 마찬가지로 균일한 상태량을 갖는 유동 유체가 질량 유량 $\dot{m}$로 유동한다면, 이 유동 유체의 에너지 유동률은 $\dot{m}\theta$이다(그림 6-16).

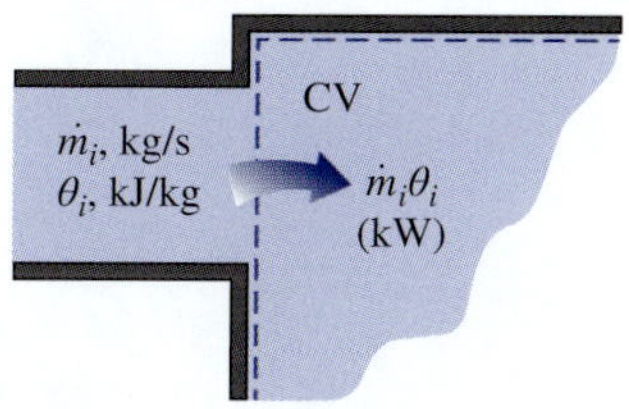

그림 6-16
$\dot{m}_i\theta_i$은 단위 시간당 질량에 의해 검사체적으로 수송되는 에너지이다.

질량에 의한 에너지 수송량: $$E_{\mathrm{mass}} = m\theta = m\left(h + \frac{V^2}{2} + gz\right) \qquad (\mathrm{kJ}) \tag{6-28}$$

질량에 의한 에너지 수송률: $$\dot{E}_{\mathrm{mass}} = \dot{m}\theta = \dot{m}\left(h + \frac{V^2}{2} + gz\right) \qquad (\mathrm{kW}) \tag{6-29}$$

유동 유체의 운동 에너지와 위치 에너지를 무시할 수 있다면, 이 관계식은 $E_{\mathrm{mass}} = mh$와 $\dot{E}_{\mathrm{mass}} = \dot{m}h$로 간단하게 나타낼 수 있으며, 이는 많은 공학 문제에서 자주 나타나는 흔한 경우이다.

일반적으로 검사체적의 입구나 출구에서 질량 상태량이 시간 및 단면의 위치에 따라 변하기 때문에 질량의 유입이나 유출에 의해 수송되는 총 에너지를 결정하는 것은 쉽지 않다. 따라서 입구와 출구에서 질량 유동에 의한 에너지 수송을 결정하는 유일한 방법은 상태량이 균일하다고 가정할 수 있을 만큼 충분히 작은 미소 질량 δm을 고려하고 모든 미소 질량을 합산하는 방법이다.

단위 질량당 총 에너지가 θ라는 것을 다시 상기하면, 질량이 δm인 유동 유체의 총 에너지는 $\theta\,\delta m$이다. 따라서 이를 적분하여 입구와 출구를 통과하는 질량에 의해 수송되는 총 에너지($m_i\theta_i$, $m_e\theta_e$)를 구한다. 예를 들어 입구에서는 다음과 같은 식이 된다.

$$E_{\text{in,mass}} = \int_{m_i} \theta_i \delta m_i = \int_{m_i} \left(h_i + \frac{V_i^2}{2} + gz_i \right) \delta m_i \qquad \textbf{(6-30)}$$

실제 현장에서 부딪히는 대부분의 유체 유동은 1차원 정상 상태로 근사화할 수 있기 때문에 식 (6-28)과 (6-29)과 같은 간단한 관계식을 사용하여 유체 유동에 의해 수송되는 에너지를 나타내도 된다.

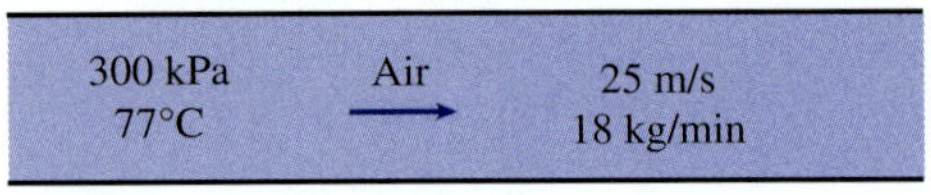

그림 6-17
예제 6-3의 개략도

예제 6-3 **공기 유동에 의한 에너지 수송**

300 kPa, 77°C, 25 m/s의 공기가 정상 유동으로 파이프 내에서 18 kg/min의 질량 유량으로 흐르고 있다(그림 6-17). (*a*) 파이프 직경, (*b*) 유동 에너지 수송률, (*c*) 질량에 의한 에너지 수송률, (*d*) 운동 에너지를 무시할 때 (*c*)의 결과와 비교하여 발생하는 오차를 구하라.

풀이 파이프 내를 흐르는 공기는 정상 유동 상태이다. 파이프 직경, 유동 에너지 수송률, 질량에 의한 에너지 수송률을 계산한다. 또한 질량에 의해 수송되는 에너지 계산에 포함되는 오차를 구한다.

가정 **1.** 유동은 정상 상태이다. **2.** 위치 에너지는 무시할 수 있다.

상태량 공기의 상태량은 R = 0.287 kJ/kg·K, c_p = 1.008 kJ/kg·K (350 K 기준, Table A-2b)이다.

해석 (*a*) 파이프 직경은 다음과 같이 계산한다.

$$v = \frac{RT}{P} = \frac{(0.287\ \text{kJ/kg·K})(77 + 273\ \text{K})}{300\ \text{kPa}} = 0.3349\ \text{m}^3/\text{kg}$$

$$A = \frac{\dot{m}v}{V} = \frac{(18/60\ \text{kg/s})(0.3349\ \text{m}^3/\text{kg})}{25\ \text{m/s}} = 0.004018\ \text{m}^2$$

$$D = \sqrt{\frac{4A}{\pi}} = \sqrt{\frac{4(0.004018\ \text{m}^2)}{\pi}} = \mathbf{0.0715\ m}$$

(*b*) 유동 에너지 수송률은 다음과 같이 계산한다.

$$\dot{W}_{\text{flow}} = \dot{m}Pv = (18/60\ \text{kg/s})(300\ \text{kPa})(0.3349\ \text{m}^3/\text{kg}) = \mathbf{30.14\ kW}$$

(*c*) 질량에 의한 에너지 수송률은 다음과 같이 계산한다.

$$\begin{aligned}\dot{E}_{\text{mass}} &= \dot{m}(h + \text{ke}) = \dot{m}\left(c_p T + \frac{1}{2}V^2\right) \\ &= (18/60\ \text{kg/s})\left[(1.008\ \text{kJ/kg·K})(77 + 273\ \text{K}) + \frac{1}{2}(25\ \text{m/s})^2\left(\frac{1\ \text{kJ/kg}}{1000\ \text{m}^2/\text{s}^2}\right)\right] \\ &= \mathbf{105.94\ kW}\end{aligned}$$

(*d*) 질량에 의한 에너지 수송률 계산에서 운동 에너지를 무시하면 다음과 같다.

$$\dot{E}_{\text{mass}} = \dot{m}h = \dot{m}c_p T = (18/60\ \text{kg/s})(1.005\ \text{kJ/kg·K})(77 + 273\ \text{K}) = 105.84\ \text{kW}$$

따라서 운동 에너지를 무시하여 발생한 오차는 **0.09%**에 불과하다.

검토 우리가 계산한 공기만의 에너지 수송의 계산 결과 값은 큰 의미가 없다. 그 이유는 계산 결과 값은 엔탈피 기준점 선택에 따라 달라지며, 음의 값이 될 수도 있다. 의미가 있는 값은 파이프 내 공기의 엔탈피 값과 주위 공기의 엔탈피 차이이며, 이 차이가 공기를 주위 온도에서 77°C로 가열하는 데 필요한 에너지 공급량과 직접적으로 관계되기 때문이다.

6-3 정상 유동계의 에너지 해석

터빈, 압축기, 노즐 등 수많은 산업용 기계 장치들은 과도기의 시동 기간이 지나고 정상 상태에 도달하면 장시간 동안 동일한 조건으로 작동되기 때문에 **정상 유동 장치**로 분류한다(그림 6-18). 정상 유동 장치에서 일어나는 과정들은 합리적으로 이상화하여 **정상 유동 과정**으로 나타낼 수 있으며, **유체가 정상 상태로 검사체적을 통과하는 과정**으로 2장에서 정의하였다. 즉, 유체의 상태량은 검사체적 내의 모든 위치에서 변할 수 있지만, 전체 과정 동안 어느 위치에서도 일정한 상태량을 유지한다. **정상(*steady*)은 시간에 따른 변화가 없다는 의미이다.**

그림 6-18
발전소 등 많은 산업용 기계 장치들은 정상 조건으로 작동된다.
Malcolm Fife/Getty Images.

정상 유동 과정 동안 **검사체적** 내의 강성적 상태량과 종량적 상태량은 항상 시간에 따라 변하지 않는다. 그러므로 검사체적의 체적 V, 질량 m 및 총 에너지 E는 일정하게 유지된다(그림 6-19). 결과적으로 정상 유동계에서 경계일은 없으며(V_{CV} = 일정이므로), 검사체적으로 들어오는 총 질량과 총 에너지는 검사체적에서 나가는 총 질량 및 총 에너지와 같아야 한다(m_{CV} = 일정, E_{CV} = 일정이므로). 이러한 검토 내용을 고려하면 정상 유동 과정에 대한 해석은 상당히 단순화될 수 있다.

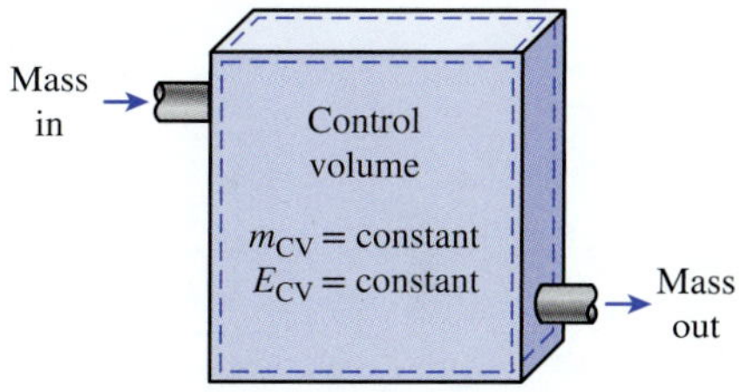

그림 6-19
정상 유동 조건에서 검사체적의 질량과 에너지의 양은 일정하게 유지된다.

정상 유동 과정 동안 입구와 출구에서 유체의 상태량은 일정하게 유지되지만, 입구와 출구에서 상태량은 서로 다를 수 있으며, 입구 및 출구의 단면에 따라 상태량이 변할 수도 있다. 그러나 입구 및 출구의 정해진 위치에서 속도와 높이를 포함한 모든 상태량은 시간 변화에 따라 항상 일정하게 유지되며, 이는 정상 유동 과정 동안 입구 및 출구에서 유체의 질량 유량이 항상 일정하여야 된다는 것을 의미한다(그림 6-20). 또한 입구와 출구 단면에서 유체 상태량이 평균값으로 균일하다고 고려하면 좀 더 단순화할 수 있다. 이 경우 입구와 출구에서 유체의 상태량은 하나의 평균값으로 정할 수 있다. 정상 유동계와 주위 사이에서 발생하는 **열**과 **일**의 상호작용은 시간에 따라 변하지 않는다. 따라서 정상 유동 과정 동안 계로부터 전달되는 동력과 열전달률은 항상 일정하다.

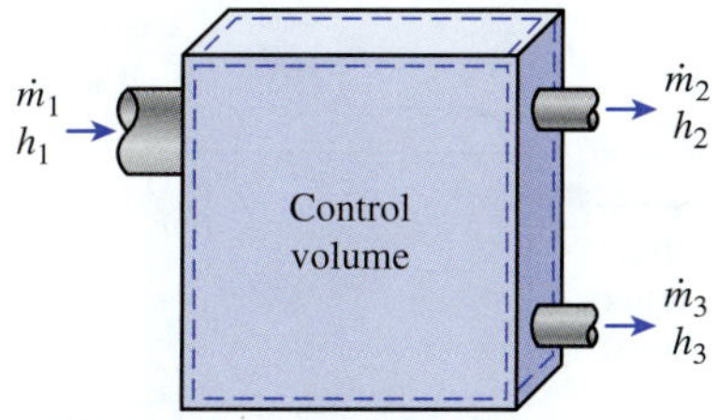

그림 6-20
정상 유동 조건에서 입구와 출구의 유체 상태량은 시간에 따라 변하지 않고 일정하게 유지된다.

정상 유동계의 일반적인 **질량 평형**은 6-1절에서 다음 식으로 나타내었다.

$$\sum_{\text{in}}\dot{m} = \sum_{\text{out}}\dot{m} \qquad \text{(kg/s)} \tag{6-31}$$

하나의 입구와 하나의 출구를 갖는 단일 흐름 정상 유동계의 질량 평형은 다음과 같다.

$$\dot{m}_1 = \dot{m}_2 \quad \longrightarrow \quad \rho_1 V_1 A_1 = \rho_2 V_2 A_2 \tag{6-32}$$

여기서 하첨자 1과 2는 각각 입구와 출구 상태를 나타내며, ρ는 밀도, V는 유동 방향의 평균 속도, A는 유동 방향에 수직인 단면적이다.

정상 유동 과정 동안 검사체적의 총 에너지는 항상 일정하게 유지되므로(E_{CV} = constant), 검사체적의 총 에너지 변화량은 0이다($\Delta E_{CV} = 0$). 따라서 열, 일, 질량 등 검사체적으로 유입되는 모든 형태의 에너지는 검사체적으로부터 유출되는 에너지와 같아야 하기 때문에 정상 유동 과정에 대한 변화율 형태의 일반적인 에너지 평형은 다음 식으로 나타낸다.

$$\underbrace{\dot{E}_{in} - \dot{E}_{out}}_{\text{열, 일, 질량에 의한 정미 에너지 전달률}} = \underbrace{dE_{system}/dt}_{\text{내부 에너지, 운동 에너지, 위치 에너지 등의 시간 변화율}} \nearrow^{0\text{ (정상)}} = 0 \tag{6-33}$$

또는

에너지 평형:

$$\underbrace{\dot{E}_{in}}_{\text{열, 일, 질량에 의해 유입되는 정미 에너지 전달률}} = \underbrace{\dot{E}_{out}}_{\text{열, 일, 질량에 의해 유출되는 정미 에너지 전달률}} \quad \text{(kW)} \tag{6-34}$$

에너지는 열, 일, 질량에 의해서만 전달될 수 있다는 것을 점을 유의하고, 정상 유동계의 일반적인 에너지 평형식 (6-34)는 다음과 같이 더욱 명시적으로 나타낼 수도 있다.

$$\dot{Q}_{in} + \dot{W}_{in} + \sum_{in} \dot{m}\theta = \dot{Q}_{out} + \dot{W}_{out} + \sum_{out} \dot{m}\theta \tag{6-35}$$

또는 단위 질량당 유동 유체의 에너지는 $\theta = h + \text{ke} + \text{pe} = h + V^2/2 + gz$이므로 다음 식으로 나타난다.

$$\dot{Q}_{in} + \dot{W}_{in} + \underbrace{\sum_{in} \dot{m}\left(h + \frac{V^2}{2} + gz\right)}_{\text{각 입구에 대해}} = \dot{Q}_{out} + \dot{W}_{out} + \underbrace{\sum_{out} \dot{m}\left(h + \frac{V^2}{2} + gz\right)}_{\text{각 출구에 대해}} \tag{6-36}$$

정상 유동계에 대한 에너지 평형식은 1859년에 독일의 Gustav Zeuner가 집필한 "독일의 열역학" 저서에 처음 등장하였다.

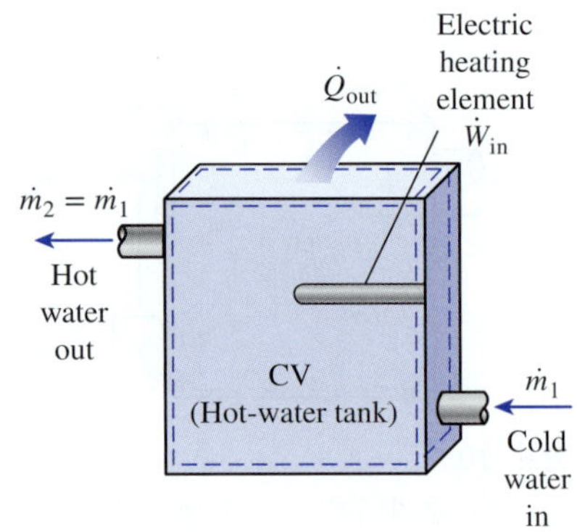

그림 6-21
정상 상태로 작동하는 온수기

그림 6-21에 나타낸 정상 작동 조건의 전기 온수기를 고려하자. 질량 유량이 $\dot{m}$인 차가운 물이 연속적으로 온수기로 유입되고 동일한 질량 유량의 더운 물이 온수기에서 연속적으로 유출된다. 온수기(검사체적)로부터 주위 공기로 빠져나가는 열 손실률은 $\dot{Q}_{out}$이고, 전기 가열 장치가 물에 공급하는 전기 일률(가열)은 $\dot{W}_{in}$이다. 에너지 보존법칙에 근거하여 온수기를 통과하면서 증가된 물의 총 에너지는 물에 공급된 전기 에너지에서 열손실을 뺀 양과 같다고 할 수 있다.

자연 현상에서 직관적으로 파악할 수 있는 에너지 평형 관계식은 전달되는 열과 일의 양, 열과 일의 전달 방향을 알면 쉽게 이해할 수 있다. 그러나 일반적인 해석적 연구를 수행하거나 알지 못하는 열 또는 일의 상호작용이 포함된 문제를 풀 때는 열 또는 일의 상호작용에 대한 방향을 가정해야 한다. 이러한 경우 보통 열은 **계로** 전달(열은 입력)된 열전달률 $\dot{Q}$로 가정하고, 일은 **계에 의해서** 만들어진 동력(일은 출력) $\dot{W}$로 가정하고 문제를 해결한다. 일반적인 정상 유동계에 대해 이러한 가정을 적용하여 열역학 제1법칙, 또는 에너지 평형 관계식을 다음과 같이 나타낸다.

$$\dot{Q} - \dot{W} = \underbrace{\sum_{\text{out}} \dot{m}\left(h + \frac{V^2}{2} + gz\right)}_{\text{각 출구에 대해}} - \underbrace{\sum_{\text{in}} \dot{m}\left(h + \frac{V^2}{2} + gz\right)}_{\text{각 입구에 대해}} \tag{6-37}$$

$\dot{Q}$ 또는 $\dot{W}$ 값이 음수로 계산되면, 단순히 처음 가정한 방향이 잘못된 것이므로 전달 방향을 반대로 바꾸어야 한다는 것을 의미한다. 단일 흐름 장치에 대한 정상 유동 에너지 평형식은 다음 식으로 나타난다.

$$\dot{Q} - \dot{W} = \dot{m}\left[h_2 - h_1 + \frac{V_2^2 - V_1^2}{2} + g(z_2 - z_1)\right] \tag{6-38}$$

식 (6-38)을 $\dot{m}$으로 나누면 단위 질량당 에너지 평형식을 얻을 수 있으며, 다음과 같다.

$$q - w = h_2 - h_1 + \frac{V_2^2 - V_1^2}{2} + g(z_2 - z_1) \tag{6-39}$$

여기서 $q = \dot{Q}/\dot{m}$이고 $w = \dot{W}/\dot{m}$이며, 각각 작동 유체의 단위 질량당 열전달과 일이다. 유체의 운동 에너지와 위치 에너지 변화를 무시할 수 있으면($\Delta \text{ke} \cong 0$, $\Delta \text{pe} \cong 0$), 에너지 평형식은 다음 식과 같이 더욱 간단히 나타난다.

$$q - w = h_2 - h_1 \tag{6-40}$$

위의 관계식에 있는 각 항들의 의미는 다음과 같다.

$\dot{Q}$ = **검사체적과 주위와의 열전달률.** 검사체적이 열을 잃으면(온수기의 경우) $\dot{Q}$는 음수이며, 검사체적이 단열되어 있으면 $\dot{Q} = 0$이다.

$\dot{W}$ = **동력.** 정상 유동 장치는 검사체적이 일정하므로 경계일은 존재하지 않는다. 검사체적으로 질량을 밀어 넣거나 검사체적으로부터 질량을 밀어내기 위한 일도 유체의 내부 에너지 대신 엔탈피를 사용하여 처리하였다. $\dot{W}$는 단위 시간당 일의 나머지 형태를 의미한다(그림 6-22). 터빈, 압축기, 펌프 등과 같은 많은 정상 유동 장치의 동력은 축을 통해 전달되며, $\dot{W}$는 단순히 이들 장치의 축 동력이 된다. 검사체적이 전열선으로 감겨져 있다면(전기 온수기), $\dot{W}$는 단위 시간당 공급된 전기일이다. 축일과 전기일이 없으면 $\dot{W} = 0$이다.

$\Delta h = h_2 - h_1$. 유체의 엔탈피 변화는 표에서 입구와 출구에서 찾으면 쉽게 결정할 수 있다. 이상 기체의 엔탈피 변화는 $\Delta h = c_{p,\text{avg}}(T_2 - T_1)$로 근사값을 구할

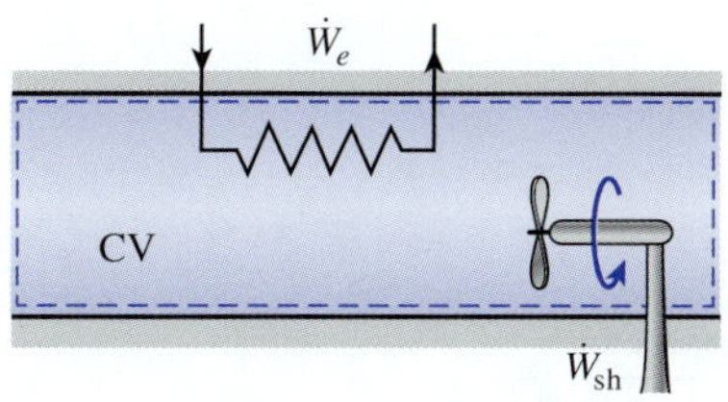

그림 6-22
정상 작동 조건에서 축일과 전기일은 단순 압축성 계가 갖는 유일한 형태의 일이다.

$$\frac{J}{kg} \equiv \frac{N \cdot m}{kg} \equiv \left(kg\frac{m}{s^2}\right)\frac{m}{kg} \equiv \frac{m^2}{s^2}$$

$$\left(\text{Also, } \frac{Btu}{lbm} \equiv 25{,}037\ \frac{ft^2}{s^2}\right)$$

그림 6-23
단위 m^2/s^2와 J/kg는 동일한 단위이다.

V_1 m/s	V_2 m/s	Δke kJ/kg
0	45	1
50	67	1
100	110	1
200	205	1
500	502	1

그림 6-24
고속 유동인 경우, 작은 속도 변화가 상당한 운동 에너지의 변화를 초래할 수 있다.

수 있다. (kg/s)(kJ/kg) ≡ kW인 점을 유의하라.

$\Delta ke = (V_2^2 - V_1^2)/2$. 운동 에너지의 단위는 m^2/s^2이며, J/kg과 동일하다(그림 6-23). 엔탈피는 보통 kJ/kg의 단위로 주어지기 때문에 이들 두 값을 더하려면 운동 에너지를 kJ/kg의 단위로 나타내야 하므로 운동 에너지를 1000으로 나눈 후 더해야 한다. 45 m/s의 속도는 겨우 1 kJ/kg의 운동 에너지에 해당되며, 이 값은 실제로 접하는 엔탈피에 비해 매우 작은 값이다. 따라서 저속의 운동 에너지 항은 무시할 수 있다. 정상 유동 장치에서 입구와 출구의 유속이 비슷한 경우($V_1 \cong V_2$), 속도의 크기에 관계없이 운동 에너지의 변화는 거의 0이 된다. 그러나 고속 유동인 경우, 작은 속도 변화가 상당한 운동 에너지의 변화를 초래할 수 있으므로 주의해야 한다(그림 6-24).

$\Delta pe = g(z_2 - z_1)$. 위치 에너지 항에 대한 논의는 운동 에너지와 유사하다. 102 m의 고도 차이는 1 kJ/kg의 위치 에너지 변화에 해당한다. 터빈과 압축기와 같은 많은 산업용 기계 장치들의 입구와 출구의 고도 차이는 이 값보다 훨씬 작기 때문에 이들 장치들의 위치 에너지 항은 무시할 있다. 위치 에너지 항이 중요하게 작용하는 유일한 경우는 유체를 높은 고도로 펌핑하는 데 필요한 펌프 소요 동력에 관심이 있는 경우이다.

6-4 정상 유동 장치

대부분의 산업용 기계 장치들은 장시간 동일 조건에서 작동한다. 예를 들어 증기 발전소의 주요 구성 부품인 터빈, 압축기, 열교환기, 펌프 등은 계의 점검이나 유지보수를 위해 정지하는 경우를 제외하고는 오랫동안 지속적으로 작동한다(그림 6-25). 따라서 이러한 장치들은 편의상 정상 유동 장치로 해석할 수 있다.

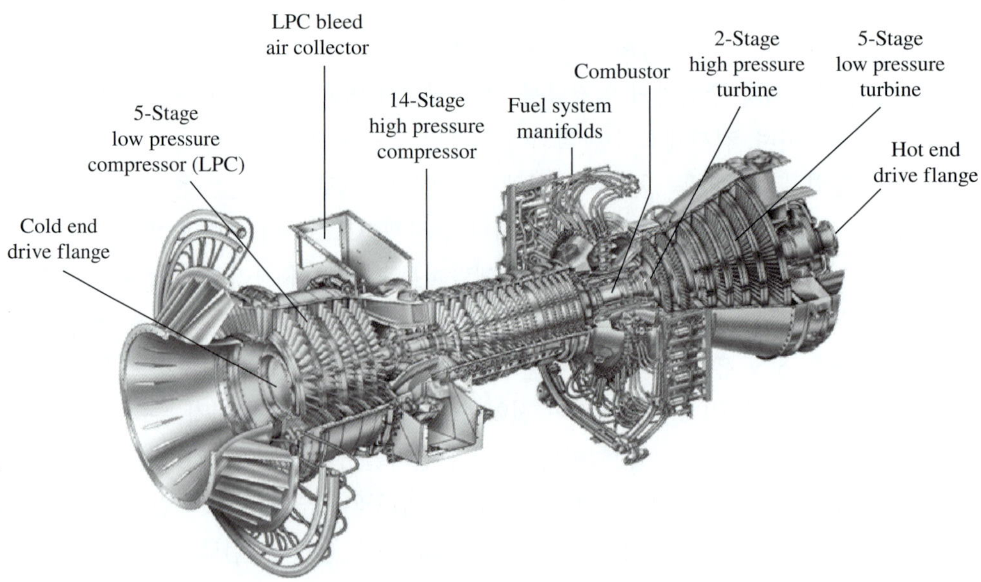

그림 6-25
전력 생산을 위한 현대적 지상용 가스터빈. 이 모델은 General Electric LM5000 터빈으로, 길이가 6.2 m, 무게가 12.5 ton이며, 수증기 주입으로 3600 rpm에서 55.2 MW의 전력을 생산한다.
Courtesy of GE Power Systems

이 절에서는 일반적인 정상 유동 장치에 대하여 설명하고, 이들 장치 내 유동을 열역학적 관점으로 해석한다. 또한 이들 장치에 대한 질량 보존법칙과 에너지 보존법칙을 예를 들어 설명한다.

1 노즐과 디퓨저

노즐과 디퓨저는 제트 엔진, 로켓, 우주선, 심지어 정원용 호스에도 흔히 사용된다. **노즐**(nozzle)은 압력을 낮추어 **유체의 속도를 증가시키는 장치**이며, **디퓨저**(diffuser)는 속도를 저하시켜 **유체의 압력을 상승시키는 장치**이다. 즉 노즐과 디퓨저는 상반된 목적을 갖는 장치이다. 노즐의 단면적은 유동이 아음속일 경우 유동 방향에 따라 감소하고, 초음속인 경우에는 증가한다. 디퓨저는 이와 반대이다.

노즐 또는 디퓨저를 통과하는 유체 유동과 주위 사이의 열전달은 매우 작다($\dot{Q} \approx 0$). 이는 유체의 속도가 빠르기 때문에 충분한 열전달이 일어나기 전에 유체가 이들 장치를 통과하기 때문이다. 노즐과 디퓨저는 기본적으로 일이 관련되지 않으며($\dot{W} = 0$), 위치 에너지의 변화도 무시할 수 있다($\Delta pe \cong 0$). 그러나 노즐과 디퓨저 내의 유동 속도는 대체로 매우 빠르고, 이들 장치를 통과하면서 속도가 크게 변한다(그림 6-26). 따라서 이들 장치를 통과하는 유동을 해석할 때 운동 에너지의 변화는 반드시 고려하여야 한다($\Delta ke \neq 0$).

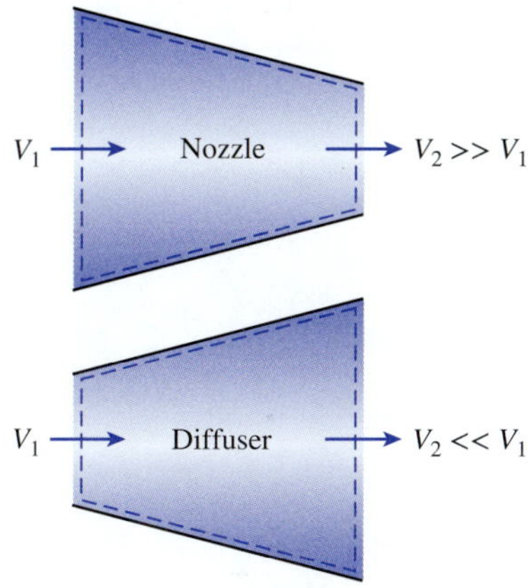

그림 6-26

노즐과 디퓨저는 유체 속도의 큰 변화, 이에 따른 운동 에너지의 큰 변화를 일으킬 수 있는 형상으로 되어 있다.

예제 6-4 **디퓨저에서 공기의 감속**

10°C, 80 kPa의 공기가 200 m/s의 속도로 정상 유동으로 운항하는 제트 엔진의 디퓨저에 유입된다. 디퓨저 입구 단면적이 0.4 m²이고, 디퓨저 출구에서 배출되는 공기의 속도는 입구 속도에 비해 매우 작다. (*a*) 공기의 질량 유량과 (*b*) 디퓨저 출구에서 공기 온도를 구하라.

풀이 정상 상태로 운항하는 제트 엔진의 디퓨저에 공가가 주어진 속도로 유입된다. 공기의 질량 유량과 디퓨저 출구에서 배출되는 공기의 온도를 결정한다.

가정 **1.** 디퓨저 어느 위치에서도 시간에 따른 변화가 없는 정상 유동 과정으로 $\Delta m_{CV} = 0$, $\Delta E_{CV} = 0$이다. **2.** 공기는 임계점에 비해 온도가 높고 압력이 낮으므로 이상 기체이다. **3.** 위치 에너지의 변화는 없다($\Delta pe = 0$). **4.** 열전달은 무시한다. **5.** 디퓨저 출구의 운동 에너지는 무시한다. **6.** 관련된 일이 없다.

해석 디퓨저를 계로 고려한다(그림 6-27). 이 과정 동안 질량이 계의 경계를 통과하므로 이 계는 검사체적이다. 이 계에는 각각 한 개의 입구와 출구가 있으므로 $\dot{m}_1 = \dot{m}_2 = \dot{m}$이다.

(*a*) 질량 유량을 결정하기 위해 먼저 공기의 비체적을 알아야 한다. 입구 조건으로 이상 기체 상태 방정식을 이용하여 비체적을 계산한다.

$$v_1 = \frac{RT_1}{P_1} = \frac{(0.287\ \text{kPa}\cdot\text{m}^3/\text{kg}\cdot\text{K})(283\ \text{K})}{80\ \text{kPa}} = 1.015\ \text{m}^3/\text{kg}$$

그림 6-27

예제 6-4에서 검토한 제트 엔진의 디퓨저

Yunus Çengel

따라서,

$$\dot{m} = \frac{1}{\upsilon_1}V_1A_1 = \frac{1}{1.015\ \text{m}^3/\text{kg}}(200\ \text{m/s})(0.4\ \text{m}^2) = \mathbf{78.8\ kg/s}$$

정상 유동이므로 유체의 디퓨저를 통과하는 질량 유량은 이 값으로 일정하게 유지된다.

(*b*) 가정과 관찰을 통해 정상 유동계의 에너지 평형은 다음과 같이 변화율 식으로 나타낼 수 있다.

$$\underbrace{\dot{E}_{\text{in}} - \dot{E}_{\text{out}}}_{\substack{\text{열, 일, 질량에 의한}\\ \text{정미 에너지 전달률}}} = \underbrace{dE_{\text{system}}/dt}_{\substack{\text{내부 에너지, 운동 에너지,}\\ \text{위치 에너지 등의 시간 변화율}}}^{\nearrow 0\ (\text{정상})} = 0$$

$$\dot{E}_{\text{in}} = \dot{E}_{\text{out}}$$

$$\dot{m}\left(h_1 + \frac{V_1^2}{2}\right) = \dot{m}\left(h_2 + \frac{V_2^2}{2}\right) \quad (\dot{Q} \cong 0,\ \dot{W} = 0,\ \text{그리고}\ \Delta\text{pe} \cong 0\text{이므로})$$

$$h_2 = h_1 - \frac{V_2^2 - V_1^2}{2}$$

디퓨저 출구 공기 속도는 보통 입구 속도에 비하여 매우 작기 때문에($V_2 << V_1$) 출구의 운동 에너지는 무시할 수 있다. 디퓨저 입구에서 공기의 엔탈피는 공기 상태량표 (Table A-21)에서 구한다.

$$h_1 = h_{@\ 283\ \text{K}} = 283.14\ \text{kJ/kg}$$

이를 대입하면,

$$h_2 = 283.14\ \text{kJ/kg} - \frac{0 - (200\ \text{m/s})^2}{2}\left(\frac{1\ \text{kJ/kg}}{1000\ \text{m}^2/\text{s}^2}\right)$$
$$= 303.14\ \text{kJ/kg}$$

공기 상태량표(Table A-21)로부터 이 엔탈피에 해당하는 온도를 구한다.

$$T_2 = \mathbf{303\ K}$$

검토 이 결과는 디퓨저에서 공기의 속도가 감소되어 온도가 약 20°C 상승한다는 것을 보여준다. 공기 온도가 증가하는 주요 이유는 운동 에너지가 내부 에너지로 변환되었기 때문이다.

예제 6-5 노즐에서 수증기의 가속

압력 250 psia, 온도 700°F인 수증기가 정상 유동으로 입구 단면적이 0.2 ft²인 노즐로 유입되며, 노즐을 통과하는 수증기의 질량 유량은 10 lbm/s이다. 수증기는 200 psia의 압력, 900 ft/s의 속도로 노즐에서 배출된다. 노즐에서 수증기의 단위 질량당 열손실은 1.2 Btu/lbm로 추정된다. 수증기의 (*a*) 입구 속도와 (*b*) 출구 온도를 구하라.

풀이 주어진 질량 유량과 속도로 수증기가 정상 유동으로 노즐에 유입된다. 수증기의 입구 속도와 출구 온도를 계산한다.

가정 **1.** 노즐 어느 위치에서도 시간에 따른 변화가 없는 정상 유동 과정 과정으로 $\Delta m_{CV} = 0$, $\Delta E_{CV} = 0$이다. **2.** 관련된 일이 없다. **3.** 위치 에너지의 변화가 없으므로 $\Delta pe = 0$이다.

해석 노즐을 계로 고려한다(그림 6-28). 이 과정 동안 질량이 계의 경계를 통과하므로 이 계는 검사체적이다. 이 계에는 각각 한 개의 입구와 출구가 있으므로 $\dot{m}_1 = \dot{m}_2 = \dot{m}$이다.

(*a*) 노즐 입구에서 수증기의 비체적과 엔탈피는 다음과 같다.

$$\left.\begin{array}{l} P_1 = 250 \text{ psia} \\ T_1 = 700°\text{F} \end{array}\right\} \begin{array}{l} \upsilon_1 = 2.6883 \text{ ft}^3/\text{lbm} \\ h_1 = 1371.4 \text{ Btu/lbm} \end{array} \qquad \text{(Table A-6E)}$$

따라서,

$$\dot{m} = \frac{1}{\upsilon_1} V_1 A_1$$

$$10 \text{ lbm/s} = \frac{1}{2.6883 \text{ ft}^3/\text{lbm}} (V_1)(0.2 \text{ ft}^2)$$

$$V_1 = \mathbf{134.4 \text{ ft/s}}$$

(*b*) 가정과 관찰을 통해 정상 유동계의 에너지 평형은 다음과 같이 변화율 식으로 나타낼 수 있다.

$$\underbrace{\dot{E}_{in} - \dot{E}_{out}}_{\text{열, 일, 질량에 의한 정미 에너지 전달률}} = \underbrace{dE_{system}/dt}_{\text{내부 에너지, 운동 에너지, 위치 에너지 등의 시간 변화율}}^{\nearrow 0 \text{ (정상)}} = 0$$

$$\dot{E}_{in} = \dot{E}_{out}$$

$$\dot{m}\left(h_1 + \frac{V_1^2}{2}\right) = \dot{m}\left(h_2 + \frac{V_2^2}{2}\right) \qquad (\dot{Q} \cong 0,\ \dot{W} = 0,\ \text{그리고 } \Delta pe \cong 0\text{이므로})$$

질량 유량 $\dot{m}$으로 나누고 수치 값들을 대입하면 h_2는 다음과 같다.

$$h_2 = h_1 - q_{out} - \frac{V_2^2 - V_1^2}{2}$$

$$= (1371.4 - 1.2) \text{ Btu/lbm} - \frac{(900 \text{ ft/s})^2 - (134.4 \text{ ft/s})^2}{2}\left(\frac{1 \text{ Btu/lbm}}{25{,}037 \text{ ft}^2/\text{s}^2}\right)$$

$$= 1354.4 \text{ Btu/lbm}$$

따라서,

$$\left.\begin{array}{l} P_2 = 200 \text{ psia} \\ h_2 = 1354.4 \text{ Btu/lbm} \end{array}\right\} T_2 = \mathbf{662.0°F} \qquad \text{(Table A-6E)}$$

검토 수증기가 노즐을 통과할 때 온도가 38.0°C 낮아진다는 점에 유의하라. 이 온도 강하의 주요 이유는 내부 에너지가 운동 에너지로 변환되기 때문이다. (이 경우 열손실은 너무 작아서 어떠한 영향도 미치지 못한다.)

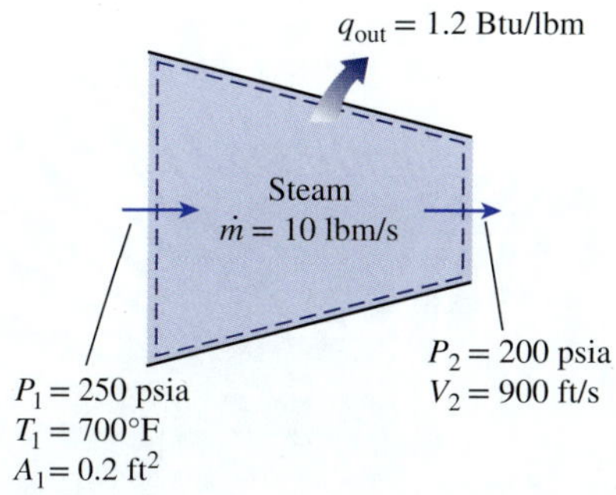

그림 6-28

예제 6-5의 개략도

2 터빈과 압축기

터빈은 증기 발전소, 가스 발전소, 수력 발전소에서 발전기를 구동하는 장치이다. 유체가 터빈을 통과하면서 축에 설치된 날개에 대해 일을 수행하며, 그 결과로 축이 회전하여 터빈은 일을 생산한다(그림 6-29).

그림 6-29
터빈 축에 설치된 터빈 날개(blade)
Miss Kanithar Aiumla-Or/Shutterstock

압축기(compressor), 펌프(pump), 송풍기(fan)는 유체의 압력을 상승시키는 장치로, 회전축을 통하여 외부 공급원으로부터 일을 공급받는다. 따라서 압축기 일은 입력일이다. 이 세 개의 장치는 유사한 기능을 갖지만 사용 목적은 다르다. **송풍기**는 기체의 압력을 약간 증가시키며, 주로 기체를 이동시키는 데 사용된다. **압축기**는 기체를 매우 높은 압력으로 압축시킬 수 있다. **펌프**는 기체 대신 액체를 다루는 것을 제외하고는 압축기와 거의 같은 일을 한다.

터빈은 출력일을 생산하지만 압축기, 펌프, 송풍기는 입력일을 필요로 한다. 터빈은 보통 단열이 잘 되어 있기 때문에 열전달은 일반적으로 무시할 수 있다($\dot{Q}$ = 0). 압축기 또한 강제 냉각이 없다면 열전달을 무시할 수 있다. 이 장치들은 모두 위치 에너지 변화는 무시한다($\Delta pe \cong 0$). 터빈과 송풍기를 제외한 이들 장치에서의 속도는 매우 작기 때문에 운동 에너지의 변화에 큰 영향을 미치지 못한다($\Delta ke \cong 0$). 대부분의 터빈에서 유체 속도가 매우 크기 때문에 운동 에너지 변화는 상당히 크다. 그러나 이러한 변화는 엔탈피 변화에 비하면 상대적으로 매우 작아서 자주 무시된다.

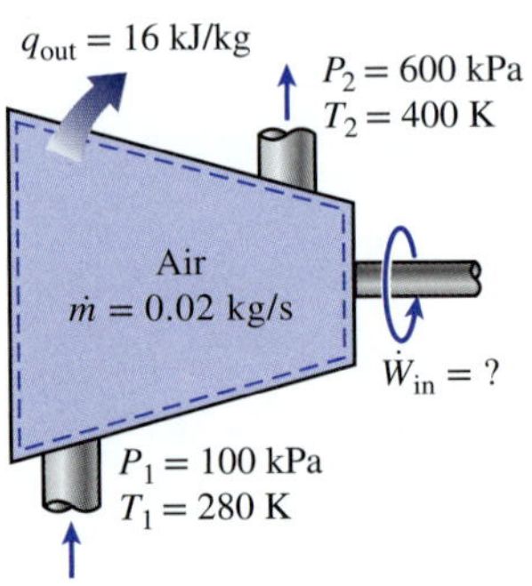

그림 6-30
예제 6-6의 개략도

예제 6-6 압축기의 공기 압축

정상 유동으로 공기를 100 kPa, 280 K에서 600 kPa, 400 K으로 압축한다. 공기의 질량 유량은 0.02 kg/s이고, 압축 과정에서 16 kJ/kg의 열손실이 발생한다. 운동 에너지와 위치 에너지 변화를 무시할 수 있다고 가정할 때 압축기에 필요한 입력 동력을 구하라.

풀이 주어진 온도와 압력에서 공기가 정상 유동으로 압축될 때 압축기의 입력 동력을 결정한다.

가정 **1.** 압축기 어느 위치에서도 시간에 따른 변화가 없는 정상 유동 과정으로 $\Delta m_{CV} = 0$, $\Delta E_{CV} = 0$이다. **2.** 공기는 임계점에 비해 온도가 높고 압력이 낮으므로 이상 기체이다. **3.** 운동 에너지와 위치 에너지 변화가 없으므로 $\Delta ke = 0$, $\Delta pe = 0$이다.

해석 압축기를 계로 고려한다(그림 6-30). 이 과정 동안 질량이 계의 경계를 통과하므로 이 계는 검사체적이다. 이 계에는 각각 한 개의 입구와 출구가 있으므로 $\dot{m}_1 = \dot{m}_2 = \dot{m}$이다. 또한 계로부터 열손실이 있고, 일은 계에 공급된다.

가정과 관찰을 통해 정상 유동계의 에너지 평형은 다음과 같이 변화율 식으로 나타낼 수 있다.

$$\underbrace{\dot{E}_{in} - \dot{E}_{out}}_{\text{열, 일, 질량에 의한 정미 에너지 전달률}} = \underbrace{dE_{system}/dt}_{\text{내부 에너지, 운동 에너지, 위치 에너지 등의 시간 변화율}}\nearrow^{0\ (\text{정상})} = 0$$

$$\dot{E}_{in} = \dot{E}_{out}$$

$$\dot{W}_{in} + \dot{m}h_1 = \dot{Q}_{out} + \dot{m}h_2 \quad (\Delta ke = \Delta pe \cong 0\text{이므로})$$

$$\dot{W}_{in} = \dot{m}q_{out} + \dot{m}(h_2 - h_1)$$

이상 기체의 엔탈피는 온도만의 함수이며, 주어진 온도에서 공기의 엔탈피는 공기 상태량표(Table A-21)에서 구한다.

$$h_1 = h_{@\,280\text{ K}} = 280.13\text{ kJ/kg}$$
$$h_2 = h_{@\,400\text{ K}} = 400.98\text{ kJ/kg}$$

이를 대입하면 압축기의 입력 동력은 다음과 같다.

$$\dot{W}_{in} = (0.02\text{ kg/s})(16\text{ kJ/kg}) + (0.02\text{ kg/s})(400.98 - 280.13)\text{ kJ/kg}$$
$$= \mathbf{2.74\ kW}$$

검토 압축기에 공급되는 역학 에너지는 공기의 엔탈피 증가와 압축기 열손실로 나타난다.

예제 6-7

증기 터빈의 출력일

단열된 증기 터빈의 출력이 5 MW이고, 입구와 출구에서 수증기 상태는 그림 6-31과 같다. (*a*) Δh, Δke, Δpe의 크기를 비교하라. (*b*) 터빈을 통과하는 수증기의 단위 질량당 일을 구하라. (*c*) 수증기의 질량 유량을 구하라.

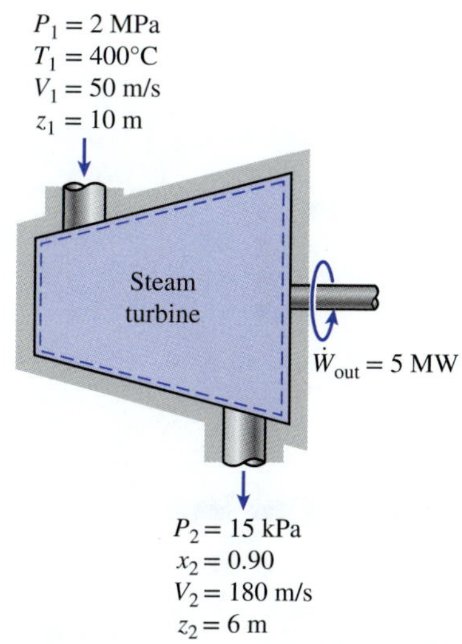

그림 6-31
예제 6-7의 개략도

풀이 증기 터빈의 입구와 출구 조건 및 출력이 주어져 있다. 수증기의 운동 에너지 변화, 위치 에너지 변화, 엔탈피 변화 및 단위 질량당 수행한 일과 질량 유량을 결정한다.

가정 **1.** 터빈 어느 위치에서도 시간에 따른 변화가 없는 정상 유동 과정으로 $\Delta m_{CV} = 0$, $\Delta E_{CV} = 0$이다. **2.** 계는 단열되어 있으므로 열전달은 없다.

해석 터빈을 계로 고려한다. 이 과정 동안 질량이 계의 경계를 통과하므로 이 계는 검사체적이다. 이 계에는 각각 한 개의 입구와 출구가 있으므로 $\dot{m}_1 = \dot{m}_2 = \dot{m}$이다. 또한 계에 의해 일이 수행되며, 입구와 출구에서 속도와 높이가 주어져 있으므로 운동 에너지와 위치 에너지는 고려해야 한다.

(*a*) 입구에서 수증기는 과열 증기 상태이며 엔탈피는 다음과 같다.

$$\left.\begin{array}{l} P_1 = 2\text{ MPa} \\ T_1 = 400°\text{C} \end{array}\right\} h_1 = 3248.4\text{ kJ/kg} \qquad \text{(Table A-6)}$$

압력이 15 kPa인 터빈 출구에서는 명확하게 포화액–증기 혼합물 상태이다. 이 상태에서 엔탈피는 다음과 같다.

$$h_2 = h_f + x_2 h_{fg} = [225.94 + (0.9)(2372.3)]\text{ kJ/kg} = 2361.01\text{ kJ/kg}$$

따라서,

$$\Delta h = h_2 - h_1 = (2361.01 - 3248.4)\text{kJ/kg} = \mathbf{-887.39\ kJ/kg}$$

$$\Delta \text{ke} = \frac{V_2^2 - V_1^2}{2} = \frac{(180\text{ m/s})^2 - (50\text{ m/s})^2}{2}\left(\frac{1\text{ kJ/kg}}{1000\text{ m}^2/\text{s}^2}\right) = \mathbf{14.95\ kJ/kg}$$

$$\Delta \text{pe} = g(z_2 - z_1) = (9.81\text{ m/s}^2)[(6 - 10)\text{ m}]\left(\frac{1\text{ kJ/kg}}{1000\text{ m}^2/\text{s}^2}\right) = \mathbf{-0.04\ kJ/kg}$$

(*b*) 정상 유동계의 에너지 평형은 다음과 같이 변화율 식으로 나타낼 수 있다.

$$\underbrace{\dot{E}_{\text{in}} - \dot{E}_{\text{out}}}_{\text{열, 일, 질량에 의한 정미 에너지 전달률}} = \underbrace{dE_{\text{system}}/dt}_{\text{내부 에너지, 운동 에너지, 위치 에너지 등의 시간 변화율}}^{\nearrow 0\text{ (정상)}} = 0$$

$$\dot{E}_{\text{in}} = \dot{E}_{\text{out}}$$

$$\dot{m}\left(h_1 + \frac{V_1^2}{2} + gz_1\right) = \dot{W}_{\text{out}} + \dot{m}\left(h_2 + \frac{V_2^2}{2} + gz_2\right) \qquad (\dot{Q} = 0\text{이므로})$$

질량 유량 $\dot{m}$으로 나누고 값들을 대입하면 터빈에 의해 수행된 수증기의 단위 질량당 일은 다음과 같이 구한다.

$$w_{\text{out}} = -\left[(h_2 - h_1) + \frac{V_2^2 - V_1^2}{2} + g(z_2 - z_1)\right] = -(\Delta h + \Delta \text{ke} + \Delta \text{pe})$$

$$= -[-887.39 + 14.95 - 0.04]\text{ kJ/kg} = \mathbf{872.48\ kJ/kg}$$

(*c*) 5 MW의 출력에 필요한 질량 유량은 다음과 같다.

$$\dot{m} = \frac{\dot{W}_{\text{out}}}{w_{\text{out}}} = \frac{5000\text{ kJ/s}}{872.48\text{ kJ/kg}} = \mathbf{5.73\ kg/s}$$

검토 이 결과로부터 두 가지 사항의 고찰이 가능하다. 첫째, 위치 에너지 변화는 엔탈피와 운동 에너지 변화에 비해 매우 작다. 이는 대부분의 산업용 기계에서 나타나는 일반적인 현상이다. 두 번째로 터빈 출구에서는 압력이 낮아 비체적이 크기 때문에 수증기 속도가 매우 빠르다. 그러나 운동 에너지 변화는 엔탈피 변화에 비해 상당히 작기 때문에(이 문제의 경우 2% 미만) 자주 무시된다.

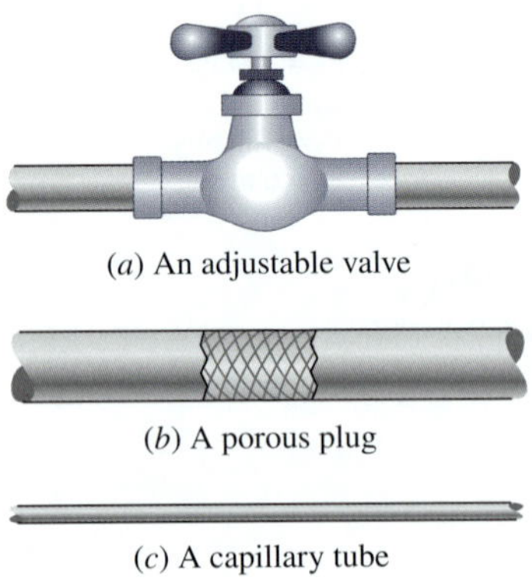

그림 6-32
교축 밸브는 유체에 큰 압력 강하를 일으키는 장치이다.

3 교축 밸브

교축 밸브(throttling valve)는 상당한 압력 강하를 일으키는 **유동 제한 장치**를 통칭하며, 주변에서 흔히 볼 수 있는 일반 조절 밸브(adjustable valve), 모세관(capillary tube), 다공성 플러그(porous plug)를 예로 들 수 있다(그림 6-32). 터빈과는 달리 이 장치들은 일이 관련되지 않고 압력 강하를 일으킨다. 유체의 압력 강하는 종종 **큰 온도 강하**를 동반하기 때문에 교축 밸브는 일반적으로 냉동 장치나 공기 조화 장치에 사용된다. 교축 과정 동안 발생하는 온도 강하(때로는 온도 상승)는 **Joule-Thomson 계수**로 호칭되는 상태량에 의해 결정된다.

교축 밸브는 대부분 매우 작아서 유효한 열전달이 발생할 유체가 머무는 시간이 충분하지 않고 면적도 작기 때문에 단열 과정으로 가정할 수 있다($q \cong 0$). 또한 관련된 일이 없으며($w = 0$), 위치 에너지의 변화는 없거나 매우 작다($\Delta pe \cong 0$). 출구 속도가 입구 속도에 비해 클 때도 있지만, 대부분의 경우 운동 에너지 증가는 중요하지 않다($\Delta ke \cong 0$). 따라서 단일 흐름 정상 유동 교축 밸브에 대한 에너지 보존 방정식은 다음과 같이 간략하게 나타난다.

$$h_2 \cong h_1 \qquad \text{(kJ/kg)} \tag{6-41}$$

즉, 교축 밸브의 엔탈피는 입구와 출구에서 동일하다. 이러한 이유로 교축 밸브를 **등엔탈피 장치**(*isenthalpic device*)로 부르기도 한다. 그러나 모세관처럼 노출 표면적인 큰 교축 장치에서는 열전달이 중요할 수도 있다.

교축이 유체의 상태량 미치는 영향을 살펴보기 위하여 식 (6-41)을 다음과 같이 나타낸다.

$$u_1 + P_1\upsilon_1 = u_2 + P_2\upsilon_2$$

또는

$$\text{Internal energy} + \text{Flow energy} = \text{Constant}$$

따라서 교축 과정의 최종 결과는 과정 중에 이 두개의 값 중 어느 값이 증가하는가에 따라 달라진다. 교축 과정 동안 유동 에너지가 증가하면($P_2\upsilon_2 > P_1\upsilon_1$) 내부 에너지는 감소하며, 결과적으로 내부 에너지는 감소는 온도 강하를 일으킨다. 반대로 교축 과정 동안 $P\upsilon$가 감소하면 유체의 내부 에너지와 온도는 증가한다. 이상 기체의 경우에는 엔탈피가 온도만의 함수인 $h = h(T)$이므로 교축 과정 동안 온도는 일정하게 유지되어야 한다(그림 6-33).

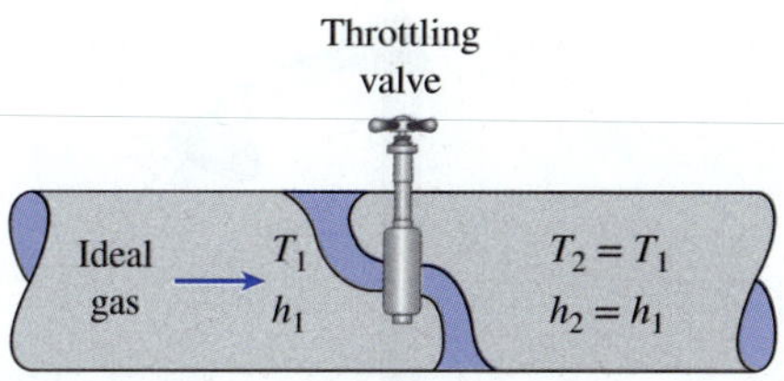

그림 6-33
이상 기체는 $h = h(T)$이므로 교축 과정(h = 일정)에서 온도가 변하지 않는다.

예제 6-8 **냉동기에서 R-134a의 팽창**

냉매 R-134a가 0.8 MPa의 포화액 상태로 냉장고의 모세관으로 유입되어 출구에서 0.12 MPa의 압력으로 교축된다. 최종 상태에서 냉매의 건도와 이 과정 동안의 온도 강하를 구하라.

풀이 냉매 R-134a는 포화액 상태로 모세관에 유입되어 주어진 압력으로 교축된다. 출구에서 냉매의 건도와 과정 동안 발생한 온도 강하를 결정한다.

가정 **1.** 모세관의 열전달은 무시할 수 있다. **2.** 운동 에너지 변화는 무시할 수 있다.

해석 모세관은 냉동 장치에 일반적으로 사용되는 간단한 유동 제한 장치로 냉매의 압력 강하를 크게 일으킨다. 모세관을 통과하는 유동은 교축 과정으로 냉매의 엔탈피는 일정하게 유지된다(그림 6-34).

입구에서: $\left.\begin{array}{l} P_1 = 0.8 \text{ MPa} \\ \text{sat. liquid} \end{array}\right\} \begin{array}{l} T_1 = T_{\text{sat @ 0.8 MPa}} = 31.31°\text{C} \\ h_1 = h_{f\text{ @ 0.8 MPa}} = 95.48 \text{ kJ/kg} \end{array}$ (Table A-12)

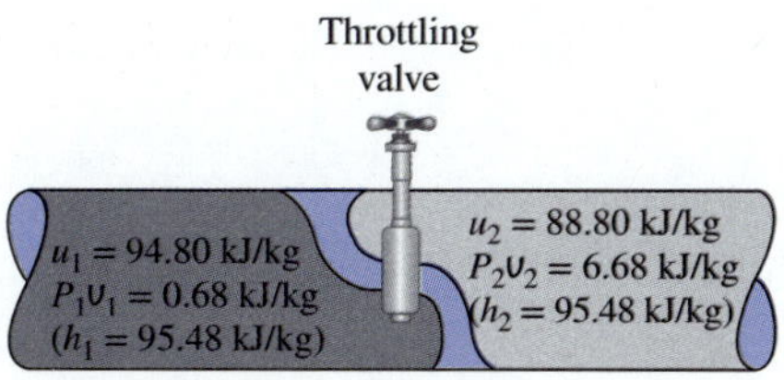

그림 6-34
교축 과정 동안 냉매의 엔탈피(유동 에너지 + 내부 에너지)는 일정하게 유지되지만 내부 에너지와 유동 에너지는 서로 변환된다.

출구에서: $\left.\begin{array}{l} P_2 = 0.12 \text{ MPa} \\ h_2 = h_1 \end{array}\right\} \begin{array}{l} h_f = 22.47 \text{ kJ/kg} \quad T_{sat} = -22.32°\text{C} \\ h_g = 236.99 \text{ kJ/kg} \end{array}$

$h_f < h_2 < h_g$이므로 출구에서 냉매는 포화 혼합물로 존재한다. 이 상태에서 건도는 다음과 같다.

$$x_2 = \frac{h_2 - h_f}{h_{fg}} = \frac{95.48 - 22.47}{236.99 - 22.47} = \mathbf{0.340}$$

출구 상태는 0.12 MPa의 포화 혼합물이므로 출구 온도는 이 압력의 포화 온도인 −22.32°C이다. 따라서 이 교축 과정 동안의 온도 변화는 다음과 같다.

$$\Delta T = T_2 - T_1 = (-22.32 - 31.31)°\text{C} = \mathbf{-53.63°C}$$

검토 이 교축 과정 동안 냉매의 온도는 53.63°C 내려간다. 또한 이 과정 동안 34.0%의 냉매가 증발하고, 냉매 증발에 필요한 에너지는 냉매 자체의 내부 에너지로부터 흡수된다는 점에 유의하라.

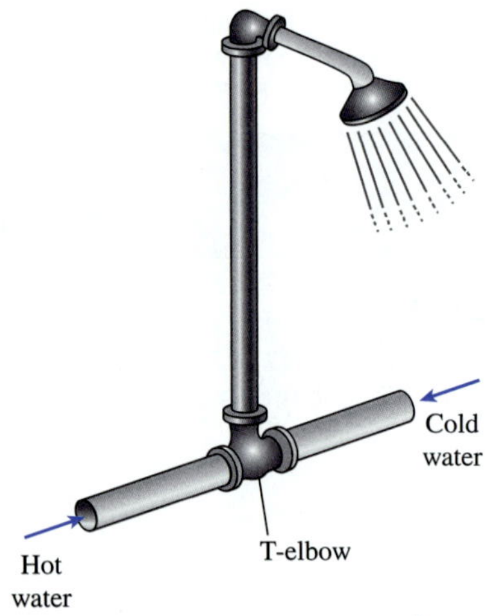

그림 6-35
일반 샤워기의 T자형 배관은 온수와 냉수 흐름의 혼합실 역할을 한다.

4a 혼합실

두 유체 흐름의 혼합은 산업 응용 분야에서 흔한 일이며, 혼합이 발생하는 구간을 일반적으로 혼합실(mixing chamber)이라 부른다. 혼합실은 "실(chamber)"로 구분할 필요는 없다. 예를 들어 샤워기의 T자관이나 Y자관은 냉수와 온수의 혼합실 역할을 한다(그림 6-35).

혼합실에 대한 질량 보존법칙에서는 유입되는 질량 유량의 합과 유출되는 혼합물의 질량 유량과 같아야 한다.

혼합실은 일반적으로 잘 단열되어 있으며($q \cong 0$), 어떠한 종류의 일도 관련되지 않는다($w = 0$). 또한 이 유체 흐름의 운동 에너지와 위치 에너지는 일반적으로 무시할 수 있다(ke ≅ 0, pe ≅ 0). 따라서 에너지 방정식에서 유입되는 유체의 총 에너지와 유출되는 혼합물의 에너지 항만 남는다. 에너지 보존법칙에 따라 이 두 에너지는 서로 같아야 한다. 이 경우 에너지 보존식은 질량 보존식과 유사하게 나타난다.

예제 6-9 샤워기에서 온수와 냉수의 혼합

140°F의 온수와 50°F의 냉수가 혼합되는 일반 샤워기를 고려한다. 110°F의 따뜻한 물을 정상 유동으로 공급하기 위해 필요한 온수와 냉수의 질량 유량비를 결정하라. 혼합실의 열손실은 무시할 수 있으며, 혼합은 20 psia의 압력에서 일어난다고 가정한다.

풀이 샤워기에서 주어진 온도의 냉수와 온수가 혼합된다. 주어진 온도의 혼합 온수를 얻기 위한 온수와 냉수의 질량 유량비를 결정한다.

가정 **1.** 샤워기 어느 위치에서도 시간에 따른 변화가 없는 정상 유동 과정으로 $\Delta m_{CV} = 0$, $\Delta E_{CV} = 0$이다. **2.** 운동 에너지와 위치 에너지의 변화는 무시할 수 있으므로 Δke

$= 0$, Δpe $= 0$이다. **3.** 이 계의 열전달은 무시할 수 있으므로 $\dot{Q} = 0$이다. **4.** 관련된 일은 없으므로 $\dot{W} = 0$이다.

해석 혼합실을 계로 선정하면(그림 6-36), 이 과정 동안 질량이 계의 경계를 통과하므로 이 계는 검사체적이다. 계에는 두 개의 입구와 한 개의 출구가 있다.

가정과 관찰을 통해 정상 유동계의 질량 및 에너지 평형은 다음과 같이 변화율 식으로 나타낼 수 있다.

질량 평형: $$\dot{m}_{in} - \dot{m}_{out} = dm_{system}/dt \nearrow^{0\ (\text{정상})} = 0$$

$$\dot{m}_{in} = \dot{m}_{out} \rightarrow \dot{m}_1 + \dot{m}_2 = \dot{m}_3$$

에너지 평형: $$\underbrace{\dot{E}_{in} - \dot{E}_{out}}_{\text{열, 일, 질량에 의한 정미 에너지 전달률}} = \underbrace{dE_{system}/dt}_{\text{내부 에너지, 운동 에너지, 위치 에너지 등의 시간 변화율}} \nearrow^{0\ (\text{정상})} = 0$$

$$\dot{E}_{in} = \dot{E}_{out}$$

$$\dot{m}_1 h_1 + \dot{m}_1 h_2 = \dot{m}_3 h_3 \quad (\dot{Q} \cong 0, \dot{W} = 0, \text{ke} \cong \text{pe} \cong 0\text{이므로})$$

질량 평형식과 에너지 평형식을 조합하면 다음과 같은 식이 된다.

$$\dot{m}_1 h_1 + \dot{m}_2 h_2 = (\dot{m}_1 + \dot{m}_2) h_3$$

질량 유량 $\dot{m}_2$로 나누어 다음 식을 유도한다.

$$y h_1 + h_2 = (y_1 + 1) h_3$$

이 식에서 $y = \dot{m}_1/\dot{m}_2$이며, 구하고자 하는 질량 유량비이다.

압력 20 psia에서 물의 포화 온도는 227.92°F이다. 입구 및 출구의 모든 흐름의 온도가 이 온도보다 낮으므로($T < T_{sat}$) 모든 흐름은 압축액 상태이다(그림 6-37). 압축액은 주어진 온도에서 포화액으로 근사할 수 있으므로 세 흐름의 엔탈피는 다음과 같다.

$$h_1 \cong h_{f\ @\ 140°F} = 107.99 \text{ Btu/lbm}$$
$$h_2 \cong h_{f\ @\ 50°F} = 18.07 \text{ Btu/lbm}$$
$$h_3 \cong h_{f\ @\ 110°F} = 78.02 \text{ Btu/lbm}$$

질량 유량비 y에 대하여 정리하고, 값들을 대입하면 다음과 같다.

$$y = \frac{h_3 - h_2}{h_1 - h_3} = \frac{78.02 - 18.07}{107.99 - 78.02} = \mathbf{2.0}$$

검토 110°F의 혼합된 물을 얻기 위한 온수의 질량 유량은 냉수의 질량 유량의 2배가 되어야 한다.

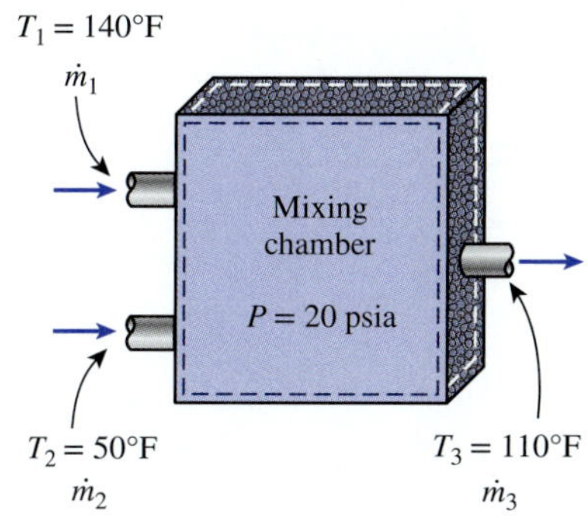

그림 6-36
예제 6-9의 개략도

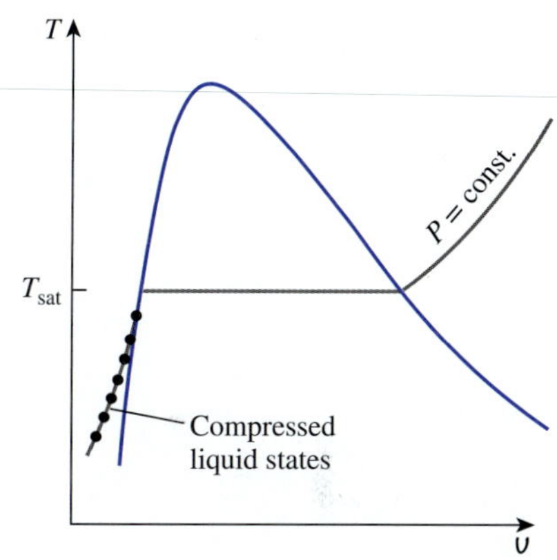

그림 6-37
주어진 압력의 포화 온도보다 낮은 온도에 있는 물질은 압축액으로 존재한다.

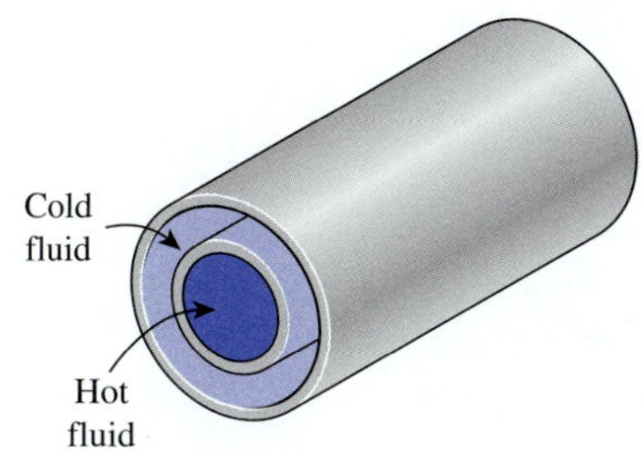

그림 6-38
열 교환기의 단순한 형태는 두 개의 동심관이다.

4b 열교환기

열교환기(heat exchanger)라는 명칭이 의미하는 것처럼 두 유체 흐름이 혼합되지 않고 열을 교환하는 장치이다. 열교환기는 다양한 산업 분야에서 폭넓게 사용되며, 다양한 디자인으로 만들어진다.

가장 간단한 형태의 열교환기는 그림 6-38에 나타낸 **이중관**(*double-tube*) **열교**

환기이다. 이 열교환기는 직경이 서로 다른 두 개의 동심관으로 구성되며 한 유체는 내부 관으로 흐르며, 다른 유체는 두 관 사이의 환형 공간(annular space)으로 흐른다. 열은 고온의 유체에서 두 유체 흐름을 분리하는 벽면을 통해 저온의 유체로 전달된다. 때로는 열전달 면적을 확대하는 방법으로 열전달률을 증가시키기 위해 내부 관을 셸(shell) 내부에서 두 번 왕복하여 제작하기도 한다. 앞에서 설명한 혼합실을 **직접 접촉식** 열교환기로 분류하기도 한다.

질량 보존법칙에 따라 정상 작동 조건의 열교환기의 유입 질량 유량의 합은 유출 질량 유량의 합과 같아야 한다. 이 법칙은 다음과 같이 표현할 수도 있다. **정상 작동 조건에서 열교환기를 통과하여 흐르는 각 유체 흐름의 질량 유량은 일정하다.**

열교환기는 일반적으로 일과 관련되지 않으며($w = 0$), 각 유체 흐름의 운동 에너지와 위치 에너지 변화는 무시할 수 있다($\Delta ke \cong 0$, $\Delta pe \cong 0$). 열교환기의 열전달률은 검사체적의 선택에 따라 달라진다. 열교환기 내부에서 흐르는 두 유체 사이에서 열전달이 일어나고 외부로의 열손실을 방지하기 위해 외부 셸은 단열시키는 것이 일반적이다.

열교환기 전체를 검사체적으로 선택하면 경계가 외부의 단열벽 바로 아래에 있고 경계를 통과하는 열이 아주 작거나 없기 때문에 $\dot{Q}$는 0이다(그림 6-39). 그러나 유체 하나만 검사체적으로 선택하면 이 경계를 통해 열이 한 유체에서 다른 유체로 전달되기 때문에 $\dot{Q}$는 0이 아니다. 이 경우 $\dot{Q}$는 두 유체 사이의 열전달률이 된다.

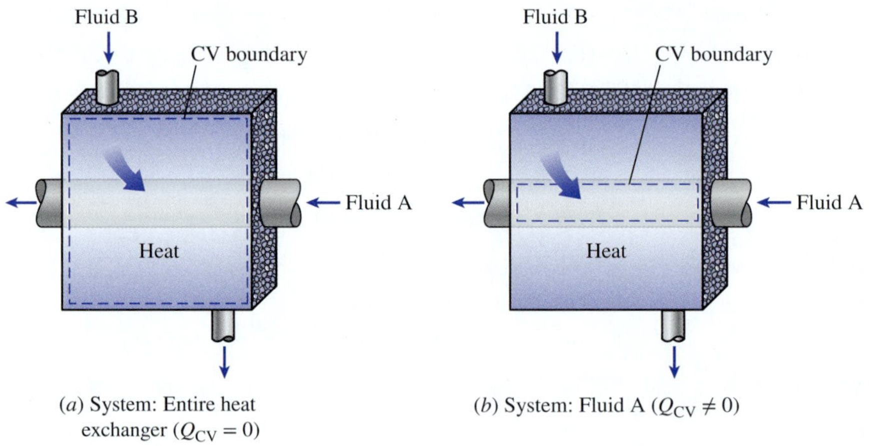

그림 6-39

열교환기와 관련된 열전달은 검사체적의 선택에 따라 0일 수도 있고 0이 아닐 수도 있다.

예제 6-10 **물을 이용한 냉매(R-134a)의 냉각**

냉매 R-134a가 응축기에서 물에 의해 냉각된다. 1 MPa, 70°C의 냉매가 6 kg/min의 질량 유량으로 응축기에 유입되고 35°C로 유출된다. 냉각수는 300 kPa, 15°C로 유입되고

25°C로 유출된다. 압력 강하는 무시하고 (*a*) 필요한 냉각수 질량 유량, (*b*) 냉매에서 냉각수로의 열전달률을 구하라.

풀이 냉매 R-134a가 응축기에서 물에 의하여 냉각된다. 냉각수의 질량 유량과 냉매에서 냉각수로의 열전달률을 계산한다.

가정 **1.** 응축기 어느 위치에서도 시간에 따른 변화가 없는 정상 유동 과정으로 $\Delta m_{CV} = 0$, $\Delta E_{CV} = 0$이다. **2.** 운동 에너지와 위치 에너지는 무시할 수 있다(ke ≅ 0, pe ≅ 0). **3.** 이 계의 열손실은 무시할 수 있다($\dot{Q} = 0$). **4.** 관련된 일은 없다($\dot{W} = 0$).

해석 열교환기 전체를 계로 선정하면(그림 6-40), 이 과정 동안 질량이 계의 경계를 통과하므로 이 계는 **검사체적**이다. 계에는 두 개의 입구와 두 개의 출구가 있다. 일반적으로, 다중 흐름 정상 유동 장치를 검사체적을 선정하는 방법은 다양하며, 주어진 조건에 따라 적절하게 선택해야 한다. 이 문제에서는 각각 하나의 입구와 하나의 출구를 가진 두 개의 유체 흐름이 존재하며, 두 유체 흐름은 서로 혼합되지 않는다.

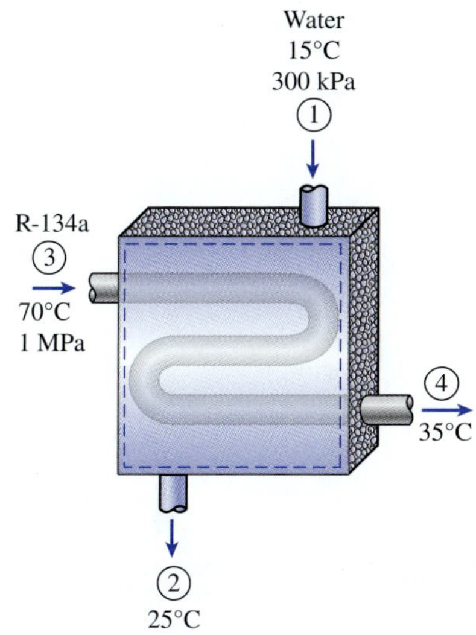

그림 6-40

예제 6-10의 개략도

(*a*) 가정과 관찰을 통해 이 정상 유동계의 질량 및 에너지 평형은 다음과 같이 변화율 식으로 나타낼 수 있다.

질량 평형: $$\dot{m}_{in} = \dot{m}_{out}$$

혼합이 없으므로 각각의 유체에 대한 질량 평형은 다음과 같다.

$$\dot{m}_1 = \dot{m}_2 = \dot{m}_w$$
$$\dot{m}_3 = \dot{m}_4 = \dot{m}_R$$

에너지 평형:

$$\underbrace{\dot{E}_{in} - \dot{E}_{out}}_{\text{열, 일, 질량에 의한 정미 에너지 전달률}} = \underbrace{dE_{system}/dt}_{\text{내부 에너지, 운동 에너지, 위치 에너지 등의 시간 변화율}}\nearrow^{0\ (\text{정상})} = 0$$

$$\dot{E}_{in} = \dot{E}_{out}$$

$$\dot{m}_1 h_1 + \dot{m}_3 h_3 = \dot{m}_2 h_2 + \dot{m}_4 h_4 \quad (\dot{Q} \cong 0,\ \dot{W} = 0,\ \text{ke} \cong \text{pe} \cong 0\text{이므로})$$

질량 평형식과 에너지 평형식을 조합하여 다시 정리하면 다음과 같은 식이 된다.

$$\dot{m}_w(h_1 - h_2) = \dot{m}_R(h_4 - h_3)$$

이제 네 개의 입출구 상태에서 엔탈피를 구해야 한다. 입구와 출구에서 물의 온도(15°C, 25°C)는 모두 300 kPa의 포화 온도(133.52°C)보다 낮으므로 압축액 상태이다. 압축액을 포화액으로 근사하면 주어진 온도에서 엔탈피는 다음과 같다.

$$\left.\begin{aligned} h_1 &\cong h_{f@15°C} = 62.982 \text{ kJ/kg} \\ h_2 &\cong h_{f@25°C} = 104.83 \text{ kJ/kg} \end{aligned}\right. \qquad \text{(Table A-4)}$$

냉매는 과열 증기 상태로 응축기에 유입되고 35°C의 압축액 상태로 유출된다. 냉매 R-134a의 상태량표에서 냉매의 엔탈피를 구한다.

$$\left.\begin{aligned} P_3 &= 1 \text{ MPa} \\ T_3 &= 70°C \end{aligned}\right\} h_3 = 303.87 \text{ kJ/kg} \qquad \text{(Table A-13)}$$

$$\left.\begin{aligned} P_4 &= 1 \text{ MPa} \\ T_4 &= 70°C \end{aligned}\right\} h_4 \cong h_{f@35°C} = 100.88 \text{ kJ/kg} \qquad \text{(Table A-11)}$$

값들을 대입하면,

$$\dot{m}_w(62.982 - 104.83)\text{kJ/kg} = (6\text{ kg/min})[(100.88 - 303.87)\text{ kJ/kg}]$$
$$\dot{m}_w = \mathbf{29.1\ kg/min}$$

(*b*) 냉매에서 물로의 열전달을 구하려면 계의 경계가 열전달 경로에 놓이도록 검사체적을 선택해야 한다. 한쪽 유체가 차지하는 체적을 검사체적으로 선택할 수 있다. 별다른 특이 사항이 없으므로, 물이 차지하는 체적을 검사체적으로 선택한다. 열전달이 없다는 것을 제외하고 이 검사체적에 앞에서 언급한 모든 가정을 적용하면, 단일 흐름 정상 유동계의 에너지 평형은 다음과 같은 식으로 간소화된다.

$$\underbrace{\dot{E}_{in} - \dot{E}_{out}}_{\text{열, 일, 질량에 의한 정미 에너지 전달률}} = \underbrace{dE_{system}/dt}_{\text{내부 에너지, 운동 에너지, 위치 에너지 등의 시간 변화율}} \nearrow^{0\ (\text{정상})} = 0$$

$$\dot{E}_{in} = \dot{E}_{out}$$

$$\dot{Q}_{w,in} + \dot{m}_w h_1 = \dot{m}_w h_2$$

값들을 대입하고 정리하면,

$$\dot{Q}_{w,in} = \dot{m}_w(h_2 - h_1) = (29.1\text{ kg/min})[(104.83 - 62.982)\text{ kJ/kg}]$$
$$= \mathbf{1218\ kJ/min}$$

검토 냉매가 차지하는 체적을 검사체적으로 선택해도(그림 6-41) 물이 얻은 열과 냉매가 잃은 열이 같기 때문에 $\dot{Q}_{R,out}$은 동일한 값으로 얻어진다.

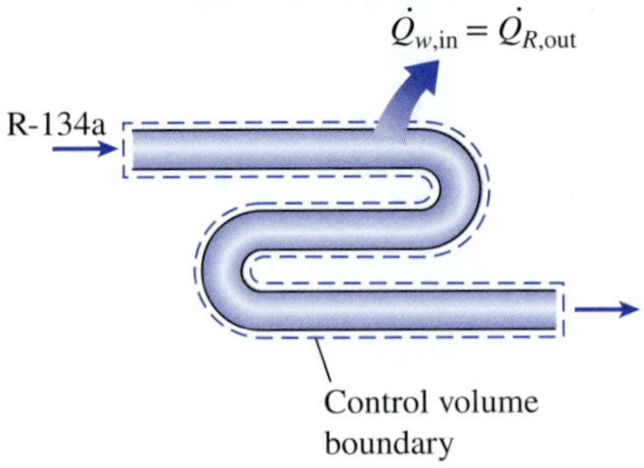

그림 6-41
열교환기에서는 검사체적의 선택 결과에 따라 열전달이 다르다.

5 파이프 및 덕트 유동

많은 산업 응용 분야에서 파이프(pipe)와 덕트(duct)를 통한 액체와 기체의 수송은 대단히 중요하다. 파이프와 덕트를 통한 유동은 보통 정상 유동 조건을 만족하므로, 정상 유동 과정으로 해석할 수 있다. 물론 이 경우에도 운전이 시작할 때와 끝날 때의 과도 기간은 제외한다. 검사체적은 해석 대상인 파이프나 덕트의 내부 표면으로 둘러싸인 체적과 일치하도록 선택할 수 있다.

정상 작동 조건에서 특히 파이프나 덕트의 길이가 길 때 유체가 잃거나 얻은 열량은 매우 중요하다(그림 6-42). 때로는 열전달이 요구되며, 이 열전달이 유동의 주 목적이기도 한다. 발전소 가열로(furnace)의 파이프 내 물의 유동, 냉동기의 냉매 유동, 열교환기 내의 유동 등을 몇 가지 예로 들 수 있다. 이와는 반대로 열전달이 일어나면 안 되는 경우가 있으며, 이 경우 파이프나 덕트는 특히 유동 유체와 주위와의 온도 차이가 클 때 유동 유체가 열을 얻거나 손실되는 것을 방지하기 위하여 단열을 한다. 이때 열전달은 무시할 수 있다.

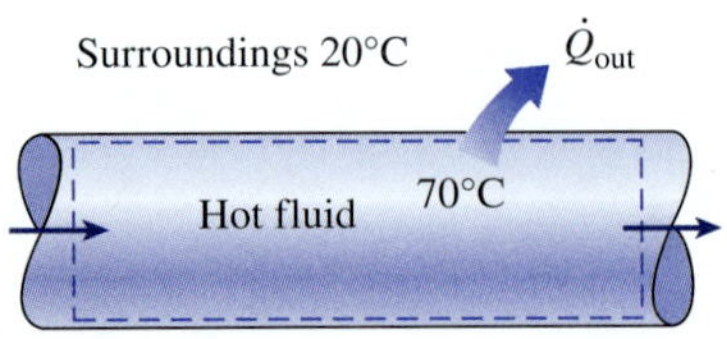

그림 6-42
단열되지 않은 파이프나 덕트에 흐르는 뜨거운 유체는 차가운 주위로의 열손실이 상당히 클 수도 있다.

검사체적이 가열부(전열선), 송풍기 또는 펌프(축) 등을 포함하며, 관련된 일을 고려하여야 한다(그림 6-43). 송풍기 일은 매우 작아서 에너지를 해석할 때 종종 무시되기도 한다.

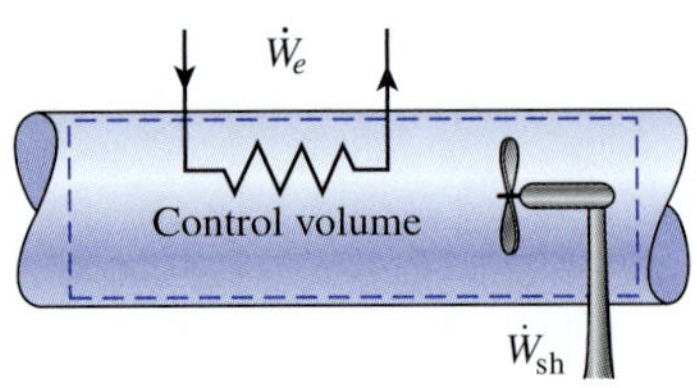

그림 6-43
파이프나 덕트 유동은 하나 이상의 일의 형태를 동시에 포함할 수 있다.

파이프나 덕트 유동에서 속도는 비교적 작기 때문에 운동 에너지 변화는 일반적으로 중요하지 않다. 특히 파이프나 덕트의 직경이 일정하고 가열 효과를 무시할 수 있는 경우에는 더욱 그렇다. 그러나 덕트의 단면적이 변하는 기체 유동, 특히 압축성 효과가 큰 경우에는 운동 에너지 변화가 중요해질 수 있다. 또한 상당히 큰 높이 차이를 갖는 파이프 유동이나 덕트 유동에서는 위치 에너지 변화를 고려하여야 한다.

예제 6-11 **주택에서 전기에 의한 공기 가열**

대부분의 주택에서 사용되는 전기 난방 장치는 전기 저항 가열기가 설치된 덕트로 구성되며, 공기는 저항선 주위를 흐르며 가열된다. 15 kW의 전기 난방 장치를 고려한다. 100 kPa, 17°C의 공기가 150 m^3/min의 체적 유량으로 가열부에 유입된다. 덕트 내의 공기에서 주위로 200 W의 열량이 손실되는 경우, 가열부 출구에서 공기의 온도를 구하라.

풀이 주택의 전기 난방 장치를 고려한다. 주어진 전력과 공기의 체적 유량으로 공기의 출구 온도를 결정한다.

가정 **1.** 전기 난방 장치 가열부 어느 위치에서도 시간에 따른 변화가 없는 정상 유동 과정 과정으로 $\Delta m_{CV} = 0$, $\Delta E_{CV} = 0$이다. **2.** 공기는 임계점과 보다 온도가 높고 압력이 낮으므로 이상 기체이다. **3.** 운동 에너지와 위치 에너지 변화는 무시할 수 있다($\Delta ke \cong 0$, $\Delta pe \cong 0$). **4.** 공기의 실온에서 일정한 비열을 사용할 수 있다.

해석 전기 난방 장치의 **덕트 가열부**를 계로 선정하면(그림 6-44), 이 과정 동안 질량이 계의 경계를 통과하므로 이 계는 **검사체적**이다. 이 계에는 각각 한 개의 입구와 출구가 있으므로 $\dot{m}_1 = \dot{m}_2 = \dot{m}$이다. 또한 계에서 열손실이 존재하고 전기일이 계에 공급된다.

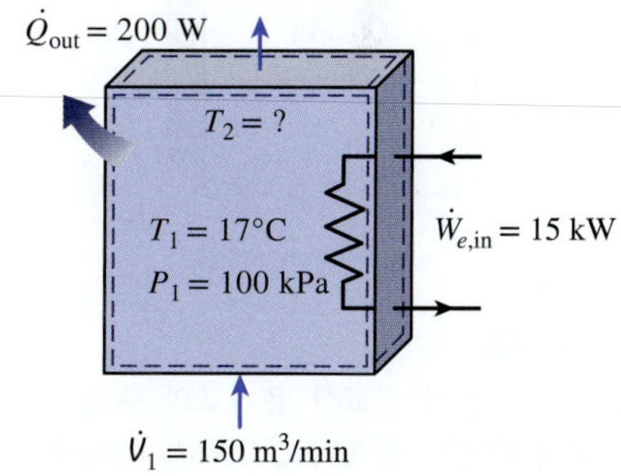

그림 6-44
예제 6-11의 개략도

가열 및 공기 조화 장치의 온도 범위에서 Δh는 $c_p\Delta T$로 나타내며, 실온의 c_p = 1.005 kJ/kg·°C를 사용하면 오차는 무시할 수 있다(그림 6-45). 이러한 정상 유동계의 에너지 평형은 다음과 같이 변화율 식으로 나타낼 수 있다.

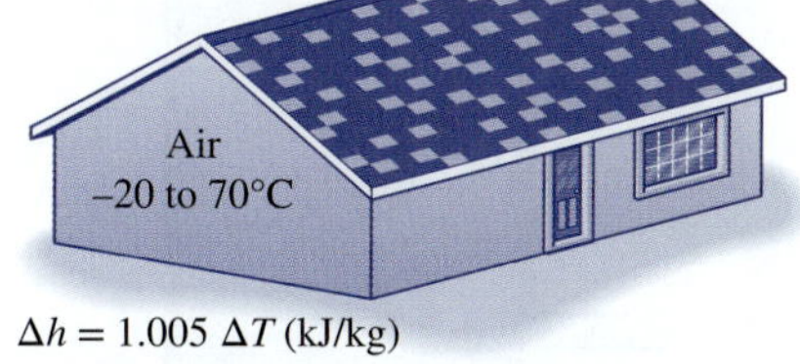

그림 6-45
−20~70°C의 온도 범위에서 c_p = 1.005 kJ/kg·°C를 적용한 $\Delta h = c_p\Delta T$ 값의 오차는 0.5% 미만이다.

$$\underbrace{\dot{E}_{in} - \dot{E}_{out}}_{\text{열, 일, 질량에 의한 정미 에너지 전달률}} = \underbrace{dE_{system}/dt}_{\text{내부 에너지, 운동 에너지, 위치 에너지 등의 시간 변화율}}^{\nearrow 0\ (\text{정상})} = 0$$

$$\dot{E}_{in} = \dot{E}_{out}$$

$$\dot{W}_{e,in} + \dot{m}h_1 = \dot{Q}_{out} + \dot{m}h_2 \quad (\Delta ke \cong \Delta pe \cong 0\text{이므로})$$

$$\dot{W}_{e,in} - \dot{Q}_{out} = \dot{m}c_p(T_2 - T_1)$$

이상 기체 방정식을 이용하면 덕트 입구에서 공기의 비체적은 다음과 같다.

$$v_1 = \frac{RT_1}{P_1} = \frac{(0.287\ \text{kPa}\cdot\text{m}^3/\text{kg}\cdot\text{K})(290\ \text{K})}{100\ \text{kPa}} = 0.832\ \text{m}^3/\text{kg}$$

덕트를 통과하는 공기의 질량 유량은 다음과 같다.

$$\dot{m} = \frac{\dot{V}_1}{v_1} = \frac{150\ \text{m}^3/\text{min}}{0.832\ \text{m}^3/\text{kg}}\left(\frac{1\ \text{min}}{60\ \text{s}}\right) = 3.0\ \text{kg/s}$$

주어진 값들을 대입하면 공기 출구 온도는 다음과 같이 계산된다.

$$(15\ \text{kJ/s}) - (0.2\ \text{kJ/s}) = (3\ \text{kg/s})(1.005\ \text{kJ/kg}\cdot°\text{C})(T_2 - 17)°\text{C}$$
$$T_2 = \mathbf{21.9°C}$$

검토 덕트에서 열손실은 공기의 출구 온도를 감소시킨다.

6-5 비정상 유동 과정의 에너지 해석

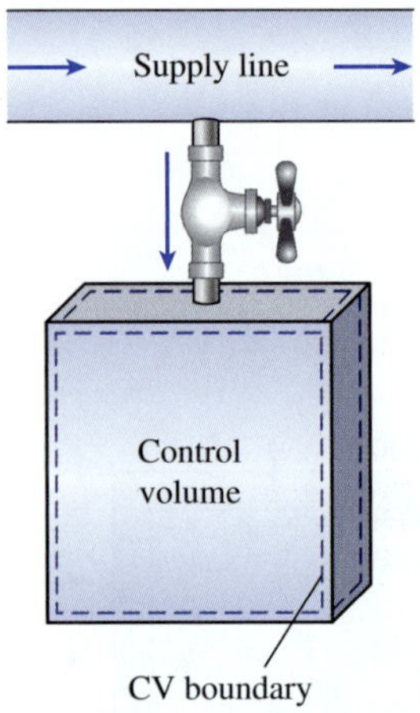

그림 6-46
공급관을 통한 견고한 용기로의 충전은 검사체적 내에서 변화가 일어나기 때문에 비정상 유동 과정이다.

정상 유동 과정은 과정 동안 검사체적 내에서 어떤 변화도 일어나지 않기 때문에 경계 내에서 진행되는 현상에 대해 관심을 가질 필요가 없다. 검사체적 내에서 시간에 따른 어떠한 변화도 고려할 필요가 없으므로 해석이 매우 단순해진다.

그러나 우리가 관심을 가지는 많은 과정은 시간에 따른 검사체적 내의 변화가 포함된다. 이러한 과정을 **비정상 유동**(*unsteady-flow*) 과정 또는 **과도 유동**(*transient-flow*) 과정이라 한다. 앞에서 유도한 정상 유동의 관계식은 명백히 이러한 과정에 적용할 수 없다. 비정상 유동 과정을 해석할 때는 경계를 통과하는 에너지 상호작용뿐만 아니라 검사체적 내의 질량과 에너지의 양을 지속적으로 추적하는 것이 중요하다.

주변에서 볼 수 있는 비정상 유동 과정은 공급관을 통한 견고한 용기의 충전(그림 6-46), 압력 용기의 유체 배출, 대형 용기에 저장된 압축 공기로 작동되는 가스터빈, 타이어나 풍선의 공기 주입, 압력솥의 요리과정 등이 있다.

정상 유동 과정과는 달리 비정상 유동 과정은 무한히 지속되는 것이 아니라 한정된 시간 동안에 시작과 끝이 존재한다. 따라서 이 절에서는 시간 변화율(단위 시간당 변화) 대신 시간 구간 Δt에서 일어나는 변화를 다룬다. 어떤 면에서 비정상 유동계는 과정 동안 경계 내에서 질량이 일정하게 유지되지 않는다는 점을 제외하면 밀폐계와 유사하다.

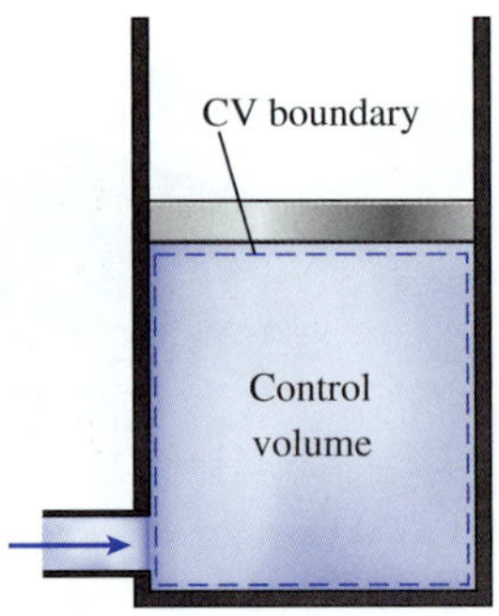

그림 6-47
비정상 유동 과정 동안 검사체적의 형상과 크기는 변할 수 있다.

정상 및 비정상 유동계의 또 다른 차이점은 정상 유동계는 공간, 크기 및 형상이 고정되어 있지만, 비정상 유동계는 그렇지 않다는 것이다(그림 6-47). 대부분의 비정상 유동계는 고정되어 있지만 이동 경계가 포함될 수 있어서 경계일이 존재할 수 있다.

어떤 과정에 있는 계의 **질량 평형**은 다음과 같은 식으로 표현될 수 있다(6-1절 참조).

$$m_{\text{in}} - m_{\text{out}} = \Delta m_{\text{system}} \qquad (\text{kg}) \tag{6-42}$$

여기서 $\Delta m_{\text{system}} = m_{\text{final}} - m_{\text{initial}}$은 계의 질량 변화이다. 검사체적에 대해 이 식은 다음과 같이 좀 더 명확하게 나타낼 수 있다.

$$m_i - m_e = (m_2 - m_1)_{\text{CV}} \tag{6-43}$$

여기서 하첨자 i = 입구, e = 출구, 1 = 검사체적 초기 상태, 2 = 검사체적 최종 상태를 의미한다. 이 식에서 하나 또는 그 이상의 항이 종종 0이 된다. 예를 들어 과정 동안 검사체적으로 들어오는 질량이 없으면 $m_i = 0$, 검사체적에서 나가는 질량이 없으면 $m_e = 0$, 처음에 검사체적이 비워져 있다면 $m_1 = 0$이다.

비정상 유동 과정에서는 시간에 따라 검사체적 내 에너지 양이 변한다. 변화의 양은 과정 동안 질량에 의해 검사체적 내부 또는 외부로 수송된 에너지의 양뿐만 아니라 열 또는 일과 같이 계의 경계를 통해 전달된 에너지 양에 따라 달라진다. 비정상 유동 과정을 해석하려면 유입 및 유출 유동의 에너지뿐만 아니라 검사체적의 에너지 양도 계속 추적해야 한다.

에너지 평형 일반식은 앞에서 설명하였다.

에너지 평형:
$$\underbrace{E_{\text{in}} - E_{\text{out}}}_{\substack{\text{열, 일, 질량에 의한} \\ \text{정미 에너지 전달}}} = \underbrace{\Delta E_{\text{system}}}_{\substack{\text{내부 에너지, 운동 에너지,} \\ \text{위치 에너지 등의 변화}}} \quad (\text{kJ}) \tag{6-44}$$

비정상 유동 과정은 일반적으로 입구와 출구에서 질량 상태량이 변할 수 있기 때문에 해석하기가 어렵다. 그러나 대부분의 비정상 유동 과정은 다음과 같이 이상화된 **균일 유동 과정**(uniform-flow process)으로 나타낼 수 있다. 즉, **입구나 출구에서 유체 유동은 균일하고 정상 상태이며, 따라서 입구나 출구 단면의 어느 위치에서도 유체의 상태량은 시간과 위치에 따라 변하지 않는다. 이러한 가정이 성립하면, 이 상태량들은 평균하여 전 과정 동안 일정한 값으로 처리할 수 있다.**

정상 유동 과정과는 달리 비정상 유동 과정의 상태는 시간에 따라 변하고, 어느 순간에 검사체적에서 나가는 질량의 상태는 그 순간에 검사체적 내에 있는 질량의 상태와 동일하다. 검사체적의 초기 및 최종 상태량은 초기와 최종 상태 정보로 결정할 수 있으며, 이는 단순 압축성 계는 두 개의 독립적인 강성적 상태량으로 모든 상태량을 완전하게 정할 수 있기 때문이다.

따라서 균일 유동계에 대한 에너지 평형은 다음과 같이 명시적으로 나타낼 수 있다.

$$\left(Q_{\text{in}} + W_{\text{in}} + \sum_{\text{in}} m\theta\right) - \left(Q_{\text{out}} + W_{\text{out}} + \sum_{\text{out}} m\theta\right) = (m_2 e_2 - m_1 e_1)_{\text{system}} \tag{6-45}$$

여기서 $\theta = h + \text{ke} + \text{pe}$는 입구나 출구에서 유동 유체의 단위 질량당 에너지이고, $e = u + \text{ke} + \text{pe}$는 검사체적 내에 있는 비유동 유체의 단위 질량당 에너지이다. 대부분의 경우, 검사체적이나 유동 유체와 관련된 운동 에너지와 위치 에너지의 변화는 무시할 수 있으며, 이러한 경우 에너지 평형 관계식은 다음과 같이 간단하게 나타낼 수 있다.

$$Q - W = \sum_{\text{out}} mh - \sum_{\text{in}} mh + (m_2 u_2 - m_1 u_1)_{\text{system}} \tag{6-46}$$

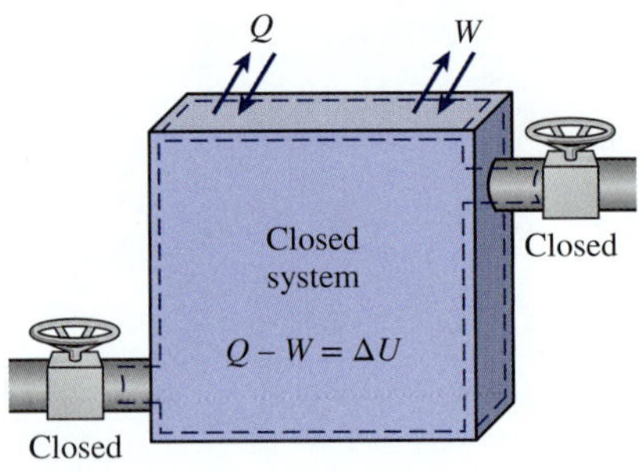

그림 6-48

모든 입구와 출구가 닫혀 있으면 균일 유동계의 에너지 방정식은 밀폐계의 에너지 방정식과 같다.

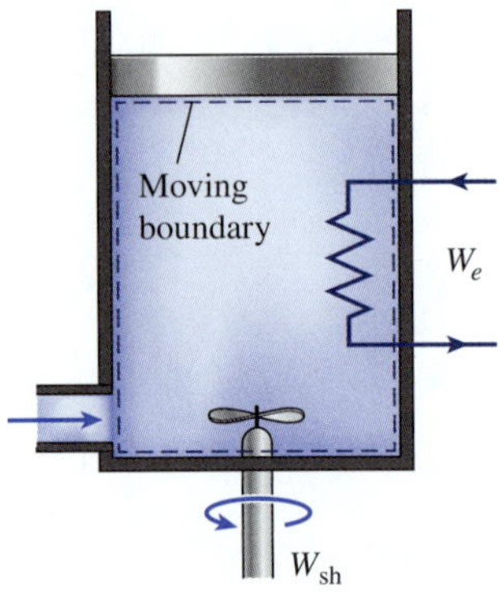

그림 6-49

균일 유동계는 전기일, 축일 및 경계일을 동시에 포함할 수 있다.

여기서 $Q = Q_{net,in} = Q_{in} - Q_{out}$은 정미 입력열이고, $W = W_{net,out} = W_{out} - W_{in}$은 정미 출력일이다. 과정 동안 유입되거나 유출되는 질량이 없다면($m_i = m_e = 0$, $m_1 = m_2 = m$), 이 식은 밀폐계의 에너지 평형식이 된다는 것을 유의하라(그림 6-48). 또한 비정상 유동계는 전기일과 축일뿐만 아니라 경계일도 포함하고 있다는 것도 유의하여야 한다(그림 6-49).

정상 유동과 균일 유동 과정이 모두 어느 정도 이상화 되었지만, 많은 실제 과정들이 이들 중 한 가지로 잘 근사화될 수 있으며, 만족할 만한 결과를 얻을 수 있다. 만족도는 원하는 정확도와 가정의 타당성 정도에 따라 달라진다.

예제 6-12 **견고한 탱크에 수증기 충전**

초기에 비어있는 견고한 단열 탱크가 1 MPa, 300°C의 수증기가 흐르는 공급관에 밸브로 연결되어 있다. 수증기가 탱크 내부로 천천히 흘러 들어가도록 밸브를 열고, 압력이 1 MPa에 도달하면 밸브를 잠근다. 탱크 내 수증기의 최종 온도를 구하라.

풀이 초기에 비어 있는 탱크와 수증기 공급관에 연결된 밸브를 열어서 압력이 공급관 수준으로 올라갈 때까지 수증기가 흘러 들어간다. 탱크 내 수증기의 최종 온도를 결정한다.

가정 **1.** 전체 과정 동안 검사체적으로 유입되는 수증기의 상태량이 일정하게 유지되기 때문에 이 과정은 **균일 유동 과정**으로 해석할 수 있다. **2.** 운동 에너지와 위치 에너지는 무시할 수 있다(ke ≅ 0, pe ≅ 0). **3.** 탱크가 고정되어 있으므로 탱크의 운동 에너지와 위치 에너지 변화는 없다($\Delta KE = 0$, $\Delta PE = 0$, $\Delta E_{system} = \Delta U_{system}$). **4.** 관련된 경계일, 전기일, 축일은 없다. **5.** 탱크는 단열이 잘 되어 있어서 열손실이 없다.

해석 탱크를 계로 선정하면(그림 6-50), 이 과정 동안 질량이 계의 경계를 통과하므로 이 계는 **검사체적**이다. 검사체적 내에서 변화가 일어나기 때문에 이 과정은 비정상 유동 과정이다. 검사체적은 초기에 비어 있으므로 $m_1 = 0$, $m_1 u_1 = 0$이다. 또한 계에는 입구가 하나이며 출구는 없다.

유동 또는 비유동 유체의 미시적 에너지는 엔탈피 h, 내부 에너지 u로 나타내는 것에 유의하면, 이 균일 유동계의 질량과 에너지 평형식은 다음과 같이 나타낼 수 있다.

질량 평형: $$m_{in} - m_{out} = \Delta m_{system} \rightarrow m_i = m_2 - m_1^{\nearrow 0} = m_2$$

에너지 평형:

$$\underbrace{E_{in} - E_{out}}_{\text{열, 일, 질량에 의한 정미 에너지 전달}} = \underbrace{\Delta E_{system}}_{\text{내부 에너지, 운동 에너지, 위치 에너지 등의 변화}}$$

$$m_i h_i = m_2 u_2 \qquad (W = Q = 0,\ \text{ke} \cong \text{pe} \cong 0,\ m_1 = 0 \text{ 이므로})$$

질량 평형식과 에너지 평형식을 조합하면 다음과 같은 식이 된다.

$$u_2 = h_i$$

탱크 내 수증기의 최종 내부 에너지는 탱크로 유입되는 수증기의 엔탈피와 같다. 입구

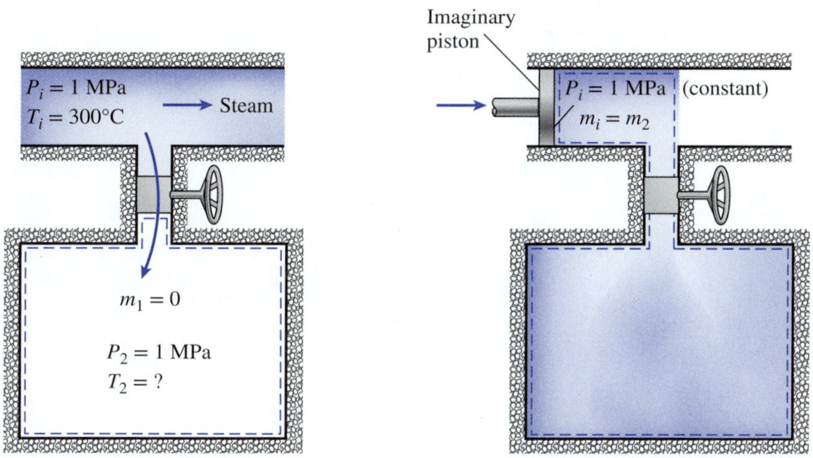

(*a*) Flow of steam into an evacuated tank

(*b*) The closed-system equivalence

그림 6-50
예제 6-12의 개략도

상태에서 수증기의 엔탈피는 다음과 같다.

$$\left.\begin{array}{l} P_i = 1\ \text{MPa} \\ T_i = 300°\text{C} \end{array}\right\} h_i = 3051.6\ \text{kJ/kg} \qquad \text{(Table A-6)}$$

이 값은 u_2와 같다. 최종 상태에서 두 상태량을 알고 있기 때문에 이 상태는 확정되었으며, 최종 상태의 온도는 동일한 표에서 구한다.

$$\left.\begin{array}{l} P_2 = 1\ \text{MPa} \\ u_2 = 3051.6\ \text{kJ/kg} \end{array}\right\} T_2 = \mathbf{456.1°C}$$

검토 탱크 내 수증기의 온도가 156.1°C로 상승하는 것에 유의하라. 처음에는 이러한 결과에 놀라지만, 수증기의 온도를 상승시킨 에너지가 어디서 왔는지 궁금할 수 있다. 그 답은 엔탈피 항 $h = u + P\upsilon$이다. 찾을 수 있다. 엔탈피의 일부는 유동 에너지 $P\upsilon$이다. 검사체적 출구에서 유동이 멈추면 이 유동 에너지가 현열 내부 에너지로 변환되어 온도 증가로 나타난다(그림 6-51).

다른 풀이 이 문제는 그림 6-50*b*에 나타낸 바와 같이 탱크 내부 공간과 탱크에 충전될 질량을 밀폐계로 선택하여 풀 수 있다. 경계를 통과하는 질량이 없으므로 이를 밀폐계로 보는 것은 적절하다.

이 과정 동안 수증기의 상류 흐름(가상의 피스톤)은 1 MPa의 일정한 압력으로 공급관에서 탱크 내부로 밀폐된 수증기를 밀어 넣는다. 이 과정 동안 수행된 경계일은 다음과 같다.

$$W_{b,\text{in}} = -\int_1^2 P_i\,dV = -P_i(V_2 - V_1) = -P_i[V_{\text{tank}} - (V_{\text{tank}} + V_i)] = P_i V_i$$

이 식에서 V_i는 탱크에 들어가기 전의 수증기 체적, P_i는 이동 경계(가상의 피스톤 표면)에서 작용하는 압력이다. 계의 초기 상태는 수증기 공급관 조건이므로 이 밀폐계의 에너지 평형은 다음과 같다.

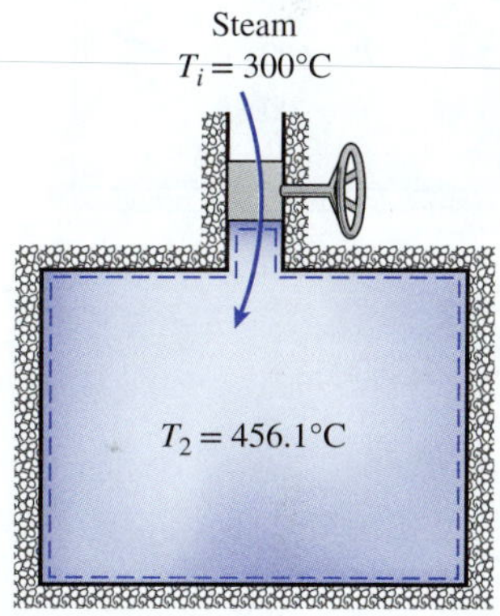

그림 6-51
수증기가 탱크 내부로 들어오면서 유동 에너지가 내부 에너지로 변환된 결과로 수증기의 온도가 300°C에서 456.1°C로 상승한다.

$$\underbrace{E_{in} - E_{out}}_{\substack{\text{열, 일, 질량에 의한} \\ \text{정미 에너지 전달}}} = \underbrace{\Delta E_{system}}_{\substack{\text{내부 에너지, 운동 에너지,} \\ \text{위치 에너지 등의 변화}}}$$

$$W_{b,in} = \Delta U$$

$$m_i P_i \mathsf{v}_i = m_2 u_2 - m_i u_i$$

$$u_2 = u_i + P_i \mathsf{v}_i = h_i$$

이 결과는 균일 유동 해석에서 얻은 결과와 동일하다. 다시 한번 상소하면, 온도 상승은 유동일 또는 유동 에너지에 의해 발생하며, 이는 유체가 흐르는 동안 유체를 움직이는 데 필요한 에너지이다.

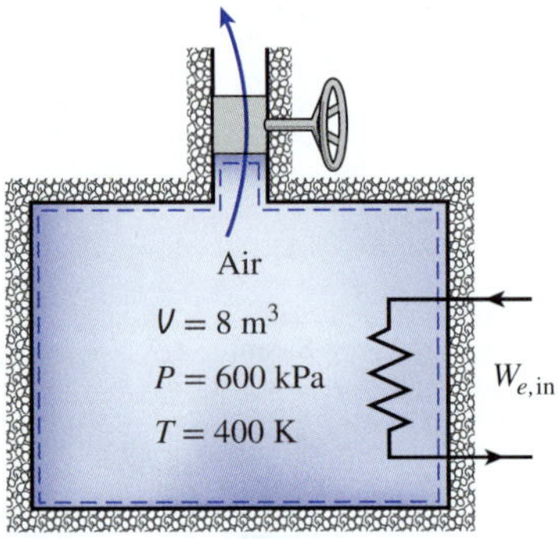

그림 6-52

예제 6-13의 개략도

예제 6-13 등온조건에서 가열된 공기의 방출

8 m^3의 견고한 단열 용기에 600 kPa, 400 K의 공기가 들어 있다. 용기에 연결된 밸브가 열리고 내부 압력이 200 kPa로 떨어질 때까지 공기가 빠져나간다. 이 과정 동안 공기의 온도는 용기 내부에 설치된 전기 저항 가열기에 의해 일정하게 유지된다. 이 과정 동안 공기로 공급된 전기 에너지를 결정하라.

풀이 전기 저항 가열기가 설치된 견고한 단열 용기에 들어있는 압축 공기는 내부 압력이 주어진 값으로 떨어질 때까지 일정한 온도를 유지하면서 용기를 빠져나간다. 공기에 공급된 전기 에너지 양을 계산한다.

가정 **1.** 과정 동안 장치 내부 조건이 변하기 때문에 이 과정은 비정상 과정이지만 외부 조건이 일정하므로 균일 유동 과정으로 해석할 수 있다. **2.** 운동 에너지와 위치 에너지는 무시할 수 있다. **3.** 탱크는 단열되어 있으므로 열전달은 무시할 수 있다. **4.** 공기는 비열이 변하는 이상 기체이다.

해석 탱크의 내용물을 계로 선정하면, 질량이 계의 경계를 통과하므로 이 계는 검사체적이다(그림 6-52). 검사체적 내에서 변화가 일어나기 때문에 이 과정은 비정상 유동 과정이다. 유동 또는 비유동 유체의 미시적 에너지는 엔탈피 h, 내부 에너지 u로 나타나내는 것에 유의하면, 이 균일 유동계의 질량과 에너지 평형식은 다음과 같이 나타낼 수 있다.

질량 평형: $m_{in} - m_{out} = \Delta m_{system} \rightarrow m_e = m_1 - m_2$

에너지 평형:

$$\underbrace{E_{in} - E_{out}}_{\substack{\text{열, 일, 질량에 의한} \\ \text{정미 에너지 전달}}} = \underbrace{\Delta E_{system}}_{\substack{\text{내부 에너지, 운동 에너지,} \\ \text{위치 에너지 등의 변화}}}$$

$$W_{e,in} - m_e h_e = m_2 u_2 - m_1 u_1 \qquad (Q \cong \text{ke} \cong \text{pe} \cong 0\text{이므로})$$

공기의 기체 상수 $R = 0.287$ kPa·m^3/kg·K이다(Table A-1). 탱크 내부의 공기의 최초 질량, 최종 질량, 방출된 양은 이상 기체 방정식으로 구한다.

$$m_1 = \frac{P_1 V_1}{RT_1} = \frac{(600\ \text{kPa})(8\ \text{m}^3)}{(0.287\ \text{kPa·m}^3/\text{kg·K})(400\ \text{K})} = 41.81\ \text{kg}$$

$$m_2 = \frac{P_2 V_2}{RT_2} = \frac{(200\ \text{kPa})(8\ \text{m}^3)}{(0.287\ \text{kPa·m}^3/\text{kg·K})(400\ \text{K})} = 13.94\ \text{kg}$$

$$m_e = m_1 - m_2 = 41.81 - 13.94 = 27.87 \text{ kg}$$

400 K의 공기에 대한 엔탈피와 내부 에너지는 각각 h_e = 400.98 kJ/kg, $u_1 = u_2$ = 286.16 kJ/kg이다(Table A-21). 공기로 공급되는 전기 에너지는 에너지 평형으로부터 다음과 같이 계산된다

$$\begin{aligned} W_{e,\text{in}} &= m_e h_e + m_2 u_2 - m_1 u_1 \\ &= (27.87 \text{ kg})(400.98 \text{ kJ/kg}) + (13.94 \text{ kg})(286.16 \text{ kJ/kg}) \\ &\quad - (41.81 \text{ kg})(286.16 \text{ kJ/kg}) \\ &= 3200 \text{ kJ} = \mathbf{0.889 \text{ kWh}} \end{aligned}$$

여기서 1 kWh = 3600 kJ이다

검토 이 과정 동안 방출되는 공기의 온도가 변한다면, 이 문제는 평균 방출 온도 $T_e = (T_2 + T_1)/2$로 구한 엔탈피(h_e) 증가 값으로 계산해도 상당히 정확하게 풀 수 있다.

요약 | SUMMARY

질량 보존법칙은 과정 동안 계로 들어오고 나가는 정미 질량 전달이 그 과정 동안 계의 총 질량 변화(증가 또는 감소)와 같다는 서술이며, 다음과 같이 나타난다.

$$m_{\text{in}} - m_{\text{out}} = \Delta m_{\text{system}} \quad \text{and} \quad \dot{m}_{\text{in}} - \dot{m}_{\text{out}} = dm_{\text{system}}/dt$$

여기서, $\Delta m_{\text{system}} = m_{\text{final}} - m_{\text{initial}}$로 과정 동안 계의 질량 변화, $\dot{m}_{\text{in}}$과 $\dot{m}_{\text{out}}$은 계로 유입되거나 유출된 총 질량, dm_{system}/dt는 계 내부의 질량 변화율을 나타낸다. 이 관계식은 질량 평형이라고도 하며, 계의 모든 과정에 적용할 수 있다.

단위 시간당 단면적을 통과하여 흐르는 질량을 **질량 유량**이라고 하며 다음과 같이 나타난다.

$$\dot{m} = \rho VA$$

여기서 ρ는 유체의 밀도, V는 유동 면적 A에 수직한 평균 유체 속도이다. 단위 시간당 단면적을 통과하여 흐르는 유체의 체적을 **체적 유량**이라고 하며 다음과 같이 나타난다.

$$\dot{V} = VA = \dot{m}/\rho$$

단위 질량의 유체를 검사체적으로 내부로 밀어 넣거나 외부로 밀어내는데 **유동일 또는 유동 에너지**이라고 하며, $w_{\text{flow}} = Pv$로 나타난다. 검사체적 해석에 유동 에너지와 내부 에너지를 **엔탈피**로 조합하여 사용하는 것은 편리하며, 유동 유체의 총 에너지는 다음과 같이 나타난다.

$$\theta = h + \text{ke} + \text{pe} = h + \frac{V^2}{2} + gz$$

균일 상태량을 갖는 유동 유체의 질량 m에 의해 수송된 총 에너지는 $m\theta$이며, 질량 유량 $\dot{m}$을 갖는 유체에 의한 에너지 수송률은 $\dot{m}\theta$이다. 유체의 운동 에너지와 위치 에너지를 무시할 경우, 에너지 수송량과 에너지 수송률은 각각 $E_{\text{mass}} = mh$와 $\dot{E}_{\text{mass}} = \dot{m}h$이다.

열역학 제1법칙은 본질적으로 에너지 보존법칙에 대한 서술이며, **에너지 평형**이라고도 불린다. 모든 과정에 대한 모든 계의 질량 및 에너지 평형 일반식은 다음과 같이 나타난다.

$$\underbrace{E_{\text{in}} - E_{\text{out}}}_{\substack{\text{열, 일, 질량에 의한} \\ \text{정미 에너지 전달}}} = \underbrace{\Delta E_{\text{system}}}_{\substack{\text{내부 에너지, 운동 에너지,} \\ \text{위치 에너지 등의 변화}}}$$

이 식을 **시간 변화율**로 나타낼 수도 있다.

$$\underbrace{\dot{E}_{\text{in}} - \dot{E}_{\text{out}}}_{\substack{\text{열, 일, 질량에 의한} \\ \text{정미 에너지 전달률}}} = \underbrace{dE_{\text{system}}/dt}_{\substack{\text{내부 에너지, 운동 에너지,} \\ \text{위치 에너지 등의 시간 변화율}}}$$

검사체적과 관련된 열역학적 과정은 정상 유동 과정과 비정상 유동 과정으로 구분된다. **정상 유동 과정** 동안 유체는 특정 위치에서 시간에 따른 변화 없이 정상 상태로 검사체적을 통과하여 흘러가며, 검사체적 내부의 질량과 에너지 양은 일정하게 유지된다. **계 내부로의 열전달**과 **계가 수행한 일**을 양의 값으로 고려하면, 정상 유동 과정에 대한 질량 및 에너지 방정식은 다음과 같이 나타난다.

$$\sum_{\text{in}} \dot{m} = \sum_{\text{out}} \dot{m}$$

$$\dot{Q} - \dot{W} = \underbrace{\sum_{\text{out}} \dot{m}\left(h + \frac{V^2}{2} + gz\right)}_{\text{각 출구에 대해}} - \underbrace{\sum_{\text{in}} \dot{m}\left(h + \frac{V^2}{2} + gz\right)}_{\text{각 입구에 대해}}$$

이 식은 정상 유동 과정에 대한 가장 일반적인 형태의 방정식이다. 노즐, 디퓨저, 터빈, 압축기, 펌프와 같이 하나의 입구와 하나의 출구를 갖는 단일 흐름인 경우, 질량 및 에너지 방정식은 다음과 같이 간단하게 나타낼 수 있다.

$$\dot{m}_1 = \dot{m}_2 \quad \longrightarrow \quad \frac{1}{\upsilon_1}V_1A_1 = \frac{1}{\upsilon_2}V_2A_2$$

$$\dot{Q} - \dot{W} = \dot{m}\left[h_2 - h_1 + \frac{V_2^2 - V_1^2}{2} + g(z_2 - z_1)\right]$$

이 식에서 하첨자 1과 2는 각각 입구 상태와 출구 상태를 나타낸다.

대부분의 비정상 유동 과정은 **균일 유동 과정**으로 모델링할 수 있으며, 이는 유체 유동은 모든 입구와 모든 출구에서 균일하고 정상 상태이기 때문에 입구나 출구 단면에서 유체의 상태량이 시간과 위치에 따라 변화되지 않는 것이다. 이 경우 상태량 값들은 단면에서의 평균값이 적용되며 전 과정에 대해 일정한 값을 갖는다. 검사체적이나 유체 흐름과 관련된 운동 에너지와 위치 에너지 변화를 무시할 수 있는 경우, 균일 유동계에 대한 질량 및 에너지 평형 관계식은 다음과 같이 나타난다.

$$m_{\text{in}} - m_{\text{out}} = \Delta m_{\text{system}}$$

$$Q - W = \sum_{\text{out}} mh - \sum_{\text{in}} mh + (m_2u_2 - m_1u_1)_{\text{system}}$$

여기서 $Q = Q_{\text{net,in}} = Q_{\text{in}} - Q_{\text{out}}$은 정미 입력열, $W = W_{\text{net,out}} = W_{\text{out}} - W_{\text{in}}$은 정미 출력일이다.

열역학 문제를 풀 때, 모든 문제에 에너지 평형 일반식 $E_{\text{in}} - E_{\text{out}} = \Delta E_{\text{system}}$을 사용하고 주어진 문제에 따라 다양한 과정에 대해 에너지 평형 일반식을 단순화하여 사용할 것도 권장한다.

참고문헌 REFERENCES AND SUGGESTED READINGS

1. ASHRAE *Handbook of Fundamentals*. SI version. Atlanta, GA: American Society of Heating, Refrigerating, and Air-Conditioning Engineers, Inc., 1993.
2. ASHRAE *Handbook of Refrigeration*. SI version. Atlanta, GA: American Society of Heating, Refrigerating, and Air-Conditioning Engineers, Inc., 1994.
3. Y. A. Çengel and J. M. Cimbala, *Fluid Mechanics: Fundamentals and Applications*, 4th ed. New York: McGraw-Hill, 2018.

연습문제* PROBLEMS

질량 보존

6-1C 과정 동안 보존되는 물리량 4개와 보존되지 않는 물리량 2개를 나열하라.

6-2C 질량 및 체적 유량을 정의하라. 또한 질량 및 체적 유량은 서로 어떤 관계인가?

6-3C 비정상 유동 동안 검사체적으로 들어가는 질량의 양과 검사체적에서 나가는 질량의 양은 같아야 하는가?

6-4C 하나의 입구와 하나의 출구를 갖는 장치를 고려한다. 입구와 출구에서 체적 유량이 동일하다면, 이 장치를 통과하는 유동은 반드시 정상 유동인가? 그 이유는 무엇인가?

6-5 어떤 건물의 목욕탕 환기용 송풍기의 체적 유량은 30 L/s이며, 계속 돌아간다. 내부 공기 밀도가 1.20 kg/m³일 때 하루 동안 환기되는 공기의 질량을 구하라.

6-6 200 kPa, 20°C의 공기가 5 m/s의 속도로 직경이 16 cm인 파이프에 정상 유동으로 들어간다. 공기는 흐르면서 가열되어 180 kPa, 40°C의 상태로 파이프에서 나간다. (*a*) 입구에서 공기의 체적 유량, (*b*) 공기의 질량 유량, (*c*) 출구에서 속도와 체적 유량을 구하라.

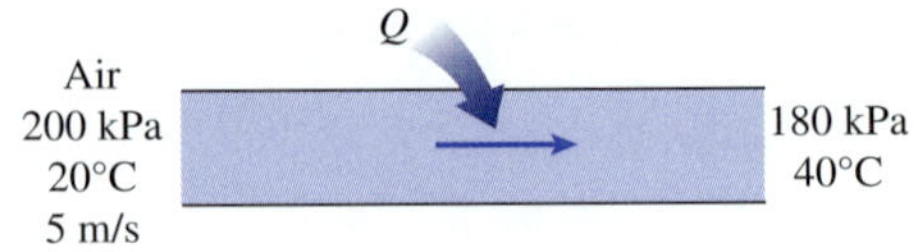

그림 P6-6

6-7E 노즐이 장착된 정원용 호스를 사용하여 20 gal의 물통을 물을 채우려 한다. 호스의 내경은 1 in이며 노즐 출구에서 0.5 in로 줄어든다. 호스 내에서 물의 평균 속도가 8 ft/s라면 (*a*) 호스를 통과하는 물의 체적 유량과 질량 유량, (*b*) 물통에 물을 채우는 데 걸

*"C"로 표기한 문제는 개념 문제이며, 모든 문제를 풀어 볼 것을 권장한다. "E"로 표기한 문제는 영국 단위계 문제이며, SI 단위계 사용자는 이 문제를 무시해도 된다. 아이콘(□)으로 표기된 문제는 포괄적인 개념 문제이며, 적절한 소프트웨어를 사용하여 풀 수 있는 문제이다.

리는 시간, (*c*) 노즐 출구에서 물의 평균 속도를 구하라.

6-8E 정상 유동 압축기를 사용하여 15 psia, 70°F의 헬륨을 200 psia, 600°F로 압축한다. 출구의 면적과 속도는 각각 0.01 ft^2, 100 ft/s이며, 입구 속도는 50 ft/s이다. 질량 유량과 입구 면적을 구하라. *답:* 0.0704 lbm/s, 0.133 ft^2

6-9 공기가 100 kPa, 20°C인 상태에서 180 m/s의 속도로 입구 면적이 1 m^2인 항공기 엔진에 들어간다. 엔진 입구에서 m^3/s 단위의 체적 유량과 kg/s 단위의 질량 유량을 구하라.

6-10 체적이 2 m^3인 견고한 탱크 내에 밀도가 1.18 kg/m^3인 공기가 들어 있다. 이 탱크는 밸브를 통하여 고압 공급관에 연결되어 있다. 밸브가 열리고, 탱크 내의 공기 밀도가 5.30 kg/m^3에 도달할 때까지 탱크로 공기가 들어간다. 탱크로 들어간 공기의 질량을 구하라. *답:* 8.24 kg

6-11 공기가 정상 유동으로 노즐에 2.21 kg/m^3, 40 m/s의 상태로 들어가고 0.762 kg/m^3, 180 m/s의 상태로 나간다. 노즐의 입구 면적이 90 cm^2라면 (*a*) 노즐을 통과하는 질량 유량, (*b*) 노즐 출구 면적을 구하라. *답:* (a) 0.796 kg/s, (b) 58.0 cm^2

6-12 물이 7 MPa, 65°C인 상태에서 130 mm의 일정한 내경의 보일러 관으로 들어가고 6 MPa, 450°C, 80 m/s의 속도로 나간다. 관 입구에서 물의 속도와 체적 유량을 계산하라.

6-13 데스크톱 컴퓨터를 유량이 0.34 m^3/min인 송풍기로 냉각하고자 한다. 고도 3400 m에서 공기 밀도가 0.7 kg/m^3일 때 송풍기를 통과하는 공기의 질량 유량을 구하라. 또한 공기의 평균 속도가 110 m/min을 넘지 않게 할 때 송풍기 케이스의 직경을 구하라. *답:* 0.238 kg/min, 6.3 cm

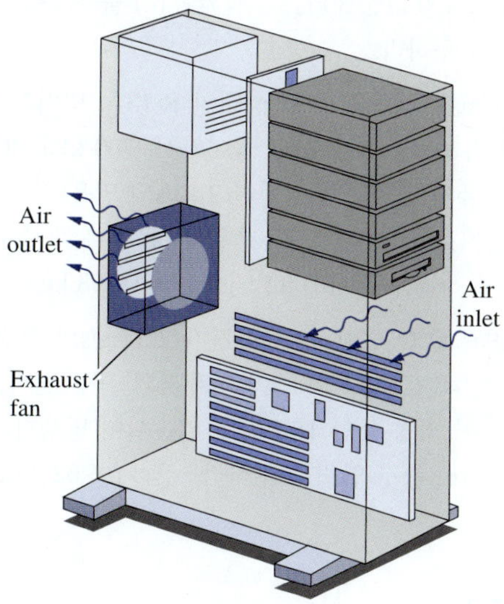

그림 P6-13

6-14 헤어드라이어는 기본적으로 몇 겹의 전기 저항선이 설치된 일정한 직경의 덕트이다. 소형 송풍기는 공기를 끌어들이고, 이 공기가 가열되어 있는 전기 저항선을 통과하도록 만든다. 공기 밀도가 입구에서 1.20 kg/m^3, 출구에서 0.95 kg/m^3일 때 공기 속도가 헤어드라이어를 통과하면서 몇 % 증가하는지를 계산하라.

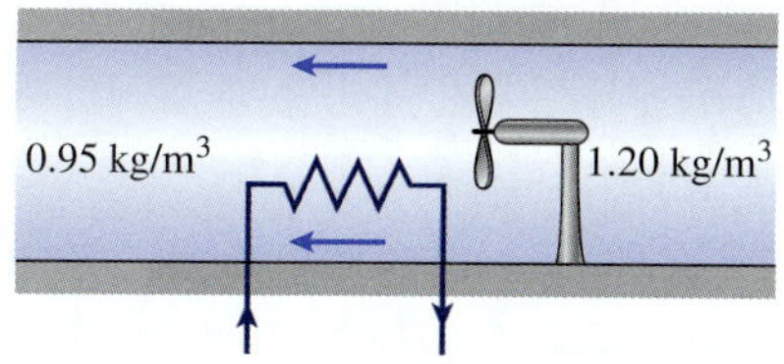

그림 P6-14

6-15 R-134a 냉매가 200 kPa, 20°C, 5 m/s 속도의 정상 유동으로 직경이 28 cm인 파이프로 들어간다. 냉매는 흐르는 동안 가열되어 180 kPa, 40°C로 파이프를 나간다. (*a*) 입구에서 냉매의 체적 유량, (*b*) 냉매의 질량 유량, (*c*) 출구에서 속도와 체적 유량을 구하라.

유동일과 질량에 의한 에너지 전달

6-16C 검사체적으로 또는 검사체적에서 에너지를 전달하는 메커니즘을 설명하라.

6-17C 유동 유체와 정지 상태에 있는 유체의 에너지를 비교하라. 각각의 경우에 관련된 에너지를 비상태량으로 나열하라.

6-18 공기 압축기가 공기 6 L를 120 kPa, 20°C에서 1000 kPa, 400°C로 압축한다. 압축기에 필요한 유동일을 kJ/kg 단위로 구하라. *답:* 109 kJ/kg

6-19 어떤 주택 내부는 1 atm, 24°C로 유지되며, 건물의 균열을 통하여 침투하는 5°C의 외부 공기로 인하여 내부의 따뜻한 공기는 90 m^3/h의 유량으로 강제 배출된다. 질량 전달로 인한 주택의 정미 에너지 손실률을 구하라. *답:* 0.567 kW

6-20 R-134a 냉매가 0.14 MPa의 포화 증기 상태로 냉동 장치의 압축기로 들어가서 0.8 MPa, 60°인 과열 증기 상태로 0.06 kg/s의 유량으로 나간다. 압축기에 들어오고 나가는 질량에 의한 에너지 전달률을 입구와 출구에서 각각 구하라. 운동 에너지와 위치 에너지는 무시할 수 있다고 가정한다.

6-21E 작동 압력이 20 psia인 압력솥에서 증기가 빠져나간다. 정상 작동 상태에 도달한 후, 압력솥 내의 액체의 양이 45분 동안에 0.6 gal 감소된 것이 관찰되었다. 출구의 단면적은 0.15 in^2이다. (*a*) 증기의 질량 유량과 출구 속도, (*b*) 단위 질량당 증기의 총 에너지와 유동 에너지, (*c*) 증기에 의해 압력솥에서 빠져나가는 단위 시간당 에너지를 구하라.

정상 유동의 에너지 평형: 노즐과 디퓨저

6-22C 정상 유동계의 정의는 무엇인가?

6-23C 정상 유동계에 경계일이 포함되는가?

6-24C 디퓨저는 유체의 감속으로 유체의 운동 에너지를 감소시키는 단열 장치이다. 이 운동 에너지 손실은 어떻게 되는가?

6-25C 단열 노즐에서 유체가 가속될 때 유체의 운동 에너지는 증가한다. 이 에너지는 어디에서 나왔는가?

6-26E 터빈의 고정익(stator)은 단열적으로 이 장치를 통과하는 기체의 운동 에너지를 증가시키도록 설계되어 있다. 300 psia, 700°F인 공기가 80 ft/s의 속도로 노즐에 들어가서 250 psia, 645°F로 나간다. 노즐 출구에서 속도를 계산하라.

6-27 제트 엔진의 디퓨저는 일이나 열의 상호작용 없이 엔진 압축기로 들어가는 공기의 운동 에너지를 감소시키도록 설계된다. 100 kPa, 30°C의 공기가 350 m/s의 속도로 디퓨저로 들어가고 출구 상태가 200 kPa, 90°C일 때 디퓨저의 출구에서 속도를 계산하라.

그림 P6-27

Stockbyte/Getty Images

6-28E 50 psia, 140°C, 150 ft/s인 공기가 정상 유동으로 노즐에 들어가서 14.7 psia, 900 ft/s의 속도로 나온다. 노즐에서 공기 유동의 열손실은 6.5 Btu/lbm이고 노즐 입구 면적은 0.1 ft^2이다. (*a*) 노즐 출구에서 공기 온도, (*b*) 노즐 출구 단면적을 구하라. *답: (a)* 507 R, (*b*) 0.0480 ft^2

6-29 600 kPa, 500 K의 공기가 120 m/s의 속도로 입출구 면적비가 2:1인 단열 노즐에 들어가서 380 m/s의 속도로 노즐에서 나간다. (*a*) 공기의 출구 온도, (*b*) 공기의 출구 압력을 구하라. *답: (a)* 437 K, (*b*) 331 kPa

6-30 1 MPa, 500°C의 이산화탄소가 6000 kg/h의 질량 유량으로 단열 노즐에 들어가서 100 kPa, 450 m/s의 속도로 노즐에서 나간다. 노즐 입구 면적은 40 cm^2이다. (*a*) 입구 속도, (*b*) 출구 온도를 구하라.

6-31 400°C, 800 kPa의 수증기가 10 m/s의 속도로 노즐에 들어가서 375°C, 400 kPa로 노즐에서 나간다. 이 과정에서 25 kW의 열손실이 발생한다. 노즐 입구 면적은 800 cm^2일 때, 노즐 출구에서 수증기의 속도와 체적 유량을 구하라. *답:* 260 m/s, 1.55 m^3/s

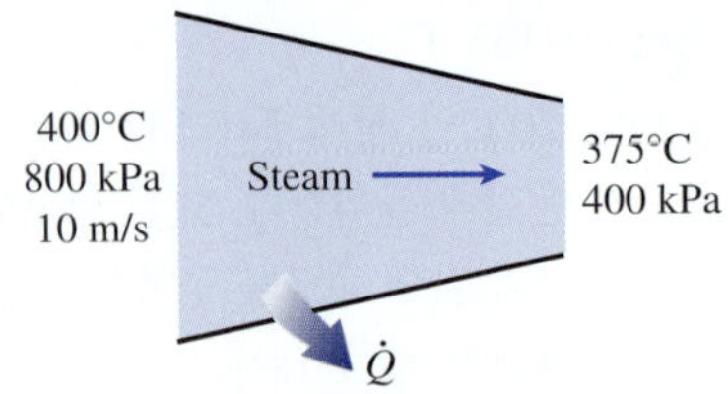

그림 P6-31

6-32 80 kPa, 127°C, 6000 kg/h의 공기가 정상 유동으로 단열 디퓨저로 들어가서 100 kPa로 나간다. 디퓨저를 통과하면서 공기 속도는 230 m/s에서 30 m/s로 감소한다. (*a*) 출구에서 공기 온도, (*b*) 디퓨저의 출구 면적을 구하라.

6-33E 13 psia, 65°F, 750 ft/s의 공기가 정상 유동으로 단열 디퓨저로 들어가서 14.5 psia의 압력에서 저속으로 나간다. 디퓨저를 출구 면적은 입구 면적의 3배이다. (*a*) 공기의 출구 온도, (*b*) 출구 속도를 구하라.

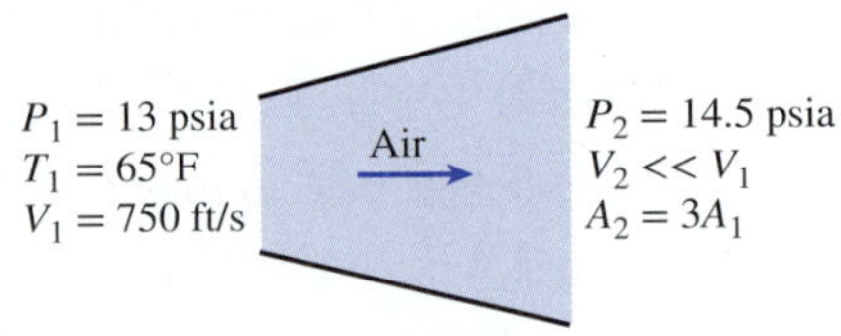

그림 P6-33E

6-34 700 kPa, 120°C의 R-134a 냉매가 20 m/s의 속도로 단열 노즐로 들어가서, 400 kPa, 30°C로 나간다. (*a*) 출구 속도, (*b*) 입출구 면적비 A_1/A_2를 구하라.

6-35 600 kPa에서 포화 증기 상태인 R-134a 냉매가 160 m/s의 속도의 정상 유동으로 디퓨저로 들어가서, 700 kPa, 40°C로 나간다. 냉매는 디퓨저를 통과하는 동안 2 kJ/s의 열을 얻는다. 출구 면적이 입구 면적보다 80% 더 큰 경우에 (a) 냉매의 출구 속도, (*b*) 질량 유량을 구하라. *답: (a)* 82.1 m/s, (*b*) 0.298 kg/s

6-36 80 kPa, 27°C, 220m/s의 공기가 2.5 kg/s의 유량으로 디퓨저로 들어가서 42°C로 나간다. 이 디퓨저의 출구 면적은 400 cm^2이다. 공기는 이 과정 동안 18 kJ/s의 열손실이 발생한다. (*a*) 공기의 출구 속도, (*b*) 출구 압력을 구하라. *답: (a)* 62.0 m/s, (*b*) 91.1 kPa

터빈과 압축기

6-37C 정상 상태로 작동하는 단열 터빈을 고려한다. 터빈의 출력

일은 터빈을 통과하는 수증기 유동의 에너지의 감소와 동일한가?

6-38C 단열 압축기에 의해 공기가 압축될 때 공기의 온도가 상승하는가? 그 이유는 무엇인가?

6-39C 어떤 사람이 여름에 집을 시원하게 하기 위하여 다음과 같은 장치를 제안했다. 외부 공기를 압축하여 이 압축 공기를 외기 온도로 냉각시킨 다음, 터빈을 통과시킨다. 터빈에서 나가는 차가운 공기를 집안으로 보낸다. 열역학적 관점에서 이 제안된 장치는 타당한가?

6-40 공기가 1000 kPa, 600°C인 상태로 정상 유동 터빈에 들어가서 100 kPa, 200°C인 상태로 팽창하여 나온다. 입구 면적과 속도는 각각 0.1 m^2, 30 m/s이며, 출구 속도는 10 m/s이다. 질량 유량과 출구 면적을 구하라.

6-41E 150 psia, 700°F의 공기가 터빈으로 들어가서, 15 psia, 100°F로 나간다. 이 터빈의 질량 유량이 5 lbm/s일 때 입구와 출구의 체적 유량을 구하라.

6-42 0.35 m^3/min의 유량의 냉매 R-134a가 180 kPa에서 포화증기 상태로 압축기에 들어가서 900 kPa로 나간다. 압축 과정 동안 냉매에 공급된 동력은 2.35 kW이다. 압축기 출구에서 냉매 R-134a의 온도는 얼마인가? *답: 52.5°C*

6-43 수증기가 정상 유동으로 단열 터빈을 통과한다. 수증기의 입구 조건은 4 MPa, 500°C, 80 m/s이고 출구 조건은 30 kPa, 건도 92%, 50 m/s이다. 이 수증기의 질량 유량은 12 kg/s이다. (*a*) 운동 에너지 변화, (*b*) 출력, (*c*) 터빈의 입구 면적을 구하라. *답: (a) −1.95 kJ/kg, (b) 12.1 MW, (c) 0.0130 m^2*

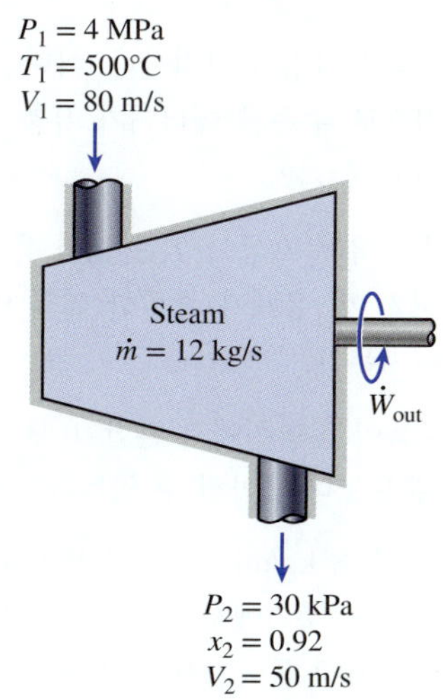

그림 P6-43

6-44 문제 6-43을 다시 고려한다. EES나 다른 소프트웨어를 사용하여 터빈 출구 압력이 터빈 출력에 미치는 영향을 조사하라. 출구 압력을 100 kPa에서 200 kPa까지 변화시킨다. 출구 압력에 대한 터빈 출력 그래프를 그리고 그 결과를 검토하라.

6-45E 45,000 lbm/h 유량의 수증기가 1000 psia, 900°F에서 정상 유동으로 터빈에 들어가서 5 psia의 포화 증기로 나온다. 터빈 출력이 4 MW일 때 수증기의 열손실률을 구하라.

6-46 8 MPa, 500°C의 수증기가 3 kg/s의 질량 유량으로 단열 터빈으로 들어가서 20 kPa로 나온다. 터빈 출력이 2.5 MW일 때 터빈 출구에서 수증기의 온도를 구하라. 운동 에너지 변화는 무시한다. *답: 60.1°C*

6-47 100 kPa, 300 K의 이산화탄소가 0.5 kg/s의 유량으로 단열 압축기에 들어가서 600 kPa, 450 K으로 나간다. 운동 에너지 변화를 무시할 때 (*a*) 압축기 입구에서 이산화탄소의 체적 유량, (*b*) 압축기의 입력 동력을 구하라. *답: (a) 0.283 m^3/s, (b) 68.8 kW*

6-48 6 MPa, 600°C의 수증기가 26 kg/s의 질량 유량으로 터빈에 정상 유동으로 들어가며 입구 속도는 무시할 수 있다. 수증기는 0.5 MPa, 200°C, 180 m/s의 속도로 터빈을 나간다. 터빈에서 수증기가 수행한 일률은 20,350 kW로 측정되었다. 터빈 입구와 출구 사이의 높이 변화를 무시할 수 있는 경우, 이 과정에서의 열전달률을 구하라. *답: 105 kW*

6-49 공기가 100 kPa, 20°C에서 1.8 MPa, 400°C로 단열 압축된다. 공기는 0.15 m^2의 입구 면적을 통해 30 m/s의 속도로 압축기에 들어가며 0.08 m^2의 출구 면적을 통해 나온다. 공기의 질량 유량과 압축기 입력일을 계산하라.

6-50 100 kPa, 25°C의 공기가 저속으로 가스 터빈 발전기의 압축기로 들어가서 1 MPa, 347°C, 90 m/s의 속도로 나온다. 압축기는 10,500 kJ/s으로 냉각되며, 압축기 입력일은 250 kW이다. 압축기를 통과하는 공기의 질량 유량을 구하라.

6-51 그림 P6-51에 나타낸 바와 같이 증기 터빈을 지나는 수증기의 일부가 급수 가열을 목적으로 중간에 추출된다. 12.5 MPa, 550°C의 수증기가 20 kg/s의 질량 유량으로 들어가는 단열 증기 터빈을 고려한다. 수증기 1 kg/s는 1000 kPa, 200°C 상태에서 이 터빈에서 추출되고 나머지 수증기는 100 kPa, 100C로 터빈을 나간다. 이 터빈의 출력을 구하라. *답: 15,860 kW*

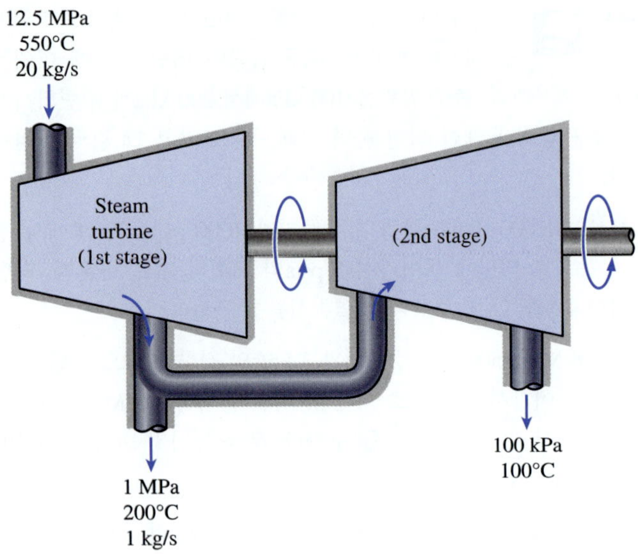

그림 P6-51

교축 밸브

6-52C 교축 밸브가 냉동기와 공기 조화 장치에 흔히 사용되는 이유는 무엇인가?

6-53C 공기가 정상 유동 교축 과정으로 흘러갈 때 이 공기의 온도가 내려가는가? 설명하라.

6-54C 교축 과정 동안 유체의 온도는 30°C에서 −20°C로 떨어진다. 이 과정이 단열 과정으로 일어날 수 있는가?

6-55C 어떤 사람이 온도 측정 결과를 근거로, 마찰을 무시할 수 있는 잘 단열된 밸브에서 교축 과정 동안에 유체의 온도가 증가한다고 주장한다. 이 주장을 어떻게 생각하는가? 이 과정은 열역학 법칙을 위배하는가?

6-56 R-134a 냉매가 700 kPa의 포화액 상태에서 160 kPa의 압력으로 교축된다. 이 과정 동안 온도 강하와 냉매의 최종 비체적을 구하라. *답: 42.3°C, 0.0345 m³/kg*

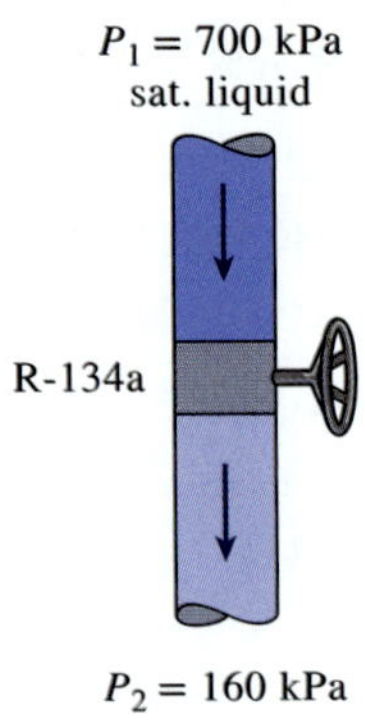

그림 P6-56

6-57 수증기 공급관에서 습증기(wet steam)라고도 하는 포화액–증기 혼합물이 1500 kPa에서 50 kPa, 100°C로 교축된다. 수증기 공급관에서 건도는 얼마인가? *답: 0.944*

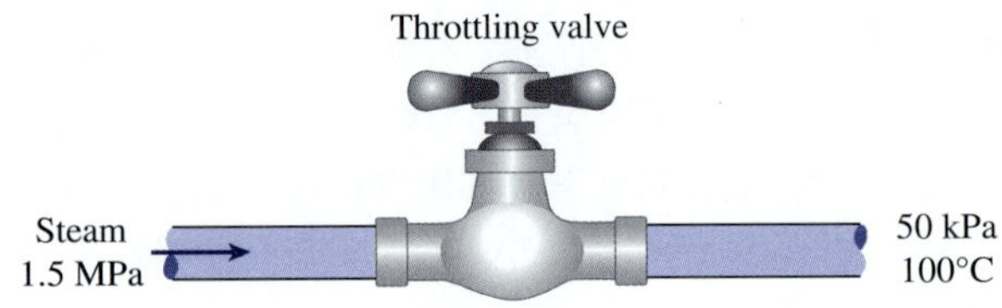

그림 P6-57

6-58 어떤 냉동 장치에서는 모세관이 냉매 압력을 응축기 압력에서 증발기 압력으로 강하시키는 데 사용된다. R-134a가 50°C의 포화액 상태로 모세관에 들어가서 −20°C로 나간다. 증발기 입구에서 냉매의 건도를 구하라.

6-59 잘 단열된 밸브가 8 MPa, 350°C의 수증기를 2 MPa로 교축하는 데 사용된다. 수증기의 최종 온도를 구하라. *답: 285°C*

6-60 문제 6-59를 다시 고려한다. EES나 다른 소프트웨어를 사용하여 교축 과정 후에 수증기 출구 압력이 출구 온도에 미치는 영향을 조사하라. 출구 압력은 6 MPa에서 1 MPa까지 변화시킨다. 출구 압력에 대한 출구 온도 그래프를 그리고, 그 결과를 검토하라.

6-61E 냉매 R-134a가 120 psia의 포화액 상태로 냉동기의 팽창 밸브로 들어가서 20 psia로 나온다. 밸브를 통과하는 냉매의 온도 변화와 내부 에너지 변화를 구하라.

혼합실과 열교환기

6-62C 정상 유동 혼합 과정을 고려한다. 어떤 조건에서 유입 흐름에 의해 검사체적으로 수송된 에너지가 유출 흐름으로 외부로 전달한 에너지와 같아지는가?

6-63C 두 개의 다른 유체 흐름이 있는 정상 유동 열교환기를 고려한다. 어떤 조건에서 한 유체가 손실한 열의 양과 다른 유체가 얻은 열의 양과 같아지는가?

6-64C 두 유체 흐름이 혼합실에서 혼합될 때 혼합 유체의 온도는 두 유체의 개별 온도보다 낮아질 수 있는가? 설명하라.

6-65 700 kPa, 70°C, 8 kg/min의 냉매 R-134a가 같은 압력에서 포화액이 될 때까지 응축기에서 물에 의해 냉각된다. 냉각수는 300 kPa, 15°C로 응축기에 들어가서 25°C의 동일한 압력 상태로 나온다. 냉매를 냉각하기 위해 필요한 냉각수의 질량 유량을 구하라. *답: 42.0 kg/min*

6-66 고온과 저온의 유체 흐름이 견고한 혼합실에서 혼합된다. 고온의 유체 흐름은 150 kJ/kg의 에너지를 가지고 5 kg/s의 질량 유량으로 혼합실로 들어가며, 저온의 유체 흐름은 15 kg/s의 질량 유량으로 50 kJ/kg의 에너지를 가지고 혼합실로 들어간다. 혼합실에서 주위로의 열전달은 5.5 kW이며, 정상 유동으로 시간에 따른 질량 및 에너지 변화는 없다. 혼합실에서 혼합 유체에 의해 수송된 에너지를 kJ/kg의 단위로 구하라.

6-67 80°C의 온수 흐름이 0.5 kg/s의 질량 유량으로 혼합실에 들어가며, 이 혼합실에서 20°C의 저온 흐름과 혼합된다. 혼합물 42°C로 혼합실을 나갈 때, 저온 흐름의 질량 유량을 구하라. 모든 흐름의 압력은 250 kPa로 가정한다. *답: 0.865 kg/s*

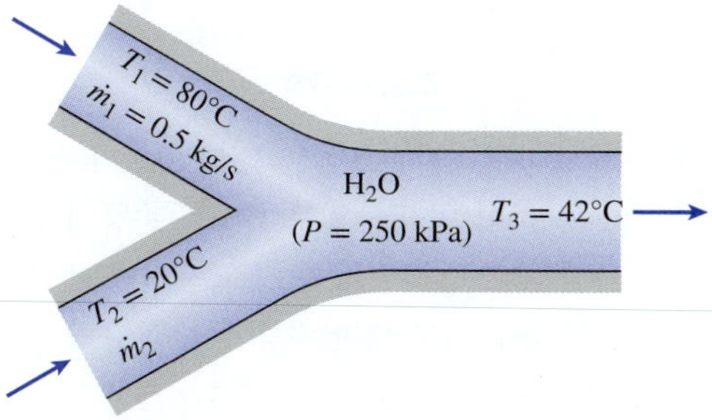

그림 P6-67

6-68E 80°F, 20 psia의 물이 혼합실에서 20 psia의 포화 수증기와 혼합된다. 두 흐름이 동일한 질량 유량으로 혼합실에 들어갈 때 출구 흐름의 온도와 건도를 구하라. 답 228°F, 0.423

6-69 질량 유량이 0.60 kg/s인 15°C의 차가운 물(c_p = 4.18 kJ/kg·°C)이 벽이 얇은 이중관 대향류 열교환기에 들어가서 더운물에 의해 45°C로 가열되어 샤워기로 간다. 더운물(c_p = 4.19 kJ/kg·°C)은 질량 유량이 3 kg/s이며 100°C로 열교환기에 들어간다. 열교환기 내에서 열전달률과 더운물의 출구 온도를 구하라.

6-70E 열교환기의 셸(shell)에서 수증기가 75°F에서 응축된다. 냉각수의 질량 유량은 45 lbm/s이며, 50°F로 튜브에 들어가서 65°F로 나온다. 열교환기는 잘 단열되어 있다고 가정하고, 열교환기 내에서 열전달률과 수증기의 응축률을 구하라.

6-71 직교 유동(cross-flow) 열교환기에서 공기(c_p = 1.005 kJ/kg·°C)는 가열기로 들어가기 전에 고온 배기 가스에 의해 예열된다. 공기는 0.6 m³/s의 체적 유량으로 95 kPa, 20°C의 상태로 열교환기에 들어간다. 연소 가스(c_p = 1.10 kJ/g·°C)는 0.95 kg/s의 질량 유량으로 160°C의 상태로 열교환기로 들어가서 95°C로 나간다. 공기로의 열전달률과 공기의 출구 온도를 구하라.

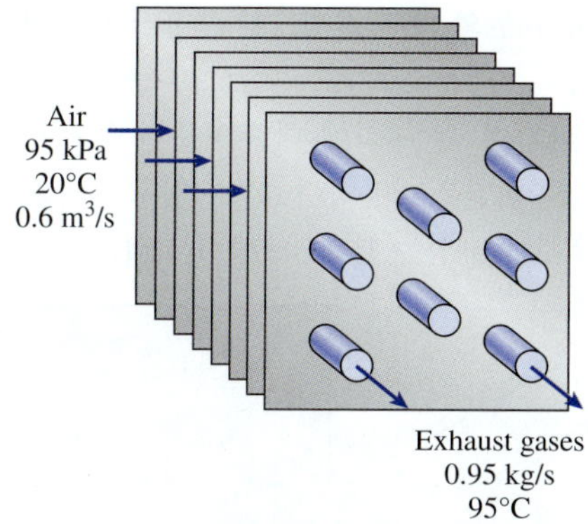

그림 P6-71

6-72E 개방형 급수 히터(feedwater)가 뜨거운 물을 혼합하여 급수를 가열한다. 출구에서 10 psia, 120°의 급수를 생산하기 위하여, 10 psia, 200°F, 0.1 lbm/s의 수증기와 10 psia, 100°F, 2.0 lbm/s의 급수를 혼합하는 개방형 급수 히터를 고려한다. 출구 파이프의 직경은 0.5 ft이다. 출구에서 질량 유량과 급수 속도를 구하라. 출구 온도가 180°F인 경우에 출구 유량과 속도는 크게 변화되는가?

6-73 1 MPa, 90°C의 냉매 R-134a가 응축기에서 공기에 의해 1 MPa, 30°C로 냉각된다. 100 kPa, 27°C의 공기는 체적 유량 600 m³/min으로 들어가서 95 kPa, 60°C로 나온다. 냉매의 질량 유량을 구하라. *답: 100 kg/min*

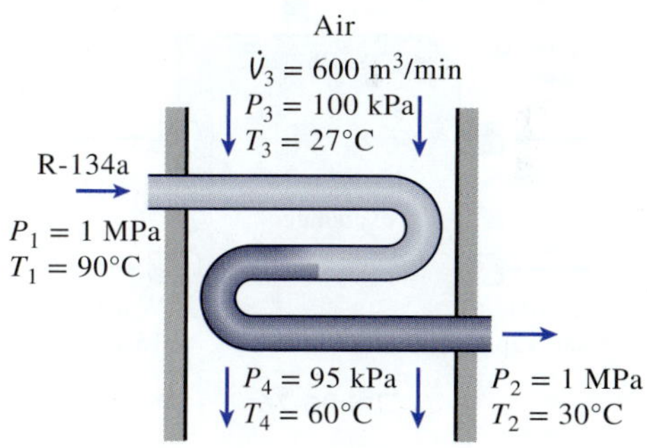

그림 P6-73

6-74 냉동 사이클의 증발기는 기본적으로 냉매가 주위 유체로부터 열을 흡수하여 증발되는 열교환기이다. 냉매인 R-22가 200 kPa, 22%의 건도 조건으로 2.65 L/h이 증발기로 들어가서 동일한 압력에서 5°C만큼 과열되어 나간다. 냉매는 유량이 0.75 kg/s인 공기로부터 열을 흡수하여 증발된다. (*a*) 공기로부터의 열 흡수율, (*b*) 공기의 온도 변화를 구하라. 증발기의 입구와 출구에서 R-22의 상태량은 h_1 = 220.2 kJ/kg, v_1 = 0.0253 m³/kg, h_2 = 398.0 kJ/kg이다.

6-75 정상 운전 중인 공기 조화 장치에서 찬 공기와 따뜻한 외기를 혼합한 후에 냉방 중인 방으로 보낸다. 7°C, 105 kPa의 차가

운 공기가 0.55 m³/s의 체적 유량으로 혼합실에 들어가며, 동시에 34°C, 105 kPa의 따뜻한 공기도 혼합실로 들어간다. 혼합 공기는 24°C로 방을 나가며, 찬 공기에 대한 따뜻한 공기의 질량 유량비는 1.6이다. 변수 비열을 사용하여 (*a*) 방 입구에서 혼합 공기의 온도, (*b*) 방이 외부에서 얻는 열전달률을 구하라.

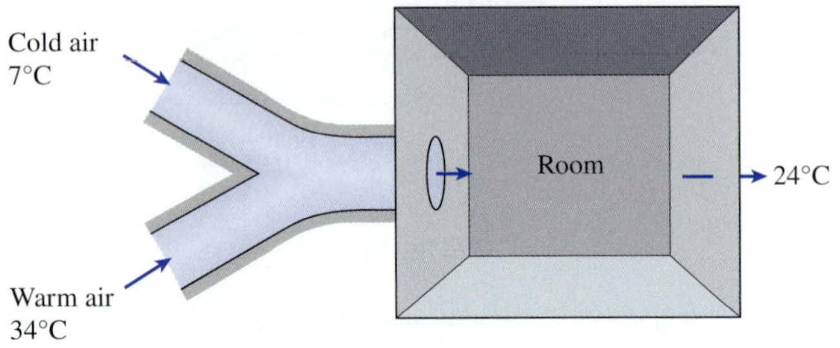

그림 P6-75

6-76 내연 기관의 뜨거운 배기 가스를 이용하여 2 MPa 포화 수증기를 만들고자 한다. 열교환기로 400°C, 32 kg/min의 배기 가스와 15°C의 물이 들어간다. 열교환기가 잘 단열되지 않아 배기 가스에 의해 공급되는 열의 10%가 주위로 손실된다. 배기 가스의 질량 유량이 물의 질량 유량의 15배인 경우, 열교환기 출구에서 배기 가스의 온도와 물이 받은 열전달률을 구하라. 배기 가스는 공기의 일정 비열 상태량을 사용한다.

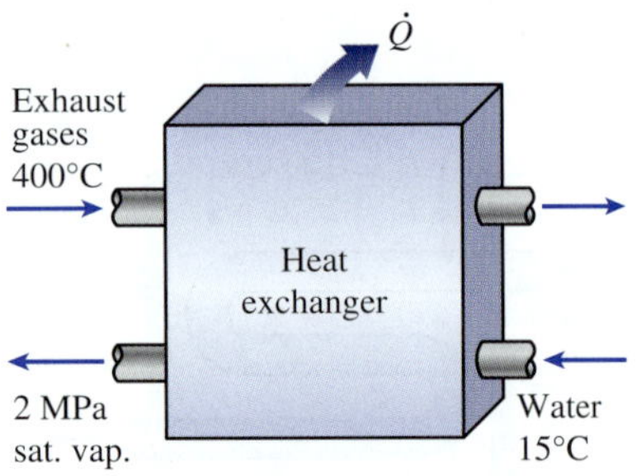

그림 P6-76

6-77 단열이 잘 되어있는 셸-튜브(shell-and-tube) 열교환기를 이용하여 4.5 kg/s로 관 내를 흐르는 물(c_p = 4.18 kJ/kg·°C)을 20°C에서 70°C로 가열하려고 한다. 셸 쪽으로 들어오는 뜨거운 오일(c_p = 2.30 kJ/kg·°C)이 열을 공급하며, 오일의 온도와 질량 유량은 170°C, 10 kg/s이다. 열교환기 내에서 열전달률과 오일의 출구 온도를 구하라.

6-78 인근 호수에서 공급된 냉각수로 증기 발전소의 응축기에서 수증기가 50°C의 온도에서 응축된다. 질량 유량 101 kg/s인 냉각수는 응축기에 18°C로 들어가서 27°C로 나온다. 응축기에서 응축되는 수증기의 질량 유량을 구하라. *답: 1.60 kg/s*

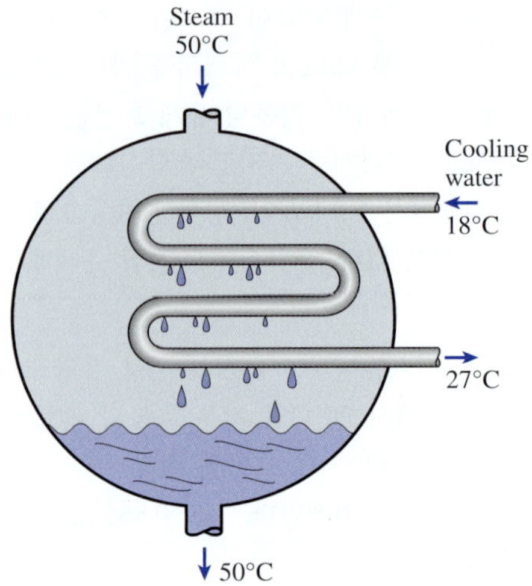

그림 P6-78

6-79 문제 6-78을 다시 고려한다. EES나 다른 소프트웨어를 사용하여 냉각수 입구 온도가 수증기 응축 유량에 미치는 영향을 조사하라. 냉각수 입구 온도는 10°C에서 20°C까지 변화시킨다. 냉각수 입구 온도 대한 수증기 응축 유량 그래프를 그리고, 그 결과를 검토하라.

6-80 두 물 흐름이 단열된 용기 내에서 혼합되어 만들어진 세 번째 흐름이 용기를 나간다. 첫 번째 흐름의 질량 유량은 30 kg/s이며 온도는 90°C이다. 두 번째 흐름의 질량 유량은 200 kg/s이며 온도는 50°C이다. 이 용기를 나가는 세 번째 흐름의 온도는 얼마인가?

파이프와 덕트 유동

6-81 물이 단열된 일정한 직경의 관에서 7 kW의 전기 저항 가열기로 가열된다. 물이 정상 유동으로 가열기에 20°C로 들어가서 75°C로 나올 때 물의 질량 유량을 구하라.

6-82 100 kPa, 15°C의 공기 0.3 m³/kg을 100 kPa, 30°C로 데우는 데 110 V의 전기 가열기가 사용된다. 이 가열기에 공급해야 하는 전류는 몇 암페어인가?

6-83 공기 난방 시스템의 덕트가 난방을 하지 않는 지역을 통과한다. 이로 인한 열손실로 덕트 내 공기 온도가 4°C만큼 감소한다. 공기의 질량 유량이 120 kg/min일 때 공기에서 차가운 주위로의 열손실을 구하라.

6-84E PC에 설치된 송풍기가 14.7 psia, 70°F의 공기를 0.3 ft³/s의 유량으로 흡입하여 CPU와 기타 부품들이 내장된 박스를 통과하도록 한다. 공기는 14.7 psia, 83°F로 나온다. PC 부품에 의해 소모되는 전력을 kW 단위로 계산하라. *답: 0.0740 kW*

그림 P6-84E

PhotoDisc/Getty Images

6-85 질량 유량 4 kg/s의 포화액 상태의 물이 정상 유동으로 증기 보일러에 들어가서 2 MPa의 일정한 압력으로 출구 온도 250°C까지 가열되어 나간다. 보일러에서 열전달률을 구하라.

6-86E 물이 평균 40 ft/min의 속도로 70°F의 튜브 플레이트(tube-plate)의 관으로 들어가고 105°F로 나온다. 튜브의 직경은 0.25 in이다. 열의 15%는 플레이트를 통해 대류 및 복사에 의해 주변으로 방출되고 나머지 85%는 냉각수에 의해 제거된다고 할 때, 플레이트에 설치되는 전자 장비가 생성하는 열의 양을 계산하라. *답:* 614 W

6-87 총 15 W를 소비하는 높이 9 cm, 길이 18 cm의 속이 빈 자기 코어(hollow-core) 프린트 회로 기판(PCB)이 있다. PCB의 중간에 있는 공극의 폭은 0.25 cm이다. 유량 0.8 L/s의 냉각용 공기가 25°C의 상태로 폭이 12 cm인 코어로 들어갈 경우, 속이 빈 자기 코어에서 나오는 공기의 평균 온도를 구하라. *답:* 46.0°C

6-88 송풍기에 의해 냉각되는 컴퓨터에는 여덟 개의 프린트 회로 기판(PCB)이 있으며, 기판 한 개는 10 W의 전력을 소비한다. PCB는 높이 12 cm, 길이 18 cm이다. 냉각용 공기는 입구에 설치된 25 W 송풍기에 의해 공급된다. 공기가 컴퓨터 케이스를 통하여 유동할 때, 공기의 온도 상승이 10°C를 넘지 않을 경우, (*a*) 송풍기가 공급할 공기 유량, (*b*) 송풍기와 송풍기 모터에 의해 발생된 열로 인한 공기 온도의 상승 분율을 구하라. *답:* (a) 0.0104 kg/s, (b) 24%

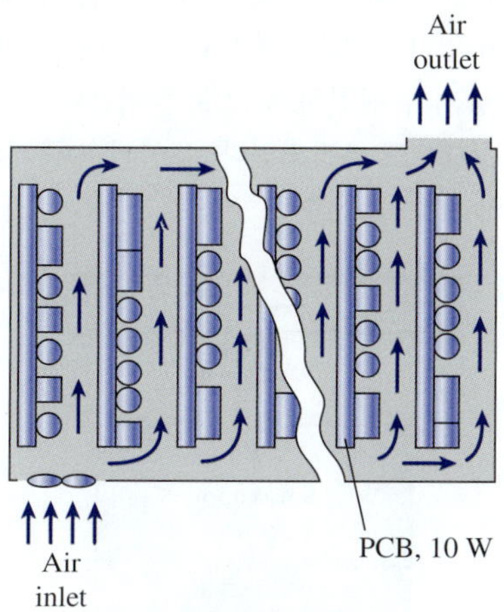

그림 P6-88

6-89 데스크톱(desktop) 컴퓨터를 송풍기로 냉각한다. 컴퓨터의 전기 부품들은 최대 부하 조건에서 60 W의 전력을 소비한다. 컴퓨터는 온도 45°C, 평균 대기압 66.63 kPa인 고도 3400 m의 환경에서 작동해야 한다. 공기의 출구 온도는 컴퓨터 사용에 대한 신뢰성 요구에 따라 60°C를 넘지 못한다. 또한, 소음 수준을 낮게 유지하기 위하여 송풍기가 설치되는 컴퓨터 케이스의 출구에서 공기의 평균 속도는 110 m/min을 넘어서는 안 된다. 설치될 송풍기의 유량 및 송풍기 케이스의 직경을 구하라.

6-90 문제 6-89에서 컴퓨터의 최대 소비 전력이 100 W인 경우에 대해 다시 계산하라.

6-91 4 m × 5 m × 6 m 크기의 방을 실내에 설치된 전기 저항 가열기로 난방한다. 처음에는 방의 온도가 15°C이며 국소 대기압은 98 kPa이다. 이 방에서 지속적으로 150 kJ/min의 열이 외부로 손실된다. 200 W의 송풍기가 덕트와 전기 저항 가열기를 통과하는 공기를 순환시키며, 공기의 평균 질량 유량은 40 kg/min이다. 덕트는 단열되어 있으며 방 외부로 공기 누출은 없다고 가정한다. 실내의 평균 공기 온도가 25°C 도달하는 데 25분 소요된다면 (*a*) 전기 가열기의 전격 전력을 구하고, (*b*) 공기가 가열기를 통과할 때 공기의 온도는 얼마나 상승하는가?

6-92 어느 주택의 전기 난방 시스템에는 300 W 송풍기와 전기 저항 가열기가 설치되어 있다. 덕트를 정상 유동으로 통과하는 공기의 질량 유량은 0.6 kg/s이며 공기의 온도는 7°C 상승한다. 덕트 내 공기의 열손실률은 300 W이다. 전기 저항 가열기의 전격 전력을 구하라. *답:* 4.22 kW

6-93 820°C의 산업용 노(furnace)에서 나오는 폭 2 m, 두께 0.5 cm인 긴 형태의 1-Mn 망간 강판(ρ = 7854 kg/m³, c_p = 0.434 kJ/kg·°C)을 45°C 유조(oil bath)에서 51.1°C로 냉각하려고 한다. 금속 강판이 10 m/min의 정상 속도로 이송되는 경우, 유조의 온도를 45°C로 일정하게 유지하기 위해 필요한 오일에서의 열 제거율을 구하라. *답:* 4368 kW

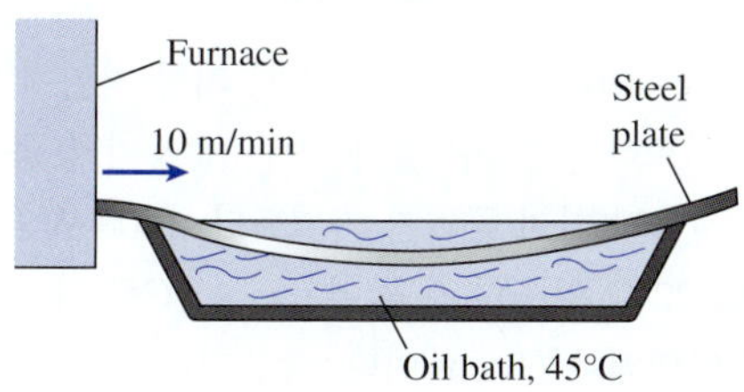

그림 P6-93

6-94 문제 6-93을 다시 고려한다. EES나 다른 소프트웨어를 사용하여 강판의 이송 속도가 유조에서의 열전달

률에 미치는 영향을 조사하라. 강판의 이송 속도는 5 m/min에서 50 m/min까지 변화시킨다. 강판 이송 속도 대한 열전달률 그래프를 그리고, 그 결과를 검토하라.

6-95E 가정에서 필요한 온수는 집광식 태양열 집열기(parabolic solar collector)로 4 lbm/s의 물을 55°F에서 180°F로 가열하여 얻고 있다. 물은 직경이 1.25 in인 얇은 알루미늄관을 통하여 흐르고, 이 알루미늄관의 외피는 태양 흡수력을 최대화하기 위하여 흑색 산화피막 처리가 되어 있다. 관의 중심선은 집열기의 초점 선과 일치되어 있고, 열손실을 최소화하기 위하여 관의 외부에 유리 슬리브가 설치되어 있다. 태양 에너지가 관의 단위 길이당 400 Btu/h의 비율로 물에 전달되는 경우, 이 가정의 온수 수요를 충족시키는 데 필요한 태양열 집열기의 길이를 구하라.

6-96 아르곤이 6.24 kg/s의 유량으로 300 K, 100 kPa의 상태에서 정상 유동으로 정압 가열기에 들어간다. 아르곤이 가열기를 통과하면서 150 kW의 열이 공급된다. (*a*) 가열기 출구에서 °C 단위의 아르곤 온도, (*b*) 가열기 출구에서 m^3/s 단위의 아르곤 체적 유량을 구하라.

6-97 2 MPa, 300°C의 수증기가 2.5 m/s의 속도로 입구 직경 D_1 = 16 cm인 긴 수평관으로 들어간다. 하류에서는 관의 직경 D_2 = 14 cm이고, 수증기의 상태는 1.8 MPa, 250°C이다. (*a*) 수증기의 질량 유량과 (*b*) 열전달률을 구하라. *답: (a)* 0.401 kg/s, *(b)* 45.1 kJ/s

6-98 900 kPa, 60°C의 냉매 R-134a가 냉동기의 응축기로 들어가고, 동일한 압력에서 포화액 상태로 나간다. 냉매로부터의 단위 질량당 열전달량을 구하라.

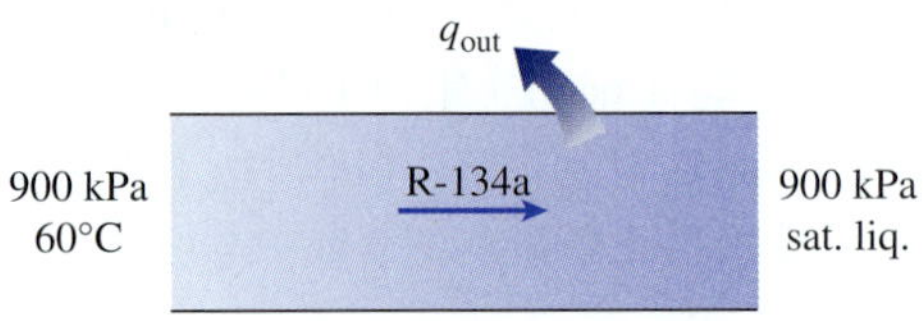

그림 P6-98

6-99 헤어드라이어는 기본적으로 전기 저항 가열기가 설치된 직경이 일정한 덕트라고 할 수 있다. 작은 송풍기가 공기를 끌어들여 가열기를 지나게 하여 공기가 가열된다. 1200 W의 헤어드라이어에 100 kPa, 22°C 의 공기가 들어가서 47°C로 나온다. 헤어드라이어의 출구 단면적은 60 cm^2이다. 송풍기의 전력 소모와 헤어드라이어 벽을 통한 열손실을 무시할 때, (*a*) 입구에서 공기의 체적 유량과 (*b*) 출구에서 공기의 속도를 구하라. *답: (a)* 0.0404 m^3/s, *(b)* 7.31 m/s

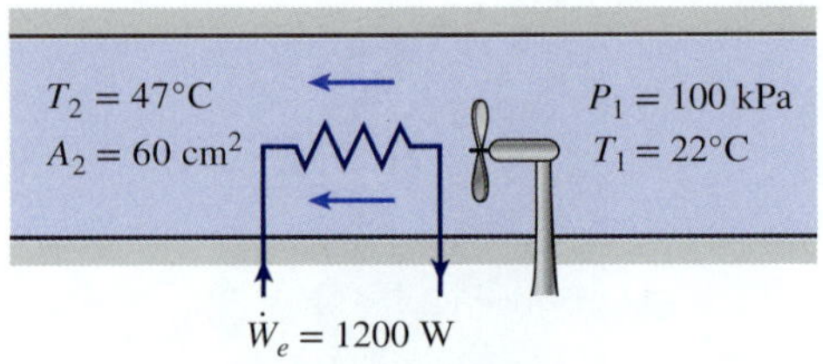

그림 P6-99

6-100 문제 6-99를 다시 고려한다. EES나 다른 소프트웨어를 사용하여 헤어드라이어의 출구 단면적이 출구 속도에 미치는 영향을 조사하라. 출구 단면적은 25 cm^2에서 75 cm^2까지 변화시킨다. 출구 단면적에 대한 출구 속도 그래프를 그리고, 그 결과를 검토하라.

6-101E 15 psia, 50°F의 공기가 450 ft^3/min의 체적 유량으로 공기 조화 장치의 덕트로 들어간다. 덕트의 직경은 10 in이며, 주위에서 덕트 내 공기로 2 Btu/s의 열이 전달된다. 덕트 입구에서 공기의 속도와 출구에서 공기의 온도를 구하라.

충전 및 방출 과정

6-102 단열된 견고한 탱크가 처음에는 비어 있다. 밸브가 열리고 95 kPa, 17°C의 대기 중의 공기가 탱크 내로 들어간다. 용기 내의 압력이 95 kPa에 도달할 때 밸브가 잠긴다. 탱크 내 공기의 최종 온도를 구하라. 비열은 일정하다고 가정한다.

6-103 초기에 비어있는 견고한 단열 탱크가 4 MPa의 수증기를 수송하는 공급관에 밸브로 연결되어 있다. 밸브가 열리고 수증기가 들어오며, 탱크 내 압력이 4 MPa에 도달될 때 밸브가 잠긴다. 탱크 내 수증기의 최종 온도가 550°C인 경우에 공급관에서 수증기 온도와 수증기의 단위 질량당 일을 구하라.

6-104 초기에 1 MPa의 포화 증기 상태의 수증기가 들어있는 2 m^3의 견고한 단열 탱크가 400°C의 수증기를 수송하는 공급관에 밸브로 연결되어 있다. 밸브가 열리고 탱크 내 압력이 2 MPa로 상승할 때까지 수증기가 천천히 탱크로 들어간다. 이 때 탱크 내 수증기의 온도가 300°C로 측정되었다. 유입된 수증기의 질량과 공급관에서 수증기의 압력을 구하라.

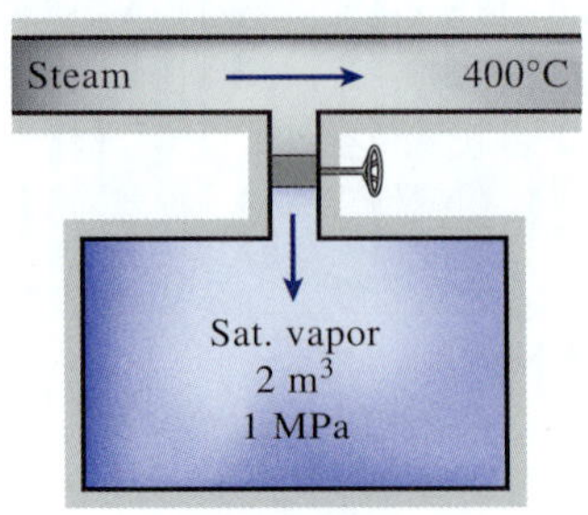

그림 P6-104

6-105 진공 상태의 35 L 용기가 100 kPa, 22°C의 대기 중에 놓여 있다. 용기 목에 있는 밸브가 열리고 대기 중의 공기가 용기 안으로 들어간다. 용기 내부로 들어온 공기는 용기 벽을 통한 열전달로 인하여 대기와 열적 평형에 도달한다. 이 과정 동안 밸브는 개방되어 있으므로 용기 내부에 있는 공기는 대기와 역학적 평형 관계도 이룬다. 이 충전 과정 동안 용기 벽을 통한 정미 열전달량을 구하라. *답: 3.5 kJ*

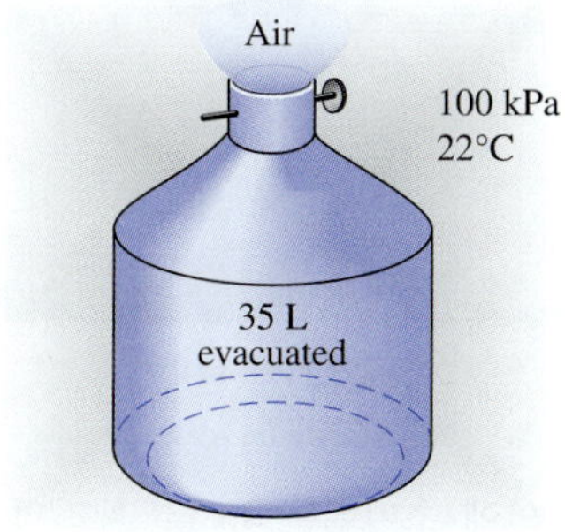

그림 P6-105

6-106 체적 2 m³의 견고한 탱크에 초기에는 100 kPa, 22°C의 공기가 들어있다. 탱크는 600 kPa, 22°C의 공기를 수송하는 공급관에 밸브로 연결되어 있다. 밸브가 열리고 탱크 내 압력이 공급관 압력에 도달될 때 밸브가 잠긴다. 탱크 내 설치된 온도계로 측정한 공기의 최종 온도는 77°C이다. (*a*) 탱크 내부로 들어온 공기의 최종 질량, (*b*) 열전달량을 구하라. *답: (a) 9.58 kg, (b) 339 kJ*

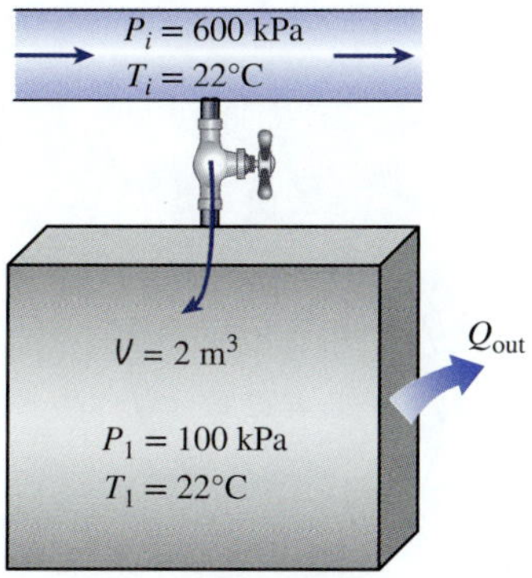

그림 P6-106

6-107 압력 조절 장치가 설치된 0.2 m²인 견고한 용기 내에 2 MPa, 300C의 수증기가 들어 있다. 용기 내의 수증기가 가열된다. 압력 조절기는 수증기 일부를 빠져나가도록 하여 수증기 압력을 일정하게 유지되지만, 내부 온도는 상승한다. 수증기 온도가 500°C에 도달할 때까지의 열전달량을 구하라.

6-108E 3 ft³의 견고한 탱크에 초기에 300°F의 포화 증기 상태의 수증기가 들어있다. 이 탱크는 200 psia, 400°F의 수증기를 수송하는 공급관에 밸브로 연결되어 있다. 밸브가 열리고 수증기가 탱크로 들어간다. 주위와의 열전달로 탱크 내 온도는 항상 300°F로 일정하게 유지된다. 탱크 체적의 2분의 1이 액체 상태의 물로 채워질 때 밸브를 닫는다. (*a*) 탱크 내부의 최종 압력, (*b*) 탱크로 유입된 수증기 질량, (*c*) 열전달량을 구하라. *답: (a) 67.03 psia, (b) 85.74 lbm, (c) 80,900 Btu*

6-109 4 L 압력솥의 작동 압력은 175 kPa이다. 초기에 체적의 반은 액체로 채워져 있고 나머지 반은 증기로 채워져 있다. 75분 동안에 압력솥 안에 액체 상태의 물이 다 없어지지 않게 하기 위한 최대 열전달률을 구하라.

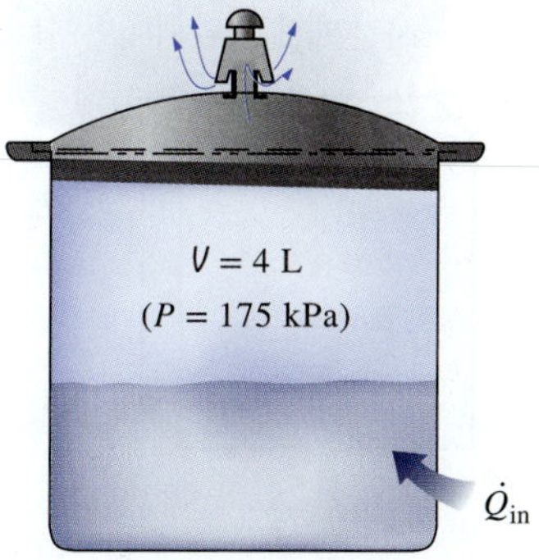

그림 P6-109

6-110 초기에 24°C의 액체 상태 냉매 R-134a가 5 kg이 들어 있는 견고한 용기로부터 공기 조화 장치에 냉매를 채우려고 한다. 이 용기를 공기 조화 장치에 연결하고 밸브를 열어 용기 내의 질량이 0.25 kg이 되는 시간에 밸브를 닫는다. 이 시간 동안에는 용기에서 액체 상태의 냉매 R-134a만 흐른다. 밸브가 열려 있는 동안을 등온 과정으로 가정하고 용기 내 냉매 R-134a의 최종 건도와 총 열전달량을 구하라. *답: 0.506, 22.6 kJ*

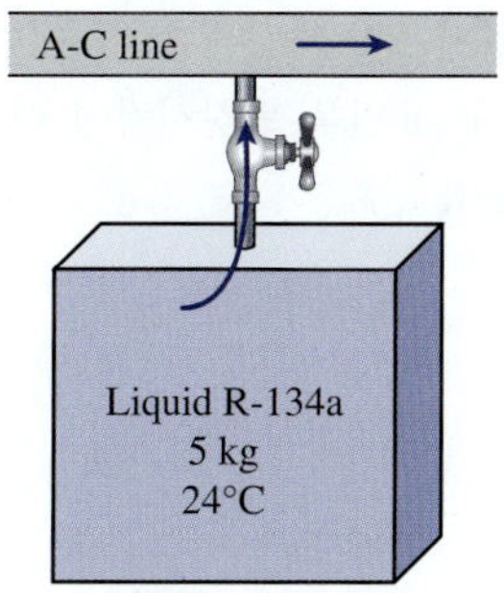

그림 P6-110

6-111E 1.5 ft^3의 압축 산소 탱크 10개로부터 의료 설비로 산소가 공급된다. 초기에 이 탱크들의 상태는 1500 psia, 80°F이다. 탱크에서 산소가 천천히 방출되어 탱크 온도는 80°F로 유지된다. 2주일 후에 측정한 탱크 내의 압력은 300 psia이다. 사용한 산소의 질량과 탱크로의 총 열전달량을 구하라.

6-112 체적 0.05 m^3의 견고한 탱크 내에 초기에는 0.8 MPa, 건도 100%의 냉매 R-134a가 들어 있다. 탱크는 1.2 MPa, 40°C의 냉매를 수송하는 공급관에 밸브로 연결되어 있다. 밸브가 열리고, 냉매가 용기 내로 들어간다. 용기가 1.2 MPa의 포화액으로 채워질 때 밸브는 닫힌다. (*a*) 용기 내로 유입된 냉매의 질량, (*b*) 열전달량을 구하라. *답: (a) 54.0 kg, (b) 202 kJ*

6-113 0.3 m^3의 견고한 탱크 내에 200°C의 포화액이 들어 있다. 용기 바닥에 있는 밸브가 열리고 포화액은 용기로부터 배출된다. 물로 열이 전달되어 용기 내의 온도는 일정하게 유지된다. 전체 질량의 절반이 배출되는 시간까지 전달되어야 할 열량을 구하라.

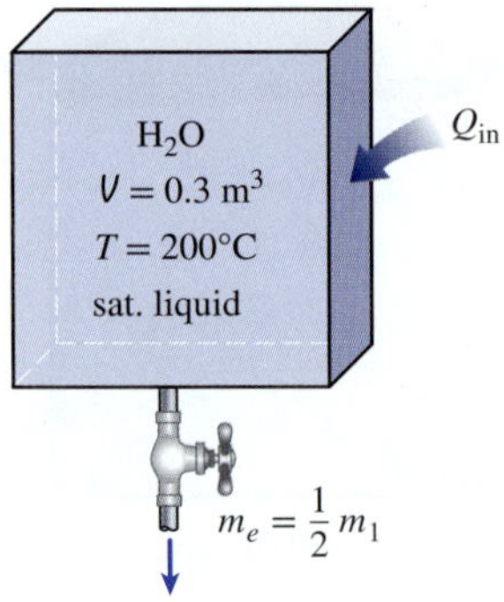

그림 P6-113

6-114 고온 공기 열기구에 있는 공기 방출 플랩(flap)은 기구로부터 고온 공기를 방출할 때 사용된다. 어떤 열기구에서 공기 방출 통로의 면적은 0.5 m^2이고 주입 통로의 면적은 1 m^2이다. 단열 과정으로 2분 비행하는 동안, 100 kPa, 35°C의 고온 공기가 2 m/s의 속도로 열기구로 들어간다. 열기구 내의 공기는 100 kPa, 35°C로 유지되고, 1 m/s의 속도로 공기 방출 플랩을 통하여 열기구에서 나간다. 기동 초기에 열기구의 체적은 75 m^3이다. 이 열기구의 최종 체적과 공기가 열기구 표면을 팽창시킴에 따라 열기구 내부에서 공기가 한 일을 구하라.

그림 P6-114

Getty Images

6-115 한 기구 안에 초기에는 40 m^3 체적의 헬륨이 100 kPa, 17°C의 대기 상태로 들어있다. 기구는 125 kPa, 25°C의 헬륨을 공급하는 대형 저장조 공급관에 밸브로 연결되어 있다. 밸브가 열리고 공급관과 압력 평형이 이루어질 때까지 헬륨이 기구 내로 들어온다. 기구는 압력에 따라 체적이 선형적으로 증가하는 재질로 만들어졌다. 이 과정 동안 열전달이 없었다고 가정할 때 기구 내 최종 온도를 구하라. *답: 315 K*

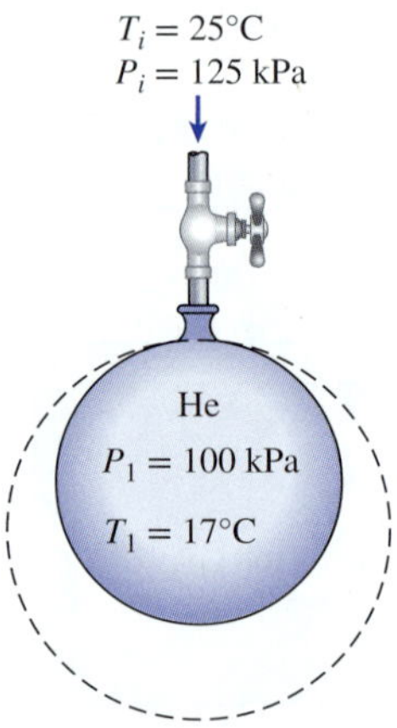

그림 P6-115

6-116 단열된 0.15 m^3의 탱크 내에 3 MPa, 130°C의 헬륨이 들어 있다. 밸브가 열리고 헬륨 일부가 빠져나가도록 한다. 초기 질량의 1/2이 빠져나갈 때 밸브는 닫힌다. 탱크 내의 최종 온도와 압력을 구하라. *답: 257 K, 956 kPa*

6-117 수직 피스톤-실린더 기구 내에 초기에 20°C의 공기 0.2 m^3가 들어 있다. 피스톤의 질량에 의해 실린더 내부는 300 kPa의

일정한 압력으로 유지된다. 실린더에 연결된 밸브가 열리고, 실린더 내부 체적이 절반으로 감소할 때까지 공기가 빠져나가도록 한다. 이 과정 동안 열전달에 의해 실린더 내부의 공기 온도는 일정하게 유지된다. (*a*) 실린더에 남아 있는 공기의 질량, (*b*) 열전달량을 구하라. *답: (a) 0.357 kg, (b) 0*

6-118 수직 피스톤-실린더 기구 내에 초기에 600 kPa, 300°C의 공기 0.25 m^3가 들어 있다. 피스톤의 질량에 의해 실린더 내부는 300 kPa의 일정한 압력으로 유지된다. 실린더에 연결된 밸브가 열리고, 공기 질량의 3/4이 실린더를 빠져나갔을 때 체적은 0.05 m^3가 된다. 이 과정 동안 열전달에 의해 실린더 내부의 공기 온도는 일정하게 유지된다. 실린더 내 공기의 최종 온도와 이 과정 동안의 경계일을 구하라.

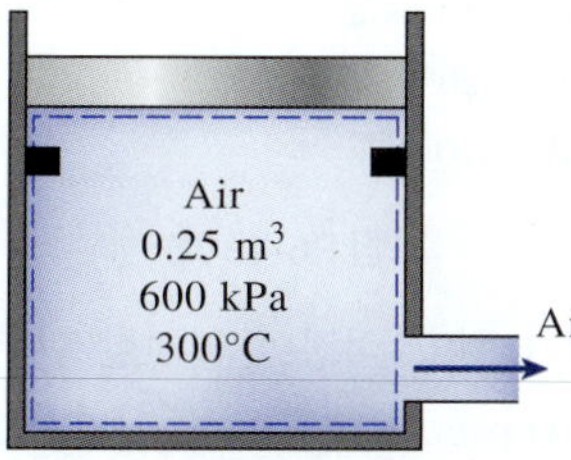

그림 P6-118

6-119 수직 피스톤-실린더 기구 내에 초기에 20°C의 수증기 0.01 m^3가 들어 있다. 마찰이 없는 피스톤의 질량에 의해 실린더 내부 압력은 500 kPa로 일정하게 유지된다. 이제 내부 체적이 2배가 될 때까지 1 MPa, 350°C인 수증기가 공급관에서 실린더로 들어간다. 이 과정 동안의 열전달을 무시하고 (*a*) 실린더 내부 수증기 최종 온도, (*b*) 유입된 수증기 질량을 구하라. *답: (a) 261.7°C, (b) 0.0176 kg*

6-120 처음에 체적이 0.1 m^3인 피스톤-실린더 기구 내에 0.6 kg의 수증기가 들어 있다. 피스톤의 질량은 800 kPa의 압력을 일정하게 유지할 수 있는 질량이다. 실린더는 5 MPa, 500°C의 수증기를 수송하는 공급관에 밸브로 연결되어 있다. 밸브가 열리고, 수증기가 천천히 실린더로 들어간다. 실린더의 체적이 두 배가 되고 실린더 내의 온도가 250°C에 도달할 때 밸브는 닫힌다. (*a*) 실린더로 들어간 수증기의 질량, (*b*) 열전달량을 구하라.

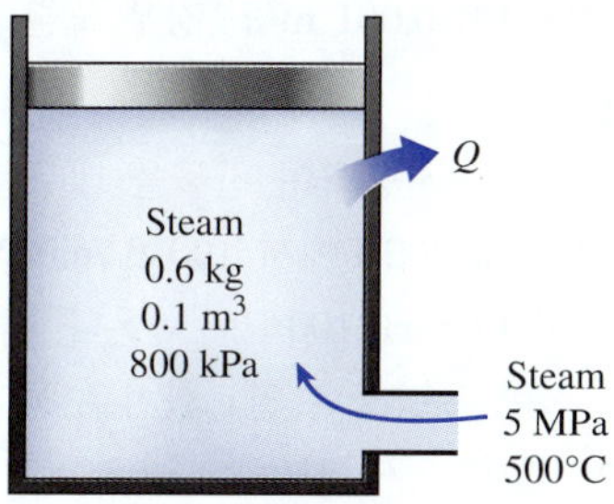

그림 P6-120

6-121E 그림 P6-121E에 나타낸 가중 피스톤(weighted piston)으로 피스톤-실린더 내 압력은 200 psia로 유지된다. 초기에는 질량이 없으며, 밸브가 열리고 공급관으로부터 실린더 체적이 10 ft^3가 될 때까지 수증기가 들어온다. 공급관의 수증기 상태는 300 psia, 450°F이다. 실린더 내 수증기의 최종 온도(필요한 경우 건도)와 수증기가 수행한 총 일을 구하라.

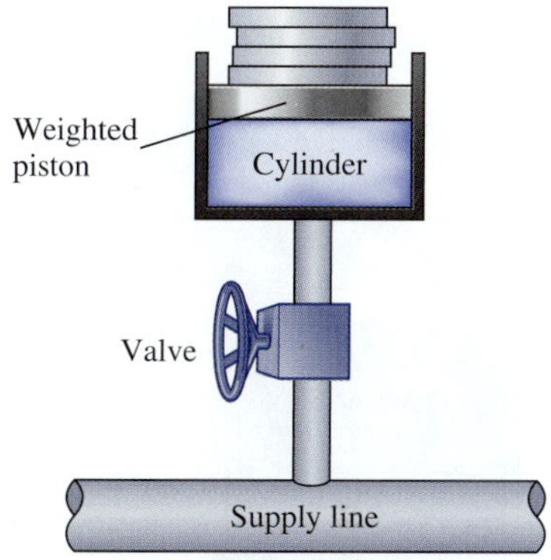

그림 P6-121E

6-122E 공급관에서 300 psia, 450°F의 산소를 공급하는 경우 문제 6-121E을 다시 계산하라. *답: 450°F, 370 Btu*

복습 문제

6-123 지하수를 퍼 올려서 6 m × 9 m 크기의 수영장에 보낸다. 한편, 수영장에서는 7 cm 직경의 오리피스를 통하여 물이 4 m/s의 일정한 평균 속도로 방출된다. 수영장의 물의 높이가 2.5 cm/min의 속도로 높아지고 있다면 수영장에 공급되는 지하수 유량을 m^3/s의 단위로 구하라.

6-124 노(furnace)에서 나오는 폭 1 m, 두께 0.5 cm인 긴 롤 형태의 1-Mn 망간 강판(ρ = 7854 kg/m^3)이 정해진 온도까지 유조(oil bath)에서 냉각된다. 금속판이 10 m/min의 정상 속도로 이송되는 경우, 유조를 통과하는 강판의 질량 유량을 구하라.

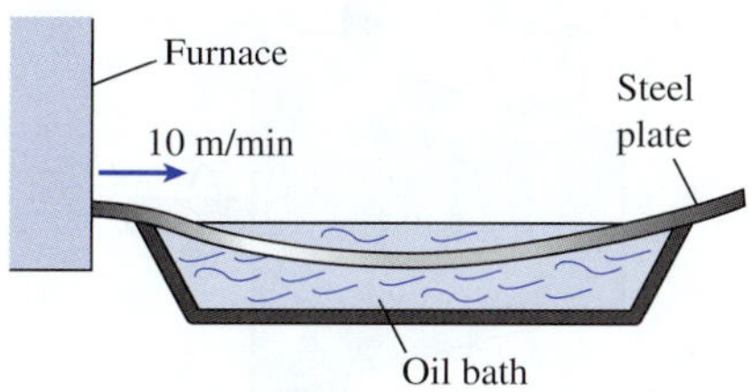

그림 P6-124

6-125 헬륨이 정상 유동으로 427°C, 100 kPa에서 질량 유량 8 kg/s로 관으로 들어가서 27°C로 나간다. 이 과정 동안 압력은 100 kPa로 일정하다. (*a*) 이 과정 동안의 열전달을 kW 단위로 구하라.

(*b*) 파이프 출구에서 헬륨의 체적 유량을 m³/s 단위로 구하라.

6-126 밀도가 4.18 kg/m³인 공기가 120 m/s의 속도로 입출구 면적비가 2:1인 노즐로 들어가서 380 m/s의 속도로 나간다. 출구에서 공기의 밀도를 구하라. *답: 2.64 kg/m³*

6-127 3 kW의 전기 저항선으로 100°C에서 물을 끓인다. 물의 증발률을 구하라.

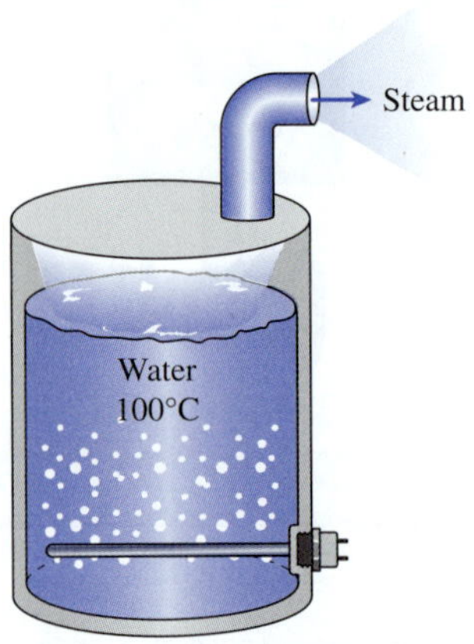

그림 P6-127

6-128 공기 압축기가 6.2 kW의 동력을 소비하면서 120 kPa, 20°C의 공기를 800 kPa, 300°C로 압축한다. 공기의 체적 유량은 15 L/s이다. 이 동력 중에서 공기의 압력을 증가시키는 데 사용된 동력과 압축기를 통과하여 유체를 이동시키는 데 사용된 동력은 얼마인가? *답: 4.48 kW, 1.72 kW*

6-129 증기 터빈이 입구에서 1.6 MPa, 350°C의 수증기와 출구에서 30°C의 포화 증기로 작동한다. 수증기의 질량 유량은 22 kg/s이고 터빈은 12,350 kW의 동력을 생산한다. 터빈의 외벽을 통한 열손실률을 구하라.

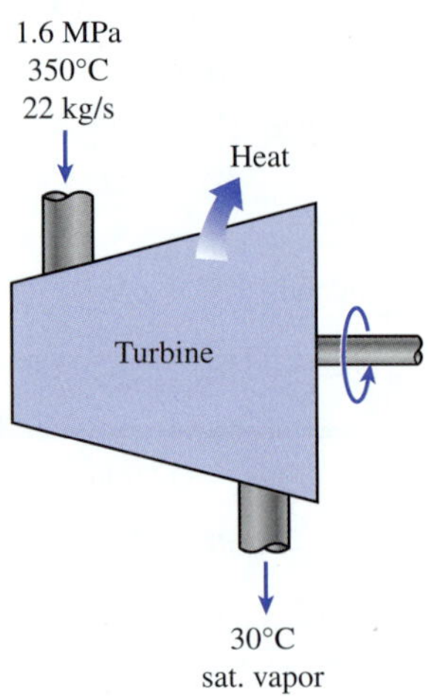

그림 P6-129

6-130E 냉매 R-134a가 15 psia, 20°F인 상태에서 10 ft³/s의 체적 유량으로 단열 압축기에 들어가서 100 psia의 압력으로 나온다. 압축기 입력 동력은 45 hp이다. (*a*) 냉매의 질량 유량과 (*b*) 출구 온도를 계산하라.

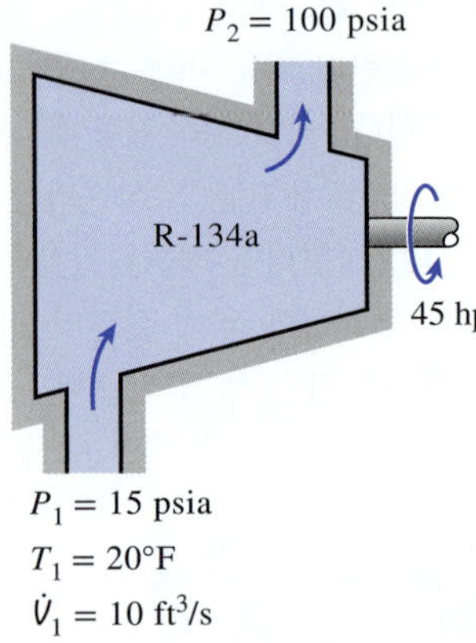

그림 P6-130E

6-131E 질소 기체가 길고 직경이 일정한 단열 파이프를 통하여 유동한다. 질소는 100 psia, 120°F 로 들어가서 50 psia, 70°F 나온다. 파이프의 입구와 출구에서 질소의 속도를 계산하라.

6-132 110 V용 전기 온수기 0.1 L/s의 물을 18°C에서 30°C로 데운다. 이 온수기에 공급되어야 할 전류를 암페어로 구하라. *답: 45.6 A*

6-133 0.5 hp 모터로 작동하는 송풍기가 85 m³/min 유량의 공기를 공급한다. 이 송풍기로 낼 수 있는 공기의 최대 평균 속도를 구하라. 공기 밀도는 1.18 kg/m³이다.

6-134 1200 kPa, 250°C의 수증기가 4 m/s로 길고 단열된 파이프로 들어가서 1000 kPa로 나간다. 파이프의 직경은 입구에서 0.15 m이고 출구에서는 0.1 m이다. 수증기의 질량 유량과 파이프 출구에서 속도를 구하라.

6-135 150°C, 200 kPa의 수증기가 느린 속도로 노즐에 들어가서 75 kPa의 포화 증기 상태로 나간다. 노즐을 통과하는 수증기 1 kg당 26 kJ의 열이 노즐로부터 주위로 전달된다. (*a*) 수증기 출구 속도, (*b*) 노즐 출구 면적이 0.001 m²인 경우 노즐 입구에서 수증기의 질량 유량을 구하라.

6-136E 뜨거운 공기를 사용하여 찬물을 데우는 열교환기를 고려한다. 공기는 20 psia, 200°F에서 100 ft³/min의 체적 유량으로 열교환기로 들어가서 17 psia, 100°F로 나온다. 물은 20 psia, 50°F에서 0.5 lbm/s의 질량 유량으로 열교환기로 들어가서 17 psia와 90°F로 나온다. 이 장치를 구동하는 데 필요한 총 동력을 hp 단위로 구하고 두 유동 모두에 대해 유동일을 Btu/lbm 단위로 구하라.

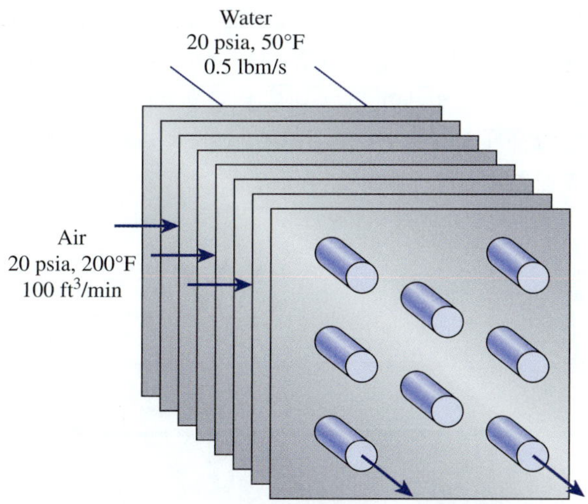

그림 P6-136E

6-137 40°C의 수증기가 길이가 5 m이고 직경이 3 cm인 얇은 수평 구리 튜브의 외부에서 냉각수에 의해 응축되며, 냉각수는 평균 속도 2 m/s와 온도 25°C의 상태로 냉각기로 들어가서 35°C로 나온다. 수증기의 응축률을 구하라. *답*: 0.0245 kg/s

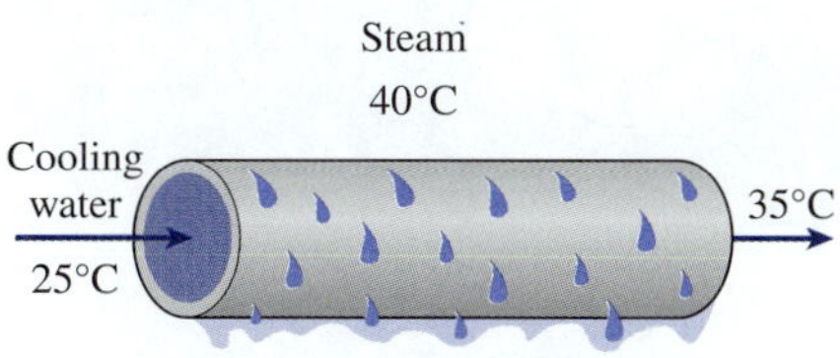

그림 P6-137

6-138 대형 증기 발전소에서 급수는 주로 터빈의 중간 단으로부터 추출된 수증기를 사용하여 밀폐형 급수 가열기에서 가열된다. 1 MPa, 200°C의 수증기가 급수 가열기에 들어가서 동일 압력의 포화액 상태로 나온다. 급수는 2.5 MPa, 50°C로 가열기로 들어가서 수증기 출구 온도보다 10°C 낮은 온도로 나간다. 추출된 수증기와 급수의 질량 유량비를 구하라.

6-139 대형 가스 터빈 발전소에서 공기는 연소실에 들어가기 전에 재생기(regenerator)라고 하는 열교환기를 통해 배기에 의하여 예열된다. 질량 유량 800 kg/min의 공기가 1 MPa, 550 K의 상태로 재생기로 들어간다. 공기로 전달된 열전달률은 2700 kJ/s이다. 배기는 140 kPa, 800 K의 상태로 재생기로 들어가서, 130 kPa, 600 K로 나간다. 배기를 공기로 가정하고, (*a*) 출구에서 공기 온도와 (*b*) 배기의 질량 유량을 구하라. *답*: (*a*) 741 K, (*b*) 12.6 kg/s

6-140 20°C의 냉수가 증기 발생기로 들어와서 200°C의 포화 증기 상태로 나간다. 증기 발생기에서 사용된 전체 열에 대하여 액체 상태의 물을 20°C로부터 200°C의 포화 온도까지 예열하는 데 사용된 열의 비율을 구하라.

6-141 이상 기체가 단열 터빈에서 1200 K, 900 kPa에서 800 K로 팽창한다. 650 kW의 터빈 동력을 생산하는 데 필요한 터빈 입구에서의 기체의 체적 유량을 m³/s로 구하라. 이 온도 범위에 대한 이 기체의 평균 비열은 c_p = 1.13 kJ/kg·K와 c_v = 5 0.83 kJ/kg·K이고, 기체 상수는 R = 0.30 kJ/kg·K이다.

6-142 헬륨을 110 kPa, 20°C로부터 400 kPa, 200°C로 압축하는 압축기의 입력 동력을 구하라. 헬륨은 0.1 m²의 파이프를 통하여 7 m/s의 속도로 압축기에 들어간다.

6-143 평균 질량이 2.2 kg이고 평균 비열이 3.54 kJ/kg·°C인 닭고기가 연속 유동형 담금식 냉각기로 들어가는 0.5°C의 냉수에 의해 냉각된다. 닭고기는 15°C의 균일한 온도 상태에서 시간당 500마리의 비율로 냉각기에 넣고, 꺼내기 전까지 평균 온도 3°C로 냉각된다. 냉각기는 주위로부터 200 kJ/h의 열을 받는다. (*a*) 닭고기에서 열제거율을 kW 단위로 구하라. (*b*) 물의 온도 상승이 2°C를 넘지 않을 경우 물의 질량 유량을 kg/s 단위로 구하라.

6-144 냉각기의 열획득을 무시하고 문제 6-143을 다시 풀어라.

6-145E 34°F의 공기에 의해 평균 질량이 0.14 lbm인 달걀(ρ = 67.4 lbm/ft³, c_p = 0.80 Btu/lbm·°F)을 최초 온도 90°F로부터 최종 평균 온도 50°F까지 시간당 3000개씩 냉각하는 냉동 장치를 설계하려고 한다. (*a*) 달걀로부터 열제거율을 Btu/h 단위로 구하라. (*b*) 공기의 온도 상승이 10°F를 넘지 않을 경우 공기의 체적 유량을 ft³/h 단위로 구하라.

6-146 유리병 세척 설비는 지상에 설치된 55°C로 잘 휘저어지는 온수조를 사용한다. 병은 20°C의 주위 온도 상태에서 분당 450개씩 물과 같은 온도로 나온다. 병 한 개는 질량이 150 g이고 수조에서 나올 때 젖어서 0.2 g의 물이 묻어 나온다. 세척 물은 15°C로 보충된다. 수조의 외부 표면으로부터 열손실을 무시하고, 정상 작동을 유지하기 위한 (*a*) 물 공급률, (*b*) 열 공급률을 구하라.

6-147 낙농 공장에서 4°C의 우유가 1년 365일, 하루 24시간 동안 계속 20 L/s의 유량으로 72°C에서 저온 살균된다. 효율 90%의 천연 가스 보일러에서 가열된 물을 이용하여 우유가 저온 살균 온도까지 가열된다. 이후에 저온 살균된 우유는 18°C 냉수로 냉각되며, 마지막에는 다시 4°C로 냉장된다. 에너지와 비용을 절감하기 위해 유용도(effectiveness)가 82%인 재생기(regenerator)를 설치하였다. 천연 가스 비용이 $1.10/therm (1 therm = 105.500 kJ)인 경우에 재생기로 절감할 수 있는 에너지와 비용을 구하라.

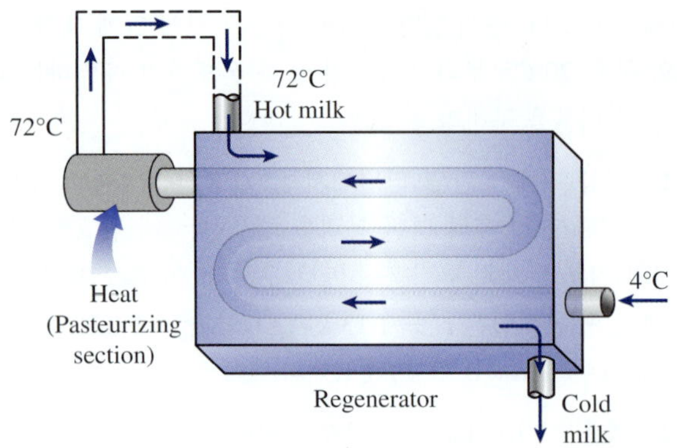

그림 P6-147

6-148 지름이 5 mm이고 길이가 긴 알루미늄 와이어(ρ = 2702 kg/m³, c_p = 0.896 kJ/kg·°C)이 350°C의 온도에서 압출되고 25°C의 대기에서 50°C로 냉각된다. 와이어가 8 m/min의 속도로 압출될 경우, 선으로부터 압출 성형실로 전달된 열전달률을 구하라.

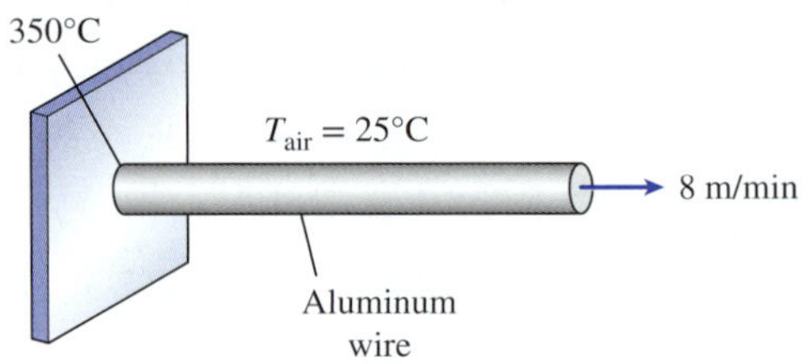

그림 P6-148

6-149 구리 와이어(ρ = 8950 kg/m³, c_p = 0.383 kJ/kg·°C)에 대해 문제 6-148을 다시 풀어라.

6-150E 80 psia, 400°F의 수증기가 단열 장치 내에서 정상 유동으로 80 psia, 60°F의 물과 혼합된다. 수증기는 0.05 lbm/s로 장치에 들어가며, 물은 1 lbm/s로 들어간다. 출구 압력이 80 psia일 때 이 장치에서 나오는 혼합물의 온도를 구하라. *답:* 117°F

6-151E 작업장에서 실내 공기질(indoor air quality, IAQ)이 근무자의 일반 건강과 생산성에 큰 영향을 미친다는 사실은 잘 알려져 있다. 한 연구에 의하면 건물 환기를 5 cfm (cubic feet per minute)에서 20 cfm으로 증가시켜 IAQ를 개선하면, 연간 1인당 $90 가치가 있는 0.25%만큼 생산성이 향상되고 1인당 연간 $39 절감에 해당하는 10%만큼의 호흡기 질환이 감소되었다. 반면에 연간 1인당 에너지 비용으로 $6, 설비비로 $4의 비용이 증가한다고 보고되었다(*ASHRAE Journal*, December 1998). 근무자가 120명인 작업장에서 개선된 IAQ 시스템을 설치함으로써 사업주가 얻는 금전적 총 이익을 구하라. *답:* $14,280/yr

6-152 어떤 건물 욕실의 환풍기는 체적 유량이 30 L/s이며 연속하여 운전된다. 이 건물은 겨울철 평균 온도가 12.2°C인 샌프란시스코에 위치하고 있으며 건물 내부는 항상 22°C로 유지된다. 이 건물은 요금이 $0.12/kWh인 전기로 난방된다. 겨울철에 한 달간 환기로 배출된 열량과 비용을 구하라.

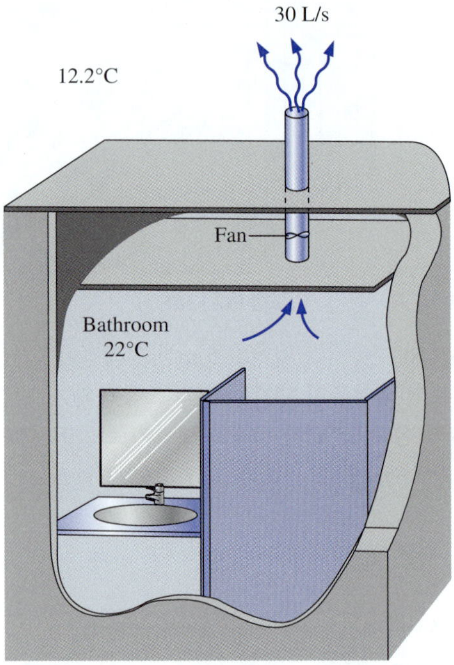

그림 P6-152

6-153 −5°C, 95 kPa의 외기가 60 L/s의 유량으로 건물에 침투해 들어온다. 실내 온도가 25°C로 유지되는 경우, 외기 침투로 인한 건물의 현열 에너지 손실률을 구하라.

6-154 더운 여름날 150명의 학생들이 들어찬 대형 강의실이 있으며, 학생 개개인은 60 W의 현열 에너지를 발산한다. 모든 전등은 정격 전력 6.0 kW이며, 항상 켜져 있다. 강의실은 외벽이 없으므로 벽과 지붕을 통한 열취득은 무시할 수 있다. 15°C의 차가운 공기를 이용하여 냉방이 가능하며, 순환 공기는 25°C를 넘지 않는다. 강의실의 평균 온도를 일정하게 유지하는 데 필요한 공기 유량을 구하라. *답:* 1.49 kg/s

6-155 어떤 공기 조화 장치의 공급 덕트가 130 m³/min의 공기 유동을 필요로 한다. 과도한 진동과 압력 강하를 피하기 위하여, 원형 덕트 내에서 공기의 평균 속도는 8 m/s를 넘지 않아야 한다. 송풍기가 소비하는 전기 에너지의 80%를 공기의 운동 에너지로 변환한다고 가정하고, 송풍기를 구동하는 데 필요한 전기 모터의 크기와 덕트의 직경을 구하라. 공기 밀도는 1.20 kg/m³이다.

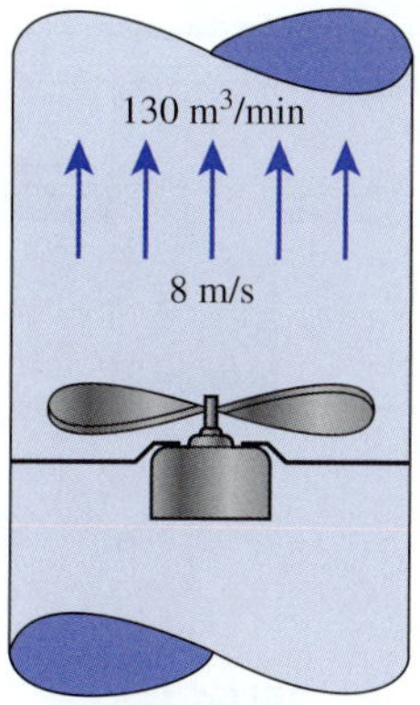

그림 P6-155

6-156 내부 체적이 400 m³인 건물이 건물 내부 덕트 안에 설치된 30 kW 전기 저항 가열기로 난방된다. 건물 내부의 공기는 초기에 14°C이며 대기압은 95 kPa이다. 이 건물에서 450 kJ/min의 열이 정상 상태로 주위에 손실된다. 공기는 250 W의 송풍기에 의해 정상 유동으로 단열된 덕트와 가열기를 통과하여 흐를 때 5°C의 온도가 상승한다.

(*a*) 건물 내부의 공기가 24°C의 평균 온도에 도달하는 걸리는 시간을 구하라.

(*b*) 덕트를 통과하는 공기의 평균 질량 유량을 구하라.

답: (*a*) 146 s, (*b*) 6.02 kg/s

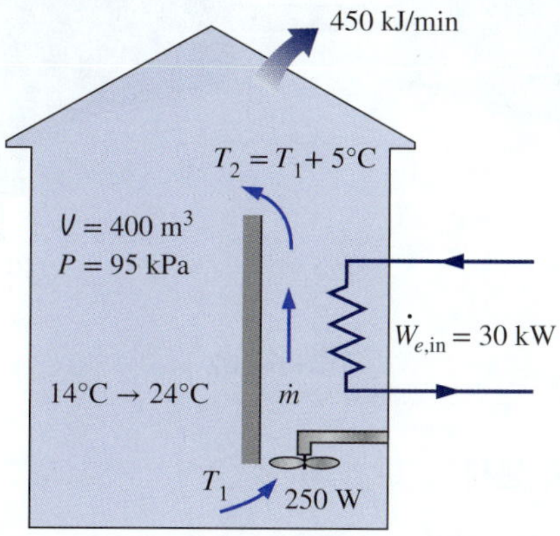

그림 P6-156

6-157 표준형 샤워기 헤드의 최대 유량은 3.5 gpm (13.3 L/min)이며, 유동 제어기가 설치된 저유량 샤워기 헤드로 교체하면 2.75 gpm (10.5 L/min)로 줄일 수 있다. 매일 아침 각자 5분씩 샤워하는 4인 가족을 고려한다. 15°C의 수돗물이 전기 온수기에서 55°C로 가열되고 샤워기의 T자 배관에서 15°C의 찬 수돗물과 혼합되어 42°C로 온도가 내려간 다음에 샤워기 헤드로 나간다. 물의 비열은 4.18 kJ/kg·°C로 일정하다고 가정한다. (*a*) 뜨거운 물과 찬물이 T자 배관에 들어갈 때의 유량비, (*b*) 표준형 샤워기 헤드를 저유량 샤워기 헤드로 교체하여 절약되는 연간 전기량을 kWh 단위로 구하라.

6-158 문제 6-157을 다시 고려한다. EES나 다른 소프트웨어를 사용하여 차가운 수돗물 입구 온도가 저유량 샤워기 헤드를 사용하여 절약되는 에너지에 미치는 영향을 조사하라. 입구 온도는 10°C에서 20°C까지 변화시킨다. 물의 입구 온도에 대한 전기 에너지 절약량을 그래프로 그리고, 그 결과를 검토하라.

6-159 7 MPa, 600°C, 60 m/s의 수증기가 정상 유동으로 터빈으로 들어가서, 25 kPa, 건도 95%의 상태로 나간다. 이 과정 동안 20 kJ/kg의 열손실이 발생한다. 터빈의 입구 면적은 150 cm²이고, 출구 면적은 1400 cm²이다. (*a*) 수증기의 질량 유량, (*b*) 출구 속도, (*c*) 출력을 구하라.

6-160 문제 6-159를 다시 고려한다. EES나 다른 소프트웨어를 사용하여 출구 면적과 출구 압력이 출구 속도와 출력에 미치는 영향을 조사하라. 출구 압력은 10 kPa에서 50 kPa까지 변화시키고, 출구 면적은 1000 cm²에서 3000 cm²까지 변화시킨다. 출구 면적은 1000 cm², 2000 cm², 3000 cm²의 경우에 출구 압력에 대한 출구 속도와 출력을 그래프로 그리고, 그 결과를 검토하라.

6-161 직경이 7.5 cm인 단열 파이프와 내부의 전기 저항선으로 구성된 급수 가열기를 제작하려고 한다. 20°C의 상태에서 24 L/min의 물이 정상 유동으로 가열부로 들어간다. 물이 48°C로 가열되는 경우 (*a*) 전기 저항 가열기의 전격 전력, (*b*) 파이프 내 물의 평균 속도를 구하라.

6-162 액체 R-134a 냉매 용기의 내부 체적이 0.0015 m³이다. 초기에 용기에는 26°C의 R-134a 포화 혼합물 0.55 kg이 들어 있다. 밸브가 열리고 남아 있는 R-134a의 질량이 0.15 kg이 될 때까지 온도가 일정하게 유지될 수 있을 정도로 천천히 R-134a 증기만(액체 없음) 빠져나간다. R-134a 냉매의 온도와 압력이 일정하게 유지되는 데 필요한 주위와의 열전달량을 구하라.

6-163 피스톤-실린더 기구 내에 초기에 800 kPa, 80°C의 R-134a 냉매 2 kg이 들어 있다. 이 상태에서 피스톤은 상부에 있는 한 쌍의 멈춤 장치에 닿아 있다. 피스톤의 질량은 피스톤을 움직이기 위해서는 500 kPa의 압력이 필요하다. 피스톤 바닥에 있는 밸브가 열리고 R-134a 냉매가 실린더로부터 배출된다. 잠시 후에 피스톤이 움직이며, 냉매의 절반이 용기로부터 배출되고 용기 내의 온도가 20°C로 떨어질 때 밸브가 닫힌다. (*a*) 수행된 일, (*b*) 열전달량을 구하라. 답: (*a*) 11.6 kJ, (*b*) 60.7 kJ

6-164 피스톤-실린더 기구 내에 초기에 700 kPa, 200°C의 공기 1.2 kg이 들어 있다. 이 상태에서 피스톤은 상부에 있는 한 쌍의 멈춤 장치에 닿아 있다. 피스톤의 질량은 피스톤을 움직이기 위해서는 600 kPa의 압력이 필요하다. 피스톤 바닥에 있는 밸브가 열리고 공기가 실린더로부터 배출된다. 실린더 체적이 초기 체적의 80%로 감소할 때 밸브가 닫힌다. 실린더에서 40 kJ의 열이 손실된 경우 (*a*) 실린더 내 공기의 최종 온도, (*b*) 실린더에서 빠져나간 공기의 질량, (*c*) 수행된 일을 구하라. 평균 온도에서 일정한 비열을 사용하라.

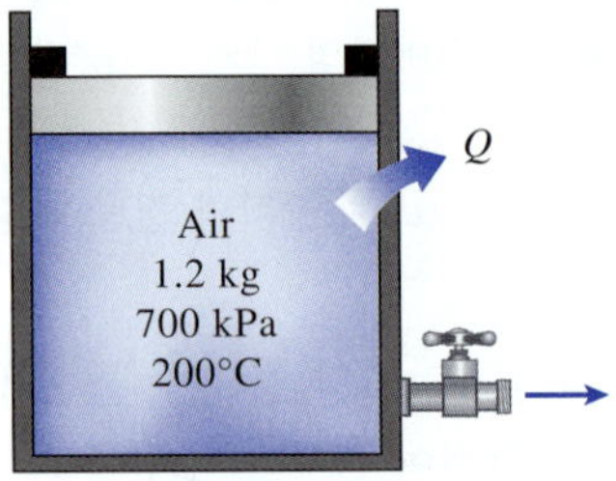

그림 P6-164

6-165 압력솥은 요리하는 동안 높은 압력과 온도를 유지하기 때문에 일반 솥보다 훨씬 빠르게 요리할 수 있다. 압력솥의 압력은 압력 조절기(pressure regulator 또는 petcock)에 의해 조절된다. 이 압력 조절기는 주기적으로 증기를 배출하여 과도한 압력이 형성되는 것을 막고 일정한 수준으로 압력을 유지한다. 일반적으로, 압력솥은 내부를 2 atm의 계기 압력(절대압 3 atm)으로 유지한다. 그러므로, 압력솥은 100°C가 아니라 약 133°C의 온도에서 요리하게 되어 영양 손실을 최소화하면서 요리 시간을 70% 단축한다.

새로운 압력솥은 무게추 대신 몇 가지 압력이 설정된 스프링 밸브를 사용한다. 체적이 6 L이고 75 kPa의 계기 압력에서 작동하는 압력솥에 물 1 kg이 들어 있다. 작동 압력에 도달한 후, 압력솥에 30분 동안 500 W의 열이 전달되어 내부가 작동 압력까지 올라간다. 대기압이 100 kPa이라고 가정하고, (*a*) 요리 온도, (*b*) 이 과정의 마지막에 압력솥에 남아 있는 물의 양을 구하라. *답: (a)* 116.04°C, (*b*) 0.6 kg

6-166 단일 플래시(single-flash) 지열 발전소에서 50 kg/s의 지열수는 230°C 포화액 상태로 플래시 챔버(교축 밸브)에 들어간다. 플래시 과정에 의해 발생한 수증기는 터빈에 들어가서 20 kPa에서 5%의 수분을 함유한 상태로 나간다. 플래시 챔버 출구에서 수증기 압력이 (*a*) 1 MPa, (*b*) 500 kPa, (*c*) 100 kPa, (*d*) 50 kPa인 경우에 플래시 과정 후의 수증기 온도와 터빈의 출력을 구하라.

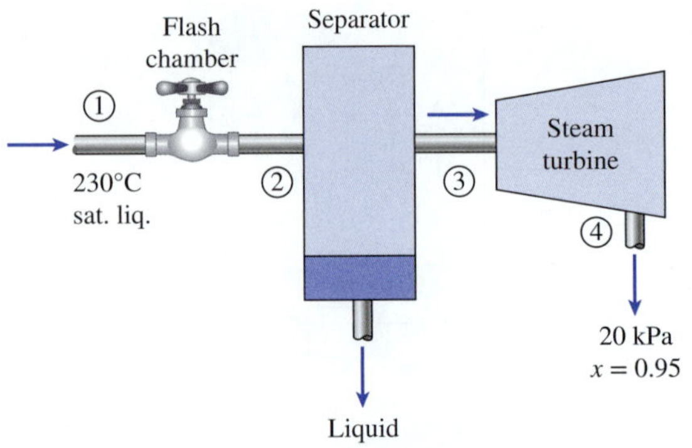

그림 P6-166

6-167 단열 공기 압축기가 발전기를 구동시키는 단열 증기 터빈과 직접 연결되어 동력을 공급받는다. 12.5 MPa, 500°C의 수증기가 25 kg/s의 질량 유량으로 터빈으로 들어가서, 10 kPa, 건도 0.92의 상태로 나간다. 98 kPa, 295 K의 공기는 10 kg/s의 질량 유량으로 압축기로 들어가서 1 MPa, 620 K로 나간다. 터빈이 발전기에 전달하는 정미 동력을 구하라.

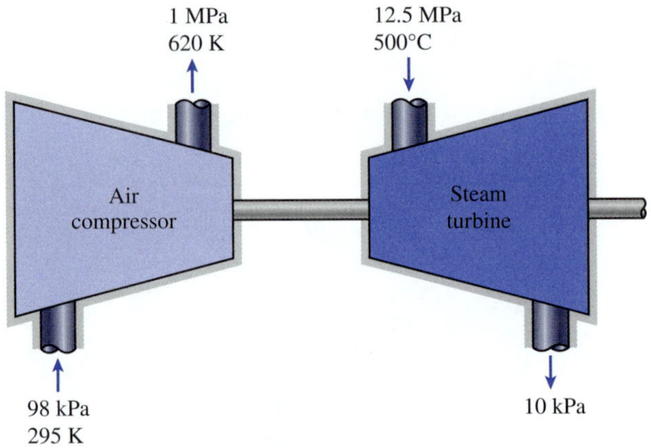

그림 P6-167

설계 및 논술 문제

6-168 건설 현장에서 사용되는 공압식 네일 건(nail driver)은 못 하나 박는 데 100 psia의 압력에서 0.02 ft³의 공기와 1 Btu의 에너지가 필요하다. 500개의 못을 박을 수 있는 충분한 용량을 가진 압축 공기 탱크를 설계하는 임무가 주어졌다. 탱크 압력은 500 psia을 초과할 수 없으며 온도는 건설 현장의 일반적인 온도를 넘을 수 없다. 탱크의 최대 압력과 체적은 얼마가 되어야 하는가?

6-169 kW-h당 $0.05에 판매할 300 MW의 전력을 생산할 수 있는 전기 발전소용 증기 터빈을 선정할 책임이 주어졌다. 보일러는

700 psia, 700°F의 수증기를 만들어내며, 응축기는 80°F에서 작동하도록 되어있다. 수증기를 생산하고 응축하는 비용은 생산된 전기 kW-h당 $0.015이다. 터빈 선택은 아래 표에 있는 3개의 터빈 중에서 선택하는 것으로 좁혀졌다. 선택의 기준은 가능한 한 빨리 장비 비용을 상환하는 것이다. 어느 터빈을 선택해야 하는가?

터빈	용량 (MW)	효율 (η)	제작 비용 ($Million)	운전 비용 ($/kWh)
A	50	0.9	5	0.01
B	100	0.92	11	0.01
C	100	0.93	10.5	0.015

6-170 공기 대포는 정지 상태에서 최종 속도까지 발사체를 추진하기 위해 압축 공기를 사용한다. 온도가 20°C를 초과하지 않는 압축 공기를 사용하여 300 m/s의 속도로 10 g의 발사체를 가속시키는 공기 대포를 고려한다. 저장 탱크의 체적은 0.1 m^{3}를 넘지 않아야 한다. 탱크의 체적과 탱크를 채우는 최소 에너지를 요구되는 최대 저장 압력을 선정하라.

6-171 헤어드라이어 내에서 공기의 온도와 속도가 각각 50°C, 3 m/s를 넘지 않는 1200 W의 헤어드라이어를 설계하라.

6-172 열기구가 고도를 유지하기 위해 내부 공기의 온도 변화폭은 1°C 이내로 유지되어야 하며, 체적은 1% 이상 변하면 안 된다. 300 m 고도에서 1000 m^3 열기구의 공기는 평균 온도가 35°C로 유지되어야 한다. 이 열기구는 직물 기낭을 통한 3 kW의 열손실이 있다. 버너가 작동할 때는 200°C, 100 kPa의 공기가 30 kg/s로 열기구에 들어간다. 공기를 방출하는 플랩(flap)이 열릴 때는 공기가 20 kg/s로 열기구를 빠져나간다. 열기구의 고도를 300 m로 유지하는 데 필요한 버너와 플랩 방출 제어 주기(작동 및 비작동 시간)를 설계하라.

CHAPTER

07

열역학 제2법칙

THE SECOND LAW OF THERMODYNAMICS

학습목표

이 장의 목적은 다음과 같다.

- 열역학 제2법칙을 소개한다.
- 열역학 제1법칙, 열역학 제2법칙을 동시에 만족하는 유효한 과정들을 확인한다.
- 열에너지 저장조, 가역과 비가역과정들, 열기관, 냉동기 및 열펌프에 대하여 토의한다.
- 열역학 제2법칙에 관한 Kelvin-Planck와 Clausius의 서술을 기술한다.
- 사이클과 사이클 장치에 열역학 제2법칙을 적용한다.
- 절대 열역학온도눈금 개발을 위한 열역학 제2법칙을 적용한다.
- 카르노 사이클을 기술한다.
- 이상화된 카르노 열기관, 냉동기 및 열펌프에 카르노 원리를 고찰한다.
- 가역 열기관, 냉동기 및 열펌프의 열효율과 성능계수에 대한 수식을 결정한다.

지금까지 열역학 제1법칙에 초점을 맞추었으며, 열역학 제1법칙은 한 과정 동안에 에너지는 보존되어야 한다는 것을 필요로 한다. 본 장에서는 열역학 제2법칙을 소개하며, 이 법칙의 과정들은 어떤 특정한 방향성을 가지며, 또한 에너지는 양뿐만 아니라 질도 함께 가지고 있음을 말한다. 한 과정은 열역학 제1법칙과 제2법칙을 동시에 만족하지 않는 한 일어날 수 없다. 본 장에서는 열에너지 저장조(열원), 가역 및 비가역과정, 열기관, 냉동기, 열펌프가 먼저 소개된다. 영구기관과 열역학적 절대온도눈금을 토의한 다음에 여러 가지 제2법칙에 대한 서술을 소개한다. 다음에 카르노 사이클을 소개하고 카르노 원리를 토의한다. 마지막으로 이상화된 카르노 열기관, 냉동기, 열펌프에 대하여 고찰한다.

7-1 열역학 제2법칙의 소개

그림 7-1
뜨거운 커피는 찬 실내에서 더 뜨겁게 되지 않는다.

5장과 6장에서는 열역학 제1법칙 혹은 에너지 보존법칙을 밀폐계와 개방계에 적용하였다. 앞장에서 반복해서 강조하였듯이 에너지는 보존되는 물성값(property)이라는 것과 어떤 과정이든 열역학 제1법칙을 위반하여 일어나는 과정은 없다. 그러므로 어떤 과정이든 제1법칙을 만족시키면서 일어나야 한다는 결론은 당연하다. 그러나 여기에서 설명하려 하듯이 어떤 과정이 제1법칙만을 만족시키면 그 과정(process)이 실제로 일어난다고 확신할 수는 없다.

찬 실내에 놓아둔 뜨거운 커피가 점차 식는 것은 흔히 경험하는 일이다(그림 7-1). 이 과정에서 커피에 의해 손실된 에너지와 주위 공기에 의해 얻어진 에너지의 양이 같다. 때문에 이 과정은 열역학 제1법칙을 만족한다. 그렇다면 이 과정의 역과정(reverse process)에 대해 생각해보자. 즉 찬 실내에 있는 뜨거운 커피가 방의 공기에서 전달되는 열에 의해 더욱 뜨겁게 되는 과정이다. 우리는 이러한 과정은 결코 일어나지 않는다는 것을 알고 있다. 그러나 이 역과정에서 공기에 의해 손실된 에너지의 양이 커피가 얻어진 양과 같다면 열역학 제1법칙에 위배되지는 않는다.

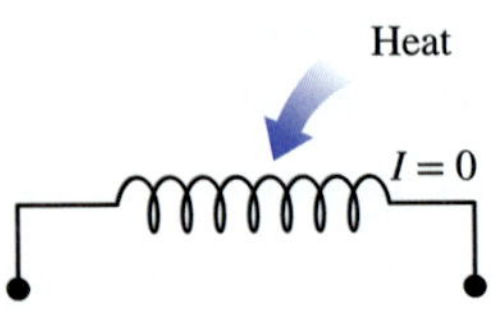

그림 7-2
전선에 열을 가하여도 전기를 만들지 못한다.

다른 예로 전기저항을 통과하는 전류의 흐름에 의해 방을 따뜻하게 하는 경우를 생각해보자(그림 7-2). 다시 제1법칙은 저항선에 공급되는 에너지의 양이 방에 열로 전달되는 에너지의 양과 같다는 것을 만족시킨다. 이제 이것의 역과정을 시도해보자. 비록 이것이 제1법칙을 만족시키더라도, 방으로부터 전선으로 전달되는 열이 같은 양만큼의 전기에너지를 발생시키지 않는다는 것은 다들 알고 있을 것이다.

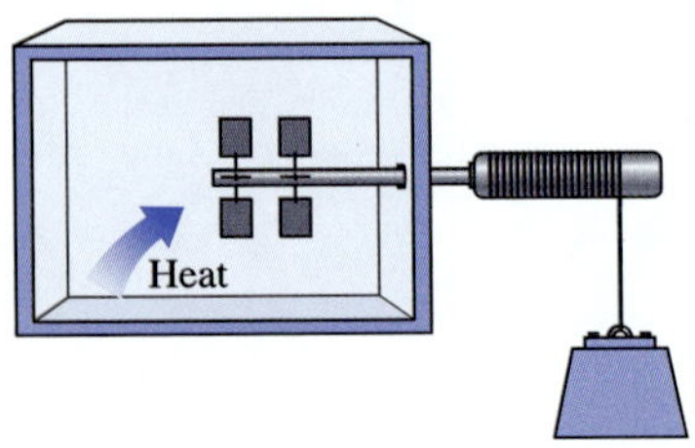

그림 7-3
날개 바퀴에 열을 가하여도 축이 회전하지 않는다.

마지막으로 추의 낙하로 날개 바퀴(paddle-wheel)를 작동하는 장치를 고려해보자(그림 7-3). 추가 낙하하면서 날개 바퀴는 회전하고 단열된 상자 안에서 유체를 휘젓는다. 결국 에너지 보존법칙에 따라 추의 위치에너지 감소가 유체의 내부에너지 증가로 된 것이다. 그러나 역으로 유체로부터 날개 바퀴에 열을 전달함으로써 추를 들어 올리는 것은 자연스럽게 일어나지는 않는다. 비록 그것이 제1법칙에 위배되지 않는다 하여도 자연현상에서는 일어나지 않는다.

그림 7-4
과정은 정해진 방향으로만 일어나고 거꾸로 되돌리는 방향으로는 일어나지 않는다.

위의 여러 경우들로부터 명백한 사실은 과정은 **특정한 한 방향**으로만 진행되며 그 반대 방향으로는 진행되지 않는다는 것이다(그림 7-4). 제1법칙은 과정의 방향에 제한받지 않고 성립하지만, 제1법칙을 만족하는 것이 실제로 그 과정이 일어날 것인지 확신시키지는 못한다. 어떤 과정이 실제로 일어날 것인가의 여부를 확증하는 데 제1법칙으로서는 충분하지 못한 점을 **열역학 제2법칙**이라는 다른 일반적인 법칙을 도입함으로써 해소할 수 있다. 앞서 토의한 역과정들이 열역학 제2법칙에 위배된다는 것을 이 장의 뒷부분에서 나중에 보여줄 것이다. 이러한 위배 사실은 다음 장에서 정의되는 **엔트로피**(*entropy*)라고 불리는 열역학적 상태량으로 쉽게 알 수 있다. 열역학 제1법칙과 제2법칙을 모두 만족시키지 못한다면 그 과정은 실제로 일어나지 않을 것이다(그림 7-5).

열역학 제2법칙에 대한 타당한 서술들이 많지만, 그중 사이클로 작동되는 몇몇 공학장치와 관련시켜 두 서술을 이 장에서 제시하고 토의한다.

그러나 열역학 제2법칙은 과정의 방향성을 지정해 주는 데만 제한되어 사용되는 것은 아니다. 제2법칙은 에너지가 양(quantity)뿐만 아니라 **질**(*quality*)도 가지고 있다는 것을 말한다. 제1법칙은 에너지의 질과는 상관없이, 에너지의 양이나 한 형태에서 다른 형태로의 에너지의 변환과 관련된다. 에너지 질의 보존은 공학자에게 중요한 관심사이고, 제2법칙은 과정 동안의 에너지의 양뿐만 아니라 질적 감소 정도를 결정하는 데 필요한 수단을 제공한다. 이 장 뒷부분에서 언급되겠지만, 고온의 에너지가 같은 양의 저온의 에너지보다 더 많은 일로 변환될 수 있으며, 더 높은 에너지의 질을 갖는다.

열역학 제2법칙은 화학반응의 **진행 정도**(*degree of completion*)를 예측하는 데 사용될 뿐 아니라, 열기관이나 냉동기와 같은 공학계의 성능에 대한 **이론적 한계**(*theoretical limit*)를 결정하는 데에도 적용된다. 제2법칙은 또한 **완벽**(*perfection*)이라는 개념과 밀접하게 연관되어 있다. 실제 제2법칙은 열역학 과정에 대해 완벽을 **정의**한다. 과정의 완벽한 정도를 정량화하고, 불완전함을 효과적으로 제거하는 방향을 지시한다.

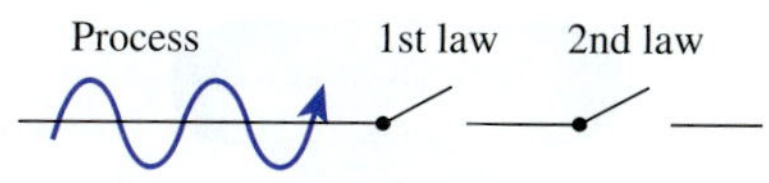

그림 7-5
과정은 열역학 제1법칙과 제2법칙을 모두 만족하여야 진행된다.

7-2 열에너지 저장조

열역학 제2법칙을 전개함에 있어서, 온도의 변화를 겪지 않는 유한한 양의 열을 공급하거나 흡수할 수 있는 상대적으로 큰 **열에너지 용량**(질량 × 비열)을 가지는 가상적인 물체를 설정하는 것은 대단히 편리하다. 그런 물체는 **열에너지 저장조**(열원, thermal energy reservoir) 또는 단순히 저장조(reservoir)로 불린다. 실제로 대기뿐만 아니라 바다나 호수, 강은 열에너지 저장능력이나 열용량(thermal mass)이 크기 때문에 열에너지 저장조로서 엄밀한 모델이 될 수 있다(그림 7-6). 예를 들어 대기는 겨울에 주거건물로부터 나오는 열을 받아도 온도가 올라가지 않는다. 마찬가지로 원동소가 수 MJ (megajoules)의 폐열에너지를 강으로 버려도 심각한 수온의 변화는 생기지 않는다.

어떤 **이상계**(*two-phase system*)도 저장조로서 모델이 될 수 있는데, 그것은 일정한 온도를 유지하면서 많은 양의 열을 흡수하거나 내보낼 수 있기 때문이다. 열에너지 저장조로서 더 친숙한 다른 예로는 **산업용 로**(*industrial furnace*)가 있다. 대부분의 로의 온도는 조심스럽게 제어되고, 그것들은 등온과정으로 많은 양의 열에너지를 열로서 공급할 수 있다. 그러므로 저장조로서 모델이 가능한 것이다.

하나의 물체가 저장조로 간주되기 위해서 실제로 매우 클 필요는 없다. 자신이 공급하거나 흡수하는 에너지의 양에 비해 열에너지 용량이 큰 어떤 물리적 물체도 열저장조로서 모델될 수 있다. 예를 들어 방 안의 공기는 열저장조로 취급할 수 있

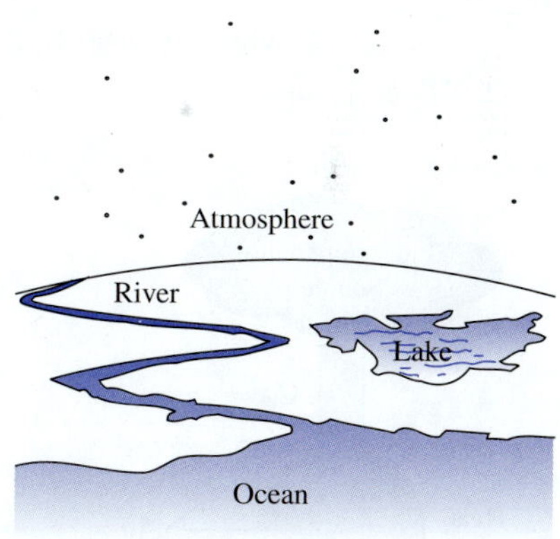

그림 7-6
큰 열용량(밀도 비열)을 갖는 물체는 열에너지 저장조로 간주될 수 있다.

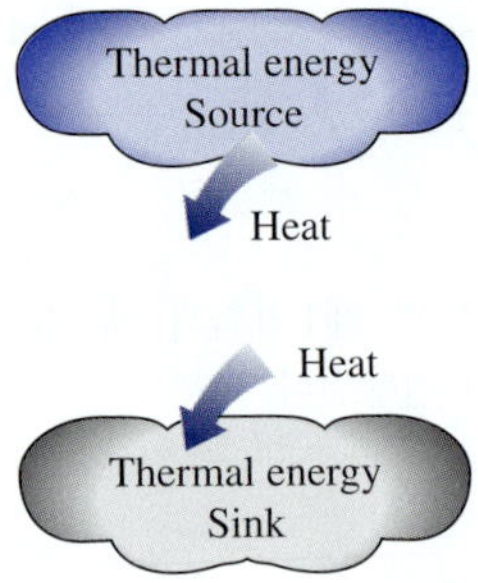

그림 7-7
열원(heat source)은 열의 형태로 에너지를 공급하며 열침(heat sink)은 열의 형태로 에너지를 흡수한다.

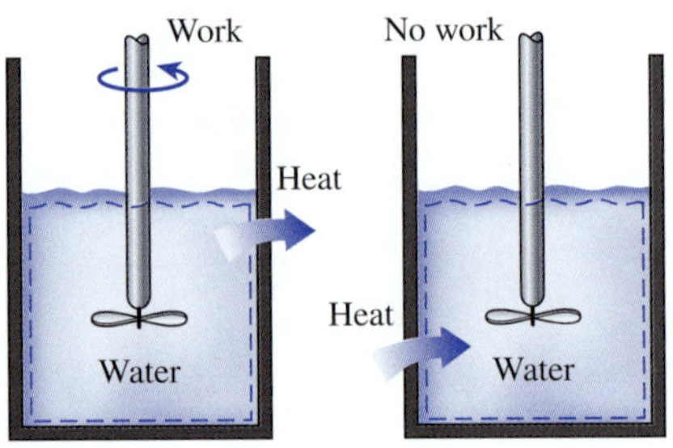

그림 7-8
일은 열로 직접적으로 완전히 변환될 수 있으나 그 역은 불가능하다.

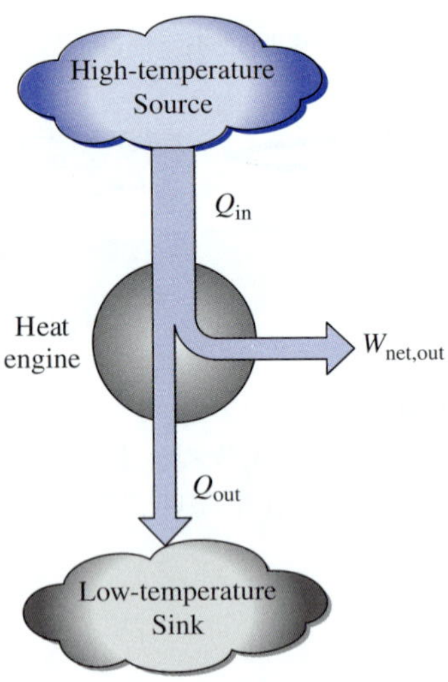

그림 7-9
받은 열의 일부는 열기관에 의하여 일로 반환되며, 남은 열은 열침에 방출한다.

는데 이는 방 안에 있는 TV 세트로부터의 열소산을 해석하고자 할 때이다. 왜냐하면 TV 세트로부터 방 안의 공기로 전달되는 열의 양이 방 안의 공기 온도에 현저한 영향을 줄 만큼 충분히 크지 않기 때문이다.

열 형태로 에너지를 공급하는 저장조는 **열원**(heat source)이라고 부르고, 열 형태로 에너지를 흡수하는 것은 **열침**(heat sink)이라고 부른다(그림 7-7). 열에너지 저장조는 종종 **열저장조**(thermal reservoir)로 인용되는데, 그것은 그들이 열의 형태로 에너지를 공급하거나 흡수하기 때문이다.

산업용 열원으로부터 주위로의 열전달은 공학자들뿐만 아니라 환경학자들에게도 주된 관심사이다. 폐에너지의 무책임한 관리는 일부 환경에 심각한 온도 증가를 일으킬 수 있는데, 이것은 **열적 오염**(*thermal pollution*)이라고 불린다. 만약 이들 열적 오염을 주의 깊게 통제하지 않는다면, 호수나 강에 있는 수중 생명들을 심각하게 파괴할 것이다. 그러나 주의 깊은 계획과 관리에 의해, 국소적인 온도 증가를 안전하고 바람직한 수준 이내로 유지함으로써 대용량의 물에 버려지는 폐에너지는 수중생활 상태의 질을 개선시키는 데 사용될 수 있다.

7-3 열기관

앞에서 설명한 것과 같이 일은 다른 형태의 에너지로 쉽게 변환될 수 있지만, 다른 형태의 에너지는 일로 쉽게 변환되지 않는다. 예를 들어 그림 7-8에 보이는 축에 의해 일어나는 기계적 일은 처음에 물의 내부에너지로 변환된다. 그러면 이 에너지는 열로서 물을 떠나게 된다. 우리는 경험으로부터 이 과정의 역과정은 일어나지 않을 것이라는 것을 알고 있다. 즉 물에 열을 전달함으로써 축을 회전시킬 수 없다. 이 실험 및 다른 관찰로부터 일은 열로 직접적이고 완전하게 변환될 수 있지만, 열을 일로 변환시키는 것은 몇몇 특별한 장치의 사용이 필요하다는 결론을 내릴 수 있다. 이 장치들을 **열기관**(heat engine)이라 부른다.

열기관들은 각자 다르지만, 이 모든 것은 다음처럼 특성화될 수 있다(그림 7-9).

1. 고온열원으로부터 열을 받는다(태양에너지, 석유연소로, 핵 원자로 등).
2. 이 열의 일부는 일로 변환된다(흔히 회전축의 형태로).
3. 남은 폐열을 저온 열침으로 배출한다(대기, 강 등).
4. 사이클로 작동한다.

열기관과 다른 사이클 장치들은 사이클을 작동하는 동안 열을 흡수하거나 방출할 유체를 포함한다. 이 유체를 **작동유체**(working fluid)라 부른다.

열기관이라는 용어는 종종 열역학적 사이클에서 작동하지 않는 일을 생산하는 장치들을 포함시켜 넓은 의미에서 사용되기도 한다. 가스터빈이나 자동차 엔진과 같은 내부 연소를 하는 엔진이 이 범주에 포함된다. 이 장치들은 작동유체(연소 가스)는 완전한 사이클을 수행하지 않기 때문에, 열역학적 사이클이 아니라 기계적

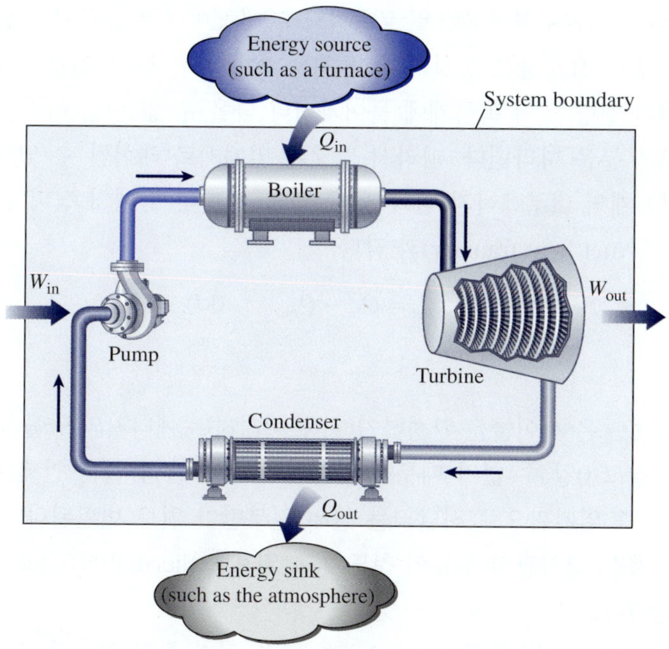

그림 7-10

증기원동소의 개략도

사이클로 작동한다. 초기 온도로 냉각되는 대신에, 배기가스는 방출되고 사이클의 끝에서 신선한 공기-연료 혼합물에 의해 대체된다.

열기관의 정의에 가장 적합한 일-생산장치(working-produce device)는 외부-연소 기관인 증기원동소(steam power plant)이다. 즉 연소 과정이 엔진 밖에서 일어나고 이 과정 동안에 방출된 열에너지는 열로 증기에 전달된다. 기본적인 증기원동소의 개략도가 그림 7-10에 제시되어 있다. 이것은 단순화된 그림이고, 실제 증기원동소는 다음 장에서 고찰할 것이다. 이 그림에서 제시된 여러 양들은 다음과 같다.

Q_{in} = 고온열원(연소로)으로부터 보일러 증기에 공급되는 열의 양

Q_{out} = 응축기의 증기로부터 저온 열침(대기, 강 등)으로 방출하는 열의 양

W_{out} = 터빈에서 팽창함으로써 증기에 의해 발생하는 일의 양

W_{in} = 물을 보일러 압력으로 압축하기 위해 필요한 일의 양

열과 일의 상호작용의 방향이 아래첨자 in과 out으로 나타나 있음에 주의하라. 그러므로 위에서 설명된 네 가지 양은 항상 양의 값이다.

증기원동소의 정미 출력 일(net work output)은 원동소의 총 출력 일(total work output)과 총 입력일(total work input)의 차이로 단순히 나타낼 수 있다(그림 7-11).

$$W_{net,out} = W_{out} - W_{in} \qquad (kJ) \tag{7-1}$$

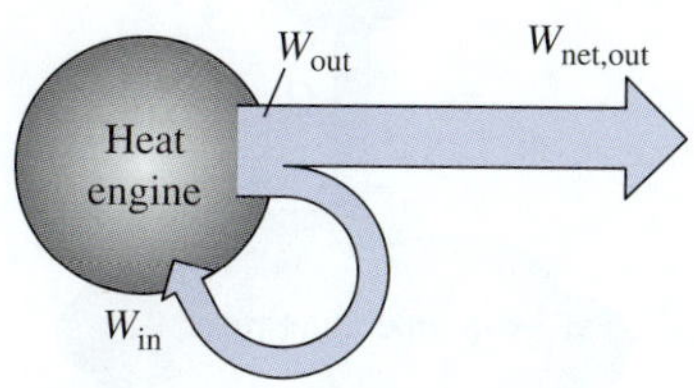

그림 7-11

열기관의 일 출력의 일부는 연속적인 작동을 유지하기 위하여 내부적으로 소비된다.

정미 일은 열전달 수치만으로 결정될 수 있다. 증기원동소의 네 요소는 들어오

는 질량유량과 나가는 질량유량을 포함하므로 개방계로 취급되어야 한다. 그러나 연결관과 함께 이 요소들은 항상 같은 유체를 포함한다(새어나가는 증기는 포함하지 않음). 어떤 질량도 이 복합계에 들어가거나 나올 수 없는데, 이것은 그림 7-10에서 색칠된 부분을 나타낸다. 따라서 그것은 밀폐계로 해석될 수 있다. 사이클로 작동되는 밀폐계의 내부에너지 변화 ΔU는 0이고, 따라서 계의 정미 출력 일은 계의 정미 열전달(net heat transfer)과 같다.

$$W_{net,out} = Q_{in} - Q_{out} \qquad (kJ) \tag{7-2}$$

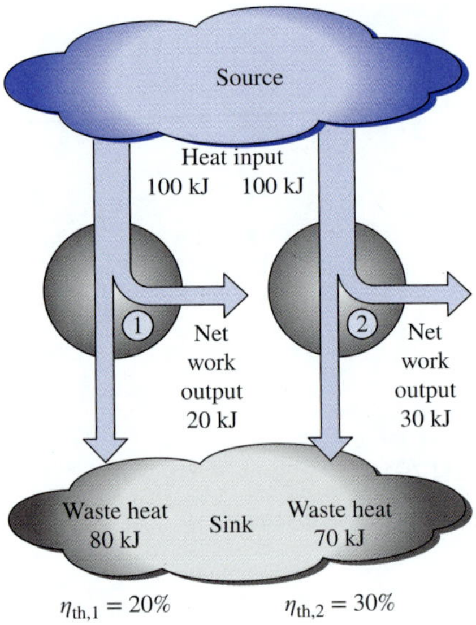

그림 7-12

어떤 열기관은 다른 열기관보다 더 좋은 성능을 갖고 있다(받은 열이 더 많이 일로 변환한다).

열효율

식 (7-2)에서 Q_{out}은 사이클을 완성하기 위해 버려지는 에너지의 양을 나타낸다. 그러나 Q_{out}은 결코 0일 수 없기 때문에 열기관의 정미 출력 일은 언제나 입력 열의 양보다 작다. 즉 열기관으로 전달되는 열의 일부만이 일로 변환된다. 일로 변환된 입력 열의 비율은 열기관의 성능의 척도이고, **열효율**(thermal efficicency, η_{th})이라고 한다(그림 7-12).

열기관에서 요구되는 출력(desired output)은 정미 출력 일이다. 그리고 필요한 입력(required input)은 작동유체에 공급된 총 열량이다. 이때 열기관의 열효율은 다음과 같이 표현된다.

$$\text{열효율} = \frac{\text{정미 일 출력}}{\text{총 열 입력}} \tag{7-3}$$

혹은

$$\eta_{th} = \frac{W_{net,out}}{Q_{in}} \tag{7-4}$$

여기서 $W_{net,out} = Q_{in} - Q_{out}$이기 때문에 다음으로 표시된다.

$$\eta_{th} = 1 - \frac{Q_{out}}{Q_{in}} \tag{7-5}$$

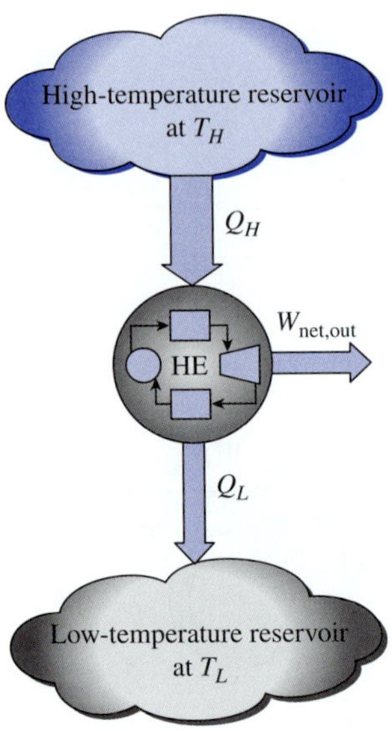

그림 7-13

열기관의 개략도

열기관이나 냉동기, 열펌프처럼 실제 관심 있는 사이클 장치들은 고온물체(또는 저장조) T_H와 저온물체(또는 저장조) T_L 사이에서 작동한다. 이런 실제 사이클 장치들을 취급할 때 일관성을 주기 위해서 다음 두 양을 정의한다.

Q_H = 사이클 장치와 온도 T_H인 고온물체 사이에 열전달량

Q_L = 사이클 장치와 온도 T_L인 저온물체 사이에 열전달량

Q_H와 Q_L은 크기로 정의되므로 양수라는 것에 주목하라. 그리고 Q_H와 Q_L의 방향은 조사에 의하여 쉽게 결정될 수 있다. 열기관에서 정미 출력 일과 열효율의 관계는 그림 7-13에서 보듯이 다음 식들로 표현될 수 있다.

$$W_{net,out} = Q_H - Q_L$$

그리고

$$\eta_{th} = \frac{W_{net,out}}{Q_H} \quad 혹은 \quad \eta_{th} = 1 - \frac{Q_L}{Q_H} \tag{7-6}$$

열기관의 열효율은 항상 1보다 작은데 Q_H와 Q_L이 양수로 정의되기 때문이다.

열효율은 '열기관이 받은 열을 얼마나 효율적으로 일로 변환하는가' 하는 값이다. 열기관은 열을 일로 변환하기 위한 목적으로 만들어졌고, 공학자들은 계속해서 이 장치의 효율을 개선시키기 위해 노력하고 있다. 열효율의 증가는 연료소비의 감소와 연료비의 감소를 의미하기 때문이다.

일을 생산하는 장치의 열효율은 상대적으로 낮다. 보통의 불꽃점화 자동차 엔진은 약 25%의 열효율을 갖는다. 즉 평균적으로 가솔린 화학 에너지의 약 25%를 기계적 일로 변환시킨다. 디젤 엔진과 대형 가스터빈 발전소의 효율이 약 40%이고, 대형 가스–증기 복합 원동소의 효율은 60%이다. 따라서 오늘날의 가장 효율적인 유용한 열기관일지라도, 공급 에너지의 반 이상이 강이나 호수, 대기에 폐기물 또는 쓸모없는 에너지로 버려진다(그림 7-14).

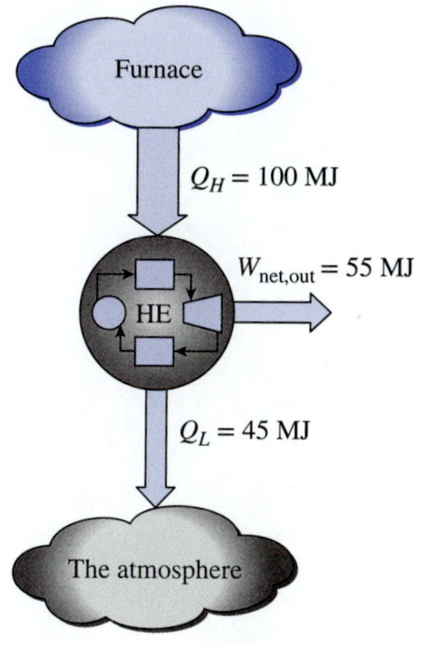

그림 7-14

가장 효율이 좋은 열기관조차도 공급된 에너지의 거의 절반을 폐열로 방출한다.

Q_{out}을 줄일 수 있을까?

증기원동소에서의 응축기는 많은 양의 폐열을 강이나 호수, 대기에 방출하는 장치이다. 그러면 이런 의문을 가질 수 있다. 이 증기원동소에 응축기를 없애고 폐에너지를 저장할 수 있을까? 이 질문에 대한 대답은 응축기에 열방출 과정이 없이는 사이클이 완전할 수 없다는 단순한 이유로 아니오이다(증기원동소와 같은 사이클 장치는 사이클이 완전하지 않다면 계속적으로 작동할 수 없다). 이것은 아래 단순한 열기관의 도움으로 설명될 수 있다.

그림 7-15에 보듯이 피스톤에 추를 올리거나 내리거나 하는 단순한 열기관을

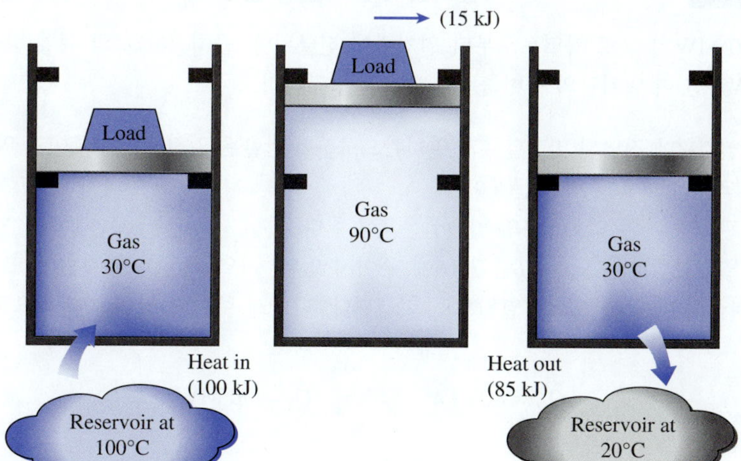

그림 7-15

열기관 사이클은 저온 열침에 어느 정도의 열을 방출하지 않고는 완성되지 않는다.

생각해보자. 이것은 두 단계의 멈춤장치가 있는 피스톤-실린더 장치로 이루어져있다. 작동유체는 실린더 내부에 포함된 가스이다. 초기에 가스 온도는 30°C이다. 추를 올리고 있는 피스톤은 아래 멈춤장치에 놓여 있다. 이제 100 kJ의 열을 100°C의 열원에서부터 실린더 내부의 가스로 공급한다. 그 결과 그림에서 보듯이 가스를 팽창시키고, 피스톤이 위의 멈춤장치에 닿을 때까지 위로 올린다. 이때 추를 제거하면 가스 온도는 90°C로 측정된다.

이 팽창과정 동안 추가 있는 채로 한 일은 15 kJ의 위치에너지의 증가와 같다. 심지어 이상적인 상태 하에서도(피스톤의 무게 무시, 마찰 무시, 열손실 무시, 준평형 팽창), 가스에 공급된 열의 양은 행해진 일보다 크다. 그것은 공급된 열의 일부가 가스의 온도를 높이는 데 사용되기 때문이다.

이제 다음 질문의 대답을 찾아보자. 90°C에 85 kJ의 남은 열을 100°C의 저장조로 돌려보낼 수 있을까? 만약 그렇다면 이상적인 상태에서 열효율이 100%인 열기관을 갖게 될 것이다. 이 질문에 대한 대답 역시 열은 고온물체에서 저온물체로 흐른다는 단순한 이유로 **아니오**이다. 그러므로 우리는 100°C의 저장조로 열을 보냄으로써 이 가스를 90°C에서 30°C로 냉각시킬 수 없다. 대신 계를 20°C의 저온 저장조와 접촉시켜야 한다. 그러면 가스는 85 kJ의 여분의 열을 20°C의 저장조에 방출함으로써 초기상태로 돌아갈 수 있다. 이 에너지는 재사용될 수 없으며 **폐에너지**(*waste energy*)라 불린다.

위의 토론으로부터 모든 열기관이 사이클을 완수하기 위해서 저온 저장조로 어느 정도의 에너지를 버려야 한다는 결론에 이르게 된다. 심지어 이상적인 사이클에서조차 말이다. 열기관이 계속적인 작동을 하기 위해서는 적어도 두 개의 저장조와 열을 교환해야 한다는 요구조건은 이 장의 뒷부분에서 공부할 열역학 제2법칙 중 Kelvin−Planck 표현의 기초이다.

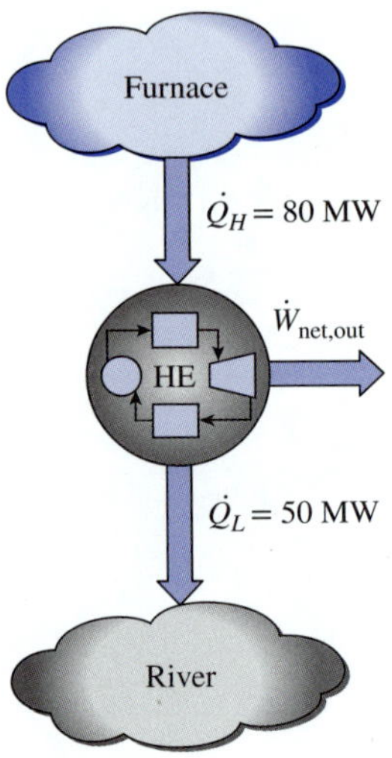

그림 7-16
예제 7-1의 개략도

예제 7-1 **열기관의 정미출력 생산**

열이 80 MW의 율로 가열로로부터 열기관에 전달된다. 근처 강물로의 폐열 방출률이 50 MW라면 이 열기관의 정미출력과 열효율을 구하라.

풀이 열기관에 전달된 열전달률과 열기관으로부터 방출된 열전달율이 주어져 있다. 정미 출력과 열효율을 구하는 문제이다.

가정 관들과 다른 요소에서의 열손실은 무시한다.

해석 열기관의 개략도가 그림 7-16에 주어져 있다. 가열로는 이 열기관의 고온열원으로 취급되며, 강물은 저온열원으로 취급된다. 따라서 주어진 양들은 다음으로 표시된다.

$$\dot{Q}_H = 80 \text{ MW} \quad \text{그리고} \quad \dot{Q}_L = 50 \text{ MW}$$

이 열기관의 순 동력출력은

$$\dot{W}_{\text{net,out}} = \dot{Q}_H - \dot{Q}_L = (80 - 50)\text{ MW} = \mathbf{30\ MW}$$

그러면, 열효율은 쉽게 계산된다.

$$\eta_{\text{th}} = \frac{\dot{W}_{\text{net,out}}}{\dot{Q}_H} = \frac{30\text{ MW}}{80\text{ MW}} = \mathbf{0.375}\ (\text{또는 } 37.5\text{ percent})$$

검토 열기관은 공급받은 열의 37.5%를 일로 변환한다.

예제 7-2 **자동차 연료 소모율**

65마력의 출력을 가진 차의 열효율이 24%이다. 연료의 발열량이 19,000 Btu/lbm (연료 1 lbm이 연소될 때, 19,000 Btu의 에너지가 방출됨)일 때, 자동차의 연료 소비율은 얼만인가 ?

풀이 자동차 엔진의 출력과 열효율이 주어지고, 자동차의 연료 소비율을 구하여라.

가정 자동차의 출력은 일정하다.

해석 자동차 엔진의 개략도는 그림 7-17과 같다. 이 차의 엔진은 연소과정을 통해 발생하는 화학에너지의 24%를 일로 변환하여 동력을 발생한다. 65마력의 출력을 내기 위한 에너지 입력의 양은 열효율의 정의로 구해진다.

$$\dot{Q}_H = \frac{\dot{W}_{\text{net,out}}}{\eta_{\text{th}}} = \frac{65\text{ hp}}{0.24}\left(\frac{2545\text{ Btu/h}}{1\text{ hp}}\right) = 689{,}270\text{ Btu/h}$$

이 비율로 에너지를 공급하기 위해서, 연료 1 lb당 19,000 Btu의 에너지를 방출하기 때문에, 엔진은 다음의 비율로 연료를 연소시켜야 한다.

엔진의 연료 소비율은

$$\dot{m}_{\text{fuel}} = \frac{689{,}270\text{ Btu/h}}{19{,}000\text{ Btu/lbm}} = \mathbf{36.3\ lbm/h}$$

토론 만약 자동차의 열효율이 2배가 되면, 연료 소비율은 절반으로 감소한다.

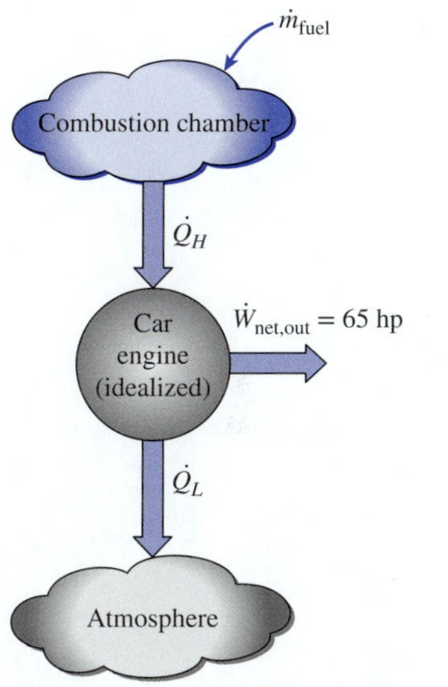

그림 7-17
예제 7-2의 개략도

열역학 제2법칙: Kelvin–Planck 서술

우리는 앞서 그림 7-15에서 보듯이 열기관은 사이클을 완성하기 위해 저온 저장조로 어느 정도의 열을 방출해야 한다는 것에 대해 이미 설명했다. 즉, 어떤 열기관도 자신이 받는 열을 모두 유용한 일로 바꿀 수 없다. 열기관의 열효율에 있어서 이런 한계 사항은 제2법칙의 Kelvin–Planck 서술을 기초로 하고 있다. 그것은 다음과 같다.

> 사이클로 작동하는 어떠한 장치도 하나의 열저장조로부터만 열을 받아 정미 일을 생산해내는 것은 불가능하다.

즉, 열기관은 작동을 유지하기 위해 고온열원뿐만 아니라 저온 열침과도 열을 교환해야 한다. Kelvin–Planck 서술은 역시 다음과 같이 나타낼 수도 있다. 어떤 열기관도 100%의 열효율을 가질 수 없고(그림 7-18), 원동소가 작동되기 위해서 작동유체

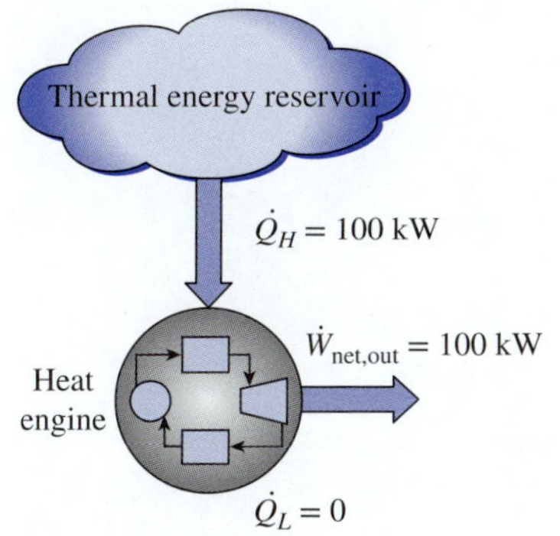

그림 7-18
열역학 제2법칙에 대한 Kelvin–Planck 서술을 위반하는 열기관

는 가열로뿐만 아니라 주위와도 열을 교환해야 한다.

100% 효율을 갖는 열기관의 불가능성은 마찰이나 다른 소산효과 때문이 아니라는 것에 주의하라. 이것은 이상적인 열기관과 실제 열기관 모두에 적용되는 한계이다. 이 장의 뒷부분에서 열기관의 최대 열효율에 대한 관계식을 전개할 것이며, 이 최대값이 단지 저장조의 온도에 의존한다는 것을 설명한다.

7-4 냉동기와 열펌프

열이 고온물체에서 저온물체로, 즉 온도가 감소하는 방향으로 흐른다는 것을 경험으로부터 알고 있다. 이 열전달 과정은 어떤 장치가 없이 자연적으로 일어난다. 그러나 이 역과정은 저절로 일어날 수 없다. 저온물체에서 고온물체로 열을 전달하기 위해 필요한 특별한 장치를 바로 **냉동기**(refrigerator)라 부른다.

열기관처럼 냉동기도 사이클 장치이다. 냉동사이클에 사용되는 작동유체를 **냉매**(refrigerant)라 부른다. 냉동사이클에 가장 많이 사용되는 것은 네 가지 주요 구성요소를 갖는 **증기-압축 냉동사이클**(*vapor-compression refrigeration cycle*)이다. 이 사이클은 그림 7-19에 보이듯이 압축기(compressor), 응축기(condenser), 팽창밸브(expansion valve), 증발기(evaporator)로 구성되어 있다.

냉매는 증기 형태로 압축기에 들어가고 응축 압력까지 압축된다. 상대적으로 높은 온도에서 압축기를 나와, 응축기의 코일을 통해 흐르면서 주위 매체로 열을 방출함으로써 냉각되고 응축된다. 이 냉매는 모세관으로 이루어진 팽창밸브를 통

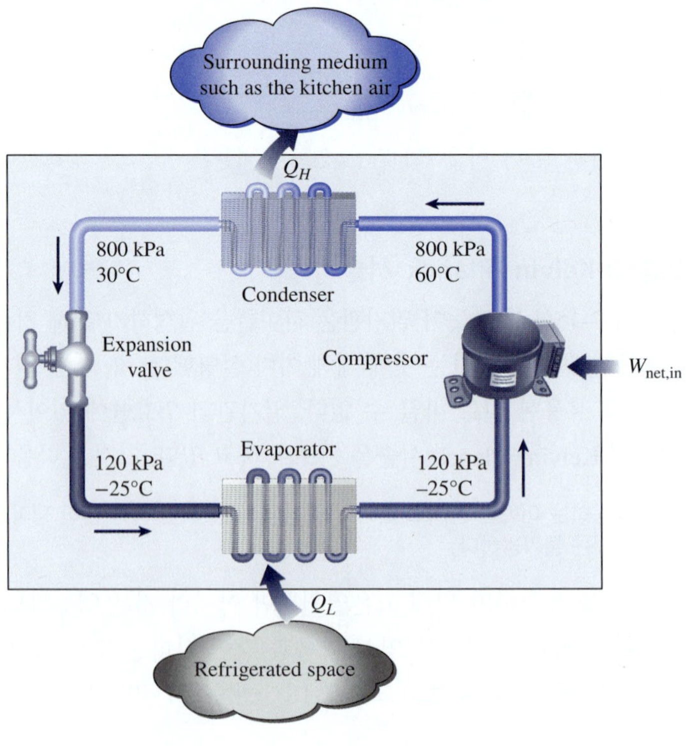

그림 7-19
냉동계의 기본 구성과 일반적인 작동조건

과하며, 교축효과(throttling effect)에 의하여 냉매의 압력과 온도는 급격히 강하한다. 저온의 냉매는 증발기로 들어가는데, 냉동 공간으로부터 열을 흡수하여 증발한다. 냉매가 증발기를 나와 압축기에 다시 들어감으로써 사이클은 완성된다.

가정용 냉장고에서는, 열이 냉매에 의해 흡수되는 냉동실은 증발기 역할을 하고, 냉장고 뒷면에 부착되어 있어 열이 주방의 공기로 소산되는 응축코일은 응축기로 작동된다.

그림 7-20은 냉장고를 도시한 것으로, 여기서 Q_L은 온도가 T_L인 냉동 공간으로부터 제거되는 열의 양이고, Q_H는 온도가 T_H인 주위로 버려지는 열의 양이다. $W_{net,in}$은 냉장고에 필요한 정미 입력일이다. 앞에서 설명한 것과 같이 Q_H와 Q_L은 크기를 나타내므로 양의 값이다.

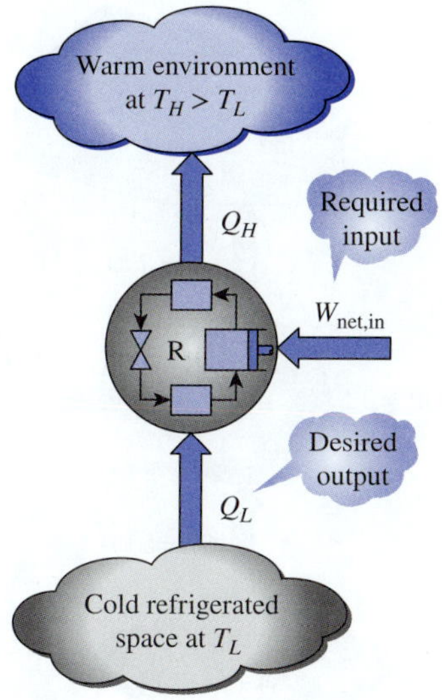

그림 7-20
냉동기의 목적은 냉각실에서 열 Q_L을 제거하는 것이다.

성능계수

냉동기의 효율은 **성능계수**(coefficient of performance, COP)라는 용어로 표현되고 COP_R로 표시된다. 냉동기의 목적은 냉동된 공간으로부터 열(Q_L)을 제거하는 것이다. 이 목적을 달성하기 위해서는 $W_{net,in}$이라는 일의 입력이 필요한데, COP는 다음과 같이 표현될 수 있다.

$$COP_R = \frac{\text{원하는 출력}}{\text{필요한 입력}} = \frac{Q_L}{W_{net,in}} \quad \textbf{(7-7)}$$

이 관계식은 Q_L은 $\dot{Q}_L$로, $W_{net,in}$은 $\dot{W}_{net,in}$에 의해 대체되어 시간율로 표현될 수 있다.

사이클 장치의 에너지 보존으로 법칙을 적용하면

$$W_{net,in} = Q_H - Q_L \qquad (\text{kJ}) \quad \textbf{(7-8)}$$

이며 성능계수는 다음과 같은 관계식이 된다.

$$COP_R = \frac{Q_L}{Q_H - Q_L} = \frac{1}{Q_H/Q_L - 1} \quad \textbf{(7-9)}$$

COP_R 값이 1보다 클 수 있다는 것에 주의하라. 즉 냉동된 공간으로부터 제거된 열의 양이 입력 일의 양보다 클 수 있다. 이것은 결코 1을 넘을 수 없는 열효율과 대조적이다. 사실 성능계수라는 다른 용어로 냉동기의 효율을 표현하는 한 가지 이유는 효율이 1을 넘는 기이함을 피하고자 함이다.

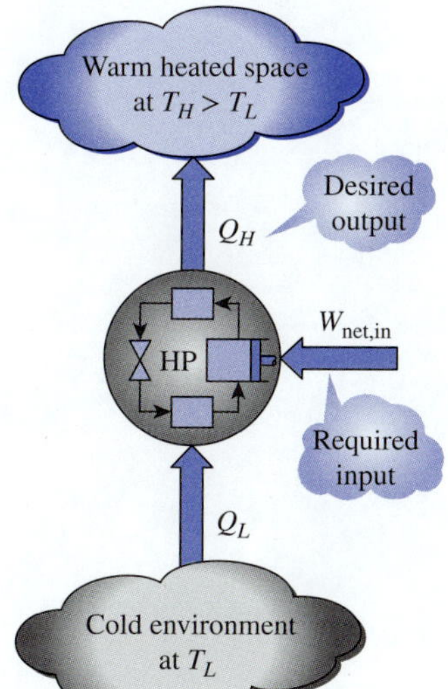

그림 7-21
열펌프의 목적은 따뜻한 방에 열 QH를 공급하는 것이다.

열펌프

저온물체에서 고온물체로 열을 전달하는 다른 장치는 **열펌프**인데, 그림 7-21에 제시되어 있다. 냉동기와 열펌프는 목적이 다른 것을 제외하면 같은 사이클로 작동한다.

냉동기의 목적은 저온물체인 냉동된 공간으로부터 열을 제거함으로써 저온냉동 공간을 유지하는 것이다. 고온물체로 이 열을 방출하는 것은 목적이 아니라 단지 작동에 필요한 부분이기 때문이다. 그러나 열펌프의 목적은 고온물체인 가열된 공간

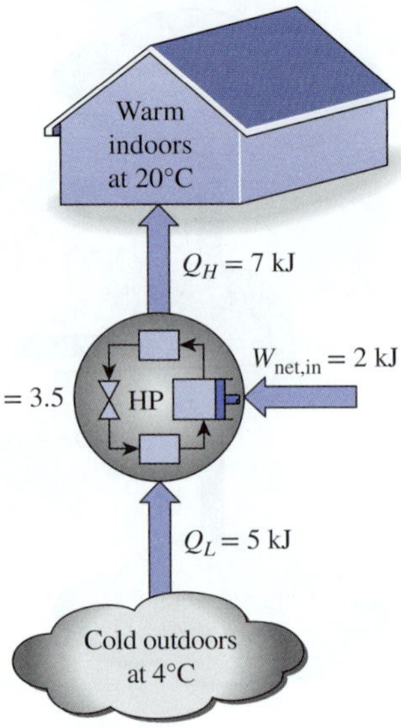

그림 7-22
열펌프에 공급된 일은 찬 실외로부터 에너지를 추출하여 따뜻한 실내로 전달하는 데 사용된다.

을 일정하게 유지하는 것이다. 이것은 물이나 겨울의 차가운 바깥 공기 같은 저온 저장조로부터 열을 흡수해서 집 같은 고온물체로 공급하는 것이다(그림 7-22).

겨울에 평범한 냉동기의 문을 차가운 바깥 공기로 향하게 하여 유리창에 설치한다면, 이는 열펌프와 같은 역할을 할 수 있을 것이다. 왜냐하면 그것은 바깥 공기를 냉각시키기 위해 바깥 공기로부터 열을 흡수해서 코일을 통해 집 안으로 이 열을 보내줄 것이기 때문이다.

열펌프 성능의 측정은 역시 **성능계수** COP_{HP}로 표현되며 다음과 같이 정의된다.

$$COP_{HP} = \frac{\text{원하는 출력}}{\text{필요한 입력}} = \frac{Q_H}{W_{net,in}} \tag{7-10}$$

이는 다음으로 표시될 수 있다.

$$COP_{HP} = \frac{Q_H}{Q_H - Q_L} = \frac{1}{1 - Q_L/Q_H} \tag{7-11}$$

식 (7-7)과 식 (7-10)에서 Q_H와 Q_L이 고정된 값이라면 다음 식으로 됨을 알 수 있다.

$$COP_{HP} = COP_R + 1 \tag{7-12}$$

이 관계식은 열펌프의 성능계수가 항상 1보다 크다는 것을 의미하는데, 왜냐하면 COP_R이 항상 양수이기 때문이다. 즉, 열펌프는 최악의 상태에서도 소비하는 것보다 훨씬 많은 에너지를 집에 공급해주는 저항 히터(resistance heater) 역할을 해줄 것이다. 그러나 사실 Q_H의 일부는 배관과 다른 장치들을 통과하면서 밖으로 손실된다. 그러므로 실외온도가 너무 낮으면 COP_{HP}는 1보다 작을지도 모른다. 이런 일이 생길 때 계는 대개 저항 히팅 모드로 바꾼다. 오늘날 대부분의 열펌프는 계절에 따라 평균적으로 COP가 2에서 3 정도이다.

대부분 현재 열펌프들은 겨울의 열원으로 추운 바깥 공기를 사용하는 것으로 **공기열원열펌프**(*air-source heat pumps*)라 한다. 이와 같은 열펌프들의 성능계수는 설계 조건에서 약 3.0이다. 공기열원열펌프는 추운 기후영역에서는 적합하지 않다. 왜냐하면 온도가 빙점 이하로 내려가면 그 효율이 현저히 떨어지기 때문이다. 이런 경우는 지열을 열원으로 하는 지열열펌프(geothermal heat pump, ground-source heat pump)를 사용할 수 있다. 지열열펌프는 지하 1~2 m 깊이에 배관 매설이 필요하다. 이와 같은 열펌프는 설치비용이 비싸지만 효율은 좋다(공기열원열펌프보다 45% 이상 효율적이다). 지열열펌프의 성능계수는 약 6.0까지 높아질 수 있다.

냉방기(air conditioners)는 기본적으로 냉동 공간이 음식물 대신에 실내나 건물인 냉동기이다. 창문 에어컨은 실내 공기로부터 열을 흡수해서 실외의 대기에 열을 방출하여 방 안을 냉각시킨다. 같은 에어컨을 겨울철에는 반대로 향하도록 설치하면 열펌프가 될 수 있다. 이 경우에는 실외의 대기에서 열을 흡수하고 방 안의 공기에 열을 방출한다. 적합한 제어와 변환 밸브가 장치된 공기조화기 계는 여름에는 공기조화기로, 겨울에는 열펌프로 작동한다.

냉동기, 냉방기와 열펌프의 성능

공기조화기와 열펌프의 성능은 다음의 검사 기준에 의해 결정되는 **에너지 효율비**(energy efficiency ratio, EER) 또는 **계절 에너지 효율비**(seasonal energy efficiency ratio, SEER)로 표현된다. SEER은 총 전력 소비량(Wh)에 대한 냉방기간 동안의 공기조화기 혹은 열펌프에 의해 제거되는 총 열량(Btu)의 비율로서 냉방기기의 계절적 성능의 척도이다. 현편 EER은 순간 에너지 효율의 척도로서, 정상 운전 시 전력소비율에 대한 냉동 공간에서 제거되는 열량의 비율로 정의된다. 따라서 EER과 SEER의 단위는 모두 Btu/Wh이다. 1 kWh = 3412 Btu이고 1 Wh = 3.412 Btu인 것을 고려하면, 전력 1 kWh가 소모되는 경우에 냉동 공간으로 부터 1 kWh의 열을 제거하는 장치(COP = 1)에서 EER은 3.412이다. 그러므로 EER과 COP 사이의 관계는 다음과 같다.

$$\text{EER} = 3.412\ \text{COP}_\text{R}$$

에너지의 효율적인 이용을 증진시키기 위해, 정부는 에너지 소비 기기의 성능에 대해 최소 기준을 설정하고 있다. 판매되는 공기조화기 또는 열펌프는 13~21 사이의 SEER (COP 3.8에서 6.2) 값을 갖는다. 가변속 구동장치(인버터)를 갖춘 냉방장치의 성능이 가장 높다. 가변속 압축기와 송풍기는 날씨 조건과 냉난방의 필요에 따라 마이크로프로세서가 운전 조건을 결정하여 최대 효율이 되도록 작동한다. 예를 들어 냉방 시 가변속 압축기는 무더운 날에는 고속으로 작동하고 시원한 날에는 저속으로 작동하여 효율과 쾌적함을 증가시킨다.

냉동기의 EER 혹은 COP는 냉동온도가 낮아지면 감소한다. 그러므로 냉동기는 필요한 온도보다 낮은 온도에서 냉동하는 경우 비경제적이다. 냉동기의 COP의 범위는 냉장을 위한 절단준비실은 2.7~3.0, 육류, 낙농제품, 우유제품은 2.3~2.6, 냉동식품은 1.2~1.5, 아이스크림용 냉장고는 1.0~1.2이다. 냉동기 COP는 육류용 냉장고 COP의 약 반이다. 냉동식품을 냉동하기에 충분한 냉기를 육류식품의 냉장에 사용하게 되면 두 배의 경비가 든다는 것에 유의하여, 서로 다른 냉동요구를 만족하도록 분리된 냉동 및 냉장시스템을 사용하는 것이 에너지를 절약하는 것이다.

예제 7-3 **가정용 냉장고 해석**

성능계수 1.2의 가정용 냉장고가 60 kJ/min의 율로 냉장공간에서 열을 제거한다(그림 7-23). (*a*) 냉장고가 소모하는 전력 (*b*) 부엌으로 방출되는 열방출률을 각각 구하라.

풀이 냉장고의 성능계수와 냉동률이 주어졌다. 소모동력과 열방출률을 구하라.

가정 냉장고는 정상상태로 작동된다.

해석 (*a*) 성능계수의 정의를 사용하여 냉장고 입력 동력을 다음과 같이 구한다.

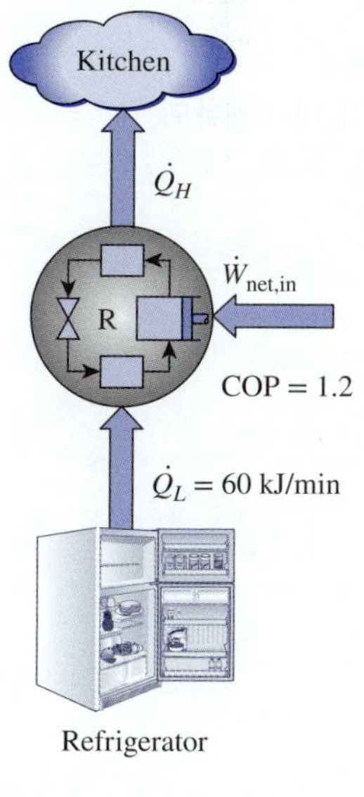

그림 7-23
예제 7-3에 대한 개략도

$$\dot{W}_{net,in} = \frac{\dot{Q}_L}{COP_R} = \frac{60 \text{ kJ/min}}{1.2} = 50 \text{ kJ/min} = \mathbf{0.833 \text{ kW}}$$

(*b*) 부엌으로의 열방출률은 에너지 보존식으로부터 결정한다.

$$\dot{Q}_H = \dot{Q}_L + \dot{W}_{net,in} = 60 + 50 = \mathbf{110 \text{ kJ/min}}$$

토론 열로서 냉동 공간으로부터 제거된 에너지와 전기적인 일로서 냉동기에 공급된 에너지가 결국 실내 공기에서 나타나게 되며 이 실내 공기의 내부 에너지 일부가 됨을 유의하라. 이것은 에너지가 한 형태로부터 다른 형태로 바뀌거나 또 한 장소에서 다른 장소로 이동할 수 있으나 결코 어떤 과정 동안에 파괴될 수 없음을 보여준다.

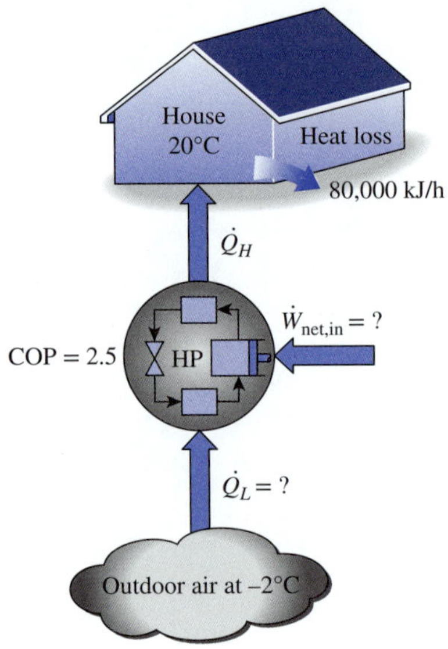

그림 7-24
예제 7-4에 대한 개략도

예제 7-4 열펌프에 의한 주택 난방

열펌프가 주택 난방을 위해 사용되고 주택 내 온도는 20°C로 유지된다. 어느 날 실외 온도가 –2°C까지 떨어졌을 때, 이 주택은 80,000 kJ/h의 열손실이 있을 것이 예상된다. 만약 열펌프가 이런 조건하에서 COP가 2.5라면 다음을 계산하라.

(*a*) 열펌프의 소비동력

(*b*) 실외 공기에서 흡수한 열량

풀이 열펌프의 COP가 제시되었다. 소비동력과 열흡수율을 결정하라.

가정 정상상태 작동조건

해석 (*a*) 그림 7-24에 제시되었듯이 이 열펌프에 의해 소모되는 동력은 열펌프의 성능계수의 정의에 의해 구해질 수 있으며, 다음으로 표시된다.

$$\dot{W}_{net,in} = \frac{\dot{Q}_H}{COP_{HP}} = \frac{80,000 \text{ kJ/h}}{2.5} = \mathbf{32,000 \text{ kJ/h}} \text{ (또는 8.9 kW)}$$

(*b*) 이 집의 열손실률은 80,000 kJ/h이다. 만약 이 집이 20°C의 온도로 일정하게 유지된다면 열펌프는 집안으로 같은 80,000 kJ/h의 열을 공급해야만 한다. 따라서 외기로부터의 열전달률은

$$\dot{Q}_L = \dot{Q}_H - \dot{W}_{net,in} = (80,000 - 32,000) \text{ kJ/h} = \mathbf{48,000 \text{ kJ/h}}$$

토론 집으로 전달된 80,000 kJ/h 중 48,000 kJ/h의 열은 차가운 외기로부터 추출되었다. 따라서 전기적인 일로 열펌프에 공급되는 32,000 kJ/h의 에너지 비용만 부담하면 된다. 만약 전열기를 대신 사용했다면 80,000 kJ/h의 모든 열에너지를 전기에너지로 전열기에 공급해야만 했을 것이다. 이것은 전열기만을 사용하여 난방 하는 것은 열펌프에 의한 난방비용보다 2.5배 더 높다는 것을 의미한다. 이것은 난방계로서의 열펌프의 인기와 상당히 높은 초기비용에도 불구하고 사람들이 단순 전열기보다 좋아하는 이유를 설명해 준다.

열역학 제2법칙: Clausius 서술

제2법칙의 두 개의 고전 서술이 있다. Kelvin–Plank 서술은 열기관과 관련되며 앞 단원에서 논의되었다. 그리고 Clausius 서술은 냉동기와 열펌프에 관련된 서술

이다. Clausius 서술은 다음과 같이 표현된다.

> 사이클로 작동하면서 낮은 온도의 물체로부터 그보다 높은 온도의 물체로 열을 전달 하는 것 이외에 주위에 아무런 영향을 일으키지 않는 장치를 만드는 것은 불가능하다.

자연적으로 저온물체에서 고온물체로 열이 흐르지 않는다는 것은 상식이다. Clausius 서술이 저온물체에서 고온물체로 열전달이 일어나는 사이클 장치를 만드는 것이 불가능하다는 것을 뜻하지는 않는다. 사실상 일반적인 가정용 냉장고가 바로 이와 같은 것이다. 만약 전기모터와 같은 외부 동력요소에 의해 운전되는 압축기가 없다면 냉장고는 작동할 수 없다는 간단한 서술이다(그림 7-25). 이 방법으로 주위에 주는 순 효과는 일의 형태로서의 에너지 소비와 저온물체에서 고온물체로 열전달이 포함된다. 즉 주위에 자취를 남긴다는 것이다. 그러므로 가정용 냉장고는 제2법칙의 Clausius 서술을 완벽하게 따른다.

제2법칙의 Clausius 서술과 Kelvin-Planck 서술 둘은 부정적인 서술이다. 그리고 부정적인 서술은 증명할 수 없다. 다른 어떤 물리법칙처럼 열역학 제2법칙은 실험적 관찰에 기반을 둔다. 오늘날까지 제2법칙을 위반하는 어떠한 실험도 행해진 적이 없으며, 이것이 제2법칙의 타당성을 충분히 증명하는 것으로 받아들여져야 한다.

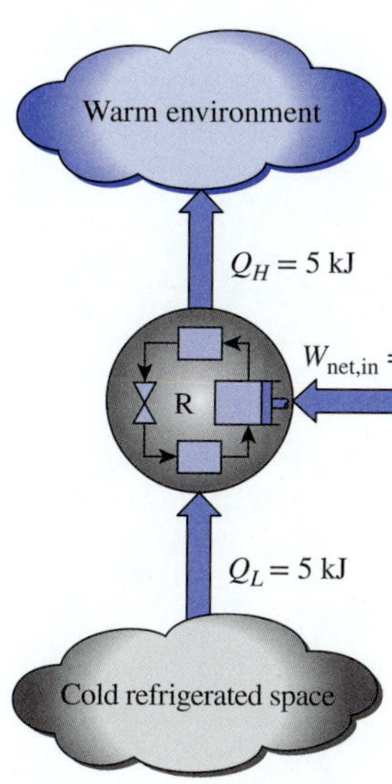

그림 7-25
열역학 제2법칙에 대한 Clausius 서술을 위반하는 냉동기

두 서술의 동일성

Kelvin-Planck 서술과 Clausius 서술은 그 결론 면에서 동등하고 각 서술은 열역학 제2법칙의 표현으로서 사용된다. Kelvin-Plank 서술에 위배되는 장치는 또한 Clausius 서술에 위배되고 그 반대도 성립된다. 이것은 다음과 같이 증명될 수 있다.

그림 7-26*a*와 같이 동일한 두 저장조 사이에서 작동하는 열기관과 냉동기의 조

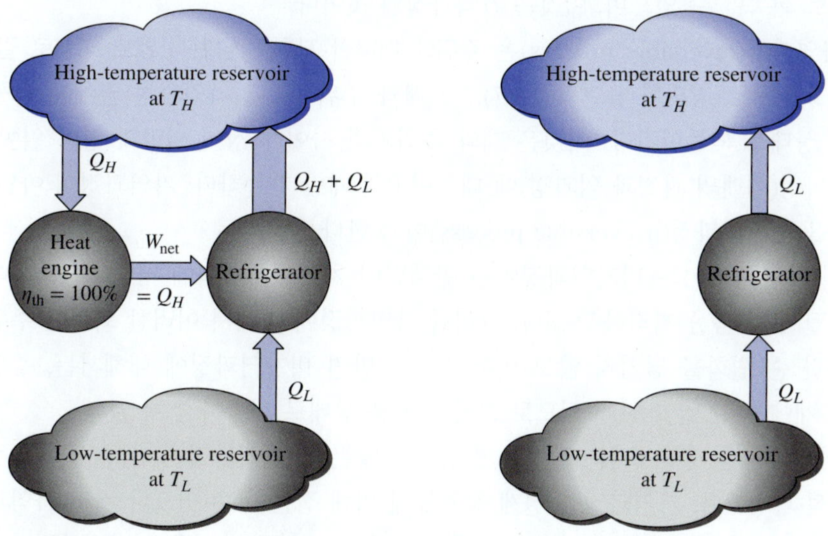

그림 7-26
Kelvin-Planck 서술의 위반은 Clausius 서술의 위반이 된다는 증명

합 장치를 생각한다. 열기관은 Kelvin–Planck 서술에 위배되고, 열효율이 100%이고, 따라서 모든 열 Q_H를 받아서 일 W로 변환된다고 가정한다. 이제 이 일은 저온 저장조로부터 총 저온열 Q_L을 받아서 $Q_L + Q_H$의 총합 열량을 고온 저장조로 방출하는 냉동기에 공급된다. 이러한 과정 동안 고온 저장조는 순 열량($Q_L + Q_H$와 Q_H의 차)을 받는다. 따라서 이 조합 장치는 하나의 냉동기로 볼 수 있으며, 그림 7-26*b*와 같이 외부로부터 동력을 받지 않고 저온물체에서 고온물체로 열량을 전달하게 된다. 이것은 명백히 Clausius 서술에 위배된다. 따라서 Kelvin–Plank 서술의 위배는 Clausius 서술의 위배이다.

유사한 방법으로 Clausius 서술의 위배가 Kelvin–Plank 서술에 위배됨을 보여줄 수 있다. 그러므로 Clausius와 Kelvin–Plank 서술은 열역학 제2법칙의 동등한 두 표현이다.

7-5 가역과 비가역과정

열역학 제2법칙은 효율이 100%인 열기관은 존재하지 않는다고 말한다. 그러면 열기관의 가질 수 있는 최대 효율은 얼마일까? 라는 한 가지 질문을 할 수 있을 것이다. 이 질문에 답하기 전에 첫 번째로 우리는 **가역과정**이라는 이상 과정에 대하여 정의할 필요가 있다.

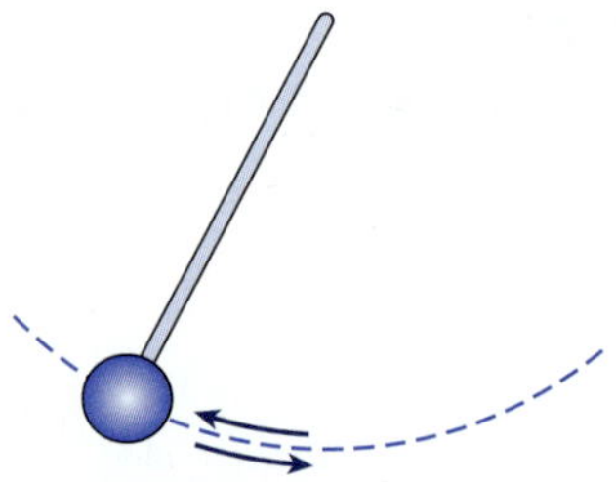

(*a*) Frictionless pendulum

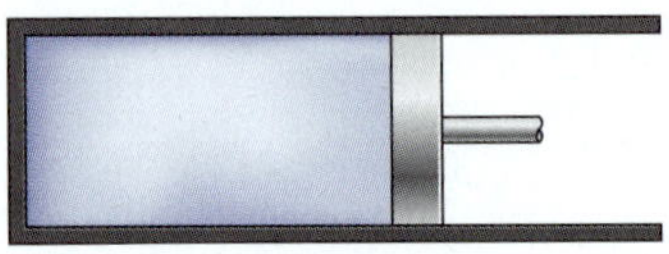

(*b*) Quasi-equilibrium expansion and compression of a gas

그림 7-27
두 개의 잘 알려진 가역과정

7-1절에서 논의하였던 과정들은 특정한 방향으로 일어났다. 일단 이들 과정이 발생하였을 때 이 과정들은 자연적으로 되돌아갈 수 없으며 계를 처음 상태로 회복할 수 없다. 이러한 이유로 이들 과정은 **비가역과정**으로 분류된다. 뜨거운 커피 한 잔을 냉각시켰을 때 그것은 주변으로부터 잃어버린 열을 되찾음으로 해서 가열되지 않을 것이다. 만약 그렇게 할 수 있다면, 계(커피)뿐만 아니라 주위는 원래의 상태로 회복할 수 있으며, 이것은 가역과정일 것이다.

가역과정(reversible process)은 **주위에 어떠한 자취도 남기지 않고 역으로 갈 수 있는 과정**으로 정의된다(그림 7-27). 즉 계와 주위 둘 다 가역과정 끝에는 그들의 처음 상태로 되돌아간다. 이것은 계와 주위와의 사이에 정미 열량과 정미 일이 그 복합과정(원래의 과정과 역과정)에 대하여 0일 때만 가능하다. 가역과정이 아닌 과정들을 **비가역과정**(irreversible process)이라 한다.

과정이 가역이든 비가역과정이든 관계없이 계가 한 과정에 따라 처음 상태로 회복될 수 있음을 지적하고 싶다. 그러나 가역과정에 대해서 이러한 회복은 주위에 아무런 순 변화를 남기지 않고 이루어진다. 반면 비가역과정에 대해서는, 주위는 보통 계에 어떤 일을 하게 되므로 그들의 처음 상태로 되돌아갈 수 없다.

가역과정은 자연에서는 실제로 발생하지 않는다. 가역과정은 단지 실제 과정의 **이상적** 과정이다. 가역과정은 실제 장치들에 의해 접근할 수 있으나 결코 가역과정이 달성되지는 못한다. 즉 자연상태에서 일어나는 모든 과정은 비가역과정이라는 것이다. 그렇다면 왜 가상적인 가역과정 때문에 고민해야 하는지 의아해 할 것이다. 두 가지 이유가 있다. 첫째 가역과정은 과정 동안 계가 일련의 평형상태를 통과하기 때문에 분석하기가 쉽다. 둘째 가역과정은 실제 과정과 비교할 수 있는 이상적 모델을 제공하기 때문이다.

일상생활에서 예를 찾아보면, 요조숙녀와 쾌남호걸은 가역(완전)과정의 개념처럼 선남선녀의 이상화된 개념이다. 만일 요조숙녀와 쾌남호걸만을 고집하는 선남선녀는 평생을 독신으로 지낼 수밖에 도리가 없을 것이다. 기대했던 완벽한 짝을 발견할 수 있을 가능성은 완전한(가역) 과정을 찾을 수 있는 가능성보다 높지 않다. 마찬가지로 친구에 있어서 완벽성을 주장하는 사람은 친구를 갖지 못할 수밖에 없다.

공학자들은 가역과정에 관심이 많다. 왜냐하면 비가역과정 대신에 가역과정을 사용할 때, 자동차 엔진과 가스터빈 또는 스팀터빈과 같은 동력 생산 장치들은 **최대의 동력을 전달**하게 되며 압축기, 송풍기, 펌프 등과 같은 동력 소비 장치들은 **최소의 동력을 필요**로 하기 때문이다(그림 7-28).

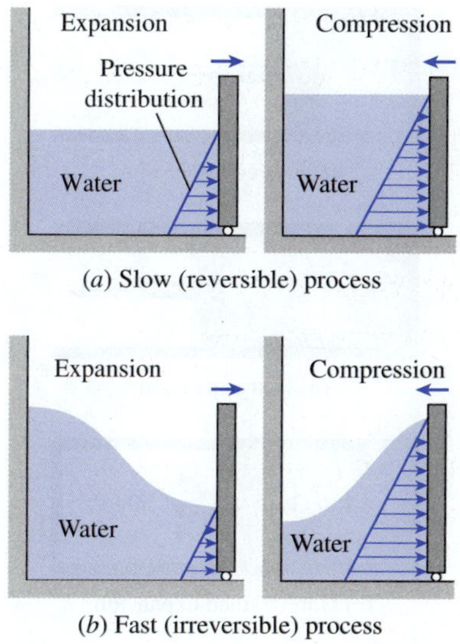

그림 7-28
가역과정은 가장 많은 일을 하고, 가장 적은 일을 소비한다.

가역과정은 그에 대응하는 비가역과정에 대한 **이론적 한계**로 간주될 수 있다. 어떤 과정들은 다른 과정들에 비해 훨씬 더 비가역적일 수 있다. 가역과정은 있을 수 없는 과정이지만, 가역과정에 가까운 과정은 있을 수 있다. 가역과정에 가까울수록, 동력 생산 장치는 더 많은 동력을 전달할 수 있으며 동력 소비장치는 더 적은 동력을 소비할 수 있다.

가역과정의 개념은 실제 과정에 대한 **열역학 제2법칙 효율**의 정의를 이끌어낸다. 이는 실제 과정이 이에 대응하는 가역과정에의 근접 정도이다. 이로부터 우리는 같은 일을 하도록 고안된 다른 장치들의 성능을 그것들의 효율성에 기초하여 비교할 수 있다. 설계가 좋을수록 비가역성은 낮아지고 열역학 제2법칙 효율은 더욱 높게 된다.

비가역성

어떤 과정을 비가역적으로 만드는 요소를 **비가역성**(irreversibilities)이라 한다. 비가역성은 마찰, 비구속 팽창(unrestrained expansion), 두 가스의 혼합, 유한한 온도차에서의 열전달, 전기저항, 고체의 소성변형, 화학반응 등을 포함한다. 이런 영향들이 존재하게 되면 과정은 비가역적이 된다. 가역과정은 이러한 것들을 전혀 포함하지 않는다. 흔히 있는 몇 가지 비가역성들을 아래에 간략하게 논의한다.

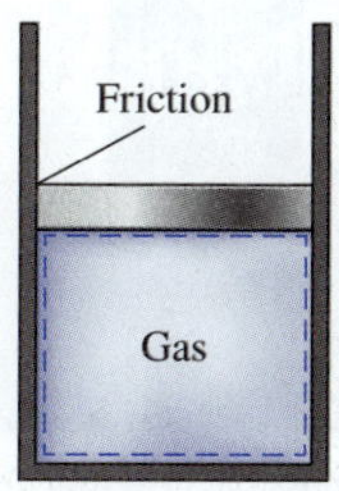

그림 7-29
마찰이 있는 과정은 비가역과정이다.

마찰(friction)은 움직이는 물체들과 관련된 비가역성의 친근한 형태이다. 접촉하고 있는 두 물체를 서로 강제로 움직일 때(예를 들어 그림 7-29와 같은 실린더 속의 피스톤) 운동을 방해하는 마찰력이 두 물체의 접촉 부분에서 발생한다. 그리고 약간의 일이 이런 마찰력을 극복하기 위해 필요하다. 일로서 공급된 에너지는 결국 그 과정 동안 열로 바뀌고 물체의 접촉부로 전달된다. 그 증거로서 접촉면의 온도가 상승한다. 운동방향이 거꾸로 바뀔 때 그 물체들은 원래 위치로 다시 돌아갈 것이다. 그러나 접촉면적은 냉각되지 않을 것이고 열은 다시 일로 바뀌지 않을

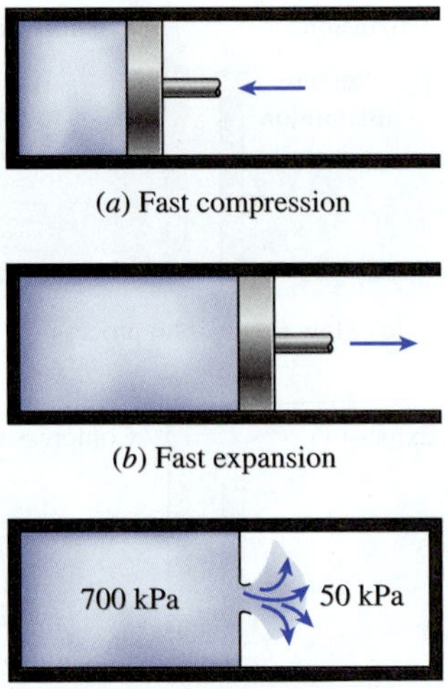

(*a*) Fast compression

(*b*) Fast expansion

(*c*) Unrestrained expansion

그림 7-30
비가역 압축과 팽창과정

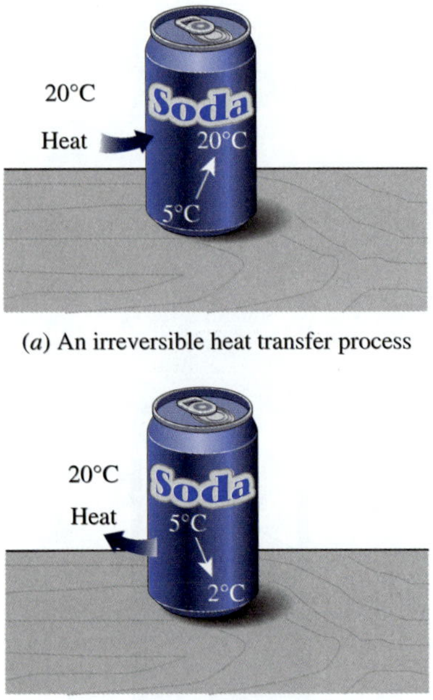

(*a*) An irreversible heat transfer process

(*b*) An impossible heat transfer process

그림 7-31
(*a*) 온도차에 의한 열전달은 비가역적이며 (*b*) 가역과정은 불가능하다.

것이다. 오히려 되돌리는 상대운동에 저항하는 마찰력을 이겨내는 동안에 일이 열로 변환되었을 뿐이다. 계(운동체)와 주위는 그들의 원래 상태로 되돌아갈 수 없기 때문에 이 과정은 비가역과정이다. 그러므로 마찰을 포함하는 어떠한 과정도 비가역과정이다. 더 큰 마찰력을 포함하는 과정은 더 비가역적인 과정이다.

마찰력은 항상 두 고체의 접촉에만 발생하는 것은 아니다. 유체와 고체 사이의 접촉, 서로 다른 속도로 움직이는 유체의 층 사이에서도 마찰은 존재한다. 자동차 엔진에 의해 발생된 동력의 많은 부분이 공기와 차 외부 표면 사이의 마찰력(항력)을 극복하는 데 사용된다. 그리고 마찰력은 결국 공기의 내부에너지의 일부가 된다. 이 과정을 되돌리는 것과 사용된 동력을 다시 회수하는 것은, 비록 그렇게 하는 것이 에너지 보존법칙을 위배하지 않을지라도 불가능하다.

또 다른 비가역성의 예는 그림 7-30과 같이 막을 통하여 진공으로부터 분리되는 **가스의 비구속 팽창**이다. 그 막이 파열될 때 가스는 전체 탱크에 찬다. 계를 원래 상태로 회복하는 유일한 방법은 가스가 초기 온도에 달할 때까지 가스로부터 열을 방출시키면서, 계의 초기 체적까지 압축하는 것이다. 가스가 방출한 열량은 주위가 가스에 한 일의 양과 동일하다는 것을 에너지 보존법칙으로부터 쉽게 알 수 있다. 주위가 원래의 상태로 회복하려면 이 열이 일로 완전히 변환되어야 하며 그것은 열역학 제2법칙에 위배되는 것이다. 그러므로 가스의 비구속 팽창은 비가역과정이다.

세 번째의 비가역성 형태는 유한한 온도차에서의 **열전달**이다. 예를 들어 그림 7-31과 같이 차가운 소다수 한 캔을 따뜻한 방 안에 놓아두었다고 생각해 보라. 열은 따뜻한 방 공기에서 차가운 소다수로 흐를 것이다. 이 과정이 역으로 진행되어 소다수가 다시 차가워질 수 있는 유일한 방법은 냉동하는 것이며, 이 과정에서 냉동기의 입력일이 필요하다. 이런 과정이 끝났을 때 소다수는 처음 상태의 온도로 회복하였을 것이다. 그러나 주위(방 안)는 그렇지 않을 것이다. 주위의 내부에너지는 냉동기로 공급된 일과 같은 크기로 증가했을 것이다. 주위를 처음 상태로 회복하려면 초과한 내부에너지가 완벽하게 일로서 변환됨으로써 가능하며 그것은 열역학 제2법칙을 위배하지 않고는 불가능하다. 계와 주위 둘이 아닌 오직 계만이 초기 상태로 다시 회복할 수 있기 때문에 유한 온도차에서의 열전달은 비가역과정이다.

열전달은 계와 주위와의 온도차가 있을 때에만 발생한다. 그러므로 물리적으로 가역 열전달 과정은 불가능하다. 그러나 열전달 과정은 두 물체의 온도차가 0에 가까워질수록 비가역성이 작아진다. 그렇다면 미소 온도차 dT를 통한 열전달은 가역과정으로 생각할 수 있다. dT가 0에 접근할 때 그 과정은 냉동 없이 방향이 바뀔 수 있다(적어도 이론적으로는). 가역 열전달은 개념적 과정이고 실험실에서는 재현할 수 없다.

두 물체 사이에 온도차가 작으면 작을수록 열전달률은 더 작아질 것이다. 온도차가 작을 때 열전달에 중요한 것은 매우 큰 표면적과 오랜 시간일 것이다. 그러므로 가역과정에 가까운 열전달이 열역학적 관점에서는 바람직한 일일지라도 실제적이지 않고 경제적으로 실현 가능한 것이 아니다.

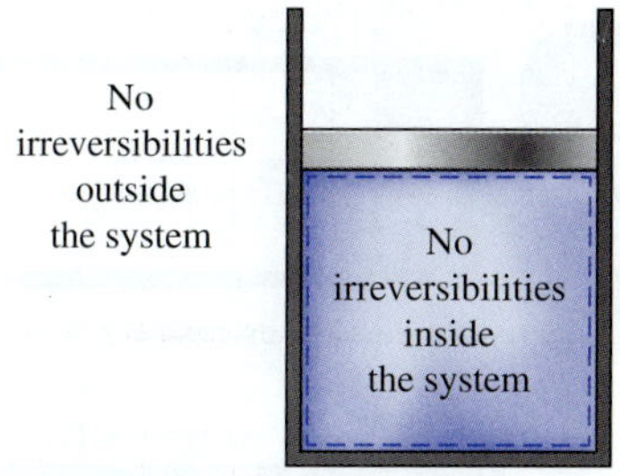

그림 7-32
가역과정은 내부적인 비가역성과 외부적인 비가역성이 모두 없는 과정이다.

내부적 가역과정과 외부적 가역과정

과정은 계와 주위의 상호작용이다. 그리고 가역과정은 비가역성과 관련된 어떠한 것도 포함하지 않는다.

만약 과정 동안 계의 경계 내에서 어떠한 비가역성도 발생하지 않는다면 그러한 과정을 **내부적 가역과정**(internally reversible)이라 한다. 내부적 가역과정 동안 계는 연속의 평형상태로 나아간다. 그리고 그 역과정이 진행될 때 계가 초기상태로 되돌아가는 동안 계는 먼저의 과정과 동일한 평형상태를 통과하게 된다. 즉, 과정과 그 역과정의 경로(path)들은 한 내부적 가역과정과 일치한다. 앞서 논의된 준평형 과정은 내부적 가역과정의 한 예이다.

만약 과정 동안 계의 경계 바깥에서 비가역성이 발생하지 않는다면 그러한 과정을 **외부적 가역과정**(externally reversible)이라 한다. 만약 계의 외부표면이 열원의 온도와 같다면 열원과 계 사이의 열전달은 외부적 가역과정이다.

계와 주위에 비가역성이 없는 과정을 **완전 가역과정**(totally reversible) 또는 단순히 **가역과정**이라 한다(그림 7-32. 완전 가역과정은 유한한 온도차를 통한 열전달, 비준평형 변화, 마찰, 다른 소산효과들을 포함하지 않는다.

한 예로서 그림 7-33과 같이 일정한 압력(이를테면 일정한 온도)하에서 상 변화 과정을 하고 있는 두 개의 동일한 계의 열전달을 생각해보자. 두 과정은 등온적으로 움직이고 정확하게 동일한 평형상태를 통과하기 때문에 둘 다 내부적 가역과정이다. 제시된 첫 번째 과정은 이 과정 동안 미소 온도차 dT로서 열전달이 이루어지기 때문에 외부적 가역과정이다. 그러나 두 번째 과정은 유한한 온도차 ΔT를 통한 열전달을 포함하기 때문에 외부적 비가역과정이다.

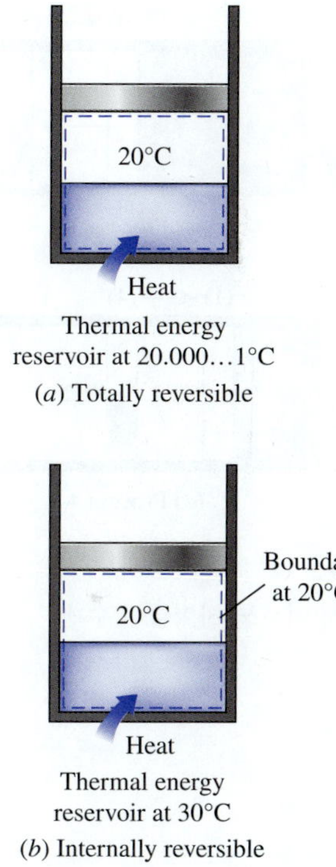

그림 7-33
완전 가역 열전달 과정과, 내부적 가역 열전달 과정

7-6 카르노 사이클

열기관은 사이클 장치이고 열기관의 작동유체는 각 사이클의 끝에는 사이클 초기상태로 되돌아간다는 것을 일찍이 언급했다. 사이클의 한 부분이 진행되는 동안에는 작동유체가 일을 하며, 다른 한 부분이 진행될 때는 작동유체에 일을 주게 된다. 이들 두 차이가 열기관에 의해 생산되는 정미 일이다. 열기관 사이클의 효율은 사이클을 구성하는 개별적인 과정들이 어떻게 실행되느냐에 크게 의존된다. 정미 일 혹은 사이클의 효율은 최소의 일을 요구하고 최대의 일을 생산하는 과정을 사용함으로써 최대가 될 수 있다. 즉 그 과정은 가역과정이다. 그러므로 가장 효율적인 사이클은 가역 사이클, 즉 완전히 가역과정으로 구성된 사이클이라는 것은 놀랄 일이 아니다.

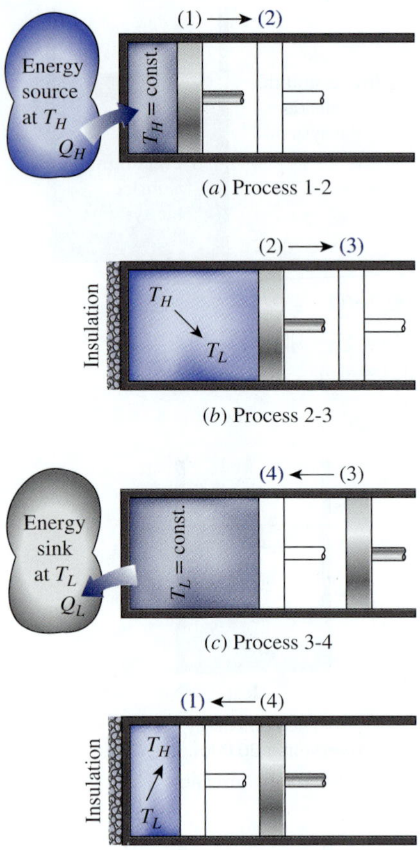

(*a*) Process 1-2

(*b*) Process 2-3

(*c*) Process 3-4

(*d*) Process 4-1

그림 7-34
밀폐계에서 카르노 사이클의 수행

가역 사이클은 실제로 일어날 수 없다. 왜냐하면 각각의 과정에서의 비가역성이 제거될 수 없기 때문이다. 그러나 가역 사이클은 실제 사이클의 성능에 대한 상한 값을 나타낸다. 가역 사이클로 동작하는 열기관과 냉동기는 실제 열기관과 냉동기를 비교할 수 있는 모델들로 제공될 수 있다. 또한 가역 사이클은 실제 사이클을 개발함에 있어 시작점을 제공하며 어떤 요구사항들을 만족시킬 필요성이 있을 때 수정된다.

가역 사이클 중 가장 잘 알려진 것은 1824년 프랑스의 공학자인 Sadi Carnot에 의해 처음 제안된 **카르노 사이클**이다. 카르노 사이클에서 동작하는 이론상의 열기관을 **카르노 열기관**이라 부른다. 카르노 사이클은 2개의 등온과정과 2개의 단열과정으로 된 4개의 가역과정으로 구성되어 있다. 그리고 카르노 사이클은 밀폐계 또는 정상유동계에서 수행된다.

그림 7-34와 같이 단열된 피스톤–실린더 장치 내부에 가스가 채워진 밀폐계를 고려해 보자. 실린더 헤드의 단열장치는 실린더가 열원과 접촉하며, 열을 전달하기 위해서는 단열장치가 제거될 수 있는 그런 장치이다. 카르노 사이클을 구성하는 4가지 가역과정은 다음과 같다.

가역 등온팽창(reversible isothermal expansion) (과정 1-2, T_H = 일정). 초기에 가스 온도는 T_H이고 실린더 헤드는 온도 T_H의 열원과 접촉해 있다. 가스는 천천히 팽창하여 주위에 일을 한다. 가스가 팽창함에 따라 가스의 온도는 감소하게 된다. 그러나 온도가 무한소인 dT만큼 떨어지자마자 어떤 열흐름이 외부로부터 가스로 유입하여 가스 온도는 곧 T_H로 상승한다. 그러므로 가스 온도는 T_H를 유지한다. 가스와 외부 사이의 온도 차이는 미분량인 dT를 절대 초과하지 않기 때문에 이것은 가역 열전달 과정이다. 이 과정은 피스톤이 2지점에 도달할 때까지 계속된다. 이 과정 동안 가스로 전달된 총 열량은 Q_H이다.

가역 단열팽창(reversible adiabatic expansion) (과정 2-3, 온도는 T_H에서 T_L로 떨어진다). 상태 2에서 실린더 헤드와 접촉해있는 저장조는 제거되고 계가 단열되도록 단열재에 의해 대체된다. 가스는 천천히 팽창하여 가스 온도가 T_H에서 T_L로 떨어질 때까지 주위에 대하여 일을 한다(상태 3). 피스톤은 마찰이 없고 그 과정은 준평형 과정이어서 가역 단열과정이다.

가역 등온압축(reversible isothermal compression) (과정 3-4, T_L = 일정). 상태 3에서 실린더 헤드에서의 단열은 제거되고 실린더는 온도 T_L의 열침과 접촉하게 된다. 피스톤은 외력에 의해 안으로 밀려지고 가스에 일을 주게 된다. 가스가 압축될 때, 가스의 온도는 상승한다. 그러나 온도가 미소량인 dT만큼 상승하자마자 가스로부터 열침으로 열흐름이 발생하여 가스 온도는 T_L로 떨어진다. 따라서 가스 온도는 T_L로서 일정하게 유지된다. 가스와 열침 사이의 온도차는 미소량 dT보다 결코 높지 않기 때문에 이것은 가역 열전달 과정이다. 이것은 피스톤이 상태 4의 위치에 도달할 때까지 계속된다. 이 과정 동안 가스로부터 방출된 총 열량은 Q_L이다.

가역 단열압축(reversible adiabatic compression) (온도가 T_L에서 T_H로 상승하는 4-1 과정). 상태 4는, 저온 저장조가 제거되고 단열재가 실린더 헤드에 다시 장착되고 가스가 가역적 방법으로 압축될 때, 가스가 처음 상태(상태 1)로 되돌아가는 그런 과정이다. 이러한 가역단열 압축과정 동안 온도는 T_L에서 T_H로 상승하며, 사이클은 완성된다.

위 사이클의 *P-V* 선도를 도식하면 그림 7-35와 같다. *P-V* 선도상의 특정한 과정 곡선 아래의 면적이 준평형(내부적 가역) 과정 동안 경계일을 표시한다. 따라서 선도 1-2-3 아래의 면적이 사이클의 팽창부분이 진행되는 동안 가스에 의해 행하여진 일을 뜻하고 선도 3-4-1 아래의 면적은 사이클의 압축부분이 진행되는 동안 가스에 가해진 일을 뜻한다는 것을 알 수 있다. 사이클의 경로에 의해 둘러싸인 면적(1-2-3-4-1 면적)은 이들 두 면적(면적 1-2-3과 면적 3-4-1)의 차이이며, 사이클이 진행되는 동안 행한 정미 일(net work)을 나타낸다.

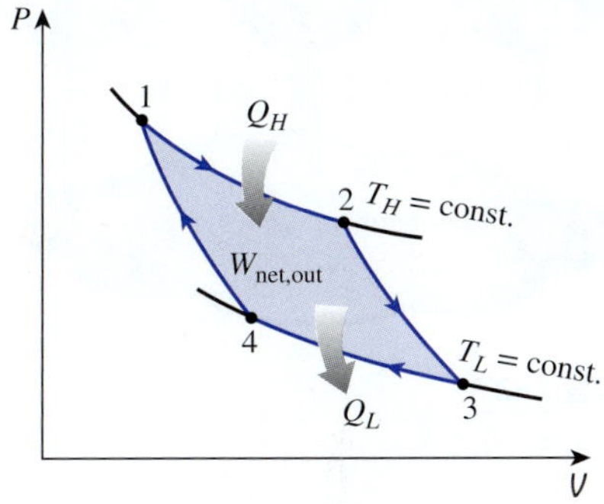

그림 7-35
카르노 사이클의 *P-V* 선도

만약 Q_L을 저장하기 위하여 우리가 인색하게 행동하여 등온 대신에 단열적으로 가스를 압축한다면, 3-2 과정의 경로를 거꾸로 밟아서 상태 2에서 되돌아가서 끝내야 한다. 그렇게 함으로써 Q_L을 저장할 수는 있으나 이 엔진으로부터 어떠한 순출력 일을 획득할 수는 없을 것이다. 이는 한 사이클에서 작동하여 정미 일을 생산하기 위해서는 열기관은 서로 다른 온도의 적어도 두 열원과 열교환해야 함을 설명하는 것이다.

카르노 사이클은 또한 정상유동계에서도 수행될 수 있다. 이것은 다른 동력사이클과 함께 다음 장에서 논의된다.

가역 사이클로서 카르노 사이클은 두 정해진 온도범위에서 작동하는 가장 효율적인 사이클이다. 비록 카르노 사이클은 실현될 수는 없지만 카르노 사이클에 좀 더 근접하려는 시도에 의해 실제 사이클의 효율이 개선될 수 있다.

역카르노 사이클

위에서 설명된 카르노 열기관은 완전 가역 사이클이다. 그러므로 그것을 구성하는 모든 과정들은 역으로 진행이 가능하며 이 경우에 이것은 **카르노 냉동사이클**(Carnot refrigeration cycle)이 된다. 이때 모든 열과 일의 방향이 거꾸로 된다는 것을 제외하고 사이클은 앞의 카르노 열기관과 완전히 동일하다. Q_L의 열량이 저온물체로부터 흡수되며, Q_H의 열량이 고온물체로 방출된다. 그리고 입력일 $W_{net,in}$이 이 모든 과정을 수행하기 위해 필요하다.

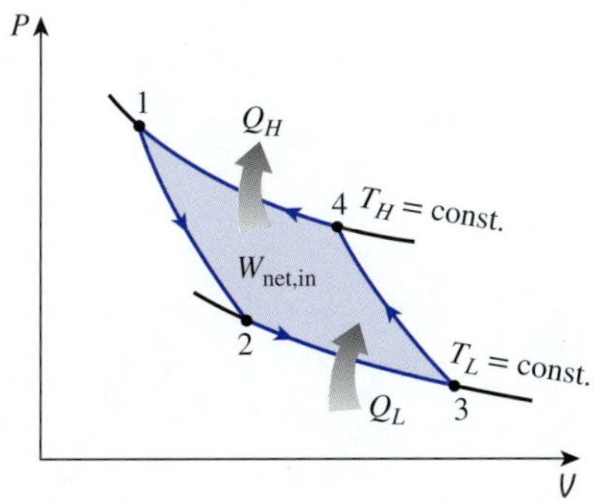

그림 7-36
역 카르노 사이클의 *P-V* 선도

이 역 카르노 사이클의 *P-V* 선도는 그림 7-36에서 제시되듯이 그 과정들의 방향이 반대로 된다는 점을 제외하고는 카르노 사이클에 대한 *P-V* 선도와 동일하다.

7-7 카르노 원리

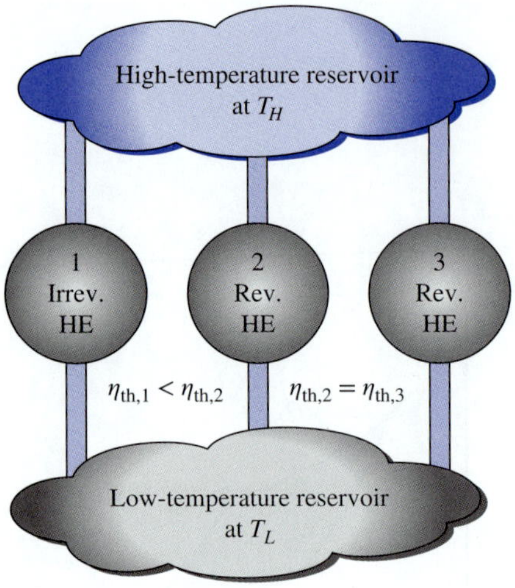

그림 7-37
카르노 원리

열역학 제2법칙은 Kelvin−Planck와 Clausius 서술에서 표현되었듯이, 사이클 장치가 작동함에 있어 한계사항들을 설정하고 있다. 열기관은 단일 저장조만의 열교환으로는 작동될 수 없으며, 냉동기는 외부로부터 일을 받지 않고서는 작동할 수 없다.

이들 서술들로부터 가치 있는 결론들을 도출할 수 있다. 이들 결론들은 가역 및 비가역(실제) 열기관의 효율에 관계되며, **카르노 원리**(그림 7-37)로 알려져 있으며 다음과 같이 표현된다.

1. 비가역 열기관의 효율은 동일한 두 개의 열저장조 사이에서 작동하는 가역 열기관의 효율보다 항상 낮다.
2. 동일한 두 개의 열저장조 사이에서 작동하는 모든 가역 열기관의 효율은 항상 같다.

이들 두 서술들은 어느 한 서술을 위반하는 것이 열역학 제2법칙을 위반한다는 것을 보임으로써 증명될 수 있다.

첫 번째 서술을 증명하기 위하여, 그림 7-38과 같은 두 저장조 사이에서 작동하는 두 열기관을 생각하자. 한 열기관은 가역적이고, 다른 열기관은 비가역적이다. 이제 각 열기관은 동일한 열량 Q_H를 공급받는다. 가역 열기관에 의해 생산된 일은 W_{rev}이며, 비가역 열기관에 의해 생산된 일은 W_{irrev}이다.

카르노 첫 번째 서술을 위반하게 되어, 비가역 열기관이 가역 열기관보다 효율적이어서($\eta_{th,irrev} - \eta_{th,rev}$) 가역 열기관보다 비가역 열기관이 더 많은 일을 한다고

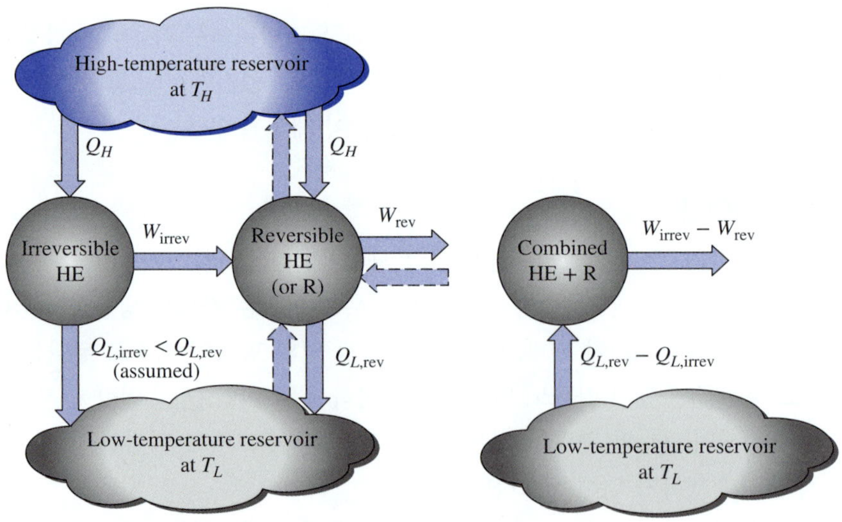

(*a*) A reversible and an irreversible heat engine operating between the same two reservoirs (the reversible heat engine is then reversed to run as a refrigerator)

(*b*) The equivalent combined system

그림 7-38
제1 카르노 원리의 증명

가정한다. 이제 가역 열기관을 거꾸로 작동시켜 냉동기로 작동하도록 하자. 이 냉동기는 W_{rev}라는 일을 받을 것이며, 고온 저장조로 열을 방출한다. 그 냉동기는 고온 저장조에 Q_H라는 열을 방출하고 비가역 열기관은 고온 저장조로부터 동일한 열을 받기 때문에 이 고온 저장조에 대한 순 열교환량은 0이다. 따라서 이는 냉동기가 비가역 열기관으로 직접 Q_H를 방출하게 함으로써 제거될 수도 있다.

이제 냉동기와 비가역 열기관을 함께 생각하면 단일 저장조와 열교환하여 $W_{irrev} - W_{rev}$라는 정미 일을 생산하는 열기관이 있게 된다. 이는 열역학 제2법칙 중 Kelvin–Planck 서술을 위반하게 된다. 그러므로 첫 번째 가정인 $\eta_{th,irrev} > \eta_{th,rev}$는 옳지 않다. 따라서 어떠한 비가역 열기관의 효율도 동일한 저장조 사이에서 작동하는 가역 열기관의 효율보다 높을 수 없다는 결론을 내릴 수 있다.

제2의 카르노 원리도 동일한 방법으로 증명될 수 있다. 이번에는 그 비가역 열기관을 더 효율적인 또 다른 가역 열기관으로 대체한다. 그러면 비가역 열기관은 첫 번째 가역 열기관보다 더 많은 일을 생산한다. 위와 동일한 증명방법을 따르면, 단일 저장조와 열교환을 하면서 새로운 양의 일을 생산하는 한 열기관을 만들게 되며, 이는 열역학 제2법칙에 위배된다. 따라서 사이클이 어떻게 완성되든지, 작동유체가 무엇이든지 관계없이, 동일한 저장조 사이에서 작동하는 어떤 가역 열기관의 효율도 다른 가역 열기관의 효율보다 높을 수 없다.

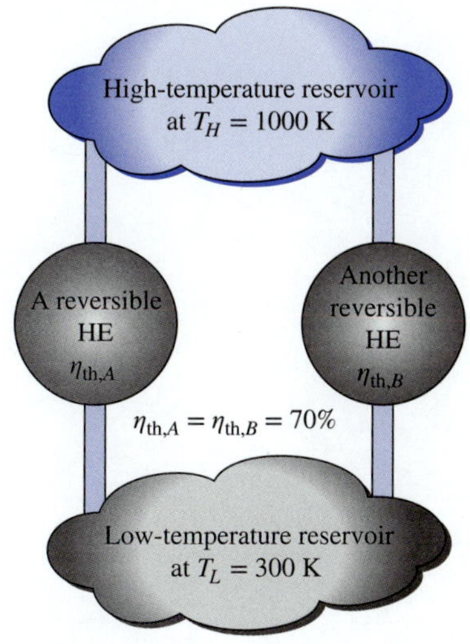

그림 7-39
모든 가역 열기관은 같은 두 개의 열저장조 사이에서 작동할 때에 같은 열효율을 갖는다(제2 카르노 원리).

7-8 열역학적 온도눈금

온도를 측정하기 위해 사용되는 물질의 성질에 무관한 온도눈금을 **열역학적 온도눈금**(thermodynamic temperature scale)이라 부른다. 그러한 온도눈금은 열역학 계산에 매우 편리하며 그것의 유도는 가역 열기관을 사용하여 다음에 주어진다.

7-7절에서 논의된 두 번째 카르노 원리는 모든 가역 열기관이 같은 두 저장조에서 작동될 때 같은 열효율을 갖는다는 것을 말한다(그림 7-39). 즉 가역 열기관의 효율은 작동유체, 작동유체의 물성, 사이클이 실행된 방법, 사용된 가역기관의 형태와 무관하다는 것이다. 그러므로 에너지 저장조(열원)는 온도에 의해 특정 지어지고 가역 열기관의 열효율은 단지 저장조 온도만의 함수이다.

즉, $\eta_{th} = 1 - Q_L/Q_H$ 이므로 다음과 같다.

$$\eta_{th,rev} = g(T_H, T_L) \quad \text{또는} \quad \frac{Q_H}{Q_L} = f(T_H, T_L) \tag{7-13}$$

이 식에서 T_H와 T_L은 각각 고온 저장조와 저온 저장조의 온도이다.

(T_H, T_L)의 함수형태는 그림 7-40에서처럼 세 개의 가역 열기관의 도움으로 전개될 수 있다. 열기관 A와 C는 고온 저장조 T_1으로부터 같은 열량 Q_1이 공급된다. 열기관 B는 저온 저장조 T_3에 Q_3를 방출한다. 열기관 B는 온도 T_1에서 열기관 A에서 방열된 열 Q_2를 받고 저장조 T_3에 Q_3를 방출한다.

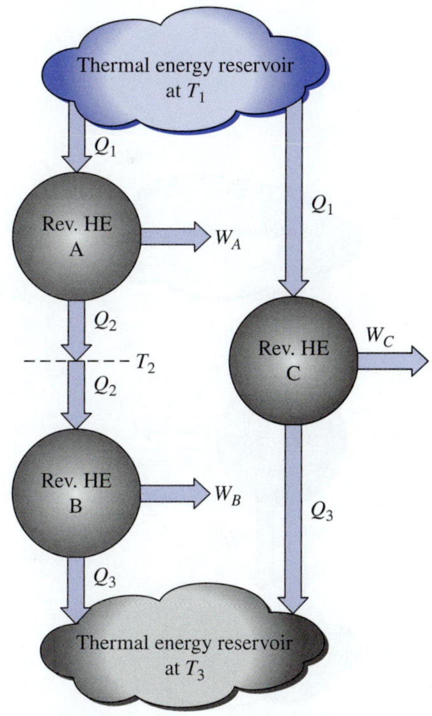

그림 7-40
열역학적 온도눈금을 전개하는 데에 사용하는 열기관의 배열

열기관 B와 C에서 방출된 열량은 같아야 하므로 열기관 A와 B는 열기관 C처럼 같은 저장조 사이에서 작동하는 한 개의 가역 열기관으로 결합될 수 있다. 그래서 결합된 열기관은 열기관 C와 같은 효율을 가질 것이다. 따라서 열기관 C에 입력된 열량은 결합된 열기관 A와 B에 입력되는 열량과 같아야 하고 같은 양의 열을 방출해야 한다.

세 개의 열기관 각각에 식 (7-13)을 적용시켜 보면 다음 식을 얻을 수 있다.

$$\frac{Q_1}{Q_2}=f(T_1, T_2), \quad \frac{Q_2}{Q_3}=f(T_2, T_3), \quad \frac{Q_1}{Q_3}=f(T_1, T_3)$$

동일성을 고려하면

$$\frac{Q_1}{Q_3}=\frac{Q_1}{Q_2}\frac{Q_2}{Q_3}$$

상응하게

$$f(T_1, T_3)=f(T_1, T_2)\cdot f(T_2, T_3)$$

이 방정식을 주의 깊게 검토하면, 좌변은 T_1과 T_3의 함수이므로 우변 역시 T_1과 T_3만의 함수가 되어야만 한다. 즉 식의 우변에서 곱의 값은 T_2의 값에 무관하다. 이러한 조건은 함수 f가 아래의 형태일 때에만 만족된다.

$$f(T_1, T_2)=\frac{\phi(T_1)}{\phi(T_2)} \quad \text{그리고} \quad f(T_2, T_3)=\frac{\phi(T_2)}{\phi(T_3)}$$

그래서 $\phi(T_2)$는 함수 $f(T_1, T_2)$와 $f(T_2, T_3)$의 곱으로부터 소거되므로, 다음과 같이 쓸 수 있다.

$$\frac{Q_1}{Q_2}=f(T_1, T_3)=\frac{\phi(T_1)}{\phi(T_3)} \tag{7-14}$$

이 관계식은 T_1과 T_3의 항으로 표시된 Q_1/Q_3의 함수적인 형태에 대하여 식 (7-13)보다 더 구체적이다.

온도 T_H와 T_L에서 두 저장소 사이에 작동하는 가역 열기관에 대해 식 (7-14)는 식 (7-15)로 표현될 수 있다.

$$\frac{Q_H}{Q_L}=\frac{\phi(T_H)}{\phi(T_L)} \tag{7-15}$$

이 식은 가역 열기관이 열전달을 받고 방출하는 비율로, 열역학 제2법칙의 유일한 요구조건이다. 여러 함수 $\phi(T)$가 이 식을 만족시킬 것이며 임의로 이를 선택할 수 있다. Kelvin 경은 $\phi(T) = T$로 취할 것을 제안하여 열역학 온도눈금을 아래의 식으로 정의하였다(그림 7-41).

$$\left(\frac{Q_H}{Q_L}\right)_{\text{rev}}=\frac{T_H}{T_L} \tag{7-16}$$

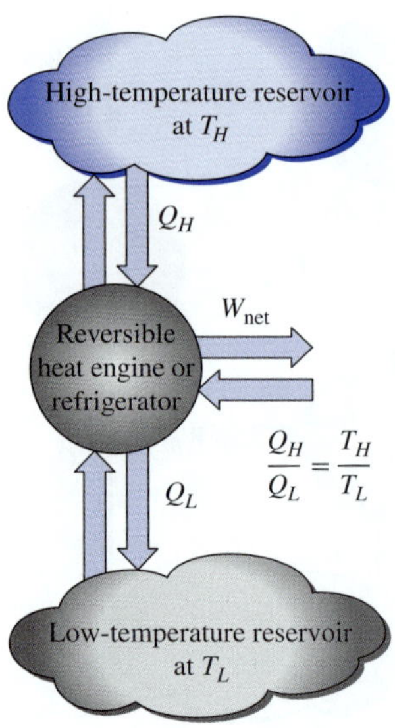

그림 7-41
가역 사이클의 경우, 열전달의 비 Q_H/Q_L는 절대온도의 비 T_H/T_L로 바꾸어 쓸 수 있다.

이 온도눈금을 **켈빈 눈금**(Kelvin scale)으로 부르며 이 눈금상의 온도를 **절대온도**(absolute temperatures)라고 한다. 켈빈 눈금에서 온도비는 가역 열기관과 저장조들 사이의 열전달 비에 의존하며 물질의 물리적 성질과는 무관하다. 이 눈금에서 온도는 0과 무한대 사이에서 변한다.

식 (7-16)은 절대온도의 비만을 제공하기 때문에 열역학온도눈금을 완전히 정의할 수 없으므로 켈빈 온도의 크기를 정할 필요가 있다. 1954년에 개최된 국제도량형회의에서 물의 삼중점(물의 3상이 평형상태로 존재하는 상태)은 273.16 K의 값으로 정해졌다(그림 7-42). **켈빈의 크기**는 물의 삼중점온도와 0 K 사이의 온도차의 1/273.16으로 정의된다. 켈빈과 섭씨 눈금상의 온도의 크기는 동일하다(1 K ≡ 1°C). 이 두 눈금상의 온도는 항상 상수값 273.15의 차이가 있다.

$$T(°C) = T(K) - 273.15 \tag{7-17}$$

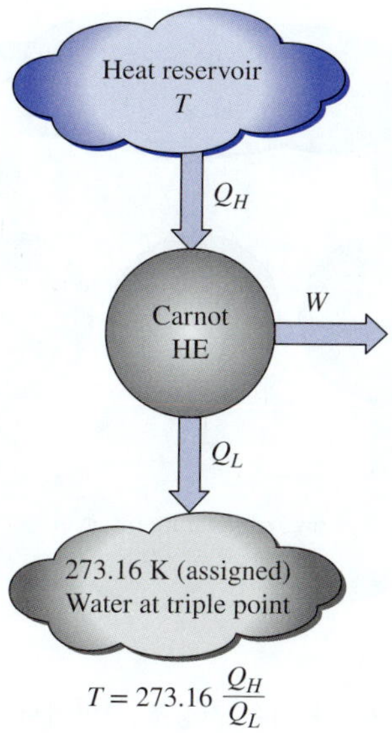

그림 7-42
개념상의 실험 장치는 열전달 Q_H과 Q_L를 측정함으로서 Kelvin 눈금의 열역학온도를 결정할 수 있다.

가역 열기관으로 열역학적 온도눈금이 정의된다 하더라도, 절대온도눈금에 대한 수치적 값을 결정하기 위하여 그런 열기관을 실제 작동하는 것은 불가능하거나 실제적이지 않다. 절대온도는 외삽방법(extrapolation techniques)과 함께 제2장에서 논의된 정적 이상기체 온도계와 같은 방법으로 정확히 측정될 수 있다. 식 (7-16)의 타당성은 이상기체를 작동유체로 사용하는 가역 사이클을 물리적으로 고려하여 설명될 수 있다.

7-9 카르노 열기관

가역 카르노 사이클로 작동하는 가상의 열기관을 **카르노 열기관**(Carnot heat engine)으로 부른다. 가역 혹은 비가역 열기관의 열효율은 식 (7-6)과 같다.

$$\eta_{th} = 1 - \frac{Q_L}{Q_H}$$

여기서 Q_H는 고온 저장조의 온도 T_H로부터 열기관에 전달된 열량이며, Q_L은 저온 저장조의 온도 T_L에 방출된 열이다. 가역 열기관의 경우, 위 관계식에서 열전달 비는 식 (7-16)에 주어진 것처럼 두 저장조의 절대온도비로 대체될 수 있다. 카르노 열기관, 즉 모든 가역 열기관의 효율은 식 (7-18)이 된다.

$$\eta_{th,rev} = 1 - \frac{T_L}{T_H} \tag{7-18}$$

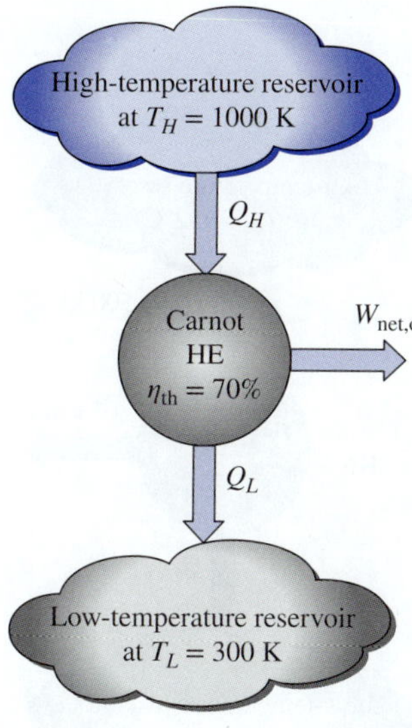

그림 7-43
카르노 열기관은 같은 고온과 저온 저장조 사이에 작동하는 모든 열기관 중에서 가장 효율이 좋다.

이 관계식은 카르노 열기관이 가장 잘 알려진 가역기관이므로 **카르노 효율**(Carnot efficiency)로 언급된다. 이것은 온도 T_L과 T_H와 두 열에너지 저장조 사이에서 작동하는 열기관이 가질 수 있는 가장 높은 효율이다(그림 7-43). 이 온도 한계(T_H와 T_L) 내에서 작동하는 모든 비가역 열기관은 이보다 낮은 효율을 가질 것이다. 실제 열기관은 실제 사이클에 연관된 모든 비가역성을 완전히 제거할 수는 없

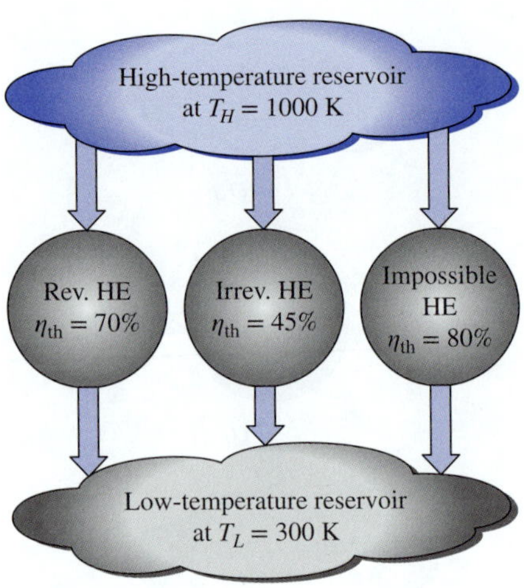

그림 7-44
같은 고온과 저온 저장조 사이에서 작동하는 가역 열기관보다 높은 효율을 갖는 열기관은 없다.

기 때문에, 이 최대 이론효율에 도달할 수 없다.

식 (7-18)에서 T_L과 T_H는 **절대온도**임에 유의하라. 이 관계식에서 온도에 °C 혹은 °F를 사용하면 큰 오차가 발생할 것이다.

같은 온도범위에서 작동하는 실제와 가역 열기관의 열효율들을 아래에 비교하였다(그림 7-44).

$$\eta_{th} \begin{cases} < \eta_{th,rev} & \text{비가역 열기관} \\ = \eta_{th,rev} & \text{가역 열기관} \\ > \eta_{th,rev} & \text{불가능한 열기관} \end{cases} \tag{7-19}$$

작동하고 있는 대부분의 장치(열기관)는 100%에 비해 분명히 낮은 40% 이하의 효율을 가진다. 그러나 실제 열기관의 성능을 평가할 때 효율은 100%에 비교해서는 안 된다. 대신 같은 온도범위에서 작동하는 가역 열기관의 효율에 비교되어야 한다. 이것이 효율에 대해 100%가 아닌 진정한 이론적인 상한 값이기 때문이다.

T_H = 1000 K와 T_L = 300 K 사이에 작동하는 증기원동소의 최고 효율은 식 (7-18)로 결정되는 70%이다. 이 값을 비교해보면 40%의 실제효율은, 여전히 개선될 여지가 있지만, 그리 나빠 보이지는 않는다.

카르노 열기관의 효율은 T_H가 증가하거나 T_L이 감소함에 따라 증가한다는 것은 식 (7-18)을 보면 명백하다. 이것은 T_L이 감소할수록 방출하는 열량이 적어지며, T_L이 0에 접근할수록 카르노 효율이 1에 접근한다는 것을 기대할 수 있기 때문이다. 이것은 또한 실제 열기관에 대해서도 사실이다. **실제 열기관의 효율은, 가능한 한 높은 온도(재료의 강도에 의해 제한됨)에서 열기관에 열을 공급하고 가능한 한 낮은 온도(강물, 호수, 대기와 같은 냉각 매체의 온도에 의해 제한됨)에서 열을 방출함으로써, 최대가 될 수 있다.**

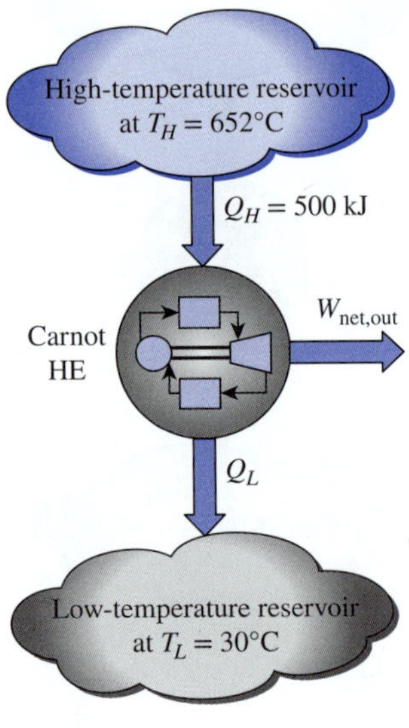

그림 7-45
예제 7-5의 개략도

예제 7-5 **카르노 열기관의 해석**

그림 7-45에 제시된 어떤 카르노 열기관이 652°C의 고온열원으로부터 500 kJ의 열을 받아서 30°C의 저온 열침으로 열을 방출한다. (*a*) 이 카르노 열기관의 열효율을 구하라. (*b*) 사이클당 저온 열침으로 방출된 열량을 구하라.

풀이 카르노 열기관에 공급된 열이 주어졌다. 열효율과 방출된 열을 구한다.

해석 (*a*) 카르노 열기관은 가역 열기관이기 때문에 그 열효율은 식 (7-18)으로부터 구할 수 있다.

$$\eta_{th,rev} = 1 - \frac{T_L}{T_H} = 1 - \frac{(30 + 273)\text{ K}}{(652 + 273)\text{ K}} = \mathbf{0.672}$$

즉, 이 카르노 열기관은 받은 열의 67.2%를 일로 변환한다.

(*b*) 이 가역 열기관이 방출한 열량 Q_L은 식 (7-16)으로부터 쉽게 구할 수 있다.

$$Q_{L,\text{rev}} = \frac{T_L}{T_H} Q_{H,\text{rev}} = \frac{(30 + 273)\text{ K}}{(652 + 273)\text{ K}} (500\text{ kJ}) = \mathbf{164\text{ kJ}}$$

검토 따라서 이 카르노 열기관은 한 사이클 동안 받은 열 500 kJ 중 164 kJ의 열을 열침(저온 저장조)으로 방출한다.

에너지의 질

예제 7-5에서 카르노 열기관은 925 K의 열원으로부터 열을 받고 그것의 67.2%를 일로 바꾸고 나머지(32.8%)를 303 K의 열침에 방출한다. 열침의 온도가 일정하게 유지될 때 열원의 온도의 변화에 따른 열효율의 변화를 조사해보자.

303 K의 열침에 방열하는 카르노 열기관의 열효율이 식 (7-18)을 사용해서 여러 열원 온도에서 계산되었고 그림 7-46에 표로 만들었다. 명백히 열효율은 열원 온도가 낮아질수록 감소한다. 예를 들어 열이 925 K 대신 500 K에서 열기관에 공급될 때 열효율은 67.2%에서 39.4%로 떨어진다. 즉 열원의 온도가 500 K로 떨어졌을 때 일로 바꾸어질 수 있는 열의 비가 39.4%로 떨어진다. 열원 온도가 350 K일 때 이 비율은 불과 13.4%가 된다.

이 효율 값들은 에너지가 양뿐만 아니라 **질**을 가진다는 것을 보여준다. **높은 온도의 열에너지가 더 많이 일로 바뀔수 있다**는 것은 그림 7-46에서 열효율 값들을 보면 명백하다. **그러므로 온도가 높을수록 에너지의 질은 더 높다**(그림 7-47).

예를 들어 많은 양의 태양에너지는 약 350 K의 태양 연못(*solar ponds*)이라 불리는 대량의 물에 저장될 수 있다. 이 저장된 에너지는 일(전기)을 생산하기 위한 열기관에 공급될 수 있다. 그러나 태양 연못 발전소의 효율은 열원에 저장된 에너지의 낮은 질 때문에 매우 낮으며(5% 이하) 설치비와 유지비가 상대적으로 높다. 그러므로 비용이 들지 않는다 하더라도 그러한 발전소의 에너지 공급은 경쟁력이 없다. 저장된 태양에너지의 온도(질)는 집중형 집열기(concentrating collectors)를 사용하여 높일 수 있지만 이 경우 건설비가 매우 높아진다.

일은 100%가 열로 바뀔 수 있지만 열은 단지 일부만이 일로 바뀔 수 있으므로, 일이 좀 더 가치 있는 에너지의 형태이다. 고온에서 저온으로 열이 전달될 때, 이제 열보다 더 적은 양이 일로 바뀌질 수 있으므로, 열은 질적으로 저하된다. 예를 들어 100 kJ의 열이 1000 K에서 300 K로 전달되었다면 결국 300 K에 저장된 100 kJ의 열에너지를 가질 것이다. 이것은 실용적인 가치가 없다. 그러나 이 변환이 열기관을 통해 이루어졌다면 열의 1 − 300/1000 = 70%가 일로 바뀔 수 있고 이것은 좀 더 가치 있는 에너지의 형태이다. 그래서 잠재적인 70 kJ의 일이 이 열교환의 결과로서 낭비되었고 에너지는 질이 저하된다.

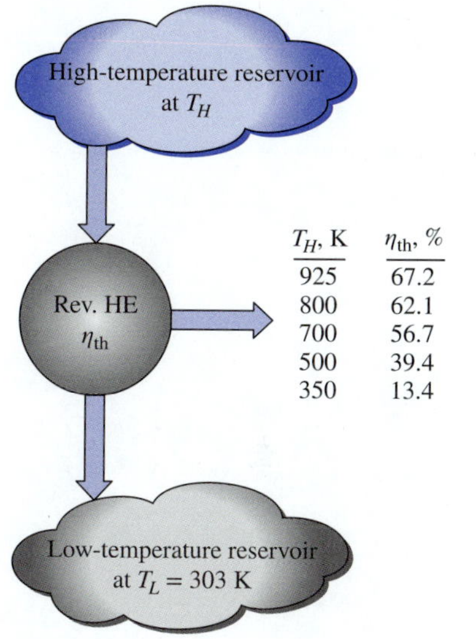

T_H, K	η_{th}, %
925	67.2
800	62.1
700	56.7
500	39.4
350	13.4

그림 7-46
열원 온도의 함수로 나타낸 일로 변환되는 열의 비율(T_L = 303 K)

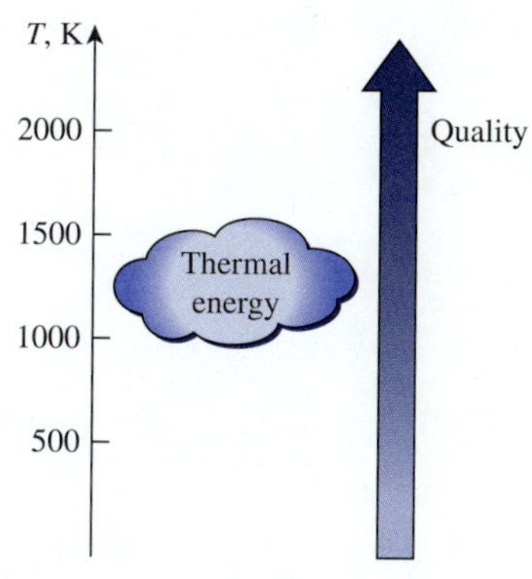

그림 7-47
온도가 높을수록 열에너지의 질도 높다.

7-10 카르노 냉동기와 카르노 열펌프

역 카르노 사이클로 작동하는 냉동기 또는 열펌프를 **카르노 냉동기**(Carnot refrigerator) 또는 **카르노 열펌프**(Carnot heat pump)라 부른다. 가역적이든 비가역적이든 간에 냉동기 혹은 열펌프의 성능계수는 아래 식 (7-9)와 식 (7-11)로 나타낸다.

$$\text{COP}_R = \frac{1}{Q_H/Q_L - 1} \quad \text{그리고} \quad \text{COP}_{HP} = \frac{1}{1 - Q_L/Q_H}$$

여기서 Q_L은 저온물체로부터 흡수한 열의 양이고 Q_H는 고온물체에 방출한 열량이다. 모든 가역(카르노 사이클과 같은) 냉동기 또는 열펌프의 COP는 식 (7-16)에 표현된 것처럼 위의 관계식에서 열전달 비 대신 고온 및 저온물체의 절대온도의 비를 대체시킴으로써 결정될 수 있다. 그러면 가역 냉동기와 가역 열펌프의 COP 관계식은 다음과 같다.

$$\text{COP}_{R,\text{rev}} = \frac{1}{T_H/T_L - 1} \tag{7-20}$$

$$\text{COP}_{HP,\text{rev}} = \frac{1}{1 - T_L/T_H} \tag{7-21}$$

이것은 T_L과 T_H의 온도범위에서 작동하는 냉동기 또는 열펌프가 가질 수 있는 최대의 성능계수이다. 이 온도범위(T_L과 T_H)에서 작동하는 모든 실제 냉동기 또는 열펌프는 이보다 더 낮은 성능계수를 가질 것이다(그림 7-48).

같은 온도범위에서 작동하는 실제와 가역(카르노 사이클과 같은) 냉동기의 성능계수는 아래와 같이 비교될 수 있다.

$$\text{COP}_R \begin{cases} < \text{COP}_{R,\text{rev}} & \text{비가역 냉장고} \\ = \text{COP}_{R,\text{rev}} & \text{가역 냉동기} \\ > \text{COP}_{R,\text{rev}} & \text{불가능한 냉동기} \end{cases} \tag{7-22}$$

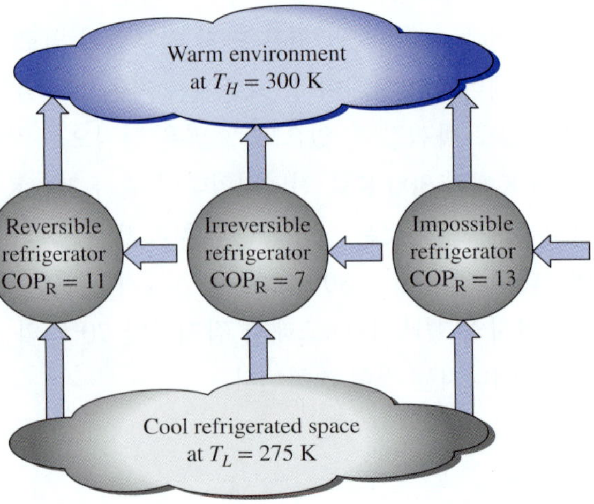

그림 7-48
같은 온도 한계 사이에서 작동하는 가역 냉동기보다 더 높은 성능계수를 갖는 냉동기는 없다.

식 (7-22)에서 COP_R의 모든 값 대신 COP_{HP}로 대체하면 열펌프에 대한 유사한 관계식을 얻을 수 있다.

가역 냉동기 또는 가역 열펌프의 COP는 명시된 온도범위에 대한 최대 이론값이다. 실제 냉동기 또는 열펌프는 설계가 향상됨에 따라 이 값에 접근하게 되나 결코 이 값에 도달할 수는 없다.

냉동기와 열펌프의 COP는 모두 T_L이 낮아짐에 따라 감소한다. 즉, 보다 낮은 저온물체에서 열을 흡수할 때 더 많은 일이 필요하다. 냉동된 공간의 온도가 0에 접근할수록 유한한 양의 냉동을 생산하기 위해 요구되는 일의 양은 무한대에 접근하고 COP_R은 0에 접근한다.

예제 7-6 포화 액-증기 혼합 영역에서 운전되는 카르노 냉동사이클

카르노 냉동사이클이 작동 유체로 R-134a, 0.8 kg을 사용하고 포화 액-증기 혼합 영역에서 밀폐계로 작동된다(그림 7-49). 사이클의 최대, 최소 온도는 각각 20°C와 −8°C이다. 냉매는 열방출 과정의 끝에서 포화 액체이고, 사이클로 공급되는 순일은 15 kJ이라고 한다. 열공급 과정 동안 증발하는 냉매의 질량비와 열방출 과정 끝에서의 압력을 구하라.

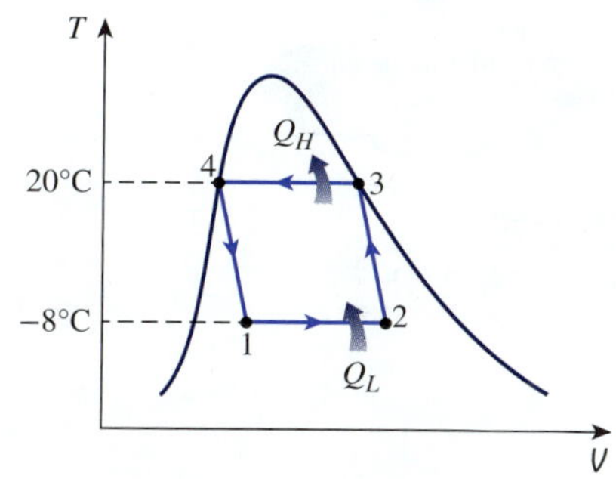

그림 7-49
예제 7-6의 개략도

풀이 카르노 냉동사이클은 밀폐계에서 작동된다. 열공급 과정 동안 증발하는 냉매의 질량비와 열 방출과정의 끝에서의 압력을 구하라

가정 냉동기는 이상 카르노 사이클로 운전된다.

해석 최고 및 최저 온도를 알고 있으므로, 사이클의 성능 계수는

$$COP_R = \frac{1}{T_H/T_L - 1} = \frac{1}{(20 + 273\text{ K})/(-8 + 273\text{ K}) - 1} = 9.464$$

냉동 열량은 성능계수의 정의로부터 결정된다.

$$Q_L = COP_R \times W_{in} = (9.464)(15\text{ kJ}) = 142\text{ kJ}$$

−8°C에서 R-134a의 증발 엔탈피, h_{fg} = 204.52 kJ/kg이다(Table A-11). 열 흡수 과정 동안 증발하는 냉매의 양은

$$Q_L = m_{evap} h_{fg\ @\ -8°C} \rightarrow m_{evap} = \frac{142\text{ kJ}}{204.59\text{ kJ/kg}} = 0.694\text{ kg}$$

따라서 열 공급과정 동안 총 냉매에 대해 증발하는 냉매질량비는

$$\text{질량비} = \frac{m_{evap}}{m_{total}} = \frac{0.694\text{ kg}}{0.8\text{ kg}} = \mathbf{0.868}\ (\text{또는 } 86.8\text{ percent})$$

열방출 과정 끝에서의 압력은 단순히 열방출 온도에서의 포화 압력이다.

$$P_4 = P_{sat\ @\ 20°C} = \mathbf{572.1\ kPa}$$

토론 카르노 사이클은 이상적인 냉동사이클로서, 실제로 구현될 수 없다. 실제적인 냉동사이클은 9장에서 다루어진다.

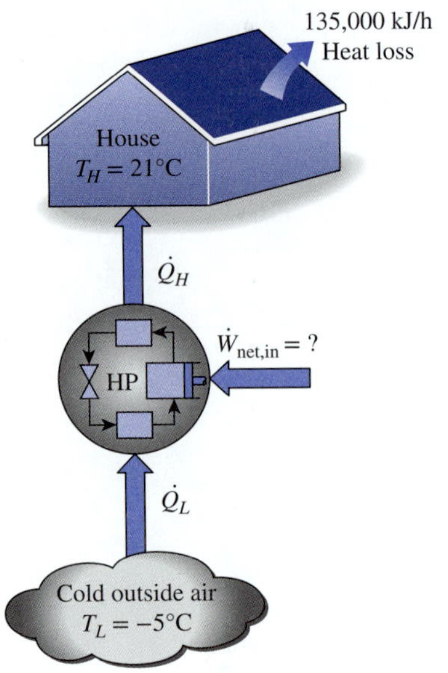

그림 7-50
예제 7-7의 개략도

예제 7-7 카르노 열펌프를 이용한 주택 난방

그림 7-50에 제시되었듯이 어떤 열펌프를 겨울동안 집을 난방하기 위해 사용하려고 한다. 집은 항상 21°C로 유지되어야 한다. 외기 온도가 −5°C인 경우 그 집은 135,000 kJ/h의 율로 열손실이 있다고 평가된다. 이 열펌프를 구동하기 위한 최소 동력을 구하라.

풀이 열펌프는 일정한 온도로 집을 유지한다. 열펌프에 필요한 최소동력을 결정한다.

가정 정상상태 운전조건에서 작동한다.

해석 집을 어떤 정해진 온도로 유지하기 위해서는 열펌프는 열손실량 만큼을 집에 공급하여야 한다. 즉 열펌프는 $\dot{Q}_H$ = 135,000 kJ/h = 37.5 kW의 율로 그 집(고온매체)에 방출하여야 한다.

그 작업을 하기 위해 가역 열펌프가 사용된다면 요구동력이 최소가 될 것이다. 집과 외기 사이에 작동하는 가역 열펌프의 성능계수는 다음과 같다.

$$\text{COP}_{\text{HP,rev}} = \frac{1}{1 - T_L/T_H} = \frac{1}{1 - (-5 + 273\text{ K})/(21 + 273\text{ K})} = 11.3$$

따라서 이 가역 열펌프의 필요한 동력은 다음으로 구하여진다.

$$\dot{W}_{\text{net,in}} = \frac{\dot{Q}_H}{\text{COP}_{\text{HP}}} = \frac{37.5\text{ kW}}{11.3} = \mathbf{3.32\text{ kW}}$$

토론 가역 열펌프는 3.32 kW의 전력만을 소모하여 이 집에 필요한 난방을 할 수 있다. 만일 이 집에 전열기를 대신 사용하여 난방 한다면 소모 동력은 3.32 kW의 11.3배까지 될 것이다. 이 이유는 전열기에서는 전기에너지가 1대1의 비율로 열로 바뀌기 때문이다. 그러나 열펌프를 사용하면, 3.32 kW만을 소모하는 냉동사이클을 이용하여 에너지는 외기로부터 흡수되어 집 내부로 이동하게 된다. 이 열펌프는 에너지를 창조하지 않는다는 것에 유의하라. 열펌프는 한 매체(차가운 외기)로부터 다른 매체(따뜻한 내부)로 에너지를 이동시킬 뿐이다.

요약 SUMMARY

열역학 제2법칙은 과정이 모든 방향으로 일어나는 것이 아니라 어떤 특정한 방향으로 일어남을 말해주고 있다. 한 과정은 열역학 제1법칙과 제2법칙을 동시에 만족하지 않는 한 발생할 수 없다. 유한한 양의 열을 등온과정으로 흡수하거나 방출하는 물체를 **열에너지 저장조** 혹은 단순히 **열저장조**라 부른다.

일은 열로 직접 바꿀 수 있으나 열은 **열기관**이라는 장치를 통해서만 바꿀 수 있다. 열기관의 **열효율**은 다음과 같이 정의한다.

$$\eta_{\text{th}} = \frac{W_{\text{net,out}}}{Q_H} = 1 - \frac{Q_L}{Q_H}$$

여기서 $W_{\text{net,out}}$는 열기관의 정미 출력 일을, Q_H는 열기관에 공급된 열을, Q_L은 열기관이 방출한 열량을 나타낸다.

냉동기와 열펌프는 저온 저장조에서 열을 흡수하여 고온 저장조로 열을 방출하는 장치이다. 냉동기와 열펌프의 성능은 **성능계수**로 표시되며, 다음으로 정의된다.

$$\text{COP}_{\text{R}} = \frac{Q_L}{W_{\text{net,in}}} = \frac{1}{Q_H/Q_L - 1}$$

$$\text{COP}_{\text{HP}} = \frac{Q_H}{W_{\text{net,in}}} = \frac{1}{1 - Q_L/Q_H}$$

열역학 제2법칙의 **Kelvine-Planck 서술**은 단일 저장조만으로 열교환을 하여 정미 일을 생산할 수 있는 열기관은 제작할 수 없음을 의미한다. 열역학 제2법칙의 **Clausius 서술**은 어떠한 장치도 저온물체로부터 고온물체로 주위에 아무런 영향을 주지 않고 열을 전달할 수 없음을 의미한다.

계와 주위 모두 원래의 상태로 회복될 수 있으면 그 과정을 **가역적**이라 한다. 그렇지 않은 과정은 **비가역적**이다. 마찰, 비준평형 팽창 및 압축, 유한한 온도차를 통한 열전달과 같은 효과들의 과정을 비가역적이게 하며 **비가역성**이라 부른다.

카르노 사이클은 4개의 가역과정, 즉 2개의 등온과정과 2개의 단열과정으로 이루어진 가역 사이클이다. **카르노 원리**는 두 동일한 저장조 사이에 작동하는 모든 가역 열기관의 효율은 동일하며, 어떠한 열기관의 효율도 두 동일한 저장조 사이에 작동하는 가역 열기관의 효율보다는 높지 않음을 말해준다. 이들 서술들은 Kelvin 온도라는 **절대온도눈금**을 정하는 데 기본이 되며, 이는 어떤 가역 열기관과 고온 및 저온 저장조 사이의 열전달량과 관계되며 다음과 같다.

$$\left(\frac{Q_H}{Q_L}\right)_{\text{rev}} = \frac{T_H}{T_L}$$

따라서 가역장치에 대하여 Q_H/Q_L 비는 T_H/T_L로 대치될 수 있으며, 여기서 T_H와 T_L은 각각 고온 저장조와 저온 저장조의 절대온도이다.

가역 카르노 사이클로 작동하는 열기관을 카르노 열기관이라 부른다. 카르노 열기관뿐만 아니라 다른 모든 가역 열기관의 효율도 다음 식으로 주어진다.

$$\eta_{\text{th,rev}} = 1 - \frac{T_L}{T_H}$$

이것이 T_H와 T_L 사이에서 작동하는 열기관이 가질 수 있는 최대 효율이다.

가역 냉동기와 열펌프의 성능계수는 유사한 방법으로 다음 식으로 주어진다.

$$\text{COP}_{\text{R,rev}} = \frac{1}{T_H/T_L - 1}$$

그리고

$$\text{COP}_{\text{HP,rev}} = \frac{1}{1 - T_L/T_H}$$

이 식은 T_H와 T_L의 온도범위에서 작동하는 어떤 냉동기나 열펌프가 가질 수 있는 최대 성능계수를 나타낸다.

참고문헌 | REFERENCES AND SUGGESTED READINGS

1. *ASHRAE Handbook of Refrigeration*. SI version. Atlanta, GA: American Society of Heating, Refrigerating, and Air-Conditioning Engineers, Inc., 1994.

2. D. Stewart. "Wheels Go Round, but Always Run Down.", *Smithsonian*, pp. 193-208, November 1986

연습문제* | PROBLEMS

열역학 제2법칙과 열에너지 저장조

7-1C 한 정비사가 휘발유 대신 물을 사용하는 자동차 엔진을 개발했다고 주장한다. 이 주장에 대한 당신의 반응은 무엇인가?

7-2C 열역학 제1법칙과 제2법칙을 모두 위반하는 가상의 과정을 기술해보라.

7-3C 열역학 1법칙은 만족하지만 열역학 2법칙을 위반하는 가상의 과정을 설명하라.

7-4C 열역학 2법칙을 만족하지만 열역학 1법칙을 위반하는 가상의 과정을 기술해보라.

7-5C 한 실험자가 120°C인 고압의 증기로부터 열을 전달하여, 적은 양의 물의 온도를 150°C까지 올렸다고 주장한다. 이 주장은 이치에 맞는가? 이유를 설명하라. 어떤 냉동기나 열펌프도 사용하지 않았다고 가정하라.

7-6C 오븐에 감자를 굽는 과정에서, 오븐 안의 뜨거운 공기를 열에너지 저장조로 볼 수 있는지 설명하라.

열기관과 열효율

7-7C 모든 열기관의 특성은 무엇인가?

7-8C 열역학 제2법칙에 대한 Kelvin–Planck 표현은 무엇인가?

7-9C 열기관이 저온 열저장조에 폐열을 방출하지 않고 작동되는 것이 가능한지를 설명하라.

*"C"로 표기한 문제는 개념 문제이며, 모든 문제를 풀어 볼 것을 권장한다. "E"로 표기한 문제는 영국 단위계 문제이며, SI 단위계 사용자는 이 문제를 무시해도 된다. 아이콘(■)으로 표기된 문제는 포괄적인 개념 문제이며, 적절한 소프트웨어를 사용하여 풀 수 있는 문제이다.

7-10C 100%의 열효율을 가진 열기관은 (*a*) 열역학 제1법칙 (*b*) 열역학 제2법칙 중 어느 것을 위반하고 있는가? 설명하라.

7-11C 마찰과 비가역성이 없는 열기관은 100%의 효율을 가질 수 있는가? 설명하라.

7-12C 수력발전소를 포함하여 일을 만들어 내는 모든 장치의 효율이 제2법칙의 Kelvin–Planck 서술에 제한을 받는가?

7-13C 평판 가열기는 기본적으로 전기 저항을 이용한 가열기이며 자주 공간 난방에 사용된다. 집주인은 5년 된 평판 가열기의 변환 효율이 100%라고 주장한다. 이 주장은 열역학 법칙을 위반하는가? 설명하라.

7-14C 그릇에 들어 있는 물을 가열하는 경우를 생각한다. (*a*) 전기 조리기 위에 놓아 가열하는 방법과, (*b*) 물속에 가열기를 넣어 가열하는 방법 중에 어느 방법이 물을 가열하는 효율적인 방법인지 설명하라.

7-15 열기관이 총 1.3 kJ의 열을 흡수하고 열효율이 35%일 때 얼마의 일이 생산되는가?

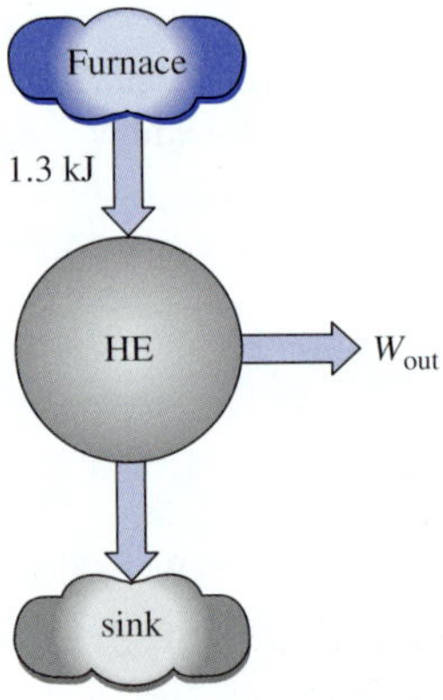

그림 P7-15

7-16 증기발전소가 보일러에서 280 GJ/h의 열을 받는다. 증기가 파이프와 기타 장치를 지나면서 주위 공기로의 열손실이 8 GJ/h로 추산된다. 만약 냉각수로 전달되는 폐열이 165 GJ/h라면 다음을 구하라. (*a*) 순 동력 생산 (*b*) 이 발전소의 열효율 *답: (a) 29.7 MW (b) 38.2%*

7-17E 열기관이 3 × 10⁴ Btu/h의 열이 흡수되고 열효율이 40%이다. 생산되는 동력을 마력으로 계산하여라.

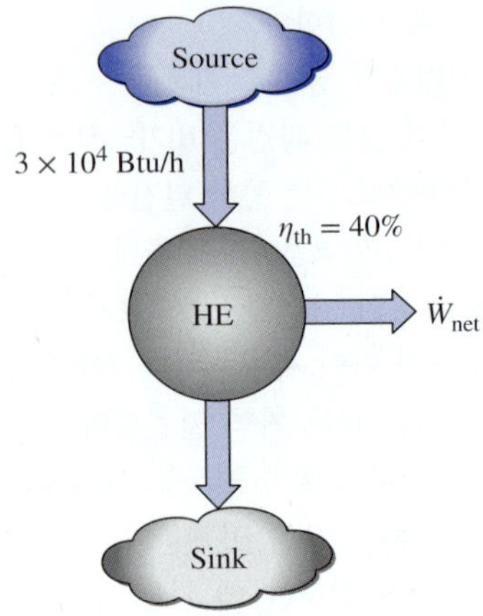

그림 P7-17E

7-18 강물로 냉각되는 600 MW 증기원동소의 열효율이 40%이다. 강물에 전달되는 열전달률을 구하라. 실제의 열전달률은 이 값보다 높을 것인지 또는 낮을 것인지를 답하고 이유를 설명하라.

7-19 열효율이 45%인 열기관이 500 kJ/kg의 열을 방출한다. 얼마의 열을 흡수하여야 하는가? *답: 909 kJ/kg*

7-20E 배를 추진하는 열기관이 300 Btu/lbm의 열을 방출하고 500 Btu/lbm의 일을 생산한다. 열효율은 얼마인가?

7-21 150 MW의 출력을 내는 증기원동소가 석탄을 60 tons/h으로 소비한다. 석탄의 발열량이 30,000 kJ/kg일 때 이 증기원동소의 열효율을 구하라. *답: 30.0%*

7-22 22 L/h의 연료를 소비하여 55 kW의 동력을 바퀴에 전달하는 자동차 엔진이 있다. 연료의 발열량이 44,000 kJ/kg, 밀도가 0.8 g/cm³일 때, 이 엔진의 효율을 구하라. *답: 25.6%*

7-23E 대량의 물에 태양에너지를 저장하는, 소위 태양연못이 전력 생산에 사용된다. 만약 이 발전소의 효율이 3%이고 순전력 생산량이 150 kW일 때, 저장하여야 하는 태양에너지의 평균양을 Btu/h로 구하라.

7-24 석탄을 연료로 하는 증기화력발전소의 전체 열효율이 32%이며 300 MW의 정미 동력을 생산한다. 계산에 의하면 연소로 안의 실제 공연비는 12 kg air/kg fuel이다. 석탄의 발열량이 28,000 kJ/kg이다. (*a*) 24시간 동안에 소비된 석탄의 양, (*b*) 연소로에 흐르는 공기유량을 구하라. *답: (a) 2.89 × 10⁶ kg, (b) 402 kg/s*

7-25E 1987년에 하와이에 건설된 해양열에너지변환발전소(OTEC)는 해양의 표면 온도, 86°F와 2100 ft 깊이에서의 온도, 41°F의 범위에서 운전되도록 설계되었다. 40 in 지름의 파이프를 통해 심해로부터 저온의 해수가 13,300 gpm의 유량으로 펌핑되

어 열침 또는 냉각매체로 사용된다. 냉각수의 온도상승이 6°F이고 열효율이 2.5%라고 할 때, 생산되는 동력은 얼마인가? 해수의 밀도는 64 lbm/ft^{3}을 사용한다.

7-26 국가는 새로운 전력 수요의 증가에 맞춰 발전소를 건설해야 한다. 한 가지 방법은 kW당 $1300의 비용이 드는 효율 40%의 석탄 화력 발전소를 건설하는 것과 다른 하나는 석탄에 열과 압력을 가하여 가스화시키고 동시에 황과 입자 물질을 제거하는 설비 즉 청정 연소 통합 가스화 복합 사이클(IGCC)을 구축하는 것이다. 가스화된 석탄은 가스터빈에서 연소되고 배기 가스로부터 회수된 폐열의 일부는 증기 터빈을 위한 증기를 생성한다. IGCC 플랜트 건설 비용은 약 kW당 $1500이지만 효율성은 약 48%이다. 석탄의 평균 발열량은 톤당 약 28,000,000 kJ이다. (즉, 석탄 1톤을 태울 때 28,000,000 kJ의 열이 방출된다.) 만약에 5년 동안 연료 절약을 통해 건설 비용을 회수하고자 하면, 석탄의 톤당 가격은 얼마이어야 하는가?

7-27 문제 7-26를 다시 보자. 적절한 소프트웨어를 활용하여 회수기간, 건설비용, 운전효율의 변화에 따른 석탄 가격을 계산하라.

7-28 회수 기간을 5년이 아닌 3년으로 가정하여 문제 7-26을 반복하라.

냉동기와 열펌프

7-29C 냉동기와 열펌프의 차이점은 무엇인가?

7-30C 냉장고와 에어컨(air conditioner)의 차이점은 무엇인가?

7-31C 냉동기의 성능계수의 정의를 서술하라. 성능계수는 1보다 큰 값일 수 있는가?

7-32C 열펌프의 성능계수의 정의를 서술하라. 성능계수는 1보다 큰 값일 수 있는가?

7-33C 성능계수(COP) 2.5인 난방용 열펌프가 있다 즉, 1 kWh의 전력을 소비해서 2.5 kWh의 에너지를 집 안으로 전달한다. 이것은 열역학 제1법칙에 위반되는가? 설명하라.

7-34C 성능계수(COP) 1.5인 냉동기가 있다. 즉 소비하는 전력 1 kWh에 대해서 1.5 kWh의 에너지를 냉동실에서 제거한다. 이것은 열역학 제1법칙에 위반되는가? 설명하라.

7-35C 냉동기에서 열은 저온물체(냉동 공간)로부터 고온물체(부엌의 공기)로 전달된다. 이것은 열역학 제2법칙에 위반되는가? 설명하라.

7-36C 열펌프는 바깥의 찬 공기로부터 에너지를 흡수하여 따뜻한 실내로 에너지를 전달하는 장치이다. 이것은 열역학 제2법칙에 위반되는가? 설명하라.

7-37C 열역학 제2법칙에 대한 Clausius의 서술은 무엇인가?

7-38C 열역학 제2법칙에 대한 Kelvin–Planck 서술과 Clausius 서술이 서로 같음을 보여라.

7-39 식품 냉동고의 냉각효과는 5 kW이고 COP는 1.3이다. 이 냉장고를 운전하기 위해서는 몇 kW의 전력이 요구되는가?

7-40 자동차 에어컨이 0.75 kW의 동력을 사용하면서 1 kW의 냉각효과를 보인다. 에어컨에서 방출되는 열률은 얼마인가?

7-41 식품 냉장고는 22,000 kJ/h의 열을 방출하면서 15,000 kJ/h 냉각을 제공한다. 이 냉장고의 COP를 계산하라. *답: 2.14*

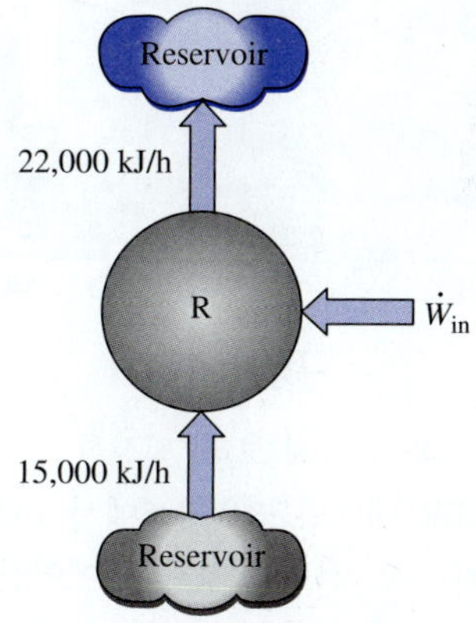

그림 P7-41

7-42 소비전력 1 kW당 5040 kJ/h의 열률로 식품 구획에서 열을 제거하는 냉장고의 COP를 결정하라. 또한 외부 공기로의 열방출률을 결정하라.

7-43 전력 1 kW당 8000 kJ/h의 열률로 집에 에너지를 공급하는 히트펌프의 COP를 결정하라. 또한, 외부공기로부터의 에너지 흡수율을 결정하라. *답: 2.22, 4400 kJ/h*

7-44 열 펌프의 COP는 1.7이다. 50 kJ의 일이 공급되었을 때 이 히트펌프가 열원과 열침으로부터 주고받는 열전달을 구하라.

7-45E COP가 1.4인 히트 펌프는 100,000 Btu/h의 난방 효과를 얻는다. 이 장치에 필요한 전력은 마력 단위로 얼마인가?

7-46 5.25 kW의 전력을 사용하면서 750 kJ/min의 열률로 집에서 열을 꾸준히 제거하는 에어컨이 있다. 다음을 구하라. (*a*) 이 에어컨의 COP (*b*) 외부 공기로의 열 전달률 *답: (a) 2.38, (b) 1065 kJ/min*

7-47 450 W의 전력을 사용하고 COP가 1.5인 가정용 냉장고가 10 kg의 큰 수박 5개를 8°C로 냉각하고자 한다. 수박의 초기 온도가 28°C이면 냉장고가 그것들을 식히는 데 얼마나 걸리는가? 수박은 비열이 4.2 kJ/kg·°C인 물로 간주할 수 있다. 당신의 대답은 현실적인가 아니면 낙관적인가? *답: 104분*

7-48 어떤 남자가 여름날 잘 밀폐된 집으로 돌아왔을 때 집 온도가 35°C임을 알게 되었다. 그는 집 전체를 30분 만에 20°C로 냉각시키기 위해 에어컨을 켠다. 에어컨 시스템의 COP는 2.8일때, 에어컨에서 사용하는 전력을 구하라. 내부의 모든 질량을 c_v = 0.72 kJ/kg·°C, c_p = 1.0 kJ/kg·°C인 800 kg의 공기로 가정한다.

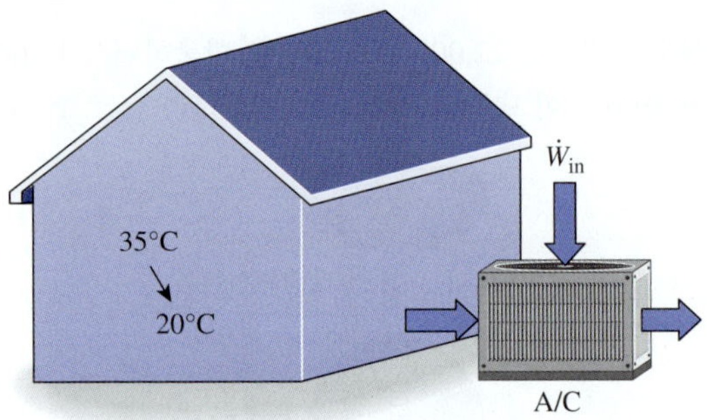

그림 P7-48

7-49 문제 7-48을 다시 보라. 적절한 소프트웨어를 사용하여, EER 레이팅 범위가 5에서 15인 에어컨을 함수로 집을 냉방시키기 위한 전력을 구하라. 에어컨 EER 등급의 함수로 집을 식히기 위해 에어컨에 필요한 전력 입력을 결정한다. 결과에 대해 논의하고 EER 등급 범위의 대표적인 에어컨의 비용을 포함시켜라.

7-50E 물이 제빙기에 55°F로 유입하여 25°F 인 얼음이 되어 나간다. 운전 중인 제빙기의 COP가 2.4이며, 얼음 생산율이 28 lbm/h 일 경우에 필요한 동력을 구하라(55°F인 물 1 lbm을 25°F인 얼음으로 만들기 위하여 169 Btu의 에너지가 제거되어야 한다).

7-51 물을 23°C에서 5°C로 연속적으로 식히는 냉장고가 있다. 응축기에서 제거된 열은 570 kJ/min이고 필요 전력은 2.65 kW이다. 냉장고의 COP와 냉각되는 유량을 L/min로 구하라. 물의 비열은 4.18 kJ/kg·°C이고 밀도는 1 kg/L이다. *답: 5.46 L/min, 2.58*

7-52 가정용 냉장고가 운전시간의 1/4 동안 작동되고 음식공간에서 평균 800 kJ/h의 열을 제거한다. 냉장고의 성능계수가 2.2이면, 작동되는 동안 냉장고가 사용하는 전력을 구하라.

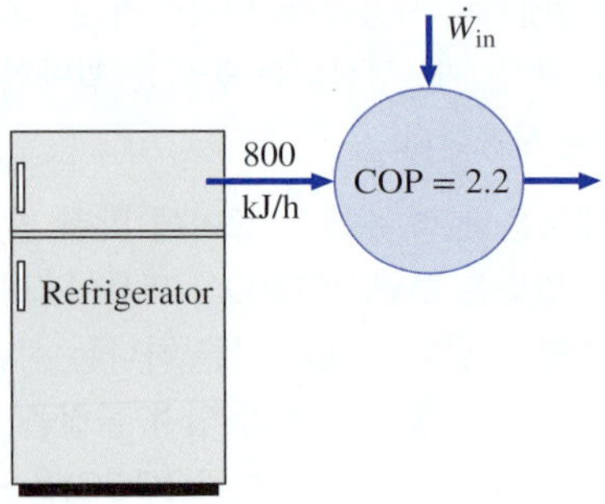

그림 P7-52

7-53E 12,000 Btu/h의 창문형 에어컨으로 적절히 냉각되는 사무실을 고려한다. 지금 여러 대의 컴퓨터, 단말기와 프린터가 설치되어 8.4 kW의 정격 전력을 소모하는 방으로 바꾸기로 결정했다. 이 시설에는 추가 냉각 요구 사항을 충족하기 위해 설치할 수 있는 여러 대의 7000 Btu/h 냉방기가 보관하고 있다. 0.4의 사용 계수(즉, 어떤 순간 정격 전력의 40%만 소비된다)와 각각 100 W의 비율로 열을 발생시키는 7명의 추가 인원을 가정할 때, 몇 개의 에어컨을 설치하여야 하는지 결정하라.

7-54 전기에너지 1200 kWh를 소비하는 전열기를 사용하여 겨울철 1개월 동안 난방하는 집이 있다. 전열기 대신에 평균 성능계수(COP)가 2.4인 열펌프를 사용한다고 할 경우에, 집주인이 한 달 동안에 절약할 수 있는 금액을 구하라. 전기료는 $0.12/kWh이다.

7-55 냉매 R-134a가 압력 800 kPa, 온도 35°C의 상태로 주거용 열펌프의 응축기에 0.018 kg/s의 유량으로 유입되어 압력이 800 kPa인 포화액체로 유출한다. 압축기의 소비동력이 1.2 kW일 때, (*a*) 열펌프의 COP, (*b*) 외기로부터 열흡수율을 구하라.

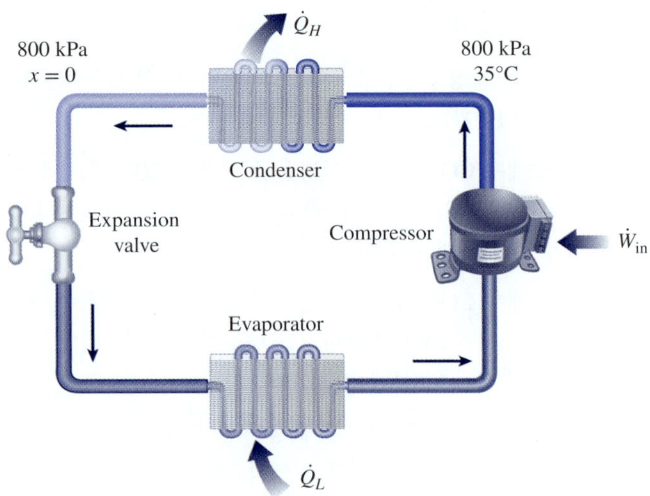

그림 P7-55

가역과정과 비가역과정

7-56C 왜 기술자들은 도달할 수 없을지라도 가역과정에 관심을 두는 것인가?

7-57C 따뜻한 방 안에 놓여 있는 차가운 음료수 캔의 온도가 열전달에 의해 올라갔다. 이 과정은 가역과정인가? 설명하라.

7-58C 블록이 마찰이 있는 경사진 평면을 구속하는 힘을 받지 않고 미끄러져 내려간다. 이 과정은 가역인가 비가역인가? 답이 합리적임을 보여라.

7-59C 내부적 비가역과 외부적 비가역을 어떻게 구별하는가?

7-60C 견고한 용기에 천연가스(예, 메탄)와 공기 혼합물의 연소를 고려하여 빠른 화학반응이 있는 과정이 비가역임을 보여라.

7-61C 계 내에 설치된 날개 바퀴를 회전시켜 내용물을 섞는 단열시스템을 고려하여(예, 전기 믹서로 케이크 혼합물을 섞는 경우), 혼합에 동력을 사용하는 과정이 비가역임을 보여라.

7-62C 비준평형(nonquasi-equilibrium) 압축과정이, 대응하는 준평형 압축과정보다 많은 입력일을 필요로 하는 이유는 무엇인가?

7-63C 비준평형(nonquasi-equilibrium) 팽창과정이 대응하는 준평형 팽창과정보다 더 적은 일을 하는 이유는 무엇인가?

7-64C 가역 압축과정 또는 가역 팽창과정은 반드시 준평형이어야 하는가, 준평형 팽창 또는 준평형 압축과정은 반드시 가역인가? 설명하라.

카르노 사이클과 카르노 원리

7-65C 카르노 사이클을 이루는 네 개의 과정은 무엇인가?

7-66C 카르노 원리로 알려진 2개의 서술은 무엇인가?

7-67C 동일한 온도 한계에서 작동하는 카르노 사이클보다 더 효율이 높은 (*a*) 실제의 열기관 사이클, (*b*) 가역 열기관 사이클을 개발하는 것은 가능한가? 설명하라.

7-68C 어떤 사람이 동일한 온도 한계에서 작동하는 카르노 사이클보다 높은 이론효율을 갖는 새로운 가역 열기관 사이클을 개발했다고 주장한다. 이 주장에 대해 어떻게 평가하는가?

7-69 어떤 사람이 동일한 온도 한계에서 작동하는 카르노 사이클과 같은 이론효율을 갖는 새로운 가역 열기관 사이클을 개발했다고 한다. 이것은 타당한 주장인가?

카르노 열기관

7-70 T_H를 높이거나 T_L을 낮추는 것 외에 카르노 사이클의 효율을 높이는 다른 방법은 있는가?

7-71C 태양에너지로 작동하는 두 개의 원동소가 있다. 하나의 원동소는 80°C의 태양 연못에서 에너지를 공급받고, 다른 원동소는 물의 온도를 600°C까지 올리는 집중형 집열기에 의해 공급받는 다. 어느 원동소의 효율이 더 높겠는가? 그 이유를 설명하라.

7-72 당신은 발전소의 엔지니어이다. 보일러의 화염온도는 1200 K이고 근처 강에서 가용되는 냉각수는 300 K임을 알고있다. 발전소가 얻을 수 있는 최대 효율은 얼마인가?

7-73 문제 7-72를 다시 고려한다. 당신은 또한 과도한 크리프가 발생하기 전에 터빈 블레이드의 야금 온도 한계가 1000 K라는 것도 알고 있다. 이제 이 발전소의 최대 효율은 얼마인가?

7-74E 한 열역학자가 1260 R 및 510 R에서 열 에너지 저장소에서 작동하는 열 효율이 50%인 열기관을 개발했다고 한다. 이 주장은 적절한가?

7-75E 47%의 열 효율 카르노 사이클에서 작동하는 열기관이 있다. 이 엔진의 폐열은 800 Btu/min의 률로 60°F의 인근 호수로 배출된다. 다음을 결정하라. (*a*) 엔진의 출력 (*b*) 열원의 온도 *답: (a)* 16.7 hp, *(b)* 981 R

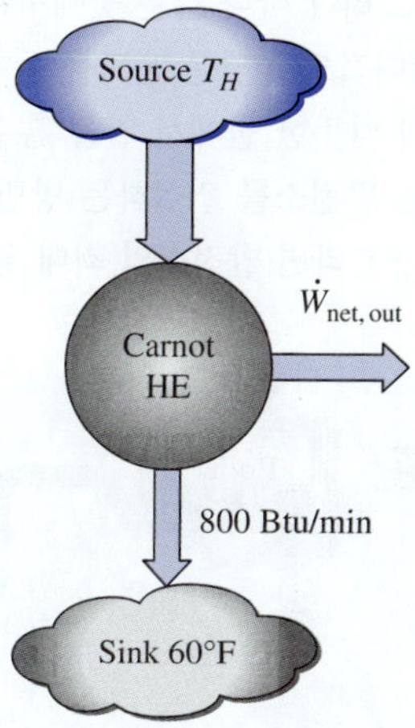

그림 P7-75E

7-76E 1500 R의 열원과 500 R의 열침에서 작동하는 완전히 가역적인 열기관이 있다. 5 hp의 동력을 생산할때, 엔진에 공급되어야 하는 열률(Btu/h)은 얼마인가? *답:* 19,100 Btu/h

7-77 한 발명가가 500 K의 열원으로부터 700 kJ의 열을 받고 290 K의 열침에 폐열을 배출하면서 300 kJ의 순 일을 생산하는

열기관을 개발하였다고 주장한다. 이것이 합리적인 주장인가? 그 이유는 무엇인가?

7-78 카르노 열기관이 1000 K의 열원과 300 K의 열침 사이에서 작동한다. 800 kJ/min의 율로 열기관에 열이 공급되는 경우 다음을 결정하라. (*a*) 열효율 (*b*) 이 열기관의 출력. *답: (a)* 70%, *(b)* 9.33kW

7-79 열기관은 477°C의 열원과 25°C의 열침에서 작동하는 열기관이 있다. 열기관에 65,000 kJ/min의 열이 공급되면 최대 출력은 얼마인가?

7-80 문제 7-79를 다시 고려하자. 적절한 소프트웨어를 사용하여, 생산 동력과 사이클 열효율에 대한 열원과 열침의 온도 효과를 연구하라. 열원 온도를 300°C에서 1000°C, 열침의 온도는 0°C에서 50°C까지 변화시켜라. 열침 온도 0°C, 25°C 및 50°C에 대해 열원의 온도와 생산 동력과 사이클 효율을 그래프로 나타내고 결과를 논하라.

7-81E 한 실험가는 자신의 측정에 따르면 열 기관이 900 R의 열원에서 300 Btu의 열을 받아 그중 160 Btu를 일로 전환하고 나머지는 540 R의 열침에 폐열로 방출한다고 주장한다. 이 측정이 합리적인가? 이유는 무엇인가?

7-82 열대 기후에서는 바다 표면 근처의 온도는 태양열로 인해 일년 내내 따뜻하다. 그러나 바다 깊은 곳에서는 태양광이 깊게 침투할 수 없어 물은 상대적으로 낮은 온도를 유지한다. 이 온도차를 이용하여 표면 근처의 따뜻한 물에서 열을 흡수하고 수백 미터 아래에 폐열을 방출하는 발전소를 건설하는 방법이 제기된다. 두 위치의 온도는 24°C와 3°C라면 발전소의 최대 열효율을 구하라.

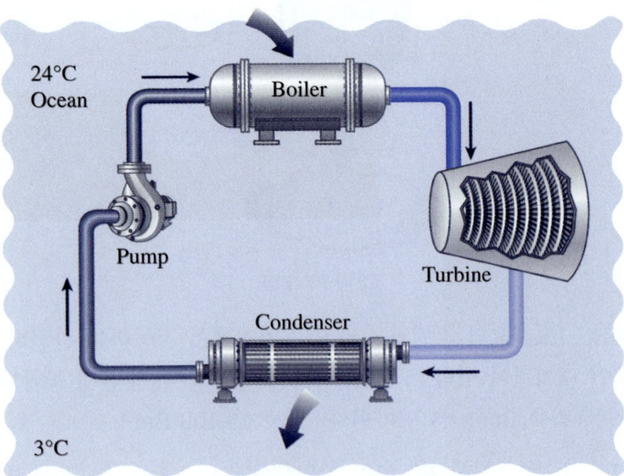

그림 P7-82

7-83C 열원의 온도를 두 배로 하여 완전히 가역적인 열기관의 효율을 두 배로 만들 수 있다는 주장이 제기되었다. 이 주장의 타당성을 확인하라.

카르노 냉동기와 카르노 열펌프

7-84C T_L과 T_H의 온도 수준에서 작동하는 냉장고의 최고 성능계수는 얼마인가?

7-85C 집주인이 새 냉장고와 에어컨을 구입하였다. 어떤 기기의 성능계수가 더 높을 것으로 예상하는가? 이유는 무엇인가?

7-86C 어느 주택소유자가 새 부엌에 설치할 냉동실이 없는 냉장고와 급속 냉동기를 구입하였다. 이 두 장치 중에서 어느 것이 더 낮은 COP를 가질 것으로 예상하는가? 그 이유는 무엇인가?

7-87C 카르노 냉동기의 성능계수를 어떻게 증가시킬 수 있는가?

7-88C 어떤 사람이 열기관 사이클에서 에너지를 절약하려는 노력으로, 폐에너지의 일부인 Q_L을 흡수하여 이것을 열기관의 열원에 전달하는 통합 냉동기를 제안하였다. 이것이 현명한 생각인가? 설명하여라.

7-89C 열기관으로부터 열이 방출되는 온도 T_L이 낮아짐에 따라 열기관의 열효율이 증가한다는 것은 확립되어 있다. 어떤 사람이 발전소의 효율을 높이려는 노력으로 냉각수를 응축기에 유입하기 전에 냉동기로 냉각하는 것을 제안하였다. 이것은 좋은 생각인가? 그 이유는 무엇인가?

7-90C 열기관의 열효율은 열원의 온도가 높아짐에 따라 증가한다는 것은 잘 알려져 있다. 어떤 사람이 발전소의 효율을 개선하려는 시도로 에너지를 발전소에 공급하기 전에 열펌프를 사용하여 실제의 열원으로부터 더욱 고온인 물체에 열을 전달한 후, 그 고온 물체의 에너지를 열원으로 사용하는 것을 제안하였다. 이러한 제안에 대하여 어떻게 생각하는가? 설명하라.

7-91 273 K와 293 K의 저장소 사이에서 작동되는 성능계수가 1.7인 열펌프를 열역학자가 개발했다고 주장한다. 이 주장이 유효한가?

7-92 460 K 및 535 K의 열 에너지 저장소 사이에서 열 펌프를 구동하는 데 필요한 열원으로부터의 단위 열전달량에 대한 최소 일을 결정하라.

7-93 완전 가역 냉동기가 250 K과 300 K인 열에너지 저장조 사이에서 10 kW 압축기로 운전되고 있다. 이 냉동기에 공급되는 냉동률을 계산하라. *답:* 50 kw

7-94 온도를 24°로 유지하기 위해 주택으로부터 750 kJ/min의 에서 열을 제거하는 역카르노 사이클로 작동하는 에어컨이 필요하다. 만약 외기 온도가 35°C인 경우 필요한 전력을 결정하라. *답:* 0.463 kW

7-95 성능계수 12.5로 작동하는 카르노 열펌프가 있다. 2.15 kW를 소비하여 공간을 24°C로 유지한다. 열이 흡수되는 열저장조의 온도와 열펌프에 의해 공급되는 난방 부하를 결정하라. *답:* 273 K, 26.9 kW

7-96E 외부 온도가 100°F일 때 집을 70°로 유지하는 데 에어컨 시스템이 사용된다. 집은 벽과 창문을 통해 800 Btu/min의 율로 열을 얻고 있으며 사람, 조명 및 가전 제품에서 발생하는 집 내 발열량은 100 Btu/min이다. 이 에어컨 시스템에 필요한 최소 전원 입력을 결정하라. *답:* 1.20마력

7-97 카르노 냉동기가 15°C인 공간으로부터 16,000 kJ/h로 열을 흡수하고 36°C인 열저장조에 열을 방출한다. 냉동기의 COP, 입력동력(kW), 고온 열저장조에 방출한 열전달률(kJ/h)을 구하라.

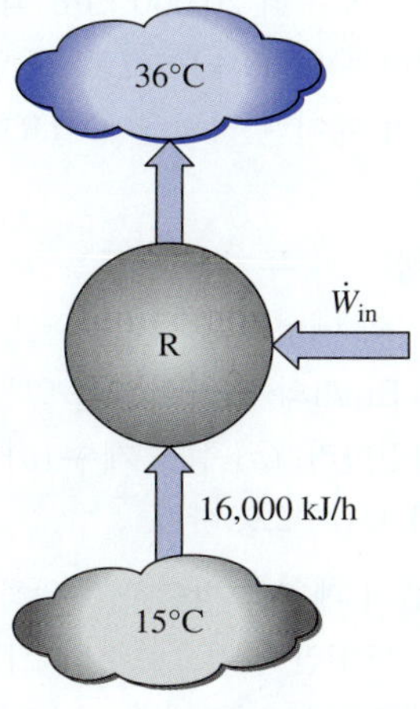

그림 P7-97

7-98E 450 R 및 540 R의 열 에너지 저장조 사이에서 작동되는 완전 가역 냉동기가 있다. 이 장치가 15,000 Btu/h의 냉각 효과를 얻기 위해서는 몇 kw의 동력이 필요한가 ?

7-99 온도가 25°C인 방에서 카르노 냉장고가 작동된다. 500 W의 동력을 소비하는 냉장고의 COP가 4.5다. 다음을 구하라. (*a*) 냉장 공간으로부터의 열 제거율 (*b*) 냉장 공간의 온도. *답:* (*a*) 135 kJ/min, (*b*) −29.2°C

7-100 열 펌프는 집을 난방하고 24°C로 유지하는 데 사용된다. 외기온도가 −5°C인 겨울날 집은 80,000 kJ/h의 비율로 열을 잃는 것으로 추정된다. 이 열펌프를 작동시키는 데 필요한 최소 전력을 결정하라.

7-101 응축기를 0.25 kg/s의 비율로 18°C로 들어가서 26°C로 나가는 냉각수에 폐열을 방출하여 냉동공간을 −35°C로 유지하기 위하여 작동유체로 냉매인 R-134a를 사용하는 냉동기가 사용된다. 냉매는 1.2 MPa, 50°C로 응축기로 들어가고 같은 압력에 5°C의 과냉각 상태로 나간다. 압축기가 3.3 kW의 동력을 소비한다면 다음을 구하라. (*a*) 냉매의 유량, (*b*) 냉동 부하, (*c*) 성능계수, (*d*) 같은 냉동 부하에 대해 압축기의 최소 동력

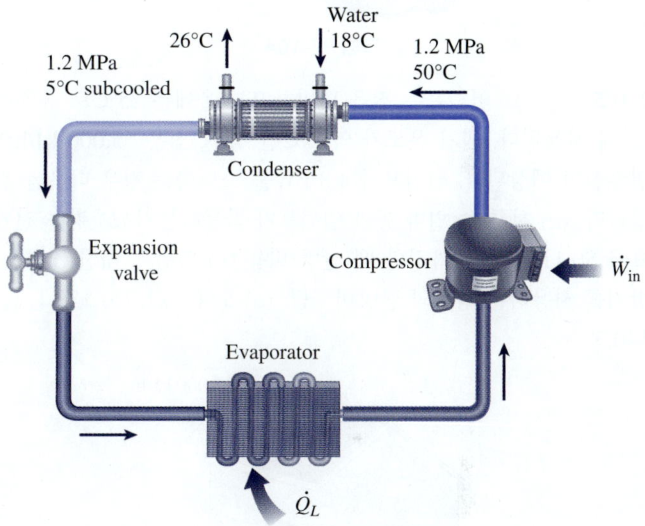

그림 P7-101

7-102 열원의 온도가 낮아짐에 따라 열펌프의 성능도 낮아진다(즉, COP가 감소한다). 이것 때문에 매우 추운 기후 조건을 갖는 지역에서는 열펌프의 이용을 그다지 선호하지 않는다. 겨울철에 실내의 온도를 20°C로 유지하기 위하여 열펌프를 사용한다고 할 때, 실외의 온도가 (*a*) 10°C, (*b*) −5°C, (*c*) −30°C인 실외에서 열을 흡수하는 열펌프의 최대 COP를 구하라.

7-103E 겨울철에 실내 난방을 위해 열펌프를 사용한다. 집의 온도를 항상 78°F로 유지한다. 실외의 온도가 25°F일때, 집으로부터의 열손실은 70,000 Btu/h로 추정된다. 만약 (*a*) 25°F인 실외 공기로부터 열을 흡수하는 경우와 (*b*) 50°F인 우물물로부터 열을 흡수하는 경우에, 열펌프를 가동하기 위해 필요한 최소 동력을 구하라.

7-104 COP가 1.6이고 열침의 온도가 300 K인 완전 가역 열펌프가 있다. 다음을 계산하라. (*a*) 열원의 온도 (*b*) 1.5 kW의 동력이 열펌프에 공급될 때 열침으로의 열 전달률

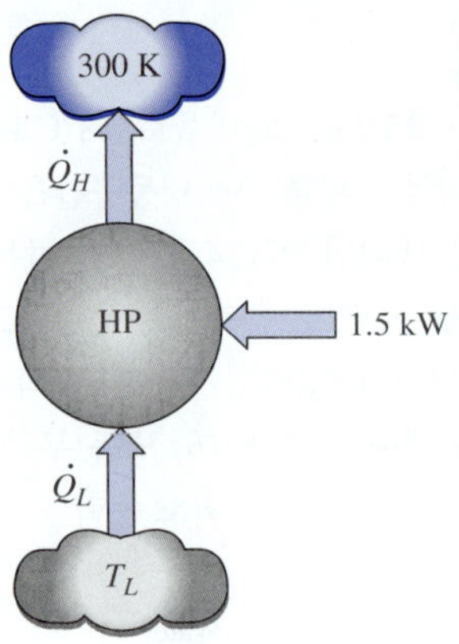

그림 P7-104

7-105 카르노 열펌프는 집을 난방하고 겨울에는 25°C로 유지하는 데 사용된다. 외기 온도가 약 2°C인 경우, 집은 55,000 kJ/h의 열손실이 예상된다. 열펌프가 4.8 kW를 소비하는 경우 다음을 결정하라. (*a*) 하루 중 얼마 동안 열펌프가 작동하는지 (*b*) 평균 전기요금 $0.11/kWh라 가정할 때 난방 비용 (*c*) 열펌프 대신 저항 난방기를 사용하는 경우의 난방비 *답: (a)* 5.90시간, (*b*) $3.11, (*c*) $40.3

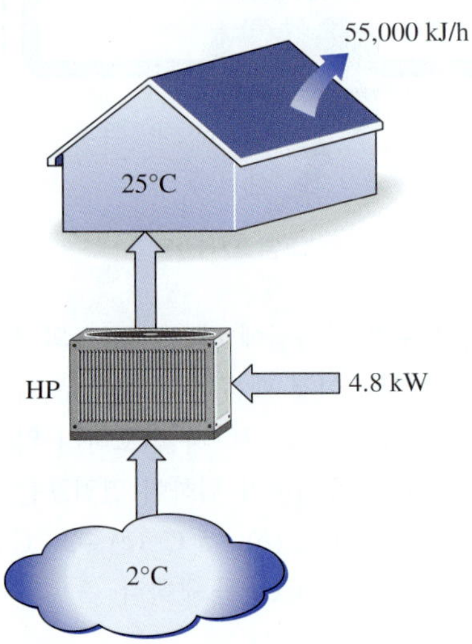

그림 P7-105

7-106 카르노 열기관이 900°C에서 800 kJ/min로 열을 받고 27°C의 주변 공기로 열을 방출한다. 열기관의 출력이 −5°C의 냉장 공간에서 열을 제거하고 동일한 27°C의 주변 공기로 전달하는 냉장고를 구동하는 데 사용된다. 다음을 결정하라. (*a*) 냉동공간에서의 최대 열 제거율 (*b*) 주변 공기로의 총 열 방출률 *답: (a)* 4982 kJ/min, (*b*) 5782 kJ/min

7-107 실내와 실외의 온도차 1°C에 대해서 4500 kJ/h의 열손실이 일어나는 집이 있다. 실내의 온도를 24°C로 유지하기 위하여 4 kW의 입력동력이 필요한 열펌프가 사용되고 있다. 이 열펌프가 난방 요구조건을 만족할 수 있는 실외의 최저온도를 구하라. *답:* −6.8°C

7-108 완전 가역 냉동기에 대해 COP를 열 에너지 저장소 온도, T_L 및 T_H로 표현되는 식을 유도하라.

복습문제

7-109 아이스크림 냉동고 제조업체는 주변 환경이 300 K일 때 250 K에서 아이스크림를 냉동시키며 성능 계수가 1.3인 제품을 만들 수 있다고 주장한다. 이 주장이 유효한가?

7-110 건물 내부 온도가 300 K이고 건물을 둘러싼 대기가 260 K일 때, 공기를 열원으로 건물을 난방하는 열펌프의 성능계수가 1.8이라고 열펌프 설계자가 주장한다. 이 주장은 유효한가?

7-111 집을 20°C의 일정한 온도로 유지하는 데 에어컨 시스템이 사용된다. 집은 외부로부터 20,000 kJ/h, 내부의 사람, 전등, 가전제품 등에서 발생하는 8000 kJ/h의 율로 열을 얻어 더워진다. COP가 2.5인 경우 이 에어컨 시스템에 필요한 전원 입력을 결정하라. *답:* 3.11 kW

7-112E 카르노 열펌프가 주거용 건물을 75°F로 가열하고 유지하는 데 사용된다. 집의 에너지 분석 결과 실내와 실외 사이의 온도 차이 1°F당 2500 Btu/h의 비율로 열을 잃는다. 35°F의 실외 온도에 대해 다음을 결정하라. (*a*) 성능 계수 (*b*) 열펌프에 필요한 전력 입력. *답: (a)* 13.4, (*b*) 2.93마력

7-113E 냉동시스템이 폐열을 방출하기 위하여 수냉각 응축기를 사용한다. 시스템은 25°F인 공간으로부터 21,000 Btu/h 율로 열을 흡수한다. 응축기에 들어오는 냉각수는 65°F이며 유량은 1.45 lbm/s이다. 시스템의 COP를 1.9로 추정할 때, 다음을 결정하라 (*a*) 시스템의 입력동력(kW), (*b*) 응축기 출구에서 물의 온도(°F) (*c*) 시스템의 가능한 최대 COP. 물의 비열은 1.0 Btu/lbm°F이다.

7-114 냉동 시스템은 평균 350 g 질량의 빵 덩어리를 −30°C의 냉장 공기로 시간당 1200개의 비율로 30°C에서 −10°C로 냉각시킨다. 빵의 평균 비열 및 잠열을 2.93 kJ/kg·°C 및 109.3 kJ/kg으로 하고, 다음을 결정하라. (*a*) 빵으로부터의 열 제거율(kJ/h) (*b*) 필요한 공기의 체적 유량(m^3/h), 공기의 온도 상승이 8°C를 초과하지 않는 경우 (*c*) 냉동 시스템의 COP가 1.2인 경우 냉각 시스템의 압축기 크기(kW)

7-115 집을 난방하기 위하여 성능계수(COP)가 2.8인 열펌프가 사용되고 있다. 가동 중에 열펌프는 5 kW 전력을 소비한다. 열펌프의 가동을 시작할 때 실내의 온도가 7°C이라면, 실내의 온도를 22°C로 올리는 데 걸리는 시간을 구하라. 이 답은 현실적인가? 집은 잘 밀폐되어 있으며(공기 누설이 없으며), 실내의 총 질량(공기, 가구 등)은 공기 1500 kg에 상당한다. *답: 19.2분*

7-116 작동 유체로 0.025 kg의 증기를 사용하는 밀폐 시스템에서 작동되는 카르노 열기관 사이클을 고려한다. 사이클의 최대 절대 온도는 최소 절대 온도의 두 배이고 사이클의 순 일 출력은 60 kJ이다. 열 방출 과정 동안 포화 증기에서 포화 액체로 변하는 경우 방출 과정 동안 증기의 온도를 결정하라.

7-117 문제 7-116을 재고하라. 적절한 소프트웨어를 사용하여 열 제거 과정에서 필요한 증기 온도에 대한 순 출력의 효과를 조사하라. 출력을 40에서 60 kJ까지 변화시키며 조사하라.

7-118 카르노 냉동사이클이 작동유체가 0.96 kg의 R-134a를 사용하는 밀폐계에서 수행되고 있으며 냉매의 포화액-증기 혼합영역 안에서 수행된다. 사이클의 최고 절대온도는 최저 절대온도의 1.2배이며, 사이클의 순 입력일은 22 kJ이다. 열방출 과정 동안에 냉매가 포화증기에서 포화액체로 변화할 때, 사이클의 최소압력을 kPa로 나타내라.

7-119 문제 7-118을 재고한다. 최소압력에 대한 순 입력일의 영향을 조사하라. 이때 정미 입력일을 10에서 30 kJ로 변화시켜 조사하라. 또한 냉동사이클의 정미 입력일에 따른 사이클의 최소압력의 변화를 그래프로 나타내고 결과에 대해 논평하라.

7-120 작동 유체로 증기를 사용하는 정상 유동 시스템에서 실행되는 카르노 열기관 사이클을 고려하라. 열 공급 과정 동안 증기는 275°C의 포화 액체에서 포화 증기로 변하고 사이클의 열효율은 30%이다. 증기의 질량 유량이 3 kg/s이면 이 엔진의 순출력을 kW로 구하라.

7-121 두 개의 카르노 열기관이 직렬로 작동하고 있다. 첫 번째 기관은 1400 K 열저장조에서 열을 받고 온도가 T인 다른 열저장조에 열을 방출한다. 두 번째 기관은 첫 번째 기관이 버린 열을 온도가 T인 열저장조로부터 받아 일부의 열을 일로 변환하고 나머지를 300 K의 열저장조에 방출한다. 두 기관의 열효율이 같을 때, 온도 T를 구하라. *답: 648 K*

7-122 열기관이 800°C와 20°C인 두 개의 열저장조 사이에서 작동한다. 이 열기관의 출력 일의 1/2이 열펌프를 구동하는 데 사용된다. 열펌프는 온도가 2°C인 주위로부터 열을 흡수하여 22°C로 유지되는 집으로 전달한다. 집으로부터 62,000 kJ/h로 열손실이 있다면, 실내를 22°C로 유지하는 데 필요한 열기관에 공급되어야 할 단위시간당의 열량을 구하라.

7-123 오래된 가스터빈의 효율은 21%이며 6000 kW의 출력을 생산한다. 연료의 발열량이 42,000 kJ/kg이고 밀도가 0.8 g/cm³인 경우 이 가스터빈의 연료 소비율(L/min)을 결정하라.

7-124 카르노 열펌프 사이클이 정상유동시스템에서 수행되고 있다. 작동유체는 R-134a이며 사이클은 냉매의 포화액-증기 혼합영역 안에서 수행되고, 냉매의 유량은 0.18 kg/s이다. 사이클의 최고 절대온도는 최저 절대온도의 1.2배이며, 사이클의 정미 입력일은 5 kW이다. 열방출 과정 동안에 냉매가 포화증기에서 포화액으로 변화했을 때, 사이클의 최대압력과 최소압력의 비를 구하라.

7-125 내부 치수가 12 m × 2.3 m × 3.5 m인 냉장 트럭의 화물 공간을 25°C로부터 5°C의 평균온도가 되도록 냉각하려고 한다. 트럭은 외부로부터 전달된 열 획득(transmission heat gain)이 120 W/°C로 되어 있는 구조이다. 주위의 공기 온도가 25°C일 때, 이 트럭을 냉방하기 위하여 냉방 능력이 11 kW인 시스템을 사용한다면 냉동 시간은 얼마인가?

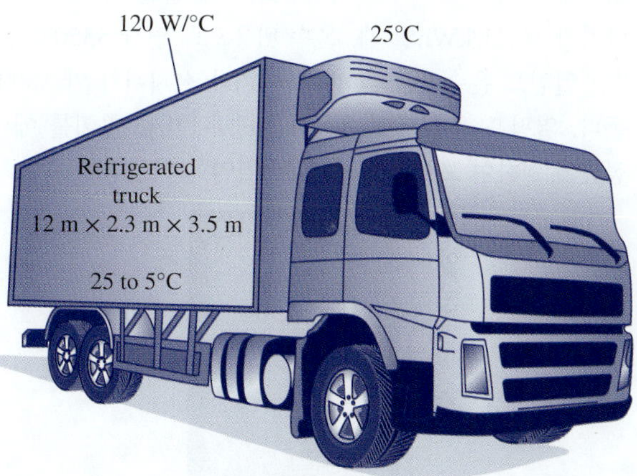

그림 P7-125

7-126 표준 샤워 헤드의 최대 유량은 약 3.5 gpm (13.3 L/min)이고 컨트롤러가 장착된 저유량 샤워 헤드로 전환한다면 2.75 gpm (10.5 L/분)까지 감소한다. 각 사람이 매일 아침 6분 동안 샤워를 하는 4인 가족을 생각해 보자. 15°C의 도시 물이 효율이 65%인 오일 가열식 온수기에서 55°C까지 가열되고 샤워 헤드로 가기 전에 T형 엘보우(T-elbow)에서 찬물로 42°C로 조절된다. 난방비 오일의 가격은 $2.80/gal이고 발열량은 146,300 kJ/gal이다. 물은 4.18 kJ/kg·°C의 일정한 비열을 갖는다고 가정하고, 표준 샤워 헤드를 저유량 제품으로 대체하여 연간 절약되는 석유 및 비용을 결정하라.

7-127 20명이 고용된 생산 공장에서 필요한 음료수를 냉음료수대로부터 공급할 예정이다. 냉음료수대는 22°C의 물을 8°C로 냉각하며, 1인당 매시간 0.4 L의 율로 공급할 계획이다. 온도가 25°C인 주위 공기로부터 45 W의 열이 열저장조에 전달된다. 냉동시스템의 COP가 2.9일 때 이 냉음료수대의 냉동시스템에 적합한 압축기의 용량(W)을 구하라.

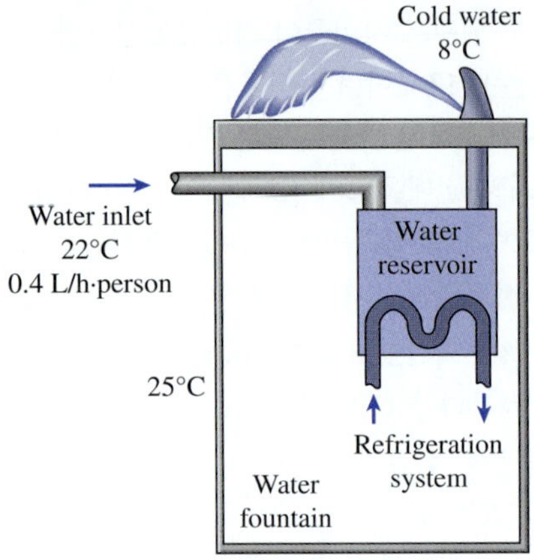

그림 P7-127

7-128 전형적인 전기 온수기가 95%의 효율을 가지고 있다. 전력량 단가가 $0.11/kWh일 때, 온수 비용으로 연간 $350가 든다. 전형적인 열펌프 온수기는 COP가 3.3이나 설치비가 약 $800 더 많이 든다. 열펌프 온수기를 사용하는 경우, 비용 차이를 에너지 소비 절감에 의하여 보상하는 데에 몇 년이 걸리는가?

그림 P7-128

Christopher Kerrigan/McGraw-Hill Educatio

7-129 문제 7-128을 재고하라. 적절한 소프트웨어를 사용하여 열펌프의 COP에 따른 연간 운전비용과, 비용회수 기간을 구하라. COP의 범위는 2~5로 하고 COP에 대한 회수기간을 그래프로 나타내고 결과에 대해 논하라.

7-130 집주인이 집을 난방하기 위하여, 효율이 97%인 고효율 천연가스로와 COP가 3.5인 열펌프를 검토하고 있다. 전기료와 가스료의 단가는 각각 $0.115/kWh와 $0.75/therm (1 therm = 105,500 kJ)이다. 더 적은 에너지 비용이 드는 시스템은 어느 것인가?

7-131 백열등을 에너지 효율이 높은 형광등으로 교체하면 조명 에너지 소비를 이전의 4분의 1로 줄일 수 있다. 램프에 의해 소비된 에너지는 결국 열로 변환되므로 에너지 효율적인 조명으로 전환하면 하절기 냉각 부하도 감소하지만 동절기에는 난방 부하를 증가시킨다. 80%의 효율로 천연가스로 난방을 하고 COP = 3.5의 에어컨으로 냉방하는 건물을 생각하자. 전기 비용이 $0.12/kWh이고 천연 가스 비용이 $1.40/therm (1 therm = 105,500 kJ)라면, 효율적인 조명이 (*a*) 하절기 (*b*) 동절기에 건물의 총 에너지 비용을 증가 또는 감소시킬지 결정하라.

7-132 히트 펌프는 집을 25°C로 유지하기 위해 140,000 kJ/h의 율로 집에 열 에너지를 공급한다. 한 달의 기간 동안 집 밖의 열원에서 에너지를 전달하는 데 100시간 동안 히트 펌프가 작동한다. 두 개의 서로 다른 외부 에너지원에서 열을 받는 열 펌프를 생각하자. 첫 번째 경우 열펌프는 0°C의 외부 공기로부터 열을 받는다. 두 번째 경우 열 펌프는 10°C 호수물에서 열을 받는다. 전기 비용이 $0.12/kWh일 때, 외부 에너지원으로 외부 공기가 아닌 호수의 물을 사용하여 절약되는 최대 금액을 결정하라.

7-133 10°C의 냉수가 유량 0.02 m³/min으로 온수기에 유입하여 50°C로 유출한다. 온수기는 열펌프로부터 열을 받으며 열펌프는 0°C의 열원으로부터 열을 흡수한다.

(*a*) 물은 가열되는 동안에 상 변화를 하지 않으며 비압축성 액체라고 가정할 때에, 물에 공급된 열의 시간율(kJ/s)을 구하라.

(*b*) 물을 평균온도가 30°C인 열침이라고 가정할 때, 열펌프에 공급되는 최소 동력(kW)을 구하라.

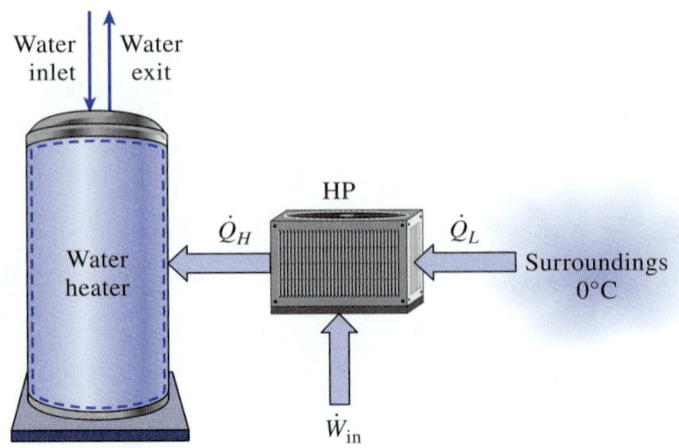

그림 P7-133

7-134 T_H인 열원과 T_L인 열침 사이에 작동하는 카르노 열기관이 있다. 엔진의 열효율을 2배로 하고자 한다. 새로운 열원의 온도는 몇 도여야 하는가? 열침의 온도는 일정하게 유지한다고 가정한다.

7-135E 500 R로 고정된 열침 온도에 대해 최대 2000 R에 이르는 열원 온도의 함수로 완전 가역열기관의 효율을 계산하고 그래프로 나타내어라.

7-136 냉동기와 열펌프가 동일한 Q_L, Q_H를 가질때, $\text{COP}_{\text{HP}} = \text{COP}_{\text{R}} + 1$임을 보여라.

설계 및 논술 문제

7-137 태양은 전자기에너지(electromagnetic energy)를 지구에 보낸다. 그 에너지는 약 5800 K의 유효 복사온도를 갖는 것으로 알려져 있다. 북미에서 맑은 날, 태양에 직면하고 있는 표면에 도달하는 에너지 입사량은 약 0.95 kW/m^{2}이다. 전자기 태양에너지는 어두운 색의 표면에 흡수되어 열에너지로 변환된다. 열로 변환된 에너지가 일을 얻는 데 사용되는 경우, 일 생산을 위한 태양에너지의 잠재력을 어떻게 평가할 것인가?

7-138 온도계를 사용하여 냉장고 음식저장공간의 온도를 측정하여 1~4°C 범위에 있는지 확인하라. 또한 냉동공간의 온도를 측정하고 권장되는 −18°C인지 확인하라.

7-139 타이머(또는 시계)와 온도계로 냉장고의 열 획득률을 결정하기 위하여 다음과 같은 실험을 수행하라. 먼저 냉장고가 정상상태로 작동되도록 하기 위하여 적어도 몇 시간 동안 냉장고 문을 열지 않도록 하라. 타이머를 이용하여 냉장고의 동작이 멈추는 순간부터 다시 작동하기 직전까지의 시간인 냉장고가 멈추어 있는 시간 ΔT_1을 측정하고, 냉장고 동작 시간인 ΔT_2도 측정하라. ΔT_2 동안 제거된 열량은 $\Delta T_1 + \Delta T_2$ 동안 냉장고가 얻은 열량과 같음에 주의하고, 냉장고가 작동되는 동안에 소비한 전력을 이용하여 냉장고가 얻은 평균열량(W)을 구하라. 냉장고의 성능계수(coefficient of performance)를 알 수 없으면 1.3으로 가정하라.

7-140 다음과 같은 조건하에서 20,000 kg/h로 30°C의 과일과 야채를 5°C로 냉각하는 수냉장치를 설계하라.

장치는 침수형으로 농산물은 물로 채워진 채널로 이송되어, 물로 채워진 채널의 한쪽 끝에 떨어져 다른 쪽 끝에서 회수된다. 채널은 폭이 3 m이며 높이는 90 cm이다. 물은 순환되며 냉장고의 증발기에서 냉각된다. 코일 내의 냉매온도는 −2°C이며, 수온은 1°C 이하로 낮아지지 않고 6°C 이상이 되지 않도록 유지된다.

합리적인 평균 농산물 밀도, 비열, 공극률(상자 안의 공기 체적률)을 가정하여, (*a*) 채널 내의 물의 속도, (*b*) 냉동기의 냉동능력에 대한 합리적인 값을 추천하라.

7-141 열 오염을 줄이고 재생 가능한 에너지원을 활용하기 위한 연구에서 일부 사람들은 발전소의 폐열, 지열 에너지 및 해양 열 에너지를 열원으로 활용하자고 제안하였다. 이러한 열원은 엄청난 양의 에너지를 포함하고 있지만 그들이 생산할 수 있는 일의 양은 제한적이다. "에너지의 품질"을 이러한 열원에 부여하기 위해 어떻게 잠재적인 일을 사용하는가? 제안된 "에너지 품질"에 대해 측정을 해양 열원에 적용하여, 제안된 "에너지 품질"을 표면 아래 30 m의 온도가 표면보다 5°C 낮은 해양 열원에 적용하여 "에너지 품질"에 대한 정도를 확인하라. 지표면 아래 2~3 km의 온도가 표면보다 150°C 더 뜨거운 지열에 대해서도 적용해 보아라.

CHAPTER

08

엔트로피

ENTROPY

학습목표

이 장의 목적은 다음과 같다.

- 열역학 제2법칙을 과정에 적용한다.
- 제2법칙을 정량화하기 위해 새로운 상태량인 엔트로피를 정의한다.
- 엔트로피 증가의 원리를 유도한다.
- 순수물질, 비압축성 물질 및 이상기체에 대해 과정 중에 일어나는 엔트로피 변화를 계산한다.
- 이상화된 과정 중 하나인 등엔트로피 과정을 검토하고, 이 과정에 대한 열역학적 상태량 관계식을 전개한다.
- 가역 정상유동일의 관계식을 유도한다.
- 여러 가지 정상유동 장치의 등엔트로피 효율을 전개한다.
- 여러 가지 계에 엔트로피 평형식을 도입하여 적용한다.

7장에서는 열역학 제2법칙에 대하여 서술하였으며, 제2법칙을 사이클과 사이클 장치에 적용하였다. 본 장에서는 제2법칙을 과정에 적용한다. 열역학 제1법칙은 **에너지**와 에너지 보존에 대한 법칙이다. 제2법칙으로부터 **엔트로피**(*entropy*)라는 새로운 성질이 정의된다. 엔트로피는 다소 추상적인 상태량으로서 계의 미시적인 상태를 고려하지 않고서는 물리적인 서술을 하는 것이 어렵다. 일반적으로 일어나는 공학적인 과정에서 엔트로피의 사용을 학습함으로써, 엔트로피를 가장 잘 이해하고 인식할 수 있으며, 이것이 여기서 의도하는 것이다.

본 장에서는 엔트로피를 정의하는 데 기초가 되는 Clausius 부등식의 논의부터 시작하며, 엔트로피 증가의 원리를 논의한다. 에너지와 달리 엔트로피는 보존되지 않는 상태량으로서 **엔트로피 보존**의 원리와 같은 것은 없다. 이어서 순수물질, 비압축성 물질, 이상기체에 대한 과정들에서 일어나는 엔트로피 변화를 논의하며, **등엔트로피 과정**이라 부르는 이상적인 과정을 검토한다. 그 다음, 가역 정상유동일과 터빈이나 압축기와 같은 여러 공학적인 장치의 등엔트로피 효율을 논의한다. 끝으로 엔트로피 평형을 소개하고 여러 가지 계에 적용한다.

8-1 엔트로피

열역학 제2법칙에서는 때때로 부등식으로 나타내는 표현이 필요하다. 예를 들면, 비가역(실제의) 열기관의 열효율은 동일한 두 열저장조 사이에 작동하는 가역 열기관의 열효율보다 낮다. 마찬가지로 비가역 냉동기나 열펌프의 성능계수(COP)는 동일한 온도 한계 사이에 작동하는 가역 냉동기나 열펌프의 성능계수보다 낮다. 열역학에서 얻은 중요한 결과 가운데 하나인 중요한 부등식으로 **Clausius 부등식**(Clausius inequality)이 있다. 이 부등식은 열역학의 기초를 이룬 연구자의 한 사람인 독일의 물리학자 R. J. E. Clausius (1822~1888)에 의하여 처음으로 제안되었으며 다음과 같다.

$$\oint \frac{\delta Q}{T} \le 0$$

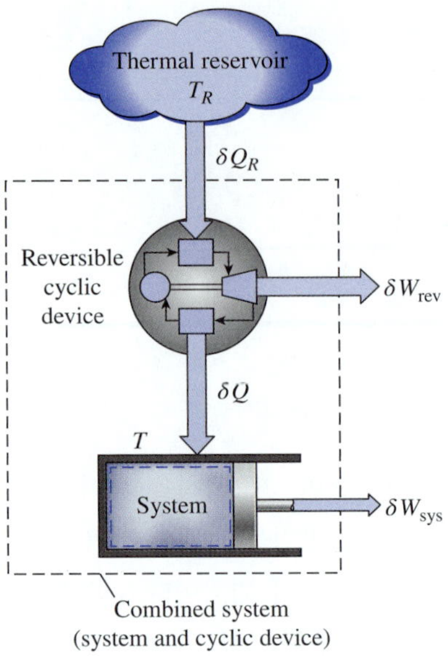

그림 8-1
Clausius 부등식을 전개하기 위하여 고려된 조합계

다시 표현하면 $\delta Q/T$의 사이클 적분은 항상 0보다 크지 않다. 이 부등식은 가역 사이클이든지 비가역 사이클이든지 모든 사이클에 적용된다. 기호 $\oint$는 적분이 사이클 전체에 걸쳐 수행된다는 것을 나타낸다. 계로부터 또는 계에 전달되는 열량은 미소 열전달의 합으로 볼 수 있으므로, $\delta Q/T$의 사이클 적분은 미소 열전달을 경계면의 절대온도로 나눈 값의 합이 된다.

Clausius 부등식의 타당성을 보이기 위하여, 가역 사이클 장치(그림 8-1)가 절대온도 T_R인 열에너지 저장조에 연결된 계를 고려한다. 사이클 장치는 저장조로부터 δQ_R의 열을 받아 δW_{rev}의 일을 생산하는 동안, 열 δQ를 절대온도가 T (T는 변수)인 계의 경계면을 통하여 계에 공급한다. 점선으로 둘러싸인 조합계에 에너지 보존의 원리를 적용하면

$$\delta W_C = \delta Q_R - dE_C$$

이다. 여기서 δW_C는 조합계의 총 일($\delta W_{rev} + \delta W_{sys}$)이며 dE_C는 조합계의 총에너지의 변화량이다. 사이클 장치가 가역장치이므로

$$\frac{\delta Q_R}{T_R} = \frac{\delta Q}{T}$$

이다. 이 식에서 δQ의 부호는 계와의 관계에 의해 결정되며(계에 들어오는 열전달이면 양의 부호이고, 계로부터 나가는 열전달이면 음의 부호이다), δQ_R의 부호는 가역 사이클 장치와의 관계에 의해 결정된다. 위의 두 관계식에서 δQ_R을 소거하면 다음과 같다.

$$\delta W_C = T_R \frac{\delta Q}{T} - dE_C$$

사이클 장치가 정수 개의 사이클을 수행하는 동안에 계가 한 사이클을 수행한다고 하자. 조합계의 에너지(사이클 중에 조합계의 총에너지의 정미 변화량 dE_C이며, 상

태량이다)의 사이클 적분은 0이므로 위의 관계식은

$$W_C = T_R \oint \frac{\delta Q}{T}$$

이다. 여기서 W_C는 δW_C의 사이클 적분이며 조합 사이클의 정미 일을 나타낸다.

위의 조합계는 한 사이클 동안에 일 W_C을 생산하거나 소비하면서 하나의 열에너지 저장조와 열교환을 하고 있다. **하나의 열저장조와 열교환을 하는 사이클로 작동하면서 정미 일을 생산하는 계는 없다는** 열역학 제2법칙에 대한 Kelvin–Planck 서술에 의하면, W_C는 출력 일이 될 수 없으며, 양의 값이 될 수 없다. T_R은 절대온도로서 양의 값이므로 다음과 같은 부등식을 얻는다.

$$\oint \frac{\delta Q}{T} \leq 0 \quad \text{(8-1)}$$

이것을 **Clausius 부등식**(*inequality*)이라 한다. 이 부등식은 냉동 사이클을 포함하여 가역이든 비가역이든, 모든 열역학적인 사이클에 대하여 유효하다.

가역 사이클 장치뿐만 아니라 계 내에 비가역성이 없다면, 조합계가 수행한 사이클은 내부적으로 가역이다. 이 경우에 사이클은 역으로 수행될 수 있으며, 역으로 수행되는 가역 사이클의 경우에 각 양(quantity)은 같은 크기이고 부호는 반대가 된다. 그러므로 W_C는 양의 값도 될 수 없고, 음의 값도 될 수 없으므로 $W_{C,\text{int rev}} = 0$이다. 따라서 내부적 가역 사이클에 대해서는 다음 식으로 나타난다.

$$\oint \left(\frac{\delta Q}{T}\right)_{\text{int rev}} = 0 \quad \text{(8-2)}$$

그러므로 Clausius 부등식에서 등호는 완전 가역이거나 내부적 가역인 사이클에 성립하고, 부등호는 비가역 사이클에 성립한다.

엔트로피를 정의하기 위한 관계식을 전개하기 위하여, 사이클 적분이 0으로 표현되는 식 (8-2)를 더 자세히 검토하자. 먼저 사이클 적분이 0인 특성을 갖는 양에는 어떠한 종류가 있는지 살펴보기로 한다. 일(*work*)의 사이클 적분은 0이 아니라는 것은 이미 알고 있다. (일의 사이클 적분이 0이 아니라는 것은 바람직한 것이다. 그렇지 않다면 증기원동소와 같이 사이클로 작동하는 열기관의 정미 일은 영일 것이다.) 열의 사이클 적분도 0이 아니다.

이제 그림 8-2와 같이, 사이클을 수행하는 피스톤–실린더 기구 내의 가스체적을 고려하자. 피스톤이 한 사이클을 수행한 후 초기상태로 돌아올 때 가스체적도 초기값으로 돌아오므로 한 사이클 동안의 정미 체적변화는 0이다.

$$\oint dV = 0 \quad \text{(8-3)}$$

즉, 체적(또는 다른 상태량)의 사이클 적분은 0이다. 역으로 사이클 적분이 0인 양

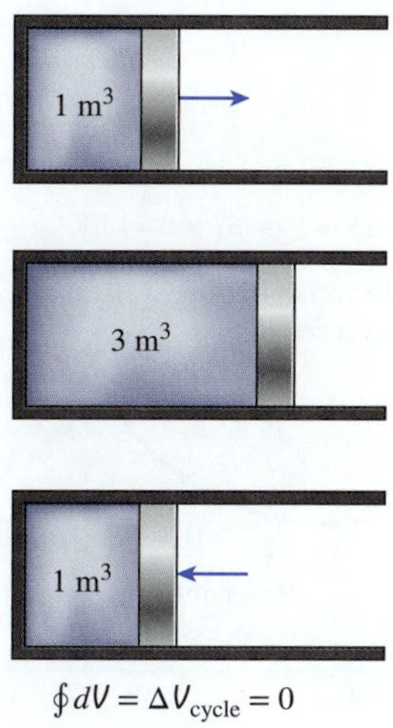

그림 8–2
한 사이클 동안의 정미 체적변화는 항상 0이다.

은 단지 상태에만 의존하며 과정 경로에 무관하므로 상태량(property)이다. 그러므로 $(\delta Q/T)_{\text{int rev}}$은 미분형으로 표현된 어떤 상태량을 나타내는 것이어야 한다.

Clausius는 1865년에 이와 같은 새로운 열역학적인 상태량을 발견하고, 이 상태량을 **엔트로피**(entropy)라고 명명하였다. 엔트로피는 S로 나타내며 다음과 같이 정의된다.

$$dS = \left(\frac{\delta Q}{T}\right)_{\text{int rev}} \qquad \text{(kJ/K)} \tag{8-4}$$

엔트로피는 시스템의 종량적 상태량(extensive property)이며 때로 **총 엔트로피**(*total entropy*)라고도 부른다. 단위질량당 엔트로피 s는 강성적 상태량(intensive property)이며 단위는 kJ/(kg·K)이다. 총 엔트로피와 단위질량당 엔트로피 가운데에 어느 것을 의미하는지 문맥에서 알 수 있기 때문에 총 엔트로피와 단위질량당 엔트로피를 모두 **엔트로피**로 나타내는 것이 보통이다.

과정 중의 계의 엔트로피 변화는 식 (8-4)를 초기상태에서 최종상태까지 적분하여 구할 수 있다.

$$\Delta S = S_2 - S_1 = \int_1^2 \left(\frac{\delta Q}{T}\right)_{\text{int rev}} \qquad \text{(kJ/K)} \tag{8-5}$$

제1법칙 관계식을 전개할 때에 에너지 대신에 에너지 **변화**를 정의한 것처럼 엔트로피 자체 대신에 실제로 엔트로피의 변화를 정의한 것에 주의하자. 엔트로피의 절대적인 값은 이 장의 후반에 논의될 열역학 제3법칙을 바탕으로 결정된다. 공학자들은 보통 엔트로피 **변화**에 관심이 있다. 그러므로 임의로 선택된 기준 상태의 엔트로피 값을 0으로 하여, 식 (8-5)에서 상태 1을 기준 상태($S = 0$)로 하고 엔트로피가 결정되어야 할 상태를 상태 2로 하여 어떤 상태의 엔트로피 값을 결정한다.

식 (8-5)의 적분을 계산할 때, 과정 중의 Q와 T 사이의 관계를 알아야 할 필요가 있다. 많은 경우에 이 관계식이 알려지지 않으므로 식 (8-5)의 적분은 단지 몇 가지 경우에 대하여 이용할 수 있으며. 대다수의 경우에는 엔트로피를 나타낸 표 등의 자료에 의존하여야 한다.

엔트로피는 상태량이며, 다른 모든 상태량의 경우처럼, 정해진 상태에서 정해진 값을 갖는 것에 주의하자. 그러므로 어느 두 상태 사이의 엔트로피 변화는 가역이든 비가역이든 과정의 경로에 관계없이 같은 값이다(그림 8-3).

두 상태 사이의 어떤 **내부적 가역**경로를 따라 $\delta Q/T$의 적분이 수행된 경우에만, $\delta Q/T$의 적분이 엔트로피 변화인 점에 주의하자. 비가역경로를 따른 $\delta Q/T$의 적분은 상태량이 아니며, 서로 다른 비가역경로를 따른 적분은 각 경로에 따라 다른 값을 갖게 된다. 그러므로 비가역과정이라 할지라도, 엔트로피 변화를 구할 때에는 두 상태 사이에 편리하게 정한 **가상적인** 내부적 가역과정을 따라 적분을 수행하여 구해야 한다.

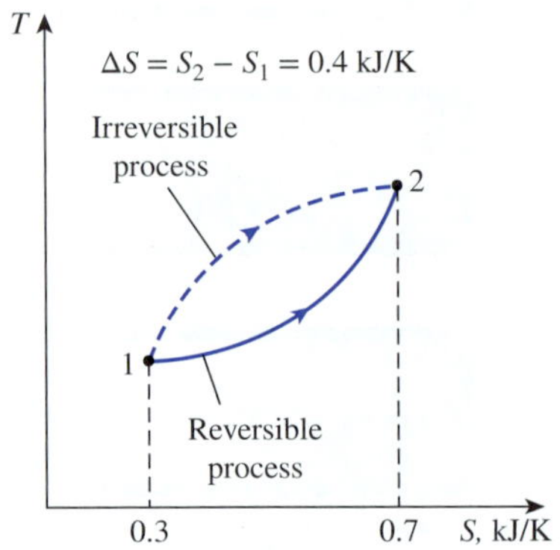

그림 8-3
어느 두 상태 사이의 엔트로피 변화는 가역이든 비가역이든지 과정의 경로에 관계없이 같다.

특별한 경우: 내부적 가역인 등온 열전달 과정

등온 열전달 과정은 내부적 가역이라는 것을 상기하자. 그러므로 내부적 가역인 등온 열전달 과정의 엔트로피 변화는 식 (8-5)의 적분을 수행하여 구할 수 있다:

$$\Delta S = \int_1^2 \left(\frac{\delta Q}{T}\right)_{\text{int rev}} = \int_1^2 \left(\frac{\delta Q}{T_0}\right)_{\text{int rev}} = \frac{1}{T_0}\int_1^2 (\delta Q)_{\text{int rev}}$$

위의 식은 다음과 같이 간단하게 쓸 수 있다.

$$\Delta S = \frac{Q}{T_0} \qquad (\text{kJ/K}) \tag{8-6}$$

여기서 T_0은 계의 일정한 절대온도이며 Q는 내부적 가역과정의 열전달이다. 식 (8-6)은 일정한 온도로 열을 무한히 공급하거나 흡수하는 열에너지 저장조의 엔트로피 변화를 구하는 데 특히 유용하다.

내부적 가역 등온과정 중의 계의 엔트로피 변화는 열전달의 방향에 따라 양의 값 또는 음의 값이 될 수 있다. 계로 들어가는 열전달(양의 값인 Q)은 그 계 엔트로피를 증가시키며, 반면에 계로부터 나가는 열전달은 계의 엔트로피를 감소시킨다. 실제로 열을 잃는 것이 계의 엔트로피를 감소시키는 유일한 방법이다.

예제 8-1 **등온과정에서 엔트로피 변화**

피스톤-실린더 기구에 300 K인 물의 습증기 혼합물이 들어 있다. 정압과정 중에 750 kJ의 열이 물로 전달되어 실린더 내 물의 일부가 증발하였다. 이 과정에서 물의 엔트로피 변화를 구하라.

풀이 열은 피스톤-실린더 기구에 들어 있는 액체-증기 혼합물에 일정한 압력하에서 전달된다. 물의 엔트로피 변화를 구한다.

가정 과정 중에 계의 경계 내에서 비가역성은 일어나지 않는다.

해석 물(액체 + 수증기)의 모두를 계로 간주한다(그림 8-4). 이 계는 계의 경계를 통하여 질량의 유출입이 없음으로 밀폐계이다. 일정 압력에서 일어나는 상변화 과정에서 순수물질의 온도는 포화온도로 일정하므로 계의 온도는 이 과정 중에 300 K로 일정하다.

계는 내부적 가역이며 등온과정을 밟으므로 엔트로피 변화는 식 (8-6)으로부터 결정될 수 있다.

$$\Delta S_{\text{sys,isothermal}} = \frac{Q}{T_{\text{sys}}} = \frac{750\ \text{kJ}}{300\ \text{K}} = \mathbf{2.5\ kJ/K}$$

검토 계로 열전달이 있으므로 계의 엔트로피 변화는 예측한 대로 양의 값임에 주의하자.

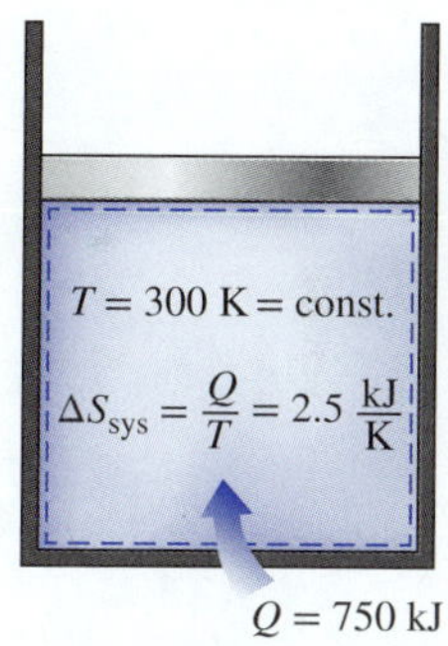

그림 8-4
예제 8-1의 개략도

8-2 엔트로피 증가의 원리

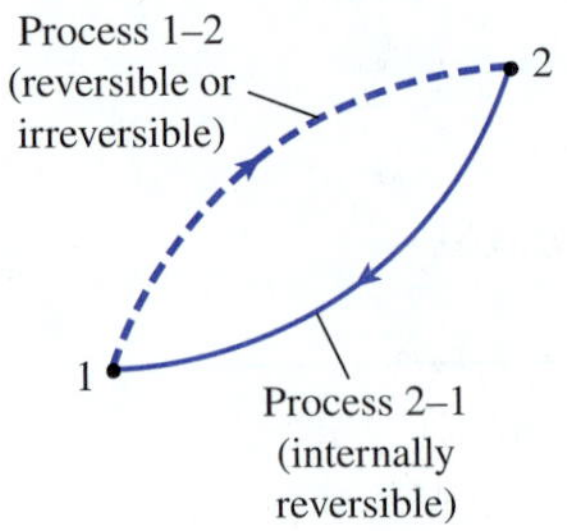

그림 8-5

가역과정과 비가역과정으로 구성된 사이클

두 개의 과정으로 이루어진 그림 8-5와 같은 사이클을 고려하자. 과정 1-2는 임의의(가역 또는 비가역) 과정이며 과정 2-1은 내부적 가역과정이다. Clausius 부등식으로부터

$$\oint \frac{\delta Q}{T} \leq 0$$

또는

$$\int_1^2 \frac{\delta Q}{T} + \int_2^1 \left(\frac{\delta Q}{T}\right)_{\text{int rev}} \leq 0$$

이며, 관계식의 두 번째 적분은 엔트로피의 변화 $S_1 - S_2$이다. 그러므로

$$\int_1^2 \frac{\delta Q}{T} + S_1 - S_2 \leq 0$$

이고, 다시 정리하면

$$S_2 - S_1 \geq \int_1^2 \frac{\delta Q}{T} \tag{8-7}$$

이 된다. 이 식을 미분형으로 쓰면 다음과 같다.

$$dS \geq \frac{\delta Q}{T} \tag{8-8}$$

여기서 등호는 내부적 가역과정에서 성립하고 부등호는 비가역과정에 대해서 성립한다. 이 방정식으로부터, 비가역과정 중에 밀폐계의 엔트로피 변화는 그 과정에 대한 $\delta Q/T$의 적분보다 크며 가역과정에 한하여 이 두 양은 같게 된다고 결론지을 수 있다. 위의 관계식에서 T는 계와 주위 사이에 미소의 열 δQ가 전달되는 경계의 절대온도임을 다시 한번 강조해 둔다.

변화량 $\Delta S = S_2 - S_1$은 계의 **엔트로피 변화**를 나타낸다. 가역과정의 경우 ΔS는 열전달에 의한 **엔트로피 전달**을 나타내는 $\int_1^2 \delta Q/T$와 같다.

위의 관계식에서 부등호는 비가역과정 동안에 밀폐계의 엔트로피 변화가 항상 엔트로피 전달보다 크다는 것을 상기시키는 기호라 볼 수 있다. 즉 비가역과정 중의 엔트로피는 **생성**되거나 **창조**되며, 이 생성은 전적으로 비가역성에 기인한다. 과정 중에 생성된 엔트로피를 **엔트로피 생성**(entropy generation)이라고 부르며 S_{gen}으로 나타낸다. 밀폐계의 엔트로피 변화와 엔트로피 전달의 차이는 엔트로피 생성과 같음을 고려할 때, 식 (8-7)은 다음과 같은 등식으로 쓸 수 있다.

$$\Delta S_{\text{sys}} = S_2 - S_1 = \int_1^2 \frac{\delta Q}{T} + S_{\text{gen}} \tag{8-9}$$

엔트로피 생성 S_{gen}은 항상 양의 값이거나 0임에 유의하라. 그 값은 과정에 의존하므로 계의 상태량이 아니다. 또한 엔트로피 전달이 없을 경우에 밀폐계의 엔트로피 변화는 엔트로피 생성과 같다.

식 (8-7)은 열역학에서 광범위한 의미를 갖고 있다. 고립계(또는 단순 단열 밀폐계)에서 열전달은 0이므로 식 (8-7)은 다음과 같이 된다.

$$\Delta S_{isolated} \geq 0 \tag{8-10}$$

이 식은 과정 중에 **고립계의 엔트로피는 가역과정인 경우에만 일정한 값이며, 항상 증가한다**는 것을 나타낸다. 다시 말하면 고립계의 엔트로피는 **결코** 감소하지 않는다. 이것을 **엔트로피 증가의 원리**(increase of entropy principle)라고 한다. 열전달이 없는 경우에 엔트로피 변화는 단지 비가역성에 기인하며, 그 효과는 항상 엔트로피의 증가로 나타난다는 것에 유의하라.

엔트로피는 종량적 상태량이므로 계의 총 엔트로피는 계의 부분인 하부계(subsystem)의 엔트로피의 총합과 같다. 하나의 고립계는 몇 개의 하부계로 구성될 수 있다(그림 8-6). 예를 들면, 계와 그 주위를 열과 일, 물질전달이 없는 임의의 큰 경계로 둘러쌀 수 있으므로, 계와 그 주위는 하나의 고립계를 구성한다(그림 8-7). 계와 그 주위는 고립계의 두 하부계로 볼 수 있으므로, 과정 동안에 일어난 고립계의 엔트로피 변화는 계의 엔트로피 변화와 그 주위의 엔트로피 변화의 합이다. 고립계는 엔트로피 전달을 포함하고 있지 않으므로 고립계의 엔트로피 변화는 엔트로피 생성과 같다.

$$S_{gen} = \Delta S_{total} = \Delta S_{sys} + \Delta S_{surr} \geq 0 \tag{8-11}$$

이 식에서 등호는 가역과정에서 성립하고, 부등호는 비가역과정에 대해서 성립한다. ΔS_{surr}는 일어난 과정의 결과로 발생한 주위의 엔트로피의 변화임을 유의하라.

완전히 가역인 실제의 과정은 없으므로, 과정 중에 엔트로피는 생성되며, 따라서 고립계로 볼 수 있는 우주(the universe)의 엔트로피는 계속해서 증가하고 있다고 결론지을 수 있다. 과정이 비가역적일수록, 엔트로피는 그 과정 중에 더욱 많이 생성된다. 가역과정에서는 엔트로피가 생성되지 않는다($S_{gen} = 0$).

엔트로피는 우주의 무질서(혼란)에 대한 척도이기 때문에, 우주의 엔트로피 증가는 공학자뿐만 아니라 철학자와 신학자, 경제학자, 환경학자들에게 중요한 관심의 대상이다.

엔트로피 증가의 원리는 계의 엔트로피가 감소할 수 없다는 것을 의미하지는 않는다. 계의 엔트로피 변화는 과정 중에 음의 값일 수 있으나(그림 8-8) 엔트로피 생성은 음의 값일 수 없다. 엔트로피 증가의 원리를 요약하면 다음과 같다:

$$S_{gen} \begin{cases} > 0 & \text{비가역 과정} \\ = 0 & \text{가역 과정} \\ < 0 & \text{불가능한 과정} \end{cases}$$

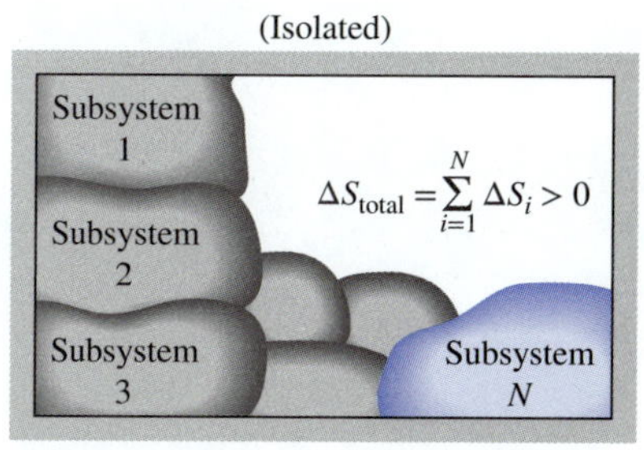

그림 8-6
고립계의 엔트로피 변화는 구성요소의 엔트로피 변화의 합이며, 0보다 적지 않다

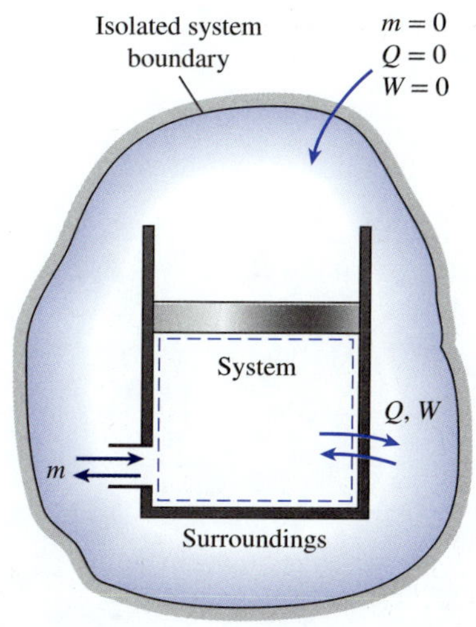

그림 8-7
계와 그 주위는 고립계를 구성한다.

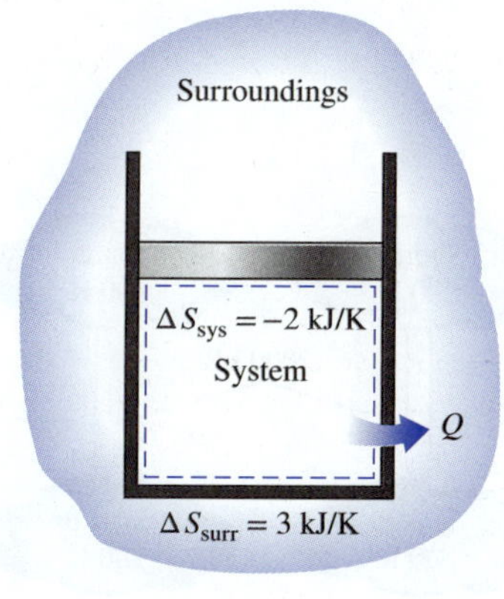

$S_{gen} = \Delta S_{total} = \Delta S_{sys} + \Delta S_{surr} = 1$ kJ/K

그림 8-8
계의 엔트로피 변화는 음수가 될 수 있지만, 엔트로피 생성은 그렇게 될 수 없다.

이 관계는 과정이 가역과정, 비가역과정, 불가능한 과정 가운데 어떠한 과정인지를 결정하는 기준이 된다.

자연 만물은 평형상태에 도달할 때까지 변화하는 경향이 있다. 엔트로피 증가의 원리는 고립계의 엔트로피는 계의 엔트로피가 최대값에 도달할 때까지 증가한다는 것을 나타낸다. 엔트로피 증가의 원리는 엔트로피가 감소하는 결과를 가져오는 상태의 변화가 불가능함을 보여주기 때문에, 엔트로피가 최대인 점에서 고립계는 평형상태에 도달하였다고 말한다.

엔트로피에 대한 몇 가지 언급

앞의 논의로부터 다음과 같은 결론을 이끌어낼 수 있다:

1. 과정은 **정해진** 방향으로만 일어날 수 있으며, **임의의** 방향으로 일어날 수 없다. 과정은 엔트로피 증가의 원리, 즉 $S_{gen} \geq 0$에 따르는 방향으로 진행해야 하며, 이 원리를 위반하는 과정은 불가능하다. 가끔 화학반응이 완전히 이루어지기 전에 멈추게 되는 것도 이 원리 때문이다.
2. 엔트로피는 **비보존적인 상태량**이며, **엔트로피 보존의 원리** 같은 것은 **없**다. 엔트로피는 오직 이상적인 가역과정 중에만 보존되며, 모든 실제의 과정 중에는 증가한다.
3. 공학적 장치의 성능은 비가역성의 존재에 의해 저하되며, **엔트로피 생성**은 과정 중에 있는 비가역성 크기의 척도가 된다. 비가역성의 정도가 클수록 엔트로피 생성은 크게 된다. 그러므로 엔트로피 생성은 과정과 관련된 비가역성의 양적인 척도로 사용될 수 있다. 또한 엔트로피 생성은 공학적 기기의 성능에 대한 기준을 정하는 데 사용될 수 있다. 이에 관해서는 다음의 예제 8-2에서 예시한다.

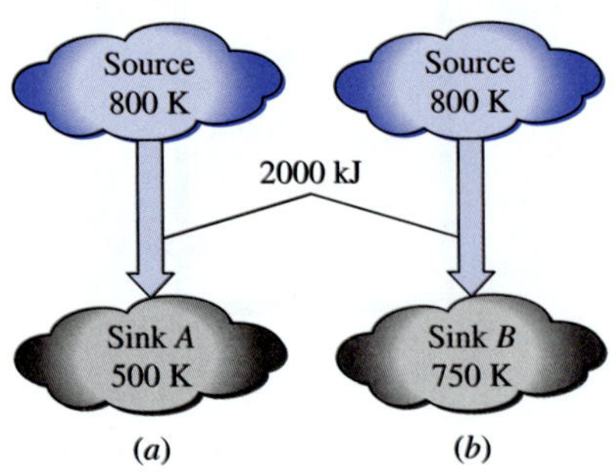

그림 8-9
예제 8-2의 계략도

예제 8-2 **열전달 과정 중의 엔트로피 생성**

800 K인 열원으로부터 온도가 (*a*) 500 K인 열침과 (*b*) 750 K인 열침에 각각 2000 kJ의 열이 전달된다. 어느 열전달 과정이 더 비가역적인 과정인지 결정하라.

풀이 열이 열원으로부터 두 개의 열침에 전달된다. 비가역성이 큰 열전달 과정을 결정한다.

해석 열저장조는 그림 8-9에 나타나 있다. 두 경우 모두 다 유한한 온도차로 열전달이 이루어지고 있으므로 모두 비가역과정이다. 각 과정과 관련된 비가역성의 크기는 각 경우의 총 엔트로피 변화를 계산하여 구할 수 있다. 두 저장조(열원과 열침)를 포함한 열전달 과정의 엔트로피 변화는 두 저장조를 하나의 단열시스템으로 볼 수 있기 때문에, 각 저장조의 엔트로피 변화의 합이 된다.

문제의 서술에서 두 저장조는 열전달 과정 중에 직접 접촉하고 있는 것처럼 나타내고 있다. 그러나 온도는 한 점에서 단지 한 값만을 가질 수 있기 때문에 있을 수 없는 일이며, 한 접촉점에서 한쪽은 800 K이며 다른 쪽은 500 K일 수가 없다. 다시 말하면 온도함수는 불연속을 가질 수 없다. 그러므로 두 저장조는 800 K로부터 500 K(또는 750 K)로 변화하는 영역에 의하여 분리되어 있다고 가정하는 것이 합리적이다. 따라서 과정에 대한 총 엔트로피 변화를 계산할 때 이 영역의 엔트로피 변화도 고려하여야 한다. 그러나 엔트로피는 상태량이며 상태량의 값은 계의 상태에 의존하는 것을 고려할 때, 영역이 정상(*steady*) 과정을 밟으면 상태량의 변화가 없으므로 이 영역의 엔트로피 변화는 0이다. 이 논의는 분리영역의 양면과 영역 전체의 온도가 과정 중에 일정 온도로 유지된다는 것에 근거를 두고 있다. 그러므로 영역의 엔트로피(에너지뿐만 아니라)는 이 과정 중에 일정하게 유지되기 때문에 $\Delta S_{\text{partition}} = 0$이라는 가정은 정당화된다.

각 저장조의 엔트로피 변화는 각 저장조가 내부적으로 가역이며 등온인 과정을 밟으므로 식 (8-6)에서 구할 수 있다.

(*a*) 온도가 500 K의 열침으로의 열전달 과정에 대하여

$$\Delta S_{\text{source}} = \frac{Q_{\text{source}}}{T_{\text{source}}} = \frac{-2000\text{ kJ}}{800\text{ K}} = -2.5\text{ kJ/K}$$

$$\Delta S_{\text{sink}} = \frac{Q_{\text{sink}}}{T_{\text{sink}}} = \frac{2000\text{ kJ}}{500\text{ K}} = 4.0\text{ kJ/K}$$

$$S_{\text{gen}} = \Delta S_{\text{total}} = \Delta S_{\text{source}} + \Delta S_{\text{sink}} = (-2.5 + 4.0)\text{ kJ/K} = \mathbf{1.5\text{ kJ/K}}$$

이다. 그러므로 1.5 kJ/K의 엔트로피가 이 과정 중에 생성되었다. 두 저장조는 내부적 가역과정을 수행하였으므로 총 엔트로피 생성은 영역에서 일어난 것이다.

(*b*) 온도가 750 K인 열침에 대하여 (*a*)에서 한 계산을 반복하면

$$\Delta S_{\text{source}} = -2.5\text{ kJ/K}$$
$$\Delta S_{\text{sink}} = 2.7\text{ kJ/K}$$

$$S_{\text{gen}} = \Delta S_{\text{total}} = (-2.5 + 2.7)\text{kJ/K} = \mathbf{0.2\text{ kJ/K}}$$

이다. 이 경우의 총 엔트로피 변화는 (*a*)의 경우보다 적으므로 덜 비가역적이다. 이것은 (*b*)의 과정이 (*a*)의 경우보다 온도차가 적은 열전달 과정이므로 비가역성이 더 적기 때문에 이미 예측할 수 있는 결과이다.

검토 두 과정과 관련된 비가역성은 열원과 열침 사이에 카르노 열기관을 작동하여 제거될 수 있다. 이 경우에 $\Delta S_{\text{total}} = 0$임도 쉽게 보일 수 있다.

8-3 순수물질의 엔트로피 변화

엔트로피는 상태량이며, 따라서 계의 상태가 정해지면 계의 엔트로피 값도 정해진다. 두 개의 독립된 강성적 상태량이 주어지면 단순 압축계의 상태가 결정되므로 그 상태의 다른 상태량의 값뿐만 아니라 엔트로피 값도 결정된다. 물질의 엔트로피 변화는 다른 상태량을 사용하여 엔트로피를 정의하는 관계식으로부터 표현될 수 있다(8-7절 참조). 일반적으로 이 관계식은 너무 복잡하여, 손쉽게 계산할 수는 없다. 그러므로 물질의 엔트로피는 적절한 기준 상태를 정하고, 측정할 수 있는 상태량으로부터 계산하여 구하며, 그 결과는 상태량 v, u, h와 같은 방법으로 표로 나타낸다(그림 8-10).

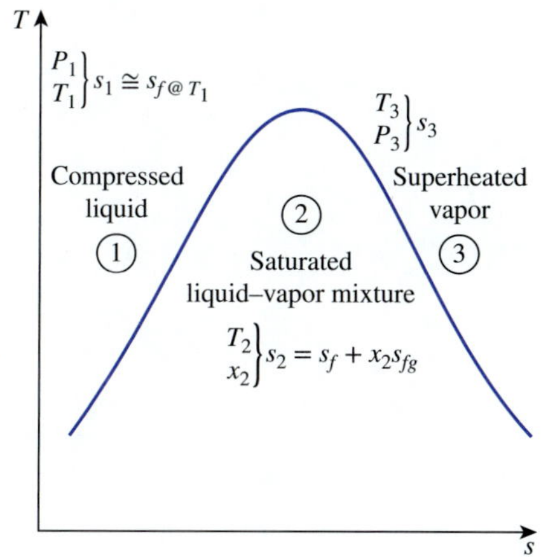

그림 8-10
순수물질의 엔트로피는 다른 상태량과 같이 표로부터 구한다.

상태량표에서 엔트로피 값은 임의의 기준 상태에 대하여 상대적으로 정해져 있다. 수증기표에서는 0.01°C의 포화액의 엔트로피 s_f를 0의 값으로 하고 있으며, 냉매 R-134a는 −40°C의 포화액의 값을 0으로 하고 있다. 엔트로피 값은 기준값 이하의 온도에서 음의 값이 될 수 있다.

주어진 상태의 엔트로피 값은 다른 상태량의 경우와 같은 방법으로 구한다. 압축액과 과열증기 영역에서는 주어진 상태의 값을 표에서 직접 읽어 구할 수 있다. 포화 혼합영역의 엔트로피 값은 다음 식으로부터 구한다.

$$s = s_f + xs_{fg} \qquad \text{(kJ/kg·K)}$$

여기서 x는 건도(quality)이며 s_f와 s_{fg}는 포화증기표에 나타나 있다. 압축액의 자료가 없을 경우, 압축액의 엔트로피는 주어진 온도에서 포화액의 엔트로피로 근사적으로 대신할 수 있다:

$$s_{@\,T,P} \cong s_{f\,@\,T} \qquad \text{(kJ/kg·K)}$$

주어진 질량 m(밀폐계)의 어느 과정의 초기상태와 최종상태의 엔트로피 차이인 엔트로피 변화는

$$\Delta S = m\Delta s = m(s_2 - s_1) \qquad \text{(kJ/K)} \tag{8-12}$$

이다.

열역학 제2법칙의 관점에서 과정을 검토할 때에, 엔트로피는 일반적으로 T-s와 h-s 선도에서처럼 선도의 좌표축으로 사용된다. 순수물질의 T-s 선도의 일반적인 특징을 그림 8-11에 물의 경우를 예로 들어 나타내었다. 등체적선은 정압선보다 기울기가 급하며, 포화액−증기 혼합 구간에서는 정압선과 등온선이 평행한 것에 주의하자. 또한 포화액선은 압축액 영역 내의 정압선과 거의 일치한다.

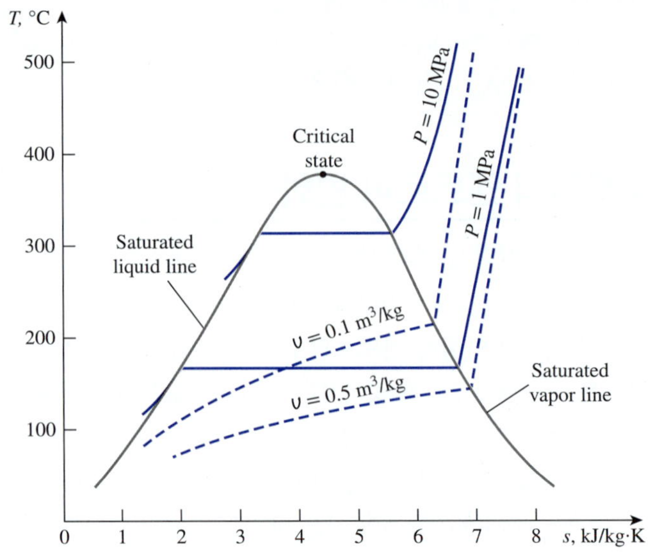

그림 8-11
물의 개략적인 T-s 선도

예제 8-3 **견고한 용기 내에 들어 있는 물질의 엔트로피 변화**

견고한 용기에 온도 20°C, 압력 140 kPa인 5 kg의 R-134a가 들어 있다. 압력이 100 kPa로 떨어질 때까지 냉매를 휘저어가며 냉각하였다. 이 과정 동안에 일어난 냉매의 엔트로피 변화를 구하라.

풀이 견고한 용기에 있는 냉매는 휘젓는 동안에 냉각된다. 냉매의 엔트로피 변화를 구한다.

가정 용기의 체적은 일정하므로 $v_2 = v_1$이다.

해석 용기 안의 냉매를 계로 한다(그림 8-12). 과정 중에 계의 경계를 통하여 질량의 유출입이 없으므로 이 계는 밀폐계이다. 과정 동안의 엔트로피 변화는 단순히 초기상태와 최종상태의 엔트로피 차이이다. 냉매의 초기상태에서 온도와 압력이 모두 주어져 있다.

이 과정에서 비체적은 일정하므로, 초기와 최종상태에서 냉매의 엔트로피는 다음과 같다.

상태 1: $$\left.\begin{array}{l} P_1 = 140\text{ kPa} \\ T_1 = 20°\text{C} \end{array}\right\} \begin{array}{l} s_1 = 1.0625\text{ kJ/kg·K} \\ v_1 = 0.16544\text{ m}^3\text{/kg} \end{array}$$

상태 2: $$\left.\begin{array}{l} P_2 = 100\text{ kPa} \\ v_2 = v_1 \end{array}\right\} \begin{array}{l} v_f = 0.0007258\text{ m}^3\text{/kg} \\ v_g = 0.19255\text{ m}^3\text{/kg} \end{array}$$

압력 100 kPa에서 비체적은 $v_f < v_2 < v_g$이므로, 최종상태의 냉매는 포화액-증기 혼합물이다. 따라서 건도를 먼저 구할 필요가 있다:

$$x_2 = \frac{v_2 - v_f}{v_{fg}} = \frac{0.16544 - 0.0007258}{0.19255 - 0.0007258} = 0.859$$

엔트로피는

$$s_2 = s_f + x_2 s_{fg} = 0.07182 + (0.859)(0.88008) = 0.8278\text{ kJ/kg·K}$$

이다. 이 과정 중에 일어난 냉매의 엔트로피 변화는 다음과 같다.

$$\Delta S = m(s_2 - s_1) = (5\text{ kg})(0.8278 - 1.0625)\text{ kJ/kg·K}$$
$$= \mathbf{-1.173\text{ kJ/K}}$$

검토 음의 부호는 과정 중 계의 엔트로피가 감소하는 것을 나타내고 있다. 계의 엔트로피 변화는 음의 값이 될 수 있으므로 제2법칙의 위반이 아니다. 음의 값이 될 수 없는 것은 엔트로피 생성 S_{gen}이다.

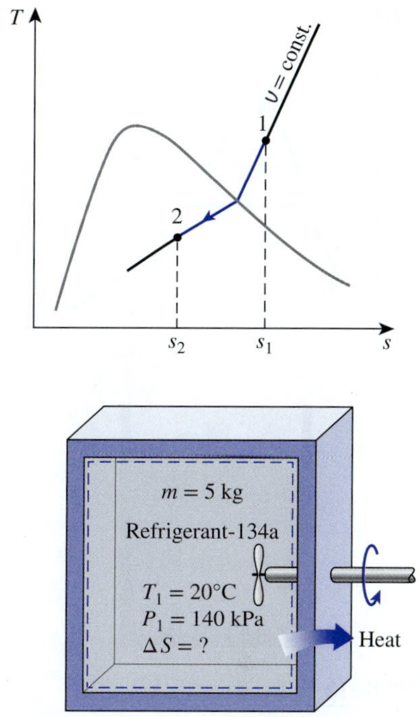

그림 8-12
예제 8-3의 개략도와 T-s 선도

예제 8-4 **정압과정에서 엔트로피 변화**

피스톤-실린더 기구에 초기상태가 압력 20 psia, 온도 70°F인 3 lbm의 물이 들어 있다. 물을 일정한 압력에서 3450 Btu의 열로 가열하였다. 이 과정에서 일어난 물의 엔트로피 변화를 구하라.

풀이 실린더 안에 있는 물을 일정한 압력으로 가열한다. 물의 엔트로피 변화를 구한다.

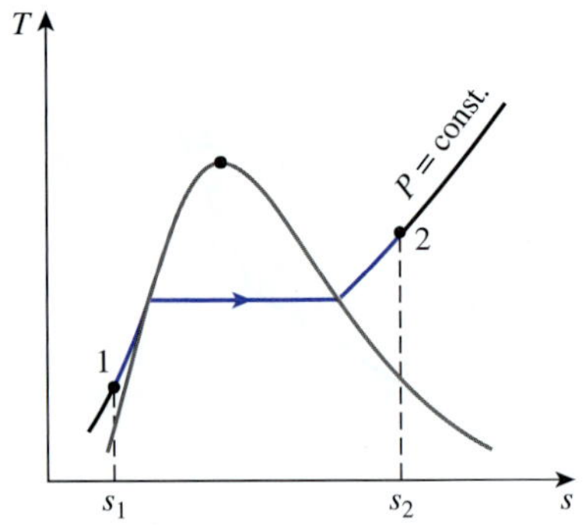

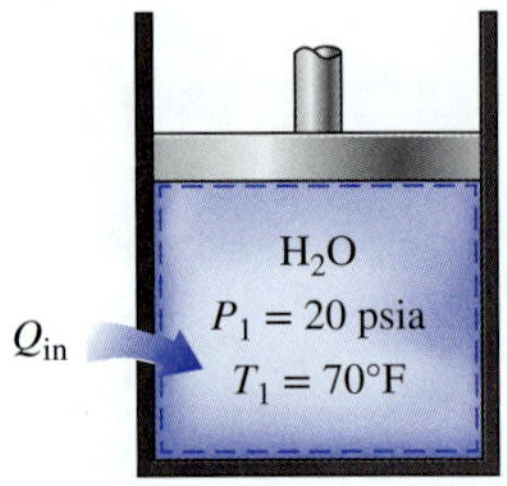

그림 8–13

예제 8-4의 개략도와 T-s 선도

가정 **1.** 실린더는 정지되어 있으므로, 운동에너지 변화와 위치에너지의 변화는 0($\Delta KE = \Delta PE = 0$)이다. **2.** 과정은 준평형 과정이다. **3.** 압력은 과정 동안에 일정하므로 $P_2 = P_1$이다.

해석 실린더 안의 물을 계로 한다(그림 8-13). 과정 중에 계의 경계를 통하여 질량의 유출입이 없으므로 이 계는 밀폐계이다. 피스톤–실린더 기구는 전형적으로 이동 경계를 가지고 있으므로 경계일 W_b가 있음에 주의한다. 또한 계에 열전달이 있다.

초기상태의 압력이 70°F의 포화압력인 0.3632 psia보다 높으므로 초기상태는 압축액 상태이다. 주어진 온도에서 근사적으로 압축액을 포화액으로 보면, 초기상태의 상태량은

상태 1: $$\left.\begin{array}{l} P_1 = 20 \text{ psia} \\ T_1 = 70°\text{F} \end{array}\right\} \begin{array}{l} s_1 \cong s_{f @ 70°\text{F}} = 0.07459 \text{ Btu/lbm·R} \\ h_1 \cong h_{f @ 70°\text{F}} = 38.08 \text{ Btu/lbm} \end{array}$$

이다. 최종상태에서, 압력은 초기상태와 같은 20 psia이며, 상태를 정하기 위하여 다른 하나의 상태값이 필요하다. 이 상태값은 밀폐계에 대한 에너지 평형식으로부터 구한다. 정압으로 준평형 과정을 밟고 있는 밀폐계에 대해서 $\Delta U + W_b = \Delta H$이므로

$$\underbrace{E_{in} - E_{out}}_{\substack{\text{열, 일, 질량에 의한} \\ \text{정미 에너지 전달}}} = \underbrace{\Delta E_{system}}_{\substack{\text{내부 에너지, 운동 에너지,} \\ \text{위치 에너지 등의 변화}}}$$

$$Q_{in} - W_b = \Delta U$$

$$Q_{in} = \Delta H = m(h_2 - h_1)$$

$$3450 \text{ Btu} = (3 \text{ lbm})(h_2 - 38.08 \text{ Btu/lbm})$$

$$h_2 = 1188.1 \text{ Btu/lbm}$$

이다. 따라서 최종상태는

상태 2: $$\left.\begin{array}{l} P_2 = 20 \text{ psia} \\ h_2 = 1188.1 \text{ Btu/lbm} \end{array}\right\} \begin{array}{l} s_2 = 1.7761 \text{ Btu/lbm·R} \\ \text{(Table A-6E, 내삽법)} \end{array}$$

이므로, 과정에서 물의 엔트로피 변화는 다음과 같다.

$$\Delta S = m(s_2 - s_1) = (3 \text{ lbm})(1.7761 - 0.07459) \text{ Btu/lbm·R}$$
$$= \mathbf{5.105 \text{ Btu/R}}$$

8-4 등엔트로피 과정

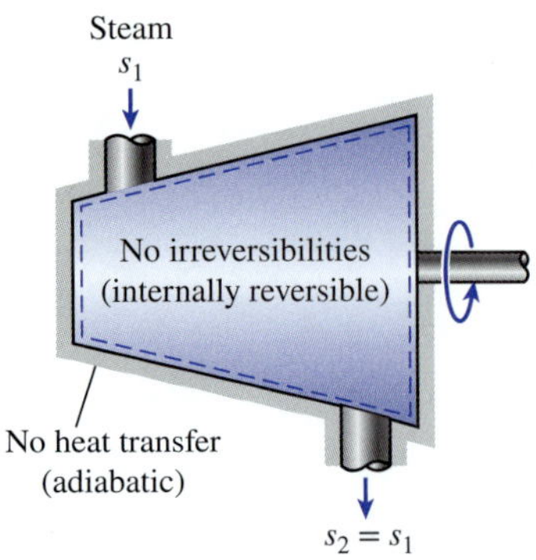

그림 8–14

내부적 가역 단열(등엔트로피)과정 동안 엔트로피가 일정하게 유지된다.

고정된 질량의 엔트로피 변화는 두 가지 인자인 (1) 열전달과 (2) 비가역성에 의하여 일어난다는 것을 앞에서 설명하였다. 일정한 질량의 엔트로피는 **내부적 가역**(*internally reversible*)이고 **단열**(*adiabatic*)인 과정에서는 변화가 없다(그림 8-14). 과정 중에 엔트로피가 일정하게 유지되는 과정을 **등엔트로피 과정**(isentropic process)이라 부른다. 등엔트로피 과정을 식으로 나타내면 다음과 같다.

등엔트로피 과정: $$\Delta s = 0 \quad \text{or} \quad s_2 = s_1 \qquad \text{(kJ/kg·K)} \tag{8-13}$$

즉, 과정이 등엔트로피 방식으로 수행되면, 물질이 갖는 최종상태의 엔트로피는 초기상태의 엔트로피와 같다.

펌프, 터빈, 노즐, 디퓨저 등과 같은 많은 공학계나 장치는 기본적으로 작동 중에 단열이며, 과정에 관련된 마찰과 같은 비가역성이 최소로 될 때에 가장 성능이 좋다. 그러므로 등엔트로피 과정은 실제과정에 대한 이상적인 모형이 될 수 있다. 또한 등엔트로피 과정은 이러한 장치의 실제 성능을 이상적인 조건에서의 성능과 비교하여, 과정의 효율을 정의하는 데 이용될 수 있다.

가역 단열과정은 반드시 등엔트로피 과정($s_2 = s_1$)이지만 **등엔트로피** 과정은 반드시 가역 단열과정이 아님을 인식하여야 한다. (예를 들면, 과정 동안에 일어난 비가역성에 의한 엔트로피 증가는 열손실에 의한 엔트로피 감소로 상쇄될 수 있다.) 그러나 열역학에서 **등엔트로피 과정**은 관습적으로 **내부적 가역 단열과정**을 의미하는 데 사용된다.

예제 8-5 터빈 내에서 증기의 등엔트로피 팽창

압력 5 MPa, 온도 450°C의 수증기가 단열 터빈에 유입하여 1.4 MPa의 압력으로 유출한다. 과정이 가역과정일 때, 수증기의 단위질량당 터빈의 출력 일을 구하라.

풀이 증기는 단열 터빈에서 정해진 압력까지 가역적으로 팽창한다. 터빈의 출력 일을 구한다.

가정 **1.** 검사체적 내의 각 위치에서 시간에 따른 변화가 없으므로 정상유동 과정이며, 따라서 $\Delta m_{CV} = 0$, $\Delta E_{CV} = 0$, $\Delta S_{CV} = 0$이다. **2.** 가역과정이다. **3.** 운동에너지와 위치에너지를 무시한다. 4. 터빈은 단열되어 있으므로 열전달은 없다.

해석 터빈을 계로 한다(그림 8-15). 과정 중에 계의 경계를 통하여 질량의 유출입이 있으므로 이 계는 **검사체적**이다. 이 검사체적에는 하나의 입구와 하나의 출구가 있으며 정상유동이므로 $\dot{m}_1 = \dot{m}_2 = \dot{m}$이다.

터빈의 출력 동력은 변화율로 나타낸 에너지 평형식으로부터 구할 수 있다.

$$\underbrace{\dot{E}_{in} - \dot{E}_{out}}_{\text{열, 일, 질량에 의한 정미 에너지 전달률}} = \underbrace{dE_{system}/dt}_{\text{내부 에너지, 운동 에너지, 위치 에너지 등의 시간 변화율}} \nearrow^{0\ (\text{정상})} = 0$$

$$\dot{E}_{in} = \dot{E}_{out}$$

$$\dot{m}h_1 = \dot{W}_{out} + \dot{m}h_2 \quad (\dot{Q} = 0,\ \text{ke} \cong \text{pe} \cong 0)$$

$$\dot{W}_{out} = \dot{m}(h_1 - h_2)$$

초기상태는 두 개의 상태량이 주어져 있으므로 완전하게 정해진다. 그러나 최종상태는 단지 하나의 상태량(압력)이 주어져 있으므로 상태를 정하기 위하여 다른 하나의 상태량을 구할 필요가 있다. 최종상태의 두 번째 상태량은 과정이 가역 단열과정, 즉 등엔트로피 과정이라는 것으로부터 구할 수 있다. 따라서 $s_2 = s_1$이며,

상태 1: $\left.\begin{array}{l} P_1 = 5\ \text{MPa} \\ T_1 = 450°\text{C} \end{array}\right\} \begin{array}{l} h_1 = 3317.2\ \text{kJ/kg} \\ s_1 = 6.8210\ \text{kJ/kg·K} \end{array}$

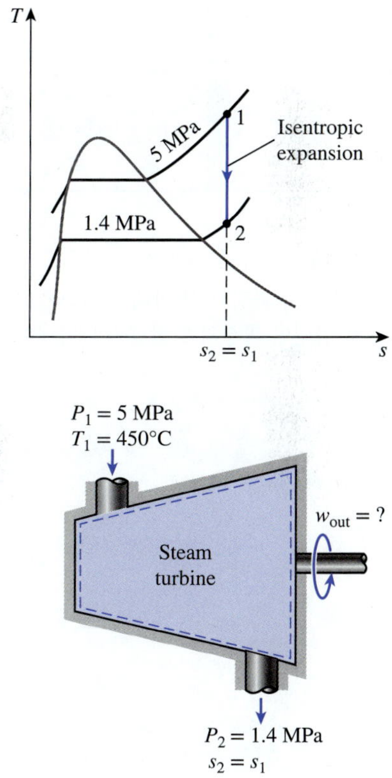

그림 8-15

예제 8-5의 개략도와 T-s 선도

상태 2: $\left.\begin{array}{l} P_2 = 1.4 \text{ MPa} \\ s_2 = s_1 \end{array}\right\} h_2 = 2967.4 \text{ kJ/kg}$

이다. 터빈을 흐르는 수증기의 단위질량당 터빈의 출력 일은 다음과 같다.

$$w_{out} = h_1 - h_2 = 3317.2 - 2967.4 = \mathbf{349.8\ kJ/kg}$$

8-5 엔트로피를 포함한 상태선도

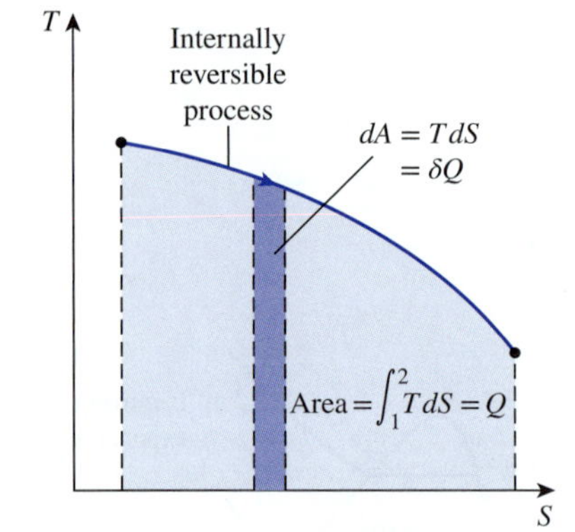

그림 8-16

T-S 선도에서 과정 곡선 아래의 면적은 내부적으로 가역인 과정의 열전달을 나타낸다.

상태선도는 과정의 열역학적인 해석에서 가시적으로 큰 도움을 준다. *P-v* 선도와 *T-v* 선도는 열역학 제1법칙과 관련하여 앞에서 광범위하게 사용하였다. 제2법칙 해석에서 한 좌표축이 엔트로피인 선도에 과정을 그리면 매우 도움이 된다. 제2법칙 해석에서 일반적으로 사용하는 두 선도는 **온도—엔트로피 선도**와 **엔탈피—엔트로피 선도**이다.

엔트로피를 정의하는 식 (8-4)를 고려하자. 이 식을 다시 쓰면 다음과 같다.

$$\delta Q_{\text{int rev}} = T\,dS \qquad \text{(kJ)} \tag{8-14}$$

그림 8-16에 나타난 바와 같이, $\delta Q_{\text{rev int}}$는 *T-S* 선도에서 미소면적에 해당한다. 내적으로 가역인 과정 중의 총 열전달은 다음과 같이 적분에 의하여 구하며, *T-S* 선도에서 과정 곡선의 아래 면적에 해당한다.

$$Q_{\text{int rev}} = \int_1^2 T\,dS \qquad \text{(kJ)} \tag{8-15}$$

그러므로 *T-S* 선도에서 과정 곡선 아래의 면적은 내부적으로 가역인 과정 중의 열전달을 나타낸다. 이것은 *P-V* 선도에서 과정 곡선의 아래 면적이 가역 경계일인 것과 다소 유사하다. 과정 곡선의 아래 면적은 내부적 가역(또는 완전 가역)인 과정에 대한 열전달을 나타내는 것에 유의하라. 비가역과정에 대해서는 면적이 의미를 갖지 않는다.

식 (8-14)와 (8-15)를 단위질량에 대해서 쓰면 다음과 같다.

$$\delta q_{\text{int rev}} = T\,ds \qquad \text{(kJ/kg)} \tag{8-16}$$

$$q_{\text{int rev}} = \int_1^2 T\,ds \qquad \text{(kJ/kg)} \tag{8-17}$$

식 (8-15)와 (8-17)의 적분을 수행하기 위해서, 과정 중의 *T*와 *s*의 관계식을 알 필요가 있다. 쉽게 적분할 수 있는 하나의 특별한 경우로, **내부적 가역인 등온과정**이 있다. 그 적분은 다음과 같다.

$$Q_{\text{int rev}} = T_0\,\Delta S \qquad \text{(kJ)} \tag{8-18}$$

또는

$$q_{\text{int rev}} = T_0 \, \Delta s \qquad (\text{kJ/kg}) \tag{8-19}$$

여기서 T_0는 일정한 온도이며 ΔS는 과정 중 계의 엔트로피 변화이다.

등엔트로피 과정은 T-s 선도에서 수직한 선분으로 나타나며, 예측한 바와 같이, 등엔트로피 과정에는 열전달이 없으므로 과정 경로의 아래 면적이 0이어야 한다(그림 8-17). T-s 선도는 과정과 사이클에 대한 제2법칙의 관점을 나타내기 위한 가치있는 도구이며, 따라서 열역학에서 빈번하게 사용된다. 물의 T-s 선도가 부록의 Fig. A-9에 주어져 있다.

공학에서 일반적으로 사용하는 또 하나의 선도에 엔탈피-엔트로피 선도가 있다. 이 선도는 터빈, 압축기, 노즐과 같은 정상유동 장치의 해석에서 매우 가치가 높은 선도이다. h-s 선도의 좌표축은 2개의 중요한 상태량인 엔탈피와 엔트로피로서, 엔탈피는 정상 유동 장치의 열역학 제1법칙 해석에서 우선적으로 중요한 상태량이며 엔트로피는 단열과정에서 비가역성을 나타내는 상태량이다. 예를 들어 단열 터빈을 흐르는 증기의 정상유동을 해석하는 경우에, h-s 선도에서 입구와 출구의 상태 사이의 수직거리(Δh)는 터빈의 출력 일을 나타내며 수평거리(Δs)는 과정과 관련된 비가역성을 나타낸다(그림 8-18).

h-s 선도는 독일의 과학자 R. Mollier (1863~1935)의 이름을 따서 **Mollier 선도**(Mollier diagram)라고도 부른다. 수증기의 h-s 선도가 부록의 Figure A-10에 주어져 있다.

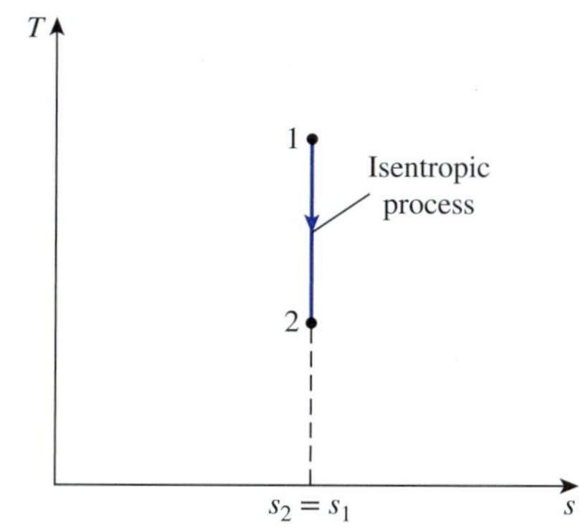

그림 8-17
등엔트로피 과정은 T-s 선도에서 수직한 선분으로 나타난다.

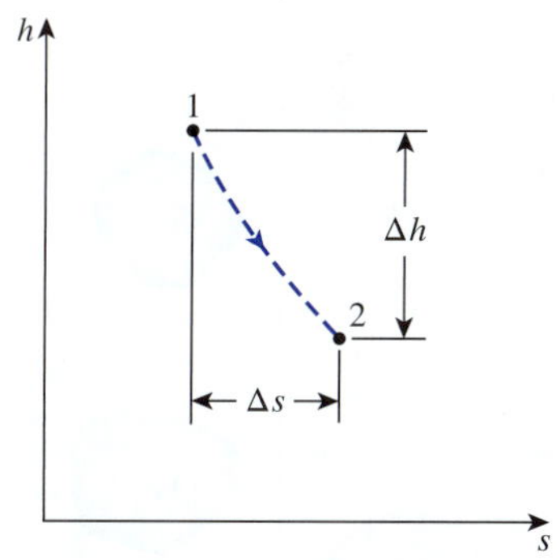

그림 8-18
단열 정상유동 장치에서 h-s 선도의 수직거리 Δh는 일의 크기를 나타내며, 수평거리 Δs는 비가역성의 크기를 나타낸다.

예제 8-6 **카르노 사이클의 T-S 선도**

T-S 선도에 카르노 사이클을 나타내고, 선도 위에 공급된 열량 Q_H, 방출열량 Q_L, 정미 출력 일 $W_{\text{net,out}}$를 나타내는 면적을 보여라.

풀이 T-S 선도에 카르노 사이클을 나타내고, Q_H, Q_L, $W_{\text{net,out}}$를 나타내는 면적을 표시한다.

해석 카르노 사이클은 두 개의 가역 등온(T = 상수)과정과 두 개의 등엔트로피(s = 상수) 과정으로 구성되어 있다는 것을 알고 있다. 이 네 개의 과정은 그림 8-19에 보인 바와 같이 T-S 선도에서 사각형을 이룬다.

T-S 선도에서 과정 곡선의 아래 면적은 그 과정의 열전달을 나타내므로, 면적 $A12B$는 Q_H를 나타내며, 면적 $A43B$는 Q_L을 나타낸다. 이 두 면적의 차(짙은 색깔 부분)는

$$W_{\text{net,out}} = Q_H - Q_L$$

이므로 정미 출력 일 $W_{\text{net,out}}$를 나타낸다. 즉, T-S 선도에서 사이클의 경로로 둘러싸인 면적(면적 1234)은 정미 일을 나타낸다. P-V 선도에서도 사이클의 경로로 둘러싸인 면적이 정미 일을 나타낸다.

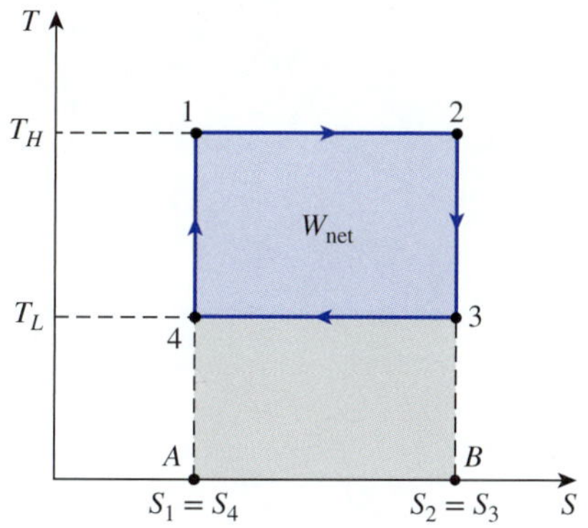

그림 8-19
카르노 사이클(예제 8-6)의 T-s 선도

8-6 엔트로피란 무엇인가?

엔트로피가 공학적인 장치에 대한 제2법칙 해석에 있어서 가치가 있는 도구의 역할을 하며, 유용한 상태량인 것은 앞의 논의로부터 명백하다. 그러나 이것이 우리가 엔트로피를 잘 알고 이해하고 있다는 것을 의미하지는 않는다. 실제로 엔트로피란 무엇인가라는 질문에 적합한 답변을 줄 수조차도 없다. 그렇지만 엔트로피를 완전하게 서술할 수 없다고 해서 그 유용성이 줄어드는 것은 아니다. 우리가 에너지를 정의하지 않았지만, 에너지 변환과 에너지 보존의 원리를 이해하는 데에 장애를 받지 않았다. 엔트로피가 에너지처럼 일상적으로 사용하는 단어가 아니라고 인정하지만, 지속적인 사용으로 엔트로피에 대한 이해는 깊어질 것이며 그 인식은 커질 것이다. 이어지는 논의는 물질의 미시적인 자연현상을 살펴봄으로써 엔트로피의 물리적인 의미를 어느 정도 밝혀줄 것이다.

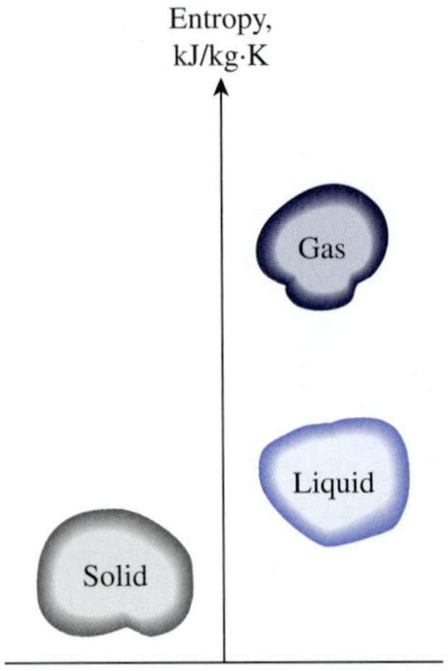

그림 8-20
물질의 분자적 무질서도(엔트로피)의 수준은 녹거나 증발함에 따라 증가한다.

엔트로피는 **분자의 무질서**(*molecular disorder* 또는 *molecular randomness*)의 척도로 볼 수 있다. 계가 더욱 무질서하게 됨에 따라 분자의 위치를 예측하기 어렵게 되며 엔트로피는 증가한다. 그러므로 물질의 엔트로피가 고체 상태에서 가장 낮고 기체 상태에서 가장 높은 것은 놀라운 것이 아니다(그림 8-20). 고체 상태에서 물질의 분자는 평형 위치에서 계속 진동하나 각 분자끼리 상대적으로 이동할 수 없으며, 한순간에 분자의 위치는 상당히 확실하게 예측될 수 있다. 그러나 기체 상태에서는 분자가 무작위로 움직이며 서로 충돌하고 방향을 바꾸어, 어느 순간에서 계의 미시적 상태를 정확하게 예측하는 것은 극히 어렵다. 높은 엔트로피의 값은 이러한 분자들의 무질서도(chaos)와 관련되어 있다.

미시적으로(통계열역학 관점에서) 볼 때, 평형상태에 있는 것으로 보이는 고립계도 분자의 연속적인 운동 때문에 높은 정도의 운동성을 나타내기도 한다. 거시적인 각 평형상태에 대하여 대단히 많은 미시적인 상태 또는 분자 배치가 대응한다. Boltzmann은 거시적 평형 상태에 있는 계의 엔트로피는 그 계와 관련된 미시적 상태의 총 수, W("확률"을 뜻하는 독일어 Wahrscheinlichkeit에서 유래)와 관련이 있을 것이라는 가설을 처음으로 세웠다. Planck는 후에 이 생각을 엔트로피의 단위 J/K를 가지며, Boltzmann의 이름을 따라 명명된(그리고 Boltzmann의 묘비에 새겨짐) 상수 k를 사용하여 **Boltzmann 관계식**(Boltzmann relation)으로 알려진 아래의 식으로 공식화하였다.

$$S = k \ln W \tag{8-20a}$$

엔트로피와 관련된 열적 운동의 무질서도 또는 혼란도는 나중에 Gibbs에 의하여 모든 미시적 상태가 가진 불확실성 총합의 척도, 즉 확률로 다음과 같이 일반화되었다.

$$S = -k \sum p_i \log p_i \tag{8-20b}$$

Gibbs의 공식(Gibbs' formulation)은 미시적 상태의 불균일한 확률(p_i)을 고려하기 때문에 더 일반적이다. 입자 운동량 또는 열적 혼란도와 체적이 증가하면 계의 특성을 기술하는 데에 질서가 있는 계에 비해 상대적으로 더 많은 정보가 필요하다. Gibbs의 공식은 균등 확률(W개의 모든 미시적 상태에 균일한)의 경우에는 $p_i = 1/W =$ 상수 $\ll 1$이므로 Boltzmann 관계식으로 된다.

미시적 관점에서 보면 엔트로피는 열적 무질서도 또는 혼란도(주어진 거시적 상태에 대응하는 미시적 분자 상태의 수)가 증가하면 항상 증가한다. 따라서 엔트로피는 고립계에서 과정이 일어나면 언제나 증가하는 열적 무질서도 또는 분자 혼란도의 척도라고 볼 수 있다.

앞에서 살펴보았듯이, 고체 상태에 있는 물체의 분자는 지속적으로 진동하며 그 위치에 대한 불확성을 야기한다. 그러나 이 진동은 온도가 낮아짐에 따라 사라지게 되며 절대 0도(absolute zero)에서 분자의 운동은 완전히 멈추게 된다. 이것은 궁극적인 분자들의 질서(최소 에너지) 상태를 나타낸다. 분자의 상태에 대한 불확성이 없으므로, **온도가 절대 0도(*absolute zero*)인 순수결정체의 엔트로피는 0이다**(그림 8-21). 이 서술은 **열역학 제3법칙**(third law of thermodynamics)으로 알려져 있다. 열역학 제3법칙은 엔트로피를 정하는 절대기준점을 제공한다. 이 기준점을 기준으로 결정된 엔트로피를 **절대 엔트로피**(absolute entropy)라 부르며 화학반응의 열역학적인 해석에서 매우 유용하다. 순수결정체가 아닌(고용체와 같은) 물질의 엔트로피는 절대온도 0도에서 0이 아님에 주의하자. 이러한 물질에는 하나 이상의 분자 구성이 있어 물질의 미시적 상태에 대한 다소의 불확정성을 야기하기 때문이다.

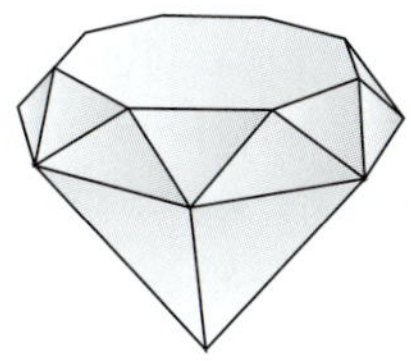

그림 8-21
온도가 절대 0도에서 순수결정체는 완전히 질서 상태에 있으며 엔트로피가 0이다(열역학 제3법칙)

기체 상태의 분자는 무시할 수 없는 양의 운동에너지를 가지고 있다. 그러나 그 운동에너지가 아무리 크다 할지라도 기체분자는 용기 내에 설치된 날개 바퀴를 돌릴 수 없으며 일을 생산할 수 없다. 이것은 기체분자와 분자가 가지고 있는 에너지가 조직화되어 있지 않기 때문이다. 즉 어느 순간에 바퀴를 한쪽 방향으로 돌리려고 하는 분자의 수가 반대방향으로 바퀴를 돌리려고 하는 분자의 수와 확률적으로 같아, 결국 바퀴가 멈추어 있도록 하는 것이다. 그러므로 조직화되어 있지 않은 에너지로부터 직접 유용한 일을 얻을 수는 없다(그림 8-22).

그림 8-22
조직화되지 않은 에너지는 아무리 큰 에너지라 할지라도 유용한 일을 하지 못한다.

이제 그림 8-23과 같은 회전하고 있는 축을 살펴보자. 이 순간에 축의 분자는 같은 방향으로 함께 회전하고 있기 때문에 분자의 에너지는 완전히 조직화되어 있다. 이 조직화된 에너지는 추를 들어 올리거나 전력의 생산과 같은 유용한 일을 수행하는 데 곧바로 사용될 수 있다. 일은 에너지의 조직화된 형태이므로 일에는 무질서와 무작위성이 없으며, 따라서 엔트로피도 없다. **일 형태의 에너지 전달과 관련된 엔트로피 전달은 없다.** 그러므로 회전축(또는 관성바퀴)에 의하여 마찰 없이 추를 들어 올리는 과정은 어떤 엔트로피도 만들어내지 않는다. 정미 엔트로피를 만들어내지 않는 과정은 가역과정이므로, 위에 서술된 과정은 추를 내려서 역으로 할

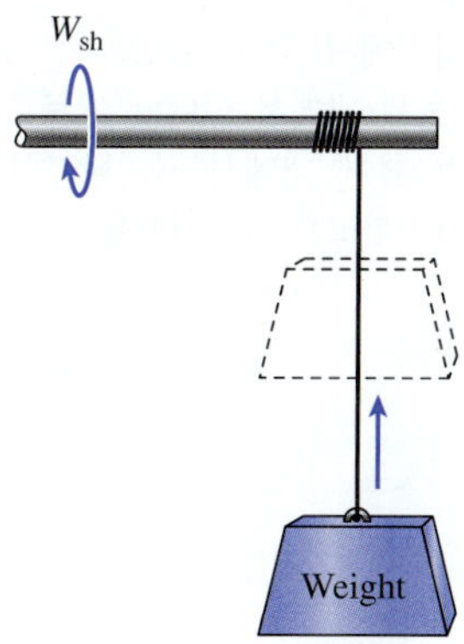

그림 8-23
회전축에 의하여 마찰 없이 추를 들어 올리는 과정은 무질서(엔트로피)를 만들어내지 않으며, 이 과정 중에 에너지는 저급화되지 않는다.

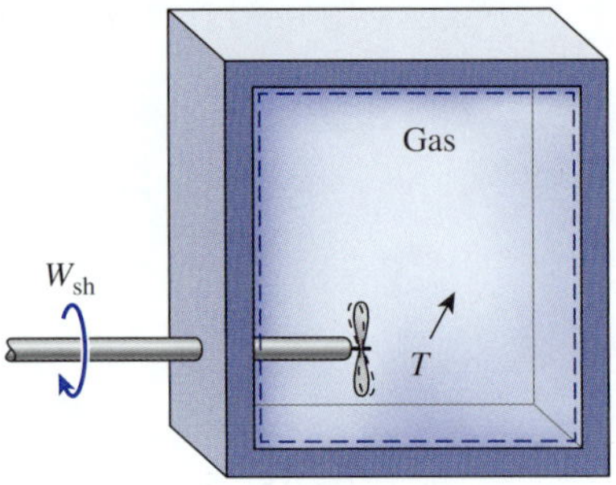

그림 8-24
기체에 가해진 날개 바퀴의 일은 무질서(엔트로피) 수준을 증가시키며, 따라서 이 과정 중에 에너지는 저급화된다.

수 있다. 그러므로 이 과정 중에 에너지의 질(quality)은 떨어지지 않으며, 일을 할 수 있는 잠재에너지도 없어지지 않는다.

추를 들어 올리는 대신에 그림 8-24와 같이 기체로 채워진 용기 내에서 날개 바퀴(paddle wheel)를 작동해 보자. 이 경우에, 기체의 온도가 상승하는 것으로 확인할 수 있는 바와 같이, 날개 바퀴의 일은 기체의 내부에너지로 변환될 것이며, 그로 인하여 용기 내에는 높은 수준의 분자적인 무질서가 만들어질 것이다. 이 과정에서 조직화되어 있는 날개 바퀴의 에너지는 매우 비조직화된 형태의 에너지로 변환되기 때문에, 이 과정은 추를 들어 올리는 과정과는 아주 다르다. 즉 용기 내에 있는 기체의 비조직화된 에너지는 조직화된 회전 운동에너지로 다시 변환되어 날개 바퀴에 전달될 수 없다. 다만 이 에너지의 일부분만이 열기관을 이용하여 부분적으로 재조직화함으로써 일로 변환될 수 있다. 그러므로 이 과정 중에 에너지의 질은 떨어져 일을 할 수 있는 능력이 감소하고 분자적인 무질서가 만들어지는데, 이러한 모든 것이 엔트로피의 증가와 관련된다.

에너지의 양(*quantity*)은 실제 과정 중에 항상 보존되나(제1법칙) 질은 저하된다(제2법칙). 질의 저하는 항상 엔트로피 증가를 수반한다. 예를 들어 뜨거운 물체에서 찬 물체로 10 kJ의 에너지가 열로 전달된다고 하자. 과정 후에 10 kJ의 에너지는 전달되었을 뿐 없어지지 않았으나, 낮은 온도의 에너지로서 질이 낮은 에너지가 되었다.

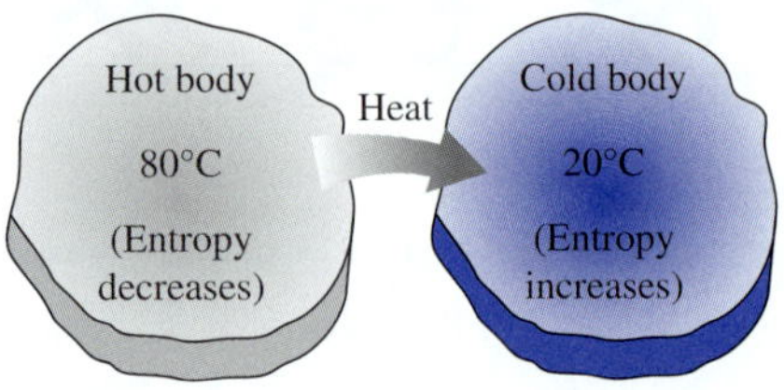

그림 8-25
열전달 과정에서 정미 엔트로피는 증가한다(차가운 물체 내에서 일어난 엔트로피 증가는 뜨거운 물체 내에서 일어난 엔트로피의 감소를 상쇄하고도 남는다).

열은 본질적으로 조직화되지 않은 에너지 형태이며 비조직성(엔트로피)은 열과 함께 전달된다(그림 8-25). 열전달이 일어나면, 결과적으로 뜨거운 물체의 엔트로피와 분자적인 무질서 또는 무작위성은 감소하며, 차가운 물체의 엔트로피와 분자적인 무질서는 증가한다. 제2법칙은 찬 물체의 엔트로피 증가가 뜨거운 물체의 엔트로피 감소보다 더 크므로 조합된 계(찬 물체와 뜨거운 물체)의 정미 엔트로피가 증가할 것을 요구하고 있다. 즉, 조합된 계가 최종상태에서는 더 무질서한 상태에 있게 된다. 따라서 과정은 총 엔트로피 또는 분자적인 무질서가 증가되는 방향으로만 일어날 수 있다고 결론지을 수 있다. 즉, 전 우주는 매일 점점 더 무질서해지고 있는 것이다.

일상생활에서 엔트로피와 엔트로피 생성

엔트로피의 개념은 열역학이 아닌 다른 분야에도 적용될 수 있다. 엔트로피는 계의 무질서와 비조직화의 척도로 볼 수 있으며, 마찬가지로 엔트로피 생성은 과정 중에 생성된 무질서와 비조직화의 척도로 볼 수 있다. 엔트로피의 개념은 일상생활의 여러 면에 쉽게 적용될 수 있으나, 에너지의 개념만큼 폭넓게 일상생활에 사용되지는 않는다. 비기술적인 분야로 엔트로피의 개념을 확대하는 것은 참신한 것은 아니며, 이미 엔트로피의 개념은 여러 책과 논문의 주제가 되어 왔다. 다음에서는 몇 가지 평범한 사례를 제시하고, 엔트로피 및 엔트로피 생성 개념과의 연관성을 보이고자 한다.

효율적인 사람은 엔트로피가 낮은(잘 체계화된) 생활을 꾸려 간다. 그들은 모든 물건의 위치를 정해 놓아(최소 불확성), 어떤 물건을 찾는 데 최소의 에너지를 소모한다. 반면에 비효율적인 사람은 비체계화되어 있으며 엔트로피가 높은 생활을 꾸려 간다. 그들에게는 필요한 것을 찾는 데 수 분(한 시간은 아닐 지라도)이 필요하며, 체계화되지 않는 방법으로 찾을 것이므로 찾는 데에 더 심한 무질서를 만들어내기 쉽다. 엔트로피가 높은 생활 형태를 꾸려가는 사람은 항상 바쁘나 원하는 것을 성취할 수 있을 것 같아 보이지 않는다.

각 백만 권의 책을 소장하고 있는 두 건물을 생각해 보자. 첫 번째 건물에는 책이 쌓여 있는 반면에, 두 번째의 건물에는 책이 매우 체계적으로 분류되어 있고 서가에 정리되어 있으며 쉽게 참조할 수 있도록 색인되어 있다. 학생들이 필요한 책을 찾기 위하여 어느 건물로 갈 것인가는 생각할 필요가 없을 것이다. 첫 번째 건물에 있는 높은 정도의 비조직성(엔트로피)에도 불구하고, 두 건물이 각각 가지고 있는 책의 수와 지식의 내용은 동일하기 때문에, 제1법칙의 관점에서 두 건물은 대등하다고 말할 지도 모른다. 이 예는 실제적인 비교에서 열역학 제2법칙의 관점이 적용되어야 한다는 것을 보여주고 있다.

기본적으로 같은 주제를 다루고 있으며 같은 정보를 주기 때문에 같은 책으로 보이는 두 교과서는 어떻게 주제를 다루는가에 따라서 실제로 매우 다를 수 있다. 겉으로 같게 보이는 두 자동차 가운데, 한 대가 같은 양의 연료로 다른 차가 가는 거리의 반밖에 가지 못한다면 두 자동차는 결국 동일한 차가 아니다. 마찬가지로 같게 보이는 두 책 가운데, 한 책으로부터 주제를 학습하는 데에 걸리는 시간이 다른 책의 두 배가 걸린다면 같은 책이 아니다. 그러므로 단지 제1법칙만을 기준으로 한 비교는 심각한 잘못을 가져올 수 있다.

조직화되어 있지 않은(높은 엔트로피) 군대를 갖는 것은 군대를 전혀 갖지 않는 것과 같다. 무장된 군대의 지휘본부가 전쟁 중에 우선적인 표적이 되는 것은 당연한 것이다. 10개의 사단으로 구성된 하나의 군대는 단일 사단으로 구성된 10개의 군대보다 10배 정도는 더 강하다. 마찬가지로 10개의 주로 구성된 단일 국가가 각 주로 이루어진 10개의 국가보다 더욱 강력하다. 미국이 50개의 주로 구성된 단일 국가인 대신에 50개의 독립국가로 되었다면 미국은 그렇게 강력한 나라가 아니었을 것이다. 이러한 관점에서 새로운 유럽 공동체(EU)는 새로운 초강력의 경제를 형성할 잠재성을 가지고 있다. 흔한 옛말인 "분할하라, 그리고 정복하라"는 "엔트로피를 증가시켜라, 그리고 정복하라"로 바꾸어 말할 수 있다.

기계적인 마찰은 항상 엔트로피 생성과 그에 따른 성능의 저하를 수반한다는 것을 알고 있다. 이것을 일상생활에 대하여 일반화할 수 있다: 작업장에서 동료 작업자들과 갖는 마찰은 엔트로피를 생성하게 되어 있으며, 따라서 성능에 역효과를 내어 감소된 생산성을 가져오게 될 것이다(그림 8-26).

그림 8-26
기계장치와 같이 직장에서의 마찰은 엔트로피를 생성하고 업무성과를 감소시킨다.
Purestock/SuperStock

자유 팽창(또는 폭발)과 제어되지 않은 전자의 교환(화학반응)은 엔트로피를 생성하며 매우 비가역적이라는 것을 알고 있다. 마찬가지로 화를 참지 못하고 말을 퍼붓기 위하여 입을 여는 것은 엔트로피를 생성하기 때문에 매우 비가역적이며(주어 담을 수 없으며), 커다란 화를 불러올 수 있다. 화를 내며 일어서는 자는 손해를 보며 앉을 수밖에 없다. 아마 앞으로 언젠가 비기술적인 활동 중에 생성된 엔트로피를 정량화하는 어떤 절차를 제안할 수 있을 것이며, 생성된 엔트로피의 근본적인 원천과 크기를 정확하게 지적할 수 있게 될 것이다.

8-7 *T ds* 관계식

$(\delta Q/T)_{\text{int rev}}$는 상태량인 **엔트로피**의 미소 변화와 같다는 것을 상기하자. 과정에 대한 엔트로피 변화는 실제 경로의 양 끝 상태 사이에 있는 가상적인 내부적 가역경로를 따라 $\delta Q/T$를 적분하여 계산한다. 등온 내부적 가역과정에서 이 적분은 바로 계산된다. 그러나 과정 중에 온도가 변화할 때에는 이 적분을 수행하기 위하여 δQ와 T 사이의 관계를 알아야 한다. 이 절에서는 그러한 관계를 알아본다.

단순 압축성 물질이 들어 있는 밀폐계(일정한 질량)에 대한 에너지 보존식의 미분형은 내부적 가역과정에 대하여 다음과 같이 표현될 수 있다.

$$\delta Q_{\text{int rev}} - \delta W_{\text{int rev,out}} = dU \tag{8-21}$$

그러나

$$\delta Q_{\text{int rev}} = T\,dS$$
$$\delta W_{\text{int rev,out}} = P\,dV$$

따라서

$$T\,dS = dU + P\,dV \qquad \text{(kJ)} \tag{8-22}$$

또는 단위질량에 대해서

$$T\,ds = du + P\,dv \qquad \text{(kJ/kg)} \tag{8-23}$$

이다. 이 방정식은 제1 *T ds* **방정식**(the first *T ds equation*), 또는 **Gibbs 방정식**으로 알려져 있다. 단순 압축성 계가 내부적 가역과정을 밟을 때에 가질 수 있는 일의 유일한 상호작용 형태는 경계일인 점에 주의하자.

제2 *T ds* 방정식(the second *T ds* equation)은 엔탈피의 정의($h = u + Pv$)를 사용하여 식 (8-23)에서 du를 소거하여 얻을 수 있다:

$$\left.\begin{array}{lll} h = u + Pv & \longrightarrow & dh = du + P\,dv + v\,dP \\ \text{[식 (8-23)]} & \longrightarrow & T\,ds = du + P\,dv \end{array}\right\} T\,ds = dh - v\,dP \tag{8-24}$$

식 (8-23)과 (8-24)는 계의 엔트로피 변화와 다른 상태량과 관계를 나타내기 때문에 매우 중요한 식이며, 식 (8-4)와는 달리 상태량에 대한 관계식이므로 과정의 종류와는 무관하다.

두 상태 사이의 엔트로피 변화는 가역경로를 따라서 계산되어야 하므로, 위의 $T\,ds$ 관계식은 묵시적으로 내부적 가역과정에 대해서 전개되었다. 그러나 엔트로피는 상태량이며 두 상태 사이의 상태량 변화는 계가 밟는 과정의 종류에 무관하므로, 얻어진 결과는 가역과정과 비가역과정 모두에 유효하다. 식 (8-23)과 (8-24)는 상태변화를 하는 단순 압축성 계의 단위질량에 대한 상태량 사이의 관계이며, 밀폐계나 개방계 모두에서 일어난 변화에 대하여 적용될 수 있다(그림 8-27).

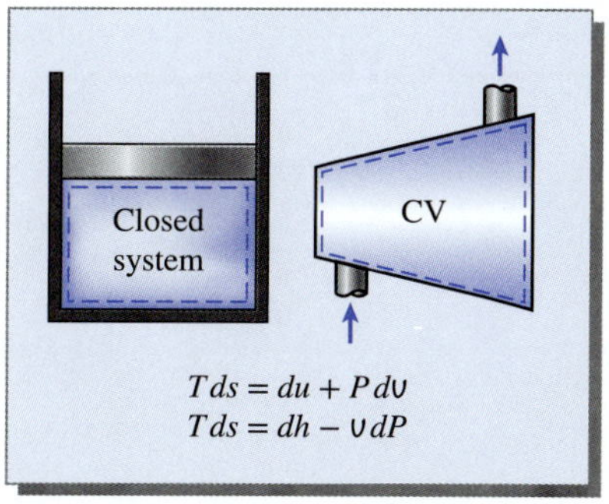

그림 8-27
$T\,ds$ 관계식은 가역과정과 비가역과정, 밀폐계와 개방계 모두에 대해서 유효하다.

엔트로피의 미소 변화에 대한 양함수적인 관계식은 식 (8-23)과 (8-24)를 ds에 관하여 풀면 얻어진다.

$$ds = \frac{du}{T} + \frac{P\,d\upsilon}{T} \tag{8-25}$$

$$ds = \frac{dh}{T} - \frac{\upsilon\,dP}{T} \tag{8-26}$$

과정 중의 엔트로피 변화는 위 식 중 하나의 식을 초기상태와 최종상태 사이에 적분하여 구할 수 있다. 그러나 이 적분을 수행하기 위하여, 물질의 상태방정식(이상기체의 상태방정식 $P\upsilon = RT$와 같은)뿐만 아니라 du 또는 dh와 온도 사이의 관계식(이상기체의 경우 $du = c_\upsilon\, dT$와 $dh = c_p\, dT$)를 알아야 한다. 이러한 관계식이 존재하는 물질과 비압축성 물질의 경우에는 식 (8-25)와 식 (8-26)의 적분을 곧바로 수행할 수 있다. 그 외의 다른 물질에 대해서는 자료 표를 이용하여야 한다.

비단순계(nonsimple system), 즉 준평형 일의 형태가 하나 이상인 계에 대한 $T\,ds$ 관계식은 관련되는 모든 준평형 일의 형태들을 이 식에 포함함으로써 비슷한 방법으로 얻을 수 있다.

8-8 고체와 액체의 엔트로피 변화

고체와 액체는 과정 중에 비체적이 거의 일정하게 유지되므로 **비압축성 물질**로 근사될 수 있다는 것을 알고 있다. 그러므로 고체와 액체의 경우에 $d\upsilon > 0$이며, 비압축성 물질에 대해서 $c_p = c_\upsilon = c$이고 $du = c\, dT$이므로 식 (8-25)는 다음과 같이 간단하게 된다.

$$ds = \frac{du}{T} = \frac{c\,dT}{T} \tag{8-27}$$

위 식을 적분하여 과정 동안에 일어난 엔트로피 변화를 구하면

액체, 고체: $$s_2 - s_1 = \int_1^2 c(T)\frac{dT}{T} \cong c_{avg} \ln\frac{T_2}{T_1} \qquad \text{(kJ/kg·K)} \tag{8-28}$$

이다. 여기서 c_{avg}는 주어진 온도범위에서 물체의 **평균**비열이다. 비압축성 물체의 엔트로피 변화는 온도만의 함수이며 압력에 독립적이라는 점에 유의하라.

식 (8-28)은 고체와 액체의 엔트로피 변화를 합리적인 정확도를 가지고 구하는 데 사용될 수 있다. 그러나 온도에 따라 팽창이 큰 액체에 대해서는, 계산에서 체적 변화의 영향을 고려할 필요가 있다. 이런 경우는 비교적 온도 변화가 큰 경우에 해당한다.

고체와 액체의 등엔트로피 과정에 대한 관계식은 위의 엔트로피 변화의 관계식을 0으로 놓음으로써 얻어진다.

등엔트로피: $$s_2 - s_1 = c_{\text{avg}} \ln \frac{T_2}{T_1} = 0 \longrightarrow T_2 = T_1 \tag{8-29}$$

즉, 완전한 비압축성 물질의 온도는 등엔트로피 과정 중에 일정하게 유지된다. 그러므로 비압축성 물질의 등엔트로피 과정은 등온이며, 고체와 액체는 이 거동에 매우 가깝다.

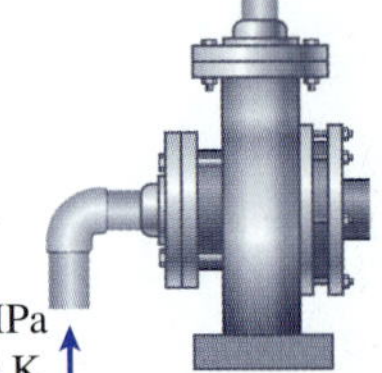

그림 8-28
예제 8-7의 개략도

예제 8-7 엔트로피에 대하여 액체의 밀도가 미치는 영향

액체 메탄은 보통 여러 가지 저온 응용 분야에 사용된다. 메탄의 임계온도는 191 K(또는 −82°C)이므로 액체상태로 유지하기 위해 191 K 이하로 해야 한다. 여러 가지 온도와 압력에서 메탄의 상태량이 표 8-1에 나타나 있다. 메탄이 110 K, 1 MPa인 상태로부터 120 K, 5 MPa인 상태까지 과정을 밟을 때 액체 메탄의 엔트로피 변화를 구하라. (*a*) 메탄에 대한 실제 자료를 사용하라. (*b*) 액체 메탄을 비압축성 물질로 근사하라. 후자의 경우에 내포된 오차(%)는 얼마인가?

풀이 액체 메탄이 주어진 두 개의 상태 사이의 과정을 밟는다. 과정 동안 액체 메탄의 엔트로피 변화는 액체 메탄을 비압축성으로 가정하여 구하거나 실제의 데이터를 이용하여 구한다.

해석 (*a*) 단위질량의 액체 메탄을 고려한다(그림 8-28). 초기상태와 최종상태의 엔트로피를 표 8-1에서 직접 구하면 다음과 같다.

표 8-1
액체 메탄의 상태량

Temp., T, K	Pressure, P, MPa	Density, ρ, kg/m^3	Enthalpy, h, kJ/kg	Entropy, s, kJ/kg·K	Specific heat, c_p, kJ/kg·K
110	0.5	425.3	208.3	4.878	3.476
	1.0	425.8	209.0	4.875	3.471
	2.0	426.6	210.5	4.867	3.460
	5.0	429.1	215.0	4.844	3.432
120	0.5	410.4	243.4	5.185	3.551
	1.0	411.0	244.1	5.180	3.543
	2.0	412.0	245.4	5.171	3.528
	5.0	415.2	249.6	5.145	3.486

상태 1: $\left.\begin{array}{l} P_1 = 1 \text{ MPa} \\ T_1 = 110 \text{ K} \end{array}\right\} \begin{array}{l} s_1 = 4.875 \text{ kJ/kg·K} \\ c_{p1} = 3.471 \text{ kJ/kg·K} \end{array}$

상태 2: $\left.\begin{array}{l} P_2 = 5 \text{ MPa} \\ T_2 = 120 \text{ K} \end{array}\right\} \begin{array}{l} s_2 = 5.145 \text{ kJ/kg·K} \\ c_{p2} = 3.486 \text{ kJ/kg·K} \end{array}$

그러므로

$$\Delta s = s_2 - s_1 = 5.145 - 4.875 = \mathbf{0.270 \text{ kJ/kg·K}}$$

(*b*) 액체 메탄을 비압축성 물질로 근사할 경우에 엔트로피 변화는 다음과 같다.

$$\Delta s = c_{\text{avg}} \ln \frac{T_2}{T_1} = (3.4785 \text{ kJ/kg·K}) \ln \frac{120 \text{ K}}{110 \text{ K}} = \mathbf{0.303 \text{ kJ/kg·K}}$$

여기서

$$c_{\text{avg}} = \frac{c_{p1} + c_{p2}}{2} = \frac{3.471 + 3.486}{2} = 3.4785 \text{ kJ/kg·K}$$

그러므로, 액체 메탄을 비압축성 물질로 근사할 경우 오차는

$$\text{Error} = \frac{|\Delta s_{\text{actual}} - \Delta s_{\text{ideal}}|}{\Delta s_{\text{actual}}} = \frac{|0.270 - 0.303|}{0.270} = \mathbf{0.122} \text{ (or 12.2\%)}$$

이다.

검토 액체 메탄의 밀도가 이 과정 중에 425.8에서 415.2 kg/m^{3}로 변화(약 3%)하기 때문에, 비압축성 물질로 가정하는 것에 대한 의문을 갖게 한다. 그러나 이 가정을 통하여 적은 노력으로 합리적인 정확도의 결과를 얻을 수 있으며, 이것은 압축 액체에 대한 자료가 없는 경우에 매우 편리하다는 것을 입증한다.

예제 8-8 밸브를 터빈으로 대체한 경우의 경제성

저온 생산시설이 온도가 115 K, 압력이 5 MPa인 액체 메탄을 0.280 m^3/s의 율로 취급한다. 이 과정에서 메탄의 압력을 1 MPa까지 낮추는 것이 요구되는데, 이것은 밸브와 같은 유동 저항 장치에 액체 메탄을 통과시킴으로써 교축하여 달성한다. 새로 들어온 엔지니어가 압력을 1 MPa까지 낮추는 동안에 동력을 생산하기 위하여 교축밸브를 터빈으로 교체할 것을 건의하였다. 표 8-1에 있는 자료를 이용하여 터빈으로 생산할 수 있는 최대 동력을 구하라. 터빈이 연속적으로(8760 hr/yr) 운전되고 시설의 전기료가 \$0.075/kWh이라면, 이 터빈으로 인한 시설의 전기사용료는 매년 얼마나 절약되는가?

풀이 액체 메탄은 터빈 내에서 정해진 압력까지 정해진 율로 팽창한다. 터빈이 생산하는 최대 동력과 매년 절약되는 비용을 구한다.

가정 **1.** 과정의 어느 곳에서도 시간에 따른 변화가 없으므로 정상유동 과정이며, 따라서 $\Delta m_{\text{CV}} = 0$, $\Delta E_{\text{CV}} = 0$, $\Delta S_{\text{CV}} = 0$이다. **2.** 터빈은 단열되어 있으므로 열전달은 없다. **3.** 과정은 가역과정이다. **4.** 운동에너지와 위치에너지는 무시한다.

해석 터빈을 계로 간주한다(그림 8-29) 이 시스템은 과정 중에 질량이 계의 경계를 가로지르기 때문에 검사체적이다. 터빈에는 하나의 입구와 출구가 있으므로 $\dot{m}_1 = \dot{m}_2 = \dot{m}$인 점에 유의하라.

그림 8-29
액화천연가스(LNG) 탱크에서 꺼낸 액화천연가스 터빈
Courtesy of EBARA International Corporation, Cryodynamics Division, Sparks, Nevada

최고 성능과 최대 동력 생산을 위하여, 터빈은 완전하게 잘 단열되어 있으며, 비가역성을 포함하지 않아야 하므로 앞의 가정은 합리적이다. 그러므로 터빈을 통한 과정은 가역 단열 또는 등엔트로피 과정이어야 한다. 따라서 $s_2 = s_1$이며

상태 1: $\left.\begin{array}{l} P_1 = 5\text{ MPa} \\ T_1 = 115\text{ K} \end{array}\right\} \begin{array}{l} h_1 = 232.3\text{ kJ/kg} \\ s_1 = 4.9945\text{ kJ/kg·K} \\ \rho_1 = 422.15\text{ kg/m}^3 \end{array}$

상태 2: $\left.\begin{array}{l} P_2 = 1\text{ MPa} \\ s_2 = s_1 \end{array}\right\} h_2 = 222.8\text{ kJ/kg}$

이다. 액체 메탄의 질량유량은

$$\dot{m} = \rho_1 \dot{V}_1 = (422.15\text{ kg/m}^3)(0.280\text{ m}^3/\text{s}) = 118.2\text{ kg/s}$$

이다. 터빈의 동력은 변화율 형태의 에너지 평형식으로부터 구한다.

$$\underbrace{\dot{E}_{in} - \dot{E}_{out}}_{\text{열, 일, 질량에 의한 정미 에너지 전달률}} = \underbrace{dE_{system}/dt}_{\text{내부 에너지, 운동 에너지, 위치 에너지 등의 시간 변화율}} \nearrow^{0\text{ (정상)}} = 0$$

$$\dot{E}_{in} = \dot{E}_{out}$$

$$\dot{m}h_1 = \dot{W}_{out} + \dot{m}h_2 \qquad (\dot{Q} = 0 \text{ 이므로, ke} \cong \text{pe} \cong 0)$$

$$\dot{W}_{out} = \dot{m}(h_1 - h_2)$$

$$= (118.2\text{ kg/s})(232.3 - 222.8)\text{ kJ/kg}$$

$$= \mathbf{1123\text{ kW}}$$

연속적으로 가동(365 × 24 = 8760 h)하는 경우, 일년 동안 얻은 총 동력은

$$\text{연간 생산되는 동력} = \dot{W}_{out} \times \Delta t = (1123\text{ kW})(8760\text{ h/yr})$$

$$= 0.9837 \times 10^7\text{ kWh/yr}$$

이다. 전기료가 \$0.075/kWh일 때에, 이 터빈으로 절약되는 비용은

$$\text{연간 절약되는 비용} = (\text{연간 생산되는 동력})(\text{단위 동력당 비용})$$

$$= (0.9837 \times 10^7\text{ kWh/yr})(\$0.075/\text{kWh})$$

$$= \mathbf{\$737{,}800/yr}$$

이다. 즉 교축밸브에 의하여 폐기되고 있는 잠재에너지를 단순히 터빈을 이용함으로써 일 년에 \$737,800의 비용을 절약할 수 있으며, 한편 이것을 관찰한 엔지니어는 보상받아야 할 것이다.

검토 엔트로피는 폐기되는 잠재 일을 정량화할 수 있게 하기 때문에 이 예제는 엔트로피의 중요성을 보이고 있다. 실제로 터빈은 등엔트로피 과정을 따르지 않으며, 생산된 동력은 등엔트로티 과정에 의한 것보다 적을 것이다. 그러므로 위의 해석은 얻을 수 있는 동력의 상한을 나타낸다. 앞의 문제와 같이 밸브를 터빈으로 대체한 경우, 실제의 터빈-발전기 장치는 잠재된 동력의 약 80%를 이용하여 900 kW 이상의 동력을 생산할 수 있으며 일 년에 \$600,000 이상의 전기료를 절약하고 있다.

터빈을 통과할 때, 메탄을 비압축성 물질로 간주할 경우에 115 K으로 유지되며, 등엔트로피 과정인 경우는 메탄의 온도가 113.9 K으로 낮아지는(1.1 K 감소) 것을 보일 수 있다. 교축 과정인 경우에는 116.9 K으로 높아진다(1.6 K 증가).

8-9 이상기체의 엔트로피 변화

이상기체의 엔트로피 변화에 대한 표현식은 이상기체의 상태량 관계식을 도입하여 식 (8-25) 또는 식 (8-26)으로부터 얻을 수 있다(그림 8-30). 식 (8-25)에 $du = c_\upsilon dT$와 $P = RT/\upsilon$를 대입하면 이상기체의 엔트로피의 미소 변화는 다음과 같다.

$$ds = c_\upsilon \frac{dT}{T} + R\frac{d\upsilon}{\upsilon} \tag{8-30}$$

한 과정의 엔트로피 변화는 과정의 양 끝 상태 사이에서 이 관계식을 적분하여 얻는다.

$$s_2 - s_1 = \int_1^2 c_\upsilon(T)\frac{dT}{T} + R\ln\frac{\upsilon_2}{\upsilon_1} \tag{8-31}$$

이상기체의 엔트로피 변화에 대한 두 번째 관계식은, 비슷한 방법으로 $dh = c_p\, dT$와 $\upsilon = RT/P$를 식 (8-26)에 대입하고 적분하면 다음과 같다.

$$s_2 - s_1 = \int_1^2 c_p(T)\frac{dT}{T} - R\ln\frac{P_2}{P_1} \tag{8-32}$$

이상기체의 비열은 단원자 기체를 제외하고는 온도에 의존한다. 식 (8-31)과 식 (8-32)의 적분은 c_υ와 c_p에 대한 온도 관계식이 알려지지 않으면 수행할 수 없다. 또한 $c_\upsilon(T)$와 $c_p(T)$에 대한 함수가 알려져 있다 하더라도, 엔트로피 변화를 계산할 때마다 긴 적분을 수행하는 것은 실용적이지 않다. 따라서 다음과 같은 합리적인 두 가지 방법을 사용한다. 단순히 비열이 상수라고 가정하여 적분하거나, 적분계산을 한 번만 한 다음 그 결과를 표로 만들어 두는 것이다. 두 접근법 모두가 다음에 소개된다.

그림 8-30
이상기체 채널에서 보내는 방송
Tony Cardoza/Getty Images

상수 비열(근사해석)

이상기체의 비열이 상수라고 가정하는 것은 흔히 적용되는 근사방법이며, 앞에서도 몇 가지 경우에 이 가정을 사용하였다. 이 가정은 흔히 해석을 대단히 단순화시키나, 편의성에 대한 대가로 정확성이 약간 떨어진다. 이 가정에 의하여 일어난 오차는 적용하는 상황에 따라 다르다. 예를 들면, 헬륨 같은 단원자 이상기체의 경우 비열은 온도의 함수가 아니므로 온도가 일정하다는 가정은 오차를 일으키지 않는다. 해석하는 온도범위에서 비열이 거의 선형적으로 변하는 이상기체는 평균온도에서 계산된 비열 값을 사용하면 생길 수 있는 오차가 최소화된다(그림 8-31). 이 방법으로 얻어진 결과는, 온도범위가 수백 도보다 크지 않다면, 보통 대부분의 이상기체에 대해서 충분히 정확하다.

상수 비열 가정하에서 이상기체에 대한 엔트로피 변화 관계식은 식 (8-31)과 식 (8-32)의 $c_\upsilon(T)$와 $c_p(T)$를 각각 $c_{\upsilon,\text{avg}}$와 $c_{p,\text{avg}}$로 대치하여 적분하면 쉽게 얻어진다.

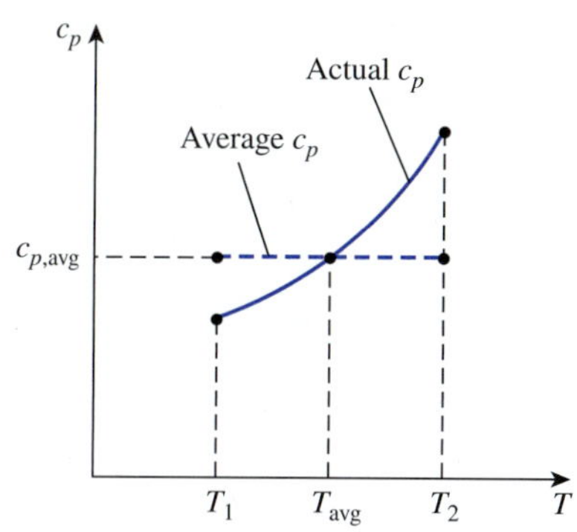

그림 8-31
상수 비열을 가정한 조건하에서 비열은 평균값으로 가정한다.

$$s_2 - s_1 = c_{\upsilon,\text{avg}} \ln \frac{T_2}{T_1} + R \ln \frac{\upsilon_2}{\upsilon_1} \qquad \text{(kJ/kg·K)} \tag{8-33}$$

$$s_2 - s_1 = c_{p,\text{avg}} \ln \frac{T_2}{T_1} - R \ln \frac{P_2}{P_1} \qquad \text{(kJ/kg·K)} \tag{8-34}$$

단위 몰을 기준으로 한 엔트로피 변화는 이 관계식을 몰질량으로 곱하면 표현할 수 있다.

$$\bar{s}_2 - \bar{s}_1 = \bar{c}_{\upsilon,\text{avg}} \ln \frac{T_2}{T_1} + R_u \ln \frac{\upsilon_2}{\upsilon_1} \qquad \text{(kJ/kmol·K)} \tag{8-35}$$

$$\bar{s}_2 - \bar{s}_1 = \bar{c}_{p,\text{avg}} \ln \frac{T_2}{T_1} - R_u \ln \frac{P_2}{P_1} \qquad \text{(kJ/kmol·K)} \tag{8-36}$$

변수 비열(완전해석)

과정에서 온도 변화가 크며, 온도범위 내에서 이상기체의 비열이 비선형적으로 변할 때, 상수 비열의 가정은 엔트로피 변화 계산에서 상당한 오차를 일으킬 수 있다. 이런 경우에는, 온도의 함수로 나타낸 정확한 비열 관계식을 사용하여, 온도에 따른 비열의 변화를 계산해야 한다. 과정 동안의 엔트로피 변화는, $c_\upsilon(T)$ 또는 $c_p(T)$의 관계식을 식 (8-31)과 식 (8-32)에 대입하고 적분하여 구한다.

새로운 과정을 해석할 때마다 이 힘든 적분을 계산하는 대신에, 적분을 한 번만 하고 그 결과를 표로 만들어두면 편리할 것이다. 이를 위하여 기준온도로 절대0도를 선택하고 함수 $s°$를 다음과 같이 정의한다.

$$s° = \int_0^T c_p(T) \frac{dT}{T} \tag{8-37}$$

명백히, $s°$는 온도만의 함수이며 절대온도 0도에서 값은 0이다. 공기의 $s°$의 값을 여러 온도에 대해서 계산하고, 온도의 함수로 표를 만들어 부록에 나타내었다. 이 정의가 주어질 경우, 식 (8-32)의 적분은

$$\int_1^2 c_p(T) \frac{dT}{T} = s_2° - s_1° \tag{8-38}$$

이 된다. 여기서 $s_2°$는 T_2에서 $s°$의 값이며, $s_1°$는 T_1에서 $s°$의 값이다. 따라서

$$s_2 - s_1 = s_2° - s_1° - R \ln \frac{P_2}{P_1} \qquad \text{(kJ/kg·K)} \tag{8-39}$$

위 식은 단위 몰을 기준으로 다음과 같이 나타낼 수 있다.

$$\bar{s}_2 - \bar{s}_1 = \bar{s}_2° - \bar{s}_1° - R_u \ln \frac{P_2}{P_1} \qquad \text{(kJ/kmol·K)} \tag{8-40}$$

이상기체의 엔트로피는, 내부에너지와 엔탈피와 달리, 온도뿐만 아니라 비체적 또는 압력에 따라 변함에 주의하자. 그러므로 엔트로피는 온도만의 함수로는 표에 나타낼 수 없다. 표에서 $s°$의 값은 엔트로피의 온도 의존관계를 나타낸다(그림 8-32). 압력에 따른 엔트로피의 변화량은 식 (8-39)의 마지막 항으로 표현된다. 엔트로피 변화에 대한 다른 관계식은 식 (8-31)을 바탕으로 하여 전개될 수 있으나, 새로운 함수의 정의와 그 값의 표를 필요로 할 것이며, 이것은 실용적이지 못하다.

T, K	$s°$, kJ/kg·K
⋮	⋮
300	1.70203
310	1.73498
320	1.76690
⋮	⋮

(Table A-21)

그림 8-32

이상기체의 엔트로피는 T와 P에 의존한다. 함수 $s°$는 엔트로피가 온도에만 의존한다는 것을 나타낸다.

예제 8-9 이상기체의 엔트로피 변화

공기가 100 kPa, 17°C의 초기상태에서 600 kPa, 57°C의 최종상태로 압축되었다. 다음을 이용하여 압축과정 동안의 공기의 엔트로피 변화를 구하라. (*a*) 공기표에서 얻은 상태량의 값 (*b*) 평균비열

풀이 공기가 두 개의 주어진 상태 사이에서 압축된다. 공기의 엔트로피 변화를 표에서 얻은 상태량을 이용하여 구하고, 평균비열을 이용해서도 구한다.

가정 공기는 임계점의 상태치보다 높은 온도와 낮은 압력 상태에 있으므로 주어진 조건에서 이상기체로 볼 수 있다. 따라서 이상기체의 가정하에서 얻은 엔트로피 변화 관계식을 적용할 수 있다.

해석 계의 개략도와 과정의 T-s 선도가 그림 (8-33)에 주어져 있다. 공기의 초기상태와 최종상태가 완전하게 주어져 있다.

(*a*) 공기의 상태량이 공기표(Table A-21)에 주어져 있다. 주어진 온도에서 $s°$의 값을 읽어 대입하면

$$s_2 - s_1 = s_2^\circ - s_1^\circ - R\ln\frac{P_2}{P_1}$$
$$= [(1.79783 - 1.66802)\text{ kJ/kg·K}] - (0.287\text{ kJ/kg·K})\ln\frac{600\text{ kPa}}{100\text{ kPa}}$$
$$= \mathbf{-0.3844\ kJ/kg·K}$$

이다.

(*b*) 과정 동안에 일어난 공기의 엔트로피 변화는 평균 온도 37°C의 c_p 값(Table A-2*b*)을 평균비열(상수)로 사용하여, 식 (8-34)로부터 근사적으로 구할 수 있다:

$$s_2 - s_1 = c_{p,\text{avg}}\ln\frac{T_2}{T_1} - R\ln\frac{P_2}{P_1}$$
$$= (1.006\text{ kJ/kg·K})\ln\frac{330\text{ K}}{290\text{ K}} - (0.287\text{ kJ/kg·K})\ln\frac{600\text{ kPa}}{100\text{ kPa}}$$
$$= \mathbf{-0.3842\ kJ/kg·K}$$

검토 과정 중에 온도 변화가 상대적으로 적기 때문에 위의 두 결과는 거의 동일하다(그림 8-34). 그러나 온도 변화가 크면 큰 차이가 있을 것이다. 그러한 경우에는 식 (8-34) 대신에, 온도에 따른 비열의 변화를 고려한 식 (8-39)를 사용해야 한다.

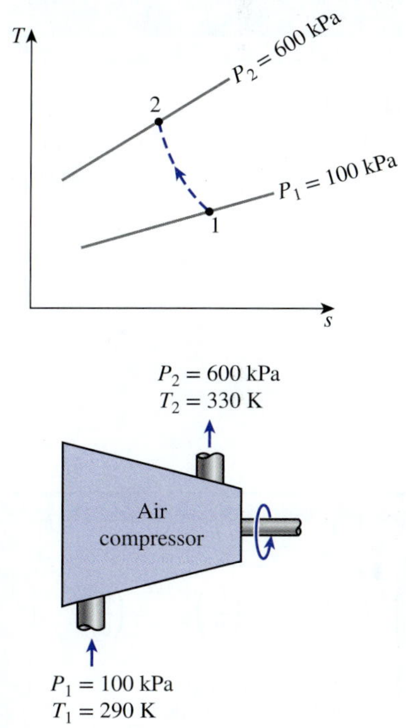

그림 8-33

예제 8-9의 개략도와 T-s 선도

이상기체의 등엔트로피 과정

이상기체의 등엔트로피 과정에 대한 관계식은 위에서 전개된 엔트로피 변화 관계식을 0으로 놓음으로써 얻을 수 있다. 앞에서와 마찬가지로, 먼저 비열이 일정한 경우에 대해서 전개하고, 다음에 변수 비열의 경우에 대하여 전개한다.

상수 비열(근사해석)

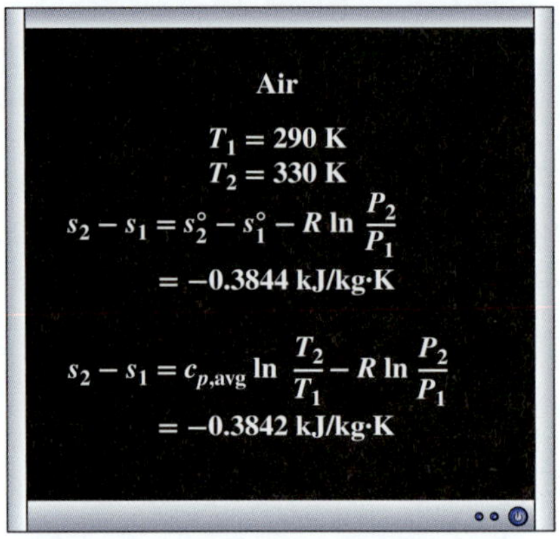

그림 8-34
온도 변화가 작을 때, 이상기체의 엔트로피 변화를 나타내는 완전해석과 근사해석의 결과는 거의 동일하다.

상수 비열의 가정이 유효한 경우, 이상기체의 등엔트로피 관계식은 식 (8-33)과 (8-34)를 0으로 놓음으로써 얻어진다. 식 (8-33)으로부터,

$$\ln \frac{T_2}{T_1} = -\frac{R}{c_v} \ln \frac{v_2}{v_1}$$

이며, 위 식을 다시 정리하면 다음과 같다.

$$\ln \frac{T_2}{T_1} = \ln \left(\frac{v_1}{v_2} \right)^{R/c_v} \tag{8-41}$$

또는 $R = c_p - c_v$, $k = c_p/c_v$이고 $R/c_v = k - 1$이므로

$$\left(\frac{T_2}{T_1} \right)_{s = \text{const.}} = \left(\frac{v_1}{v_2} \right)^{k-1} \quad \text{(ideal gas)} \tag{8-42}$$

이다. 식 (8-42)는 상수 비열의 가정하에서 전개된 이상기체의 **제1 등엔트로피 관계식**(*the first isentropic relation*)이다. **제2 등엔트로피 관계식**(*the second isentropic relation*)은 식 (8-34)로부터 같은 방법으로 얻을 수 있으며, 다음과 같다.

$$\left(\frac{T_2}{T_1} \right)_{s = \text{const.}} = \left(\frac{P_2}{P_1} \right)^{(k-1)/k} \quad \text{(ideal gas)} \tag{8-43}$$

제3 등엔트로피 관계식(*the third isentropic relation*)은 식 (8-43)을 식 (8-42)에 대입하여 정리하면 얻을 수 있으며, 다음과 같다.

$$\left(\frac{P_2}{P_1} \right)_{s = \text{const.}} = \left(\frac{v_1}{v_2} \right)^{k} \quad \text{(ideal gas)} \tag{8-44}$$

또한 식 (8-42), (8-43), (8-44)는 다음과 같이 간단한 식으로 표현될 수 있다.

$$Tv^{k-1} = \text{constant} \tag{8-45}$$

$$TP^{(1-k)/k} = \text{constant} \tag{8-46}$$

$$Pv^{k} = \text{constant} \tag{8-47}$$

비열비(specific heat ratio) k는 일반적으로 온도에 따라 변하므로, 주어진 온도범위에 대한 평균비열비가 사용되어야 한다.

위의 이상기체의 등엔트로피 관계식은, 명칭이 의미하듯이 상수 비열의 가정이 적합한 경우의 등엔트로피 과정에서만 유효하다는 것에 유의하라(그림 8-35).

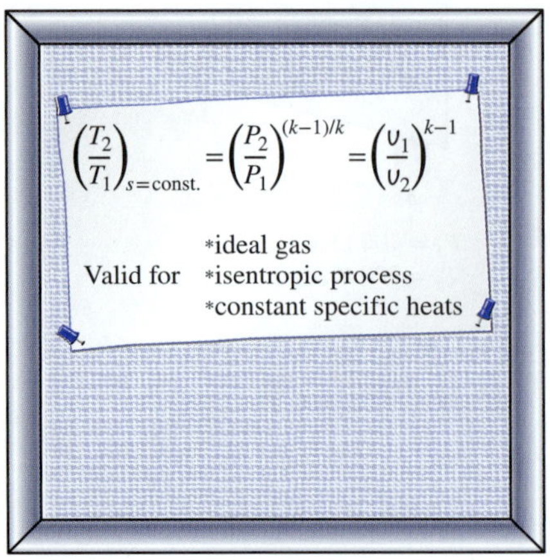

그림 8-35
이상기체의 등엔트로피 관계식은 이상기체가 등엔트로피 과정일 때만 유효하다.

변수 비열(완전해석)

상수 비열 가정이 적합하지 않는 경우, 위에서 전개된 등엔트로피 관계식은 매우 부정확한 결과를 가져온다. 이러한 경우에, 온도에 따른 비열의 변화를 고려한 식 (8-39)로부터 얻어진 등엔트로피 관계식을 사용해야 한다. 이 식을 0으로 놓으면

$$0 = s_2^\circ - s_1^\circ - R\ln\frac{P_2}{P_1}$$

또는

$$s_2^\circ = s_1^\circ + R\ln\frac{P_2}{P_1} \tag{8-48}$$

이며, 여기서 s_2°는 등엔트로피 과정의 최종상태에서 갖는 s°의 값이다.

상대압력과 상대비체적

식 (8-48)은 온도에 따른 비열의 변화를 고려한 식이므로, 등엔트로피 과정 동안에 이상기체의 상태량 변화를 계산하는 정확한 방법을 제시한다. 그러나 압력비 대신에 체적비가 주어질 때에는 많은 반복 계산이 필요하다. 이것은 흔히 많은 반복 계산을 필요로 하는 최적화 연구에서 매우 불편한 점이다. 이러한 결점을 해결하기 위하여, 등엔트로피 과정과 관련된 두 개의 새로운 무차원 양을 정의한다.

첫 번째 정의는 식 (8-48)에 근거하고 있으며 정리하면 다음과 같다.

$$\frac{P_2}{P_1} = \exp\frac{s_2^\circ - s_1^\circ}{R}$$

또는

$$\frac{P_2}{P_1} = \frac{\exp(s_2^\circ/R)}{\exp(s_1^\circ/R)}$$

이 식에 나타난 $C_1\exp(s^\circ/R)$을 **상대압력**(relative pressure) P_r으로 정의한다. 이 정의를 사용하여 위 식을 나타내면 다음과 같다.

$$\left(\frac{P_2}{P_1}\right)_{s\,=\,\text{const.}} = \frac{P_{r2}}{P_{r1}} \tag{8-49}$$

상대압력 P_r은 s°가 온도에만 관계되므로 온도만의 함수인 **무차원** 양이다. 그러므로 P_r의 값은 온도에 대하여 표로 나타낼 수 있으며, 공기에 대한 표가 Table A-21에 나타나 있다. 그림 8-36에 P_r 데이터의 이용이 예시되어 있다.

때로는 압력비 대신에 비체적비가 주어지는 경우가 있는데, 특히 자동차 엔진을 해석할 때에 나타난다. 이 경우에는 체적비로 처리를 해야 할 필요가 있으므로, 등엔트로피 과정에 대해서 비체적비에 관계된 또 다른 양을 정의한다. 이것은 이상기체 관계식과 식 (8-49)를 사용하여 할 수 있다.

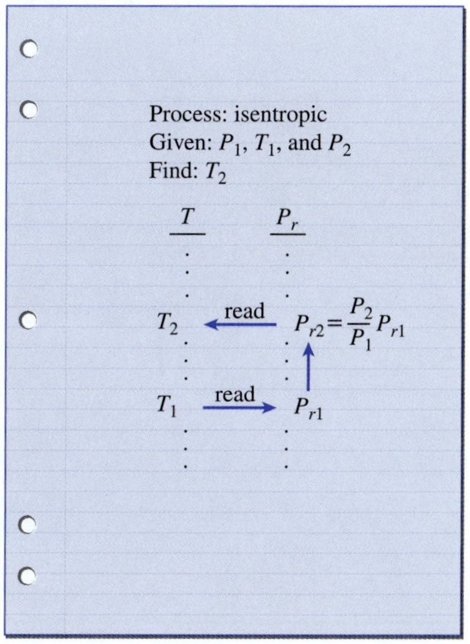

그림 8-36
등엔트로피 과정 동안 최종온도를 계산하기 위하여 P_r 데이터를 사용

$$\frac{P_1 \upsilon_1}{T_1} = \frac{P_2 \upsilon_2}{T_2} \rightarrow \frac{\upsilon_2}{\upsilon_1} = \frac{T_2 P_1}{T_1 P_2} = \frac{T_2 P_{r1}}{T_1 P_{r2}} = \frac{T_2/P_{r2}}{T_1/P_{r1}}$$

C_2T/P_r은 온도만의 함수이며 **상대비체적**(relative specific volume) υ_r로 정의한다. 따라서

$$\left(\frac{\upsilon_2}{\upsilon_1}\right)_{s\,=\,\text{const.}} = \frac{\upsilon_{r2}}{\upsilon_{r1}} \tag{8-50}$$

식 (8-49)와 식 (8-50)은 단지 이상기체의 등엔트로피 과정에만 유효하며, 온도에 따른 비열의 변화를 내포하고 있으므로 상수 비열의 가정에서 전개된 식 (8-42)부터 식 (8-47)까지보다 더 정확한 결과를 낸다. 공기의 P_r과 υ_r 값을 Table A-21에 나타내었다.

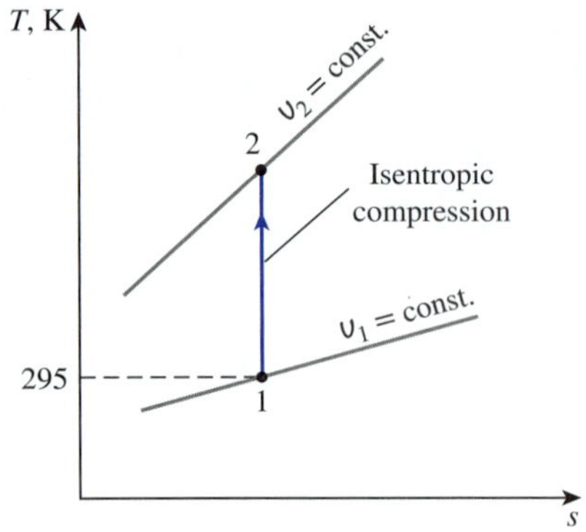

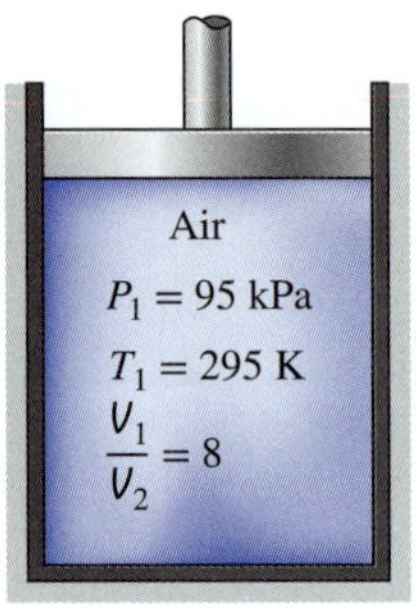

그림 8-37

예제 8-10의 개략도와 *T-s* 선도

예제 8-10 자동차 엔진에서 공기의 등엔트로피 압축

자동차 엔진 내에서 22°C, 95 kPa인 공기가 가역 단열과정으로 압축된다. 피스톤-실린더 기구의 압축비 V_1/V_2가 8일 때, 공기의 최종온도를 구하라.

풀이 자동차 엔진 내에서 공기가 등엔트로피 과정으로 압축된다. 주어진 압축비에서 공기의 최종온도를 구한다.

가정 주어진 조건에서, 공기는 임계점의 상태보다 상대적으로 높은 온도와 낮은 압력상태이므로 이상기체로 간주될 수 있다. 그러므로 앞에서 이상기체에 대하여 전개된 등엔트로피 관계식을 적용할 수 있다.

해석 시스템의 개략도와 과정에 대한 *T-s* 선도를 그림 8-37에 보이고 있다.

이 과정은 가역 단열과정이므로 등엔트로피 과정임을 쉽게 알 수 있다. 이 등엔트로피 과정의 최종온도는 그림 8-38에 예시한 것과 같이, 상대비체적 데이터(Table A-21)를 이용하여 식 (8-50)으로부터 구할 수 있다.

밀폐계에 대해서: $\dfrac{V_2}{V_1} = \dfrac{\upsilon_2}{\upsilon_1}$

온도 $T_1 = 295$ K에서: $\upsilon_{r1} = 647.9$

식 (8-50)으로부터:

$$\upsilon_{r2} = \upsilon_{r1}\left(\frac{\upsilon_2}{\upsilon_1}\right) = (647.9)\left(\frac{1}{8}\right) = 80.99 \quad \rightarrow \quad T_2 = \mathbf{662.7\ K}$$

이다. 그러므로 공기의 온도는 이 과정 동안에 367.7°C 상승할 것이다.

다른 풀이 최종온도는 공기의 상수 비열을 가정하여 식 (8-42)를 이용해서도 구할 수 있다.

$$\left(\frac{T_2}{T_1}\right)_{s\,=\,\text{const.}} = \left(\frac{\upsilon_1}{\upsilon_2}\right)^{k-1}$$

비열비 k도 온도에 따라 변화하므로 평균온도에 대응한 k의 값을 사용할 필요가 있다. 그러나 최종온도가 주어지지 않았으므로 미리 평균온도를 결정할 수 없다. 이러한 경

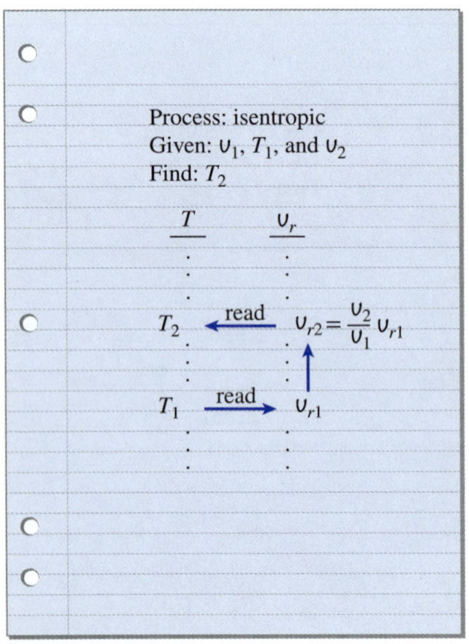

그림 8-38

등엔트로피 과정에서 최종 온도를 계산하기 위하여 υ_r 데이터를 사용(예제 8-10)

우에, 초기 온도나 예상한 평균온도의 k값에서부터 계산을 시작할 수 있다. 필요하다면 이 값을 나중에 조정하여 계산을 반복할 수 있다. 단열 압축과정에서 공기의 온도는 꽤 상승하는 것을 알고 있으므로, 평균온도를 약 450 K로 예측한다. Table A-2b에서 구한 예측된 평균온도의 k값은 1.391이며, 공기의 평균온도는

$$T_2 = (295\ \text{K})(8)^{1.391-1} = 665.2\ \text{K}$$

이다. 이 최종온도에서 구한 평균온도는 480.1 K이다. 이 온도는 가정된 450 K에 충분히 가까운 온도이므로 이 평균온도의 k값을 사용하여 계산을 반복할 필요가 없다.

일정한 비열을 가정하여 얻은 결과의 오차는 상당히 적은 0.4% 정도이다. 공기의 온도 변화는 비교적 적으며(수백 도 정도), 공기의 비열은 이 온도범위에서 거의 선형적으로 변화하므로 이 결과의 오차가 적게 나타난 것이 놀라운 일이 아니다.

예제 8-11 **이상기체의 등엔트로피 팽창**

공기가 500 ft/s의 속도로 0.5 ft²의 입구 단면을 통해 150 psia, 900°F의 상태에서 등엔트로피 터빈으로 들어가서 15 psia, 100 ft/s로 나온다(그림 8-39). 터빈출구에서의 공기온도와 이 터빈에서 생산되는 동력(hp 단위)를 구하라.

풀이 공기가 등엔트로피 터빈 내에서 팽창한다. 공기의 출구 온도와 이 터빈에 의해 생산되는 동력을 구하고자 한다.

가정 **1.** 시간에 따른 변화가 없기 때문에 정상유동 과정으로 가정한다. **2.** 이 과정은 등엔트로피 (예: 가역–단열) 과정이다. **3.** 공기는 비열이 일정한 이상기체이다.

상태량 예상되는 평균온도 600°F에서 공기의 상태량은 c_p = 0.250 Btu/lbm·R, k = 1.377 (Table A-2Eb)이다. 공기의 기체상수는 R = 0.3704 psia·ft³/lbm·R (Table A-1E)이다.

해석 하나의 입구와 하나의 출구만 있기 때문에 $\dot m_1 = \dot m_2 = \dot m$이다. 질량이 경계를 통과하기 때문에 터빈을 계로 잡는다. 이 정상유동계의 에너지 평형을 다음과 같이 표현할 수 있다.

$$\underbrace{\dot E_{in} - \dot E_{out}}_{\text{열, 일, 질량에 의한 정미 에너지 전달률}} = \underbrace{\Delta \dot E_{system}/dt}_{\text{내부 에너지, 운동 에너지, 위치 에너지 등의 시간 변화율}}{}^{\nearrow 0\ (\text{정상})} = 0$$

$$\dot E_{in} = \dot E_{out}$$

$$\dot m\left(h_1 + \frac{V_1^2}{2}\right) = \dot m\left(h_2 + \frac{V_2^2}{2}\right) + \dot W_{out}$$

$$\dot W_{out} = \dot m\left(h_1 - h_2 + \frac{V_1^2 - V_2^2}{2}\right)$$

$$= \dot m\left[c_p(T_1 - T_2) + \frac{V_1^2 - V_2^2}{2}\right]$$

이 등엔트로피 과정에 대한 공기의 출구온도는

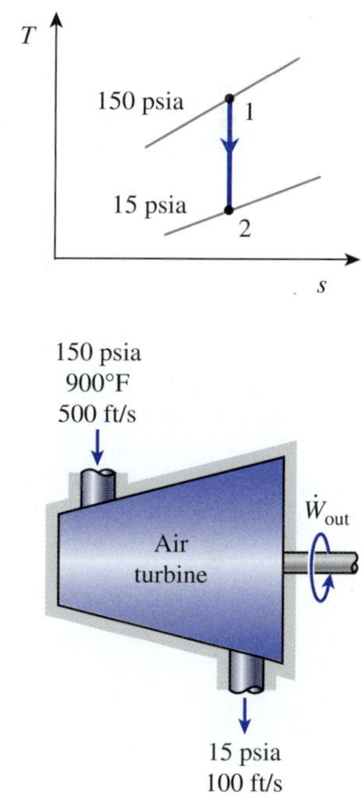

그림 8-39
예제 8-11의 개략도와 T-s 선도

$$T_2 = T_1\left(\frac{P_2}{P_1}\right)^{(k-1)/k} = (900 + 460\ \text{R})\left(\frac{15\ \text{psia}}{150\ \text{psia}}\right)^{0.377/1.377} = \mathbf{724\ R}$$

입구에서 공기의 비체적과 질량유량은

$$\upsilon_1 = \frac{RT_1}{P_1} = \frac{(0.3704\ \text{psia·ft}^3/\text{lbm·R})(900 + 460\ \text{R})}{150\ \text{psia}} = 3.358\ \text{ft}^3/\text{lbm}$$

$$\dot{m} = \frac{A_1 V_1}{\upsilon_1} = \frac{(0.5\ \text{ft}^2)(500\ \text{ft/s})}{3.358\ \text{ft}^3/\text{lbm}} = 74.45\ \text{lbm/s}$$

에너지 평형식에 대입하면 터빈에서 생산되는 동력은 다음과 같다.

$$\dot{W}_{\text{out}} = \dot{m}\left[c_p(T_1 - T_2) + \frac{V_1^2 - V_2^2}{2}\right]$$

$$= (74.45\ \text{lbm/s})\left[(0.250\ \text{Btu/lbm·R})(1360 - 724)\text{R} + \frac{(500\ \text{ft/s})^2 - (100\ \text{ft/s})^2}{2}\left(\frac{1\ \text{Btu/lbm}}{25{,}037\ \text{ft}^2/\text{s}^2}\right)\right]$$

$$= 12{,}194\ \text{Btu/s}\left(\frac{1\ \text{hp}}{0.7068\ \text{Btu/s}}\right) = \mathbf{17{,}250\ hp}$$

검토 실제 단열 터빈은 비가역성으로 인해 이보다 적은 동력을 생산할 것이다. 또한 실제 터빈에서는 입구와 출구 사이에 엔탈피 변화가 감소함에 따라 공기의 출구 온도는 이보다 높아질 것이다.

8-10 가역 정상유동일

과정 동안의 일은 최종상태의 상태량뿐만 아니라 지나온 경로에 의존한다. 밀폐계와 관련된 가역(준평형) 이동 경계일은 유체의 상태량에 의하여 다음과 같이 표현되는 것을 상기하자.

$$W_b = \int_1^2 P\,dV$$

일의 상호작용이 준평형으로 일어나는 경우에, 일 생산장치는 최대 출력 일을 생산하고, 일 소비장치는 최소 입력일을 소비한다는 것을 알고 있다.

정상유동 장치에 관련된 일을 유체의 상태량으로 나타내는 것이 대단히 검토하기 좋을 것이다.

계가 하는 일(출력 일)을 일의 양의 방향으로 할 때, 내부적 가역과정을 수행하는 정상유동 장치에 대한 에너지 평형은 다음과 같이 미분형으로 표현할 수 있다.

$$\delta q_{\text{rev}} - \delta w_{\text{rev}} = dh + d\text{ke} + d\text{pe}$$

한편

$$\left.\begin{array}{ll}\delta q_{\text{rev}} = T ds & \text{(Eq. 8–16)} \\ T ds = dh - \upsilon\, dP & \text{(Eq. 8–24)}\end{array}\right\} \delta q_{\text{rev}} = dh - \upsilon\, dP$$

이며, 이 식을 위의 관계식에 대입하고 dh를 소거하면

$$-\delta w_{\text{rev}} = \upsilon\, dP + d\text{ke} + d\text{pe}$$

이 된다. 위 식을 적분하면

$$w_{\text{rev}} = -\int_1^2 \upsilon\, dP - \Delta\text{ke} - \Delta\text{pe} \qquad \text{(kJ/kg)} \tag{8-51}$$

이다. 운동에너지와 위치에너지의 변화를 무시하면 이 식은 다음과 같이 간단하게 표현된다.

$$w_{\text{rev}} = -\int_1^2 \upsilon\, dP \qquad \text{(kJ/kg)} \tag{8-52}$$

식 (8-51)과 (8-52)는 정상유동 장치의 내부적 가역과정과 관련된 **가역일**의 관계식이다. 계에 한 일인 경우에 일은 음의 값으로 나타난다. 압축기와 펌프와 같은 정상유동 장치에 하는 입력일은 음의 부호를 피하기 위하여 식 (8-51)을 다음과 같이 쓴다.

$$w_{\text{rev,in}} = \int_1^2 \upsilon\, dP + \Delta\text{ke} + \Delta\text{pe} \tag{8-53}$$

이 관계식의 $\upsilon\, dP$와 $P\, d\upsilon$는 표현상 유의할 만한 유사점이 있으나, $P\, d\upsilon$는 밀폐계의 가역 경계일과 관련되므로 서로 혼동하지 않아야 한다(그림 8-40).

식 (8-51)의 적분을 수행하기 위하여, 주어진 과정에 대해서 P의 함수로 나타낸 υ를 알 필요가 있다. 작동유체가 **비압축성** 유체일 경우, 과정 동안의 비체적 υ는 일정하게 유지되므로 적분기호 밖으로 둘 수 있다. 이 경우에 식 (8-51)은 다음 식으로 간단하게 된다.

$$w_{\text{rev}} = -\upsilon(P_2 - P_1) - \Delta\text{ke} - \Delta\text{pe} \qquad \text{(kJ/kg)} \tag{8-54}$$

일의 상호작용을 갖지 않는 장치(노즐이나 파이프 내의 유동)를 통하여 정상유동을 하는 유체의 경우에, 일에 대한 항은 0이므로 위의 식을 다시 쓰면

$$\upsilon(P_2 - P_1) + \frac{V_2^2 - V_1^2}{2} + g(z_2 - z_1) = 0 \tag{8-55}$$

이며, 유체역학에서 **Bernoulli 방정식**(Bernoulli equation)으로 알려져 있다. 이 식은 내부적 가역과정에 대하여 전개되었으므로, 마찰이나 충격파 등과 같은 비가역성을 포함하지 않는 비압축성 유체에 적용될 수 있다. 그렇지만, 이러한 효과를 포함하는 식으로 위 식을 수정할 수 있다.

터빈, 압축기, 펌프 등과 같이 일을 만들어 내거나 소비하는 정상유동 장치를

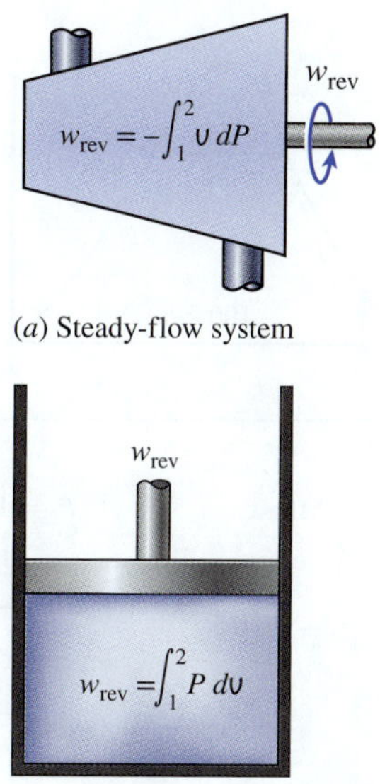

그림 8-40
정상유동 밀폐계에서 가역일의 관계식

고려할 때, 식 (8-52)는 공학에서 광범위한 의미를 갖는다. 이 식에서 가역 정상유동일은 장치를 흐르는 유체의 비체적과 밀접하게 관련되어 있다는 것을 알 수 있다. **비체적이 크면 클수록 정상유동 장치가 생산하거나 소비하는 가역일은 커진다**(그림 8-41). 이 결론은 실제의 정상유동 장치에 대해서도 마찬가지로 유효하다. 그러므로 압축과정에서는 입력일을 최소로 하기 위하여 유체의 비체적을 가능한 한 작게 하고, 팽창과정에서는 출력 일을 최대로 하기 위하여 가능한 한 비체적을 크게 하려는 노력이 있어야 한다.

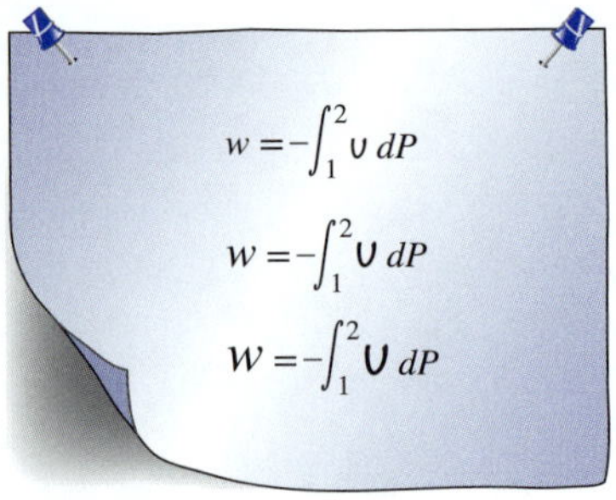

그림 8-41
정상유동 장치에서 비체적이 크면 일이 더 많이 생산(소비)된다.

증기원동소 또는 가스원동소에서, 여러 구성요소의 압력손실을 무시하면, 펌프 또는 압축기의 압력증가는 터빈의 압력강하와 같다. 증기원동소에서 펌프는 비체적이 매우 작은 액체에 작용하며, 터빈은 비체적이 몇 배 큰 증기를 이용한다. 그러므로 터빈의 출력 일은 펌프의 입력일보다 훨씬 크다. 이것은 발전소에서 증기원동소가 지배적으로 이용되는 이유 중의 하나이다.

터빈에서 나오는 증기를 냉각하기 전에 먼저 터빈 입구 압력까지 압축하여 응축기에서 방출하는 열을 절약하려 한다면, 터빈에서 얻은 일이 모두 압축기에 공급되어야 할 것이다. 실제로 두 과정에 포함된 비가역성 때문에 소요되는 입력일은 터빈의 출력 일보다 더 크게 될 수도 있다.

가스원동소에서, 작동유체(대표적으로 공기)는 기체상태로 압축되며, 터빈의 출력 일 중에서 많은 부분이 압축기에서 소비된다. 결국 가스원동소는 작동유체의 단위질량당 정미 일이 적게 된다.

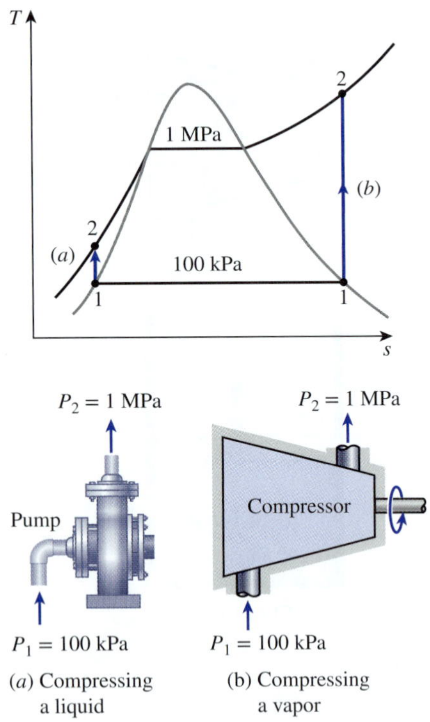

그림 8-42
예제 8-12의 개략도와 T-s 선도

예제 8-12 액체상태와 증기상태의 물질 압축

수증기를 100 kPa에서 1 MPa까지 등엔트로피 과정으로 압축하는 데 필요한 입력일을 구하라. 이때 증기의 초기상태는 (*a*) 포화액, (*b*) 포화증기이라고 가정하며, 운동에너지와 위치에너지의 변화는 무시한다.

풀이 증기를 주어진 압력으로부터 정해진 압력까지 등엔트로피로 압축한다. 입구에서 수증기의 상태가 포화액과 포화증기인 경우에 각각 일 입력을 구한다.

가정 **1.** 운전은 정상 운전조건을 갖는다. **2.** 운동에너지와 위치에너지는 무시한다. **3.** 과정은 등엔트로피 과정이다.

해석 터빈과 펌프를 계로 선택한다. 두 계는 질량이 경계를 통과하므로 검사체적이 된다. 펌프와 압축기의 개략도가 T-s 선도와 함께 그림 8-42에 보이고 있다.

(*a*) 초기에 포화액인 경우, 비체적은

$$\upsilon_1 = \upsilon_{f @ 100\text{ kPa}} = 0.001043 \text{ m}^3/\text{kg} \qquad \text{(Table A-5)}$$

이며, 과정 동안 일정하다. 따라서

$$w_{\text{rev}} = \int_1^2 \upsilon\, dP \cong \upsilon_1(P_2 - P_1)$$

$$= (0.001043\ \text{m}^3/\text{kg})[(1000 - 100)\ \text{kPa}]\left(\frac{1\ \text{kJ}}{1\ \text{kPa·m}^3}\right)$$

$$= \mathbf{0.94\ kJ/kg}$$

이다.

(*b*) 수증기는 초기에 포화증기이며 전 압축과정 동안에 증기 상태로 유지된다. 기체의 비체적은 압축과정 중에 현저하게 변화하기 때문에, 식 (8-53)의 적분을 수행하기 위하여 P에 따라 v가 어떻게 변화하는지 알 필요가 있다. 일반적으로 이 관계식을 쉽게 얻을 수 없으나, 등엔트로피 과정이므로 제2 $T\,ds$ 관계식에서 $T\,ds = 0$으로 놓으면 구할 수 있다.

$$\left.\begin{array}{ll} T\,ds = dh - v\,dP & \text{(Eq. 8–24)} \\ ds = 0 & \text{(등엔트로피 과정)} \end{array}\right\} v\,dP = dh$$

따라서

$$w_{\text{rev,in}} = \int_1^2 v\,dP = \int_1^2 dh = h_2 - h_1$$

이다. 또한, 이 결과는 등엔트로피 정상유동에 대한 에너지 평형식으로부터 구할 수 있다. 엔탈피를 구하면

상태 1: $$\left.\begin{array}{l} P_1 = 100\ \text{kPa} \\ \text{(sat. vapor)} \end{array}\right\} \begin{array}{l} h_1 = 2675.0\ \text{kJ/kg} \\ s_1 = 7.3589\ \text{kJ/kg·K} \end{array} \qquad \text{(Table A-5)}$$

상태 2: $$\left.\begin{array}{l} P_2 = 1\ \text{MPa} \\ s_2 = s_1 \end{array}\right\} h_2 = 3194.5\ \text{kJ/kg} \qquad \text{(Table A-6)}$$

이며,

$$w_{\text{rev,in}} = (3194.5 - 2675.0)\ \text{kJ/kg} = \mathbf{519.5\ kJ/kg}$$

이다.

검토 같은 압력범위 사이에서, 증기상태에 있는 수증기를 압축하는 데 필요한 일은 액체상태로 압축하는 경우보다 500배 이상이 필요하다는 것에 유의하라.

정상유동 장치는 과정이 가역적일 때 최대일을 하고 최소일을 소비한다는 것의 증명

사이클 장치(열기관, 냉동기, 열펌프)가 가역과정으로 작동될 때 최대일을 하고 최소일을 소비한다는 것을 앞 장에서 보였다. 이제 정상 운전되는 터빈과 압축기 등과 같은 구성요소를 이루는 장치도 같은 경우임을 보이고자 한다.

동일한 입구상태와 출구상태 사이에서 작동하며, 하나는 가역이고 다른 하나는 비가역인 두 정상유동 장치를 고려하자. 계에 전달한 열과 계가 하는 일을 양의 값으로 할 때, 각 장치에 대한 에너지 보존식을 미분형으로 다음과 같이 표현할 수 있다.

실제의 비가역장치: $$\delta q_{\text{act}} - \delta w_{\text{act}} = dh + d\text{ke} + d\text{pe}$$

가역장치: $$\delta q_{\text{rev}} - \delta w_{\text{rev}} = dh + d\text{ke} + d\text{pe}$$

두 장치는 동일한 입구상태와 출구상태 사이에서 작동하므로 두 식의 우변은 같다. 따라서

$$\delta q_{\text{act}} - \delta w_{\text{act}} = \delta q_{\text{rev}} - \delta w_{\text{rev}}$$

또는

$$\delta w_{\text{rev}} - \delta w_{\text{act}} = \delta q_{\text{rev}} - \delta q_{\text{act}}$$

그러나

$$\delta q_{\text{rev}} = T\,ds$$

이다. 이 관계식을 위의 식에 대입하여 각 항을 T로 나누면

$$\frac{\delta w_{\text{rev}} - \delta w_{\text{act}}}{T} = ds - \frac{\delta q_{\text{act}}}{T} \geq 0$$

왜냐하면

$$ds \geq \frac{\delta q_{\text{act}}}{T}$$

이기 때문이다. 또한 T는 항상 양의 값인 절대온도이므로

$$\delta w_{\text{rev}} \geq \delta w_{\text{act}}$$

또는 다음과 같다.

$$w_{\text{rev}} \geq w_{\text{act}}$$

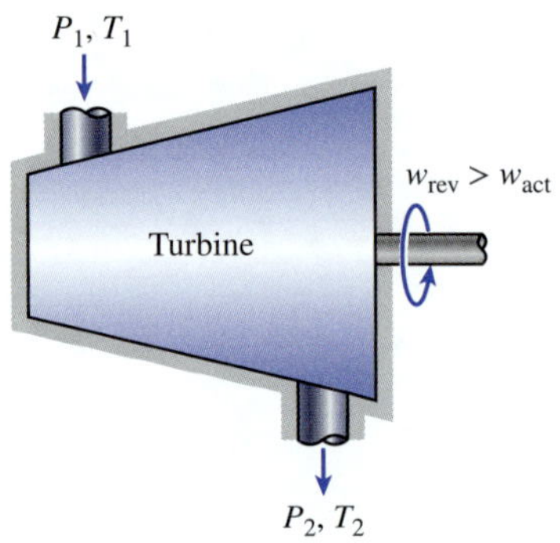

그림 8-43
동일한 입구와 출구상태 사이에서 작동하는 가역터빈은 비가역터빈보다 많은 일을 생산한다.

그러므로 터빈과 같이 일을 생산하는 장치(w는 양의 값)는 가역적으로 작동할 때에 더 많은 일을 하고, 펌프와 압축기와 같이 일을 소비하는 장치(w는 음의 값)는 가역적으로 작동할 때에 더 적은 일을 필요로 한다(그림 8-43).

8-11 정상유동 장치의 등엔트로피 효율

반복하여 언급하였듯이, 비가역성은 실제의 모든 과정에서 나타나며 그로 인하여 항상 장치의 성능이 저하된다. 공학 해석에서 이러한 장치 내에서 일어나는 에너지의 저급화 정도를 양적으로 표현할 수 있는 매개변수가 있으면 매우 바람직할 것이다. 앞 장에서는 카르노 사이클과 같은 이상적인 사이클과 실제 사이클을 비교하여, 열기관과 냉동기 같은 사이클 장치에 있어서 에너지의 저급화를 알아보았다. 완전히 가역과정으로 이루어진 사이클은 실제 사이클을 비교할 수 있는 **모델 사이클**(*model cycle*)이 된다. 이상적인 모델 사이클은, 주어진 조건에서 사이클 장치의 성능에 대한 이론적인 한계를 구하고, 또 실제 장치의 성능이 어떻게 비가역성의 영향을 받는가를 검토하는 데 사용된다.

이제 사이클 장치뿐만 아니라 터빈, 압축기, 노즐과 같은 정상유동 조건에서 작동하는 개별적인 공학 장치까지 범위를 넓혀 해석하고, 장치에서 비가역성에 의하여 일어난 에너지의 저급화 정도를 검토한다. 이를 위하여 먼저 실제 과정에 대한 모델이 되는 이상적인 과정을 정의할 필요가 있다.

장치와 주위 사이의 열전달은 피할 수 없지만, 대부분의 정상유동 장치는 단열 조건에서 작동하도록 되어 있다. 그러므로 장치에서 이상적인 모델이 되는 과정은 단열과정이어야 한다. 더구나 비가역성의 영향은 항상 공학 장치의 성능을 저하시키는 것이므로 이상적인 과정은 어떠한 비가역성도 포함하지 않아야 한다. 따라서 대부분의 단열 정상유동 장치에 적합한 모델이 되는 이상적인 과정은 **등엔트로피 과정**이다(그림 8-44).

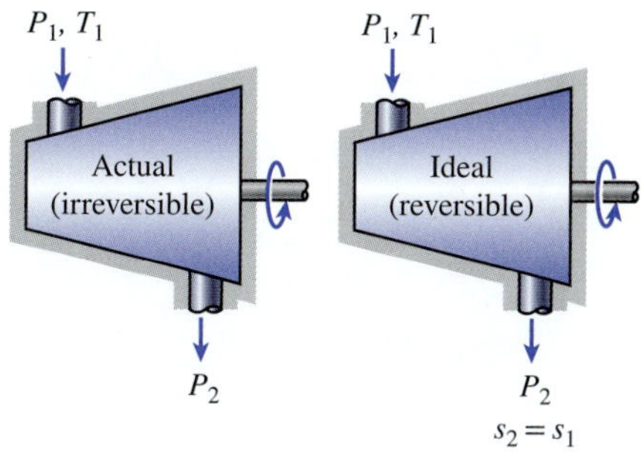

그림 8-44
등엔트로피 과정은 비가역성을 포함하지 않으며, 단열장치에 대한 이상적인 과정이다.

실제 과정이 이상적인 등엔트로피 과정에 가깝게 근사할수록, 장치의 성능은 더 좋아진다. 따라서 얼마나 효과적으로 실제 장치가 이상적인 모델에 근사한가를 양적으로 나타내는 매개변수를 도입할 필요가 있다. 이 매개변수가 **등엔트로피 효율**(isentropic efficiciency) 또는 **단열효율**(adiabatic efficiency)이며, 실제 과정에 대응하는 이상적인 과정으로부터 실제 과정이 벗어난 정도를 나타낸다.

각 장치는 서로 다른 목적을 수행하도록 만들어졌으므로 등엔트로피 효율은 각 장치에 대하여 다르게 정의된다. 이후에는 터빈, 압축기, 노즐 등에 대하여, 등엔트로피 조건에서 장치가 갖는 성능과 실제 장치가 갖는 성능을 같은 입구상태와 같은 출구압력에서 비교함으로써 등엔트로피 효율을 정의한다.

터빈의 등엔트로피 효율

정상상태로 작동하는 터빈에서 작동유체의 입구상태와 배출압력이 정해져 있다. 그러므로 단열 터빈에서 이상적인 과정은 입구상태와 배출압력 사이의 등엔트로피 과정이다. 터빈에서 요구된 출력은 얻어지는 일이므로 **터빈의 등엔트로피 효율**(isentropic efficiency of a turbine)은 터빈의 입구상태와 출구압력 사이의 과정이 등엔트로피 과정일 때 얻어지는 출력 일에 대한 실제 출력 일의 비로 정의된다.

$$\eta_T = \frac{\text{실제 터빈일}}{\text{등엔트로피 터빈일}} = \frac{w_a}{w_s} \tag{8-56}$$

터빈을 통하여 흐르는 유체 흐름과 관련된 운동에너지와 위치에너지의 변화는 엔탈피의 변화에 비하여 적으므로 보통은 무시할 수 있다. 따라서 단열 터빈의 출력일은 간단하게 엔탈피의 변화이며, 위의 관계식은 다음과 같이 표현된다.

$$\eta_T \cong \frac{h_1 - h_{2a}}{h_1 - h_{2s}} \tag{8-57}$$

여기서 h_{2a}와 h_{2s}는 각각 실제 과정과 등엔트로피 과정에 대한 출구상태의 엔탈피이다(그림 8-45).

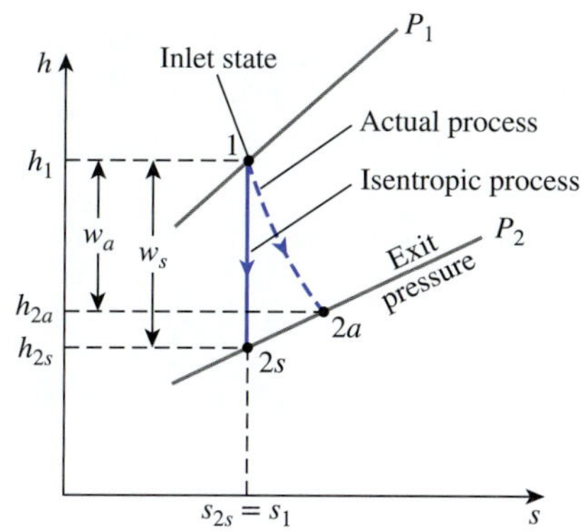

그림 8-45
실제 터빈과 단열 터빈의 등엔트로피 과정에 대한 h-s 선도

η_T의 값은 터빈을 구성하는 개별적인 구성요소의 설계와 밀접하게 관계된다. 잘 설계된 대형 터빈은 90% 이상의 등엔트로피 효율을 갖는다. 그렇지만, 소형 터빈은 70% 이하까지도 낮아질 수 있다. 터빈의 등엔트로피 효율의 값은 터빈의 실제 출력 일을 측정하고, 측정된 입구 조건과 출구압력에 대한 등엔트로피 출력 일을 계산하여 구할 수 있다. 이 값은 원동소의 설계에 편리하게 이용할 수 있다.

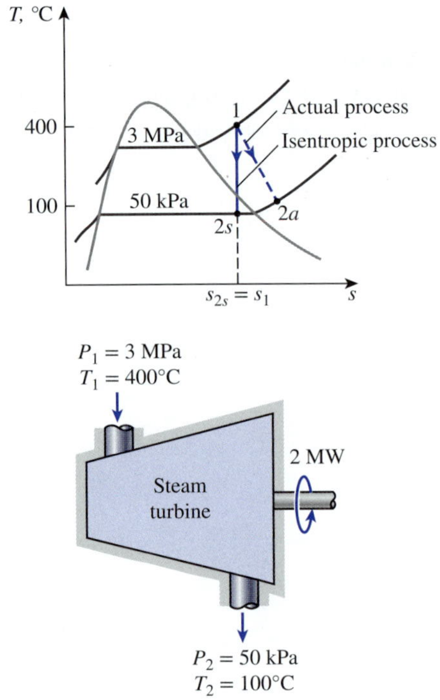

그림 8-46

예제 8-13의 개략도와 T-s 선도

예제 8-13 증기 터빈의 등엔트로피 효율

3 MPa, 400°C의 증기가 정상유동으로 단열 터빈에 유입하여 50 kPa, 100°C로 유출한다. 터빈의 출력 동력이 2 MW일 때에 (*a*) 터빈의 등엔트로피 효율, (*b*) 터빈을 흐르는 증기의 질량유량을 구하라.

풀이 증기는 터빈 내에서 정상유동을 한다. 정해진 출력 동력에 대한 등엔트로피 효율과 질량유량을 구한다.

가정 **1.** 정상 운전조건으로 운전된다. **2.** 운동에너지와 위치에너지의 변화를 무시한다.

해석 계의 개략도와 과정을 나타낸 T-s 선도가 그림 8-46에 주어져 있다.

(*a*) 각 상태에서 엔탈피는 다음과 같다

상태 1: $$\left.\begin{array}{l} P_1 = 3\ \text{MPa} \\ T_1 = 400°\text{C} \end{array}\right\} \begin{array}{l} h_1 = 3231.7\ \text{kJ/kg} \\ s_1 = 6.9235\ \text{kJ/kg·K} \end{array} \qquad \text{(Table A-6)}$$

상태 2*a*: $$\left.\begin{array}{l} P_{2a} = 50\ \text{kPa} \\ T_{2a} = 100°\text{C} \end{array}\right\} h_{2a} = 2682.4\ \text{kJ/kg} \qquad \text{(Table A-6)}$$

등엔트로피 과정에 대한 증기의 출구 엔탈피 h_{2s}는 증기의 엔트로피가 일정하게 유지된다는 것($s_{2s} = s_1$)으로부터 구할 수 있다:

상태 2*s*: $$\begin{array}{l} P_{2s} = 50\ \text{kPa} \\ (s_{2s} = s_1) \end{array} \longrightarrow \begin{array}{l} s_f = 1.0912\ \text{kJ/kg·K} \\ s_g = 7.5931\ \text{kJ/kg·K} \end{array} \qquad \text{(Table A-5)}$$

등엔트로피 과정의 끝에서 증기의 엔트로피는 s_f, s_{2s}, s_g이므로 증기는 포화혼합물 상태이다. 따라서 h_{2s}를 구하기 위해서 먼저 상태 2*s*의 건도를 알 필요가 있다.

$$x_{2s} = \frac{s_{2s} - s_f}{s_{fg}} = \frac{6.9235 - 1.0912}{6.5019} = 0.897$$

이며

$$h_{2s} = h_f + x_{2s}h_{fg} = 340.54 + 0.897(2304.7) = 2407.9\ \text{kJ/kg}$$

이다. 이 엔탈피의 값을 식 (8-57)에 대입하면 터빈의 등엔트로피 효율은

$$\eta_T \cong \frac{h_1 - h_{2a}}{h_1 - h_{2s}} = \frac{3231.7 - 2682.4}{3231.7 - 2407.9} = \mathbf{0.667}\ (66.7\%)$$

이다.

(*b*) 터빈을 흐르는 증기의 질량유량은 정상유동계에 대한 에너지 평형식으로부터 구할 수 있다.

$$\dot{E}_{in} = \dot{E}_{out}$$
$$\dot{m}h_1 = \dot{W}_{a,out} + \dot{m}h_{2a}$$
$$\dot{W}_{a,out} = \dot{m}(h_1 - h_{2a})$$
$$2\text{ MW}\left(\frac{1000\text{ kJ/s}}{1\text{ MW}}\right) = \dot{m}(3231.7 - 2682.4)\text{ kJ/kg}$$
$$\dot{m} = \mathbf{3.64\ kg/s}$$

압축기와 펌프의 등엔트로피 효율

압축기의 등엔트로피 효율(isentropic efficiency of a compressor)은 정해진 압력까지 기체의 압력을 높이기 위하여 필요한, 실제의 입력일에 대한 등엔트로피 과정의 입력일의 비로 정의된다:

$$\eta_C = \frac{\text{등엔트로피 압축일}}{\text{실제 압축일}} = \frac{w_s}{w_a} \tag{8-58}$$

등엔트로피 압축기효율은 **등엔트로피 입력일**이 분모항에 있지 않고 **분자항**에 있는 것으로 정의됨에 주의하자. 이것은 w_s가 w_a보다 적은 양이며, η_C가 100%보다 큰 값이면 실제 압축기가 등엔트로피 압축기보다 더 좋은 성능을 낸다고 하는 잘못된 의미를 갖게 될 수 있으므로, η_C가 100%보다 작은 값이 되도록 정의한 것이다. 또한 기체의 입구조건과 출구압력은 실제 압축기와 등엔트로피 압축기에 대해서 모두 동일하다는 것에 유의하라.

압축되는 기체의 운동에너지와 위치에너지의 변화를 무시할 때, 단열 압축기의 입력일은 엔탈피의 변화와 같으며, 이 경우에 식 (8-58)은

$$\eta_C \cong \frac{h_{2s} - h_1}{h_{2a} - h_1} \tag{8-59}$$

으로 되며, 여기서 h_{2a}와 h_{2s}는 그림 8-47에 나타낸 바와 같이, 각각 실제 과정과 등엔트로피 과정에 대한 출구상태의 엔탈피 값이다. η_C의 값은 압축기의 설계에 밀접하게 관계된다. 잘 설계된 압축기는 80%부터 90%의 범위의 등엔트로피 효율을 갖는다.

액체의 운동에너지와 위치에너지의 변화를 무시할 때, 펌프의 등엔트로피 효율은 마찬가지로 다음과 같이 정의된다.

$$\eta_P = \frac{w_s}{w_a} = \frac{v(P_2 - P_1)}{h_{2a} - h_1} \tag{8-60}$$

기체를 압축할 때 냉각하지 않는다면 실제 압축과정은 거의 단열이므로 가역단열(즉, 등엔트로피)과정을 이상적인 과정으로 간주할 수 있다. 그러나 때로 필요한 입력일을 감소시키기 위하여 케이싱 주위에 설치된 냉각수 재킷이나 휜(fin)을 사용하여 의도적으로 **압축기를 냉각한다**(그림 8-48). 이 경우에는 장치가 더 이

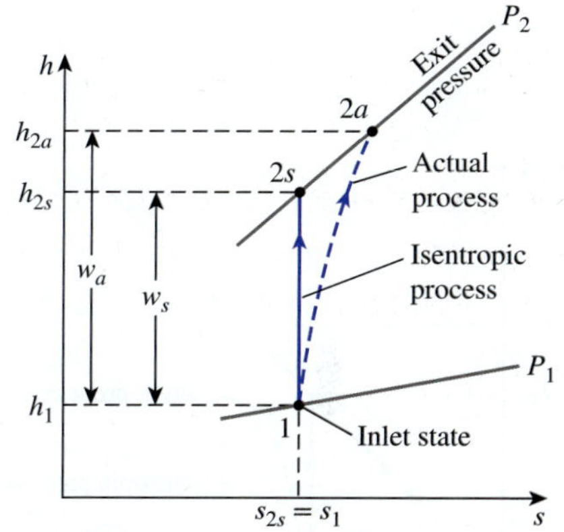

그림 8-47
실제 압축기와 단열 압축기의 등엔트로피 과정에 대한 h-s 선도

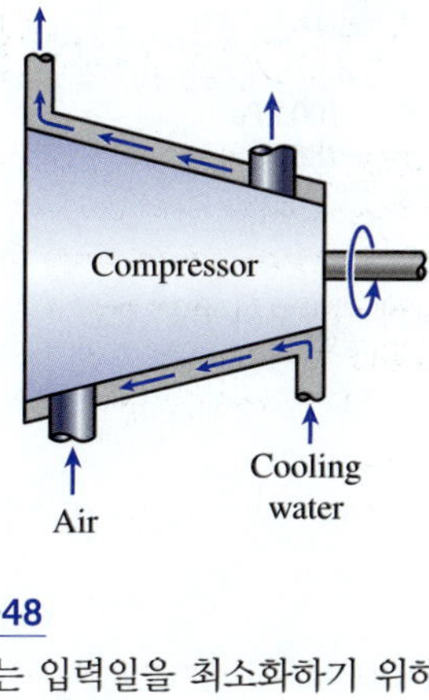

그림 8-48
압축기는 입력일을 최소화하기 위하여 의도적으로 냉각한다.

상 단열이 아니며 위에서 정의한 단열 압축기 효율이 의미없게 되므로, 등엔트로피 과정은 과정의 모델로 적합하지 않게 된다. 압축과정 동안에 의도적으로 냉각되는 압축기의 실제적인 모델 과정은 **가역 등온과정**(*reversible isothermal process*)이다. 따라서 가역 등온과정과 실제의 과정을 비교하여 **등온효율**(isothermal efficiency)을 편리하게 정의할 수 있다.

$$\eta_C = \frac{w_t}{w_a} \tag{8-61}$$

여기서 w_t와 w_a는 각각 가역 등온과정과 실제의 과정에서 압축기에 필요한 입력일을 나타낸다.

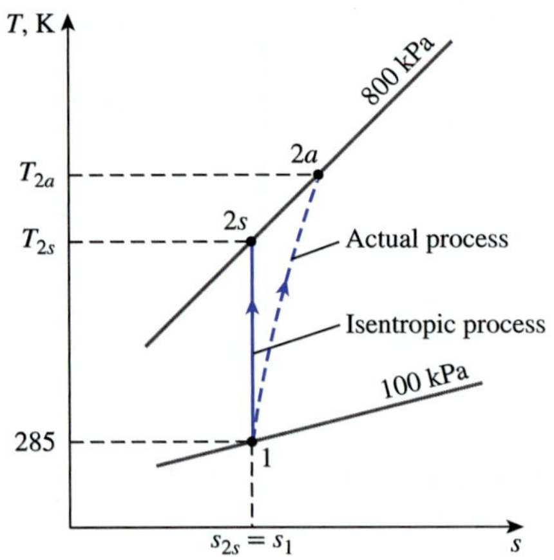

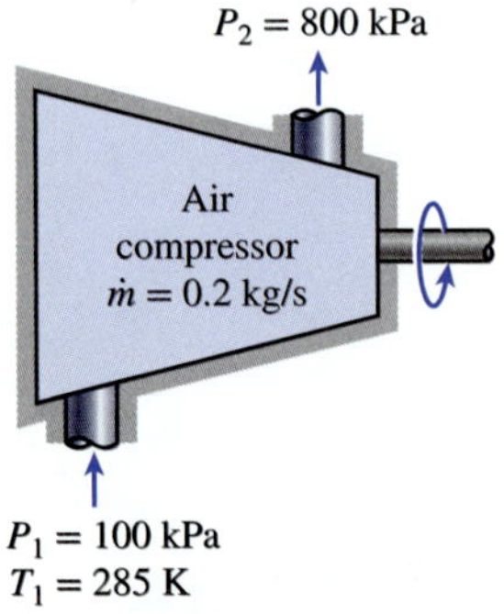

그림 8-49

예제 8-14의 개략도와 *T-s* 선도

예제 8-14 압축기의 입력 동력에 미치는 효율의 영향

질량유량 0.2 kg/s로 정상유동하는 100 kPa, 12°C의 공기를 800 kPa까지 단열압축기로 압축한다. 압축기의 등엔트로피 효율이 80%일 때, (*a*) 출구에서 공기의 온도, (*b*) 압축기에 필요한 입력 동력을 구하라.

풀이 공기가 주어진 압력에서 주어진 질량유량으로 압축된다. 주어진 등엔트로피 효율에 대한 출구온도, 입력 동력을 구한다.

가정 **1.** 정상운전 조건으로 운전된다. **2.** 주어진 조건에서, 공기는 임계점보다 상대적으로 높은 온도와 낮은 압력의 상태이므로 이상기체로 간주될 수 있다. **3.** 운동에너지와 위치에너지의 변화를 무시한다.

해석 계의 개략도와 과정을 나타낸 *T-s* 선도를 그림 8-49에 보이고 있다.

(*a*) 출구에서 단지 하나의 상태량(압력)만을 알고 있으므로 상태를 결정하기 위해서 다른 하나의 상태량이 필요하며 그로부터 출구온도를 구할 수 있다. 이 경우 압축기의 등엔트로피 효율이 주어져 있으므로 적은 노력으로 구할 수 있는 상태량은 h_{2a}이다. 압축기 입구에서

$$T_1 = 285\ \text{K} \ \rightarrow\ h_1 = 285.14\ \text{kJ/kg}, \quad P_{r1} = 1.1584 \qquad \text{(Table A-21)}$$

이며, 등엔트로피 압축과정의 끝에서 공기의 엔탈피는 이상기체의 등엔트로피 관계식 가운데 하나를 사용하여 구할 수 있다.

$$P_{r2} = P_{r1}\left(\frac{P_2}{P_1}\right) = 1.1584\left(\frac{800\ \text{kPa}}{100\ \text{kPa}}\right) = 9.2672$$

$$P_{r2} = 9.2672 \ \rightarrow\ h_{2s} = 517.05\ \text{kJ/kg}$$

구한 엔탈피를 등엔트로피 효율 식에 대입하면

$$\eta_C \cong \frac{h_{2s} - h_1}{h_{2a} - h_1} \ \rightarrow\ 0.80 = \frac{(517.05 - 285.14)\ \text{kJ/kg}}{(h_{2a} - 285.14)\ \text{kJ/kg}}$$

이므로

$$h_{2a} = 575.03\ \text{kJ/kg} \ \rightarrow\ T_{2a} = \mathbf{569.5\ K}$$

이다.

(*b*) 압축기에 필요한 동력 입력은 정상유동 장치에 대한 에너지 평형으로부터 구할 수 있다.

$$\dot{E}_{in} = \dot{E}_{out}$$
$$\dot{m}h_1 + \dot{W}_{a,in} = \dot{m}h_{2a}$$
$$\dot{W}_{a,in} = \dot{m}(h_{2a} - h_1)$$
$$= (0.2 \text{ kg/s})[(575.03 - 285.14) \text{ kJ/kg}]$$
$$= \mathbf{58.0 \text{ kW}}$$

검토 압축기의 입력동력을 구할 때, h_{2a}는 압축기 출구에서 공기의 실제 엔탈피이므로 h_{2s} 대신에 h_{2a}를 사용하였음에 유의하라. h_{2s}는 과정이 등엔트로피 과정이라고 할 때에 공기가 가질 수 있는 가상적인 엔탈피 값이다.

노즐의 등엔트로피 효율

노즐은 기본적으로 단열장치이며 유체를 가속하기 위하여 사용된다. 그러므로 등엔트로피 과정이 노즐의 적합한 모형이 된다. **노즐의 등엔트로피 효율**(isentropic efficiency of a nozzle)은 동일한 입구상태와 동일한 출구압력에서, 등엔트로피 노즐 출구의 유체의 운동에너지에 대한 실제 노즐출구의 운동에너지의 비로 정의된다. 식으로 나타내면,

$$\eta_N = \frac{\text{노즐 출구에서의 실제 운동에너지}}{\text{노즐 출구에서의 등엔트로피 운동에너지}} = \frac{V_{2a}^2}{V_{2s}^2} \quad \text{(8-62)}$$

이다. 출구압력은 실제 과정과 등엔트로피 과정의 모두에 대해서 같으나 출구상태는 다르다는 사실에 유의하라.

노즐에는 일의 상호작용이 없으며, 유체가 장치를 흐를 때 위치에너지의 변화는 없거나 무시할 수 있다. 유체의 입구속도가 출구속도에 비하여 작다면 이 정상유동 장치에 대한 에너지 평형은

$$h_1 = h_{2a} + \frac{V_{2a}^2}{2}$$

으로 되며, 노즐의 등엔트로피 효율은 다음과 같이 엔탈피에 의하여 표현될 수 있다.

$$\eta_N \cong \frac{h_1 - h_{2a}}{h_1 - h_{2s}} \quad \text{(8-63)}$$

여기서 h_{2a}와 h_{2s}는 각각 실제 과정과 등엔트로피 과정에 대한 노즐출구에서 엔탈피의 값이다(그림 8-50). 노즐의 등엔트로피 효율은 일반적으로 90% 이상이며, 95% 이상인 노즐 효율도 드물지 않다.

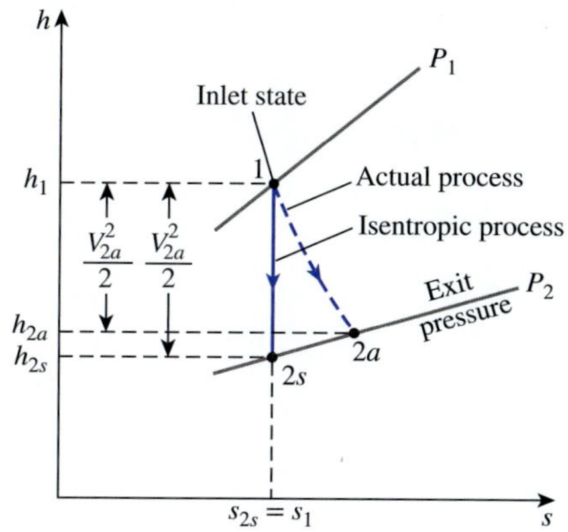

그림 8-50

실제 노즐과 단열 노즐의 등엔트로피 과정에 대한 *h-s* 선도

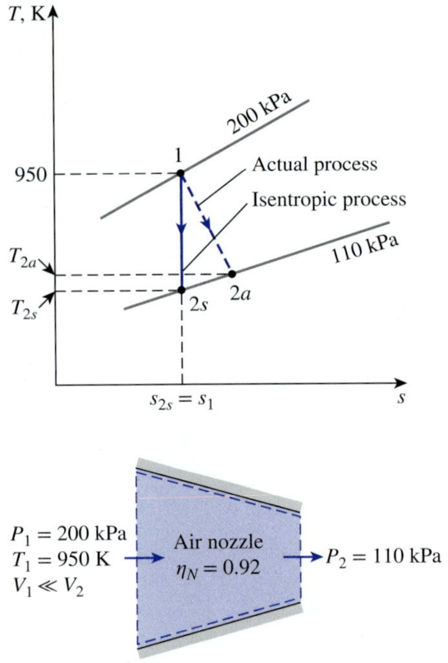

그림 8-51
예제 8-15의 개략도와 T-s 선도

예제 8-15 노즐출구 속도에 대한 효율의 영향

200 kPa, 950 K의 공기가 낮은 속도로 단열 노즐에 유입하여 110 kPa의 압력으로 유출한다. 노즐의 등엔트로피 효율이 92%일 때, (*a*) 가능한 최대의 출구속도, (*b*) 출구온도, (*c*) 공기의 실제 속도를 구하라. 공기의 비열이 일정하다고 가정하라.

풀이 노즐 내에서 공기의 가속을 고려한다. 주어진 출구압력과 등엔트로피 효율에 대하여 최대 출구속도와 실제 출구속도, 출구온도를 구한다.

가정 **1.** 정상작동 조건을 갖는다. **2.** 공기는 이상기체이다. **3.** 입구의 운동에너지는 무시한다.

해석 계의 개략도와 과정의 T-s 선도가 그림 8-51에 주어져 있다. 공기의 내부에너지의 일부가 운동에너지로 변환되므로 공기의 온도는 가속 과정 동안에 떨어질 것이다. 이러한 문제는 공기표에 있는 상태량에 대한 자료를 이용하면 정확하게 풀릴 수 있다. 그러나 일정한 비열을 이용하는 예를 보이기 위하여(정확도를 조금 희생하고) 일정한 비열을 가정한다. 먼저 공기의 평균온도를 약 850 K로 예측한다. 예측된 평균온도에서 c_p와 k의 평균값을 Table A-2*b*에서 구하면, $c_p = 1.11$ kJ/(kg·K), $k = 1.349$이다.

(*a*) 공기의 출구속도는 노즐의 과정이 비가역성을 포함하지 않을 때에 최대일 것이며, 이 경우에 출구속도를 정상유동 에너지식에서 구할 수 있다. 그러나 먼저 출구온도를 알 필요가 있다. 일정한 비열을 갖는 이상기체의 등엔트로피 과정에서

$$\frac{T_{2s}}{T_1} = \left(\frac{P_{2s}}{P_1}\right)^{(k-1)/k}$$

또는

$$T_{2s} = T_1\left(\frac{P_{2s}}{P_1}\right)^{(k-1)/k} = (950\text{ K})\left(\frac{110\text{ kPa}}{200\text{ kPa}}\right)^{0.349/1.349} = 814\text{ K}$$

이다. 이로부터 구한 평균온도는 882 K이며, 가정한 평균온도(850 K)보다 다소 높다. 이 결과는 882 K의 k 값을 다시 구하고 계산을 반복하면 개선될 것이지만, 두 평균온도가 충분히 가깝기 때문에 반드시 더 개선된다고 볼 수는 없다(위에서 구한 평균온도를 사용하여 계산을 반복할 경우, 온도 변화는 단지 0.6 K이므로 그다지 의미를 갖지 않는다).

이제 등엔트로피 정상유동 과정에 대한 에너지 평형으로부터 공기의 등엔트로피 출구속도를 구할 수 있다.

$$e_{\text{in}} = e_{\text{out}}$$

$$h_1 + \frac{V_1^2}{2} = h_{2s} + \frac{V_{2s}^2}{2}$$

또는

$$\begin{aligned} V_{2s} &= \sqrt{2(h_1 - h_{2s})} = \sqrt{2c_{p,\text{avg}}(T_1 - T_{2s})} \\ &= \sqrt{2(1.11\text{ kJ/kg·K})[(950 - 814)\text{K}]\left(\frac{1000\text{ m}^2/\text{s}^2}{1\text{ kJ/kg}}\right)} \\ &= \mathbf{549\text{ m/s}} \end{aligned}$$

(*b*) 공기의 실제 출구온도는 위에서 계산된 등엔트로피 출구온도보다 높을 것이다. 일정한 비열에 대해서,

$$\eta_N \cong \frac{h_1 - h_{2a}}{h_1 - h_{2s}} = \frac{c_{p,\mathrm{avg}}(T_1 - T_{2a})}{c_{p,\mathrm{avg}}(T_1 - T_{2s})}$$

또는

$$0.92 = \frac{950 - T_{2a}}{950 - 814} \rightarrow T_{2a} = \mathbf{825\ K}$$

이다. 즉, 마찰과 같은 비가역성 때문에 실제 노즐의 출구온도는 11 K 높게 되며, 이 온도의 상승은 운동에너지의 소비로부터 일어나므로 손실을 나타낸다(그림 8-53).

(*c*) 공기의 실제 출구속도는 노즐의 등엔트로피 효율의 정의로부터 구할 수 있다.

$$\eta_N = \frac{V_{2a}^2}{V_{2s}^2} \rightarrow V_{2a} = \sqrt{\eta_N V_{2s}^2} = \sqrt{0.92(549\ \mathrm{m/s})^2} = \mathbf{527\ m/s}$$

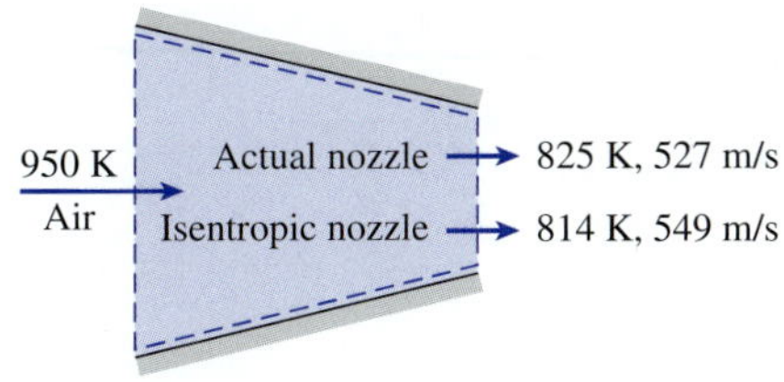

그림 8-52
마찰 때문에 실제 노즐을 통화하는 유체는 더 높은 온도(낮은 속도)로 유출된다.

8-12 엔트로피 평형

엔트로피는 상태량으로서 분자의 무질서 또는 계의 무작위성에 대한 척도이며, 열역학 제2법칙은 엔트로피는 생성될 수 있으나 파괴될 수는 없다는 것을 나타내고 있다. 그러므로 어느 과정 동안에 일어난 계의 엔트로피 변화는 엔트로피 전달보다 계 내에서 과정 동안에 생성된 엔트로피만큼 크며, 어떤 계에 대한 **엔트로피 증가의 원리**는 다음과 같이 나타낼 수 있다(그림 8-53).

$$\begin{pmatrix}\text{들어오는}\\ \text{엔트로피}\\ \text{총량}\end{pmatrix} - \begin{pmatrix}\text{나가는}\\ \text{엔트로피}\\ \text{총량}\end{pmatrix} + \begin{pmatrix}\text{엔트로피}\\ \text{생성}\\ \text{총량}\end{pmatrix} = \begin{pmatrix}\text{계의}\\ \text{엔트로피}\\ \text{총량의 변화}\end{pmatrix}$$

다시 쓰면

$$S_{\mathrm{in}} - S_{\mathrm{out}} + S_{\mathrm{gen}} = \Delta S_{\mathrm{system}} \tag{8-64}$$

이며, 이 두 표현은 식 (8-9)를 언어적으로 표현한 것이다. 이 관계식을 흔히 **엔트로피 평형**(entropy balance)이라고 부르며, 모든 종류의 과정에서 어떤 종류의 계에도 적용할 수 있다. 엔트로피 평형식은 다음과 같이 서술될 수 있다: **어느 과정 동안에 계의 엔트로피 변화는 계의 경계를 통한 정미 엔트로피 전달과 비가역성으로 인하여 계 안에서 생성된 엔트로피의 합과 같다.** 아래에서 이 관계식의 여러 항들을 검토할 것이다.

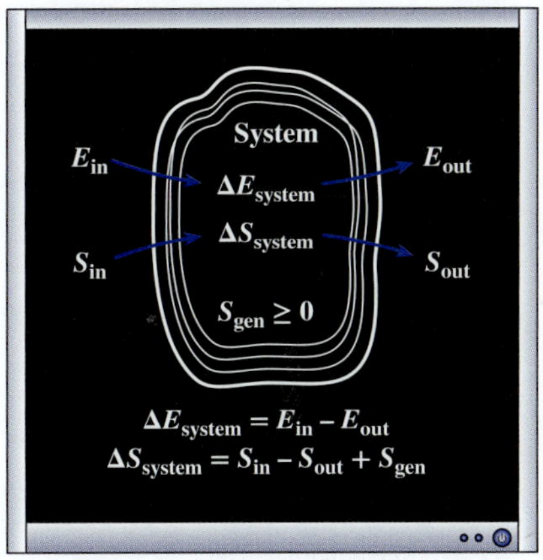

그림 8-53
계에 대한 에너지 평형과 엔트로피 방정식

계의 엔트로피 변화, $\Delta S_{\mathrm{system}}$

엔트로피는 모호하며 추상적이고 이해하기 어려운 점이 있다고 하지만, 엔트로피는 에너지와는 달리 여러 형태로 존재하지 않기 때문에, 실제로 엔트로피 평형은

에너지 평형보다 다루기가 쉽다. 어느 과정 동안에 일어난 계의 엔트로피 변화는 과정 초기의 엔트로피와 과정 끝의 엔트로피를 계산한 후 차이를 구함으로써 결정할 수 있다. 즉

$$\text{엔트로피 변화} = \text{최종상태의 엔트로피} - \text{초기상태의 엔트로피}$$

또는

$$\Delta S_{\text{system}} = S_{\text{final}} - S_{\text{intial}} = S_2 - S_1 \tag{8-65}$$

엔트로피는 상태량이며, 상태량의 값은 계의 상태가 변화하지 않으면 변하지 않음에 주의하자. 그러므로 과정 중에 계의 상태가 변화하지 않으면 계의 엔트로피 변화는 0이다. 예를 들면 노즐, 압축기, 터빈, 펌프, 열교환기 등과 같은 정상유동 장치의 엔트로피 변화는 정상 운전 동안에 0이다.

계의 상태량이 균일하지 않을 경우, 계의 엔트로피 변화는 적분으로 결정될 수 있다.

$$S_{\text{system}} = \int s\,\delta m = \int_V s\rho\, dV \tag{8-66}$$

여기서 V는 시스템의 체적이며 ρ는 밀도이다.

엔트로피 전달의 기구, S_{in}, S_{out}

엔트로피는 **열전달**과 **질량유동**의 두 가지 기구(mechanism)에 의해 계로부터 또는 계에 전달될 수 있다(대조적으로, 에너지는 일의 형태로도 전달될 수 있다). 엔트로피 전달은 경계를 넘어 흐를 때 계의 경계에서 확인할 수 있으며, 과정 동안에 계가 잃거나 얻은 엔트로피를 나타낸다. 일정한 질량 또는 밀폐계와 관련된 엔트로피 상호작용의 유일한 형태는 **열전달**이다. 따라서 단열된 밀폐계의 엔트로피 전달은 0이다.

1 열전달

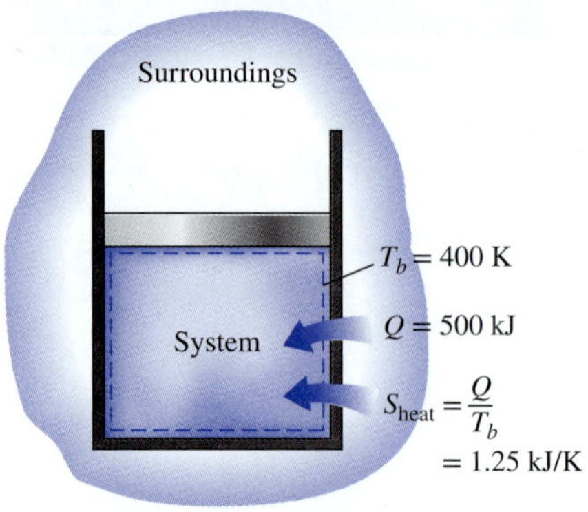

그림 8-54
열전달은 항상 Q/T라는 양의 엔트로피 전달을 수반한다. 여기서 T는 경계온도이다.

열은 본질적으로 조직화되어 있지 않은 에너지의 한 형태이며, 열전달과 함께 어떤 값의 비조직화(엔트로피)가 전달된다. 계에 열전달이 있으면 그 계의 엔트로피는 증가하므로 분자의 무질서 또는 무작위성의 정도도 증가하고, 계로부터 열전달이 있으면 계의 엔트로피는 감소한다. 실제로, 열방출이 고정된 질량의 엔트로피를 감소시키는 유일한 방법이다. 절대온도가 T인 위치에 열전달 Q가 있을 때, 절대온도 T에 대한 열전달 Q의 비를 **엔트로피 유동**(entropy flow) 또는 **엔트로피 전달**(entropy transfer)이라고 부르며 다음과 같이 표현된다(그림 8-54).

열전달에 의한 엔트로피 전달: $$S_{\text{heat}} = \frac{Q}{T} \quad (T = \text{일정}) \tag{8-67}$$

Q/T는 열전달에 수반된 엔트로피 전달을 나타내며 엔트로피 전달의 방향은 절대온도 T가 항상 양의 값이므로 열전달의 방향과 같다.

온도 T가 일정하지 않을 때 과정 1-2 동안의 엔트로피 전달은 적분(또는 적합한 경우에는 합)에 의해 구할 수 있다.

$$S_{\text{heat}} = \int_1^2 \frac{\delta Q}{T} \cong \sum \frac{Q_k}{T_k} \qquad \textbf{(8-68)}$$

여기서 Q_k는 위치 k에서 온도 T_k인 경계를 통한 열전달이다.

두 계가 접촉하고 있을 때, 온도가 높은 계로부터 엔트로피 전달은 온도가 낮은 계로 전달된 엔트로피 전달과 접촉점에서 같다. 즉, 경계는 두께가 없으며 차지하고 있는 체적도 없으므로 어떤 엔트로피도 경계에서 생성되거나 파괴될 수 없다.

일(work)은 엔트로피와 무관하며 엔트로피는 결코 일에 의하여 전달되지 않음에 주의하자. 에너지는 열과 일에 의하여 전달되나, 엔트로피는 단지 열에 의하여 전달된다.

일에 의한 엔트로피 전달: $$S_{\text{work}} = 0 \qquad \textbf{(8-69)}$$

열역학 제1법칙은 열전달과 일에 대하여 어떤 구별도 하지 않는다. 열전달과 일은 같은 것으로 고려된다. 열역학 제2법칙에서는 열전달과 일이 구별된다. **엔트로피전달을 수반하는 에너지의 상호작용은 열전달이며, 엔트로피 전달을 수반하지 않는 에너지의 상호작용은 일이다.** 즉, 계와 주위 사이에 있는 일의 상호작용 동안에 엔트로피는 교환되지 않는다. 그러므로 일의 상호작용 중에는 단지 에너지만이 교환되고, 열전달 중에는 에너지와 엔트로피가 모두 교환된다(그림 8-55).

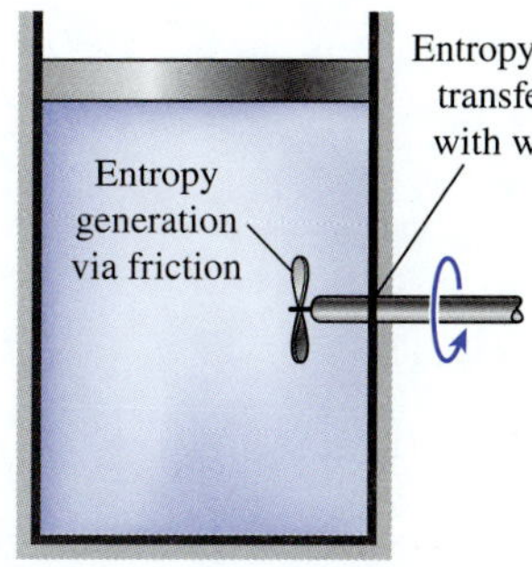

그림 8-55

일이 계의 경계를 통과할 때 엔트로피는 수반하지 않는다. 다만 일이 덜 유용한 형태의 에너지로 소산될 때 계 내부에서 엔트로피가 생성된다.

2 질량유동

질량은 에너지뿐만 아니라 엔트로피도 가지고 있으며, 계의 엔트로피와 에너지의 양은 질량에 비례한다. (계의 질량이 두배가 되면 계의 엔트로피와 에너지도 두 배가 된다.) 엔트로피와 에너지는 모두 물질의 흐름에 의하여 시스템의 안이나 밖으로 이동될 수 있으며, 계에 출입하는 엔트로피 수송(entropy transport)과 에너지 수송(energy transport)의 변화율은 질량유량에 비례한다. 밀폐계에는 질량유동이 없으므로 질량에 의한 엔트로피 수송도 없다. 비엔트로피(specific entropy, 유입하거나 유출하는 단위질량당 엔트로피)가 s일 때, 계에 유입하거나 유출하는 질량이 m이면 이와 함께 유입 또는 유출하는 엔트로피는 ms이다(그림 8-56).

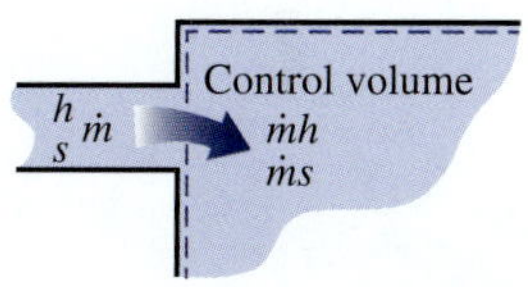

그림 8-56

질량은 에너지뿐만 아니라 엔트로피를 보유하고 있으므로, 계에 유출입하는 질량유동은 항상 에너지 전달과 엔트로피 전달을 수반한다.

질량유동에 의한 엔트로피 전달: $$S_{\text{mass}} = ms \qquad \textbf{(8-70)}$$

그러므로 계에 질량 m이 유입하면 엔트로피는 ms만큼 증가하고, 같은 상태의 질량 m이 유출하면 엔트로피는 ms만큼 감소한다. 과정 중에 질량의 상태량이 변할 때에는 질량유동에 의한 엔트로피 전달은 다음과 같은 적분에 의하여 구할 수 있다.

$$\dot{S}_{\text{mass}} = \int_{A_c} s\rho V_n \, dA_c \quad \text{and} \quad S_{\text{mass}} = \int s\,\delta m = \int_{\Delta t} \dot{S}_{\text{mass}}\, dt \qquad \textbf{(8-71)}$$

여기서 A_c는 유동의 단면적이며 V_n은 dA_c에 수직한 속도성분이다.

엔트로피 생성, S_{gen}

마찰, 혼합, 화학반응, 유한한 온도차에 의한 열전달, 자유 팽창, 비준평형 압축 또는 비준평형 팽창 등과 같은 비가역성은 계의 엔트로피를 증가시키므로 엔트로피 생성(entropy generation)은 과정 동안에 비가역적인 효과에 의하여 만들어진 엔트로피의 척도가 된다.

가역과정(비가역성을 포함하지 않는 과정)에서 엔트로피 생성은 0이므로 계의 엔트로피 변화는 엔트로피 전달과 같다. 그러므로 가역인 경우 엔트로피 평형식은, 과정 동안에 일어난 계의 에너지 변화가 과정 동안의 에너지 전달과 같다는 에너지 평형식과 같은 형태가 된다. 그러나 계의 에너지 변화는 어떠한 과정에서든지 에너지 전달과 같지만, 계의 엔트로피 변화는 단지 가역과정에 있어서만 엔트로피 전달과 같음에 주의하자.

열에 의한 엔트로피 전달 Q/T는 단열계에 대해서 0이며, 경계를 통하여 질량유동이 없는 계(즉, 밀폐계)에 대해서 질량에 의한 엔트로피 전달 ms는 0이다.

어떠한 과정을 수행하는 어느 계에 대한 엔트로피 평형을 더 명확히 나타내면 다음과 같다.

$$\underbrace{S_{in} - S_{out}}_{\text{열과 질량에 의한 정미 엔트로피 전달}} + \underbrace{S_{gen}}_{\text{엔트로피 생성}} = \underbrace{\Delta S_{system}}_{\text{엔트로피 변화}} \quad (\text{kJ/K}) \tag{8-72}$$

또는 **변화율 형태**(rate form)로 나타내면

$$\underbrace{\dot{S}_{in} - \dot{S}_{out}}_{\text{열과 질량에 의한 정미 엔트로피 전달률}} + \underbrace{\dot{S}_{gen}}_{\text{엔트로피 생성률}} = \underbrace{dS_{system}/dt}_{\text{엔트로피 변화율}} \quad (\text{kW/K}) \tag{8-73}$$

이다. 여기서 $\dot{Q}$의 변화율로 전달된 열과 $\dot{m}$의 변화율로 흐르는 질량에 의한 엔트로피 전달률은 각각 $\dot{S}_{heat} = \dot{Q}/T$와 $\dot{S}_{mass} = \dot{m}s$이다. **단위질량 기준**(unit-mass basis)으로 엔트로피 평형을 나타내면

$$(s_{in} - s_{out}) + s_{gen} = \Delta s_{system} \quad (\text{kJ/kg·K}) \tag{8-74}$$

이며, 이 식에서 모든 항은 계의 단위질량에 대해서 나타나 있다. 가역과정에서는 엔트로피 생성항 S_{gen}이 위의 모든 식에 포함되지 않아야 함에 주의하자.

S_{gen}는 계의 경계 내의 엔트로피 생성만을 나타내고(그림 8-57), 과정 중에 외부적 비가역성의 결과로 계의 경계 밖에서 일어나는 엔트로피 생성을 포함하지 않는다. 그러므로 $S_{gen} = 0$인 과정은 내부적 가역과정이며, 반드시 완전 가역과정(totally reversible)일 필요는 없다. 과정 동안에 생성된 총 엔트로피는, 계와 계에 인접한 주위를 포함하는 확장된 계에 엔트로피 평형을 적용하여 결정할 수 있다(그림

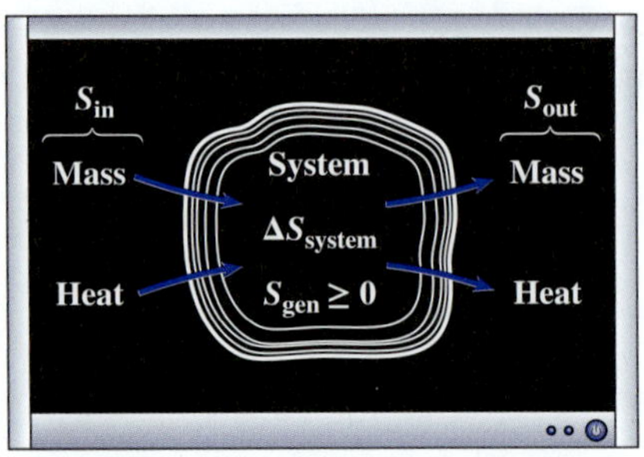

그림 8-57
일반계에 대한 엔트로피 전달 메커니즘

8-58). 여기서 계에 인접한 주위에서 외부적 비가역성이 일어날 수 있다. 이 경우의 총 엔트로피 변화는 계의 엔트로피 변화와 인접하고 있는 주위의 엔트로피 변화의 합과 같다. 정상 조건에서, 어느 위치에서나 인접하고 있는 주위(완충영역이라고 부름)의 상태는(따라서, 엔트로피는) 과정 동안에 변화하지 않으므로, 완충영역에서의 엔트로피 변화도 0이 될 것이다. 완충영역의 엔트로피 변화가 있다 하더라도 계의 엔트로피 변화에 비하여 적은 값이므로 보통 무시된다.

확장된 계와 주위 사이의 엔트로피 전달을 계산할 때, 확장된 계의 경계온도는 단순하게 **주위온도**로 볼 수 있다.

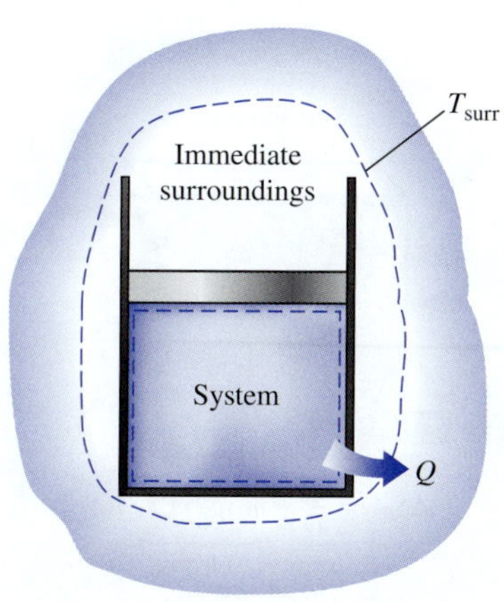

그림 8-58
계 경계 밖에서 엔트로피 생성은 계와 계에서 인접한 주위를 포함하는 확정된 계에 엔트로피 평형을 적용하여 계산할 수 있다.

밀폐계

밀폐계는 경계를 통하여 **질량유동이 없으므로**, 밀폐계의 엔트로피 변화는 단순히 계의 초기와 최종의 엔트로피의 차이다. 밀폐계의 **엔트로피 변화**는 열전달에 수반된 **엔트로피 전달**과 계의 경계 안에서 일어난 **엔트로피 생성**에 기인한다. 계로 전달되는 열전달을 양의 방향으로 할 때, 밀폐계에 대한 엔트로피 평형식 식 (8-72)은 다음과 같이 표현된다.

밀폐계: $$\sum \frac{Q_k}{T_k} + S_{gen} = \Delta S_{system} = S_2 - S_1 \qquad \text{(kJ/K)} \tag{8-75}$$

위의 엔트로피 평형 관계식을 서술하면 다음과 같다.

> 과정에서 일어난 밀폐계의 엔트로피 변화는 열전달에 의하여 계의 경계를 통해 전달된 엔트로피와 계의 경계 안에서 비가역성에 기인하여 생성된 엔트로피의 합이다.

단열과정($Q = 0$)의 경우, 위의 관계식에서 엔트로피 전달항은 삭제되며, 밀폐계의 엔트로피 변화는 계의 경계 안의 엔트로피 생성과 같다.

단열 밀폐계: $$S_{gen} = \Delta S_{adiabatic\ system} \tag{8-76}$$

밀폐계와 그 주위는 하나의 단열계로 생각할 수 있으며, 이 계의 총 엔트로피 변화는 각 부분의 엔트로피 변화의 합임을 고려할 때, 밀폐계와 주위에 대한 엔트로피 평형은

계 + 주위: $$S_{gen} = \sum \Delta S = \Delta S_{system} + \Delta S_{surroundings} \tag{8-77}$$

로 쓸 수 있다. 여기서 $\Delta S_{system} = m(s_2 - s_1)$이며, 주위의 엔트로피 변화는 주위의 온도가 일정한 경우에 $\Delta S_{surr} = Q_{surr}/T_{surr}$이다. 엔트로피와 엔트로피 전달을 학습하는 초기단계에서는, 엔트로피 평형에 대한 일반식[식 (8-72)]으로부터 출발하여, 고려하고 있는 문제에 대하여 단순화하는 것이 더 도움이 된다. 위의 특별한 경우의 관계식은 물질에 대하여 어느 정도의 직관적인 이해를 한 후에 사용하는 것이 편리하다.

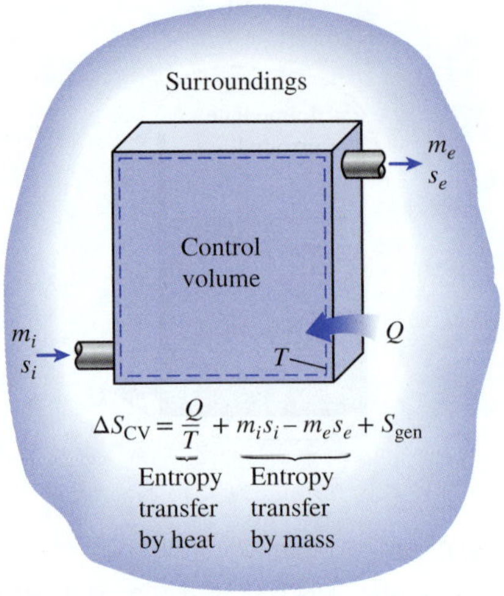

그림 8-59
검사체적의 엔트로피는 열전달과 질량유동의 결과로 변한다.

검사체적

검사체적에 대한 엔트로피 평형식은, 엔트로피 교환에 있어서 또 하나의 기구인 검사체적의 **경계를 통한 질량유동**을 포함하고 있다는 점에서 밀폐계에 대한 관계식과 다르다. 앞에서 살펴 본 바와 같이, 질량은 에너지뿐만 아니라 엔트로피도 가지고 있으므로, 이 두 종량적 상태량의 양은 질량에 비례한다(그림 8-59).

계로 전달되는 열전달을 양의 방향으로 할 때, 일반적인 엔트로피 평형식[식 (8-72)과 (8-73)]은 검사체적에 대하여 다음과 같이 표현된다.

$$\sum\frac{Q_k}{T_k} + \sum m_i s_i - \sum m_e s_e + S_{\text{gen}} = (S_2 - S_1)_{\text{CV}} \qquad \text{(kJ/K)} \tag{8-78}$$

또는 변화율 식으로 나타내면

$$\sum\frac{\dot{Q}_k}{T_k} + \sum \dot{m}_i s_i - \sum \dot{m}_e s_e + \dot{S}_{\text{gen}} = dS_{\text{CV}}/dt \qquad \text{(kW/K)} \tag{8-79}$$

이다. 위의 엔트로피 평형식을 서술하면 다음과 같다:

> 과정 동안에 검사체적 내의 엔트로피 변화율은 열전달에 의하여 검사체적의 경계를 통한 엔트로피 전달률과 질량유동에 의하여 검사체적으로 전달되는 정미 엔트로피 전달률, 검사체적 경계 내에서 비가역성으로 인하여 생기는 엔트로피 생성률의 합이다.

터빈, 압축기, 노즐, 디퓨저, 열교환기, 파이프, 덕트 등과 같이 실제 적용되는 대부분의 검사체적은 정상상태로 운전되므로 엔트로피 변화가 없다. 그러므로 일반적인 **정상유동 과정**(steady-flow process)에 대한 엔트로피 평형식은, 식 (8-79)에서 $dS_{\text{CV}}/dt = 0$으로 두고 다시 정리하면, 다음과 같다.

정상유동:
$$\dot{S}_{\text{gen}} = \sum \dot{m}_e s_e - \sum \dot{m}_i s_i - \sum\frac{\dot{Q}_k}{T_k} \tag{8-80}$$

단일 흐름(한 개의 입구와 한 개의 출구)을 갖는 정상유동 장치에 대한 엔트로피 평형식은 다음과 같이 간단하게 표현된다.

정상유동, 단일 흐름:
$$\dot{S}_{\text{gen}} = \dot{m}(s_e - s_i) - \sum\frac{\dot{Q}_k}{T_k} \tag{8-81}$$

단일 흐름을 갖는 단열 정상유동 장치의 경우, 엔트로피 평형식은 다음과 같이 더욱 간단하게 표현된다.

정상유동, 단일 흐름, 단열:
$$\dot{S}_{\text{gen}} = \dot{m}(s_e - s_i) \tag{8-82}$$

$\dot{S}_{\text{gen}} \geq 0$이므로 단열 장치를 통하여 유체가 흐를 때, 위의 식은 유체의 비엔트로피가 증가해야 하는 것을 나타낸다(그림 8-60). 장치를 통한 유동이 **가역 단열**이면, 다른 상태량의 변화와 무관하게 엔트로피는 일정하다($s_e = s_i$).

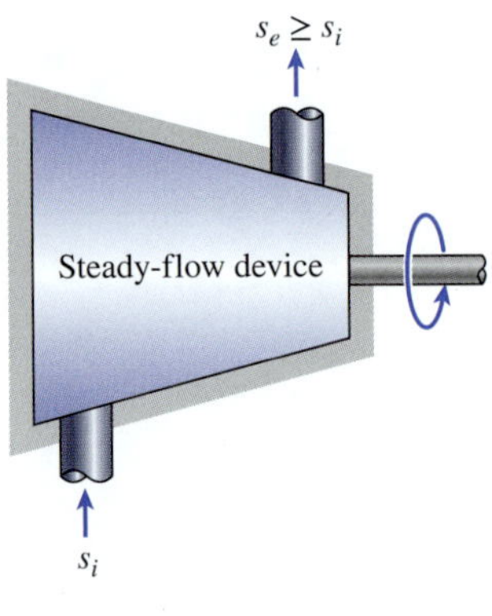

그림 8-60
단일흐름의 단열 정상유동 장치를 통하여 유체가 흐를 때, 유체의 엔트로피는 항상 증가한다(가역과정의 경우는 일정하다).

예제 8-16 **벽 내부의 엔트로피 생성**

두께가 30 cm, 5 m × 7 m인 주택의 벽돌벽을 통한 정상 열전달을 고려하자. 외기온도가 0°C인 어느 날, 실내의 온도가 27°C로 유지되고 있다. 이때 벽돌벽의 실내 표면과 실외 표면의 온도는 각각 20°C와 5°C로 측정되었으며, 벽을 통한 열전달률은 1,035 W이다. 벽 내부의 엔트로피 생성률, 이 열전달 과정과 관련된 총 엔트로피 생성률을 구하라.

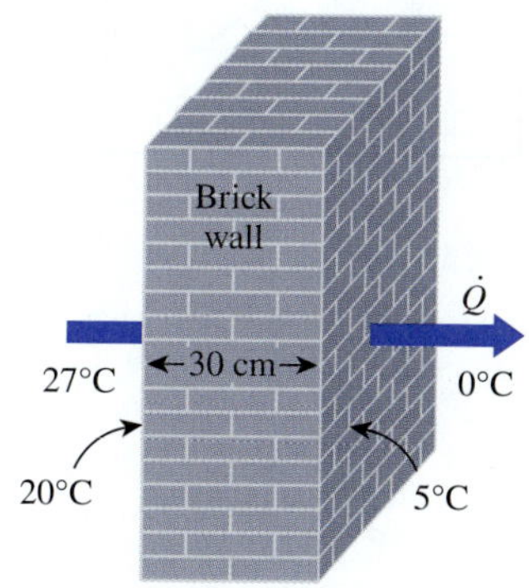

그림 8-61
예제 8-16의 개략도

풀이 벽을 통한 정상 열전달을 고려한다. 주어진 열전달률, 벽과 주위의 온도의 경우, 벽 내부의 엔트로피 생성, 이 열전달과 관련된 총 엔트로피 생성률을 구한다.

가정 **1.** 과정은 정상 과정이므로 벽을 통한 열전달률은 일정하다. **2.** 벽을 통한 열전달은 일차원 열전도이다.

해석 벽을 계로 택한다(그림 8-61). 과정 동안에 계의 경계를 통하여 흐르는 질량이 없기 때문에 이 계는 **밀폐계**이다. 벽 내부의 어느 곳에서도 상태가 변화하지 않으므로, 이 과정 동안 벽의 엔트로피 변화는 0임에 주의하자. 벽의 한쪽으로부터 들어온 열과 엔트로피는 다른 쪽을 통하여 나가게 된다.

벽에 대한 엔트로피 평형의 변화율 형태는 다음과 같이 단순화될 수 있다.

$$\underbrace{\dot{S}_{in} - \dot{S}_{out}}_{\text{열과 질량에 의한 정미 엔트로피 전달률}} + \underbrace{\dot{S}_{gen}}_{\text{엔트로피 생성률}} = \underbrace{dS_{system}/dt}_{\text{엔트로피 변화율}} \nearrow^{0\ (\text{정상})}$$

$$\left(\frac{\dot{Q}}{T}\right)_{in} - \left(\frac{\dot{Q}}{T}\right)_{out} + \dot{S}_{gen} = 0$$

$$\frac{1035\text{ W}}{293\text{ K}} - \frac{1035\text{ W}}{278\text{ K}} + \dot{S}_{gen} = 0$$

그러므로 벽 내부의 엔트로피 생성은

$$\dot{S}_{gen} = \mathbf{0.191\ W/K}$$

이다. 어느 위치에서 열에 의한 엔트로피 전달은 그 위치에서 Q/T이며, 엔트로피 전달 방향은 열전달 방향과 같다.

이 열전달 과정 동안의 총 엔트로피 생성률을 구하기 위해 온도 변화가 있는 벽의 양면 위의 영역을 포함하도록 계를 확장한다. 따라서 계 경계의 한쪽은 실내 온도이며, 다른 쪽은 외기 온도가 된다. 이 **확장된 계**(계 + 접하고 있는 주위)의 엔트로피 평형은 두 경계의 온도가 293 K과 278 K인 대신에 각각 300 K과 273 K인 것을 제외하고는 위에 주어진 것과 같다. 그러므로 총 엔트로피 생성률은 다음과 같이 된다.

$$\frac{1035\text{ W}}{300\text{ K}} - \frac{1035\text{ W}}{273\text{ K}} + \dot{S}_{gen,total} = 0 \quad \rightarrow \quad \dot{S}_{gen,total} = \mathbf{0.341\ W/K}$$

검토 과정 동안에 어느 점에서나 공기의 상태는 변화하지 않기 때문에 이 확장된 계의 엔트로피 변화도 0임에 주의하자. 두 엔트로피 생성의 차이는 0.150 W/K이며 벽의 양쪽 면 위의 공기층에서 생성된 엔트로피를 나타낸다. 이 경우의 엔트로피 생성은 전적으로 유한한 온도차에 의한 비가역 열전달에 기인한다.

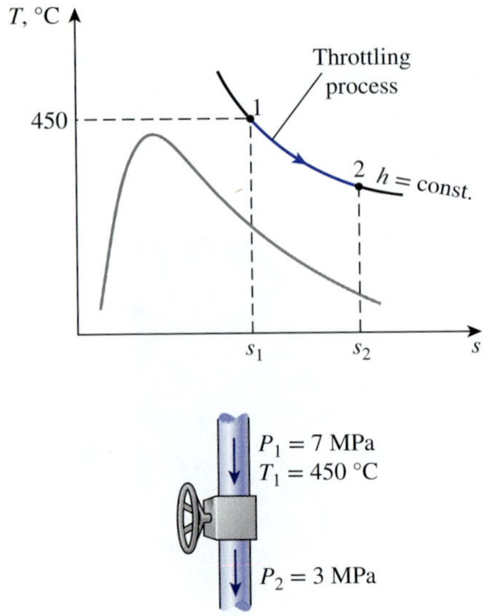

그림 8-62
예제 8-17의 개략도와 T-s 선도

예제 8-17 교축 과정의 엔트로피 생성

압력 7 MPa, 온도 450°C인 수증기가 정상유동 과정 동안에 밸브에서 교축되어 3 MPa이 되었다. 이 과정에서 일어난 엔트로피 생성을 구하고 엔트로피 증가의 원리를 만족하는지 검토하라.

풀이 수증기가 주어진 압력으로 교축된다. 이 과정 동안에 생성된 엔트로피를 구하며, 엔트로피 증가의 원리가 유효한가를 검증한다.

가정 **1.** 각 위치에서 시간에 따라 아무런 변화가 없기 때문에 과정은 정상유동 과정이며, 따라서, $\Delta m_{CV} = 0$, $\Delta E_{CV} = 0$, $\Delta S_{CV} = 0$이다. **2.** 밸브에 전달된 또는 밸브로부터 있는 열전달은 무시한다. **3.** 운동에너지와 위치에너지의 변화를 무시할 수 있으므로 $\Delta\text{ke} = \Delta\text{pe} = 0$이다.

해석 교축밸브를 계로 한다(그림 8-62). 이 과정 동안에 계의 경계를 통하여 질량이 통과하므로 이 계는 검사체적이다. 입구와 출구가 각각 하나이므로 $\dot{m}_1 = \dot{m}_2 = \dot{m}$이다. 또한 유체의 엔탈피는 교축 과정에서 거의 일정하므로 $h_2 \cong h_1$이다.

$h_2 = h_1$를 고려하고, 입구와 출구에서 수증기의 엔트로피를 증기표에서 구하면

상태 1: $\left.\begin{matrix} P_1 = 7\text{ MPa} \\ T_1 = 450°\text{C} \end{matrix}\right\} \begin{matrix} h_1 = 3288.3\text{ kJ/kg} \\ s_1 = 6.6353\text{ kJ/kg·K} \end{matrix}$

상태 2: $\left.\begin{matrix} P_{2a} = 3\text{ MPa} \\ h_2 = h_1 \end{matrix}\right\} s_2 = 7.0046\text{ kJ/kg·K}$

수증기의 단위질량당 엔트로피 생성은 교축밸브에 적용된 엔트로피 평형으로부터 결정된다.

$$\underbrace{\dot{S}_{in} - \dot{S}_{out}}_{\substack{\text{열과 질량에 의한} \\ \text{정미 엔트로피 전달률}}} + \underbrace{\dot{S}_{gen}}_{\substack{\text{엔트로피} \\ \text{생성률}}} = \underbrace{dS_{system}/dt}_{\substack{\text{엔트로피} \\ \text{변화율}}} \nearrow^{0\,(\text{정상})}$$

$$\dot{m}s_1 - \dot{m}s_2 + \dot{S}_{gen} = 0$$

$$\dot{S}_{gen} = \dot{m}(s_2 - s_1)$$

질량유량으로 나누고 각 값을 대입하면 다음과 같다.

$$s_{gen} = s_2 - s_1 = 7.0046 - 6.6353 = \mathbf{0.3693\ kJ/kg{\cdot}K}$$

위의 S_{gen}은 입구상태로부터 최종압력까지 수증기가 교축될 때 단위질량당 생성된 엔트로피의 양이며, 이것은 자유팽창에 기인한다. 엔트로피 생성이 양의 값이므로 엔트로피 증가의 원리가 이 과정에서 명백히 만족되고 있다.

예제 8-18 뜨거운 철 블록을 호수에 넣었을 때의 엔트로피 생성

온도가 500 K인 50 kg의 철 블록을 온도가 285 K인 넓은 호수에 넣었다. 철 블록은 결국 호수의 물과 평형상태에 도달하게 된다. 철의 평균비열이 0.45 kJ/kg·K일 때, (*a*) 철 블록의 엔트로피 변화, (*b*) 호수의 엔트로피 변화, (*c*) 이 과정의 총 엔트로피 생성

을 구하라.

풀이 뜨거운 철 블록을 호수에 넣어 호수의 온도까지 냉각한다. 이 과정 동안에 생성된 엔트로피와 호수와 철의 엔트로피 변화를 구한다.

가정 **1.** 물과 철 블록은 비압축성 물질이다. **2.** 물과 철의 비열은 일정하다. **3.** 운동에너지와 위치에너지의 변화는 무시할 수 있으므로 $\Delta KE = \Delta PE = 0$이며, 따라서 $\Delta E = \Delta U$이다.

상태량 철의 비열은 0.45 kJ/kg·K이다(Table A-3)

해석 주철을 계로 한다(그림 8-63). 이 과정 동안에 계의 경계를 통하여 흐르는 질량이 없기 때문에 이 계는 **밀폐계**이다.

철 블록과 호수의 엔트로피 변화를 구하기 위해, 먼저 최종 평형온도를 알 필요가 있다. 철 블록에 비하여 호수의 열용량이 매우 크므로 호수는 철 블록에서 방출한 열을 흡수하여도 온도 변화가 없을 것이다. 따라서 이 과정 동안에 호수는 285 K로 일정하게 유지되고 있으며 철 블록은 285 K로 냉각될 것이다.

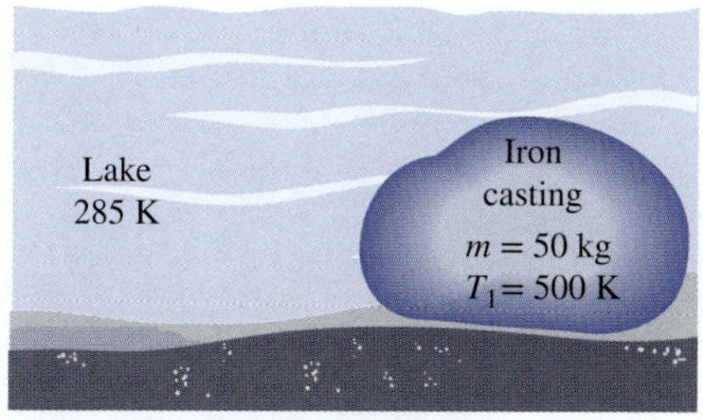

그림 8-63
예제 8-18의 개략도

(*a*) 철 블록을 비압축성 물질로 가정하면, 엔트로피 변화는 다음 식으로부터 구할 수 있다.

$$\Delta S_{\text{iron}} = m(s_2 - s_1) = mc_{\text{avg}} \ln\frac{T_2}{T_1}$$
$$= (50 \text{ kg})(0.45 \text{ kJ/kg·K}) \ln\frac{285 \text{ K}}{500 \text{ K}}$$
$$= \mathbf{-12.65 \text{ kJ/K}}$$

(*b*) 이 과정 동안에 호수의 온도는 285 K로 일정하게 유지된다. 철 블록에서 호수로 전달된 열전달량은 철 블록에 대한 에너지 평형으로부터 구할 수 있다.

$$\underbrace{E_{\text{in}} - E_{\text{out}}}_{\substack{\text{열, 일, 질량에 의한} \\ \text{정미 에너지 전달}}} = \underbrace{\Delta E_{\text{system}}}_{\substack{\text{내부 에너지, 운동 에너지,} \\ \text{위치 에너지 등의 변화}}}$$

$$-Q_{\text{out}} = \Delta U = mc_{\text{avg}}(T_2 - T_1)$$

또는

$$Q_{\text{out}} = mc_{\text{avg}}(T_1 - T_2) = (50 \text{ kg})(0.45 \text{ kJ/kg·K})(500 - 285)\text{K} = 4838 \text{ kJ}$$

이다. 따라서 호수의 엔트로피 변화는 다음과 같다.

$$\Delta S_{\text{lake}} = \frac{Q_{\text{lake}}}{T_{\text{lake}}} = \frac{+4838 \text{ kJ}}{285 \text{ K}} = \mathbf{16.97 \text{ kJ/K}}$$

(*c*) 이 과정 동안에 생성된 엔트로피는 확장된 계에 엔트로피 평형을 적용하여 구할 수 있다. **확장된 계**는 철 블록과 접하는 주위로 하며, 주위를 경계의 온도가 항상 285 K가 되도록 구성한다.

$$\underbrace{S_{\text{in}} - S_{\text{out}}}_{\substack{\text{열, 질량에 의한} \\ \text{정미 엔트로피 전달}}} + \underbrace{S_{\text{gen}}}_{\substack{\text{엔트로피} \\ \text{생성}}} = \underbrace{\Delta S_{\text{system}}}_{\substack{\text{엔트로피} \\ \text{변화}}}$$

$$-\frac{Q_{\text{out}}}{T_b} + S_{\text{gen}} = \Delta S_{\text{system}}$$

또는

$$S_{gen} = \frac{Q_{out}}{T_b} + \Delta S_{system} = \frac{4838 \text{ kJ}}{285 \text{ K}} - 12.65 \text{ kJ/K} = \mathbf{4.32 \text{ kJ/K}}$$

검토 철 블록과 호수 전체를 고립계인 계로 하고 엔트로피 평형을 적용하여 생성된 엔트로피를 구할 수 있다. 고립계는 열전달이나 엔트로피 전달이 없으므로 이 경우의 엔트로피 생성은 총 엔트로피 변화와 같다.

$$S_{gen} = \Delta S_{total} = \Delta S_{iron} + \Delta S_{lake} = -12.65 + 16.97 = 4.32 \text{ kJ/K}$$

이 결과는 위에서 얻은 것과 같은 결과이다.

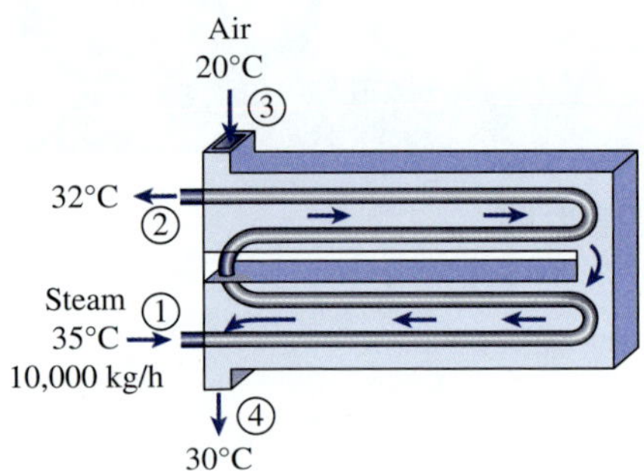

그림 8-64
예제 8-19의 개략도

예제 8-19 열교환기에서 엔트로피 생성

빌딩의 공기가 열교환기에서 수증기로 가열되어 따뜻하게 유지되고 있다(그림 8-64). 35°C인 포화증기가 10,000 kg/s로 열교환기에 유입하여, 32°C인 포화액으로 유출한다. 공기는 1 atm, 20°C로 열교환기에 유입하여 같은 압력의 30°C로 유출한다. 이 과정에서 일어난 엔트로피 생성률을 구하라.

풀이 공기가 열교환기에서 수증기로 가열된다. 이 과정에서 일어난 엔트로피 생성률을 구한다.

가정 **1.** 정상 운전조건이다. **2.** 열교환기는 잘 단열되어 있으므로, 주위로 일어나는 열손실은 무시한다. 따라서 고온 유체로부터 열전달은 저온 유체의 열전달과 같다. **3.** 유체유동의 운동에너지와 위치에너지의 변화는 무시한다. **4.** 공기는 실온의 상수 비열을 갖는 이상기체이다. **5.** 공기의 압력은 일정하다.

해석 열교환기 내의 엔트로피 생성률은 열교환기 전체에 엔트로피 평형의 변화율 식을 적용하여 구한다.

$$\underbrace{\dot{S}_{in} - \dot{S}_{out}}_{\text{열, 질량에 의한 정미 엔트로피 전달률}} + \underbrace{\dot{S}_{gen}}_{\text{엔트로피 생성률}} = \underbrace{dS_{system}/dt}_{\text{엔트로피 변화율}}^{\nearrow 0 \text{ (정상)}}$$

$$\dot{m}_{steam}s_1 + \dot{m}_{air}s_3 - \dot{m}_{steam}s_2 - \dot{m}_{air}s_4 + \dot{S}_{gen} = 0$$

$$\dot{S}_{gen} = \dot{m}_{steam}(s_2 - s_1) + \dot{m}_{air}(s_4 - s_3)$$

실온에서 공기의 비열은 $c_p = 1.005$ kJ/kg·°C이다(Table A-2*a*). 입구와 출구상태에서 증기의 상태는 다음과 같다.

$$\left.\begin{array}{l} T_1 = 35°\text{C} \\ x_1 = 1 \end{array}\right\} \begin{array}{l} h_1 = 2564.6 \text{ kJ/kg} \\ s_1 = 8.3517 \text{ kJ/kg·K} \end{array} \qquad \text{(Table A-4)}$$

$$\left.\begin{array}{l} T_2 = 32°\text{C} \\ x_2 = 0 \end{array}\right\} \begin{array}{l} h_2 = 134.10 \text{ kJ/kg} \\ s_2 = 0.4641 \text{ kJ/kg·K} \end{array} \qquad \text{(Table A-4)}$$

에너지 평형을 고려하면, 증기로부터 전달된 열은 공기에 전달된 열과 같다. 이로부터 공기의 질량유량을 구하면 다음과 같다.

$$\dot{Q} = \dot{m}_{\text{steam}}(h_2 - h_1) = (10{,}000/3600\ \text{kg/s})(2564.6 - 134.10)\text{kJ/kg} = 6751\ \text{kW}$$

$$\dot{m}_{\text{air}} = \frac{\dot{Q}}{c_p(T_4 - T_3)} = \frac{6751\ \text{kW}}{(1.005\ \text{kJ/kg·°C})(30 - 20)\text{°C}} = 671.7\ \text{kg/s}$$

엔트로피 평형 관계식에 대입하면 엔트로피 생성률은

$$\begin{aligned}\dot{S}_{\text{gen}} &= \dot{m}_{\text{steam}}(s_2 - s_1) + \dot{m}_{\text{air}}(s_4 - s_3)\\ &= \dot{m}_{\text{steam}}(s_2 - s_1) + \dot{m}_{\text{air}}c_p \ln\frac{T_4}{T_3}\\ &= (10{,}000/3600\ \text{kg/s})(0.4641 - 8.3517)\text{kJ/kg·K}\\ &\quad + (671.1\ \text{kg/s})(1.005\ \text{kJ/kg·K})\ln\frac{303\ \text{K}}{293\ \text{K}}\\ &= \mathbf{0.745\ kW/K}\end{aligned}$$

검토 공기가 열교환기를 통과할 때에 압력이 거의 일정하게 유지되므로, 공기의 엔트로피 변화의 표현식에 압력항이 포함되지 않은 것에 주의하자.

요약 | SUMMARY

열역학 제2법칙은 **엔트로피**(*entropy*)라는 새로운 상태량의 정의를 필요로 한다. 엔트로피는 계에 대한 미시적 무질서의 정량적인 척도이다. 사이클 적분이 0인 양은 상태량이며, 엔트로피는 다음과 같이 정의된다.

$$dS = \left(\frac{\delta Q}{T}\right)_{\text{int rev}}$$

특히 내부적으로 가역인 등온과정의 경우에 엔트로피 변화는

$$\Delta S = \frac{Q}{T_0}$$

이다. 엔트로피의 정의와 조합된 Clausius 부등식의 부등호로부터 **엔트로피 증가의 원리**로 알려진 부등식을 얻을 수 있으며 다음과 같이 표현된다.

$$S_{\text{gen}} \geq 0$$

여기서 S_{gen}은 과정 중에 **생성된 엔트로피**이다. 엔트로피 변화는 열전달, 질량유동, 비가역성에 의해 일어난다. 계로 전달되는 열전달은 엔트로피를 증가시키며 계로부터 있는 열전달은 엔트로피를 감소시킨다. 비가역성의 효과는 항상 엔트로피를 증가시키는 것이다.

과정에 대한 **엔트로피 변화**와 **등엔트로피 관계식**은 다음과 같이 요약될 수 있다.

1. 순수물질:

임의의 과정: $\Delta s = s_2 - s_1$

등엔트로피 과정: $s_2 = s_1$

2. 비압축성 물질:

임의의 과정: $s_2 - s_1 = c_{\text{avg}} \ln\dfrac{T_2}{T_1}$

등엔트로피 과정: $T_2 = T_1$

3. 이상기체:

a. 상수 비열(근사해석):

임의의 과정:

$$s_2 - s_1 = c_{v,\text{avg}} \ln\frac{T_2}{T_1} + R\ln\frac{v_2}{v_1}$$

$$s_2 - s_1 = c_{p,\text{avg}} \ln\frac{T_2}{T_1} - R\ln\frac{P_2}{P_1}$$

등엔트로피 과정:

$$\left(\frac{T_2}{T_1}\right)_{s=\text{const.}} = \left(\frac{v_1}{v_2}\right)^{k-1}$$

$$\left(\frac{T_2}{T_1}\right)_{s=\text{const.}} = \left(\frac{P_2}{P_1}\right)^{(k-1)/k}$$

$$\left(\frac{P_2}{P_1}\right)_{s=\text{const.}} = \left(\frac{v_1}{v_2}\right)^{k}$$

b. 변수 비열(완전해석):

임의의 과정:

$$s_2 - s_1 = s_2^\circ - s_1^\circ - R \ln \frac{P_2}{P_1}$$

등엔트로피 과정:

$$s_2^\circ = s_1^\circ + R \ln \frac{P_2}{P_1}$$

$$\left(\frac{P_2}{P_1}\right)_{s=\text{const.}} = \frac{P_{r2}}{P_{r1}}$$

$$\left(\frac{v_2}{v_1}\right)_{s=\text{const.}} = \frac{v_{r2}}{v_{r1}}$$

여기서 P_r은 **상대압력**(*relative pressure*)이며 v_r은 **상대비체적**(*relative specific volume*)이다. 함수 s°는 온도에만 의존한다.

가역과정에 대한 **정상유동일**은 다음과 같이 유체 상태량의 항으로 표현될 수 있다.

$$w_{\text{rev}} = -\int_1^2 v\, dP - \Delta \text{ke} - \Delta \text{pe}$$

비압축성 물질(v = 일정)의 경우 위의 식은 아래와 같이 간단히 나타낸다.

$$w_{\text{rev}} = -v(P_2 - P_1) - \Delta \text{ke} - \Delta \text{pe}$$

정상유동 과정 동안에 한 일은 비체적에 비례한다. 그러므로 압축과정에서는 입력일을 최소로 하기 위하여 유체의 비체적을 가능한 한 작게 하고, 팽창과정에서는 출력 일을 최대로 하기 위하여 가능한 한 비체적을 크게 유지하여야 한다.

대부분의 정상유동 장치는 단열 조건에서 작동하며, 이 장치의 이상적인 과정은 등엔트로피 과정이다. 얼마나 효과적으로 실제 장치가 등엔트로피 장치에 근사하는가를 나타내는 매개변수를 **등엔트로피 효율**(*isentropic efficiency*) 또는 **단열효율**(*adiabatic efficiency*)이라 부른다. 터빈, 압축기, 노즐의 등엔트로피 효율은 다음과 같이 표현된다.

$$\eta_T = \frac{\text{실제 터빈일}}{\text{등엔트로피 터빈일}} = \frac{w_a}{w_s} \cong \frac{h_1 - h_{2a}}{h_1 - h_{2s}}$$

$$\eta_C = \frac{\text{등엔트로피 압축일}}{\text{실제 압축일}} = \frac{w_s}{w_a} \cong \frac{h_{2s} - h_1}{h_{2a} - h_1}$$

$$\eta_N = \frac{\text{노즐 출구에서의 실제 운동에너지}}{\text{노즐 출구에서의 등엔트로피 운동에너지}} = \frac{V_{2a}^2}{V_{2s}^2} \cong \frac{h_1 - h_{2a}}{h_1 - h_{2s}}$$

위의 관계식에서 h_{2a}와 h_{2s}는 각각 실제 과정과 등엔트로피 과정에 대한 출구상태의 엔탈피 값이다.

임의의 과정을 수행하는 계에 대한 엔트로피 평형은 일반적인 형으로 다음과 같이 표현된다.

$$\underbrace{S_{\text{in}} - S_{\text{out}}}_{\substack{\text{열과 질량에 의한}\\ \text{정미 엔트로피 전달}}} + \underbrace{S_{\text{gen}}}_{\substack{\text{엔트로피}\\ \text{생성}}} = \underbrace{\Delta S_{\text{system}}}_{\substack{\text{엔트로피}\\ \text{변화}}}$$

또는 **변화율 형태**로 쓰면

$$\underbrace{\dot{S}_{\text{in}} - \dot{S}_{\text{out}}}_{\substack{\text{열과 질량에 의한}\\ \text{정미 엔트로피 전달률}}} + \underbrace{\dot{S}_{\text{gen}}}_{\substack{\text{엔트로피}\\ \text{생성률}}} = \underbrace{dS_{\text{system}}/dt}_{\substack{\text{엔트로피}\\ \text{변화율}}}$$

이다. 일반적인 **정상유동 과정**의 경우에 엔트로피 평형은 간단하게 표현되며, 다음과 같다.

$$\dot{S}_{\text{gen}} = \sum \dot{m}_e s_e - \sum \dot{m}_i s_i - \sum \frac{\dot{Q}_k}{T_k}$$

참고문헌 | REFERENCES AND SUGGESTED READINGS

1. A. Bejan. *Advanced Engineering Thermodynamics*. 3rd ed. New York:Wiley Interscience, 2006.
2. A. Bejan. *Entropy Generation through Heat and Fluid Flow*. New York:Wiley Interscience, 1982.
3. Y. A. Çengel and H. Kimmel. "Optimization of Expansion in Natural Gas Liquefaction Processes." *LNG Journal*, U.K., May-June, 1998.
4. J. Rifkin. *Entropy*. New York: The Viking Press, 1980.
5. M. Kostic. "Revisiting the Second Law of Energy Degradation and Entropy Generation: From Sadi Carnot's Ingenious Reasoning to Holistic Generalization." *AIP Conf. Proc*. 1411, pp. 327–350, 2011; doi: 10.1063/1.3665247.

연습문제* PROBLEMS

엔트로피와 엔트로피 증가의 원리

8-1C $\oint \delta Q > 0$인 사이클은 Clausius 부등식을 위배하는가? 왜 그런가?

8-2C 열에너지의 사이클 적분 값은 0이어야 하는가(즉 시스템이 한 사이클을 완료하려면 받아들인 만큼의 열에너지를 반드시 내보내야 하는가)? 설명하라.

8-3C 등온과정은 반드시 내부적 가역과정인가? 예를 들어 설명하라.

8-4C 상태 1과 상태 2 사이의 모든 가역과정에 대해서 적분 $\int_1^2 \delta Q/T$의 값은 같은가? 설명하라.

8-5C 같은 양 끝 상태 사이의 가역과정과 비가역과정에 대한 적분 $\int_1^2 \delta Q/T$의 값은 어떻게 비교되는가?

8-6C 엔트로피를 창조하는 것은 가능한가? 엔트로피를 소멸시키는 것은 가능한가?

8-7C 뜨거운 구운 감자의 엔트로피는 식어감에 따라 감소한다. 이것은 엔트로피 증가의 원리를 위반하는 것인가? 설명하라.

8-8C 계가 단열되어 있을 때에, 계 내의 물질의 엔트로피 변화에 대하여 서술하라.

8-9C 비가역과정 동안에 밀폐계의 엔트로피 변화가 0이 되는 것이 가능한가? 설명하라.

8-10C 피스톤 실린더 장치에 헬륨가스가 들어 있다. 가역 등온과정 동안 헬륨의 엔트로피는 (결코 증가하지 않을 것이다. 항상 증가할 것이다. 때때로 증가할 것이다.)

8-11C 피스톤 실린더 장치에 질소가스가 들어 있다. 가역 단열과정 동안 질소의 엔트로피는 (결코 증가하지 않을 것이다. 항상 증가할 것이다. 때때로 증가할 것이다.)

8-12C 피스톤 실린더 장치에 과열 증기가 들어 있다. 실제 단열과정 동안 증기의 엔트로피는 (결코 증가하지 않을 것이다. 항상 증가할 것이다. 때때로 증가할 것이다.)

8-13C 수증기가 실제 단열 터빈을 흐를 때 수증기의 엔트로피는 (증가할 것이다. 감소할 것이다. 같게 유지된다.)

*"C"로 표기한 문제는 개념 문제이며, 모든 문제를 풀어 볼 것을 권장한다. "E"로 표기한 문제는 영국 단위계 문제이며, SI 단위계 사용자는 이 문제를 무시해도 된다. 아이콘(아이콘)으로 표기된 문제는 포괄적인 개념 문제이며, 적절한 소프트웨어를 사용하여 풀 수 있는 문제이다.

8-14C 열전달 과정 동안에 계의 엔트로피는 (항상 증가한다. 때때로 증가한다. 결코 증가하지 않는다.)

8-15C 수증기가 실제의 단열 노즐을 통해 흐를 때 가속된다. 노즐 출구에서 수증기의 엔트로피는 노즐 입구에서보다 (클 것이다. 같을 것이다. 작을 것이다.)

8-16 800 K인 고온 열저장조에서 300 K인 저온 열저장조로 2 kW의 열이 전달된다. 두 열저장조의 엔트로피 변화율을 계산하고, 열역학 제2법칙을 만족하는지 판단하라. *답: 0.00417 kW/K*

8-17E 완전 가역적인 에어컨이 70°F로 유지되는 공간을 36,000 Btu/h로 냉각하고 110°F의 외부 공기에 열을 방출한다. 두 열 저장조의 엔트로피 변화율을 계산하고, 이 에어컨이 엔트로피 증가의 원리를 만족함을 보여라.

8-18 1200 K인 고온의 열저장조로부터 600 K인 저온의 열저장조에 100 kJ의 열이 직접 전달된다. 두 열저장조의 엔트로피 변화를 구하고 엔트로피 증가의 원리가 만족되는지를 결정하라.

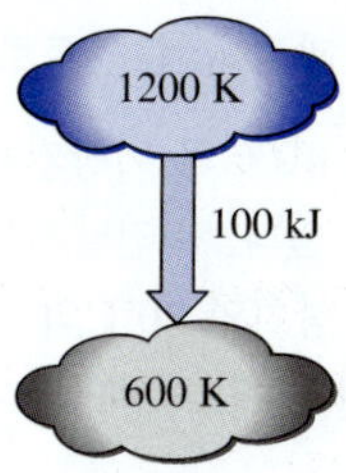

그림 P8-18

8-19 앞의 문제에서, 열역학 제2법칙에 대한 Clausius 서술을 위반하여 저온의 열저장조로부터 고온의 열저장조로 열이 전달된다고 가정하라. 이 경우 Clausius 서술에 따라서 엔트로피 증가의 원리를 위반함을 증명하라.

8-20 카르노사이클의 등온 가열과정 동안에 900 kJ의 열이 400°C의 열원으로부터 작동유체로 공급된다. (*a*) 작동유체의 엔트로피 변화, (*b*) 열원의 엔트로피 변화, (*c*) 과정의 총 엔트로피 변화를 구하라.

8-21 문제 8-20을 다시 고려해 보자. 적절한 소프트웨어를 사용하여 작동유체에 주어지는 열량과 열원의 온도 변화가 작동유체의 엔트로피 변화와 과정의 총 엔트로피 변화에 미치는 영향을 구하라. 열원의 온도는 100°C에서 1000°C까지 변화하도록 하라. 열전달량이 500 kJ, 900 kJ, 1300 kJ일 때 열원과 작동유체의 엔트로피 변화를 열원의 온도에 대한 그래프로 그리고, 그 결과를 검토하라.

8-22E 카르노 사이클의 등온 가열과정 동안에, 작동유체의 엔트로피 변화는 −0.7 Btu/R이다. 열침의 온도가 95°F일 경우에 (*a*) 열전달량, (*b*) 열침의 엔트로피 변화, (*c*) 과정 동안의 총 엔트로피 변화를 구하라. 답: (*a*) 389 Btu, (*b*) 0.7 Btu/R, (*c*) 0

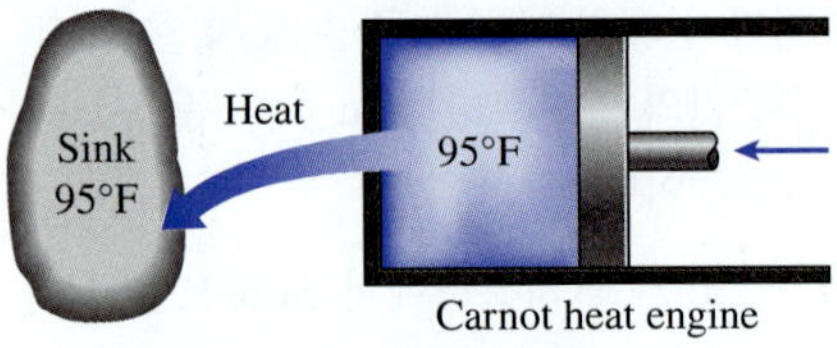

그림 P8-22E

8-23 공기가 40 kW의 압축기에 의해 P_1으로부터 P_2까지 압축된다. 이 과정 동안 공기는 20°C인 주위와 열전달이 있어, 공기의 온도가 25°C로 일정하게 유지된다. 공기의 엔트로피 변화율을 구하라. 이 문제를 풀기 위한 가정을 서술하라. 답: −0.134 kW/K

8-24 냉매 R-134a가 냉동 시스템의 증발기 코일에 압력 140 kPa인 포화액−증기 혼합물로 유입한다. 냉매는 −10°C로 유지되는 저온 공간으로부터 180 kJ의 열을 흡수하고 같은 압력의 포화증기로 증발기를 나온다. (*a*) 냉매의 엔트로피 변화, (*b*) 저온 공간의 엔트로피 변화, (*c*) 이 과정의 총 엔트로피 변화를 구하라.

8-25 견고한 탱크 안에 40°C의 이상기체가 들어 있다. 이 공기는 회전날개로 저어지고 있다. 회전날개는 이상기체에 200 kJ의 일을 한다. 과정 동안 이 장치와 30°C의 주위와 열전달로 인해 탱크 내 이상기체는 일정한 온도로 유지된다. 이상기체의 엔트로피 변화를 구하라.

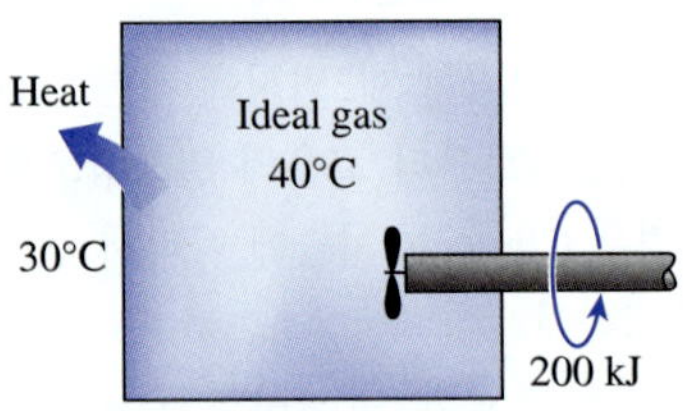

그림 P8-25

8-26 상태량이 일정한 공급원으로부터 나오는 유체로 견고한 용기를 채운다. 만약 용기 내용물의 비엔트로피가 일정하게 유지되도록 용기를 채우면 주위의 엔트로피는 어떻게 변하는가?

8-27 유체로 채워진 견고한 용기를 열어 약간의 유체가 유출되도록 한다. 이 과정 동안 남아 있는 유체의 비엔트로피는 일정하게 유지된다. 이 과정 동안 주위의 엔트로피는 어떻게 변하는가?

순수물질의 엔트로피 변화

8-28C 내부적 가역이며 단열인 과정은 반드시 등엔트로피 과정인가? 설명하라.

8-29E 밀폐계 내의 R-134a 1 lbm이 100 psia, 100°F로부터 10 psia로 등엔트로피 팽창된다. 이 과정에서의 총 열전달량과 일 생산량을 구하여라.

8-30E 2.5 ft³의 부피를 가지는 피스톤−실린더 기구를 2 lbm의 물이 300 psia의 압력으로 채우고 있다. 물이 500°F까지 등압으로 가열될 때, 물의 총 엔트로피 변화량을 구하라. 답: 0.474 Btu/R

8-31 잘 단열된 견고한 용기에 물 3 kg이 200 kPa의 포화액−증기 혼합물 상태로 들어 있다. 초기에 질량의 3/4이 액체상태였다. 용기에 설치된 전열기로 용기 안의 모든 액체가 증기로 될 때까지 가열하였다. 이 과정 동안에 일어난 증기의 엔트로피 변화를 구하라. 답: 11.1 kJ/K

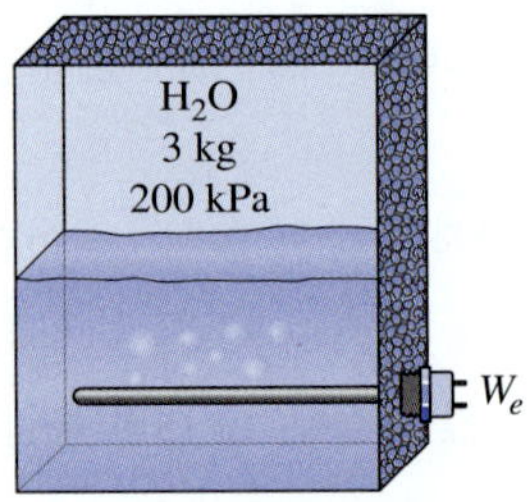

그림 P8-31

8-32 엔트로피의 정의인 $dS = (\delta Q/T)_{\text{int rev}}$ 관계식을 이용하여 R-134a이 200 kPa의 일정한 압력으로 포화액에서 포화증기로 가열될 때 비엔트로피를 구하라. 결과를 검증하기 위해 R-134a 표를 사용하라.

8-33 어떤 스팀 난방 장치의 라디에이터가 체적이 20 L이며 200 kPa, 150°C인 과열 상태의 수증기로 채워져 있다. 이제 라디에이터의 입구와 출구 밸브를 모두 잠근다. 실내 공기로 열전달이 일어나 한참 후에 증기의 온도가 40°C로 떨어진다. 이 과정 동안 증기의 엔트로피 변화를 구하라. 답: −0.132 kJ/K

8-34 견고한 용기가 격판에 의해 두 부분으로 똑같이 나뉘어져 있다. 용기의 한 쪽에는 60°C, 400 kPa의 압축액체 2.5 kg이 들어 있고, 다른 쪽은 진공 상태이다. 격판이 제거된 뒤 물이 팽창하여 전체 용기를 채웠다. 용기의 최종압력이 40 kPa일 때, 과정 동안에 일어난 물의 엔트로피 변화를 구하라. 답: 0.492 kJ/K

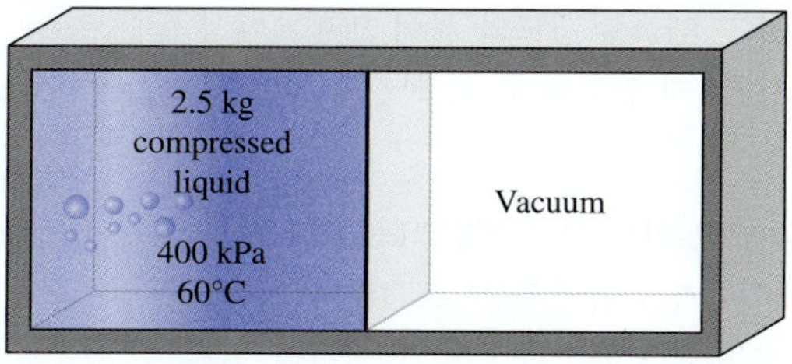

그림 P8-34

8-35 단열된 피스톤–실린더 기구에 0.8 MPa의 R-134a 포화증기 0.05 m^3가 있다. 냉매는 압력이 0.4 MPa로 떨어질 때까지 가역적으로 팽창된다. (*a*) 실린더 내 최종온도와 (*b*) 냉매에 의한 일을 구하라.

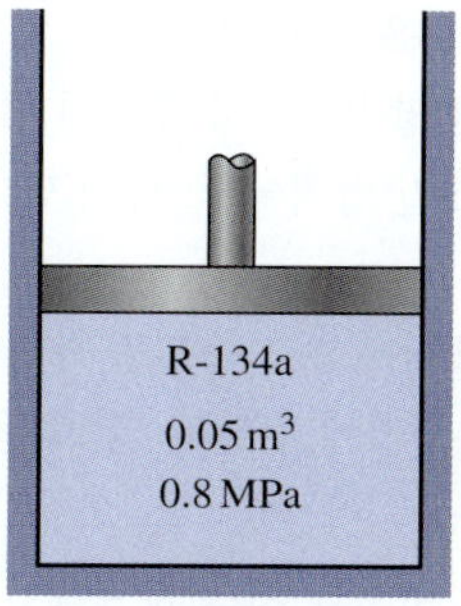

그림 P8-35

8-36 문제 8-35에서 적절한 소프트웨어를 이용하여, 최종 압력이 0.8에서 0.4 MPa로 변할 때 최종 압력의 함수로 냉매가 수행한 일을 계산하고 도시하라. 동일한 압력 범위에서 온도가 일정한 경우에 수행한 일과 이 과정 동안의 일을 비교하라. 결과에 대해 논의하라.

8-37 압력 150 kPa인 포화액 상태의 물 5 L가 단열된 피스톤–실린더 기구에 들어 있다. 실린더 안에 설치된 전열기를 켜서 1700 kJ의 에너지를 전달하였다. 이 과정 동안 물의 엔트로피 변화를 구하라. *답: 4.42 kJ/K*

8-38 초기에 600 kPa, 25°C인 1 kg의 R-134a가 압력이 100 kPa로 될 때까지 엔트로피가 일정하게 유지되는 과정을 밟았다. R-134a의 최종온도를 구하라. 또 최종의 비내부에너지를 구하라.

8-39 정상유동 터빈의 입구에서 600 kPa, 60°C인 R-134a가 등엔트로피 과정으로 100 kPa인 출구압력까지 팽창하였다. 입구와 출구의 면적은 각각 0.5 m^2와 1 m^2이다. 질량유량이 0.75 kg/s일 때에 입구와 출구의 속도를 구하라. *답: 0.0646 m/s, 0.171 m/s*

8-40 320 kPa, 40°C 인 R-134a가 밀폐계 내에서 등온과정을 밟아, 건도 45%가 되었다. 1 kg당 요구되는 일과 열전달을 구하라. *답: 40.6 kJ/kg, 130 kJ/kg*

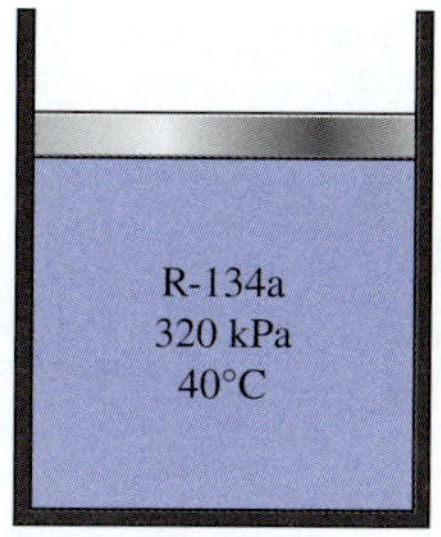

그림 P8-40

8-41 견고한 용기에 100°C의 포화수증기 5 kg이 들어 있다. 수증기가 25°C의 주위 온도로 냉각된다.

(*a*) 이 과정을 T-υ 선도상에 포화선과의 관계를 고려하며 그려라.

(*b*) 수증기의 엔트로피 변화(kJ/K)를 구하라.

(*c*) 이 과정 동안에 수증기와 주위의 총 엔트로피 변화(kJ/K)를 구하라.

8-42 0.5 m^3의 견고한 용기에 200 kPa과 건도 40%의 R-134a 냉매가 들어 있다. 압력이 400 kPa에 도달할 때까지 35°C의 열원으로부터 냉매로 열이 전달된다. (*a*) 냉매의 엔트로피 변화, (*b*) 열원의 엔트로피 변화, (*c*) 이 과정의 총 엔트로피 변화를 구하라.

8-43 문제 8-42를 다시 고려해 보자. 적절한 소프트웨어를 사용하여 열원의 온도와 최종 압력이 이 과정의 총 엔트로피 변화에 미치는 영향을 조사하라. 열원의 온도는 30에서 210°C 까지 변화시키고, 최종 압력은 250에서 500 kPa까지 변화시켜라. 최종 압력이 250 kPa, 400 kPa, 500 kPa인 각각의 경우에 이 과정 동안의 총 엔트로피 변화를 열원의 온도에 대한 그래프로 그리고, 그 결과에 대해 논의하라.

8-44 수증기가 정상유동 단열 노즐에 6 MPa인 포화증기로 저속으로 유입하여, 1.2 MPa까지 팽창한다.

(*a*) 출구속도가 가능한 최대 속도인 조건에서, 이 과정을 T-s 선도에 포화선을 기준으로 그려라.

(*b*) 수증기의 최대 출구 속도(m/s)를 구하라.

답: 764 m/s

8-45 150 kPa, 120°C의 수증기가 단열된 디퓨저에 550 m/s로 들어온다. 출구 압력이 300 kPa일 때 수증기가 출구에서 가질 수 있는 최저 속도를 구하라.

8-46E 250 psia, 175°F의 R-134a 증기가 터빈으로 유입된다. 터빈에서 R-134a의 비엔트로피는 일정하게 유지되는 가운데 온도가 20°F로 떨어진다고 할 때, R-134a의 엔탈피가 터빈을 통과하면서 얼마나 변화하는지 구하라.

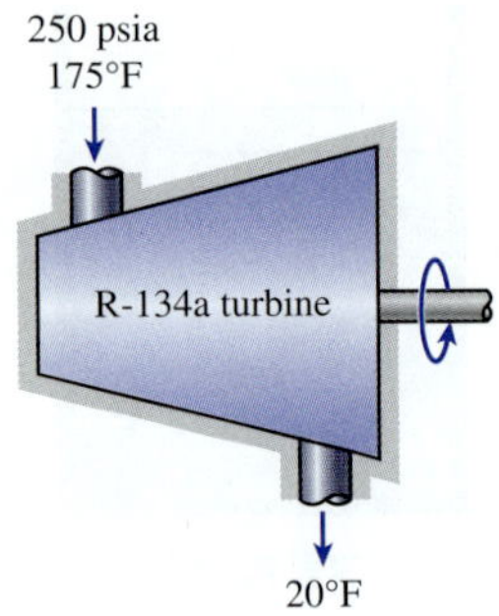

그림 P8-46E

8-47 압축기에 수증기가 35 kPa, 160°C로 들어왔다가 입구와 동일한 엔트로피를 가지며 300 kPa로 나간다. 압축기 출구에서 물의 온도와 비엔탈피는 얼마인가?

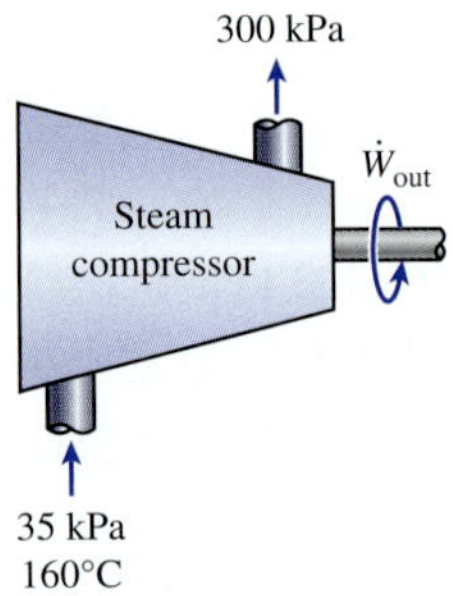

그림 P8-47

8-48 R-134a가 160 kPa의 포화증기 상태에서 2 m^3/min로 단열 압축기에 들어가서 900 kPa까지 압축된다. 압축기에 공급해야 할 최소 동력을 구하라.

8-49E 냉동기의 압축기가 R-134a 포화 증기를 0°F에서 200 psia까지 압축한다. 압축 과정이 등엔트로피 과정일 때 압축기에 필요한 일을 Btu/lbm으로 계산하라.

8-50 등엔트로피 증기 터빈에서 3 MPa인 수증기가 2 kg/s의 유량으로 과정을 수행하며, 출구의 압력과 온도는 50 kPa, 100°C이다. 유량의 5%가 500 kPa에서 가열급수를 위해 추출된다. 터빈에서 생산된 일(kW)을 구하라. *답: 2285 kW*

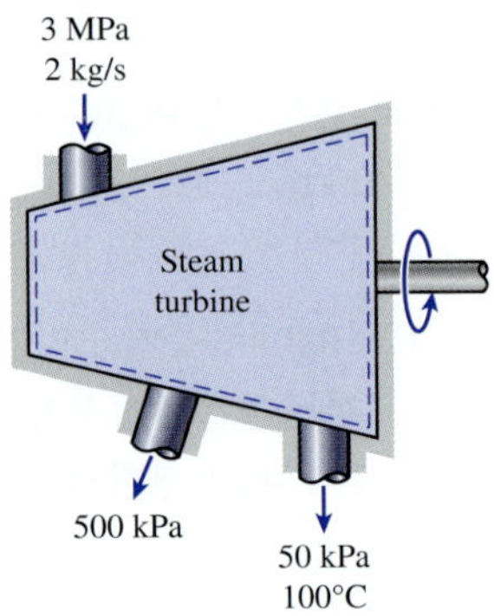

그림 P8-50

8-51 10°C, 81.4% 건도의 물이 밀폐계에서 등엔트로피 과정을 통해 3 MPa까지 압축된다. 이 과정 동안 요구되는 일(kJ/kg)을 구하라.

8-52 600 kPa인 포화수증기 2 kg이 피스톤–실린더 기구에 들어있다. 이 수증기가 단열과정으로 100 kPa까지 팽창하면서 700 kJ의 출력 일을 했다고 한다.

(*a*) 물의 엔트로피 변화(kJ/kg·K)를 구하라.

(*b*) 이 과정은 현실적인가? 이 과정의 *T-s* 선도를 그리고 제2법칙의 개념을 사용하여 답을 뒷받침하라.

8-53 피스톤–실린더 기구에 건도 50%, 온도 100°C인 포화 수증기 5 kg이 들어 있다. 수증기가 다음과 같이 두 과정을 수행한다.

1-2 온도를 일정하게 유지하면서, 수증기가 포화증기로 존재할 때까지 가역적인 방법으로 수증기에 열을 전달한다.

2-3 수증기가 15 kPa인 압력이 될 때까지 가역 단열과정으로 팽창한다.

(*a*) *T-s* 선도 위에 포화선을 기준으로 하여 과정을 그려라.

(*b*) 과정 1-2에서 수증기에 전달된 열(kJ)을 구하라.

(*c*) 과정 2-3에서 수증기에 의한 일(kJ)을 구하라.

8-54 20 L인 증기 조리기에 압력 배출밸브가 장착되어 있다. 이 밸브는 조리기 내의 압력이 150 kPa에 한 번 도달하면 증기를 배출하여 압력을 유지시킨다. 초기에 조리기에는 건도가 10%이고 압력이 175 kPa인 물로 채워진다. 이제 건도가 40%가 될 때까지 열을 가한다. 이 열을 공급하는 열저장조의 최소 엔트로피 변화를 구하라.

8-55 앞의 문제에서, 가열되는 동안 물을 휘젓는다. 가열되는 동안 물에 한 일이 100 kJ인 경우, 열저장조의 최소 엔트로피 변화를 구하라.

8-56E 0.55 ft^3의 잘 단열된 캔에 90 psia, 30°F의 R-134a가 담겨있다. 캔에 균열이 생겨 냉매가 천천히 누출된다고 할 때, 냉매가 가역, 단열 과정을 거친다고 가정하여 캔 내부 압력이 20 psia가 되었을 때의 캔 안의 냉매 질량을 구하라.

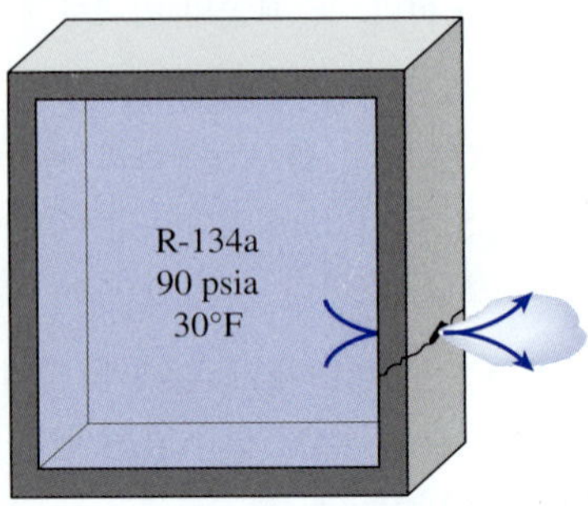

그림 P8-56E

8-57 그림 8-57에 보인 것과 같은 가역과정인 1-2-3 과정의 열전달(kJ/kg)을 구하라.

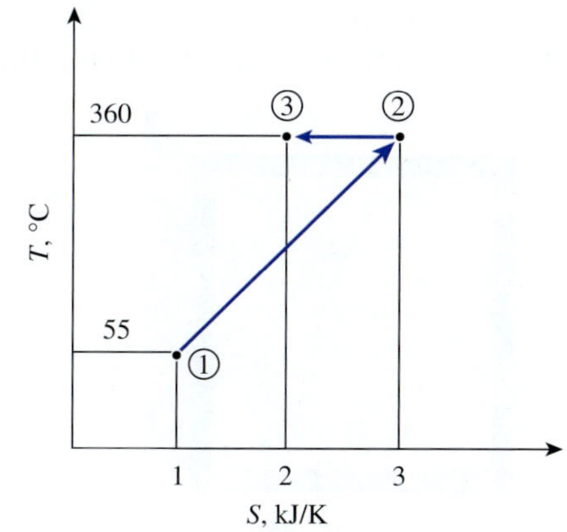

그림 P8-57

8-58 그림 8-58에 보인 것과 같은 가역과정인 1-2 과정의 열전달을 구하라.

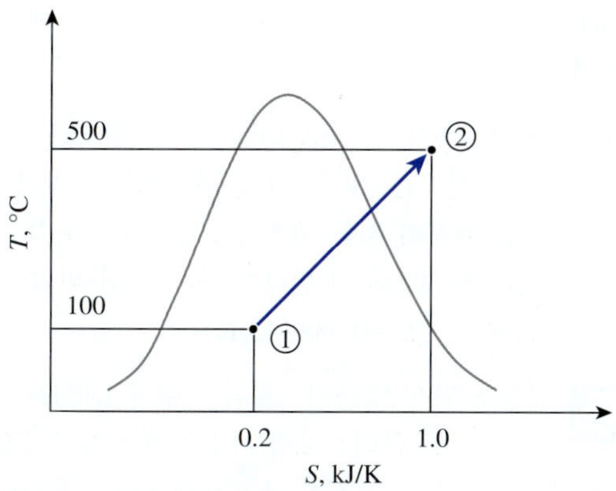

그림 P8-58

비압축성 물질의 엔트로피 변화

8-59 하나는 뜨겁고 다른 하나는 차가운 두 고체 블록을 단열된 용기 안에 접촉시켜 두었다. 잠시 후, 열전달이 일어나 용기 내에서 열평형이 이루어졌다. 열역학 제1법칙에 의하면 블록이 잃은 열량은 차가운 블록이 얻은 열량과 같아야 한다. 그렇다면 제2법칙은 뜨거운 블록의 엔트로피 감소는 차가운 블록의 엔트로피 증가와 같아야 한다는 것을 요구하는가?

8-60 단열 펌프가 10 kPa인 포화액 상태의 물을 압력 15 MPa까지 가역 압축하는 데 사용된다. 펌프의 입력일을 다음을 이용하여 구하라. (*a*) 압축액 표에 나타난 엔트로피 값, (*b*) 입구에서 비체적과 압력, (*c*) 평균 비체적과 압력, 또한 (*b*)와 (*c*)에 내재된 오차를 구하라.

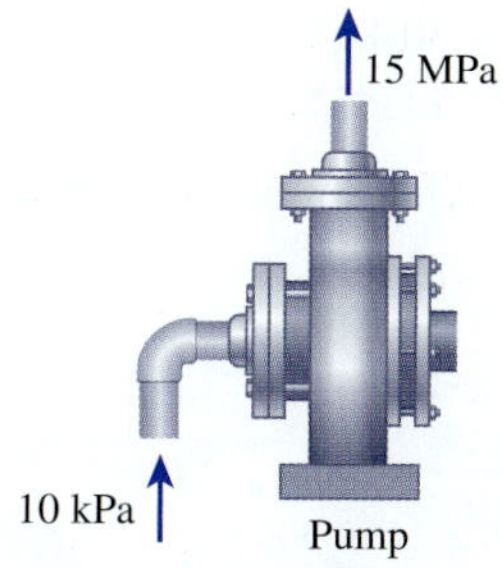

그림 P8-60

8-61 비열이 0.3 kJ/kg K이며 질량 10 g인 컴퓨터 칩의 초기온도가 20°C이다. 이 칩을 온도가 −40°C인 5 g의 R-134a 포화액에 넣어 냉각한다. 칩이 냉각되는 동안에 압력이 일정하게 유지된다고 가정할 때에, 다음의 엔트로피 변화를 구하라. (*a*) 컴퓨터 칩, (*b*) R-134a, (*c*) 전체 시스템. 이 과정은 가능한 과정인가? 이유를 말하라.

8-62 280°C인 25 kg의 철 블록이 18°C인 물 100 kg이 들어 있는 단열된 용기 속에서 급냉되었다. 과정 동안에 증발한 물은 용기에서 다시 응축한다고 할 때, 이 과정 동안의 총 엔트로피 변화를 구하라.

8-63 초기에 140°C인 30 kg의 알루미늄 블록이 단열된 용기에서 60°C인 40 kg의 철 블록과 접촉되었다. 최종 평형 온도와 이 과정에 대한 총 엔트로피 변화를 구하라. *답:* 109°C, 0.251 kJ/K

8-64 문제 8-63에서 최종 평형 온도와 이 과정에 대한 총 엔트로피 변화에 철 블록의 질량이 미치는 영향을 적절한 소프트웨어를 이용하여 계산하라. 철 블록의 질량을 10~100 kg의 범위로 하고, 철의 질량에 따른 최종 평형 온도와 이 과정에 대한 총 엔트로피 변화를 그래프로 나타내고 결과에 대해 논평하라.

8-65 140°C인 50 kg의 구리 덩어리가 10°C의 물 90 L가 들어 있는 단열된 용기 속으로 떨어졌다. 최종 평형 온도와 이 과정 동안의 총 엔트로피 변화를 구하라.

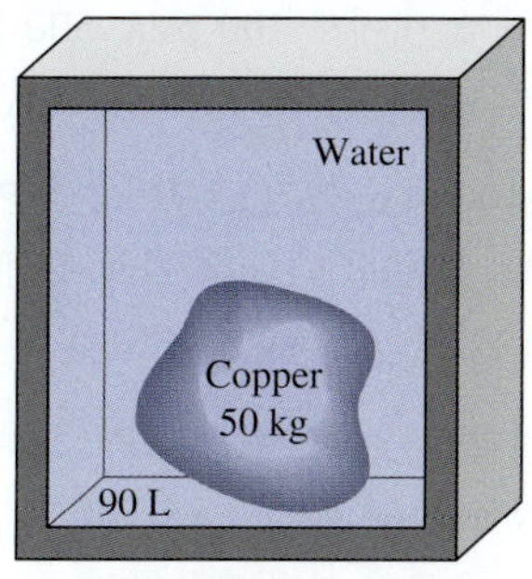

그림 P8-65

8-66 초기에 80°C인 30 kg의 철 덩어리와 같은 온도의 구리 덩어리 40 kg를 15°C의 아주 큰 호수에 투하했다. 두 블록과 호수 사이에 열전달이 일어난 후 열평형이 되었다. 이 과정에 대한 총 엔트로피 변화를 구하라.

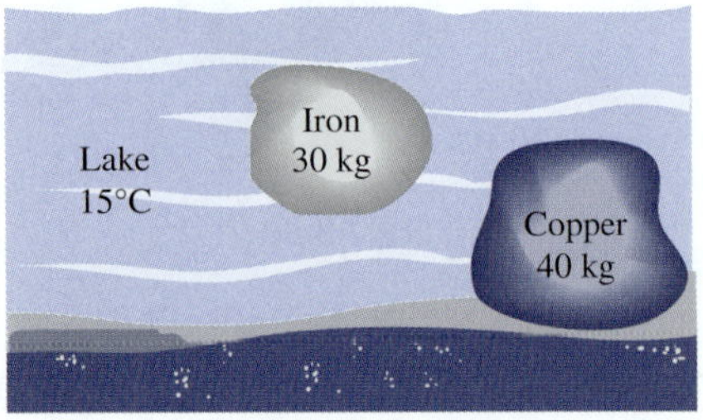

그림 P8-66

이상기체의 엔트로피 변화

8-67C P_r과 v_r은 무엇이라 부르는가? 이들은 등엔트로피 과정에서만 사용해야 하는가? 설명하라.

8-68C 내부에너지와 엔탈피같이 이상기체의 어떤 상태량은 온도만의 함수이다[즉, $u = u(T)$, $h = h(T)$]. 엔트로피의 경우에도 마찬가지인가?

8-69C 등온과정 중에 이상기체의 엔트로피는 변할 수 있는가?

8-70C 이상기체가 정해진 두 온도 사이에서, 한 번은 정압과정을 밟고 다음은 정적과정을 밟는다. 어떤 경우에 이상기체가 더 큰 엔트로피 변화를 갖게 되는가? 설명하라.

8-71 150 kPa, 39°C인 산소와 150 kPa, 337°C인 산소의 단위질량당 엔트로피의 차이는 얼마인가?

8-72E 공기가 200 psia, 500°F에서 100 psia, 50°F로 팽창된다. 비열이 일정하다고 가정하여 공기의 비엔트로피 변화를 구하라. *답:* −0.106 Btu/lbm·R

8-73 피스톤–실린더 기구에서 공기가 1000 kPa, 477°C로부터 100 kPa로 등엔트로피 과정으로 팽창할 때 최종 온도를 구하라.

8-74E 공기가 밀폐계 내에서 100 psia, 500°F로부터 20 psia로 등엔트로피 팽창된다고 할 때, 공기의 최종 온도를 구하라.

8-75 밀폐계에서 100 kPa, 25°C로부터 1 MPa로 등엔트로피 과정을 통해 압축될 때 헬륨과 질소 두 기체 중에 어느 기체의 최종 온도가 더 높겠는가?

8-76 피스톤–실린더 기구에서 1000 kPa, 500°C로부터 100 kPa로 등엔트로피 과정을 통해 팽창할 때 네온과 공기의 두 기체 중에 어느 기체의 최종 온도가 더 낮겠는가?

8-77 1.5 m^3의 견고한 단열 탱크에 2.7 kg의 이산화탄소가 100 kPa로 들어 있다. 이제 탱크 속의 압력이 150 kPa로 상승할 때까지 회전 날개 일을 추가한다. 이 과정 중 이산화탄소의 엔트로피 변화를 구하라. 상수 비열을 가정한다. *답:* 0.719 kJ/K

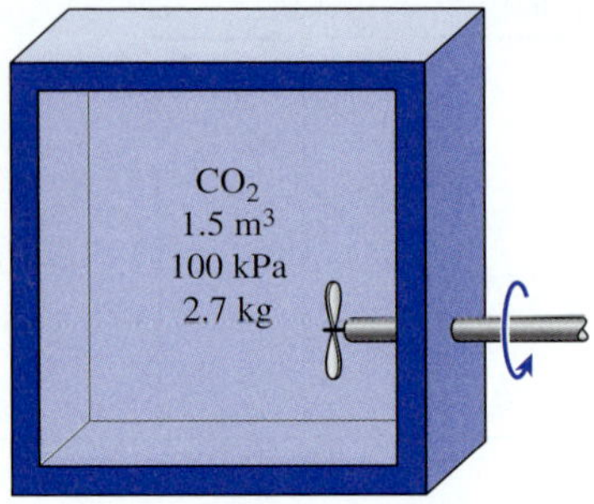

그림 P8-77

8-78 단열된 피스톤–실린더 기구에 120 kPa, 17°C인 300 L의 공기가 들어 있다. 실린더 안에 장치된 200 W의 전열기로 공기를 15분 동안 가열하였다. 공기의 압력은 이 과정 중에 일정하게 유지된다. (*a*) 상수 비열인 경우와 (*b*) 변수 비열인 경우에 공기의 엔트로피 변화를 각각 구하라.

8-79 피스톤–실린더 기구에 140 kPa, 37°C인 0.75 kg의 질소 기체가 들어 있다. 이 질소는 $PV^{1.3} = C$인 폴리트로픽 과정으로 천천히 압축되어, 최종 체적이 처음 체적의 1/2로 감소하였다. 이 과정 동안에 일어난 질소의 엔트로피 변화를 구하라. 단 비열은 실온 상수 비열을 사용한다. *답:* −0.0385 kJ/K

8-80 문제 8-79에서 폴리트로픽 지수가 1과 1.4 사이의 값을 가질 때 폴리트로픽 지수의 변화가 질소의 엔트로피 변화에 미치는 영향을 적절한 소프트웨어를 이용하여 계산하라. P-v 선도에 각 과정을 나타내라.

8-81E 질량 25 lbm인 헬륨이 50 ft^3/lbm, 60°F로부터 20 ft^3/lbm, 240°F까지 어떤 과정을 밟았다. 이 과정이 (*a*) 가역과정인 경우와, (*b*) 비가역과정인 경우에 과정 동안에 일어난 헬륨의 엔트로피 변화를 구하라.

8-82 200 kPa, 127°C인 공기 1 kg이 피스톤–실린더 기구에 들어 있다. 이제 공기를 압력이 100 kPa이 될 때까지 가역 등온과정으로 팽창한다. 이 팽창과정 동안에 공기에 전달된 열량을 구하라.

8-83 단열된 견고한 용기가 똑같은 두 개의 부분으로 격막에 의하여 나누어져 있다. 초기에 한쪽은 330 kPa, 50°C인 12 kmol의 이상기체가 들어 있으며, 다른 쪽은 진공상태로 되어 있다. 격막이 제거되어 기체가 전체 용기를 채웠을 때에, 과정 동안의 엔트로피 변화를 구하라. *답:* 69.2 kJ/K

8-84 100 kPa, 27°C인 공기가 피스톤–실린더 기구에 들어 있다. 공기는 600 kPa까지 단열과정으로 압축된다. 최소 1,000 kJ이 압축 과정에 투입된다고 할 때 피스톤–실린더 기구 내의 공기 질량을 구하라. 공기의 비열은 300 K의 상수 비열로 가정한다.

8-85 단열된 가스터빈 안에서 3.5 MPa, 500°C의 공기가 0.2 MPa로 팽창한다. 이 터빈이 생산할 수 있는 최대 일(kJ/kg)을 구하라.

8-86 피스톤–실린더 기구 안에서 공기가 90 kPa, 20°C로부터 600 kPa까지 가역 등온과정으로 압축된다. (*a*) 공기의 엔트로피 변화, (*b*) 수행된 일을 구하라.

8-87 헬륨 기체가 90 kPa, 30°C로부터 450 kPa까지 가역 단열과정으로 압축된다. 최종 온도와 수행된 일을 (*a*) 피스톤–실린더 기구에서의 압축, (*b*) 정상유동 압축기에서의 압축이라는 가정하에서 각각 구하라. 단 비열은 실온 상수 비열을 사용한다.

8-88 120 kPa, 30°C의 질소가 단열 압축기에서 600 kPa로 압축된다. 이 과정에서 필요한 최소 일(kJ/kg)을 구하라. *답*: 184 kJ/kg

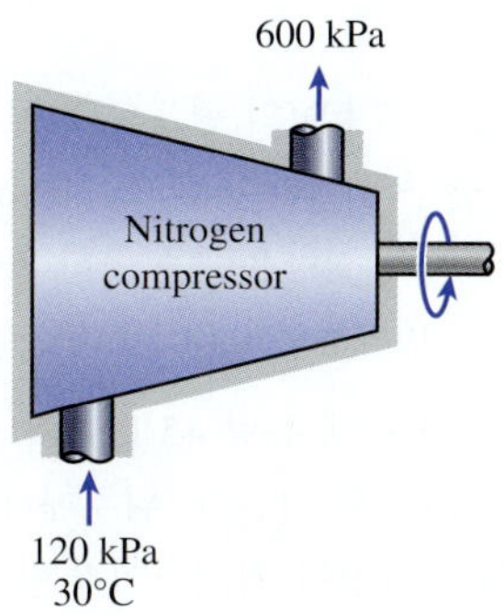

그림 P8-88

8-89 600 kPa, 427°C인 공기 5 kg이 피스톤–실린더 기구에 들어 있다. 공기가 압력이 100 kPa일 때 단열과정으로 팽창하여 600 kJ의 출력 일을 한다. 공기의 비열은 300 K의 상수 비열로 가정한다.

(*a*) 공기의 엔트로피 변화(kJ/kg·K)

(*b*) 단열과정이므로 이 과정은 현실적인가? 제2법칙의 개념을 이용하여 타당성을 말하라.

8-90 95°C인 물 45 kg이 채워져 있는 용기가 초기에 12°C, 90 m^{3}인 방에 놓여 있다. 물과 방 안의 공기 사이에 일어난 열전달로 인하여 한참 후에 열적 평형상태가 되었다. 방이 잘 밀폐되고 단열되어 있다고 가정할 때, 상수 비열을 사용하여 (*a*) 최종 평형온도, (*b*) 물과 방 안의 공기 사이에 일어난 열전달량, (*c*) 엔트로피 생성을 구하라.

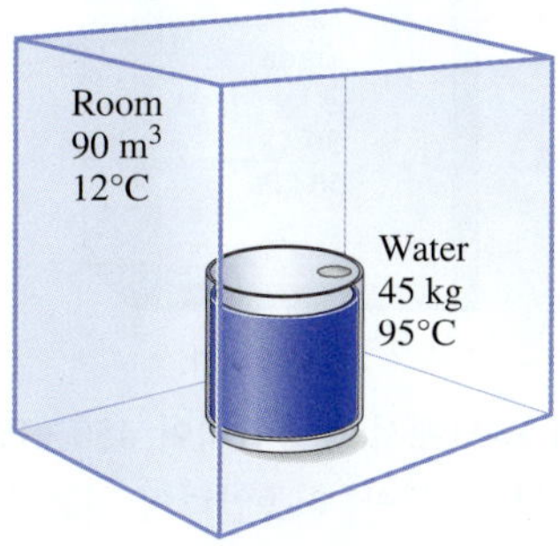

그림 P8-90

8-91 평균속도 3 m/s으로 유동하는 300 kPa, 90°C의 산소가 단열 노즐에서 팽창된다. 출구 압력이 120 kPa일 때 이 노즐의 출구에서 산소의 최대 속도는 얼마인가? *답*: 390 m/s

8-92 800 kPa, 400°C의 공기가 저속으로 정상유동 노즐로 들어가서 100 kPa로 나간다. 만약 공기가 노즐에서 단열 팽창 과정을 거친다면 노즐 출구에서 공기의 최대 속도(m/s)는 얼마인가?

8-93E 그림 P8-93E에 보이는 잘 단열된 용기가 초기에 진공상태이다. 공급관에는 150 psia, 140°F로 유지되는 공기가 들어 있다. 밸브를 열어 용기 내의 압력이 공급관의 압력과 같도록 하였다. 밸브를 닫았을 때 용기 안의 최소 온도를 구하라.

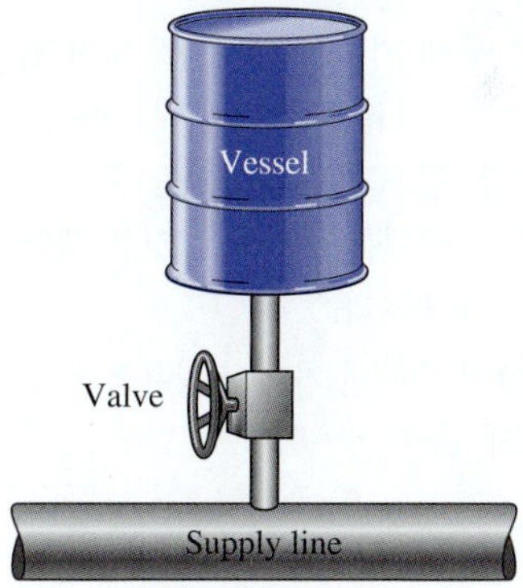

그림 P8-93E

8-94 단열된 견고한 용기에 450 kPa, 30°C인 4 kg의 아르곤 기체가 들어 있다. 밸브를 열어 내부의 압력이 200 kPa이 될 때까지 아르곤을 배출하였다. 용기 안에 남아 있는 아르곤이 가역 단열과정을 밟을 때, 용기에 남아 있는 아르곤의 질량을 구하라. *답*: 2.46 kg

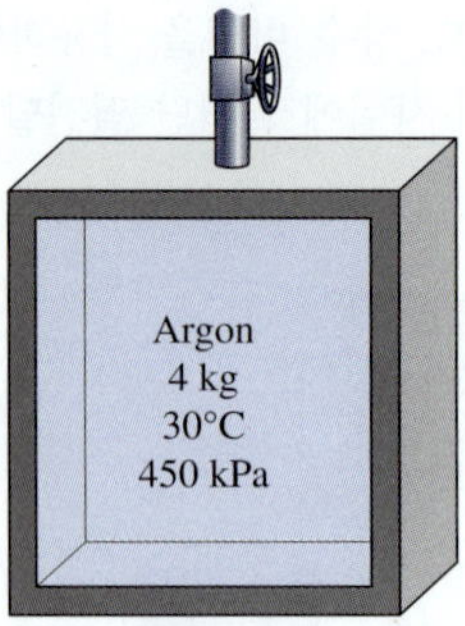

그림 P8-94

8-95 문제 8-94에서 최종압력이 450 kPa에서 150 kPa까지 변하는 동안, 최종압력이 최종질량에 미치는 영향을 적절한 소프트웨어를 이용하여 계산하고 그림으로 나타내라.

가역 정상유동일

8-96C 대형 압축기에서는, 압축기에 의해 소비되는 동력을 줄이기 위하여 압축되는 동안에 기체를 빈번하게 냉각한다. 압축과정 중에 기체를 냉각하는 것이 어떻게 동력의 소비를 감소시키는가를 설명하라.

8-97C 증기원동소의 터빈은 기본적으로 단열 조건에서 작동된다. 발전소 기술자가 이 조건을 변경하여, 증기가 터빈을 흐를 때에 증기를 냉각시키기 위해 케이싱의 표면을 통하여 냉각수를 흐르게 하는 것을 고안하였다. 이렇게 함으로써 증기의 엔트로피는 감소할 것이며, 터빈의 성능은 개선되고 결과적으로 터빈의 출력 일은 증가할 것이라고 설명하였다. 이 제안을 어떻게 평가하겠는가?

8-98C 압축과정 중에 기체를 냉각함으로써 압축기에 의해 소비되는 동력을 줄일 수 있다는 것은 잘 알려져 있다. 이 사실로부터 고무된 한 기술자가, 펌프의 동력소비를 줄이기 위하여 액체가 펌프를 통하여 흐를 때 액체를 냉각하는 것을 제안하였다면, 이 제안을 지지할 것인가? 설명하라.

8-99 그림 P8-99에 나타낸 가역 정상유동과정 1-3에서 생산되는 일(kJ/kg)을 구하라.

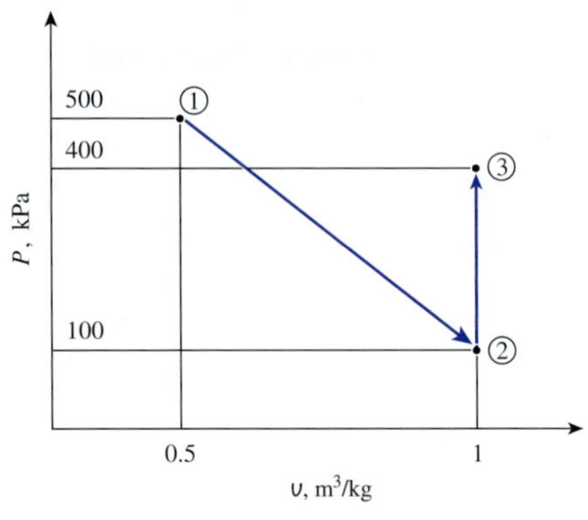

그림 P8-99

8-100E 그림 P8-100E에 나타낸 가역 정상유동 과정 1-2에서 생산되는 일(Btu/lbm)을 구하라.

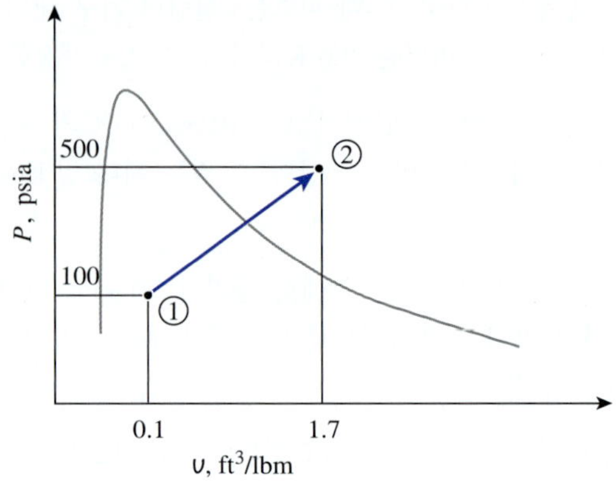

그림 P8-100E

8-101E 공기가 가역 정상유동 장치 내에서 13 psia, 55°F에서 80 psia로 등온 압축된다. 이 압축 과정에 필요한 일(Btu/lbm)을 계산하라. *답:* 64.2 Btu/lbm

8-102 150°C인 포화 수증기가 가역 정상유동 장치에서, 비체적이 일정하게 유지되면서 1000 kPa의 압력으로 압축된다. 요구되는 일(kJ/kg)을 구하라.

8-103 120 kPa의 물이 7 kW의 펌프로 들어가 5 MPa로 압력이 증가하였다. 입구와 출구의 높이 차이가 10 m일 때, 펌프에 의해 운송될 수 있는 물의 최대 질량유량을 구하라. 물의 운동에너지의 변화는 무시하며, 물의 비체적은 0.001 m^3/kg이다.

8-104 증기원동소의 펌프에 유량 45 kg/s의 물이 20 kPa의 포화액으로 들어왔다가 6 MPa로 나간다. 위치에너지 변화와 운동에너지의 변화는 무시하며, 과정이 가역적이라는 가정하에 펌프의 입력 동력을 구하라.

8-105 압력 5 MPa과 10 kPa 사이에서 작동하는 증기원동소가 있다. 증기는 펌프에 포화액으로 들어가 포화증기로 터빈에서 유출된다. 터빈에 의해 전달된 일과 펌프에 의해 소비된 일의 비를 구하라. 사이클은 가역과정이며 펌프와 터빈으로부터 열손실은 무시한다.

8-106 문제 8-105에서, 터빈 출구에서 유출하는 증기의 건도가 0.5와 1.0 사이의 값을 가질 때 건도 변화가 사이클의 정미 일에 미치는 영향을 적절한 소프트웨어를 이용하여 계산하고, 건도에 따른 사이클의 정미 일의 변화를 그래프로 나타내라.

정상유동 장치의 등엔트로피 효율

8-107C (*a*) 단열 터빈, (*b*) 단열 압축기, (*c*) 단열 노즐에 대한 이상적인 과정을 서술하고, 각 장치에 대한 등엔트로피 효율을 정의하라.

8-108C 등엔트로피 과정이 의도적으로 냉각되는 압축기에 적합한 모형이라고 볼 수 있는가?

8-109C *T-s* 선도에서 단열 터빈의 실제의 출구상태(상태 2)는 등엔트로피 과정의 출구상태(상태 2*s*)의 오른쪽에 있어야 하는가? 이유를 설명하라.

8-110 아르곤 기체가 800°C, 1.5 MPa의 상태에서 80 kg/min의 유량으로 단열 터빈에 들어가서 200 kPa로 나온다. 만약 터빈의 출력이 370 kW라면 이 터빈의 등엔트로피 효율은 얼마인가? 단 비열은 실온 상수 비열을 사용한다.

8-111E 100 psia, 650°F인 수증기가 밀폐계 내에서 10 psia로 단열 팽창된다. 등엔트로피 팽창 효율이 80%일 때, 생산되는 일(Btu/lbm)과 수증기의 최종 온도를 구하라. *답:* 132 Btu/lbm, 275°F

8-112E 1540°F, 120 psia인 연소가스가 단열 가스터빈에 유입하여, 낮은 속도로 60 psia의 압력에서 유출한다. 연소가스는 공기이며 등엔트로피 효율이 82%라고 가정할 때, 터빈의 출력 일을 구하라. *답:* 71.7 Btu/lbm

8-113 4 MPa, 350°C인 수증기가 단열 터빈에 유입하여 120 kPa까지 팽창한다. 수증기가 포화증기로 유출할 때, 터빈의 등엔트로피 효율은 얼마인가?

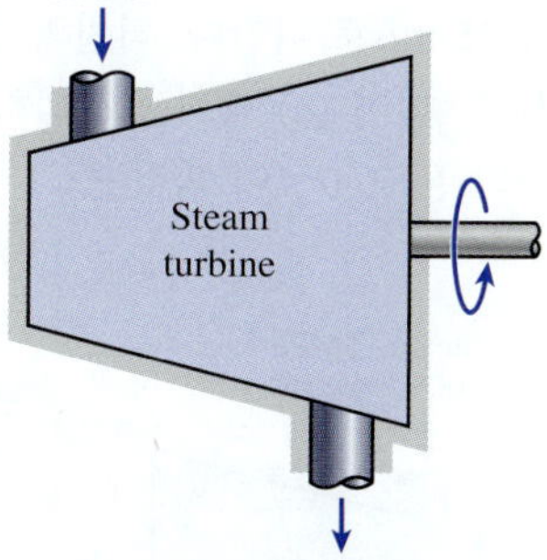

그림 P8-113

8-114 3 MPa, 400°C인 수증기가 단열 터빈에 유입하여 30 kPa까지 팽창한다. 터빈의 등엔트로피 효율은 92%이다. 수증기의 질량유량이 2 kg/s일 때, 터빈의 동력(kW)을 구하라.

8-115 터빈의 등엔트로피 효율이 85%인 경우에, 문제 8-114를 반복하라.

8-116 포화증기인 R-134a가 단열 압축기에 100 kPa, 0.7 m³/min로 유입하여 1 MPa의 압력으로 유출한다. 압축기의 등엔트로피 효율이 87%일 때 (*a*) 압축기 출구에서 냉매의 온도 (*b*) 압축기의 입력동력(kW)을 구하라. 과정을 *T-s* 선도 위에 포화선과 함께 나타내라.

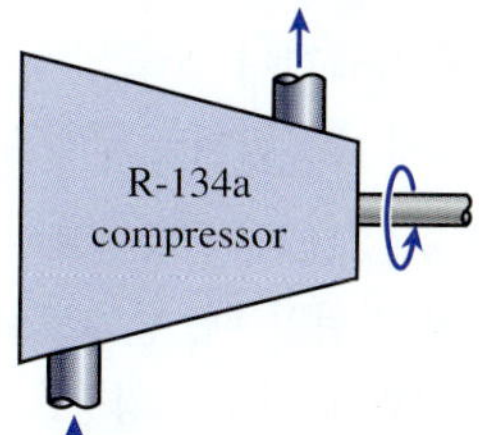

그림 P8-116

8-117 문제 8-116을 다시 고려해 보자. 압축기의 배출관 내경이 2 cm이며, 출구에 대한 입구의 면적비가 1.5일 때, 유체의 운동에너지의 영향을 고려하여 적절한 소프트웨어를 이용하여 문제 8-116을 다시 풀어라.

8-118 한 냉동장치의 단열 압축기가 0°C에서 R-134a의 포화증기를 600 kPa, 50°C까지 압축한다. 이 압축기의 등엔트로피 효율은 얼마인가?

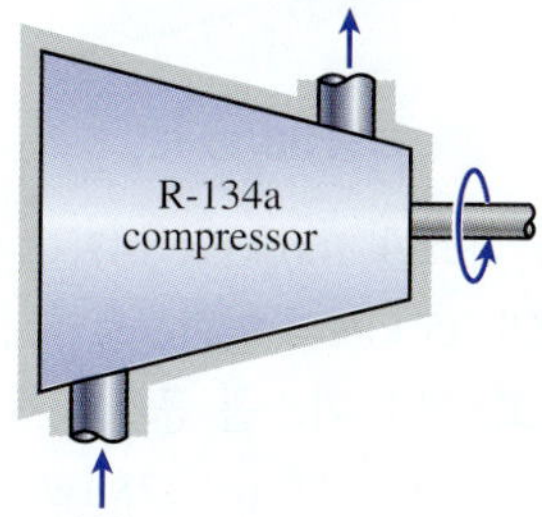

그림 P8-118

8-119 95 kPa, 27°C인 공기가 단열 압축기에 의하여 600 kPa, 277°C로 압축된다. 비열은 변수이며, 운동에너지와 위치에너지의 변화를 무시할 때, (*a*) 압축기의 등엔트로피 효율, (*b*) 과정이 가역과정인 경우에 출구온도를 구하라. *답:* (*a*) 81.9% (*b*) 506 K

8-120E 단열 압축기에 14 psia, 75°F인 아르곤 기체가 60 ft/s로 유입하여 200 psia, 240 ft/s로 유출한다. 압축기의 등엔트로피 효율이 87%일 때, (*a*) 아르곤의 출구온도, (*b*) 압축기의 입력일을 구하라.

8-121 단열 정상유동 장치가 200 kPa, 27°C에서 2 MPa로 아르곤을 압축한다. 만약 아르곤이 550°C로 이 압축기를 떠난다면 이 압축기의 등엔트로피 효율은 얼마인가?

8-122E 단열 노즐에 45 psia, 940°F인 공기가 낮은 속도로 유입하여 650 ft/s의 속도로 유출한다. 노즐의 등엔트로피 효율이 85%일 때, 공기의 출구온도와 출구압력을 구하라.

8-123E 문제 8-122E에서 등엔트로피 효율이 0.8과 1.0 사이의 범위일 때, 등엔트로피 효율의 변화가 공기의 출구온도와 출구압력에 미치는 영향을 알아보고 그래프로 나타내라.

8-124E 제트 엔진의 입구에 있는 단열 디퓨저는 11 psia, 30°F로 유입되는 공기의 압력을 20 psia로 증가시킨다. 디퓨저의 등엔트로피 효율(디퓨저 내 실제 운동 에너지 변화량을 등엔트로피 과정에서의 운동 에너지 변화량으로 나눈 값으로 정의)이 82%이고 입구 유속이 1200 ft/s일 때, 디퓨저 출구에서의 유속을 구하라. *답: 735 ft/s*

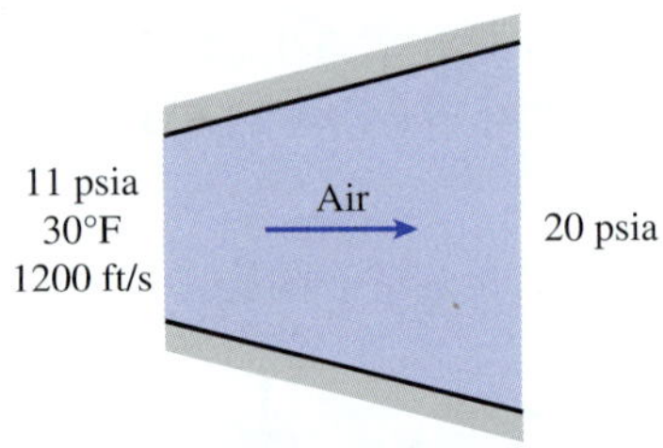

그림 P8-124E

8-125 고온의 연소 가스가 260 kPa, 747°C, 80 m/s로 터보제트 엔진의 노즐에 들어가 85 kPa의 압력으로 나간다. 등엔트로피 효율을 92%로 가정하고, 연소 가스를 공기로 간주하여 (*a*) 출구 속도, (*b*) 출구 온도를 구하라. *답: (a) 728 m/s, (b) 786 K*

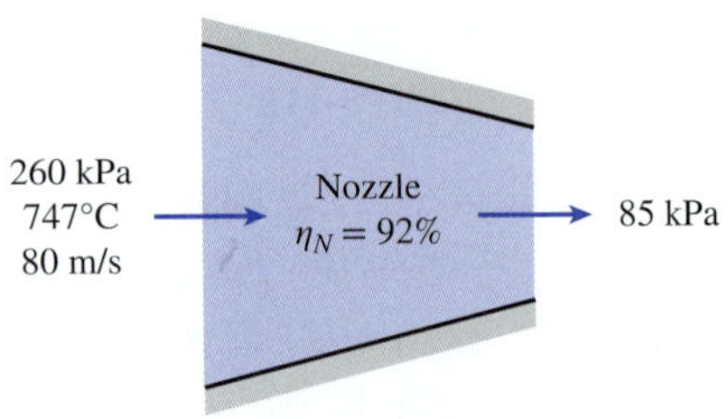

그림 P8-125

8-126 제트 엔진의 배기 노즐에서, 300 kPa, 180°C인 공기가 100 kPa로 팽창한다. 노즐의 등엔트로피 효율이 93%일 때, 출구에서 공기의 속도를 구하라.

엔트로피 평형

8-127E 질량을 알 수 없는 185°F인 철 블록이 70°F인 물 0.8 ft^{3}가 들어 있는 단열된 용기에 떨어졌다. 이와 동시에 200 W의 모터에 의하여 구동되는 날개 바퀴로 물을 휘저었다. 10분 후에 최종온도 75°F로 열평형을 이루었을 때, (*a*) 철 블록의 질량과, (*b*) 이 과정 중에 생성된 엔트로피를 구하라.

8-128E 냉매 R-134a가 100 psia, 100°F로부터 10 psia로 단열 팽창한다. 이 과정 동안의 엔트로피 생성(Btu/lbm·R)을 구하라.

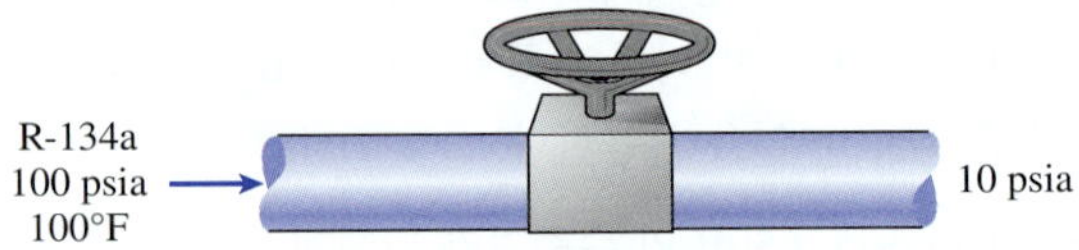

그림 P8-128E

8-129E 마찰이 없는 피스톤–실린더 기구에 압력이 40 psia인 포화수가 들어 있다. 1000°F인 열원으로부터 600 Btu의 열이 물에 전달되어, 일정한 압력하에서 물의 일부가 증발하였다. 이 과정 중에 일어난 엔트로피 생성(Btu/R)을 구하라.

8-130 공기가 100 kPa, 22°C인 주위 조건으로 압축기에 유입하고, 800 kPa로 유출한다. 압축기에서 120 kJ/kg의 열손실이 있고, 공기의 엔트로피는 0.40 kJ/kg·K 감소한다. 일정한 비열을 사용하여 (*a*) 공기의 출구 온도, (*b*) 압축기의 입력일, (*c*) 이 과정 중의 엔트로피 생성을 구하라.

8-131 수증기가 단열 터빈에 7 MPa, 500°C, 45 m/s로 일정하게 들어가고, 100 kPa, 75 m/s로 나간다. 터빈의 출력이 5 MW이고 등엔트로피 효율이 77%라면 (*a*) 터빈을 통과하는 수증기의 질량유량, (*b*) 터빈 출구의 온도, (*c*) 이 과정 중의 엔트로피 생성률을 구하라.

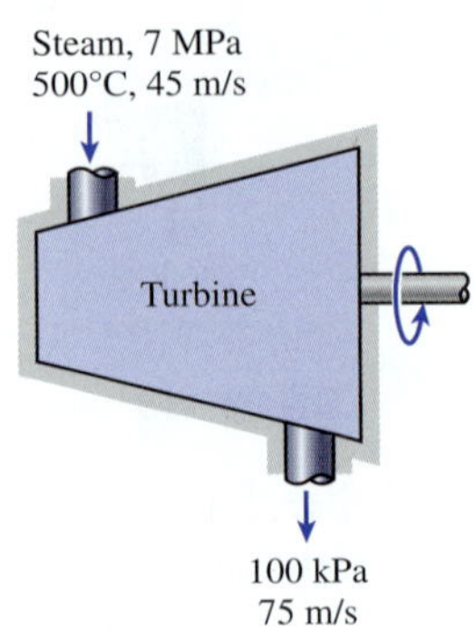

그림 P8-131

8-132 제빙공장에서 −16°C 의 포화액인 R-134a의 증발에 의하여, 0°C의 물을 대기압에서 얼리고 있다. 냉매는 증발기를 포화증기로 떠나며, 공장은 0°C의 얼음 5500 kg/h를 생산하는 크기이다. 이 과정 동안의 엔트로피 생성률을 구하라. *답: 0.115 kW/K*

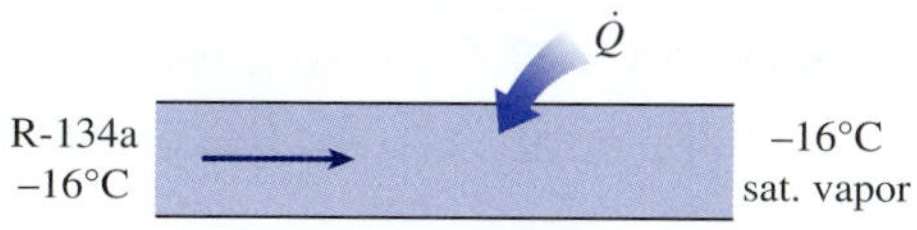

그림 P8-132

8-133 산소가 단열된 직경 12 cm 관에 70 m/s로 유입한다. 관 입구에서 압력과 온도는 각각 240 kPa, 20°C이며, 출구에서는 200 kPa, 18°C이다. 관 내에서 단위시간당 생성된 엔트로피를 구하라.

8-134E 20 psia, 50°F인 물이 300 lbm/min으로 혼합실에 유입하여, 따로 유입하는 20 psia, 240°F인 수증기와 혼합된다. 혼합물은 20 psia, 130°F로 혼합실에서 나가며, 70°F인 주위 공기로 180 Btu/min의 열손실이 있다. 운동에너지와 위치에너지의 변화를 무시할 경우에, 이 과정 동안의 엔트로피 생성률을 구하라.

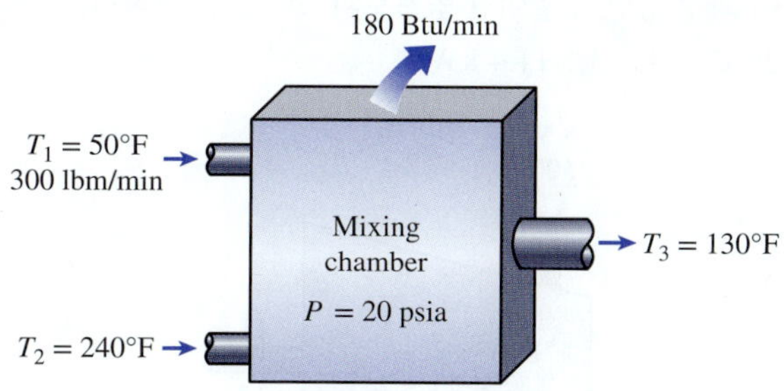

그림 P8-134E

8-135 샤워에 사용된 냉수(비열 4.18 kJ/kg·°C)가 10°C, 0.95 kg/s로 잘 단열된 얇은 두께의 이중관 대항류 열교환기에 유입되어, 85°C, 1.6 kg/s로 유입하는 온수(비열 4.19 kJ/kg·°C)에 의해 70°C로 가열된다. (*a*) 열전달률과 (*b*) 열교환기 내의 엔트로피 생성률을 구하라.

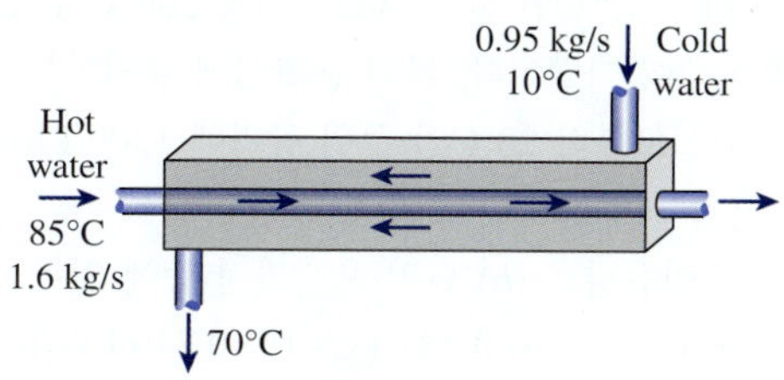

그림 P8-135

8-136 공기(비열 1.005 kJ/kg·°C)가 연소로에 유입하기 전에 연소가스에 의해 대항류(cross-flow) 열교환기에서 예열된다. 공기가 95 kPa, 20°C, 유량 1.6 m³/s로 열교환기에 유입한다. 연소가스(비열 1.10 kJ/kg·°C)는 180°C, 2.2 kg/s로 유입하여 95°C로 유출한다. (*a*) 공기에 전하는 열전달률, (*b*) 공기의 출구온도, (*c*) 엔트로피 생성률을 구하라.

8-137 유제품 공장에서 4°C인 우유가 12 L/s의 유량으로 하루 24시간, 1년 365일 동안 지속적으로 72°C에서 저온 살균되고 있다. 우유를 저온 살균 온도까지 가열하기 위하여 효율이 82%인 천연가스 보일러에서 가열된 뜨거운 물이 사용된다. 저온 살균된 우유는 최종온도인 4°C로 냉각되기 전에 냉수로 18°C까지 냉각된다. 에너지와 비용을 절약하기 위해, 82%의 효율을 가진 재생기를 설치하였다. 천연가스 요금이 $1.30/therm (1 therm = 105,500 kJ)일 때에 1년 동안 재생기에 의해 절감된 에너지와 비용, 그리고 1년 동안 감소된 엔트로피 생성을 구하라.

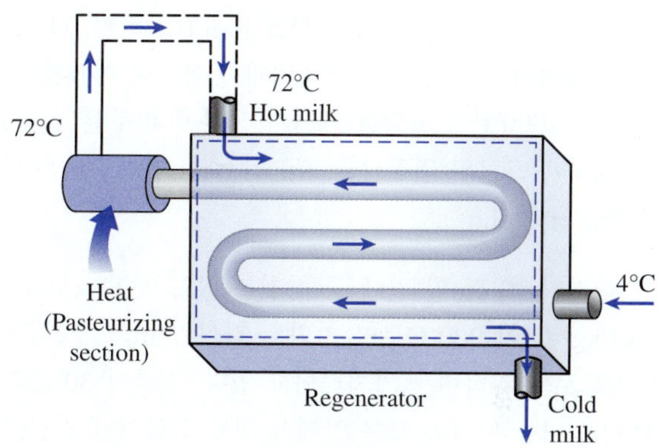

그림 P8-137

8-138 수증기가 인근 호수의 냉각수로 60°C의 온도로 증기발전소의 응축기에서 응축된다. 냉각수는 18°C, 75 kg/s로 들어가서 27°C로 나온다. 응축기가 완벽하게 단열되었다고 가정했을 때 (*a*) 수증기의 응축률, (*b*) 응축기에서의 엔트로피 생성률을 구하라. *답: (a) 1.20 kg/s, (b) 1.06 kW/K*

8-139 보통의 달걀은 직경이 5.5 cm인 구로 근사될 수 있다. 초기에 8°C의 균일한 온도인 달걀을 97°C의 끓는 물에 넣었다. 달걀의 밀도와 비열은 1020 kg/m³과 3.32 kJ/kg·°C로 할 때, (*a*) 달걀의 평균온도가 70°C가 되는 시간까지 달걀에 전달된 열량과 (*b*) 이 열전달 과정과 관련된 엔트로피 생성을 구하라.

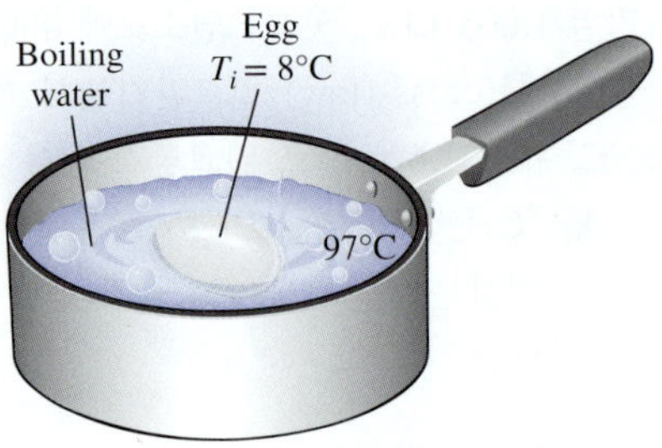

그림 P8-139

8-140 평균 질량 2.2 kg, 평균 비열 3.54 kJ/kg·°C인 닭을 0.5°C로 연속-유동-형식의 담금 냉각실에 들어와 2.5°C로 나가는 찬물로 냉각하려 한다. 균일한 15°C의 닭은 시간당 250 마리의 속도로, 평균 온도 3°C로 냉각된 후 꺼내져야 한다. 냉각기는 25°C인 주위로부터 150 kJ/h의 열을 받는다. (*a*) 닭으로부터 제거되는 열전달률(kW), (*b*) 냉각 과정 중의 엔트로피 생성률을 구하라.

8-141E 두께가 1.2 in, 한 변의 길이가 2 ft이며 초기 온도가 75°F인 정사각형 황동 판(밀도 532.5 lbm/ft^3, 비열 0.091 Btu/lbm·°F)이 1300°F인 오븐을 분당 450개 통과하며 가열된다. 판이 평균 온도가 1000°F에 도달할 때까지 오븐에 머무른다고 할 때, (*a*) 오븐에서 판으로의 열전달률, (*b*) 열전달 과정에 따른 엔트로피 생성률을 구하라.

8-142 직경이 10 cm인 긴 원통형 철봉(밀도 7833 kg/m^3, 비열 0.465 kJ/kg·°C)이 900°C로 유지되는 길이 7 m의 오븐을 3 m/min의 속도로 통과하면서 열처리되고 있다. 철봉이 30°C로 들어와 700°C로 나올 때, (*a*) 오븐 안에서 철봉에 일어난 열전달률과, (*b*) 이 열전달 과정과 관련된 엔트로피 생성률을 구하라.

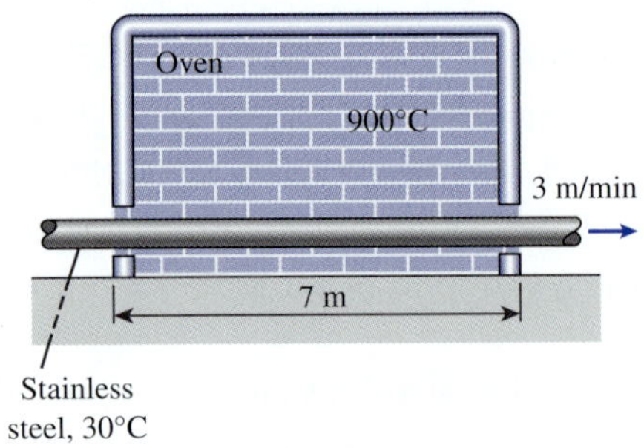

그림 P8-142

8-143 직경이 1.8 cm인 스테인리스 스틸 볼 베어링(밀도 8085 kg/m^3, 비열 0.480 kJ/kg·°C)이 분당 1100개의 율로 물속에서 담금질된다. 볼은 900°C의 균일한 온도로 오븐을 나온 후, 물에 담금질되기 전에 20°C인 공기에 잠시 노출된다. 담금질되기 전에 볼의 온도가 850°C까지 떨어졌을 때 (*a*) 볼로부터 공기에 일어난 열전달률과 (*b*) 공기에 전달된 볼의 열손실에 의하여 일어난 엔트로피 생성률을 구하라.

8-144 두께가 20 cm인 4 m × 10 m 벽돌 벽의 안쪽 면과 바깥쪽 면이 각각 16°C와 4°C로 유지되고 있다. 벽을 통한 열전달률이 1800 W일 경우 벽 내부의 엔트로피 생성률을 구하라.

8-145E 20 psia, 240°F의 수증기가 900 ft/s의 속도로 디퓨저로 유입되어 240°F의 포화 수증기가 되어 100 ft/s의 속도로 나간다. 디퓨저의 출구 면적이 1 ft^{2}일 때, (*a*) 수증기의 유량과 (*b*) 과정 중 엔트로피 생성률을 구하라. 대기 온도는 77°F로 가정한다.

8-146 수증기가 단열 노즐에 2 MPa, 350°C, 55 m/s로 유입하여 0.8 MPa, 390 m/s로 유출한다. 노즐의 입구면적이 7.5 cm^{2}인 경우, (*a*) 출구 온도와 (*b*) 이 과정 동안에 일어난 엔트로피 생성률을 구하라. *답: (a) 303°C, (b) 0.0854 kW/K*

8-147 수증기가 터빈에 8 MPa, 500°C로 유입하여 40 kPa인 포화증기로 유출한다. 수증기의 유량은 40,000 kg/h이며 터빈 내의 과정은 정상상태이다. 터빈으로부터 발생한 동력이 8.2 MW일 경우에 이 과정 동안에 일어난 엔트로피 생성률을 구하라. 주위의 온도는 25°C이다. *답: 11.4 kW/K*

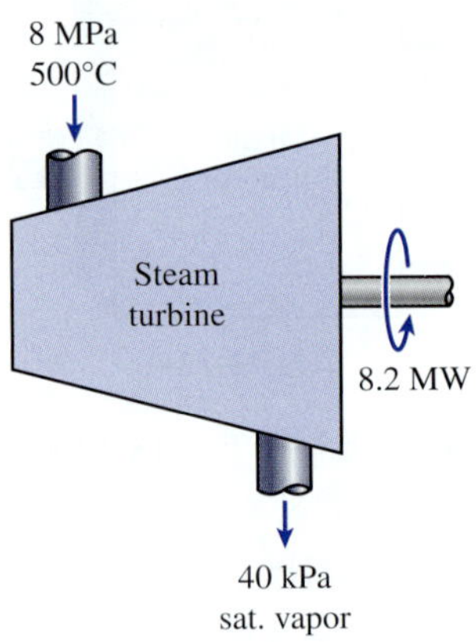

그림 P8-147

8-148 200 kPa, 15°C인 물이 혼합실에서 200 kPa, 150°C인 과열증기와 혼합되어 가열된다. 물이 혼합실에 유입하는 유량은 4.3 kg/s이며, 혼합실로부터 20°C인 주위 공기에 1200 kJ/min의 열손실이 있다. 혼합물이 200 kPa, 80°C로 혼합실을 떠나는 경우, (*a*) 과열 증기의 질량유량과 (*b*) 단열 혼합과정 중에 일어난 엔트로피 생성률를 구하라. *답: (a) 0.481 kg/s (b) 0.746 kW/K*

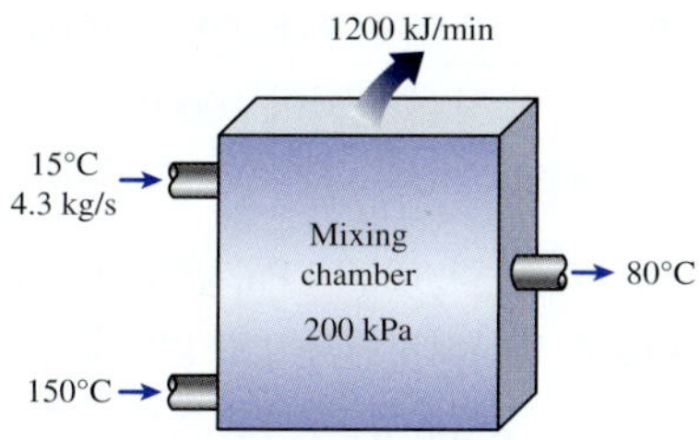

그림 P8-148

8-149 부피가 0.18 m^3인 견고한 용기에 120°C의 포화수가 채워져 있다. 용기 바닥에 있는 밸브를 열어 총 질량의 절반을 액체 상태로 배출시켰다. 이때에 용기 내의 온도가 일정하게 유지되도록 230°C인 열원으로부터 물에 열이 전달될 경우, (*a*) 열전달량과 (*b*) 이 과정 중에 일어난 총 엔트로피 생성을 구하라.

8-150 견고한 용기에 물이 400 kPa의 액체-증기 혼합물 상태로 7.5 kg 들어 있다. 용기 바닥에 있는 밸브를 열어 용기의 액체를 배출시킨다. 이때, 용기의 압력이 일정하게 유지되도록 수증기에 열이 전달된다. 용기에 액체가 남아 있지 않게 되면 밸브를 닫는다. 용기에 전달된 열이 총 5 kJ이라고 할 때, (*a*) 초기상태에 용기에 들어 있는 수증기의 건도, (*b*) 유출한 액체의 질량 (*c*) 용기에 500°C인 열원으로부터 열이 전달될 경우, 과정 중에 일어난 엔트로피 생성을 구하라.

복습문제

8-151 어떤 히트펌프가 5 kW의 전력을 사용하여 25 kW의 난방 효과를 낼 수 있다는 제안이 있다. 열 저장조의 온도는 300 K 및 260 K이다. 엔트로피 증가의 원리에 의하면 이 제안은 가능한 것인가?

8-152 성능계수가 4인 냉동기가 −20°C인 저온 영역으로부터 30°C인 고온 영역으로 열을 전달한다. 저온 영역으로부터 1 kJ의 열이 전달될 때에 두 저장조의 총 엔트로피 변화를 구하라. 엔트로피 증가의 원리가 만족되는가? 성능계수가 6으로 향상되었다면, 여전히 엔트로피 증가의 원리가 만족되는가?

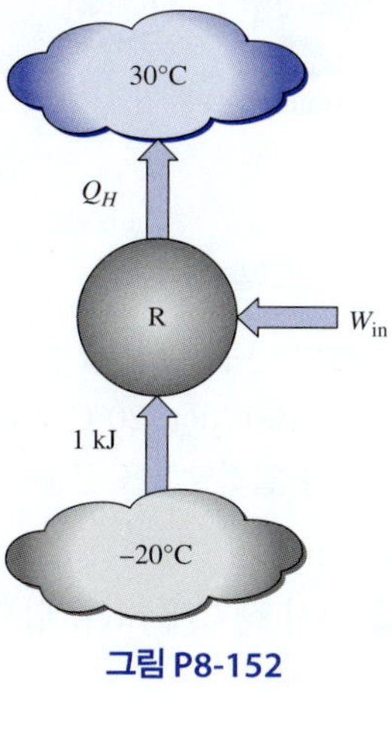

그림 P8-152

8-153 수증기가 밀폐계에서 1500 kPa, 320°C에서 100 kPa로 단열 팽창할 때 얻을 수 있는 최소 내부 에너지는 얼마인가?

8-154E 30 psia, 건도 70%의 물을 밀폐계 내에서 300°F의 열저장조와 열교환을 하면서 등온, 가역 과정을 통해 10 psia로 팽창하는 것이 가능한가?

8-155 피스톤-실린더 기구 내에서 3 kg의 산소를 950 kPa, 373°C의 상태로부터 단열 팽창시켜 최종 압력이 100 kPa이 될 때 얻을 수 있는 최대 체적은 얼마인가? *답: 2.66 m^3*

8-156E 0.5 Btu/lbm·R의 비열을 가지는 100 lbm의 고체 블록 온도가 80°F이다. 이것이 20 psia, 10 lbm의 포화 수증기에 의해 가열된다. 블록과 물의 최종 온도, (*a*) 블록, (*b*) 물, (*c*) 전체 계의 엔트로피 변화량을 구하라. 이 과정이 가능한가? 왜 그런가?

8-157 피스톤-실린더 기구에 들어 있는 공기가 가역의 열역학적 사이클을 수행한다. 처음에 400 kPa, 300 K, 체적 0.3 m^3인 공기가 먼저 등온으로 150 kPa까지 팽창하고, 그 다음에는 처음의 압력까지 단열 압축되고, 마지막에는 정압 과정을 통해 처음 상태로 압축된다. 비열이 온도에 따라 변화함을 고려하여 각 과정의 일과 열을 구하라.

8-158E 피스톤-실린더 기구에 25 psia, 70°F의 헬륨 가스 15 ft^3가 있다. 헬륨이 폴리트로픽 과정(PV^n = constant)에 의해 70 psia, 300°F로 압축된다고 할 때, (*a*) 헬륨의 엔트로피 변화와 (*b*) 주위의 엔트로피 변화를 구하고 (*c*) 이 과정이 가역적인지, 비가역적인지, 또는 불가능한지를 말하라. 주위 온도는 70°F로 가정한다. *답: (a) −0.016 Btu/R, (b) 0.019 Btu/R, (c) irreversible*

8-159 피스톤-실린더 기구에 들어 있는 수증기가 가역적인 열역학 사이클을 수행한다. 처음에 400 kPa, 350°C, 체적 0.5 m^3인 수증기가 먼저 150 kPa까지 등온 팽창하고, 그 다음 초기압력까지 단열 압축되고, 마지막으로 초기상태까지 정압과정으로 압축된다. 각 과정의 일과 열을 구한 후에 정미 일과 열을 구하라.

8-160 밀폐계에서 100 kPa의 포화수증기 100 kg을 1000 kPa로 단열적으로 압축하고자 한다. 등엔트로피 압축 효율이 90%라면 얼마의 일이 필요한가? *답: 44,160 kJ*

8-161E 10 lbm의 R-134a가 밀폐계 내에서 열전달 없이 120 psia, 100°F에서 20 psia로 팽창되었다. 등엔트로피 팽창 효율이 95%라면 냉매의 최종 부피는 얼마인가?

8-162 밀폐계에서 700 kPa, 40°C의 R-134a 냉매가 60 kPa로 단열 팽창한다. 생산되는 일(kJ/kg)과 등엔트로피 팽창 효율이 80%일 때 최종 엔탈피를 구하라. *답: 37.9 kJ/kg, 238.4 kJ/kg*

8-163 0.8 m^3인 견고한 용기에 250 K, 100 kPa인 이산화탄소(CO_2) 기체가 들어 있다. 용기 안에 설치된 500 W 전열기를 키고 40분 동안 유지하여, CO_2 압력이 175 kPa로 되었다. 주위 온도가 300 K이며 상수 비열을 가정할 때, (*a*) CO_2의 최종온도, (*b*) 용기로부터 전달된 정미 열전달량, (*c*) 이 과정 동안에 발생한 엔트로피 생성을 구하라.

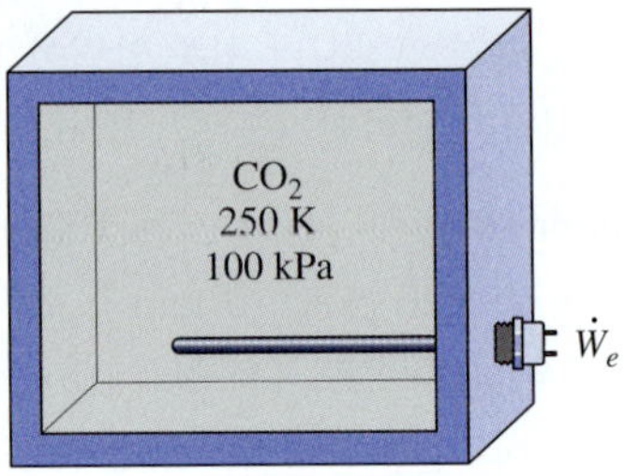

그림 P8-163

8-164 창틀형 공기조화기의 증발기에 공기가 100 kPa, 27°C, 6 m^3/min로 들어온다. R-134a는 120 kPa, 건도 0.3, 2 kg/min로 증발기에 들어와 같은 압력의 포화증기로 나간다. (*a*) 공기조화기의 겉표면이 단열된 경우, (*b*) 32°C의 주위로부터 증발기로 30 kJ/min의 열전달이 있는 경우에 대하여 공기의 출구온도와 이 과정의 엔트로피 생성률을 구하라. *답: (a)* −15.9°C, 0.00196 kW/K, (*b*) −11.6°C, 0.00225 kW/K

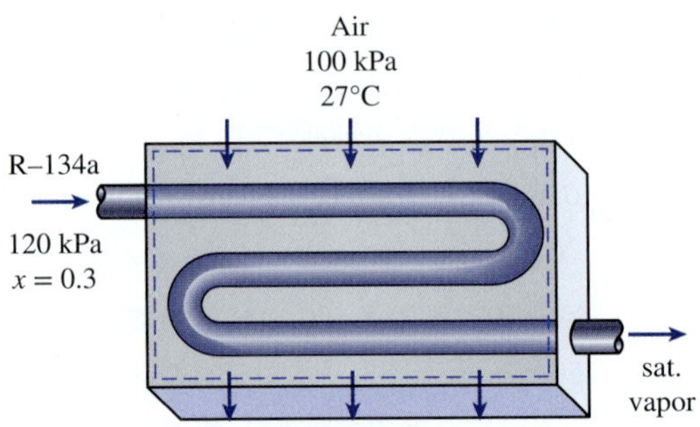

그림 P8-164

8-165 500 kPa, 400 K인 공기가 단열 노즐에 30 m/s로 유입하여 300 kPa, 350 K의 상태로 유출된다. 변수 비열을 이용하여 (*a*) 등엔트로피 효율, (*b*) 출구속도, (*c*) 엔트로피 생성을 구하라.

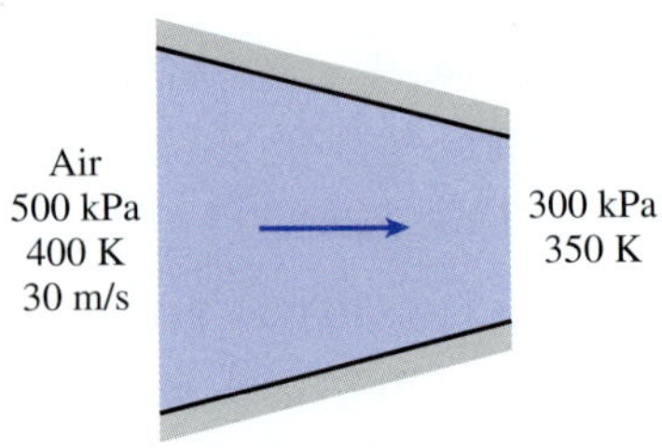

그림 P8-165

8-166E 헬륨 가스가 느린 속도로 등엔트로피 94%인 노즐로 유입되어 14 psia, 180°F의 상태가 되어 1000 ft/s의 속도로 나간다. 노즐 입구에서의 압력 및 온도를 구하라.

8-167 어느 발명가가 압력 1200 kPa, 온도 300°C, 유량 1 kg/s인 공기를 100 kPa로 팽창시키면서 230 kW를 생산하는 단일 입구와 출구를 갖는 단열 정상유동 장치를 발명했다고 주장한다. 이 주장은 타당한가?

8-168 냉동시스템에서 냉매의 압력을 응축기 수준으로부터 증발기 수준까지 낮추기 위해, 단열 모세관이 사용된다. R-134a가 70°C인 포화액으로 모세관에 유입하여 −20°C로 유출된다. 질량 유량이 0.2 kg/s인 경우에 모세관 내의 엔트로피 생성률을 구하라. *답:* 0.0166 kW/K

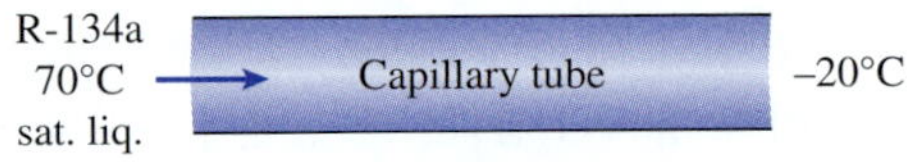

그림 P8-168

8-169 헬륨 기체가 400 kPa, 60°C 로부터 정상상태로 교축된다. 이 과정에서 헬륨은 25°C, 100 kPa인 주위에 1.75 kJ/kg의 열을 잃는다. 교축밸브에서 헬륨의 엔트로피 증가가 0.34 kJ/kg·K일 때, (*a*) 출구압력과 온도, (*b*) 이 과정 동안에 일어난 엔트로피 생성을 구하라. *답: (a)* 339 kPa, 59.7°C (*b*) 0.346 kJ/kg · K

8-170 수증기가 100 kPa에서 1 MPa까지 (*a*) 단열 펌프와 (*b*) 단열 압축기에서 압축되는 동안의 입력일과 엔트로피 생성을 구하라. 단, 펌프 입구상태는 포화액이고 압축기 입구상태는 포화증기이며, 등엔트로피 효율은 두 장치 모두 85%이다.

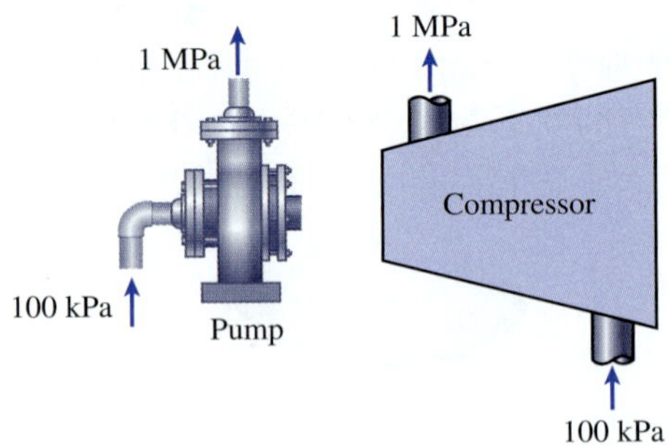

그림 P8-170

8-171 이산화탄소가 단일 입구, 단일 출구를 갖는 정상유동 장치에서 가역, 등온과정으로 100 kPa, 20°C에서 400 kPa로 압축된다. 이 압축에 필요한 일과 열전달량을 구하라. 단위는 모두 kJ/kg이다.

8-172 문제 8-171을 다시 생각해 보자. 압축과정이 등온과정이

아니라 등엔트로피 과정일 때 일과 열전달의 변화를 구하라.

8-173 냉장고의 압축기는 −10°C에서 냉매 R-134a의 포화증기를 800 kPa까지 압축한다. 등엔트로피 과정이라고 할 때 이 과정 동안 필요한 일은 얼마인가? 단위는 kJ/kg이다.

8-174 100 kPa, 27°C인 3 kg의 헬륨이 단열과정으로 900 kPa까지 압축된다. 등엔트로피 압축 효율이 80%일 때, 요구되는 입력일과 헬륨의 최종온도를 구하라.

8-175 수증기가 6000 kPa, 500°C의 상태에서 정상유동 터빈에 유입된다. 수증기는 압력이 1000 kPa이 될 때까지 일을 하면서 터빈 내에서 팽창한다. 압력이 1000 kPa일 때 수증기의 10%는 다른 목적으로 사용하기 위해 터빈으로부터 제거된다. 수증기의 나머지 90%는 터빈을 통해 계속 팽창하면서 일을 하고, 10 kPa이 되어 터빈을 나간다. 터빈을 통한 수증기의 전체 팽창 과정은 가역이고 단열이다.

(*a*) *T-s* 선도상에서 포화선에 대해 이 과정을 그려라. 각 상태에 번호를 붙여 표시하고 정압선을 표시하라.

(*b*) 터빈의 등엔트로피 효율이 85%라면 터빈으로 유입하는 수증기의 단위 질량당 수증기가 터빈을 통과하면서 수행한 일은 얼마인가?

8-176 R-134a가 140 kPa, −10°C의 상태에서 1.3 kW의 단열 압축기에 의하여 700 kPa, 60°C인 출구상태까지 압축된다. 운동에너지 변화와 위치에너지의 변화를 무시하고, (*a*) 압축기의 등엔트로피 효율, (*b*) 압축기 입구에서 냉매의 체적유량(L/min), (*c*) 1.3 kW의 단열 압축기가 제2법칙을 위반하지 않고 입구 조건에서 다룰 수 있는 최대 체적유량을 구하라.

8-177 160 kPa인 포화증기 R-134a가 압축기에 0.03 m^3/s의 유량으로 유입하여 800 kPa로 유출한다. 압축기의 입력동력은 10 kW이다. 20°C인 주위의 엔트로피 증가가 0.008 kW/K일 경우, (*a*) 압축기로부터 일어난 열손실률, (*b*) 냉매의 출구온도, (*c*) 엔트로피 생성률을 구하라.

8-178 등엔트로피 효율이 90%인 단열 터빈에서, 공기가 입구상태 2800 kPa, 400°C로부터 출구압력 100 kPa로 팽창한다. 공기의 출구 온도와, 터빈에 의해 생산된 일과 엔트로피 생성을 구하라. *답: 303 K, 375 kJ/kg, 0.148 kJ/kg·K*

8-179 한 증기터빈이 급수 가열을 위해 흡입 수증기의 6%를 추출할 수 있도록 제작되었다. 이 터빈은 입구에서 4 MPa, 350°C의 증기, 800 kPa의 추출 압력, 30 kPa의 출구 압력으로 작동한다. 입구와 추출 시점 사이의 등엔트로피 효율이 97%, 추출 지점과 출구 사이의 등엔트로피 효율이 95%일 때 이 터빈에 의해 생산되는 일을 계산하라. 이 터빈 전체의 등엔트로피 효율은 얼마인가? 힌트: 이 터빈을 분리된 두 개의 터빈으로 취급하고, 하나는 입구와 출구 조건 사이, 다른 하나는 추출 지점과 출구 조건 사이에서 작동하는 것으로 간주하라.

8-180 두 개의 견고한 용기가 밸브에 의하여 연결되어 있다. 용기 A에는 400 kPa, 건도 60%인 0.3 m^3의 수증기가 들어 있으며 단열되어 있다. 용기 B는 단열되어 있지 않으며 200 kPa, 250°C인 2 kg의 수증기가 들어 있다. 이제 밸브를 열어 수증기를, 용기 A 안의 압력이 200 kPa으로 떨어질 때까지, 용기 A로부터 용기 B로 흐르게 하였다. 이 과정 동안에 300 kJ의 열이 용기 B로부터 17°C인 주위로 전달되었다. 용기 A 안에 남아 있는 수증기는 가역 단열과정을 밟는다고 할 경우에, (*a*) 각 용기 안의 최종온도와 (*b*) 과정 동안에 생성된 엔트로피를 구하라. *답: (a) 120.2°C, 116.1°C, (b) 0.498 kJ/K*

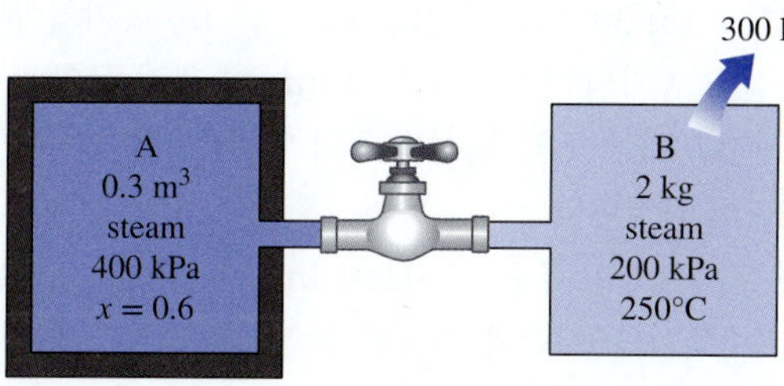

그림 P8-180

8-181 초기 온도가 20°C인 40 kg의 물에 직경 0.5 cm인 1200 kW 전기저항 가열기가 잠겨 있다. 물이 든 용기가 잘 단열되어 있을 때, 물의 온도를 50°C까지 올리는 데 걸리는 시간을 구하라. 또 이 과정 동안에 생성된 엔트로피(kJ/K)를 구하라.

8-182E 비어 있을 때 75 lbm의 질량을 가지는 15 ft^3의 철제 용기가 물로 채워진다. 초기에는 용기 및 물의 온도가 모두 120°F이지만, 열이 외부로 전달되면서 주위 공기 온도인 70°F로 냉각된다. 이 과정 동안의 총 엔트로피 생성량을 구하라.

8-183 단열된 탱크 속의 20°C 물 1톤을 식히기 위해서 −5°C의 얼음 140 kg을 쏟아 넣는다. (*a*) 탱크 속의 최종 평형 온도, (*b*) 이 과정 동안의 엔트로피 생성을 구하라. 대기압에서 얼음의 녹는 온도와 융해열은 0°C와 333.7 kJ/kg이다.

8-184 처음에 22°C, 100 kPa인 잘 밀봉되고 단열된 4 m × 5 m × 7 m의 방에 80°C의 액상 물 1톤을 집어넣는다. 공기와 물의 비열이 실온에서의 값으로 일정하다고 가정하고 (*a*) 실내의 최종 평형 온도, (*b*) 이 과정 동안의 총 엔트로피 변화(kJ/K)를 구하라.

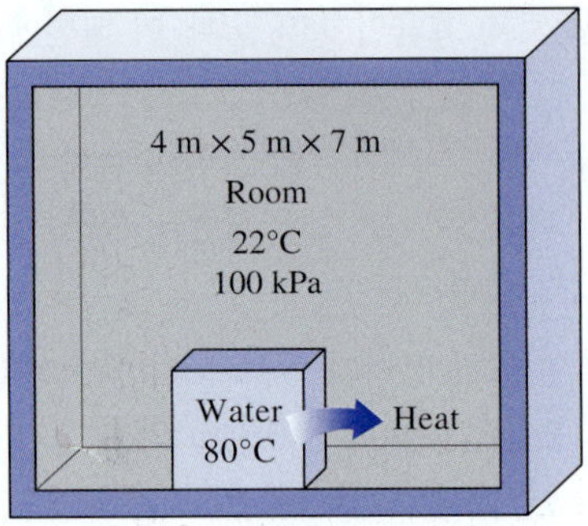

그림 P8-184

8-185 처음에 10°C인 잘 단열된 4 m × 4 m × 5 m의 방이 증기 난방 시스템의 라디에이터로 난방된다. 라디에이터는 부피가 15 L인데 200 kPa, 200°C의 과열 증기로 채워져 있다. 이제 한순간에 입구 및 출구 밸브가 잠긴다. 120 W의 송풍기 한 개가 방 안 공기의 분배에 사용된다. 실내에 열을 전달하는 결과로 증기의 압력은 30분 후에 100 kPa로 떨어진다. 실온에서 공기의 비열이 일정하다고 가정하고 (*a*) 30분 후 공기의 평균온도, (*b*) 증기의 엔트로피 변화, (*c*) 실내 공기의 엔트로피 변화, (*d*) 이 과정 동안에 생성되는 엔트로피(kJ/K)를 구하라. 실내 공기 압력은 100 kPa로 일정하게 유지된다고 가정한다.

8-186 온도가 3°C인 주위에 50,000 kJ/h의 열손실이 있는 수동형 태양열 주택이 10시간의 겨울밤 동안에 22°C로 계속 유지된다. 낮 동안 태양 에너지를 흡수하여 80°C로 가열된 각 20 L의 물이 들어 있는 50개의 유리 용기에 의하여 이 주택이 가열된다. 온도 조절기로 조정되는 15 kW의 보조 전열기는 집을 22°C로 유지하기 위하여 필요한 때 켜진다. 밤에 전열 시스템이 켜져 있는 시간을 구하고, 밤 동안에 생성된 엔트로피의 양을 구하라.

8-187 단열된 피스톤-실린더 기구에 온도 100°C, 건도 0.1인 0.02 m^3의 포화액-증기 혼합물이 들어 있다. 이제 −18°C의 얼음 약간을 실린더에 넣고 열평형상태가 되었을 때 100°C의 포화액이 되었다면 (*a*) 넣은 얼음의 양, (*b*) 이 과정 동안에 일어난 엔트로피 생성을 구하라. 대기압에서 얼음의 녹는 온도와 융해열은 각각 0°C와 333.7 kJ/kg이다.

그림 P8-187

설계 및 논술 문제

8-188 천연가스 엔진으로 구동되는 압축기가 점차 인기를 얻고 있다. 천연가스 비용이 전기요금보다 훨씬 저렴하기 때문에 이미 다수의 일류 제조 시설에서 압축기 구동용 전기 모터를 가스 엔진으로 교체했다. 130 kW 압축기를 평균 부하율 0.6으로 4400 h/yr 가동하는 시설을 고려하고자 한다. 합리적 가정과 여러분이 거주하는 지역의 천연가스 및 전기요금을 사용하여 가스 엔진으로 교체시 얻을 수 있는 연간 비용 절감액을 구하라.

8-189 기체가 압축되는 동안에 압축일의 형태로 주어지는 입력 에너지에 의해 기체의 온도가 높아지는 것은 잘 알려져 있다. 높은 압력비에서, 공기의 온도는 윤활유를 포함한 탄화수소류의 자연발화점보다 높아질 수 있다. 그러므로 고압의 공기 내에 함유된 윤활유 증기의 존재는 화재를 일으키는 폭발 가능성을 높게 한다. 압축기 내에 있는 기름의 밀도는 일반적으로 매우 낮아 실제의 위험한 상황은 일어나지 않는다. 그렇지만 압축기의 배기관의 안 벽에 모인 기름은 폭발의 원인이 될 수 있다. 적절한 윤활유의 사용, 세심한 장치 설계, 압축단 사이의 중간냉각, 시스템의 청결로 이러한 폭발을 거의 피할 수 있다.

한 압축기가 LA에서 산업용으로 고안되었다. 안전을 고려하여 압축기의 출구온도가 250°C를 초과하지 않도록 되어 있을 때, 그 지역의 모든 가능한 날씨 조건에 대하여 안전한 최대 허용 압축비를 구하라.

8-190 거주하고 있는 마을에서 가장 가까운 곳의 발전소에 관하여 다음의 사항을 알아보라. 정미 출력 동력, 연료의 종류와 양, 펌프, 송풍기, 다른 보조 장치에 의하여 소비되는 동력, 배출가스 손실, 각 위치에서 온도, 응축기의 열방출률. 이러한 자료나 다른 관련 자료를 이용하여 발전소에서 일어나는 엔트로피의 생성률을 구하라.

8-191 여러분은 압력 한계 P_1과 P_2 사이에서 등엔트로피 팽창과정을 수행하는 밀폐계를 설계하고 있다. 고려 중인 가스는 수고, 질소, 공기, 헬륨, 아르곤, 이산화탄소이다. 이들 가스 중 어느 것이 가장 많은 일을 생산하겠는가? 압축과정에서는 어느 것이 가장 적은 일을 요구하겠는가?

CHAPTER 09

동력 및 냉동 사이클
POWER AND REFRIGERATION CYCLES

학습목표

이 장의 목적은 다음과 같다.

- 기체 동력 사이클의 성능을 평가한다.
- 기체 동력 사이클에 적용할 수 있는 단순화된 가정을 전개한다.
- 왕복기관의 작동을 복습한다.
- 오토 및 디젤 사이클을 기반으로 하는 문제를 푼다.
- 브레이튼 사이클, 재생 브레이튼 사이클을 기반으로 하는 문제를 푼다.
- 작동유체가 증발과 응축을 번갈아 하면서 작동하는 증기 동력 사이클을 해석한다.
- 기본 랭킨 증기 동력 사이클의 사이클 열효율을 증가시키기 위한 수정 설계 방법들을 조사한다.
- 재열 증기 동력 사이클을 해석한다.
- 이상 증기압축식 냉동 사이클을 해석한다.
- 냉동기와 열펌프 시스템의 운전에 대해 토의한다.

열역학의 응용에서 두 가지 중요한 분야는 동력발생(power generation)과 냉동(refrigeration)이다. 동력발생과 냉동은 일반적으로 열역학적 사이클로 작동되는 시스템에 의하여 이루어진다. 열역학적 사이클은 **동력 사이클**(*power cycles*)과 **냉동 사이클**(*refrigeration cycles*) 두 가지의 일반적인 분류로 나누어질 수 있다.

순수 동력 출력을 생산하기 위해 사용되는 장치나 시스템을 통상적으로 **기관**(*engines*)이라 부르고, 기관이 작동되는 열역학적 사이클을 **동력 사이클**(*power cycles*)이라 한다. 냉동효과를 발생하기 위하여 사용되는 장치나 시스템을 **냉동기**(*refrigerators*), **공기조화기**(*air conditioners*), **열펌프**(*heat pumps*)라 하고 이러한 것들이 작동되는 사이클을 **냉동 사이클**(*refrigeration cycles*)이라고 한다.

또한, 열역학적 사이클은 사이클 장치를 순환하는 작동유체(working fluid)의 상(phase)에 따라 **기체 사이클**(*gas cycles*)과 **증기 사이클**(*vapor cycles*)로 분류할 수 있다. 기체 사이클에서는 작동유체가 전체의 사이클 과정 동안 기체 상태를 계속 유지하는 반면에, 증기 사이클에서는 작동유체가 사이클의 한 부분에서는 증기상태로 존재하고, 다른 부분에서는 액체 상태로 존재한다.

열역학적 사이클은 **밀폐 사이클**(*closed cycles*)과 **개방 사이클**(*open cycles*)로 또 다른 방법으로 구분될 수 있다. 밀폐 사이클에서는 작동유체가 사이클의 끝에서 초기의 상태로 돌아가서 재순환된다. 개방 사이클에서는 작동유체가 각 사이클의 끝에서 재순환되는 대신에 새로운 것으로 대체된다. 예를 들어 자동차 엔진에서는 각 사이클의 끝에서 연소가스가 배기되고 신선한 공기와 연료의 혼합물로 대체된다. 이러한 기관은 기계적인 사이클에서 작동하지만, 이런 종류의 장치에서 작동유체는 하나의 완전한 열역학적 사이클을 거쳐가지 못한다.

열기관은 열이 작동유체에 어떠한 방법으로 공급되는가에 따라서 **내연기관**(*internal combustion engines*)과 **외연기관**(*external combustion engines*)으로 분류된다. 증기 원동소와 같은 외연기관에서는 에너지가 로(furnace), 지열원, 원자로 또는 태양과 같은 외부의 열공급원으로부터 작동유체로 공급된다. 자동차 엔진과 같은 내연기관에서는 시스템 경계 내부에서 연료를 태움으로써 이 과정이 진행된다. 본 장에서는 약간의 단순화된 가정하에서 각종 기체 동력 사이클에 대해 해석한다.

수증기(steam)는 작동유체로서 바람직한 특성들인 저렴한 비용, 유용성, 높은 증발 엔탈피 등으로 인해 증기 동력 사이클에서 사용되는 가장 일반적인 작동유체이다. 다른 작동유체를 살펴보면 높은 온도의 응용분야에서는 나트륨(sodium), 칼륨(potassium), 수은(mercury)이 포함된 작동유체가 사용되며, 낮은 온도의 응용분야에서는 벤젠(benzene)과 같은 유기체 유체(organic fluid)와 프레온(freons)과 같은 것들이 사용된다.

증기 원동소는 일반적으로 증기에 열을 공급하는 연료의 형태에 따라 **석탄 발전소**, **원자력 발전소**, **천연가스 발전소**로 대별할 수 있다. 하지만 증기는 이 모든 발전소에서 동일한 기본 사이클을 거쳐간다. 따라서 상기 모든 발전소는 같은 방법으로 해석할 수 있다.

냉동 사이클에서 가장 자주 사용되는 것은 냉매의 증발과 응축이 교대로 이루어지고 증기상(vapor phase)에서 압축이 되는 **증기압축 냉동 사이클**(*vapor-compression refrigeration cycle*)이다.

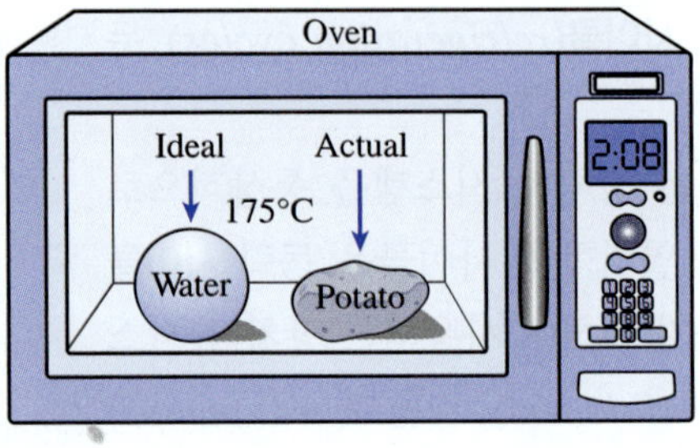

그림 9-1
모델링은 정확도에서 약간의 손실을 감수하고 뛰어난 통찰력과 단순성을 제공하는 강력한 공학도구이다.

9-1 동력 사이클 해석에서의 기본적 고려사항

대부분의 동력발생 장치들은 사이클 상에서 작동하며, 동력 사이클에 대한 연구는 열역학에서 흥미 있고 중요한 부분의 하나이다. 실제 장치에서 마주치는 사이클은 해석하기가 매우 어려운데, 이는 마찰과 같은 복잡한 효과들의 존재와 사이클 동안 평형 조건들을 이루기 위한 충분한 시간의 부족 때문이다. 실현 가능한 사이클에 대한 해석적 연구를 하기 위하여, 복잡성들을 관리 가능한 수준으로 유지시켜야 하고 몇 가지 이상화 가정들을 도입해야 한다(그림 9-1). 실제 사이클에서 모든 내부적 비가역성과 복잡성을 제거하면, 실제 사이클과 매우 유사하지만 완전히 내부적 가역과정들로 구성되는 사이클을 얻게 된다. 이러한 사이클을 **이상 사이클**(ideal cycle)이라 부른다(그림 9-2).

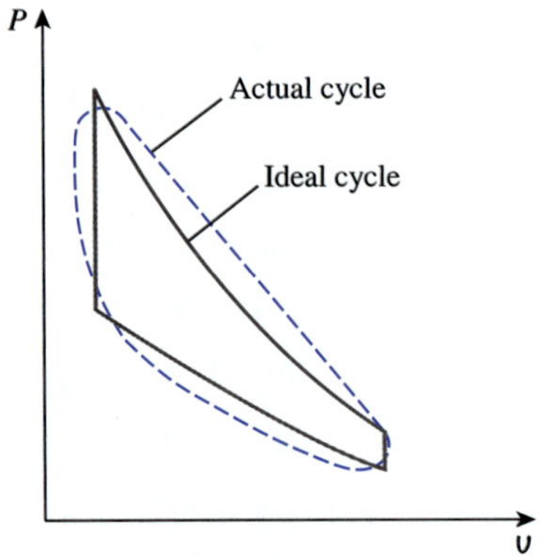

그림 9-2
약간의 이상화들을 이용함으로써 많은 복잡한 과정들의 해석이 용이하게 다룰 수 있는 수준이 될 수 있다.

단순한 이상화된 모델은 공학자가 세부적인 사항에 발목을 잡히지 않고 사이클을 지배하는 주요 변수들의 영향에 대한 연구를 할 수 있도록 해준다. 이 장에서 논의되는 사이클은 다소 이상화되어 있지만, 그들이 대신하고자 하는 실제 사이클의 일반적 특성을 여전히 지니고 있다. 이상 사이클의 해석에서 얻은 결론은 실제 사이클에도 적용될 수 있다. 예를 들면 불꽃점화 자동차 기관(spark-ignition automobile engines)의 이상 사이클인 오토 사이클(Otto cycle)의 열효율은 압축비에 비례한다. 이것은 실제 자동차 기관에서도 같은 결과를 보인다. 그러나 이상 사이클에서 얻은 값이 실제 사이클의 값을 필연적으로 나타내지는 않으며, 그 결과의 해석에 주의를 기울여야 한다. 실제 관심의 대상인 다양한 동력 사이클에 대해 이 장에 소개한 단순화된 해석은 보다 심도 있는 연구의 출발점 역할을 할 수도 있다.

열기관은 열 에너지를 일로 변환하는 것을 목적으로 설계되었고, 그 성능은 **열효율**(thermal efficiency, η_{th})이라는 용어로 표현된다. 열효율은 전체 투입 열에 대한 기관에 의해 발생된 정미 일의 비이며, 다음과 같다.

$$\eta_{th} = \frac{W_{net}}{Q_{in}} \quad \text{또는} \quad \eta_{th} = \frac{w_{net}}{q_{in}} \tag{9-1}$$

카르노 사이클(Carnot cycle)과 같이 완전 가역사이클로 작동하는 열기관은 동일한 온도 사이에서 작동하는 모든 열기관 중에서 가장 높은 열효율을 가지고 있다는 것을 상기하자. 즉, 아무도 **카르노 사이클**보다 더 효율적인 사이클을 개발할 수 없다. 따라서 다음과 같은 질문이 자연스럽게 제기된다. 카르노 사이클이 최상의 사이클이라면, 몇 개의 소위 **이상** 사이클들을 가지고 성가시게 하는 대신에 모든 열기관의 모델 사이클로 카르노 사이클을 사용하지 않는 이유는 무엇인가? 이 질문에 대한 해답은 하드웨어적인 것과 관련되어 있다. 실제로 만나는 대부분의 사이클은 카르노 사이클과 상당히 다르며, 이것이 실제적인 모델로서 카르노 사이클이 적합하지 않은 이유이다. 이 장에서 검토할 각각의 이상 사이클은 일을 발생하는 장치와 관련되어 있고, 실제 사이클의 **이상화된** 형태이다.

이상 사이클은 내부적 가역이지만, 카르노 사이클과 달리 외부적으로 가역일 필요는 없다. 즉, 이상 사이클은 계 외부에 유한한 온도차를 통한 열전달과 같은 비가역성을 포함할 수도 있다. 그러므로 일반적으로 이상 사이클의 열효율은 동일한 온도범위에서 동작하는 완전 가역사이클의 열효율보다 더 낮다. 그러나 이상 사이클의 열효율은 사용된 이상화들로 인해 실제 사이클의 열효율보다 여전히 상당히 높다(그림 9-3).

동력 사이클의 해석에서 보통 사용되는 이상화 및 단순화는 다음과 같이 요약될 수 있다.

1. 사이클은 어떠한 **마찰**도 포함하지 않는다. 그러므로 작동유체가 관 또는 열교환기와 같은 장치를 흘러갈 때 어떠한 압력강하도 경험하지 않는다.
2. 모든 압축과 팽창과정은 **준평형** 과정으로 진행된다.
3. 시스템의 여러 구성품들을 연결하는 관은 잘 단열되어 있어서 관을 통한 **열전달**은 무시할 만하다.

작동유체의 **운동** 및 **위치** **에너지**의 변화를 무시하는 것은 동력 사이클의 해석에

그림 9-3
연소실을 노출시킨 자동차 기관
Idealink Photography/Alamy

서 흔히 사용되는 또 하나의 단순화이다. 이것은 합리적인 가정인데, 그 이유는 터빈, 압축기 및 펌프와 같이 축일을 하는 장치에서 운동 및 위치 에너지의 항은 에너지방정식에서 다른 항에 비해 상대적으로 매우 작기 때문이다. 응축기, 보일러, 혼합실과 같은 장치에서 작동유체의 속도는 일반적으로 낮고, 유체의 흐름은 속도 변화가 거의 없어서 운동 에너지의 변화는 무시할 만하다. 운동 에너지의 변화가 큰 장치는 노즐과 디퓨저이며, 이들은 커다란 속도 변화를 일으키도록 특별히 설계되어 있다.

앞 장에서 P-v 선도와 T-s 선도 같은 **상태량 선도**는 열역학적 과정의 해석에서 중요한 도구로서 역할을 한다. P-v 선도와 T-s 선도 모두에서 사이클을 구성하는 과정의 곡선들로 둘러싸인 면적은 한 사이클 동안 발생된 정미 일을 나타내고 (그림 9-4), 이것은 그 사이클의 정미 열전달과 동일하다. T-s 선도는 이상 동력 사이클의 해석에서 시각적인 도움을 주는 데 특히 유용하다. 이상 동력 사이클은 어떠한 내부적 비가역성도 포함하고 있지 않으며, 따라서 어떤 과정 동안 작동유체의 엔트로피를 변화시킬 수 있는 유일한 효과는 열전달뿐이다.

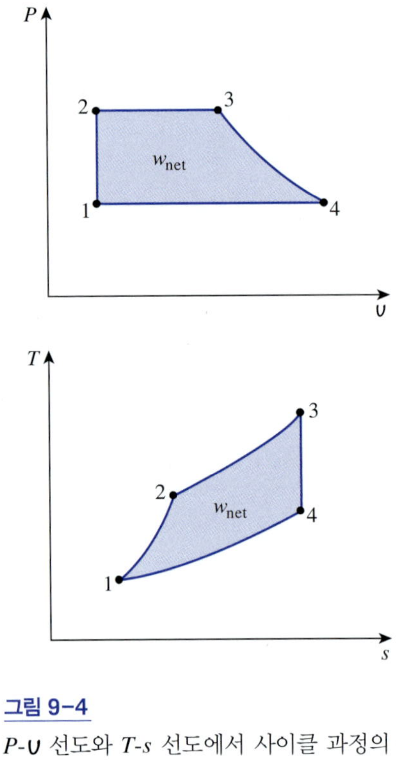

그림 9-4
P-v 선도와 T-s 선도에서 사이클 과정의 곡선으로 둘러싸인 면적은 그 사이클의 정미 일을 나타낸다.

T-s 선도에서 **가열**과정은 엔트로피가 증가하는 방향으로, **방열**과정은 엔트로피가 감소하는 방향으로 진행되고, **등엔트로피**(내부적 가역, 단열) 과정은 엔트로피가 일정한 상태로 진행된다. T-s 선도에서 과정 곡선의 아래 면적은 그 과정의 열전달을 나타낸다. T-s 선도에서 가열과정의 아래 면적은 이 과정 동안 공급된 전체 열량 q_{in}의 기하학적 척도이다. 그리고 방열과정의 아래 면적은 방출된 전체 열량 q_{out}의 척도이다. 이 두 면적의 차(사이클 곡선 내부면적)는 정미 열전달이고, 또한 이것은 사이클 동안 발생한 정미 일과 같다. 그러므로 T-s 선도에서 가열과정 곡선의 아래 면적에 대한 사이클 곡선으로 둘러싸인 면적의 비는 사이클의 열효율을 나타낸다. **또한 이 두 면적의 비를 증가시키는 어떤 개선방법이든지 사이클의 열효율을 향상시킬 것이다.**

비록 이상 동력 사이클의 작동유체가 밀폐회로(closed loop)에서 작동하더라도,

사이클을 구성하는 개별 과정의 형태는 사이클을 실행하는 데 사용되는 개별 장치에 따라 달라진다. 증기 원동소의 이상 사이클인 랭킨 사이클(Rankine cycle)에서 작동유체는 터빈이나 응축기와 같은 일련의 정상유동 장치를 통해 흐르고, 반면에 불꽃점화 자동차 기관의 이상 사이클인 오토 사이클의 경우 작동유체는 피스톤-실린더 기구 내에서 교대로 팽창되거나 압축된다. 따라서 랭킨 사이클 해석의 경우 정상유동계에 적합한 수식이 사용되어야 하고, 오토 사이클 해석의 경우 밀폐계에 적합한 수식을 사용해야 한다.

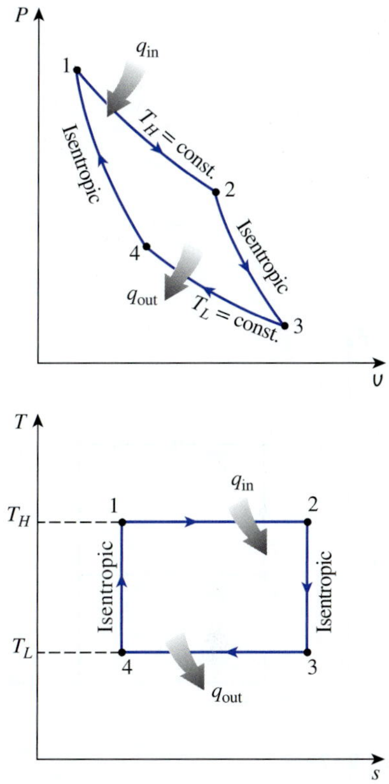

그림 9-5

카르노 사이클의 P-υ 선도와 T-s 선도

9-2 카르노 사이클과 그 공학적 가치

카르노 사이클은 네 개의 완전 가역과정, 즉 등온 가열, 등엔트로피 팽창, 등온 방열, 등엔트로피 압축의 과정으로 구성된다. 그림 9-5에 카르노 사이클의 P-υ 선도와 T-s 선도가 다시 그려져 있다. 카르노 사이클은 밀폐계(피스톤-실린더 기구)에서도 또는 정상유동계(그림 9-6에서 보듯이 두 개의 터빈과 두 개의 압축기를 이용하는 시스템)에서도 작동될 수 있고, 작동유체로서 기체나 증기도 이용될 수 있다. 카르노 사이클은 온도 T_H의 고온열원과 온도 T_L의 저온열침 사이에서 작동하는 최고효율의 사이클이고, 그 열효율은 다음과 같이 표현된다.

$$\eta_{\text{th,Carnot}} = 1 - \frac{T_L}{T_H} \tag{9-2}$$

가역등온 열전달은 실제적으로 매우 이루어지기 어려운 과정인데, 이는 매우 큰 열교환기와 매우 긴 시간을 요구하기 때문이다(대표적인 기관의 경우, 일 초보다 훨씬 짧은 시간 동안에 동력 사이클이 완료된다). 그러므로 카르노 사이클에 매우 근접한 사이클로 작동하는 기관을 제작한다는 것은 실용적이 아니다.

카르노 사이클의 실질적 가치는 실제 또는 이상 사이클들과 비교할 수 있는 표준이 된다는 점이다. 카르노 사이클의 열효율은 두 열원의 온도만의 함수이고, 또한 카르노 사이클의 열효율식[식 (9-2)]의 물리적 의미는 이상 사이클 및 실제 사이

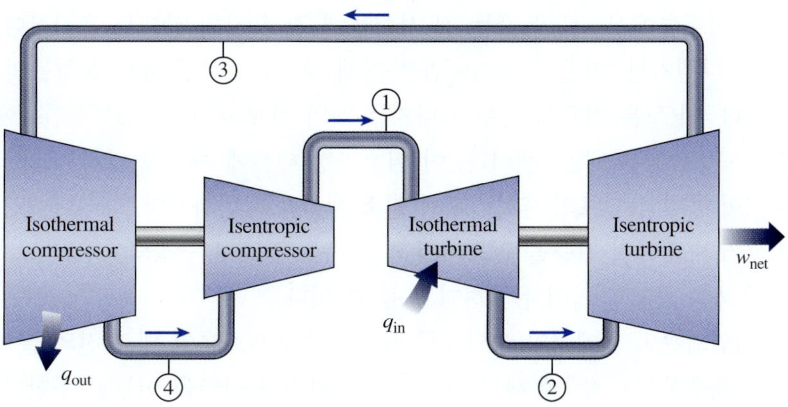

그림 9-6

정상유동 카르노 기관

클에도 동일하게 적용될 수 있다. 즉, 계에 열이 공급될 때 평균온도의 상승에 따라, 또는 계에서 외부로 열이 방출될 때 평균온도의 감소에 따라 열효율은 증가한다.

그러나 실제 사용할 수 있는 고온열원과 저온열침의 온도에 제한이 없는 것은 아니다. 사이클의 최고 온도는 피스톤이나 터빈날개와 같이 열기관의 구성품들이 견딜 수 있는 최대 온도에 의해서 제한된다. 최저 온도는 사이클에 사용하는 냉각수, 즉 호수나 강 또는 대기의 온도에 의해서 제한된다.

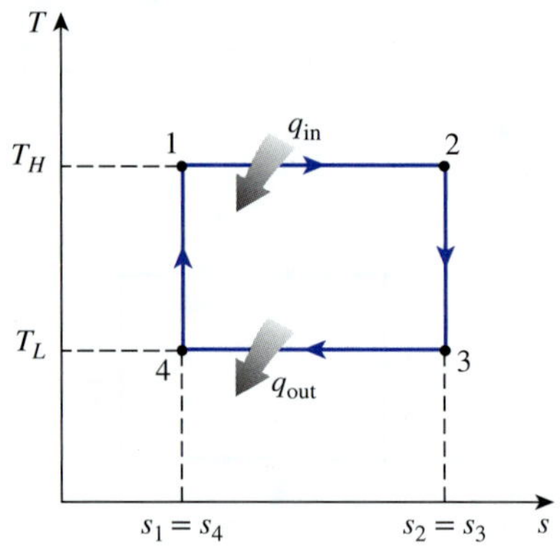

그림 9-7
예제 9-1의 T-s 선도

예제 9-1 **카르노 사이클의 효율 유도**

온도 한계 T_H와 T_L 사이에 작동하는 카르노 사이클의 열효율이 이들 두 온도만의 함수이고 식 (9-2)와 같이 주어짐을 보여라.

풀이 카르노 사이클의 효율은 고온열원과 저온열원의 온도에만 의존한다는 것을 보이고자 한다.

해석 카르노 사이클의 T-s 선도를 그림 9-7에 다시 그렸다. 카르노 사이클을 구성하는 네 개 과정 모두가 가역이고, 각 과정 곡선의 아래 면적은 그 과정 동안 열전달을 나타낸다. 과정 1-2에서 열이 계로 전달되고, 과정 3-4에서 열이 외부로 방출된다. 그러므로 한 사이클 동안 투입열과 방출열은 다음과 같이 표현된다.

$$q_{in} = T_H(s_2 - s_1) \quad \text{그리고} \quad q_{out} = T_L(s_3 - s_4) = T_L(s_2 - s_1)$$

여기서 과정 2-3과 과정 4-1은 등엔트로피 과정이기 때문에 $s_2 = s_3$이고 $s_4 = s_1$이다. 이 식들을 식 (9-1)에 대입하면, 카르노 사이클의 열효율이 다음과 같이 됨을 알 수 있다.

$$\eta_{th} = \frac{w_{net}}{q_{in}} = 1 - \frac{q_{out}}{q_{in}} = 1 - \frac{T_L(s_2 - s_1)}{T_H(s_2 - s_1)} = 1 - \frac{T_L}{T_H}$$

토의 카르노 사이클의 열효율은 이상기체 또는 증기와 같은 사용된 작동유체의 형태와는 무관하고, 또한 사이클이 밀폐계 또는 정상유동계에서 수행되는가와도 무관하다는 것에 유의하라.

9-3 공기표준 가정

기체 동력 사이클에서 작동유체는 전 사이클에 걸쳐 기체 상태를 유지한다. 불꽃점화 기관, 디젤기관, 기존의 가스터빈은 기체 사이클로 작동하는 장치들의 잘 알려진 예이다. 이 모든 기관의 경우 에너지는 계의 경계 내에서 연료의 연소에 의해 공급된다. 즉, 이들은 **내연기관**이다. 이 연소과정 때문에 사이클 과정 동안 작동유체의 조성이 공기와 연료의 혼합기에서 연소 생성물로 변화한다. 그러나 공기가 연소실에서 거의 화학적 반응을 일으키지 않는 주로 질소로 구성되어 있다고 생각하면, 작동유체는 공기와 거의 유사하다고 볼 수 있다.

비록 내연기관이 기계적인 사이클로 작동하지만(피스톤이 매 회전의 끝에서 출발 위치로 복원된다), 작동유체는 완전한 열역학적 사이클을 이루지 못한다. 사이클의 어떤 시점에서 작동유체는 초기상태로 복원되지 않고 배기가스로 기관 밖으로 배출된다. 개방 사이클로 작동하는 것은 모든 내연기관의 특성이다.

실제 기체 동력 사이클은 다소 복잡하다. 복잡한 사이클을 해석할 수 있는 수준으로 단순화시키기 위하여 보통 **공기표준 가정**(air-standard assumptions)으로 알려진 다음의 근사를 사용한다.

1. 작동유체는 공기이고, 밀폐회로를 연속적으로 순환하며 항상 이상기체로 거동한다.
2. 사이클을 구성하는 모든 과정은 내부적 가역이다.
3. 연소과정은 외부 열원에 의한 가열과정으로 대체된다(그림 9-8).
4. 배기과정은 작동유체가 초기상태로 복원되는 방열과정으로 대체된다.

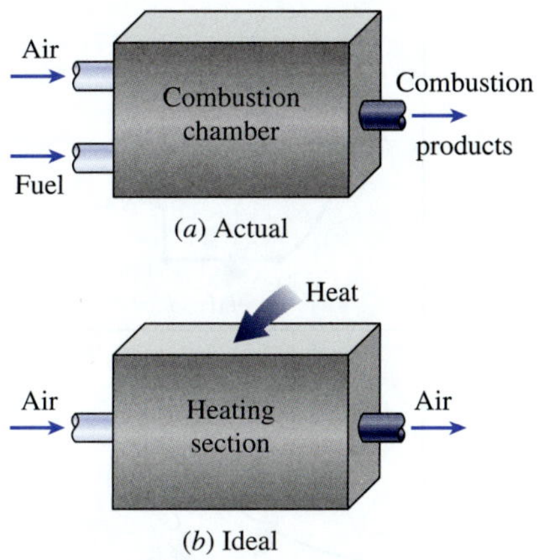

그림 9-8
연소과정은 이상 사이클에서 가열과정으로 대체된다.

해석을 위해 실제 기체 동력 사이클을 더욱 단순화하기 위해 자주 사용되는 또 하나의 가정은 공기는 일정한 비열을 가지고 있고, 그 값을 실온(25°C)에서 구해진 값으로 설정하는 것이다. 이 가정을 사용하는 공기표준 가정을 **냉공기표준 가정**(cold-air-standard assumptions)이라 부른다. 공기표준 가정을 적용할 수 있는 사이클은 종종 **공기표준 사이클**(air-standard cycle)이라고 부른다.

위에서 언급한 공기표준 가정은 실제 사이클에서 크게 벗어나지 않고도 해석에 상당한 단순화를 제공한다. 이 단순화된 모델은 주요 변수들이 실제 기관의 성능에 미치는 영향을 정성적으로 연구할 수 있도록 해준다.

예제 9-2 **공기표준 사이클**

공기표준 사이클이 밀폐계에서 작동하며 다음의 4가지 과정들로 구성된다.

1-2 100 kPa, 27°C에서 1 MPa로의 등엔트로피 압축
2-3 P = 등압과정에서 2800 kJ/kg의 가열
3-4 v = 등적과정 방열로 100 kPa까지
4-1 P = 등압과정 방열로 초기상태로

(*a*) 사이클을 P-v 선도와 T-s 선도에 나타내라.
(*b*) 사이클에서 최대 온도를 계산하라.
(*c*) 열효율을 결정하라.

실온에서의 상수 비열을 가정하라.

풀이 공기표준 사이클의 4개 과정들이 기술되었다. 사이클이 P-v 선도와 T-s 선도 상에 나타내어지고 사이클의 최대 온도와 열효율이 결정된다.

가정 **1** 공기표준 가정이 적용 가능하다. **2** 운동 및 위치 에너지 변화는 무시할 만하다. **3** 공기는 상수 비열을 가지는 이상기체이다.

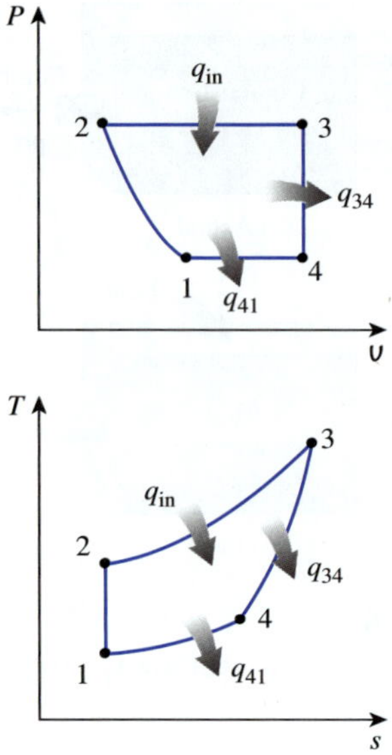

그림 9-9
예제 9-2의 개요도

물성 실온에서 공기의 물성들은 c_p = 1.005 kJ/kg·K, c_υ = 0.718 kJ/kg·K이고, k = 1.4이다(Table A-2*a*).

해석 (*a*) 사이클이 그림 9-9에서 *P*-υ 선도와 *T*-*s* 선도에 나타나 있다.
(*b*) 이상기체 등엔트로피 관계식과 에너지 균형으로부터,

$$T_2 = T_1\left(\frac{P_2}{P_1}\right)^{(k-1)/k} = (300\text{ K})\left(\frac{1000\text{ kPa}}{100\text{ kPa}}\right)^{0.4/1.4} = 579.2\text{ K}$$

$$q_{in} = h_3 - h_2 = c_p(T_3 - T_1)$$
$$2800\text{ kJ/kg} = (1.005\text{ kJ/kg·K})(T_3 - 579.2) \longrightarrow T_{max} = T_3 = \mathbf{3360\text{ K}}$$

(*c*) 상태 4에서의 온도는 고정된 질량에 대한 이상기체 관계식으로부터 결정된다.

$$\frac{P_3\upsilon_3}{T_3} = \frac{P_4\upsilon_4}{T_4} \longrightarrow T_4 = \frac{P_4}{P_3}T_3 = \frac{100\text{ kPa}}{1000\text{ kPa}}(3360\text{ K}) = 336\text{ K}$$

사이클로부터 제거된 열의 총량은

$$\begin{aligned} q_{out} &= q_{34,out} + q_{41,out} = (u_3 - u_4) + (h_4 - h_1) \\ &= c_\upsilon(T_3 - T_4) + c_p(T_4 - T_1) \\ &= (0.718\text{ kJ/kg·K})(3360 - 336)\text{K} + (1.005\text{ kJ/kg·K})(336 - 300)\text{K} \\ &= 2212\text{ kJ/kg} \end{aligned}$$

그리고, 열효율은 정의로부터 다음과 같이 결정된다.

$$\eta_{th} = 1 - \frac{q_{out}}{q_{in}} = 1 - \frac{2212\text{ kJ/kg}}{2800\text{ kJ/kg}} = 0.210\text{ or }\mathbf{21.0\%}$$

토의 실온에서의 상수 비열 가정은 이 경우에 비현실적이다. 왜냐하면 연관된 온도 변화가 너무 크기 때문이다.

9-4 왕복기관의 개요

왕복기관(기본적으로 피스톤–실린더 기구)은 그 단순성에도 불구하고, 매우 넓은 용도와 광범위한 응용이 입증된 보기 드문 발명품 중의 하나이다. 그것은 대부분의 승용차, 트럭, 경비행기, 선박 및 발전기 외에 많은 다른 장치들의 동력원이 되고 있다.

왕복기관의 기본 구성품들이 그림 9-10에 나타나 있다. 피스톤은 실린더 내에서 두 고정된 지점(상사점–하사점) 사이를 왕복하는데, 실린더 내의 체적이 최소가 되는 피스톤의 위치를 **상사점**(top dead center, TDC)이라 부르고, 실린더 내의 체적이 최대가 되는 피스톤의 위치를 **하사점**(bottom dead center, BDC)이라 부른다. 상사점과 하사점 사이의 거리는 피스톤이 한 방향으로 움직일 수 있는 가장 큰 거리로서, 기관의 **행정**(stroke)이라 한다. 피스톤의 직경을 **보어**(bore)라고 부른다.

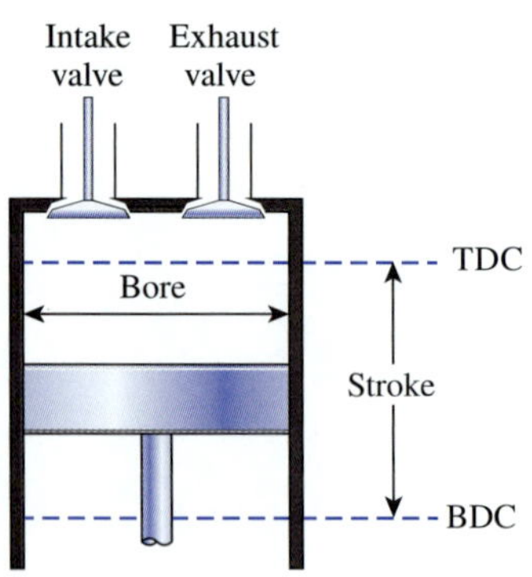

그림 9-10
왕복기관의 명칭

공기 또는 공기-연료 혼합기는 **흡기밸브**(intake valve)를 통해 실린더로 유입되고, 연소 생성물은 **배기밸브**(exhaust valve)를 통해 외부로 배출된다.

피스톤이 상사점에 있을 때 실린더는 최소의 체적을 가지며, 이것을 **간극체적**(clearance volume)이라 한다(그림 9-11). 피스톤이 하사점과 상사점 사이를 움직일 때 피스톤이 밀어낸 체적을 **배기량**(displacement volume)이라 한다. 실린더 내에 형성되는 최대 체적과 최소 체적의 비를 기관의 **압축비**(compression ratio) r이라 한다.

$$r = \frac{V_{max}}{V_{min}} = \frac{V_{BDC}}{V_{TDC}} \tag{9-3}$$

압축비는 체적비(*volume ratio*)이지, 압력비(pressure ratio)로 혼동해서는 안 된다.

왕복기관과 관련하여 자주 사용되는 또 다른 용어는 **평균유효압력**(mean effective pressure, MEP)이다. 이것은 가상의 압력이며, 만일 동력행정 동안 피스톤에 평균유효압력이 작용하면 실제 사이클 동안 발생한 정미 일과 동일한 양의 일을 발생하게 하는 압력이다(그림 9-12). 즉,

$$W_{net} = \text{MEP} \times \text{피스톤 면적} \times \text{행정} = \text{MEP} \times \text{배기량}$$

또는

$$\text{MEP} = \frac{W_{net}}{V_{max} - V_{min}} = \frac{w_{net}}{v_{max} - v_{min}} \quad \text{(kPa)} \tag{9-4}$$

평균유효압력은 동일한 크기를 갖고 있는 왕복기관의 성능을 서로 비교하는 데에 매개변수로 사용될 수 있다. 더 큰 평균유효압력을 갖는 기관일수록 사이클당 더 많은 정미 일이 발생할 수 있고, 따라서 더 우수한 성능을 가지고 있다.

왕복기관은 실린더에서 연소과정이 시작되는 방법에 따라 **불꽃점화 기관**(spark-ignition engines, SI engines) 또는 **압축착화 기관**(compression-ignition engines, CI engines)으로 구분한다. SI기관에서 공기-연료 혼합기는 점화플러그에 의해 점화된다. 반면에 CI기관에서 공기-연료 혼합기는 자발화(self-ignition) 온도 이상으로 압축되면 스스로 착화하게 된다. 다음의 두 절에서 **오토 사이클**과 **디젤 사이클**에 대해 논의할 것이며, 이들은 각각 SI기관과 CI기관의 이상적인 사이클이다.

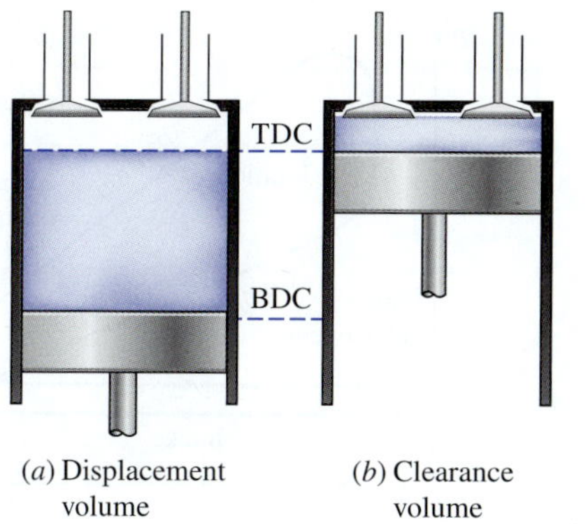

그림 9-11
왕복기관의 배기량과 간극체적

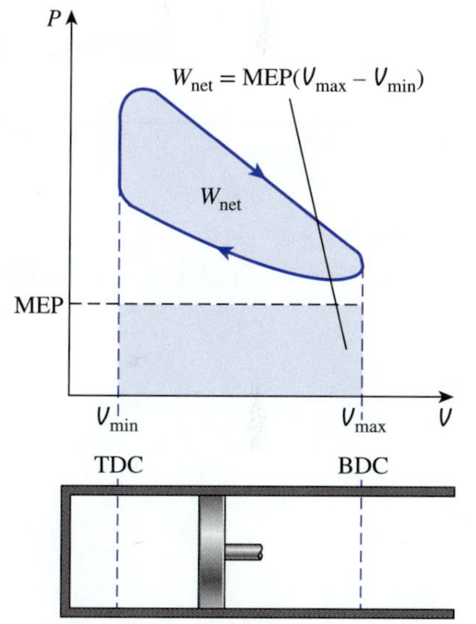

그림 9-12
한 사이클의 정미 출력 일은 평균유효압력과 배기량의 곱과 동일하다.

9-5 오토 사이클: 불꽃점화 기관의 이상 사이클

오토 사이클은 불꽃점화(spark-ignition, SI) 왕복기관의 이상 사이클이다. 그것은 독일의 Nikolaus A. Otto의 이름을 딴 것이며, 그는 프랑스의 Beau de Rochas가 1862년에 제안한 사이클을 이용하여 1876년 독일에서 성공적인 4행정 기관을 제작하였다. 대부분의 불꽃점화 기관에서 피스톤은 실린더 내에서 4번의 행정(2번의 기계적 사이클)을 실행하고, 열역학적 사이클마다 크랭크축은 2회전을 하게 된다.

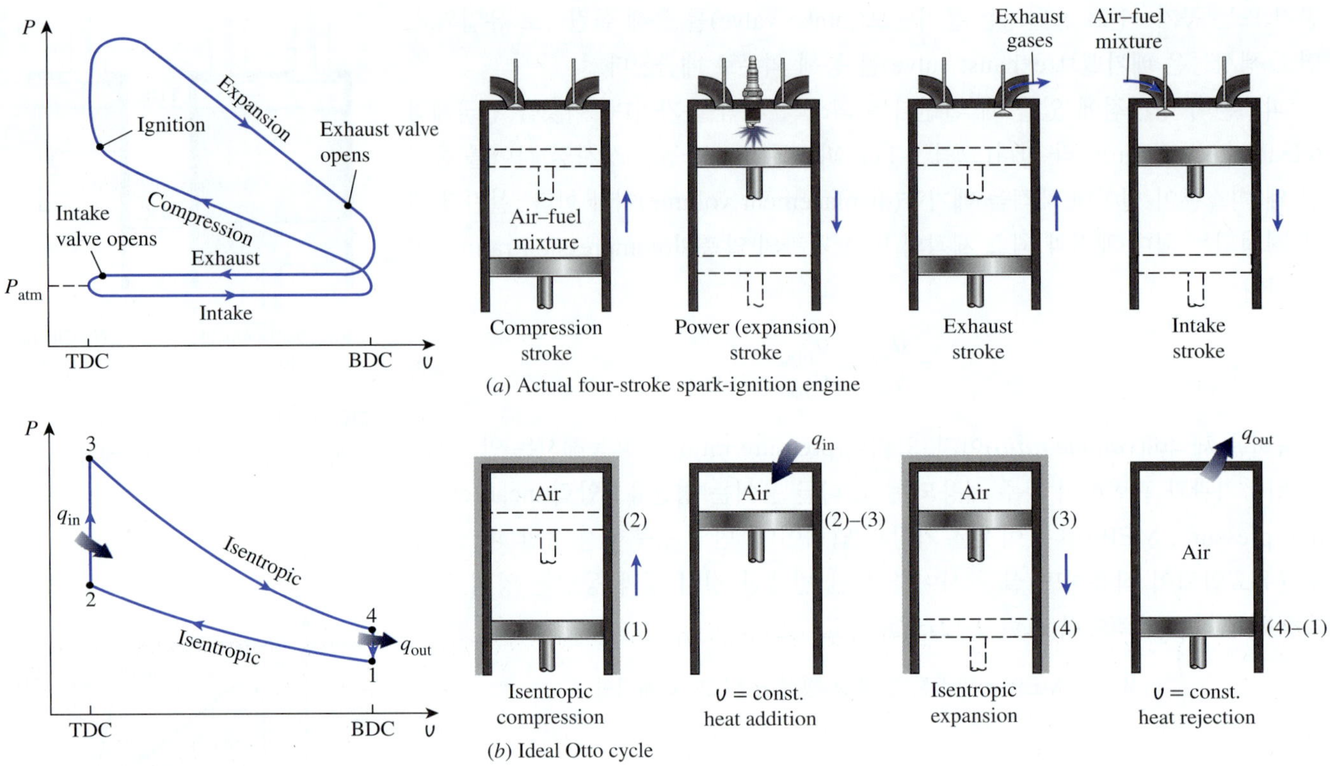

그림 9–13

불꽃점화 기관의 실제 및 이상 사이클과 P-υ 선도

이러한 기관을 **4행정 내연기관**(four-stroke internal combustion engines)이라 부른다. 실제 4행정 불꽃점화 기관에 대한 P-υ 선도뿐만 아니라 각 행정의 개요도가 그림 9-13*a*에 나타나 있다.

초기에 흡기와 배기밸브는 모두 닫혀 있고, 피스톤은 하사점에 있다. **압축행정** 동안 공기-연료 혼합기를 압축하면서 피스톤은 위로 이동한다. 피스톤이 상사점에 도착하기 직전에 점화플러그에 의해 혼합기가 점화되고, 기체의 압력과 온도는 증가하게 된다. **팽창** 또는 **동력행정** 동안 고압의 기체는 피스톤을 아래로 밀면서 크랭크축을 회전시키고, 유용한 출력 일을 발생시킨다. 팽창행정의 끝을 향해 가면서 배기밸브는 열리고 대기압보다 높은 압력의 연소가스는 열린 배기밸브를 통해 실린더를 빠져 나간다. 이 과정은 **배기 블로우다운**(exhaust blowdown)이라 불리며 피스톤이 하사점에 도달할 때까지 대부분의 연소가스가 실린더를 빠져나간다. 하사점의 낮은 압력에서 실린더는 배기가스로 여전히 채워져 있다. 이때 피스톤이 다시 위로 이동하면서 배기가스를 배기밸브를 통해 배출하고(**배기행정**), 피스톤이 두 번째로 아래로 이동하면서 새로운 공기-연료 혼합기가 흡기밸브를 통해 유입된다(**흡기행정**). 배기과정 동안 실린더 내의 압력은 대기압보다 약간 높고, 흡기행정 동안 그것은 대기압보다 약간 낮다는 것을 유의하라.

2행정기관(two-stroke engines)에서 위에서 설명한 4행정의 기능이 단지 2행정, 즉 동력행정과 압축행정으로 실행되는 것이다. 그림 9-14에서 보이는 바와 같이 2행정기관에서 크랭크실은 밀폐되어 있고, 피스톤의 운동은 크랭크실 내의 공기-연료 혼합기를 약간 가압하는 데 이용된다. 또한 흡기밸브와 배기밸브는 실린더 벽면의 하부에 있는 두 개의 구멍으로 대체된다. 동력행정의 후반부에서 내려가는 피스톤은 먼저 배기구를 열고 배기가스를 부분적으로 내보낸다. 그 다음 흡기구가 열리면서 새로운 공기-연료 혼합기가 유입되면서 잔류하고 있는 대부분의 배기가스를 실린더 밖으로 밀어낸다. 그 다음, 압축행정 동안 피스톤이 상승함에 따라 이 혼합기는 압축되고, 그 후에 점화플러그에 의해 점화되게 된다.

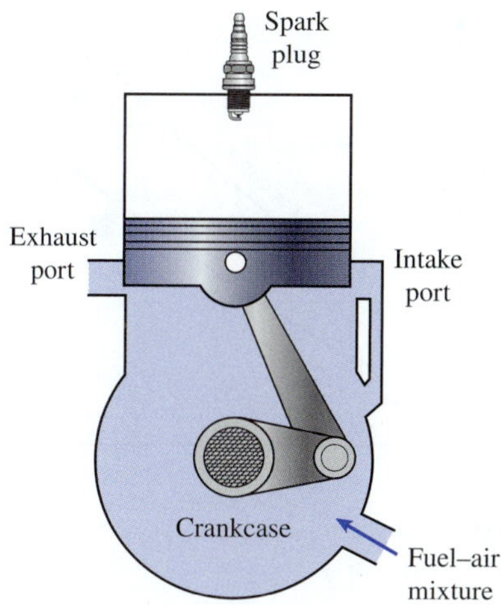

그림 9-14
2행정 왕복기관의 개요도

일반적으로 2행정기관은 4행정기관보다 효율이 더 낮은데, 그 이유는 배기가스의 불완전한 배출과 새로 유입된 공기-연료 혼합기의 일부가 배기가스와 함께 배출되기 때문이다. 그러나 2행정기관은 상대적으로 간단하고 저렴하며, 무게당 또는 체적당 매우 높은 동력발생비를 가지고 있다. 따라서 모터 사이클, 기계톱, 잔디 깎는 기계처럼 소형과 경량을 요구하는 응용분야에 2행정기관이 적합하다(그림 9-15).

그림 9-15
2행정 기관은 보통 모터사이클과 잔디 깎는 기계에 사용된다.
Fineart1/Shutterstock

직접 연료 분사, 층상 급기 연소(stratified charge combustion), 그리고 전자제어와 같은 몇 가지 기술의 진보는 미래의 매우 엄격한 배기규제를 만족시키는 반면에, 높은 연비와 성능을 갖는 2행정기관에 대한 새로운 관심을 일으키고 있다. 주어진 중량과 배기량에 대해 잘 설계된 2행정기관은 4행정기관에 비해 훨씬 많은 동력을 제공할 수 있는데, 이것은 2행정기관이 회전마다 동력을 발생시키기 때문이다. 차세대 2행정기관의 경우, 압축행정 말기에 연소실로 분사되는 고도로 미립화된 연료는 훨씬 더 완전하게 연소될 것이다. 배기밸브가 닫힌 후에 연료가 분사되며, 이것은 미연소된 연료가 대기 중으로 방출되는 것을 방지한다. 층상 연소 방식에 의해, 점화플러그 근처의 소량의 진한 연료-공기 혼합기의 점화로 시작된 화염은 훨씬 더 희박한 혼합기로 채워진 연소실로 전파되며, 이것은 더욱더 완전한 연소의 결과를 낳는다. 또한 전자기술의 발달은 가변적인 기관의 부하와 속도 상태에서 최적의 작동을 가능하게 하고 있다. 주요 자동차 회사들은 미래에 다시 관심을 받을 것으로 예상되는 2행정기관에 대한 연구를 수행하고 있다.

위에서 서술한 실제 4행정 또는 2행정 사이클에 대한 열역학적 해석은 간단한 일이 아니다. 그러나 공기표준 가정을 이용한다면 그 해석은 매우 단순화될 것이다. 실제 작동 조건에 매우 근접하는 단순화된 사이클은 이상적인 **오토 사이클**(Otto cycle)이다. 그것은 네 개의 내부적 가역과정으로 구성된다. 즉,

1-2 등엔트로피 압축
2-3 정적 가열
3-4 등엔트로피 팽창
4-1 정적 방열

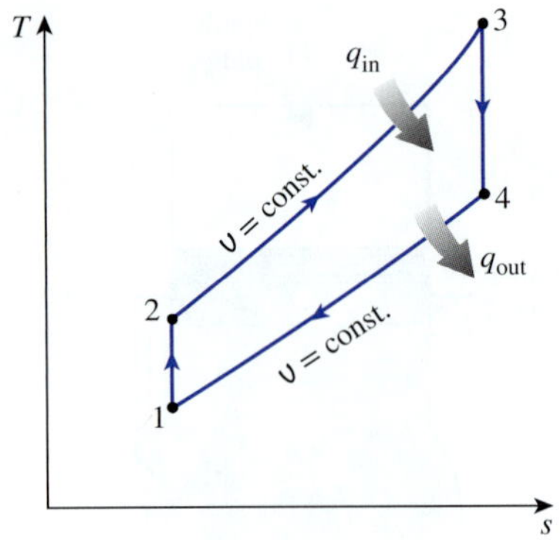

그림 9-16
오토 사이클의 T-s 선도

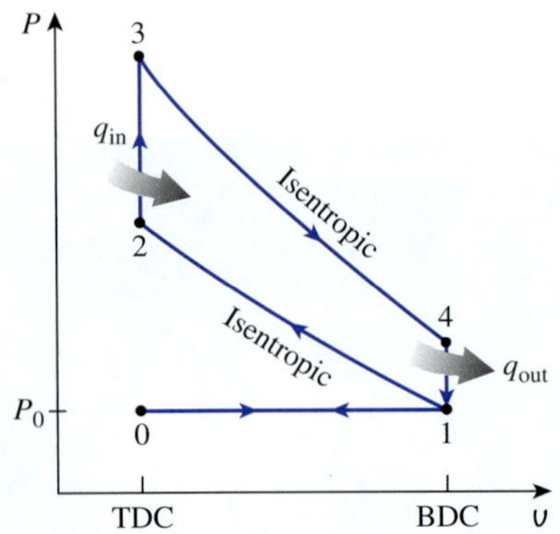

그림 9-17
흡기와 배기 행정을 포함하는 오토 사이클의 P-υ 선도

이다.

피스톤–실린더 기구에서 오토 사이클의 작동이 P-υ 선도와 함께 그림 9-13b에 그려져 있다. 오토 사이클의 T-s 선도는 그림 9-16에 주어져 있다.

그림 9-13b에 주어진 오토 사이클은 한 가지 단점을 가지고 있다. 이 이상 사이클은 하나의 기계적인 사이클 혹은 한 번의 크랭크축 회전과 등가인 2행정으로 구성되어 있다. 그림 9-13a에 주어진 실제 기관 작동은 반면에 두 개의 기계적인 사이클 혹은 두 번의 크랭크축 회전과 등가인 4행정으로 이루어진다. 이것은 그림 9-17에 나타난 바와 같이 오토 사이클에 흡기 및 배기행정을 포함하여 바로잡을 수 있다. 이 수정된 사이클에서 공기–연료 혼합물(공기표준 가정에 의해 공기로 근사)은 과정 0-1 동안 피스톤이 상사점에서 하사점으로 움직일 때 대기압 P_0에서 열린 흡기밸브를 통해 실린더로 들어온다. 상태 1에서 흡기밸브는 닫히고 공기는 상태 2까지 등엔트로피 과정으로 압축된다. 과정 2-3에서 열은 정적과정에 전달되고 공기는 상태 4까지 등엔트로피 과정으로 팽창된다. 과정 4-1에서 열은 정적과정에서 방출된다. 다시 공기로 가정되는 배기가스는 과정 1-0에서 열린 배기밸브를 통해 압력이 P_0로 일정한 상태에서 배출된다.

그림 9-17에 나타나 있는 수정 오토 사이클은 흡기 및 배기과정 동안 열린 계로 작동하고 나머지 4개의 과정 동안은 밀폐계로 작동한다. 오토 사이클에서 정적 가열과정 2-3이 실제 기관 작동에서 연소과정을 대신하며 정적 방열과정 4-1이 배기 블로우다운을 대신한다는 점을 상기하라.

정압 흡기 0-1과 정압 배기 1-0 과정 동안의 일 상호작용은 다음과 같이 표현될 수 있다.

$$w_{\text{out},0\text{-}1} = P_0(\upsilon_1 - \upsilon_0)$$
$$w_{\text{in},1\text{-}0} = P_0(\upsilon_1 - \upsilon_0)$$

흡기 동안의 출력 일과 배기 동안의 입력일은 동일하므로 이 두 개의 과정은 서로 상쇄할 수 있다. 그러면, 사이클은 그림 9-13b에 있는 것으로 축소된다. 따라서, 흡기와 배기과정의 추가는 사이클로부터의 순출력 일에는 영향이 없다. 하지만, 오토 사이클 해석을 하는 동안 사이클로부터의 출력 동력을 계산할 때 오토 사이클은 실제 4행정 불꽃점화 기관과 같이 4행정을 가지고 있다는 사실을 고려해야 한다. 이것은 예제 9-3의 마지막 부분에 설명되어 있다.

오토 사이클이 밀폐계에서 작동되고, 운동 에너지와 위치 에너지의 변화를 무시하면 어떤 과정에 대한 단위질량당 에너지 평형식은 다음과 같다.

$$(q_{\text{in}} - q_{\text{out}}) + (w_{\text{in}} - w_{\text{out}}) = \Delta u \qquad \text{(kJ/kg)} \tag{9-5}$$

두 열전달 과정이 모두 정적과정으로 일어나기 때문에 그 두 과정에서 일은 없다. 그러므로 작동유체로 전달되거나 작동유체에서 외부로 전달되는 열전달은 다음과 같이 표현된다.

$$q_{in} = u_3 - u_2 = c_v(T_3 - T_2) \quad \text{(9-6a)}$$

$$q_{out} = u_4 - u_1 = c_v(T_4 - T_1) \quad \text{(9-6b)}$$

그리고 냉공기표준 가정에서 오토 사이클의 열효율은 다음과 같다.

$$\eta_{th,Otto} = \frac{w_{net}}{q_{in}} = 1 - \frac{q_{out}}{q_{in}} = 1 - \frac{T_4 - T_1}{T_3 - T_2} = 1 - \frac{T_1(T_4/T_1 - 1)}{T_2(T_3/T_2 - 1)}$$

여기서 과정 1-2와 3-4는 등엔트로피 과정이며, $v_2 = v_3$이고 $v_4 = v_1$이다. 따라서, 등엔트로피 과정의 이상기체 관계식과 이들 관계식들을 정리하면 아래와 같은 식을 얻을 수 있다.

$$\frac{T_1}{T_2} = \left(\frac{v_2}{v_1}\right)^{k-1} = \left(\frac{v_3}{v_4}\right)^{k-1} = \frac{T_4}{T_3} \quad \text{(9-7)}$$

위 식들을 열효율 관계식에 대입하고 단순화하면 다음과 같다.

$$\eta_{th,Otto} = 1 - \frac{1}{r^{k-1}} \quad \text{(9-8)}$$

여기서 r은

$$r = \frac{V_{max}}{V_{min}} = \frac{V_1}{V_2} = \frac{v_1}{v_2} \quad \text{(9-9)}$$

으로 압축비(compression ratio)이며 k는 비열비 c_p/c_v이다.

식 (9-8)은 냉공기표준 가정하에서 오토 사이클의 열효율이 기관의 압축비와 작동유체의 비열비에 의존한다는 것을 보여준다. 압축비와 비열비에 따라 오토 사이클의 열효율은 증가한다. 물론 이 결과는 실제 불꽃점화 기관에도 적용된다. 그림 9-18은 실온에서 공기의 비열비 $k = 1.4$일 때 압축비에 대한 열효율을 나타낸다. 주어진 압축비에서 실제 불꽃점화 기관의 열효율은 오토 사이클의 열효율보다 낮으며, 이것은 마찰과 같은 비가역성과 불완전연소와 같은 다른 요인이 있기 때문이다.

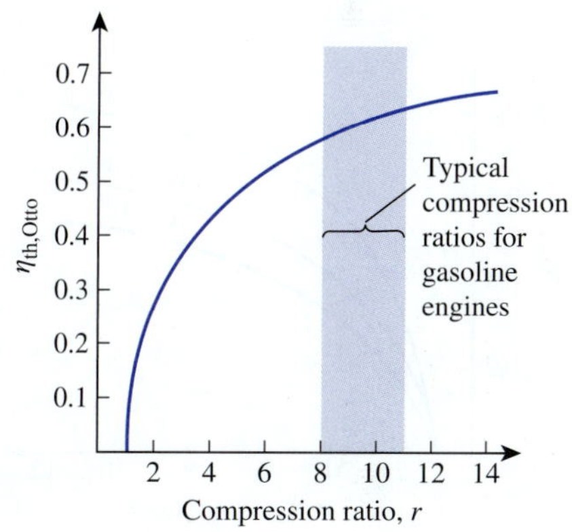

그림 9-18

압축비의 함수인 오토 사이클의 열효율 ($k = 1.4$)

그림 9-18에서 열효율 곡선은 낮은 압축비 구간에서 기울기가 다소 크나, 압축비가 약 8 정도부터 기울기가 작아지고 있음을 볼 수 있다. 그러므로 고압축비에서는 열효율의 증가가 미미하다. 또한 고압축비가 사용될 때, 압축과정에서 공기-연료 혼합기의 온도가 연료의 자연발화 온도(불꽃점화의 도움 없이 연료 스스로 점화되는 온도) 이상으로 상승하게 되는데, 이것은 화염 전면의 몇몇 지점에서 조기에 급격한 연소를 초래하며, 말단기체의 거의 순간적인 점화가 뒤따른다. 이러한 연료의 조기점화, 소위 **자연발화**(autoignition)는 **엔진 노크**(engine knock)라 부르는 소음을 발생시킨다. 불꽃점화 기관에서 자연발화는 용인될 수 없는데, 그것은 성능을 저해하고 기관의 손상을 초래하기 때문이다. 자연발화가 일어나지 않아야 한다는 요구조건은 불꽃점화 내연기관에 사용할 수 있는 압축비에 제한이 되었다.

4에틸납(tetraethyl lead)과 같이 반노크성(antiknock)이 좋은 물질을 첨가한 가솔린를 사용함으로써 자연발화 문제에 직면하지 않고도 더 높은 압축비(약 12 이상)를 사용할 수 있게 되었고 가솔린 엔진의 열효율 향상도 가능하게 되었다. 4에틸납은 1920년대부터 가솔린에 첨가되어 왔는데, 그것은 연료의 기관노크에 대한 저항의 척도로 사용하는 **옥탄가**를 올리는 값싼 방법이었기 때문이다. 그러나 유연 가솔린는 매우 바람직하지 못한 부작용을 갖고 있다. 즉, 유연 가솔린은 연소과정에서 인체에 매우 해롭고 환경을 오염시키는 화합물을 형성한다. 대기오염과 싸우는 노력의 과정에서 각국 정부들은 1970년대 중반에 유연 가솔린을 궁극적으로 사라지게 하는 정책을 채택하였다. 납을 사용할 수 없기 때문에, 정유업자들은 가솔린의 반노크성을 향상시키기 위하여 또 다른 기술을 개발하였다. 1975년 이후 생산된 대부분의 자동차들은 무연 가솔린을 사용하도록 설계되었고, 기관노크를 피하기 위해 압축비는 낮추어져야만 하였다. 최근 고옥탄가 연료의 이용 가능성은 다시 압축비를 증가시키고 있다. 또한 다른 분야(차체 중량의 감소, 개선된 공기역학적 설계, 멀티링크 시스템의 사용에 의한 가변 압축비의 사용, 제동과정의 동력손실을 회수하는 하이브리드 기관, 개별 조절 흡기 및 배기밸브 등)의 발달로 오늘날 자동차는 더 좋은 연비를 가지고 있으며, 결과적으로 연료 갤런당 더 높은 마일리지를 갖는다. 이것은 공학적 결정이 어떻게 타협을 포함하고 있는가에 대한 하나의 예이고, 열효율은 최종 설계에서의 고려사항 중의 하나일 뿐이라는 것을 보여준다.

오토 사이클의 열효율에 영향을 미치는 두 번째 매개변수는 비열비 k이다. 아르곤이나 헬륨과 같은 단원자 기체(k = 1.667)를 작동유체로 사용하는 오토 사이클은 주어진 압축비에서 최고의 열효율을 가지고 있다. 따라서 작동유체의 분자가 커짐에 따라, 비열비 k와 오토 사이클의 열효율은 감소한다(그림 9-19). 실온에서 공기의 비열비는 1.4이고, 이산화탄소의 비열비는 1.3, 그리고 에탄의 비열비는 1.2이다. 실제 기관의 작동유체는 이산화탄소와 같이 큰 분자를 포함하고, 온도에 따라 비열비는 감소한다. 실제 사이클이 오토 사이클보다 낮은 열효율을 갖는 이유 중의 하나이다. 실제 불꽃점화 기관의 열효율은 약 25~30% 정도이다.

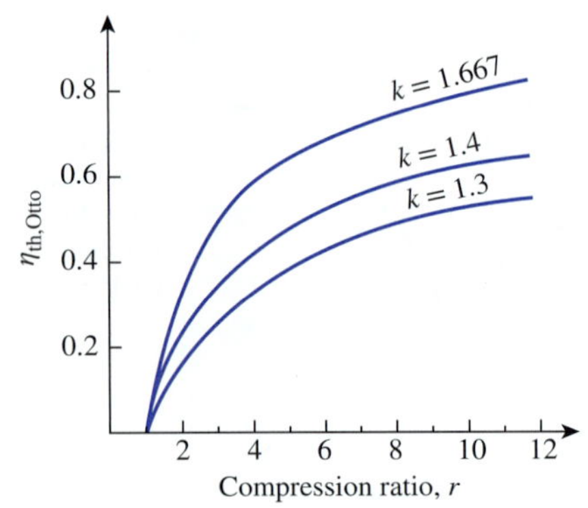

그림 9-19
오토 사이클의 열효율은 작동유체의 비열비 k에 따라 증가한다.

예제 9-3 **오토 사이클**

어떤 오토 사이클의 압축비가 8이다. 압축과정의 초기에 공기는 100 kPa, 17°C의 상태에 있고, 정적 가열과정에서 공기로 800 kJ/kg의 열이 전달되었다. 사이클 동안 온도에 따른 공기 비열의 변화를 고려하여 (*a*) 사이클 동안 나타나는 최대의 온도와 압력, (*b*) 정미 출력 일, (*c*) 열효율, (*d*) 사이클의 평균유효압력을 구하라.

(*e*) 또한, 4000 rpm (rev/min)의 기관 속도에서 사이클로부터의 출력 동력을 kW 단위로 결정하라. 전체 배기량 1.6 L의 4개의 실린더를 가진 엔진에서 이 사이클이 작동한다고 가정하라.

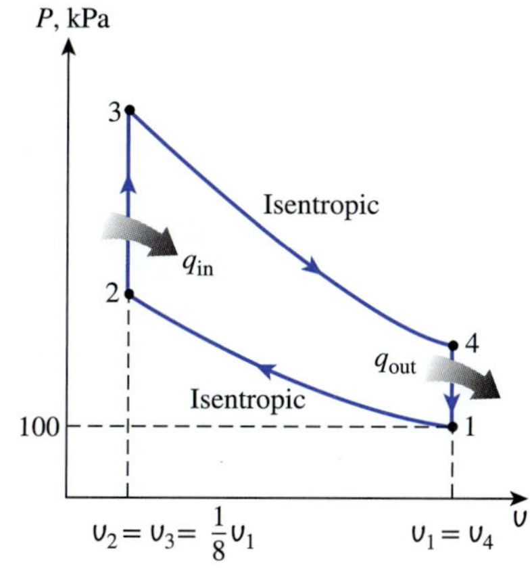

그림 9-20
예제 9-3에서 논의된 오토 사이클의 P-υ 선도

풀이 오토 사이클이 고려되었다. 주어진 기관 속도에서의 최대 온도와 압력, 정미 출력 일, 열효율, 평균유효압력, 그리고 출력 동력이 결정된다.

가정 **1.** 공기표준 가정을 적용할 수 있다. **2.** 운동 및 위치 에너지의 변화는 무시할 만하다. **3.** 온도에 따른 비열의 변화를 고려한다.

해석 오토 사이클의 P-υ 선도는 그림 9-20에 나타나 있다. 실린더 내의 공기는 밀폐계를 형성한다.

(*a*) 오토 사이클에서 최대의 압력과 온도는 정적 가열과정의 끝(상태 3)에 나타난다. 그러나 우선 Table A-21의 자료를 이용하여 등엔트로피 압축과정의 끝(상태 2)에서 공기의 압력과 온도를 구할 필요가 있다. 즉, 다음과 같다.

$$T_1 = 290 \text{ K} \rightarrow u_1 = 206.91 \text{ kJ/kg}$$
$$\upsilon_{r1} = 676.1$$

과정 1-2(이상기체의 등엔트로피 압축):

$$\frac{\upsilon_{r2}}{\upsilon_{r1}} = \frac{\upsilon_2}{\upsilon_1} = \frac{1}{r} \rightarrow \upsilon_{r2} = \frac{\upsilon_{r1}}{r} = \frac{676.1}{8} = 84.51 \rightarrow T_2 = 652.4 \text{ K}$$
$$u_2 = 475.11 \text{ kJ/kg}$$

$$\frac{P_2\upsilon_2}{T_2} = \frac{P_1\upsilon_1}{T_1} \rightarrow P_2 = P_1\left(\frac{T_2}{T_1}\right)\left(\frac{\upsilon_1}{\upsilon_2}\right)$$
$$= (100 \text{ kPa})\left(\frac{652.4 \text{ K}}{290 \text{ K}}\right)(8) = 1799.7 \text{ kPa}$$

과정 2-3(정적 가열):

$$q_{in} = u_3 - u_2$$
$$800 \text{ kJ/kg} = u_3 - 475.11 \text{ kJ/kg}$$
$$u_3 = 1275.11 \text{ kJ/kg} \rightarrow T_3 = \mathbf{1575.1 \text{ K}}$$
$$\upsilon_{r3} = 6.108$$

$$\frac{P_3\upsilon_3}{T_3} = \frac{P_2\upsilon_2}{T_2} \rightarrow P_3 = P_2\left(\frac{T_3}{T_2}\right)\left(\frac{\upsilon_2}{\upsilon_3}\right)$$
$$= (1.7997 \text{ MPa})\left(\frac{1575.1 \text{ K}}{652.4 \text{ K}}\right)(1) = \mathbf{4.345 \text{ MPa}}$$

(*b*) 사이클의 정미 출력 일은 적분과 합에 의해 각 과정에서 포함된 경계일($P\,dV$)을 찾거나 또는 사이클 동안 행해진 정미 일에 해당하는 정미 열전달을 찾아서 구할 수 있다. 여기서 후자의 접근법을 택한다. 그러나 우선 상태 4에서 공기의 내부 에너지를 찾을 필요가 있다.

과정 3-4(이상기체의 등엔트로피 팽창):

$$\frac{\upsilon_{r4}}{\upsilon_{r3}} = \frac{\upsilon_4}{\upsilon_3} = r \rightarrow \upsilon_{r4} = r\upsilon_{r3} = (8)(6.108) = 48.864 \rightarrow T_4 = 795.6 \text{ K}$$
$$u_4 = 588.74 \text{ kJ/kg}$$

과정 4-1(정적 방열):

$$-q_{out} = u_1 - u_4 \rightarrow q_{out} = u_4 - u_1$$
$$q_{out} = 588.74 - 206.91 = 381.83 \text{ kJ/kg}$$

따라서

$$w_{net} = q_{net} = q_{in} - q_{out} = 800 - 381.83 = \mathbf{418.17\ kJ/kg}$$

(*c*) 사이클의 열효율은 그 정의로부터 구할 수 있다.

$$\eta_{th} = \frac{w_{net}}{q_{in}} = \frac{418.17\ \text{kJ/kg}}{800\ \text{kJ/kg}} = 0.523 \quad \text{또는} \quad \mathbf{52.3\%}$$

냉공기표준 가정(실온에서 일정 비열 값)에서 열효율은 식 (9-8)로부터

$$\eta_{th,Otto} = 1 - \frac{1}{r^{k-1}} = 1 - r^{1-k} = 1 - (8)^{1-1.4} = 0.565 \quad \text{또는} \quad 56.5\%$$

와 같고, 이것은 위에서 구한 값과 상당한 차이를 보인다. 그러므로 냉공기표준 가정을 사용할 때에는 주의를 해야 한다.

(*d*) 평균유효압력은 그 정의, 즉 식 (9-4)로부터 구할 수 있다.

$$\text{MEP} = \frac{w_{net}}{v_1 - v_2} = \frac{w_{net}}{v_1 - v_1/r} = \frac{w_{net}}{v_1(1 - 1/r)}$$

여기서

$$v_1 = \frac{RT_1}{P_1} = \frac{(0.287\ \text{kPa·m}^3/\text{kg·K})(290\ \text{K})}{100\ \text{kPa}} = 0.8323\ \text{m}^3/\text{kg}$$

이다. 따라서

$$\text{MEP} = \frac{418.17\ \text{kJ/kg}}{(0.8323\ \text{m}^3/\text{kg})\left(1 - \frac{1}{8}\right)}\left(\frac{1\ \text{kPa·m}^3}{1\ \text{kJ}}\right) = \mathbf{574\ kPa}$$

(*e*) 모든 4개의 실린더에 의해 취해진 전체 공기 질량은 충전이 되었을 때 다음과 같이 주어진다.

$$m = \frac{V_d}{v_1} = \frac{0.0016\ \text{m}^3}{0.8323\ \text{m}^3/\text{kg}} = 0.001922\ \text{kg}$$

사이클이 생산하는 정미 일은

$$W_{net} = mw_{net} = (0.001922\ \text{kg})(418.17\ \text{kJ/kg}) = 0.8037\ \text{kJ}$$

이다. 즉 열역학적 사이클마다 생산되는 정미 일은 0.8037 kJ/cycle이다. 4행정 엔진(혹은 흡기 및 배기행정을 포함하는 오토 사이클에서는) 열역학적 사이클마다 2회전이 있는 것(n_{rev} = 2 rev/cycle)에 주의하면 엔진이 생산하는 동력은 다음과 같이 결정된다.

$$\dot{W}_{net} = \frac{W_{net}\dot{n}}{n_{rev}} = \frac{(0.8037\ \text{kJ/cycle})(4000\ \text{rev/min})}{2\ \text{rev/cycle}}\left(\frac{1\ \text{min}}{60\ \text{s}}\right) = \mathbf{26.8\ kW}$$

토의 동일한 값을 가지는 2행정 엔진 상에서 동작하는 오토 사이클을 해석하였다면 출력 동력은 다음과 같이 계산되었을 것이다.

$$\dot{W}_{net} = \frac{W_{net}\dot{n}}{n_{rev}} = \frac{(0.8037\ \text{kJ/cycle})(4000\ \text{rev/min})}{1\ \text{rev/cycle}}\left(\frac{1\ \text{min}}{60\ \text{s}}\right) = 53.6\ \text{kW}$$

2행정 기관에서는 하나의 열역학적 사이클마다 1회전이 있다는 것에 주목하라.

9-6 디젤 사이클: 압축착화 기관의 이상 사이클

디젤 사이클은 압축착화(compression-ignition, CI) 왕복기관에 대한 이상 사이클이다. 1890년대 Rudolph Diesel에 의해 처음으로 제안된 CI기관은 앞 절에 논의된 SI기관과 매우 유사하며, 단지 연소를 시작하는 방법에서만 주로 다르다. 불꽃점화 기관(**가솔린기관**)에서 공기-연료 혼합기는 연료의 자연발화 온도 이하의 온도까지 압축되고, 연소과정은 점화플러그의 점화에 의해 시작된다. **디젤기관**으로 알려진 CI기관에서, 공기는 연료의 자연발화 온도 이상까지 압축되고, 연소는 연료가 이 고온의 공기 속으로 분사되어 접촉함으로써 시작된다. 그러므로 가솔린기관의 점화플러그와 기화기는 디젤기관의 연료분사기로 대체된다(그림 9-21).

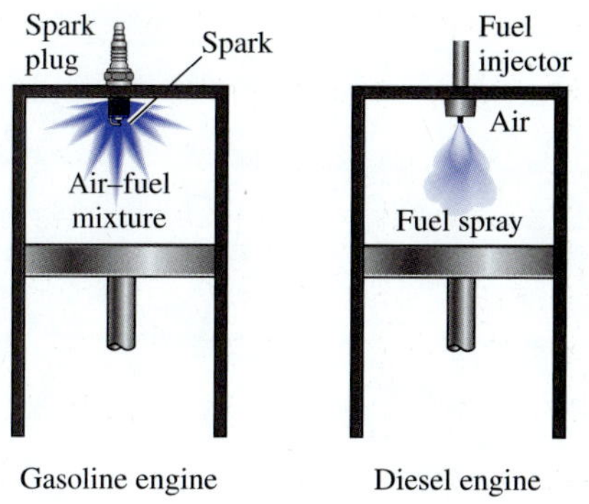

그림 9-21
디젤기관에서 점화플러그는 연료분사기로 대체되고, 압축과정 동안 공기만 압축된다.

가솔린기관에서 공기와 연료 혼합기는 압축행정 동안 압축되고, 압축비는 자연발화 또는 기관노크의 발생에 의해 제한된다. 디젤기관의 경우, 오직 공기만이 압축행정 동안 압축되며, 자연발화의 가능성은 배제된다. 그러므로 디젤기관은 12에서 24 사이의 매우 높은 압축비에서 작동하도록 설계될 수 있다. 자연발화의 문제를 다룰 필요가 없다는 점은 또 다른 이점이다. 즉, 가솔린기관에 놓인 수많은 엄격한 요구 사항들을 배제할 수 있고, 덜 정제된(따라서 더 저가임) 연료가 디젤기관에 사용될 수 있다.

디젤기관의 연료분사 과정은 피스톤이 상사점에 접근할 때 시작하고, 동력행정의 초기 일부 시간 동안 계속된다. 그러므로 이러한 기관들의 연소과정은 긴 시간 간격에 걸쳐 일어난다. 이러한 장시간의 연소과정으로 인해 디젤 사이클의 연소과정을 정압 가열과정에 접근시킬 수 있다. 사실 이것이 오토 사이클과 디젤 사이클이 서로 다른 유일한 과정이다. 나머지 세 과정은 동일하다. 즉, 과정 1-2는 등엔트로피 압축 과정 2-3은 정압 가열, 과정 3-4는 등엔트로피 팽창, 그리고 과정 4-1은 정적 방열이다. 그림 9-22에 보이는 디젤 사이클의 P-υ 선도와 T-s 선도로부터 두 사이클 사이의 유사성을 명백하게 알 수 있다.

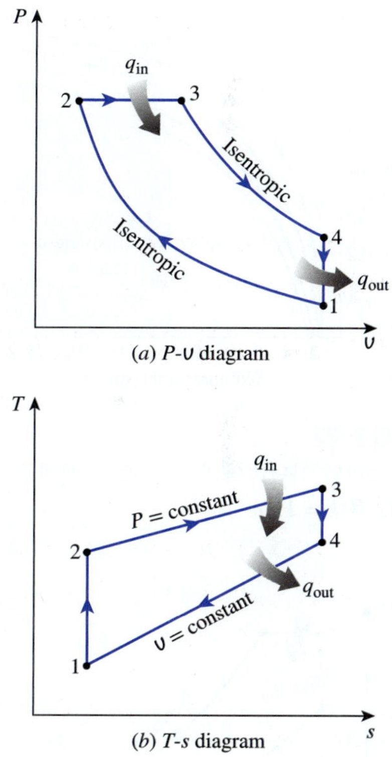

그림 9-22
디젤 사이클의 P-υ 선도와 T-s 선도

디젤 사이클은 밀폐계를 구성하는 피스톤-실린더 기구에서 실행되며, 정압과정에서 작동유체로 전달된 열량과 정적과정에서 작동유체로부터의 방출된 열량은 아래와 같은 식으로 나타낼 수 있다.

$$q_{\text{in}} - w_{b,\text{out}} = u_3 - u_2 \rightarrow q_{\text{in}} = P_2(\upsilon_3 - \upsilon_2) + (u_3 - u_2)$$
$$= h_3 - h_2 = c_p(T_3 - T_2) \qquad \textbf{(9-10a)}$$

그리고

$$-q_{\text{out}} = u_1 - u_4 \rightarrow q_{\text{out}} = u_4 - u_1 = c_\upsilon(T_4 - T_1) \qquad \textbf{(9-10b)}$$

그러면, 냉공기표준 가정하에서 디젤 사이클의 열효율은 다음과 같이 된다.

$$\eta_{\text{th,Diesel}} = \frac{w_{\text{net}}}{q_{\text{in}}} = 1 - \frac{q_{\text{out}}}{q_{\text{in}}} = 1 - \frac{T_4 - T_1}{k(T_3 - T_2)} = 1 - \frac{T_1(T_4/T_1 - 1)}{kT_2(T_3/T_2 - 1)}$$

여기서 연소과정 전후의 실린더 체적비로써 **차단비**(cut-off ratio) r_c라는 새로운 양을 다음과 같이 정의한다.

$$r_c = \frac{V_3}{V_2} = \frac{v_3}{v_2} \quad \textbf{(9-11)}$$

이 정의와 과정 1-2 및 과정 3-4에 대한 등엔트로피 과정의 이상기체 관계식을 이용하면 열효율식은 다음과 같이 단순화된다.

$$\eta_{\text{th,Diesel}} = 1 - \frac{1}{r^{k-1}}\left[\frac{r_c^k - 1}{k(r_c - 1)}\right] \quad \textbf{(9-12)}$$

여기서 r은 식 (9-9)로 정의된 압축비이다. 식 (9-12)를 주의 깊게 살펴보면, 이 식이 냉공기표준 가정에서 디젤 사이클의 효율은 대괄호 안의 값에 의해 오토 사이클의 효율과 다르다는 것을 알려준다. 이 대괄호 안의 값은 항상 1보다 더 크다. 그러므로 두 사이클이 모두 동일한 압축비로 작동할 때 오토 사이클과 디젤 사이클의 효율관계는 다음과 같다.

$$\eta_{\text{th,Otto}} > \eta_{\text{th,Diesel}} \quad \textbf{(9-13)}$$

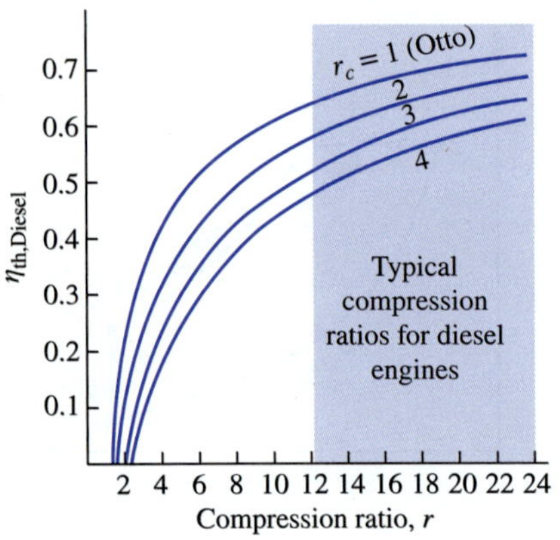

그림 9-23
압축비와 차단비의 함수인 디젤 사이클의 열효율(k = 1.4)

또한 차단비가 감소함에 따라 디젤 사이클의 효율은 증가한다(그림 9-23). $r_c = 1$인 극단적인 경우, 괄호 안의 값은 1이 되고(증명할 수 있는가?), 오토 사이클과 디젤 사이클의 효율은 동일하게 된다. 하지만 디젤기관이 훨씬 더 높은 압축비에서 작동하고, 따라서 일반적으로 불꽃점화(가솔린)기관에 비해 더 효율적이라는 것을 명심하라. 또한 디젤기관은 불꽃점화 기관에 비해 더 낮은 회전수로 작동하며 공연비가 불꽃점화 기관에 비해서 훨씬 크기 때문에 연료를 훨씬 더 완전하게 연소시킨다. 디젤 자동차 기관의 열효율은 약 35~40%의 범위에 있다. 몇몇의 아주 큰 저속 CI 기관은 50%가 넘는 열효율을 가진다.

높은 효율과 낮은 연료비용으로 인해 기관차, 비상 발전설비, 대형 선박, 대형 트럭과 같이 상대적으로 큰 동력을 요구하는 응용분야에 디젤기관이 사용되고 있다. 디젤기관이 얼마나 클 수 있는가에 대한 한 가지 예로서, 1964년 이탈리아의 Fiat사가 제작한 12기통 디젤기관은 실린더의 보어가 90 cm이고, 행정이 91 cm이며, 회전수 122 rpm에서 상용출력은 25,200 hp (18.8 MW)이었다.

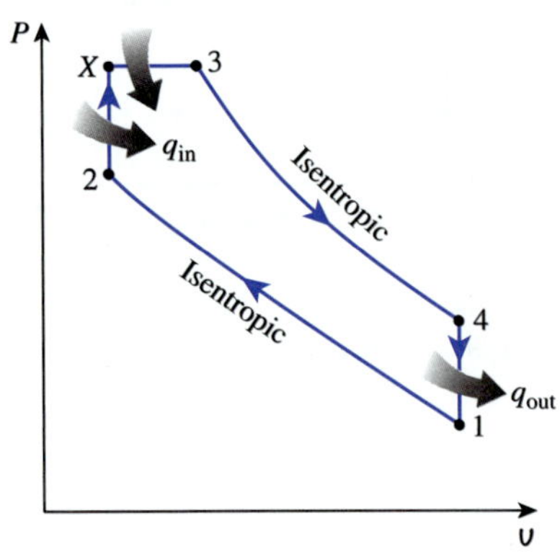

그림 9-24
이상 복합 사이클의 P-v 선도

현대의 고속 압축착화 기관에서, 초기의 디젤기관에 비해 연료가 훨씬 이른 시기에 연소실 내로 분사된다. 연료는 압축행정의 늦은 시기에 점화가 시작되고, 결과적으로 일부의 연소는 거의 정적과정으로 진행된다. 피스톤이 상사점에 도달할 때까지 연료 분사는 계속되고, 팽창과정 초기에 연료의 연소는 높은 압력을 잘 유지시킨다. 따라서 전체 연소과정은 정적과정과 정압과정의 조합으로 보다 더 잘 모델화 될 수 있다. 이 개념에 근거를 둔 이상 사이클을 **복합(또는 이중) 사이클**(dual cycle)이라고 부르고, 이에 대한 P-v 선도가 그림 9-24에 나타나 있다. 각 과정 동안 전달된 상대적인 열량은 실제 사이클에 더욱 가깝게 조정될 수 있다. 오토 사이클과 디젤 사이클 모두 복합 사이클의 특별한 경우로서 얻어질 수 있다는 사실에 주목하라. 복합 사이클은 현대의 고속 압축착화 기관을 표현한다는 점에서 디젤 사이클에 비해 훨씬 더 실제적인 모델이다.

예제 9-4 **디젤 사이클**

작동유체로 공기를 사용하는 디젤 사이클이 압축비 18, 차단비 2를 가지고 있다. 압축과정 초기에 작동유체는 14.7 psia, 80°F, 117 in^{3}의 상태에 있다. 냉공기표준 가정을 이용하여 다음을 구하라. (*a*) 각 과정의 최종상태에서 공기의 온도와 압력, (*b*) 정미 출력 일과 열효율, (*c*) 평균유효압력

풀이 이상 디젤 사이클이 고려된다. 각 과정의 끝점에서의 온도와 압력, 정미 출력 일, 열효율 그리고 평균유효압력을 구한다.

가정 **1.** 냉공기표준 가정을 적용할 수 있고, 따라서 공기는 실온에서 일정한 비열을 가지고 있다고 가정할 수 있다. **2.** 운동 및 위치 에너지의 변화는 무시할 만하다.

물성 공기의 기체상수는 $R = 0.3704$ psia·ft^3/lbm·R이고, 실온에서 비열은 $c_p = 0.240$ Btu/lbm·R, $c_v = 0.171$ Btu/lbm·R이고, $k = 1.4$이다(Table A-2E*a*).

해석 디젤 사이클의 *P*-*V* 선도는 그림 9-25와 같다. 실린더 내에 공기는 밀폐계를 형성한다.

(*a*) 각 과정의 최종상태에서 온도와 압력은 과정 1-2와 과정 3-4에 대한 이상기체의 등엔트로피 관계식을 이용하여 구할 수 있다. 그러나 먼저 각 과정 최종상태에서 압축비와 차단비의 정의로부터 체적을 구한다.

$$V_2 = \frac{V_1}{r} = \frac{117 \text{ in}^3}{18} = 6.5 \text{ in}^3$$

$$V_3 = r_c V_2 = (2)(6.5 \text{ in}^3) = 13 \text{ in}^3$$

$$V_4 = V_1 = 117 \text{ in}^3$$

과정 1-2(이상기체의 등엔트로피 압축, 비열 일정)

$$T_2 = T_1\left(\frac{V_1}{V_2}\right)^{k-1} = (540 \text{ R})(18)^{1.4-1} = \mathbf{1716\ R}$$

$$P_2 = P_1\left(\frac{V_1}{V_2}\right)^{k} = (14.7 \text{ psia})(18)^{1.4} = \mathbf{841\ psia}$$

과정 2-3(이상기체의 정압 가열)

$$P_3 = P_2 = \mathbf{841\ psia}$$

$$\frac{P_2V_2}{T_2} = \frac{P_3V_3}{T_3} \rightarrow T_3 = T_2\left(\frac{V_3}{V_2}\right) = (1716 \text{ R})(2) = \mathbf{3432\ R}$$

과정 3-4(이상기체의 등엔트로피 팽창, 비열 일정)

$$T_4 = T_3\left(\frac{V_3}{V_4}\right)^{k-1} = (3432 \text{ R})\left(\frac{13 \text{ in}^3}{117 \text{ in}^3}\right)^{1.4-1} = \mathbf{1425\ R}$$

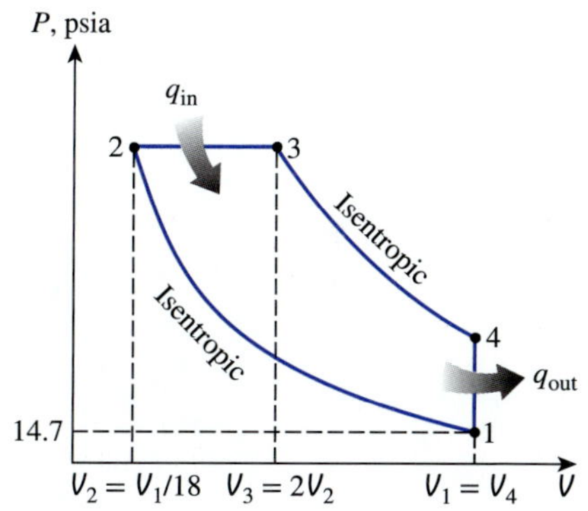

그림 9-25
예제 9-4에서 논의된 디젤 사이클의 *P*-*V* 선도

$$P_4 = P_3\left(\frac{V_3}{V_4}\right)^k = (841 \text{ psia})\left(\frac{13 \text{ in}^3}{117 \text{ in}^3}\right)^{1.4} = \mathbf{38.8 \text{ psia}}$$

(*b*) 한 사이클에 대한 정미 일은 정미 열전달과 같다. 그러나 먼저 공기의 질량을 찾으면 다음과 같다.

$$m = \frac{P_1 V_1}{RT_1} = \frac{(14.7 \text{ psia})(117 \text{ in}^3)}{(0.3704 \text{ psia·ft}^3/\text{lbm·R})(540 \text{ R})}\left(\frac{1 \text{ ft}^3}{1728 \text{ in}^3}\right) = 0.00498 \text{ lbm}$$

과정 2-3은 정압 가열과정이며, 경계일과 Δu항은 조합되어 Δh로 된다. 따라서 다음과 같다.

$$\begin{aligned} Q_{in} &= m(h_3 - h_2) = mc_p(T_3 - T_2) \\ &= (0.00498 \text{ lbm})(0.240 \text{ Btu/lbm·R})[(3432 - 1716) \text{ R}] \\ &= 2.051 \text{ Btu} \end{aligned}$$

과정 4-1은 정적 방열과정(일의 출입을 포함하지 않는다)이고, 방출된 열량은

$$\begin{aligned} Q_{out} &= m(u_4 - u_1) = mc_v(T_4 - T_1) \\ &= (0.00498 \text{ lbm})(0.171 \text{ Btu/lbm·R})[(1425 - 540) \text{ R}] \\ &= 0.754 \text{ Btu} \end{aligned}$$

이고, 따라서 정미 일은 다음과 같다.

$$W_{net} = Q_{in} - Q_{out} = 2.051 - 0.754 = \mathbf{1.297 \text{ Btu}}$$

그러므로 열효율은 다음과 같이 된다.

$$\eta_{th} = \frac{W_{net}}{Q_{in}} = \frac{1.297 \text{ Btu}}{2.051 \text{ Btu}} = 0.632 \quad \text{or} \quad \mathbf{63.2\%}$$

이 디젤 사이클의 열효율은 냉공기표준 가정에서 식 (9-12)로부터 역시 구할 수 있다.

(*c*) 평균유효압력은 정의, 즉 식 (9-4)로부터 구해진다.

$$\begin{aligned} \text{MEP} &= \frac{W_{net}}{V_{max} - V_{min}} = \frac{W_{net}}{V_1 - V_2} = \frac{1.297 \text{ Btu}}{(117 - 6.5) \text{ in}^3}\left(\frac{778.17 \text{ lbf·ft}}{1 \text{ Btu}}\right)\left(\frac{12 \text{ in}}{1 \text{ ft}}\right) \\ &= \mathbf{110 \text{ psia}} \end{aligned}$$

토의 동력행정 동안 110 psia의 일정한 압력은 전체 디젤 사이클이 하는 것과 동일한 정미 출력 일을 발생시킬 수 있음을 유의하라.

9-7 브레이튼 사이클: 가스터빈 기관의 이상 사이클

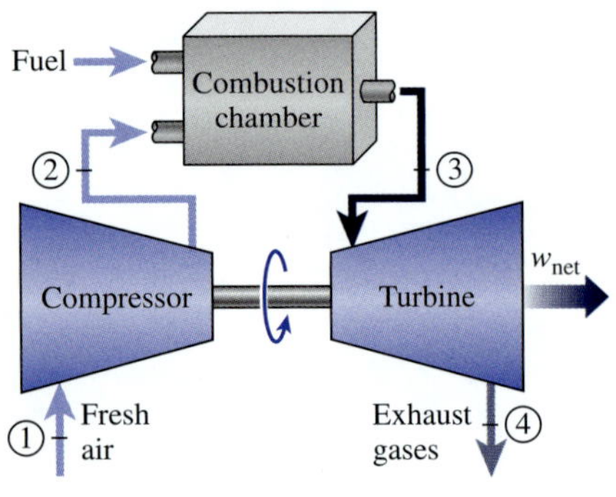

그림 9-26
개방 사이클 가스터빈 기관

브레이튼 사이클은 1870년 자신이 개발한 석유 연소 왕복기관에 사용하기 위해 George Brayton에 의해 최초로 제안되었다. 오늘날 이 사이클은 압축과정과 팽창과정이 모두 회전기계에서 일어나는 가스터빈에서만 사용된다. 그림 9-26에서 보듯이 가스터빈은 일반적으로 **개방 사이클**로 작동한다. 대기조건의 새로운 공기가 압축기로 유입되어, 그 온도와 압력이 올라가게 된다. 고압의 공기는 연소실로 들어가고, 연료는 연소실에서 정압과정으로 연소된다. 그 다음 연소실에서 나온 고온 고압의 가스는 터빈으로 들어가서 터빈을 회전시켜 동력을 발생시키고 대기압까지

팽창한다. 터빈을 떠나는 배기가스는 재순환되지 않고 주위로 배출되며, 따라서 이 사이클은 개방 사이클로 분류된다.

위에서 설명한 개방 가스터빈 사이클은 그림 9-27에서 보듯이 공기표준 가정을 이용하여 **밀폐 사이클**로 모델화 할 수 있다. 여기서 압축과 팽창과정은 동일하지만, 연소과정은 외부 열원으로부터 열을 받는 정압 가열과정으로 대체되고, 배기과정은 주위 공기로 열을 방출하는 정압 방열과정으로 대체된다. 작동유체가 이러한 밀폐회로를 거치는 이상 사이클이 **브레이튼 사이클**(Brayton cycle)이며, 이 사이클은 네 개의 내부적 가역과정들로 구성되어 있다.

1-2 등엔트로피 압축(압축기)
2-3 정압 가열
3-4 등엔트로피 팽창(터빈)
4-1 정압 방열

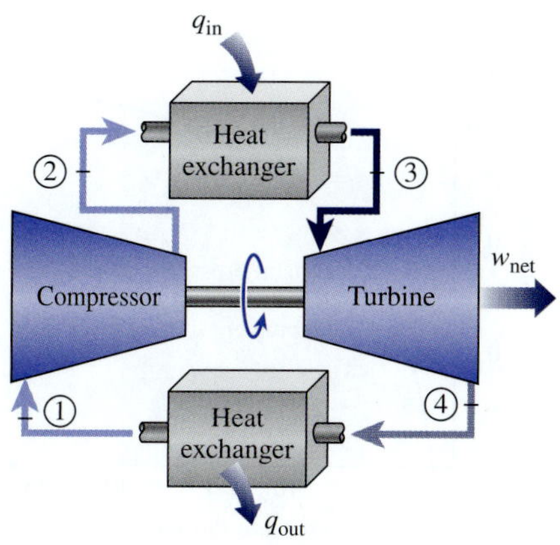

그림 9-27
밀폐 사이클 가스터빈 기관

브레이튼 사이클의 T-s 선도와 P-v 선도가 그림 9-28에 나타나 있다. 브레이튼 사이클의 모든 네 개의 과정은 정상유동 장치에서 실행되고, 따라서 그 과정들은 정상유동 과정으로 해석해야 한다는 것을 유의하라. 운동 에너지와 위치 에너지의 변화를 무시할 때 정상유동 과정에 대한 에너지 평형식은, 단위 질량 기준으로 다음과 같이 나타낼 수 있다.

$$(q_{in} - q_{out}) + (w_{in} - w_{out}) = h_{exit} - h_{inlet} \tag{9-14}$$

따라서, 작동유체로 전달되거나 방출된 열전달량은 다음과 같다.

$$q_{in} = h_3 - h_2 = c_p(T_3 - T_2) \tag{9-15a}$$

$$q_{out} = h_4 - h_1 = c_p(T_4 - T_1) \tag{9-15b}$$

그러면, 브레이튼 사이클의 열효율 관계식은 냉공기표준 가정하에서 아래와 같이 된다.

$$\eta_{th,Brayton} = \frac{w_{net}}{q_{in}} = 1 - \frac{q_{out}}{q_{in}} = 1 - \frac{c_p(T_4 - T_1)}{c_p(T_3 - T_2)} = 1 - \frac{T_1(T_4/T_1 - 1)}{T_2(T_3/T_2 - 1)}$$

여기서 과정 1-2와 3-4는 등엔트로피 과정이고, $P_2 = P_3$ 그리고 $P_4 = P_1$이므로 이들 과정에서의 이상기체 관계식을 정리하면 아래와 같다.

$$\frac{T_2}{T_1} = \left(\frac{P_2}{P_1}\right)^{(k-1)/k} = \left(\frac{P_3}{P_4}\right)^{(k-1)/k} = \frac{T_3}{T_4}$$

상기 식들을 열효율 관계식에 대입하고, 단순화하면 다음과 같다.

$$\eta_{th,Brayton} = 1 - \frac{1}{r_p^{(k-1)/k}} \tag{9-16}$$

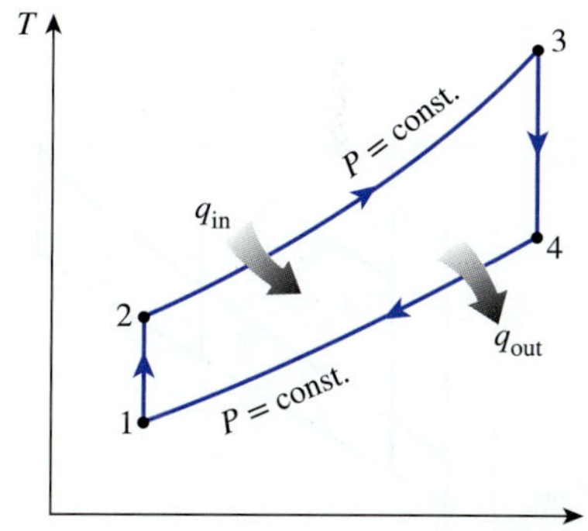

(a) T-s diagram

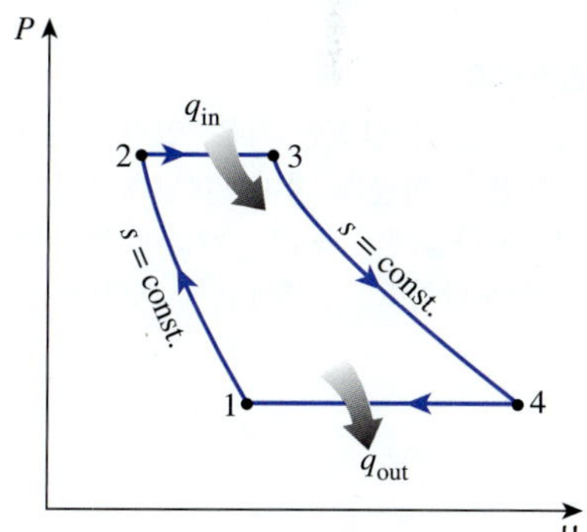

(b) P-v diagram

그림 9-28
브레이튼 사이클의 T-s 선도와 P-v 선도

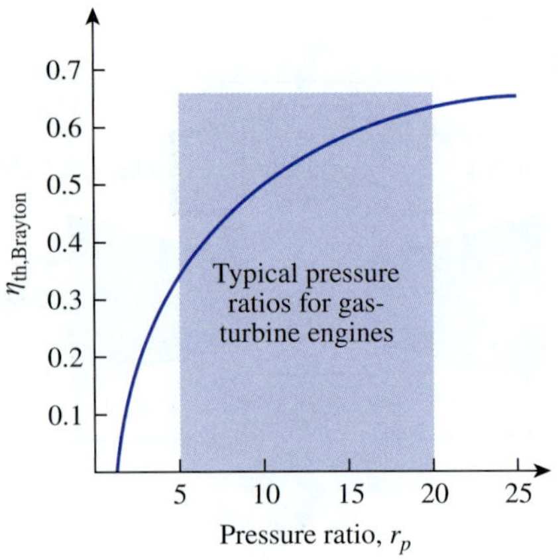

그림 9-29
압력비의 함수인 브레이튼 사이클의 열효율

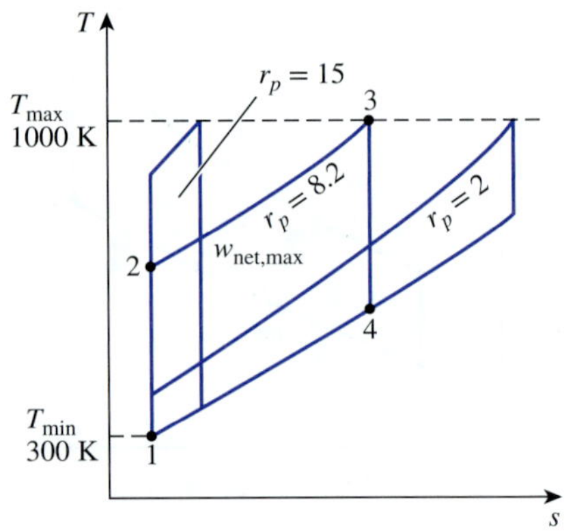

그림 9-30
T_{max}와 T_{min}이 일정한 경우, 압력비에 따라 브레이튼 사이클의 정미 일은 처음에 증가하고, 그 다음에 $r_p = (T_{max}/T_{min})^{k/[2(k-1)]}$에서 최대에 도달하고, 그 후에는 감소한다.

$$r_p = \frac{P_2}{P_1} \tag{9-17}$$

여기서 r_p는 **압력비**(pressure ratio)이고, k는 비열비이다. 식 (9-16)은 냉공기표준 가정에서 브레이튼 사이클의 열효율은 가스터빈의 압력비와 작동유체의 비열비에 의존하는 것을 보여준다. 열효율은 이 두 가지 매개변수, 즉 압력비(r_p)와 비열비(k)의 증가에 따라 함께 증가하며, 또한 이것은 실제 가스터빈의 경우에서도 마찬가지이다. 그림 9-29는 실온에서 공기의 비열비가 $k = 1.4$일 때, 압력비에 대한 열효율의 선도이다.

이 사이클의 최고 온도는 연소과정 최종상태(상태 3)에서 발생하고, 그것은 터빈날개가 견딜 수 있는 최대 온도에 의해 제한된다. 또한 이것은 이 사이클에서 사용될 수 있는 압력비를 제한한다. 터빈 입구의 온도 T_3가 일정한 경우, 그림 9-30에서 보는 바와 같이 사이클당 정미 출력 일은 압력비에 따라 증가하면서 최대점에 도달하고, 그 다음에 감소하기 시작한다. 그러므로 압력비(따라서 열효율)와 정미 출력 일 사이에 타협이 있어야만 한다. 사이클당 출력 일이 더 작아질수록, 동일한 출력을 유지하기 위하여 더 많은 유량(따라서 보다 큰 시스템)이 요구되는데 이는 경제적이지 않다. 가장 일반적인 설계 시, 가스터빈의 압력비는 약 11~16까지의 범위에 있다.

가스터빈에서 공기는 두 가지 중요한 기능을 수행한다. 즉, 공기는 연료의 연소에 필요한 산소를 공급하고, 다양한 구성기기들의 온도를 안전한 범위 내로 유지하기 위하여 냉각제의 역할을 한다. 두 번째 기능은 연료의 완전연소를 위해 필요한 양보다 더 많은 공기를 유입시켜서 달성된다. 가스터빈에서 50 또는 그 이상의 공연비는 드문 것이 아니다. 그러므로 사이클 해석에서 연소가스를 공기로 취급하는 것은 고려할 만한 큰 오차를 발생시키지 않을 것이다. 또한 터빈을 지나는 유량은 압축기를 지나는 것보다 크며, 그 차이는 연료의 유량과 동일하다. 따라서 사이클 전체에 걸쳐 유량이 일정하다는 가정은 개방 가스터빈 기관에 대한 질량 보존을 적용할 수 있게 할 것이다.

가스터빈 기관의 주된 두 가지 응용분야는 **항공기 추진**과 **전력생산**이다. 가스터빈이 항공기 추진용으로 사용될 때, 그것은 압축기와 보조장비에 동력을 제공하는 소형 발전기를 구동할 수 있도록 충분한 동력을 발생시킨다. 고속의 배기가스는 항공기의 추진에 필요한 추진력을 발생시켜야 한다. 또한 가스터빈은 그 장치 자체 또는 고온열원으로써 증기원동소와 결합하여 전기를 생산하는 정지된 원동소로 사용된다. 이러한 발전소에서 가스터빈의 배기가스는 증기 쪽에 열을 공급하는 열원으로서 역할을 한다. 가스터빈 사이클은 또한 원자력 발전소에서 밀폐 사이클로 실행되기도 한다. 이때 작동유체는 공기로 국한하지 않고 헬륨과 같은 더 좋은 특성을 가지는 기체를 사용할 수도 있다.

서방세계의 해군 함대 대부분은 이미 추진력과 전력생산을 위해 가스터빈 기관을 사용하고 있다. 선박 동력용으로 사용되는 GE사의 LM2500 가스터빈은 단순 사이클로 37%의 열효율을 가진다. 중간 냉각기 및 재생기가 장착된 GE WR-21 가스터빈은 43%의 열효율과 21.6 MW (29,040 hp)의 출력을 가지고 있다. 또한 재생기는 배기가스의 온도를 600°C (1000°F)에서 350°C (650°F)로 낮춘다. 공기는 중간 냉각기에 들어가기 전에 3기압까지 압축된다. 증기터빈과 디젤추진시스템에 비해 가스터빈은 주어진 크기와 무게에 비해 더 큰 동력, 높은 신뢰성, 긴 수명, 편리한 운전성을 제공한다. 기관의 시동시간은 전형적인 증기추진시스템의 경우 4시간 정도이나, 가스터빈의 경우 그 시간은 불과 2분 이하로 단축된다. 많은 현대적 선박추진 시스템은 단순 사이클 가스터빈 기관이 많은 연료를 소비하기 때문에 가스터빈을 디젤기관과 함께 사용한다. 디젤과 가스터빈이 조합된 복합기관의 경우, 디젤은 저동력 및 순항 시 효율적으로 사용하고, 가스터빈은 고속이 요구될 때 사용한다.

터빈 일에 대한 압축기 일의 비를 **역일비**(back work ratio)라고 부르는데 가스터빈 동력발생 장치의 경우 매우 높은 값을 가진다(그림 9-31). 보통 터빈 출력 일의 절반 이상이 압축기를 구동하는 데 사용된다. 그러한 사정은 압축기와 터빈의 등엔트로피 효율이 낮을 때 훨씬 더 악화된다. 이것은 역일비가 단지 몇 퍼센트에 지나지 않는 증기 동력발생장치와 상당히 대조적이다. 그러나 이것은 놀랄 일은 아니다. 왜냐하면 증기 동력발생장치에서 기체가 아닌 액체가 압축되고, 가역 정상유동일은 작동유체의 비체적에 비례하기 때문이다.

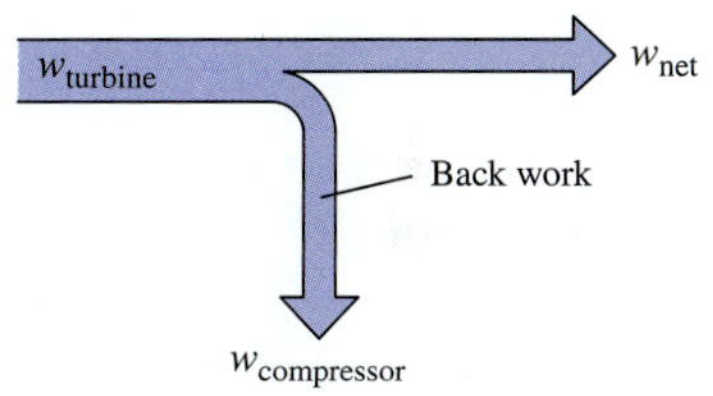

그림 9-31
압축기를 구동하기 위하여 사용되는 일과 터빈 일의 비를 역일비라 한다.

높은 역일비를 가지고 있는 동력발생 장치는 압축기에 추가 동력을 공급하기 위하여 보다 큰 터빈을 요구한다. 그러므로 가스터빈 동력발생 장치에 사용되는 터빈이 동일한 출력을 갖는 증기 동력발생 장치에서 사용되는 것보다 더 크다.

가스터빈의 발달

가스터빈은 1930년대의 성공적인 개발 이후 놀라운 발전과 성장을 해왔다. 1940년대와 심지어 1950년대에 제작된 초기의 가스터빈은 압축기 및 터빈의 낮은 효율과 터빈 재료의 문제에 기인한 낮은 터빈 입구 온도 때문에 17%의 단순 사이클의 효율을 가지고 있었다. 따라서 가스터빈은 그 자체의 다양성과 사용연료의 다양성을 갖고 있음에도 불구하고 그 용도가 한정되어 있었다. 사이클 효율을 향상시키기 위한 노력은 다음의 세 분야에 집중되었다.

1. 터빈 입구 (혹은 연소) 온도 증가 이것은 가스터빈의 효율을 증가시키기 위하여 우선적으로 취해진 해결방법이었다. 터빈 입구의 온도는 1940년대에 약 540°C (1000°F)에서 오늘날 1425°C (2600°F)까지, 그리고 그 이상으로 꾸준히 증가하였다. 이러한 증가는 새로운 재료의 개발과 함께, 터빈날개의 세라믹 코팅 및 압축기에서 방출되는 공기에 의한 날개의 냉각과 같은 중요 부품에 대한 혁신

적인 냉각 기술에 의해 가능하게 되었다. 공기냉각 기술을 사용하여 터빈 입구의 온도를 높게 유지하는 것은 냉각 공기에 의한 냉각 효과를 보충하기 위하여 보다 높은 연소 온도를 요구한다. 그러나 연소 온도가 높아질수록 지표면에서 오존과 스모그의 형성을 유발하는 질소산화물(NO_x)의 양은 더욱 증가하게 된다. 냉각제로 증기를 사용하면 연소 온도의 증가 없이 터빈 입구 온도를 200°F까지 증가시킬 수 있다. 또한 증기는 공기보다 훨씬 더 효율적인 열전달 매개체이기도 하다.

2. 터보기계 요소의 효율 증가 초기 터빈의 성능은 터빈과 압축기의 비효율성이라는 커다란 고통을 감수하고 있었다. 그러나 컴퓨터의 출현과 CAD기술의 발달은 공기역학적으로 압축기와 터빈의 손실이 최소가 되도록 설계하는 것을 가능하게 하였다. 터빈과 압축기의 증가된 효율은 사이클 효율의 현저한 증가를 가져왔다.

3. 기본 사이클에 수정 추가 초기 가스터빈의 단순 사이클 효율은 다음 두 절에서 다룰 중간 냉각, 재생(혹은 회수열교환), 재열을 추가함으로써 실질적으로 두 배가 되었다. 물론 이러한 향상은 초기비용과 운전비용의 증가를 가져오며, 그러므로 연료비용의 감소가 다른 비용의 증가를 상쇄할 수 없다면 그 타당성은 상실될 것이다. 따라서 상대적으로 낮은 연료 가격, 산업체에서 설치 비용을 최소화하려는 일반적인 요구, 약 40% 정도로 엄청나게 증가한 단순 사이클 효율은 이러한 개량을 선택할 여지를 거의 남기지 않고 있다.

발전을 위한 최초의 가스터빈은 1949년 Oklahoma에 복합 사이클 발전소의 일부로서 설치되었다. 이것은 GE (General Electric)사에 의해 건설되었고, 3.5 MW의 동력을 생산하였다. 1970년대 중반까지 설치된 가스터빈은 낮은 효율과 불량한 신뢰성으로 낮은 성능을 보여주었다. 과거에 기저부하 전력의 생산은 대형 석탄 화력 발전소와 원자력 발전소에 의해 주도되었다. 그러나 이들 발전소에서 천연가스 연소식 가스터빈 발전소로 이행하는 역사적인 변천이 있었다. 이것은 가스터빈의 높은 효율, 낮은 자본비용, 더 짧은 설치 시간, 더 우수한 배기 특성, 천연가스의 풍부한 공급량 때문이고, 또한 많은 발전소들이 최대부하 전력뿐만 아니라 기저부하 전력의 생산용으로 가스터빈을 사용하였기 때문이다. 가스터빈 발전소 건설비용은 1980년대 초까지 일차 기저부하 발전소였던 기존의 화력발전소(화석연료 증기발전소) 건설비용의 약 절반 정도이다. 예측 가능한 장래에 설치될 발전소의 절반 이상이 가스터빈이나 가스증기 복합 터빈 방식이 될 것으로 예상된다.

1990년대 초 GE사에 의해 제작된 가스터빈은 13.5의 압력비를 가지고 있고, 단순 사이클로 작동하며 33% 효율에서 135.7 MW의 정미 동력을 생산하였다. GE사에서 제작한 최근의 가스터빈은 1425°C (2600°F)의 터빈 입구 온도를 사용하고, 단순 사이클로 작동할 때 39.5%의 열효율을 달성하면서 최대 282 MW을 발생하고 있다. 네덜란드의 Opra Optimal Radial Turbine사에 의해 제작된 1.3톤 규모의 작은 OP-16 가스터빈은 가스 또는 액체 연료로 작동할 수 있고, 16톤 규모의 디젤기관을 대체할 수 있다. 그것은 6.5의 압력비를 가지고 최대 2 MW의 동력을 생산한다. 그 효율은 단순 사이클 운전에서 26%이고, 재생기를 장착할 때 37%까지 올라간다. 가장 최신의 단순 사이클 가스터빈 원동소는 열효율 최대 44%에 500 MW 이상의 순동력을 생산하는 단일 장치를 가지고 있다.

예제 9-5 **단순 이상 브레이튼 사이클**

브레이튼 사이클로 작동하는 가스터빈 발전소가 압력비 8을 가지고 있다. 가스 온도는 압축기와 터빈 입구에서 각각 300 K와 1300 K이다. 공기표준 가정을 이용할 때, 다음을 구하라. (*a*) 압축기와 터빈의 출구에서 가스 온도, (*b*) 역일비, (*c*) 열효율

풀이 브레이튼 사이클로 작동하는 발전소를 고려한다. 압축기와 터빈의 출구온도, 역일비, 열효율을 구한다.

가정 **1.** 정상운전조건이 존재한다. **2.** 공기표준 가정을 적용할 수 있다. **3.** 운동 및 위치 에너지의 변화는 무시할 만하다. **4.** 온도에 따른 비열의 변화가 고려된다.

해석 브레이튼 사이클의 *T-s* 선도는 그림 9-32와 같다. 브레이튼 사이클에 포함된 구성 기기는 정상유동 장치들이다.

(*a*) 압축기와 터빈의 출구에서 공기 온도는 등엔트로피 관계식으로부터 구한다.

과정 1-2(이상기체의 등엔트로피 압축)

$$T_1 = 300\text{ K} \rightarrow h_1 = 300.19\text{ kJ/kg}$$
$$P_{r1} = 1.386$$
$$P_{r2} = \frac{P_2}{P_1}P_{r1} = (8)(1.386) = 11.09 \rightarrow T_2 = \mathbf{540\ K} \qquad \text{(압축기 출구에서)}$$
$$h_2 = 544.35\text{ kJ/kg}$$

과정 3-4(이상기체의 등엔트로피 팽창)

$$T_3 = 1300\text{ K} \rightarrow h_3 = 1395.97\text{ kJ/kg}$$
$$P_{r3} = 330.9$$
$$P_{r4} = \frac{P_4}{P_3}P_{r3} = \left(\frac{1}{8}\right)(330.9) = 41.36 \rightarrow T_4 = \mathbf{770\ K} \qquad \text{(터빈 출구에서)}$$
$$h_4 = 789.37\text{ kJ/kg}$$

(*b*) 역일비를 구하기 위해, 압축기의 투입일과 터빈의 출력일을 구해야 한다.

$$w_{\text{comp,in}} = h_2 - h_1 = 544.35 - 300.19 = 244.16\text{ kJ/kg}$$
$$w_{\text{turb,out}} = h_3 - h_4 = 1395.97 - 789.37 = 606.60\text{ kJ/kg}$$

따라서

$$r_{\text{bw}} = \frac{w_{\text{comp,in}}}{w_{\text{turb,out}}} = \frac{244.16\text{ kJ/kg}}{606.60\text{ kJ/kg}} = \mathbf{0.403}$$

즉, 터빈의 출력 일의 40.3%가 단지 압축기를 구동하는 데에 사용된다.

(*c*) 사이클의 열효율은 전체 투입열에 대한 정미 출력 동력의 비이다.

$$q_{\text{in}} = h_3 - h_2 = 1395.97 - 544.35 = 851.62\text{ kJ/kg}$$
$$w_{\text{net}} = w_{\text{out}} - w_{\text{in}} = 606.60 - 244.16 = 362.4\text{ kJ/kg}$$

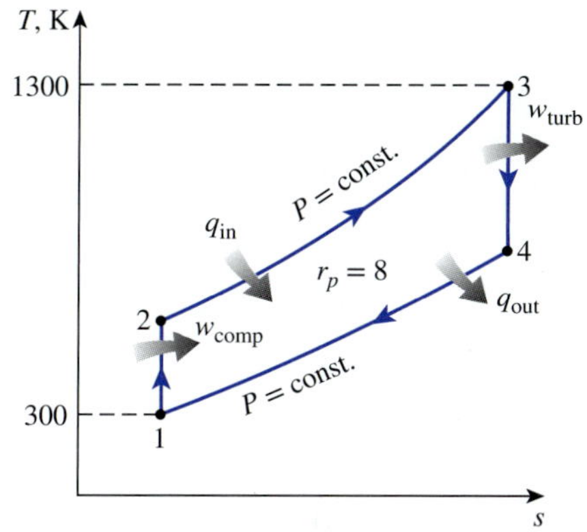

그림 9-32

예제 9-5에서 논의된 브레이튼 사이클의 *T-s* 선도

따라서

$$\eta_{th} = \frac{w_{net}}{q_{in}} = \frac{362.4 \text{ kJ/kg}}{851.62 \text{ kJ/kg}} = 0.426 \quad \text{또는} \quad \mathbf{42.6\%}$$

또한 열효율은 다음 식으로도 구할 수 있다.

$$\eta_{th} = 1 - \frac{q_{out}}{q_{in}}$$

여기서

$$q_{out} = h_4 - h_1 = 789.37 - 300.19 = 489.2 \text{ kJ/kg}$$

토의 냉공기표준 가정(실온에서 일정한 비열)하에서 열효율은 식 (9-16)으로부터 다음과 같이 구한다.

$$\eta_{th,Brayton} = 1 - \frac{1}{r_p^{(k-1)/k}} = 1 - \frac{1}{8^{(1.4-1)/1.4}} = 0.448 \quad \text{또는} \quad 44.8\%$$

이 값은 온도에 따른 비열의 변화를 고려해서 구한 값에 충분히 접근하고 있다.

실제 가스터빈 사이클과 이상화된 사이클의 차이

실제 가스터빈 사이클은 몇 가지 점에서 이상적인 브레이튼 사이클과 서로 다르다. 한 예로서, 가열과 방열과정 동안 어느 정도의 압력강하가 불가피하다는 점이다. 더 중요한 것은 비가역성 때문에 압축기의 실제 투입일은 더 많아지고, 터빈의 실제 출력일은 더 적어진다는 점이다. 실제 압축기와 터빈의 거동이 이상화된 등엔트로피 거동으로부터 이탈하는 것은 다음과 같이 정의되는 터빈과 압축기에 대한 등엔트로피 효율을 이용함으로써 정확하게 고려될 수 있다.

$$\eta_C = \frac{w_s}{w_a} \cong \frac{h_{2s} - h_1}{h_{2a} - h_1} \tag{9-18}$$

$$\eta_T = \frac{w_a}{w_s} \cong \frac{h_3 - h_{4a}}{h_3 - h_{4s}} \tag{9-19}$$

여기서 $2a$와 $4a$의 상태는 각각 압축기와 터빈의 실제 출구상태이고, $2s$와 $4s$는 그림 9-33에서 보여주듯이 등엔트로피 과정으로 진행될 경우의 출구상태이다. 가스터빈 기관의 열효율에 대한 터빈효율과 압축기효율의 효과는 예제 9-6에 설명되어 있다.

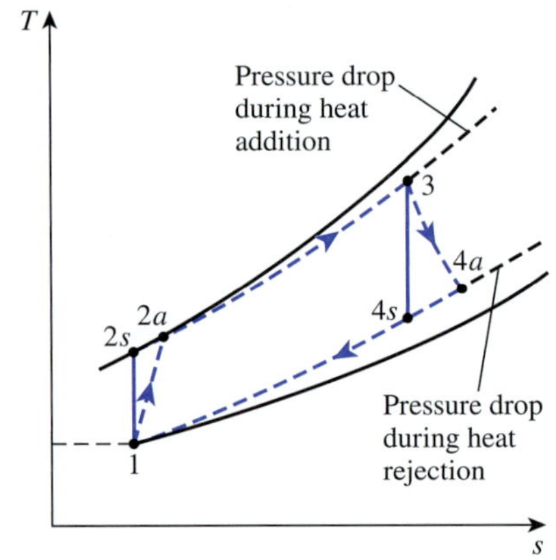

그림 9-33
비가역성으로 인한 브레이튼 사이클과 실제 가스터빈 사이클의 차이

예제 9-6 실제 가스터빈 사이클

압축기 효율이 80%이고 터빈효율이 85%라 가정할 때 다음을 구하라. (*a*) 역일비, (*b*) 열효율, (*c*) 예제 9-5에서 다룬 가스터빈 사이클의 터빈 출구온도

풀이 예제 9-5에서 다루었던 브레이튼 사이클을 다시 생각하자. 주어진 터빈과 압축기의 효율에 대하여 역일비, 열효율, 그리고 터빈 출구온도를 구한다.

해석 (*a*) 사이클의 *T-s* 선도는 그림 9-34에 나타나 있다. 실제 압축일과 터빈일은 식 (9-18)과 (9-19)로 주어진 압축기와 터빈의 효율의 정의를 사용하여 구해진다.

압축기: $$w_{\text{comp,in}} = \frac{w_s}{\eta_C} = \frac{244.16 \text{ kJ/kg}}{0.80} = 305.20 \text{ kJ/kg}$$

터빈: $$w_{\text{turb,out}} = \eta_T w_s = (0.85)(606.60 \text{ kJ/kg}) = 515.61 \text{ kJ/kg}$$

따라서

$$r_{\text{bw}} = \frac{w_{\text{comp,in}}}{w_{\text{turb,out}}} = \frac{305.20 \text{ kJ/kg}}{515.61 \text{ kJ/kg}} = \mathbf{0.592}$$

즉, 압축기는 터빈에 의해 발생된 일의 59.2%를 소모한다(이상적인 경우 40.3%). 이 증가는 압축기와 터빈 내에서 생긴 비가역성에 기인한다.

(*b*) 이 경우, 이상적인 경우에 비해 공기는 높은 온도와 엔탈피로 압축기를 떠나며 이 값들은 다음과 같이 결정된다.

$$\begin{aligned} w_{\text{comp,in}} = h_{2a} - h_1 \rightarrow h_{2a} &= h_1 + w_{\text{comp,in}} \\ &= 300.19 + 305.20 \\ &= 605.39 \text{ kJ/kg} \qquad (\text{그리고 } T_{2a} = 598 \text{ K}) \end{aligned}$$

따라서

$$q_{\text{in}} = h_3 - h_{2a} = 1395.97 - 605.39 = 790.58 \text{ kJ/kg}$$
$$w_{\text{net}} = w_{\text{out}} - w_{\text{in}} = 515.61 - 305.20 = 210.41 \text{ kJ/kg}$$

그러므로

$$\eta_{\text{th}} = \frac{w_{\text{net}}}{q_{\text{in}}} = \frac{210.41 \text{ kJ/kg}}{790.58 \text{ kJ/kg}} = 0.266 \quad \text{또는} \quad \mathbf{26.6\%}$$

즉, 터빈과 압축기에서 생긴 비가역성이 가스터빈 사이클의 열효율을 42.6%에서 26.6%로 떨어지게 하였다. 이 예는 가스터빈 발전소의 성능이 압축기와 터빈의 효율에 얼마나 민감한지를 보여준다. 사실 가스터빈의 효율은 터빈과 압축기의 설계에서 커다란 향상이 이루어질 때까지 경쟁력 있는 값에 도달하지 못하였다.

(*c*) 터빈 출구의 공기 온도는 터빈에 대한 에너지 평형식으로 구한다.

$$\begin{aligned} w_{\text{turb,out}} = h_3 - h_{4a} \rightarrow h_{4a} &= h_3 - w_{\text{turb,out}} \\ &= 1395.97 - 515.61 \\ &= 880.36 \text{ kJ/kg} \end{aligned}$$

그리고 Table A-21로부터

$$T_{4a} = \mathbf{853 \text{ K}}$$

토의 터빈출구의 온도는 압축기 출구의 공기 온도(T_{2a} = 589 K)에 비하여 매우 높은데, 이것은 연료비용을 감소시킬 수 있는 재생의 이용을 시사하고 있다.

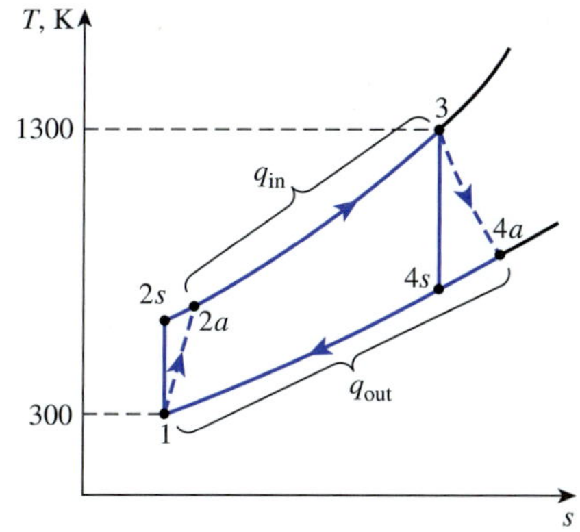

그림 9-34
예제 9-6에서 논의된 가스터빈 사이클의 *T-s* 선도

9-8 재생 브레이튼 사이클

가스터빈 기관에서 터빈을 떠나는 배기가스의 온도는 종종 압축기를 떠나는 공기의 온도보다 상당히 높다. 그러므로 압축기에서 나온 고압의 공기는 대향류 열교환기에서 뜨거운 배기가스의 열에 의해 가열될 수 있다. 이 대향류 열교환기는 **재생기**(*regenerator*) 또는 **회수열교환기**(*recuperator*)로 알려져 있다. 재생기를 이용하고 있는 가스터빈 기관의 개요도와 새로운 사이클의 *T-s* 선도가 각각 그림 9-35와 9-36에 나타나 있다.

브레이튼 사이클의 열효율은 배기가스 열을 재생함으로써 증가한다. 이러한 결과는 정상적으로 주위로 방출되는 배기가스 에너지의 일부가 연소실로 들어가는 공기를 예열하는 데 사용되기 때문이다. 이것은 동일한 정미 출력 일에 대한 입력 열(즉, 연료)의 요구를 감소시킨다. 그러나 재생기의 사용은 터빈의 배기온도가 압축기의 출구온도보다 더 높을 경우만 추천할 수 있다. 그렇지 않다면 열은 반대 방향(배기가스 쪽으로)으로 흐를 것이고, 효율을 감소시킬 것이다. 이러한 상황은 매우 높은 압력비로 작동하는 가스터빈 기관에서 발생하게 된다.

재생기에서 최고 온도는 터빈을 떠나 재생기로 들어가는 배기가스의 온도 T_4이다. 어떠한 조건에서도 공기는 재생기에서 이 온도 이상까지 예열될 수 없다. 공기는 정상적으로 이 온도보다 낮은 온도 T_5로 재생기를 떠난다. 이상적인 경우, 공기는 배기가스의 입구 온도 T_4로 재생기를 나오게 된다. 재생기가 잘 단열되고 운동에너지와 위치 에너지의 변화를 무시할 수 있다고 가정할 때, 배기가스에서 공기로 전달되는 실제 열전달량과 최대 열전달량은 다음과 같이 나타낼 수 있다.

$$q_{\text{regen,act}} = h_5 - h_2 \tag{9-20}$$

$$q_{\text{regen,max}} = h_{5'} - h_2 = h_4 - h_2 \tag{9-21}$$

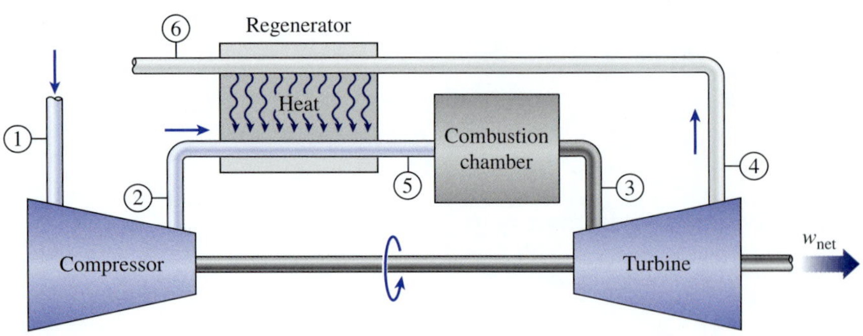

그림 9-35
재생기가 있는 가스터빈 기관

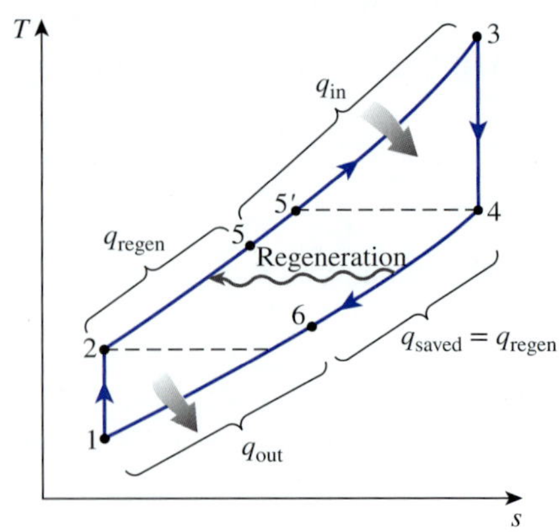

그림 9-36
재생 브레이튼 사이클의 *T-s* 선도

어떤 재생기가 이상적 재생기에 접근하는 정도를 **유용도**(effectiveness, ϵ)라 하고, 다음과 같이 정의된다.

$$\epsilon = \frac{q_{\text{regen,act}}}{q_{\text{regen,max}}} = \frac{h_5 - h_2}{h_4 - h_2} \tag{9-22}$$

냉공기표준 가정을 이용할 때, 이것은 다음과 같이 단순화된다.

$$\epsilon \cong \frac{T_5 - T_2}{T_4 - T_2} \tag{9-23}$$

더 높은 유용도를 가진 재생기는 공기를 연소시키기 전에 더 높은 온도로 예열하기 때문에 그것은 명백히 더 많은 연료를 절약할 것이다. 그러나 더 높은 유용도를 얻는다는 것은 더 큰 재생기의 사용을 요구하며, 이것은 더 많은 비용을 수반하고 더 큰 압력강하를 초래한다. 그러므로 매우 높은 유용도를 가진 재생기의 사용은 연료비용의 절약이 관련 추가비용을 초과하지 않는다면 경제적으로 정당화될 수 없다. 실제로 사용되는 대부분의 재생기의 유용도는 0.85 이하이다.

냉공기표준 가정하에서 재생 브레이튼 사이클의 열효율은 다음과 같다.

$$\eta_{\text{th,regen}} = 1 - \left(\frac{T_1}{T_3}\right)(r_p)^{(k-1)/k} \tag{9-24}$$

그러므로 재생 브레이튼 사이클의 열효율은 압력비뿐만 아니라 최대 온도에 대한 최소 온도의 비에도 의존한다. 그림 9-37은 열효율을 다양한 압력비와 최대-최소 온도비에 대하여 표시하였다. 이 그림은 재생과정이 낮은 압력비와 낮은 온도비에서 효율향상 측면에서 가장 효과적이라는 사실을 보여준다.

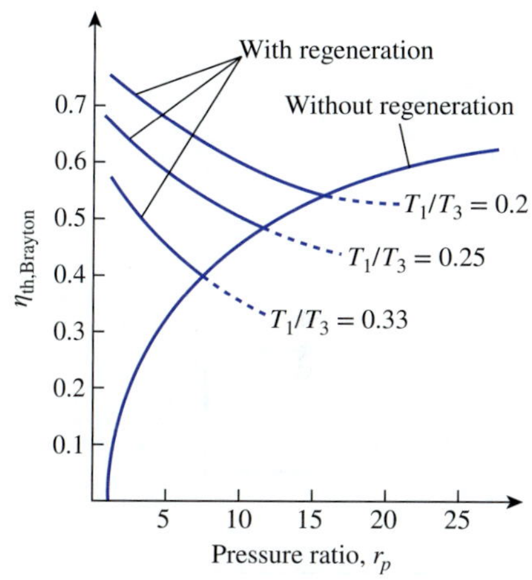

그림 9-37
재생이 있을 때와 없을 때 브레이튼 사이클의 열효율

예제 9-7 **실제 재생 가스터빈 사이클**

예제 9-6에서 보여준 가스터빈 기관에 유용도 80%의 재생기가 설치될 때 열효율을 구하라.

풀이 예제 9-6에서 다루었던 가스터빈에 재생기가 장착되었다. 재생기의 유용도가 주어질 경우, 열효율을 구한다.

해석 사이클의 T-s 선도를 그림 9-38에서 보이고 있다. 유용도의 정의를 사용하여 먼저 재생기 출구에서 공기의 엔탈피를 구한다.

$$\epsilon = \frac{h_5 - h_{2a}}{h_{4a} - h_{2a}}$$

$$0.80 = \frac{(h_5 - 605.39)\ \text{kJ/kg}}{(880.36 - 605.39)\ \text{kJ/kg}} \rightarrow h_5 = 825.37\ \text{kJ/kg}$$

따라서

$$q_{\text{in}} = h_3 - h_5 = (1395.97 - 825.37)\ \text{kJ/kg} = 570.60\ \text{kJ/kg}$$

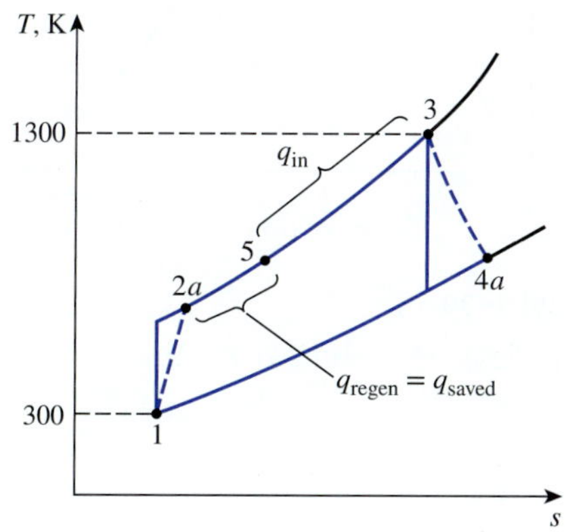

그림 9-38
예제 9-7에서 기술된 재생 브레이튼 사이클의 T-s 선도

이것은 투입열 요구 측면에서 220.0 kJ/kg의 에너지 절약을 나타낸다. 마찰이 없다는 가정하에 재생기의 추가는 정미 출력 일에 영향을 미치지 않는다. 따라서 열효율은 다음과 같다.

$$\eta_{th} = \frac{w_{net}}{q_{in}} = \frac{210.41 \text{ kJ/kg}}{570.60 \text{ kJ/kg}} = 0.369 \quad \text{또는} \quad \mathbf{36.9\%}$$

토의 배기가스의 열에너지의 일부를 회수하는 재생기를 설치한 결과로, 가스터빈 기관의 열효율이 26.6%에서 36.9%로 상승하였다는 것을 유의하라.

9-9 카르노 증기 사이클

여러 차례에 걸쳐 카르노 사이클이 특정의 두 열원 사이에서 작동하는 사이클 중에서 가장 효율적인 사이클이라고 언급하였다. 따라서 증기원동소에 대한 이상 사이클로서 카르노 사이클을 고려해 보는 것은 당연한 것으로 여겨진다. 만일 이것이 가능하다면, 카르노 사이클을 이상 사이클로서 채택할 수 있다. 그러나 다음에서 설명하는 이유로 인해, 카르노 사이클은 증기 동력 사이클로서 적합한 모델이 되지 못한다. 여러 가지 장점으로 인해 수증기가 증기 동력 사이클에 가장 유력하게 사용되는 작동유체이기 때문에 본 장에서 언급되는 작동유체는 **수증기**라고 가정한다.

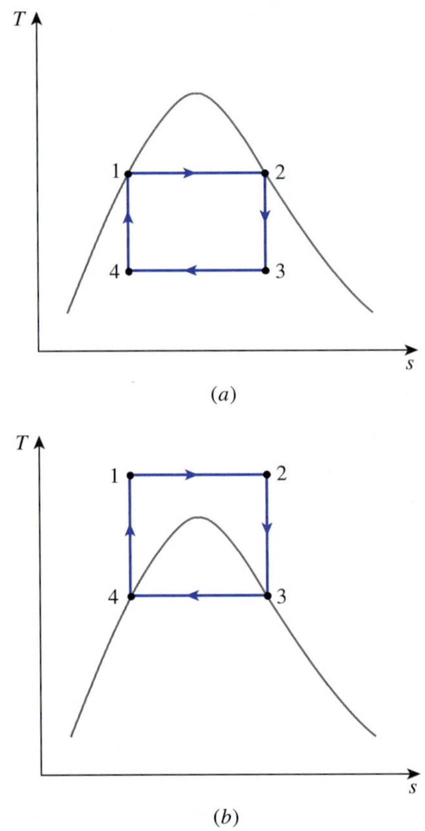

그림 9-39
두 카르노 증기 사이클의 *T-s* 선도

그림 9-39*a*에서 보이는 바와 같이, 순수물질의 포화 내부 영역에서만 작동되는 정상유동의 **카르노 사이클**을 고려해 보자. 유체는 보일러 내부에서 가역적이며 등온적으로 가열되고(과정 1-2), 터빈에서 등엔트로피적으로 팽창되며(과정 2-3), 응축기에서 가역적이며 등온적으로 응축되고(과정 3-4), 압축기에 의하여 등엔트로피적으로 압축되어(과정 4-1) 초기상태로 되돌아간다.

이 사이클은 몇 가지 비현실적 요소를 다음과 같이 갖고 있다.

1. 장치 내에서 압력을 일정하게 유지하면 온도도 포화상태의 값으로 자동적으로 고정되기 때문에, 2상 유체계로부터 혹은 유체계로의 등온 열전달을 이루는 것은 실제적으로 어려운 일은 아니다. 그러므로 과정 1-2 및 3-4는 각각 실제 보일러 및 응축기에서 거의 유사하게 이루어질 수 있다. 그러나 2상 유동 시스템으로의 열전달 과정을 제한하는 것은 사이클에서 사용할 수 있는 최대 온도를 심각하게 제한하게 된다(물의 경우, 임계온도 374°C 미만으로 최대 온도를 유지하여야 한다). 사이클의 최대 온도를 제한하는 것은 결국 열효율을 제한하는 것과 같다. 사이클에서 최대 온도를 끌어올리려 하는 시도는 단상의 작동유체로의 열전달과 관련되어 있는데, 이를 등온적으로 이룬다는 것은 결코 쉽지 않다.

2. 등엔트로피 팽창과정(과정 2-3)은 잘 설계된 터빈에 의하여 근사적으로 이루어질 수 있다. 그러나 그림 9-39*a*의 *T-s* 선도에 나타난 바와 같이 이 과정 동안 수증기의 건도가 감소하게 된다. 따라서 터빈은 낮은 건도의 수증기, 즉 수분량이 많

이 포함된 증기를 다뤄야 한다. 이러한 수분이 액적(liquid droplets) 형태로 터빈 블레이드에 충돌하면 블레이드 표면에 심각한 부식 현상을 초래할 뿐 아니라 마모의 중요 원인이 된다. 따라서 90% 미만의 건도를 가진 수증기는 발전소에서 사용할 수 없다. 이러한 문제는 포화증기 곡선의 기울기가 매우 큰 작동유체를 사용하면 해결될 수 있다.

3. 등엔트로피 압축과정(과정 4-1)은 기체–액체 혼합물을 포화액으로 압축하는 과정을 포함한다. 이 과정과 관련해서 두 가지 어려움이 있다. 첫째, 상태 4에서 희망하는 건도를 갖도록 응축과정을 정밀하게 조절하는 것이 쉽지 않다는 점이다. 둘째로 2상 유체를 다루는 압축기를 설계한다는 것은 비실용적이다.

이러한 문제점 가운데 몇 가지는 그림 9-39*b*에 보이는 것처럼 카르노 사이클을 다른 방법으로 작동시킴으로써 해결할 수 있다. 그러나 이 사이클은 또 다른 문제점을 제기하는데, 예를 들면 매우 높은 압력으로의 등엔트로피 압축이라든지 또는 가변적인 압력조건에서 등온 열전달 문제 등이 이에 해당한다. 따라서 카르노 사이클이 실제 장치로 근사될 수 없으며 증기 동력 사이클에 대한 현실적인 모델이 아니라고 결론지을 수 있다.

9-10 랭킨 사이클: 증기 동력 사이클의 이상 사이클

카르노 사이클과 관계된 많은 비현실성들은 그림 9-40의 *T-s* 선도상에서 도식적으로 보이는 바와 같이, 보일러에서 수증기를 과열시키고 응축기에서 증기를 완전히 응축시킴으로써 제거할 수 있다. 그 결과로서 생긴 사이클이 **랭킨 사이클**(Rankine cycle)이고 증기 동력 사이클에 대한 이상 사이클이다. 이상 랭킨 사이클은 어떠한 내부적 비가역성이 존재하지 않으며 다음의 네 가지 과정들로 구성되어 있다.

1-2 펌프에서의 등엔트로피 압축
2-3 보일러에서의 정압 가열
3-4 터빈에서의 등엔트로피 팽창
4-1 응축기에서의 정압 방열

물은 상태 1에서 포화된 액체상태로 **펌프**에 들어가고 보일러의 작동 압력까지 등엔트로피적으로 압축된다. 이러한 등엔트로피 압축과정 동안 물의 비체적이 약간 감소하기 때문에 물의 온도는 다소 증가한다. *T-s* 선도상에서의 상태 1과 2 사이의 수직 거리는 명확하게 나타내기 위해 상당히 과장되어 있다(물이 정말로 비압축성이라면 이 과정 동안 온도는 변하기는 할 것인가?).

물은 상태 2에서 압축된 액체상태로 **보일러**에 들어가고 상태 3에서 과열증기로 나간다. 보일러는 기본적으로 연소가스, 핵반응로 또는 다른 공급원 등으로부터 발생된 열이 정압과정에서 물에 전달되는 대형 열교환기이다. 증기를 과열시키는 과열기(superheater)와 함께 보일러를 종종 **증기 발생기**(*steam generator*)라고 한다.

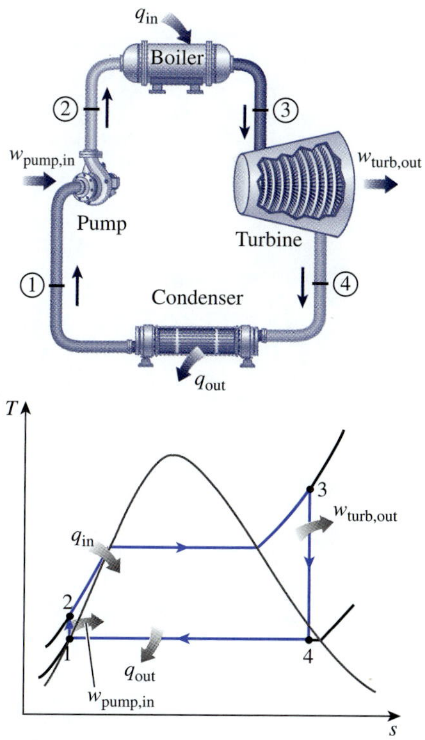

그림 9-40
단순 이상 랭킨 사이클

상태 3에서 과열된 증기는 터빈에 들어가 등엔트로피적으로 팽창하면서 일을 발생시켜 발전기에 연결된 축을 회전시킨다. 이 과정 동안 수증기의 압력과 온도는 상태 4의 값으로 내려간 후, 응축기에 들어가게 된다. 이 상태에서 증기는 보통 높은 건도를 갖는 포화액과 증기의 혼합물이다. 수증기는 일종의 대형 열교환기인 응축기에서 일정한 압력 하에서 응축되는데, 여기서 수증기의 열이 호수, 강 또는 공기와 같은 냉각 매체로 방출된다. 이어 수증기는 포화액 상태로 응축기를 떠나 펌프로 들어감으로써 한 사이클이 완성된다. 물이 귀한 지역의 발전소는 물 대신 공기 냉각을 이용한다. 자동차 엔진에서 사용되기도 하는 이러한 냉각 방식을 **건식 냉각**(*dry cooling*)이라 한다. 세계의 여러 발전소와 미국의 몇몇 발전소에서는 물을 보존하기 위해 건식 냉각을 사용하고 있다.

그림 9-40의 *T-s* 선도에서 과정 곡선 아래의 면적이 내부 가역적 과정에 대한 열전달을 나타낸다는 점을 다시 상기해보면, 과정 2-3 곡선 아래 면적은 보일러 내부에서 물로 전달된 열을 나타내고, 과정 4-1 곡선 아래 면적은 응축기에서 방출한 열을 나타내는 것임을 알 수 있다. 이 두 면적의 차(사이클에 의해 둘러싸인 면적)는 사이클 동안 생산된 정미 일이다.

이상 랭킨 사이클의 에너지 해석

랭킨 사이클에 관계된 네 가지 구성요소들(펌프, 보일러, 터빈, 응축기) 모두는 정상유동장치이다. 그래서 랭킨 사이클을 구성하는 네 가지 모든 과정은 정상유동 과정으로 해석할 수 있다. 수증기의 운동 에너지와 위치 에너지의 변화량은 일반적으로 일과 열전달에 비해 매우 작으므로 보통 무시된다. 그러면 증기의 단위질량당 **정상유동의 에너지 식**은 아래 식과 같이 정리된다.

$$(q_{\text{in}} - q_{\text{out}}) + (w_{\text{in}} - w_{\text{out}}) = h_e - h_i \qquad (\text{kJ/kg}) \tag{9-25}$$

보일러와 응축기는 어떠한 일도 수반하지 않는다. 그리고 펌프와 터빈은 등엔트로피 과정이라고 가정한다. 그러면 각 장치에 대한 에너지 보존식은 다음과 같이 나타낼 수 있다.

펌프($q = 0$):
$$w_{\text{pump,in}} = h_2 - h_1 \tag{9-26}$$

또는

$$w_{\text{pump,in}} = \upsilon(P_2 - P_1) \tag{9-27}$$

여기서

$$h_1 = h_{f\,@\,P_1} \quad \text{그리고} \quad \upsilon \cong \upsilon_1 = \upsilon_{f\,@\,P_1} \tag{9-28}$$

보일러($w = 0$):
$$q_{\text{in}} = h_3 - h_2 \tag{9-29}$$

터빈($q = 0$): $$w_{\text{turb,out}} = h_3 - h_4 \quad \text{(9-30)}$$

응축기($w = 0$): $$q_{\text{out}} = h_4 - h_1 \quad \text{(9-31)}$$

랭킨 사이클의 **열효율**(*thermal efficiency*)은 아래와 같이 구해진다.

$$\eta_{\text{th}} = \frac{w_{\text{net}}}{q_{\text{in}}} = 1 - \frac{q_{\text{out}}}{q_{\text{in}}} \quad \text{(9-32)}$$

여기서

$$w_{\text{net}} = q_{\text{in}} - q_{\text{out}} = w_{\text{turb,out}} - w_{\text{pump,in}}$$

미국에서는 발전소의 변환 효율(conversion efficiency)을 전기 1 kWh를 발생시키기 위해 Btu 단위의 공급된 열의 양인 **가열률**(heat rate) 항으로 나타낸다. 가열률이 작을수록 효율은 더 커진다. 1 kWh = 3412 Btu이고 회전 축력으로부터 전력으로의 변환 손실을 무시하고 고려해보면 가열률과 열효율 사이의 관계는 다음과 같이 나타낼 수 있다.

$$\eta_{\text{th}} = \frac{3412\ (\text{Btu/kWh})}{\text{가열률}(\text{Btu/kWh})} \quad \text{(9-33)}$$

예를 들면, 11,363 Btu/kWh의 가열률은 30%의 열효율과 동일하다.

열효율은 또한 T-s 선도상에서 가열과정 하부 면적에 대한 사이클에 의해 둘러싸인 면적의 비로 해석될 수 있다. 이 관계식의 사용은 아래의 예제에서 설명되어 있다.

예제 9-8 **단순 이상 랭킨 사이클**

단순 이상 랭킨 사이클로 작동하는 증기원동소를 고려해 보자. 수증기가 3 MPa, 350°C 상태로 터빈에 들어가서 75 kPa의 압력 상태로 응축기에서 응축된다. 이 사이클의 열효율을 구하라.

풀이 단순 이상 랭킨 사이클로 작동되는 증기원동소가 고려되었다. 이 사이클의 열효율을 구하고자 한다.

가정 **1.** 정상작동 조건이 유지된다. **2.** 운동 및 위치 에너지의 변화량은 무시할 만하다.

해석 원동소의 개요도와 사이클의 T-s 선도가 그림 9-41과 같다. 원동소가 이상 랭킨 사이클로 작동됨을 유의하자. 따라서, 터빈과 펌프는 등엔트로피적이고 보일러와 응축기에서는 어떠한 압력강하도 없으며, 수증기는 응축기를 떠나서 펌프로 들어갈 때 응축기 압력 상태에서 포화액이다.

먼저 수증기 표(Table A-4, A-5 그리고 A-6)로부터의 데이터를 사용하여 사이클에 있는 여러 점들에서 엔탈피를 구한다.

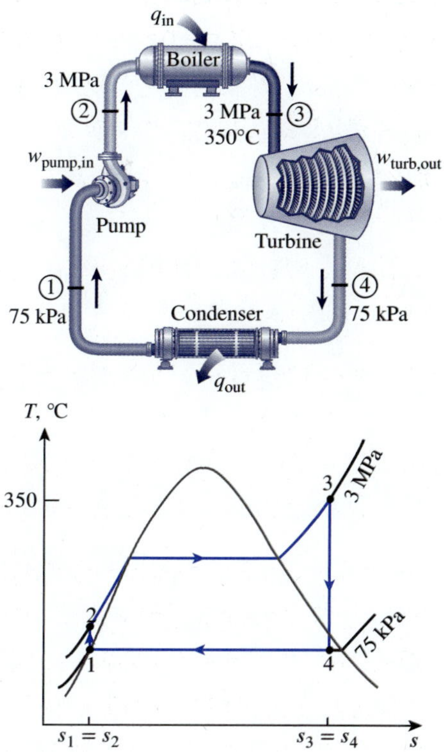

그림 9-41

예제 9-8에 대한 개요도 및 T-s 선도

상태 1: $\left.\begin{array}{l} P_1 = 75\text{ kPa} \\ \text{포화액} \end{array}\right\}\begin{array}{l} h_1 = h_{f\,@\,75\text{ kPa}} = 384.44\text{ kJ/kg} \\ \upsilon_1 = \upsilon_{f\,@\,75\text{ kPa}} = 0.001037\text{ m}^3\text{/kg} \end{array}$

상태 2: $P_2 = 3\text{ MPa}$

$s_2 = s_1$

$$w_{\text{pump,in}} = \upsilon_1(P_2 - P_1) = (0.001037\text{ m}^3\text{/kg})[(3000 - 75)\text{ kPa}]\left(\frac{1\text{ kJ}}{1\text{ kPa·m}^3}\right)$$

$$= 3.03\text{ kJ/kg}$$

$$h_2 = h_1 + w_{\text{pump,in}} = (384.44 + 3.03)\text{ kJ/kg} = 387.47\text{ kJ/kg}$$

상태 3: $\left.\begin{array}{l} P_3 = 3\text{ MPa} \\ T_3 = 350°\text{C} \end{array}\right\}\begin{array}{l} h_3 = 3116.1\text{ kJ/kg} \\ s_3 = 6.7450\text{ kJ/kg·K} \end{array}$

상태 4: $P_4 = 75\text{ kPa}$ (포화 혼합물)

$s_4 = s_3$

$$x_4 = \frac{s_4 - s_f}{s_{fg}} = \frac{6.7450 - 1.2132}{6.2426} = 0.8861$$

$$h_4 = h_f + x_4 h_{fg} = 384.44 + 0.8861(2278.0) = 2403.0\text{ kJ/kg}$$

따라서

$$q_{\text{in}} = h_3 - h_2 = (3116.1 - 387.47)\text{ kJ/kg} = 2728.6\text{ kJ/kg}$$

$$q_{\text{out}} = h_4 - h_1 = (2403.0 - 384.44)\text{ kJ/kg} = 2018.6\text{ kJ/kg}$$

그리고

$$\eta_{\text{th}} = 1 - \frac{q_{\text{out}}}{q_{\text{in}}} = 1 - \frac{2018.6\text{ kJ/kg}}{2728.6\text{ kJ/kg}} = 0.260\text{ or }\mathbf{26.0\%}$$

열효율은 또한 다음과 같이 구할 수 있다.

$$w_{\text{turb,out}} = h_3 - h_4 = (3116.1 - 2403.0)\text{ kJ/kg} = 713.1\text{ kJ/kg}$$

$$w_{\text{net}} = w_{\text{turb,out}} - w_{\text{pump,in}} = (713.1 - 3.03)\text{ kJ/kg} = 710.1\text{ kJ/kg}$$

또는

$$w_{\text{net}} = q_{\text{in}} - q_{\text{out}} = (2728.6 - 2018.6)\text{ kJ/kg} = 710.0\text{ kJ/kg}$$

그리고

$$\eta_{\text{th}} = \frac{w_{\text{net}}}{q_{\text{in}}} = \frac{710.0\text{ kJ/kg}}{2728.6\text{ kJ/kg}} = 0.260\text{ or }\mathbf{26.0\%}$$

즉, 이 원동소는 보일러에서 받은 열의 26%를 정미 일로 변환시키고 있다. 같은 온도와 압력 범위에서 작동하는 실제 원동소는 마찰과 같은 비가역성 때문에 더 낮은 효율을 가질 것이다.

토의 이 원동소의 역일비(back work ratio, $r_{\text{bw}} = w_{\text{in}}/w_{\text{out}}$)가 0.004임을 유의하라. 즉, 터빈 출력일의 0.4%만이 펌프를 작동시키는 데 소요된다는 것이다. 낮은 역일비(약 1%)를 가지는 것이 증기원동소의 특성이다. 이것은 전형적으로 매우 높은 역일비(약 40~80%)를 가지는 기체 동력 사이클과 매우 대조적이다.

같은 온도 한계 사이에서 작동하는 카르노 사이클의 효율을 알아보는 것도 또한 흥미롭다.

$$\eta_{th,Carnot} = 1 - \frac{T_{min}}{T_{max}} = 1 - \frac{(91.76 + 273)\ K}{(350 + 273)\ K} = 0.415$$

여기서, T_{min}은 75 kPa에서의 물의 포화온도이다. 두 효율의 차이는 랭킨 사이클의 가열과정 동안 증기와 연소가스 사이의 큰 온도차로 인해 발생한 큰 외부적 비가역성 때문이다.

9-11 실제 증기 사이클과 이상 증기 사이클의 차이

실제 증기 동력 사이클은 그림 9-42*a*에 보이는 바와 같이 여러 구성요소에서의 비가역성 때문에 이상 랭킨 사이클과 다르다. 유체 마찰과 주변으로의 열손실이 비가역성의 두 가지 일반적인 원인이다.

유체 마찰은 보일러, 응축기, 여러 구성요소들 사이의 배관에서의 압력강하를 유발한다. 결국, 보일러를 떠나는 증기는 입구에서보다 약간 낮은 압력으로 떠나게 된다. 또한 터빈 입구에서의 압력은 배관에서의 압력강하로 인해 보일러 출구에서의 압력보다 약간 더 낮다. 응축기에서 압력강하는 일반적으로 매우 작은 편이다. 이러한 압력강하를 보상하기 위해 실제 사이클에서 물의 압력은 이상 사이클에서 필요한 압력보다 충분히 큰 값으로 가압해야 한다. 이로 인해 보다 큰 용량의 펌프와 보다 큰 펌프 입력일이 필요하다.

비가역성의 다른 주요 원인은 증기가 여러 구성요소들을 통해 흐를 때 증기로부터 주변으로 일어나는 **열손실**이다. 같은 수준의 정미 일(net work) 출력을 유지하기 위해서는 이러한 바람직하지 못한 열손실을 보상해주기 위해 보다 많은 열을 보일러의 증기로 전달해 주어야 한다. 그 결과, 사이클 효율은 감소하게 된다.

특히 중요한 것은 펌프와 터빈 내에서 발생하는 비가역성이다. 비가역성의 결과로 인하여 펌프는 보다 큰 입력일을 필요로 하고, 터빈은 보다 작은 출력일을 생산하게 된다. 이상적인 조건에서는, 이러한 장치를 통한 유동은 등엔트로피적이다. 그러나, 등엔트로피적인 것으로부터 실제적인 펌프와 터빈의 차이는 다음과 같이 정의되는 **등엔트로피 효율**을 이용하여 정확하게 설명할 수 있다.

$$\eta_P = \frac{w_s}{w_a} = \frac{h_{2s} - h_1}{h_{2a} - h_1} \tag{9-34}$$

그리고

$$\eta_T = \frac{w_a}{w_s} = \frac{h_3 - h_{4a}}{h_3 - h_{4s}} \tag{9-35}$$

여기서, 상태 2*a*와 4*a*는 각각 펌프와 터빈의 실제 출구상태이다. 그리고 2*s*와 4*s*는 등엔트로피적인 경우에 해당되는 상태이다(그림 9-42*b*).

다른 요인들도 또한 실제 증기 동력 사이클의 해석에 있어 고려해야 할 필요가

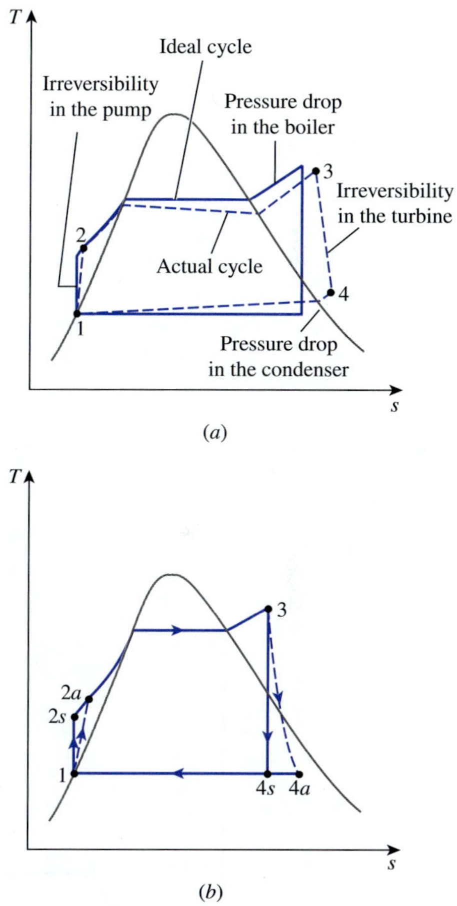

그림 9-42
(*a*) 이상 랭킨 사이클로부터 실제 증기 사이클의 이탈 (*b*) 펌프와 터빈의 비가역성이 이상 랭킨 사이클에 미치는 영향

있다. 예를 들면, 실제 응축기들에서는 펌프 날개의 저압면에서 유체의 급격한 증발과 응축 현상으로서 펌프를 손상시킬 수도 있는 **캐비테이션**(*cavitation*)의 발생을 막기 위해 보통은 액체를 과냉시킨다. 구동부 사이의 베어링 등에서 마찰로 인해 부가적인 손실들이 발생하기도 한다. 손실의 또 다른 두 가지 원인으로서 사이클 동안 밖으로 누출되는 증기와 응축기 안으로 유입되는 공기를 들 수 있다. 마지막으로, 로에 공기를 공급하는 송풍기와 같은 보조 장치에 의해 소모되는 동력도 또한 실제 발전소의 성능을 계산하는 데 고려해야 한다.

증기 동력 사이클에서 비가역성이 열효율에 미치는 효과는 아래 예제와 함께 설명되어 있다.

예제 9-9 실제 증기 동력 사이클

증기원동소가 그림 9-43에 보이는 사이클로 작동한다. 터빈의 등엔트로피 효율이 87%이고 펌프의 등엔트로피 효율이 85%일 때, 다음을 구하라. (*a*) 사이클의 열효율 (*b*) 질량유속이 15 kg/s인 경우 발전소의 정미 출력 동력

풀이 터빈과 펌프의 효율이 주어진 증기원동소를 고려한다. 열효율과 정미 출력 동력을 구하고자 한다.

가정 **1.** 정상작동 조건이 유지된다. **2.** 운동 및 위치 에너지의 변화량은 무시할 만하다.

해석 증기원동소의 개요도 및 사이클의 T-s 선도가 그림 9-43에 나타나 있다. 여러 점들에서의 수증기의 온도와 압력이 그림에 나타나 있다. 원동소는 정상유동 구성요소들로 구성되며 랭킨 사이클로 작동되지만 여러 구성장치에서의 불완전성을 고려해야 한

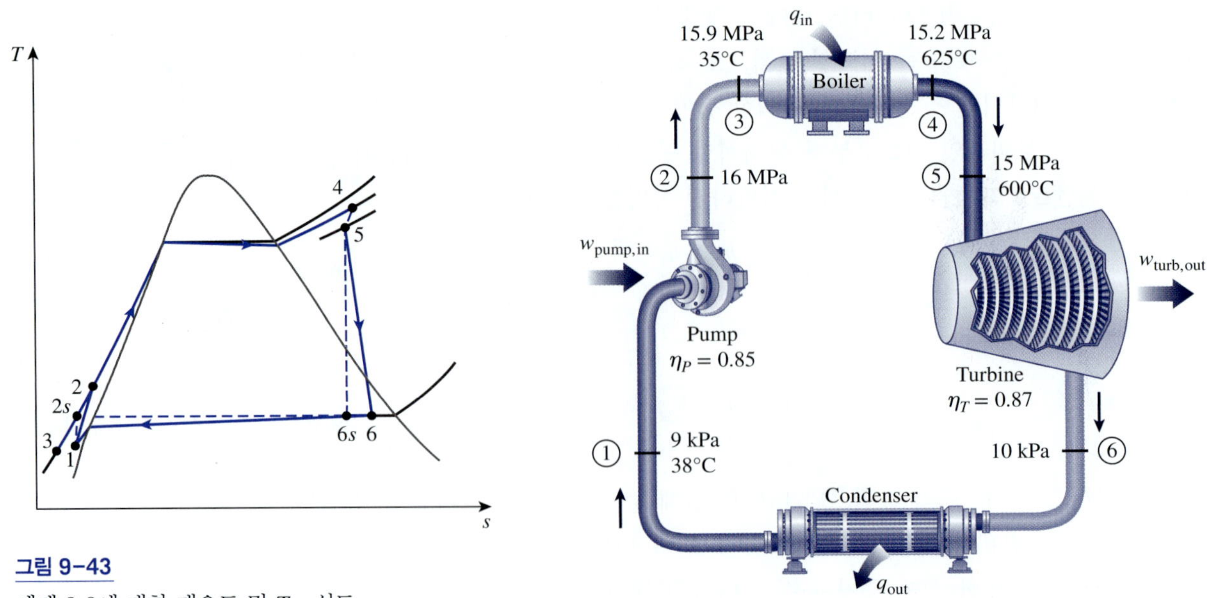

그림 9-43
예제 9-9에 대한 개요도 및 T-s 선도

다는 점을 주목한다.

(*a*) 사이클의 열효율은 입력열에 대한 정미 출력 일과의 비이며, 다음과 같이 구한다.

펌프 입력일:

$$w_{\text{pump,in}} = \frac{w_{s,\text{pump,in}}}{\eta_P} = \frac{\upsilon_1(P_2 - P_1)}{\eta_P}$$
$$= \frac{(0.001009\ \text{m}^3/\text{kg})[(16{,}000 - 9)\ \text{kPa}]}{0.85}\left(\frac{1\ \text{kJ}}{1\ \text{kPa}\cdot\text{m}^3}\right)$$
$$= 19.0\ \text{kJ/kg}$$

터빈 출력일:

$$w_{\text{turb,out}} = \eta_T w_{s,\text{turb,out}}$$
$$= \eta_T(h_5 - h_{6s}) = 0.87(3583.1 - 2115.3)\ \text{kJ/kg}$$
$$= 1277.0\ \text{kJ/kg}$$

보일러 입력열: $q_{\text{in}} = h_4 - h_3 = (3647.6 - 160.1)\ \text{kJ/kg} = 3487.5\ \text{kJ/kg}$

따라서

$$w_{\text{net}} = w_{\text{turb,out}} - w_{\text{pump,in}} = (1277.0 - 19.0)\ \text{kJ/kg} = 1258.0\ \text{kJ/kg}$$
$$\eta_{\text{th}} = \frac{w_{\text{net}}}{q_{\text{in}}} = \frac{1258.0\ \text{kJ/kg}}{3487.5\ \text{kJ/kg}} = 0.361\ \text{or}\ \mathbf{36.1\%}$$

(*b*) 이 원동소에 의해 발생한 동력은 다음과 같이 구한다.

$$\dot{W}_{\text{net}} = \dot{m}\, w_{\text{net}} = (15\ \text{kg/s})(1258.0\ \text{kJ/kg}) = \mathbf{18.9\ MW}$$

토의 비가역성이 없다면, 이 사이클의 열효율은 43%가 될 것이다(예제 9-10*c*를 보라).

9-12 랭킨 사이클의 열효율을 어떻게 증대시킬 수 있을까?

증기원동소는 세계적으로 전력 생산의 대부분을 담당하고 있다. 따라서 열효율에 있어 작은 증가는 연료 소비량의 커다란 절약을 의미할 수 있다. 그래서, 증기원동소가 작동하는 사이클의 효율을 개선시키기 위해 다양한 노력들이 시도되고 있다.

동력 사이클의 열효율을 증가시키기 위한 수정안들은 다양하지만 기본적인 개념은 다음과 같다: **보일러에서 열이 작동유체로 전달되는 평균온도의 증가, 또는 응축기에서 열이 작동유체로 방출되는 평균온도의 감소.** 즉, 평균 유체 온도는 가열과정 동안에는 가능한 한 높아야 하고 방열과정 동안에는 가능한 한 낮추는 것이다. 따라서 단순 이상 랭킨 사이클에 대해서 이와 같은 개념을 구현하기 위한 세 가지 방식에 대해 다음에서 논의한다.

응축기 압력 낮추기($T_{\text{low,avg}}$를 낮춘다)

수증기는 응축기 내의 압력에 대응하는 포화온도에서 응축기 안에서 포화된 혼합

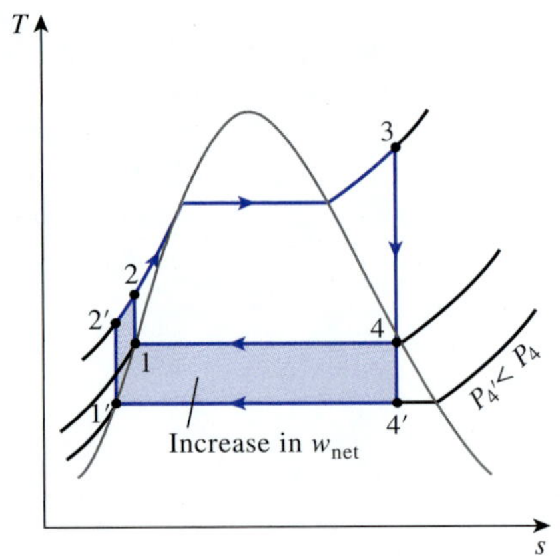

그림 9-44
응축기 압력의 강하가 이상 랭킨 사이클에 미치는 영향

물로 존재한다. 따라서 응축기의 작동 압력을 낮추면 자동적으로 수증기의 온도가 낮아지고, 따라서 열이 방출되는 온도도 낮아진다.

랭킨 사이클의 효율 측면에서 응축기 압력의 저하로 인한 효과는 그림 9-44에 있는 *T-s* 선도에 설명되어 있다. 비교하기 위해서, 터빈 입구상태는 동일하게 유지한다. 이 선도상에서 색칠된 면적은 응축기 압력이 P_4에서 $P_{4'}$까지 낮아짐으로써 발생한 정미 출력 일의 증가를 나타낸다. 곡선 2′-2 아래의 면적으로 나타나는 입력열 요구도 또한 증가한다. 그러나 이 증가는 매우 작다. 따라서 응축기 압력의 저하로 인한 전체 효과는 사이클의 열효율의 증가로 나타난다.

낮은 압력에서 증가된 효율의 이점을 활용하기 위해, 증기원동소의 응축기는 일반적으로 대기압보다 훨씬 아래에서 작동한다. 증기 동력 사이클이 밀폐된 회로에서 작동하기 때문에 대기압보다 낮은 작동 압력은 특별한 문제를 야기하지 않는다. 그러나 사용 가능한 응축기 압력에 다른 제한 요소가 있다. 즉, 이 압력은 냉각매체의 온도에 대응하는 포화압력보다 더 낮을 수 없다. 예를 들어, 수온이 15°C인 강 근처에서 냉각되는 응축기를 고려해보자. 효과적인 열전달을 위해서 10°C의 온도 차이를 고려할 때 응축기에서의 증기 온도는 25°C 이상이 되어야 한다. 따라서 응축기 압력은 25°C의 포화압력인 3.2 kPa 이상이 되어야만 한다.

그러나 응축기 압력을 낮추는 것은 여타의 부수적인 문제를 초래하게 된다. 그 중 하나로 응축기로의 공기 누설 문제이다. 보다 중요한 문제점은, 이것이 그림 9-44에서 볼 수 있는 바와 같이 터빈의 최종 단계에서 증기의 수분 함유량을 증가시킨다는 점이다. 수분 함유량이 많다는 것은 터빈 효율을 감소시키고 터빈날개를 부식시키기 때문에 터빈에서 매우 바람직하지 못하다. 다행히도 이 문제는 다음에 논의되는 바에 의해서 해결될 수 있다.

증기를 고온으로 과열하기($T_{high,avg}$를 증가시킨다)

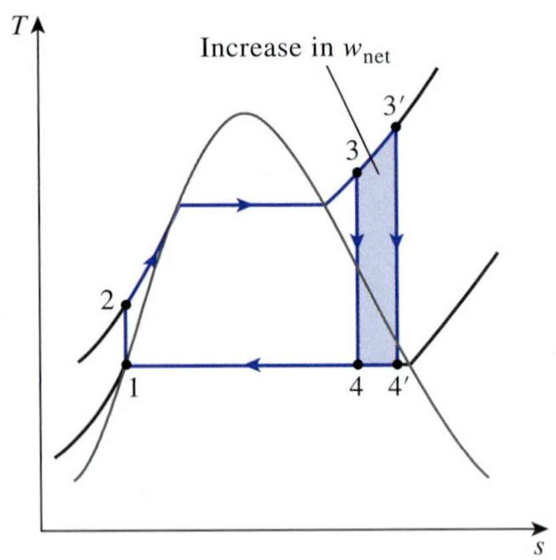

그림 9-45
과열증기의 온도 상승이 이상 랭킨 사이클에 미치는 영향

보일러 압력을 증가시키지 않고도 증기를 고온으로 과열시킴으로서 열이 증기로 가해지는 평균온도를 상승시킬 수 있다. 증기 동력 사이클의 성능에 대한 과열의 효과는 그림 9-45에 있는 *T-s* 선도에 나타나 있다. 이 선도상에서 색칠된 면적은 정미 일의 증가를 나타낸다. 과정 곡선 3-3′ 아래에 있는 전체 면적은 입력열의 증가를 나타낸다. 따라서 수증기를 보다 높은 온도로 과열시킴으로써 정미 출력 일과 입력열 모두 증가한다. 그러나 열이 가해지는 평균온도가 증가하기 때문에 전체적인 효과는 열효율의 증가로 나타난다.

증기를 보다 높은 온도로 과열하는 것은 또 하나의 매우 바람직한 효과를 가져온다. 그것은 *T-s* 선도에서 볼 수 있는 것처럼, 터빈 출구에서의 증기의 수분 함유량을 감소시킨다는 것이다(상태 4′에서의 건도는 상태 4보다 더 크다).

그러나 증기를 과열할 수 있는 온도는 금속재료학적인 고려사항으로 인해 제한된다. 현재 터빈 입구에서 허용될 수 있는 가장 높은 증기 온도는 약 620°C

(1150°F)이다. 이 온도를 조금이라도 증가시킬 수 있는가는 현재의 재료를 개선시키거나, 보다 높은 온도를 견딜 수 있는 신소재를 개발하는 데 달려있다. 이 관점에서 세라믹은 매우 유망한 재료이다.

보일러 압력을 증가시키기($T_{high,avg}$를 증가시킨다)

가열과정 동안 평균온도를 증가시키는 또 하나의 방법은 보일러의 작동 압력을 증가시키는 것인데, 이것은 자동적으로 비등이 일어나는 온도를 올리게 된다. 이것은 열이 수증기로 가해지는 평균온도를 올리게 되므로, 이 사이클의 열효율은 증가하게 된다.

보일러 압력의 증가가 증기 동력 사이클의 성능에 미치는 효과는 그림 9-46의 *T-s* 선도에 설명되어 있다. 고정된 터빈 입구 온도에 대해 사이클은 왼쪽으로 옮겨지고 터빈 출구에서 증기의 수분 함유량이 증가함을 주목해야 한다. 그러나 이 바람직하지 못한 부수적인 효과는 다음 절에서 논의되는 것과 같이 증기를 재열함으로써 해결할 수 있다.

보일러의 작동 압력은 1922년의 약 2.7 MPa (400 psia)에서 오늘날의 30 MPa (4500 psia) 이상까지 수년에 걸쳐 점차로 증가되어 하나의 발전소에서 1000 MW 이상의 정미 출력 동력을 생산할 수 있게 되었다. 오늘날 많은 현대 증기원동소는 초임계(supercritical) 압력(P > 22.06 MPa)에서 작동되며 화력발전소에서는 약 40%, 원자력 발전소에서는 약 34%의 열효율을 가진다. 미국에서는 초임계 압력에서 작동하는 증기원동소 150여 개가 작동되고 있다. 원자력 발전소가 상대적으로 낮은 효율을 갖는 이유는 안전성 문제로 증기원동소에서 보다 낮은 최대 온도를 사용하고 있기 때문이다. 초임계 랭킨 사이클의 *T-s* 선도가 그림 9-47에 보이고 있다.

응축기 압력을 낮추고, 보다 높은 온도까지 과열시키고, 보일러의 압력을 증가시키는 것이 랭킨 사이클의 열효율에 미치는 영향은 아래 예제에 나타나 있다.

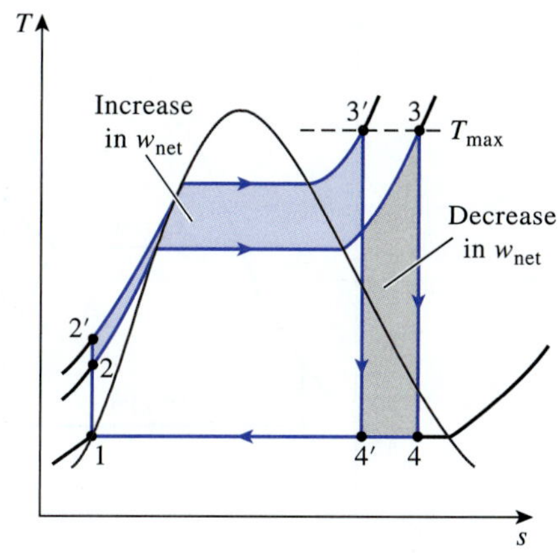

그림 9-46

보일러 압력의 증가가 이상 랭킨 사이클에 미치는 영향

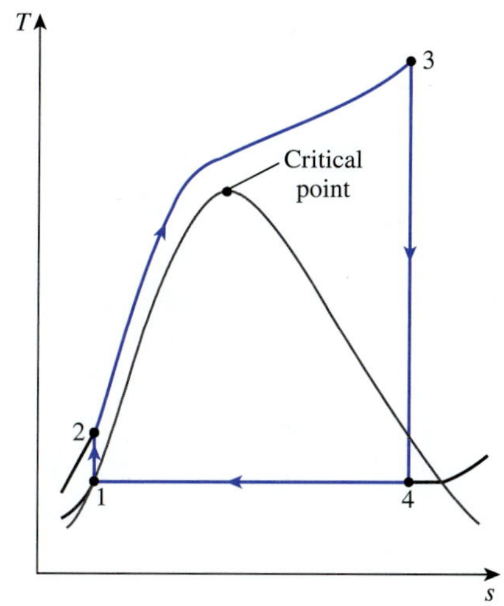

그림 9-47

초임계 랭킨 사이클

예제 9-10 보일러의 압력과 온도가 효율에 미치는 영향

이상 랭킨 사이클상에서 작동하는 증기원동소를 고려해 보자. 수증기가 3 MPa, 350°C 상태로 터빈을 들어가서 10 kPa의 압력으로 응축기에서 응축될 때 다음을 구하라. (*a*) 이 원동소의 열효율 (*b*) 증기가 350°C 대신 600°C까지 과열될 때의 열효율 (*c*) 터빈 입구 온도가 600°C로 유지되는 동안 보일러 압력이 15 MPa까지 상승할 때의 열효율

풀이 이상 랭킨 사이클로 작동되는 증기원동소가 고려된다. 증기를 더 높은 온도로 과열시키는 것과 보일러 압력을 더 높이는 것이 열효율에 미치는 영향을 조사하고자 한다.

해석 세 가지 경우 모두에 대한 사이클의 *T-s* 선도가 그림 9-48에 보이고 있다.

(*a*) 이 원동소는 응축기 압력이 10 kPa까지 낮아졌다는 점을 제외하곤 예제 9-8에서

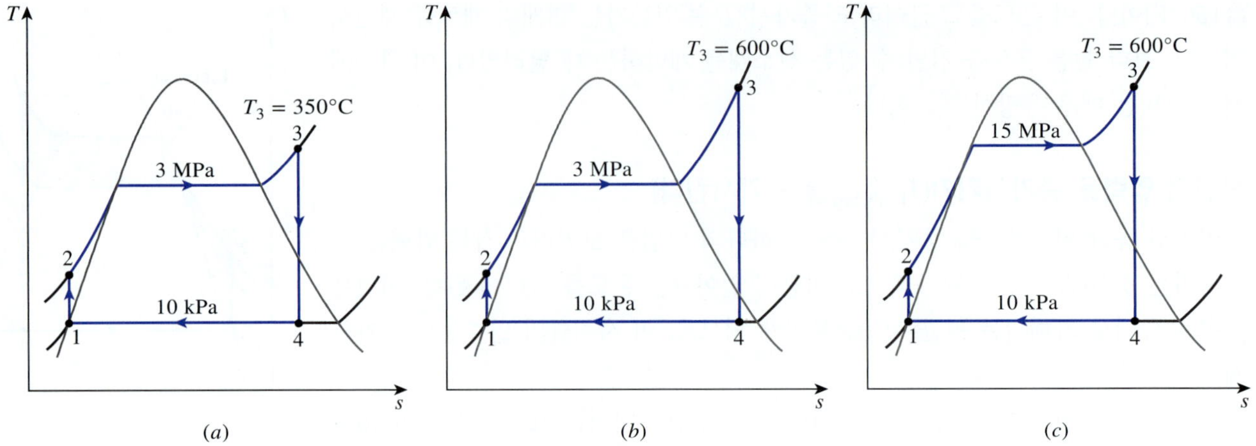

그림 9-48

예제 9-10에서 논의된 세 사이클의 *T-s* 선도

논의된 증기원동소와 동일하다. 열효율도 비슷한 방법으로 구한다.

상태 1: $\left.\begin{array}{l} P_1 = 10 \text{ kPa} \\ \text{Sat. liquid} \end{array}\right\} \begin{array}{l} h_1 = h_{f\,@\,10\text{ kPa}} = 191.81 \text{ kJ/kg} \\ v_1 = v_{f\,@\,10\text{ kPa}} = 0.00101 \text{ m}^3\text{/kg} \end{array}$

상태 2: $P_2 = 3$ MPa

$s_2 = s_1$

$$w_{\text{pump,in}} = v_1(P_2 - P_1) = (0.00101 \text{ m}^3\text{/kg})[(3000 - 10) \text{ kPa}]\left(\frac{1 \text{ kJ}}{1 \text{ kPa}\cdot\text{m}^3}\right)$$

$$= 3.02 \text{ kJ/kg}$$

$$h_2 = h_1 + w_{\text{pump,in}} = (191.81 + 3.02) \text{ kJ/kg} = 194.83 \text{ kJ/kg}$$

상태 3: $\left.\begin{array}{l} P_3 = 3 \text{ MPa} \\ T_3 = 350°\text{C} \end{array}\right\} \begin{array}{l} h_3 = 3116.1 \text{ kJ/kg} \\ s_3 = 6.7450 \text{ kJ/kg}\cdot\text{K} \end{array}$

상태 4: $P_4 = 10$ kPa (포화 혼합물)

$s_4 = s_3$

$$x_4 = \frac{s_4 - s_f}{s_{fg}} = \frac{6.7450 - 0.6492}{7.4996} = 0.8128$$

따라서

$$h_4 = h_f + x_4 h_{fg} = 191.81 + 0.8128(2392.1) = 2136.1 \text{ kJ/kg}$$

$$q_{\text{in}} = h_3 - h_2 = (3116.1 - 194.83) \text{ kJ/kg} = 2921.3 \text{ kJ/kg}$$

$$q_{\text{out}} = h_4 - h_1 = (2136.1 - 191.81) \text{ kJ/kg} = 1944.3 \text{ kJ/kg}$$

그리고

$$\eta_{\text{th}} = 1 - \frac{q_{\text{out}}}{q_{\text{in}}} = 1 - \frac{1944.3 \text{ kJ/kg}}{2921.3 \text{ kJ/kg}} = 0.334 \quad \text{또는} \quad \mathbf{33.4\%}$$

그러므로 응축기 압력을 75 kPa에서 10 kPa로 낮춤으로써 열효율은 26.0%에서 33.4%로 증가한다. 하지만 동시에 증기의 건도는 88.6%에서 81.3%로 감소한다(바꿔 말하면, 수분 함유량은 11.4%에서 18.7%로 증가한다).

(*b*) 이 경우에 상태 1과 2는 같게 유지되고, 상태 3 (3 MPa 및 600°C)과 상태 4 (10 kPa 및 $s_4 = s_3$)에서의 엔탈피는 다음과 같은 방법으로 구한다.

$$h_3 = 3682.8 \text{ kJ/kg}$$
$$h_4 = 2380.3 \text{ kJ/kg} \quad (x_4 = 0.915)$$

따라서

$$q_{in} = h_3 - h_2 = 3682.8 - 194.83 = 3488.0 \text{ kJ/kg}$$
$$q_{out} = h_4 - h_1 = 2380.3 - 191.81 = 2188.5 \text{ kJ/kg}$$

그리고

$$\eta_{th} = 1 - \frac{q_{out}}{q_{in}} = 1 - \frac{2188.5 \text{ kJ/kg}}{3488.0 \text{ kJ/kg}} = 0.373 \text{ 또는 } \mathbf{37.3\%}$$

그러므로, 증기를 350°C에서 600°C로 과열한 결과, 열효율은 33.4에서 37.3%까지 증가한다. 동시에 증기의 건도는 81.3%에서 91.5%까지 증가한다(바꿔 말하면, 수분 함유량은 18.7에서 8.5%까지 감소한다).

(*c*) 이 경우에 상태 1은 그대로 남아 있지만 다른 상태들은 변한다. 상태 2 (15 MPa 및 $s_2 = s_1$), 상태 3 (15 MPa 및 600°C), 그리고 상태 4 (10 kPa 및 $s_4 = s_3$)의 엔탈피는 다음과 같은 방법으로 구한다.

$$h_2 = 206.95 \text{ kJ/kg}$$
$$h_3 = 3583.1 \text{ kJ/kg}$$
$$h_4 = 2115.3 \text{ kJ/kg} \quad (x_4 = 0.804)$$

따라서

$$q_{in} = h_3 - h_2 = 3583.1 - 206.95 = 3376.2 \text{ kJ/kg}$$
$$q_{out} = h_4 - h_1 = 2115.3 - 191.81 = 1923.5 \text{ kJ/kg}$$

그리고

$$\eta_{th} = 1 - \frac{q_{out}}{q_{in}} = 1 - \frac{1923.5 \text{ kJ/kg}}{3376.2 \text{ kJ/kg}} = 0.430 \text{ 또는 } \mathbf{43.0\%}$$

토의 터빈 입구에서의 증기온도를 600°C로 유지하는 동안 보일러의 압력을 3 MPa에서 15 MPa로 상승시킴으로써 열효율은 37.3에서 43.0%로 증가한다. 그러나, 동시에 증기의 건도는 91.5%에서 80.4%로 감소한다(바꿔 말하면, 수분 함유량은 8.5%에서 19.6%로 증가한다).

9-13 이상 재열 랭킨 사이클

앞 절의 마지막 부분에서 보일러 압력을 증가시키면 랭킨 사이클의 열효율은 증가하지만, 이것은 또한 증기의 수분 함유량을 허용불가 수준까지 증가시킨다는 것을 보았다. 그러면 자연스럽게 다음과 같은 의문점을 제기하게 된다.

어떻게 하면 터빈의 마지막 단(stage)에서 과도한 수분의 문제에 직면하지 않으면서, 보다 높은 보일러 압력에서 증가된 효율의 장점을 이용할 수 있을까?

두 개의 가능성이 있다.

1. 증기가 터빈으로 들어가기 전에 이 증기를 매우 높은 온도까지 과열한다. 이것은 열이 가해지는 평균온도를 증가시켜서 사이클 효율을 증가시키므로 바람직한 해답이 될 수 있을 것이다. 하지만 이때는 금속재료 측면에서 위험한 수준까지 증기온도가 상승하기 때문에 이 방법은 실제적 해결책이 되지 못한다.

2. 터빈에 있는 증기를 두 단으로 팽창시키고, 두 단 사이에서 재열한다. 바꿔 말하면 단순 이상 랭킨 사이클을 개조하여 **재열**(reheat) 과정을 추가한다. 재열은 터빈에서의 과도한 수분 문제에 대한 실제적인 해결책이 된다. 그래서 이것은 오늘날의 증기원동소에 널리 사용되고 있다.

이상 재열 랭킨 사이클의 *T-s* 선도와 이 사이클로 작동하는 원동소의 개요도가 그림 9-49에 나타나 있다. 이상 재열 랭킨 사이클은 팽창과정이 두 단계로 일어난다는 점에서 단순 이상 랭킨 사이클과는 다르다. 첫 번째 단(고압 터빈)에서 증기는 등엔트로피적으로 중간 압력까지 팽창된다. 이어 압력을 일정하게 유지한 채로 증기는 보일러로 다시 보내져서 보통 첫 번째 터빈 단계의 입구 온도까지 재열된다. 그 후에, 증기는 두 번째 단계(저압 터빈)에서 응축기 압력까지 등엔트로피적으로 팽창된다. 따라서 재열 사이클에 대한 전체 입력열과 전체 터빈 일은 다음과 같이 된다.

$$q_{in} = q_{primary} + q_{reheat} = (h_3 - h_2) + (h_5 - h_4) \quad \textbf{(9-36)}$$

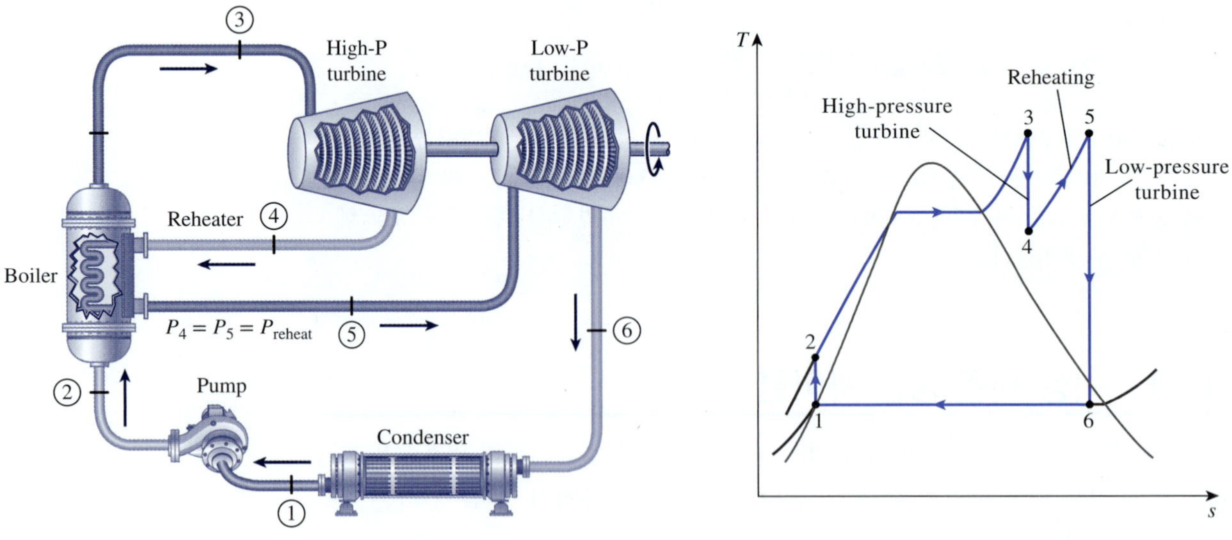

그림 9-49
이상 재열 랭킨 사이클

그리고

$$w_{\text{turb,out}} = w_{\text{turb,I}} + w_{\text{turb,II}} = (h_3 - h_4) + (h_5 - h_6) \tag{9-37}$$

현대적인 원동소에서 하나의 재열과정을 추가하면 열이 증기로 가해지는 평균온도를 증가시켜 사이클 효율이 4~5% 개선된다.

팽창과 재열 단의 수를 증가시킴으로써 재열과정 동안의 평균온도를 증가시킬 수 있다. 재열과정 단의 수가 증가함에 따라 팽창과 재열과정은 그림 9-50에서 보이는 바와 같이 최고 온도에서의 등온과정으로 접근한다. 그러나 두 개 이상의 재열과정의 사용은 실용적이지 못하다. 두 번째 재열로 인한 이론적인 효율의 개선은 단일 재열로부터 기인하는 것의 약 절반에 지나지 않는다. 터빈 입구 압력이 충분히 높지 않다면 이중 재열(double reheat)로 인해 과열증기로 배출되는 결과를 초래할 수도 있다. 이것은 방열의 평균온도를 증가시키고, 따라서 사이클의 효율을 감소시키기 때문에 바람직하지 않다. 따라서 이중 재열은 초임계압력(P > 22.06 MPa)의 발전소에서만 사용된다. 세 번째 재열 단계는 두 번째 재열에 의해 얻어진 개선의 약 절반 정도만큼 사이클 효율을 증가시킬 수 있다. 그러나 얻어진 이득이 너무 작아서 추가된 비용과 복잡함을 정당화시키기 어렵다.

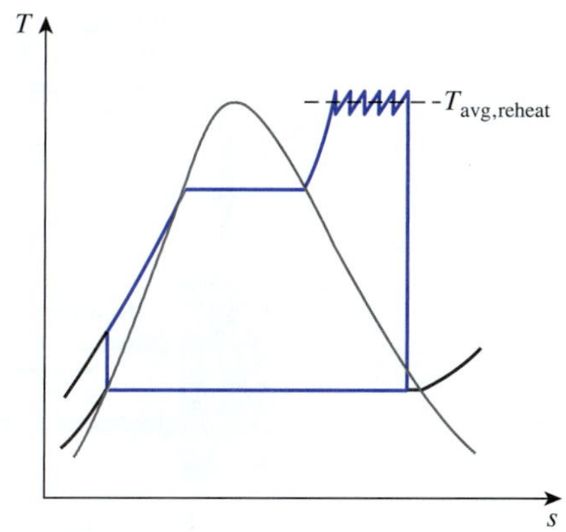

그림 9-50
재열 단 수의 증가에 따라 재열과정 동안 열이 전달되는 평균온도는 증가한다.

재열 사이클은 1920년대 중반에 도입되었지만 작동상의 어려움 때문에 1930년대에 포기되었다. 그러나 수년간에 걸쳐 보일러 압력이 꾸준히 증가함으로써 1940년대 후반에는 단일 재열을, 그리고 1950년대 초반에는 이중 재열을 재도입하는 것이 필요하게 되었다.

재열온도는 터빈 입구 온도와 같거나 매우 근접한 값을 갖는다. 최적의 재열 압력은 사이클의 최대 압력의 약 1/4이다. 예를 들면, 보일러 압력이 12 MPa인 사이클에 대한 최적 재열 압력은 약 3 MPa이다.

재열 사이클의 유일한 목적은 팽창과정의 마지막 단계에서 증기의 수분 함유량을 감소시키는 것임을 기억하라. 고온에서 충분히 견딜 수 있는 재료를 사용할 수 있다면 재열 사이클은 필요가 없게 될 것이다.

예제 9-11 **이상 재열 랭킨 사이클**

이상 재열 랭킨 사이클상에서 작동하는 증기원동소를 고려해 보자. 발전소는 고압 터빈 입구에서 600 psia, 600°F의 조건과 저압 터빈 입구에서 200 psia, 600°F의 조건과 응축기에서 10 psia의 조건을 유지한다. 원동소가 생산하는 순 동력은 5000 kW이다. 이 사이클의 가열율, 방열율, 열효율을 구하라.

저압 터빈 입구 온도는 동일하게 유지한 채로 보일러의 재열 부분을 200 psia 대신에 100 psia로 작동시킬 때 어떤 이점이 있는가?

풀이 이상 재열 증기 랭킨 사이클이 5000 kW의 동력을 생산한다. 그 사이클의 가열

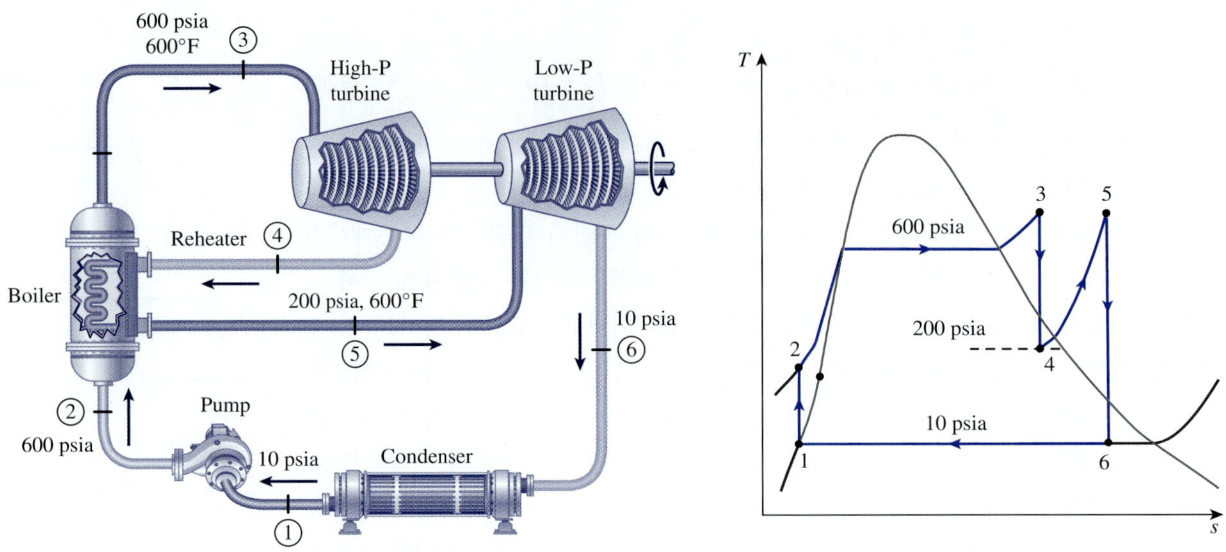

그림 9-51

예제 9-11에 대한 개요도 및 *T-s* 선도

률, 방열률, 열효율을 구한다. 또한, 재열 압력을 변화시킬 때의 영향을 조사한다.

가정 **1.** 정상작동 조건이 유지된다. **2.** 운동 및 위치 에너지의 변화는 무시할 만하다.

해석 원동소의 개요도와 사이클의 *T-s* 선도가 그림 9-51에 나타나 있다. 원동소가 이상 재열 랭킨 사이클로 작동한다. 따라서, 터빈과 펌프는 등엔트로피적이고, 보일러와 응축기에서는 압력강하가 없으며, 증기는 응축기를 떠나서 응축기 압력에서 포화액으로 펌프로 들어간다. 증기표로부터(Table A-4E, A-5E, A-6E),

$$h_1 = h_{f\,@\,10\text{ psia}} = 161.25\text{ Btu/lbm}$$
$$\upsilon_1 = \upsilon_{f\,@\,10\text{ psia}} = 0.01659\text{ ft}^3\text{/lbm}$$

$$\begin{aligned} w_{\text{pump,in}} &= \upsilon_1(P_2 - P_1) \\ &= (0.01659\text{ ft}^3\text{/lbm})[(600-10)\text{ psia}]\left(\frac{1\text{ Btu}}{5.404\text{ psia}\cdot\text{ft}^3}\right) \\ &= 1.81\text{ Btu/lbm} \end{aligned}$$

$$h_2 = h_1 + w_{\text{pump,in}} = 161.25 + 1.81 = 163.06\text{ Btu/lbm}$$

$$\left.\begin{aligned} P_3 &= 600\text{ psia} \\ T_3 &= 600°\text{F} \end{aligned}\right\} \begin{aligned} h_3 &= 1289.9\text{ Btu/lbm} \\ s_3 &= 1.5325\text{ Btu/lbm·R} \end{aligned}$$

$$\left.\begin{aligned} P_4 &= 200\text{ psia} \\ s_4 &= s_3 \end{aligned}\right\} \begin{aligned} x_4 &= \frac{s_4 - s_f}{s_{fg}} = \frac{1.5325 - 0.54379}{1.00219} = 0.9865 \\ h_4 &= h_f + x_4 h_{fg} = 355.46 + (0.9865)(843.33) = 1187.5\text{ Btu/lbm} \end{aligned}$$

$$\left.\begin{aligned} P_5 &= 200\text{ psia} \\ T_5 &= 600°\text{F} \end{aligned}\right\} \begin{aligned} h_5 &= 1322.3\text{ Btu/lbm} \\ s_5 &= 1.6771\text{ Btu/lbm·R} \end{aligned}$$

$$\left.\begin{array}{l} P_6 = 10 \text{ psia} \\ s_6 = s_5 \end{array}\right\} \begin{array}{l} x_6 = \dfrac{s_6 - s_f}{s_{fg}} = \dfrac{1.6771 - 0.28362}{1.50391} = 0.9266 \\ h_6 = h_f + x_6 h_{fg} = 161.25 + (0.9266)(981.82) = 1071.0 \text{ Btu/lbm} \end{array}$$

따라서

$$q_{\text{in}} = (h_3 - h_2) + (h_5 - h_4) = 1289.9 - 163.06 + 1322.3 - 1187.5 = 1261.7 \text{ Btu/lbm}$$

$$q_{\text{out}} = h_6 - h_1 = 1071.0 - 161.25 = 909.7 \text{ Btu/lbm}$$

$$w_{\text{net}} = q_{\text{in}} - q_{\text{out}} = 1261.7 - 909.8 = 352.0 \text{ Btu/lbm}$$

사이클에서 증기의 질량유량은 다음과 같이 결정된다.

$$\dot{W}_{\text{net}} = \dot{m} w_{\text{net}} \rightarrow \dot{m} = \frac{\dot{W}_{\text{net}}}{w_{\text{net}}} = \frac{5000 \text{ kJ/s}}{352.0 \text{ Btu/lbm}}\left(\frac{0.94782 \text{ Btu}}{1 \text{ kJ}}\right) = 13.47 \text{ lbm/s}$$

가열율과 방열률은 다음과 같다.

$$\dot{Q}_{\text{in}} = \dot{m} q_{\text{in}} = (13.47 \text{ lbm/s})(1261.7 \text{ Btu/lbm}) = \mathbf{16{,}995 \text{ Btu/s}}$$

$$\dot{Q}_{\text{out}} = \dot{m} q_{\text{out}} = (13.47 \text{ lbm/s})(909.7 \text{ Btu/lbm}) = \mathbf{12{,}250 \text{ Btu/s}}$$

사이클의 열효율은 다음과 같이 계산된다.

$$\eta_{\text{th}} = \frac{\dot{W}_{\text{net}}}{\dot{Q}_{\text{in}}} = \frac{5000 \text{ kJ/s}}{16{,}995 \text{ Btu/s}}\left(\frac{0.94782 \text{ Btu}}{1 \text{ kJ}}\right) = 0.279 \text{ 또는 } \mathbf{27.9\%}$$

같은 재열온도에서 100 psia의 재열압력에 대한 해석을 반복한다면 27.3%의 열효율을 얻는다. 따라서, 100 psia에서 재열기를 작동하면 열효율에서 약간 감소하게 된다.

토의 이제 우리는 다음과 같은 질문에 답을 하려고 한다. 어떤 재열 압력에서 열효율이 최대가 될 것인가? 적절한 소프트웨어를 사용하여 다양한 재열압력에서 해석을 반복한다. 그 결과가 그림 9-52에 나타나 있다. 최적 재열압력 325 psia에서 열효율은 최대치인 28.1%에 도달한다.

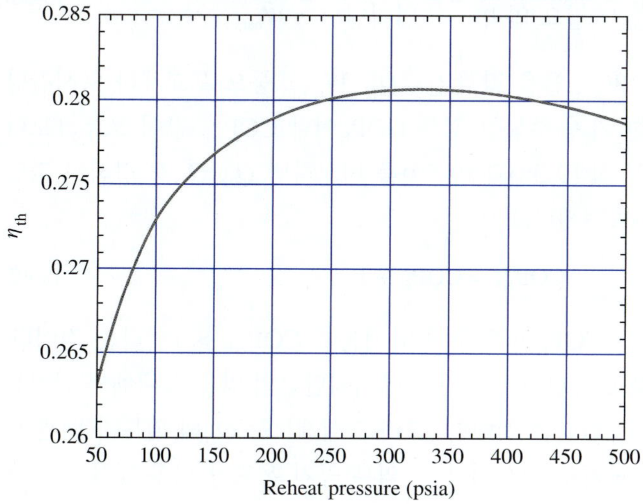

그림 9-52
열효율이 최고가 되는 재열 랭킨 사이클에서의 최적 재열 압력이 있다. 수치값들은 예제 9-11에 적용된다.

9-14 냉동기와 열펌프

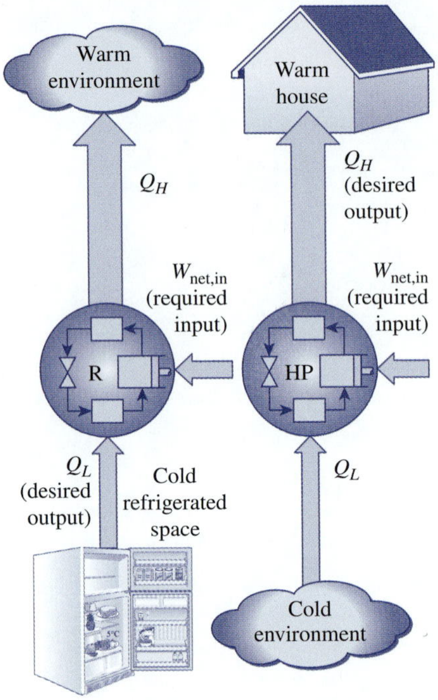

(*a*) Refrigerator (*b*) Heat pump

그림 9-53

냉동기의 목적은 차가운 매체로부터 열(Q_L)을 제거하는 것인 반면에, 열펌프의 목적은 따뜻한 매질로 열(Q_H)을 공급하는 것이다.

열의 흐름은 온도가 감소하는 방향으로, 즉 고온에서 저온으로 흐른다는 것은 경험적으로 잘 알려진 사실이다. 이러한 열전달 과정은 어떠한 장치 없이도 자연적으로 발생한다. 그러나, 그 반대의 과정은 저절로 일어나지 않는다. 저온에서 고온으로의 열전달은 **냉동기**(refrigerators)라고 하는 특수한 장치를 필요로 한다.

냉동기는 사이클형 장치로서 냉동 사이클에 사용되는 작동유체를 **냉매**(refrigerants)라고 한다. 일반적인 냉동기의 개요도가 그림 9-53*a*에 나타나 있다. 여기서 Q_L은 온도 T_L의 냉동된 공간에서 제거한 열량이고, Q_H는 온도 T_H의 상대적으로 더운 공간으로 방출된 열량이며, $W_{net,in}$은 냉동기 내부로 들어가는 정미 입력일을 뜻한다. 7장에서 논의된 바와 같이, Q_L과 Q_H는 크기를 나타내는 것으로서 양의 값을 갖는다.

저온에서 고온으로 열을 전달하는 또 하나의 장치가 있는데 그것이 바로 **열펌프**(heat pump)이다. 냉동기와 열펌프는 본질적으로 같은 장치이지만, 그 목적만 서로 다르다. 냉동기의 목적은 냉동실을 저온으로 유지하기 위하여 그 공간으로부터 열을 제거하는 것이다. 이때, 이 열을 고온의 매체로 방출하는 것은 단순히 작동상 필요한 하나의 기능일 뿐이지 목적은 아니다. 반면에, 열펌프의 목적은 가열된 공간을 고온으로 유지하는 것이다. 이는 겨울철에 우물이나 차가운 대기 공기와 같은 저온의 열원으로부터 열을 흡수하고, 이 열을 상대적으로 따뜻한 매체(예를 들어 집 안의 공간)로 공급함으로써 이루어진다(그림 9-53*b*).

냉동기와 열펌프의 성능은 **성능계수**(coefficient of performance, COP)로 표시되는데 이는 다음과 같이 정의된다.

$$\mathrm{COP_R} = \frac{\text{요구 출력}}{\text{필요 입력}} = \frac{\text{냉각 효과}}{\text{입력일}} = \frac{Q_L}{W_{net,in}} \quad \textbf{(9-38)}$$

$$\mathrm{COP_{HP}} = \frac{\text{요구 출력}}{\text{필요 입력}} = \frac{\text{가열 효과}}{\text{입력일}} = \frac{Q_H}{W_{net,in}} \quad \textbf{(9-39)}$$

위 관계식들에서 Q_L, Q_H, $W_{net,in}$들을 각각 $\dot{Q}_L$, $\dot{Q}_H$, $\dot{W}_{net,in}$ 등으로 교체하면 시간당 변화율로 바꿀 수 있다. 한 가지 주목할 점은 $\mathrm{COP_R}$이나 $\mathrm{COP_{HP}}$ 값이 모두 1보다 클 수 있다는 것이다. 위의 식 (9-38)과 (9-39)를 비교하면 Q_L, Q_H가 정해진 값일 때, 다음과 같은 관계식이 발견된다.

$$\mathrm{COP_{HP}} = \mathrm{COP_R} + 1 \quad \textbf{(9-40)}$$

이 관계식이 의미하는 것은 $\mathrm{COP_R}$이 양수이기 때문에 $\mathrm{COP_{HP}} > 1$이라는 점이다. 열펌프는 최악의 경우에라도 자신이 소모하는 에너지만큼의 양을 실내에 공급하는 전기히터로서의 기능이라도 한다는 것이다. 그러나 실제로는 Q_H의 일부가 배관 및 다른 장치들을 통해 외부 공기로 손실되므로, 외부 공기 온도가 너무 낮을 경우에는 COP_{HP} 값이 1 이하로 떨어질 수도 있다. 이렇게 되면, 시스템은 보통 연료(천연가스, 프로판, 기름 등)난방 또는 전기난방 형태로 전환된다.

냉동장치의 **냉각 능력**, 즉 냉동실로부터의 열제거율은 종종 **냉동톤**(tons of refrigeration)으로 표시된다. 0°C (32°F)의 물 1톤(2000 lbm)을 24시간 만에 0°C의 얼음으로 냉각시킬 수 있는 냉동장치의 능력을 1냉동톤이라 한다. 1냉동톤은 211 kJ/min 또는 200 Btu/min에 해당한다. 일반적 주거공간 넓이에 해당하는 200 m² 에 대한 냉동 부하는 대략 3냉동톤(10 kW) 정도이다.

9-15 역카르노 사이클

7장의 내용에서 카르노 사이클이 두 개의 가역 등엔트로피 과정과 두 개의 등온과정으로 구성된 완전 가역사이클임을 상기해보자. 이는 주어진 온도 한계들 사이에서 최고의 열효율을 가지며, 실제 사이클들과 비교할 수 있는 기준으로 이용된다.

카르노 사이클이 가역사이클이기 때문에 이를 구성하는 네 개의 모든 과정은 역으로 작동할 수 있다. 사이클을 역으로 작동시킨다는 것은 어떠한 열전달 또는 일 등의 방향도 반대로 됨을 의미한다. 이 결과로 *T*-*s* 선도에서 반시계 방향으로 작동되는 사이클이 구성되는데, 이를 **역카르노 사이클**(reversed Carnot cycle)이라 한다. 역카르노 사이클상에서 작동되는 냉동기 또는 열펌프를 **카르노 냉동기**(Carnot refrigerator) 또는 **카르노 열펌프**(Carnot heat pump)라고 부른다.

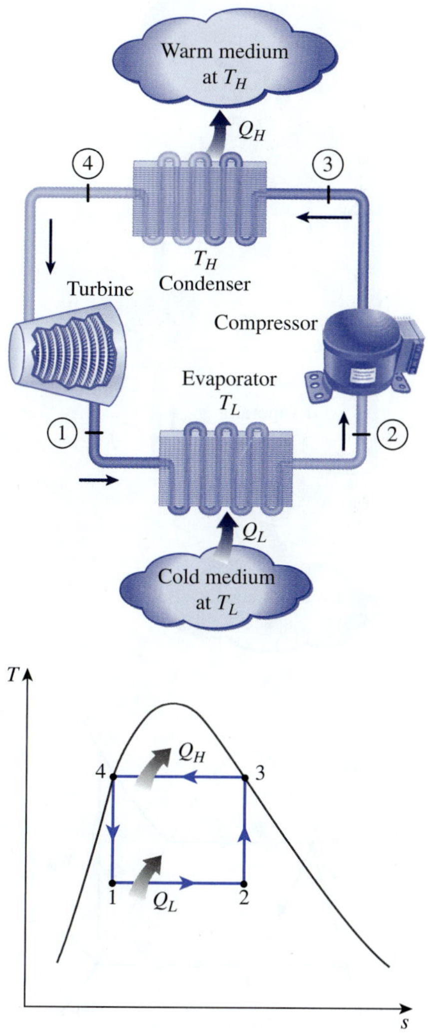

그림 9-54
카르노 냉동기의 개요도 및 역카르노 사이클의 *T*-*s* 선도

그림 9-54에 나타나 있는 것처럼, 한 냉매가 포화구간 내에서 작동되는 역카르노 사이클을 생각해보자. 냉매는 저온열원 T_L로부터 열량 Q_L을 등온적으로 흡수하고(과정 1-2), 등엔트로피적으로 과정 3까지 압축되며(이때 온도는 T_H로 상승한다), 고온열침 T_H로 열량 Q_H를 등온적으로 방출하고(과정 3-4), 상태 1로 등엔트로피적으로 팽창한다(이때 온도는 T_L로 떨어진다). 냉매는 과정 3-4를 거치는 동안 응축기 안에서 포화증기 상태로부터 포화액 상태로 변화한다.

카르노 냉동기 및 카르노 열펌프의 성능계수는 다음과 같이 온도의 함수로 나타낼 수 있다.

$$COP_{R,Carnot} = \frac{1}{T_H/T_L - 1} \quad \textbf{(9-41)}$$

$$COP_{HP,Carnot} = \frac{1}{1 - T_L/T_H} \quad \textbf{(9-42)}$$

두 개의 열원 온도차가 작아질수록, 즉 T_L이 상승하거나 T_H가 낮아짐에 따라, 두 COPs 모두 증가한다는 점을 주목하라.

역카르노 사이클은 두 개의 정해진 온도 수준에서 작동되는 냉동 사이클 중 **가장 효율이 좋은** 사이클이다. 그러므로, 냉동기나 열펌프의 이상적인 사이클로서 이를 먼저 고찰해보는 것은 당연하다. 할 수만 있다면, 이를 이상 사이클로서 적용하고 싶을 것이다. 그러나 아래에 설명하는 바와 같은 이유로 역카르노 사이클은 냉동 사이클의 이상 사이클로서는 적합치 못하다.

정압을 유지하면 포화온도에서의 2상 혼합물의 온도가 자동적으로 고정되기 때문에 두 개의 등온 **열전달 과정**을 실제 사이클에서 구현하는 것은 그리 어려운 일이 아니다. 따라서, 과정 1-2와 3-4는 실제의 증발기와 응축기에서 근접하게 구현할 수 있다. 그러나 과정 2-3과 4-1은 실제 과정에서 근사적으로라도 구현할 수가 없다. 이는 과정 2-3이 기체–액체 혼합물을 압축하는 과정을 포함하고 있어 2상 혼합물을 다룰 수 있는 압축기가 필요하며, 과정 4-1 또한 터빈에서 높은 수분량의 냉매를 팽창시키는 과정을 포함하고 있기 때문이다.

이러한 문제들을 해결하기 위해서는 역카르노 사이클을 포화구간 밖에서 작동시키면 될 것처럼 보인다. 그러나 이 경우에는, 흡열 과정 및 방열과정에서 등온조건을 유지하는 데 어려움이 있다. 그러므로, 역카르노 사이클은 실제 장치로 근접할 수 없으며, 따라서 냉동 사이클에 대한 현실적인 모델이 되지 못한다는 것으로 결론내릴 수 있다. 그럼에도 불구하고 역카르노 사이클은 여전히 실제 냉동 사이클과 비교할 수 있는 표준으로 사용될 수 있다.

9-16 이상 증기압축식 냉동 사이클

역카르노 사이클과 관계된 많은 비현실성들은 냉매가 압축되기 전에 냉매를 완전히 증발시키고, 터빈을 팽창밸브 또는 모세관 등과 같은 교축 장치로 대체함으로써 해결될 수 있다. 그 결과로 구성된 사이클을 **이상 증기압축식 냉동 사이클**(ideal vapor-compression refrigeration cycle)이라 하는데, 이의 개요도 및 *T-s* 선도가 그림 9-55에 나타나 있다. 증기압축식 냉동 사이클은 현재 냉동기, 공기조화장치, 열펌프 등에 가장 널리 사용되는 냉동 사이클이다. 이는 4개의 과정으로 구성되어 있다.

1-2 압축기에서의 등엔트로피 압축
2-3 응축기에서의 정압 방열
3-4 팽창 밸브에서의 교축(throttling)
4-1 증발기에서의 정압 흡열

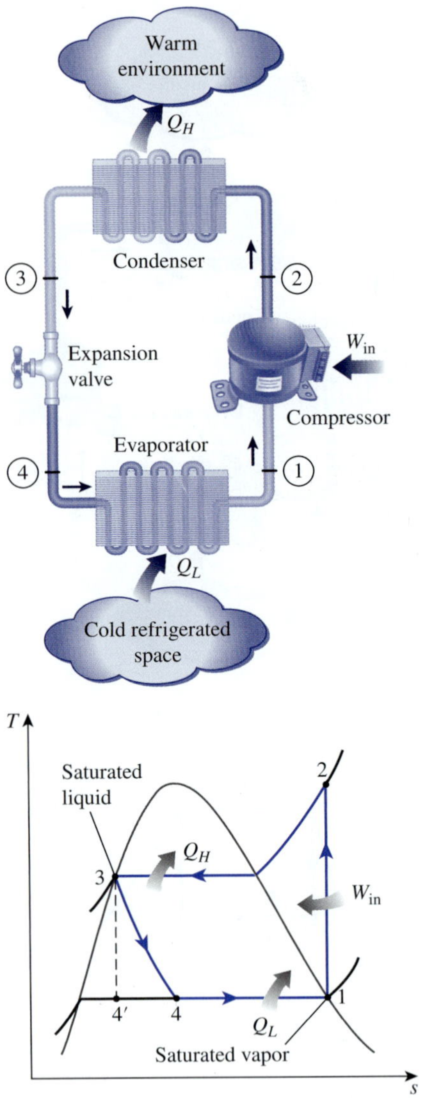

그림 9-55
이상 증기압축식 냉동 사이클의 개요도 및 *T-s* 선도

이상 증기압축식 냉동 사이클에서 냉매는 상태 1의 포화증기 상태에서 압축기로 들어가 응축기 압력까지 등엔트로피적으로 압축된다. 등엔트로피적 압축과정에서 냉매의 온도가 주변 매체, 즉 대기 온도 이상으로 증가하게 된다. 이어서 냉매는 상태 2에서 과열증기로 응축기에 들어가고, 주변으로의 열방출 결과로 상태 3에서 포화액 상태로 응축기를 떠나게 된다. 이 상태에서의 냉매온도는 여전히 주변 온도보다 높은 상태이다.

상태 3에서 포화액 상태의 냉매는 팽창밸브나 모세관 장치를 통과함으로써 증발기 압력까지 감압된다. 이 과정 동안 냉매의 온도는 냉동시키고자 하는 공간의 온도보다 더 낮은 온도로 떨어진다. 냉매는 상태 4에서 낮은 건도의 포화 혼합물 상태로 증발기에 들어가 냉동실로부터 열을 흡수함으로써 완전히 증발된다. 이어 냉매는 증발기를 포화증기 상태로 떠나서 압축기로 되돌아감으로써 사이클을 완성하게 된다.

일반 가정의 냉장고에서는 냉매에 의하여 열이 흡수되는 냉동실(freezer compartment) 내의 배관들이 증발기의 역할을 담당하고 있다. 냉장고 뒷면의 코일은 실내의 공기로 열을 방출하는 곳으로서 응축기 기능을 담당한다(그림 9-56).

T-s 선도에서 과정 곡선 아래의 면적은 내부적 가역과정에 대한 열전달을 나타낸다는 것을 기억하자. 과정 곡선 4-1 아래의 면적은 증발기에서 냉매가 흡수한 열량을 나타내고, 과정 곡선 2-3 아래의 면적은 응축기에서 방출된 열량을 나타낸다. **한 가지 경험적인 기준으로서 증발온도를 1˚C 올리거나 응축온도를 1˚C 내릴 때마다 COP는 2~4%씩 증가한다.**

증기압축식 냉동 사이클의 해석에서 자주 사용되는 또 다른 하나의 선도는 그림 9-57에 보이는 것과 같은 *P-h* 선도이다. 이 선도에서는 네 개의 과정 중 세 개의 과정이 직선으로 나타나고, 응축기 및 증발기에서의 열전달은 이에 대응하는 과정선의 길이에 비례한다.

앞서 논의한 이상 사이클들과는 달리 이상 증기압축식 냉동 사이클은 비가역(교축)과정이 포함되어 있어 내부 가역적 사이클이 아니다. 이 비가역과정은 증기압축식 실제 사이클에 대한 좀 더 실제적인 모델링을 위하여 사이클 내부에 그대로 유지한다. 만일 교축 장치를 등엔트로피 터빈으로 대체하면, 그림 9-55에서 냉매는 상태 4 대신 상태 49으로 증발기에 들어가게 된다. 그 결과, 냉동능력은 그림 9-55의 과정 곡선 4′-4 밑의 면적만큼 증가하고, 정미 입력일은 터빈의 출력일만큼 감소한다. 그러나, 팽창밸브를 터빈으로 대체하는 것은 실제적이지 못하다. 이는 추가된 장점이 이를 위해 추가된 비용과 복잡성을 능가하지 못하기 때문이다.

증기압축식 냉동 사이클에 관련된 네 개 구성장치 모두 정상유동 장치들이고, 따라서 사이클을 구성하는 네 개의 과정 모두 정상유동 과정으로 해석될 수 있다. 냉매의 운동 에너지 및 위치 에너지는 일이나 열전달 항에 비교해서 매우 작으므로 무시할 수 있다. 그러면 단위질량당의 정상유동 에너지 방정식은 다음과 같이 된다.

$$(q_{\text{in}} - q_{\text{out}}) + (w_{\text{in}} - w_{\text{out}}) = h_e - h_i \qquad \textbf{(9-43)}$$

응축기와 증발기에서는 어떠한 일의 형태도 수반하지 않으며, 압축기는 단열로 근사화할 수 있다. 따라서 증기압축식 냉동 사이클로 작동되는 냉동기 및 열펌프의 성능계수(COP)는 다음과 같이 나타낼 수 있다.

$$\text{COP}_\text{R} = \frac{q_L}{w_{\text{net,in}}} = \frac{h_1 - h_4}{h_2 - h_1} \qquad \textbf{(9-44)}$$

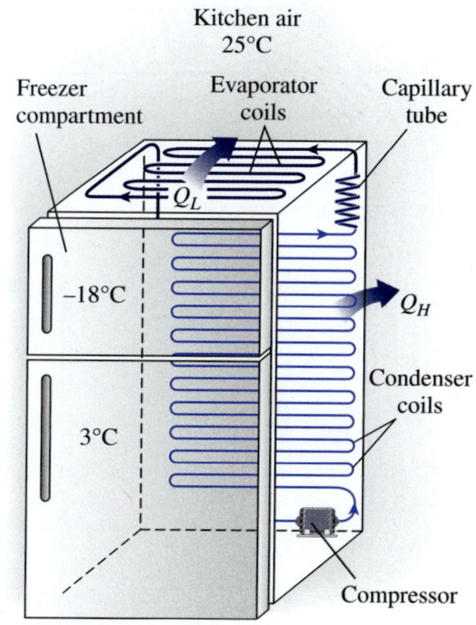

그림 9-56
일반 가정용 냉장고

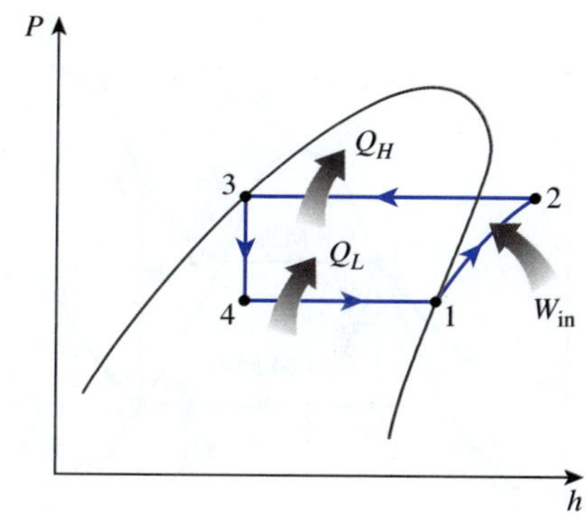

그림 9-57
이상 증기압축식 냉동 사이클의 *P-h* 선도

$$\text{COP}_{\text{HP}} = \frac{q_H}{w_{\text{net,in}}} = \frac{h_2 - h_3}{h_2 - h_1} \quad \textbf{(9-45)}$$

여기서 이상적인 경우, $h_1 = h_{g\,@\,P_1}$이고 $h_3 = h_{f\,@\,P_3}$이다.

증기압축식 냉동은 영국인 Jacob Perkins가 냉매로서 에테르나 휘발성 유체를 사용하여 밀폐 사이클의 제빙기로 특허를 받았던 1834년으로 거슬러 올라간다. 이 기계의 작동 모델이 제작되었으나, 상업용으로는 생산되지 못하였다. 1850년에 Alexander Twining이 설계를 시작하여 에틸에테르(ethyl ether)를 이용하는 증기압축식 제빙기를 제작하였는데, 이 에틸에테르는 증기압축식 냉동시스템에 상업적으로 사용되는 냉매이다. 처음에 증기압축식 냉동시스템은 그 크기가 커서 제빙, 양조, 저온보관 등의 목적으로 주로 사용되었다. 당시에는 자동제어 장치가 없었으며 증기기관에 의해 구동되었다. 1890년대에는 전동기로 구동되며 자동제어장치를 겸비한 소형기계가 구형 장치들을 대체해 나가기 시작하였고, 식육점용이나 일반 가정용 냉동장치가 출현하기 시작하였다. 계속된 개선에 의해 1930년대에 와서는 비교적 효율적이며, 안정적이고, 소형이면서 저렴한 증기압축식 냉동시스템을 가능하게 하였다.

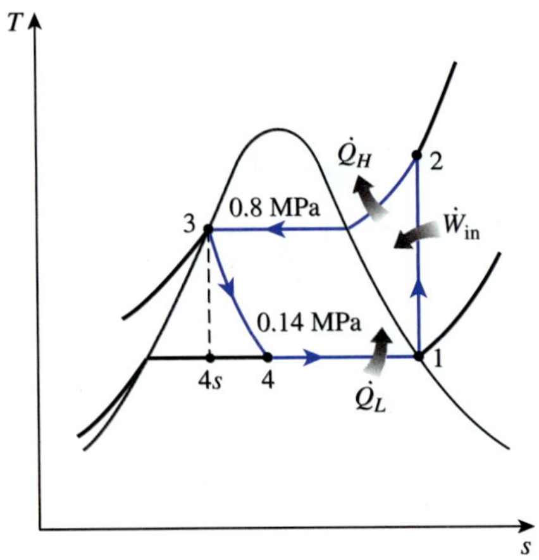

그림 9-58

예제 9-12에서 기술된 이상 증기압축식 냉동 사이클의 *T-s* 선도

예제 9-12 이상 증기압축식 냉동 사이클

R-134a를 작동유체로 사용하는 냉동기가 이상 증기압축식 냉동 사이클로 0.14와 0.8 MPa 사이에서 작동하고 있다. 냉매의 질량유량이 0.05 kg/s일 경우, 다음을 구하라. (*a*) 냉동실에서의 열제거율과 압축기의 입력동력 (*b*) 주변으로의 열전달률 (*c*) 냉동기의 성능계수(COP)

풀이 냉동 사이클이 정해진 두 압력 한계들 사이에서 이상 증기압축식 냉동 사이클로 작동한다. 냉동률과 압축기의 입력동력, 열방출률 및 냉장고의 성능계수(COP)를 구하고자 한다.

가정 **1.** 정상작동 조건이 유지된다. **2.** 운동 및 위치 에너지의 변화는 무시할 만하다.

해석 냉동 사이클의 *T-s* 선도가 그림 9-58에 나타나 있다. 이 사이클은 이상 증기압축식 냉동 사이클이므로 압축과정은 등엔트로피적이고, 냉매는 포화액 상태로 응축기를 떠나며, 포화증기 상태로 압축기에 들어간다는 것을 유의하라. R-134a 표로부터, 냉매의 네 개 상태에 대한 엔탈피는 다음과 같다.

$$P_1 = 0.14\text{ MPa} \longrightarrow h_1 = h_{g\,@\,0.14\text{ MPa}} = 239.19\text{ kJ/kg}$$
$$s_1 = s_{g\,@\,0.14\text{ MPa}} = 0.94467\text{ kJ/kg·K}$$

$$\left.\begin{array}{l} P_2 = 0.8\text{ MPa} \\ s_2 = s_1 \end{array}\right\} h_2 = 275.40\text{ kJ/kg}$$

$$P_3 = 0.8\text{ MPa} \longrightarrow h_3 = h_{f\,@\,0.8\text{ MPa}} = 95.48\text{ kJ/kg}$$
$$h_4 \cong h_3\ (\text{throttling}) \longrightarrow h_4 = 95.48\text{ kJ/kg}$$

(a) 냉동실로부터의 열제거율과 압축기로의 입력동력은 각각의 정의로부터 구한다.

$$\dot{Q}_L = \dot{m}(h_1 - h_4) = (0.05 \text{ kg/s})[(239.19 - 95.48) \text{ kJ/kg}] = \mathbf{7.19 \text{ kW}}$$

$$\dot{W}_{in} = \dot{m}(h_2 - h_1) = (0.05 \text{ kg/s})[(275.40 - 239.19) \text{ kJ/kg}] = \mathbf{1.81 \text{ kW}}$$

(b) 냉동기로부터 주변으로의 열방출률은 다음으로부터 얻는다.

$$\dot{Q}_H = \dot{m}(h_2 - h_3) = (0.05 \text{ kg/s})[(275.40 - 95.48) \text{ kJ/kg}] = \mathbf{9.00 \text{ kW}}$$

이것은 다음과 같은 방법으로도 얻을 수 있다.

$$\dot{Q}_H = \dot{Q}_L + \dot{W}_{in} = 7.19 + 1.81 = 9.00 \text{ kW}$$

(c) 냉동기의 성능계수는 아래와 같다.

$$\text{COP}_R = \frac{\dot{Q}_L}{\dot{W}_{in}} = \frac{7.19 \text{ kW}}{1.81 \text{ kW}} = \mathbf{3.97}$$

즉, 이 냉동기는 단위 전기 에너지를 소모하면서 냉동실로부터 약 4단위의 열 에너지를 제거하고 있다.

토의 교축밸브를 등엔트로피적 터빈으로 대체할 경우 어떻게 될지 살펴보는 것은 매우 흥미있는 일일 것이다. 이 경우, 상태 4*s*[터빈 출구, P_{4s} = 0.14 MPa, $s_{4s} = s_3$ = 0.35404 kJ/(kg·K)]의 엔탈피는 88.94 kJ/kg이고, 터빈은 0.33 kW의 동력이 발생할 것이다. 이는 냉장고로의 동력 입력을 1.81 kW에서 1.48 kW로 감소시키고, 냉동실에서의 열제거율은 7.19 kW에서 7.51 kW로 증가할 것이다. 그 결과, 냉장고의 성능계수는 3.97에서 5.07로 증가하여 28% 증가될 것이다.

9-17 실제 증기압축식 냉동 사이클

실제 증기압축식 냉동 사이클은 여러 가지 구성요소에서 발생하는 비가역성으로 인해, 몇 가지 면에서 이상 사이클과 차이가 난다. 비가역성의 두 가지 공통 원인은 유체마찰(이로 인해 압력강하 발생) 및 주위와의 열전달이다. 실제 증기압축식 냉동 사이클의 *T-s* 선도가 그림 9-59에 나타나 있다.

이상 사이클에서의 냉매는 **포화증기** 상태로 증발기를 떠나서 압축기로 들어간다. 그러나, 실제 사이클에서는 냉매의 상태를 그렇게 정확하게 포화증기 상태로 제어할 수 없다. 그 대신, 압축기 입구에서 냉매가 약간 과열된 증기가 되도록 설계하는 것이 용이하다. 이러한 약간의 과설계(overdesign)로 냉매가 압축기에 들어갈 때 완전히 증발된 것을 보장할 수 있다. 또한 증발기와 압축기 사이의 배관 길이가 일반적으로 매우 길어서, 유체마찰로 인한 압력강하와 주위에서 냉매로의 열전달이 상당한 양을 차지하게 된다. 과열, 배관의 열흡수, 증발기와 배관에서의 압력강하 등의 결과로 냉매의 비체적이 증가하고, 따라서 비체적의 증가에 따른 정상유동의 일은 비체적 증가에 비례하므로, 결국 필요한 입력동력의 증가로 나타난다.

이상 사이클의 **압축과정**은 내부적 가역이며 단열과정이므로, 등엔트로피 과정

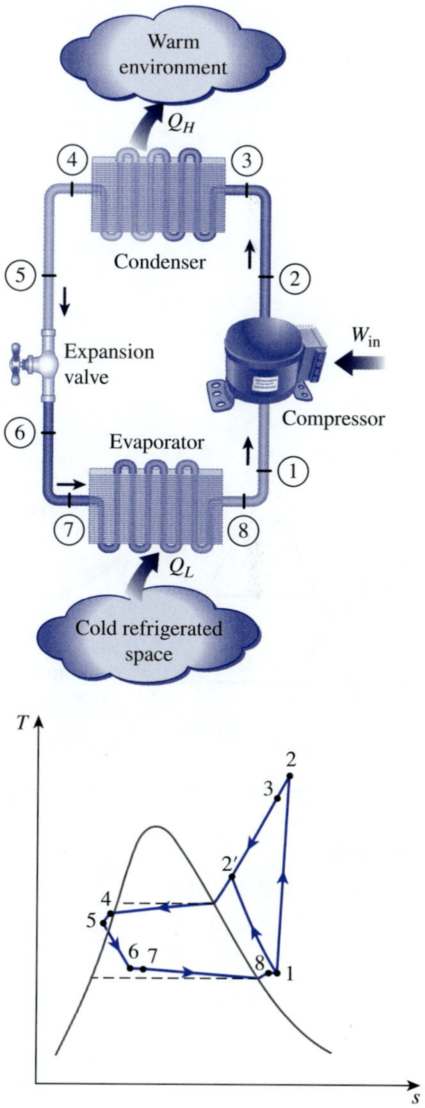

그림 9-59
실제 증기압축식 냉동 사이클의 개요도 및 *T-s* 선도

이다. 그러나 실제 압축과정은 마찰 효과를 수반하여, 그 결과 엔트로피가 증가하고, 또한 열전달을 수반하여 그 방향에 따라 엔트로피의 증가 또는 감소한다. 그러므로, 어떤 효과가 지배적이냐에 따라서 냉매의 엔트로피는 증가하거나(과정 1-2) 또는 감소하게(과정 1-2′) 된다. 압축과정 1-2′에서는 냉매의 비체적과 이에 따른 소요 입력일이 등엔트로피적 압축과정보다 작기 때문에 오히려 더욱 바람직할 수도 있다. 그러므로, 냉동 사이클이 실용적이고 경제적으로 운용되기 위해서는 냉매는 압축과정 동안 냉각되어야 한다.

이상적인 경우에는, 냉매가 압축기 출구압력에서의 **포화액** 상태로 응축기를 떠나는 것으로 가정한다. 그러나, 실제 상황에서는 압축기-응축기-교축밸브 등을 연결하는 배관에서뿐 아니라 응축기 내에서도 어느 정도의 압력강하를 피할 수는 없다. 또한 응축과정의 끝에서 냉매가 포화액이 되도록 정교하게 작동시키는 것이 쉬운 일이 아니며, 냉매가 완전히 응축되기 전에 교축밸브로 보내는 것은 바람직하지 못하다. 따라서 냉매가 교축밸브로 들어가기 전 약간 과냉각시킨다. 그러나 이 경우에 냉매가 증발기에 낮은 엔탈피로 들어가고 그래서 냉매가 더 많은 열을 냉동실에서 흡수하여 가기 때문에 이것을 전혀 걱정할 필요가 없다. 교축밸브와 증발기는 보통 서로 매우 근거리에 위치하여 배관에서의 압력강하는 작다.

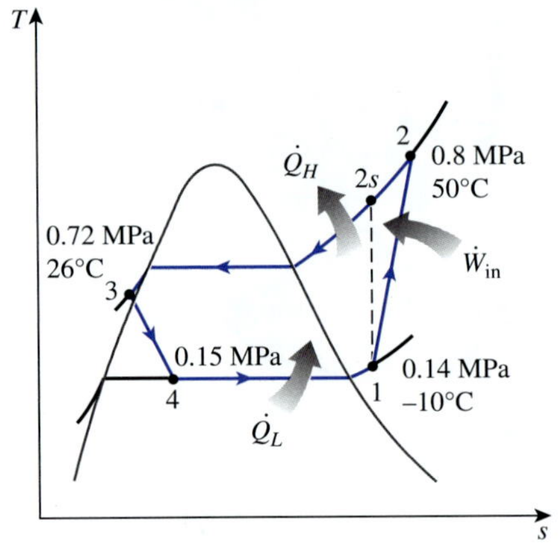

그림 9-60

예제 9-13에 대한 T-s 선도

예제 9-13 실제 증기압축식 냉동 사이클

냉매 R-134a가 0.14 MPa, −10°C의 과열증기 상태에서 0.05 kg/s로 냉동기의 압축기에 들어가고 0.8 MPa, 50°C로 떠난다. 냉매는 응축기에서 26°C, 0.72 MPa로 냉각되고, 0.15 MPa로 교축된다. 부품 사이의 배관에서의 압력강하와 열전달을 무시할 때, 다음을 구하라. (*a*) 냉동실에서의 열제거율 및 압축기로의 소요 입력동력 (*b*) 압축기의 등엔트로피 효율 (*c*) 냉동기의 성능계수

풀이 증기압축식 냉동 사이클을 고려한다. 냉동률, 입력동력, 압축기 효율 및 COP를 계산하고자 한다.

가정 **1.** 정상작동 조건이 유지된다. **2.** 운동 및 위치 에너지의 변화량은 무시할 만하다.

해석 냉동 사이클의 T-s 선도가 그림 9-60에 도시되어 있다. 냉매는 압축액으로서 응축기를 떠나고 과열증기 상태로 압축기에 유입된다는 것에 유의한다. 냉매 물성표로부터 각 지점에서의 냉매 엔탈피는 다음과 같다.

$$\left.\begin{aligned} P_1 &= 0.14\text{ MPa} \\ T_1 &= -10°\text{C} \end{aligned}\right\} h_1 = 246.37\text{ kJ/kg}$$

$$\left.\begin{aligned} P_2 &= 0.8\text{ MPa} \\ T_2 &= 50°\text{C} \end{aligned}\right\} h_2 = 286.71\text{ kJ/kg}$$

$$\left.\begin{aligned} P_3 &= 0.72\text{ MPa} \\ T_3 &= 26°\text{C} \end{aligned}\right\} h_3 \cong h_{f@\,26°\text{C}} = 87.83\text{ kJ/kg}$$

$$h_4 \cong h_3 \text{ (throttling)} \quad \rightarrow \quad h_4 = 87.83 \text{ kJ/kg}$$

(*a*) 냉동실로부터의 열제거율 및 압축기 입력동력은 각각의 정의에 의해 계산한다.

$$\dot{Q}_L = \dot{m}(h_1 - h_4) = (0.05 \text{ kg/s})[(246.37 - 87.83) \text{ kJ/kg}] = \mathbf{7.93 \text{ kW}}$$

$$\dot{W}_{\text{in}} = \dot{m}(h_2 - h_1) = (0.05 \text{ kg/s})[(286.71 - 246.37) \text{ kJ/kg}] = \mathbf{2.02 \text{ kW}}$$

(*b*) 압축기의 단열효율은 다음과 같이 구한다.

$$\eta_C \cong \frac{h_{2s} - h_1}{h_2 - h_1}$$

이때, 상태 $2s$ ($P_{2s} = 0.8$ MPa과 $s_{2s} = s_1 = 0.9724$ kJ/kg·K)의 엔탈피는 284.20 kJ/kg이다. 그러므로

$$\eta_C = \frac{284.20 - 246.37}{286.71 - 246.37} = 0.938 \text{ 또는 } \mathbf{93.8\%}$$

(*c*) 냉동기의 성능계수는 다음과 같이 계산된다.

$$\text{COP}_\text{R} = \frac{\dot{Q}_L}{\dot{W}_{\text{in}}} = \frac{7.93 \text{ kW}}{2.02 \text{ kW}} = \mathbf{3.93}$$

토의 이 문제는 냉매가 압축기 입구에서 약간 과열되고 응축기 출구에서 약간 과냉되었다는 점을 제외하면, 예제 9-12에서 푼 것과 동일하다. 또한 압축기도 등엔트로피가 아니다. 그 결과, 냉동실로부터의 열제거율은 증가했지만(10.3%), 압축기의 입력동력이 그 이상(11.6%)으로 증가하였다. 결국, 냉동기의 성능계수는 3.97에서 3.93으로 감소하였다.

9-18 열펌프 시스템

열펌프는 일반적으로 다른 난방 시스템에 비해 구매 및 설치비용이 더 소요되지만 열펌프는 난방고지서 비용을 낮추기 때문에 어떤 지역에서는 장기적으로 돈을 절약해준다. 열펌프의 상대적으로 높은 초기 비용에도 불구하고 열펌프의 인기는 증가하고 있다. 최근 미국에 지어진 단일 가족용 주택의 삼분의 일 가량이 열펌프로 난방하고 있다.

물과 토양도 또한 사용되지만, 열펌프의 가장 흔한 에너지원은 대기 중의 공기이다(공기 대 공기 시스템). 공기-에너지원 시스템에서의 주된 문제는 성에인데 습한 기후에서 온도가 섭씨 2도에서 5도 이하로 떨어질 때 발생한다. 증발기 코일에 축적된 성에는 열전달을 심각하게 방해하므로 매우 바람직하지 않다. 하지만, 열펌프 사이클을 뒤집어서 (열펌프를 공기 조화기로 동작해서) 코일의 성에를 제거할 수 있다. 이러한 조치는 시스템의 효율을 감소시키는 결과를 가져온다. 물-에너지원 시스템은 주로 온도범위 섭씨 5도에서 18도의 80미터까지의 깊이를 가지는 우물물을 사용하므로 성에 문제를 갖지 않는다. 물-에너지원 시스템은 전형적으로 높은 성능계수를 가지지만 더욱 복잡하며 지중수와 같은 대량의 물에 쉽

게 접근 가능해야 한다는 요구사항을 가진다. 지중-에너지원 시스템은 상대적으로 일정한 흙 온도를 가지는 곳에서 지중 깊숙이 긴 튜브를 설치해야 하는 요구사항을 가지므로 또한 좀 복잡한 측면을 가진다. 열펌프의 성능계수는 에너지원의 온도와 사용된 특정 시스템에 따라서 주로 1.5에서 4 사이 범위의 값을 가진다. 최근 개발된 변동속도 전기 모터 드라이브를 사용하는 열펌프의 새로운 종류는 이전 세대 열펌프들과 비교해서 적어도 2배의 에너지 효율을 가진다.

열펌프의 용량과 효율 모두는 낮은 온도에서 상당히 떨어진다. 따라서, 대부분의 공기-에너지원 열펌프는 전기저항 히터나 기름 혹은 가스 로와 같은 보조 난방 시스템을 필요로 한다. 물과 토양의 온도는 많이 변동하지 않으므로 물-에너지원 혹은 지중-에너지원 시스템은 보조 난방을 필요로 하지 않을 수 있다. 하지만, 열펌프 시스템은 최대 난방 부하를 충족시킬 수 있을 만한 충분한 크기를 가져야 한다.

열펌프와 공기 조화기는 동일한 기계적인 구성요소를 가진다. 따라서, 건물의 난방 및 냉방 요구조건을 충족시키기 위해 두 개의 분리된 시스템을 갖추는 것은 경제적이지 않다. 하나의 시스템이 겨울에는 열펌프로 여름에는 공기 조화기로 사용될 수 있다. 그림 9-61에 나타난 것과 같이 사이클에 역순환 밸브(reversing valve)를 추가함으로써 하나의 시스템으로 두 가지 기능을 구현할 수 있다. 이러한 변경의 결과로 열펌프의 응축기(실내에 설치)는 여름에 공기 조화기의 증발기로 기능한다. 또한 열펌프의 증발기(실외에 설치)는 공기 조화기의 응축기로 기능한다. 이러한 기능은 열펌프의 경쟁력을 증가시킨다. 이러한 이중 목적 구성 단위들이 모텔에 통상적으로 사용된다.

열펌프는 미국의 남부지방과 같이 냉방 시즌에는 큰 냉방 부하를 가지고 난방

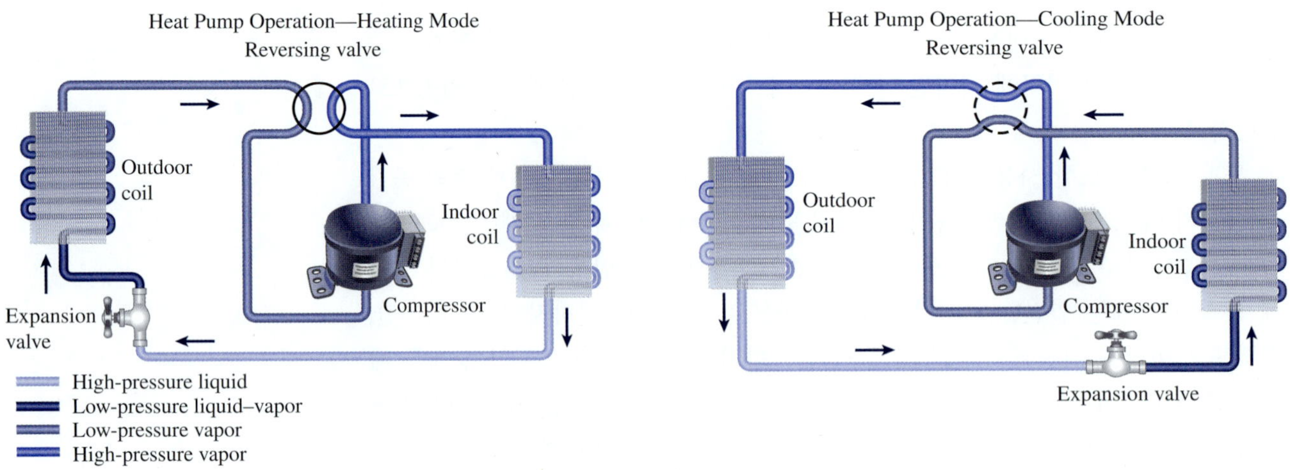

그림 9-61
열펌프는 겨울에 집을 난방하고 여름에 냉방하기 위해 사용될 수 있다.

시즌에는 상대적으로 작은 난방 부하를 가지는 지역들에서 가장 경쟁력이 있다. 이러한 지역들에서 열펌프는 주거용 혹은 상업용 건물의 전체 냉방 및 난방 요구들을 만족시킬 수 있다. 열펌프는 미국의 북부지방과 같이 난방 부하는 아주 크고 냉방 부하는 작은 지역들에서는 가장 경쟁력이 떨어진다.

요약 | SUMMARY

온도 T_H인 고온열원과 온도 T_L인 저온열침 사이에 작동하는 가장 효율적인 사이클은 카르노 사이클이고, 이 사이클의 열효율은 다음과 같다.

$$\eta_{\text{th, Carnot}} = 1 - \frac{T_L}{T_H}$$

실제 기체 사이클은 다소 복잡하다. 해석을 간단히 하기 위해 사용되는 근사는 **공기표준 가정**으로 알려져 있다. 이러한 가정하에서 모든 과정들은 내부적 가역이라고 가정된다. 즉, 작동유체는 이상기체로 거동하는 공기라고 가정하고, 연소와 배기과정은 각각 가열과 방열과정으로 대체된다고 가정한다. 또한 공기표준 가정에서 추가적으로 실온에서 공기의 비열은 일정하다고 가정하면, 이를 **냉공기표준 가정**이라 한다.

왕복기관에서 **압축비** r과 **평균유효압력** MEP는 다음과 같이 정의된다.

$$r = \frac{V_{\max}}{V_{\min}} = \frac{V_{\text{BDC}}}{V_{\text{TDC}}}$$

$$\text{MEP} = \frac{w_{\text{net}}}{v_{\max} - v_{\min}}$$

오토 사이클은 불꽃점화 왕복기관의 이상 사이클이고, 그것은 네 개의 내부적 가역과정으로 구성되어 있다. 즉, 등엔트로피 압축, 정적 가열, 등엔트로피 팽창, 정적 방열과정이다. 냉공기표준 가정하에서 오토 사이클의 열효율은 다음과 같다.

$$\eta_{\text{th, Otto}} = 1 - \frac{1}{r^{k-1}}$$

여기서 r는 압축비이고, k는 비열비 c_p/c_v이다.

디젤 사이클은 압축착화 왕복기관의 이상 사이클이다. 그것은 오토 사이클의 정적 가열과정이 정압 가열과정으로 대체된 것을 제외하고는 오토 사이클과 매우 유사하다. 냉공기표준 가정하에서 이 사이클의 열효율은 다음과 같다.

$$\eta_{\text{th, Diesel}} = 1 - \frac{1}{r^{k-1}}\left[\frac{r_c^k - 1}{k(r_c - 1)}\right]$$

여기서 r_c는 **차단비**이고, 연소 전후의 실린더 체적의 비로 정의된다.

현대식 가스터빈 기관의 이상 사이클은 **브레이튼 사이클**이며, 네 개의 내부적 가역과정으로 구성되어 있다. 즉, 등엔트로피 압축, 정압 가열, 등엔트로피 팽창, 정압 방열과정들이다. 냉공기표준 가정하에서 이 사이클의 효율은 다음과 같다.

$$\eta_{\text{th, Brayton}} = 1 - \frac{1}{r_p^{(k-1)/k}}$$

여기서 $r_p = P_{\max}/P_{\min}$는 압력비이고, k는 비열비이다. 단순 브레이튼 사이클의 열효율은 압력비에 따라 증가한다.

실제의 압축기와 터빈이 등엔트로피 과정으로 작동하는 이상화된 압축기와 터빈과 차이가 나는 것은 다음과 같이 정의된 등엔트로피 효율의 이용에 의해 정확하게 고려될 수 있다.

$$\eta_C = \frac{w_s}{w_a} \cong \frac{h_{2s} - h_1}{h_{2a} - h_1}$$

그리고

$$\eta_T = \frac{w_a}{w_s} \cong \frac{h_3 - h_{4a}}{h_3 - h_{4s}}$$

여기서 상태 1과 3은 입구상태이며, $2a$와 $4a$는 실제 출구상태이고, $2s$와 $4s$는 등엔트로피 과정의 출구상태이다.

가스터빈 기관에서 터빈을 떠나는 배기가스의 온도는 종종 압축기를 떠나는 공기의 온도보다 상당히 높다. 그러므로 압축기를 떠나는 고압의 공기는 **재생기**로 알려진 대향류 열교환기에서 고온의 배기가스로부터 열이 전달됨으로써 가열될 수 있다. 재생기가 이상적 재생기로 접근하는 정도를 **유용도**라 부르고, 다음과 같이 정의된다.

$$\epsilon = \frac{q_{\text{regen,act}}}{q_{\text{regen,max}}}$$

냉공기표준 가정하에서 재생과정이 있는 브레이튼 사이클의 열효율은 다음과 같이 된다.

$$\eta_{\text{th, regen}} = 1 - \left(\frac{T_1}{T_3}\right)(r_p)^{(k-1)/k}$$

여기서 T_1과 T_3는 각각 사이클의 최저 온도와 최고 온도이다.

카르노 사이클은 현실에서 근사적으로도 구현시킬 수 없기 때문에 증기 동력 사이클에 대한 적절한 모델이 될 수 없다. 증기 동력 사이클에 대한 모델 사이클은 **랭킨 사이클**인데, 이것은 네 개의 내부적 가역과정들로 구성되어 있다: 보일러에서의 정압 가열, 터빈에서의 등엔트로피적 팽창, 응축기에서의 정압 방열, 펌프에서의 등엔트로피적 압축. 증기는 응축기 압력에서 포화액 상태로 응축기를 떠난다.

랭킨 사이클의 열효율은 열이 작동유체에 가해지는 평균온도를 증가시키거나 냉각매체에 열이 방출되는 평균온도를 감소시킴으로써 증가될 수 있다. 터빈 출구압력을 낮춤으로써 열이 방출되는 동안의 평균온도를 감소시킬 수 있다. 결과적으로, 대부분의 증기 발전소의 응축기 압력은 대기압보다 훨씬 낮다. 보일러 압력을 증가시키거나 고온까지 유체를 과열함으로써 열이 가해지는 동안 평균온도를 증가시킬 수 있다. 그러나, 유체 온도가 금속재료 측면의 안전 수치를 초과할 수 없기 때문에 과열 정도에는 한계가 있다.

과열은 터빈 출구에서 수증기의 수분 함량을 감소시키는 부가적인 이득을 가져온다. 그러나 응축기 압력을 낮추거나 보일러 압력을 올리면 수분 함량이 증가된다. 보다 높은 보일러 압력과 보다 낮은 응축기 압력에서 개선된 효율을 이용하기 위해 수증기는 보통 고압 터빈에서 부분적으로 팽창한 후에 **재열**된다. 이것은 고압 터빈에서 부분적으로 팽창시킨 후에 수증기를 정압으로 재열되는 보일러로 다시 보내어 재가열한 후에 저압 터빈으로 되돌려 보내어 응축기 압력까지 완전히 팽창시킴으로써 이루어진다. 재열과정 동안에 평균온도는 상승하고, 따라서 이 사이클의 열효율은 팽창과 재열 단수를 증가시킴으로써 증가될 수 있다. 단수가 증가함에 따라 팽창과 재열과정들은 최고 온도에서의 등온과정으로 접근한다. 재열은 또한 터빈 출구에서의 수분 함량을 감소시킨다.

저온부로부터 고온부로의 열흐름을 **냉동**이라 부른다. 이런 냉동을 수행하는 장치를 **냉동기**라 하고, 이런 사이클을 **냉동 사이클**이라 한다. 냉동 사이클에 사용되는 작동유체를 냉매라 한다. 더 차가운 매개체에서 열을 전달받아 공간을 가열하는 데 사용되는 냉장고를 **열펌프**라고 부른다.

냉장고와 열펌프의 성능은 아래에 정의된 **성능계수(COP)**로 표현된다.

$$\text{COP}_\text{R} = \frac{\text{원하는 출력}}{\text{요구되는 입력}} = \frac{\text{냉각 효과}}{\text{입력일}} = \frac{Q_L}{W_{\text{net, in}}}$$

$$\text{COP}_\text{HP} = \frac{\text{원하는 출력}}{\text{요구되는 입력}} = \frac{\text{난방 효과}}{\text{입력일}} = \frac{Q_H}{W_{\text{net, in}}}$$

냉동기의 비교 표준 사이클은 **역카르노 사이클**이다. 역카르노 사이클로 작동하는 냉동기나 열펌프를 **카르노 냉동기** 또는 **카르노 열펌프**라 부르고, 이들의 COP는 다음과 같다.

$$\text{COP}_\text{R, Carnot} = \frac{1}{T_H/T_L - 1}$$

$$\text{COP}_\text{HP, Carnot} = \frac{1}{1 - T_L/T_H}$$

가장 널리 사용되는 냉동 사이클은 **증기압축식 냉동 사이클**이다. 이상 증기압축식 냉동 사이클에서 냉매는 압축기에 포화증기 상태로 들어가고, 응축기에서 포화액 상태로 냉각된다. 그런 뒤 증발 압력으로 교축되어 냉동 공간으로부터 열을 흡수하며 증발한다.

참고문헌 | REFERENCES AND SUGGESTED READINGS

1. *ASHRAE, Handbook of Fundamentals*. Atlanta, GA: American Society of Heating, Refrigerating, and Air-Conditioning Engineers, 1985.
2. R. L. Bannister and G. J. Silvestri. "The Evolution of Central Station Steam Turbines." *Mechanical Engineering*, February 1989, pp. 70-78.
3. R. L. Bannister, G. J. Silvestri, A. Hizume, and T. Fujikawa. "High Temperature Supercritical Steam Turbines." *Mechanical Engineering*, February 1987, pp. 60-65.
4. Y. A. Çengel and M. A. Boles, and M. Kanoğlu. *Thermodynamics: An Engineering Approach*. 9th ed. New York: McGraw-Hill, 2019.
5. M. M. El-Wakil. *Powerplant Technology*. New York: McGraw-Hill, 1984.
6. *Heat Pump Systems—A Technology Review*. OECD Report, Paris, 1982.
7. L. C. Lichty. *Combustion Engine Processes*. New York: McGraw-Hill, 1967.
8. W. Siuru. "Two-Stroke Engines: Cleaner and Meaner." *Mechanical Engineering*, June 1990, pp. 66-69.
9. H. Sorensen. *Energy Conversion Systems*. New York: John Wiley & Sons, 1983.
10. *Steam, Its Generation and Use*. 39th ed. New York: Babcock and Wilcox Co., 1978.

11. W. F. Stoecker and J. W. Jones. *Refrigeration and Air Conditioning*. 2nd ed. New York: McGraw-Hill, 1982.
12. C. F. Taylor. *The Internal Combustion Engine in Theory and Practice*. Cambridge, MA: M.I.T. Press, 1968.
13. J. Weisman and R. Eckart. Modern Power Plant Engineering. Englewood Cliffs, NJ: Prentice Hall, 1985.

연습문제* | PROBLEMS

실제와 이상 사이클, 카르노 사이클, 공기표준 가정, 왕복기관

9-1C 공기표준 가정은 무엇인가?

9-2C 공기표준 가정과 냉공기표준 가정 사이의 차이점은 무엇인가?

9-3C 카르노 사이클이 모든 전력 생산 사이클 장치에 이상적인 사이클로 적합하지 않은 이유는 무엇인가?

9-4C 일반적으로 이상적인 사이클의 열효율을 동일한 온도 한계 사이에서 작동하는 카르노 사이클의 열효율과 비교하여라.

9-5C 공기 표준 가정 하에서 연소 및 배기과정은 어떻게 모델링되는가?

9-6C P-v 선도에서 사이클로 둘러싸인 영역은 무엇을 나타내는가? T-s 선도의 경우는 어떠한가?

9-7C 왕복기관의 압축비를 정의하라.

9-8C 작동 중인 자동차기관의 평균유효압력은 대기압보다 낮을 수 있는가?

9-9C 불꽃점화 기관과 압축착화 기관의 차이는 무엇인가?

9-10C 왕복기관에 관련된 다음 용어들을 정의하라. 행정, 보어, 상사점, 간극체적.

9-11C 왕복기관의 간극체적과 배기량의 차이는 무엇인가?

9-12 627°C와 17°C 사이에서 열 에너지 저장조를 사용할 때 이상적인 가스 동력 사이클이 55% 이상의 열 효율을 가질 수 있는가?

9-13 공기표준 사이클이 밀폐 피스톤–실린더 계에서 수행되고, 다음의 세 과정으로 구성되어 있다.

1-2 V = 100 kPa, 27°C에서 850 kPa까지 정적 가열
2-3 $V_3 = 7V_2$가 될 때까지 등온 팽창
3-1 P = 최초 상태까지 정압 방열

공기는 일정한 물성을 가지며, c_v = 0.718 kJ/kg·K, c_p = 1.005 kJ/kg·K, R = 0.287 kJ/kg·K, k = 1.4이다.

(*a*) 사이클을 P-v 선도와 T-s 선도에 그려라.
(*b*) 이 사이클의 팽창일에 대한 압축일(역일비)을 구하라.
(*c*) 사이클 열효율을 구하라.

답: (*b*) 0.453, (*c*) 25.6%

9-14 비열이 변하는 공기표준 사이클이 공기 0.003 kg의 밀폐계에서 수행되고, 다음의 세 과정으로 구성되어 있다.

1-2 v = *Const.*, 95 kPa, 17°C에서 380 kPa까지 정적 가열
2-3 95 kPa 까지 등엔트로피 팽창
3-1 P = *Const.*, 초기 상태로 정압 방열

(*a*) 사이클을 P-v 선도와 T-s 선도에 그려라.
(*b*) 사이클당 정미 일을 kJ 단위로 계산하라.
(*c*) 열효율을 구하라.

9-15 실온에서 일정한 비열을 사용하여, 문제 9-14를 다시 풀어라.

9-16E 비열이 변하는 공기표준 사이클이 밀폐계에서 수행되고, 다음의 네 과정으로 구성되어 있다.

1-2 v = 14.7 psia, 80°F에서 300 Btu/lbm의 정적 가열
2-3 P = 3200 R까지 정압 가열
3-4 14.7 psia 까지 등엔트로피 팽창
4-1 P = 최초 상태까지 정압 방열

(*a*) 사이클을 P-v 선도와 T-s 선도에 그려라.
(*b*) 단위질량당 총 열 입력을 계산하라.
(*c*) 열효율을 구하라.

답: (*b*) 612 Btu/lbm, (*c*) 24.2%

9-17E 실온에서 일정한 비열을 사용하여, 문제 9-16E를 다시 풀어라.

9-18 공기표준 카르노 사이클이 350 K와 1200 K의 온도 한계 사이의 밀폐계에서 수행된다. 등온 압축 전후의 압력은 각각 150 kPa과 300 kPa이다. 사이클당 정미 출력 일이 0.5 kJ이라면, (*a*) 사이클의 최고 압력, (*b*) 공기로 전달된 열, (*c*) 공기의 질량을 구하라. 공기의 비열이 변한다고 가정하여라. *답:* (*a*) 30.0 MPa, (*b*) 0.706 kJ, (*c*) 0.00296 kg

*"C"로 표기한 문제는 개념 문제이며, 모든 문제를 풀어 볼 것을 권장한다. "E"로 표기한 문제는 영국 단위계 문제이며, SI 단위계 사용자는 이 문제를 무시해도 된다. 아이콘(🖵)으로 표기된 문제는 포괄적인 개념 문제이며, 적절한 소프트웨어를 사용하여 풀 수 있는 문제이다.

9-19 작동유체로서 헬륨을 사용할 때, 문제 9-18을 다시 풀어라.

9-20E 이상기체 카르노 사이클의 열 에너지 저장조가 1240°F와 40°F이며, 이 사이클을 수행하는 장치는 사이클이 수행될 때마다 100 Btu의 열을 방출한다. 사이클이 실행될 때마다 사이클에 공급되는 총 열과 이 사이클에 의해 생성되는 총 일을 구하라.

9-21 공기 0.6 kg의 밀폐계에서 수행되는 카르노 사이클을 고려해 보자. 사이클의 온도 한계는 300 K와 1100 K 사이이고, 사이클 동안 최소 및 최대 압력은 20 kPa과 3000 kPa이다. 비열이 일정하다고 가정할 때, 사이클당 정미 출력 일을 구하라.

오토 사이클

9-22C 이상 오토 사이클을 구성하는 네 개의 과정은 무엇인가?

9-23C 오토 사이클을 구성하는 과정들은 밀폐계에서의 과정으로 해석되는가? 또는 정상유동 과정으로 해석되는가? 이유는?

9-24C 동일한 온도범위에서 이상 오토 사이클과 카르노 사이클의 효율은 어떻게 비교하는가? 설명하라.

9-25C 이상 오토 사이클의 열효율은 기관의 압축비와 작동유체의 비열비에 따라 어떻게 변하는가?

9-26C 왜 불꽃점화 기관에서 높은 압축비가 사용되지 않는가?

9-27C 주어진 압축비를 가지고 있는 이상 오토 사이클이 (*a*) 공기 (*b*) 아르곤 (*c*) 에탄을 작동유체로 사용하여 수행된다. 어떤 경우에서 열효율이 가장 높은가? 그 이유는?

9-28C 실제 4행정 가솔린기관의 rpm(분당 회전수)은 열역학적 사이클의 수와 어떠한 관계가 있는가? 2행정기관에 대해서는 어떤가?

9-29C 연료 분사식 가솔린기관과 디젤기관의 차이는 무엇인가?

9-30E 공기를 작동유체로 사용하는 이상 오토 사이클의 평균유효압력을 구하라; 팽창과정 초기의 상태는 14 psia 와 60°F이다; 연소과정 말의 온도는 1500°F이다; 압축비는 9이다. 실온에서 일정한 비열을 사용하라.

9-31E 문제 9-30E를 다시 고려해 보자. 140 hp를 생산할 때 이 이상 사이클로 투입되는 열량과 방출되는 열량을 구하라.

9-32 이상 오토 사이클이 압축비 8을 가지고 있다. 압축과정 초기의 공기는 95 kPa, 27°C이고, 정적 가열과정 중에 750 kJ/kg의 열이 공기로 전달된다. 온도에 따른 비열 변화를 고려하여, (*a*) 가열과정 말의 압력과 온도, (*b*) 정미 출력 일, (*c*) 열효율, (*d*) 사이클의 평균유효압력을 구하라. *답:* (*a*) 3898 kPa, 1539 K, (*b*) 392 kJ/kg, (*c*) 52.3 %, (*d*) 495 kPa

9-33 문제 9-32를 다시 고려해 보자. 적절한 소프트웨어를 사용하여 5에서 10까지 압축비 변화의 효과를 나타내라. 정미 출력 일과 열효율을 압축비에 대한 함수로 표시하라. 압축비가 8일 때, 사이클의 *T-s* 선도와 *P-υ* 선도를 나타내라.

9-34 문제 9-32를 실온에서 일정한 비열을 사용해 다시 풀어보라.

9-35E 압축비가 10, 등엔트로피 압축 효율이 85%, 등엔트로피 팽창 효율이 95%인 불꽃점화 기관이 있다. 압축과정 초기 실린더 내부의 공기 상태는 13 psia와 60°F이다. 최대 가스 온도는 2300°F로 측정되었다. 단위 질량당 공급된 열량, 열효율, 오토 사이클로 모델링 되었을 때의 이 기관의 평균유효압력을 구하라. 실온에서 일정한 비열을 사용하라. *답:* 225 Btu/lbm, 49.7%, 45.3 psia

9-36 이상 오토 사이클의 압축비는 7이다. 압축과정의 초기 상태는 P_1 = 90 kPa, T_1 = 27C, V_1 = 0.004 m^3이다. 최고 사이클 온도는 1127°C이다. 사이클이 반복될 때마다 방출되는 열량과 정미 생산 일을 계산하라. 이 사이클의 열효율과 평균유효압력을 계산하라. 실온에서 일정한 비열을 사용하라. *답:* 1.03 kJ, 1.21 kJ, 54.1%, 354 kPa

9-37 이상 오토 사이클로 작동하는 6기통, 4행정 불꽃점화 엔진이 90 kPa, 20C인 공기를 흡입한다. 최소 밀폐 용적은 최대 밀폐 용적의 15%이다. 이 기관은 2500 rpm으로 작동할 때 90 hp의 출력을 낸다. 이 엔진으로 투입되는 열량을 구하라. 실온에서 일정한 비열을 사용하라.

9-38E 공기를 작동유체로 사용하는 이상 오토 사이클의 압축비가 8이다. 이 사이클의 최소, 최대 온도는 540 R과 2400 R이다. 온도에 따른 비열의 변화를 고려할 때, (*a*) 가열과정 동안 공기로의 열전달량, (*b*) 열효율, (*c*) 동일한 온도범위에서 작동하는 카르노 사이클의 열효율을 구하라.

9-39E 작동유체로서 아르곤을 사용할 때 문제 9-38E를 다시 풀어라.

9-40 이상 오토 사이클의 압축비를 두 배로 할 경우, 최대가스온도와 최대가스압력은 어떻게 변하는가? 이때 압축과정 초기에 공기의 상태와 흡열량은 같다. 실온에서 일정한 비열을 사용하라.

디젤 사이클

9-41C 디젤기관은 가솔린기관과 어떻게 서로 다른가?

9-42C 이상 디젤 사이클은 이상 오토 사이클과 어떻게 서로 다른가?

9-43C 차단비란 무엇인가? 어떻게 디젤 사이클의 열효율에 영향을 미치는가?

9-44C 주어진 압축비에 대하여, 디젤기관과 가솔린기관 중 어느 것이 더 효율이 높은가?

9-45C 디젤기관과 가솔린기관 중에서 어느 것이 더 높은 압축비에서 작동하는가? 이유는?

9-46 압축비 18, 차단비 1.5인 이상 디젤 사이클이 있다. 압축과정 초기에 공기는 95 kPa, 17°C이고, 출력이 200 hp이며, 분당 사이클이 1200회 반복될 때 공기의 최고 온도와 이 사이클로 투입되는 열량을 구하라. 실온에서 일정한 비열을 사용하라.

9-47 등엔트로피 압축효율이 90%이고 등엔트로피 팽창 효율이 95%일 때, 문제 9-46을 다시 풀어라.

9-48 압축비 16, 차단비 2인 이상 디젤 사이클이 있다. 압축과정 초기에 공기의 상태는 95 kPa, 27°C이다. 온도에 따른 비열의 변화를 고려할 때, (*a*) 가열과정 후의 온도, (*b*) 열효율, (*c*) 평균유효압력을 구하라. 답: (*a*) 1725 K, (*b*) 56.3%, (*c*) 675.9 kPa

9-49 실온에서 일정한 비열을 사용하여, 문제 9-48을 다시 풀어라.

9-50E 공기표준 디젤 사이클의 압축비는 18.2이다. 압축과정 초기에 공기는 120°F와 14.7 psia이고, 가열과정 말의 온도는 3200 R이다. 온도에 따른 비열의 변화를 고려할 때, (*a*) 차단비, (*b*) 단위 질량당 방열량, (*c*) 열효율을 구하라.

9-51E 실온에서 일정한 비열을 사용하여, 문제 9-50E를 다시 풀어라.

9-52 최대 사이클 온도가 2000°C인 이상 디젤 사이클이 있다. 압축과정 초기의 공기는 P_1 = 95 kPa, T_1 = 15°C이다. 이 사이클은 실린더 보어가 10 cm이고 피스톤 스트로크가 12 cm인 4행정 8기통 엔진에서 수행된다. 실린더의 최소 밀폐 용적은 최대 실린더 용적의 5%이다. 이 엔진이 1600 rpm으로 작동할 때 발생하는 전력을 구하라. 실온에서 일정한 비열을 사용하라. 답: 96.5 kW

9-53 압축비가 20인 이상 디젤기관이 작동유체로 공기를 사용한다. 압축과정 초기에 공기는 95 kPa, 20°C이다. 사이클의 최대 온도는 2200 K를 초과하지 않을 때, (*a*) 열효율, (*b*) 평균유효압력을 구하라. 실온의 공기 비열은 일정하다고 가정하라. 답: (*a*) 63.5%, (*b*) 933 kPa

9-54 문제 9-53에서 등엔트로피 팽창과정을 폴리트로픽 지수 n = 1.35인 폴리트로픽 팽창과정으로 대체하여 다시 풀어라. 온도에 따라 변하는 비열을 사용하라.

9-55 문제 9-54를 다시 고려해 보자. 적절한 소프트웨어를 사용하여, 14에서 24까지 변하는 압축비의 영향을 연구하라. 정미 출력 일, 평균유효압력, 열효율을 압축비의 함수로 그려라. 압축비가 20일 때 사이클의 *T-s* 선도와 *P-υ* 선도를 그려라.

9-56 이상 디젤 사이클로 작동하는 4실린더 2.4 L 디젤기관의 압축비는 22이고, 차단비는 1.8이다. 압축과정 초기에 공기는 70°C, 97 kPa이다. 냉공기표준 가정을 사용할 때, 4250 rpm에서 얼마의 동력이 발생하는가?

9-57 작동유체로서 질소를 사용할 때, 문제 9-56을 다시 풀어라.

9-58E 공기표준 복합 사이클의 압축비가 20, 차단비가 1.3이다. 정적 가열과정 동안 압력비는 1.2이다. 이 사이클이 압축과정 초기에 14 psia와 70°F로 동작할 때 열효율, 투입된 열량, 최대 가스 압력, 최대 가스 온도를 구하라. 실온의 일정 비열을 사용하라.

9-59E 압축비가 12로 감소할 때 문제 9-58E를 다시 풀어라.

이상 및 실제 가스터빈(브레이튼) 사이클

9-60C 단순 이상 브레이튼 사이클을 구성하는 네 개의 과정이 무엇인가?

9-61C 고정된 최대 온도와 최소 온도 사이에서 작동하는 단순 이상 브레이튼 사이클에서 압력비가 (*a*) 열효율, (*b*) 정미 출력 일에 미치는 영향은 어떠한가?

9-62C 역일비란 무엇인가? 가스터빈 기관의 대표적인 역일비는 얼마인가?

9-63C 왜 역일비가 가스터빈 기관에서 상대적으로 높은가?

9-64C 가스터빈 기관의 터빈과 압축기의 비효율성이 (*a*) 역일비와 (*b*) 열효율에 어떠한 영향을 미치는가?

9-65E 공기를 작동유체로 사용하는 단순 이상 브레이튼 사이클의 압력비는 10이다. 공기는 520 R로 압축기에 들어가고, 2000 R로 터빈에 들어간다. 온도에 따른 비열의 변화를 고려할 때, (*a*) 압축기 출구에서 공기 온도, (*b*) 역일비, (*c*) 열효율을 구하라.

9-66 공기를 작동유체로 사용하는 가스터빈 발전소가 단순 이상 브레이튼 사이클로 작동한다. 공기는 95 kPa와 290 K로 압축기에 들어가고, 760 kPa 와 1100 K로 터빈에 들어간다. 열이 35,000 kJ/s 로 공기에 전달된다. (*a*) 실온에서 일정한 비열을 사용할 때, (*b*) 온도에 따라 변하는 비열을 사용할 때, 이 발전소의 출력 동력을 구하라.

9-67 공기를 작동유체로 사용하는 가스터빈 발전소가 단순 브레이튼 사이클로 작동하며 32 MW의 출력을 낸다. 이 사이클의 최소 온도와 최대 온도는 310 K와 900 K이며, 압축기 출구 공기의 압력은 압축기 입구 공기의 압력의 8배이다. 압축기의 등엔트로피 효율이 80%이고 터빈의 등엔트로피 효율이 86%일 때, 이 사이클을 통과하는 공기의 질량 유량을 구하라. 온도에 따라 변하는 비열을 사용하라.

9-68 실온에서 일정한 비열을 사용하여 문제 9-67을 다시 풀어라.

9-69 공기를 작동유체로 사용하는 단순 이상 브레이튼 사이클이 최소 및 최대 온도가 27°C, 727°C에서 작동한다. 이 사이클은 최대 사이클 압력이 2000 kPa, 최소 사이클 압력이 100 kPa가 되도록 설계되었다. 이 사이클이 실행될 때마다 생성되는 공기의 단위 질량당 정미 출력 일과 사이클의 열효율을 구하라. 실온에서 일정한 비열을 사용하라.

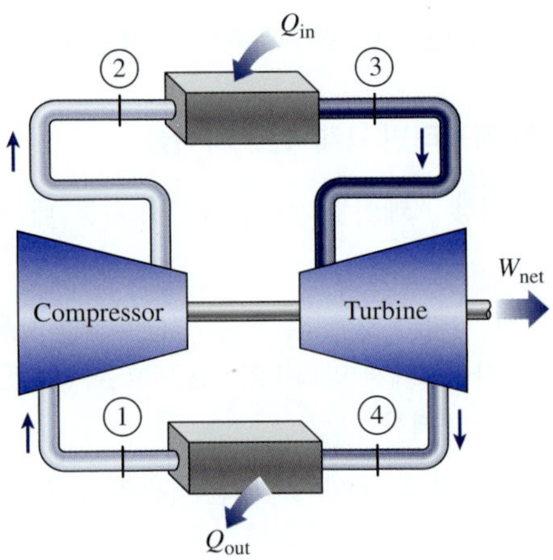

그림 P9-69

9-70 터빈의 등엔트로피 효율이 90%일 때, 문제 9-69를 다시 풀어라.

9-71 터빈의 등엔트로피 효율이 90%이고 압축기의 등엔트로피 효율이 80%일 때, 문제 9-69를 다시 풀어라.

9-72 터빈의 등엔트로피 효율이 90%이고 압축기의 등엔트로피 효율이 80%이며, 연소실을 지나며 50-kPa의 압력 강하가 일어날 때, 문제 9-69를 다시 풀어라. *답: 7.3 kJ, 3.8%*

9-73 공기를 작동유체로 사용하는 단순 이상 브레이튼 사이클의 압축비가 12, 압축기 입구 온도가 300 K, 터빈 입구 온도가 1000 K이다. 압축기와 터빈의 등엔트로피 효율이 각각 (*a*) 100%, (*b*) 85%일 때, 70 MW의 정미 출력을 내기 위해 필요한 공기의 질량 유량을 구하라. *답: (a) 352 kg/s, (b) 1037 kg/s*

9-74 항공기 엔진이 압력비 10인 단순 이상 브레이튼 사이클로 작동한다. 열이 사이클로 500 kW 투입된다. 공기는 1 kg/s로 엔진을 통과한다. 압축 초기 공기는 70 kPa, 0°C이다. 이 엔진에서 발생되는 동력과 열효율을 구하라. 실온에서 일정한 비열을 사용하라.

9-75 압축비가 15일 때 문제 9-74를 다시 풀어라.

9-76 가스터빈 발전소가 압력 한계 100 kPa과 1600 kPa 사이에서 단순 브레이튼 사이클로 작동한다. 작동유체는 공기이고, 40°C, 850 m³/min으로 압축기로 들어가고, 650°C로 터빈을 나간다. 압축기의 등엔트로피 효율을 85%, 터빈의 등엔트로피 효율을 88%로 가정할 때, (*a*) 정미 출력, (*b*) 역일비, (*c*) 열효율을 구하라. $c_v = 0.821$ kJ/kg·K, $c_p = 1.108$ kJ/kg·K, $k = 1.35$를 사용하라. *답: (a) 6488 kW, (b) 0.511, (c) 37.8%*

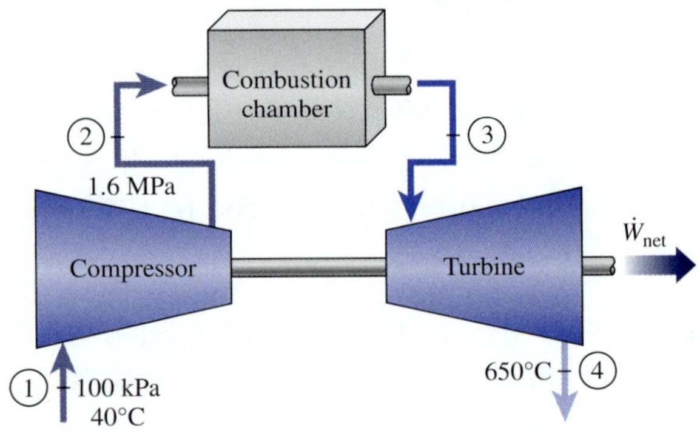

그림 P9-76

9-77E 아르곤을 작동유체로 사용하는 단순 이상 브레이튼 사이클이 있다. 압축과정 초기에 $P_1 = 15$ psia, $T_1 = 80$°F이고 사이클 최고 온도는 1200°F이며, 압축실의 압력은 150 psia이다. 아르곤이 200 ft/s의 속도로 입구 면적이 3 ft²인 압축기로 들어간다. 이 기관에 가해지는 열량, 출력 일, 사이클의 열효율을 구하라.

9-78 그림에서 보듯이 가스터빈 발전소가 전체 압력비 8인 수정 브레이튼 사이클로 작동한다. 공기는 0°C, 100 kPa로 압축기로 들어간다. 사이클 최고 온도는 1500 K이다. 압축기와 터빈에서 과정은 등엔트로피 과정이다. 고압터빈은 압축기를 구동하는 데 충분한 동력을 발생한다. 300 K에서 공기의 일정한 비열과 성질을 가정하라 ($c_v = 0.718$ kJ/kg·K, $c_p = 1.005$ kJ/kg·K, $R = 0.287$ kJ/kg·K, $k = 1.4$).

(*a*) 이 사이클에 대한 *T-s* 선도를 그려라. 선도에 상태를 표시하라.
(*b*) 고압터빈의 출구인 상태 4에서 온도와 압력을 구하라.
(*c*) 정미 출력 동력이 200 MW일 경우, 압축기로 들어가는 공기의 질량유량을 kg/s 단위로 구하라.

답: (b) 1279 K, 457 kPa, (c) 442 kg/s

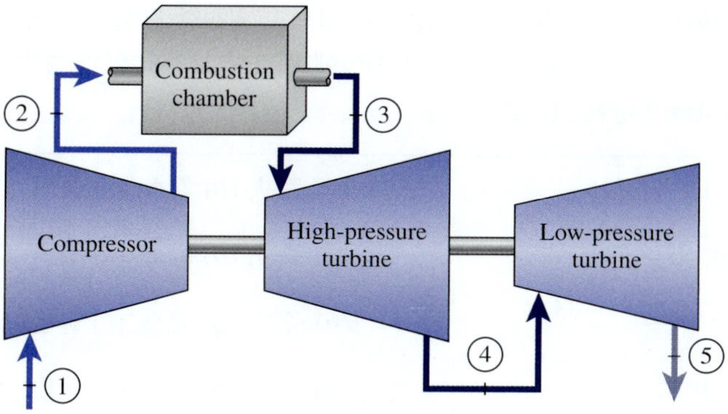

그림 P9-78

재생기가 있는 브레이튼 사이클

9-79C 재생은 브레이튼 사이클의 효율에 어떻게 영향을 미치는가? 어떻게 그것을 달성하는가?

9-80C 가스터빈 사이클에 사용되는 재생기의 유용도를 정의하라.

9-81C 누군가가 매우 높은 압력비에서 재생기의 사용은 가스터빈 기관의 열효율을 실제로는 감소시킨다고 주장한다. 이 주장이 사실일까? 설명하라.

9-82C 이상적 재생기에서 압축기를 떠나는 공기는 (*a*) 터빈 입구온도까지, (*b*) 터빈 출구온도까지, (*c*) 터빈 출구온도보다 조금 높게 가열되는가?

9-83C 1903년 노르웨이의 Aegidius Elling사는 11마력(hp) 출력의 가스터빈을 설계 제작하였으며, 그것은 연소실과 터빈 사이에 수증기의 분사를 사용하여 연소가스를 그 당시 가용한 소재의 안전 온도까지 냉각시켰다. 현재 동력과 열효율을 증가시키기 위해 증기 분사를 사용하는 몇 개의 가스터빈 발전소가 있다. 예를 들면 General Electric사의 LM5000 가스터빈의 열효율은 단순 사이클로 작동할 때 35.8%에서 증기 분사를 사용했을 때 43%로 증가한다고 보고되어 있다. 증기 분사가 가스터빈의 출력 동력과 효율을 증가시키는 이유를 설명하라. 또한 어떻게 증기를 얻을지 설명하라.

9-84 유용도가 100%인 이상 재생기가 있는 이상 브레이튼 사이클의 열 효율을 구하라. 실온에서 일정한 비열을 사용하라.

9-85 자동차용으로 재생기가 있는 가스터빈이 설계되었다. 공기는 100 kPa, 30°C로 이 기관의 압축기로 들어간다. 압축기에서 압력비는 8이고, 최고 사이클 온도는 800°C이다. 그리고 재생기 출구의 찬 공기는 재생기 입구의 뜨거운 공기 보다 10°C 낮은 온도로 재생기를 나간다. 압축기와 터빈은 모두 등엔트로피 과정으로 가정하고, 출력이 115 kW일 경우 열공급률과 열방출률을 구하라. 실온에서 공기의 일정한 비열과 성질을 가정하라. *답:* 240 kW, 125 kW

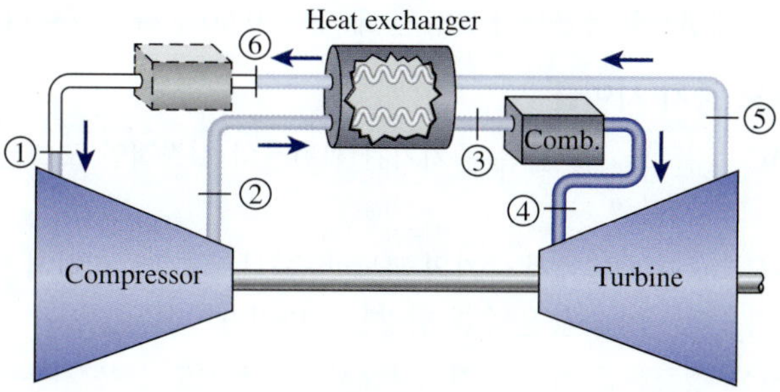

그림 P9-85

9-86 압축기의 등엔트로피 효율이 87%, 터빈의 등엔트로피 효율이 90%일 때 문제 9-85를 다시 풀어라.

9-87 그림 P9-85에서 보듯이, 가스터빈 기관이 재생기가 있는 이상 브레이튼 사이클로 작동한다. 이제 상태 2와 상태 5의 공기가 재생기의 한쪽으로 들어가고, 상태 3과 상태 6의 공기가 재생기의 다른 한쪽으로 나가도록(평행류 열교환기배열) 재생기가 재배열되었다. 공기가 100 kPa, 20°C로 압축기로 들어가고, 압축기의 압력비는 7, 사이클의 최고 온도는 727°C이며, 뜨거운 유동과 차가운 유동의 온도차가 6°C인 재생기의 끝에서 차가운 공기가 나간다. 그림 P9-85와 같은 사이클의 배열이 이 문제에서의 배열보다 더 효율적인가? 압축기와 터빈에서 과정은 등엔트로피 과정으로 가정하고, 실온에서 공기의 일정한 비열을 사용하라.

9-88 공기를 작동유체로 사용하는 재생기가 있는 브레이튼 사이클의 압력비가 7이다. 사이클의 최저 온도와 최고 온도는 310 K와 1150 K이다. 75%의 압축기 등엔트로피 효율, 82%의 터빈 등엔트로피효율, 65%의 재생기 유용도를 가정할 때, (*a*) 터빈 출구에서 공기 온도, (*b*) 정미 출력 일, (*c*) 열효율을 구하라. *답:* (*a*) 783 K, (*b*) 108 kJ/kg (*c*) 22.5%

9-89 정지형 가스터빈 발전소가 공기를 작동유체로 사용하는 이상 재생 브레이튼 사이클(ϵ = 100%)로 작동한다. 공기는 95 kPa, 290 K에서 압축기로, 880 kPa, 1100 K에서 터빈으로 들어간다. 30,000 kJ/s의 열이 외부의 열원에서 공기로 전달된다. (*a*) 실온에서의 비열로 일정하다고 가정할 때, (*b*) 온도에 따른 비열의 변화를 고려할 때, 이 발전소에서 생산되는 동력을 구하라.

9-90 공기가 310 K, 100 kPa에서 재생 가스터빈 기관의 압축기로 들어가고, 압축기에서 900 kPa, 650 K로 압축되었다. 재생기의 유용도는 80%이고, 공기는 1400 K에서 터빈으로 들어간다. 터빈의 효율이 90%일 경우, (*a*) 재생기에서 열전달량과 (*b*) 열효율을 구하라. 공기의 비열 변화를 고려하라. *답:* (*a*) 193 kJ/kg, (*b*) 40.0%

9-91 실온에서의 일정한 비열을 사용하여 문제 9-90를 다시 풀어라.

9-92 재생기의 유용도가 70%일 때, 문제 9-90를 다시 풀어라.

카르노 증기 사이클

9-93C 카르노 사이클은 증기기관 발전소의 실질적인 모델은 아니다. 그 이유는?

9-94C 증기 터빈에서 증기의 과도한 습기는 왜 바람직하지 않은가? 허용되는 가장 높은 수분 함량은 얼마인가?

9-95C 정상유동 카르노 사이클에서 작동유체로 물을 사용한다. 물은 250°C의 열원에서 포화액에서 포화증기로 바뀐다. 20 kPa의 압력에서 방열이 일어난다. 포화곡선과 함께 *T*-*s* 선도에 사이클을 나타내고, (*a*) 열효율, (*b*) 방열량, (*c*) 정미 출력을 구하라.

9-96 앞의 문제 9-95에서, 방열 압력이 10 kPa인 경우에 대해 다시 계산하라.

9-97 물을 작동유체로 사용하는 정상유동 카르노 사이클을 고려한다. 사이클의 최고, 최저 온도가 350°C와 60°C이다. 방열과정 초기에 물의 건도가 0.891이고, 방열과정 최종상태에서 물의 건도는 0.1이다. 포화곡선을 고려하여 *T*-*s*선도를 나타내고, (*a*) 열효율, (*b*) 터빈 입구의 압력, (*c*) 정미 출력 일을 구하라. *답:* (*a*) 46.5%, (*b*) 1.40 MPa, (*c*) 1623 kJ/kg

9-98E 물은 300 psia에서 포화 액체로 정상유동 카르노 기관의 보일러에 들어가고, 0.95의 건도로 나간다. 증기는 20 psia의 압력으로 터빈을 떠난다. 포화곡선을 고려하여 *T*-*s* 선도를 나타내고, (*a*) 열 효율, (*b*) 등온 방열과정 최종상태의 건도, (*c*) 정미 출력 일을 구하라. *답:* (*a*) 21.6%, (*b*) 0.181, (*c*) 166 Btu/lbm

단순 랭킨 사이클

9-99C 단순 이상 랭킨 사이클을 구성하는 네 가지 과정은 무엇인가?

9-100C 터빈 입구조건이 일정한 단순 이상 랭킨 사이클을 고려하자. 다음의 각 사항에 대하여 응축기의 압력강하가 미치는 영향은 어떠한가?

펌프 입력일:	(*a*) 증가, (*b*) 감소, (*c*) 불변
터빈 출력일:	(*a*) 증가, (*b*) 감소, (*c*) 불변
열공급:	(*a*) 증가, (*b*) 감소, (*c*) 불변
열방출:	(*a*) 증가, (*b*) 감소, (*c*) 불변
사이클 효율:	(*a*) 증가, (*b*) 감소, (*c*) 불변
터빈 출구의 수분량:	(*a*) 증가, (*b*) 감소, (*c*) 불변

9-101C 터빈 입구온도와 응축기 압력이 일정한 단순 이상 랭킨 사이클을 고려하자. 다음의 각 사항에 대하여 보일러 압력 증가가 미치는 영향은 어떠한가?

펌프 입력일:	(*a*) 증가, (*b*) 감소, (*c*) 불변
터빈 출력일:	(*a*) 증가, (*b*) 감소, (*c*) 불변
열공급:	(*a*) 증가, (*b*) 감소, (*c*) 불변
열방출:	(*a*) 증가, (*b*) 감소, (*c*) 불변
사이클 효율:	(*a*) 증가, (*b*) 감소, (*c*) 불변
터빈 출구의 수분량:	(*a*) 증가, (*b*) 감소, (*c*) 불변

9-102C 보일러와 응축기 압력이 일정한 단순 이상 랭킨 사이클을 고려하자. 다음의 각 사항에 대하여 과열증기의 온도 증가가 미치는 영향은 어떠한가?

펌프 입력일:	(*a*) 증가, (*b*) 감소, (*c*) 불변
터빈 출력일:	(*a*) 증가, (*b*) 감소, (*c*) 불변
열공급:	(*a*) 증가, (*b*) 감소, (*c*) 불변
열방출:	(*a*) 증가, (*b*) 감소, (*c*) 불변
사이클 효율:	(*a*) 증가, (*b*) 감소, (*c*) 불변
터빈 출구의 수분량:	(*a*) 증가, (*b*) 감소, (*c*) 불변

9-103C 실제 증기 동력 사이클과 이상 사이클과의 차이점은 무엇인가?

9-104C 보일러의 입구와 출구에서 압력을 (*a*) 실제 사이클, (*b*) 이상 사이클에 대하여 비교하여라.

9-105C 비가역성의 영향으로 실제 수증기 터빈에서 증기의 엔트로피는 증가한다. 엔트로피 증가를 제어하기 위하여, 터빈 케이싱 주위에 냉각수를 이용하여 터빈의 증기를 냉각시키는 것이 제안되었다. 이것은 터빈 출구의 엔트로피와 엔탈피를 감소시켜서 출력이 증가한다고 한다. 이 제안을 평가해 보라.

9-106C 20°C의 강물을 이용하여 냉각시키는 응축기의 압력을 10 kPa로 유지시키는 것이 가능한가?

9-107 물을 작동유체로 사용하는 단순 이상 랭킨 사이클이 보일러 한계 압력 3 MPa와 응축기 한계 압력 30 kPa에서 작동한다.

터빈 출구의 건도가 85% 이상일 때, 이 사이클의 최대 열효율을 구하라. *답: 29.7%*

9-108 물을 작동유체로 사용하는 단순 이상 랭킨 사이클이 보일러 한계 압력 4 MPa와 응축기 한계 압력 20 kPa, 터빈 입구 온도 700°C에서 작동한다. 보일러는 50 kg/s의 유량을 공급한다. 터빈에서 생산하는 동력과 펌프에서 소비되는 동력을 구하라.

9-109 물을 작동유체로 사용하는 단순 이상 랭킨 사이클에서, 응축기는 40°C, 보일러는 250°C에서 작동한다. 수증기가 과열 없이 터빈에 들어갈 때, 터빈 출력일, 보일러 입력열, 사이클의 열효율을 구하라.

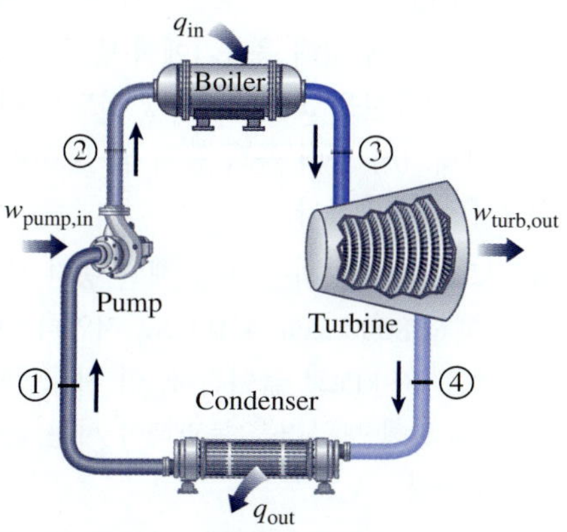

그림 P9-109

9-110 작동 유체로 냉매-134a를 사용하는 단순 이상 랭킨 사이클로 작동하는 태양열 발전소를 고려하자. 냉매는 1.4 MPa의 포화 증기로 터빈에 들어가고 0.7 MPa로 나간다. 냉매의 질량 유량은 3 kg/s이다. 포화곡선을 고려하여 *T-s* 선도를 나타내고, (*a*) 사이클의 열효율, (*b*) 이 발전소의 출력 일을 구하라.

9-111 단순 이상 랭킨 사이클로 작동되는 210-MW의 증기 원동소를 고려하자. 증기는 10 MPa, 500°C에서 터빈으로 들어가고 응축기에서 10 kPa의 압력으로 냉각된다. 포화곡선을 고려하여 *T-s* 선도를 나타내고, (*a*) 터빈 출구 증기의 건도, (*b*) 이 사이클의 열효율, (*c*) 증기의 질량 유량을 구하라. *답: (a) 0.793, (b) 40.2%, (c) 165 kg/s*

9-112 터빈과 펌프의 등엔트로피 효율을 85%로 가정할 때, 문제 9-111을 다시 풀어라. *답: (a) 0.874, (b) 34.1%, (c) 194 kg/s*

9-113 작동 유체로 물을 사용하는 단순 이상 랭킨 사이클이 보일러 한계 압력 15 MPa와 응축기 한계 압력 100 kPa로 작동한다. 포화증기가 터빈으로 들어간다. 터빈의 출력 일, 보일러로 전달된 열, 이 사이클의 열효율을 구하라. *답: 699 kJ/kg, 2178 kJ/kg, 31.4%*

9-114 문제 9-113을 다시 고려하자. 터빈의 비가역성의 영향으로 터빈 출구 증기의 건도가 70%가 된다. 터빈의 등엔트로피 효율과 이 사이클의 열효율을 구하라. *답: 87.7%, 27.4%*

9-115E 증기 랭킨 사이클이 보일러 압력 한계 1500 psia와 응축기 한계 압력 2 psia에서 작동한다. 터빈의 입구 온도는 800°F이다. 터빈의 등엔트로피 효율이 90%, 펌프의 손실은 무시하며 이 사이클은 2500 kW의 출력을 낸다. 보일러를 통과하는 질량 유량, 터빈의 출력 일, 보일러의 열 공급률, 열효율을 구하라.

9-116E 문제 9-115E를 다시 고려하자. 펌프 가동을 위한 동력을 무시하는 경우, 열효율의 오차가 얼마나 발생하는가?

9-117 작동유체로 물을 사용하는 단순 랭킨 사이클이 있다. 보일러와 응축기는 각각 6000 kPa, 50 kPa에서 작동한다. 터빈 입구에서 온도는 450°C이다. 터빈의 등엔트로피 효율은 94%이고 펌프에서의 압력손실은 무시하며, 응축기에서 물은 6.3°C 과냉각된다. 보일러에서의 질량유량은 20 kg/s이다. 보일러의 열공급률, 펌프를 작동시키는 데 필요한 일, 사이클의 정미 출력, 열효율을 각각 구하라. *답: 59,660 kW, 122 kW, 18,050 kW, 30.3%*

9-118 적절한 소프트웨어를 이용하여 문제 9-117에서 보일러를 통한 압력강하가 50 kPa일 때 열효율의 변화량을 구하라.

9-119 증기를 작동유체로 하는 카르노 및 단순 이상 랭킨 사이클의 정미 출력 일과 열효율을 계산하여 비교하려 한다. 수증기가 두 경우 모두 터빈에 포화증기로 5 MPa의 상태로 들어가며, 응축기 압력은 50 kPa이다. 랭킨 사이클에서 응축기 출구상태가 포화액인 반면, 카르노 사이클에서는 보일러의 입구상태가 포화액이다. 두 사이클에 대하여 *T-s* 선도를 그려보라.

9-120 이원 지열 발전소는 160°C의 지열수를 열원으로 사용한다. 발전소는 작동 유체로 이소부탄을 사용하는 단순 랭킨 사이클로 작동한다. 열 교환기에 의해 사이클로 열이 전달되며 열 교환기에서 160°C, 555.9 kg/s로 지열수가 유입되고, 90°C로 빠져나간다. 이소부탄은 3.25 MPa와 147°C에서 터빈으로 들어가고 79.5°C와 410 kPa로 나간다. 이소부탄은 공랭식 응축기에서 응축되고 열교환기 압력으로 펌핑된다. 펌프의 등엔트로피 효율이 90%라고 가정할 때, (*a*) 터빈의 등엔트로피 효율, (*b*) 발전소의 정미 출력, (*c*) 발전소의 열 효율을 구하라.

이소부탄의 특성은 h_1 = 273.01 kJ/kg, v_1 = 0.001842 m³/kg, h_3 = 761.54 kJ/kg, h_4 = 689.74 kJ/kg, h_{4s} = 670.40 kJ/kg이다. 지열수의 비열은 c_p = 4.258 kJ/kg·°C로 한다.

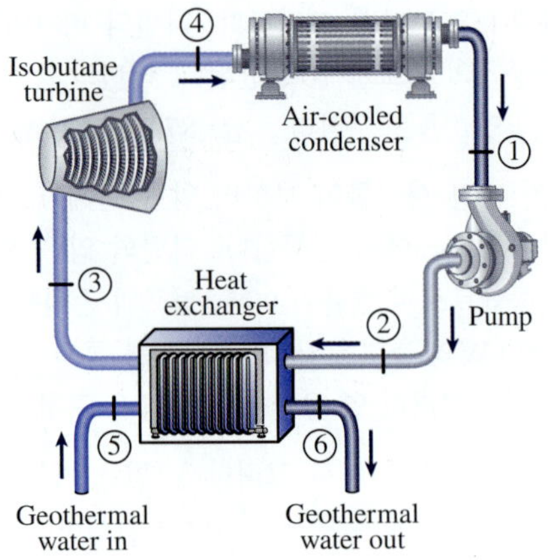

그림 P9-120

재열 랭킨 사이클

9-121C T-s 선도에 3단 재열 이상 랭킨 사이클을 나타내라. 터빈 입구 온도가 모든 단계에서 동일하다고 가정한다. 재열 단계 수에 따라 사이클 효율은 어떻게 달라지는가?

9-122C 랭킨 사이클의 증기를 재열시킬 때 최적의 압력이 존재하는가? 설명하라.

9-123C 단순 이상 랭킨 사이클이 재열 사이클로 수정된다면, 아래의 양들은 어떻게 변화하는가? 이때, 질량유량은 동일하게 유지된다고 가정한다.

펌프 입력일:	(*a*) 증가, (*b*) 감소, (*c*) 불변
터빈 출력일:	(*a*) 증가, (*b*) 감소, (*c*) 불변
열공급:	(*a*) 증가, (*b*) 감소, (*c*) 불변
열방출:	(*a*) 증가, (*b*) 감소, (*c*) 불변
사이클 효율:	(*a*) 증가, (*b*) 감소, (*c*) 불변
터빈 출구의 수분량:	(*a*) 증가, (*b*) 감소, (*c*) 불변

9-124C 단순 이상 랭킨 사이클과 3단 재열 이상 랭킨 사이클을 비교해보자. 두 사이클은 같은 압력 한계에서 작동한다. 최고 온도는 단순 사이클에서 700°C이고, 재열 사이클에서 450°C이다. 어떤 사이클이 더 높은 효율을 가질 것이라고 생각하는가?

9-125 증기원동소가 이상 재열 랭킨 사이클로 작동하고 있다. 발전소의 보일러는 17.5 MPa, 재열기는 2 MPa, 응축기는 50 kPa로 유지된다. 고압 터빈 입구의 온도는 550°C 이고 저압 터빈 입구의 온도는 300°C이다. 이 시스템의 열효율을 구하라.

9-126 문제 9-125를 다시 고려하자. 저압 터빈 입구의 온도라 550°C로 증가한다면, 사이클의 열효율이 얼마나 변하겠는가?

9-127 작동유체로 물을 사용하는 이상 재열 랭킨 사이클은 보일러 15,000 kPa, 재열기 2000 kPa, 응축기 100 kPa에서 작동한다. 고압 터빈과 저압 터빈 입구의 온도는 450°C이다. 이 사이클의 질량 유량은 1.74 kg/s 이다. 펌프가 소비한 동력, 사이클의 생산 동력, 재열기로의 열전달률, 시스템의 열효율을 구하라.

9-128E 이상적인 재열 랭킨 사이클로 작동하는 증기 발전소의 고압 터빈으로 증기가 800 psia와 900°F에서 들어가 포화 증기로 나간다. 증기는 800°F까지 재가열 된 후 1 psia의 압력으로 팽창한다. 열은 6×10^4 Btu/s의 속도로 보일러 내의 증기로 전달된다. 증기는 근처 강의 냉각수에 의해 응축기에서 냉각되며, 45°F로 응축기에 들어간다. 포화곡선을 고려하여 T-s 선도를 나타내고, (*a*) 재열이 발생하는 압력, (*b*) 정미 출력 동력 및 열효율, (*c*) 필요한 냉각수 최소 질량 유량을 구하라.

9-129 작동유체로 물을 사용하는 이상 재열 랭킨 사이클의 증기는 고압 터빈 입구에서 8000 kPa, 450°C로, 저압터빈에 500 kPa, 500°C로, 응축기에는 10 kPa로 들어간다. 이 시스템의 정미 출력이 5000 kW가 되기 위해 보일러를 통과해야 하는 질량유량과 사이클의 열효율을 구하라.

9-130 증기원동소가 이상 재열 랭킨 사이클로 압력범위 15 MPa과 10 kPa 사이에서 작동하고 있다. 이 사이클을 흐르는 증기의 질량유량은 12 kg/s이다. 증기는 터빈의 양단에 500°C로 들어간다. 저압 터빈 출구의 수분량이 5%를 넘지 않을 때, (*a*) 재열이 일어나는 압력, (*b*) 보일러의 총 열입력률, (*c*) 열효율을 계산하라. 또, 포화곡선을 포함하는 T-s 선도에 사이클을 나타내라.

9-131 재열 랭킨 사이클로 작동하는 증기원동소의 정미 출력은 80 MW이다. 증기는 10 MPa, 500°C로 고압 터빈에 들어가고, 1 MPa, 500°C로 저압 터빈에 들어간다. 증기는 10 kPa의 포화액으로 응축기를 나간다. 터빈의 등엔트로피 효율은 80%, 펌프의 등엔트로피 효율은 95%이다. 포화곡선을 포함하는 T-s 선도에 사이클을 나타내고, (*a*) 건도(과열증기일 경우 온도), (*b*) 사이클의 열효율, (*c*) 시스템의 질량 유량을 구하라. *답:* (*a*) 88.1°C, (*b*) 34.1%, (*c*) 62.7 kg/s

9-132 펌프와 터빈을 모두 등엔트로피로 가정할 때, 문제 9-131을 다시 풀어라. *답:* (*a*) 0.949, (*b*) 41.3 percent, (*c*) 50.0 kg/s

역카르노 사이클

9-133C 역카르노 사이클은 냉동 사이클의 실제 모델이 아닌데도 역카르노 사이클을 공부해야 하는가?

9-134C 포화구간 내에서 작동되는 역카르노 사이클은 왜 실질적인 냉동 카르노 사이클의 모델이 될 수 없는가?

9-135 정상유동의 카르노 냉동 사이클이 작동유체로서 R-134a를 사용한다. 응축기가 열을 방출함으로써 냉매는 60°C의 포화증기에서 포화액까지 변한다. 증발기 압력은 180 kPa이다. 포화 곡선를 포함한 *T-s* 선도에 사이클을 표시하고, (*a*) 성능계수, (*b*) 냉동 공간으로부터 흡수된 열량, (*c*) 정미 입력일을 구하라. 답: (*a*) 3.58, (*b*) 109 kJ/kg, (*c*) 30.4 kJ/kg

9-136E 냉매 R-134a는 90 psia에서 포화증기로 정상유동 카르노 냉동기의 응축기로 들어가서, 건도 0.05로 떠난다. 냉동 공간으로부터의 열흡수는 30 psia에서 일어난다. 포화선과 함께 *T-s* 선도에 사이클을 표시하고, (*a*) 성능계수, (*b*) 열흡수 과정의 시작점에서의 건도, (*c*) 정미 일 입력을 구하라.

이상 및 실제 증기압축 냉동 사이클

9-137C 이상 증기압축식 냉동 사이클은 어떤 내부 비가역성을 포함하는가?

9-138C 이상 증기압축식 냉동 사이클에서 왜 교축밸브는 등엔트로피 터빈으로 대체되지 않는가?

9-139C 냉동시스템에서 열이 15°C의 냉각 매체로 방출된다면, 0.7 또는 1.0 MPa에서 냉매 R-134a를 응축하는 것을 추천할 수 있는가? 그 이유는?

9-140C *T-s* 선도에서 사이클로 둘러싸인 영역은 역카르노 사이클에 대하여 정미 입력일로 나타나는가? 이상 증기압축식 냉동 사이클에 대해서는 어떠한가?

9-141C 두 개의 증기압축식 냉동 사이클을 고려해보자. 냉매가 한 사이클에서는 30°C에서 포화액으로, 그리고 다른 사이클에서는 30°C에서 과냉액으로 교축밸브에 들어간다. 두 사이클에서의 증발기 압력은 같다. 어떤 사이클이 더 높은 COP를 가지는가?

9-142C 최소 온도가 결코 어는점 이하로 떨어지지 않는 지역에서 공조기의 작동유체로 R-134a 대신에 물의 사용이 제안되었다. 이 제안을 지지할 수 있는가? 이유를 설명하라.

9-143C 증기압축식 냉동 사이클의 COP는 냉매가 교축밸브로 들어오기 전에 과냉되었을 때 증가한다. 이 효과를 최대로 하기 위해서는 냉매를 무한히 과냉시킬 수 있는지, 또는 더 낮은 한계가 존재하는지를 설명하라.

9-144 10 kW 냉방 부하를 위해 증발기 압력이 400 kPa, 응축기 압력이 800 kPa인 이상 증기압축식 냉동 사이클이 작동한다. 냉매 R-134a를 사용할 때, 냉매의 질량 유량과 압축기의 필요 동력을 구하라.

9-145E 어느 제빙기는 냉매 R-134a를 사용하며 이상 증기압축식 사이클로 동작한다. 냉매는 20 psia의 포화증기로 압축기에 들어가고, 80 psia의 포화액으로 응축기를 나간다. 물은 55°F로 제빙기에 들어가고 25°F의 얼음으로 제빙기에서 나간다. 얼음이 15 lbm/h의 속도로 만들어질 때, 제빙기의 입력 동력을 구하라. (55°F의 물을 25°F의 얼음으로 바꾸기 위해 1 bm당 169 Btu의 열이 제거되어야 한다.)

9-146 어느 공간을 22°C로 유지시키기 위해 R-134a를 작동 유체로 사용하는 이상 증기압축 냉동 사이클이 작동하며, 응축기 압력은 1,000 kPa이다. 증발기에서 열전달에 의해 2°C의 온도 차이가 허용되는 경우 시스템의 COP를 구하라.

9-147 R-134a를 작동 유체로 사용하는 이상 증기압축식 냉동 사이클은 염수 용액을 −5°C로 냉각하는 데 사용된다. 이 용액은 냉방의 목적으로 다양한 건물로 펌핑된다. 냉매는 −10°C에서 증발하며 총 질량 유량은 7 kg/s이고, 600 kPa에서 응축된다. 사이클의 COP와 총 냉방 부하를 구하라.

9-148E R-134a를 작동유체로 사용하는 냉동기가 이상 증기압축식 냉동 사이클로 작동한다. 응축기는 300 psia로 작동하며, 증발기는 20°F에서 작동한다. 응축기를 나가는 액체를 팽창시키는데 단열이며 가역적인 팽창장치를 사용할 수 있다면, 교축장치 대신에 이 장치를 이용하는 경우 COP를 얼마나 증가시킬 수 있는가? 답: 16.5%

9-149 R-134a를 작동유체로 사용하는 냉동기가 압축과정을 제외한 과정에서 이상 증기압축식 냉동 사이클로 작동한다. 냉매는 34%의 건도, 120 kPa로 증발기에 들어가고 70°C로 압축기를 나간다. 압축기가 450 W의 전력을 소비할 때, (*a*) 냉매의 질량 유량, (*b*) 응축기 압력, (*c*) 냉동기의 COP를 구하라. 답: (*a*) 0.00644 kg/s, (*b*) 800 kPa, (*c*) 2.03

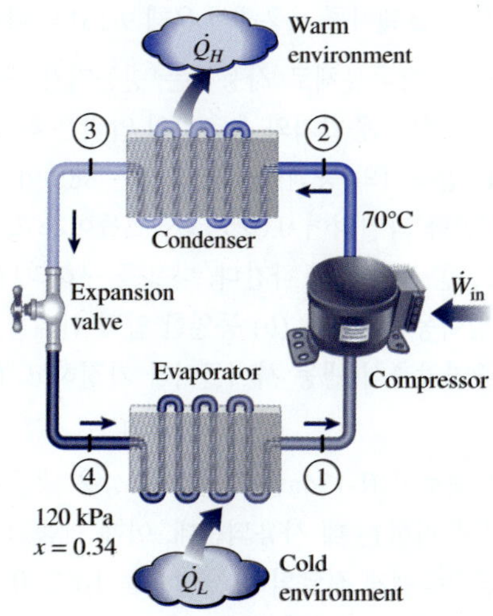

그림 P9-149

9-150 R-134a를 작동유체로 사용하는 이상 증기압축식 냉동 사이클이 응축기를 800 kPa로, 증발기를 −20°C로 유지시킨다. 시스템의 COP, 150 kW의 냉방부하를 감당하기 위한 필요동력을 구하라. *답: 3.83, 39.2 kW*

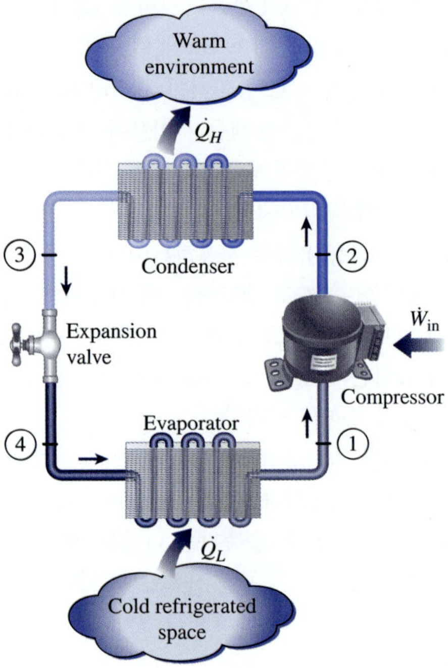

그림 P9-150

9-151E R-134a를 작동유체로 사용하는 냉동기가 이상 증기압축식 냉동 사이클로 작동한다. 냉매는 5°F에서 증발하고 180 psia에서 응축한다. 이 냉동기의 냉방부하는 45,000 Btu/h이다. 냉매의 질량 유량과 냉동기의 필요동력을 구하라.

9-152E R-134a 대신 암모니아를 사용하는 경우, 적절한 소프트웨어를 사용해서 문제 9-151을 다시 풀어라.

9-153 R-134a를 작동유체로 사용하는 냉동기가 증기압축식 냉동 사이클로 작동한다. 증발기와 응축기의 압력은 각각 200 kPa와 1400 kPa이다. 압축기의 등엔트로피 효율은 88%이다. 냉매가 압축기로 10.1°C만큼 과열되어 0.025 kg/s로 들어가고, 응축기를 나갈 때는 4.4°C만큼 과냉되어 나간다. 다음을 구하라. (*a*) 증발기에 의한 냉방률, 입력동력, COP, (*b*) 동일한 압력 한계들 사이에서 작동하는 이상 증기압축식 냉동 사이클이라 가정하고, (*a*)의 값들을 다시 구하라.

9-154 작동유체로서 R-134a를 사용하는 상용 냉동기가 냉동 공간을 −30°C로 유지하는 데 사용되는데, 이때 방출된 열은 응축기에 들어오는 냉각수에게 전달되며, 냉각수는 18°C, 0.25 kg/s로 들어와서 26°C로 나간다. 냉매는 응축기를 1.2 MPa, 65°C로 들어와 42°C로 나간다. 압축기의 입구상태는 60 kPa, −34°C이며, 압축기는 주위로부터 450 W의 정미 열량을 얻는 것으로 간주된다. (*a*) 증발기 입구에서의 냉매의 건도, (*b*) 냉방 부하, (*c*) 냉동기의 성능계수, (*d*) 동일한 압축기 입력동력에 대한 이론적 최대 냉방부하를 구하라.

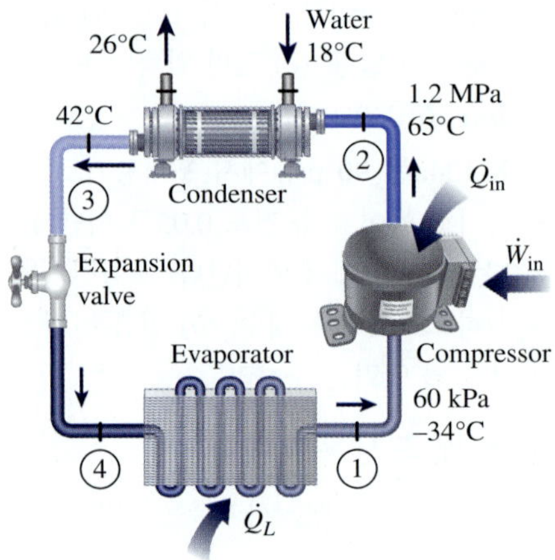

그림 P9-154

9-155 한 에어컨 제조업체가 자사의 한 제품에 대해 계절 에너지 효율 비율(SEER)이 16 (Btu/h)/W라고 주장한다. 이 제품은 일반적인 증기압축 냉동 사이클에서 작동하며 작동유체로 R-22를 사용한다. 이 SEER은 증발기의 포화온도가 −5°C이고 응축기의 포화온도가 45°C일 때 작동한다. 아래 표는 R-22의 자료이다.

T, °C	P_{sat}, kPa	h_f, kJ/kg	h_g, kJ/kg	s_g, kJ/kg·K
−5	421.2	38.76	248.1	0.9344
45	1728	101	261.9	0.8682

(*a*) 이 에어컨의 장치 구성과 *T*-*s* 선도를 나타내라.

(*b*) R-22의 단위질량당 증발기가 냉매에 의해 흡수된 열을 구하라(kJ/kg).

(*c*) R-22의 단위질량당 압축기에 입력된 일과 응축기에서 방출된 열을 구하라(kJ/kg).

9-156 한 실제 냉동기가 R-22를 작동유체로 사용하여 증기압축식 냉동 사이클로 작동한다. 냉매는 −15°C에서 증발하며, 40°C에서 응축한다. 압축기의 등엔트로피 효율은 83%이다. 냉매는 압축기의 입구에서 5°C만큼 과열되며, 응축기 출구에서 5°C만큼 과냉된다. 다음을 구하라. (*a*) 냉동 공간에서 제거된 열 및 입력동력(kJ/kg), COP, (*b*) 동일한 증발 및 응축 온도들 사이에서 이상 증기압축식 냉동 사이클이 작동하는 경우, 같은 값들을 구하라.

실제 작동 시 R-22의 상태량: h_1 = 402.49 kJ/kg, h_2 = 454.00 kJ/kg, h_3 = 243.19 kJ/kg. 이상적 작동 시 R-22의 상태량: h_1 = 399.04 kJ/kg, h_2 = 440.71 kJ/kg, h_3 = 249.80 kJ/kg. (상태 1: 압축기 입구, 상태 2: 압축기 출구, 상태 3: 응축기 출구, 상태 4: 증발기 입구)

열펌프 장치

9-157C 열펌프 시스템이 뉴욕과 마이애미 중 어느 지역에 더 경제적일지 설명하라.

9-158C 물 열원 열펌프(water-source heat pump)가 무엇인지 설명하라. 물 열원 열펌프의 COP가 공기열원 열펌프(air-source heat pump)의 COP와 비교했을 때의 차이점은 무엇인가?

9-159 R-134a를 냉매로 사용하며 이상 증기압축식 냉동 사이클로 작동하는 열펌프가 있다. 응축기는 1000 kPa에서 작동하며 증발기는 200 kPa이다. 이 시스템의 COP를 구하고 압축기가 6 kW를 소비할 때 증발기로의 열 공급률을 구하라.

9-160 R-134a가 주택용 열펌프의 응축기를 800 kPa, 50°C에서 0.022 kg/s로 들어가며, 750 kPa에서 3°C만큼 과냉되어 나간다. 냉매는 압축기를 200 kPa로 들어가며, 이때 4°C만큼 과열된 상태이다. 다음을 구하라. (*a*) 압축기의 등엔트로피 효율 (*b*) 난방 공간으로의 열 공급율 (*c*) 열펌프의 COP (*d*) 열펌프가 이상 증기압축식 냉동 사이클로 200 kPa과 800 kPa의 압력 한계 범위에서 작동하는 경우의 COP와 열공급률

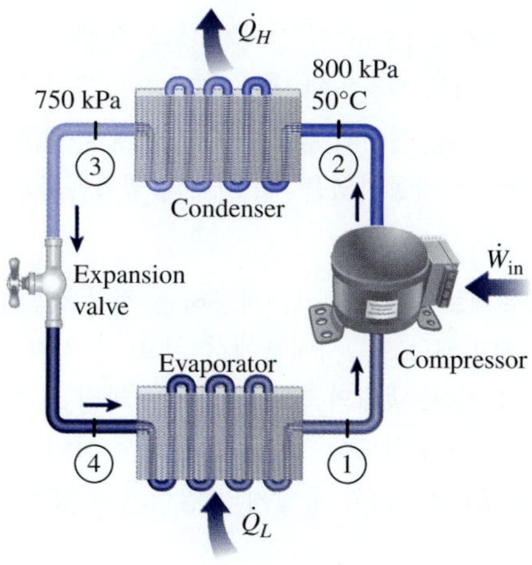

그림 P9-160

9-161E R-134a를 냉매로 사용하며 이상 증기압축식 냉동 사이클로 작동하는 열펌프가 50°F의 지중수를 열원으로 사용하여 집을 난방하고 75°F로 유지하는 데 사용된다. 집은 80,000 Btu/h의 열손실률을 가진다. 증발기와 응축기의 압력은 각각 50과 120 psia이다. 열펌프로의 입력 동력과 저항 히터 대신에 열펌프를 사용함으로써 줄일 수 있는 전기 동력을 구하라. *답:* 3.28 hp, 28.2 hp

9-162 R-134a를 냉매로 사용하며 이상 증기압축식 냉동 사이클로 작동하는 열펌프가 8°C의 지중수를 열원으로 사용하여 집을 난방한다. 집은 60,000 kJ/h의 열손실률을 가진다. 냉매는 압축기를 280 kPa, 0°C로 들어가고 1 MPa, 60°C로 나온다. 냉매는 응축기를 30°C로 빠져나온다. 다음 항목들을 결정하라. (*a*) 열펌프로의 입력 동력, (*b*) 물로부터의 열흡수율, (*c*) 만약 열펌프 대신에 전기저항 가열기가 사용될 경우 전기 입력 동력의 증가. *답:* (*a*) 3.55 kW, (*b*) 13.12 kW, (*c*) 13.12 kW

9-163 문제 9-162를 다시 고려하라. 적절한 소프트웨어를 사용하여 압축기 등엔트로피 효율이 60%에서 100% 범위에 걸쳐 변화할 때의 영향을 조사하라. 압축기 입력 동력과 전기 저항 가열기 대신 열펌프를 사용해서 얻게된 전기 동력을 압축기 효율의 함수로 그래프 형태로 도시하고 그 결과에 대해 토의하라.

복습문제

9-164 0.003 kg의 공기로 밀폐계에서 수행되며, 가변 비열을 가지는 공기표준 사이클이 다음과 같은 세 과정으로 구성된다.

1-2 100 kPa, 27°C에서 700 kPa 까지 등엔트로피 압축
2-3 *P* = 최초 비체적으로의 정압 가열
3-1 υ = 최초 상태로의 정적 방열

(*a*) 사이클을 *P*-υ 선도와 *T*-*s* 선도로 나타내라.
(*b*) 사이클의 최고 온도를 구하라.
(*c*) 열효율을 구하라.

답: (*b*) 2100 K, (*c*) 15.8%

9-165 실온에서 일정한 비열을 사용해서 문제 9-164를 다시 풀어라.

9-166 밀폐계에서 0.0025 kg의 공기를 작동 유체로 사용하는 카르노 사이클이 수행된다. 사이클의 효율은 60%이고 최저 온도는 300 K이다. 등엔트로피 팽창과정의 초기 압력은 700 kPa이고, 등엔트로피 압축과정의 최종 상태는 1 MPa이다. 사이클당 정미 출력 일을 구하라.

9-167 압축비가 8인 오토 사이클이 94 kPa, 10°C에서 압축을 시작한다. 사이클의 최대 온도는 900°C이다. 공기표준 가정을 사용하여, (*a*) 실온에서의 일정 비열을 사용할 때와 (*b*) 변수 비열을

사용할 때 각각 사이클의 열효율을 구하라. 답: (a) 56.5%, (b) 53.7%

9-168 압축비가 22인 디젤 사이클이 85 kPa, 15°C에서 압축을 시작한다. 사이클의 최대 온도는 1200°C이다. 공기표준 가정을 사용하여, (a) 실온에서의 일정 비열을 사용할 때와 (b) 변수 비열을 사용할 때 각각 사이클의 열효율을 구하라.

9-169 공기를 작동유체로 사용하고 이상 디젤 사이클로 작동하는 기관을 고려하자. 압축과정 초기의 실린더 체적은 1200 cm^3, 최종 압축과정 체적은 75 cm^3, 이후 가열과정 이후에는 150 cm^3이다. 압축과정 초기 공기의 상태는 17°C, 100 kPa이다. (a) 방열과정 초기 압력, (b) 사이클당 정미 일(kJ), (c) 평균유효압력을 구하라.

9-170 아르곤을 작동유체로 사용하는 경우 문제 9-169를 다시 풀어라.

9-171 4기통, 4행정 불꽃점화 기관이 압축비 11, 총 배기량 1.8 L인 이상 오토 사이클로 작동한다. 압축과정 초기 공기의 상태는 90 kPa, 50°C이다. 각각의 실린더에 사이클당 0.5 kJ의 열이 입력된다. (a) 사이클이 진행되는 동안 발생하는 최대 열과 압력, (b) 사이클당 각각의 실린더의 정미 일, (c) 평균유효압력, (d) 3000 rpm으로 회전하는 기관의 출력을 구하라. c_v = 0.821 kJ/kgK, c_p = 1.108 kJ/kg·K, k = 1.35를 사용하라.

9-172 일반적인 탄화수소 연료는 불꽃점화 기관에 사용될 때 43,000 kJ/kg의 열을 발생시킨다. 1 kJ의 일을 발생시키기 위하여 0.039 g의 연료를 사용하는 이상 오토 사이클에 대해 필요한 압축비를 구하라. 답: 9.66

9-173E 압축비가 14인 이상 복합 사이클이 공기를 작동유체로 사용한다. 압축과정 초기에 공기는 14.7 psia, 120°F이고, 공기의 체적은 98 in^3이다. 가열과정 동안 정적상태에서 0.6 Btu의 열이 공기로 전달되고, 정압상태에서 1.1 Btu의 열이 공기로 전달된다. 실온에서의 일정한 비열을 사용할 때, 이 사이클의 열효율을 구하라.

9-174 온도 한계 300 K와 1250 K 사이에서 작동하는 단순 이상 브레이튼 사이클에 실온에서의 일정한 비열을 적용하여 압축기와 터빈 출구의 공기온도가 서로 같을 때 압력비를 구하라.

9-175 재생 브레이튼 사이클이 작동유체로 헬륨을 사용한다. 사이클의 압축비는 8, 압축기 입구 온도는 300 K, 터빈 입구 온도는 1800 K이다. 재생기의 유용도는 75%이다. 정미 출력이 60 MW이며, 압축기와 터빈의 등엔트로피 효율이 모두 (a) 100%일 때, (b) 80%일 때 헬륨의 필요 질량 유량을 구하라.

9-176 4000 kPa의 급수가 200°C에서 245°C까지 6 kg/s의 율로 재생 랭킨 사이클의 밀폐형 급수 가열기에서 가열되고 있다. 추출 증기가 3000 kPa, 건도 90%로 이 장치에 공급되고 포화액 상태로 빠져나간다. 요구되는 추출 증기의 율을 계산하라.

9-177 증기가 단순 이상 랭킨 사이클로 작동하는 증기 원동소의 터빈을 6 MPa의 압력으로 들어가고 7.5 kPa의 포화증기 상태로 빠져나온다. 열은 40,000 kJ/s의 비율로 보일러 내의 스팀으로 공급된다. 가까운 강으로부터 공급된 냉각수가 15°C로 응축기로 들어가면서 스팀은 응축기에서 냉각된다. 포화곡선과 함께 사이클을 *T-s* 선도 상에 나타내고 다음 항목들을 결정하라. (a) 터빈 입구 온도, (b) 정미 출력 동력과 열효율, (c) 요구되는 냉각수의 최소 질량 유량

9-178 재열 이상 랭킨 사이클로 작동하는 증기 원동소를 고려하자. 작동압력은 30 MPa과 10 kPa이며 최대 사이클 온도는 700°C이고 터빈 출구에서의 수분 함량은 5%이다. 재열온도 700°C에서 다음 두 가지 경우에 대해 사이클의 재열 압력을 결정하라. (a) 단일 재열 (b) 이중 재열

9-179 2단 재열을 하는 이상 랭킨 사이클로 작동하는 증기원동소가 75 MW의 정미 출력 동력을 생산한다. 증기는 각 터빈의 입구에 모두 550°C로 들어온다. 이 사이클의 최고 압력은 10 MPa이고, 최저 압력은 30 kPa이다. 증기는 4 MPa에서 처음 재열되고, 2 MPa에서 두 번째로 가열된다. 이 사이클을 포화곡선과 함께 *T-s* 선도에 나타내고, (a) 사이클의 열효율, (b) 증기의 질량유량을 결정하라. 답: (a) 40.5%, (b) 48.5 kg/s

9-180 바닥 면적이 15 m^2인 실내가 냉각 용량이 5000 Btu/h인 창문형 공기조화기로 적절하게 냉각되고 있다. 공기조화기의 COP를 3.5로 가정할 때, 실내의 온도를 일정하게 유지하도록 공기조화기가 연속적으로 작동하였을 때, 실내의 열획득률을 Btu/h의 단위로 구하라.

9-181 작동유체로서 R-134a를 사용하는 정상유동의 카르노 냉동 사이클을 고려해 보자. 사이클에서 최고 및 최저 온도는 각각 30°C 및 −20°C이다. 냉매의 건도는 열흡수 과정 초기에 0.15이고 말기에 0.80이다. *T-s* 선도에 포화곡선과 함께 사이클을 나타내고, (a) 성능계수, (b) 응축기와 증발기의 압력, (c) 정미 입력일을 구하라.

9-182 어떤 얼음공장이 R-134a를 이용한 이상 증기압축식 냉동 사이클을 활용해서 운영되고 있다. 이 냉동 사이클의 작동환경은 140 kPa의 증발기 압력과 1200 kPa의 응축기 압력을 요구한다. 응축기를 감싸는 워터자켓(water jacket)을 통해 흐르는 냉각수는

200 kg/s의 율로 공급된다. 냉각수는 워터자켓을 통과하는 동안 10°C만큼 온도가 상승한다. 얼음을 제조하기 위해서 냉동 사이클의 냉동부에 음용수가 공급된다. 얼음 1 kg을 만들기 위해 333 kJ의 에너지가 음용수에서 제거되어야 한다.

(*a*) 세 가지 작동유체를 포함한 이 냉매−얼음 생산 시스템의 모든 장치의 구성의 개요도를 그리고 이 냉각사이클에 대한 *T-s* 선도를 도시하라.

(*b*) 냉매의 질량유량을 kg/s 단위로 구하라.

(*c*) 공급되는 음용수의 질량유량을 kg/s 단위로 구하라.

9-183 냉매-134a를 사용해 이상 증기압축 사이클로 작동하는 열펌프가 집을 난방하기 위해 사용된다. 냉매의 질량 유량은 0.25 kg/s이다. 응축기와 증발기의 압력은 각각 1400과 320 kPa이다. 사이클을 *T-s* 선도 상에 포화곡선과 함께 표시하고 다음을 결정하라. (*a*) 집으로의 열공급률 (*b*) 압축기 입구에서의 냉매의 체적 유량 (*c*) 열펌프의 성능계수

9-184 큰 냉동 공장이 −15°C로 유지되는 데 100 kW 비율의 냉동을 요구한다. 공장의 응축기는 액체상태의 물로 냉각되는데 물이 응축기를 거쳐 흐르면서 8°C의 온도 상승이 발생한다. 공장이 냉매-134a를 사용하여 압력 120과 700 kPa 사이에서 이상 증기압축 사이클로 작동한다고 가정할 때 다음을 구하라. (*a*) 냉매의 질량 유량 (*b*) 압축기의 입력 동력 (*c*) 냉각수의 질량 유량

9-185 문제 9-184를 다시 고려하라. 적절한 소프트웨어를 사용하여 증발기 압력이 COP에 미치는 영향을 조사하라. 증발기 압력은 120에서 380 kPa 범위에서 변화한다. COP와 입력 동력을 증발기 압력의 함수로 그래프 형태로 도시하고 그 결과에 대해 토의하라.

설계 및 논술 문제

9-186 불꽃점화 기관으로 들어간 연료는 부분적으로 기관에 의해 발생된 동력을 제어하는 데 사용된다. 불꽃점화 기관에서 공기와 함께 연소할 때 가솔린은 약 42,000 kJ/kg의 열을 발생한다. 압축비 8인 오토 사이클에 대해 동력 발생에 따른 가솔린 소비량과 최대 사이클 온도에 대한 표를 만들어라.

9-187 압력이 높아질수록 추가의 금속이 기관을 강하게 하기 위하여 금속이 추가 사용되어야 하므로 디젤기관의 무게는 압축비에 직접적으로 비례한다($W = kr$). 투입열량은 고정되고 압력비가 변함에 따라 단위 무게당 디젤기관에 의해 발생된 정미 일을 점검하라. 몇 가지 투입열량과 비례상수 k에 대하여 이것을 점검하라. 최적의 k와 투입열량의 조합이 존재하는가?

9-188 환경에 대한 우려에 대응하여, 일부 주요 자동차 제조업체들은 현재 전기 자동차를 마케팅 하고 있다. 전기차의 장점과 단점에 대한 에세이를 쓰고 언제 전통적인 내연 자동차 대신 전기차를 사는 것이 권장되는지에 대해 토의하라.

9-189 엔진 블록을 냉각할 필요가 없는 단열 엔진을 개발하기 위한 강도 높은 연구가 진행 중이다. 이런 엔진들은 고온에 견딜 수 있는 재료인 세라믹에 기반을 두고 있다. 단열 엔진 개발의 현재 상태에 대한 에세이를 써라. 또한 이러한 엔진으로 가능한 최고의 효율성을 결정하고 현재 엔진들의 가장 높은 효율과 비교하라.

9-190 단순 브레이튼 사이클로부터 나온 배기가스는 상당히 뜨겁고 다른 열적 목적으로 사용될 수 있다. 하나의 제안된 용도는 보일러에서 30°C의 물로부터 110°C의 포화증기를 발생시키는 것이다. 이 증기는 공간 난방용으로 대학컴퍼스에 있는 몇몇 빌딩으로 분배될 것이다. 압력비가 6인 브레이튼 사이클이 이 목적을 위해 사용된다. 사이클에 가해지는 열량의 함수로 발생출력, 발생증기의 유량, 그리고 최대 사이클 온도를 구하라. 터빈 입구의 온도는 2000°C를 넘지 않는다.

9-191 모든 터빈이 85%의 등엔트로피의 효율을, 모든 펌프는 60%의 등엔트로피의 효율을 가지는 조건하에서 최소한 40%의 열효율을 가지는 증기 동력 사이클을 설계하라. 자신의 설계를 설명해 주는 공학적인 설계 보고서를 작성하라. 설계 보고서는 다음 항목만으로 제한되지는 않지만 최소한 다음 항목을 반드시 포함해야 한다.

(*a*) 목표에 부합하기 위한 다양한 사이클에 대한 토의뿐만 아니라, 자신의 설계에 대한 장단점에 대한 검토

(*b*) 설계에 대한 시스템 그림과 각 상태 번호와 온도, 압력, 엔탈피, 엔트로피의 정보 등이 표시된 *T-s* 선도

(*c*) 예시 계산

9-192 몇 개의 지열 발전소가 미국에서 운영되고 있다. 지열 발전소의 열원은 "무료 에너지"인 지중 열수이다. 160°C의 지중 열수를 활용할 수 있는 지역에서 8 MW 용량의 지열 발전소가 고려되고 있다. 지중 열수는 작동유체로 냉매 134a를 사용하는 닫힌 랭킨 동력사이클의 열원으로 사용된다. 그 사이클에 적합한 온도와 압력을 결정하고 사이클의 열효율을 구하라. 그러한 선택에 대한 정당성을 설명하라.

9-193 당신의 전력회사에 연락해서 가장 최근에 지어진 발전소의 열역학적인 측면에 대한 정보를 구하라. 만약 그 발전소가 기존 방식이라면 왜 그것이 높은 효율성을 갖는 복합 발전소에 대비해서 선택되었는지 이유를 찾으라.

9-194 한 회사가 냉동능력 200 RT (1 RT = 211 kJ/ min)인 냉동시스템을 보유하고 있다. 다음 조건에서 지름이 7 cm를 초과하지 않는 과일들을 대상으로 하는 강제 공기 냉각 장치를 설계하려 한다. 과일은 28°C에서 평균온도 8°C로 냉각되어야 한다. 그리고 과일을 지나는 공기의 온도는 −2°~10°C, 속도는 2 m/s 이하로 유지되어야 한다. 냉각부의 크기는 폭 3.5 m 정도의 너비와 2 m 정도의 높이가 되어야 한다. 평균적인 과일의 밀도, 비열 및 기공률(상자 속에서 공기의 체적 분율) 등에 적절한 값을 가정하여 다음 사항에 대한 적절한 값을 추천하라. (*a*) 냉각부로 부는 공기 속도, (*b*) 시스템의 과일 냉각 용량(단위: kg·fruit/h), (*c*) 공기의 체적유량

APPENDIX 1

PROPERTY TABLES AND CHARTS (SI UNITS)

TABLE A–1

Molar mass, gas constant, and critical-point properties

Substance	Formula	Molar mass, M kg/kmol	Gas constant, R kJ/kg·K*	Critical-point properties Temperature, K	Pressure, MPa	Volume, m^3/kmol
Air	—	28.97	0.2870	132.5	3.77	0.0883
Ammonia	NH_3	17.03	0.4882	405.5	11.28	0.0724
Argon	Ar	39.948	0.2081	151	4.86	0.0749
Benzene	C_6H_6	78.115	0.1064	562	4.92	0.2603
Bromine	Br_2	159.808	0.0520	584	10.34	0.1355
n-Butane	C_4H_{10}	58.124	0.1430	425.2	3.80	0.2547
Carbon dioxide	CO_2	44.01	0.1889	304.2	7.39	0.0943
Carbon monoxide	CO	28.011	0.2968	133	3.50	0.0930
Carbon tetrachloride	CCl_4	153.82	0.05405	556.4	4.56	0.2759
Chlorine	Cl_2	70.906	0.1173	417	7.71	0.1242
Chloroform	$CHCl_3$	119.38	0.06964	536.6	5.47	0.2403
Dichlorodifluoromethane (R–12)	CCl_2F_2	120.91	0.06876	384.7	4.01	0.2179
Dichlorofluoromethane (R–21)	$CHCl_2F$	102.92	0.08078	451.7	5.17	0.1973
Ethane	C_2H_6	30.070	0.2765	305.5	4.48	0.1480
Ethyl alcohol	C_2H_5OH	46.07	0.1805	516	6.38	0.1673
Ethylene	C_2H_4	28.054	0.2964	282.4	5.12	0.1242
Helium	He	4.003	2.0769	5.3	0.23	0.0578
n-Hexane	C_6H_{14}	86.179	0.09647	507.9	3.03	0.3677
Hydrogen (normal)	H_2	2.016	4.1240	33.3	1.30	0.0649
Krypton	Kr	83.80	0.09921	209.4	5.50	0.0924
Methane	CH_4	16.043	0.5182	191.1	4.64	0.0993
Methyl alcohol	CH_3OH	32.042	0.2595	513.2	7.95	0.1180
Methyl chloride	CH_3Cl	50.488	0.1647	416.3	6.68	0.1430
Neon	Ne	20.183	0.4119	44.5	2.73	0.0417
Nitrogen	N_2	28.013	0.2968	126.2	3.39	0.0899
Nitrous oxide	N_2O	44.013	0.1889	309.7	7.27	0.0961
Oxygen	O_2	31.999	0.2598	154.8	5.08	0.0780
Propane	C_3H_8	44.097	0.1885	370	4.26	0.1998
Propylene	C_3H_6	42.081	0.1976	365	4.62	0.1810
Sulfur dioxide	SO_2	64.063	0.1298	430.7	7.88	0.1217
Tetrafluoroethane (R–134a)	CF_3CH_2F	102.03	0.08149	374.2	4.059	0.1993
Trichlorofluoromethane (R–11)	CCl_3F	137.37	0.06052	471.2	4.38	0.2478
Water	H_2O	18.015	0.4615	647.1	22.06	0.0560
Xenon	Xe	131.30	0.06332	289.8	5.88	0.1186

*The unit kJ/kg·K is equivalent to kPa·m^3/kg·K. The gas constant is calculated from $R = R_u/M$, where R_u = 8.31447 kJ/kmol·K and M is the molar mass.

Source of Data: K. A. Kobe and R. E. Lynn, Jr., *Chemical Review* 52 (1953), pp. 117–236; and ASHRAE, *Handbook of Fundamentals* (Atlanta, GA: American Society of Heating, Refrigerating and Air-Conditioning Engineers, Inc., 1993), pp. 16.4 and 36.1.

TABLE A–2

Ideal-gas specific heats of various common gases

(*a*) At 300 K

Gas	Formula	Gas constant, R kJ/kg·K	c_p kJ/kg·K	c_v kJ/kg·K	k
Air	—	0.2870	1.005	0.718	1.400
Argon	Ar	0.2081	0.5203	0.3122	1.667
Butane	C_4H_{10}	0.1433	1.7164	1.5734	1.091
Carbon dioxide	CO_2	0.1889	0.846	0.657	1.289
Carbon monoxide	CO	0.2968	1.040	0.744	1.400
Ethane	C_2H_6	0.2765	1.7662	1.4897	1.186
Ethylene	C_2H_4	0.2964	1.5482	1.2518	1.237
Helium	He	2.0769	5.1926	3.1156	1.667
Hydrogen	H_2	4.1240	14.307	10.183	1.405
Methane	CH_4	0.5182	2.2537	1.7354	1.299
Neon	Ne	0.4119	1.0299	0.6179	1.667
Nitrogen	N_2	0.2968	1.039	0.743	1.400
Octane	C_8H_{18}	0.0729	1.7113	1.6385	1.044
Oxygen	O_2	0.2598	0.918	0.658	1.395
Propane	C_3H_8	0.1885	1.6794	1.4909	1.126
Steam	H_2O	0.4615	1.8723	1.4108	1.327

Note: The unit kJ/kg·K is equivalent to kJ/kg·°C.

Source of Data: B. G. Kyle, *Chemical and Process Thermodynamics,* 3rd ed. (Upper Saddle River, NJ: Prentice Hall, 2000).

TABLE A–2

Ideal-gas specific heats of various common gases (*Continued*)

(*b*) At various temperatures

Temperature, K	c_p kJ/kg·K	c_v kJ/kg·K	k	c_p kJ/kg·K	c_v kJ/kg·K	k	c_p kJ/kg·K	c_v kJ/kg·K	k
	Air			*Carbon dioxide, CO_2*			*Carbon monoxide, CO*		
250	1.003	0.716	1.401	0.791	0.602	1.314	1.039	0.743	1.400
300	1.005	0.718	1.400	0.846	0.657	1.288	1.040	0.744	1.399
350	1.008	0.721	1.398	0.895	0.706	1.268	1.043	0.746	1.398
400	1.013	0.726	1.395	0.939	0.750	1.252	1.047	0.751	1.395
450	1.020	0.733	1.391	0.978	0.790	1.239	1.054	0.757	1.392
500	1.029	0.742	1.387	1.014	0.825	1.229	1.063	0.767	1.387
550	1.040	0.753	1.381	1.046	0.857	1.220	1.075	0.778	1.382
600	1.051	0.764	1.376	1.075	0.886	1.213	1.087	0.790	1.376
650	1.063	0.776	1.370	1.102	0.913	1.207	1.100	0.803	1.370
700	1.075	0.788	1.364	1.126	0.937	1.202	1.113	0.816	1.364
750	1.087	0.800	1.359	1.148	0.959	1.197	1.126	0.829	1.358
800	1.099	0.812	1.354	1.169	0.980	1.193	1.139	0.842	1.353
900	1.121	0.834	1.344	1.204	1.015	1.186	1.163	0.866	1.343
1000	1.142	0.855	1.336	1.234	1.045	1.181	1.185	0.888	1.335
	Hydrogen, H_2			*Nitrogen, N_2*			*Oxygen, O_2*		
250	14.051	9.927	1.416	1.039	0.742	1.400	0.913	0.653	1.398
300	14.307	10.183	1.405	1.039	0.743	1.400	0.918	0.658	1.395
350	14.427	10.302	1.400	1.041	0.744	1.399	0.928	0.668	1.389
400	14.476	10.352	1.398	1.044	0.747	1.397	0.941	0.681	1.382
450	14.501	10.377	1.398	1.049	0.752	1.395	0.956	0.696	1.373
500	14.513	10.389	1.397	1.056	0.759	1.391	0.972	0.712	1.365
550	14.530	10.405	1.396	1.065	0.768	1.387	0.988	0.728	1.358
600	14.546	10.422	1.396	1.075	0.778	1.382	1.003	0.743	1.350
650	14.571	10.447	1.395	1.086	0.789	1.376	1.017	0.758	1.343
700	14.604	10.480	1.394	1.098	0.801	1.371	1.031	0.771	1.337
750	14.645	10.521	1.392	1.110	0.813	1.365	1.043	0.783	1.332
800	14.695	10.570	1.390	1.121	0.825	1.360	1.054	0.794	1.327
900	14.822	10.698	1.385	1.145	0.849	1.349	1.074	0.814	1.319
1000	14.983	10.859	1.380	1.167	0.870	1.341	1.090	0.830	1.313

Source of Data: Kenneth Wark, *Thermodynamics,* 4th ed. (New York: McGraw-Hill, 1983), p. 783, Table A–4M. Originally published in *Tables of Thermal Properties of Gases,* NBS Circular 564, 1955.

TABLE A–2

Ideal-gas specific heats of various common gases (*Concluded*)

(*c*) As a function of temperature

$$\bar{c}_p = a + bT + cT^2 + dT^3$$
$$(T \text{ in K, } c_p \text{ in kJ/kmol·K})$$

Substance	Formula	*a*	*b*	*c*	*d*	Temperature range, K	% error Max.	% error Avg.
Nitrogen	N_2	28.90	-0.1571×10^{-2}	0.8081×10^{-5}	-2.873×10^{-9}	273–1800	0.59	0.34
Oxygen	O_2	25.48	1.520×10^{-2}	-0.7155×10^{-5}	1.312×10^{-9}	273–1800	1.19	0.28
Air	—	28.11	0.1967×10^{-2}	0.4802×10^{-5}	-1.966×10^{-9}	273–1800	0.72	0.33
Hydrogen	H_2	29.11	-0.1916×10^{-2}	0.4003×10^{-5}	-0.8704×10^{-9}	273–1800	1.01	0.26
Carbon monoxide	CO	28.16	0.1675×10^{-2}	0.5372×10^{-5}	-2.222×10^{-9}	273–1800	0.89	0.37
Carbon dioxide	CO_2	22.26	5.981×10^{-2}	-3.501×10^{-5}	7.469×10^{-9}	273–1800	0.67	0.22
Water vapor	H_2O	32.24	0.1923×10^{-2}	1.055×10^{-5}	-3.595×10^{-9}	273–1800	0.53	0.24
Nitric oxide	NO	29.34	-0.09395×10^{-2}	0.9747×10^{-5}	-4.187×10^{-9}	273–1500	0.97	0.36
Nitrous oxide	N_2O	24.11	5.8632×10^{-2}	-3.562×10^{-5}	10.58×10^{-9}	273–1500	0.59	0.26
Nitrogen dioxide	NO_2	22.9	5.715×10^{-2}	-3.52×10^{-5}	7.87×10^{-9}	273–1500	0.46	0.18
Ammonia	NH_3	27.568	2.5630×10^{-2}	0.99072×10^{-5}	-6.6909×10^{-9}	273–1500	0.91	0.36
Sulfur	S	27.21	2.218×10^{-2}	-1.628×10^{-5}	3.986×10^{-9}	273–1800	0.99	0.38
Sulfur dioxide	SO_2	25.78	5.795×10^{-2}	-3.812×10^{-5}	8.612×10^{-9}	273–1800	0.45	0.24
Sulfur trioxide	SO_3	16.40	14.58×10^{-2}	-11.20×10^{-5}	32.42×10^{-9}	273–1300	0.29	0.13
Acetylene	C_2H_2	21.8	9.2143×10^{-2}	-6.527×10^{-5}	18.21×10^{-9}	273–1500	1.46	0.59
Benzene	C_6H_6	−36.22	48.475×10^{-2}	-31.57×10^{-5}	77.62×10^{-9}	273–1500	0.34	0.20
Methanol	CH_4O	19.0	9.152×10^{-2}	-1.22×10^{-5}	-8.039×10^{-9}	273–1000	0.18	0.08
Ethanol	C_2H_6O	19.9	20.96×10^{-2}	-10.38×10^{-5}	20.05×10^{-9}	273–1500	0.40	0.22
Hydrogen chloride	HCl	30.33	-0.7620×10^{-2}	1.327×10^{-5}	-4.338×10^{-9}	273–1500	0.22	0.08
Methane	CH_4	19.89	5.024×10^{-2}	1.269×10^{-5}	-11.01×10^{-9}	273–1500	1.33	0.57
Ethane	C_2H_6	6.900	17.27×10^{-2}	-6.406×10^{-5}	7.285×10^{-9}	273–1500	0.83	0.28
Propane	C_3H_8	−4.04	30.48×10^{-2}	-15.72×10^{-5}	31.74×10^{-9}	273–1500	0.40	0.12
n-Butane	C_4H_{10}	3.96	37.15×10^{-2}	-18.34×10^{-5}	35.00×10^{-9}	273–1500	0.54	0.24
i-Butane	C_4H_{10}	−7.913	41.60×10^{-2}	-23.01×10^{-5}	49.91×10^{-9}	273–1500	0.25	0.13
n-Pentane	C_5H_{12}	6.774	45.43×10^{-2}	-22.46×10^{-5}	42.29×10^{-9}	273–1500	0.56	0.21
n-Hexane	C_6H_{14}	6.938	55.22×10^{-2}	-28.65×10^{-5}	57.69×10^{-9}	273–1500	0.72	0.20
Ethylene	C_2H_4	3.95	15.64×10^{-2}	-8.344×10^{-5}	17.67×10^{-9}	273–1500	0.54	0.13
Propylene	C_3H_6	3.15	23.83×10^{-2}	-12.18×10^{-5}	24.62×10^{-9}	273–1500	0.73	0.17

Source of Data: B. G. Kyle, *Chemical and Process Thermodynamics* (Englewood Cliffs, NJ: Prentice–Hall, 1984).

TABLE A–3

Properties of common liquids, solids, and foods

(*a*) Liquids

	Boiling data at 1 atm		*Freezing data*		*Liquid properties*		
Substance	Normal boiling point, °C	Latent heat of vaporization h_{fg}, kJ/kg	Freezing point, °C	Latent heat of fusion h_{if}, kJ/kg	Temperature, °C	Density ρ, kg/m³	Specific heat c_p, kJ/kg·K
Ammonia	−33.3	1357	−77.7	322.4	−33.3	682	4.43
					−20	665	4.52
					0	639	4.60
					25	602	4.80
Argon	−185.9	161.6	−189.3	28	−185.6	1394	1.14
Benzene	80.2	394	5.5	126	20	879	1.72
Brine (20% sodium chloride by mass)	103.9	—	−17.4	—	20	1150	3.11
n-Butane	−0.5	385.2	−138.5	80.3	−0.5	601	2.31
Carbon dioxide	−78.4*	230.5 (at 0°C)	−56.6		0	298	0.59
Ethanol	78.2	838.3	−114.2	109	25	783	2.46
Ethyl alcohol	78.6	855	−156	108	20	789	2.84
Ethylene glycol	198.1	800.1	−10.8	181.1	20	1109	2.84
Glycerine	179.9	974	18.9	200.6	20	1261	2.32
Helium	−268.9	22.8	—	—	−268.9	146.2	22.8
Hydrogen	−252.8	445.7	−259.2	59.5	−252.8	70.7	10.0
Isobutane	−11.7	367.1	−160	105.7	−11.7	593.8	2.28
Kerosene	204–293	251	−24.9	—	20	820	2.00
Mercury	356.7	294.7	−38.9	11.4	25	13,560	0.139
Methane	−161.5	510.4	−182.2	58.4	−161.5	423	3.49
					−100	301	5.79
Methanol	64.5	1100	−97.7	99.2	25	787	2.55
Nitrogen	−195.8	198.6	−210	25.3	−195.8	809	2.06
					−160	596	2.97
Octane	124.8	306.3	−57.5	180.7	20	703	2.10
Oil (light)					25	910	1.80
Oxygen	−183	212.7	−218.8	13.7	−183	1141	1.71
Petroleum	—	230–384			20	640	2.0
Propane	−42.1	427.8	−187.7	80.0	−42.1	581	2.25
					0	529	2.53
					50	449	3.13
Refrigerant-134a	−26.1	217.0	−96.6	—	−50	1443	1.23
					−26.1	1374	1.27
					0	1295	1.34
					25	1207	1.43
Water	100	2257	0.0	333.7	0	1000	4.22
					25	997	4.18
					50	988	4.18
					75	975	4.19
					100	958	4.22

*Sublimation temperature. (At pressures below the triple-point pressure of 518 kPa, carbon dioxide exists as a solid or gas. Also, the freezing-point temperature of carbon dioxide is the triple-point temperature of −56.5°C.)

TABLE A–3

Properties of common liquids, solids, and foods (*Concluded*)

(*b*) Solids (values are for room temperature unless indicated otherwise)

Substance	Density, ρ kg/m^3	Specific heat, c_p kJ/kg·K	Substance	Density, ρ kg/m^3	Specific heat, c_p kJ/kg·K
Metals			Nonmetals		
Aluminum			Asphalt	2110	0.920
200 K		0.797	Brick, common	1922	0.79
250 K		0.859	Brick, fireclay (500°C)	2300	0.960
300 K	2,700	0.902	Concrete	2300	0.653
350 K		0.929	Clay	1000	0.920
400 K		0.949	Diamond	2420	0.616
450 K		0.973	Glass, window	2700	0.800
500 K		0.997	Glass, pyrex	2230	0.840
Bronze (76% Cu, 2% Zn, 2% Al)	8,280	0.400	Graphite	2500	0.711
			Granite	2700	1.017
Brass, yellow (65% Cu, 35% Zn)	8,310	0.400	Gypsum or plaster board	800	1.09
			Ice		
Copper			200 K		1.56
−173°C		0.254	220 K		1.71
−100°C		0.342	240 K		1.86
−50°C		0.367	260 K		2.01
0°C		0.381	273 K	921	2.11
27°C	8,900	0.386	Limestone	1650	0.909
100°C		0.393	Marble	2600	0.880
200°C		0.403	Plywood (Douglas Fir)	545	1.21
Iron	7,840	0.45	Rubber (soft)	1100	1.840
Lead	11,310	0.128	Rubber (hard)	1150	2.009
Magnesium	1,730	1.000	Sand	1520	0.800
Nickel	8,890	0.440	Stone	1500	0.800
Silver	10,470	0.235	Woods, hard (maple, oak, etc.)	721	1.26
Steel, mild	7,830	0.500	Woods, soft (fir, pine, etc.)	513	1.38
Tungsten	19,400	0.130			

(*c*) Foods

Food	Water content, % (mass)	Freezing point, °C	*Specific heat, kJ/kg·K* Above freezing	Below freezing	Latent heat of fusion, kJ/kg	Food	Water content, % (mass)	Freezing point, °C	*Specific heat, kJ/kg·K* Above freezing	Below freezing	Latent heat of fusion, kJ/kg
Apples	84	−1.1	3.65	1.90	281	Lettuce	95	−0.2	4.02	2.04	317
Bananas	75	−0.8	3.35	1.78	251	Milk, whole	88	−0.6	3.79	1.95	294
Beef round	67	—	3.08	1.68	224	Oranges	87	−0.8	3.75	1.94	291
Broccoli	90	−0.6	3.86	1.97	301	Potatoes	78	−0.6	3.45	1.82	261
Butter	16	—	—	1.04	53	Salmon fish	64	−2.2	2.98	1.65	214
Cheese, swiss	39	−10.0	2.15	1.33	130	Shrimp	83	−2.2	3.62	1.89	277
Cherries	80	−1.8	3.52	1.85	267	Spinach	93	−0.3	3.96	2.01	311
Chicken	74	−2.8	3.32	1.77	247	Strawberries	90	−0.8	3.86	1.97	301
Corn, sweet	74	−0.6	3.32	1.77	247	Tomatoes, ripe	94	−0.5	3.99	2.02	314
Eggs, whole	74	−0.6	3.32	1.77	247	Turkey	64	—	2.98	1.65	214
Ice cream	63	−5.6	2.95	1.63	210	Watermelon	93	−0.4	3.96	2.01	311

Source of Data: Values are obtained from various handbooks and other sources or are calculated. Water content and freezing-point data of foods are from *ASHRAE, Handbook of Fundamentals,* SI version (Atlanta, GA: American Society of Heating, Refrigerating and Air-Conditioning Engineers, Inc., 1993), Chapter 30, Table1. Freezing point is the temperature at which freezing starts for fruits and vegetables, and the average freezing temperature for other foods.

TABLE A–4

Saturated water—Temperature table

		Specific volume, m^3/kg		Internal energy, kJ/kg			Enthalpy, kJ/kg			Entropy, kJ/kg·K		
Temp., T °C	Sat. press., P_{sat} kPa	Sat. liquid, v_f	Sat. vapor, v_g	Sat. liquid, u_f	Evap., u_{fg}	Sat. vapor, u_g	Sat. liquid, h_f	Evap., h_{fg}	Sat. vapor, h_g	Sat. liquid, s_f	Evap., s_{fg}	Sat. vapor, s_g
0.01	0.6117	0.001000	206.00	0.000	2374.9	2374.9	0.001	2500.9	2500.9	0.0000	9.1556	9.1556
5	0.8725	0.001000	147.03	21.019	2360.8	2381.8	21.020	2489.1	2510.1	0.0763	8.9487	9.0249
10	1.2281	0.001000	106.32	42.020	2346.6	2388.7	42.022	2477.2	2519.2	0.1511	8.7488	8.8999
15	1.7057	0.001001	77.885	62.980	2332.5	2395.5	62.982	2465.4	2528.3	0.2245	8.5559	8.7803
20	2.3392	0.001002	57.762	83.913	2318.4	2402.3	83.915	2453.5	2537.4	0.2965	8.3696	8.6661
25	3.1698	0.001003	43.340	104.83	2304.3	2409.1	104.83	2441.7	2546.5	0.3672	8.1895	8.5567
30	4.2469	0.001004	32.879	125.73	2290.2	2415.9	125.74	2429.8	2555.6	0.4368	8.0152	8.4520
35	5.6291	0.001006	25.205	146.63	2276.0	2422.7	146.64	2417.9	2564.6	0.5051	7.8466	8.3517
40	7.3851	0.001008	19.515	167.53	2261.9	2429.4	167.53	2406.0	2573.5	0.5724	7.6832	8.2556
45	9.5953	0.001010	15.251	188.43	2247.7	2436.1	188.44	2394.0	2582.4	0.6386	7.5247	8.1633
50	12.352	0.001012	12.026	209.33	2233.4	2442.7	209.34	2382.0	2591.3	0.7038	7.3710	8.0748
55	15.763	0.001015	9.5639	230.24	2219.1	2449.3	230.26	2369.8	2600.1	0.7680	7.2218	7.9898
60	19.947	0.001017	7.6670	251.16	2204.7	2455.9	251.18	2357.7	2608.8	0.8313	7.0769	7.9082
65	25.043	0.001020	6.1935	272.09	2190.3	2462.4	272.12	2345.4	2617.5	0.8937	6.9360	7.8296
70	31.202	0.001023	5.0396	293.04	2175.8	2468.9	293.07	2333.0	2626.1	0.9551	6.7989	7.7540
75	38.597	0.001026	4.1291	313.99	2161.3	2475.3	314.03	2320.6	2634.6	1.0158	6.6655	7.6812
80	47.416	0.001029	3.4053	334.97	2146.6	2481.6	335.02	2308.0	2643.0	1.0756	6.5355	7.6111
85	57.868	0.001032	2.8261	355.96	2131.9	2487.8	356.02	2295.3	2651.4	1.1346	6.4089	7.5435
90	70.183	0.001036	2.3593	376.97	2117.0	2494.0	377.04	2282.5	2659.6	1.1929	6.2853	7.4782
95	84.609	0.001040	1.9808	398.00	2102.0	2500.1	398.09	2269.6	2667.6	1.2504	6.1647	7.4151
100	101.42	0.001043	1.6720	419.06	2087.0	2506.0	419.17	2256.4	2675.6	1.3072	6.0470	7.3542
105	120.90	0.001047	1.4186	440.15	2071.8	2511.9	440.28	2243.1	2683.4	1.3634	5.9319	7.2952
110	143.38	0.001052	1.2094	461.27	2056.4	2517.7	461.42	2229.7	2691.1	1.4188	5.8193	7.2382
115	169.18	0.001056	1.0360	482.42	2040.9	2523.3	482.59	2216.0	2698.6	1.4737	5.7092	7.1829
120	198.67	0.001060	0.89133	503.60	2025.3	2528.9	503.81	2202.1	2706.0	1.5279	5.6013	7.1292
125	232.23	0.001065	0.77012	524.83	2009.5	2534.3	525.07	2188.1	2713.1	1.5816	5.4956	7.0771
130	270.28	0.001070	0.66808	546.10	1993.4	2539.5	546.38	2173.7	2720.1	1.6346	5.3919	7.0265
135	313.22	0.001075	0.58179	567.41	1977.3	2544.7	567.75	2159.1	2726.9	1.6872	5.2901	6.9773
140	361.53	0.001080	0.50850	588.77	1960.9	2549.6	589.16	2144.3	2733.5	1.7392	5.1901	6.9294
145	415.68	0.001085	0.44600	610.19	1944.2	2554.4	610.64	2129.2	2739.8	1.7908	5.0919	6.8827
150	476.16	0.001091	0.39248	631.66	1927.4	2559.1	632.18	2113.8	2745.9	1.8418	4.9953	6.8371
155	543.49	0.001096	0.34648	653.19	1910.3	2563.5	653.79	2098.0	2751.8	1.8924	4.9002	6.7927
160	618.23	0.001102	0.30680	674.79	1893.0	2567.8	675.47	2082.0	2757.5	1.9426	4.8066	6.7492
165	700.93	0.001108	0.27244	696.46	1875.4	2571.9	697.24	2065.6	2762.8	1.9923	4.7143	6.7067
170	792.18	0.001114	0.24260	718.20	1857.5	2575.7	719.08	2048.8	2767.9	2.0417	4.6233	6.6650
175	892.60	0.001121	0.21659	740.02	1839.4	2579.4	741.02	2031.7	2772.7	2.0906	4.5335	6.6242
180	1002.8	0.001127	0.19384	761.92	1820.9	2582.8	763.05	2014.2	2777.2	2.1392	4.4448	6.5841
185	1123.5	0.001134	0.17390	783.91	1802.1	2586.0	785.19	1996.2	2781.4	2.1875	4.3572	6.5447
190	1255.2	0.001141	0.15636	806.00	1783.0	2589.0	807.43	1977.9	2785.3	2.2355	4.2705	6.5059
195	1398.8	0.001149	0.14089	828.18	1763.6	2591.7	829.78	1959.0	2788.8	2.2831	4.1847	6.4678
200	1554.9	0.001157	0.12721	850.46	1743.7	2594.2	852.26	1939.8	2792.0	2.3305	4.0997	6.4302

TABLE A–4

Saturated water—Temperature table *(Concluded)*

		Specific volume, m^3/kg		*Internal energy,* kJ/kg			*Enthalpy,* kJ/kg			*Entropy,* kJ/kg·K		
Temp., T °C	Sat. press., P_{sat} kPa	Sat. liquid, v_f	Sat. vapor, v_g	Sat. liquid, u_f	Evap., u_{fg}	Sat. vapor, u_g	Sat. liquid, h_f	Evap., h_{fg}	Sat. vapor, h_g	Sat. liquid, s_f	Evap., s_{fg}	Sat. vapor, s_g
205	1724.3	0.001164	0.11508	872.86	1723.5	2596.4	874.87	1920.0	2794.8	2.3776	4.0154	6.3930
210	1907.7	0.001173	0.10429	895.38	1702.9	2598.3	897.61	1899.7	2797.3	2.4245	3.9318	6.3563
215	2105.9	0.001181	0.094680	918.02	1681.9	2599.9	920.50	1878.8	2799.3	2.4712	3.8489	6.3200
220	2319.6	0.001190	0.086094	940.79	1660.5	2601.3	943.55	1857.4	2801.0	2.5176	3.7664	6.2840
225	2549.7	0.001199	0.078405	963.70	1638.6	2602.3	966.76	1835.4	2802.2	2.5639	3.6844	6.2483
230	2797.1	0.001209	0.071505	986.76	1616.1	2602.9	990.14	1812.8	2802.9	2.6100	3.6028	6.2128
235	3062.6	0.001219	0.065300	1010.0	1593.2	2603.2	1013.7	1789.5	2803.2	2.6560	3.5216	6.1775
240	3347.0	0.001229	0.059707	1033.4	1569.8	2603.1	1037.5	1765.5	2803.0	2.7018	3.4405	6.1424
245	3651.2	0.001240	0.054656	1056.9	1545.7	2602.7	1061.5	1740.8	2802.2	2.7476	3.3596	6.1072
250	3976.2	0.001252	0.050085	1080.7	1521.1	2601.8	1085.7	1715.3	2801.0	2.7933	3.2788	6.0721
255	4322.9	0.001263	0.045941	1104.7	1495.8	2600.5	1110.1	1689.0	2799.1	2.8390	3.1979	6.0369
260	4692.3	0.001276	0.042175	1128.8	1469.9	2598.7	1134.8	1661.8	2796.6	2.8847	3.1169	6.0017
265	5085.3	0.001289	0.038748	1153.3	1443.2	2596.5	1159.8	1633.7	2793.5	2.9304	3.0358	5.9662
270	5503.0	0.001303	0.035622	1177.9	1415.7	2593.7	1185.1	1604.6	2789.7	2.9762	2.9542	5.9305
275	5946.4	0.001317	0.032767	1202.9	1387.4	2590.3	1210.7	1574.5	2785.2	3.0221	2.8723	5.8944
280	6416.6	0.001333	0.030153	1228.2	1358.2	2586.4	1236.7	1543.2	2779.9	3.0681	2.7898	5.8579
285	6914.6	0.001349	0.027756	1253.7	1328.1	2581.8	1263.1	1510.7	2773.7	3.1144	2.7066	5.8210
290	7441.8	0.001366	0.025554	1279.7	1296.9	2576.5	1289.8	1476.9	2766.7	3.1608	2.6225	5.7834
295	7999.0	0.001384	0.023528	1306.0	1264.5	2570.5	1317.1	1441.6	2758.7	3.2076	2.5374	5.7450
300	8587.9	0.001404	0.021659	1332.7	1230.9	2563.6	1344.8	1404.8	2749.6	3.2548	2.4511	5.7059
305	9209.4	0.001425	0.019932	1360.0	1195.9	2555.8	1373.1	1366.3	2739.4	3.3024	2.3633	5.6657
310	9865.0	0.001447	0.018333	1387.7	1159.3	2547.1	1402.0	1325.9	2727.9	3.3506	2.2737	5.6243
315	10,556	0.001472	0.016849	1416.1	1121.1	2537.2	1431.6	1283.4	2715.0	3.3994	2.1821	5.5816
320	11,284	0.001499	0.015470	1445.1	1080.9	2526.0	1462.0	1238.5	2700.6	3.4491	2.0881	5.5372
325	12,051	0.001528	0.014183	1475.0	1038.5	2513.4	1493.4	1191.0	2684.3	3.4998	1.9911	5.4908
330	12,858	0.001560	0.012979	1505.7	993.5	2499.2	1525.8	1140.3	2666.0	3.5516	1.8906	5.4422
335	13,707	0.001597	0.011848	1537.5	945.5	2483.0	1559.4	1086.0	2645.4	3.6050	1.7857	5.3907
340	14,601	0.001638	0.010783	1570.7	893.8	2464.5	1594.6	1027.4	2622.0	3.6602	1.6756	5.3358
345	15,541	0.001685	0.009772	1605.5	837.7	2443.2	1631.7	963.4	2595.1	3.7179	1.5585	5.2765
350	16,529	0.001741	0.008806	1642.4	775.9	2418.3	1671.2	892.7	2563.9	3.7788	1.4326	5.2114
355	17,570	0.001808	0.007872	1682.2	706.4	2388.6	1714.0	812.9	2526.9	3.8442	1.2942	5.1384
360	18,666	0.001895	0.006950	1726.2	625.7	2351.9	1761.5	720.1	2481.6	3.9165	1.1373	5.0537
365	19,822	0.002015	0.006009	1777.2	526.4	2303.6	1817.2	605.5	2422.7	4.0004	0.9489	4.9493
370	21,044	0.002217	0.004953	1844.5	385.6	2230.1	1891.2	443.1	2334.3	4.1119	0.6890	4.8009
373.95	22,064	0.003106	0.003106	2015.7	0	2015.7	2084.3	0	2084.3	4.4070	0	4.4070

Source of Data: Tables A–4 through A–8 are generated using the Engineering Equation Solver (EES) software developed by S. A. Klein and F. L. Alvarado. The routine used in calculations is the highly accurate Steam_IAPWS, which incorporates the 1995 Formulation for the Thermodynamic Properties of Ordinary Water Substance for General and Scientific Use, issued by The International Association for the Properties of Water and Steam (IAPWS). This formulation replaces the 1984 formulation of Haar, Gallagher, and Kell (*NBS/NRC Steam Tables,* Hemisphere Publishing Co., 1984), which is also available in EES as the routine STEAM. The new formulation is based on the correlations of Saul and Wagner (*J. Phys. Chem. Ref. Data,* 16, 893, 1987) with modifications to adjust to the International Temperature Scale of 1990. The modifications are described by Wagner and Pruss (*J. Phys. Chem. Ref. Data,* 22, 783, 1993). The properties of ice are based on Hyland and Wexler, "Formulations for the Thermodynamic Properties of the Saturated Phases of H_2O from 173.15 K to 473.15 K," *ASHRAE Trans.*, Part 2A, Paper 2793, 1983.

TABLE A–5

Saturated water—Pressure table

		Specific volume, m^3/kg		*Internal energy,* kJ/kg			*Enthalpy,* kJ/kg			*Entropy,* kJ/kg·K		
Press., P kPa	Sat. temp., T_{sat} °C	Sat. liquid, v_f	Sat. vapor, v_g	Sat. liquid, u_f	Evap., u_{fg}	Sat. vapor, u_g	Sat. liquid, h_f	Evap., h_{fg}	Sat. vapor, h_g	Sat. liquid, s_f	Evap., s_{fg}	Sat. vapor, s_g
1.0	6.97	0.001000	129.19	29.302	2355.2	2384.5	29.303	2484.4	2513.7	0.1059	8.8690	8.9749
1.5	13.02	0.001001	87.964	54.686	2338.1	2392.8	54.688	2470.1	2524.7	0.1956	8.6314	8.8270
2.0	17.50	0.001001	66.990	73.431	2325.5	2398.9	73.433	2459.5	2532.9	0.2606	8.4621	8.7227
2.5	21.08	0.001002	54.242	88.422	2315.4	2403.8	88.424	2451.0	2539.4	0.3118	8.3302	8.6421
3.0	24.08	0.001003	45.654	100.98	2306.9	2407.9	100.98	2443.9	2544.8	0.3543	8.2222	8.5765
4.0	28.96	0.001004	34.791	121.39	2293.1	2414.5	121.39	2432.3	2553.7	0.4224	8.0510	8.4734
5.0	32.87	0.001005	28.185	137.75	2282.1	2419.8	137.75	2423.0	2560.7	0.4762	7.9176	8.3938
7.5	40.29	0.001008	19.233	168.74	2261.1	2429.8	168.75	2405.3	2574.0	0.5763	7.6738	8.2501
10	45.81	0.001010	14.670	191.79	2245.4	2437.2	191.81	2392.1	2583.9	0.6492	7.4996	8.1488
15	53.97	0.001014	10.020	225.93	2222.1	2448.0	225.94	2372.3	2598.3	0.7549	7.2522	8.0071
20	60.06	0.001017	7.6481	251.40	2204.6	2456.0	251.42	2357.5	2608.9	0.8320	7.0752	7.9073
25	64.96	0.001020	6.2034	271.93	2190.4	2462.4	271.96	2345.5	2617.5	0.8932	6.9370	7.8302
30	69.09	0.001022	5.2287	289.24	2178.5	2467.7	289.27	2335.3	2624.6	0.9441	6.8234	7.7675
40	75.86	0.001026	3.9933	317.58	2158.8	2476.3	317.62	2318.4	2636.1	1.0261	6.6430	7.6691
50	81.32	0.001030	3.2403	340.49	2142.7	2483.2	340.54	2304.7	2645.2	1.0912	6.5019	7.5931
75	91.76	0.001037	2.2172	384.36	2111.8	2496.1	384.44	2278.0	2662.4	1.2132	6.2426	7.4558
100	99.61	0.001043	1.6941	417.40	2088.2	2505.6	417.51	2257.5	2675.0	1.3028	6.0562	7.3589
101.325	99.97	0.001043	1.6734	418.95	2087.0	2506.0	419.06	2256.5	2675.6	1.3069	6.0476	7.3545
125	105.97	0.001048	1.3750	444.23	2068.8	2513.0	444.36	2240.6	2684.9	1.3741	5.9100	7.2841
150	111.35	0.001053	1.1594	466.97	2052.3	2519.2	467.13	2226.0	2693.1	1.4337	5.7894	7.2231
175	116.04	0.001057	1.0037	486.82	2037.7	2524.5	487.01	2213.1	2700.2	1.4850	5.6865	7.1716
200	120.21	0.001061	0.88578	504.50	2024.6	2529.1	504.71	2201.6	2706.3	1.5302	5.5968	7.1270
225	123.97	0.001064	0.79329	520.47	2012.7	2533.2	520.71	2191.0	2711.7	1.5706	5.5171	7.0877
250	127.41	0.001067	0.71873	535.08	2001.8	2536.8	535.35	2181.2	2716.5	1.6072	5.4453	7.0525
275	130.58	0.001070	0.65732	548.57	1991.6	2540.1	548.86	2172.0	2720.9	1.6408	5.3800	7.0207
300	133.52	0.001073	0.60582	561.11	1982.1	2543.2	561.43	2163.5	2724.9	1.6717	5.3200	6.9917
325	136.27	0.001076	0.56199	572.84	1973.1	2545.9	573.19	2155.4	2728.6	1.7005	5.2645	6.9650
350	138.86	0.001079	0.52422	583.89	1964.6	2548.5	584.26	2147.7	2732.0	1.7274	5.2128	6.9402
375	141.30	0.001081	0.49133	594.32	1956.6	2550.9	594.73	2140.4	2735.1	1.7526	5.1645	6.9171
400	143.61	0.001084	0.46242	604.22	1948.9	2553.1	604.66	2133.4	2738.1	1.7765	5.1191	6.8955
450	147.90	0.001088	0.41392	622.65	1934.5	2557.1	623.14	2120.3	2743.4	1.8205	5.0356	6.8561
500	151.83	0.001093	0.37483	639.54	1921.2	2560.7	640.09	2108.0	2748.1	1.8604	4.9603	6.8207
550	155.46	0.001097	0.34261	655.16	1908.8	2563.9	655.77	2096.6	2752.4	1.8970	4.8916	6.7886
600	158.83	0.001101	0.31560	669.72	1897.1	2566.8	670.38	2085.8	2756.2	1.9308	4.8285	6.7593
650	161.98	0.001104	0.29260	683.37	1886.1	2569.4	684.08	2075.5	2759.6	1.9623	4.7699	6.7322
700	164.95	0.001108	0.27278	696.23	1875.6	2571.8	697.00	2065.8	2762.8	1.9918	4.7153	6.7071
750	167.75	0.001111	0.25552	708.40	1865.6	2574.0	709.24	2056.4	2765.7	2.0195	4.6642	6.6837

TABLE A–5

Saturated water—Pressure table *(Concluded)*

		Specific volume, m^3/kg		*Internal energy,* kJ/kg			*Enthalpy,* kJ/kg			*Entropy,* kJ/kg·K		
Press., P kPa	Sat. temp., T_{sat} °C	Sat. liquid, v_f	Sat. vapor, v_g	Sat. liquid, u_f	Evap., u_{fg}	Sat. vapor, u_g	Sat. liquid, h_f	Evap., h_{fg}	Sat. vapor, h_g	Sat. liquid, s_f	Evap., s_{fg}	Sat. vapor, s_g
800	170.41	0.001115	0.24035	719.97	1856.1	2576.0	720.87	2047.5	2768.3	2.0457	4.6160	6.6616
850	172.94	0.001118	0.22690	731.00	1846.9	2577.9	731.95	2038.8	2770.8	2.0705	4.5705	6.6409
900	175.35	0.001121	0.21489	741.55	1838.1	2579.6	742.56	2030.5	2773.0	2.0941	4.5273	6.6213
950	177.66	0.001124	0.20411	751.67	1829.6	2581.3	752.74	2022.4	2775.2	2.1166	4.4862	6.6027
1000	179.88	0.001127	0.19436	761.39	1821.4	2582.8	762.51	2014.6	2777.1	2.1381	4.4470	6.5850
1100	184.06	0.001133	0.17745	779.78	1805.7	2585.5	781.03	1999.6	2780.7	2.1785	4.3735	6.5520
1200	187.96	0.001138	0.16326	796.96	1790.9	2587.8	798.33	1985.4	2783.8	2.2159	4.3058	6.5217
1300	191.60	0.001144	0.15119	813.10	1776.8	2589.9	814.59	1971.9	2786.5	2.2508	4.2428	6.4936
1400	195.04	0.001149	0.14078	828.35	1763.4	2591.8	829.96	1958.9	2788.9	2.2835	4.1840	6.4675
1500	198.29	0.001154	0.13171	842.82	1750.6	2593.4	844.55	1946.4	2791.0	2.3143	4.1287	6.4430
1750	205.72	0.001166	0.11344	876.12	1720.6	2596.7	878.16	1917.1	2795.2	2.3844	4.0033	6.3877
2000	212.38	0.001177	0.099587	906.12	1693.0	2599.1	908.47	1889.8	2798.3	2.4467	3.8923	6.3390
2250	218.41	0.001187	0.088717	933.54	1667.3	2600.9	936.21	1864.3	2800.5	2.5029	3.7926	6.2954
2500	223.95	0.001197	0.079952	958.87	1643.2	2602.1	961.87	1840.1	2801.9	2.5542	3.7016	6.2558
3000	233.85	0.001217	0.066667	1004.6	1598.5	2603.2	1008.3	1794.9	2803.2	2.6454	3.5402	6.1856
3500	242.56	0.001235	0.057061	1045.4	1557.6	2603.0	1049.7	1753.0	2802.7	2.7253	3.3991	6.1244
4000	250.35	0.001252	0.049779	1082.4	1519.3	2601.7	1087.4	1713.5	2800.8	2.7966	3.2731	6.0696
5000	263.94	0.001286	0.039448	1148.1	1448.9	2597.0	1154.5	1639.7	2794.2	2.9207	3.0530	5.9737
6000	275.59	0.001319	0.032449	1205.8	1384.1	2589.9	1213.8	1570.9	2784.6	3.0275	2.8627	5.8902
7000	285.83	0.001352	0.027378	1258.0	1323.0	2581.0	1267.5	1505.2	2772.6	3.1220	2.6927	5.8148
8000	295.01	0.001384	0.023525	1306.0	1264.5	2570.5	1317.1	1441.6	2758.7	3.2077	2.5373	5.7450
9000	303.35	0.001418	0.020489	1350.9	1207.6	2558.5	1363.7	1379.3	2742.9	3.2866	2.3925	5.6791
10,000	311.00	0.001452	0.018028	1393.3	1151.8	2545.2	1407.8	1317.6	2725.5	3.3603	2.2556	5.6159
11,000	318.08	0.001488	0.015988	1433.9	1096.6	2530.4	1450.2	1256.1	2706.3	3.4299	2.1245	5.5544
12,000	324.68	0.001526	0.014264	1473.0	1041.3	2514.3	1491.3	1194.1	2685.4	3.4964	1.9975	5.4939
13,000	330.85	0.001566	0.012781	1511.0	985.5	2496.6	1531.4	1131.3	2662.7	3.5606	1.8730	5.4336
14,000	336.67	0.001610	0.011487	1548.4	928.7	2477.1	1571.0	1067.0	2637.9	3.6232	1.7497	5.3728
15,000	342.16	0.001657	0.010341	1585.5	870.3	2455.7	1610.3	1000.5	2610.8	3.6848	1.6261	5.3108
16,000	347.36	0.001710	0.009312	1622.6	809.4	2432.0	1649.9	931.1	2581.0	3.7461	1.5005	5.2466
17,000	352.29	0.001770	0.008374	1660.2	745.1	2405.4	1690.3	857.4	2547.7	3.8082	1.3709	5.1791
18,000	356.99	0.001840	0.007504	1699.1	675.9	2375.0	1732.2	777.8	2510.0	3.8720	1.2343	5.1064
19,000	361.47	0.001926	0.006677	1740.3	598.9	2339.2	1776.8	689.2	2466.0	3.9396	1.0860	5.0256
20,000	365.75	0.002038	0.005862	1785.8	509.0	2294.8	1826.6	585.5	2412.1	4.0146	0.9164	4.9310
21,000	369.83	0.002207	0.004994	1841.6	391.9	2233.5	1888.0	450.4	2338.4	4.1071	0.7005	4.8076
22,000	373.71	0.002703	0.003644	1951.7	140.8	2092.4	2011.1	161.5	2172.6	4.2942	0.2496	4.5439
22,064	373.95	0.003106	0.003106	2015.7	0	2015.7	2084.3	0	2084.3	4.4070	0	4.4070

TABLE A-6

Superheated water

T °C	v m³/kg	u kJ/kg	h kJ/kg	s kJ/kg·K	v m³/kg	u kJ/kg	h kJ/kg	s kJ/kg·K	v m³/kg	u kJ/kg	h kJ/kg	s kJ/kg·K
	P = 0.01 MPa (45.81°C)*				P = 0.05 MPa (81.32°C)				P = 0.10 MPa (99.61°C)			
Sat.†	14.670	2437.2	2583.9	8.1488	3.2403	2483.2	2645.2	7.5931	1.6941	2505.6	2675.0	7.3589
50	14.867	2443.3	2592.0	8.1741								
100	17.196	2515.5	2687.5	8.4489	3.4187	2511.5	2682.4	7.6953	1.6959	2506.2	2675.8	7.3611
150	19.513	2587.9	2783.0	8.6893	3.8897	2585.7	2780.2	7.9413	1.9367	2582.9	2776.6	7.6148
200	21.826	2661.4	2879.6	8.9049	4.3562	2660.0	2877.8	8.1592	2.1724	2658.2	2875.5	7.8356
250	24.136	2736.1	2977.5	9.1015	4.8206	2735.1	2976.2	8.3568	2.4062	2733.9	2974.5	8.0346
300	26.446	2812.3	3076.7	9.2827	5.2841	2811.6	3075.8	8.5387	2.6389	2810.7	3074.5	8.2172
400	31.063	2969.3	3280.0	9.6094	6.2094	2968.9	3279.3	8.8659	3.1027	2968.3	3278.6	8.5452
500	35.680	3132.9	3489.7	9.8998	7.1338	3132.6	3489.3	9.1566	3.5655	3132.2	3488.7	8.8362
600	40.296	3303.3	3706.3	10.1631	8.0577	3303.1	3706.0	9.4201	4.0279	3302.8	3705.6	9.0999
700	44.911	3480.8	3929.9	10.4056	8.9813	3480.6	3929.7	9.6626	4.4900	3480.4	3929.4	9.3424
800	49.527	3665.4	4160.6	10.6312	9.9047	3665.2	4160.4	9.8883	4.9519	3665.0	4160.2	9.5682
900	54.143	3856.9	4398.3	10.8429	10.8280	3856.8	4398.2	10.1000	5.4137	3856.7	4398.0	9.7800
1000	58.758	4055.3	4642.8	11.0429	11.7513	4055.2	4642.7	10.3000	5.8755	4055.0	4642.6	9.9800
1100	63.373	4260.0	4893.8	11.2326	12.6745	4259.9	4893.7	10.4897	6.3372	4259.8	4893.6	10.1698
1200	67.989	4470.9	5150.8	11.4132	13.5977	4470.8	5150.7	10.6704	6.7988	4470.7	5150.6	10.3504
1300	72.604	4687.4	5413.4	11.5857	14.5209	4687.3	5413.3	10.8429	7.2605	4687.2	5413.3	10.5229
	P = 0.20 MPa (120.21°C)				P = 0.30 MPa (133.52°C)				P = 0.40 MPa (143.61°C)			
Sat.	0.88578	2529.1	2706.3	7.1270	0.60582	2543.2	2724.9	6.9917	0.46242	2553.1	2738.1	6.8955
150	0.95986	2577.1	2769.1	7.2810	0.63402	2571.0	2761.2	7.0792	0.47088	2564.4	2752.8	6.9306
200	1.08049	2654.6	2870.7	7.5081	0.71643	2651.0	2865.9	7.3132	0.53434	2647.2	2860.9	7.1723
250	1.19890	2731.4	2971.2	7.7100	0.79645	2728.9	2967.9	7.5180	0.59520	2726.4	2964.5	7.3804
300	1.31623	2808.8	3072.1	7.8941	0.87535	2807.0	3069.6	7.7037	0.65489	2805.1	3067.1	7.5677
400	1.54934	2967.2	3277.0	8.2236	1.03155	2966.0	3275.5	8.0347	0.77265	2964.9	3273.9	7.9003
500	1.78142	3131.4	3487.7	8.5153	1.18672	3130.6	3486.6	8.3271	0.88936	3129.8	3485.5	8.1933
600	2.01302	3302.2	3704.8	8.7793	1.34139	3301.6	3704.0	8.5915	1.00558	3301.0	3703.3	8.4580
700	2.24434	3479.9	3928.8	9.0221	1.49580	3479.5	3928.2	8.8345	1.12152	3479.0	3927.6	8.7012
800	2.47550	3664.7	4159.8	9.2479	1.65004	3664.3	4159.3	9.0605	1.23730	3663.9	4158.9	8.9274
900	2.70656	3856.3	4397.7	9.4598	1.80417	3856.0	4397.3	9.2725	1.35298	3855.7	4396.9	9.1394
1000	2.93755	4054.8	4642.3	9.6599	1.95824	4054.5	4642.0	9.4726	1.46859	4054.3	4641.7	9.3396
1100	3.16848	4259.6	4893.3	9.8497	2.11226	4259.4	4893.1	9.6624	1.58414	4259.2	4892.9	9.5295
1200	3.39938	4470.5	5150.4	10.0304	2.26624	4470.3	5150.2	9.8431	1.69966	4470.2	5150.0	9.7102
1300	3.63026	4687.1	5413.1	10.2029	2.42019	4686.9	5413.0	10.0157	1.81516	4686.7	5412.8	9.8828
	P = 0.50 MPa (151.83°C)				P = 0.60 MPa (158.83°C)				P = 0.80 MPa (170.41°C)			
Sat.	0.37483	2560.7	2748.1	6.8207	0.31560	2566.8	2756.2	6.7593	0.24035	2576.0	2768.3	6.6616
200	0.42503	2643.3	2855.8	7.0610	0.35212	2639.4	2850.6	6.9683	0.26088	2631.1	2839.8	6.8177
250	0.47443	2723.8	2961.0	7.2725	0.39390	2721.2	2957.6	7.1833	0.29321	2715.9	2950.4	7.0402
300	0.52261	2803.3	3064.6	7.4614	0.43442	2801.4	3062.0	7.3740	0.32416	2797.5	3056.9	7.2345
350	0.57015	2883.0	3168.1	7.6346	0.47428	2881.6	3166.1	7.5481	0.35442	2878.6	3162.2	7.4107
400	0.61731	2963.7	3272.4	7.7956	0.51374	2962.5	3270.8	7.7097	0.38429	2960.2	3267.7	7.5735
500	0.71095	3129.0	3484.5	8.0893	0.59200	3128.2	3483.4	8.0041	0.44332	3126.6	3481.3	7.8692
600	0.80409	3300.4	3702.5	8.3544	0.66976	3299.8	3701.7	8.2695	0.50186	3298.7	3700.1	8.1354
700	0.89696	3478.6	3927.0	8.5978	0.74725	3478.1	3926.4	8.5132	0.56011	3477.2	3925.3	8.3794
800	0.98966	3663.6	4158.4	8.8240	0.82457	3663.2	4157.9	8.7395	0.61820	3662.5	4157.0	8.6061
900	1.08227	3855.4	4396.6	9.0362	0.90179	3855.1	4396.2	8.9518	0.67619	3854.5	4395.5	8.8185
1000	1.17480	4054.0	4641.4	9.2364	0.97893	4053.8	4641.1	9.1521	0.73411	4053.3	4640.5	9.0189
1100	1.26728	4259.0	4892.6	9.4263	1.05603	4258.8	4892.4	9.3420	0.79197	4258.3	4891.9	9.2090
1200	1.35972	4470.0	5149.8	9.6071	1.13309	4469.8	5149.6	9.5229	0.84980	4469.4	5149.3	9.3898
1300	1.45214	4686.6	5412.6	9.7797	1.21012	4686.4	5412.5	9.6955	0.90761	4686.1	5412.2	9.5625

*The temperature in parentheses is the saturation temperature at the specified pressure.

† Properties of saturated vapor at the specified pressure.

TABLE A–6

Superheated water *(Continued)*

T °C	*v* m³/kg	*u* kJ/kg	*h* kJ/kg	*s* kJ/kg·K	*v* m³/kg	*u* kJ/kg	*h* kJ/kg	*s* kJ/kg·K	*v* m³/kg	*u* kJ/kg	*h* kJ/kg	*s* kJ/kg·K
	P = 1.00 MPa (179.88°C)				*P* = 1.20 MPa (187.96°C)				*P* = 1.40 MPa (195.04°C)			
Sat.	0.19437	2582.8	2777.1	6.5850	0.16326	2587.8	2783.8	6.5217	0.14078	2591.8	2788.9	6.4675
200	0.20602	2622.3	2828.3	6.6956	0.16934	2612.9	2816.1	6.5909	0.14303	2602.7	2803.0	6.4975
250	0.23275	2710.4	2943.1	6.9265	0.19241	2704.7	2935.6	6.8313	0.16356	2698.9	2927.9	6.7488
300	0.25799	2793.7	3051.6	7.1246	0.21386	2789.7	3046.3	7.0335	0.18233	2785.7	3040.9	6.9553
350	0.28250	2875.7	3158.2	7.3029	0.23455	2872.7	3154.2	7.2139	0.20029	2869.7	3150.1	7.1379
400	0.30661	2957.9	3264.5	7.4670	0.25482	2955.5	3261.3	7.3793	0.21782	2953.1	3258.1	7.3046
500	0.35411	3125.0	3479.1	7.7642	0.29464	3123.4	3477.0	7.6779	0.25216	3121.8	3474.8	7.6047
600	0.40111	3297.5	3698.6	8.0311	0.33395	3296.3	3697.0	7.9456	0.28597	3295.1	3695.5	7.8730
700	0.44783	3476.3	3924.1	8.2755	0.37297	3475.3	3922.9	8.1904	0.31951	3474.4	3921.7	8.1183
800	0.49438	3661.7	4156.1	8.5024	0.41184	3661.0	4155.2	8.4176	0.35288	3660.3	4154.3	8.3458
900	0.54083	3853.9	4394.8	8.7150	0.45059	3853.3	4394.0	8.6303	0.38614	3852.7	4393.3	8.5587
1000	0.58721	4052.7	4640.0	8.9155	0.48928	4052.2	4639.4	8.8310	0.41933	4051.7	4638.8	8.7595
1100	0.63354	4257.9	4891.4	9.1057	0.52792	4257.5	4891.0	9.0212	0.45247	4257.0	4890.5	8.9497
1200	0.67983	4469.0	5148.9	9.2866	0.56652	4468.7	5148.5	9.2022	0.48558	4468.3	5148.1	9.1308
1300	0.72610	4685.8	5411.9	9.4593	0.60509	4685.5	5411.6	9.3750	0.51866	4685.1	5411.3	9.3036
	P = 1.60 MPa (201.37°C)				*P* = 1.80 MPa (207.11°C)				*P* = 2.00 MPa (212.38°C)			
Sat.	0.12374	2594.8	2792.8	6.4200	0.11037	2597.3	2795.9	6.3775	0.09959	2599.1	2798.3	6.3390
225	0.13293	2645.1	2857.8	6.5537	0.11678	2637.0	2847.2	6.4825	0.10381	2628.5	2836.1	6.4160
250	0.14190	2692.9	2919.9	6.6753	0.12502	2686.7	2911.7	6.6088	0.11150	2680.3	2903.3	6.5475
300	0.15866	2781.6	3035.4	6.8864	0.14025	2777.4	3029.9	6.8246	0.12551	2773.2	3024.2	6.7684
350	0.17459	2866.6	3146.0	7.0713	0.15460	2863.6	3141.9	7.0120	0.13860	2860.5	3137.7	6.9583
400	0.19007	2950.8	3254.9	7.2394	0.16849	2948.3	3251.6	7.1814	0.15122	2945.9	3248.4	7.1292
500	0.22029	3120.1	3472.6	7.5410	0.19551	3118.5	3470.4	7.4845	0.17568	3116.9	3468.3	7.4337
600	0.24999	3293.9	3693.9	7.8101	0.22200	3292.7	3692.3	7.7543	0.19962	3291.5	3690.7	7.7043
700	0.27941	3473.5	3920.5	8.0558	0.24822	3472.6	3919.4	8.0005	0.22326	3471.7	3918.2	7.9509
800	0.30865	3659.5	4153.4	8.2834	0.27426	3658.8	4152.4	8.2284	0.24674	3658.0	4151.5	8.1791
900	0.33780	3852.1	4392.6	8.4965	0.30020	3851.5	4391.9	8.4417	0.27012	3850.9	4391.1	8.3925
1000	0.36687	4051.2	4638.2	8.6974	0.32606	4050.7	4637.6	8.6427	0.29342	4050.2	4637.1	8.5936
1100	0.39589	4256.6	4890.0	8.8878	0.35188	4256.2	4889.6	8.8331	0.31667	4255.7	4889.1	8.7842
1200	0.42488	4467.9	5147.7	9.0689	0.37766	4467.6	5147.3	9.0143	0.33989	4467.2	5147.0	8.9654
1300	0.45383	4684.8	5410.9	9.2418	0.40341	4684.5	5410.6	9.1872	0.36308	4684.2	5410.3	9.1384
	P = 2.50 MPa (223.95°C)				*P* = 3.00 MPa (233.85°C)				*P* = 3.50 MPa (242.56°C)			
Sat.	0.07995	2602.1	2801.9	6.2558	0.06667	2603.2	2803.2	6.1856	0.05706	2603.0	2802.7	6.1244
225	0.08026	2604.8	2805.5	6.2629								
250	0.08705	2663.3	2880.9	6.4107	0.07063	2644.7	2856.5	6.2893	0.05876	2624.0	2829.7	6.1764
300	0.09894	2762.2	3009.6	6.6459	0.08118	2750.8	2994.3	6.5412	0.06845	2738.8	2978.4	6.4484
350	0.10979	2852.5	3127.0	6.8424	0.09056	2844.4	3116.1	6.7450	0.07680	2836.0	3104.9	6.6601
400	0.12012	2939.8	3240.1	7.0170	0.09938	2933.6	3231.7	6.9235	0.08456	2927.2	3223.2	6.8428
450	0.13015	3026.2	3351.6	7.1768	0.10789	3021.2	3344.9	7.0856	0.09198	3016.1	3338.1	7.0074
500	0.13999	3112.8	3462.8	7.3254	0.11620	3108.6	3457.2	7.2359	0.09919	3104.5	3451.7	7.1593
600	0.15931	3288.5	3686.8	7.5979	0.13245	3285.5	3682.8	7.5103	0.11325	3282.5	3678.9	7.4357
700	0.17835	3469.3	3915.2	7.8455	0.14841	3467.0	3912.2	7.7590	0.12702	3464.7	3909.3	7.6855
800	0.19722	3656.2	4149.2	8.0744	0.16420	3654.3	4146.9	7.9885	0.14061	3652.5	4144.6	7.9156
900	0.21597	3849.4	4389.3	8.2882	0.17988	3847.9	4387.5	8.2028	0.15410	3846.4	4385.7	8.1304
1000	0.23466	4049.0	4635.6	8.4897	0.19549	4047.7	4634.2	8.4045	0.16751	4046.4	4632.7	8.3324
1100	0.25330	4254.7	4887.9	8.6804	0.21105	4253.6	4886.7	8.5955	0.18087	4252.5	4885.6	8.5236
1200	0.27190	4466.3	5146.0	8.8618	0.22658	4465.3	5145.1	8.7771	0.19420	4464.4	5144.1	8.7053
1300	0.29048	4683.4	5409.5	9.0349	0.24207	4682.6	5408.8	8.9502	0.20750	4681.8	5408.0	8.8786

TABLE A–6

Superheated water *(Continued)*

T °C	*v* m³/kg	*u* kJ/kg	*h* kJ/kg	*s* kJ/kg·K	*v* m³/kg	*u* kJ/kg	*h* kJ/kg	*s* kJ/kg·K	*v* m³/kg	*u* kJ/kg	*h* kJ/kg	*s* kJ/kg·K
	P = 4.0 MPa (250.35°C)				*P* = 4.5 MPa (257.44°C)				*P* = 5.0 MPa (263.94°C)			
Sat.	0.04978	2601.7	2800.8	6.0696	0.04406	2599.7	2798.0	6.0198	0.03945	2597.0	2794.2	5.9737
275	0.05461	2668.9	2887.3	6.2312	0.04733	2651.4	2864.4	6.1429	0.04144	2632.3	2839.5	6.0571
300	0.05887	2726.2	2961.7	6.3639	0.05138	2713.0	2944.2	6.2854	0.04535	2699.0	2925.7	6.2111
350	0.06647	2827.4	3093.3	6.5843	0.05842	2818.6	3081.5	6.5153	0.05197	2809.5	3069.3	6.4516
400	0.07343	2920.8	3214.5	6.7714	0.06477	2914.2	3205.7	6.7071	0.05784	2907.5	3196.7	6.6483
450	0.08004	3011.0	3331.2	6.9386	0.07076	3005.8	3324.2	6.8770	0.06332	3000.6	3317.2	6.8210
500	0.08644	3100.3	3446.0	7.0922	0.07652	3096.0	3440.4	7.0323	0.06858	3091.8	3434.7	6.9781
600	0.09886	3279.4	3674.9	7.3706	0.08766	3276.4	3670.9	7.3127	0.07870	3273.3	3666.9	7.2605
700	0.11098	3462.4	3906.3	7.6214	0.09850	3460.0	3903.3	7.5647	0.08852	3457.7	3900.3	7.5136
800	0.12292	3650.6	4142.3	7.8523	0.10916	3648.8	4140.0	7.7962	0.09816	3646.9	4137.7	7.7458
900	0.13476	3844.8	4383.9	8.0675	0.11972	3843.3	4382.1	8.0118	0.10769	3841.8	4380.2	7.9619
1000	0.14653	4045.1	4631.2	8.2698	0.13020	4043.9	4629.8	8.2144	0.11715	4042.6	4628.3	8.1648
1100	0.15824	4251.4	4884.4	8.4612	0.14064	4250.4	4883.2	8.4060	0.12655	4249.3	4882.1	8.3566
1200	0.16992	4463.5	5143.2	8.6430	0.15103	4462.6	5142.2	8.5880	0.13592	4461.6	5141.3	8.5388
1300	0.18157	4680.9	5407.2	8.8164	0.16140	4680.1	5406.5	8.7616	0.14527	4679.3	5405.7	8.7124
	P = 6.0 MPa (275.59°C)				*P* = 7.0 MPa (285.83°C)				*P* = 8.0 MPa (295.01°C)			
Sat.	0.03245	2589.9	2784.6	5.8902	0.027378	2581.0	2772.6	5.8148	0.023525	2570.5	2758.7	5.7450
300	0.03619	2668.4	2885.6	6.0703	0.029492	2633.5	2839.9	5.9337	0.024279	2592.3	2786.5	5.7937
350	0.04225	2790.4	3043.9	6.3357	0.035262	2770.1	3016.9	6.2305	0.029975	2748.3	2988.1	6.1321
400	0.04742	2893.7	3178.3	6.5432	0.039958	2879.5	3159.2	6.4502	0.034344	2864.6	3139.4	6.3658
450	0.05217	2989.9	3302.9	6.7219	0.044187	2979.0	3288.3	6.6353	0.038194	2967.8	3273.3	6.5579
500	0.05667	3083.1	3423.1	6.8826	0.048157	3074.3	3411.4	6.8000	0.041767	3065.4	3399.5	6.7266
550	0.06102	3175.2	3541.3	7.0308	0.051966	3167.9	3531.6	6.9507	0.045172	3160.5	3521.8	6.8800
600	0.06527	3267.2	3658.8	7.1693	0.055665	3261.0	3650.6	7.0910	0.048463	3254.7	3642.4	7.0221
700	0.07355	3453.0	3894.3	7.4247	0.062850	3448.3	3888.3	7.3487	0.054829	3443.6	3882.2	7.2822
800	0.08165	3643.2	4133.1	7.6582	0.069856	3639.5	4128.5	7.5836	0.061011	3635.7	4123.8	7.5185
900	0.08964	3838.8	4376.6	7.8751	0.076750	3835.7	4373.0	7.8014	0.067082	3832.7	4369.3	7.7372
1000	0.09756	4040.1	4625.4	8.0786	0.083571	4037.5	4622.5	8.0055	0.073079	4035.0	4619.6	7.9419
1100	0.10543	4247.1	4879.7	8.2709	0.090341	4245.0	4877.4	8.1982	0.079025	4242.8	4875.0	8.1350
1200	0.11326	4459.8	5139.4	8.4534	0.097075	4457.9	5137.4	8.3810	0.084934	4456.1	5135.5	8.3181
1300	0.12107	4677.7	5404.1	8.6273	0.103781	4676.1	5402.6	8.5551	0.090817	4674.5	5401.0	8.4925
	P = 9.0 MPa (303.35°C)				*P* = 10.0 MPa (311.00°C)				*P* = 12.5 MPa (327.81°C)			
Sat.	0.020489	2558.5	2742.9	5.6791	0.018028	2545.2	2725.5	5.6159	0.013496	2505.6	2674.3	5.4638
325	0.023284	2647.6	2857.1	5.8738	0.019877	2611.6	2810.3	5.7596				
350	0.025816	2725.0	2957.3	6.0380	0.022440	2699.6	2924.0	5.9460	0.016138	2624.9	2826.6	5.7130
400	0.029960	2849.2	3118.8	6.2876	0.026436	2833.1	3097.5	6.2141	0.020030	2789.6	3040.0	6.0433
450	0.033524	2956.3	3258.0	6.4872	0.029782	2944.5	3242.4	6.4219	0.023019	2913.7	3201.5	6.2749
500	0.036793	3056.3	3387.4	6.6603	0.032811	3047.0	3375.1	6.5995	0.025630	3023.2	3343.6	6.4651
550	0.039885	3153.0	3512.0	6.8164	0.035655	3145.4	3502.0	6.7585	0.028033	3126.1	3476.5	6.6317
600	0.042861	3248.4	3634.1	6.9605	0.038378	3242.0	3625.8	6.9045	0.030306	3225.8	3604.6	6.7828
650	0.045755	3343.4	3755.2	7.0954	0.041018	3338.0	3748.1	7.0408	0.032491	3324.1	3730.2	6.9227
700	0.048589	3438.8	3876.1	7.2229	0.043597	3434.0	3870.0	7.1693	0.034612	3422.0	3854.6	7.0540
800	0.054132	3632.0	4119.2	7.4606	0.048629	3628.2	4114.5	7.4085	0.038724	3618.8	4102.8	7.2967
900	0.059562	3829.6	4365.7	7.6802	0.053547	3826.5	4362.0	7.6290	0.042720	3818.9	4352.9	7.5195
1000	0.064919	4032.4	4616.7	7.8855	0.058391	4029.9	4613.8	7.8349	0.046641	4023.5	4606.5	7.7269
1100	0.070224	4240.7	4872.7	8.0791	0.063183	4238.5	4870.3	8.0289	0.050510	4233.1	4864.5	7.9220
1200	0.075492	4454.2	5133.6	8.2625	0.067938	4452.4	5131.7	8.2126	0.054342	4447.7	5127.0	8.1065
1300	0.080733	4672.9	5399.5	8.4371	0.072667	4671.3	5398.0	8.3874	0.058147	4667.3	5394.1	8.2819

TABLE A–6

Superheated water *(Concluded)*

T °C	*v* m³/kg	*u* kJ/kg	*h* kJ/kg	*s* kJ/kg·K	*v* m³/kg	*u* kJ/kg	*h* kJ/kg	*s* kJ/kg·K	*v* m³/kg	*u* kJ/kg	*h* kJ/kg	*s* kJ/kg·K
	P = 15.0 MPa (342.16°C)				*P* = 17.5 MPa (354.67°C)				*P* = 20.0 MPa (365.75°C)			
Sat.	0.010341	2455.7	2610.8	5.3108	0.007932	2390.7	2529.5	5.1435	0.005862	2294.8	2412.1	4.9310
350	0.011481	2520.9	2693.1	5.4438								
400	0.015671	2740.6	2975.7	5.8819	0.012463	2684.3	2902.4	5.7211	0.009950	2617.9	2816.9	5.5526
450	0.018477	2880.8	3157.9	6.1434	0.015204	2845.4	3111.4	6.0212	0.012721	2807.3	3061.7	5.9043
500	0.020828	2998.4	3310.8	6.3480	0.017385	2972.4	3276.7	6.2424	0.014793	2945.3	3241.2	6.1446
550	0.022945	3106.2	3450.4	6.5230	0.019305	3085.8	3423.6	6.4266	0.016571	3064.7	3396.2	6.3390
600	0.024921	3209.3	3583.1	6.6796	0.021073	3192.5	3561.3	6.5890	0.018185	3175.3	3539.0	6.5075
650	0.026804	3310.1	3712.1	6.8233	0.022742	3295.8	3693.8	6.7366	0.019695	3281.4	3675.3	6.6593
700	0.028621	3409.8	3839.1	6.9573	0.024342	3397.5	3823.5	6.8735	0.021134	3385.1	3807.8	6.7991
800	0.032121	3609.3	4091.1	7.2037	0.027405	3599.7	4079.3	7.1237	0.023870	3590.1	4067.5	7.0531
900	0.035503	3811.2	4343.7	7.4288	0.030348	3803.5	4334.6	7.3511	0.026484	3795.7	4325.4	7.2829
1000	0.038808	4017.1	4599.2	7.6378	0.033215	4010.7	4592.0	7.5616	0.029020	4004.3	4584.7	7.4950
1100	0.042062	4227.7	4858.6	7.8339	0.036029	4222.3	4852.8	7.7588	0.031504	4216.9	4847.0	7.6933
1200	0.045279	4443.1	5122.3	8.0192	0.038806	4438.5	5117.6	7.9449	0.033952	4433.8	5112.9	7.8802
1300	0.048469	4663.3	5390.3	8.1952	0.041556	4659.2	5386.5	8.1215	0.036371	4655.2	5382.7	8.0574
	P = 25.0 MPa				*P* = 30.0 MPa				*P* = 35.0 MPa			
375	0.001978	1799.9	1849.4	4.0345	0.001792	1738.1	1791.9	3.9313	0.001701	1702.8	1762.4	3.8724
400	0.006005	2428.5	2578.7	5.1400	0.002798	2068.9	2152.8	4.4758	0.002105	1914.9	1988.6	4.2144
425	0.007886	2607.8	2805.0	5.4708	0.005299	2452.9	2611.8	5.1473	0.003434	2253.3	2373.5	4.7751
450	0.009176	2721.2	2950.6	5.6759	0.006737	2618.9	2821.0	5.4422	0.004957	2497.5	2671.0	5.1946
500	0.011143	2887.3	3165.9	5.9643	0.008691	2824.0	3084.8	5.7956	0.006933	2755.3	2997.9	5.6331
550	0.012736	3020.8	3339.2	6.1816	0.010175	2974.5	3279.7	6.0403	0.008348	2925.8	3218.0	5.9093
600	0.014140	3140.0	3493.5	6.3637	0.011445	3103.4	3446.8	6.2373	0.009523	3065.6	3399.0	6.1229
650	0.015430	3251.9	3637.7	6.5243	0.012590	3221.7	3599.4	6.4074	0.010565	3190.9	3560.7	6.3030
700	0.016643	3359.9	3776.0	6.6702	0.013654	3334.3	3743.9	6.5599	0.011523	3308.3	3711.6	6.4623
800	0.018922	3570.7	4043.8	6.9322	0.015628	3551.2	4020.0	6.8301	0.013278	3531.6	3996.3	6.7409
900	0.021075	3780.2	4307.1	7.1668	0.017473	3764.6	4288.8	7.0695	0.014904	3749.0	4270.6	6.9853
1000	0.023150	3991.5	4570.2	7.3821	0.019240	3978.6	4555.8	7.2880	0.016450	3965.8	4541.5	7.2069
1100	0.025172	4206.1	4835.4	7.5825	0.020954	4195.2	4823.9	7.4906	0.017942	4184.4	4812.4	7.4118
1200	0.027157	4424.6	5103.5	7.7710	0.022630	4415.3	5094.2	7.6807	0.019398	4406.1	5085.0	7.6034
1300	0.029115	4647.2	5375.1	7.9494	0.024279	4639.2	5367.6	7.8602	0.020827	4631.2	5360.2	7.7841
	P = 40.0 MPa				*P* = 50.0 MPa				*P* = 60.0 MPa			
375	0.001641	1677.0	1742.6	3.8290	0.001560	1638.6	1716.6	3.7642	0.001503	1609.7	1699.9	3.7149
400	0.001911	1855.0	1931.4	4.1145	0.001731	1787.8	1874.4	4.0029	0.001633	1745.2	1843.2	3.9317
425	0.002538	2097.5	2199.0	4.5044	0.002009	1960.3	2060.7	4.2746	0.001816	1892.9	2001.8	4.1630
450	0.003692	2364.2	2511.8	4.9449	0.002487	2160.3	2284.7	4.5896	0.002086	2055.1	2180.2	4.4140
500	0.005623	2681.6	2906.5	5.4744	0.003890	2528.1	2722.6	5.1762	0.002952	2393.2	2570.3	4.9356
550	0.006985	2875.1	3154.4	5.7857	0.005118	2769.5	3025.4	5.5563	0.003955	2664.6	2901.9	5.3517
600	0.008089	3026.8	3350.4	6.0170	0.006108	2947.1	3252.6	5.8245	0.004833	2866.8	3156.8	5.6527
650	0.009053	3159.5	3521.6	6.2078	0.006957	3095.6	3443.5	6.0373	0.005591	3031.3	3366.8	5.8867
700	0.009930	3282.0	3679.2	6.3740	0.007717	3228.7	3614.6	6.2179	0.006265	3175.4	3551.3	6.0814
800	0.011521	3511.8	3972.6	6.6613	0.009073	3472.2	3925.8	6.5225	0.007456	3432.6	3880.0	6.4033
900	0.012980	3733.3	4252.5	6.9107	0.010296	3702.0	4216.8	6.7819	0.008519	3670.9	4182.1	6.6725
1000	0.014360	3952.9	4527.3	7.1355	0.011441	3927.4	4499.4	7.0131	0.009504	3902.0	4472.2	6.9099
1100	0.015686	4173.7	4801.1	7.3425	0.012534	4152.2	4778.9	7.2244	0.010439	4130.9	4757.3	7.1255
1200	0.016976	4396.9	5075.9	7.5357	0.013590	4378.6	5058.1	7.4207	0.011339	4360.5	5040.8	7.3248
1300	0.018239	4623.3	5352.8	7.7175	0.014620	4607.5	5338.5	7.6048	0.012213	4591.8	5324.5	7.5111

TABLE A–7

Compressed liquid water

T °C	*v* m³/kg	*u* kJ/kg	*h* kJ/kg	*s* kJ/kg·K	*v* m³/kg	*u* kJ/kg	*h* kJ/kg	*s* kJ/kg·K	*v* m³/kg	*u* kJ/kg	*h* kJ/kg	*s* kJ/kg·K
	P = 5 MPa (263.94°C)				*P* = 10 MPa (311.00°C)				*P* = 15 MPa (342.16°C)			
Sat.	0.0012862	1148.1	1154.5	2.9207	0.0014522	1393.3	1407.9	3.3603	0.0016572	1585.5	1610.3	3.6848
0	0.0009977	0.04	5.03	0.0001	0.0009952	0.12	10.07	0.0003	0.0009928	0.18	15.07	0.0004
20	0.0009996	83.61	88.61	0.2954	0.0009973	83.31	93.28	0.2943	0.0009951	83.01	97.93	0.2932
40	0.0010057	166.92	171.95	0.5705	0.0010035	166.33	176.37	0.5685	0.0010013	165.75	180.77	0.5666
60	0.0010149	250.29	255.36	0.8287	0.0010127	249.43	259.55	0.8260	0.0010105	248.58	263.74	0.8234
80	0.0010267	333.82	338.96	1.0723	0.0010244	332.69	342.94	1.0691	0.0010221	331.59	346.92	1.0659
100	0.0010410	417.65	422.85	1.3034	0.0010385	416.23	426.62	1.2996	0.0010361	414.85	430.39	1.2958
120	0.0010576	501.91	507.19	1.5236	0.0010549	500.18	510.73	1.5191	0.0010522	498.50	514.28	1.5148
140	0.0010769	586.80	592.18	1.7344	0.0010738	584.72	595.45	1.7293	0.0010708	582.69	598.75	1.7243
160	0.0010988	672.55	678.04	1.9374	0.0010954	670.06	681.01	1.9316	0.0010920	667.63	684.01	1.9259
180	0.0011240	759.47	765.09	2.1338	0.0011200	756.48	767.68	2.1271	0.0011160	753.58	770.32	2.1206
200	0.0011531	847.92	853.68	2.3251	0.0011482	844.32	855.80	2.3174	0.0011435	840.84	858.00	2.3100
220	0.0011868	938.39	944.32	2.5127	0.0011809	934.01	945.82	2.5037	0.0011752	929.81	947.43	2.4951
240	0.0012268	1031.6	1037.7	2.6983	0.0012192	1026.2	1038.3	2.6876	0.0012121	1021.0	1039.2	2.6774
260	0.0012755	1128.5	1134.9	2.8841	0.0012653	1121.6	1134.3	2.8710	0.0012560	1115.1	1134.0	2.8586
280					0.0013226	1221.8	1235.0	3.0565	0.0013096	1213.4	1233.0	3.0410
300					0.0013980	1329.4	1343.3	3.2488	0.0013783	1317.6	1338.3	3.2279
320									0.0014733	1431.9	1454.0	3.4263
340									0.0016311	1567.9	1592.4	3.6555
	P = 20 MPa (365.75°C)				*P* = 30 MPa				*P* = 50 MPa			
Sat.	0.0020378	1785.8	1826.6	4.0146								
0	0.0009904	0.23	20.03	0.0005	0.0009857	0.29	29.86	0.0003	0.0009767	0.29	49.13	−0.0010
20	0.0009929	82.71	102.57	0.2921	0.0009886	82.11	111.77	0.2897	0.0009805	80.93	129.95	0.2845
40	0.0009992	165.17	185.16	0.5646	0.0009951	164.05	193.90	0.5607	0.0009872	161.90	211.25	0.5528
60	0.0010084	247.75	267.92	0.8208	0.0010042	246.14	276.26	0.8156	0.0009962	243.08	292.88	0.8055
80	0.0010199	330.50	350.90	1.0627	0.0010155	328.40	358.86	1.0564	0.0010072	324.42	374.78	1.0442
100	0.0010337	413.50	434.17	1.2920	0.0010290	410.87	441.74	1.2847	0.0010201	405.94	456.94	1.2705
120	0.0010496	496.85	517.84	1.5105	0.0010445	493.66	525.00	1.5020	0.0010349	487.69	539.43	1.4859
140	0.0010679	580.71	602.07	1.7194	0.0010623	576.90	608.76	1.7098	0.0010517	569.77	622.36	1.6916
160	0.0010886	665.28	687.05	1.9203	0.0010823	660.74	693.21	1.9094	0.0010704	652.33	705.85	1.8889
180	0.0011122	750.78	773.02	2.1143	0.0011049	745.40	778.55	2.1020	0.0010914	735.49	790.06	2.0790
200	0.0011390	837.49	860.27	2.3027	0.0011304	831.11	865.02	2.2888	0.0011149	819.45	875.19	2.2628
220	0.0011697	925.77	949.16	2.4867	0.0011595	918.15	952.93	2.4707	0.0011412	904.39	961.45	2.4414
240	0.0012053	1016.1	1040.2	2.6676	0.0011927	1006.9	1042.7	2.6491	0.0011708	990.55	1049.1	2.6156
260	0.0012472	1109.0	1134.0	2.8469	0.0012314	1097.8	1134.7	2.8250	0.0012044	1078.2	1138.4	2.7864
280	0.0012978	1205.6	1231.5	3.0265	0.0012770	1191.5	1229.8	3.0001	0.0012430	1167.7	1229.9	2.9547
300	0.0013611	1307.2	1334.4	3.2091	0.0013322	1288.9	1328.9	3.1761	0.0012879	1259.6	1324.0	3.1218
320	0.0014450	1416.6	1445.5	3.3996	0.0014014	1391.7	1433.7	3.3558	0.0013409	1354.3	1421.4	3.2888
340	0.0015693	1540.2	1571.6	3.6086	0.0014932	1502.4	1547.1	3.5438	0.0014049	1452.9	1523.1	3.4575
360	0.0018248	1703.6	1740.1	3.8787	0.0016276	1626.8	1675.6	3.7499	0.0014848	1556.5	1630.7	3.6301
380					0.0018729	1782.0	1838.2	4.0026	0.0015884	1667.1	1746.5	3.8102

TABLE A–8

Saturated ice–water vapor

		Specific volume, m³/kg		Internal energy, kJ/kg			Enthalpy, kJ/kg			Entropy, kJ/kg·K		
Temp., T °C	Sat. press., P_{sat} kPa	Sat. ice, v_i	Sat. vapor, v_g	Sat. ice, u_i	Subl., u_{ig}	Sat. vapor, u_g	Sat. ice, h_i	Subl., h_{ig}	Sat. vapor, h_g	Sat. ice, s_i	Subl., s_{ig}	Sat. vapor, s_g
0.01	0.61169	0.001091	205.99	−333.40	2707.9	2374.5	−333.40	2833.9	2500.5	−1.2202	10.374	9.154
0	0.61115	0.001091	206.17	−333.43	2707.9	2374.5	−333.43	2833.9	2500.5	−1.2204	10.375	9.154
−2	0.51772	0.001091	241.62	−337.63	2709.4	2371.8	−337.63	2834.5	2496.8	−1.2358	10.453	9.218
−4	0.43748	0.001090	283.84	−341.80	2710.8	2369.0	−341.80	2835.0	2493.2	−1.2513	10.533	9.282
−6	0.36873	0.001090	334.27	−345.94	2712.2	2366.2	−345.93	2835.4	2489.5	−1.2667	10.613	9.347
−8	0.30998	0.001090	394.66	−350.04	2713.5	2363.5	−350.04	2835.8	2485.8	−1.2821	10.695	9.413
−10	0.25990	0.001089	467.17	−354.12	2714.8	2360.7	−354.12	2836.2	2482.1	−1.2976	10.778	9.480
−12	0.21732	0.001089	554.47	−358.17	2716.1	2357.9	−358.17	2836.6	2478.4	−1.3130	10.862	9.549
−14	0.18121	0.001088	659.88	−362.18	2717.3	2355.2	−362.18	2836.9	2474.7	−1.3284	10.947	9.618
−16	0.15068	0.001088	787.51	−366.17	2718.6	2352.4	−366.17	2837.2	2471.0	−1.3439	11.033	9.689
−18	0.12492	0.001088	942.51	−370.13	2719.7	2349.6	−370.13	2837.5	2467.3	−1.3593	11.121	9.761
−20	0.10326	0.001087	1131.3	−374.06	2720.9	2346.8	−374.06	2837.7	2463.6	−1.3748	11.209	9.835
−22	0.08510	0.001087	1362.0	−377.95	2722.0	2344.1	−377.95	2837.9	2459.9	−1.3903	11.300	9.909
−24	0.06991	0.001087	1644.7	−381.82	2723.1	2341.3	−381.82	2838.1	2456.2	−1.4057	11.391	9.985
−26	0.05725	0.001087	1992.2	−385.66	2724.2	2338.5	−385.66	2838.2	2452.5	−1.4212	11.484	10.063
−28	0.04673	0.001086	2421.0	−389.47	2725.2	2335.7	−389.47	2838.3	2448.8	−1.4367	11.578	10.141
−30	0.03802	0.001086	2951.7	−393.25	2726.2	2332.9	−393.25	2838.4	2445.1	−1.4521	11.673	10.221
−32	0.03082	0.001086	3610.9	−397.00	2727.2	2330.2	−397.00	2838.4	2441.4	−1.4676	11.770	10.303
−34	0.02490	0.001085	4432.4	−400.72	2728.1	2327.4	−400.72	2838.5	2437.7	−1.4831	11.869	10.386
−36	0.02004	0.001085	5460.1	−404.40	2729.0	2324.6	−404.40	2838.4	2434.0	−1.4986	11.969	10.470
−38	0.01608	0.001085	6750.5	−408.07	2729.9	2321.8	−408.07	2838.4	2430.3	−1.5141	12.071	10.557
−40	0.01285	0.001084	8376.7	−411.70	2730.7	2319.0	−411.70	2838.3	2426.6	−1.5296	12.174	10.644

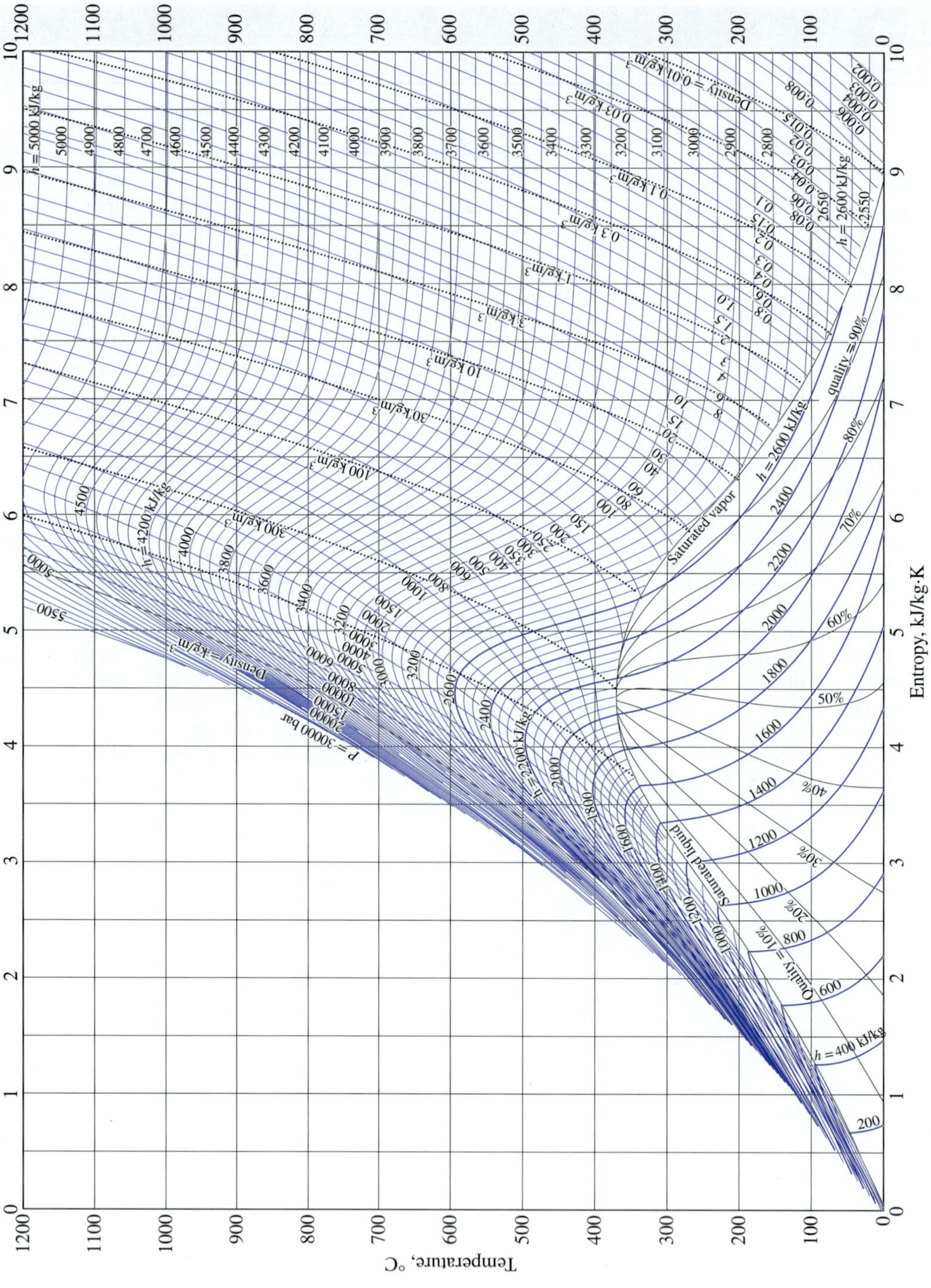

FIGURE A–9
T-s diagram for water.

Source of Data: From NBS/NRC Steam Tables/1 *by Lester Haar, John S. Gallagher, and George S. Kell. Routledge/Taylor & Francis Books, Inc.,* 1984.

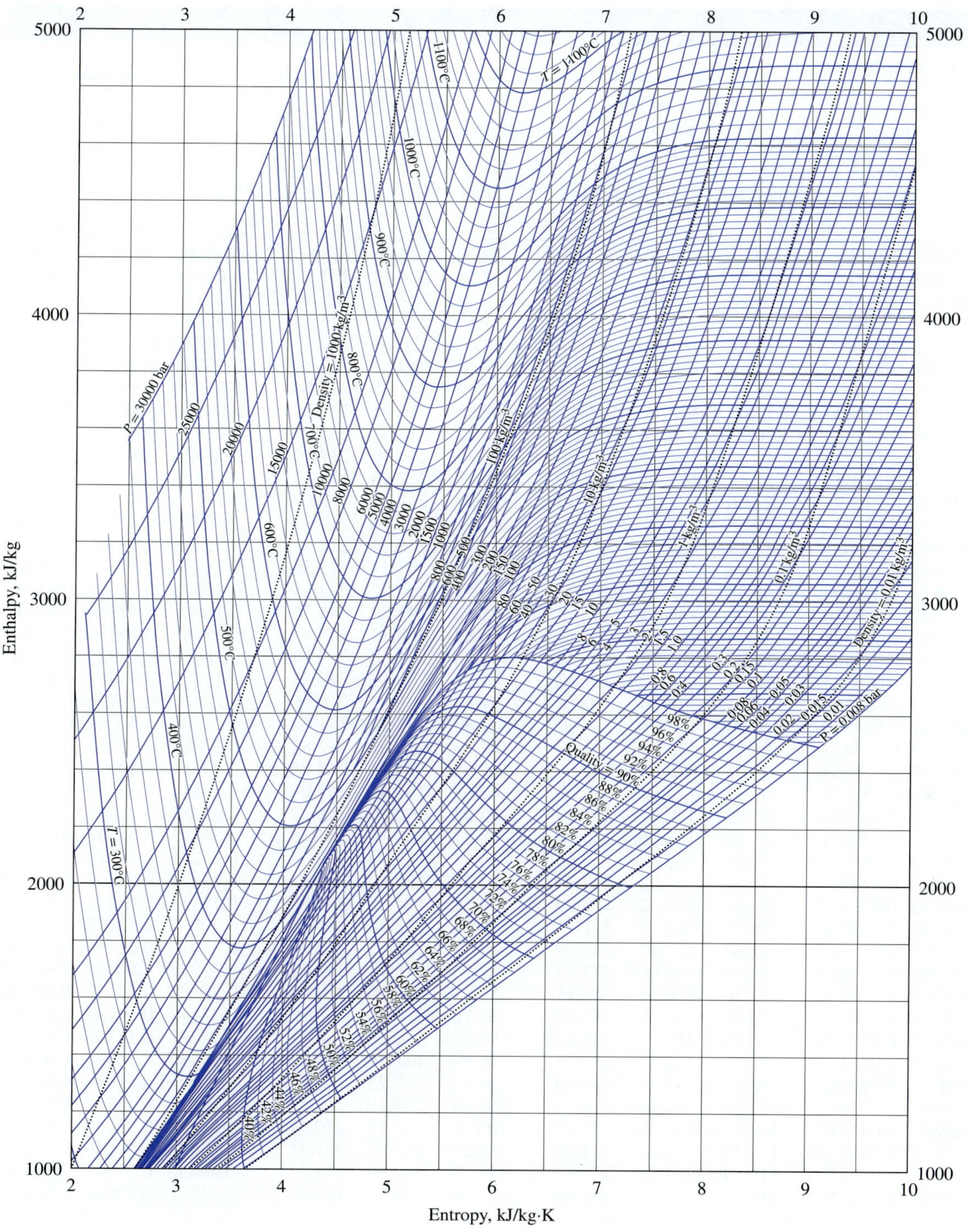

FIGURE A–10

Mollier diagram for water.

Source of Data: From NBS/NRC Steam Tables/1 *by Lester Haar, John S. Gallagher, and George S. Kell. Routledge/Taylor & Francis Books, Inc.,* 1984.

TABLE A–11

Saturated refrigerant-134a—Temperature table

		Specific volume, m^3/kg		*Internal energy,* kJ/kg			*Enthalpy,* kJ/kg			*Entropy,* kJ/kg·K		
Temp., T °C	Sat. press., P_{sat} kPa	Sat. liquid, v_f	Sat. vapor, v_g	Sat. liquid, u_f	Evap., u_{fg}	Sat. vapor, u_g	Sat. liquid, h_f	Evap., h_{fg}	Sat. vapor, h_g	Sat. liquid, s_f	Evap., s_{fg}	Sat. vapor, s_g
−40	51.25	0.0007053	0.36064	−0.036	207.42	207.38	0.00	225.86	225.86	0.00000	0.96869	0.96869
−38	56.86	0.0007082	0.32718	2.472	206.06	208.53	2.512	224.62	227.13	0.01071	0.95516	0.96588
−36	62.95	0.0007111	0.29740	4.987	204.69	209.68	5.032	223.37	228.40	0.02137	0.94182	0.96319
−34	69.56	0.0007141	0.27082	7.509	203.32	210.83	7.559	222.10	229.66	0.03196	0.92867	0.96063
−32	76.71	0.0007171	0.24706	10.04	201.94	211.97	10.09	220.83	230.93	0.04249	0.91569	0.95819
−30	84.43	0.0007201	0.22577	12.58	200.55	213.12	12.64	219.55	232.19	0.05297	0.90289	0.95586
−28	92.76	0.0007232	0.20666	15.12	199.15	214.27	15.19	218.25	233.44	0.06339	0.89024	0.95364
−26	101.73	0.0007264	0.18947	17.67	197.75	215.42	17.75	216.95	234.70	0.07376	0.87776	0.95152
−24	111.37	0.0007296	0.17398	20.23	196.34	216.57	20.31	215.63	235.94	0.08408	0.86542	0.94950
−22	121.72	0.0007328	0.15999	22.80	194.92	217.71	22.89	214.30	237.19	0.09435	0.85323	0.94758
−20	132.82	0.0007361	0.14735	25.37	193.49	218.86	25.47	212.96	238.43	0.10456	0.84119	0.94575
−18	144.69	0.0007394	0.13589	27.96	192.05	220.00	28.07	211.60	239.67	0.11473	0.82927	0.94401
−16	157.38	0.0007428	0.12550	30.55	190.60	221.15	30.67	210.23	240.90	0.12486	0.81749	0.94234
−14	170.93	0.0007463	0.11605	33.15	189.14	222.29	33.28	208.84	242.12	0.13493	0.80583	0.94076
−12	185.37	0.0007498	0.10744	35.76	187.66	223.42	35.90	207.44	243.34	0.14497	0.79429	0.93925
−10	200.74	0.0007533	0.099600	38.38	186.18	224.56	38.53	206.02	244.55	0.15496	0.78286	0.93782
−8	217.08	0.0007570	0.092438	41.01	184.69	225.69	41.17	204.59	245.76	0.16491	0.77154	0.93645
−6	234.44	0.0007607	0.085888	43.64	183.18	226.82	43.82	203.14	246.95	0.17482	0.76033	0.93514
−4	252.85	0.0007644	0.079889	46.29	181.66	227.94	46.48	201.66	248.14	0.18469	0.74921	0.93390
−2	272.36	0.0007683	0.074388	48.94	180.12	229.07	49.15	200.17	249.33	0.19452	0.73819	0.93271
0	293.01	0.0007722	0.069335	51.61	178.58	230.18	51.83	198.67	250.50	0.20432	0.72726	0.93158
2	314.84	0.0007761	0.064690	54.28	177.01	231.30	54.53	197.14	251.66	0.21408	0.71641	0.93050
4	337.90	0.0007802	0.060412	56.97	175.44	232.40	57.23	195.58	252.82	0.22381	0.70565	0.92946
6	362.23	0.0007843	0.056469	59.66	173.84	233.51	59.95	194.01	253.96	0.23351	0.69496	0.92847
8	387.88	0.0007886	0.052829	62.37	172.23	234.60	62.68	192.42	255.09	0.24318	0.68435	0.92752
10	414.89	0.0007929	0.049466	65.09	170.61	235.69	65.42	190.80	256.22	0.25282	0.67380	0.92661
12	443.31	0.0007973	0.046354	67.82	168.96	236.78	68.17	189.16	257.33	0.26243	0.66331	0.92574
14	473.19	0.0008018	0.043471	70.56	167.30	237.86	70.94	187.49	258.43	0.27201	0.65289	0.92490
16	504.58	0.0008064	0.040798	73.31	165.62	238.93	73.72	185.80	259.51	0.28157	0.64252	0.92409
18	537.52	0.0008112	0.038317	76.07	163.92	239.99	76.51	184.08	260.59	0.29111	0.63219	0.92330
20	572.07	0.0008160	0.036012	78.85	162.19	241.04	79.32	182.33	261.64	0.30062	0.62192	0.92254
22	608.27	0.0008209	0.033867	81.64	160.45	242.09	82.14	180.55	262.69	0.31012	0.61168	0.92180
24	646.18	0.0008260	0.031869	84.44	158.68	243.13	84.98	178.74	263.72	0.31959	0.60148	0.92107
26	685.84	0.0008312	0.030008	87.26	156.89	244.15	87.83	176.90	264.73	0.32905	0.59131	0.92036
28	727.31	0.0008366	0.028271	90.09	155.08	245.17	90.70	175.03	265.73	0.33849	0.58117	0.91967
30	770.64	0.0008421	0.026648	92.93	153.24	246.17	93.58	173.13	266.71	0.34792	0.57105	0.91897
32	815.89	0.0008477	0.025131	95.79	151.37	247.17	96.49	171.19	267.67	0.35734	0.56095	0.91829
34	863.11	0.0008535	0.023712	98.67	149.48	248.15	99.41	169.21	268.61	0.36675	0.55086	0.91760
36	912.35	0.0008595	0.022383	101.56	147.55	249.11	102.34	167.19	269.53	0.37615	0.54077	0.91692
38	963.68	0.0008657	0.021137	104.47	145.60	250.07	105.30	165.13	270.44	0.38554	0.53068	0.91622
40	1017.1	0.0008720	0.019968	107.39	143.61	251.00	108.28	163.03	271.31	0.39493	0.52059	0.91552
42	1072.8	0.0008786	0.018870	110.34	141.59	251.92	111.28	160.89	272.17	0.40432	0.51048	0.91480
44	1130.7	0.0008854	0.017837	113.30	139.53	252.83	114.30	158.70	273.00	0.41371	0.50036	0.91407

TABLE A–11

Saturated refrigerant-134a—Temperature table *(Concluded)*

		Specific volume, m^3/kg		*Internal energy,* kJ/kg			*Enthalpy,* kJ/kg			*Entropy,* kJ/kg·K		
Temp., T °C	Sat. press., P_{sat} kPa	Sat. liquid, v_f	Sat. vapor, v_g	Sat. liquid, u_f	Evap., u_{fg}	Sat. vapor, u_g	Sat. liquid, h_f	Evap., h_{fg}	Sat. vapor, h_g	Sat. liquid, s_f	Evap., s_{fg}	Sat. vapor, s_g
46	1191.0	0.0008924	0.016866	116.28	137.43	253.71	117.34	156.46	273.80	0.42311	0.49020	0.91331
48	1253.6	0.0008997	0.015951	119.28	135.30	254.58	120.41	154.17	274.57	0.43251	0.48001	0.91252
52	1386.2	0.0009151	0.014276	125.35	130.89	256.24	126.62	149.41	276.03	0.45136	0.45948	0.91084
56	1529.1	0.0009317	0.012782	131.52	126.29	257.81	132.94	144.41	277.35	0.47028	0.43870	0.90898
60	1682.8	0.0009498	0.011434	137.79	121.45	259.23	139.38	139.09	278.47	0.48930	0.41746	0.90676
65	1891.0	0.0009751	0.009959	145.80	115.06	260.86	147.64	132.05	279.69	0.51330	0.39048	0.90379
70	2118.2	0.0010037	0.008650	154.03	108.17	262.20	156.15	124.37	280.52	0.53763	0.36239	0.90002
75	2365.8	0.0010373	0.007486	162.55	100.62	263.17	165.01	115.87	280.88	0.56252	0.33279	0.89531
80	2635.3	0.0010774	0.006439	171.43	92.22	263.66	174.27	106.35	280.63	0.58812	0.30113	0.88925
85	2928.2	0.0011273	0.005484	180.81	82.64	263.45	184.11	95.39	279.51	0.61487	0.26632	0.88120
90	3246.9	0.0011938	0.004591	190.94	71.19	262.13	194.82	82.22	277.04	0.64354	0.22638	0.86991
95	3594.1	0.0012945	0.003713	202.49	56.25	258.73	207.14	64.94	272.08	0.67605	0.17638	0.85243
100	3975.1	0.0015269	0.002657	218.73	29.72	248.46	224.80	34.22	259.02	0.72224	0.09169	0.81393

Source of Data: Tables A–11 through A–13 are generated using the Engineering Equation Solver (EES) software developed by S. A. Klein and F. L. Alvarado. The routine used in calculations is the R134a, which is based on the fundamental equation of state developed by R. Tillner–Roth and H.D. Baehr, "An International Standard Formulation for the Thermodynamic Properties of 1,1,1,2-Tetrafluoroethane (HFC-134a) for temperatures from 170 K to 455 K and pressures up to 70 MPa," *J. Phys. Chem, Ref. Data,* Vol. 23, No. 5, 1994. The enthalpy and entropy values of saturated liquid are set to zero at −40°C (and −40°F).

TABLE A–12

Saturated refrigerant-134a—Pressure table

		Specific volume, m³/kg		Internal energy, kJ/kg			Enthalpy, kJ/kg			Entropy, kJ/kg·K		
Press., P kPa	Sat. temp., T_{sat} °C	Sat. liquid, v_f	Sat. vapor, v_g	Sat. liquid, u_f	Evap., u_{fg}	Sat. vapor, u_g	Sat. liquid, h_f	Evap., h_{fg}	Sat. vapor, h_g	Sat. liquid, s_f	Evap., s_{fg}	Sat. vapor, s_g
60	−36.95	0.0007097	0.31108	3.795	205.34	209.13	3.837	223.96	227.80	0.01633	0.94812	0.96445
70	−33.87	0.0007143	0.26921	7.672	203.23	210.90	7.722	222.02	229.74	0.03264	0.92783	0.96047
80	−31.13	0.0007184	0.23749	11.14	201.33	212.48	11.20	220.27	231.47	0.04707	0.91009	0.95716
90	−28.65	0.0007222	0.21261	14.30	199.60	213.90	14.36	218.67	233.04	0.06003	0.89431	0.95434
100	−26.37	0.0007258	0.19255	17.19	198.01	215.21	17.27	217.19	234.46	0.07182	0.88008	0.95191
120	−22.32	0.0007323	0.16216	22.38	195.15	217.53	22.47	214.52	236.99	0.09269	0.85520	0.94789
140	−18.77	0.0007381	0.14020	26.96	192.60	219.56	27.06	212.13	239.19	0.11080	0.83387	0.94467
160	−15.60	0.0007435	0.12355	31.06	190.31	221.37	31.18	209.96	241.14	0.12686	0.81517	0.94202
180	−12.73	0.0007485	0.11049	34.81	188.20	223.01	34.94	207.95	242.90	0.14131	0.79848	0.93979
200	−10.09	0.0007532	0.099951	38.26	186.25	224.51	38.41	206.09	244.50	0.15449	0.78339	0.93788
240	−5.38	0.0007618	0.083983	44.46	182.71	227.17	44.64	202.68	247.32	0.17786	0.75689	0.93475
280	−1.25	0.0007697	0.072434	49.95	179.54	229.49	50.16	199.61	249.77	0.19822	0.73406	0.93228
320	2.46	0.0007771	0.063681	54.90	176.65	231.55	55.14	196.78	251.93	0.21631	0.71395	0.93026
360	5.82	0.0007840	0.056809	59.42	173.99	233.41	59.70	194.15	253.86	0.23265	0.69591	0.92856
400	8.91	0.0007905	0.051266	63.61	171.49	235.10	63.92	191.68	255.61	0.24757	0.67954	0.92711
450	12.46	0.0007983	0.045677	68.44	168.58	237.03	68.80	188.78	257.58	0.26462	0.66093	0.92555
500	15.71	0.0008058	0.041168	72.92	165.86	238.77	73.32	186.04	259.36	0.28021	0.64399	0.92420
550	18.73	0.0008129	0.037452	77.09	163.29	240.38	77.54	183.44	260.98	0.29460	0.62842	0.92302
600	21.55	0.0008198	0.034335	81.01	160.84	241.86	81.50	180.95	262.46	0.30799	0.61398	0.92196
650	24.20	0.0008265	0.031680	84.72	158.51	243.23	85.26	178.56	263.82	0.32052	0.60048	0.92100
700	26.69	0.0008331	0.029392	88.24	156.27	244.51	88.82	176.26	265.08	0.33232	0.58780	0.92012
750	29.06	0.0008395	0.027398	91.59	154.11	245.70	92.22	174.03	266.25	0.34348	0.57582	0.91930
800	31.31	0.0008457	0.025645	94.80	152.02	246.82	95.48	171.86	267.34	0.35408	0.56445	0.91853
850	33.45	0.0008519	0.024091	97.88	150.00	247.88	98.61	169.75	268.36	0.36417	0.55362	0.91779
900	35.51	0.0008580	0.022703	100.84	148.03	248.88	101.62	167.69	269.31	0.37383	0.54326	0.91709
950	37.48	0.0008640	0.021456	103.70	146.11	249.82	104.52	165.68	270.20	0.38307	0.53333	0.91641
1000	39.37	0.0008700	0.020329	106.47	144.24	250.71	107.34	163.70	271.04	0.39196	0.52378	0.91574
1200	46.29	0.0008935	0.016728	116.72	137.12	253.84	117.79	156.12	273.92	0.42449	0.48870	0.91320
1400	52.40	0.0009167	0.014119	125.96	130.44	256.40	127.25	148.92	276.17	0.45325	0.45742	0.91067
1600	57.88	0.0009400	0.012134	134.45	124.05	258.50	135.96	141.96	277.92	0.47921	0.42881	0.90802
1800	62.87	0.0009639	0.010568	142.36	117.85	260.21	144.09	135.14	279.23	0.50304	0.40213	0.90517
2000	67.45	0.0009887	0.009297	149.81	111.75	261.56	151.78	128.36	280.15	0.52519	0.37684	0.90204
2500	77.54	0.0010567	0.006941	167.02	96.47	263.49	169.66	111.18	280.84	0.57542	0.31701	0.89243
3000	86.16	0.0011410	0.005272	183.09	80.17	263.26	186.51	92.57	279.08	0.62133	0.25759	0.87893

TABLE A–13

Superheated refrigerant-134a

T °C	v m³/kg	u kJ/kg	h kJ/kg	s kJ/kg·K	v m³/kg	u kJ/kg	h kJ/kg	s kJ/kg·K	v m³/kg	u kJ/kg	h kJ/kg	s kJ/kg·K
	$P = 0.06$ MPa ($T_{sat} = -36.95$°C)				$P = 0.10$ MPa ($T_{sat} = -26.37$°C)				$P = 0.14$ MPa ($T_{sat} = -18.77$°C)			
Sat.	0.31108	209.13	227.80	0.9645	0.19255	215.21	234.46	0.9519	0.14020	219.56	239.19	0.9447
−20	0.33608	220.62	240.78	1.0175	0.19841	219.68	239.52	0.9721				
−10	0.35048	227.57	248.60	1.0478	0.20743	226.77	247.51	1.0031	0.14605	225.93	246.37	0.9724
0	0.36476	234.67	256.56	1.0775	0.21630	233.97	255.60	1.0333	0.15263	233.25	254.61	1.0032
10	0.37893	241.94	264.68	1.1067	0.22506	241.32	263.82	1.0628	0.15908	240.68	262.95	1.0331
20	0.39302	249.37	272.95	1.1354	0.23373	248.81	272.18	1.0919	0.16544	248.24	271.40	1.0625
30	0.40705	256.97	281.39	1.1637	0.24233	256.46	280.69	1.1204	0.17172	255.95	279.99	1.0913
40	0.42102	264.73	289.99	1.1916	0.25088	264.27	289.36	1.1485	0.17794	263.80	288.72	1.1196
50	0.43495	272.66	298.75	1.2192	0.25937	272.24	298.17	1.1762	0.18412	271.81	297.59	1.1475
60	0.44883	280.75	307.68	1.2464	0.26783	280.36	307.15	1.2036	0.19025	279.97	306.61	1.1750
70	0.46269	289.01	316.77	1.2732	0.27626	288.65	316.28	1.2306	0.19635	288.29	315.78	1.2021
80	0.47651	297.43	326.02	1.2998	0.28465	297.10	325.57	1.2573	0.20242	296.77	325.11	1.2289
90	0.49032	306.02	335.43	1.3261	0.29303	305.71	335.01	1.2836	0.20847	305.40	334.59	1.2554
100	0.50410	314.76	345.01	1.3521	0.30138	314.48	344.61	1.3097	0.21449	314.19	344.22	1.2815
	$P = 0.18$ MPa ($T_{sat} = -12.73$°C)				$P = 0.20$ MPa ($T_{sat} = -10.09$°C)				$P = 0.24$ MPa ($T_{sat} = -5.38$°C)			
Sat.	0.11049	223.01	242.90	0.9398	0.09995	224.51	244.50	0.9379	0.08398	227.17	247.32	0.9348
−10	0.11189	225.04	245.18	0.9485	0.09991	224.57	244.56	0.9381				
0	0.11722	232.49	253.59	0.9799	0.10481	232.11	253.07	0.9699	0.08617	231.30	251.98	0.9520
10	0.12240	240.02	262.05	1.0103	0.10955	239.69	261.60	1.0005	0.09026	239.00	260.66	0.9832
20	0.12748	247.66	270.60	1.0400	0.11418	247.36	270.20	1.0304	0.09423	246.76	269.38	1.0134
30	0.13248	255.43	279.27	1.0691	0.11874	255.16	278.91	1.0596	0.09812	254.63	278.17	1.0429
40	0.13741	263.33	288.07	1.0976	0.12322	263.09	287.74	1.0882	0.10193	262.61	287.07	1.0718
50	0.14230	271.38	297.00	1.1257	0.12766	271.16	296.70	1.1164	0.10570	270.73	296.09	1.1002
60	0.14715	279.58	306.07	1.1533	0.13206	279.38	305.79	1.1441	0.10942	278.98	305.24	1.1281
70	0.15196	287.93	315.28	1.1806	0.13641	287.75	315.03	1.1714	0.11310	287.38	314.53	1.1555
80	0.15673	296.43	324.65	1.2075	0.14074	296.27	324.41	1.1984	0.11675	295.93	323.95	1.1826
90	0.16149	305.09	334.16	1.2340	0.14504	304.93	333.94	1.2250	0.12038	304.62	333.51	1.2093
100	0.16622	313.90	343.82	1.2603	0.14933	313.75	343.62	1.2513	0.12398	313.46	343.22	1.2356
	$P = 0.28$ MPa ($T_{sat} = -1.25$°C)				$P = 0.32$ MPa ($T_{sat} = 2.46$°C)				$P = 0.40$ MPa ($T_{sat} = 8.91$°C)			
Sat.	0.07243	229.49	249.77	0.9323	0.06368	231.55	251.93	0.9303	0.051266	235.10	255.61	0.9271
0	0.07282	230.46	250.85	0.9362								
10	0.07646	238.29	259.70	0.9681	0.06609	237.56	258.70	0.9545	0.051506	235.99	256.59	0.9306
20	0.07997	246.15	268.54	0.9987	0.06925	245.51	267.67	0.9856	0.054213	244.19	265.88	0.9628
30	0.08338	254.08	277.42	1.0285	0.07231	253.52	276.66	1.0158	0.056796	252.37	275.09	0.9937
40	0.08672	262.12	286.40	1.0577	0.07530	261.62	285.72	1.0452	0.059292	260.60	284.32	1.0237
50	0.09000	270.28	295.48	1.0862	0.07823	269.83	294.87	1.0739	0.061724	268.92	293.61	1.0529
60	0.09324	278.58	304.69	1.1143	0.08111	278.17	304.12	1.1022	0.064104	277.34	302.98	1.0814
70	0.09644	287.01	314.01	1.1419	0.08395	286.64	313.50	1.1299	0.066443	285.88	312.45	1.1095
80	0.09961	295.59	323.48	1.1690	0.08675	295.24	323.00	1.1572	0.068747	294.54	322.04	1.1370
90	0.10275	304.30	333.07	1.1958	0.08953	303.99	332.64	1.1841	0.071023	303.34	331.75	1.1641
100	0.10587	313.17	342.81	1.2223	0.09229	312.87	342.41	1.2106	0.073274	312.28	341.59	1.1908
110	0.10897	322.18	352.69	1.2484	0.09503	321.91	352.31	1.2368	0.075504	321.35	351.55	1.2172
120	0.11205	331.34	362.72	1.2742	0.09775	331.08	362.36	1.2627	0.077717	330.56	361.65	1.2432
130	0.11512	340.65	372.88	1.2998	0.10045	340.41	372.55	1.2883	0.079913	339.92	371.89	1.2689
140	0.11818	350.11	383.20	1.3251	0.10314	349.88	382.89	1.3136	0.082096	349.42	382.26	1.2943

TABLE A–13

Superheated refrigerant-134a *(Concluded)*

T °C	v m³/kg	u kJ/kg	h kJ/kg	s kJ/kg·K	v m³/kg	u kJ/kg	h kJ/kg	s kJ/kg·K	v m³/kg	u kJ/kg	h kJ/kg	s kJ/kg·K
	P = 0.50 MPa (T_{sat} = 15.71°C)				P = 0.60 MPa (T_{sat} = 21.55°C)				P = 0.70 MPa (T_{sat} = 26.69°C)			
Sat.	0.041168	238.77	259.36	0.9242	0.034335	241.86	262.46	0.9220	0.029392	244.51	265.08	0.9201
20	0.042115	242.42	263.48	0.9384								
30	0.044338	250.86	273.03	0.9704	0.035984	249.24	270.83	0.9500	0.029966	247.49	268.47	0.9314
40	0.046456	259.27	282.50	1.0011	0.037865	257.88	280.60	0.9817	0.031696	256.41	278.59	0.9642
50	0.048499	267.73	291.98	1.0309	0.039659	266.50	290.30	1.0122	0.033322	265.22	288.54	0.9955
60	0.050485	276.27	301.51	1.0600	0.041389	275.17	300.00	1.0417	0.034875	274.03	298.44	1.0257
70	0.052427	284.91	311.12	1.0884	0.043069	283.91	309.75	1.0706	0.036373	282.88	308.34	1.0550
80	0.054331	293.65	320.82	1.1163	0.044710	292.74	319.57	1.0988	0.037829	291.81	318.29	1.0835
90	0.056205	302.52	330.63	1.1436	0.046318	301.69	329.48	1.1265	0.039250	300.84	328.31	1.1115
100	0.058053	311.52	340.55	1.1706	0.047900	310.75	339.49	1.1536	0.040642	309.96	338.41	1.1389
110	0.059880	320.65	350.59	1.1971	0.049458	319.93	349.61	1.1804	0.042010	319.21	348.61	1.1659
120	0.061687	329.91	360.75	1.2233	0.050997	329.24	359.84	1.2068	0.043358	328.57	358.92	1.1925
130	0.063479	339.31	371.05	1.2492	0.052519	338.69	370.20	1.2328	0.044688	338.06	369.34	1.2186
140	0.065256	348.85	381.47	1.2747	0.054027	348.26	380.68	1.2585	0.046004	347.67	379.88	1.2445
150	0.067021	358.52	392.04	1.3000	0.055522	357.98	391.29	1.2838	0.047306	357.42	390.54	1.2700
160	0.068775	368.34	402.73	1.3250	0.057006	367.83	402.03	1.3089	0.048597	367.31	401.32	1.2952

T °C	v m³/kg	u kJ/kg	h kJ/kg	s kJ/kg·K	v m³/kg	u kJ/kg	h kJ/kg	s kJ/kg·K	v m³/kg	u kJ/kg	h kJ/kg	s kJ/kg·K
	P = 0.80 MPa (T_{sat} = 31.31°C)				P = 0.90 MPa (T_{sat} = 35.51°C)				P = 1.00 MPa (T_{sat} = 39.37°C)			
Sat.	0.025645	246.82	267.34	0.9185	0.022686	248.82	269.25	0.9169	0.020319	250.71	271.04	0.9157
40	0.027035	254.84	276.46	0.9481	0.023375	253.15	274.19	0.9328	0.020406	251.32	271.73	0.9180
50	0.028547	263.87	286.71	0.9803	0.024809	262.46	284.79	0.9661	0.021796	260.96	282.76	0.9526
60	0.029973	272.85	296.82	1.0111	0.026146	271.62	295.15	0.9977	0.023068	270.33	293.40	0.9851
70	0.031340	281.83	306.90	1.0409	0.027413	280.74	305.41	1.0280	0.024261	279.61	303.87	1.0160
80	0.032659	290.86	316.99	1.0699	0.028630	289.88	315.65	1.0574	0.025398	288.87	314.27	1.0459
90	0.033941	299.97	327.12	1.0982	0.029806	299.08	325.90	1.0861	0.026492	298.17	324.66	1.0749
100	0.035193	309.17	337.32	1.1259	0.030951	308.35	336.21	1.1141	0.027552	307.52	335.08	1.1032
110	0.036420	318.47	347.61	1.1531	0.032068	317.72	346.58	1.1415	0.028584	316.96	345.54	1.1309
120	0.037625	327.89	357.99	1.1798	0.033164	327.19	357.04	1.1684	0.029592	326.49	356.08	1.1580
130	0.038813	337.42	368.47	1.2062	0.034241	336.78	367.59	1.1949	0.030581	336.12	366.70	1.1847
140	0.039985	347.08	379.07	1.2321	0.035302	346.48	378.25	1.2211	0.031554	345.87	377.42	1.2110
150	0.041143	356.86	389.78	1.2577	0.036349	356.30	389.01	1.2468	0.032512	355.73	388.24	1.2369
160	0.042290	366.78	400.61	1.2830	0.037384	366.25	399.89	1.2722	0.033457	365.71	399.17	1.2624
170	0.043427	376.83	411.57	1.3081	0.038408	376.33	410.89	1.2973	0.034392	375.82	410.22	1.2876
180	0.044554	387.01	422.65	1.3328	0.039423	386.54	422.02	1.3221	0.035317	386.06	421.38	1.3125

T °C	v m³/kg	u kJ/kg	h kJ/kg	s kJ/kg·K	v m³/kg	u kJ/kg	h kJ/kg	s kJ/kg·K	v m³/kg	u kJ/kg	h kJ/kg	s kJ/kg·K
	P = 1.20 MPa (T_{sat} = 46.29°C)				P = 1.40 MPa (T_{sat} = 52.40°C)				P = 1.60 MPa (T_{sat} = 57.88°C)			
Sat.	0.016728	253.84	273.92	0.9132	0.014119	256.40	276.17	0.9107	0.012134	258.50	277.92	0.9080
50	0.017201	257.64	278.28	0.9268								
60	0.018404	267.57	289.66	0.9615	0.015005	264.46	285.47	0.9389	0.012372	260.91	280.71	0.9164
70	0.019502	277.23	300.63	0.9939	0.016060	274.62	297.10	0.9733	0.013430	271.78	293.27	0.9536
80	0.020529	286.77	311.40	1.0249	0.017023	284.51	308.34	1.0056	0.014362	282.11	305.09	0.9875
90	0.021506	296.28	322.09	1.0547	0.017923	294.28	319.37	1.0364	0.015215	292.19	316.53	1.0195
100	0.022442	305.81	332.74	1.0836	0.018778	304.01	330.30	1.0661	0.016014	302.16	327.78	1.0501
110	0.023348	315.40	343.41	1.1119	0.019597	313.76	341.19	1.0949	0.016773	312.09	338.93	1.0795
120	0.024228	325.05	354.12	1.1395	0.020388	323.55	352.09	1.1230	0.017500	322.03	350.03	1.1081
130	0.025086	334.79	364.90	1.1665	0.021155	333.41	363.02	1.1504	0.018201	332.02	361.14	1.1360
140	0.025927	344.63	375.74	1.1931	0.021904	343.34	374.01	1.1773	0.018882	342.06	372.27	1.1633
150	0.026753	354.57	386.68	1.2192	0.022636	353.37	385.07	1.2038	0.019545	352.19	383.46	1.1901
160	0.027566	364.63	397.71	1.2450	0.023355	363.51	396.20	1.2298	0.020194	362.40	394.71	1.2164
170	0.028367	374.80	408.84	1.2704	0.024061	373.75	407.43	1.2554	0.020830	372.71	406.04	1.2422
180	0.029158	385.10	420.09	1.2955	0.024757	384.12	418.78	1.2808	0.021456	383.13	417.46	1.2677

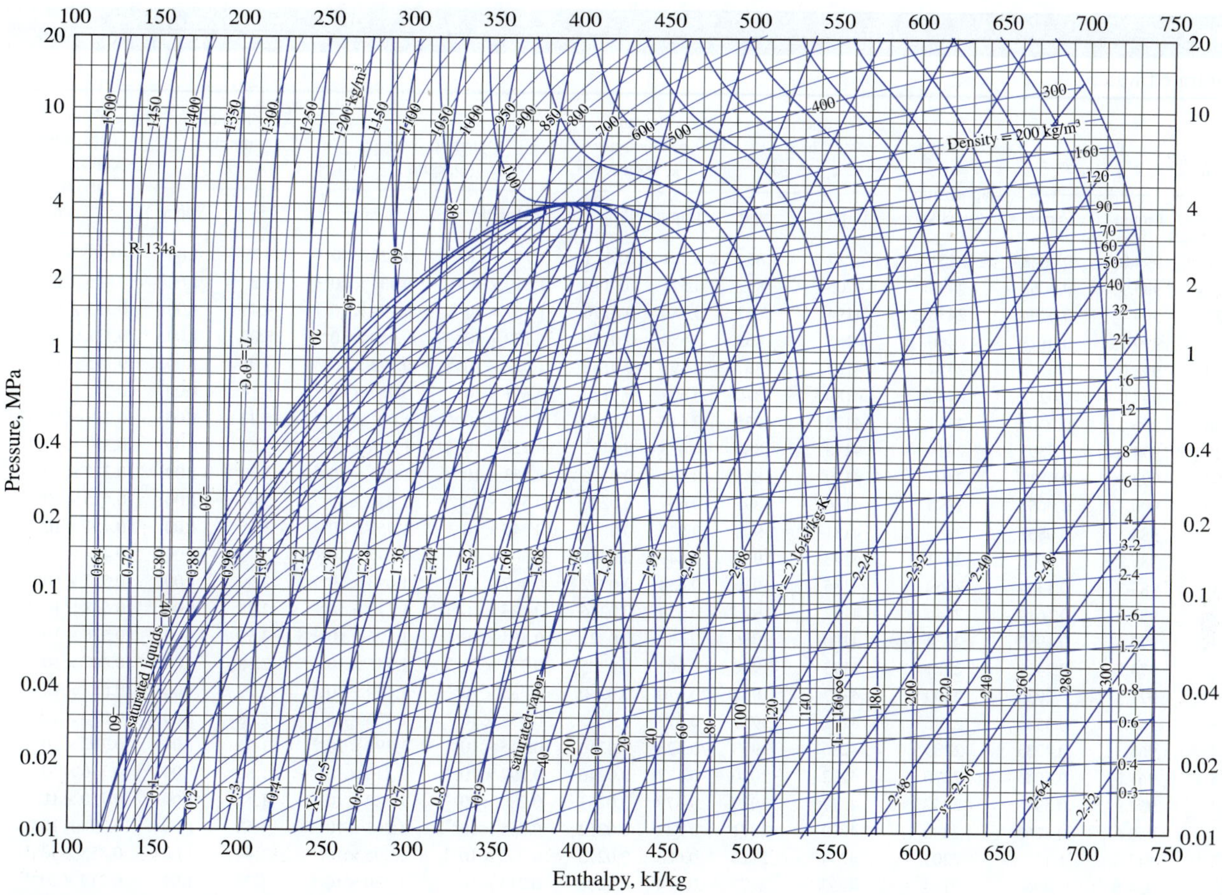

FIGURE A–14

P-h diagram for refrigerant-134a.

Note: The reference point used for the chart is different than that used in the R-134a tables. Therefore, problems should be solved using all property data either from the tables or from the chart, but not from both.

Source of Data: American Society of Heating, Refrigerating, and Air-Conditioning Engineers, Inc., Atlanta, GA.

TABLE A–15

Properties of saturated water

Temp. T, °C	Saturation pressure P_{sat}, kPa	Density ρ, kg/m³ Liquid	Density Vapor	Enthalpy of vaporization h_{fg}, kJ/kg	Specific heat c_p, J/kg·K Liquid	Specific heat Vapor	Thermal conductivity k, W/m·K Liquid	Thermal conductivity Vapor	Dynamic viscosity μ, kg/m·s Liquid	Dynamic viscosity Vapor	Prandtl number Pr Liquid	Prandtl number Vapor	Volume expansion coefficient β, 1/K Liquid
0.01	0.6113	999.8	0.0048	2501	4217	1854	0.561	0.0171	1.792 × 10^{-3}	0.922 × 10^{-5}	13.5	1.00	−0.068 × 10^{-3}
5	0.8721	999.9	0.0068	2490	4205	1857	0.571	0.0173	1.519 × 10^{-3}	0.934 × 10^{-5}	11.2	1.00	0.015 × 10^{-3}
10	1.2276	999.7	0.0094	2478	4194	1862	0.580	0.0176	1.307 × 10^{-3}	0.946 × 10^{-5}	9.45	1.00	0.733 × 10^{-3}
15	1.7051	999.1	0.0128	2466	4185	1863	0.589	0.0179	1.138 × 10^{-3}	0.959 × 10^{-5}	8.09	1.00	0.138 × 10^{-3}
20	2.339	998.0	0.0173	2454	4182	1867	0.598	0.0182	1.002 × 10^{-3}	0.973 × 10^{-5}	7.01	1.00	0.195 × 10^{-3}
25	3.169	997.0	0.0231	2442	4180	1870	0.607	0.0186	0.891 × 10^{-3}	0.987 × 10^{-5}	6.14	1.00	0.247 × 10^{-3}
30	4.246	996.0	0.0304	2431	4178	1875	0.615	0.0189	0.798 × 10^{-3}	1.001 × 10^{-5}	5.42	1.00	0.294 × 10^{-3}
35	5.628	994.0	0.0397	2419	4178	1880	0.623	0.0192	0.720 × 10^{-3}	1.016 × 10^{-5}	4.83	1.00	0.337 × 10^{-3}
40	7.384	992.1	0.0512	2407	4179	1885	0.631	0.0196	0.653 × 10^{-3}	1.031 × 10^{-5}	4.32	1.00	0.377 × 10^{-3}
45	9.593	990.1	0.0655	2395	4180	1892	0.637	0.0200	0.596 × 10^{-3}	1.046 × 10^{-5}	3.91	1.00	0.415 × 10^{-3}
50	12.35	988.1	0.0831	2383	4181	1900	0.644	0.0204	0.547 × 10^{-3}	1.062 × 10^{-5}	3.55	1.00	0.451 × 10^{-3}
55	15.76	985.2	0.1045	2371	4183	1908	0.649	0.0208	0.504 × 10^{-3}	1.077 × 10^{-5}	3.25	1.00	0.484 × 10^{-3}
60	19.94	983.3	0.1304	2359	4185	1916	0.654	0.0212	0.467 × 10^{-3}	1.093 × 10^{-5}	2.99	1.00	0.517 × 10^{-3}
65	25.03	980.4	0.1614	2346	4187	1926	0.659	0.0216	0.433 × 10^{-3}	1.110 × 10^{-5}	2.75	1.00	0.548 × 10^{-3}
70	31.19	977.5	0.1983	2334	4190	1936	0.663	0.0221	0.404 × 10^{-3}	1.126 × 10^{-5}	2.55	1.00	0.578 × 10^{-3}
75	38.58	974.7	0.2421	2321	4193	1948	0.667	0.0225	0.378 × 10^{-3}	1.142 × 10^{-5}	2.38	1.00	0.607 × 10^{-3}
80	47.39	971.8	0.2935	2309	4197	1962	0.670	0.0230	0.355 × 10^{-3}	1.159 × 10^{-5}	2.22	1.00	0.653 × 10^{-3}
85	57.83	968.1	0.3536	2296	4201	1977	0.673	0.0235	0.333 × 10^{-3}	1.176 × 10^{-5}	2.08	1.00	0.670 × 10^{-3}
90	70.14	965.3	0.4235	2283	4206	1993	0.675	0.0240	0.315 × 10^{-3}	1.193 × 10^{-5}	1.96	1.00	0.702 × 10^{-3}
95	84.55	961.5	0.5045	2270	4212	2010	0.677	0.0246	0.297 × 10^{-3}	1.210 × 10^{-5}	1.85	1.00	0.716 × 10^{-3}
100	101.33	957.9	0.5978	2257	4217	2029	0.679	0.0251	0.282 × 10^{-3}	1.227 × 10^{-5}	1.75	1.00	0.750 × 10^{-3}
110	143.27	950.6	0.8263	2230	4229	2071	0.682	0.0262	0.255 × 10^{-3}	1.261 × 10^{-5}	1.58	1.00	0.798 × 10^{-3}
120	198.53	943.4	1.121	2203	4244	2120	0.683	0.0275	0.232 × 10^{-3}	1.296 × 10^{-5}	1.44	1.00	0.858 × 10^{-3}
130	270.1	934.6	1.496	2174	4263	2177	0.684	0.0288	0.213 × 10^{-3}	1.330 × 10^{-5}	1.33	1.01	0.913 × 10^{-3}
140	361.3	921.7	1.965	2145	4286	2244	0.683	0.0301	0.197 × 10^{-3}	1.365 × 10^{-5}	1.24	1.02	0.970 × 10^{-3}
150	475.8	916.6	2.546	2114	4311	2314	0.682	0.0316	0.183 × 10^{-3}	1.399 × 10^{-5}	1.16	1.02	1.025 × 10^{-3}
160	617.8	907.4	3.256	2083	4340	2420	0.680	0.0331	0.170 × 10^{-3}	1.434 × 10^{-5}	1.09	1.05	1.145 × 10^{-3}
170	791.7	897.7	4.119	2050	4370	2490	0.677	0.0347	0.160 × 10^{-3}	1.468 × 10^{-5}	1.03	1.05	1.178 × 10^{-3}
180	1,002.1	887.3	5.153	2015	4410	2590	0.673	0.0364	0.150 × 10^{-3}	1.502 × 10^{-5}	0.983	1.07	1.210 × 10^{-3}
190	1,254.4	876.4	6.388	1979	4460	2710	0.669	0.0382	0.142 × 10^{-3}	1.537 × 10^{-5}	0.947	1.09	1.280 × 10^{-3}
200	1,553.8	864.3	7.852	1941	4500	2840	0.663	0.0401	0.134 × 10^{-3}	1.571 × 10^{-5}	0.910	1.11	1.350 × 10^{-3}
220	2,318	840.3	11.60	1859	4610	3110	0.650	0.0442	0.122 × 10^{-3}	1.641 × 10^{-5}	0.865	1.15	1.520 × 10^{-3}
240	3,344	813.7	16.73	1767	4760	3520	0.632	0.0487	0.111 × 10^{-3}	1.712 × 10^{-5}	0.836	1.24	1.720 × 10^{-3}
260	4,688	783.7	23.69	1663	4970	4070	0.609	0.0540	0.102 × 10^{-3}	1.788 × 10^{-5}	0.832	1.35	2.000 × 10^{-3}
280	6,412	750.8	33.15	1544	5280	4835	0.581	0.0605	0.094 × 10^{-3}	1.870 × 10^{-5}	0.854	1.49	2.380 × 10^{-3}
300	8,581	713.8	46.15	1405	5750	5980	0.548	0.0695	0.086 × 10^{-3}	1.965 × 10^{-5}	0.902	1.69	2.950 × 10^{-3}
320	11,274	667.1	64.57	1239	6540	7900	0.509	0.0836	0.078 × 10^{-3}	2.084 × 10^{-5}	1.00	1.97	
340	14,586	610.5	92.62	1028	8240	11,870	0.469	0.110	0.070 × 10^{-3}	2.255 × 10^{-5}	1.23	2.43	
360	18,651	528.3	144.0	720	14,690	25,800	0.427	0.178	0.060 × 10^{-3}	2.571 × 10^{-5}	2.06	3.73	
374.14	22,090	317.0	317.0	0	—	—	—	—	0.043 × 10^{-3}	4.313 × 10^{-5}			

Note 1: Kinematic viscosity ν and thermal diffusivity α can be calculated from their definitions, $\nu = \mu/\rho$ and $\alpha = k/\rho c_p = \nu/\text{Pr}$. The temperatures 0.01°C, 100°C, and 374.14°C are the triple-, boiling-, and critical-point temperatures of water, respectively. The properties listed above (except the vapor density) can be used at any pressure with negligible error except at temperatures near the critical-point value.

Note 2: The unit kJ/kg·°C for specific heat is equivalent to kJ/kg·K, and the unit W/m·°C for thermal conductivity is equivalent to W/m·K.

Source: Viscosity and thermal conductivity data are from J. V. Sengers and J. T. R. Watson, *Journal of Physical and Chemical Reference Data* 15 (1986), pp. 1291–1322. Other data are obtained from various sources or calculated.

TABLE A–16

Properties of saturated refrigerant-134a

Temp. T, °C	Saturation pressure P, kPa	Density ρ, kg/m^3		Enthalpy of vaporization h_{fg}, kJ/kg	Specific heat c_p, J/kg·K		Thermal conductivity k, W/m·K		Dynamic viscosity μ, kg/m·s		Prandtl number Pr		Volume expansion coefficient β, 1/K	Surface tension, N/m
		Liquid	Vapor		Liquid	Vapor	Liquid	Vapor	Liquid	Vapor	Liquid	Vapor	Liquid	
−40	51.2	1418	2.773	225.9	1254	748.6	0.1101	0.00811	4.878×10^{-4}	2.550×10^{-6}	5.558	0.235	0.00205	0.01760
−35	66.2	1403	3.524	222.7	1264	764.1	0.1084	0.00862	4.509×10^{-4}	3.003×10^{-6}	5.257	0.266	0.00209	0.01682
−30	84.4	1389	4.429	219.5	1273	780.2	0.1066	0.00913	4.178×10^{-4}	3.504×10^{-6}	4.992	0.299	0.00215	0.01604
−25	106.5	1374	5.509	216.3	1283	797.2	0.1047	0.00963	3.882×10^{-4}	4.054×10^{-6}	4.757	0.335	0.00220	0.01527
−20	132.8	1359	6.787	213.0	1294	814.9	0.1028	0.01013	3.614×10^{-4}	4.651×10^{-6}	4.548	0.374	0.00227	0.01451
−15	164.0	1343	8.288	209.5	1306	833.5	0.1009	0.01063	3.371×10^{-4}	5.295×10^{-6}	4.363	0.415	0.00233	0.01376
−10	200.7	1327	10.04	206.0	1318	853.1	0.0989	0.01112	3.150×10^{-4}	5.982×10^{-6}	4.198	0.459	0.00241	0.01302
−5	243.5	1311	12.07	202.4	1330	873.8	0.0968	0.01161	2.947×10^{-4}	6.709×10^{-6}	4.051	0.505	0.00249	0.01229
0	293.0	1295	14.42	198.7	1344	895.6	0.0947	0.01210	2.761×10^{-4}	7.471×10^{-6}	3.919	0.553	0.00258	0.01156
5	349.9	1278	17.12	194.8	1358	918.7	0.0925	0.01259	2.589×10^{-4}	8.264×10^{-6}	3.802	0.603	0.00269	0.01084
10	414.9	1261	20.22	190.8	1374	943.2	0.0903	0.01308	2.430×10^{-4}	9.081×10^{-6}	3.697	0.655	0.00280	0.01014
15	488.7	1244	23.75	186.6	1390	969.4	0.0880	0.01357	2.281×10^{-4}	9.915×10^{-6}	3.604	0.708	0.00293	0.00944
20	572.1	1226	27.77	182.3	1408	997.6	0.0856	0.01406	2.142×10^{-4}	1.075×10^{-5}	3.521	0.763	0.00307	0.00876
25	665.8	1207	32.34	177.8	1427	1028	0.0833	0.01456	2.012×10^{-4}	1.160×10^{-5}	3.448	0.819	0.00324	0.00808
30	770.6	1188	37.53	173.1	1448	1061	0.0808	0.01507	1.888×10^{-4}	1.244×10^{-5}	3.383	0.877	0.00342	0.00742
35	887.5	1168	43.41	168.2	1471	1098	0.0783	0.01558	1.772×10^{-4}	1.327×10^{-5}	3.328	0.935	0.00364	0.00677
40	1017.1	1147	50.08	163.0	1498	1138	0.0757	0.01610	1.660×10^{-4}	1.408×10^{-5}	3.285	0.995	0.00390	0.00613
45	1160.5	1125	57.66	157.6	1529	1184	0.0731	0.01664	1.554×10^{-4}	1.486×10^{-5}	3.253	1.058	0.00420	0.00550
50	1318.6	1102	66.27	151.8	1566	1237	0.0704	0.01720	1.453×10^{-4}	1.562×10^{-5}	3.231	1.123	0.00455	0.00489
55	1492.3	1078	76.11	145.7	1608	1298	0.0676	0.01777	1.355×10^{-4}	1.634×10^{-5}	3.223	1.193	0.00500	0.00429
60	1682.8	1053	87.38	139.1	1659	1372	0.0647	0.01838	1.260×10^{-4}	1.704×10^{-5}	3.229	1.272	0.00554	0.00372
65	1891.0	1026	100.4	132.1	1722	1462	0.0618	0.01902	1.167×10^{-4}	1.771×10^{-5}	3.255	1.362	0.00624	0.00315
70	2118.2	996.2	115.6	124.4	1801	1577	0.0587	0.01972	1.077×10^{-4}	1.839×10^{-5}	3.307	1.471	0.00716	0.00261
75	2365.8	964	133.6	115.9	1907	1731	0.0555	0.02048	9.891×10^{-5}	1.908×10^{-5}	3.400	1.612	0.00843	0.00209
80	2635.2	928.2	155.3	106.4	2056	1948	0.0521	0.02133	9.011×10^{-5}	1.982×10^{-5}	3.558	1.810	0.01031	0.00160
85	2928.2	887.1	182.3	95.4	2287	2281	0.0484	0.02233	8.124×10^{-5}	2.071×10^{-5}	3.837	2.116	0.01336	0.00114
90	3246.9	837.7	217.8	82.2	2701	2865	0.0444	0.02357	7.203×10^{-5}	2.187×10^{-5}	4.385	2.658	0.01911	0.00071
95	3594.1	772.5	269.3	64.9	3675	4144	0.0396	0.02544	6.190×10^{-5}	2.370×10^{-5}	5.746	3.862	0.03343	0.00033
100	3975.1	651.7	376.3	33.9	7959	8785	0.0322	0.02989	4.765×10^{-5}	2.833×10^{-5}	11.77	8.326	0.10047	0.00004

Note 1: Kinematic viscosity ν and thermal diffusivity α can be calculated from their definitions, $\nu = \mu/\rho$ and $\alpha = k/\rho c_p = \nu/\mathrm{Pr}$. The properties listed here (except the vapor density) can be used at any pressures with negligible error except at temperatures near the critical-point value.

Note 2: The unit kJ/kg·°C for specific heat is equivalent to kJ/kg·K, and the unit W/m·°C for thermal conductivity is equivalent to W/m·K.

Source: Data generated from the EES software developed by S. A. Klein and F. L. Alvarado. Original sources: R. Tillner-Roth and H. D. Baehr, "An International Standard Formulation for the Thermodynamic Properties of 1,1,1,2-Tetrafluoroethane (HFC-134a) for Temperatures from 170 K to 455 K and Pressures up to 70 MPa," *J. Phys. Chem, Ref. Data,* Vol. 23, No. 5, 1994; M.J. Assael, N. K. Dalaouti, A. A. Griva, and J. H. Dymond, "Viscosity and Thermal Conductivity of Halogenated Methane and Ethane Refrigerants," *IJR,* Vol. 22, pp. 525–535, 1999; NIST REFPROP 6 program (M. O. McLinden, S. A. Klein, E. W. Lemmon, and A. P. Peskin, Physical and Chemical Properties Division, National Institute of Standards and Technology, Boulder, CO 80303, 1995).

TABLE A–17

Properties of saturated ammonia

Temp. T, °C	Saturation pressure P, kPa	Density ρ, kg/m³		Enthalpy of vaporization h_{fg}, kJ/kg	Specific heat c_p, J/kg·K		Thermal conductivity k, W/m·K		Dynamic viscosity μ, kg/m·s		Prandtl number Pr		Volume expansion coefficient β, 1/K Liquid	Surface tension, N/m
		Liquid	Vapor		Liquid	Vapor	Liquid	Vapor	Liquid	Vapor	Liquid	Vapor		
−40	71.66	690.2	0.6435	1389	4414	2242	—	0.01792	2.926×10^{-4}	7.957×10^{-6}	—	0.9955	0.00176	0.03565
−30	119.4	677.8	1.037	1360	4465	2322	—	0.01898	2.630×10^{-4}	8.311×10^{-6}	—	1.017	0.00185	0.03341
−25	151.5	671.5	1.296	1345	4489	2369	0.5968	0.01957	2.492×10^{-4}	8.490×10^{-6}	1.875	1.028	0.00190	0.03229
−20	190.1	665.1	1.603	1329	4514	2420	0.5853	0.02015	2.361×10^{-4}	8.669×10^{-6}	1.821	1.041	0.00194	0.03118
−15	236.2	658.6	1.966	1313	4538	2476	0.5737	0.02075	2.236×10^{-4}	8.851×10^{-6}	1.769	1.056	0.00199	0.03007
−10	290.8	652.1	2.391	1297	4564	2536	0.5621	0.02138	2.117×10^{-4}	9.034×10^{-6}	1.718	1.072	0.00205	0.02896
−5	354.9	645.4	2.886	1280	4589	2601	0.5505	0.02203	2.003×10^{-4}	9.218×10^{-6}	1.670	1.089	0.00210	0.02786
0	429.6	638.6	3.458	1262	4617	2672	0.5390	0.02270	1.896×10^{-4}	9.405×10^{-6}	1.624	1.107	0.00216	0.02676
5	516	631.7	4.116	1244	4645	2749	0.5274	0.02341	1.794×10^{-4}	9.593×10^{-6}	1.580	1.126	0.00223	0.02566
10	615.3	624.6	4.870	1226	4676	2831	0.5158	0.02415	1.697×10^{-4}	9.784×10^{-6}	1.539	1.147	0.00230	0.02457
15	728.8	617.5	5.729	1206	4709	2920	0.5042	0.02492	1.606×10^{-4}	9.978×10^{-6}	1.500	1.169	0.00237	0.02348
20	857.8	610.2	6.705	1186	4745	3016	0.4927	0.02573	1.519×10^{-4}	1.017×10^{-5}	1.463	1.193	0.00245	0.02240
25	1003	602.8	7.809	1166	4784	3120	0.4811	0.02658	1.438×10^{-4}	1.037×10^{-5}	1.430	1.218	0.00254	0.02132
30	1167	595.2	9.055	1144	4828	3232	0.4695	0.02748	1.361×10^{-4}	1.057×10^{-5}	1.399	1.244	0.00264	0.02024
35	1351	587.4	10.46	1122	4877	3354	0.4579	0.02843	1.288×10^{-4}	1.078×10^{-5}	1.372	1.272	0.00275	0.01917
40	1555	579.4	12.03	1099	4932	3486	0.4464	0.02943	1.219×10^{-4}	1.099×10^{-5}	1.347	1.303	0.00287	0.01810
45	1782	571.3	13.8	1075	4993	3631	0.4348	0.03049	1.155×10^{-4}	1.121×10^{-5}	1.327	1.335	0.00301	0.01704
50	2033	562.9	15.78	1051	5063	3790	0.4232	0.03162	1.094×10^{-4}	1.143×10^{-5}	1.310	1.371	0.00316	0.01598
55	2310	554.2	18.00	1025	5143	3967	0.4116	0.03283	1.037×10^{-4}	1.166×10^{-5}	1.297	1.409	0.00334	0.01493
60	2614	545.2	20.48	997.4	5234	4163	0.4001	0.03412	9.846×10^{-5}	1.189×10^{-5}	1.288	1.452	0.00354	0.01389
65	2948	536.0	23.26	968.9	5340	4384	0.3885	0.03550	9.347×10^{-5}	1.213×10^{-5}	1.285	1.499	0.00377	0.01285
70	3312	526.3	26.39	939.0	5463	4634	0.3769	0.03700	8.879×10^{-5}	1.238×10^{-5}	1.287	1.551	0.00404	0.01181
75	3709	516.2	29.90	907.5	5608	4923	0.3653	0.03862	8.440×10^{-5}	1.264×10^{-5}	1.296	1.612	0.00436	0.01079
80	4141	505.7	33.87	874.1	5780	5260	0.3538	0.04038	8.030×10^{-5}	1.292×10^{-5}	1.312	1.683	0.00474	0.00977
85	4609	494.5	38.36	838.6	5988	5659	0.3422	0.04232	7.646×10^{-5}	1.322×10^{-5}	1.338	1.768	0.00521	0.00876
90	5116	482.8	43.48	800.6	6242	6142	0.3306	0.04447	7.284×10^{-5}	1.354×10^{-5}	1.375	1.871	0.00579	0.00776
95	5665	470.2	49.35	759.8	6561	6740	0.3190	0.04687	6.946×10^{-5}	1.389×10^{-5}	1.429	1.999	0.00652	0.00677
100	6257	456.6	56.15	715.5	6972	7503	0.3075	0.04958	6.628×10^{-5}	1.429×10^{-5}	1.503	2.163	0.00749	0.00579

Note 1: Kinematic viscosity ν and thermal diffusivity α can be calculated from their definitions, $\nu = \mu/\rho$ and $\alpha = k/\rho c_p = \nu/\text{Pr}$. The properties listed here (except the vapor density) can be used at any pressures with negligible error except at temperatures near the critical-point value.

Note 2: The unit kJ/kg·°C for specific heat is equivalent to kJ/kg·K, and the unit W/m·°C for thermal conductivity is equivalent to W/m·K.

Source: Data generated from the EES software developed by S. A. Klein and F. L. Alvarado. Original sources: Tillner-Roth, Harms-Watzenberg, and Baehr, "Eine neue Fundamentalgleichung fur Ammoniak," *DKV-Tagungsbericht* 20:167–181, 1993; Liley and Desai, "Thermophysical Properties of Refrigerants," *ASHRAE,* 1993, ISBN 1-1883413-10-9.

TABLE A–18

Properties of saturated propane

Temp. T, °C	Saturation pressure P, kPa	Density ρ, kg/m³ Liquid	Density ρ, kg/m³ Vapor	Enthalpy of vaporization h_{fg}, kJ/kg	Specific heat c_p, J/kg·K Liquid	Specific heat c_p, J/kg·K Vapor	Thermal conductivity k, W/m·K Liquid	Thermal conductivity k, W/m·K Vapor	Dynamic viscosity μ, kg/m·s Liquid	Dynamic viscosity μ, kg/m·s Vapor	Prandtl number Pr Liquid	Prandtl number Pr Vapor	Volume expansion coefficient β, 1/K Liquid	Surface tension, N/m
−120	0.4053	664.7	0.01408	498.3	2003	1115	0.1802	0.00589	6.136×10^{-4}	4.372×10^{-6}	6.820	0.827	0.00153	0.02630
−110	1.157	654.5	0.03776	489.3	2021	1148	0.1738	0.00645	5.054×10^{-4}	4.625×10^{-6}	5.878	0.822	0.00157	0.02486
−100	2.881	644.2	0.08872	480.4	2044	1183	0.1672	0.00705	4.252×10^{-4}	4.881×10^{-6}	5.195	0.819	0.00161	0.02344
−90	6.406	633.8	0.1870	471.5	2070	1221	0.1606	0.00769	3.635×10^{-4}	5.143×10^{-6}	4.686	0.817	0.00166	0.02202
−80	12.97	623.2	0.3602	462.4	2100	1263	0.1539	0.00836	3.149×10^{-4}	5.409×10^{-6}	4.297	0.817	0.00171	0.02062
−70	24.26	612.5	0.6439	453.1	2134	1308	0.1472	0.00908	2.755×10^{-4}	5.680×10^{-6}	3.994	0.818	0.00177	0.01923
−60	42.46	601.5	1.081	443.5	2173	1358	0.1407	0.00985	2.430×10^{-4}	5.956×10^{-6}	3.755	0.821	0.00184	0.01785
−50	70.24	590.3	1.724	433.6	2217	1412	0.1343	0.01067	2.158×10^{-4}	6.239×10^{-6}	3.563	0.825	0.00192	0.01649
−40	110.7	578.8	2.629	423.1	2258	1471	0.1281	0.01155	1.926×10^{-4}	6.529×10^{-6}	3.395	0.831	0.00201	0.01515
−30	167.3	567.0	3.864	412.1	2310	1535	0.1221	0.01250	1.726×10^{-4}	6.827×10^{-6}	3.266	0.839	0.00213	0.01382
−20	243.8	554.7	5.503	400.3	2368	1605	0.1163	0.01351	1.551×10^{-4}	7.136×10^{-6}	3.158	0.848	0.00226	0.01251
−10	344.4	542.0	7.635	387.8	2433	1682	0.1107	0.01459	1.397×10^{-4}	7.457×10^{-6}	3.069	0.860	0.00242	0.01122
0	473.3	528.7	10.36	374.2	2507	1768	0.1054	0.01576	1.259×10^{-4}	7.794×10^{-6}	2.996	0.875	0.00262	0.00996
5	549.8	521.8	11.99	367.0	2547	1814	0.1028	0.01637	1.195×10^{-4}	7.970×10^{-6}	2.964	0.883	0.00273	0.00934
10	635.1	514.7	13.81	359.5	2590	1864	0.1002	0.01701	1.135×10^{-4}	8.151×10^{-6}	2.935	0.893	0.00286	0.00872
15	729.8	507.5	15.85	351.7	2637	1917	0.0977	0.01767	1.077×10^{-4}	8.339×10^{-6}	2.909	0.905	0.00301	0.00811
20	834.4	500.0	18.13	343.4	2688	1974	0.0952	0.01836	1.022×10^{-4}	8.534×10^{-6}	2.886	0.918	0.00318	0.00751
25	949.7	492.2	20.68	334.8	2742	2036	0.0928	0.01908	9.702×10^{-5}	8.738×10^{-6}	2.866	0.933	0.00337	0.00691
30	1076	484.2	23.53	325.8	2802	2104	0.0904	0.01982	9.197×10^{-5}	8.952×10^{-6}	2.850	0.950	0.00358	0.00633
35	1215	475.8	26.72	316.2	2869	2179	0.0881	0.02061	8.710×10^{-5}	9.178×10^{-6}	2.837	0.971	0.00384	0.00575
40	1366	467.1	30.29	306.1	2943	2264	0.0857	0.02142	8.240×10^{-5}	9.417×10^{-6}	2.828	0.995	0.00413	0.00518
45	1530	458.0	34.29	295.3	3026	2361	0.0834	0.02228	7.785×10^{-5}	9.674×10^{-6}	2.824	1.025	0.00448	0.00463
50	1708	448.5	38.79	283.9	3122	2473	0.0811	0.02319	7.343×10^{-5}	9.950×10^{-5}	2.826	1.061	0.00491	0.00408
60	2110	427.5	49.66	258.4	3283	2769	0.0765	0.02517	6.487×10^{-5}	1.058×10^{-5}	2.784	1.164	0.00609	0.00303
70	2580	403.2	64.02	228.0	3595	3241	0.0717	0.02746	5.649×10^{-5}	1.138×10^{-5}	2.834	1.343	0.00811	0.00204
80	3127	373.0	84.28	189.7	4501	4173	0.0663	0.03029	4.790×10^{-5}	1.249×10^{-5}	3.251	1.722	0.01248	0.00114
90	3769	329.1	118.6	133.2	6977	7239	0.0595	0.03441	3.807×10^{-5}	1.448×10^{-5}	4.465	3.047	0.02847	0.00037

Note 1: Kinematic viscosity ν and thermal diffusivity α can be calculated from their definitions, $\nu = \mu/\rho$ and $\alpha = k/\rho c_p = \nu/\text{Pr}$. The properties listed here (except the vapor density) can be used at any pressures with negligible error except at temperatures near the critical-point value.

Note 2: The unit kJ/kg·°C for specific heat is equivalent to kJ/kg·K, and the unit W/m·°C for thermal conductivity is equivalent to W/m·K.

Source: Data generated from the EES software developed by S. A. Klein and F. L. Alvarado. Original sources: Reiner Tillner-Roth, "Fundamental Equations of State," Shaker, Verlag, Aachan, 1998; B. A. Younglove and J. F. Ely, "Thermophysical Properties of Fluids. II Methane, Ethane, Propane, Isobutane, and Normal Butane," *J. Phys. Chem. Ref. Data,* Vol. 16, No. 4, 1987; G.R. Somayajulu, "A Generalized Equation for Surface Tension from the Triple-Point to the Critical-Point," *International Journal of Thermophysics,* Vol. 9, No. 4, 1988.

TABLE A-19

Properties of liquids

Temp. T, °C	Density ρ, kg/m^3	Specific heat c_p, J/kg·K	Thermal conductivity k, W/m·K	Thermal diffusivity α, m^2/s	Dynamic viscosity μ, kg/m·s	Kinematic viscosity ν, m^2/s	Prandtl number Pr	Volume expansion coeff. β, 1/K
				Methane [CH_4]				
−160	420.2	3492	0.1863	1.270×10^{-7}	1.133×10^{-4}	2.699×10^{-7}	2.126	0.00352
−150	405.0	3580	0.1703	1.174×10^{-7}	9.169×10^{-5}	2.264×10^{-7}	1.927	0.00391
−140	388.8	3700	0.1550	1.077×10^{-7}	7.551×10^{-5}	1.942×10^{-7}	1.803	0.00444
−130	371.1	3875	0.1402	9.749×10^{-8}	6.288×10^{-5}	1.694×10^{-7}	1.738	0.00520
−120	351.4	4146	0.1258	8.634×10^{-8}	5.257×10^{-5}	1.496×10^{-7}	1.732	0.00637
−110	328.8	4611	0.1115	7.356×10^{-8}	4.377×10^{-5}	1.331×10^{-7}	1.810	0.00841
−100	301.0	5578	0.0967	5.761×10^{-8}	3.577×10^{-5}	1.188×10^{-7}	2.063	0.01282
−90	261.7	8902	0.0797	3.423×10^{-8}	2.761×10^{-5}	1.055×10^{-7}	3.082	0.02922
				Methanol [$CH_3(OH)$]				
20	788.4	2515	0.1987	1.002×10^{-7}	5.857×10^{-4}	7.429×10^{-7}	7.414	0.00118
30	779.1	2577	0.1980	9.862×10^{-8}	5.088×10^{-4}	6.531×10^{-7}	6.622	0.00120
40	769.6	2644	0.1972	9.690×10^{-8}	4.460×10^{-4}	5.795×10^{-7}	5.980	0.00123
50	760.1	2718	0.1965	9.509×10^{-8}	3.942×10^{-4}	5.185×10^{-7}	5.453	0.00127
60	750.4	2798	0.1957	9.320×10^{-8}	3.510×10^{-4}	4.677×10^{-7}	5.018	0.00132
70	740.4	2885	0.1950	9.128×10^{-8}	3.146×10^{-4}	4.250×10^{-7}	4.655	0.00137
				Isobutane (R600a)				
−100	683.8	1881	0.1383	1.075×10^{-7}	9.305×10^{-4}	1.360×10^{-6}	12.65	0.00142
−75	659.3	1970	0.1357	1.044×10^{-7}	5.624×10^{-4}	8.531×10^{-7}	8.167	0.00150
−50	634.3	2069	0.1283	9.773×10^{-8}	3.769×10^{-4}	5.942×10^{-7}	6.079	0.00161
−25	608.2	2180	0.1181	8.906×10^{-8}	2.688×10^{-4}	4.420×10^{-7}	4.963	0.00177
0	580.6	2306	0.1068	7.974×10^{-8}	1.993×10^{-4}	3.432×10^{-7}	4.304	0.00199
25	550.7	2455	0.0956	7.069×10^{-8}	1.510×10^{-4}	2.743×10^{-7}	3.880	0.00232
50	517.3	2640	0.0851	6.233×10^{-8}	1.155×10^{-4}	2.233×10^{-7}	3.582	0.00286
75	478.5	2896	0.0757	5.460×10^{-8}	8.785×10^{-5}	1.836×10^{-7}	3.363	0.00385
100	429.6	3361	0.0669	4.634×10^{-8}	6.483×10^{-5}	1.509×10^{-7}	3.256	0.00628
				Glycerin				
0	1276	2262	0.2820	9.773×10^{-8}	10.49	8.219×10^{-3}	84,101	
5	1273	2288	0.2835	9.732×10^{-8}	6.730	5.287×10^{-3}	54,327	
10	1270	2320	0.2846	9.662×10^{-8}	4.241	3.339×10^{-3}	34,561	
15	1267	2354	0.2856	9.576×10^{-8}	2.496	1.970×10^{-3}	20,570	
20	1264	2386	0.2860	9.484×10^{-8}	1.519	1.201×10^{-3}	12,671	
25	1261	2416	0.2860	9.388×10^{-8}	0.9934	7.878×10^{-4}	8,392	
30	1258	2447	0.2860	9.291×10^{-8}	0.6582	5.232×10^{-4}	5,631	
35	1255	2478	0.2860	9.195×10^{-8}	0.4347	3.464×10^{-4}	3,767	
40	1252	2513	0.2863	9.101×10^{-8}	0.3073	2.455×10^{-4}	2,697	
				Engine oil (unused)				
0	899.0	1797	0.1469	9.097×10^{-8}	3.814	4.242×10^{-3}	46,636	0.00070
20	888.1	1881	0.1450	8.680×10^{-8}	0.8374	9.429×10^{-4}	10,863	0.00070
40	876.0	1964	0.1444	8.391×10^{-8}	0.2177	2.485×10^{-4}	2,962	0.00070
60	863.9	2048	0.1404	7.934×10^{-8}	0.07399	8.565×10^{-5}	1,080	0.00070
80	852.0	2132	0.1380	7.599×10^{-8}	0.03232	3.794×10^{-5}	499.3	0.00070
100	840.0	2220	0.1367	7.330×10^{-8}	0.01718	2.046×10^{-5}	279.1	0.00070
120	828.9	2308	0.1347	7.042×10^{-8}	0.01029	1.241×10^{-5}	176.3	0.00070
140	816.8	2395	0.1330	6.798×10^{-8}	0.006558	8.029×10^{-6}	118.1	0.00070
150	810.3	2441	0.1327	6.708×10^{-8}	0.005344	6.595×10^{-6}	98.31	0.00070

Source: Data generated from the EES software developed by S. A. Klein and F. L. Alvarado. Originally based on various sources.

TABLE A–20

Properties of liquid metals

Temp. T, °C	Density ρ, kg/m³	Specific heat c_p, J/kg·K	Thermal conductivity k, W/m·K	Thermal diffusivity α, m²/s	Dynamic viscosity μ, kg/m·s	Kinematic viscosity ν, m²/s	Prandtl number Pr	Volume expansion coeff. β, 1/K
Mercury (Hg) melting point: −39°C								
0	13595	140.4	8.18200	4.287×10^{-6}	1.687×10^{-3}	1.241×10^{-7}	0.0289	1.810×10^{-4}
25	13534	139.4	8.51533	4.514×10^{-6}	1.534×10^{-3}	1.133×10^{-7}	0.0251	1.810×10^{-4}
50	13473	138.6	8.83632	4.734×10^{-6}	1.423×10^{-3}	1.056×10^{-7}	0.0223	1.810×10^{-4}
75	13412	137.8	9.15632	4.956×10^{-6}	1.316×10^{-3}	9.819×10^{-8}	0.0198	1.810×10^{-4}
100	13351	137.1	9.46706	5.170×10^{-6}	1.245×10^{-3}	9.326×10^{-8}	0.0180	1.810×10^{-4}
150	13231	136.1	10.07780	5.595×10^{-6}	1.126×10^{-3}	8.514×10^{-8}	0.0152	1.810×10^{-4}
200	13112	135.5	10.65465	5.996×10^{-6}	1.043×10^{-3}	7.959×10^{-8}	0.0133	1.815×10^{-4}
250	12993	135.3	11.18150	6.363×10^{-6}	9.820×10^{-4}	7.558×10^{-8}	0.0119	1.829×10^{-4}
300	12873	135.3	11.68150	6.705×10^{-6}	9.336×10^{-4}	7.252×10^{-8}	0.0108	1.854×10^{-4}
Bismuth (Bi) melting point: 271°C								
350	9969	146.0	16.28	1.118×10^{-5}	1.540×10^{-3}	1.545×10^{-7}	0.01381	
400	9908	148.2	16.10	1.096×10^{-5}	1.422×10^{-3}	1.436×10^{-7}	0.01310	
500	9785	152.8	15.74	1.052×10^{-5}	1.188×10^{-3}	1.215×10^{-7}	0.01154	
600	9663	157.3	15.60	1.026×10^{-5}	1.013×10^{-3}	1.048×10^{-7}	0.01022	
700	9540	161.8	15.60	1.010×10^{-5}	8.736×10^{-4}	9.157×10^{-8}	0.00906	
Lead (Pb) melting point: 327°C								
400	10506	158	15.97	9.623×10^{-6}	2.277×10^{-3}	2.167×10^{-7}	0.02252	
450	10449	156	15.74	9.649×10^{-6}	2.065×10^{-3}	1.976×10^{-7}	0.02048	
500	10390	155	15.54	9.651×10^{-6}	1.884×10^{-3}	1.814×10^{-7}	0.01879	
550	10329	155	15.39	9.610×10^{-6}	1.758×10^{-3}	1.702×10^{-7}	0.01771	
600	10267	155	15.23	9.568×10^{-6}	1.632×10^{-3}	1.589×10^{-7}	0.01661	
650	10206	155	15.07	9.526×10^{-6}	1.505×10^{-3}	1.475×10^{-7}	0.01549	
700	10145	155	14.91	9.483×10^{-6}	1.379×10^{-3}	1.360×10^{-7}	0.01434	
Sodium (Na) melting point: 98°C								
100	927.3	1378	85.84	6.718×10^{-5}	6.892×10^{-4}	7.432×10^{-7}	0.01106	
200	902.5	1349	80.84	6.639×10^{-5}	5.385×10^{-4}	5.967×10^{-7}	0.008987	
300	877.8	1320	75.84	6.544×10^{-5}	3.878×10^{-4}	4.418×10^{-7}	0.006751	
400	853.0	1296	71.20	6.437×10^{-5}	2.720×10^{-4}	3.188×10^{-7}	0.004953	
500	828.5	1284	67.41	6.335×10^{-5}	2.411×10^{-4}	2.909×10^{-7}	0.004593	
600	804.0	1272	63.63	6.220×10^{-5}	2.101×10^{-4}	2.614×10^{-7}	0.004202	
Potassium (K) melting point: 64°C								
200	795.2	790.8	43.99	6.995×10^{-5}	3.350×10^{-4}	4.213×10^{-7}	0.006023	
300	771.6	772.8	42.01	7.045×10^{-5}	2.667×10^{-4}	3.456×10^{-7}	0.004906	
400	748.0	754.8	40.03	7.090×10^{-5}	1.984×10^{-4}	2.652×10^{-7}	0.00374	
500	723.9	750.0	37.81	6.964×10^{-5}	1.668×10^{-4}	2.304×10^{-7}	0.003309	
600	699.6	750.0	35.50	6.765×10^{-5}	1.487×10^{-4}	2.126×10^{-7}	0.003143	
Sodium-potassium (%22Na-%78K) melting point: −11°C								
100	847.3	944.4	25.64	3.205×10^{-5}	5.707×10^{-4}	6.736×10^{-7}	0.02102	
200	823.2	922.5	26.27	3.459×10^{-5}	4.587×10^{-4}	5.572×10^{-7}	0.01611	
300	799.1	900.6	26.89	3.736×10^{-5}	3.467×10^{-4}	4.339×10^{-7}	0.01161	
400	775.0	879.0	27.50	4.037×10^{-5}	2.357×10^{-4}	3.041×10^{-7}	0.00753	
500	751.5	880.1	27.89	4.217×10^{-5}	2.108×10^{-4}	2.805×10^{-7}	0.00665	
600	728.0	881.2	28.28	4.408×10^{-5}	1.859×10^{-4}	2.553×10^{-7}	0.00579	

Source: Data generated from the EES software developed by S. A. Klein and F. L. Alvarado. Originally based on various sources.

TABLE A–21

Ideal-gas properties of air

T K	h kJ/kg	P_r	u kJ/kg	v_r	$s°$ kJ/kg·K	T K	h kJ/kg	P_r	u kJ/kg	v_r	$s°$ kJ/kg·K
200	199.97	0.3363	142.56	1707.0	1.29559	580	586.04	14.38	419.55	115.7	2.37348
210	209.97	0.3987	149.69	1512.0	1.34444	590	596.52	15.31	427.15	110.6	2.39140
220	219.97	0.4690	156.82	1346.0	1.39105	600	607.02	16.28	434.78	105.8	2.40902
230	230.02	0.5477	164.00	1205.0	1.43557	610	617.53	17.30	442.42	101.2	2.42644
240	240.02	0.6355	171.13	1084.0	1.47824	620	628.07	18.36	450.09	96.92	2.44356
250	250.05	0.7329	178.28	979.0	1.51917	630	638.63	19.84	457.78	92.84	2.46048
260	260.09	0.8405	185.45	887.8	1.55848	640	649.22	20.64	465.50	88.99	2.47716
270	270.11	0.9590	192.60	808.0	1.59634	650	659.84	21.86	473.25	85.34	2.49364
280	280.13	1.0889	199.75	738.0	1.63279	660	670.47	23.13	481.01	81.89	2.50985
285	285.14	1.1584	203.33	706.1	1.65055	670	681.14	24.46	488.81	78.61	2.52589
290	290.16	1.2311	206.91	676.1	1.66802	680	691.82	25.85	496.62	75.50	2.54175
295	295.17	1.3068	210.49	647.9	1.68515	690	702.52	27.29	504.45	72.56	2.55731
298	298.18	1.3543	212.64	631.9	1.69528	700	713.27	28.80	512.33	69.76	2.57277
300	300.19	1.3860	214.07	621.2	1.70203	710	724.04	30.38	520.23	67.07	2.58810
305	305.22	1.4686	217.67	596.0	1.71865	720	734.82	32.02	528.14	64.53	2.60319
310	310.24	1.5546	221.25	572.3	1.73498	730	745.62	33.72	536.07	62.13	2.61803
315	315.27	1.6442	224.85	549.8	1.75106	740	756.44	35.50	544.02	59.82	2.63280
320	320.29	1.7375	228.42	528.6	1.76690	750	767.29	37.35	551.99	57.63	2.64737
325	325.31	1.8345	232.02	508.4	1.78249	760	778.18	39.27	560.01	55.54	2.66176
330	330.34	1.9352	235.61	489.4	1.79783	780	800.03	43.35	576.12	51.64	2.69013
340	340.42	2.149	242.82	454.1	1.82790	800	821.95	47.75	592.30	48.08	2.71787
350	350.49	2.379	250.02	422.2	1.85708	820	843.98	52.59	608.59	44.84	2.74504
360	360.58	2.626	257.24	393.4	1.88543	840	866.08	57.60	624.95	41.85	2.77170
370	370.67	2.892	264.46	367.2	1.91313	860	888.27	63.09	641.40	39.12	2.79783
380	380.77	3.176	271.69	343.4	1.94001	880	910.56	68.98	657.95	36.61	2.82344
390	390.88	3.481	278.93	321.5	1.96633	900	932.93	75.29	674.58	34.31	2.84856
400	400.98	3.806	286.16	301.6	1.99194	920	955.38	82.05	691.28	32.18	2.87324
410	411.12	4.153	293.43	283.3	2.01699	940	977.92	89.28	708.08	30.22	2.89748
420	421.26	4.522	300.69	266.6	2.04142	960	1000.55	97.00	725.02	28.40	2.92128
430	431.43	4.915	307.99	251.1	2.06533	980	1023.25	105.2	741.98	26.73	2.94468
440	441.61	5.332	315.30	236.8	2.08870	1000	1046.04	114.0	758.94	25.17	2.96770
450	451.80	5.775	322.62	223.6	2.11161	1020	1068.89	123.4	776.10	23.72	2.99034
460	462.02	6.245	329.97	211.4	2.13407	1040	1091.85	133.3	793.36	23.29	3.01260
470	472.24	6.742	337.32	200.1	2.15604	1060	1114.86	143.9	810.62	21.14	3.03449
480	482.49	7.268	344.70	189.5	2.17760	1080	1137.89	155.2	827.88	19.98	3.05608
490	492.74	7.824	352.08	179.7	2.19876	1100	1161.07	167.1	845.33	18.896	3.07732
500	503.02	8.411	359.49	170.6	2.21952	1120	1184.28	179.7	862.79	17.886	3.09825
510	513.32	9.031	366.92	162.1	2.23993	1140	1207.57	193.1	880.35	16.946	3.11883
520	523.63	9.684	374.36	154.1	2.25997	1160	1230.92	207.2	897.91	16.064	3.13916
530	533.98	10.37	381.84	146.7	2.27967	1180	1254.34	222.2	915.57	15.241	3.15916
540	544.35	11.10	389.34	139.7	2.29906	1200	1277.79	238.0	933.33	14.470	3.17888
550	554.74	11.86	396.86	133.1	2.31809	1220	1301.31	254.7	951.09	13.747	3.19834
560	565.17	12.66	404.42	127.0	2.33685	1240	1324.93	272.3	968.95	13.069	3.21751
570	575.59	13.50	411.97	121.2	2.35531						

TABLE A–21

Ideal-gas properties of air *(Concluded)*

T K	*h* kJ/kg	P_r	*u* kJ/kg	v_r	$s°$ kJ/kg·K	*T* K	*h* kJ/kg	P_r	*u* kJ/kg	v_r	$s°$ kJ/kg·K
1260	1348.55	290.8	986.90	12.435	3.23638	1600	1757.57	791.2	1298.30	5.804	3.52364
1280	1372.24	310.4	1004.76	11.835	3.25510	1620	1782.00	834.1	1316.96	5.574	3.53879
1300	1395.97	330.9	1022.82	11.275	3.27345	1640	1806.46	878.9	1335.72	5.355	3.55381
1320	1419.76	352.5	1040.88	10.747	3.29160	1660	1830.96	925.6	1354.48	5.147	3.56867
1340	1443.60	375.3	1058.94	10.247	3.30959	1680	1855.50	974.2	1373.24	4.949	3.58335
1360	1467.49	399.1	1077.10	9.780	3.32724	1700	1880.1	1025	1392.7	4.761	3.5979
1380	1491.44	424.2	1095.26	9.337	3.34474	1750	1941.6	1161	1439.8	4.328	3.6336
1400	1515.42	450.5	1113.52	8.919	3.36200	1800	2003.3	1310	1487.2	3.994	3.6684
1420	1539.44	478.0	1131.77	8.526	3.37901	1850	2065.3	1475	1534.9	3.601	3.7023
1440	1563.51	506.9	1150.13	8.153	3.39586	1900	2127.4	1655	1582.6	3.295	3.7354
1460	1587.63	537.1	1168.49	7.801	3.41247	1950	2189.7	1852	1630.6	3.022	3.7677
1480	1611.79	568.8	1186.95	7.468	3.42892	2000	2252.1	2068	1678.7	2.776	3.7994
1500	1635.97	601.9	1205.41	7.152	3.44516	2050	2314.6	2303	1726.8	2.555	3.8303
1520	1660.23	636.5	1223.87	6.854	3.46120	2100	2377.7	2559	1775.3	2.356	3.8605
1540	1684.51	672.8	1242.43	6.569	3.47712	2150	2440.3	2837	1823.8	2.175	3.8901
1560	1708.82	710.5	1260.99	6.301	3.49276	2200	2503.2	3138	1872.4	2.012	3.9191
1580	1733.17	750.0	1279.65	6.046	3.50829	2250	2566.4	3464	1921.3	1.864	3.9474

Note: The properties P_r (relative pressure) and v_r (relative specific volume) are dimensionless quantities used in the analysis of isentropic processes and should not be confused with the properties pressure and specific volume.

Source of Data: Kenneth Wark, *Thermodynamics,* 4th ed. (New York: McGraw-Hill, 1983), pp. 785–86, Table A–5. Originally published in J. H. Keenan and J. Kaye, *Gas Tables* (New York: John Wiley & Sons, 1948).

TABLE A-22

Properties of air at 1 atm pressure

Temp. T, °C	Density ρ, kg/m³	Specific heat c_p, J/kg·K	Thermal conductivity k, W/m·K	Thermal diffusivity α, m²/s	Dynamic viscosity μ, kg/m·s	Kinematic viscosity ν, m²/s	Prandtl number Pr
−150	2.866	983	0.01171	4.158×10^{-6}	8.636×10^{-6}	3.013×10^{-6}	0.7246
−100	2.038	966	0.01582	8.036×10^{-6}	1.189×10^{-5}	5.837×10^{-6}	0.7263
−50	1.582	999	0.01979	1.252×10^{-5}	1.474×10^{-5}	9.319×10^{-6}	0.7440
−40	1.514	1002	0.02057	1.356×10^{-5}	1.527×10^{-5}	1.008×10^{-5}	0.7436
−30	1.451	1004	0.02134	1.465×10^{-5}	1.579×10^{-5}	1.087×10^{-5}	0.7425
−20	1.394	1005	0.02211	1.578×10^{-5}	1.630×10^{-5}	1.169×10^{-5}	0.7408
−10	1.341	1006	0.02288	1.696×10^{-5}	1.680×10^{-5}	1.252×10^{-5}	0.7387
0	1.292	1006	0.02364	1.818×10^{-5}	1.729×10^{-5}	1.338×10^{-5}	0.7362
5	1.269	1006	0.02401	1.880×10^{-5}	1.754×10^{-5}	1.382×10^{-5}	0.7350
10	1.246	1006	0.02439	1.944×10^{-5}	1.778×10^{-5}	1.426×10^{-5}	0.7336
15	1.225	1007	0.02476	2.009×10^{-5}	1.802×10^{-5}	1.470×10^{-5}	0.7323
20	1.204	1007	0.02514	2.074×10^{-5}	1.825×10^{-5}	1.516×10^{-5}	0.7309
25	1.184	1007	0.02551	2.141×10^{-5}	1.849×10^{-5}	1.562×10^{-5}	0.7296
30	1.164	1007	0.02588	2.208×10^{-5}	1.872×10^{-5}	1.608×10^{-5}	0.7282
35	1.145	1007	0.02625	2.277×10^{-5}	1.895×10^{-5}	1.655×10^{-5}	0.7268
40	1.127	1007	0.02662	2.346×10^{-5}	1.918×10^{-5}	1.702×10^{-5}	0.7255
45	1.109	1007	0.02699	2.416×10^{-5}	1.941×10^{-5}	1.750×10^{-5}	0.7241
50	1.092	1007	0.02735	2.487×10^{-5}	1.963×10^{-5}	1.798×10^{-5}	0.7228
60	1.059	1007	0.02808	2.632×10^{-5}	2.008×10^{-5}	1.896×10^{-5}	0.7202
70	1.028	1007	0.02881	2.780×10^{-5}	2.052×10^{-5}	1.995×10^{-5}	0.7177
80	0.9994	1008	0.02953	2.931×10^{-5}	2.096×10^{-5}	2.097×10^{-5}	0.7154
90	0.9718	1008	0.03024	3.086×10^{-5}	2.139×10^{-5}	2.201×10^{-5}	0.7132
100	0.9458	1009	0.03095	3.243×10^{-5}	2.181×10^{-5}	2.306×10^{-5}	0.7111
120	0.8977	1011	0.03235	3.565×10^{-5}	2.264×10^{-5}	2.522×10^{-5}	0.7073
140	0.8542	1013	0.03374	3.898×10^{-5}	2.345×10^{-5}	2.745×10^{-5}	0.7041
160	0.8148	1016	0.03511	4.241×10^{-5}	2.420×10^{-5}	2.975×10^{-5}	0.7014
180	0.7788	1019	0.03646	4.593×10^{-5}	2.504×10^{-5}	3.212×10^{-5}	0.6992
200	0.7459	1023	0.03779	4.954×10^{-5}	2.577×10^{-5}	3.455×10^{-5}	0.6974
250	0.6746	1033	0.04104	5.890×10^{-5}	2.760×10^{-5}	4.091×10^{-5}	0.6946
300	0.6158	1044	0.04418	6.871×10^{-5}	2.934×10^{-5}	4.765×10^{-5}	0.6935
350	0.5664	1056	0.04721	7.892×10^{-5}	3.101×10^{-5}	5.475×10^{-5}	0.6937
400	0.5243	1069	0.05015	8.951×10^{-5}	3.261×10^{-5}	6.219×10^{-5}	0.6948
450	0.4880	1081	0.05298	1.004×10^{-4}	3.415×10^{-5}	6.997×10^{-5}	0.6965
500	0.4565	1093	0.05572	1.117×10^{-4}	3.563×10^{-5}	7.806×10^{-5}	0.6986
600	0.4042	1115	0.06093	1.352×10^{-4}	3.846×10^{-5}	9.515×10^{-5}	0.7037
700	0.3627	1135	0.06581	1.598×10^{-4}	4.111×10^{-5}	1.133×10^{-4}	0.7092
800	0.3289	1153	0.07037	1.855×10^{-4}	4.362×10^{-5}	1.326×10^{-4}	0.7149
900	0.3008	1169	0.07465	2.122×10^{-4}	4.600×10^{-5}	1.529×10^{-4}	0.7206
1000	0.2772	1184	0.07868	2.398×10^{-4}	4.826×10^{-5}	1.741×10^{-4}	0.7260
1500	0.1990	1234	0.09599	3.908×10^{-4}	5.817×10^{-5}	2.922×10^{-4}	0.7478
2000	0.1553	1264	0.11113	5.664×10^{-4}	6.630×10^{-5}	4.270×10^{-4}	0.7539

Note: For ideal gases, the properties c_p, k, μ, and Pr are independent of pressure. The properties ρ, ν, and α at a pressure P (in atm) other than 1 atm are determined by multiplying the values of P at the given temperature by ρ and by dividing ν and α by P.

Source: Data generated from the EES software developed by S. A. Klein and F. L. Alvarado. Original sources: Keenan, Chao, Keyes, *Gas Tables*, Wiley, 1984; and *Thermophysical Properties of Matter*. Vol. 3: *Thermal Conductivity*, Y. S. Touloukian, P. E. Liley, S. C. Saxena, Vol. 11: *Viscosity*, Y. S. Touloukian, S. C. Saxena, and P. Hestermans, IFI/Plenun, NY, 1970, ISBN 0-306067020-8.

TABLE A–23

Properties of gases at 1 atm pressure

Temp. T, °C	Density ρ, kg/m³	Specific heat c_p, J/kg·K	Thermal conductivity k, W/m·K	Thermal diffusivity α, m²/s	Dynamic viscosity μ, kg/m·s	Kinematic viscosity ν, m²/s	Prandtl number Pr
				Carbon dioxide, CO_2			
−50	2.4035	746	0.01051	5.860×10^{-6}	1.129×10^{-5}	4.699×10^{-6}	0.8019
0	1.9635	811	0.01456	9.141×10^{-6}	1.375×10^{-5}	7.003×10^{-6}	0.7661
50	1.6597	866.6	0.01858	1.291×10^{-5}	1.612×10^{-5}	9.714×10^{-6}	0.7520
100	1.4373	914.8	0.02257	1.716×10^{-5}	1.841×10^{-5}	1.281×10^{-5}	0.7464
150	1.2675	957.4	0.02652	2.186×10^{-5}	2.063×10^{-5}	1.627×10^{-5}	0.7445
200	1.1336	995.2	0.03044	2.698×10^{-5}	2.276×10^{-5}	2.008×10^{-5}	0.7442
300	0.9358	1060	0.03814	3.847×10^{-5}	2.682×10^{-5}	2.866×10^{-5}	0.7450
400	0.7968	1112	0.04565	5.151×10^{-5}	3.061×10^{-5}	3.842×10^{-5}	0.7458
500	0.6937	1156	0.05293	6.600×10^{-5}	3.416×10^{-5}	4.924×10^{-5}	0.7460
1000	0.4213	1292	0.08491	1.560×10^{-4}	4.898×10^{-5}	1.162×10^{-4}	0.7455
1500	0.3025	1356	0.10688	2.606×10^{-4}	6.106×10^{-5}	2.019×10^{-4}	0.7745
2000	0.2359	1387	0.11522	3.521×10^{-4}	7.322×10^{-5}	3.103×10^{-4}	0.8815
				Carbon monoxide, CO			
−50	1.5297	1081	0.01901	1.149×10^{-5}	1.378×10^{-5}	9.012×10^{-6}	0.7840
0	1.2497	1048	0.02278	1.739×10^{-5}	1.629×10^{-5}	1.303×10^{-5}	0.7499
50	1.0563	1039	0.02641	2.407×10^{-5}	1.863×10^{-5}	1.764×10^{-5}	0.7328
100	0.9148	1041	0.02992	3.142×10^{-5}	2.080×10^{-5}	2.274×10^{-5}	0.7239
150	0.8067	1049	0.03330	3.936×10^{-5}	2.283×10^{-5}	2.830×10^{-5}	0.7191
200	0.7214	1060	0.03656	4.782×10^{-5}	2.472×10^{-5}	3.426×10^{-5}	0.7164
300	0.5956	1085	0.04277	6.619×10^{-5}	2.812×10^{-5}	4.722×10^{-5}	0.7134
400	0.5071	1111	0.04860	8.628×10^{-5}	3.111×10^{-5}	6.136×10^{-5}	0.7111
500	0.4415	1135	0.05412	1.079×10^{-4}	3.379×10^{-5}	7.653×10^{-5}	0.7087
1000	0.2681	1226	0.07894	2.401×10^{-4}	4.557×10^{-5}	1.700×10^{-4}	0.7080
1500	0.1925	1279	0.10458	4.246×10^{-4}	6.321×10^{-5}	3.284×10^{-4}	0.7733
2000	0.1502	1309	0.13833	7.034×10^{-4}	9.826×10^{-5}	6.543×10^{-4}	0.9302
				Methane, CH_4			
−50	0.8761	2243	0.02367	1.204×10^{-5}	8.564×10^{-6}	9.774×10^{-6}	0.8116
0	0.7158	2217	0.03042	1.917×10^{-5}	1.028×10^{-5}	1.436×10^{-5}	0.7494
50	0.6050	2302	0.03766	2.704×10^{-5}	1.191×10^{-5}	1.969×10^{-5}	0.7282
100	0.5240	2443	0.04534	3.543×10^{-5}	1.345×10^{-5}	2.567×10^{-5}	0.7247
150	0.4620	2611	0.05344	4.431×10^{-5}	1.491×10^{-5}	3.227×10^{-5}	0.7284
200	0.4132	2791	0.06194	5.370×10^{-5}	1.630×10^{-5}	3.944×10^{-5}	0.7344
300	0.3411	3158	0.07996	7.422×10^{-5}	1.886×10^{-5}	5.529×10^{-5}	0.7450
400	0.2904	3510	0.09918	9.727×10^{-5}	2.119×10^{-5}	7.297×10^{-5}	0.7501
500	0.2529	3836	0.11933	1.230×10^{-4}	2.334×10^{-5}	9.228×10^{-5}	0.7502
1000	0.1536	5042	0.22562	2.914×10^{-4}	3.281×10^{-5}	2.136×10^{-4}	0.7331
1500	0.1103	5701	0.31857	5.068×10^{-4}	4.434×10^{-5}	4.022×10^{-4}	0.7936
2000	0.0860	6001	0.36750	7.120×10^{-4}	6.360×10^{-5}	7.395×10^{-4}	1.0386
				Hydrogen, H_2			
−50	0.11010	12635	0.1404	1.009×10^{-4}	7.293×10^{-6}	6.624×10^{-5}	0.6562
0	0.08995	13920	0.1652	1.319×10^{-4}	8.391×10^{-6}	9.329×10^{-5}	0.7071
50	0.07603	14349	0.1881	1.724×10^{-4}	9.427×10^{-6}	1.240×10^{-4}	0.7191
100	0.06584	14473	0.2095	2.199×10^{-4}	1.041×10^{-5}	1.582×10^{-4}	0.7196
150	0.05806	14492	0.2296	2.729×10^{-4}	1.136×10^{-5}	1.957×10^{-4}	0.7174
200	0.05193	14482	0.2486	3.306×10^{-4}	1.228×10^{-5}	2.365×10^{-4}	0.7155

TABLE A–23

Properties of gases at 1 atm pressure (*Concluded*)

Temp. T, °C	Density ρ, kg/m^3	Specific heat c_p, J/kg·K	Thermal conductivity k, W/m·K	Thermal diffusivity α, m^2/s	Dynamic viscosity μ, kg/m·s	Kinematic viscosity ν, m^2/s	Prandtl number Pr
300	0.04287	14481	0.2843	4.580×10^{-4}	1.403×10^{-5}	3.274×10^{-4}	0.7149
400	0.03650	14540	0.3180	5.992×10^{-4}	1.570×10^{-5}	4.302×10^{-4}	0.7179
500	0.03178	14653	0.3509	7.535×10^{-4}	1.730×10^{-5}	5.443×10^{-4}	0.7224
1000	0.01930	15577	0.5206	1.732×10^{-3}	2.455×10^{-5}	1.272×10^{-3}	0.7345
1500	0.01386	16553	0.6581	2.869×10^{-3}	3.099×10^{-5}	2.237×10^{-3}	0.7795
2000	0.01081	17400	0.5480	2.914×10^{-3}	3.690×10^{-5}	3.414×10^{-3}	1.1717
				Nitrogen, N_2			
−50	1.5299	957.3	0.02001	1.366×10^{-5}	1.390×10^{-5}	9.091×10^{-6}	0.6655
0	1.2498	1035	0.02384	1.843×10^{-5}	1.640×10^{-5}	1.312×10^{-5}	0.7121
50	1.0564	1042	0.02746	2.494×10^{-5}	1.874×10^{-5}	1.774×10^{-5}	0.7114
100	0.9149	1041	0.03090	3.244×10^{-5}	2.094×10^{-5}	2.289×10^{-5}	0.7056
150	0.8068	1043	0.03416	4.058×10^{-5}	2.300×10^{-5}	2.851×10^{-5}	0.7025
200	0.7215	1050	0.03727	4.921×10^{-5}	2.494×10^{-5}	3.457×10^{-5}	0.7025
300	0.5956	1070	0.04309	6.758×10^{-5}	2.849×10^{-5}	4.783×10^{-5}	0.7078
400	0.5072	1095	0.04848	8.727×10^{-5}	3.166×10^{-5}	6.242×10^{-5}	0.7153
500	0.4416	1120	0.05358	1.083×10^{-4}	3.451×10^{-5}	7.816×10^{-5}	0.7215
1000	0.2681	1213	0.07938	2.440×10^{-4}	4.594×10^{-5}	1.713×10^{-4}	0.7022
1500	0.1925	1266	0.11793	4.839×10^{-4}	5.562×10^{-5}	2.889×10^{-4}	0.5969
2000	0.1502	1297	0.18590	9.543×10^{-4}	6.426×10^{-5}	4.278×10^{-4}	0.4483
				Oxygen, O_2			
−50	1.7475	984.4	0.02067	1.201×10^{-5}	1.616×10^{-5}	9.246×10^{-6}	0.7694
0	1.4277	928.7	0.02472	1.865×10^{-5}	1.916×10^{-5}	1.342×10^{-5}	0.7198
50	1.2068	921.7	0.02867	2.577×10^{-5}	2.194×10^{-5}	1.818×10^{-5}	0.7053
100	1.0451	931.8	0.03254	3.342×10^{-5}	2.451×10^{-5}	2.346×10^{-5}	0.7019
150	0.9216	947.6	0.03637	4.164×10^{-5}	2.694×10^{-5}	2.923×10^{-5}	0.7019
200	0.8242	964.7	0.04014	5.048×10^{-5}	2.923×10^{-5}	3.546×10^{-5}	0.7025
300	0.6804	997.1	0.04751	7.003×10^{-5}	3.350×10^{-5}	4.923×10^{-5}	0.7030
400	0.5793	1025	0.05463	9.204×10^{-5}	3.744×10^{-5}	6.463×10^{-5}	0.7023
500	0.5044	1048	0.06148	1.163×10^{-4}	4.114×10^{-5}	8.156×10^{-5}	0.7010
1000	0.3063	1121	0.09198	2.678×10^{-4}	5.732×10^{-5}	1.871×10^{-4}	0.6986
1500	0.2199	1165	0.11901	4.643×10^{-4}	7.133×10^{-5}	3.243×10^{-4}	0.6985
2000	0.1716	1201	0.14705	7.139×10^{-4}	8.417×10^{-5}	4.907×10^{-4}	0.6873
				Water vapor, H_2O			
−50	0.9839	1892	0.01353	7.271×10^{-6}	7.187×10^{-6}	7.305×10^{-6}	1.0047
0	0.8038	1874	0.01673	1.110×10^{-5}	8.956×10^{-6}	1.114×10^{-5}	1.0033
50	0.6794	1874	0.02032	1.596×10^{-5}	1.078×10^{-5}	1.587×10^{-5}	0.9944
100	0.5884	1887	0.02429	2.187×10^{-5}	1.265×10^{-5}	2.150×10^{-5}	0.9830
150	0.5189	1908	0.02861	2.890×10^{-5}	1.456×10^{-5}	2.806×10^{-5}	0.9712
200	0.4640	1935	0.03326	3.705×10^{-5}	1.650×10^{-5}	3.556×10^{-5}	0.9599
300	0.3831	1997	0.04345	5.680×10^{-5}	2.045×10^{-5}	5.340×10^{-5}	0.9401
400	0.3262	2066	0.05467	8.114×10^{-5}	2.446×10^{-5}	7.498×10^{-5}	0.9240
500	0.2840	2137	0.06677	1.100×10^{-4}	2.847×10^{-5}	1.002×10^{-4}	0.9108
1000	0.1725	2471	0.13623	3.196×10^{-4}	4.762×10^{-5}	2.761×10^{-4}	0.8639
1500	0.1238	2736	0.21301	6.288×10^{-4}	6.411×10^{-5}	5.177×10^{-4}	0.8233
2000	0.0966	2928	0.29183	1.032×10^{-3}	7.808×10^{-5}	8.084×10^{-4}	0.7833

Note: For ideal gases, the properties c_p, k, μ, and Pr are independent of pressure. The properties ρ, ν, and α at a pressure P (in atm) other than 1 atm are determined by multiplying the values of P at the given temperature by ρ and by dividing ν and α by P.

Source: Data generated from the EES software developed by S. A. Klein and F. L. Alvarado. Originally based on various sources.

TABLE A–24

Properties of solid metals

Composition	Melting point, K	Properties at 300 K ρ kg/m^3	c_p J/kg·K	k W/m·K	$\alpha \times 10^6$ m^2/s	Properties at various temperatures (K), k(W/m·K)/c_p(J/kg·K) 100	200	400	600	800	1000
Aluminum:											
Pure	933	2702	903	237	97.1	302	237	240	231	218	
						482	798	949	1033	1146	
Alloy 2024-T6 (4.5% Cu, 1.5% Mg, 0.6% Mn)	775	2770	875	177	73.0	65	163	186	186		
						473	787	925	1042		
Alloy 195, Cast (4.5% Cu)		2790	883	168	68.2			174	185		
Beryllium	1550	1850	1825	200	59.2	990	301	161	126	106	90.8
						203	1114	2191	2604	2823	3018
Bismuth	545	9780	122	7.86	6.59	16.5	9.69	7.04			
						112	120	127			
Boron	2573	2500	1107	27.0	9.76	190	55.5	16.8	10.6	9.60	9.85
						128	600	1463	1892	2160	2338
Cadmium	594	8650	231	96.8	48.4	203	99.3	94.7			
							198	222	242		
Chromium	2118	7160	449	93.7	29.1	159	111	90.9	80.7	71.3	65.4
						192	384	484	542	581	616
Cobalt	1769	8862	421	99.2	26.6	167	122	85.4	67.4	58.2	52.1
						236	379	450	503	550	628
Copper:											
Pure	1358	8933	385	401	117	482	413	393	379	366	352
						252	356	397	417	433	451
Commercial bronze (90% Cu, 10% Al)	1293	8800	420	52	14		42	52	59		
							785	160	545		
Phosphor gear bronze (89% Cu, 11% Sn)	1104	8780	355	54	17		41	65	74		
							—	—	—		
Cartridge brass (70% Cu, 30% Zn)	1188	8530	380	110	33.9	75	95	137	149		
							360	395	425		
Constantan (55% Cu, 45% Ni)	1493	8920	384	23	6.71	17	19				
						237	362				
Germanium	1211	5360	322	59.9	34.7	232	96.8	43.2	27.3	19.8	17.4
						190	290	337	348	357	375
Gold	1336	19,300	129	317	127	327	323	311	298	284	270
						109	124	131	135	140	145
Iridium	2720	22,500	130	147	50.3	172	153	144	138	132	126
						90	122	133	138	144	153
Iron:											
Pure	1810	7870	447	80.2	23.1	134	94.0	69.5	54.7	43.3	32.8
						216	384	490	574	680	975
Armco (99.75% pure)		7870	447	72.7	20.7	95.6	80.6	65.7	53.1	42.2	32.3
						215	384	490	574	680	975
Carbon steels:											
Plain carbon (Mn $\leq$ 1% Si $\leq$ 0.1%)		7854	434	60.5	17.7			56.7	48.0	39.2	30.0
								487	559	685	1169
AISI 1010		7832	434	63.9	18.8			58.7	48.8	39.2	31.3
								487	559	685	1168
Carbon-silicon (Mn $\leq$ 1% 0.1% < Si $\leq$ 0.6%)		7817	446	51.9	14.9			49.8	44.0	37.4	29.3
								501	582	699	971

TABLE A–24

Properties of solid metals (*Continued*)

Composition	Melting point, K	Properties at 300 K: ρ kg/m^3	c_p J/kg·K	k W/m·K	$\alpha \times 10^6$ m^2/s	Properties at various temperatures (K), k(W/m·K)/c_p(J/kg·K): 100	200	400	600	800	1000
Carbon–manganese–silicon (1% < Mn < 1.65% 0.1% < Si < 0.6%)		8131	434	41.0	11.6			42.2	39.7	35.0	27.6
								487	559	685	1090
Chromium (low) steels:											
$\frac{1}{2}$Cr–$\frac{1}{4}$ Mo–Si (0.18% C, 0.65% Cr, 0.23% Mo, 0.6% Si)		7822	444	37.7	10.9			38.2	36.7	33.3	26.9
								492	575	688	969
1 Cr–$\frac{1}{2}$ Mo (0.16% C, 1% Cr, 0.54% Mo, 0.39% Si)		7858	442	42.3	12.2			42.0	39.1	34.5	27.4
								492	575	688	969
1 Cr–V (0.2% C, 1.02% Cr, 0.15% V)		7836	443	48.9	14.1			46.8	42.1	36.3	28.2
								492	575	688	969
Stainless steels:											
AISI 302		8055	480	15.1	3.91			17.3	20.0	22.8	25.4
								512	559	585	606
AISI 304	1670	7900	477	14.9	3.95	9.2	12.6	16.6	19.8	22.6	25.4
						272	402	515	557	582	611
AISI 316		8238	468	13.4	3.48			15.2	18.3	21.3	24.2
								504	550	576	602
AISI 347		7978	480	14.2	3.71			15.8	18.9	21.9	24.7
								513	559	585	606
Lead	601	11,340	129	35.3	24.1	39.7	36.7	34.0	31.4		
								118	125	132	142
Magnesium	923	1740	1024	156	87.6	169	159	153	149	146	
							649	934	1074	1170	1267
Molybdenum	2894	10,240	251	138	53.7	179	143	134	126	118	112
						141	224	261	275	285	295
Nickel:											
Pure	1728	8900	444	90.7	23.0	164	107	80.2	65.6	67.6	71.8
						232	383	485	592	530	562
Nichrome (80% Ni, 20% Cr)	1672	8400	420	12	3.4			14	16	21	
								480	525	545	
Inconel X-750 (73% Ni, 15% Cr, 6.7% Fe)	1665	8510	439	11.7	3.1	8.7	10.3	13.5	17.0	20.5	24.0
						—	372	473	510	546	626
Niobium	2741	8570	265	53.7	23.6	55.2	52.6	55.2	58.2	61.3	64.4
						188	249	274	283	292	301
Palladium	1827	12,020	244	71.8	24.5	76.5	71.6	73.6	79.7	86.9	94.2
						168	227	251	261	271	281
Platinum: Pure	2045	21,450	133	71.6	25.1	77.5	72.6	71.8	73.2	75.6	78.7
						100	125	136	141	146	152
Alloy 60Pt–40Rh (60% Pt, 40% Rh)	1800	16,630	162	47	17.4			52	59	65	69
								—	—	—	—
Rhenium	3453	21,100	136	47.9	16.7	58.9	51.0	46.1	44.2	44.1	44.6
						97	127	139	145	151	156
Rhodium	2236	12,450	243	150	49.6	186	154	146	136	127	121
						147	220	253	274	293	311

TABLE A–24

Properties of solid metals (*Concluded*)

Composition	Melting point, K	*Properties at 300 K* ρ kg/m^3	c_p J/kg·K	k W/m·K	$\alpha \times 10^6$ m^2/s	*Properties at various temperatures* (K), k(W/m·K)/c_p(J/kg·K) 100	200	400	600	800	1000
Silicon	1685	2330	712	148	89.2	884	264	98.9	61.9	42.4	31.2
						259	556	790	867	913	946
Silver	1235	10,500	235	429	174	444	430	425	412	396	379
						187	225	239	250	262	277
Tantalum	3269	16,600	140	57.5	24.7	59.2	57.5	57.8	58.6	59.4	60.2
						110	133	144	146	149	152
Thorium	2023	11,700	118	54.0	39.1	59.8	54.6	54.5	55.8	56.9	56.9
						99	112	124	134	145	156
Tin	505	7310	227	66.6	40.1	85.2	73.3	62.2			
						188	215	243			
Titanium	1953	4500	522	21.9	9.32	30.5	24.5	20.4	19.4	19.7	20.7
						300	465	551	591	633	675
Tungsten	3660	19,300	132	174	68.3	208	186	159	137	125	118
						87	122	137	142	146	148
Uranium	1406	19,070	116	27.6	12.5	21.7	25.1	29.6	34.0	38.8	43.9
						94	108	125	146	176	180
Vanadium	2192	6100	489	30.7	10.3	35.8	31.3	31.3	33.3	35.7	38.2
						258	430	515	540	563	597
Zinc	693	7140	389	116	41.8	117	118	111	103		
						297	367	402	436		
Zirconium	2125	6570	278	22.7	12.4	33.2	25.2	21.6	20.7	21.6	23.7
						205	264	300	332	342	362

Source: Frank P. Incropera and David P. DeWitt, *Fundamentals of Heat and Mass Transfer,* 3rd ed., 1990.

TABLE A–25

Properties of solid nonmetals

Composition	Melting point, K	ρ kg/m^3	c_p J/kg·K	k W/m·K	$\alpha \times 10^6$ m^2/s	100	200	400	600	800	1000
	Properties at 300 K					Properties at various temperatures (K), k(W/m·K)/c_p(J/kg·K)					
Aluminum oxide, sapphire	2323	3970	765	46	15.1	450	82	32.4	18.9	13.0	10.5
						—	—	940	1110	1180	1225
Aluminum oxide, polycrystalline	2323	3970	765	36.0	11.9	133	55	26.4	15.8	10.4	7.85
						—	—	940	1110	1180	1225
Beryllium oxide	2725	3000	1030	272	88.0			196	111	70	47
								1350	1690	1865	1975
Boron	2573	2500	1105	27.6	9.99	190	52.5	18.7	11.3	8.1	6.3
						—	—	1490	1880	2135	2350
Boron fiber epoxy (30% vol.) composite	590	2080									
k, ∥ to fibers				2.29		2.10	2.23	2.28			
k, ⊥ to fibers				0.59		0.37	0.49	0.60			
c_p			1122			364	757	1431			
Carbon, amorphous	1500	1950	—	1.60	—	0.67	1.18	1.89	21.9	2.37	2.53
						—	—	—	—	—	—
Diamond, type lla insulator	—	3500	509	2300		10,000	4000	1540			
						21	194	853			
Graphite, pyrolytic	2273	2210									
k, ∥ to layers				1950		4970	3230	1390	892	667	534
k, ⊥ to layers				5.70		16.8	9.23	4.09	2.68	2.01	1.60
c_p			709			136	411	992	1406	1650	1793
Graphite fiber epoxy (25% vol.) composite	450	1400									
k, heat flow ∥ to fibers				11.1		5.7	8.7	13.0			
k, heat flow ⊥ to fibers				0.87	0.46	0.68	1.1				
c_p			935			337	642	1216			
Pyroceram, Corning 9606	1623	2600	808	3.98	1.89	5.25	4.78	3.64	3.28	3.08	2.96
						—	—	908	1038	1122	1197
Silicon carbide	3100	3160	675	490	230			—	—	—	87
								880	1050	1135	1195
Silicon dioxide, crystalline (quartz)	1883	2650									
k, ∥ to c-axis				10.4		39	16.4	7.6	5.0	4.2	
k, ⊥ to c-axis				6.21		20.8	9.5	4.70	3.4	3.1	
c_p			745			—	—	885	1075	1250	
Silicon dioxide, polycrystalline (fused silica)	1883	2220	745	1.38	0.834	0.69	1.14	1.51	1.75	2.17	2.87
						—	—	905	1040	1105	1155
Silicon nitride	2173	2400	691	16.0	9.65	—	—	13.9	11.3	9.88	8.76
						—	578	778	937	1063	1155
Sulfur	392	2070	708	0.206	0.141	0.165	0.185				
							403	606			
Thorium dioxide	3573	9110	235	13	6.1			10.2	6.6	4.7	3.68
								255	274	285	295
Titanium dioxide, polycrystalline	2133	4157	710	8.4	2.8			7.01	5.02	8.94	3.46
								805	880	910	930

TABLE A–26

Emissivities of surfaces
(*a*) Metals

Material	Temperature, K	Emissivity, ε
Aluminum		
Polished	300–900	0.04–0.06
Commercial sheet	400	0.09
Heavily oxidized	400–800	0.20–0.33
Anodized	300	0.8
Bismuth, bright	350	0.34
Brass		
Highly polished	500–650	0.03–0.04
Polished	350	0.09
Dull plate	300–600	0.22
Oxidized	450–800	0.6
Chromium, polished	300–1400	0.08–0.40
Copper		
Highly polished	300	0.02
Polished	300–500	0.04–0.05
Commercial sheet	300	0.15
Oxidized	600–1000	0.5–0.8
Black oxidized	300	0.78
Gold		
Highly polished	300–1000	0.03–0.06
Bright foil	300	0.07
Iron		
Highly polished	300–500	0.05–0.07
Case iron	300	0.44
Wrought iron	300–500	0.28
Rusted	300	0.61
Oxidized	500–900	0.64–0.78
Lead		
Polished	300–500	0.06–0.08
Unoxidized, rough	300	0.43
Oxidized	300	0.63
Magnesium, polished	300–500	0.07–0.13
Mercury	300–400	0.09–0.12
Molybdenum		
Polished	300–2000	0.05–0.21
Oxidized	600–800	0.80–0.82
Nickel		
Polished	500–1200	0.07–0.17
Oxidized	450–1000	0.37–0.57
Platinum, polished	500–1500	0.06–0.18
Silver, polished	300–1000	0.02–0.07
Stainless steel		
Polished	300–1000	0.17–0.30
Lightly oxidized	600–1000	0.30–0.40
Highly oxidized	600–1000	0.70–0.80
Steel		
Polished sheet	300–500	0.08–0.14
Commercial sheet	500–1200	0.20–0.32
Heavily oxidized	300	0.81
Tin, polished	300	0.05
Tungsten		
Polished	300–2500	0.03–0.29
Filament	3500	0.39
Zinc		
Polished	300–800	0.02–0.05
Oxidized	300	0.25

TABLE A–26

Emissivities of surfaces

(*b*) Nonmetals (*Concluded*)

Material	Temperature, K	Emissivity, ε	Material	Temperature, K	Emissivity, ε
Alumina	800–1400	0.65–0.45	Paper, white	300	0.90
Aluminum oxide	600–1500	0.69–0.41	Plaster, white	300	0.93
Asbestos	300	0.96	Porcelain, glazed	300	0.92
Asphalt pavement	300	0.85–0.93	Quartz, rough, fused	300	0.93
Brick			Rubber		
Common	300	0.93–0.96	Hard	300	0.93
Fireclay	1200	0.75	Soft	300	0.86
Carbon filament	2000	0.53	Sand	300	0.90
Cloth	300	0.75–0.90	Silicon carbide	600–1500	0.87–0.85
Concrete	300	0.88–0.94	Skin, human	300	0.95
Glass			Snow	273	0.80–0.90
Window	300	0.90–0.95	Soil, earth	300	0.93–0.96
Pyrex	300–1200	0.82–0.62	Soot	300–500	0.95
Pyroceram	300–1500	0.85–0.57	Teflon	300–500	0.85–0.92
Ice	273	0.95–0.99	Water, deep	273–373	0.95–0.96
Magnesium oxide	400–800	0.69–0.55	Wood		
Masonry	300	0.80	Beech	300	0.94
Paints			Oak	300	0.90
Aluminum	300	0.40–0.50			
Black, lacquer, shiny	300	0.88			
Oils, all colors	300	0.92–0.96			
Red primer	300	0.93			
White acrylic	300	0.90			
White enamel	300	0.90			

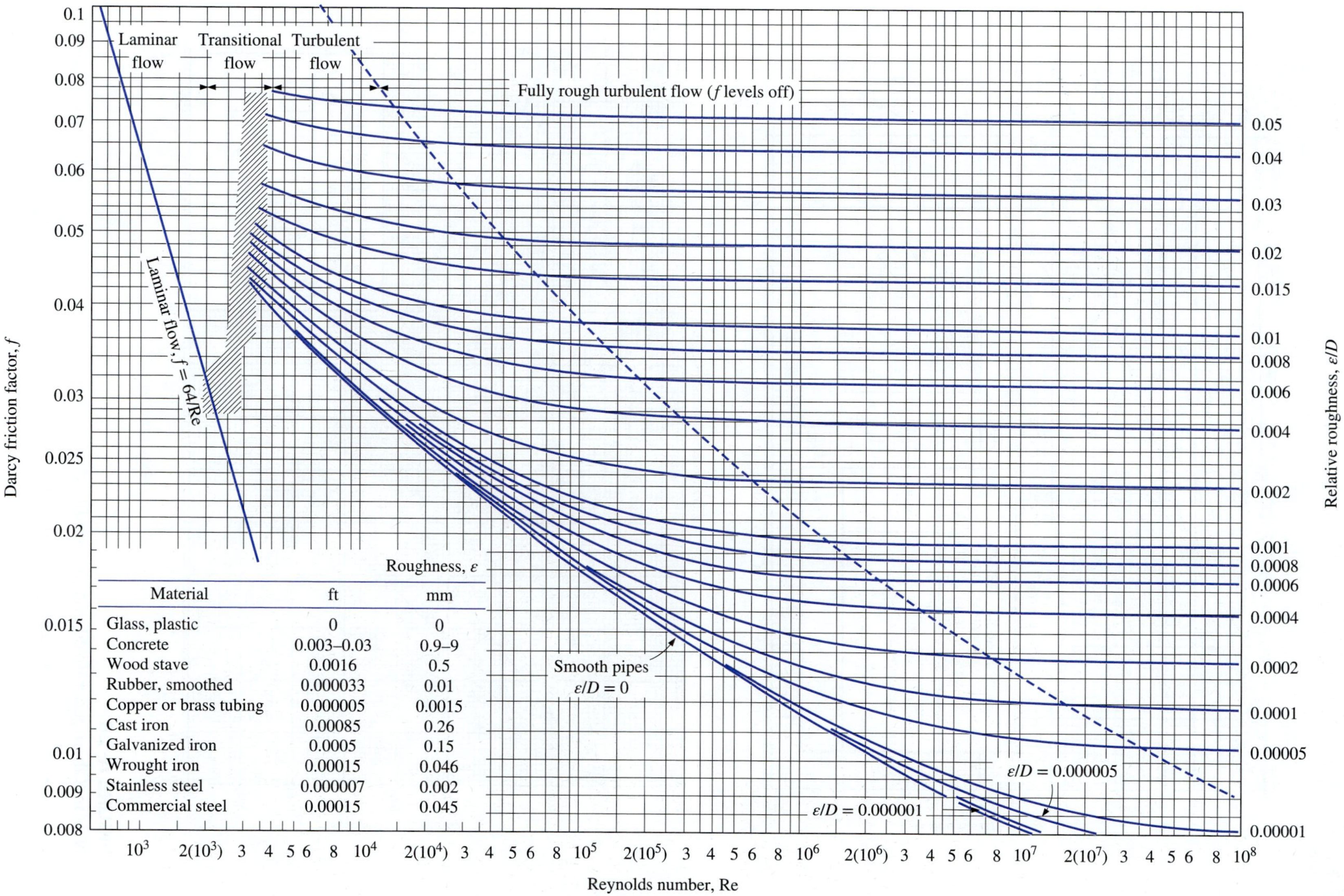

Material	Roughness, ε ft	Roughness, ε mm
Glass, plastic	0	0
Concrete	0.003–0.03	0.9–9
Wood stave	0.0016	0.5
Rubber, smoothed	0.000033	0.01
Copper or brass tubing	0.000005	0.0015
Cast iron	0.00085	0.26
Galvanized iron	0.0005	0.15
Wrought iron	0.00015	0.046
Stainless steel	0.000007	0.002
Commercial steel	0.00015	0.045

FIGURE A–27

The Moody chart for the friction factor for fully developed flow in circular pipes for use in the head loss relation $\Delta P_L = f\frac{L}{D}\frac{\rho V^2}{2}$. Friction factors in the turbulent flow are evaluated from the Colebrook equation $\frac{1}{\sqrt{f}} = -2\log_{10}\left(\frac{\varepsilon/D}{3.7} + \frac{2.51}{\text{Re}\sqrt{f}}\right)$.

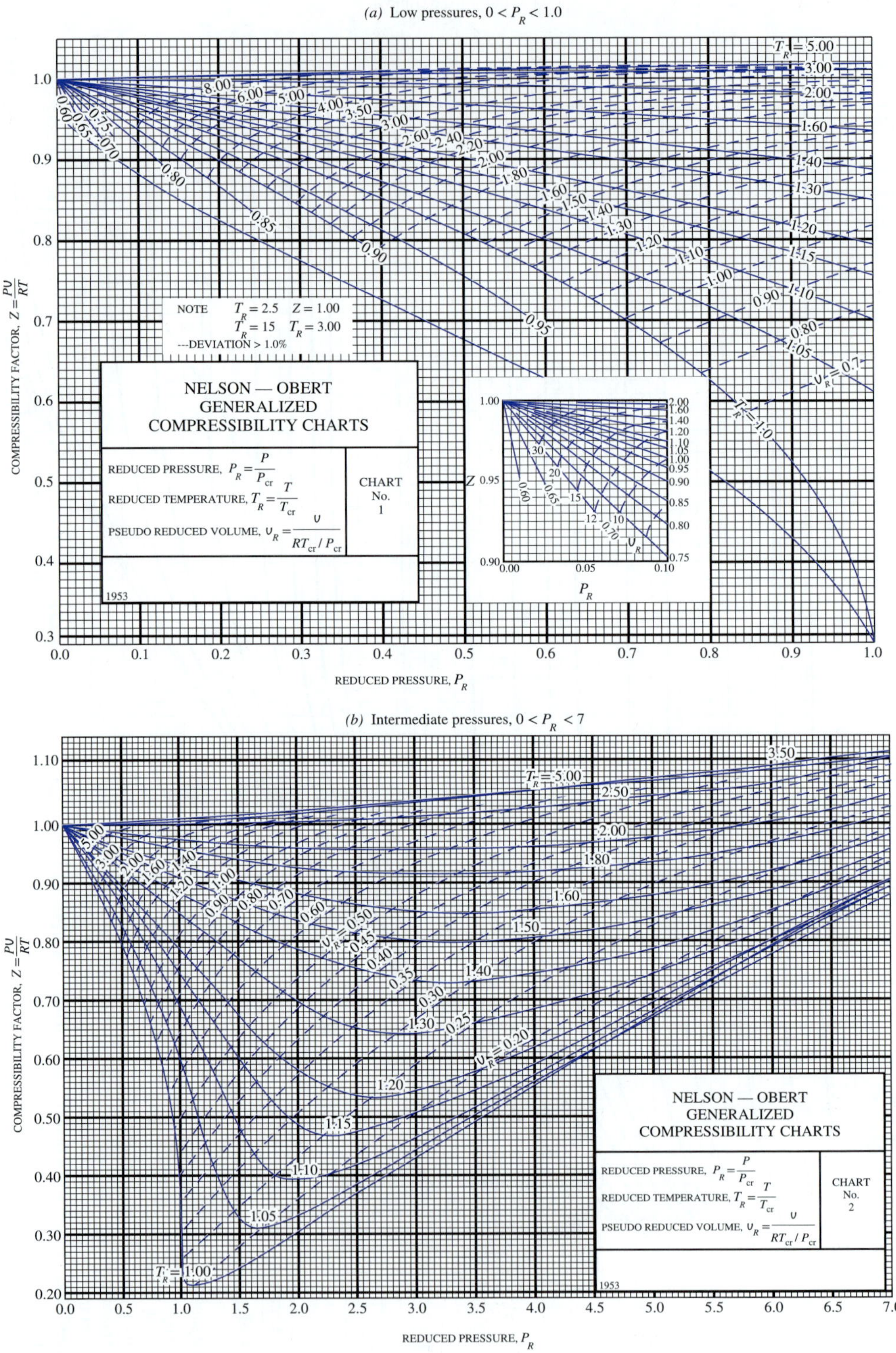

FIGURE A–28

Nelson–Obert generalized compressibility chart.

Used with permission of Dr. Edward E. Obert, University of Wisconsin.

APPENDIX 2
PROPERTY TABLES AND CHARTS (ENGLISH UNITS)

TABLE A–1E

Molar mass, gas constant, and critical-point properties

			Gas constant, R^*		*Critical-point properties*		
Substance	Formula	Molar mass, M lbm/lbmol	Btu/ lbm·R	psia·ft³/ lbm·R	Temperature, R	Pressure, psia	Volume, ft³/lbmol
Air	—	28.97	0.06855	0.3704	238.5	547	1.41
Ammonia	NH_3	17.03	0.1166	0.6301	729.8	1636	1.16
Argon	Ar	39.948	0.04971	0.2686	272	705	1.20
Benzene	C_6H_6	78.115	0.02542	0.1374	1012	714	4.17
Bromine	Br_2	159.808	0.01243	0.06714	1052	1500	2.17
n-Butane	C_4H_{10}	58.124	0.03417	0.1846	765.2	551	4.08
Carbon dioxide	CO_2	44.01	0.04513	0.2438	547.5	1071	1.51
Carbon monoxide	CO	28.011	0.07090	0.3831	240	507	1.49
Carbon tetrachloride	CCl_4	153.82	0.01291	0.06976	1001.5	661	4.42
Chlorine	Cl_2	70.906	0.02801	0.1517	751	1120	1.99
Chloroform	$CHCl_3$	119.38	0.01664	0.08988	965.8	794	3.85
Dichlorodifluoromethane (R-12)	CCl_2F_2	120.91	0.01643	0.08874	692.4	582	3.49
Dichlorofluoromethane (R-21)	$CHCl_2F$	102.92	0.01930	0.1043	813.0	749	3.16
Ethane	C_2H_6	30.020	0.06616	0.3574	549.8	708	2.37
Ethyl alcohol	C_2H_5OH	46.07	0.04311	0.2329	929.0	926	2.68
Ethylene	C_2H_4	28.054	0.07079	0.3825	508.3	742	1.99
Helium	He	4.003	0.4961	2.6809	9.5	33.2	0.926
n-Hexane	C_6H_{14}	86.178	0.02305	0.1245	914.2	439	5.89
Hydrogen (normal)	H_2	2.016	0.9851	5.3224	59.9	188.1	1.04
Krypton	Kr	83.80	0.02370	0.1280	376.9	798	1.48
Methane	CH_4	16.043	0.1238	0.6688	343.9	673	1.59
Methyl alcohol	CH_3OH	32.042	0.06198	0.3349	923.7	1154	1.89
Methyl chloride	CH_3Cl	50.488	0.03934	0.2125	749.3	968	2.29
Neon	Ne	20.183	0.09840	0.5316	80.1	395	0.668
Nitrogen	N_2	28.013	0.07090	0.3830	227.1	492	1.44
Nitrous oxide	N_2O	44.013	0.04512	0.2438	557.4	1054	1.54
Oxygen	O_2	31.999	0.06206	0.3353	278.6	736	1.25
Propane	C_3H_8	44.097	0.04504	0.2433	665.9	617	3.20
Propylene	C_3H_6	42.081	0.04719	0.2550	656.9	670	2.90
Sulfur dioxide	SO_2	64.063	0.03100	1.1675	775.2	1143	1.95
Tetrafluoroethane (R-134a)	CF_3CH_2F	102.03	0.01946	0.1052	673.6	588.7	3.19
Trichlorofluoromethane (R-11)	CCl_3F	137.37	0.01446	0.07811	848.1	635	3.97
Water	H_2O	18.015	0.1102	0.5956	1164.8	3200	0.90
Xenon	Xe	131.30	0.01513	0.08172	521.55	852	1.90

*Calculated from $R = R_u/M$, where R_u = 1.98588 Btu/lbmol·R = 10.7316 psia·ft³/lbmol·R and M is the molar mass.

Source of Data: K. A. Kobe and R. E. Lynn, Jr., *Chemical Review* 52 (1953), pp. 117–236, and ASHRAE, *Handbook of Fundamentals* (Atlanta, GA: American Society of Heating, Refrigerating, and Air-Conditioning Engineers, Inc., 1993), pp. 16.4 and 36.1.

TABLE A–2E

Ideal-gas specific heats of various common gases
(*a*) At 80°F

Gas	Formula	Gas constant, R Btu/lbm·R	c_p Btu/lbm·R	c_v Btu/lbm·R	k
Air	—	0.06855	0.240	0.171	1.400
Argon	Ar	0.04971	0.1253	0.0756	1.667
Butane	C_4H_{10}	0.03424	0.415	0.381	1.09
Carbon dioxide	CO_2	0.04513	0.203	0.158	1.285
Carbon monoxide	CO	0.07090	0.249	0.178	1.399
Ethane	C_2H_6	0.06616	0.427	0.361	1.183
Ethylene	C_2H_4	0.07079	0.411	0.340	1.208
Helium	He	0.4961	1.25	0.753	1.667
Hydrogen	H_2	0.9851	3.43	2.44	1.404
Methane	CH_4	0.1238	0.532	0.403	1.32
Neon	Ne	0.09840	0.246	0.1477	1.667
Nitrogen	N_2	0.07090	0.248	0.177	1.400
Octane	C_8H_{18}	0.01742	0.409	0.392	1.044
Oxygen	O_2	0.06206	0.219	0.157	1.395
Propane	C_3H_8	0.04504	0.407	0.362	1.124
Steam	H_2O	0.1102	0.445	0.335	1.329

Source of Data: Gordon J. Van Wylen and Richard E. Sonntag, *Fundamentals of Classical Thermodynamics,* English/SI Version, 3rd ed. (New York: John Wiley & Sons, 1986), p. 687, Table A–8E.

TABLE A–2E

Ideal-gas specific heats of various common gases (*Continued*)
(*b*) At various temperatures

Temp., °F	c_p Btu/lbm·R	c_v Btu/lbm·R	k	c_p Btu/lbm·R	c_v Btu/lbm·R	k	c_p Btu/lbm·R	c_v Btu/lbm·R	k
	Air			*Carbon dioxide, CO_2*			*Carbon monoxide, CO*		
40	0.240	0.171	1.401	0.195	0.150	1.300	0.248	0.177	1.400
100	0.240	0.172	1.400	0.205	0.160	1.283	0.249	0.178	1.399
200	0.241	0.173	1.397	0.217	0.172	1.262	0.249	0.179	1.397
300	0.243	0.174	1.394	0.229	0.184	1.246	0.251	0.180	1.394
400	0.245	0.176	1.389	0.239	0.193	1.233	0.253	0.182	1.389
500	0.248	0.179	1.383	0.247	0.202	1.223	0.256	0.185	1.384
600	0.250	0.182	1.377	0.255	0.210	1.215	0.259	0.188	1.377
700	0.254	0.185	1.371	0.262	0.217	1.208	0.262	0.191	1.371
800	0.257	0.188	1.365	0.269	0.224	1.202	0.266	0.195	1.364
900	0.259	0.191	1.358	0.275	0.230	1.197	0.269	0.198	1.357
1000	0.263	0.195	1.353	0.280	0.235	1.192	0.273	0.202	1.351
1500	0.276	0.208	1.330	0.298	0.253	1.178	0.287	0.216	1.328
2000	0.286	0.217	1.312	0.312	0.267	1.169	0.297	0.226	1.314
	Hydrogen, H_2			*Nitrogen, N_2*			*Oxygen, O_2*		
40	3.397	2.412	1.409	0.248	0.177	1.400	0.219	0.156	1.397
100	3.426	2.441	1.404	0.248	0.178	1.399	0.220	0.158	1.394
200	3.451	2.466	1.399	0.249	0.178	1.398	0.223	0.161	1.387
300	3.461	2.476	1.398	0.250	0.179	1.396	0.226	0.164	1.378
400	3.466	2.480	1.397	0.251	0.180	1.393	0.230	0.168	1.368
500	3.469	2.484	1.397	0.254	0.183	1.388	0.235	0.173	1.360
600	3.473	2.488	1.396	0.256	0.185	1.383	0.239	0.177	1.352
700	3.477	2.492	1.395	0.260	0.189	1.377	0.242	0.181	1.344
800	3.494	2.509	1.393	0.262	0.191	1.371	0.246	0.184	1.337
900	3.502	2.519	1.392	0.265	0.194	1.364	0.249	0.187	1.331
1000	3.513	2.528	1.390	0.269	0.198	1.359	0.252	0.190	1.326
1500	3.618	2.633	1.374	0.283	0.212	1.334	0.263	0.201	1.309
2000	3.758	2.773	1.355	0.293	0.222	1.319	0.270	0.208	1.298

Note: The unit Btu/lbm·R is equivalent to Btu/lbm·°F.

Source of Data: Kenneth Wark, *Thermodynamics,* 4th ed. (New York: McGraw-Hill, 1983), p. 830, Table A–4. Originally published in *Tables of Properties of Gases,* NBS Circular 564, 1955.

TABLE A–2E

Ideal-gas specific heats of various common gases (*Concluded*)
(*c*) As a function of temperature

$$\bar{c}_p = a + bT + cT^2 + dT^3$$
$$(T \text{ in R}, c_p \text{ in Btu/lbmol·R})$$

Substance	Formula	*a*	*b*	*c*	*d*	Temperature range, R	% error Max.	% error Avg.
Nitrogen	N_2	6.903	-0.02085×10^{-2}	0.05957×10^{-5}	-0.1176×10^{-9}	491–3240	0.59	0.34
Oxygen	O_2	6.085	0.2017×10^{-2}	-0.05275×10^{-5}	0.05372×10^{-9}	491–3240	1.19	0.28
Air	—	6.713	0.02609×10^{-2}	0.03540×10^{-5}	-0.08052×10^{-9}	491–3240	0.72	0.33
Hydrogen	H_2	6.952	-0.02542×10^{-2}	0.02952×10^{-5}	-0.03565×10^{-9}	491–3240	1.02	0.26
Carbon monoxide	CO	6.726	0.02222×10^{-2}	0.03960×10^{-5}	-0.09100×10^{-9}	491–3240	0.89	0.37
Carbon dioxide	CO_2	5.316	0.79361×10^{-2}	-0.2581×10^{-5}	0.3059×10^{-9}	491–3240	0.67	0.22
Water vapor	H_2O	7.700	0.02552×10^{-2}	0.07781×10^{-5}	-0.1472×10^{-9}	491–3240	0.53	0.24
Nitric oxide	NO	7.008	-0.01247×10^{-2}	0.07185×10^{-5}	-0.1715×10^{-9}	491–2700	0.97	0.36
Nitrous oxide	N_2O	5.758	0.7780×10^{-2}	-0.2596×10^{-5}	0.4331×10^{-9}	491–2700	0.59	0.26
Nitrogen dioxide	NO_2	5.48	0.7583×10^{-2}	-0.260×10^{-5}	0.322×10^{-9}	491–2700	0.46	0.18
Ammonia	NH_3	6.5846	0.34028×10^{-2}	0.073034×10^{-5}	-0.27402×10^{-9}	491–2700	0.91	0.36
Sulfur	S	6.499	0.2943×10^{-2}	-0.1200×10^{-5}	0.1632×10^{-9}	491–3240	0.99	0.38
Sulfur dioxide	SO_2	6.157	0.7689×10^{-2}	-0.2810×10^{-5}	0.3527×10^{-9}	491–3240	0.45	0.24
Sulfur trioxide	SO_3	3.918	1.935×10^{-2}	-0.8256×10^{-5}	1.328×10^{-9}	491–2340	0.29	0.13
Acetylene	C_2H_2	5.21	1.2227×10^{-2}	-0.4812×10^{-5}	0.7457×10^{-9}	491–2700	1.46	0.59
Benzene	C_6H_6	−8.650	6.4322×10^{-2}	-2.327×10^{-5}	3.179×10^{-9}	491–2700	0.34	0.20
Methanol	CH_4O	4.55	1.214×10^{-2}	-0.0898×10^{-5}	-0.329×10^{-9}	491–1800	0.18	0.08
Ethanol	C_2H_6O	4.75	2.781×10^{-2}	-0.7651×10^{-5}	0.821×10^{-9}	491–2700	0.40	0.22
Hydrogen chloride	HCl	7.244	-0.1011×10^{-2}	0.09783×10^{-5}	-0.1776×10^{-9}	491–2740	0.22	0.08
Methane	CH_4	4.750	0.6666×10^{-2}	0.09352×10^{-5}	-0.4510×10^{-9}	491–2740	1.33	0.57
Ethane	C_2H_6	1.648	2.291×10^{-2}	-0.4722×10^{-5}	0.2984×10^{-9}	491–2740	0.83	0.28
Propane	C_3H_8	−0.966	4.044×10^{-2}	-1.159×10^{-5}	1.300×10^{-9}	491–2740	0.40	0.12
n-Butane	C_4H_{10}	0.945	4.929×10^{-2}	-1.352×10^{-5}	1.433×10^{-9}	491–2740	0.54	0.24
i-Butane	C_4H_{10}	−1.890	5.520×10^{-2}	-1.696×10^{-5}	2.044×10^{-9}	491–2740	0.25	0.13
n-Pentane	C_5H_{12}	1.618	6.028×10^{-2}	-1.656×10^{-5}	1.732×10^{-9}	491–2740	0.56	0.21
n-Hexane	C_6H_{14}	1.657	7.328×10^{-2}	-2.112×10^{-5}	2.363×10^{-9}	491–2740	0.72	0.20
Ethylene	C_2H_4	0.944	2.075×10^{-2}	-0.6151×10^{-5}	0.7326×10^{-9}	491–2740	0.54	0.13
Propylene	C_3H_6	0.753	3.162×10^{-2}	-0.8981×10^{-5}	1.008×10^{-9}	491–2740	0.73	0.17

Source of Data: B. G. Kyle, *Chemical and Process Thermodynamics,* 3rd ed. (Upper Saddle River, NJ: Prentice Hall, 2000).

TABLE A–3E

Properties of common liquids, solids, and foods

(*a*) Liquids

	Boiling data at 1 atm		*Freezing data*		*Liquid properties*		
Substance	Normal boiling point, °F	Latent heat of vaporization, h_{fg} Btu/lbm	Freezing point, °F	Latent heat of fusion, h_{if} Btu/lbm	Temperature, °F	Density, ρ lbm/ft^3	Specific heat, c_p Btu/lbm·R
Ammonia	−27.9	24.54	−107.9	138.6	−27.9	42.6	1.06
					0	41.3	1.083
					40	39.5	1.103
					80	37.5	1.135
Argon	−302.6	69.5	−308.7	12.0	−302.6	87.0	0.272
Benzene	176.4	169.4	41.9	54.2	68	54.9	0.411
Brine (20% sodium chloride by mass)	219.0	—	0.7	—	68	71.8	0.743
n-Butane	31.1	165.6	−217.3	34.5	31.1	37.5	0.552
Carbon dioxide	−109.2*	99.6 (at 32°F)	−69.8	—	32	57.8	0.583
Ethanol	172.8	360.5	−173.6	46.9	77	48.9	0.588
Ethyl alcohol	173.5	368	−248.8	46.4	68	49.3	0.678
Ethylene glycol	388.6	344.0	12.6	77.9	68	69.2	0.678
Glycerine	355.8	419	66.0	86.3	68	78.7	0.554
Helium	−452.1	9.80	—	—	−452.1	9.13	5.45
Hydrogen	−423.0	191.7	−434.5	25.6	−423.0	4.41	2.39
Isobutane	10.9	157.8	−255.5	45.5	10.9	37.1	0.545
Kerosene	399–559	108	−12.8	—	68	51.2	0.478
Mercury	674.1	126.7	−38.0	4.90	77	847	0.033
Methane	−258.7	219.6	296.0	25.1	−258.7	26.4	0.834
					−160	20.0	1.074
Methanol	148.1	473	−143.9	42.7	77	49.1	0.609
Nitrogen	−320.4	85.4	−346.0	10.9	−320.4	50.5	0.492
					−260	38.2	0.643
Octane	256.6	131.7	−71.5	77.9	68	43.9	0.502
Oil (light)	—	—			77	56.8	0.430
Oxygen	−297.3	91.5	−361.8	5.9	−297.3	71.2	0.408
Petroleum	—	99–165			68	40.0	0.478
Propane	−43.7	184.0	−305.8	34.4	−43.7	36.3	0.538
					32	33.0	0.604
					100	29.4	0.673
Refrigerant-134a	−15.0	93.3	−141.9	—	−40	88.5	0.283
					−15	86.0	0.294
					32	80.9	0.318
					90	73.6	0.348
Water	212	970.1	32	143.5	32	62.4	1.01
					90	62.1	1.00
					150	61.2	1.00
					212	59.8	1.01

*Sublimation temperature. (At pressures below the triple-point pressure of 75.1 psia, carbon dioxide exists as a solid or gas. Also, the freezing-point temperature of carbon dioxide is the triple-point temperature of −69.8°F.)

TABLE A–3E

Properties of common liquids, solids, and foods (*Concluded*)

(*b*) Solids (values are for room temperature unless indicated otherwise)

Substance	Density, ρ lbm/ft³	Specific heat, c_p Btu/lbm·R
Metals		
Aluminum		
−100°F		0.192
32°F		0.212
100°F	170	0.218
200°F		0.224
300°F		0.229
400°F		0.235
500°F		0.240
Bronze (76% Cu, 2% Zn, 2% Al)	517	0.0955
Brass, yellow (65% Cu, 35% Zn)	519	0.0955
Copper		
−60°F		0.0862
0°F		0.0893
100°F	555	0.0925
200°F		0.0938
390°F		0.0963
Iron	490	0.107
Lead	705	0.030
Magnesium	108	0.239
Nickel	555	0.105
Silver	655	0.056
Steel, mild	489	0.119
Tungsten	1211	0.031

Substance	Density, ρ lbm/ft³	Specific heat, c_p Btu/lbm·R
Nonmetals		
Asphalt	132	0.220
Brick, common	120	0.189
Brick, fireclay (500°C)	144	0.229
Concrete	144	0.156
Clay	62.4	0.220
Diamond	151	0.147
Glass, window	169	0.191
Glass, pyrex	139	0.200
Graphite	156	0.170
Granite	169	0.243
Gypsum or plaster board		
Ice	50	0.260
−50°F		0.424
0°F		0.471
20°F		0.491
32°F	57.5	0.502
Limestone	103	0.217
Marble 162	0.210	
Plywood (Douglas fir)	34.0	
Rubber (hard)	68.7	
Rubber (soft)	71.8	
Sand	94.9	
Stone	93.6	
Woods, hard (maple, oak, etc.)	45.0	
Woods, soft (fir, pine, etc.)	32.0	

(*c*) Foods

Food	Water content, % (mass)	Freezing point, °F	*Specific heat, Btu/lbm·R* Above freezing	Below freezing	Latent heat of fusion, Btu/lbm
Apples	84	30	0.873	0.453	121
Bananas	75	31	0.801	0.426	108
Beef round	67	—	0.737	0.402	96
Broccoli	90	31	0.921	0.471	129
Butter	16	—	—	0.249	23
Cheese, Swiss	39	14	0.513	0.318	56
Cherries	80	29	0.841	0.441	115
Chicken	74	27	0.793	0.423	106
Corn, sweet	74	31	0.793	0.423	106
Eggs, whole	74	31	0.793	0.423	106
Ice cream	63	22	0.705	0.390	90

Food	Water content, % (mass)	Freezing point, °F	*Specific heat, Btu/lbm·R* Above freezing	Below freezing	Latent heat of fusion, Btu/lbm
Lettuce	95	32	0.961	0.487	136
Milk, whole	88	31	0.905	0.465	126
Oranges	87	31	0.897	0.462	125
Potatoes	78	31	0.825	0.435	112
Salmon fish	64	28	0.713	0.393	92
Shrimp	83	28	0.865	0.450	119
Spinach	93	31	0.945	0.481	134
Strawberries	90	31	0.921	0.471	129
Tomatoes, ripe	94	31	0.953	0.484	135
Turkey	64	—	0.713	0.393	92
Watermelon	93	31	0.945	0.481	134

Source of Data: Values are obtained from various handbooks and other sources or are calculated. Water content and freezing-point data of foods are from ASHRAE, *Handbook of Fundamentals,* I-P version (Atlanta, GA: American Society of Heating, Refrigerating, and Air-Conditioning Engineers, Inc., 1993), Chap. 30, Table 1.
Freezing point is the temperature at which freezing starts for fruits and vegetables, and the average freezing temperature for other foods.

TABLE A-4E

Saturated water—Temperature table

		Specific volume, ft³/lbm		Internal energy, Btu/lbm			Enthalpy, Btu/lbm			Entropy, Btu/lbm·R		
Temp., T °F	Sat. press., P_{sat} psia	Sat. liquid, v_f	Sat. vapor, v_g	Sat. liquid, u_f	Evap., u_{fg}	Sat. vapor, u_g	Sat. liquid, h_f	Evap., h_{fg}	Sat. vapor, h_g	Sat. liquid, s_f	Evap., s_{fg}	Sat. vapor, s_g
32.018	0.08871	0.01602	3299.9	0.000	1021.0	1021.0	0.000	1075.2	1075.2	0.00000	2.18672	2.1867
35	0.09998	0.01602	2945.7	3.004	1019.0	1022.0	3.004	1073.5	1076.5	0.00609	2.17011	2.1762
40	0.12173	0.01602	2443.6	8.032	1015.6	1023.7	8.032	1070.7	1078.7	0.01620	2.14271	2.1589
45	0.14756	0.01602	2035.8	13.05	1012.2	1025.3	13.05	1067.8	1080.9	0.02620	2.11587	2.1421
50	0.17812	0.01602	1703.1	18.07	1008.9	1026.9	18.07	1065.0	1083.1	0.03609	2.08956	2.1256
55	0.21413	0.01603	1430.4	23.07	1005.5	1028.6	23.07	1062.2	1085.3	0.04586	2.06377	2.1096
60	0.25638	0.01604	1206.1	28.08	1002.1	1030.2	28.08	1059.4	1087.4	0.05554	2.03847	2.0940
65	0.30578	0.01604	1020.8	33.08	998.76	1031.8	33.08	1056.5	1089.6	0.06511	2.01366	2.0788
70	0.36334	0.01605	867.18	38.08	995.39	1033.5	38.08	1053.7	1091.8	0.07459	1.98931	2.0639
75	0.43016	0.01606	739.27	43.07	992.02	1035.1	43.07	1050.9	1093.9	0.08398	1.96541	2.0494
80	0.50745	0.01607	632.41	48.06	988.65	1036.7	48.07	1048.0	1096.1	0.09328	1.94196	2.0352
85	0.59659	0.01609	542.80	53.06	985.28	1038.3	53.06	1045.2	1098.3	0.10248	1.91892	2.0214
90	0.69904	0.01610	467.40	58.05	981.90	1040.0	58.05	1042.4	1100.4	0.11161	1.89630	2.0079
95	0.81643	0.01612	403.74	63.04	978.52	1041.6	63.04	1039.5	1102.6	0.12065	1.87408	1.9947
100	0.95052	0.01613	349.83	68.03	975.14	1043.2	68.03	1036.7	1104.7	0.12961	1.85225	1.9819
110	1.2767	0.01617	264.96	78.01	968.36	1046.4	78.02	1031.0	1109.0	0.14728	1.80970	1.9570
120	1.6951	0.01620	202.94	88.00	961.56	1049.6	88.00	1025.2	1113.2	0.16466	1.76856	1.9332
130	2.2260	0.01625	157.09	97.99	954.73	1052.7	97.99	1019.4	1117.4	0.18174	1.72877	1.9105
140	2.8931	0.01629	122.81	107.98	947.87	1055.9	107.99	1013.6	1121.6	0.19855	1.69024	1.8888
150	3.7234	0.01634	96.929	117.98	940.98	1059.0	117.99	1007.8	1125.7	0.21508	1.65291	1.8680
160	4.7474	0.01639	77.185	127.98	934.05	1062.0	128.00	1001.8	1129.8	0.23136	1.61670	1.8481
170	5.9999	0.01645	61.982	138.00	927.08	1065.1	138.02	995.88	1133.9	0.24739	1.58155	1.8289
180	7.5197	0.01651	50.172	148.02	920.06	1068.1	148.04	989.85	1137.9	0.26318	1.54741	1.8106
190	9.3497	0.01657	40.920	158.05	912.99	1071.0	158.08	983.76	1141.8	0.27874	1.51421	1.7930
200	11.538	0.01663	33.613	168.10	905.87	1074.0	168.13	977.60	1145.7	0.29409	1.48191	1.7760
210	14.136	0.01670	27.798	178.15	898.68	1076.8	178.20	971.35	1149.5	0.30922	1.45046	1.7597
212	14.709	0.01671	26.782	180.16	897.24	1077.4	180.21	970.09	1150.3	0.31222	1.44427	1.7565
220	17.201	0.01677	23.136	188.22	891.43	1079.6	188.28	965.02	1153.3	0.32414	1.41980	1.7439
230	20.795	0.01684	19.374	198.31	884.10	1082.4	198.37	958.59	1157.0	0.33887	1.38989	1.7288
240	24.985	0.01692	16.316	208.41	876.70	1085.1	208.49	952.06	1160.5	0.35342	1.36069	1.7141
250	29.844	0.01700	13.816	218.54	869.21	1087.7	218.63	945.41	1164.0	0.36779	1.33216	1.6999
260	35.447	0.01708	11.760	228.68	861.62	1090.3	228.79	938.65	1167.4	0.38198	1.30425	1.6862
270	41.877	0.01717	10.059	238.85	853.94	1092.8	238.98	931.76	1170.7	0.39601	1.27694	1.6730
280	49.222	0.01726	8.6439	249.04	846.16	1095.2	249.20	924.74	1173.9	0.40989	1.25018	1.6601
290	57.573	0.01735	7.4607	259.26	838.27	1097.5	259.45	917.57	1177.0	0.42361	1.22393	1.6475
300	67.028	0.01745	6.4663	269.51	830.25	1099.8	269.73	910.24	1180.0	0.43720	1.19818	1.6354
310	77.691	0.01755	5.6266	279.79	822.11	1101.9	280.05	902.75	1182.8	0.45065	1.17289	1.6235
320	89.667	0.01765	4.9144	290.11	813.84	1104.0	290.40	895.09	1185.5	0.46396	1.14802	1.6120
330	103.07	0.01776	4.3076	300.46	805.43	1105.9	300.80	887.25	1188.1	0.47716	1.12355	1.6007
340	118.02	0.01787	3.7885	310.85	796.87	1107.7	311.24	879.22	1190.5	0.49024	1.09945	1.5897
350	134.63	0.01799	3.3425	321.29	788.16	1109.4	321.73	870.98	1192.7	0.50321	1.07570	1.5789
360	153.03	0.01811	2.9580	331.76	779.28	1111.0	332.28	862.53	1194.8	0.51607	1.05227	1.5683
370	173.36	0.01823	2.6252	342.29	770.23	1112.5	342.88	853.86	1196.7	0.52884	1.02914	1.5580
380	195.74	0.01836	2.3361	352.87	761.00	1113.9	353.53	844.96	1198.5	0.54152	1.00628	1.5478
390	220.33	0.01850	2.0842	363.50	751.58	1115.1	364.25	835.81	1200.1	0.55411	0.98366	1.5378

TABLE A–4E

Saturated water—Temperature table *(Concluded)*

		Specific volume, ft^3/lbm		*Internal energy,* Btu/lbm			*Enthalpy,* Btu/lbm			*Entropy,* Btu/lbm·R		
Temp., T °F	Sat. press., P_{sat} psia	Sat. liquid, v_f	Sat. vapor, v_g	Sat. liquid, u_f	Evap., u_{fg}	Sat. vapor, u_g	Sat. liquid, h_f	Evap., h_{fg}	Sat. vapor, h_g	Sat. liquid, s_f	Evap., s_{fg}	Sat. vapor, s_g
400	247.26	0.01864	1.8639	374.19	741.97	1116.2	375.04	826.39	1201.4	0.56663	0.96127	1.5279
410	276.69	0.01878	1.6706	384.94	732.14	1117.1	385.90	816.71	1202.6	0.57907	0.93908	1.5182
420	308.76	0.01894	1.5006	395.76	722.08	1117.8	396.84	806.74	1203.6	0.59145	0.91707	1.5085
430	343.64	0.01910	1.3505	406.65	711.80	1118.4	407.86	796.46	1204.3	0.60377	0.89522	1.4990
440	381.49	0.01926	1.2178	417.61	701.26	1118.9	418.97	785.87	1204.8	0.61603	0.87349	1.4895
450	422.47	0.01944	1.0999	428.66	690.47	1119.1	430.18	774.94	1205.1	0.62826	0.85187	1.4801
460	466.75	0.01962	0.99510	439.79	679.39	1119.2	441.48	763.65	1205.1	0.64044	0.83033	1.4708
470	514.52	0.01981	0.90158	451.01	668.02	1119.0	452.90	751.98	1204.9	0.65260	0.80885	1.4615
480	565.96	0.02001	0.81794	462.34	656.34	1118.7	464.43	739.91	1204.3	0.66474	0.78739	1.4521
490	621.24	0.02022	0.74296	473.77	644.32	1118.1	476.09	727.40	1203.5	0.67686	0.76594	1.4428
500	680.56	0.02044	0.67558	485.32	631.94	1117.3	487.89	714.44	1202.3	0.68899	0.74445	1.4334
510	744.11	0.02067	0.61489	496.99	619.17	1116.2	499.84	700.99	1200.8	0.70112	0.72290	1.4240
520	812.11	0.02092	0.56009	508.80	605.99	1114.8	511.94	687.01	1199.0	0.71327	0.70126	1.4145
530	884.74	0.02118	0.51051	520.76	592.35	1113.1	524.23	672.47	1196.7	0.72546	0.67947	1.4049
540	962.24	0.02146	0.46553	532.88	578.23	1111.1	536.70	657.31	1194.0	0.73770	0.65751	1.3952
550	1044.8	0.02176	0.42465	545.18	563.58	1108.8	549.39	641.47	1190.9	0.75000	0.63532	1.3853
560	1132.7	0.02207	0.38740	557.68	548.33	1106.0	562.31	624.91	1187.2	0.76238	0.61284	1.3752
570	1226.2	0.02242	0.35339	570.40	532.45	1102.8	575.49	607.55	1183.0	0.77486	0.59003	1.3649
580	1325.5	0.02279	0.32225	583.37	515.84	1099.2	588.95	589.29	1178.2	0.78748	0.56679	1.3543
590	1430.8	0.02319	0.29367	596.61	498.43	1095.0	602.75	570.04	1172.8	0.80026	0.54306	1.3433
600	1542.5	0.02362	0.26737	610.18	480.10	1090.3	616.92	549.67	1166.6	0.81323	0.51871	1.3319
610	1660.9	0.02411	0.24309	624.11	460.73	1084.8	631.52	528.03	1159.5	0.82645	0.49363	1.3201
620	1786.2	0.02464	0.22061	638.47	440.14	1078.6	646.62	504.92	1151.5	0.83998	0.46765	1.3076
630	1918.9	0.02524	0.19972	653.35	418.12	1071.5	662.32	480.07	1142.4	0.85389	0.44056	1.2944
640	2059.3	0.02593	0.18019	668.86	394.36	1063.2	678.74	453.14	1131.9	0.86828	0.41206	1.2803
650	2207.8	0.02673	0.16184	685.16	368.44	1053.6	696.08	423.65	1119.7	0.88332	0.38177	1.2651
660	2364.9	0.02767	0.14444	702.48	339.74	1042.2	714.59	390.84	1105.4	0.89922	0.34906	1.2483
670	2531.2	0.02884	0.12774	721.23	307.22	1028.5	734.74	353.54	1088.3	0.91636	0.31296	1.2293
680	2707.3	0.03035	0.11134	742.11	269.00	1011.1	757.32	309.57	1066.9	0.93541	0.27163	1.2070
690	2894.1	0.03255	0.09451	766.81	220.77	987.6	784.24	253.96	1038.2	0.95797	0.22089	1.1789
700	3093.0	0.03670	0.07482	801.75	146.50	948.3	822.76	168.32	991.1	0.99023	0.14514	1.1354
705.10	3200.1	0.04975	0.04975	866.61	0	866.6	896.07	0	896.1	1.05257	0	1.0526

Source of Data: Tables A–4E through A–8E are generated using the Engineering Equation Solver (EES) software developed by S. A. Klein and F. L. Alvarado. The routine used in calculations is the highly accurate Steam_IAPWS, which incorporates the 1995 Formulation for the Thermodynamic Properties of Ordinary Water Substance for General and Scientific Use, issued by The International Association for the Properties of Water and Steam (IAPWS). This formulation replaces the 1984 formulation of Haar, Gallagher, and Kell *(NBS/NRC Steam Tables,* Hemisphere Publishing Co., 1984), which is also available in EES as the routine STEAM. The new formulation is based on the correlations of Saul and Wagner (*J. Phys. Chem. Ref. Data,* 16, 893, 1987) with modifications to adjust to the International Temperature Scale of 1990. The modifications are described by Wagner and Pruss (*J. Phys. Chem. Ref. Data,* 22, 783, 1993). The properties of ice are based on Hyland and Wexler, "Formulations for the Thermodynamic Properties of the Saturated Phases of H_2O from 173.15 K to 473.15 K," *ASHRAE Trans.*, Part 2A, Paper 2793, 1983.

TABLE A–5E

Saturated water—Pressure table

		Specific volume, ft^3/lbm		*Internal energy,* Btu/lbm			*Enthalpy,* Btu/lbm			*Entropy,* Btu/lbm·R		
Press., P psia	Sat. temp., T_{sat} °F	Sat. liquid, v_f	Sat. vapor, v_g	Sat. liquid, u_f	Evap., u_{fg}	Sat. vapor, u_g	Sat. liquid, h_f	Evap., h_{fg}	Sat. vapor, h_g	Sat. liquid, s_f	Evap., s_{fg}	Sat. vapor, s_g
1	101.69	0.01614	333.49	69.72	973.99	1043.7	69.72	1035.7	1105.4	0.13262	1.84495	1.9776
2	126.02	0.01623	173.71	94.02	957.45	1051.5	94.02	1021.7	1115.8	0.17499	1.74444	1.9194
3	141.41	0.01630	118.70	109.39	946.90	1056.3	109.40	1012.8	1122.2	0.20090	1.68489	1.8858
4	152.91	0.01636	90.629	120.89	938.97	1059.9	120.90	1006.0	1126.9	0.21985	1.64225	1.8621
5	162.18	0.01641	73.525	130.17	932.53	1062.7	130.18	1000.5	1130.7	0.23488	1.60894	1.8438
6	170.00	0.01645	61.982	138.00	927.08	1065.1	138.02	995.88	1133.9	0.24739	1.58155	1.8289
8	182.81	0.01652	47.347	150.83	918.08	1068.9	150.86	988.15	1139.0	0.26757	1.53800	1.8056
10	193.16	0.01659	38.425	161.22	910.75	1072.0	161.25	981.82	1143.1	0.28362	1.50391	1.7875
14.696	211.95	0.01671	26.805	180.12	897.27	1077.4	180.16	970.12	1150.3	0.31215	1.44441	1.7566
15	212.99	0.01672	26.297	181.16	896.52	1077.7	181.21	969.47	1150.7	0.31370	1.44441	1.7549
20	227.92	0.01683	20.093	196.21	885.63	1081.8	196.27	959.93	1156.2	0.33582	1.39606	1.7319
25	240.03	0.01692	16.307	208.45	876.67	1085.1	208.52	952.03	1160.6	0.35347	1.36060	1.7141
30	250.30	0.01700	13.749	218.84	868.98	1087.8	218.93	945.21	1164.1	0.36821	1.33132	1.6995
35	259.25	0.01708	11.901	227.92	862.19	1090.1	228.03	939.16	1167.2	0.38093	1.30632	1.6872
40	267.22	0.01715	10.501	236.02	856.09	1092.1	236.14	933.69	1169.8	0.39213	1.28448	1.6766
45	274.41	0.01721	9.4028	243.34	850.52	1093.9	243.49	928.68	1172.2	0.40216	1.26506	1.6672
50	280.99	0.01727	8.5175	250.05	845.39	1095.4	250.21	924.03	1174.2	0.41125	1.24756	1.6588
55	287.05	0.01732	7.7882	256.25	840.61	1096.9	256.42	919.70	1176.1	0.41958	1.23162	1.6512
60	292.69	0.01738	7.1766	262.01	836.13	1098.1	262.20	915.61	1177.8	0.42728	1.21697	1.6442
65	297.95	0.01743	6.6560	267.41	831.90	1099.3	267.62	911.75	1179.4	0.43443	1.20341	1.6378
70	302.91	0.01748	6.2075	272.50	827.90	1100.4	272.72	908.08	1180.8	0.44112	1.19078	1.6319
75	307.59	0.01752	5.8167	277.31	824.09	1101.4	277.55	904.58	1182.1	0.44741	1.17895	1.6264
80	312.02	0.01757	5.4733	281.87	820.45	1102.3	282.13	901.22	1183.4	0.45335	1.16783	1.6212
85	316.24	0.01761	5.1689	286.22	816.97	1103.2	286.50	898.00	1184.5	0.45897	1.15732	1.6163
90	320.26	0.01765	4.8972	290.38	813.62	1104.0	290.67	894.89	1185.6	0.46431	1.14737	1.6117
95	324.11	0.01770	4.6532	294.36	810.40	1104.8	294.67	891.89	1186.6	0.46941	1.13791	1.6073
100	327.81	0.01774	4.4327	298.19	807.29	1105.5	298.51	888.99	1187.5	0.47427	1.12888	1.6032
110	334.77	0.01781	4.0410	305.41	801.37	1106.8	305.78	883.44	1189.2	0.48341	1.11201	1.5954
120	341.25	0.01789	3.7289	312.16	795.79	1107.9	312.55	878.20	1190.8	0.49187	1.09646	1.5883
130	347.32	0.01796	3.4557	318.48	790.51	1109.0	318.92	873.21	1192.1	0.49974	1.08204	1.5818
140	353.03	0.01802	3.2202	324.45	785.49	1109.9	324.92	868.45	1193.4	0.50711	1.06858	1.5757
150	358.42	0.01809	3.0150	330.11	780.69	1110.8	330.61	863.88	1194.5	0.51405	1.05595	1.5700
160	363.54	0.01815	2.8347	335.49	776.10	1111.6	336.02	859.49	1195.5	0.52061	1.04405	1.5647
170	368.41	0.01821	2.6749	340.62	771.68	1112.3	341.19	855.25	1196.4	0.52682	1.03279	1.5596
180	373.07	0.01827	2.5322	345.53	767.42	1113.0	346.14	851.16	1197.3	0.53274	1.02210	1.5548
190	377.52	0.01833	2.4040	350.24	763.31	1113.6	350.89	847.19	1198.1	0.53839	1.01191	1.5503
200	381.80	0.01839	2.2882	354.78	759.32	1114.1	355.46	843.33	1198.8	0.54379	1.00219	1.5460
250	400.97	0.01865	1.8440	375.23	741.02	1116.3	376.09	825.47	1201.6	0.56784	0.95912	1.5270
300	417.35	0.01890	1.5435	392.89	724.77	1117.7	393.94	809.41	1203.3	0.58818	0.92289	1.5111
350	431.74	0.01912	1.3263	408.55	709.98	1118.5	409.79	794.65	1204.4	0.60590	0.89143	1.4973
400	444.62	0.01934	1.1617	422.70	696.31	1119.0	424.13	780.87	1205.0	0.62168	0.86350	1.4852
450	456.31	0.01955	1.0324	435.67	683.52	1119.2	437.30	767.86	1205.2	0.63595	0.83828	1.4742
500	467.04	0.01975	0.92819	447.68	671.42	1119.1	449.51	755.48	1205.0	0.64900	0.81521	1.4642
550	476.97	0.01995	0.84228	458.90	659.91	1118.8	460.93	743.60	1204.5	0.66107	0.79388	1.4550
600	486.24	0.02014	0.77020	469.46	648.88	1118.3	471.70	732.15	1203.9	0.67231	0.77400	1.4463

TABLE A–5E

Saturated water—Pressure table *(Concluded)*

		Specific volume, ft³/lbm		*Internal energy,* Btu/lbm			*Enthalpy,* Btu/lbm			*Entropy,* Btu/lbm·R		
Press., P psia	Sat. temp., T_{sat} °F	Sat. liquid, v_f	Sat. vapor, v_g	Sat. liquid, u_f	Evap., u_{fg}	Sat. vapor, u_g	Sat. liquid, h_f	Evap., h_{fg}	Sat. vapor, h_g	Sat. liquid, s_f	Evap., s_{fg}	Sat. vapor, s_g
700	503.13	0.02051	0.65589	488.96	627.98	1116.9	491.62	710.29	1201.9	0.69279	0.73771	1.4305
800	518.27	0.02087	0.56920	506.74	608.30	1115.0	509.83	689.48	1199.3	0.71117	0.70502	1.4162
900	532.02	0.02124	0.50107	523.19	589.54	1112.7	526.73	669.46	1196.2	0.72793	0.67505	1.4030
1000	544.65	0.02159	0.44604	538.58	571.49	1110.1	542.57	650.03	1192.6	0.74341	0.64722	1.3906
1200	567.26	0.02232	0.36241	566.89	536.87	1103.8	571.85	612.39	1184.2	0.77143	0.59632	1.3677
1400	587.14	0.02307	0.30161	592.79	503.50	1096.3	598.76	575.66	1174.4	0.79658	0.54991	1.3465
1600	604.93	0.02386	0.25516	616.99	470.69	1087.7	624.06	539.18	1163.2	0.81972	0.50645	1.3262
1800	621.07	0.02470	0.21831	640.03	437.86	1077.9	648.26	502.35	1150.6	0.84144	0.46482	1.3063
2000	635.85	0.02563	0.18815	662.33	404.46	1066.8	671.82	464.60	1136.4	0.86224	0.42409	1.2863
2500	668.17	0.02860	0.13076	717.67	313.53	1031.2	730.90	360.79	1091.7	0.91311	0.31988	1.2330
3000	695.41	0.03433	0.08460	783.39	186.41	969.8	802.45	214.32	1016.8	0.97321	0.18554	1.1587
3200.1	705.10	0.04975	0.04975	866.61	0	866.6	896.07	0	896.1	1.05257	0	1.0526

TABLE A–6E

Superheated water

T °F	*v* ft^3/lbm	*u* Btu/lbm	*h* Btu/lbm	*s* Btu/lbm·R	*v* ft^3/lbm	*u* Btu/lbm	*h* Btu/lbm	*s* Btu/lbm·R	*v* ft^3/lbm	*u* Btu/lbm	*h* Btu/lbm	*s* Btu/lbm·R
	P = 1.0 psia (101.69°F)*				P = 5.0 psia (162.18°F)				P = 10 psia (193.16°F)			
Sat.†	333.49	1043.7	1105.4	1.9776	73.525	1062.7	1130.7	1.8438	38.425	1072.0	1143.1	1.7875
200	392.53	1077.5	1150.1	2.0509	78.153	1076.2	1148.5	1.8716	38.849	1074.5	1146.4	1.7926
240	416.44	1091.2	1168.3	2.0777	83.009	1090.3	1167.1	1.8989	41.326	1089.1	1165.5	1.8207
280	440.33	1105.0	1186.5	2.1030	87.838	1104.3	1185.6	1.9246	43.774	1103.4	1184.4	1.8469
320	464.20	1118.9	1204.8	2.1271	92.650	1118.4	1204.1	1.9490	46.205	1117.6	1203.1	1.8716
360	488.07	1132.9	1223.3	2.1502	97.452	1132.5	1222.6	1.9722	48.624	1131.9	1221.8	1.8950
400	511.92	1147.1	1241.8	2.1722	102.25	1146.7	1241.3	1.9944	51.035	1146.2	1240.6	1.9174
440	535.77	1161.3	1260.4	2.1934	107.03	1160.9	1260.0	2.0156	53.441	1160.5	1259.4	1.9388
500	571.54	1182.8	1288.6	2.2237	114.21	1182.6	1288.2	2.0461	57.041	1182.2	1287.8	1.9693
600	631.14	1219.4	1336.2	2.2709	126.15	1219.2	1335.9	2.0933	63.029	1219.0	1335.6	2.0167
700	690.73	1256.8	1384.6	2.3146	138.09	1256.7	1384.4	2.1371	69.007	1256.5	1384.2	2.0605
800	750.31	1295.1	1433.9	2.3553	150.02	1294.9	1433.7	2.1778	74.980	1294.8	1433.5	2.1013
1000	869.47	1374.2	1535.1	2.4299	173.86	1374.2	1535.0	2.2524	86.913	1374.1	1534.9	2.1760
1200	988.62	1457.1	1640.0	2.4972	197.70	1457.0	1640.0	2.3198	98.840	1457.0	1639.9	2.2433
1400	1107.8	1543.7	1748.7	2.5590	221.54	1543.7	1748.7	2.3816	110.762	1543.6	1748.6	2.3052
	P = 15 psia (212.99°F)				P = 20 psia (227.92°F)				P = 40 psia (267.22°F)			
Sat.	26.297	1077.7	1150.7	1.7549	20.093	1081.8	1156.2	1.7319	10.501	1092.1	1169.8	1.6766
240	27.429	1087.8	1163.9	1.7742	20.478	1086.5	1162.3	1.7406				
280	29.085	1102.4	1183.2	1.8010	21.739	1101.4	1181.9	1.7679	10.713	1097.3	1176.6	1.6858
320	30.722	1116.9	1202.2	1.8260	22.980	1116.1	1201.2	1.7933	11.363	1112.9	1197.1	1.7128
360	32.348	1131.3	1221.1	1.8496	24.209	1130.7	1220.2	1.8171	11.999	1128.1	1216.9	1.7376
400	33.965	1145.7	1239.9	1.8721	25.429	1145.1	1239.3	1.8398	12.625	1143.1	1236.5	1.7610
440	35.576	1160.1	1258.8	1.8936	26.644	1159.7	1258.3	1.8614	13.244	1157.9	1256.0	1.7831
500	37.986	1181.9	1287.3	1.9243	28.458	1181.6	1286.9	1.8922	14.165	1180.2	1285.0	1.8143
600	41.988	1218.7	1335.3	1.9718	31.467	1218.5	1334.9	1.9398	15.686	1217.5	1333.6	1.8625
700	45.981	1256.3	1383.9	2.0156	34.467	1256.1	1383.7	1.9837	17.197	1255.3	1382.6	1.9067
800	49.967	1294.6	1433.3	2.0565	37.461	1294.5	1433.1	2.0247	18.702	1293.9	1432.3	1.9478
1000	57.930	1374.0	1534.8	2.1312	43.438	1373.8	1534.6	2.0994	21.700	1373.4	1534.1	2.0227
1200	65.885	1456.9	1639.8	2.1986	49.407	1456.8	1639.7	2.1668	24.691	1456.5	1639.3	2.0902
1400	73.836	1543.6	1748.5	2.2604	55.373	1543.5	1748.4	2.2287	27.678	1543.3	1748.1	2.1522
1600	81.784	1634.0	1861.0	2.3178	61.335	1633.9	1860.9	2.2861	30.662	1633.7	1860.7	2.2096
	P = 60 psia (292.69°F)				P = 80 psia (312.02°F)				P = 100 psia (327.81°F)			
Sat.	7.1766	1098.1	1177.8	1.6442	5.4733	1102.3	1183.4	1.6212	4.4327	1105.5	1187.5	1.6032
320	7.4863	1109.6	1192.7	1.6636	5.5440	1105.9	1187.9	1.6271				
360	7.9259	1125.5	1213.5	1.6897	5.8876	1122.7	1209.9	1.6545	4.6628	1119.8	1206.1	1.6263
400	8.3548	1140.9	1233.7	1.7138	6.2187	1138.7	1230.8	1.6794	4.9359	1136.4	1227.8	1.6521
440	8.7766	1156.1	1253.6	1.7364	6.5420	1154.3	1251.2	1.7026	5.2006	1152.4	1248.7	1.6759
500	9.4005	1178.8	1283.1	1.7682	7.0177	1177.3	1281.2	1.7350	5.5876	1175.9	1279.3	1.7088
600	10.4256	1216.5	1332.2	1.8168	7.7951	1215.4	1330.8	1.7841	6.2167	1214.4	1329.4	1.7586
700	11.4401	1254.5	1381.6	1.8613	8.5616	1253.8	1380.5	1.8289	6.8344	1253.0	1379.5	1.8037
800	12.4484	1293.3	1431.5	1.9026	9.3218	1292.6	1430.6	1.8704	7.4457	1292.0	1429.8	1.8453
1000	14.4543	1373.0	1533.5	1.9777	10.8313	1372.6	1532.9	1.9457	8.6575	1372.2	1532.4	1.9208
1200	16.4525	1456.2	1638.9	2.0454	12.3331	1455.9	1638.5	2.0135	9.8615	1455.6	1638.1	1.9887
1400	18.4464	1543.0	1747.8	2.1073	13.8306	1542.8	1747.5	2.0755	11.0612	1542.6	1747.2	2.0508
1600	20.438	1633.5	1860.5	2.1648	15.3257	1633.3	1860.2	2.1330	12.2584	1633.2	1860.0	2.1083
1800	22.428	1727.6	1976.6	2.2187	16.8192	1727.5	1976.5	2.1869	13.4541	1727.3	1976.3	2.1622
2000	24.417	1825.2	2096.3	2.2694	18.3117	1825.0	2096.1	2.2376	14.6487	1824.9	2096.0	2.2130

*The temperature in parentheses is the saturation temperature at the specified pressure.

†Properties of saturated vapor at the specified pressure.

TABLE A–6E

Superheated water *(Continued)*

T °F	*v* ft³/lbm	*u* Btu/lbm	*h* Btu/lbm	*s* Btu/lbm·R	*v* ft³/lbm	*u* Btu/lbm	*h* Btu/lbm	*s* Btu/lbm·R	*v* ft³/lbm	*u* Btu/lbm	*h* Btu/lbm	*s* Btu/lbm·R
	P = 120 psia (341.25°F)				*P* = 140 psia (353.03°F)				*P* = 160 psia (363.54°F)			
Sat.	3.7289	1107.9	1190.8	1.5883	3.2202	1109.9	1193.4	1.5757	2.8347	1111.6	1195.5	1.5647
360	3.8446	1116.7	1202.1	1.6023	3.2584	1113.4	1197.8	1.5811				
400	4.0799	1134.0	1224.6	1.6292	3.4676	1131.5	1221.4	1.6092	3.0076	1129.0	1218.0	1.5914
450	4.3613	1154.5	1251.4	1.6594	3.7147	1152.6	1248.9	1.6403	3.2293	1150.7	1246.3	1.6234
500	4.6340	1174.4	1277.3	1.6872	3.9525	1172.9	1275.3	1.6686	3.4412	1171.4	1273.2	1.6522
550	4.9010	1193.9	1302.8	1.7131	4.1845	1192.7	1301.1	1.6948	3.6469	1191.4	1299.4	1.6788
600	5.1642	1213.4	1328.0	1.7375	4.4124	1212.3	1326.6	1.7195	3.8484	1211.3	1325.2	1.7037
700	5.6829	1252.2	1378.4	1.7829	4.8604	1251.4	1377.3	1.7652	4.2434	1250.6	1376.3	1.7498
800	6.1950	1291.4	1429.0	1.8247	5.3017	1290.8	1428.1	1.8072	4.6316	1290.2	1427.3	1.7920
1000	7.2083	1371.7	1531.8	1.9005	6.1732	1371.3	1531.3	1.8832	5.3968	1370.9	1530.7	1.8682
1200	8.2137	1455.3	1637.7	1.9684	7.0367	1455.0	1637.3	1.9512	6.1540	1454.7	1636.9	1.9363
1400	9.2149	1542.3	1746.9	2.0305	7.8961	1542.1	1746.6	2.0134	6.9070	1541.8	1746.3	1.9986
1600	10.2135	1633.0	1859.8	2.0881	8.7529	1632.8	1859.5	2.0711	7.6574	1632.6	1859.3	2.0563
1800	11.2106	1727.2	1976.1	2.1420	9.6082	1727.0	1975.9	2.1250	8.4063	1726.9	1975.7	2.1102
2000	12.2067	1824.8	2095.8	2.1928	10.4624	1824.6	2095.7	2.1758	9.1542	1824.5	2095.5	2.1610
	P = 180 psia (373.07°F)				*P* = 200 psia (381.80°F)				*P* = 225 psia (391.80°F)			
Sat.	2.5322	1113.0	1197.3	1.5548	2.2882	1114.1	1198.8	1.5460	2.0423	1115.3	1200.3	1.5360
400	2.6490	1126.3	1214.5	1.5752	2.3615	1123.5	1210.9	1.5602	2.0728	1119.7	1206.0	1.5427
450	2.8514	1148.7	1243.7	1.6082	2.5488	1146.7	1241.0	1.5943	2.2457	1144.1	1237.6	1.5783
500	3.0433	1169.8	1271.2	1.6376	2.7247	1168.2	1269.0	1.6243	2.4059	1166.2	1266.3	1.6091
550	3.2286	1190.2	1297.7	1.6646	2.8939	1188.9	1296.0	1.6516	2.5590	1187.2	1293.8	1.6370
600	3.4097	1210.2	1323.8	1.6897	3.0586	1209.1	1322.3	1.6771	2.7075	1207.7	1320.5	1.6628
700	3.7635	1249.8	1375.2	1.7361	3.3796	1249.0	1374.1	1.7238	2.9956	1248.0	1372.7	1.7099
800	4.1104	1289.5	1426.5	1.7785	3.6934	1288.9	1425.6	1.7664	3.2765	1288.1	1424.5	1.7528
900	4.4531	1329.7	1478.0	1.8179	4.0031	1329.2	1477.3	1.8059	3.5530	1328.5	1476.5	1.7925
1000	4.7929	1370.5	1530.1	1.8549	4.3099	1370.1	1529.6	1.8430	3.8268	1369.5	1528.9	1.8296
1200	5.4674	1454.3	1636.5	1.9231	4.9182	1454.0	1636.1	1.9113	4.3689	1453.6	1635.6	1.8981
1400	6.1377	1541.6	1746.0	1.9855	5.5222	1541.4	1745.7	1.9737	4.9068	1541.1	1745.4	1.9606
1600	6.8054	1632.4	1859.1	2.0432	6.1238	1632.2	1858.8	2.0315	5.4422	1632.0	1858.6	2.0184
1800	7.4716	1726.7	1975.6	2.0971	6.7238	1726.5	1975.4	2.0855	5.9760	1726.4	1975.2	2.0724
2000	8.1367	1824.4	2095.4	2.1479	7.3227	1824.3	2095.3	2.1363	6.5087	1824.1	2095.1	2.1232
	P = 250 psia (400.97°F)				*P* = 275 psia (409.45°F)				*P* = 300 psia (417.35°F)			
Sat.	1.8440	1116.3	1201.6	1.5270	1.6806	1117.0	1202.6	1.5187	1.5435	1117.7	1203.3	1.5111
450	2.0027	1141.3	1234.0	1.5636	1.8034	1138.5	1230.3	1.5499	1.6369	1135.6	1226.4	1.5369
500	2.1506	1164.1	1263.6	1.5953	1.9415	1162.0	1260.8	1.5825	1.7670	1159.8	1257.9	1.5706
550	2.2910	1185.6	1291.5	1.6237	2.0715	1183.9	1289.3	1.6115	1.8885	1182.1	1287.0	1.6001
600	2.4264	1206.3	1318.6	1.6499	2.1964	1204.9	1316.7	1.6380	2.0046	1203.5	1314.8	1.6270
650	2.5586	1226.8	1345.1	1.6743	2.3179	1225.6	1343.5	1.6627	2.1172	1224.4	1341.9	1.6520
700	2.6883	1247.0	1371.4	1.6974	2.4369	1246.0	1370.0	1.6860	2.2273	1244.9	1368.6	1.6755
800	2.9429	1287.3	1423.5	1.7406	2.6699	1286.5	1422.4	1.7294	2.4424	1285.7	1421.3	1.7192
900	3.1930	1327.9	1475.6	1.7804	2.8984	1327.3	1474.8	1.7694	2.6529	1326.6	1473.9	1.7593
1000	3.4403	1369.0	1528.2	1.8177	3.1241	1368.5	1527.4	1.8068	2.8605	1367.9	1526.7	1.7968
1200	3.9295	1453.3	1635.0	1.8863	3.5700	1452.9	1634.5	1.8755	3.2704	1452.5	1634.0	1.8657
1400	4.4144	1540.8	1745.0	1.9488	4.0116	1540.5	1744.6	1.9381	3.6759	1540.2	1744.2	1.9284
1600	4.8969	1631.7	1858.3	2.0066	4.4507	1631.5	1858.0	1.9960	4.0789	1631.3	1857.7	1.9863
1800	5.3777	1726.2	1974.9	2.0607	4.8882	1726.0	1974.7	2.0501	4.4803	1725.8	1974.5	2.0404
2000	5.8575	1823.9	2094.9	2.1116	5.3247	1823.8	2094.7	2.1010	4.8807	1823.6	2094.6	2.0913

TABLE A-6E

Superheated water *(Continued)*

T °F	*v* ft³/lbm	*u* Btu/lbm	*h* Btu/lbm	*s* Btu/lbm·R	*v* ft³/lbm	*u* Btu/lbm	*h* Btu/lbm	*s* Btu/lbm·R	*v* ft³/lbm	*u* Btu/lbm	*h* Btu/lbm	*s* Btu/lbm·R
	P = 350 psia (431.74°F)				P = 400 psia (444.62°F)				P = 450 psia (456.31°F)			
Sat.	1.3263	1118.5	1204.4	1.4973	1.1617	1119.0	1205.0	1.4852	1.0324	1119.2	1205.2	1.4742
450	1.3739	1129.3	1218.3	1.5128	1.1747	1122.5	1209.4	1.4901				
500	1.4921	1155.2	1251.9	1.5487	1.2851	1150.4	1245.6	1.5288	1.1233	1145.4	1238.9	1.5103
550	1.6004	1178.6	1282.2	1.5795	1.3840	1174.9	1277.3	1.5610	1.2152	1171.1	1272.3	1.5441
600	1.7030	1200.6	1310.9	1.6073	1.4765	1197.6	1306.9	1.5897	1.3001	1194.6	1302.8	1.5737
650	1.8018	1221.9	1338.6	1.6328	1.5650	1219.4	1335.3	1.6158	1.3807	1216.9	1331.9	1.6005
700	1.8979	1242.8	1365.8	1.6567	1.6507	1240.7	1362.9	1.6401	1.4584	1238.5	1360.0	1.6253
800	2.0848	1284.1	1419.1	1.7009	1.8166	1282.5	1417.0	1.6849	1.6080	1280.8	1414.7	1.6706
900	2.2671	1325.3	1472.2	1.7414	1.9777	1324.0	1470.4	1.7257	1.7526	1322.7	1468.6	1.7117
1000	2.4464	1366.9	1525.3	1.7791	2.1358	1365.8	1523.9	1.7636	1.8942	1364.7	1522.4	1.7499
1200	2.7996	1451.7	1633.0	1.8483	2.4465	1450.9	1632.0	1.8331	2.1718	1450.1	1631.0	1.8196
1400	3.1484	1539.6	1743.5	1.9111	2.7527	1539.0	1742.7	1.8960	2.4450	1538.4	1742.0	1.8827
1600	3.4947	1630.8	1857.1	1.9691	3.0565	1630.3	1856.5	1.9541	2.7157	1629.8	1856.0	1.9409
1800	3.8394	1725.4	1974.0	2.0233	3.3586	1725.0	1973.6	2.0084	2.9847	1724.6	1973.2	1.9952
2000	4.1830	1823.3	2094.2	2.0742	3.6597	1823.0	2093.9	2.0594	3.2527	1822.6	2093.5	2.0462
	P = 500 psia (467.04°F)				P = 600 psia (486.24°F)				P = 700 psia (503.13°F)			
Sat.	0.92815	1119.1	1205.0	1.4642	0.77020	1118.3	1203.9	1.4463	0.65589	1116.9	1201.9	1.4305
500	0.99304	1140.1	1231.9	1.4928	0.79526	1128.2	1216.5	1.4596				
550	1.07974	1167.1	1267.0	1.5284	0.87542	1158.7	1255.9	1.4996	0.72799	1149.5	1243.8	1.4730
600	1.15876	1191.4	1298.6	1.5590	0.94605	1184.9	1289.9	1.5325	0.79332	1177.9	1280.7	1.5087
650	1.23312	1214.3	1328.4	1.5865	1.01133	1209.0	1321.3	1.5614	0.85242	1203.4	1313.8	1.5393
700	1.30440	1236.4	1357.0	1.6117	1.07316	1231.9	1351.0	1.5877	0.90769	1227.2	1344.8	1.5666
800	1.44097	1279.2	1412.5	1.6576	1.19038	1275.8	1408.0	1.6348	1.01125	1272.4	1403.4	1.6150
900	1.57252	1321.4	1466.9	1.6992	1.30230	1318.7	1463.3	1.6771	1.10921	1316.0	1459.7	1.6581
1000	1.70094	1363.6	1521.0	1.7376	1.41097	1361.4	1518.1	1.7160	1.20381	1359.2	1515.2	1.6974
1100	1.82726	1406.2	1575.3	1.7735	1.51749	1404.4	1572.9	1.7522	1.29621	1402.5	1570.4	1.7341
1200	1.95211	1449.4	1630.0	1.8075	1.62252	1447.8	1627.9	1.7865	1.38709	1446.2	1625.9	1.7685
1400	2.1988	1537.8	1741.2	1.8708	1.82957	1536.6	1739.7	1.8501	1.56580	1535.4	1738.2	1.8324
1600	2.4430	1629.4	1855.4	1.9291	2.0340	1628.4	1854.2	1.9085	1.74192	1627.5	1853.1	1.8911
1800	2.6856	1724.2	1972.7	1.9834	2.2369	1723.4	1971.8	1.9630	1.91643	1722.7	1970.9	1.9457
2000	2.9271	1822.3	2093.1	2.0345	2.4387	1821.7	2092.4	2.0141	2.08987	1821.0	2091.7	1.9969
	P = 800 psia (518.27°F)				P = 1000 psia (544.65°F)				P = 1250 psia (572.45°F)			
Sat.	0.56920	1115.0	1199.3	1.4162	0.44604	1110.1	1192.6	1.3906	0.34549	1102.0	1181.9	1.3623
550	0.61586	1139.4	1230.5	1.4476	0.45375	1115.2	1199.2	1.3972				
600	0.67799	1170.5	1270.9	1.4866	0.51431	1154.1	1249.3	1.4457	0.37894	1129.5	1217.2	1.3961
650	0.73279	1197.6	1306.0	1.5191	0.56411	1185.1	1289.5	1.4827	0.42703	1167.5	1266.3	1.4414
700	0.78330	1222.4	1338.4	1.5476	0.60844	1212.4	1325.0	1.5140	0.46735	1198.7	1306.8	1.4771
750	0.83102	1246.0	1369.1	1.5735	0.64944	1237.6	1357.8	1.5418	0.50344	1226.4	1342.9	1.5076
800	0.87678	1268.9	1398.7	1.5975	0.68821	1261.7	1389.0	1.5670	0.53687	1252.2	1376.4	1.5347
900	0.96434	1313.3	1456.0	1.6413	0.76136	1307.7	1448.6	1.6126	0.59876	1300.5	1439.0	1.5826
1000	1.04841	1357.0	1512.2	1.6812	0.83078	1352.5	1506.2	1.6535	0.65656	1346.7	1498.6	1.6249
1100	1.13024	1400.7	1568.0	1.7181	0.89783	1396.9	1563.1	1.6911	0.71184	1392.2	1556.8	1.6635
1200	1.21051	1444.6	1623.8	1.7528	0.96327	1441.4	1619.7	1.7263	0.76545	1437.4	1614.5	1.6993
1400	1.36797	1534.2	1736.7	1.8170	1.09101	1531.8	1733.7	1.7911	0.86944	1528.7	1729.8	1.7649
1600	1.52283	1626.5	1851.9	1.8759	1.21610	1624.6	1849.6	1.8504	0.97072	1622.2	1846.7	1.8246
1800	1.67606	1721.9	1970.0	1.9306	1.33956	1720.3	1968.2	1.9053	1.07036	1718.4	1966.0	1.8799
2000	1.82823	1820.4	2091.0	1.9819	1.46194	1819.1	2089.6	1.9568	1.16892	1817.5	2087.9	1.9315

TABLE A–6E

Superheated water *(Concluded)*

T °F	*v* ft³/lbm	*u* Btu/lbm	*h* Btu/lbm	*s* Btu/lbm·R	*v* ft³/lbm	*u* Btu/lbm	*h* Btu/lbm	*s* Btu/lbm·R	*v* ft³/lbm	*u* Btu/lbm	*h* Btu/lbm	*s* Btu/lbm·R
	P = 1500 psia (596.26°F)				*P* = 1750 psia (617.17°F)				*P* = 2000 psia (635.85°F)			
Sat.	0.27695	1092.1	1169.0	1.3362	0.22681	1080.5	1153.9	1.3112	0.18815	1066.8	1136.4	1.2863
600	0.28189	1097.2	1175.4	1.3423								
650	0.33310	1147.2	1239.7	1.4016	0.26292	1122.8	1207.9	1.3607	0.20586	1091.4	1167.6	1.3146
700	0.37198	1183.6	1286.9	1.4433	0.30252	1166.8	1264.7	1.4108	0.24894	1147.6	1239.8	1.3783
750	0.40535	1214.4	1326.9	1.4771	0.33455	1201.5	1309.8	1.4489	0.28074	1187.4	1291.3	1.4218
800	0.43550	1242.2	1363.1	1.5064	0.36266	1231.7	1349.1	1.4807	0.30763	1220.5	1334.3	1.4567
850	0.46356	1268.2	1396.9	1.5328	0.38835	1259.3	1385.1	1.5088	0.33169	1250.0	1372.8	1.4867
900	0.49015	1293.1	1429.2	1.5569	0.41238	1285.4	1419.0	1.5341	0.35390	1277.5	1408.5	1.5134
1000	0.54031	1340.9	1490.8	1.6007	0.45719	1334.9	1482.9	1.5796	0.39479	1328.7	1474.9	1.5606
1100	0.58781	1387.3	1550.5	1.6402	0.49917	1382.4	1544.1	1.6201	0.43266	1377.5	1537.6	1.6021
1200	0.63355	1433.3	1609.2	1.6767	0.53932	1429.2	1603.9	1.6572	0.46864	1425.1	1598.5	1.6400
1400	0.72172	1525.7	1726.0	1.7432	0.61621	1522.6	1722.1	1.7245	0.53708	1519.5	1718.3	1.7081
1600	0.80714	1619.8	1843.8	1.8033	0.69031	1617.4	1840.9	1.7852	0.60269	1615.0	1838.0	1.7693
1800	0.89090	1716.4	1963.7	1.8589	0.76273	1714.5	1961.5	1.8410	0.66660	1712.5	1959.2	1.8255
2000	0.97358	1815.9	2086.1	1.9108	0.83406	1814.2	2084.3	1.8931	0.72942	1812.6	2082.6	1.8778
	P = 2500 psia (668.17°F)				*P* = 3000 psia (695.41°F)				*P* = 3500 psia			
Sat.	0.13076	1031.2	1091.7	1.2330	0.08460	969.8	1016.8	1.1587				
650									0.02492	663.7	679.9	0.8632
700	0.16849	1098.4	1176.3	1.3072	0.09838	1005.3	1059.9	1.1960	0.03065	760.0	779.9	0.9511
750	0.20327	1154.9	1249.0	1.3686	0.14840	1114.1	1196.5	1.3118	0.10460	1057.6	1125.4	1.2434
800	0.22949	1195.9	1302.0	1.4116	0.17601	1167.5	1265.3	1.3676	0.13639	1134.3	1222.6	1.3224
850	0.25174	1230.1	1346.6	1.4463	0.19771	1208.2	1317.9	1.4086	0.15847	1183.8	1286.5	1.3721
900	0.27165	1260.7	1386.4	1.4761	0.21640	1242.8	1362.9	1.4423	0.17659	1223.4	1337.8	1.4106
950	0.29001	1289.1	1423.3	1.5028	0.23321	1273.9	1403.3	1.4716	0.19245	1257.8	1382.4	1.4428
1000	0.30726	1316.1	1458.2	1.5271	0.24876	1302.8	1440.9	1.4978	0.20687	1289.0	1423.0	1.4711
1100	0.33949	1367.3	1524.4	1.5710	0.27732	1356.8	1510.8	1.5441	0.23289	1346.1	1496.9	1.5201
1200	0.36966	1416.6	1587.6	1.6103	0.30367	1408.0	1576.6	1.5850	0.25654	1399.3	1565.4	1.5627
1400	0.42631	1513.3	1710.5	1.6802	0.35249	1507.0	1702.7	1.6567	0.29978	1500.7	1694.8	1.6364
1600	0.48004	1610.1	1832.2	1.7424	0.39830	1605.3	1826.4	1.7199	0.33994	1600.4	1820.5	1.7006
1800	0.53205	1708.6	1954.8	1.7991	0.44237	1704.7	1950.3	1.7773	0.37833	1700.8	1945.8	1.7586
2000	0.58295	1809.4	2079.1	1.8518	0.48532	1806.1	2075.6	1.8304	0.41561	1802.9	2072.1	1.8121
	P = 4000 psia				*P* = 5000 psia				*P* = 6000 psia			
650	0.02448	657.9	676.1	0.8577	0.02379	648.3	670.3	0.8485	0.02325	640.3	666.1	0.8408
700	0.02871	742.3	763.6	0.9347	0.02678	721.8	746.6	0.9156	0.02564	708.1	736.5	0.9028
750	0.06370	962.1	1009.2	1.1410	0.03373	821.8	853.0	1.0054	0.02981	788.7	821.8	0.9747
800	0.10520	1094.2	1172.1	1.2734	0.05937	986.9	1041.8	1.1581	0.03949	897.1	941.0	1.0711
850	0.12848	1156.7	1251.8	1.3355	0.08551	1092.4	1171.5	1.2593	0.05815	1018.6	1083.1	1.1819
900	0.14647	1202.5	1310.9	1.3799	0.10390	1155.9	1252.1	1.3198	0.07584	1103.5	1187.7	1.2603
950	0.16176	1240.7	1360.5	1.4157	0.11863	1203.9	1313.6	1.3643	0.09010	1163.7	1263.7	1.3153
1000	0.17538	1274.6	1404.4	1.4463	0.13128	1244.0	1365.5	1.4004	0.10208	1211.4	1324.7	1.3578
1100	0.19957	1335.1	1482.8	1.4983	0.15298	1312.2	1453.8	1.4590	0.12211	1288.4	1424.0	1.4237
1200	0.22121	1390.3	1554.1	1.5426	0.17185	1372.1	1531.1	1.5070	0.13911	1353.4	1507.8	1.4758
1300	0.24128	1443.0	1621.6	1.5821	0.18902	1427.8	1602.7	1.5490	0.15434	1412.5	1583.8	1.5203
1400	0.26028	1494.3	1687.0	1.6182	0.20508	1481.4	1671.1	1.5868	0.16841	1468.4	1655.4	1.5598
1600	0.29620	1595.5	1814.7	1.6835	0.23505	1585.6	1803.1	1.6542	0.19438	1575.7	1791.5	1.6294
1800	0.33033	1696.8	1941.4	1.7422	0.26320	1689.0	1932.5	1.7142	0.21853	1681.1	1923.7	1.6907
2000	0.36335	1799.7	2068.6	1.7961	0.29023	1793.2	2061.7	1.7689	0.24155	1786.7	2054.9	1.7463

TABLE A–7E

Compressed liquid water

T °F	*v* ft³/lbm	*u* Btu/lbm	*h* Btu/lbm	*s* Btu/lbm·R	*v* ft³/lbm	*u* Btu/lbm	*h* Btu/lbm	*s* Btu/lbm·R	*v* ft³/lbm	*u* Btu/lbm	*h* Btu/lbm	*s* Btu/lbm·R
	P = 500 psia (467.04°F)				*P* = 1000 psia (544.65°F)				*P* = 1500 psia (596.26°F)			
Sat.	0.019750	447.68	449.51	0.64900	0.021595	538.58	542.57	0.74341	0.023456	605.07	611.58	0.80836
32	0.015994	0.01	1.49	0.00001	0.015966	0.03	2.99	0.00005	0.015939	0.05	4.48	0.00008
50	0.015998	18.03	19.51	0.03601	0.015972	17.99	20.95	0.03593	0.015946	17.95	22.38	0.03584
100	0.016107	67.86	69.35	0.12930	0.016083	67.69	70.67	0.12899	0.016059	67.53	71.98	0.12869
150	0.016317	117.70	119.21	0.21462	0.016292	117.42	120.43	0.21416	0.016267	117.14	121.66	0.21369
200	0.016607	167.70	169.24	0.29349	0.016580	167.31	170.38	0.29289	0.016553	166.92	171.52	0.29229
250	0.016972	218.04	219.61	0.36708	0.016941	217.51	220.65	0.36634	0.016911	217.00	221.69	0.36560
300	0.017417	268.92	270.53	0.43641	0.017380	268.24	271.46	0.43551	0.017345	267.57	272.39	0.43463
350	0.017954	320.64	322.30	0.50240	0.017910	319.77	323.08	0.50132	0.017866	318.91	323.87	0.50025
400	0.018609	373.61	375.33	0.56595	0.018552	372.48	375.91	0.56463	0.018496	371.37	376.51	0.56333
450	0.019425	428.44	430.24	0.62802	0.019347	426.93	430.51	0.62635	0.019271	425.47	430.82	0.62472
500					0.020368	484.03	487.80	0.68764	0.020258	482.01	487.63	0.68550
550									0.021595	542.50	548.50	0.74731
	P = 2000 psia (635.85°F)				*P* = 3000 psia (695.41°F)				*P* = 5000 psia			
Sat.	0.025634	662.33	671.82	0.86224	0.034335	783.39	802.45	0.97321				
32	0.015912	0.07	5.96	0.00010	0.015859	0.10	8.90	0.00011	0.015756	0.13	14.71	0.00002
50	0.015921	17.91	23.80	0.03574	0.015870	17.83	26.64	0.03554	0.015773	17.65	32.25	0.03505
100	0.016035	67.36	73.30	0.12838	0.015988	67.04	75.91	0.12776	0.015897	66.41	81.12	0.12652
200	0.016527	166.54	172.66	0.29170	0.016475	165.79	174.94	0.29053	0.016375	164.36	179.51	0.28824
300	0.017310	266.92	273.33	0.43376	0.017242	265.65	275.22	0.43204	0.017112	263.24	279.07	0.42874
400	0.018442	370.30	377.12	0.56205	0.018338	368.22	378.41	0.55959	0.018145	364.35	381.14	0.55492
450	0.019199	424.06	431.16	0.62314	0.019062	421.36	431.94	0.62010	0.018812	416.40	433.80	0.61445
500	0.020154	480.08	487.54	0.68346	0.019960	476.45	487.53	0.67958	0.019620	469.94	488.10	0.67254
560	0.021739	552.21	560.26	0.75692	0.021405	546.59	558.47	0.75126	0.020862	537.08	556.38	0.74154
600	0.023317	605.77	614.40	0.80898	0.022759	597.42	610.06	0.80086	0.021943	584.42	604.72	0.78803
640					0.024765	654.52	668.27	0.85476	0.023358	634.95	656.56	0.83603
680					0.028821	728.63	744.64	0.92288	0.025366	690.67	714.14	0.88745
700									0.026777	721.78	746.56	0.91564

TABLE A–8E

Saturated ice–water vapor

		Specific volume, ft^3/lbm		Internal energy, Btu/lbm			Enthalpy, Btu/lbm			Entropy, Btu/lbm·R		
Temp., T °F	Sat. press., P_{sat} psia	Sat. ice, v_i	Sat. vapor, v_g	Sat. ice, u_i	Subl., u_{ig}	Sat. vapor, u_g	Sat. ice, h_i	Subl., h_{ig}	Sat. vapor, h_g	Sat. ice, s_i	Subl., s_{ig}	Sat. vapor, s_g
32.018	0.08871	0.01747	3299.6	−143.34	1164.2	1020.9	−143.34	1218.3	1075.0	−0.29146	2.4779	2.1864
32	0.08864	0.01747	3302.6	−143.35	1164.2	1020.9	−143.35	1218.4	1075.0	−0.29148	2.4779	2.1865
30	0.08086	0.01747	3605.8	−144.35	1164.6	1020.2	−144.35	1218.5	1074.2	−0.29353	2.4883	2.1948
25	0.06405	0.01746	4505.8	−146.85	1165.4	1018.6	−146.85	1218.8	1072.0	−0.29865	2.5146	2.2160
20	0.05049	0.01746	5657.6	−149.32	1166.2	1016.9	−149.32	1219.1	1069.8	−0.30377	2.5414	2.2376
15	0.03960	0.01745	7138.9	−151.76	1167.0	1015.2	−151.76	1219.3	1067.6	−0.30889	2.5687	2.2598
10	0.03089	0.01744	9054.0	−154.18	1167.8	1013.6	−154.18	1219.5	1065.4	−0.31401	2.5965	2.2825
5	0.02397	0.01743	11,543	−156.57	1168.5	1011.9	−156.57	1219.7	1063.1	−0.31913	2.6248	2.3057
0	0.01850	0.01743	14,797	−158.94	1169.2	1010.3	−158.94	1219.9	1060.9	−0.32426	2.6537	2.3295
−5	0.01420	0.01742	19,075	−161.28	1169.9	1008.6	−161.28	1220.0	1058.7	−0.32938	2.6832	2.3538
−10	0.01083	0.01741	24,731	−163.60	1170.6	1007.0	−163.60	1220.1	1056.5	−0.33451	2.7133	2.3788
−15	0.00821	0.01740	32,257	−165.90	1171.2	1005.3	−165.90	1220.2	1054.3	−0.33964	2.7440	2.4044
−20	0.00619	0.01740	42,335	−168.16	1171.8	1003.6	−168.16	1220.3	1052.1	−0.34478	2.7754	2.4306
−25	0.00463	0.01739	55,917	−170.41	1172.4	1002.0	−170.41	1220.3	1049.9	−0.34991	2.8074	2.4575
−30	0.00344	0.01738	74,345	−172.63	1173.0	1000.3	−172.63	1220.3	1047.7	−0.35505	2.8401	2.4850
−35	0.00254	0.01738	99,526	−174.83	1173.5	998.7	−174.83	1220.3	1045.5	−0.36019	2.8735	2.5133
−40	0.00186	0.01737	134,182	−177.00	1174.0	997.0	−177.00	1220.3	1043.3	−0.36534	2.9076	2.5423

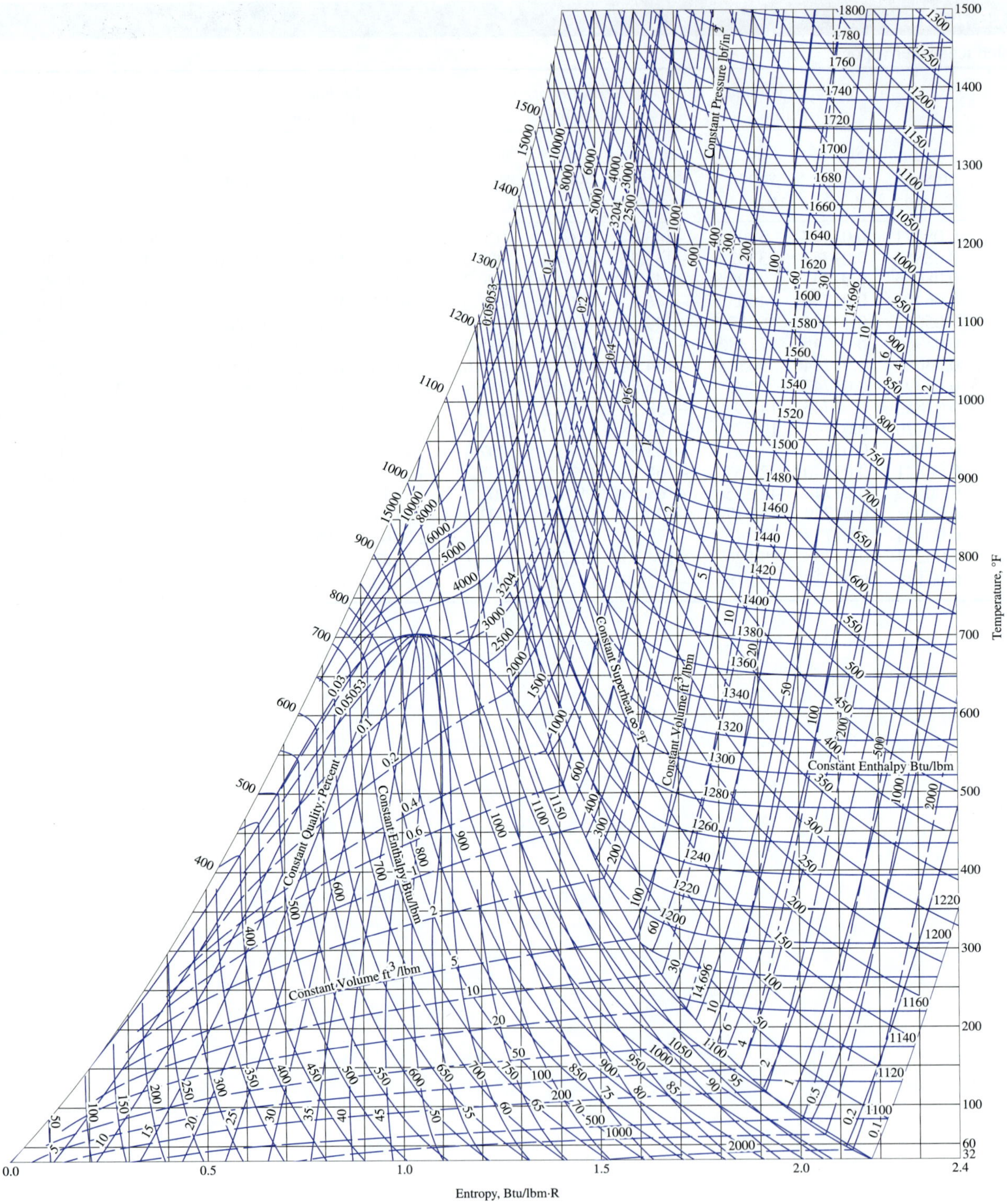

FIGURE A–9E

T-s diagram for water.

Source of Data: Joseph H. Keenan, Frederick G. Keyes, Philip G. Hill, and Joan G. Moore. Steam Tables (*New York: John Wiley & Sons, 1969*).

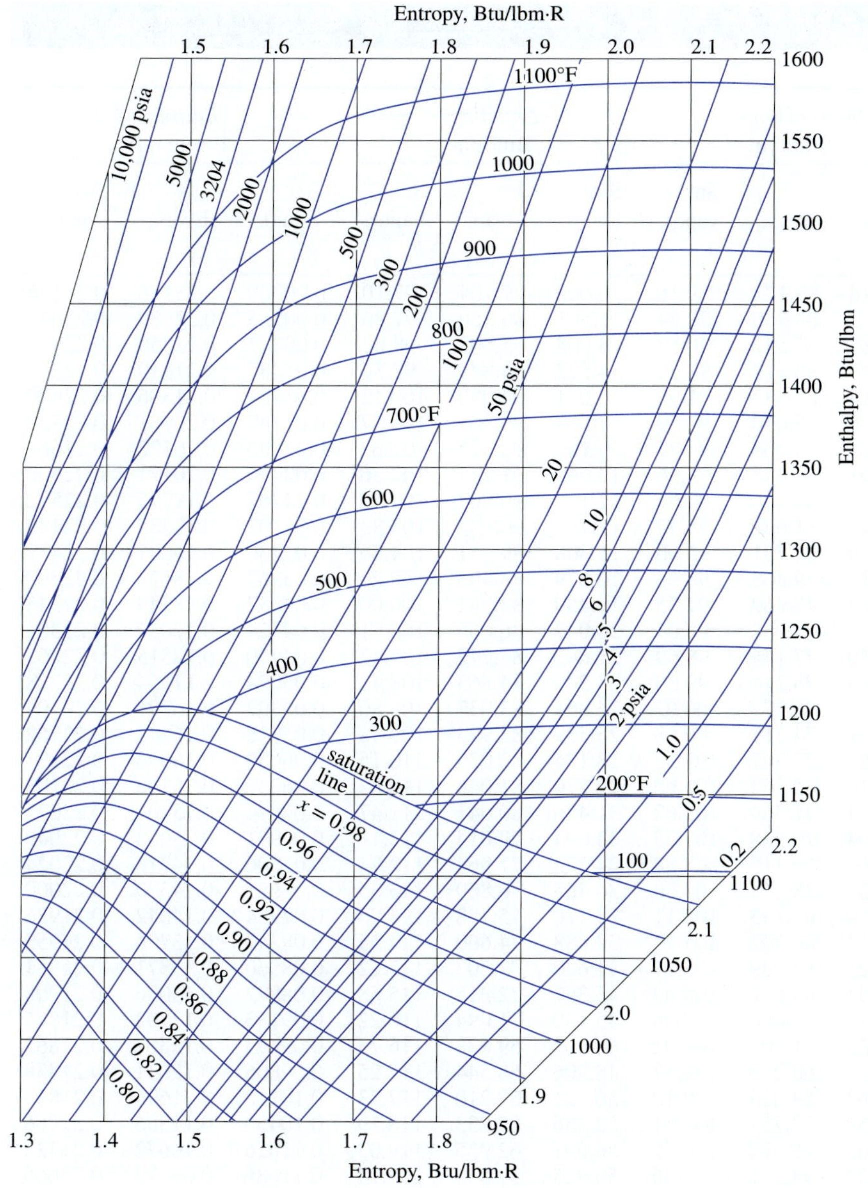

FIGURE A–10E

Mollier diagram for water.

Source of Data: Joseph H. Keenan, Frederick G. Keyes, Philip G. Hill, and Joan G. Moore. Steam Tables *(New York: John Wiley & Sons, 1969).*

TABLE A–11E

Saturated refrigerant-134a–Temperature table

		Specific volume, ft^3/lbm		*Internal energy,* Btu/lbm			*Enthalpy,* Btu/lbm			*Entropy,* Btu/lbm·R		
Temp., T °F	Sat. press., P_{sat} psia	Sat. liquid, v_f	Sat. vapor, v_g	Sat. liquid, u_f	Evap., u_{fg}	Sat. vapor, u_g	Sat. liquid, h_f	Evap., h_{fg}	Sat. vapor, h_g	Sat. liquid, s_f	Evap., s_{fg}	Sat. vapor, s_g
−40	7.432	0.01130	5.7769	−0.016	89.174	89.16	0.000	97.104	97.10	0.00000	0.23136	0.23136
−35	8.581	0.01136	5.0489	1.483	88.360	89.84	1.501	96.360	97.86	0.00355	0.22689	0.23044
−30	9.869	0.01143	4.4286	2.987	87.542	90.53	3.008	95.608	98.62	0.00707	0.22250	0.22957
−25	11.306	0.01149	3.8980	4.497	86.717	91.21	4.522	94.849	99.37	0.01057	0.21819	0.22876
−20	12.906	0.01156	3.4424	6.014	85.887	91.90	6.041	94.080	100.12	0.01404	0.21396	0.22800
−15	14.680	0.01163	3.0495	7.536	85.050	92.59	7.568	93.303	100.87	0.01748	0.20981	0.22729
−10	16.642	0.01170	2.7097	9.065	84.206	93.27	9.102	92.515	101.62	0.02090	0.20572	0.22662
−5	18.806	0.01178	2.4146	10.601	83.355	93.96	10.642	91.717	102.36	0.02430	0.20171	0.22600
0	21.185	0.01185	2.1575	12.143	82.496	94.64	12.190	90.907	103.10	0.02767	0.19775	0.22542
5	23.793	0.01193	1.9328	13.693	81.628	95.32	13.745	90.085	103.83	0.03103	0.19385	0.22488
10	26.646	0.01200	1.7358	15.249	80.751	96.00	15.308	89.251	104.56	0.03436	0.19001	0.22437
15	29.759	0.01208	1.5625	16.813	79.865	96.68	16.879	88.403	105.28	0.03767	0.18623	0.22390
20	33.147	0.01216	1.4097	18.384	78.969	97.35	18.459	87.541	106.00	0.04097	0.18249	0.22345
25	36.826	0.01225	1.2746	19.963	78.062	98.03	20.047	86.665	106.71	0.04424	0.17880	0.22304
30	40.813	0.01233	1.1548	21.550	77.144	98.69	21.643	85.772	107.42	0.04750	0.17515	0.22265
35	45.124	0.01242	1.0482	23.145	76.214	99.36	23.249	84.863	108.11	0.05074	0.17154	0.22228
40	49.776	0.01251	0.95323	24.749	75.272	100.02	24.864	83.937	108.80	0.05397	0.16797	0.22194
45	54.787	0.01261	0.86837	26.361	74.317	100.68	26.489	82.993	109.48	0.05718	0.16443	0.22162
50	60.175	0.01270	0.79236	27.983	73.347	101.33	28.124	82.029	110.15	0.06038	0.16093	0.22131
55	65.957	0.01280	0.72414	29.614	72.363	101.98	29.770	81.046	110.82	0.06357	0.15746	0.22103
60	72.152	0.01290	0.66277	31.254	71.364	102.62	31.426	80.041	111.47	0.06674	0.15401	0.22075
65	78.780	0.01301	0.60744	32.904	70.348	103.25	33.094	79.014	112.11	0.06991	0.15058	0.22049
70	85.858	0.01311	0.55746	34.565	69.315	103.88	34.773	77.964	112.74	0.07306	0.14718	0.22024
75	93.408	0.01323	0.51222	36.237	68.264	104.50	36.465	76.889	113.35	0.07621	0.14379	0.22000
80	101.45	0.01334	0.47119	37.920	67.193	105.11	38.170	75.788	113.96	0.07934	0.14042	0.21976
85	110.00	0.01346	0.43391	39.614	66.102	105.72	39.888	74.660	114.55	0.08247	0.13706	0.21953
90	119.08	0.01359	0.39997	41.321	64.989	106.31	41.620	73.503	115.12	0.08560	0.13371	0.21931
95	128.72	0.01372	0.36902	43.041	63.852	106.89	43.367	72.315	115.68	0.08872	0.13036	0.21908
100	138.93	0.01386	0.34074	44.774	62.690	107.46	45.130	71.094	116.22	0.09183	0.12702	0.21885
105	149.73	0.01400	0.31486	46.521	61.501	108.02	46.909	69.838	116.75	0.09495	0.12367	0.21862
110	161.16	0.01415	0.29113	48.284	60.284	108.57	48.706	68.544	117.25	0.09806	0.12031	0.21838
115	173.23	0.01430	0.26933	50.063	59.035	109.10	50.521	67.210	117.73	0.10118	0.11694	0.21813
120	185.96	0.01446	0.24928	51.858	57.753	109.61	52.356	65.833	118.19	0.10430	0.11356	0.21786
130	213.53	0.01482	0.21373	55.505	55.075	110.58	56.091	62.935	119.03	0.11056	0.10672	0.21728
140	244.06	0.01522	0.18331	59.237	52.221	111.46	59.925	59.813	119.74	0.11686	0.09973	0.21660
150	277.79	0.01567	0.15707	63.070	49.151	112.22	63.875	56.419	120.29	0.12324	0.09253	0.21577
160	314.94	0.01619	0.13423	67.022	45.811	112.83	67.965	52.690	120.66	0.12971	0.08502	0.21473
170	355.80	0.01682	0.11413	71.139	42.101	113.24	72.246	48.509	120.75	0.13637	0.07703	0.21340
180	400.66	0.01759	0.09619	75.464	37.893	113.36	76.768	43.721	120.49	0.14327	0.06834	0.21161
190	449.90	0.01861	0.07982	80.093	32.929	113.02	81.642	38.025	119.67	0.15057	0.05852	0.20909
200	504.00	0.02010	0.06441	85.297	26.629	111.93	87.172	30.761	117.93	0.15872	0.04662	0.20534
210	563.76	0.02309	0.04722	91.993	16.498	108.49	94.402	19.015	113.42	0.16924	0.02839	0.19763

Source of Data: Tables A-11E through A-13E are generated using the Engineering Equation Solver (EES) software developed by S. A. Klein and F. L. Alvarado. The routine used in calculations is the R134a, which is based on the fundamental equation of state developed by R. Tillner-Roth and H. D. Baehr, "An International Standard Formulation for the Thermodynamic Properties of 1,1,1,2-Tetrafluoroethane (HFC-134a) for temperatures from 170 K to 455 K and pressures up to 70 MPa," *J. Phys. Chem, Ref. Data,* Vol. 23, No. 5, 1994. The enthalpy and entropy values of saturated liquid are set to zero at −40°C (and −40°F).

TABLE A–12E

Saturated refrigerant-134a–Pressure table

		Specific volume, ft^3/lbm		*Internal energy,* Btu/lbm			*Enthalpy,* Btu/lbm			*Entropy,* Btu/lbm·R		
Press., P psia	Sat. temp., T_{sat} °F	Sat. liquid, v_f	Sat. vapor, v_g	Sat. liquid, u_f	Evap., u_{fg}	Sat. vapor, u_g	Sat. liquid, h_f	Evap., h_{fg}	Sat. vapor, h_g	Sat. liquid, s_f	Evap., s_{fg}	Sat. vapor, s_g
5	−53.09	0.01113	8.3740	−3.914	91.283	87.37	−3.903	99.021	95.12	−0.00944	0.24353	0.23409
10	−29.52	0.01143	4.3740	3.132	87.463	90.59	3.153	95.536	98.69	0.00741	0.22208	0.22949
15	−14.15	0.01164	2.9882	7.796	84.907	92.70	7.828	93.170	101.00	0.01806	0.20911	0.22717
20	−2.43	0.01181	2.2781	11.393	82.915	94.31	11.436	91.302	102.74	0.02603	0.19967	0.22570
25	7.17	0.01196	1.8442	14.367	81.249	95.62	14.422	89.725	104.15	0.03247	0.19218	0.22465
30	15.37	0.01209	1.5506	16.929	79.799	96.73	16.996	88.340	105.34	0.03792	0.18595	0.22386
35	22.57	0.01221	1.3382	19.195	78.504	97.70	19.274	87.093	106.37	0.04265	0.18058	0.22324
40	29.01	0.01232	1.1773	21.236	77.326	98.56	21.327	85.950	107.28	0.04686	0.17586	0.22272
45	34.86	0.01242	1.0510	23.101	76.240	99.34	23.205	84.889	108.09	0.05065	0.17164	0.22229
50	40.23	0.01252	0.94909	24.824	75.228	100.05	24.939	83.894	108.83	0.05412	0.16780	0.22192
55	45.20	0.01261	0.86509	26.428	74.277	100.70	26.556	82.954	109.51	0.05732	0.16429	0.22160
60	49.84	0.01270	0.79462	27.932	73.378	101.31	28.073	82.060	110.13	0.06028	0.16104	0.22132
65	54.20	0.01278	0.73462	29.351	72.523	101.87	29.505	81.205	110.71	0.06306	0.15801	0.22107
70	58.30	0.01287	0.68290	30.696	71.705	102.40	30.862	80.385	111.25	0.06567	0.15518	0.22084
75	62.19	0.01295	0.63784	31.975	70.921	102.90	32.155	79.594	111.75	0.06813	0.15251	0.22064
80	65.89	0.01303	0.59822	33.198	70.167	103.36	33.391	78.830	112.22	0.07047	0.14998	0.22045
85	69.41	0.01310	0.56309	34.369	69.438	103.81	34.575	78.089	112.66	0.07269	0.14758	0.22027
90	72.78	0.01318	0.53173	35.494	68.733	104.23	35.713	77.369	113.08	0.07481	0.14529	0.22011
95	76.02	0.01325	0.50356	36.577	68.048	104.63	36.810	76.668	113.48	0.07684	0.14311	0.21995
100	79.12	0.01332	0.47811	37.623	67.383	105.01	37.870	75.984	113.85	0.07879	0.14101	0.21981
110	85.00	0.01346	0.43390	39.614	66.102	105.72	39.888	74.660	114.55	0.08247	0.13706	0.21953
120	90.49	0.01360	0.39681	41.489	64.878	106.37	41.791	73.388	115.18	0.08590	0.13338	0.21928
130	95.64	0.01374	0.36523	43.263	63.704	106.97	43.594	72.159	115.75	0.08912	0.12993	0.21905
140	100.51	0.01387	0.33800	44.951	62.570	107.52	45.311	70.967	116.28	0.09215	0.12668	0.21883
150	105.12	0.01400	0.31426	46.563	61.473	108.04	46.952	69.807	116.76	0.09502	0.12359	0.21861
160	109.50	0.01413	0.29339	48.109	60.406	108.51	48.527	68.674	117.20	0.09776	0.12064	0.21840
170	113.69	0.01426	0.27487	49.595	59.366	108.96	50.043	67.564	117.61	0.10036	0.11783	0.21819
180	117.69	0.01439	0.25833	51.027	58.349	109.38	51.507	66.475	117.98	0.10286	0.11513	0.21799
190	121.53	0.01452	0.24346	52.412	57.353	109.76	52.922	65.402	118.32	0.10526	0.11252	0.21778
200	125.22	0.01464	0.23001	53.753	56.375	110.13	54.295	64.345	118.64	0.10757	0.11000	0.21757
220	132.21	0.01490	0.20662	56.321	54.462	110.78	56.927	62.267	119.19	0.11195	0.10519	0.21714
240	138.73	0.01516	0.18694	58.757	52.596	111.35	59.430	60.225	119.65	0.11606	0.10063	0.21669
260	144.85	0.01543	0.17012	61.082	50.763	111.84	61.824	58.205	120.03	0.11994	0.09627	0.21622
280	150.62	0.01570	0.15555	63.313	48.951	112.26	64.126	56.197	120.32	0.12364	0.09207	0.21571
300	156.09	0.01598	0.14279	65.460	47.154	112.61	66.347	54.195	120.54	0.12717	0.08800	0.21517
350	168.64	0.01672	0.11673	70.567	42.632	113.20	71.651	49.109	120.76	0.13545	0.07815	0.21360
400	179.86	0.01758	0.09643	75.401	37.957	113.36	76.702	43.794	120.50	0.14317	0.06847	0.21164
450	190.02	0.01860	0.07979	80.112	32.909	113.02	81.662	38.003	119.67	0.15060	0.05849	0.20909
500	199.29	0.01997	0.06533	84.900	27.096	112.00	86.748	31.292	118.04	0.15810	0.04748	0.20558

TABLE A–13E

Superheated refrigerant-134a

T °F	v ft³/lbm	u Btu/lbm	h Btu/lbm	s Btu/lbm·R	v ft³/lbm	u Btu/lbm	h Btu/lbm	s Btu/lbm·R	v ft³/lbm	u Btu/lbm	h Btu/lbm	s Btu/lbm·R
	P = 10 psia (T_{sat} = −29.52°F)				P = 15 psia (T_{sat} = −14.15°F)				P = 20 psia (T_{sat} = −2.43°F)			
Sat.	4.3740	90.59	98.69	0.22949	2.9882	92.70	101.00	0.22717	2.2781	94.31	102.74	0.22570
−20	4.4856	92.14	100.44	0.23351								
0	4.7135	95.42	104.14	0.24175	3.1001	95.08	103.69	0.23312	2.2922	94.73	103.21	0.22673
20	4.9380	98.77	107.91	0.24978	3.2551	98.49	107.52	0.24129	2.4130	98.19	107.12	0.23506
40	5.1600	102.21	111.76	0.25763	3.4074	101.96	111.42	0.24924	2.5306	101.71	111.07	0.24313
60	5.3802	105.73	115.68	0.26533	3.5577	105.51	115.38	0.25702	2.6461	105.29	115.08	0.25099
80	5.5989	109.33	119.69	0.27290	3.7064	109.14	119.42	0.26465	2.7600	108.94	119.15	0.25868
100	5.8165	113.02	123.78	0.28035	3.8540	112.85	123.54	0.27214	2.8726	112.67	123.30	0.26623
120	6.0331	116.80	127.96	0.28768	4.0006	116.64	127.75	0.27952	2.9842	116.48	127.53	0.27364
140	6.2490	120.66	132.23	0.29492	4.1464	120.52	132.03	0.28678	3.0950	120.38	131.83	0.28094
160	6.4642	124.62	136.58	0.30205	4.2915	124.49	136.40	0.29395	3.2051	124.35	136.22	0.28814
180	6.6789	128.66	141.01	0.30910	4.4361	128.53	140.85	0.30102	3.3146	128.41	140.68	0.29523
200	6.8930	132.78	145.54	0.31606	4.5802	132.67	145.38	0.30800	3.4237	132.56	145.23	0.30223
220	7.1068	136.99	150.14	0.32293	4.7239	136.89	150.00	0.31489	3.5324	136.78	149.86	0.30914
	P = 30 psia (T_{sat} = 15.37°F)				P = 40 psia (T_{sat} = 29.01°F)				P = 50 psia (T_{sat} = 40.23°F)			
Sat.	1.5506	96.73	105.34	0.22386	1.1773	98.56	107.28	0.22272	0.9491	100.05	108.83	0.22192
20	1.5691	97.56	106.27	0.22583								
40	1.6528	101.18	110.35	0.23416	1.2126	100.61	109.59	0.22740				
60	1.7338	104.83	114.45	0.24220	1.2768	104.35	113.80	0.23567	1.0019	103.85	113.12	0.23033
80	1.8130	108.54	118.60	0.25003	1.3389	108.12	118.03	0.24365	1.0540	107.69	117.44	0.23849
100	1.8908	112.31	122.81	0.25769	1.3995	111.94	122.30	0.25142	1.1043	111.56	121.78	0.24639
120	1.9675	116.16	127.08	0.26519	1.4588	115.83	126.63	0.25902	1.1534	115.49	126.16	0.25408
140	2.0434	120.08	131.43	0.27256	1.5173	119.79	131.02	0.26646	1.2015	119.48	130.60	0.26160
160	2.1185	124.09	135.85	0.27981	1.5750	123.82	135.47	0.27377	1.2488	123.54	135.09	0.26898
180	2.1931	128.17	140.34	0.28695	1.6321	127.92	140.00	0.28096	1.2955	127.67	139.66	0.27622
200	2.2671	132.33	144.92	0.29399	1.6887	132.10	144.60	0.28805	1.3416	131.87	144.29	0.28335
220	2.3408	136.58	149.57	0.30094	1.7449	136.37	149.28	0.29503	1.3873	136.15	148.99	0.29037
240	2.4141	140.90	154.30	0.30780	1.8007	140.70	154.03	0.30192	1.4326	140.51	153.76	0.29730
260	2.4871	145.30	159.11	0.31458	1.8562	145.12	158.86	0.30873	1.4776	144.94	158.61	0.30413
280	2.5598	149.79	164.00	0.32128	1.9114	149.62	163.77	0.31545	1.5223	149.45	163.53	0.31087
	P = 60 psia (T_{sat} = 49.84°F)				P = 70 psia (T_{sat} = 58.30°F)				P = 80 psia (T_{sat} = 65.89°F)			
Sat.	0.7946	101.31	110.13	0.22132	0.6829	102.40	111.25	0.22084	0.5982	103.36	112.22	0.22045
60	0.8179	103.31	112.39	0.22572	0.6857	102.74	111.62	0.22157				
80	0.8636	107.24	116.82	0.23408	0.7271	106.77	116.18	0.23018	0.6243	106.27	115.51	0.22663
100	0.9072	111.17	121.24	0.24212	0.7662	110.77	120.69	0.23838	0.6601	110.35	120.12	0.23501
120	0.9495	115.14	125.69	0.24992	0.8037	114.79	125.20	0.24630	0.6941	114.43	124.70	0.24305
140	0.9908	119.17	130.17	0.25753	0.8401	118.86	129.74	0.25399	0.7270	118.53	129.29	0.25084
160	1.0312	123.26	134.71	0.26497	0.8756	122.98	134.32	0.26151	0.7589	122.69	133.92	0.25843
180	1.0709	127.42	139.31	0.27227	0.9105	127.16	138.95	0.26886	0.7900	126.89	138.59	0.26585
200	1.1101	131.64	143.97	0.27945	0.9447	131.40	143.64	0.27608	0.8206	131.17	143.31	0.27312
220	1.1489	135.94	148.69	0.28651	0.9785	135.72	148.40	0.28318	0.8507	135.50	148.09	0.28026
240	1.1872	140.31	153.49	0.29346	1.0118	140.11	153.22	0.29017	0.8803	139.91	152.94	0.28728
260	1.2252	144.76	158.36	0.30032	1.0449	144.57	158.10	0.29706	0.9096	144.38	157.85	0.29420
280	1.2629	149.28	163.30	0.30709	1.0776	149.10	163.06	0.30386	0.9386	148.93	162.82	0.30102
300	1.3004	153.88	168.31	0.31378	1.1101	153.71	168.09	0.31057	0.9674	153.55	167.87	0.30775
320	1.3377	158.55	173.40	0.32039	1.1424	158.40	173.20	0.31720	0.9959	158.25	172.99	0.31440

TABLE A–13E

Superheated refrigerant-134a *(Concluded)*

T °F	v ft³/lbm	u Btu/lbm	h Btu/lbm	s Btu/lbm·R	v ft³/lbm	u Btu/lbm	h Btu/lbm	s Btu/lbm·R	v ft³/lbm	u Btu/lbm	h Btu/lbm	s Btu/lbm·R
	P = 90 psia (T_{sat} = 72.78°F)				P = 100 psia (T_{sat} = 79.12°F)				P = 120 psia (T_{sat} = 90.49°F)			
Sat.	0.53173	104.23	113.08	0.22011	0.47811	105.01	113.85	0.21981	0.39681	106.37	115.18	0.21928
80	0.54388	105.75	114.81	0.22332	0.47906	105.19	114.06	0.22018				
100	0.57729	109.91	119.53	0.23191	0.51076	109.46	118.91	0.22902	0.41013	108.49	117.59	0.22364
120	0.60874	114.05	124.19	0.24009	0.54022	113.66	123.66	0.23735	0.43692	112.85	122.55	0.23234
140	0.63885	118.20	128.84	0.24799	0.56821	117.86	128.38	0.24535	0.46190	117.16	127.42	0.24059
160	0.66796	122.39	133.51	0.25565	0.59513	122.09	133.10	0.25310	0.48563	121.47	132.25	0.24853
180	0.69629	126.63	138.22	0.26313	0.62122	126.36	137.85	0.26065	0.50844	125.80	137.09	0.25621
200	0.72399	130.92	142.98	0.27045	0.64667	130.68	142.64	0.26802	0.53054	130.18	141.96	0.26370
220	0.75119	135.28	147.79	0.27763	0.67158	135.05	147.48	0.27525	0.55206	134.60	146.86	0.27102
240	0.77796	139.70	152.66	0.28469	0.69605	139.50	152.38	0.28234	0.57312	139.08	151.80	0.27819
260	0.80437	144.19	157.59	0.29164	0.72016	144.00	157.33	0.28932	0.59379	143.62	156.80	0.28523
280	0.83048	148.75	162.58	0.29849	0.74396	148.58	162.34	0.29620	0.61413	148.22	161.86	0.29216
300	0.85633	153.39	167.65	0.30524	0.76749	153.22	167.42	0.30297	0.63420	152.89	166.97	0.29898
320	0.88195	158.09	172.78	0.31191	0.79079	157.94	172.57	0.30966	0.65402	157.62	172.15	0.30571

T °F	v ft³/lbm	u Btu/lbm	h Btu/lbm	s Btu/lbm·R	v ft³/lbm	u Btu/lbm	h Btu/lbm	s Btu/lbm·R	v ft³/lbm	u Btu/lbm	h Btu/lbm	s Btu/lbm·R
	P = 140 psia (T_{sat} = 100.51°F)				P = 160 psia (T_{sat} = 109.50°F)				P = 180 psia (T_{sat} = 117.69°F)			
Sat.	0.33800	107.52	116.28	0.21883	0.29339	108.51	117.20	0.21840	0.25833	109.38	117.98	0.21799
120	0.36243	111.97	121.36	0.22775	0.30578	111.01	120.07	0.22339	0.26083	109.95	118.64	0.21912
140	0.38551	116.42	126.40	0.23630	0.32774	115.63	125.33	0.23232	0.28231	114.78	124.18	0.22852
160	0.40711	120.82	131.37	0.24444	0.34790	120.14	130.44	0.24070	0.30154	119.43	129.47	0.23720
180	0.42766	125.23	136.31	0.25229	0.36686	124.63	135.49	0.24872	0.31936	124.01	134.65	0.24542
200	0.44743	129.66	141.25	0.25990	0.38494	129.13	140.52	0.25647	0.33619	128.58	139.77	0.25332
220	0.46657	134.13	146.22	0.26731	0.40234	133.65	145.56	0.26399	0.35228	133.16	144.89	0.26095
240	0.48522	138.65	151.22	0.27457	0.41921	138.21	150.62	0.27133	0.36779	137.76	150.01	0.26838
260	0.50345	143.22	156.26	0.28168	0.43564	142.82	155.72	0.27851	0.38284	142.41	155.16	0.27564
280	0.52134	147.85	161.36	0.28866	0.45171	147.48	160.86	0.28555	0.39751	147.11	160.35	0.28275
300	0.53895	152.55	166.51	0.29553	0.46748	152.21	166.05	0.29248	0.41186	151.86	165.58	0.28972
320	0.55630	157.31	171.72	0.30230	0.48299	156.99	171.29	0.29929	0.42594	156.67	170.85	0.29658
340	0.57345	162.14	176.99	0.30898	0.49828	161.84	176.59	0.30600	0.43980	161.53	176.18	0.30333
360	0.59041	167.03	182.33	0.31557	0.51338	166.75	181.95	0.31262	0.45347	166.47	181.57	0.30998

T °F	v ft³/lbm	u Btu/lbm	h Btu/lbm	s Btu/lbm·R	v ft³/lbm	u Btu/lbm	h Btu/lbm	s Btu/lbm·R	v ft³/lbm	u Btu/lbm	h Btu/lbm	s Btu/lbm·R
	P = 200 psia (T_{sat} = 125.22°F)				P = 300 psia (T_{sat} = 156.09°F)				P = 400 psia (T_{sat} = 179.86°F)			
Sat.	0.23001	110.13	118.64	0.21757	0.14279	112.61	120.54	0.21517	0.09643	113.36	120.50	0.21164
140	0.24541	113.86	122.94	0.22483								
160	0.26412	118.67	128.44	0.23386	0.14656	113.82	121.96	0.21747				
180	0.28115	123.36	133.77	0.24231	0.16355	119.53	128.61	0.22803	0.09658	113.42	120.56	0.21174
200	0.29704	128.01	139.00	0.25037	0.17776	124.79	134.66	0.23734	0.11440	120.53	128.99	0.22473
220	0.31212	132.65	144.20	0.25813	0.19044	129.86	140.43	0.24596	0.12746	126.45	135.88	0.23502
240	0.32658	137.31	149.39	0.26566	0.20211	134.83	146.05	0.25412	0.13853	131.96	142.21	0.24420
260	0.34054	141.99	154.60	0.27300	0.21306	139.77	151.60	0.26193	0.14844	137.27	148.26	0.25272
280	0.35410	146.73	159.83	0.28017	0.22347	144.71	157.11	0.26949	0.15756	142.48	154.15	0.26079
300	0.36733	151.50	165.10	0.28720	0.23346	149.66	162.62	0.27683	0.16611	147.65	159.95	0.26853
320	0.38029	156.34	170.41	0.29410	0.24310	154.63	168.13	0.28399	0.17423	152.81	165.71	0.27601
340	0.39300	161.23	175.77	0.30089	0.25246	159.65	173.66	0.29100	0.18201	157.97	171.45	0.28328
360	0.40552	166.18	181.19	0.30758	0.26159	164.71	179.23	0.29788	0.18951	163.16	177.19	0.29037

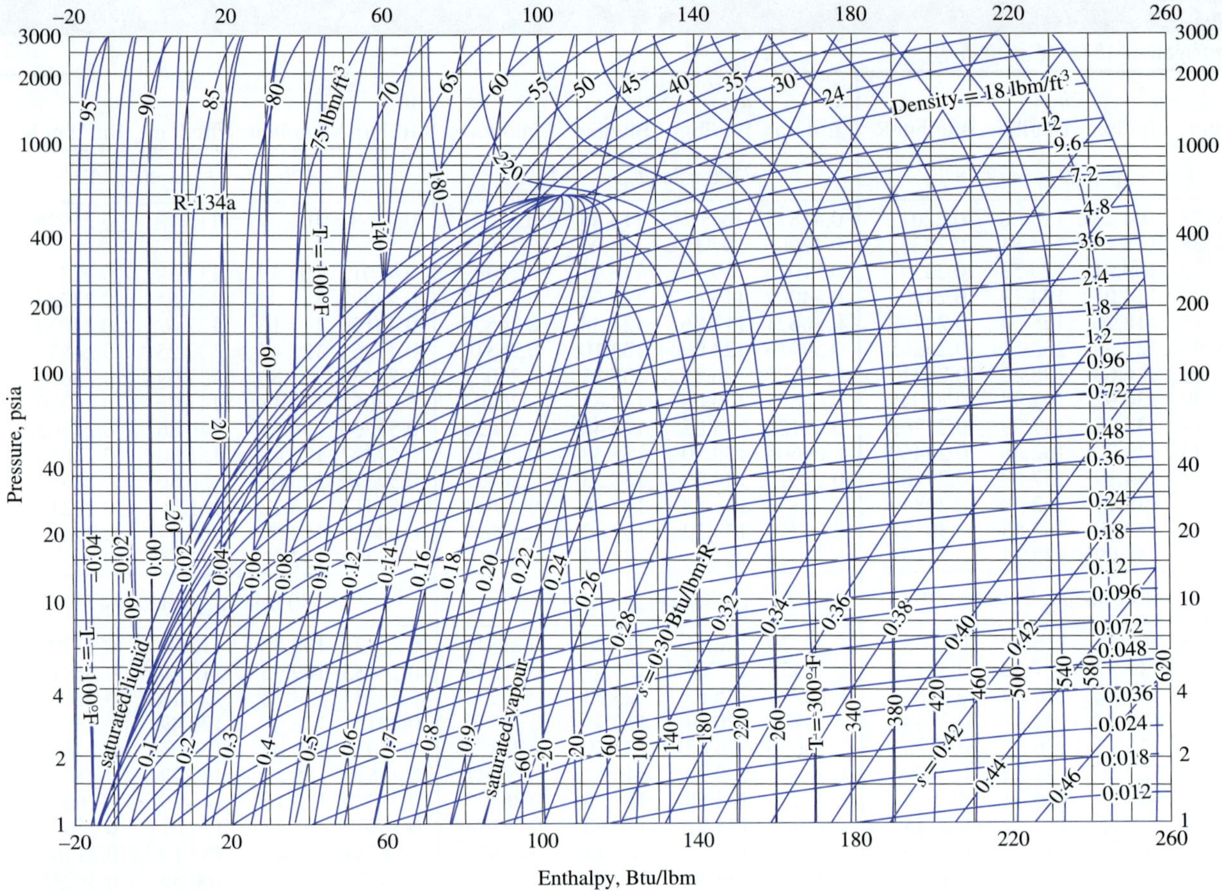

FIGURE A–14E

P-h diagram for refrigerant-134a.

Reprinted by permission of American Society of Heating, Refrigerating, and Air-Conditioning Engineers, Inc., Atlanta, GA.

TABLE A–15E

Properties of saturated water

Temp. T, °F	Saturation pressure P_{sat}, psia	Density ρ, lbm/ft^3		Enthalpy of vaporization h_{fg}, Btu/lbm	Specific heat c_p, Btu/lbm·R		Thermal conductivity k, Btu/h·ft·R		Dynamic viscosity μ, lbm/ft·s		Prandtl number Pr		Volume expansion coefficient β, 1/R
		Liquid	Vapor		Liquid	Vapor	Liquid	Vapor	Liquid	Vapor	Liquid	Vapor	Liquid
32.02	0.0887	62.41	0.00030	1075	1.010	0.446	0.324	0.0099	1.204×10^{-3}	6.194×10^{-6}	13.5	1.00	-0.038×10^{-3}
40	0.1217	62.42	0.00034	1071	1.004	0.447	0.329	0.0100	1.308×10^{-3}	6.278×10^{-6}	11.4	1.01	0.003×10^{-3}
50	0.1780	62.41	0.00059	1065	1.000	0.448	0.335	0.0102	8.781×10^{-4}	6.361×10^{-6}	9.44	1.01	0.047×10^{-3}
60	0.2563	62.36	0.00083	1060	0.999	0.449	0.341	0.0104	7.536×10^{-4}	6.444×10^{-6}	7.95	1.00	0.080×10^{-3}
70	0.3632	62.30	0.00115	1054	0.999	0.450	0.347	0.0106	6.556×10^{-4}	6.556×10^{-6}	6.79	1.00	0.115×10^{-3}
80	0.5073	62.22	0.00158	1048	0.999	0.451	0.352	0.0108	5.764×10^{-4}	6.667×10^{-6}	5.89	1.00	0.145×10^{-3}
90	0.6988	62.12	0.00214	1043	0.999	0.453	0.358	0.0110	5.117×10^{-4}	6.778×10^{-6}	5.14	1.00	0.174×10^{-3}
100	0.9503	62.00	0.00286	1037	0.999	0.454	0.363	0.0112	4.578×10^{-4}	6.889×10^{-6}	4.54	1.01	0.200×10^{-3}
110	1.2763	61.86	0.00377	1031	0.999	0.456	0.367	0.0115	4.128×10^{-4}	7.000×10^{-6}	4.05	1.00	0.224×10^{-3}
120	1.6945	61.71	0.00493	1026	0.999	0.458	0.371	0.0117	3.744×10^{-4}	7.111×10^{-6}	3.63	1.00	0246×10^{-3}
130	2.225	61.55	0.00636	1020	0.999	0.460	0.375	0.0120	3.417×10^{-4}	7.222×10^{-6}	3.28	1.00	0.267×10^{-3}
140	2.892	61.38	0.00814	1014	0.999	0.463	0.378	0.0122	3.136×10^{-4}	7.333×10^{-6}	2.98	1.00	0.287×10^{-3}
150	3.722	61.19	0.0103	1008	1.000	0.465	0.381	0.0125	2.889×10^{-4}	7.472×10^{-6}	2.73	1.00	0.306×10^{-3}
160	4.745	60.99	0.0129	1002	1.000	0.468	0.384	0.0128	2.675×10^{-4}	7.583×10^{-6}	2.51	1.00	0.325×10^{-3}
170	5.996	60.79	0.0161	996	1.001	0.472	0.386	0.0131	2.483×10^{-4}	7.722×10^{-6}	2.90	1.00	0.346×10^{-3}
180	7.515	60.57	0.0199	990	1.002	0.475	0.388	0.0134	2.317×10^{-4}	7.833×10^{-6}	2.15	1.00	0.367×10^{-3}
190	9.343	60.35	0.0244	984	1.004	0.479	0.390	0.0137	2.169×10^{-4}	7.972×10^{-6}	2.01	1.00	0.382×10^{-3}
200	11.53	60.12	0.0297	978	1.005	0.483	0.391	0.0141	2.036×10^{-4}	8.083×10^{-6}	1.88	1.00	0.395×10^{-3}
210	14.125	59.87	0.0359	972	1.007	0.487	0.392	0.0144	1.917×10^{-4}	8.222×10^{-6}	1.77	1.00	0.412×10^{-3}
212	14.698	59.82	0.0373	970	1.007	0.488	0.392	0.0145	1.894×10^{-4}	8.250×10^{-6}	1.75	1.00	0.417×10^{-3}
220	17.19	59.62	0.0432	965	1.009	0.492	0.393	0.0148	1808×10^{-4}	8.333×10^{-6}	1.67	1.00	0.429×10^{-3}
230	20.78	59.36	0.0516	959	1.011	0.497	0.394	0.0152	1.711×10^{-4}	8.472×10^{-6}	1.58	1.00	0.443×10^{-3}
240	24.97	59.09	0.0612	952	1.013	0.503	0.394	0.0156	1.625×10^{-4}	8.611×10^{-6}	1.50	1.00	0.462×10^{-3}
250	29.82	58.82	0.0723	946	1.015	0.509	0.395	0.0160	1.544×10^{-4}	8.611×10^{-6}	1.43	1.00	0.480×10^{-3}
260	35.42	58.53	0.0850	939	1.018	0.516	0.395	0.0164	1.472×10^{-4}	8.861×10^{-6}	1.37	1.00	0.497×10^{-3}
270	41.85	58.24	0.0993	932	1.020	0.523	0.395	0.0168	1.406×10^{-4}	9.000×10^{-6}	1.31	1.01	0.514×10^{-3}
280	49.18	57.94	0.1156	926	1.023	0.530	0.395	0.0172	1.344×10^{-4}	9.111×10^{-6}	1.25	1.01	0.532×10^{-3}
290	57–53	57.63	0.3390	918	1.026	0.538	0.395	0.0177	1.289×10^{-4}	9.250×10^{-6}	1.21	1.01	0.549×10^{-3}
300	66.98	57.31	0.1545	910	1.029	0.547	0.394	0.0182	1.236×10^{-4}	9.389×10^{-6}	1.16	1.02	0.566×10^{-3}
320	89.60	56.65	0.2033	895	1.036	0.567	0.393	0.0191	1.144×10^{-4}	9.639×10^{-6}	1.09	1.03	0.636×10^{-3}
340	117.93	55.95	0.2637	880	1.044	0.590	0.391	0.0202	1.063×10^{-4}	9.889×10^{-6}	1.02	1.04	0.656×10^{-3}
360	152.92	56.22	0.3377	863	1.054	0.617	0.389	0.0213	9.972×10^{-5}	1.013×10^{-5}	0.973	1.06	0.681×10^{-3}
380	195.60	54.46	0.4275	845	1.065	0.647	0.385	0.0224	9.361×10^{-5}	1.041×10^{-5}	0.932	1.08	0.720×10^{-3}
400	241.1	53.65	0.5359	827	1.078	0.683	0.382	0.0237	8.833×10^{-5}	1.066×10^{-5}	0.893	1.11	0.771×10^{-3}
450	422.1	51.46	0.9082	775	1.121	0.799	0.370	0.0271	7.722×10^{-5}	1.130×10^{-5}	0.842	1.20	0.912×10^{-3}
500	680.0	48.95	1.479	715	1.188	0.972	0.352	0.0312	6.833×10^{-5}	1.200×10^{-5}	0.830	1.35	1.111×10^{-3}
550	1046.7	45.96	4.268	641	1.298	1.247	0.329	0.0368	6.083×10^{-5}	1.280×10^{-5}	0.864	1.56	1.445×10^{-3}
600	1541	42.32	3.736	550	1.509	1.759	0.299	0.0461	5.389×10^{-5}	1.380×10^{-5}	0.979	1.90	1.883×10^{-3}
650	2210	37.31	6.152	422	2.086	3.103	0.267	0.0677	4.639×10^{-5}	1.542×10^{-5}	1.30	2.54	
700	3090	27.28	13.44	168	13.80	25.90	0.254	0.1964	3.417×10^{-5}	2.044×10^{-5}	6.68	9.71	
705.44	3204	19.79	19.79	0	∞	∞	∞	∞	2.897×10^{-5}	2.897×10^{-5}			

Note 1: Kinematic viscosity ν and thermal diffusivity α can be calculated from their definitions, $\nu = \mu/\rho$ and $\alpha = k/\rho c_p = \nu/\text{Pr}$. The temperatures 32.02°F, 212°F, and 705.44°F are the triple-, boiling-, and critical-point temperatures of water, respectively. All properties listed above (except the vapor density) can be used at any pressures with negligible error except at temperatures near the critical-point value.

Note 2: The unit Btu/lbm·°F for specific heat is equivalent to Btu/lbm·R, and the unit Btu/h·ft·°F for thermal conductivity is equivalent to Btu/h·ft·R.

Source: Viscosity and thermal conductivity data are from J. V. Sengers and J. T. T. Watson, *Journal of Physical and Chemical Reference Data* 15 (1986), pp. 1291–1322. Other data are obtained from various sources or calculated.

TABLE A–16E

Properties of saturated refrigerant-134a

Temp. T, °F	Saturation pressure P_{sat}, psia	Density ρ, lbm/ft³ Liquid	Density ρ, lbm/ft³ Vapor	Enthalpy of vaporization h_{fg}, Btu/lbm	Specific heat c_p, Btu/lbm·R Liquid	Specific heat c_p, Btu/lbm·R Vapor	Thermal conductivity k, Btu/h·ft·R Liquid	Thermal conductivity k, Btu/h·ft·R Vapor	Dynamic viscosity μ, lbm/ft·s Liquid	Dynamic viscosity μ, lbm/ft·s Vapor	Prandtl number Pr Liquid	Prandtl number Pr Vapor	Volume expansion coefficient β, 1/R Liquid	Surface tension lbf/ft
−40	7.4	88.51	0.1731	97.1	0.2996	0.1788	0.0636	0.00466	3.278×10^{-4}	1.714×10^{-6}	5.558	0.237	0.00114	0.001206
−30	9.9	87.5	0.2258	95.6	0.3021	0.1829	0.0626	0.00497	3.004×10^{-4}	2.053×10^{-6}	5.226	0.272	0.00117	0.001146
−20	12.9	86.48	0.2905	94.1	0.3046	0.1872	0.0613	0.00529	2.762×10^{-4}	2.433×10^{-6}	4.937	0.310	0.00120	0.001087
−10	16.6	85.44	0.3691	92.5	0.3074	0.1918	0.0602	0.00559	2.546×10^{-4}	2.856×10^{-6}	4.684	0.352	0.00124	0.001029
0	21.2	84.38	0.4635	90.9	0.3103	0.1966	0.0589	0.00589	2.345×10^{-4}	3.314×10^{-6}	4.463	0.398	0.00128	0.000972
10	26.6	83.31	0.5761	89.3	0.3134	0.2017	0.0576	0.00619	2.181×10^{-4}	3.811×10^{-4}	4.269	0.447	0.00132	0.000915
20	33.1	82.2	0.7094	87.5	0.3167	0.2070	0.0563	0.00648	2.024×10^{-4}	4.342×10^{-6}	4.098	0.500	0.00132	0.000859
30	40.8	81.08	0.866	85.8	0.3203	0.2127	0.0550	0.00676	1.883×10^{-4}	4.906×10^{-6}	3.947	0.555	0.00142	0.000803
40	49.8	79.92	1.049	83.9	0.3240	0.2188	0.0536	0.00704	1.752×10^{-4}	5.494×10^{-6}	3.814	0.614	0.00149	0.000749
50	60.2	78.73	1.262	82.0	0.3281	0.2253	0.0522	0.00732	1.633×10^{-4}	6.103×10^{-6}	3.697	0.677	0.00156	0.000695
60	72.2	77.51	1.509	80.0	0.3325	0.2323	0.0507	0.00758	1.522×10^{-4}	6.725×10^{-6}	3.594	0.742	0.00163	0.000642
70	85.9	76.25	1.794	78.0	0.3372	0.2398	0.0492	0.00785	1.420×10^{-4}	7.356×10^{-6}	3.504	0.810	0.00173	0.000590
80	101.4	74.94	2.122	75.8	0.3424	0.2481	0.0476	0.00810	1.324×10^{-4}	7.986×10^{-6}	3.425	0.880	0.00183	0.000538
90	119.1	73.59	2.5	73.5	0.3481	0.2572	0.0460	0.00835	1.234×10^{-4}	8.611×10^{-6}	3.357	0.955	0.00195	0.000488
100	138.9	72.17	2.935	71.1	0.3548	0.2674	0.0444	0.00860	1.149×10^{-4}	9.222×10^{-6}	3.303	1.032	0.00210	0.000439
110	161.2	70.69	3.435	68.5	0.3627	0.2790	0.0427	0.00884	1.068×10^{-4}	9.814×10^{-6}	3.262	1.115	0.00227	0.000391
120	186.0	69.13	4.012	65.8	0.3719	0.2925	0.0410	0.00908	9.911×10^{-5}	1.038×10^{-5}	3.235	1.204	0.00248	0.000344
130	213.5	67.48	4.679	62.9	0.3829	0.3083	0.0392	0.00931	9.175×10^{-5}	1.092×10^{-5}	3.223	1.303	0.00275	0.000299
140	244.1	65.72	5.455	59.8	0.3963	0.3276	0.0374	0.00954	8.464×10^{-5}	1.144×10^{-5}	3.229	1.416	0.00308	0.000255
150	277.8	63.83	6.367	56.4	0.4131	0.3520	0.0355	0.00976	7.778×10^{-5}	1.195×10^{-5}	3.259	1.551	0.00351	0.000212
160	314.9	61.76	7.45	52.7	0.4352	0.3839	0.0335	0.00998	7.108×10^{-5}	1.245×10^{-5}	3.324	1.725	0.00411	0.000171
170	355.8	59.47	8.762	48.5	0.4659	0.4286	0.0314	0.01020	6.450×10^{-5}	1.298×10^{-5}	3.443	1.963	0.00498	0.000132
180	400.7	56.85	10.4	43.7	0.5123	0.4960	0.0292	0.01041	5.792×10^{-5}	1.366×10^{-5}	3.661	2.327	0.00637	0.000095
190	449.9	53.75	12.53	38.0	0.5929	0.6112	0.0267	0.01063	5.119×10^{-5}	1.431×10^{-5}	4.090	2.964	0.00891	0.000061
200	504.0	49.75	15.57	30.7	0.7717	0.8544	0.0239	0.01085	4.397×10^{-5}	1.544×10^{-5}	5.119	4.376	0.01490	0.000031
210	563.8	43.19	21.18	18.9	1.4786	1.6683	0.0199	0.01110	3.483×10^{-5}	1.787×10^{-5}	9.311	9.669	0.04021	0.000006

Note 1: Kinematic viscosity ν and thermal diffusivity α can be calculated from their definitions, $\nu = \mu/\rho$ and $\alpha = k/\rho c_p = \nu/\text{Pr}$. The properties listed here (except the vapor density) can be used at any pressures with negligible error except at temperatures near the critical-point value.

Note 2: The unit Btu/lbm·°F for specific heat is equivalent to Btu/lbm·R, and the unit Btu/h·ft·°F for thermal conductivity is equivalent to Btu/h·ft·R.

Source: Data generated from the EES software developed by S. A. Klein and F. L. Alvarado. Original sources: R. Tilner-Roth and H. D. Baehr, "An International Standard Formulation for the Thermodynamic Properties of 1,1,1,2-Tetrafluorethane (HFC-134a) for Temperatures from 170 K to 455 K and Pressures up to 70 Mpa," *J. Phys. Chem. Ref. Data,* Vol. 23, No.5, 1994: M. J. Assael, N. K. Dalaouti, A. A. Griva, and J. H. Dymond, "Viscosity and Thermal Conductivity of Halogenated Methane and Ethane Refrigerants," *IJR,* Vol. 22, pp. 525–535, 1999: NIST REPROP 6 program (M. O. McLinden, S. A. Klein, E. W. Lemmon, and A. P. Peskin, Physicial and Chemical Properties Division, National Institute of Standards and Technology, Boulder, CO 80303. 1995).

TABLE A–17E

Properties of saturated ammonia

Temp. T, °F	Saturation pressure P_{sat}, psia	Density ρ, lbm/ft³ Liquid	Density Vapor	Enthalpy of vaporization h_{fg}, Btu/lbm	Specific heat c_p, Btu/lbm·R Liquid	Specific heat Vapor	Thermal conductivity k, Btu/h·ft·R Liquid	Thermal conductivity Vapor	Dynamic viscosity μ, lbm/ft·s Liquid	Dynamic viscosity Vapor	Prandtl number Pr Liquid	Prandtl number Vapor	Volume expansion coefficient β, 1/R Liquid	Surface tension lbf/ft
−40	10.4	43.08	0.0402	597.0	1.0542	0.5354	–	0.01026	1.966×10^{-4}	5.342×10^{-6}	–	1.003	0.00098	0.002443
−30	13.9	42.66	0.0527	590.2	1.0610	0.5457	–	0.01057	1.853×10^{-4}	5.472×10^{-6}	–	1.017	0.00101	0.002357
−20	18.3	42.33	0.0681	583.2	1.0677	0.5571	0.3501	0.01089	1.746×10^{-4}	5.600×10^{-6}	1.917	1.031	0.00103	0.002272
−10	23.7	41.79	0.0869	575.9	1.0742	0.5698	0.3426	0.01121	1.645×10^{-4}	5.731×10^{-6}	1.856	1.048	0.00106	0.002187
0	30–4	41.34	0.1097	568.4	1.0807	0.5838	0.3352	0.01154	1.549×10^{-4}	5.861×10^{-6}	1.797	1.068	0.00109	0.002103
10	38.5	40.89	0.1370	560.7	1.0873	0.5992	0.3278	0.01187	1.458×10^{-4}	5.994×10^{-6}	1.740	1.089	0.00112	0.002018
20	48.2	40.43	0.1694	552.6	1.0941	0.6160	0.3203	0.01220	1.371×10^{-4}	6.125×10^{-6}	1.686	1.113	0.00116	0.001934
30	59.8	39.96	0.2075	544.4	1.1012	0.6344	0.3129	0.01254	1290×10^{-4}	6.256×10^{-6}	1.634	1.140	0.00119	0.001850
40	73.4	39.48	0.2521	535.8	1.1087	0.6544	0.3055	0.01288	1.213×10^{-4}	6.389×10^{-6}	1.585	1.168	0.00123	0.001767
50	89.2	38.99	0.3040	526.9	1.1168	0.6762	0.2980	0.01323	1.140×10^{-4}	6.522×10^{-6}	1.539	1.200	0.00128	0.001684
60	107.7	38.50	0.3641	517.7	1.1256	0.6999	0.2906	0.01358	1.072×10^{-4}	6.656×10^{-6}	1.495	1.234	0.00132	0.001601
70	128.9	37.99	0.4332	508.1	1.1353	0.7257	0.2832	0.01394	1.008×10^{-4}	6.786×10^{-6}	1.456	1.272	0.00137	0.001518
80	153.2	37.47	0.5124	498.2	1.1461	0.7539	0.2757	0.01431	9.486×10^{-5}	6.922×10^{-6}	1.419	1.313	0.00143	0.001436
90	180.8	36.94	0.6029	487.8	1.1582	0.7846	0.2683	0.01468	8.922×10^{-5}	7.056×10^{-6}	1.387	1.358	0.00149	0.001354
100	212.0	36.40	0.7060	477.0	1.1719	0.8183	0.2609	0.01505	8.397×10^{-5}	7.189×10^{-6}	1.358	1.407	0.00156	0.001273
110	247.2	35.83	0.8233	465.8	1.1875	0.8554	0.2535	0.01543	7.903×10^{-5}	7.325×10^{-6}	1.333	1.461	0.00164	0.001192
120	286.5	35.26	0.9564	454.1	1.2054	0.8965	0.2460	0.01582	7.444×10^{-5}	7.458×10^{-6}	1.313	1.522	0.00174	0.001111
130	330.4	34.66	1.1074	441.7	1.2261	0.9425	0.2386	0.01621	7.017×10^{-5}	7.594×10^{-6}	1.298	1.589	0.00184	0.001031
140	379.4	34.04	1.2786	428.8	1.2502	0.9943	0.2312	0.01661	6.617×10^{-5}	7.731×10^{-6}	1.288	1.666	0.00196	0.000951
150	433.2	33.39	1.4730	415.2	1.2785	1.0533	0.2237	0.01702	6.244×10^{-5}	7.867×10^{-4}	1.285	1.753	0.00211	0.000872
160	492.7	32.72	1.6940	400.8	1.3120	1.1214	0.2163	0.01744	5.900×10^{-5}	8.006×10^{-6}	1.288	1.853	0.00228	0.000794
170	558.2	32.01	1.9460	385.4	1.3523	1.2012	0.2089	0.01786	5.578×10^{-5}	8.142×10^{-6}	1.300	1.971	0.00249	0.000716
180	630.1	31.26	2.2346	369.1	1.4015	1.2965	0.2014	0.01829	5.278×10^{-5}	8.281×10^{-6}	1.322	2.113	0.00274	0.000638
190	708.5	30.47	2.5670	351.6	1.4624	1.4128	0.1940	0.01874	5.000×10^{-5}	8.419×10^{-6}	1.357	2.286	0.00306	0.000562
200	794.4	29.62	2.9527	332.7	1.5397	1.5586	0.1866	0.01919	4.742×10^{-5}	8.561×10^{-6}	1.409	2.503	0.00348	0.000486
210	887.9	28.70	3.4053	312.0	1.6411	1.7473	0.1791	0.01966	4.500×10^{-5}	8.703×10^{-6}	1.484	2.784	0.00403	0.000411
220	989.5	27.69	3.9440	289.2	1.7798	2.0022	0.1717	0.02015	4.275×10^{-5}	8.844×10^{-6}	1.595	3.164	0.00480	0.000338
230	1099.0	25.57	4.5987	263.5	1.9824	2.3659	0.1643	0.02065	4.064×10^{-5}	8.989×10^{-6}	1.765	3.707	0.00594	0.000265
240	1219.4	25.28	5.4197	234.0	2.3100	2.9264	0.1568	0.02119	3.864×10^{-5}	9.136×10^{-6}	2.049	4.542	0.00784	0.000194

Note 1: Kinematic viscosity ν and thermal diffusivity α can be calculated from their definitions, $\nu = \mu/\rho$ and $\alpha = k/\rho c_p = \nu/\text{Pr}$. The properties listed here (except the vapor density) can be used at any pressures with negligible error except at temperatures near the critical-point value.

Note 2: The unit Btu/lbm·°F for specific heat is equivalent to Btu/lbm·R, and the unit Btu/lbm·°F, for thermal conductivity is equivalent to Btu/h·ft·R.

Source: Data generated from the EES software developed by S. A. Klein and F. L. Alvarado. Orginal sources: Tillner-Roth, Harms-Watzenterg, and Baehr, "Eine neue Fundamentalgleichung fur Ammoniak," *DKV-Tagungsbericht* 20: 167–181, 1993; Liley and Desai, "Thermophysical Properties of Refrigerants," *ASHRAE,* 1993, ISBN 1-1883413-10-9.

TABLE A–18E

Properties of saturated propane

Temp. T, °F	Saturation pressure P_{sat}, psia	Density ρ, lbm/ft³ Liquid	Density Vapor	Enthalpy of vaporization h_{fg}, Btu/lbm	Specific heat c_p, Btu/lbm·R Liquid	Specific heat Vapor	Thermal conductivity k, Btu/h·ft·R Liquid	Thermal conductivity Vapor	Dynamic viscosity μ, lbm/ft·s Liquid	Dynamic viscosity Vapor	Prandtl number Pr Liquid	Prandtl number Vapor	Volume expansion coefficient β, 1/R Liquid	Surface tension lbf/ft
−200	0.0201	42.06	0.0003	217.7	0.4750	0.2595	0.1073	0.00313	5.012×10^{-4}	2.789×10^{-6}	7.991	0.833	0.00083	0.001890
−180	0.0752	41.36	0.0011	213.4	0.4793	0.2680	0.1033	0.00347	3.941×10^{-4}	2.975×10^{-6}	6.582	0.826	0.00086	0.001780
−160	0.2307	40.65	0.0032	209.1	0.4845	0.2769	0.0992	0.00384	3.199×10^{-4}	3.164×10^{-6}	5.626	0.821	0.00088	0.001671
−140	0.6037	39.93	0.0078	204.8	0.4907	0.2866	0.0949	0.00423	2.660×10^{-4}	3.358×10^{-6}	4.951	0.818	0.00091	0.001563
−120	1.389	39.20	0.0170	200.5	0.4982	0.2971	0.0906	0.00465	2.252×10^{-4}	3.556×10^{-6}	4.457	0.817	0.00094	0.001455
−100	2.878	38.46	0.0334	196.1	0.5069	0.3087	0.0863	0.00511	1.934×10^{-4}	3.756×10^{-6}	4.087	0.817	0.00097	0.001349
−90	4.006	38.08	0.0453	193.9	0.5117	0.3150	0.0842	0.00534	1.799×10^{-4}	3.858×10^{-6}	3.936	0.819	0.00099	0.001297
−80	5.467	37.70	0.0605	191.6	0.5169	0.3215	0.0821	0.00559	1.678×10^{-4}	3.961×10^{-6}	3.803	0.820	0.00101	0.001244
−70	7.327	37.32	0.0793	189.3	0.5224	0.3284	0.0800	0.00585	1.569×10^{-4}	4.067×10^{-6}	3.686	0.822	0.00104	0.001192
−60	9.657	36.93	0.1024	186.9	0.5283	0.3357	0.0780	0.00611	1.469×10^{-4}	4.172×10^{-6}	3.582	0.825	0.00106	0.001140
−50	12.54	36.54	0.1305	184.4	0.5345	0.3433	0.0760	0.00639	1.378×10^{-4}	4.278×10^{-6}	3.490	0.828	0.00109	0.001089
−40	16.05	36.13	0.1641	181.9	0.5392	0.3513	0.0740	0.00568	1.294×10^{-4}	4.386×10^{-6}	3.395	0.831	0.00112	0.001038
−30	20.29	35.73	0.2041	179.3	0.5460	0.3596	0.0721	0.00697	1.217×10^{-4}	4.497×10^{-6}	3.320	0.835	0.00115	0.000987
−20	25.34	35.31	0.2512	176.6	0.5531	0.3684	0.0702	0.00728	1.146×10^{-4}	4.611×10^{-6}	3.253	0.840	0.00119	0.000937
−10	31.3	34.89	0.3063	173.8	0.5607	0.3776	0.0683	0.00761	1.079×10^{-4}	4.725×10^{-6}	3.192	0.845	0.00123	0.000887
0	38.28	34.46	0.3703	170.9	0.5689	0.3874	0.0665	0.00794	1.018×10^{-4}	4.842×10^{-6}	3.137	0.850	0.00127	0.000838
10	46.38	34.02	0.4441	167.9	0.5775	0.3976	0.0647	0.00829	9.606×10^{-5}	4.961×10^{-6}	3.088	0.857	0.00132	0.000789
20	55.7	33.56	0.5289	164.8	0.5867	0.4084	0.0629	0.00865	9.067×10^{-5}	5.086×10^{-6}	3.043	0.864	0.00138	0.000740
30	66.35	33.10	0.6259	161.6	0.5966	0.4199	0.0512	0.00903	8.561×10^{-5}	5.211×10^{-6}	3.003	0.873	0.00144	0.000692
40	78.45	32.62	0.7365	158.1	0.6072	0.4321	0.0595	0.00942	8.081×10^{-5}	5.342×10^{-6}	2.967	0.882	0.00151	0.000644
50	92.12	32.13	0.8621	154.6	0.6187	0.4452	0.0579	0.00983	7.631×10^{-5}	5.478×10^{-6}	2.935	0.893	0.00159	0.000597
60	107.5	31.63	1.0046	150.8	0.6311	0.4593	0.0563	0.01025	7.200×10^{-5}	5.617×10^{-6}	2.906	0.906	0.00168	0.000551
70	124.6	31.11	1.1659	146.8	0.6447	0.4746	0.0547	0.01070	6.794×10^{-5}	5.764×10^{-6}	2.881	0.921	0.00179	0.000505
80	143.7	30.56	1.3484	142.7	0.6596	0.4915	0.0532	0.01116	6.406×10^{-5}	5.919×10^{-6}	2.860	0.938	0.00191	0.000460
90	164.8	30.00	1.5549	138.2	0.6762	0.5103	0.0517	0.01165	6.033×10^{-5}	6.081×10^{-6}	2.843	0.959	0.00205	0.000416
100	188.1	29.41	1.7887	133.6	0.6947	0.5315	0.0501	0.01217	5.675×10^{-5}	6.256×10^{-6}	2.831	0.984	0.00222	0.000372
120	241.8	28.13	2.3562	123.2	0.7403	0.5844	0.0472	0.01328	5.000×10^{-6}	6.644×10^{-6}	2.825	1.052	0.00267	0.000288
140	306.1	26.69	3.1003	111.1	0.7841	0.6613	0.0442	0.01454	4.358×10^{-5}	7.111×10^{-6}	2.784	1.164	0.00338	0.000208
160	382.4	24.98	4.1145	96.4	0.8696	0.7911	0.0411	0.01603	3.733×10^{-5}	7.719×10^{-6}	2.845	1.371	0.00459	0.000133
180	472.9	22.79	5.6265	77.1	1.1436	1.0813	0.0376	0.01793	3.083×10^{-5}	8.617×10^{-6}	3.380	1.870	0.00791	0.000065

Note 1: Kinematic viscosity ν and thermal diffusivity α can be calculated from their definitions, $\nu = \mu/\rho$ and $\alpha = k/\rho c_p = \nu/\mathrm{Pr}$. The properties listed here (except the vapor density) can be used at any pressures with negligible error at temperatures near the critical-point value.

Note 2: The unit Btu/lbm·°F for specific heat is equivalent to Btu/lbm·°R, and the unit Btu/h·ft·°F for thermal conductivity is equivalent to Btu/h·ft·R.

Source: Data generated from the EES software developed by S. A. Klein and F. L. Alvarado. Original sources: Reiner Tillner-Roth, "Fundamental Equations of State," Shaker, Verlag, Aachan, 1998; B. A. Younglove and J. F. Ely. "Thermophysical Properties of Fluids. II Methane, Ethane, Propane, Isobutane, and Normal Butane," *J. Phys. Chem. Ref. Data,* Vol. 16, No. 4, 1987; G. R. Somayajulu, "A Generalized Equation for Surface Tension from the Triple-Point to the Critical-Point," *International Journal of Thermophysics,* Vol. 9, No. 4, 1988.

TABLE A–19E

Properties of liquids

Temp. T, °F	Density ρ, lbm/ft^3	Specific heat c_p, Btu/lbm·R	Thermal conductivity k, Btu/h·ft·R	Thermal diffusivity α, ft^2/s	Dynamic viscosity μ, lbm/ft·s	Kinematic viscosity ν, ft^2/s	Prandtl number Pr	Volume expansion coeff. β, 1/R
				Methane (CH_4)				
−280	27.41	0.8152	0.1205	1.497×10^{-6}	1.057×10^{-4}	3.857×10^{-6}	2.575	0.00175
−260	26.43	0.8301	0.1097	1.389×10^{-6}	8.014×10^{-5}	3.032×10^{-6}	2.183	0.00192
−240	25.39	0.8523	0.0994	1.276×10^{-6}	6.303×10^{-5}	2.482×10^{-6}	1.945	0.00215
−220	24.27	0.8838	0.0896	1.159×10^{-6}	5.075×10^{-5}	2.091×10^{-6}	1.803	0.00247
−200	23.04	0.9314	0.0801	1.036×10^{-6}	4.142×10^{-5}	1.798×10^{-6}	1.734	0.00295
−180	21.64	1.010	0.0709	9.008×10^{-7}	3.394×10^{-5}	1.568×10^{-6}	1.741	0.00374
−160	19.99	1.158	0.0616	7.397×10^{-7}	2.758×10^{-5}	1.379×10^{-6}	1.865	0.00526
−140	17.84	1.542	0.0518	5.234×10^{-7}	2.168×10^{-5}	1.215×10^{-6}	2.322	0.00943
				Methanol [$CH_3(OH)$]				
70	49.15	0.6024	0.1148	1.076×10^{-6}	3.872×10^{-4}	7.879×10^{-3}	7.317	0.000656
90	48.50	0.6189	0.1143	1.057×10^{-6}	3.317×10^{-4}	6.840×10^{-6}	6.468	0.000671
110	47.85	0.6373	0.1138	1.036×10^{-6}	2.872×10^{-4}	6.005×10^{-6}	5.793	0.000691
130	47.18	0.6576	0.1133	1.014×10^{-6}	2.513×10^{-4}	5.326×10^{-6}	5.250	0.000716
150	46.50	0.6796	0.1128	9.918×10^{-7}	2.218×10^{-4}	4.769×10^{-6}	4.808	0.000749
170	45.80	0.7035	0.1124	9.687×10^{-7}	1.973×10^{-4}	4.308×10^{-6}	4.447	0.000789
				Isobutane (R600a)				
−150	42.75	0.4483	0.0799	1.157×10^{-6}	6.417×10^{-4}	1.500×10^{-5}	12.96	0.000785
−100	41.06	0.4721	0.0782	1.120×10^{-3}	3.669×10^{-4}	8.939×10^{-6}	7.977	0.000836
−50	39.31	0.4986	0.0731	1.036×10^{-6}	2.376×10^{-4}	6.043×10^{-6}	5.830	0.000908
0	37.48	0.5289	0.0664	9.299×10^{-7}	1.651×10^{-4}	4.406×10^{-6}	4.738	0.001012
50	35.52	0.5643	0.0591	8.187×10^{-7}	1.196×10^{-4}	3.368×10^{-6}	4.114	0.001169
100	33.35	0.6075	0.0521	7.139×10^{-7}	8.847×10^{-5}	2.653×10^{-3}	3.716	0.001421
150	30.84	0.6656	0.0457	6.188×10^{-7}	6.558×10^{-5}	2.127×10^{-6}	3.437	0.001883
200	27.73	0.7635	0.0400	5.249×10^{-7}	4.750×10^{-5}	1.713×10^{-6}	3.264	0.002970
				Glycerin				
32	79.65	0.5402	0.163	1.052×10^{-6}	7.047	0.08847	84101	
40	79.49	0.5458	0.1637	1.048×10^{-3}	4.803	0.06042	57655	
50	79.28	0.5541	0.1645	1.040×10^{-6}	2.850	0.03594	34561	
60	79.07	0.5632	0.1651	1.029×10^{-6}	1.547	0.01956	18995	
70	78.86	0.5715	0.1652	1.018×10^{-6}	0.9422	0.01195	11730	
80	78.66	0.5794	0.1652	1.007×10^{-6}	0.5497	0.00699	6941	
90	78.45	0.5878	0.1652	9.955×10^{-7}	0.3756	0.004787	4809	
100	78.24	0.5964	0.1653	9.841×10^{-7}	0.2277	0.00291	2957	
				Engine oil (unused)				
32	56.12	0.4291	0.0849	9.792×10^{-7}	2.563	4.566×10^{-2}	46636	0.000389
50	55.79	0.4395	0.08338	9.448×10^{-7}	1.210	2.169×10^{-2}	22963	0.000389
75	55.3	0.4531	0.08378	9.288×10^{-7}	0.4286	7.751×10^{-3}	8345	0.000389
100	54.77	0.4669	0.08367	9.089×10^{-7}	0.1630	2.977×10^{-3}	3275	0.000389
125	54.24	0.4809	0.08207	8.740×10^{-7}	7.617×10^{-2}	1.404×10^{-3}	1607	0.000389
150	53.73	0.4946	0.08046	8.411×10^{-7}	3.833×10^{-2}	7.135×10^{-4}	848.3	0.000389
200	52.68	0.5231	0.07936	7.999×10^{-7}	1.405×10^{-2}	2.668×10^{-4}	333.6	0.000389
250	51.71	0.5523	0.07776	7.563×10^{-7}	6.744×10^{-3}	1.304×10^{-4}	172.5	0.000389
300	50.63	0.5818	0.07673	7.236×10^{-7}	3.661×10^{-3}	7.232×10^{-5}	99.94	0.000389

Source: Data generated from the EES software developed by S. A. Klein and F. L. Alvarado. Originally based on various sources.

TABLE A–20E

Properties of liquid metals

Temp. T, °F	Density ρ, lbm/ft^3	Specific heat c_p, Btu/lbm·R	Thermal conductivity k, Btu/h·ft·R	Thermal diffusivity α, ft^2/s	Dynamic viscosity μ, lbm/ft·s	Kinematic viscosity ν, ft^2/s	Prandtl number Pr	Volume expansion coeff. β, 1/R
				Mercury (Hg) melting point: −38°F				
32	848.7	0.03353	4.727	4.614×10^{-5}	1.133×10^{-3}	1.335×10^{-6}	0.02895	1.005×10^{-4}
50	847.2	0.03344	4.805	4.712×10^{-5}	1.092×10^{-3}	1.289×10^{-6}	0.02737	1.005×10^{-4}
100	842.9	0.03319	5.015	4.980×10^{-5}	9.919×10^{-4}	1.176×10^{-6}	0.02363	1.005×10^{-4}
150	838.7	0.03298	5.221	5.244×10^{-5}	9.122×10^{-4}	1.087×10^{-6}	0.02074	1.005×10^{-4}
200	834.5	0.03279	5.422	5.504×10^{-5}	8.492×10^{-4}	1.017×10^{-6}	0.01849	1.005×10^{-4}
300	826.2	0.03252	5.815	6.013×10^{-5}	7.583×10^{-4}	9.180×10^{-7}	0.01527	1.005×10^{-4}
400	817.9	0.03236	6.184	6.491×10^{-5}	6.972×10^{-4}	8.524×10^{-7}	0.01313	1.008×10^{-4}
500	809.6	0.03230	6.518	6.924×10^{-5}	6.525×10^{-4}	8.061×10^{-7}	0.01164	1.018×10^{-4}
600	801.3	0.03235	6.839	7.329×10^{-5}	6.186×10^{-4}	7.719×10^{-7}	0.01053	1.035×10^{-4}
				Bismuth (Bi) melting point: 520°F				
700	620.7	0.03509	9.361	1.193×10^{-4}	1.001×10^{-3}	1.614×10^{-6}	0.01352	
800	616.5	0.03569	9.245	1.167×10^{-4}	9.142×10^{-4}	1.482×10^{-6}	0.01271	
900	612.2	0.0363	9.129	1.141×10^{-4}	8.267×10^{-4}	1.350×10^{-6}	0.01183	
1000	608.0	0.0369	9.014	1.116×10^{-4}	7.392×10^{-4}	1.215×10^{-6}	0.0109	
1100	603.7	0.0375	9.014	1.105×10^{-4}	6.872×10^{-4}	1.138×10^{-6}	0.01029	
				Lead (Pb) melting point: 621°F				
700	658	0.03797	9.302	1.034×10^{-4}	1.612×10^{-3}	2.450×10^{-6}	0.02369	
800	654	0.03750	9.157	1.037×10^{-4}	1.453×10^{-3}	2.223×10^{-6}	0.02143	
900	650	0.03702	9.013	1.040×10^{-4}	1.296×10^{-3}	1.994×10^{-6}	0.01917	
1000	645.7	0.03702	8.912	1.035×10^{-4}	1.202×10^{-3}	1.862×10^{-6}	0.01798	
1100	641.5	0.03702	8.810	1.030×10^{-4}	1.108×10^{-3}	1.727×10^{-6}	0.01676	
1200	637.2	0.03702	8.709	1.025×10^{-4}	1.013×10^{-3}	1.590×10^{-6}	0.01551	
				Sodium (Na) melting point: 280°F				
300	57.13	0.3258	48.19	7.192×10^{-4}	4.136×10^{-4}	7.239×10^{-6}	0.01007	
400	56.28	0.3219	46.58	7.142×10^{-4}	3.572×10^{-4}	6.350×10^{-6}	0.008891	
500	55.42	0.3181	44.98	7.087×10^{-4}	3.011×10^{-4}	5.433×10^{-6}	0.007667	
600	54.56	0.3143	43.37	7.026×10^{-4}	2.448×10^{-4}	4.488×10^{-6}	0.006387	
800	52.85	0.3089	40.55	6.901×10^{-4}	1.772×10^{-4}	3.354×10^{-6}	0.004860	
1000	51.14	0.3057	38.12	6.773×10^{-4}	1.541×10^{-4}	3.014×10^{-6}	0.004449	
				Potassium (K) melting point: 147°F				
300	50.40	0.1911	26.00	7.500×10^{-4}	2.486×10^{-4}	4.933×10^{-6}	0.006577	
400	49.58	0.1887	25.37	7.532×10^{-4}	2.231×10^{-4}	4.500×10^{-6}	0.005975	
500	48.76	0.1863	24.73	7.562×10^{-4}	1.976×10^{-4}	4.052×10^{-6}	0.005359	
600	47.94	0.1839	24.09	7.591×10^{-4}	1.721×10^{-4}	3.589×10^{-6}	0.004728	
800	46.31	0.1791	22.82	7.643×10^{-4}	1.210×10^{-4}	2.614×10^{-6}	0.003420	
1000	44.62	0.1791	21.34	7.417×10^{-4}	1.075×10^{-4}	2.409×10^{-6}	0.003248	
				Sodium-potassium (%22Na-%78K) melting point: 12°F				
200	52.99	0.2259	14.79	3.432×10^{-4}	3.886×10^{-4}	7.331×10^{-6}	0.02136	
300	52.16	0.2230	14.99	3.580×10^{-4}	3.467×10^{-4}	6.647×10^{-6}	0.01857	
400	51.32	0.2201	15.19	3.735×10^{-4}	3.050×10^{-4}	5.940×10^{-6}	0.0159	
600	49.65	0.2143	15.59	4.070×10^{-4}	2.213×10^{-4}	4.456×10^{-6}	0.01095	
800	47.99	0.2100	15.95	4.396×10^{-4}	1.539×10^{-4}	3.207×10^{-6}	0.007296	
1000	46.36	0.2103	16.20	4.615×10^{-4}	1.353×10^{-4}	2.919×10^{-6}	0.006324	

Source: Data generated from the EES software developed by S. A. Klein and F. L. Alvarado. Originally based on various sources.

TABLE A–21E

Ideal-gas properties of air

T R	h Btu/lbm	P_r	u Btu/lbm	v_r	$s°$ Btu/lbm·R	T R	h Btu/lbm	P_r	u Btu/lbm	v_r	$s°$ Btu/lbm·R
360	85.97	0.3363	61.29	396.6	0.50369	1600	395.74	71.13	286.06	8.263	0.87130
380	90.75	0.4061	64.70	346.6	0.51663	1650	409.13	80.89	296.03	7.556	0.87954
400	95.53	0.4858	68.11	305.0	0.52890	1700	422.59	90.95	306.06	6.924	0.88758
420	100.32	0.5760	71.52	270.1	0.54058	1750	436.12	101.98	316.16	6.357	0.89542
440	105.11	0.6776	74.93	240.6	0.55172	1800	449.71	114.0	326.32	5.847	0.90308
460	109.90	0.7913	78.36	215.33	0.56235	1850	463.37	127.2	336.55	5.388	0.91056
480	114.69	0.9182	81.77	193.65	0.57255	1900	477.09	141.5	346.85	4.974	0.91788
500	119.48	1.0590	85.20	174.90	0.58233	1950	490.88	157.1	357.20	4.598	0.92504
520	124.27	1.2147	88.62	158.58	0.59173	2000	504.71	174.0	367.61	4.258	0.93205
537	128.10	1.3593	91.53	146.34	0.59945	2050	518.71	192.3	378.08	3.949	0.93891
540	129.06	1.3860	92.04	144.32	0.60078	2100	532.55	212.1	388.60	3.667	0.94564
560	133.86	1.5742	95.47	131.78	0.60950	2150	546.54	223.5	399.17	3.410	0.95222
580	138.66	1.7800	98.90	120.70	0.61793	2200	560.59	256.6	409.78	3.176	0.95919
600	143.47	2.005	102.34	110.88	0.62607	2250	574.69	281.4	420.46	2.961	0.96501
620	148.28	2.249	105.78	102.12	0.63395	2300	588.82	308.1	431.16	2.765	0.97123
640	153.09	2.514	109.21	94.30	0.64159	2350	603.00	336.8	441.91	2.585	0.97732
660	157.92	2.801	112.67	87.27	0.64902	2400	617.22	367.6	452.70	2.419	0.98331
680	162.73	3.111	116.12	80.96	0.65621	2450	631.48	400.5	463.54	2.266	0.98919
700	167.56	3.446	119.58	75.25	0.66321	2500	645.78	435.7	474.40	2.125	0.99497
720	172.39	3.806	123.04	70.07	0.67002	2550	660.12	473.3	485.31	1.996	1.00064
740	177.23	4.193	126.51	65.38	0.67665	2600	674.49	513.5	496.26	1.876	1.00623
760	182.08	4.607	129.99	61.10	0.68312	2650	688.90	556.3	507.25	1.765	1.01172
780	186.94	5.051	133.47	57.20	0.68942	2700	703.35	601.9	518.26	1.662	1.01712
800	191.81	5.526	136.97	53.63	0.69558	2750	717.83	650.4	529.31	1.566	1.02244
820	196.69	6.033	140.47	50.35	0.70160	2800	732.33	702.0	540.40	1.478	1.02767
840	201.56	6.573	143.98	47.34	0.70747	2850	746.88	756.7	551.52	1.395	1.03282
860	206.46	7.149	147.50	44.57	0.71323	2900	761.45	814.8	562.66	1.318	1.03788
880	211.35	7.761	151.02	42.01	0.71886	2950	776.05	876.4	573.84	1.247	1.04288
900	216.26	8.411	154.57	39.64	0.72438	3000	790.68	941.4	585.04	1.180	1.04779
920	221.18	9.102	158.12	37.44	0.72979	3050	805.34	1011	596.28	1.118	1.05264
940	226.11	9.834	161.68	35.41	0.73509	3100	820.03	1083	607.53	1.060	1.05741
960	231.06	10.61	165.26	33.52	0.74030	3150	834.75	1161	618.82	1.006	1.06212
980	236.02	11.43	168.83	31.76	0.74540	3200	849.48	1242	630.12	0.955	1.06676
1000	240.98	12.30	172.43	30.12	0.75042	3250	864.24	1328	641.46	0.907	1.07134
1040	250.95	14.18	179.66	27.17	0.76019	3300	879.02	1418	652.81	0.8621	1.07585
1080	260.97	16.28	186.93	24.58	0.76964	3350	893.83	1513	664.20	0.8202	1.08031
1120	271.03	18.60	194.25	22.30	0.77880	3400	908.66	1613	675.60	0.7807	1.08470
1160	281.14	21.18	201.63	20.29	0.78767	3450	923.52	1719	687.04	0.7436	1.08904
1200	291.30	24.01	209.05	18.51	0.79628	3500	938.40	1829	698.48	0.7087	1.09332
1240	301.52	27.13	216.53	16.93	0.80466	3550	953.30	1946	709.95	0.6759	1.09755
1280	311.79	30.55	224.05	15.52	0.81280	3600	968.21	2068	721.44	0.6449	1.10172
1320	322.11	34.31	231.63	14.25	0.82075	3650	983.15	2196	732.95	0.6157	1.10584
1360	332.48	38.41	239.25	13.12	0.82848	3700	998.11	2330	744.48	0.5882	1.10991
1400	342.90	42.88	246.93	12.10	0.83604	3750	1013.1	2471	756.04	0.5621	1.11393
1440	353.37	47.75	254.66	11.17	0.84341	3800	1028.1	2618	767.60	0.5376	1.11791
1480	363.89	53.04	262.44	10.34	0.85062	3850	1043.1	2773	779.19	0.5143	1.12183
1520	374.47	58.78	270.26	9.578	0.85767	3900	1058.1	2934	790.80	0.4923	1.12571
1560	385.08	65.00	278.13	8.890	0.86456	3950	1073.2	3103	802.43	0.4715	1.12955

TABLE A-21E

Ideal-gas properties of air *(Concluded)*

T R	h Btu/lbm	P_r	u Btu/lbm	υ_r	$s°$ Btu/lbm·R	T R	h Btu/lbm	P_r	u Btu/lbm	υ_r	$s°$ Btu/lbm·R
4000	1088.3	3280	814.06	0.4518	1.13334	4600	1270.4	6089	955.04	0.2799	1.17575
4050	1103.4	3464	825.72	0.4331	1.13709	4700	1300.9	6701	978.73	0.2598	1.18232
4100	1118.5	3656	837.40	0.4154	1.14079	4800	1331.5	7362	1002.5	0.2415	1.18876
4150	1133.6	3858	849.09	0.3985	1.14446	4900	1362.2	8073	1026.3	0.2248	1.19508
4200	1148.7	4067	860.81	0.3826	1.14809	5000	1392.9	8837	1050.1	0.2096	1.20129
4300	1179.0	4513	884.28	0.3529	1.15522	5100	1423.6	9658	1074.0	0.1956	1.20738
4400	1209.4	4997	907.81	0.3262	1.16221	5200	1454.4	10,539	1098.0	0.1828	1.21336
4500	1239.9	5521	931.39	0.3019	1.16905	5300	1485.3	11,481	1122.0	0.1710	1.2192

Note: The properties P_r (relative pressure) and υ_r (relative specific volume) are dimensionless quantities used in the analysis of isentropic processes and should not be confused with the properties pressure and specific volume.

Source of Data: Kenneth Wark, *Thermodynamics,* 4th ed. (New York: McGraw-Hill, 1983), pp. 832–33, Table A–5. Originally published in J. H. Keenan and J. Kaye, *Gas Tables* (New York: John Wiley & Sons, 1948).

TABLE A–22E

Properties of air at 1 atm pressure

Temp. T, °F	Density ρ, lbm/ft³	Specific heat c_p, Btu/lbm·R	Thermal conductivity k, Btu/h·ft·R	Thermal diffusivity α, ft²/s	Dynamic viscosity μ, lbm/ft·s	Kinematic viscosity ν, ft²/s	Prandtl number Pr
−300	0.24844	0.5072	0.00508	1.119×10^{-5}	4.039×10^{-6}	1.625×10^{-5}	1.4501
−200	0.15276	0.2247	0.00778	6.294×10^{-5}	6.772×10^{-6}	4.433×10^{-5}	0.7042
−100	0.11029	0.2360	0.01037	1.106×10^{-4}	9.042×10^{-6}	8.197×10^{-5}	0.7404
−50	0.09683	0.2389	0.01164	1.397×10^{-4}	1.006×10^{-5}	1.039×10^{-4}	0.7439
0	0.08630	0.2401	0.01288	1.726×10^{-4}	1.102×10^{-5}	1.278×10^{-4}	0.7403
10	0.08446	0.2402	0.01312	1.797×10^{-4}	1.121×10^{-5}	1.328×10^{-4}	0.7391
20	0.08270	0.2403	0.01336	1.868×10^{-4}	1.140×10^{-5}	1.379×10^{-4}	0.7378
30	0.08101	0.2403	0.01361	1.942×10^{-4}	1.158×10^{-5}	1.430×10^{-4}	0.7365
40	0.07939	0.2404	0.01385	2.016×10^{-4}	1.176×10^{-5}	1.482×10^{-4}	0.7350
50	0.07783	0.2404	0.01409	2.092×10^{-4}	1.194×10^{-5}	1.535×10^{-4}	0.7336
60	0.07633	0.2404	0.01433	2.169×10^{-4}	1.212×10^{-5}	1.588×10^{-4}	0.7321
70	0.07489	0.2404	0.01457	2.248×10^{-4}	1.230×10^{-5}	1.643×10^{-4}	0.7306
80	0.07350	0.2404	0.01481	2.328×10^{-4}	1.247×10^{-5}	1.697×10^{-4}	0.7290
90	0.07217	0.2404	0.01505	2.409×10^{-4}	1.265×10^{-5}	1.753×10^{-4}	0.7275
100	0.07088	0.2405	0.01529	2.491×10^{-4}	1.281×10^{-5}	1.809×10^{-4}	0.7260
110	0.06963	0.2405	0.01552	2.575×10^{-4}	1.299×10^{-5}	1.866×10^{-4}	0.7245
120	0.06843	0.2405	0.01576	2.660×10^{-4}	1.316×10^{-5}	1.923×10^{-4}	0.7230
130	0.06727	0.2405	0.01599	2.746×10^{-4}	1.332×10^{-5}	1.981×10^{-4}	0.7216
140	0.06615	0.2406	0.01623	2.833×10^{-4}	1.349×10^{-5}	2.040×10^{-4}	0.7202
150	0.06507	0.2406	0.01646	2.921×10^{-4}	1.365×10^{-5}	2.099×10^{-4}	0.7188
160	0.06402	0.2406	0.01669	3.010×10^{-4}	1.382×10^{-5}	2.159×10^{-4}	0.7174
170	0.06300	0.2407	0.01692	3.100×10^{-4}	1.398×10^{-5}	2.220×10^{-4}	0.7161
180	0.06201	0.2408	0.01715	3.191×10^{-4}	1.414×10^{-5}	2.281×10^{-4}	0.7148
190	0.06106	0.2408	0.01738	3.284×10^{-4}	1.430×10^{-5}	2.343×10^{-4}	0.7136
200	0.06013	0.2409	0.01761	3.377×10^{-4}	1.446×10^{-5}	2.406×10^{-4}	0.7124
250	0.05590	0.2415	0.01874	3.857×10^{-4}	1.524×10^{-5}	2.727×10^{-4}	0.7071
300	0.05222	0.2423	0.01985	4.358×10^{-4}	1.599×10^{-5}	3.063×10^{-4}	0.7028
350	0.04899	0.2433	0.02094	4.879×10^{-4}	1.672×10^{-5}	3.413×10^{-4}	0.6995
400	0.04614	0.2445	0.02200	5.419×10^{-4}	1.743×10^{-5}	3.777×10^{-4}	0.6971
450	0.04361	0.2458	0.02305	5.974×10^{-4}	1.812×10^{-5}	4.154×10^{-4}	0.6953
500	0.04134	0.2472	0.02408	6.546×10^{-4}	1.878×10^{-5}	4.544×10^{-4}	0.6942
600	0.03743	0.2503	0.02608	7.732×10^{-4}	2.007×10^{-5}	5.361×10^{-4}	0.6934
700	0.03421	0.2535	0.02800	8.970×10^{-4}	2.129×10^{-5}	6.225×10^{-4}	0.6940
800	0.03149	0.2568	0.02986	1.025×10^{-3}	2.247×10^{-5}	7.134×10^{-4}	0.6956
900	0.02917	0.2599	0.03164	1.158×10^{-3}	2.359×10^{-5}	8.087×10^{-4}	0.6978
1000	0.02718	0.2630	0.03336	1.296×10^{-3}	2.467×10^{-5}	9.080×10^{-4}	0.7004
1500	0.02024	0.2761	0.04106	2.041×10^{-3}	2.957×10^{-5}	1.460×10^{-3}	0.7158
2000	0.01613	0.2855	0.04752	2.867×10^{-3}	3.379×10^{-5}	2.095×10^{-3}	0.7308
2500	0.01340	0.2922	0.05309	3.765×10^{-3}	3.750×10^{-5}	2.798×10^{-3}	0.7432
3000	0.01147	0.2972	0.05811	4.737×10^{-3}	4.082×10^{-5}	3.560×10^{-3}	0.7516
3500	0.01002	0.3010	0.06293	5.797×10^{-3}	4.381×10^{-5}	4.373×10^{-3}	0.7543
4000	0.00889	0.3040	0.06789	6.975×10^{-3}	4.651×10^{-5}	5.229×10^{-3}	0.7497

Note: For ideal gases, the properties c_p, k, μ, and Pr are independent of pressure. The properties ρ, ν, and α at a pressure P (in atm) other than 1 atm are determined by multiplying the values of ρ at the given temperature by P and by dividing ν and α by P.

Source: Data generated from the EES software developed by S. A. Klein and F. L. Alvarado. Original sources: Keenan, Chao, Keyes, Gas Tables, Wiley, 1984; and *Thermophysical Properties of Matter,* Vol. 3: *Thermal Conductivity,* Y. S. Touloukian, P. E. Liley, S. C. Saxena, Vol. 11: *Viscosity,* Y. S. Touloukian, S. C. Saxena, and P. Hestermans, IFI/Plenun, NY, 1970, ISBN 0-306067020-8.

TABLE A–23E

Properties of gases at 1 atm pressure

Temp. T, °F	Density ρ, lbm/ft^3	Specific heat c_p, Btu/lbm·R	Thermal conductivity k, Btu/h·ft·R	Thermal diffusivity α, ft^2/s	Dynamic viscosity μ, lbm/ft·s	Kinematic viscosity ν, ft^2/s	Prandtl number Pr
			Carbon dioxide, CO_2				
−50	0.14712	0.1797	0.00628	6.600×10^{-5}	7.739×10^{-6}	5.261×10^{-5}	0.7970
0	0.13111	0.1885	0.00758	8.522×10^{-5}	8.661×10^{-6}	6.606×10^{-5}	0.7751
50	0.11825	0.1965	0.00888	1.061×10^{-4}	9.564×10^{-6}	8.086×10^{-5}	0.7621
100	0.10769	0.2039	0.01017	1.286×10^{-4}	1.045×10^{-5}	9.703×10^{-5}	0.7543
200	0.09136	0.2171	0.01273	1.784×10^{-4}	1.217×10^{-5}	1.332×10^{-4}	0.7469
300	0.07934	0.2284	0.01528	2.341×10^{-4}	1.382×10^{-5}	1.743×10^{-4}	0.7445
500	0.06280	0.2473	0.02027	3.626×10^{-4}	1.696×10^{-5}	2.700×10^{-4}	0.7446
1000	0.04129	0.2796	0.03213	7.733×10^{-4}	2.381×10^{-5}	5.767×10^{-4}	0.7458
1500	0.03075	0.2995	0.04281	1.290×10^{-3}	2.956×10^{-5}	9.610×10^{-4}	0.7445
2000	0.02450	0.3124	0.05193	1.885×10^{-3}	3.451×10^{-5}	1.408×10^{-3}	0.7474
			Carbon monoxide, CO				
−50	0.09363	0.2571	0.01118	1.290×10^{-4}	9.419×10^{-6}	1.005×10^{-4}	0.7798
0	0.08345	0.2523	0.01240	1.636×10^{-4}	1.036×10^{-5}	1.242×10^{-4}	0.7593
50	0.07526	0.2496	0.01359	2.009×10^{-4}	1.127×10^{-5}	1.498×10^{-4}	0.7454
100	0.06854	0.2484	0.01476	2.408×10^{-4}	1.214×10^{-5}	1.772×10^{-4}	0.7359
200	0.05815	0.2485	0.01702	3.273×10^{-4}	1.379×10^{-5}	2.372×10^{-4}	0.7247
300	0.05049	0.2505	0.01920	4.217×10^{-4}	1.531×10^{-5}	3.032×10^{-4}	0.7191
500	0.03997	0.2567	0.02331	6.311×10^{-4}	1.802×10^{-5}	4.508×10^{-4}	0.7143
1000	0.02628	0.2732	0.03243	1.254×10^{-3}	2.334×10^{-5}	8.881×10^{-4}	0.7078
1500	0.01957	0.2862	0.04049	2.008×10^{-3}	2.766×10^{-5}	1.413×10^{-3}	0.7038
2000	0.01559	0.2958	0.04822	2.903×10^{-3}	3.231×10^{-5}	2.072×10^{-3}	0.7136
			Methane, CH_4				
−50	0.05363	0.5335	0.01401	1.360×10^{-4}	5.861×10^{-6}	1.092×10^{-4}	0.8033
0	0.04779	0.5277	0.01616	1.780×10^{-4}	6.506×10^{-6}	1.361×10^{-4}	0.7649
50	0.04311	0.5320	0.01839	2.228×10^{-4}	7.133×10^{-6}	1.655×10^{-4}	0.7428
100	0.03925	0.5433	0.02071	2.698×10^{-4}	7.742×10^{-6}	1.972×10^{-4}	0.7311
200	0.03330	0.5784	0.02559	3.690×10^{-4}	8.906×10^{-6}	2.674×10^{-4}	0.7245
300	0.02892	0.6226	0.03077	4.748×10^{-4}	1.000×10^{-5}	3.457×10^{-4}	0.7283
500	0.02289	0.7194	0.04195	7.075×10^{-4}	1.200×10^{-5}	5.244×10^{-4}	0.7412
1000	0.01505	0.9438	0.07346	1.436×10^{-3}	1.620×10^{-5}	1.076×10^{-3}	0.7491
1500	0.01121	1.1162	0.10766	2.390×10^{-3}	1.974×10^{-5}	1.760×10^{-3}	0.7366
2000	0.00893	1.2419	0.14151	3.544×10^{-3}	2.327×10^{-5}	2.605×10^{-3}	0.7353
			Hydrogen, H_2				
−50	0.00674	3.0603	0.08246	1.110×10^{-3}	4.969×10^{-6}	7.373×10^{-4}	0.6638
0	0.00601	3.2508	0.09049	1.287×10^{-3}	5.381×10^{-6}	8.960×10^{-4}	0.6960
50	0.00542	3.3553	0.09818	1.500×10^{-3}	5.781×10^{-6}	1.067×10^{-3}	0.7112
100	0.00493	3.4118	0.10555	1.742×10^{-3}	6.167×10^{-6}	1.250×10^{-3}	0.7177
200	0.00419	3.4549	0.11946	2.295×10^{-3}	6.911×10^{-6}	1.652×10^{-3}	0.7197
300	0.00363	3.4613	0.13241	2.924×10^{-3}	7.622×10^{-6}	2.098×10^{-3}	0.7174
500	0.00288	3.4572	0.15620	4.363×10^{-3}	8.967×10^{-6}	3.117×10^{-3}	0.7146
1000	0.00189	3.5127	0.20989	8.776×10^{-3}	1.201×10^{-5}	6.354×10^{-3}	0.7241
1500	0.00141	3.6317	0.26381	1.432×10^{-2}	1.477×10^{-5}	1.048×10^{-2}	0.7323
2000	0.00112	3.7656	0.31923	2.098×10^{-2}	1.734×10^{-5}	1.544×10^{-2}	0.7362
			Nitrogen, N_2				
−50	0.09364	0.2320	0.01176	1.504×10^{-4}	9.500×10^{-6}	1.014×10^{-4}	0.6746
0	0.08346	0.2441	0.01300	1.773×10^{-4}	1.043×10^{-5}	1.251×10^{-4}	0.7056
50	0.07527	0.2480	0.01420	2.113×10^{-4}	1.134×10^{-5}	1.507×10^{-4}	0.7133

TABLE A–23E

Properties of gases at 1 atm pressure (*Concluded*)

Temp. T, °F	Density ρ, lbm/ft^3	Specific heat c_p, Btu/lbm·R	Thermal conductivity k, Btu/h·ft·R	Thermal diffusivity α, ft^2/s	Dynamic viscosity μ, lbm/ft·s	Kinematic viscosity ν, ft^2/s	Prandtl number Pr
100	0.06854	0.2489	0.01537	2.502×10^{-4}	1.221×10^{-5}	1.783×10^{-4}	0.7126
200	0.05815	0.2487	0.01760	3.379×10^{-4}	1.388×10^{-5}	2.387×10^{-4}	0.7062
300	0.05050	0.2492	0.01970	4.349×10^{-4}	1.543×10^{-5}	3.055×10^{-4}	0.7025
500	0.03997	0.2535	0.02359	6.466×10^{-4}	1.823×10^{-5}	4.559×10^{-4}	0.7051
1000	0.02628	0.2697	0.03204	1.255×10^{-3}	2.387×10^{-5}	9.083×10^{-4}	0.7232
1500	0.01958	0.2831	0.04002	2.006×10^{-3}	2.829×10^{-5}	1.445×10^{-3}	0.7202
2000	0.01560	0.2927	0.04918	2.992×10^{-3}	3.212×10^{-5}	2.059×10^{-3}	0.6882
				Oxygen, O_2			
−50	0.10697	0.2331	0.01216	1.355×10^{-4}	1.104×10^{-5}	1.032×10^{-4}	0.7622
0	0.09533	0.2245	0.01346	1.747×10^{-4}	1.218×10^{-5}	1.277×10^{-4}	0.7312
50	0.08598	0.2209	0.01475	2.157×10^{-4}	1.326×10^{-5}	1.543×10^{-4}	0.7152
100	0.07830	0.2200	0.01601	2.582×10^{-4}	1.429×10^{-5}	1.826×10^{-4}	0.7072
200	0.06643	0.2221	0.01851	3.484×10^{-4}	1.625×10^{-5}	2.446×10^{-4}	0.7020
300	0.05768	0.2262	0.02096	4.463×10^{-4}	1.806×10^{-5}	3.132×10^{-4}	0.7018
500	0.04566	0.2352	0.02577	6.665×10^{-4}	2.139×10^{-5}	4.685×10^{-4}	0.7029
1000	0.03002	0.2520	0.03698	1.357×10^{-3}	2.855×10^{-5}	9.509×10^{-4}	0.7005
1500	0.02236	0.2626	0.04701	2.224×10^{-3}	3.474×10^{-5}	1.553×10^{-3}	0.6985
2000	0.01782	0.2701	0.05614	3.241×10^{-3}	4.035×10^{-5}	2.265×10^{-3}	0.6988
				Water vapor, H_2O			
−50	0.06022	0.4512	0.00797	8.153×10^{-5}	4.933×10^{-6}	8.192×10^{-5}	1.0050
0	0.05367	0.4484	0.00898	1.036×10^{-4}	5.592×10^{-6}	1.041×10^{-4}	1.0049
50	0.04841	0.4472	0.01006	1.291×10^{-4}	6.261×10^{-6}	1.293×10^{-4}	1.0018
100	0.04408	0.4473	0.01121	1.579×10^{-4}	6.942×10^{-6}	1.574×10^{-4}	0.9969
200	0.03740	0.4503	0.01372	2.263×10^{-4}	8.333×10^{-6}	2.228×10^{-4}	0.9845
300	0.03248	0.4557	0.01648	3.093×10^{-4}	9.756×10^{-6}	3.004×10^{-4}	0.9713
500	0.02571	0.4707	0.02267	5.204×10^{-4}	1.267×10^{-5}	4.931×10^{-4}	0.9475
1000	0.01690	0.5167	0.04134	1.314×10^{-3}	2.014×10^{-5}	1.191×10^{-3}	0.9063
1500	0.01259	0.5625	0.06315	2.477×10^{-3}	2.742×10^{-5}	2.178×10^{-3}	0.8793
2000	0.01003	0.6034	0.08681	3.984×10^{-3}	3.422×10^{-5}	3.411×10^{-3}	0.8563

Note: For ideal gases, the properties c_p, k, μ, and Pr are independent of pressure. The properties ρ, ν, and α at a pressure P (in atm) other than 1 atm are determined by multiplying the values of ρ at the given temperature by P and by dividing ν and α by P.

Source: Data generated from the EES software developed by S. A. Klein and F. L. Alvarado. Originally based on various sources.

TABLE A–24E

Properties of solid metals

Composition	Melting point, R	Properties at 540 R: ρ lbm/ft³	c_p(Btu/lbm·R)	k(Btu/h·ft·R)	$\alpha \times 10^6$ ft²/s	Properties at various temperatures (R), k(Btu/h·ft·R)/c_p(Btu/lbm·R): 180	360	720	1080	1440	1800
Aluminum	1679	168	0.216	137	1045	174.5	137	138.6	133.4	126	
Pure						0.115	0.191	0.226	0.246	0.273	
Alloy 2024-T6	1395	173	0.209	102.3	785.8	37.6	94.2	107.5	107.5		
(4.5% Cu, 1.5% Mg, 0.6% Mn)						0.113	0.188	0.22	0.249		
Alloy 195, cast (4.5% Cu)		174.2	0.211	97	734		100.5	106.9			
Beryllium	2790	115.5	0.436	115.6	637.2	572	174	93	72.8	61.3	52.5
						0.048	0.266	0.523	0.621	0.624	0.72
Bismuth	981	610.5	0.029	4.6	71	9.5	5.6	4.06			
						0.026	0.028	0.03			
Boron	4631	156	0.264	15.6	105	109.7	32.06	9.7	6.1	5.5	5.7
						0.03	0.143	0.349	0.451	0.515	0.558
Cadmium	1069	540	0.055	55.6	521	117.3	57.4	54.7			
						0.047	0.053	0.057			
Chromium	3812	447	0.107	54.1	313.2	91.9	64.1	52.5	46.6	41.2	37.8
						0.045	0.091	0.115	0.129	0.138	0.147
Cobalt	3184	553.2	0.101	57.3	286.3	96.5	70.5	49.3	39	33.6	80.1
						0.056	0.09	0.107	0.12	0.131	0.145
Copper	2445	559	0.092	231.7	1259.3	278.5	238.6	227.07	219	212	203.4
Pure						0.06	0.085	0.094	0.01	0.103	0.107
Commercial bronze	2328	550	0.1	30	150.7	24.3	30	34			
(90% Cu, 10% Al)						0.187	0.109	0.130			
Phosphor gear bronze	1987	548.1	0.084	31.2	183	23.7	37.6	42.8			
(89% Cu, 11% Sn)						—	—	—			
Cartridge brass	2139	532.5	0.09	63.6	364.9	43.3	54.9	79.2	86.0		
(70% Cu, 30% Zn)						0.09	0.09	0.101			
Constantan	2687	557	0.092	13.3	72.3	9.8	1.1				
(55% Cu, 45% Ni)						0.06	0.09				
Germanium	2180	334.6	0.08	34.6	373.5	134	56	25	15.7	11.4	10.05
						0.045	0.069	0.08	0.083	0.085	0.089
Gold	2405	1205	0.03	183.2	1367	189	186.6	179.7	172.2	164.09	156
						0.026	0.029	0.031	0.032	0.033	0.034
Iridium	4896	1404.6	0.031	85	541.4	99.4	88.4	83.2	79.7	76.3	72.8
						0.021	0.029	0.031	0.032	0.034	0.036
Iron:	3258	491.3	0.106	46.4	248.6	77.4	54.3	40.2	31.6	25.01	19
Pure						0.051	0.091	0.117	0.137	0.162	0.232
Armco		491.3	0.106	42	222.8	55.2	46.6	38	30.7	24.4	18.7
(99.75% pure)						0.051	0.091	0.117	0.137	0.162	0.233
Carbon steels		490.3	0.103	35	190.6			32.8	27.7	22.7	17.4
Plain carbon (Mn ≤ 1%,											
Si ≤ 0.1%)								0.116	0.113	0.163	0.279
AISI 1010		489	0.103	37	202.4			33.9	28.2	22.7	18
								0.116	0.133	0.163	0.278
Carbon-silicon		488	0.106	30	160.4			28.8	25.4	21.6	17
(Mn ≤ 1%,											
0.1% < Si ≤ 0.6%)								0.119	0.139	0.166	0.231
Carbon-manganese-silicon		508	0.104	23.7	125			24.4	23	20.2	16
(1% < Mn ≤ 1.65%,											
0.1% < Si ≤ 0.6%)								0.116	0.133	0.163	0.260
Chromium (low) steels:		488.3	0.106	21.8	117.4			22	21.2	19.3	15.6
$\frac{1}{2}$ Cr–$\frac{1}{4}$ Mo–Si								0.117	0.137	0.164	0.23
(0.18% C, 0.65% Cr,											
0.23% Mo, 0.6% Si)											
1 Cr –$\frac{1}{2}$Mo (0.16% C,		490.6	0.106	24.5	131.3			24.3	22.6	20	15.8
1% Cr, 0.54% Mo, 0.39% Si)								0.117	0.137	0.164	0.231
1 Cr–V		489.2	0.106	28.3	151.8			27.0	24.3	21	16.3
(0.2% C, 1.02% Cr, 0.15% V)								0.117	0.137	0.164	0.231

TABLE A–24E

Properties of solid metals *(Concluded)*

		Properties at 540 R				*Properties at various temperatures* (R), k(Btu/h·ft·R)/c_p(Btu/lbm·R)					
Composition	Melting point, R	ρ lbm/ft³	c_p(Btu/lbm·R)	k(Btu/h·ft·R)	$\alpha \times 10^6$ ft²/s	180	360	720	1080	1440	1800
Stainless steels:		503	0.114	8.7	42			10	11.6	13.2	14.7
AISI 302								0.122	0.133	0.140	0.144
AISI 304	3006	493.2	0.114	8.6	42.5	5.31	7.3	9.6	11.5	13	14.7
						0.064	0.096	0.123	0.133	0.139	0.145
AISI 316		514.3	0.111	7.8	37.5			8.8	10.6	12.3	14
						0.12	0.131	0.137	0.143		
AISI 347		498	0.114	8.2	40			9.1	1.1	12.7	14.3
								0.122	0.133	0.14	0.144
Lead	1082	708	0.03	20.4	259.4	23	21.2	19.7	18.1		
						0.028	0.029	0.031	0.034		
Magnesium	1661	109	0.245	90.2	943	87.9	91.9	88.4	86.0	84.4	
						0.155	0.223	0.256	0.279	0.302	
Molybdenum	5209	639.3	0.06	79.7	578	1034	82.6	77.4	72.8	68.2	64.7
						0.038	0.053	0.062	0.065	0.068	0.070
Nickel:	3110	555.6	0.106	52.4	247.6	94.8	61.8	46.3	37.9	39	41.4
Pure						0.055	0.091	0.115	0.141	0.126	0.134
Nichrome	3010	524.4	0.1	6.9	36.6			8.0	9.3	12.2	
(80% Ni, 20% Cr)							0.114	0.125	0.130		
Inconel X-750	2997	531.3	0.104	6.8	33.4	5	5.9	7.8	9.8	11.8	13.9
(73% Ni, 15% Cr, 6.7% Fe)						—	0.088	0.112	0.121	0.13	0.149
Niobium	4934	535	0.063	31	254	31.9	30.4	32	33.6	35.4	32.2
						0.044	0.059	0.065	0.067	0.069	0.071
Palladium	3289	750.4	0.058	41.5	263.7	44.2	41.4	42.5	46	50	54.4
						0.04	0.054	0.059	0.062	0.064	0.067
Platinum:	3681	1339	0.031	41.4	270	44.7	42	41.5	42.3	43.7	45.5
Pure						0.024	0.03	0.032	0.034	0.035	0.036
Alloy 60Pt-40Rh	3240	1038.2	0.038	27.2	187.3			30	34	37.5	40
(60% Pt, 40% Rh)								—	—	—	
Rhenium	6215	1317.2	0.032	27.7	180	34	30	26.6	25.5	25.4	25.8
						0.023	0.03	0.033	0.034	0.036	0.037
Rhodium	4025	777.2	0.058	86.7	534	107.5	89	84.3	78.5	73.4	70
						0.035	0.052	0.06	0.065	0.069	0.074
Silicon	3033	145.5	0.17	85.5	960.2	510.8	152.5	57.2	35.8	24.4	18.0
						0.061	0.132	0.189	0.207	0.218	0.226
Silver	2223	656	0.056	248	1873	257	248.4	245.5	238	228.8	219
						0.044	0.053	0.057	0.059	0.062	0.066
Tantalum	5884	1036.3	0.033	33.2	266	34.2	33.2	33.4	34	34.3	34.8
						0.026	0.031	0.034	0.035	0.036	0.036
Thorium	3641	730.4	0.028	31.2	420.9	34.6	31.5	31.4	32.2	32.9	32.9
						0.024	0.027	0.029	0.032	0.035	0.037
Tin	909	456.3	0.054	38.5	431.6	49.2	42.4	35.9			
						0.044	0.051	0.058			
Titanium	3515	281	0.013	12.7	100.3	17.6	14.2	11.8	11.2	11.4	12
						0.071	0.111	0.131	0.141	0.151	0.161
Tungsten	6588	1204.9	0.031	100.5	735.2	120.2	107.5	92	79.2	72.2	68.2
						0.020	0.029	0.032	0.033	0.034	0.035
Uranium	2531	1190.5	0.027	16	134.5	12.5	14.5	17.1	19.6	22.4	25.4
						0.022	0.026	0.029	0.035	0.042	0.043
Vanadium	3946	381	0.117	17.7	110.9	20.7	18	18	19.3	20.6	22.0
						0.061	0.102	0.123	0.128	0.134	0.142
Zinc	1247	445.7	0.093	67	450	67.6	68.2	64.1	59.5		
						0.07	0.087	0.096	0.104		
Zirconium	3825	410.2	0.067	13.1	133.5	19.2	14.6	12.5	12	12.5	13.7
						0.049	0.063	0.072	0.77	0.082	0.087

Source: Tables A–24E and A–25E are obtained from the respective tables in SI units in Appendix 1 using proper conversion factors.

TABLE A–25E

Properties of solid nonmentals

Composition	Melting point, R	ρ lbm/ft^3	c_p(Btu/lbm·R)	k(Btu/h·ft·R)	$\alpha \times 10^6$ ft^2/s	180	360	720	1080	1440	1800
		Properties at 540 R				*Properties at various temperatures* (R), k(Btu/h·ft·R)/c_p(Btu/lbm·R)					
Aluminum oxide,											
sapphire	4181	247.8	0.182	26.6	162.5	260	47.4	18.7	11	7.5	6
Aluminum oxide						—	—	0.224	0.265	0.281	0.293
polycrystalline	4181	247.8	0.182	20.8	128	76.8	31.7	15.3	9.3	6	4.5
								0.244	0.265	0.281	0.293
Beryllium oxide	4905	187.3	0.246	157.2	947.3			113.2	64.2	40.4	27.2
								0.322	0.40	0.44	0.459
Boron	4631	156	0.264	16	107.5	109.8	30.3	10.8	6.5	4.6	3.6
								0.355	0.445	0.509	0.561
Boron fiber epoxy	1062	130									
(30% vol.) composite											
k, ∥ to fibers				1.3		1.2	1.3	1.31			
k, ⊥ to fibers				0.34		0.21	0.28	0.34			
c_p			0.268			0.086	0.18	0.34			
Carbon, amorphous	2700	121.7	—	0.92	—	0.38	0.68	1.09	1.26	1.36	1.46
Diamond,	—	219	0.121	1329	—	5778	2311.2	889.8			
type IIa							0.005	0.046	0.203		
insulator	4091	138									
Graphite, pyrolytic				1126.7		2871.6	1866.3	803.2	515.4	385.4	308.5
k, ∥ to layers				3.3		9.7	5.3	2.4	1.5	1.16	0.92
k, ⊥ to layers											
c_p			0.169			0.32	0.098	0.236	0.335	0.394	0.428
Graphite fiber epoxy	810	87.4									
(25% vol.) composite				6.4		3.3	5.0	7.5			
k, heat flow ∥ to fibers				0.5	5	0.4	0.63				
k, heat flow ⊥ to fibers			0.223			0.08	0.153	0.29			
c_p	2921	162.3	0.193	2.3	20.3	3.0	2.3	2.1	1.9	1.7	1.7
Pyroceram, Corning 9606	5580	197.3	0.161	283.1	2475.7			—	—	—	50.3
Silicon carbide											
								0.210	0.25	0.27	0.285
Silicon dioxide,											
crystalline (quartz)	3389	165.4									
k, ∥ to c-axis				6		22.5	9.5	4.4	2.9	2.4	
k, ⊥ to c-axis				3.6		12.0	5.9	2.7	2	1.8	
c_p			0.177					0.211	0.256	0.298	
Silicon dioxide,	3389	138.6	0.177	0.79	9	0.4	0.65	0.87	1.01	1.25	1.65
polycrystalline (fused silica)					—	—	—	0.216	0.248	0.264	0.276
Silicon nitride	3911	150	0.165	9.2	104	—	—	8.0	6.5	5.7	5.0
						—	0.138	0.185	0.223	0.253	0.275
Sulfur	706	130	0.169	0.1	1.51	0.095	0.1				
						0.962	0.144				
Thorium dioxide	6431	568.7	0.561	7.5	65.7			5.9	3.8	2.7	2.12
								0.609	0.654	0.680	0.704
Titanium dioxide,	3840	259.5	0.170	4.9	30.1			4.0	2.9	2.3	2
polycrystalline								0.192	0.210	0.217	0.222

Source: Tables A–24E and A–25E are obtained from the respective tables in SI units in Appendix 1 using proper conversion factors.

찾아보기

INDEX

한글 찾아보기

ㄱ

ㄴ

ㄷ

ㅈ

ㅊ

ㅋ

영어 찾아보기

D

E

F

G

H

I

J

K

T

U

V

W

Z

기타

NOMENCLATURE

a	Acceleration, m/s^2
A_s	Surface area, m^2
A_c	Cross-sectional area, m^2
Bi	Biot number
c	Speed of sound, m/s
c	Specific heat, kJ/kg·K
C_c, C_h	Heat capacity rate, W/°C
C_D	Drag coefficient
C_f	Fanning friction factor or friction coefficient
C_L	Lift coefficient
c_p	Constant-pressure specific heat, kJ/kg·K
c_υ	Constant-volume specific heat, kJ/kg·K
COP	Coefficient of performance
$\mathrm{COP_{HP}}$	Coefficient of performance of a heat pump
$\mathrm{COP_R}$	Coefficient of performance of a refrigerator
d, D	Diameter, m
D_h	Hydraulic diameter, m
e	Specific total energy, kJ/kg
erfc	Complementary error function
E	Total energy, kJ
E_b	Blackbody emissive flux, W/m^2
EER	Energy efficiency rating
f	Darcy friction factor
f_λ	Blackbody radiation function
F	Force, N
F_D	Drag force, N
F_{ij}, $F_{i \to j}$	View factor
F_L	Lift force, N
Fo	Fourier number
g	Gravitational acceleration, m/s^2
G	Incident radiation, W/m^2
Gr	Grashof number
h	Convection heat transfer coefficient, W/m^2·°C
h	Specific enthalpy, $u + P\upsilon$, kJ/kg
h_c	Thermal contact conductance, W/m^2·°C
h_{fg}	Enthalpy of vaporization, kJ/kg
h_{if}	Latent heat of fusion, kJ/kg
h_L	Head loss, m
H	Total enthalpy, $U + PV$, kJ
I	Electric current, A; Bessel function
J	Radiosity, W/m^2; Bessel function
k	Specific heat ratio, c_p/c_υ
k	Thermal conductivity, W/m·°C
k_{eff}	Effective thermal conductivity, W/m·°C
k_s	Spring constant
ke	Specific kinetic energy, $V^2/2$, kJ/kg
K_L	Minor loss coefficient
KE	Total kinetic energy, $mV^2/2$, kJ
L	Length; half thickness of a plane wall
L_c	Characteristic or corrected length
L_h	Hydrodynamic entry length
L_t	Thermal entry length
m	Mass, kg
$\dot{m}$	Mass flow rate, kg/s
M	Molar mass, kg/kmol
M	Moment of force, N·m
Ma	Mach number
n	Polytropic exponent
N	Number of moles, kmol

NTU Number of transfer units
Nu Nusselt number
p Perimeter or wetted perimeter, m
pe Specific potential energy, gz, kJ/kg
P Pressure, kPa
P_{cr} Critical pressure, kPa
P_r Relative pressure
P_R Reduced pressure
P_v Vapor pressure, kPa
PE Total potential energy, mgz, kJ
Pr Prandtl number
q Heat transfer per unit mass, kJ/kg
$\dot{q}$ Heat flux, W/m^2
Q Total heat transfer, kJ
$\dot{Q}$ Heat transfer rate, kW
Q_H Heat transfer with high-temperature body, kJ
Q_L Heat transfer with low-temperature body, kJ
r_{cr} Critical radius of insulation, m
R Gas constant, kJ/kg·K
R Radius, m; Thermal resistance, °C/W
R_c Thermal contact resistance, m^2·°C/W
R_f Fouling factor, m^2·°C/W
R_u Universal gas constant, kJ/kmol·K
R-value R-value of insulation
Ra Rayleigh number
Re Reynolds number
s Specific entropy, kJ/kg·K
s_{gen} Specific entropy generation, kJ/kg·K
S Total entropy, kJ/K
S_{gen} Total entropy generation, kJ/K
t Time, s; Thickness, m
T Temperature, °C or K
T Torque, N·m
T_b Bulk fluid temperature, °C
T_{cr} Critical temperature, K
T_f Film temperature, °C
T_H Temperature of high-temperature body, K
T_i Initial temperature, °C
T_∞ Free stream or surrounding medium temperature, °C
T_L Temperature of low-temperature body, K
T_R Reduced temperature
T_s Surface temperature, °C or K
T_{sat} Saturation temperature, °C
u Specific internal energy, kJ/kg
u,v x- and y-components of velocity, m/s
U Total internal energy, kJ
U Overall heat transfer coefficient, W/m^2·°C
υ Specific volume, m^3/kg
υ_{cr} Critical specific volume, m^3/kg
υ_r Relative specific volume
V Total volume, m^3
$\dot{V}$ Volume flow rate, m^3/s
V Velocity, m/s
V_m Mean velocity, m/s
V_∞ Free-stream velocity, m/s
w Work per unit mass, kJ/kg
W Total work, kJ
$\dot{W}$ Power, kW
W_{in} Work input, kJ
W_{out} Work output, kJ
x Quality
z Elevation, m
Z Compressibility factor

Greek Letters

α	Absorptivity
α	Thermal diffusivity, m^2/s
α_s	Solar absorptivity
β	Volume expansivity, 1/K
δ	Velocity boundary layer thickness, m
δ_t	Thermal boundary layer thickness, m
ΔP	Pressure drop, Pa
ΔT_{lm}	Log mean temperature difference, °C
ε	Emissivity; heat exchanger or fin effectiveness
ε	Mean surface roughness, m
ζ	Vorticity, 1/s
η_{fin}	Fin efficiency
η_{th}	Thermal efficiency
θ	Dimensionless temperature
μ	Dynamic viscosity, kg/m·s or $N \cdot s/m^2$
ν	Kinematic viscosity = μ/ρ, m^2/s; frequency, 1/s
ρ	Density, kg/m^3
σ	Stefan–Boltzmann constant
σ_n	Normal stress, N/m^2
σ_s	Surface tension, N/m
τ	Shear stress, N/m^2
τ	Transmissivity; Fourier number
τ_w	Wall shear stress, N/m^2

Subscripts

a	Air
abs	Absolute
act	Actual
atm	Atmospheric
b	Boundary; bulk fluid
cond	Conduction
conv	Convection
cr	Critical point
CV	Control volume
e	Exit conditions
f	Saturated liquid; film
fg	Difference in property between saturated liquid and saturated vapor
g	Saturated vapor
H	High temperature as in T_H and Q_H
i	Inlet, initial, or indoor conditions
L	Low temperature as in T_L and Q_L
o	Outlet or outdoor conditions
r	Relative
rad	Radiation
s	Surface
surr	Surrounding surfaces
sat	Saturated
sys	System
v	Water vapor
1	Initial or inlet state
2	Final or exit state
∞	Property of a far field; free-flow conditions

Superscripts

˙ (over dot)	Quantity per unit time
¯ (over bar)	Quantity per unit mole
° (circle)	Standard reference state

CONVERSION FACTORS

Dimension	Metric	Metric/English
Acceleration	$1\ m/s^2 = 100\ cm/s^2$	$1\ m/s^2 = 3.2808\ ft/s^2$ $1\ ft/s^2 = 0.3048^*\ m/s^2$
Area	$1\ m^2 = 10^4\ cm^2 = 10^6\ mm^2 = 10^{-6}\ km^2$	$1\ m^2 = 1550\ in^2 = 10.764\ ft^2$ $1\ ft^2 = 144\ in^2 = 0.09290304^*\ m^2$
Density	$1\ g/cm^3 = 1\ kg/L = 1000\ kg/m^3$	$1\ g/cm^3 = 62.428\ lbm/ft^3 = 0.036127\ lbm/in^3$ $1\ lbm/in^3 = 1728\ lbm/ft^3$ $1\ kg/m^3 = 0.062428\ lbm/ft^3$
Energy, heat, work, and specific energy	$1\ kJ = 1000\ J = 1000\ N{\cdot}m = 1\ kPa{\cdot}m^3$ $1\ kJ/kg = 1000\ m^2/s^2$ $1\ kWh = 3600\ kJ$	$1\ kJ = 0.94782\ Btu$ $1\ Btu = 1.055056\ kJ$ $= 5.40395\ psia{\cdot}ft^3 = 778.169\ lbf{\cdot}ft$ $1\ Btu/lbm = 25{,}037\ ft^2/s^2 = 2.326^*\ kJ/kg$ $1\ kWh = 3412.14\ Btu$
Force	$1\ N = 1\ kg{\cdot}m/s^2 = 10^5\ dyne$ $1\ kgf = 9.80665\ N$	$1\ N = 0.22481\ lbf$ $1\ lbf = 32.174\ lbm{\cdot}ft/s^2 = 4.44822\ N$ $1\ lbf = 1\ slug{\cdot}ft/s^2$
Length	$1\ m = 100\ cm = 1000\ mm = 10^6\ \mu m$ $1\ km = 1000\ m$	$1\ m = 39.370\ in = 3.2808\ ft = 1.0926\ yd$ $1\ ft = 12\ in = 0.3048^*\ m$ $1\ mile = 5280\ ft = 1.6093\ km$ $1\ in = 2.54^*\ cm$
Mass	$1\ kg = 1000\ g$ 1 metric ton = 1000 kg	$1\ kg = 2.2046226\ lbm$ $1\ lbm = 0.45359237^*\ kg$ 1 ounce = 28.3495 g 1 slug = 32.174 lbm = 14.5939 kg 1 short ton = 2000 lbm = 907.1847 kg
Power	$1\ W = 1\ J/s$ $1\ kW = 1000\ W = 1\ kJ/s$ 1 hp[‡] = 745.7 W	$1\ kW = 3412.14\ Btu/h = 1.341\ hp$ $= 737.56\ lbf{\cdot}ft/s$ $1\ hp = 550\ lbf{\cdot}ft/s = 0.7068\ Btu/s$ $= 42.41\ Btu/min = 2544.5\ Btu/h$ $= 0.74570\ kW$ $1\ Btu/h = 1.055056\ kJ/h$
Pressure or stress, and pressure expressed as a head	$1\ Pa = 1\ N/m^2$ $1\ kPa = 10^3\ Pa = 10^{-3}\ MPa$ $1\ atm = 101.325\ kPa = 1.01325\ bar$ $= 760\ mm\ Hg\ at\ 0°C$ $= 1.03323\ kgf/cm^2$ $1\ mm\ Hg = 0.1333\ kPa$	$1\ Pa = 1.4504 \times 10^{-4}\ psi$ $= 0.020886\ lbf/ft^2$ $1\ psi = 144\ lbf/ft^2 = 6.894757\ kPa$ $1\ atm = 14.696\ psi$ $= 29.92$ inches Hg at 30°F 1 inch Hg = 13.60 inches H_2O = 3.387 kPa
Specific heat	$1\ kJ/kg{\cdot}°C = 1\ kJ/kg{\cdot}K$ $= 1\ J/g{\cdot}°C$	$1\ Btu/lbm{\cdot}°F = 4.1868\ kJ/kg{\cdot}°C$ $1\ Btu/lbmol{\cdot}R = 4.1868\ kJ/kmol{\cdot}K$ $1\ kJ/kg{\cdot}°C = 0.23885\ Btu/lbm{\cdot}°F$ $= 0.23885\ Btu/lbm{\cdot}R$
Specific volume	$1\ m^3/kg = 1000\ L/kg$ $= 1000\ cm^3/g$	$1\ m^3/kg = 16.02\ ft^3/lbm$ $1\ ft^3/lbm = 0.062428\ m^3/kg$
Temperature	$T(K) = T(°C) + 273.15$ $\Delta T(K) = \Delta T(°C)$	$T(R) = T(°F) + 459.67 = 1.8T(K)$ $T(°F) = 1.8\ T(°C) + 32$ $\Delta T(°F) = \Delta T(R) = 1.8\Delta T(K)$
Velocity	$1\ m/s = 3.60\ km/h$	$1\ m/s = 3.2808\ ft/s = 2.237\ mi/h$ $1\ mi/h = 1.46667\ ft/s$ $1\ mi/h = 1.6093\ km/h$
Viscosity, dynamic	$1\ kg/m{\cdot}s = 1\ N{\cdot}s/m^2 = 1\ Pa{\cdot}s = 10\ poise$	$1\ kg/m{\cdot}s = 2419.1\ lbm/ft{\cdot}h$ $= 0.020886\ lbf{\cdot}s/ft^2$ $= 0.67197\ lbm/ft{\cdot}s$

*Exact conversion factor between metric and English units.

‡Mechanical horsepower. The electrical horsepower is taken to be exactly 746 W.

Dimension	Metric	Metric/English
Viscosity, kinematic	$1\ m^2/s = 10^4\ cm^2/s$ $1\ stoke = 1\ cm^2/s = 10^{-4}\ m^2/s$	$1\ m^2/s = 10.764\ ft^2/s = 3.875 \times 10^4\ ft^2/h$ $1\ m^2/s = 10.764\ ft^2/s$
Volume	$1\ m^3 = 1000\ L = 10^6\ cm^3$ (cc)	$1\ m^3 = 6.1024 \times 10^4\ in^3 = 35.315\ ft^3$ $= 264.17$ gal (U.S.) 1 U.S. gallon = $231\ in^3 = 3.7854$ L 1 fl ounce = $29.5735\ cm^3 = 0.0295735$ L 1 U.S. gallon = 128 fl ounces
Volume flow rate	$1\ m^3/s = 60{,}000\ L/min = 10^6\ cm^3/s$	$1\ m^3/s = 15{,}850\ gal/min = 35.315\ ft^3/s$ $= 2118.9\ ft^3/min$ (CFM)

Some physical constants

Physical Constant	Metric	English
Standard acceleration of gravity	$g = 9.80665\ m/s^2$	$g = 32.174\ ft/s^2$
Standard atmospheric pressure	$P_{atm} = 1\ atm = 101.325\ kPa$ $= 1.01325$ bar $= 760$ mm Hg (0°C) $= 10.3323$ m H_2O (4°C)	$P_{atm} = 1\ atm = 14.696\ psia$ $= 2116.2\ lbf/ft^2$ $= 29.9213$ inches Hg (32°F) $= 406.78$ inches H_2O (39.2°F)
Universal gas constant	$R_u = 8.31447$ kJ/kmol·K $= 8.31447$ kN·m/kmol·K	$R_u = 1.9859$ Btu/lbmol·R $= 1545.37$ ft·lbf/lbmol·R

Commonly used properties

Property	Metric	English
Air at 20°C (68°F) and 1 atm		
Specific gas constant*	$R_{air} = 0.2870$ kJ/kg·K $= 287.0\ m^2/s^2{\cdot}K$	$R_{air} = 0.06855$ Btu/lbm·R $= 53.34$ ft·lbf/lbm·R $= 1716\ ft^2/s^2{\cdot}R$
Specific heat ratio	$k = c_p/c_v = 1.40$	$k = c_p/c_v = 1.40$
Specific heats	$c_p = 1.005$ kJ/kg·K $= 1005\ m^2/s^2{\cdot}K$ $c_v = 0.718$ kJ/kg·K $= 718\ m^2/s^2{\cdot}K$	$c_p = 0.240$ Btu/lbm·R $= 187$ ft·lbf/lbm·R $= 6009\ ft^2/s^2{\cdot}R$ $c_v = 0.171$ Btu/lbm·R $= 133$ ft·lbf/lbm·R $= 4281\ ft^2/s^2{\cdot}R$
Speed of sound	$c = 343.2$ m/s = 1236 km/h	$c = 1126$ ft/s = 767.7 mi/h
Density	$\rho = 1.204\ kg/m^3$	$\rho = 0.07518\ lbm/ft^3$
Viscosity	$\mu = 1.825 \times 10^{-5}$ kg/m·s	$\mu = 1.227 \times 10^{-5}$ lbm/ft·s
Kinematic viscosity	$\nu = 1.516 \times 10^{-5}\ m^2/s$	$\nu = 1.632 \times 10^{-4}\ ft^2/s$
Liquid water at 20°C (68°F) and 1 atm		
Specific heat ($c = c_p = c_v$)	$c = 4.182$ kJ/kg·K $= 4182\ m^2/s^2{\cdot}K$	$c = 0.9989$ Btu/lbm·R $= 777.3$ ft·lbf/lbm·R $= 25{,}009\ ft^2/s^2{\cdot}R$
Density	$\rho = 998.0\ kg/m^3$	$\rho = 62.30\ lbm/ft^3$
Viscosity	$\mu = 1.002 \times 10^{-3}$ kg/m·s	$\mu = 6.733 \times 10^{-4}$ lbm/ft·s
Kinematic viscosity	$\nu = 1.004 \times 10^{-6}\ m^2/s$	$\nu = 1.081 \times 10^{-5}\ ft^2/s$

*Independent of pressure or temperature